HANS GRAUERT
SELECTED PAPERS
VOLUME I

Foto: E. Reidemeister

Hans Grauert 1960

HANS GRAUERT

SELECTED PAPERS

VOLUME I

Springer-Verlag
Berlin Heidelberg New York
London Paris Tokyo
Hong Kong Barcelona
Budapest

Professor Dr. Hans Grauert
Universität Göttingen
Mathematisches Institut
Bunsenstrasse 3-5
D-37073 Göttingen, Germany

Mathematics Subject Classification (1991): 01A75, 32-03, 14G05, 32Axx, 32Bxx, 32Cxx, 32Dxx, 32Exx, 32Fxx, 32Gxx, 32Hxx, 32Jxx, 32Lxx, 32Mxx, 32Nxx, 32P05, 32Sxx, 52Cxx, 53C55

ISBN 3-540-57107-8 (in 2 Bänden)
Springer-Verlag Berlin Heidelberg New York
ISBN 0-387-57107-8 Set (2 volumes)
Springer-Verlag New York Berlin Heidelberg

Library of Congress Cataloging-in-Publication Data.
Grauert, Hans, 1930- [Selections. 1994]
Selected papers / Hans Grauert. p. cm. English and German.
Includes bibliographical references and index.
ISBN 3-540-57107-8 (Berlin: set: acid-free). – ISBN 0-387-57107-8 (New York: set: acid-free)
1. Functions of several complex variables. I. Title. QA331.7.G7425 1994 515'.94–dc20 94-29204

Typesetting of the foreword, the curriculum vitae, the ten commentaries, and the bibliography:
Camera ready copy by the author using a Springer TEX macro package
SPIN: 10073259 41/3140 - 5 4 3 2 1 0 - Printed on acid-free paper

Foreword

As I wanted to keep the size of this collective reprinting within reasonable limits only a representative selection of the mathematical papers appears here. Monographs, survey articles and essays of a more philosophical nature (see *epistem* in the bibliography) have been omitted completely. The same applies to the field of non-Archimedean function theory (*nonarch*), since I feel that other methods are better than those analogous to complex analysis. Also most of the results on hyperbolic complex spaces have not been included as they are incomplete.

It may be that discrete geometry as proposed by B. Riemann is the only possible way in quantum physics to force wave theory and particle theory into a single consistent logical system (see: *quant*): experiments in the so-called quantum philosophy, which were carried out particularly in the last two decades, show, for instance, that the (Lorentz)distance in the interior of a system of particles can be (practically) zero (this is called "locality"), but of course is positive in the ambient space. This happens automatically in discrete geometry. But nothing was really proved and so all of this has been omitted.

All this means that we have restricted the choice to the area of *Several Complex Variables* (with one exception: the Mordell conjecture over fields of any characteristic). This edition appears in two volumes comprising 8 parts. Both volumes and, indeed, the individual parts may be read independently of one another. However, a historical introduction to complex spaces is to be found in Part I.

More about complex spaces was already collected together in a Russian edition, translated by I. R. Shafarevich and published in 1965 of papers of R. Narasimhan, H. Cartan, A. Andreotti, R. Remmert and myself.

Many of the commentaries have been written by Y.T. Siu, to whom I am much indebted. I have also to thank my colleague S.J. Patterson for improving on my English.

Göttingen, October 1994 *Hans Grauert*

Curriculum vitae

(Calendar written in the European style, SS = summer term, WS = winter term)

born:	8.2.1930 in Haren-Ems (Niedersachsen)
parents:	Clemens and Maria Grauert
visited:	Volksschule Haren from 1.4.1936–31.3.1941 Mittelschule Haren from 1.4.1941–31.3.1945 Gymnasium Meppen from 1.1.1946–21.2.1949
Reifezeugnis:	Gymnasium Meppen on 21.2.1949
studied: mathematics and physics:	University of Mainz SS 1949 University of Münster WS 1949–WS 1952 Eidgenössische Technische Hochschule Zürich in spring 1953–SS 1953
doctorate:	Münster in mathematics on 30.7.1954
grants:	Land Nordrhein-Westfalen WS 1954 Deutsche Forschungsgemeinschaft SS 1955
wissensch. Assistent	Münster September 1955–30.9.1959
in between	Institute for Advanced Study, Princeton, N.J., WS 1957–WS 1958, thereafter: Institut des Hautes Études Scientifiques (IHES) in Paris SS 1959
Habilitation:	in mathematics in Münster on 8.2.1957
ordentlicher Professor:	at the University of Göttingen from 1.10.1959
honours:	invited lectures ICM (International Congress of Mathematiciens): 1958 Edinburgh $\frac{1}{2}$ hour, 1962 Stockholm 1 hour, 1966 Moskau $\frac{1}{2}$ hour jointly with R. Remmert from 1959: permanently invited Professor at the IHES, member of Academies of Sciences: Göttingen, Mainz, Leopoldina Halle, Catania, Europaea London, München Dr.rer.nat.h.c. at the universities Bayreuth, Bochum, Bonn von-Staudt-price of the university of Erlangen 1991
visiting professor:	Berkeley, University of Chicago, Stanford, Tokyo, Kyoto, Notre Dame, Yale, Acad. Sin. Peking

Contents Volume I

Part I. General Theory of Complex Spaces

Part II. Levi Problem and Pseudoconvexity

Part III. Fibre Bundles

The number in parentheses following the contribution title indicates the corresponding number in the bibliography.

The following abbreviations in italics concern the kind of contents (Inhalt) of the paper concerned: *compl:* complex spaces, sheaf theory; *lev:* Levi problem, convexity, Stein spaces, projective algebraic spaces; *deform:* deformation of complex structures, formal principle, vector bundles; *decomp:* analytic and meromorphic decompositions.

Contents Volume II

Part IV. Direct Images

Part V. *q*-Convexity and Cohomology

Part VI. Deformation of Complex Objects

Part VII. Decomposition of Complex Spaces

Part VIII. Special Results

Part IX. Commentary on the Non-Archimedean Function Theory

Part X. Commentary on Discrete Geometry

The following abbreviations in italics concern the kind of contents (Inhalt) of the paper concerned: *compl:* complex spaces, sheaf theory; *lev:* Levi problem, convexity, Stein spaces, projective algebraic spaces; *deform:* deformation of complex structures, formal principle, vector bundles; *decomp:* analytic and meromorphic decompositions.

Part I

General Theory of Complex Spaces

It is not even true for smooth compact subcurves in 2 dimensional complex manifolds, see an example by V.I. Arnold (Bifurcations of invariant manifolds of differential equations and normal forms in neighborhoods of elliptic curves. Funct. Anal. Appl. 10, 249–259 (1976)).

Here it is assumed that the normal bundle of V has some property of weak positivity. Important is also the case of a compact complex submanifold with negative normal bundle (see: [28] and the stronger result by Hironaka and Rossi: Math. Annalen 156, 313–333 (1964)); and: Th. Peternell: Vektorraumbündel in der Nähe von kompakten komplexen Unterräumen. Math. Annalen 257, 111–134 (1981), Vektorraumbündel in der Nähe von exzeptionellen Unterräumen – das Modulproblem. Journ. reine angewandte Math. 336, 110–123 (1982). Über exzeptionelle Mengen. manuscr. math. 37, 19–26 (1982) and 42, 259–263 (1983)). In the case of a (more or less) positive normal bundle there is also the paper of A. Hirshowitz (On the convergence of formal equivalence between embeddings. Ann. Math. 113, 501–514 (1981)) and the paper written by V. Steinbiß (Das formale Prinzip für reduzierte komplexe Räume mit einer schwachen Positivitätseigenschaft. Math. Annalen 274, 485–502 (1986)).

9

In [7] *plurisubharmonic functions* $p(x)$ in a (normal) complex space are upper semi continuous functions with real values including $-\infty$, whose restriction to any local complex curve is subharmonic. The paper considers the extendability of $p(x)$ into lowerdimensional analytic subsets, mostly.

Papers Reprinted in this Part

(in the same order as in the commentary)

Expressions in italics concern the contents of the paper.

Abbreviations: *compl* = complex spaces, sheaf theory; *deform* = deformation of complex structures, formal principle, vector bundles

[17] (mit R. Remmert) Komplexe Räume. Math. Annalen **136**, 245–318 (1958). *compl*

[3] (mit R. Remmert) Zur Theorie der Modifikationen. I: Stetige und eigentliche Modifikationen komplexer Räume. Math. Ann. **129**, 274–296 (1955). *compl*

[70] (mit M. Commichau) Das formale Prinzip für kompakte komplexe Untermannigfaltigkeiten mit 1-positivem Normalenbündel. In: *Recent developments in several complex variables,* Proc. Conf., Princeton Univ. 1979, Ann. Math. Studies **100**, 101–126 (1981). *deform*

[7] (mit R. Remmert) Plurisubharmonische Funktionen in komplexen Räumen. Math. Zeitschr. **65**, 175–194 (1956). *compl*

17.

(mit R. Remmert)

Komplexe Räume*

Math. Annalen **136**, 245–318 (1958)

Heinrich Behnke, in Dankbarkeit und Verehrung zum 60. Geburtstag gewidmet

Inhalt

Einleitung

1. In der Funktionentheorie mehrerer komplexer Veränderlichen hat man schon sehr früh mehrdeutige holomorphe Funktionen untersucht. Wie in der klassischen Funktionentheorie ist man jedoch auch hier bald der Idee Riemanns gefolgt, die mehrdeutigen Funktionen auf mehrblättrigen Gebieten über dem n-dimensionalen komplexen Zahlenraum C^n zu betrachten. Eine erste Beschreibung dieser sog. Riemannschen Gebiete wurde 1932 von H. Cartan und P. Thullen [5] gegeben; jedoch wurden vorerst alle Verzweigungspunkte von der Betrachtung ausgeschlossen. Noch im gleichen Jahr machte C. Carathéodory [4] in seinem Vortrag auf dem Kongreß in Zürich den Vorschlag, ähnlich wie im Fall $n = 1$ eine allgemeine Theorie der holomorphen und meromorphen Funktionen auf abstrakten Riemannschen Gebieten beliebiger Dimension aufzubauen. Die Carathéodorysche Definition des abstrakten Riemannschen Gebietes wurde später von O. Teichmüller [33] und vor allem

* Das Hauptresultat der vorliegenden Arbeit wurde in einer CR-Note der Verff. angekündigt; vgl. [18]

β) Ist $a \in S$ und $A_1' \subset A_1$ so beschaffen, daß die Spurenfilterbasis von $\tau^*(\mathfrak{U}_{A^*}(a))$ auf A_1' existiert, so besitzt dieselbe wenigstens einen Berührungspunkt.

Beweis: Wegen β) ist keine Menge B_a, wo $a \in S$, leer. Wir wählen zu den Punkten $a_1 \in B_a$ paarweise disjunkte Umgebungen $U(a_1)$ und setzen $V(a_1) := \overset{-1}{\tau}{}^*(U(a_1))$. Dann muß es eine Nachbarschaft V_0 von a geben mit $V_0 \cap A^* \subset \bigcup_{a_1 \in B_a} V(a_1)$. Wäre das nämlich nicht der Fall, so wäre keine der Mengen $\tau^*(W \cap A^*) \cap (A_1 - \bigcup_{a_1 \in B_a} U(a_1))$, wo $W \in \mathfrak{U}(a)$, leer. Daher existiert die Spurenfilterbasis von $\tau^*(\mathfrak{U}_{A^*}(a))$ auf $A_1 - \bigcup_{a_1 \in B_a} U(a_1)$; dieselbe müßte nach β) einen Berührungspunkt $a^* \in A_1$ besitzen. Das ist aber nicht möglich, da notwendig gelten müßte $a^* \in B_a$, was nicht sein kann. Wir können nun V_0 insbesondere so wählen, daß $V_0 \cap A^*$ zusammenhängend ist. Dann liegt $\tau^*(V_0 \cap A^*)$ in genau einer Menge $U(a_1')$, $a_1' \in B_a$. Hieraus folgt aber, daß gilt: $B_a = \{a_1'\}$. Es bleibt zu zeigen, daß $\tau^*(\mathfrak{U}_{A^*}(a))$ gegen a_1' konvergiert. Sei U' irgendeine Umgebung von a_1'. Dann muß wenigstens eine der Mengen $\tau^*(W \cap A^*) \cap (A_1 - U')$, wo $W \in \mathfrak{U}(a)$, leer sein, da sich sonst analog wie oben aus β) ein Widerspruch ergibt. Also gibt es ein $W_0 \in \mathfrak{U}(a)$ mit $\tau^*(W_0 \cap A^*) \subset U'$. Das bedeutet aber, daß $\tau^*(\mathfrak{U}_{A^*}(a))$ gegen a_1' konvergiert, w.z.b.w.

Anmerkung: Die Bedingung β) ist sicher erfüllt, wenn folgendes gilt:

β') Es gibt zu jedem Punkt $a \in S$ eine Nachbarschaft $U(a)$ und eine in A_1 kompakte Menge K_a, so daß $\tau^*(U(a) \cap A^*) \subset K_a$.

Eine stetige Abbildung möge *nirgends entartet* genannt werden, wenn die Urbildmenge eines jeden Bildpunktes eine diskrete Menge ist. Dann ergibt sich aus Satz 1 unmittelbar der folgende, bereits von K. STEIN (vgl. [32], p. 68) bewiesene

Satz 2: Es sei A ein topologischer, lokal zusammenhängender Raum und S eine A nirgends zerlegende Menge. $\tau^*: A^* \to A_1$, wo $A^* := A - S$, sei eine stetige Abbildung in einen lokal kompakten Raum A_1. Es existiere eine eigentliche nirgends entartete Abbildung $\varphi: A_1 \to A_2$ von A_1 in einen lokal kompakten Raum A_2, so daß $\varphi \circ \tau^*: A^* \to A_2$ zu einer stetigen Abbildung $\psi: A \to A_2$ fortsetzbar ist. Dann ist auch τ^* eindeutig zu einer stetigen Abbildung $\tau: A \to A_1$ fortsetzbar.

Beweis: Da A_1 insbesondere ein regulärer Hausdorffscher Raum ist (vgl. [2], p. 98), genügt es zu zeigen, daß für τ^* die Bedingungen α) und β') erfüllt sind. Es sei $a \in S$ ein beliebiger Punkt. Für jeden Berührungspunkt a_1 von $\tau^*(\mathfrak{U}_{A^*}(a))$ gilt dann $\varphi(a_1) = \psi(a)$, so daß die Menge B_a aller dieser Berührungspunkte in $\overset{-1}{\varphi}(\psi(a))$ enthalten ist. Die Menge $\overset{-1}{\varphi}(\psi(a))$ ist aber diskret (sogar endlich) in A_1, mithin ist auch B_a diskret.

Um β') zu bestätigen, sei K_2 eine kompakte Nachbarschaft von $\psi(a)$. Dann ist $\overset{-1}{\psi}(K_2)$ eine Nachbarschaft von a, weiter ist $\overset{-1}{\varphi}(K_2)$ kompakt in A_1 und es gilt: $\tau^*(\overset{-1}{\psi}(K_2) \cap A^*) \subset \overset{-1}{\varphi}(K_2)$. — Damit ist Satz 2 bewiesen.

2. Wir werden später benötigen

Hilfssatz 1: Es sei $\varphi: A \to A_1$ eine stetige nirgends entartete Abbildung eines lokal kompakten Raumes A in einen lokal kompakten Raum A_1. $a \in A$ sei ein

beliebiger Punkt; U' bzw. V_1' sei eine Nachbarschaft von a bzw. $\varphi(a)$. Dann gibt es Umgebungen U bzw. V_1 von a bzw. $\varphi(a)$ mit $U \subset U'$, $V_1 \subset V_1'$, so daß $\varphi: U \to V_1$ eine eigentliche Abbildung von U in V_1 ist[10]).

Beweis: Es sei $\tilde{U} \subset U'$ eine kompakte Nachbarschaft von a. Da φ nirgends entartet ist, gibt es höchstens endlich viele von a verschiedene Punkte $a^{(1)}, \ldots, a^{(r)}$ in $\tilde{U}$ mit $\varphi(a^{(\varrho)}) = \varphi(a) =: a_1$, $\varrho = 1, \ldots, r$. Man kann dann eine Umgebung W von $\{a^{(1)}, \ldots, a^{(r)}\}$ finden, so daß $U^* := \tilde{U} - W$ eine kompakte Nachbarschaft von a ist. Da $U^* \cap \overset{-1}{\varphi}(\varphi(a)) = a$, so gilt also: $a_1 \notin \varphi(U^* - \mathring{U}^*)$, wenn wir mit $\mathring{U}^*$ den offenen Kern von U^* bezeichnen. $\varphi(U^* - \mathring{U}^*)$ ist als stetiges Bild einer kompakten Menge kompakt und mithin abgeschlossen in A_1. Daher gibt es eine Umgebung V_1 von a_1 mit $V_1 \subset V_1'$, so daß $V_1 \cap \varphi(U^* - \mathring{U}^*)$ leer ist. Wir setzen nun: $U := \overset{-1}{\varphi}(V_1) \cap \mathring{U}^* = \overset{-1}{\varphi}(V_1) \cap U^*$ und behaupten, daß $\varphi | U$ eine eigentliche Abbildung von U in V_1 ist.

Sei M kompakt in V_1. Die Menge $N := \overset{-1}{\varphi}(M) \cap U$ ist genau dann kompakt in U, wenn jeder Filter $\mathfrak{F}$ auf N einen Berührungspunkt in N hat. Sicher hat $\mathfrak{F}$ in $U^* \supset N$ einen Berührungspunkt a^*. Der Bildfilter $\varphi(\mathfrak{F})$ von $\mathfrak{F}$ auf M hat dann aus Stetigkeitsgründen den Berührungspunkt $\varphi(a^*)$. Es gilt $\varphi(a^*) \in M$, da M abgeschlossen ist. Es folgt mithin $a^* \in N$, q.e.d.

Eine stetige Abbildung $w: \langle 0,1 \rangle \to A$ des abgeschlossenen Einheitsintervalls $\langle 0,1 \rangle$ der reellen Zahlengeraden in einen topologischen Raum A heißt ein *Weg* in A; $w(0)$ bzw. $w(1)$ heißt der Anfangspunkt bzw. Endpunkt dieses Weges. Ein topologischer Raum A heißt *in bezug auf Wege zusammenhängend* (kurz: *wegzusammenhängend*), wenn es zu 2 beliebigen Punkten $a_0, a_1 \in A$ einen Weg w in A mit $w(0) = a_0$, $w(1) = a_1$ gibt. A heißt *lokal wegzusammenhängend*, wenn jeder Punkt a eine Nachbarschaftsbasis $\{V_\iota\}$ mit wegzusammenhängenden Mengen V_ι besitzt; dann besitzt jeder Punkt a auch eine Umgebungsbasis mit solchen Mengen. — Man beweist leicht:

a) *Jeder wegzusammenhängende Raum A ist zusammenhängend. Ein zusammenhängender, lokal wegzusammenhängender Raum ist wegzusammenhängend.*

Weiter gilt:

a') *Es sei A ein topologischer Raum; M sei eine abgeschlossene, nirgends dichte Menge in A, so daß $A - M$ lokal wegzusammenhängend ist. Zu jedem Punkt $a \in M$ gebe es eine Umgebungsbasis $\{U_\iota\}$, $\iota \in I_a$, so daß jeder Punkt $\hat{a} \in U_\iota - M$, $\iota \in I_a$, in U_ι mit a durch einen Weg verbindbar ist. Dann ist A lokal wegzusammenhängend.*

Zum Beweis genügt es zu zeigen, daß jede Umgebung U_ι wegzusammenhängend ist. Dazu hat man nur zu zeigen, daß jeder Punkt $a' \in U_\iota$ mit a in U_ι durch einen Weg verbindbar ist. Für Punkte $a' \in U_\iota - M$ ist das nach Voraussetzung richtig. Sei also $a' \in M$. Ist dann $\{V_j\}$, $j \in I_{a'}$, die zu a' gemäß Voraussetzung existierende Umgebungsbasis, so gibt es zu jedem $\iota \in I_a$ ein $j(\iota) \in I_{a'}$, so daß $V_{j(\iota)} \subset U_\iota$. Da nun a' in $V_{j(\iota)} \subset U$ durch einen Weg mit jedem Punkt $\tilde{a}' \in V_{j(\iota)} - M$ verbunden werden kann, läßt sich a' auch mit a selbst in U_ι über ein solches $\tilde{a}'$ durch einen Weg verbinden.

[10]) Vgl. auch [32], Hilfssatz 3, wo eine noch allgemeinere Aussage bewiesen wird.

Wir merken noch an:

b) *Eine abgeschlossene nirgends dichte Teilmenge eines lokal wegzusammenhängenden Raumes A zerlegt A genau dann nirgends, wenn folgendes gilt: Ist $D \subset A$ offen und zusammenhängend, so ist auch $D - S$ zusammenhängend.*

Der Beweis ist trivial und sei dem Leser überlassen.

Eine Abbildung $\varphi: A \to A_1$ eines topologischen Raums A in einen topologischen Raum A_1 heißt *offen*, wenn das Bild $\varphi(V)$ einer jeden offenen Menge $V \subset A$ offen in A_1 ist. Wir beweisen das folgende

Lemma: Es seien A, A_1 lokal kompakt, A_1 sei lokal wegzusammenhängend. $\varphi: A \to A_1$ sei stetig und nirgends entartet; es sei $S_1 \subset A_1$ eine A_1 nirgends zerlegende Menge, so daß $\overset{-1}{\varphi}(S_1)$ nirgends dicht in A liegt. Ist dann $\varphi: A - \overset{-1}{\varphi}(S_1) \to \to A_1 - S_1$ offen, so ist auch $\varphi: A \to A_1$ offen.

Beweis: Es genügt, folgendes zu zeigen: Ist $a \in A$ beliebig, so gibt es zu jeder Umgebung U' von a eine Umgebung W_1 von $\varphi(a)$ mit $\varphi(U') \supset W_1$. Wir wählen zunächst eine in U' enthaltene abgeschlossene Nachbarschaft U^* von a. Es gibt dann nach Hilfssatz 1 eine relativ kompakte Umgebung U von a mit $U \subset U^*$ und eine Umgebung V_1 von $\varphi(a)$, so daß $\varphi \mid U$ eine eigentliche Abbildung von U in V_1 ist. Wir wählen weiter eine wegzusammenhängende Umgebung W_1 von $\varphi(a)$ mit $W_1 \subset V_1$ und behaupten: $\varphi(\overline{U}) \supset W_1$. Dann gilt wegen $\overline{U} \subset U^* \subset U'$ erst recht: $\varphi(U') \supset W_1$.

Wir zeigen zunächst: $\varphi(U) \supset W_1 - S_1$. Es sei $\hat{a} \in U - \overset{-1}{\varphi}(S_1)$ irgendein Punkt mit $\varphi(\hat{a}) = \hat{a}_1 \in W_1 - S_1$. Ist dann $a_1 \in W_1 - S_1$ beliebig, so sei $w(t)$, $0 \leqq t \leqq 1$, ein Weg in $W_1 - S_1$ mit $w(0) = \hat{a}_1$, $w(1) = a_1$: ein solcher Weg existiert, da S_1 den Raum A_1 nirgends zerlegt. Es bezeichne T die Menge aller $\bar{t} \in \langle 0, 1 \rangle$, zu denen es ein $\bar{a} \in U$ mit $\varphi(\bar{a}) = w(\bar{t})$ gibt. Dann gilt $0 \in T$. Da $\overset{-1}{\varphi}(w(\langle 0, 1 \rangle)) \subset A - \overset{-1}{\varphi}(S_1)$ und $\varphi \mid A - \overset{-1}{\varphi}(S_1)$ offen ist, folgt sofort, daß T eine offene Teilmenge von $\langle 0, 1 \rangle$ ist. T ist aber auch abgeschlossen. Es gilt nämlich: $T = \overset{-1}{w}(\varphi(\overset{-1}{\varphi}(w\langle 0, 1 \rangle) \cap U))$; und da $\overset{-1}{\varphi}(w\langle 0, 1 \rangle) \cap U$ wegen der Eigentlichkeit von $\varphi: U \to V_1$ kompakt ist, folgt, daß $\varphi(\overset{1}{\varphi}(w\langle 0,1 \rangle) \cap U)$ und dann auch T abgeschlossen ist. Mithin muß gelten: $T = \langle 0, 1 \rangle$. Daher besitzt auch $a_1 = w(1)$ ein φ-Urbild in U.

Sei nun $a_1' \in W_1$ beliebig. Wir betrachten das Mengensystem $\mathfrak{F}_1 := \{U_1 - S_1\}$, wo U_1 den Nachbarschaftsfilter von a_1' durchläuft. $\mathfrak{F}_1$ ist eine Filterbasis, die gegen a_1' konvergiert. Auf Grund des bereits Bewiesenen ist keine Menge $\overset{-1}{\varphi}(U_1 - S_1) \cap U$ leer. Die Urbildfilterbasis $\overset{-1}{\varphi}(\mathfrak{F}_1)$ existiert also und hat, da U relativ kompakt ist, mindestens einen Berührungspunkt a' in $\overline{U}$. Aus Stetigkeitsgründen ist $\varphi(a')$ ein Berührungspunkt von $\mathfrak{F}_1$. Da $\mathfrak{F}_1$ aber nur a_1' als Berührungspunkt hat, muß gelten: $\varphi(a') = a_1'$. Mithin folgt $\varphi(\overline{U}) \supset W_1$, w.z.b.w.

3. Wir stellen in den weiteren Abschnitten dieses Paragraphen grundlegende Begriffe und Sätze aus der Theorie der analytischen Mengen zusammen, die wir später benötigen[11]. Es bezeichne B stets einen Bereich, d.h. eine

---

[11]) Zur Theorie der analytischen Menge vgl. etwa [26], [28] sowie [9], Exp. VI—IX.

offene nichtleere Menge des komplexen Zahlenraumes C^n der n komplexen Veränderlichen $z_1, \ldots, z_n$; wir setzen abkürzend $z: = (z_1, \ldots, z_n)$. Eine Teilmenge M von B heißt bekanntlich analytisch in einem Punkt $z \in B$, wenn es eine Umgebung $U \subset B$ von z gibt, so daß $M \cap U$ die genaue gemeinsame Nullstellenmenge von endlich vielen in U holomorphen Funktionen ist[12]). M heißt eine analytische Menge in B, wenn M in jedem Punkt von B analytisch ist. Ist M analytisch in B, so ist M abgeschlossen in B. Es gilt:

c) *Ist M analytisch in B, so ist M, versehen mit der induzierten Topologie, ein metrisierbarer, lokal kompakter, lokal wegzusammenhängender Raum mit abzählbarer Topologie.*

Ist M analytisch in $z \in B$, so definiert M in natürlicher Weise ein Ideal $\mathfrak{J}_z$ im Integritätsring $\mathcal{O}_z$ der in z analytischen Funktionskeime: $\mathfrak{J}_z$ besteht aus allen Funktionskeimen, die holomorphe Repräsentanten besitzen, die in der Umgebung von z auf M verschwinden. Ist M analytisch in B, so ist die Kollektion $\{\mathfrak{J}_z, z \in B\}$ offensichtlich eine Idealgarbe $\mathfrak{J}$, die eine analytische Untergarbe der Garbe $\mathcal{O}(B)$ der in B holomorphen Funktionskeime ist.

Eine in B analytische Menge M heißt *reduzibel* in B, wenn sie darstellbar ist als Vereinigung von zwei in B analytischen Mengen, die nicht leer und von M verschieden sind. Eine in B nicht reduzible analytische Menge heißt *irreduzibel* in B.

Eine in $z \in C^n$ analytische Menge M erzeugt in z einen (evtl. leeren) Mengenkeim m_z, den wir einen analytischen Mengenkeim nennen. Die Gesamtheit aller in einem Punkt $z \in C^n$ analytischen Mengenkeime bildet einen Verband, die Menge aller analytischen Mengenkeime $\{m_z, z \in B\}$ kann in natürlicher Weise als eine *Garbe* $\mathfrak{R}(B)$ *von Verbänden über* B aufgefaßt werden. Die Schnittflächen in $\mathfrak{R}(B)$ über einer offenen Menge $B' \subset B$ sind genau die analytischen Mengen in B'.

Ein analytischer Mengenkeim m_z in z heißt ein *analytischer Primkeim*, wenn er nicht als Vereinigung von zwei nichtleeren, von m_z verschiedenen analytischen Mengenkeimen in z darstellbar ist. Eine analytische Menge M in B heißt irreduzibel in $z \in M$, wenn sie in z einen analytischen Primkeim erzeugt. M heißt *lokal irreduzibel* in $z \in M$, wenn es eine Umgebung U von z gibt, so daß M in jedem Punkt $z' \in M \cap U$ irreduzibel ist. Ein in z analytischer Primkeim p_z heißt lokal irreduzibel, wenn er einen in z lokal irreduziblen analytischen Repräsentanten besitzt.

Es gilt nun:

d) *Jeder analytische Mengenkeim m_z, $z \in C^n$, ist (bis auf die Reihenfolge) in eindeutiger Weise als unverkürzbare Vereinigung von endlich vielen verschiedenen in z analytischen Primkeimen darstellbar:*

$$m_z = p_z^{(1)} \cup p_z^{(2)} \cup \cdots \cup p_z^{(r)}.$$

---

[12]) Man braucht nur zu fordern, daß $M \cap U$ die genaue gemeinsame Nullstellenmenge irgendeines Systems in U holomorpher Funktionen ist. Aus dem Rückert-Cartanschen Idealbasissatz (vgl. [6], Appendice I) folgt dann bereits, daß M lokal auch als simultane Nullstellenmenge von endlich vielen holomorphen Funktionen darstellbar ist.

Korollar zu Satz 3: Ist G^{n-d} relativ kompakt in C^{n-d} und M eine rein d-dimensionale analytische Menge in $G^d \times G^{n-d}$, so daß $\overline{M} \cap (G^d \times \partial G^{n-d})$ leer ist, so liegt M ausgebreitet über G^d.

In der Tat! Zunächst ist evident, daß $\gamma: M \to G^d$ eine nirgends entartete, eigentliche Abbildung von M auf G^d ist. Um die Existenz einer Menge A im Sinne von b') zu beweisen, ziehen wir Satz 3 heran und bezeichnen mit $D_\delta(z_1, \ldots, z_d)$ die Diskriminante des Polynoms ω_δ; nach bekannten Sätzen ist D_δ holomorph in G^d und es gilt: $D_\delta \not\equiv 0$, $\delta = d+1, \ldots, n$. Durch die Gleichung $\prod_{\delta=d+1}^{n} D_\delta(z_1, \ldots, z_d) = 0$ wird daher in G^d eine höchstens $(d-1)$-dimensionale analytische Menge A definiert, die Abbildung $\gamma: M - \overset{-1}{\gamma}(A) \to G^d - A$ ist ersichtlich lokal topologisch.

Für reindimensionale analytische Mengen kann man lokal stets die Situation des Einbettungssatzes herstellen. Dies ergibt sich sofort aus

Satz 4: Ist M eine rein d-dimensionale analytische Menge in $B \subset C^n$, so gibt es durch jeden Punkt $z \in M$ eine d-codimensionale analytische Ebene E, die M in der Nähe von z nur in z schneidet.

Hieraus folgt, daß man in einer Umgebung von z durch eine lineare Koordinatentransformation Koordinaten $z'_1, \ldots, z'_n$ so einführen kann, daß in einer genügend kleinen Polyzylinderumgebung

$$Z^d \times Z^{n-d} := \{|z'_1| < a_1, \ldots, |z'_d| < a_d\} \times \{|z'_{d+1}| < a_{d+1}, \ldots, |z'_n| < a_n\} \subset B$$

von z (wir nehmen an, daß z die Koordinaten $(0, \ldots, 0)$ hat) für die in $Z^d \times Z^{n-d}$ analytische Menge $M \cap (Z^d \times Z^{n-d})$ die Voraussetzungen von Satz 3 erfüllt sind und M also insbesondere über Z^d ausgebreitet liegt.

Wir benötigen im folgenden noch:

k) *Es seien M, M' analytische Mengen in B; es gelte $M' \subset M$ und $d_z(M') < d_z(M)$ für alle $z \in M'$. Dann liegt M' nirgends dicht in M.*

k') *Ist B einfach zusammenhängend und M eine mindestens 2-codimensionale analytische Menge in B, so ist auch $B - M$ einfach zusammenhängend.*

Ein Punkt z einer in $B \subset C^n$ analytischen Menge M heißt ein *gewöhnlicher Punkt* von M, wenn M in einer Umgebung $U \subset B$ von z die genaue simultane Nullstellenmenge von k in U holomorphen Funktionen ist, deren Funktionalmatrix in z vom Range $n-k$ ist. Offensichtlich gilt dann $d_z(M) = n-k$. Ist z ein gewöhnlicher Punkt von M, so ist M in z lokal irreduzibel. Man kann beweisen (vgl. [9], Exp. IX):

l) *Die nicht gewöhnlichen Punkte einer in B analytischen Menge M bilden selbst eine in B analytische Menge N; es gilt: $d_z(N) < d_z(M)$ für alle Punkte $z \in N$.*

Weiter gilt (vgl. [28], Satz 10):

m) *Es sei M eine analytische Menge in B und M' eine irreduzible Komponente von M. Dann ist die Menge der auf M' liegenden gewöhnlichen Punkte von M zusammenhängend. Eine in B analytische Menge M ist genau dann irreduzibel in B, wenn die Menge ihrer gewöhnlichen Punkte zusammenhängend ist.*

In [28] wurde bewiesen:

Satz 5: Ist L eine höchstens k-dimensionale analytische Menge in einer offenen Menge B des C^n und M eine rein d-dimensionale analytische Menge in $B - L$ mit $d > k$, so ist die abgeschlossene Hülle $\overline{M}$ von M bezüglich B eine rein d-dimensionale analytische Menge in B.

5. Wir geben in diesem Abschnitt eine einfache, für spätere Anwendungen nützliche Bedingung dafür an, daß eine analytische Menge in einem Punkte irreduzibel bzw. lokal irreduzibel ist. Wir behaupten:

Satz 6: Eine in einer offenen Menge B des C^n analytische Menge M ist genau dann irreduzibel in einem Punkte $z \in M$, wenn die Menge N der nicht gewöhnlichen Punkte von M den Raum M in z nicht zerlegt.

Ist M irreduzibel in z, so zerlegt überdies jede in z analytische Menge $A \subset M$ mit $d_z(A) < d_z(M)$ den Raum M in z nicht.

Beweis: 1. Es sei M irreduzibel in z. Dann gibt es nach e) eine Umgebungsbasis $\{W_j\}, j \in I$, von z, so daß alle Mengen $M \cap W_j$ irreduzibel in W_j sind. Nach i) ist $M \cap W_j$ rein dimensional in $W_j, j \in I$; wir setzen $d(M \cap W_j) = d$. Sei nun $A \subset M$ irgendeine in einer Umgebung $V(z) \subset B$ analytische Menge mit $d_z(A) < d$. Dann ist in der Umgebungsbasis $\{W_j\}, j \in I$, von z eine Umgebungsbasis $\{W_\iota\}$ von z enthalten, wo ι eine Teilmenge von I durchläuft, so daß stets $W_\iota \subset V$ gilt und alle Mengen $A_\iota := W_\iota \cap A$ höchstens $(d-1)$-dimensionale analytische Mengen in W_ι sind. Wir behaupten nun, daß $\{U_\iota\}$, $U_\iota := M \cap W_\iota$, eine Umgebungsbasis von z im Raume M ist, so daß alle Mengen $U_\iota - A$ offen und zusammenhängend sind: sicher ist jede Menge $U_\iota \cap A = W_\iota \cap A$ abgeschlossen in U_ι, weiter liegt nach k) jedes $U_\iota \cap A$ nirgends dicht in U_ι. Um zu zeigen, daß auch jede Menge $U_\iota - A$ zusammenhängend ist, nehmen wir an, daß es ein ι_0 gibt, so daß $U_{\iota_0} - A$ in zwei nicht leere, von $U_{\iota_0} - A$ verschiedene offene Mengen M', M'' zerfällt. Diese Mengen sind dann notwendig rein d-dimensionale analytische Mengen in $W_{\iota_0} - A$. Da A höchstens $(d-1)$-dimensional ist, sind daher nach Satz 5 die abgeschlossenen Hüllen $\overline{M}', \overline{M}''$ von M', M'' bezüglich W_{ι_0} rein d-dimensionale analytische Mengen in W_{ι_0}. Es gilt: $M \cap W_{\iota_0} = \overline{M}' \cup \overline{M}''$. Das aber widerspricht der Voraussetzung, daß $M \cap W_{\iota_0}$ irreduzibel in W_{ι_0} ist.

2. Es sei nun M reduzibel in z. Wir bezeichnen mit N die nichtleere, in B analytische Menge der nicht gewöhnlichen Punkte von M und behaupten, daß N den Raum M in z zerlegt. Es gilt $z \in N, d_z(N) < d_z(M)$; weiter ist N abgeschlossen und nirgends dicht in M. Es kann keine Umgebungsbasis $\{U_j\}, j \in I$, von $z \in M$ geben, so daß alle Mengen $(M \cap U_j) - N$ zusammenhängend sind. Dann wäre nämlich nach m) jede Menge $M \cap U_j$ irreduzibel in U_j und nach e) mithin M selbst irreduzibel in z. Also zerlegt N den Raum M im Punkte z, w.z.b.w.

Wir merken noch an:

Korollar: Eine in B analytische Menge M ist genau dann lokal irreduzibel, wenn die Menge N der nicht gewöhnlichen Punkte von M den Raum M nirgends zerlegt.

V nirgends, weiter annulliert $f^* \mid V - \overset{-1}{\eta}(L)$ nach Satz 12 ein Polynom $\omega^*(w; x) = w^{b^*} + \sum_{\beta=1}^{b^*} a_\beta^*(x) \cdot w^{b^*-\beta}$ mit in $\eta(V) - L$ holomorphen Koeffizienten $a_\beta^*(x)$. Wir behaupten nun, daß die Abbildung $f^*: V - \overset{-1}{\eta}(L) \to C^1(w)$ eindeutig zu einer stetigen Abbildung $f: V \to C^1(w)$ fortsetzbar ist. Dazu ist nur zu zeigen, daß die Bedingungen α) und β') von Satz 1 erfüllt sind. β') ist trivialerweise erfüllt, denn $f^*(V - \overset{-1}{\eta}(L))$ liegt innerhalb eines hinreichend großen Kreises um den Ursprung der w-Ebene, da $f^* \mid V - \overset{-1}{\eta}(L)$ beschränkt ist. Um α) zu verifizieren, beachten wir, daß man jede Funktion $a_\beta^*(x)$ auf Grund des für komplexe Mannigfaltigkeiten geltenden Riemannschen Fortsetzungssatzes zu einer in ganz $\eta(V)$ holomorphen Funktion $a_\beta(x)$ fortsetzen kann, da $a_\beta^*(x)$ als β-te elementarsymmetrische Funktion von $f^* \mid V - \overset{-1}{\eta}(L)$ bei Annäherung an L stets beschränkt bleibt. Es ist nun evident, daß für jedes $y \in \overset{-1}{\eta}(L)$ die Menge B_y der Berührungspunkte der Bildfilterbasis $f^*(\mathfrak{U}_{V - \overset{-1}{\eta}(L)}(y))$ höchstens aus den Nullstellen der Gleichung $\omega(w; \eta(y)) = 0$, wo $\omega(w; x) := w^{b^*} + \sum_{\beta=1}^{b^*} a_\beta(x) \times \times w^{b^*-\beta}$, besteht und daher diskret in der w-Ebene liegt. Also ist $f^*: V - \overset{-1}{\eta}(L) \to C^1(w)$ nach Satz 1 eindeutig zu einer stetigen Abbildung f von ganz V in die w-Ebene fortsetzbar. Die fortgesetzte Funktion $f \mid V$ ist nach Satz 12 holomorph in V, da sie das Pseudopolynom $\omega(w; x)$ annulliert. Da $f \mid V - D = f^* \mid V - D$, ist somit Satz 13 bewiesen.

3. Wir führen weiter den Begriff der meromorphen Funktion ein.

Definition 10 (Meromorphe Funktion): Unter einer meromorphen Funktion h in einer offenen Menge $W \subset Y$ einer analytischen Überlagerung $\mathfrak{Y} = (Y, \eta, X)$ versteht man eine außerhalb einer in W dünnen Menge Q definierte holomorphe Funktion h mit folgenden Eigenschaften:

α) h ist in keinem Punkt von Q holomorph fortsetzbar.

β) Zu jedem Punkt $y_0 \in Q$ gibt es eine zusammenhängende Umgebung $U \subset W$ und eine in U holomorphe Funktion $g \not\equiv 0$, so daß $g \cdot h \mid U - Q$ in ganz U holomorph fortsetzbar ist.

Die Menge Q heißt die *Polstellenmenge* von h; ist Q leer, so ist h holomorph in W. Summe und Produkt zweier in W meromorphen Funktionen h_1, h_2 können in naheliegender Weise definiert werden, sie sind wieder meromorphe Funktionen in W. — Die vorstehende Definition der meromorphen Funktion stimmt, falls $Y = X$ der Träger der trivialen Überlagerung ist, mit der für komplexe Mannigfaltigkeiten geläufigen Definition überein.

Man überlegt (unter Verwendung von Satz 13) sofort:

Es sei $\mathfrak{Y} = (Y, \eta, X)$ eine analytische Überlagerung und h eine in Y außerhalb einer dünnen Menge D holomorphe Funktion. Dann definiert h genau dann (in natürlicher Weise) eine in Y meromorphe Funktion, wenn es zu jedem Punkt $y_0 \in D$ eine zusammenhängende Umgebung U und eine in U holomorphe Funktion $g \not\equiv 0$ gibt, so daß $g \cdot h \mid U - D$ beschränkt ist.

Wir beweisen:

a) *Ist h meromorph in Y mit der Polstellenmenge Q, so gibt es zu jedem Punkt $x_0 \in \eta(Q)$ eine zusammenhängende Umgebung V und eine in V holomorphe Funktion $a(x) \not\equiv 0$, so daß $(a \circ \eta) \cdot h$ in ganz $\overset{-1}{\eta}(V)$ holomorph fortsetzbar ist.*

Wir brauchen nur zu zeigen, daß es zu jedem Punkt $y_0 \in Q$ über x_0 ein V und ein $a(x) \not\equiv 0$ gibt, so daß $(a \circ \eta) \cdot h$ in y_0 hinein holomorph fortsetzbar ist. Nach Voraussetzung gibt es eine zusammenhängende Umgebung U von y_0 und eine in U holomorphe Funktion $g \not\equiv 0$, so daß $g \cdot h | U - Q$ beschränkt ist. Man kann offensichtlich U so wählen, daß (U, η, V), $V := \eta(U)$, eine analytische Überlagerung ist. Dann annulliert $g|U$ ein Polynom

$$\omega(w; x) \equiv w^s + a_1(x) \cdot w^{s-1} + \cdots + a_s(x)$$

mit in V holomorphen Koeffizienten. Der Quotient $p(y) := \dfrac{(a_s \circ \eta)(y)}{g(y)}$ ist außerhalb der Menge $\{y \in U, g(y) = 0\}$ holomorph; überdies ist $p(y)$ in ganz U holomorph fortsetzbar, da $p(y)$ das Polynom

$$\widetilde{\omega}(w; x) \equiv w^s + a_{s-1}(x) \cdot w^{s-1} + a_{s-2}(x)\, a_s(x) \cdot w^{s-2} + \cdots + a_1(x)\, a_s^{s-2}(x) \cdot w + a_s^{s-1}(x)$$

annulliert. Aus der Gleichung $(a_s \circ \eta) \cdot h = \left(\dfrac{a_s \circ \eta}{g}\right)(g \cdot h)$ folgt dann, daß $V = \eta(U)$ und $a(x) := a_s(x)$ die verlangten Eigenschaften haben.

Der Ring der in Y bzw. X meromorphen Funktionen sei fortan mit $K(Y)$ bzw. $K(X)$ bezeichnet. Es gilt in Analogie zu Satz 12:

Satz 12': Auf einer analytischen Überlagerung $\mathfrak{Y} = (Y, \eta, X)$ sei außerhalb einer in Y dünnen Menge D eine stetige Funktion h gegeben. Dann definiert h genau dann eine in Y meromorphe Funktion mit einer Polstellenmenge $Q \subset D$, wenn h ganz algebraisch über $K(X)$ ist. Es gilt stets: $(h : K(X)) \leqq b(\mathfrak{Y})$.

Beweis: Es werde zunächst angenommen, daß es eine in Y meromorphe Funktion h' mit einer Polstellenmenge $Q \subset D$ gibt, so daß $h'|Y - D = h|Y - D$. Dann ist $h|Y - D$ insbesondere holomorph; analog wie im Beweis von Satz 12 findet man daher Funktionen $a_1(x), \ldots, a_b(x)$, $b = b(\mathfrak{Y})$, die in $X - \eta(D)$ holomorph sind, so daß $h|Y - \overset{-1}{\eta}(\eta(D))$ das Polynom $\omega(w; x) = w^b + a_1(x) w^{b-1} + \cdots + a_b(x)$ annulliert. Es bleibt zu zeigen, daß alle Koeffizienten $a_\beta(x)$ in X meromorph fortsetzbar sind, $\beta = 1, \ldots, b$. Sei $x_0 \in \eta(D)$ ein beliebiger Punkt. Nach a) gibt es eine zusammenhängende Umgebung V von x_0 und eine in V holomorphe Funktion $a(x) \not\equiv 0$, so daß $(a \circ \eta) \cdot h' | \overset{-1}{\eta}(V) - \overset{-1}{\eta}(\eta(D))$ zu einer in ganz $\overset{-1}{\eta}(V)$ holomorphen Funktion h^* fortsetzbar ist. h^* annulliert ersichtlich das Polynom

$$\omega^*(w; x) = w^b + a_1(x)\, a(x)\, w^{b-1} + \cdots + a_{b-1}(x)\, a(x)^{b-1} w + a_b(x)\, a(x)^b.$$

Da die Koeffizienten desselben die elementarsymmetrischen Funktionen von $h^* | \overset{-1}{\eta}(V)$ sind, folgt, daß alle Funktionen $a_\beta(x)\, a(x)^\beta$ holomorph in ganz V fortsetzbar sind, $\beta = 1, \ldots, b$. Das bedeutet aber, daß $a_1(x), \ldots, a_b(x)$ in V meromorph fortsetzbar sind. Mithin ist h ganz algebraisch über $K(X)$.

Es sei umgekehrt h ganz algebraisch über $K(X)$; h annulliere etwa das Polynom

$$\omega(w; x) = w^b + a_1(x)\, w^{b-1} + \cdots + a_b(x), \quad a_\beta(x) \in K(X), \ \beta = 1, \ldots, b.$$

Dann gibt es eine nirgends dichte analytische Menge S in X, so daß $a_\beta(x)|X - S$ holomorph ist, $\beta = 1, \ldots, b$. Daher gibt die in $Y - D$ stetige Funktion h in natürlicher Weise zu einer in $Y - \overset{-1}{\eta}(S)$ holomorphen Funktion $\check{h}$ Anlaß, die außerhalb $D \cup \overset{-1}{\eta}(S)$ mit h übereinstimmt. Nun gibt es zu jedem Punkt $y_0 \in \overset{-1}{\eta}(S)$ nach Voraussetzung eine zusammenhängende Umgebung V von $\eta(y_0)$ und eine in V holomorphe Funktion $a(x) \not\equiv 0$, so daß jede Funktion $a(x) \cdot a_\beta(x)$ zu einer in ganz V holomorphen Funktion $a_\beta^*(x)$ fortsetzbar ist. Dann bleibt aber $(a \circ \eta) \cdot \check{h}|V - \overset{-1}{\eta}(S)$ bei Annäherung an y_0 beschränkt, da $(a \circ \eta) \cdot \check{h}$ über $V - \overset{-1}{\eta}(S)$ das Polynom

$$\omega^*(w; x) = w^b + \sum_{\beta=1}^{b} (a_\beta^*(x) \cdot a(x)^\beta)\, w^{b-\beta}$$

annulliert. Also ist $\check{h}$ und folglich h meromorph in Y, fortsetzbar q.e.d.

Wir werden in § 13 das folgende Fortsetzungslemma für meromorphe Funktionen benutzen:

b) *(Fortsetzungslemma): Es sei $\mathfrak{Y} = (Y, \eta, X)$ eine analytische Überlagerung und $M \subset X$ eine mindestens 2-codimensionale analytische Menge in X. Dann ist jede in $Y - \overset{-1}{\eta}(M)$ meromorphe Funktion h^* eindeutig zu einer in ganz Y meromorphen Funktion h fortsetzbar.*

Der Beweis ist trivial: Nach Satz 12′ annulliert h^* ein Polynom

$$\omega^*(w; x) = w^b + a_1(x)\, w^{b-1} + \cdots + a_b(x)$$

mit in $X - M$ meromorphen Koeffizienten. Nach einem klassischen Satz über die Fortsetzbarkeit meromorpher Funktionen in komplexen Mannigfaltigkeiten sind alle Koeffizienten $a_\beta^*(x)$ zu in ganz X meromorphen Funktionen fortsetzbar. Es sei S eine in X nirgends dichte analytische Menge, so daß alle Funktionen $a_\beta^*(x)$ in $X - S$ holomorph sind. Dann gibt h^* in natürlicher Weise zu einer in $Y - \overset{-1}{\eta}(S)$ holomorphen Funktionen h Anlaß. Da h nach dem Vorstehenden ganz algebraisch über $K(X)$ ist, folgt aus Satz 12′, daß h^* in ganz Y meromorph fortsetzbar ist.

4. Ist $\mathfrak{Y} = (Y, \eta, X)$ eine analytische Überlagerung, so ist auf Y die Garbe $\mathcal{O}(Y)$ der holomorphen Funktionskeime ausgezeichnet. In diesem Abschnitt sollen einige Aussagen über die algebraische Struktur der Halme $\mathcal{O}_y$ dieser Garbe bewiesen werden.

Mit $\mathcal{O}(X)$ werde die Garbe der in der komplexen Mannigfaltigkeit X holomorphen Funktionen bezeichnet. Jeder Halm $\mathcal{O}_x, x \in X$, ist zu einem „Potenzreihenring" (von im Nullpunkt eines Zahlenraumes konvergenten Potenzreihen) isomorph. Daher gilt nach bekannten Sätzen:

c) *Alle Halme $\mathcal{O}_x, x \in X$, sind noethersche Integritätsringe, für die der Satz von der eindeutigen Primelementzerlegung gilt. Insbesondere ist $\mathcal{O}_x$ ganz abgeschlossen (in seinem Quotientenkörper).*

Jeder Halm $\mathcal{O}_y$ von $\mathcal{O}(Y)$ läßt sich in natürlicher Weise als Oberring von $\mathcal{O}_{\eta(y)} \subset \mathcal{O}(X)$ auffassen; jedes Element von $\mathcal{O}_y$ ist ganz algebraisch über $\mathcal{O}_{\eta(y)}$ höchstens vom Grad $b(\mathfrak{Y})$. Wir behaupten:

Satz 14: Jeder Halm $\mathcal{O}_y$ ist ein ganz abgeschlossener noetherscher Integritätsring. $\mathcal{O}_y$ ist ein endlicher $\mathcal{O}_{\eta(y)}$-Modul.

Beweis: Wir zeigen zunächst, daß $\mathcal{O}_y$ stets nullteilerfrei ist. Es seien $f, g \in \mathcal{O}_y$ mit $f \cdot g = 0 \in \mathcal{O}_y$. Dann gibt es eine zusammenhängende Umgebung U von y und in U holomorphe Repräsentanten $\bar{f}, \bar{g}$ von f, g mit $\bar{f} \cdot \bar{g} = 0|U$. η bildet U mit Ausnahme einer U nirgends zerlegenden Menge N lokal topologisch in X ab. Daher folgt sofort: $\bar{f}|U - N = 0$ oder $\bar{g}|U - N = 0$. Aus Stetigkeitsgründen gilt dann auch: $\bar{f}|U = 0$ oder $\bar{g}|U = 0$. Also ist mindestens einer der beiden Keime f, g der Nullkeim.

Wir zeigen weiter, daß $\mathcal{O}_y$ ganz abgeschlossen ist. Sei $h = \frac{f}{g}$, $f, g \in \mathcal{O}_y$, $g \neq 0$, ein Element des Quotientenkörpers von $\mathcal{O}_y$, welches ein Polynom

$$\Omega(w) = w^r + c_1 w^{r-1} + \cdots + c_r, \quad c_1, \ldots, c_r \in \mathcal{O}_y,$$

annulliert. In einer zusammenhängenden Umgebung U von y gibt es holomorphe Repräsentanten $\bar{f}, \bar{g}, \bar{c}_\varrho$ der Keime f, g, c_ϱ, $\varrho = 1, \ldots, r$, es gilt $\bar{g} \not\equiv 0$. h selbst wird dann von der in U meromorphen Funktion $\bar{h} = \frac{\bar{f}}{\bar{g}}$ induziert. Diese Funktion ist außerhalb der in U analytischen Menge $\{y \in U, \bar{g}(y) = 0\}$ holomorph und bleibt bei Annäherung an dieselbe beschränkt, da sie das Polynom

$$\bar{\Omega}(w; y) = w^r + \bar{c}_1(y)\, w^{r-1} + \cdots + \bar{c}_r(y)$$

annulliert. Also ist $\bar{h}|U - \{y \in U, \bar{g}(y) = 0\}$ nach Satz 12 in ganz U holomorph fortsetzbar. Dann ist aber auch der von $\bar{h}$ in y erzeugte Keim h holomorph, d. h. es gilt: $h \in \mathcal{O}_y$.

Um zu beweisen, daß $\mathcal{O}_y$ noethersch ist, genügt es zu zeigen, da $\mathcal{O}_{\eta(y)}$ nach c) noethersch ist, daß $\mathcal{O}_y$ ein endlicher $\mathcal{O}_{\eta(y)}$-Modul ist. Das aber folgt unmittelbar aus folgendem

Lemma: Es sei Γ ein ganz abgeschlossener noetherscher Integritätsring mit vollkommenem Quotientenkörper. Es sei Δ ein Oberintegritätsring von Γ, es gebe eine natürliche Zahl m, derart, daß jedes Element $\delta \in \Delta$ ganz über Γ höchstens vom Grad m ist. Dann ist Δ ein endlicher Γ-Modul.

Der Beweis dieses Lemmas verläuft analog wie in [34], p. 81. — Die restlichen Aussagen von Satz 14 ergeben sich daher, wenn man setzt: $\Gamma = \mathcal{O}_{\eta(y)}$; $\Delta = \mathcal{O}_y$, $m = b(\mathfrak{Y})$.

Anmerkung: Für die Integritätsringe $\mathcal{O}_y, y \in Y$, gilt im allgemeinen nicht der Satz von der eindeutigen Primelementzerlegung.

5. Analytische Überlagerungen sollen im folgenden Paragraphen zur lokalen Charakterisierung der sog. α-Räume herangezogen werden. Dazu benötigen wir jedoch noch den grundlegenden Begriff der holomorphen Abbildung einer analytischen Überlagerung in eine ebensolche.

Definition 11 (Holomorphe Abbildung): Sind $\mathfrak{Y} = (Y, \eta, X)$ und $\mathfrak{Y}' = (Y' \eta', X')$ zwei analytische Überlagerungen, so heißt eine stetige Abbildung $\tau: W \to Y'$ einer offenen Menge $W \subset Y$ in Y' holomorph, wenn folgendes gilt: Ist f' eine holomorphe Funktion in einer offenen Menge $W' \subset Y'$, so ist $f' \circ \tau$ holomorph in $\overset{-1}{\tau}(W') \subset W$.

Nach dieser Definition sind die holomorphen Funktionen auf $\mathfrak{Y}$ genau die holomorphen Abbildungen von Y in die Zahlenebene C^1.

§ 4. Der Begriff des komplexen α-Raumes

1. Komplexe α-Räume sind Hausdorffsche Räume, die mit einer komplexen α-Struktur versehen sind. Wir führen zunächst den Begriff der α-Karte ein. R bezeichne stets einen Hausdorffschen Raum (vgl. zum folgenden auch [17]).

Definition 12 (α-Karte): *Eine α-Karte auf R ist ein Tripel $(U, \psi, \mathfrak{S})$, wo U eine nichtleere offene Menge in R und ψ eine topologische Abbildung von U auf eine analytische Überlagerung $\mathfrak{S} = (Y, \eta, G)$ eines Gebietes G eines komplexen Zahlenraumes C^n ist.*

Zwischen α-Karten wird eine „Verträglichkeitsbeziehung" definiert.

Definition 13 (Holomorph verträgliche α-Karten): Zwei α-Karten $(U_i, \psi_i, \mathfrak{S}_i)$, $i = 1,2$, auf R heißen holomorph verträglich, wenn $U_1 \cap U_2$ leer ist oder wenn

$$\psi_2 \circ \psi_1^{-1} : \psi_1(U_1 \cap U_2) \to \psi_2(U_1 \cap U_2)$$

eine biholomorphe (= umkehrbar holomorphe) Abbildung ist.

Holomorph verträgliche α-Karten werden zu α-Atlanten zusammengefaßt.

Definition 14 (α-Atlas): Ein α-Atlas auf R ist eine Kollektion von paarweise miteinander holomorph verträglichen α-Karten $(U_\iota, \psi_\iota, \mathfrak{S}_\iota)$, $\iota \in I$, wobei $\bigcup_{\iota \in I} U_\iota = R$.

Gibt es auf R einen α-Atlas, so ist R im kleinen einer analytischen Überlagerung homöomorph und somit lokal kompakt und lokal wegzusammenhängend. Daher zerfällt R in kanonischer Weise in zusammenhängende Komponenten $R_\varkappa$, $\varkappa \in K$. Jede solche Komponente $R_\varkappa$ besitzt eine wohlbestimmte komplexe Dimension $d(R_\varkappa) < \infty$. Die Dimension von R selbst wird definiert durch $d(R) = \sup_{\varkappa \in K} d(R_\varkappa)$; offensichtlich kann $d(R)$ unendlich sein. Haben alle Komponenten von R die gleiche Dimension d, so nennt man R rein d-dimensional; man schreibt dann auch: $R = R^d$.

Ein α-Atlas auf R heißt *vollständig*, wenn jede α-Karte auf R, die mit allen α-Karten des Atlas holomorph verträglich ist, zu diesem Atlas gehört. Ein vollständiger α-Atlas auf R heißt auch ein *α-Strukturatlas*.

Man zeigt leicht, daß jeder α-Atlas auf R in eindeutiger Weise vervollständigt werden kann.

Definition 15 (α-Raum): Ein Hausdorffscher Raum R, der mit einem vollständigen α-Atlas versehen ist, heißt ein komplexer α-Raum (kurz: α-Raum).

Der Überlagerungsraum Y einer jeden analytischen Überlagerung $\mathfrak{Y} = (Y, \eta, X)$ einer komplexen Mannigfaltigkeit X, insbesondere also X selbst, kann in kanonischer Weise als α-Raum aufgefaßt werden: man gibt sich eine offene Überdeckung $\{U_\iota\}_{\iota \in I}$ von X so vor, daß jedes U_ι durch eine biholomorphe Abbildung ψ_ι auf ein Gebiet in einem Zahlenraum abbildbar ist. Dann ist offensichtlich $\{(\overset{-1}{\eta}(U_\iota), j_\iota, \mathfrak{S}_\iota), \iota \in I\}$, wo $\mathfrak{S}_\iota := (\overset{-1}{\eta}(U_\iota), \psi_\iota \circ \eta, \psi_\iota(U_\iota))$ und j_ι die Identität ist, ein α-Atlas auf Y. Derselbe kann zu einem α-Strukturatlas auf Y vervollständigt werden, der ersichtlich unabhängig von der Wahl der Überdeckung $\{U_\iota\}_{\iota \in I}$ ist.

Definition 16 (Uniformisierbarer Punkt): Ein Punkt r eines α-Raumes R heißt uniformisierbar, wenn es eine α-Karte (U, ψ, 𝔖), r ∈ U, des α-Strukturatlas von R gibt, so daß 𝔖 die triviale Überlagerung eines Gebietes eines Zahlenraumes ist.

Es folgt sofort:

a) *Ein α-Raum R ist genau dann eine komplexe Mannigfaltigkeit, wenn alle Punkte von R uniformisierbar sind.*

Jeder uniformisierbare Punkt ist ein zellularer Punkt; es sind den Verff. keine Beispiele von α-Räumen mit nicht uniformisierbaren Punkten, die zellular sind, bekannt.

Jede nichtleere offene Menge R' eines α-Raumes R ist in natürlicher Weise mit einem α-Strukturatlas versehen und mithin ein α-Raum. Das topologische Produkt zweier α-Räume trägt ebenfalls einen natürlichen α-Strukturatlas (man benutze § 2. a)) und ist daher ein α-Raum.

2. In α-Räumen lassen sich die Grundbegriffe der Funktionentheorie einführen. Mit R werde stets ein α-Raum bezeichnet.

Definition 17 (Holomorphe Funktion): Eine komplex-wertige Funktion f in einer offenen Menge $W \subset R$ heißt holomorph in W, wenn für jede α-Karte (U, ψ, 𝔜), $U \subset W$, des α-Strukturatlas von R die Funktion $f \circ \psi^{-1}$ in $\psi(U)$ holomorph ist.

Man überlegt sofort: *$f|W$ ist bereits dann holomorph in W, wenn es zu jedem Punkt $r \in W$ eine α-Karte (U, ψ, 𝔖), $r \in U \subset W$, des α-Strukturatlas von R gibt, so daß $f \circ \psi^{-1}$ in $\psi(U)$ holomorph ist.*

Hieraus folgt: *Ist 𝔜 = (Y, η, X) eine analytische Überlagerung, so ist eine in $W \subset Y$ komplex-wertige Funktion f genau dann holomorph in W im Sinne von Def. 17, wenn sie dort holomorph im Sinne von Def. 8 ist.*

Die Garbe der holomorphen Funktionskeime über einem α-Raum sei wieder mit $\mathcal{O}(R)$ bezeichnet. Wir nennen $\mathcal{O}(R)$ die *α-Strukturgarbe* des α-Raumes R. Aus Satz 14 folgt:

b) *Jeder Halm $\mathcal{O}_r$, $r \in R$, der α-Strukturgarbe $\mathcal{O}(R)$ eines α-Raums R ist ein ganz abgeschlossener noetherscher Integritätsring.*

Nachdem der Begriff der holomorphen Funktion für α-Räume erklärt ist, kann man auch den Begriff der holomorphen Abbildung eines α-Raums in einen anderen einführen. Die Definition 11 kann wörtlich übertragen werden.

3. Es sei R ein α-Raum; mit $\mathfrak{M}_r$ sei der Quotientenkörper von $\mathcal{O}_r$, $r \in R$ bezeichnet. Offensichtlich läßt sich die Menge $\{\mathfrak{M}_r, r \in R\}$ in natürlicher Weise als eine $\mathcal{O}$-Garbe über R auffassen. Wir bezeichnen diese Garbe mit $\mathfrak{M}(R)$ und nennen sie die *Garbe der meromorphen Funktionskeime* über R. $\mathcal{O}(R)$ kann in natürlicher Weise als eine Untergarbe von $\mathfrak{M}(R)$ aufgefaßt werden.

Definition 18 (Meromorphe Funktion): Eine meromorphe Funktion h in einem α-Raum R ist eine Schnittfläche in $\mathfrak{M}(R)$, $h \in H^0(R, \mathfrak{M})$.

Es läßt sich leicht zeigen:

Ist 𝔜 = (Y, η, X) eine analytische Überlagerung einer komplexen Mannigfaltigkeit X, so kann jede meromorphe Funktion auf Y im Sinne von Def. 18

Abbildungen bildet eine (für $q > 1$ nichtabelsche) Gruppe; es gibt eine wohlbestimmte Garbe $GL_{\mathfrak{A}}(q, C)$ über X, so daß $H^0(U, GL_{\mathfrak{A}}(q, C))$ genau diese Gruppe ist.

Wir definieren nun:

Definition 26 (*(X, C^q)-Karte, $\mathfrak{A}$-verträgliche (X, C^q)-Karten*): *Eine (X, C^q)-Karte auf einem topologischen Raum W ist ein Tripel ($U, \varphi, V \times C^q$), wo U eine offene Menge in W, V eine offene Menge in X und $\varphi: U \to V \times C^q$ eine topologische Abbildung von U auf $V \times C^q$ ist.*

Zwei (X, C^q)-Karten ($U_i, \varphi_i, V_i \times C^q$), $i = 1, 2$, auf W heißen $\mathfrak{A}$-verträglich, wenn $\varphi_1(U_1 \cap U_2) = \varphi_2(U_1 \cap U_2) = (V_1 \cap V_2) \times C^q$ und wenn es ein Element $g_{12} \in H^0(V_1 \cap V_2, GL_{\mathfrak{A}}(q, C))$ gibt, so daß gilt:

$$\varphi_1 \circ \varphi_2^{-1}(v \times z) = v \times (g_{12}(v)(z)), \quad v \in V_1 \cap V_2, \; z \in C^q.$$

$\mathfrak{A}$-verträgliche Karten fassen wir zu ($\mathfrak{A}, C^q$)-Atlanten zusammen.

Definition 27 (*($\mathfrak{A}, C^q$)-Atlas*): *Eine Kollektion $\{(U_i, \varphi_i, V_i \times C^q), i \in I\}$ von (X, C^q)-Karten auf einem topologischen Raum W heißt ein ($\mathfrak{A}, C^q$)-Atlas auf W, wenn $W = \bigcup_{i \in I} U_i$, $X = \bigcup_{i \in I} V_i$, und zwei beliebige Karten aus der Kollektion stets $\mathfrak{A}$-verträglich sind.*

Zu jedem ($\mathfrak{A}, C^q$)-Atlas $\{(U_i, \varphi_i, V_i \times C^q), i \in I\}$ auf X gehört offensichtlich ein eindeutig bestimmter Cozyklus $\{g_{ij}\} \in Z^1(\mathfrak{V}, GL_{\mathfrak{A}}(q, C))$ aus der Menge der $\mathfrak{V}$-Cozyklen mit Koeffizienten in $GL_{\mathfrak{A}}(q, C)$, wenn $\mathfrak{V}$ die Überdeckung $\{V_i, i \in I\}$ von X bezeichnet. Man kann umgekehrt zeigen:

f) *Ist $\mathfrak{V} = \{V_i, i \in I\}$ eine offene Überdeckung von X und $\{g_{ij}\} \in Z^1(\mathfrak{V}, GL_{\mathfrak{A}}(q, C))$ irgendein $\mathfrak{V}$-Cozyklus, so gibt es einen topologischen Raum W und einen ($\mathfrak{A}, C^q$)-Atlas auf W, zu dem dieser $\mathfrak{V}$-Cozyklus gehört.*

Ist auf W ein ($\mathfrak{A}, C^q$)-Atlas gegeben, so gibt es eine natürliche stetige Abbildung $\pi: W \to X$ auf X, derart, daß jeder Punkt $x \in X$ eine Umgebung V besitzt, so daß $\overset{-1}{\pi}(V)$ homöomorph dem Produktraum $V \times C^q$ ist. Man definiert π vermöge der (X, C^q)-Karten des gegebenen ($\mathfrak{A}, C^q$)-Atlas; die $\mathfrak{A}$-Verträglichkeit dieser Karten hat zur Konsequenz, daß die Definition von π unabhängig von der Wahl der Karten ist. Wir nennen π die Projektion von W auf X.

Definition 28 (*($\mathfrak{A}, C^q$)-Struktur*): *Ein ($\mathfrak{A}, C^q$)-Atlas heißt eine ($\mathfrak{A}, C^q$)-Struktur auf W, wenn der gegebene Atlas vollständig ist, d. h. wenn jede (X, C^q)-Karte auf W, die mit allen (X, C^q)-Karten des ($\mathfrak{A}, C^q$)-Atlas $\mathfrak{A}$-verträglich ist, zum ($\mathfrak{A}, C^q$)-Atlas gehört.*

Offensichtlich kann jeder ($\mathfrak{A}, C^q$)-Atlas auf W in natürlicher Weise zu einer ($\mathfrak{A}, C^q$)-Struktur auf W vervollständigt werden. Zwei ($\mathfrak{A}, C^q$)-Atlanten auf W definieren genau dann dieselbe ($\mathfrak{A}, C^q$)-Struktur auf W, wenn die zu ihnen gehörenden Cozyklen dasselbe Element aus der 1. Cohomologiemenge $H^1(X, GL_{\mathfrak{A}}(q, C))$ repräsentieren; zu jeder ($\mathfrak{A}, C^q$)-Struktur auf W gehört daher ein eindeutig bestimmtes Element $\xi \in H^1(X, GL_{\mathfrak{A}}(q, C))$. Wir definieren nun:

Definition 29 (q-rangiges $\mathfrak{A}$-Vektorraumbündel): Ein topologischer Raum W, der mit einer $(\mathfrak{A}, C^q)$-Struktur versehen ist, heißt ein q-rangiges $\mathfrak{A}$-Vektorraumbündel über X (genauer: über $(X, \mathfrak{A})$).

Ein 1-rangiges $\mathfrak{A}$-Vektorraumbündel über X heißt auch ein $\mathfrak{A}$-*Geradenbündel* über X.

Nach dem Vorstehenden wird offensichtlich jedes q-rangige $\mathfrak{A}$-Vektorraumbündel über X durch ein wohlbestimmtes Element $\xi \in H^1(X, GL_{\mathfrak{A}}(q, C))$ repräsentiert. Wir nennen zwei q-rangige $\mathfrak{A}$-Vektorraumbündel W und W' über X $\mathfrak{A}$-äquivalent, wenn sie durch dasselbe Element $\xi \in H^1(X, GL_{\mathfrak{A}}(q, C))$ gegeben werden. Man zeigt leicht:

g) *Zwei q-rangige $\mathfrak{A}$-Vektorraumbündel W, W' über $(X, \mathfrak{A})$ mit den $(\mathfrak{A}, C^q)$-Strukturen $\{(U_i, \varphi_i, V_i \times C^q), i \in I\}$, $\{(U'_j, \varphi'_j, V'_j \times C^q), j \in I'\}$ sind genau dann $\mathfrak{A}$-äquivalent, wenn es eine topologische Abbildung $\tau: W \to W'$ von W auf W' gibt, die die $(\mathfrak{A}, C^q)$-Struktur von W auf die $(\mathfrak{A}, C^q)$-Struktur von W' abbildet:*

$$\{(\tau(U_i), \varphi_i \circ \tau^{-1}, V_i \times C^q), i \in I\} = \{(U'_j, \varphi'_j, V'_j \times C^q), j \in I'\}.$$

Da nach f) zu jedem $\xi \in H^1(X, GL_{\mathfrak{A}}(q, C))$ ein q-rangiges $\mathfrak{A}$-Vektorraumbündel über $(X, \mathfrak{A})$ gehört, so gilt also:

h) *Die $\mathfrak{A}$-Äquivalenzklassen der q-rangigen $\mathfrak{A}$-Vektorraumbündel über $(X, \mathfrak{A})$ entsprechen in kanonischer Weise eineindeutig den Elementen der Cohomologiemenge $H^1(X, GL_{\mathfrak{A}}(q, C))$. Das triviale Bündel $X \times C^q$ entspricht dem neutralen Element von $H^1(X, GL_{\mathfrak{A}}(q, C))$.*

Sind W bzw. W' zwei $\mathfrak{A}$-Vektorraumbündel über X vom Rang q bzw. q', so ist ihre Whitneysche Summe $W \oplus W'$ und ihr Tensorprodukt $W \otimes W'$ in natürlicher Weise definiert. Beide Bündel sind wieder $\mathfrak{A}$-Vektorraumbündel; $W \oplus W'$ ist $(q + q')$-rangig, $W \otimes W'$ ist vom Rang qq'.

Insbesondere ist also das Tensorprodukt zweier $\mathfrak{A}$-Geradenbündel F, F' über $(X, \mathfrak{A})$ wieder ein $\mathfrak{A}$-Geradenbündel $F \otimes F'$ über X. Werden F, F' bezüglich einer geeigneten Überdeckung $\mathfrak{V} = \{V_i, i \in I\}$ von X durch Cozyklen $\{g_{ij}\}$, $\{g'_{ij}\}$ gegeben (hier sind alle g_{ij}, g'_{ij} nirgends verschwindende morphe Funktionen in $V_i \cap V_j$, für die auch $\overset{-1}{g_{ij}}$ bzw. $\overset{-1}{g'_{ij}}$ jeweils morph in $V_i \cap V_j$ ist), so wird $F \otimes F'$ durch den $\mathfrak{V}$-Cozyklus $\{g_{ij} \cdot g'_{ij}\}$ definiert. Da $GL_{\mathfrak{A}}(1, C)$ eine Garbe von abelschen Gruppen ist, so ist $H^1(X, GL_{\mathfrak{A}}(1, C))$ ebenfalls eine abelsche Gruppe; daher gilt:

i) *Die Menge der $\mathfrak{A}$-Äquivalenzklassen von $\mathfrak{A}$-Geradenbündeln über $(X, \mathfrak{A})$ bildet bezüglich des Tensorprodukts $\otimes$ eine abelsche Gruppe, die in natürlicher Weise zur Cohomologiegruppe $H^1(X, GL_{\mathfrak{A}}(1, C))$ isomorph ist.*

Ist W ein q-rangiges $\mathfrak{A}$-Vektorraumbündel über $(X, \mathfrak{A})$ mit der Projektion $\pi: W \to X$, so heißt eine stetige Abbildung σ einer offenen Menge $V \subset X$ in W eine *Schnittfläche* über V in W, wenn $\pi \circ \sigma$ die Identität ist. *Eine Schnittfläche σ über V in W heißt morph*, wenn es zu jedem Punkt $x_0 \in V$ eine (X, C^q)-Karte $(U', \varphi', V' \times C^q)$ aus dem $(\mathfrak{A}, C^q)$-Strukturatlas von W mit $x_0 \in V' \subset V$ gibt, so daß die Abbildung

$$V' \xrightarrow{\varphi' \circ \sigma} V' \times C^q \to C^q$$

durch q in V' morphe Funktionen $f_1, \ldots, f_q$ beschrieben werden kann.

Die Gesamtheit der Keime der morphen Schnittflächen in W bildet eine $\mathfrak{A}$-Garbe $\mathfrak{W}$ über X. Ist $\mathfrak{A}$ kohärent, so ist $\mathfrak{W}$ offensichtlich frei vom Range q, denn jeder Punkt $x \in X$ besitzt eine Umgebung U, so daß $\mathfrak{W}(U)$ zur Garbe $\mathfrak{A}^q(U)$ $\mathfrak{A}$-isomorph ist. Man zeigt nun sofort, daß auch umgekehrt zu jeder über X freien kohärenten $\mathfrak{A}$-Garbe $\mathfrak{W}$ vom Rang q ein q-rangiges $\mathfrak{A}$-Vektorraumbündel W über $(X, \mathfrak{A})$ gehört, so daß $\mathfrak{W}$ $\mathfrak{A}$-isomorph zur Garbe der Keime der morphen Schnittflächen in W ist.

§ 6. Der Begriff des komplexen β-Raumes

1. Jeder Bereich B des C^n ist, versehen mit der Garbe $\mathcal{O}(B)$ der in B holomorphen Funktionskeime, ein geringter Raum. Die analytischen Mengen M in B können nach § 5.2 in natürlicher Weise mit einer Strukturgarbe $\mathcal{O}(M)$ versehen und somit als geringte Unterräume $(M, \mathcal{O}(M))$ von $(B, \mathcal{O}(B))$ aufgefaßt werden; dies soll im folgenden stets geschehen. Man definiert nun:

Definition 30 (β-Raum): Ein geringter Hausdorffscher Raum $(R, \mathcal{O}(R))$ heißt ein komplexer β-Raum (kurz: β-Raum), wenn jeder Punkt $r \in R$ eine Umgebung U besitzt, so daß $(U, \mathcal{O}(U))$ bimorph auf eine analytische Menge $(M, \mathcal{O}(M))$ eines Bereiches eines komplexen Zahlenraumes abbildbar ist.

Die Strukturgarbe $\mathcal{O}(R)$ heißt eine β-Struktur auf R.

Komplexe Mannigfaltigkeiten, versehen mit der Garbe der holomorphen Funktionskeime, sind die einfachsten Beispiele von β-Räumen. Weitere Beispiele sind die analytischen Mengen in einer komplexen Mannigfaltigkeit.

Auf einer lokal irreduziblen analytischen Menge M in einem Polyzylinder $Z := \{|z_1| < a_1, \ldots, |z_n| < a_n\}$, die über $Z^d := \{|z_1| < a_1, \ldots, |z_d| < a_d\}$ ausgebreitet liegt, ist somit neben der in § 4 definierten α-Struktur noch eine β-Struktur definiert. Wir bezeichnen die entsprechenden Strukturgarben mit $\mathcal{O}^{(\alpha)}(M)$ und $\mathcal{O}^{(\beta)}(M)$. Es gilt stets $\mathcal{O}^{(\beta)}(M) \subset \mathcal{O}^{(\alpha)}(M)$; im allgemeinen gilt: $\mathcal{O}^{(\beta)}(M) \neq \mathcal{O}^{(\alpha)}(M)$. Als einfaches Beispiel hierzu betrachten wir im C^2 die durch die Gleichung $z_2^{p_2} - z_1^{p_1} = 0$, $p_1 > 1$, $p_2 > 1$, $(p_2, p_1) = 1$, definierte lokal irreduzible analytische Menge M, die über $C^1(z_1)$ liegt. Der α-Raum $(M, \mathcal{O}^{(\alpha)})$ wird durch die Gleichungen $z_1 = t^{p_2}$, $z_2 = t^{p_1}$ biholomorph auf die komplexe t-Ebene abgebildet. Es gilt: $\mathcal{O}_z^{(\beta)} = \mathcal{O}_z^{(\alpha)}$ für alle $z \neq 0$; dagegen ist $\mathcal{O}_0^{(\beta)}$ echt in $\mathcal{O}_0^{(\alpha)}$ enthalten. Faßt man die Ringe $\mathcal{O}_0^{(\beta)}$ bzw. $\mathcal{O}_0^{(\alpha)}$ als Vektorräume über C auf, so ist leicht zu zeigen, daß der Quotientenvektorraum $\mathcal{O}_0^{(\alpha)}/\mathcal{O}_0^{(\beta)}$ die Dimension $\frac{(p_1-1)(p_2-1)}{2}$ hat[23]).

Wir bezeichnen mit $(R, \mathcal{O}(R))$ im folgenden stets einen β-Raum; statt $(R, \mathcal{O}(R))$ schreiben wir auch kurz wieder R. In β-Räumen sagt man statt morph üblicherweise holomorph, statt romorph meromorph und statt $\mathcal{O}$-Menge analytische Menge. Man beweist unmittelbar, daß jede analytische Menge A in R, versehen mit der induzierten Garbe $\mathcal{O}(A)$, wieder ein β-Raum (genauer: ein β-Unterraum von R) ist. Weiter gilt:

a) *Eine Abbildung $\varphi: R \to C^n$ ist genau dann holomorph, wenn die n Koordinatenfunktionen $z_\nu \circ \varphi$, $\nu = 1, \ldots, n$, holomorph in R sind.*

---

[23]) Eine allgemeine Aussage über die Dimension solcher Quotientenvektorräume für β-Strukturen auf „ebenen Kurven" findet sich in [13].

Wir nennen eine β-Struktur $\mathcal{O}'(R)$ auf R eine *Verfeinerung* einer β-Struktur $\mathcal{O}(R)$, wenn jeder Halm $\mathcal{O}'_r$ ein Oberring von $\mathcal{O}_r$ ist, $r \in R$. Eine β-Struktur heißt *maximal*, wenn sie keine echte Verfeinerung gestattet.

Ist $\mathcal{O}'(R)$ eine Verfeinerung von $\mathcal{O}(R)$, so ist die Identität $i: (R, \mathcal{O}') \to (R, \mathcal{O})$ eine holomorphe Abbildung. Ein bekannter Satz über die holomorphe Umkehrbarkeit von holomorphen Abbildungen zwischen komplexen Mannigfaltigkeiten sagt aus, daß die β-Struktur einer komplexen Mannigfaltigkeit maximal ist.

2. Ein Paar (U, ψ) heißt eine β-Karte auf R, wenn U eine offene Menge in R und ψ eine biholomorphe Abbildung von U auf eine in einem Bereich $B \subset C^n$ analytische Menge $\psi(U)$ ist. Laut Definition gestattet R Überdeckungen $\{U_\iota\}$, so daß U_ι jeweils Träger einer β-Karte auf R ist. Man überlegt sofort:

b) *Ist $\{U_\iota\}$ eine offene Überdeckung eines Hausdorffschen Raumes R und ψ_ι eine topologische Abbildung von U_ι auf eine analytische Menge $\psi_\iota(U_\iota)$ eines Bereiches $B_\iota \subset C^{n_\iota}$, derart, daß alle Abbildungen*

$$\psi_{\iota_1} \circ \psi_{\iota_0}^{-1} : \psi_{\iota_0}(U_{\iota_0} \cap U_{\iota_1}) \to \psi_{\iota_1}(U_{\iota_0} \cap U_{\iota_1})$$

biholomorph sind, so gibt es genau eine β-Struktur $\mathcal{O}(R)$ auf R, so daß die Paare (U_ι, ψ_ι) β-Karten sind.

Das topologische Produkt von β-Räumen kann in natürlicher Weise als ein β-Raum aufgefaßt werden. Es gilt nämlich (vgl. [31]):

c) *Sind R_1, R_2 zwei β-Räume, so gibt es auf dem Produktraum $R_1 \times R_2$ genau eine β-Struktur mit folgenden Eigenschaften: Sind (U_i, ψ_i) β-Karten auf R_i, $i = 1, 2$, so ist $(U_1 \times U_2, \psi_1 \times \psi_2)$ eine β-Karte auf $R_1 \times R_2$.*

Es ist klar, daß es höchstens eine solche β-Struktur auf $R_1 \times R_2$ gibt. Die Existenz selbst ergibt sich sofort aus b), da aus a) unmittelbar folgt: *Sind M_i, M'_i, $i = 1, 2$, analytische Mengen in Bereichen von Zahlenräumen und $\varphi_i : M_i \to M'_i$, $i = 1, 2$, Abbildungen, so ist $\varphi_1 \times \varphi_2 : M_1 \times M_2 \to M'_1 \times M'_2$ genau dann holomorph, wenn φ_1 und φ_2 holomorph sind.*

Ein β-Raum R ist lokal nicht notwendig reindimensional. Aus dem Korollar zu Satz 3 und Satz 4 ergibt sich aber sofort:

d) *Ist R in einer Umgebung eines Punktes $r \in R$ rein d-dimensional, so gibt es eine β-Karte (U, ψ), $r \in U$, auf R, so daß $\psi(U)$ eine analytische Menge in einem Polyzylinder $Z := \{|z_1| < a_1, \ldots, |z_n| < a_n\}$ eines C^n, $n \geqq d$ ist, die über $Z^d := \{|z_1| < a_1, \ldots, |z_d| < a_d\}$ ausgebreitet liegt.*

Eine in R analytische Menge A heißt *niederdimensional*, wenn für alle Punkte $r \in A$ gilt: $d_r(A) < d_r(R)$. Ist A niederdimensional, so liegt A nirgends dicht in R, kann R jedoch zerlegen.

3. Wir nehmen eine erste (grobe) Klassifizierung der Punkte eines β-Raumes R vor.

Definition 31 (Gewöhnlicher Punkt): Ein Punkt $r \in R$ heißt ein gewöhnlicher Punkt von R, wenn es eine Umgebung U von r gibt, so daß $(U, \mathcal{O}(U))$ eine komplexe Mannigfaltigkeit ist.

Wir zeigen zunächst, daß diese Definition des gewöhnlichen Punktes für analytische Mengen $(M, \mathcal{O}(M))$ mit der früher auf p. 256 gegebenen Definition übereinstimmt.

e) *Ist M eine analytische Menge in $B \subset C^n(z)$, so ist ein Punkt $z' \in M$ genau dann ein gewöhnlicher Punkt von M im Sinn der Definition auf p. 256, wenn $(M, \mathcal{O}(M))$ in der Umgebung von z' eine komplexe Mannigfaltigkeit ist.*

Beweis: Sei z' ein gewöhnlicher Punkt von M im Sinn der früheren Definition; es gelte $d_{z'}(M) = m < n$. Dann läßt sich M bei geeigneter Numerierung der $z_1, \ldots, z_n$ in der Umgebung von $z' \in C^n$ durch Gleichungen

$$(*) \qquad z_{m+1} - f_{m+1}(z_1, \ldots, z_m) = 0, \ldots, z_n - f_n(z_1, \ldots, z_m) = 0$$

mit holomorphen Funktionen f_μ darstellen, $\mu = m+1, \ldots, n$. Die Projektion $z \to (z_1, \ldots, z_m)$ ist, wie ohne weiteres ersichtlich, eine biholomorphe Abbildung einer Umgebung von $z' \in M$ auf eine offene Menge des $C^m(z_1, \ldots, z_m)$.

Sei umgekehrt M in der Umgebung von $z' \in M$ eine komplexe Mannigfaltigkeit. Dann gibt es eine Umgebung W von $z' \in M$ und eine biholomorphe Abbildung φ von W auf eine offene Menge Z eines $C^m(u_1, \ldots, u_m)$. Die Funktion $u_\mu \circ \varphi$ ist in $z' \in M$ holomorph und somit in der Nähe von z' die Beschränkung einer in einer n-dimensionalen Umgebung von $z' \in C^n$ holomorphen Funktion $h_\mu(z_1, \ldots, z_n)$ auf M, $\mu = 1, \ldots, m$. Wird nun $\varphi^{-1}: Z \to W$ durch die n in Z holomorphen Funktionen

$$z_1 = g_1(u_1, \ldots, u_m), \ldots, z_n = g_n(u_1, \ldots, u_m)$$

beschrieben, so ergibt sich für $u_\mu = (u_\mu \circ \varphi) \circ \varphi^{-1}$ in der Umgebung von $\varphi(z')$ die Darstellung

$$u_\mu = h_\mu(g_1(u_1, \ldots, u_m), \ldots, g_n(u_1, \ldots, u_m)), \quad \mu = 1, \ldots, m.$$

Aus den Gleichungen

$$\delta_{\mu j} = \frac{\partial h_\mu}{\partial z_\nu} \cdot \frac{\partial g_\nu}{\partial u_j}, \quad \mu, j = 1, \ldots, m,$$

folgt dann, daß die Funktionalmatrix der Abbildung φ^{-1} im Punkt $\tau(z')$ den Rang m hat. Daher kann man bei geeigneter Numerierung der $z_1, \ldots, z_n$ das Funktionensystem $z_1 = g_1(u_1, \ldots, u_m), \ldots, z_m = g_m(u_1, \ldots, u_m)$ in der Umgebung von $\varphi(z')$ holomorph umkehren. Daraus ergibt sich, daß M in der Umgebung von z' durch Gleichungen der Form (*) darstellbar ist, w.z.b.w.

Man zeigt leicht, daß der Begriff des gewöhnlichen Punktes eines β-Raumes biholomorph invariant ist, genauer: *Sind R, S zwei β-Räume und ist $\tau: R \to S$ eine biholomorphe Abbildung von R auf S, so ist $r \in R$ genau dann ein gewöhnlicher Punkt von R, wenn $\tau(r) \in S$ ein gewöhnlicher Punkt von S ist.*

Wir bezeichnen im folgenden stets mit N die Menge der nicht gewöhnlichen Punkte von R. Dann gilt:

Satz 16: Die Menge N ist eine niederdimensionale analytische Menge in R. Der β-Raum $R - N$ ist eine komplexe Mannigfaltigkeit.

Beweis: Sicher ist N abgeschlossen in R. Wählt man zu jedem Punkt $r \in N$ eine β-Karte (U, ψ), $r \in U$, auf R, so ist $\psi(N \cap U)$ genau die Menge der nicht gewöhnlichen Punkte von $\psi(U)$. Daher folgt die Behauptung des Satzes aus § 6. e) und § 1. l).

4. Ist r ein beliebiger Punkt eines β-Raumes R, so „erzeugt" R in r endlich viele ausgezeichnete Mengenkeime. Ist nämlich (U, ψ), $r \in R$, eine β-Karte auf R, so erzeugt $\psi(U)$ in $\psi(r)$ endlich viele analytische Primkeime, denen Mengenkeime in $r \in R$ entsprechen. Man überzeugt sich leicht, daß diese Mengenkeime unabhängig von der Wahl der β-Karte (U, ψ) definiert sind. Wir nennen sie die Primkeime von R in r; ihre Anzahl heiße die *Keimzahl* von R in r und werde mit $k(r)$ bezeichnet.

Die Menge aller Primkeime von R gibt, analog wie bei analytischen Mengen, wieder Anlaß zur sog. Normalisierung von R. Wir führen diesen für die allgemeine Theorie der β-Räume grundlegenden Begriff axiomatisch ein.

Definition 32 (Normalisierung eines β-Raumes): Es sei R ein β-Raum, N sei die Menge der nicht gewöhnlichen Punkte von R. Ein Paar (R^*, ϱ) heißt eine Normalisierung von R, wenn folgendes gilt:

0) *R^* ist ein lokal kompakter, lokal zusammenhängender Raum, $\varrho : R^* \to R$ ist eine stetige nirgends entartete eigentliche Abbildung von R^* auf R.*

1) *$\overset{-1}{\varrho}(N)$ zerlegt R^* nirgends; $\varrho : R^* - \overset{-1}{\varrho}(N) \to R - N$ ist topologisch.*

Wir zeigen sogleich:

Satz 17: Zu jedem β-Raum R existiert eine Normalisierung (R^*, ϱ). Ist $('R^*, '\varrho)$ eine weitere Normalisierung von R, so gibt es eine topologische Abbildung τ von $'R^*$ auf R^* mit $'\varrho = \varrho \circ \tau$.

Beweis: Um die Existenz einer Normalisierung (R^*, ϱ) einzusehen, bezeichnen wir mit R^* die Menge aller Primkeime p_r, $r \in R$. Es gibt eine natürliche Projektion $\varrho : R^* \to R$. Eine Topologie werde in R^* wie folgt eingeführt: Es sei U irgendeine analytische Menge in einer offenen Menge von R; jeder Primkeim p_r^*, den U in irgendeinem Punkt $r \in U$ erzeugt, sei ein Primkeim von R in r. Dann heiße die Menge aller dieser Primkeime $\{p_r^*, r \in U\}$ offen in R^*. Dadurch wird in R^* eine Topologie erzeugt, offensichtlich ist ϱ stetig und nirgends entartet. Da R^* lokal jeweils dem Träger M^* der Normalisierung einer analytischen Menge M in einem Bereich $B \subset C^n$ homöomorph ist, folgt leicht aus § 1 f), daß R^* lokal kompakt und lokal zusammenhängend und ϱ eigentlich ist. Aus Satz 7 ergibt sich weiter, daß $\overset{-1}{\varrho}(N)$ den Raum R^* nirgends zerlegt und $\varrho : R^* - \overset{-1}{\varrho}(N) \to R - N$ topologisch ist.

Die (bis auf Äquivalenz) behauptete Eindeutigkeit von (R^*, ϱ) ergibt sich analog wie im Beweis von Satz 7 aus Satz 2.

Im folgenden bezeichnen wir mit (R^*, ϱ) stets die im Vorstehenden konstruierte Normalisierung von R; wir nennen sie die Normalisierung von R. Es ergibt sich sofort aus § 1 f) und aus der Anmerkung zu Satz 7:

R^* ist lokal wegzusammenhängend, die Menge $\overset{-1}{\varrho}(r)$, $r \in R$, besteht aus genau $k(r)$ Punkten. Ist A eine niederdimensionale analytische Menge in R, so zerlegt $\overset{-1}{\varrho}(A)$ den Raum R^* nirgends.

Der Raum R^* zerfällt insbesondere in natürlicher Weise in zusammenhängende Komponenten $R_\varkappa^*$, $\varkappa \in K$. Wir setzen $R_\varkappa = \varrho(R_\varkappa^*)$ und nennen die Mengen $R_\varkappa$, $\varkappa \in K$, die irreduziblen Komponenten von R. Es gilt:

Wir beweisen weiter:

(2) *Ist R ein irreduzibler β-Raum, so gibt es zu jedem Punkt $r_0 \in R$ eine relativ kompakte Umgebung V von r_0 und eine Umgebung U von A, so daß $V - U$ nicht leer ist und für jede in V holomorphe Funktion f gilt:* $\sup|f(V)| = \sup|f(V-U)|$.

Als irreduzibler β-Raum ist R reindimensional; es gelte etwa $d(X) = d$. Dann gibt es zu jedem Punkt $r_0 \in R$ eine β-Karte (V', ψ), $r_0 \in V'$, so daß $\psi(V') =: M'$ eine analytische Menge in einem Polyzylinder $Z := \{z : |z_1| < a_1, \ldots, |z_n| < a_n\}$ des C^n, $n \geqq d$ ist, die über $Z^d := \{|z_1| < a_1, \ldots, |z_d| < a_d\}$ ausgebreitet liegt; wir dürfen $\psi(r_0) = O \in C^n$ annehmen (vgl. § 6, d)). Offensichtlich ist nur der Fall $r_0 \in A$ zu behandeln. Man kann durch eine lineare Transformation der $z_1, \ldots, z_d$ allein erreichen, daß die in Z analytische Menge $M^* := \psi(V' \cap A)$ über $Z^{d-1} := \{|z_2| < a_2, \ldots, |z_d| < a_d\}$ liegt (im Falle $d = 1$ besteht M^* nur aus O); man darf sogar annehmen, daß die abgeschlossene Hülle $\overline{M}^*$ von M^* keinen Punkt mit der Menge $T := \{z \in \overline{Z}, |z_1| = a_1, |z_\delta| = a_\delta, \delta = d+1, \ldots, n\}$ gemeinsam hat. Sei nun $Z^* := \left\{z \in Z, |z_2| < \frac{a_2}{2}, \ldots, |z_d| < \frac{a_d}{2}\right\}$. Wir setzen $V := \overset{-1}{\psi}(M' \cap Z^*)$ und wählen ein Umgebung U von $A \subset R$ so, daß $U^* := \psi(V \cap U)$ sich nicht gegen T häuft; ein solches U existiert offensichtlich. Dann ist $V - U$ nicht leer; wir behaupten, daß für U und V die Aussage (2) gilt. Dazu genügt es zu zeigen, daß für jede in $M := M' \cap Z^*$ holomorphe Funktion f die Gleichung $\sup|f(M)| = \sup|f(M - U^*)|$ besteht. Wäre das für ein f nicht der Fall, so gäbe es einen Punkt $b = (b_1, \ldots, b_n) \in U^*$ mit $|f(b)| > \sup|f(M - U^*)|$. Wir betrachten dann den Schnitt S von M mit der $(n-d-1)$-dimensionalen analytischen Ebene $\{z : z_2 = b_2, \ldots, z_d = b_d\}$. S ist eine rein 1-dimensionale analytische Menge in Z; für die in S holomorphe Funktion $f|S$ gilt: $|f(b)| > \sup|f(S - S \cap U^*)|$. Da aber $b \in S \cap U^*$ und $S \cap U^*$ nach Wahl von U^* relativ kompakt in S liegt, widerspricht dies dem Maximum-Prinzip.

Nunmehr läßt sich Hilfssatz 4 einfach beweisen. Wegen (1) dürfen wir R als irreduzibel annehmen. Wir wählen gemäß (2) zu jedem Punkt $r \in K$ eine relativ kompakte Umgebung $V(r)$ und eine Umgebung $U(A)$. K wird als kompakte Menge durch endlich viele Umgebungen $V(r)$, etwa $V_1, \ldots, V_s$, überdeckt. Bezeichnen wir mit $U_1, \ldots, U_s$ die zugehörigen Umgebungen von A, so setzen wir: $R' := \bigcup_{\sigma=1}^{s} V_\sigma$, $U := \bigcap_{\sigma=1}^{s} U_\sigma$. Offensichtlich ist $R' - U$ nicht leer, und es gilt für R' und U die im Hilfssatz behauptete Ungleichung für alle in R' holomorphen Funktionen f.

3. Es ist jetzt möglich, in wenigen Schritten den Satz von HARTOGS zu beweisen. Wegen der lokalen Natur des Satzes dürfen wir ohne Einschränkung der Allgemeinheit voraussetzen, daß die Räume R_1 und R_2 eine abzählbare Topologie haben und daß die nach (A) in $R_1 \times R_2$ stetige Funktion f beschränkt in $R_1 \times R_2$ ist. Wir zeigen zunächst:

(a) *Es gibt eine abgeschlossene Nachbarschaft* $U_1 \neq R_1$ *der Menge* N_1 *der nicht gewöhnlichen Punkte von* R_1, *so daß jede Folge* $\{g_\nu\}$ *von in* $R_1 \times S$ *holomorphen Funktionen, die in* $(R_1 - U_1) \times S$ *kompakt konvergiert, auch in* $R_1 \times S$ *kompakt konvergiert; hierbei ist* S *irgendein* β*-Raum*[28]).

Wir schöpfen R_1 durch eine Folge $Q_1, Q_2, \ldots$ von relativ kompakten Teilbereichen aus: $\ldots \Subset Q_n \Subset Q_{n+1} \Subset \ldots$. Wir wählen gemäß Hilfssatz 4 zur kompakten Menge $\bar{Q}_n$ eine Umgebung U_n von N_1 und einen relativ kompakten Bereich $R'_n \subset R$, $R'_n \supset \bar{Q}_n$. Man kann (durch evtl. Fortlassen gewisser Q_ν) erreichen, daß gilt: $Q_{n+1} \supset R'_n$. Dann ist $Q_{n+1} - U_n$ nie leer, und für jede in Q_{n+1} holomorphe Funktion g gilt: $\sup |g(Q_n)| \leqq \sup |g(Q_{n+1} - U_n)|$. Setzt man $U' := \bigcup_{k=1}^{\infty} (Q_{k+1} \cap U_1 \cap \cdots \cap U_k)$, so ist U' eine Umgebung von N_1, so daß $Q_{n+1} - U'$ niemals leer ist. Man folgert leicht, daß für jede in R_1 holomorphe Funktion g gilt: $\sup |g(Q_n)| \leqq \sup |g(Q_{n+1} - U')|$, $n = 1, 2, \ldots$. Es hat nun jede in U' enthaltene abgeschlossene Nachbarschaft U_1 von N_1, für die $\partial U' \cap U_1$ leer ist, die in (1) behauptete Eigenschaft: Ist nämlich $\{g_\nu\}$ eine Folge in $R_1 \times S$ holomorpher Funktionen, die in $(R_1 - U_1) \times S$ kompakt konvergiert, und ist B irgendeine in $R_1 \times S$ kompakte Menge, so wähle man ein q und eine in S kompakte Menge L so, daß $B \subset Q_q \times L$. Es gilt für jedes $y \in S$ und alle n, m:

$$\sup_{r_1 \in Q_q} |g_n(r_1, y) - g_m(r_1, y)| \leqq \sup_{r_1 \in Q_{q+1} - U'} |g_n(r_1, y) - g_m(r_1, y)| \,.$$

Da $Q_{q+1} - U'$ relativ kompakt in $R_1 - U_1$ liegt, kann man nach Voraussetzung zu jedem $\varepsilon > 0$ ein p_0 so finden, daß $|g_n(r_1, y) - g_m(r_1, y)| < \varepsilon$, falls $n, m \geqq p_0$ und $(x_1, y) \in (Q_{q+1} - U') \times L$. Mithin gilt erst recht:

$$\sup_{(r_1, y) \in B} |g_n(r_1, y) - g_m(r_1, y)| < \varepsilon \,,$$

falls $n, m \geqq p_0$, w.z.b.w.

Nach bekannten Sätzen gibt es in der komplexen Mannigfaltigkeit $R_1 - U_1$ eine Riemannsche Metrik, so daß $R_1 - U_1$ bezüglich des zugehörigen Oberflächenelementes do einen endlichen Inhalt hat. Es bezeichne H den Vektorraum der in R_1 holomorphen Funktionen g, die in $R_1 - U_1$ in bezug auf do quadratintegrierbar sind $\left(\int_{R_1 - U_1} |g|^2 do < \infty\right)$. In H liegen sicher alle in R_1 beschränkten holomorphen Funktionen. Wir führen vermöge der Gleichung $(g_1, g_2) := \int_{R_1 - U_1} g_1 \bar{g}_2 \, do$, $g_1, g_2 \in H$, in H ein Skalarprodukt ein. Ist $\{g_\nu\}$ eine Cauchyfolge in H (d. h. gibt es zu jedem $\varepsilon > 0$ ein n_0, so daß $(g_\nu - g_\mu, g_\nu - g_\mu) < \varepsilon$ für alle $\nu, \mu > n_0$), so konvergiert — wie sich aus geläufigen Abschätzungen ergibt — die Folge $\{g_\nu\}$ kompakt in $R_1 - U_1$ und nach (a) also auch kompakt in R_1. Aus Satz 28 ergibt sich, daß die Grenzfunktion wieder in R_1 holomorph ist. Da sie überdies in $R_1 - U_1$ auch quadratintegrierbar ist, folgt, daß H ein Hilbertraum ist. Man beweist ferner leicht, daß es ein abzählbares vollständiges Orthonormalsystem $\{g_\nu\}$ in H gibt (vgl. [14], p. 245).

---

[28]) In der Terminologie von [14] ist $R_1 \times S$ also die Konvergenzhülle von $(R_1 - U_1) \times S$.

1-codimensionale analytische Menge in M ist, φ eigentlich und nirgends entartet abbildet, und jede mindestens 1-codimensionale analytische Menge in einem Teilbereich von Y diesen Teilbereich nirgends zerlegt, so folgt, daß (Y, φ) eine Normalisierung von M ist. Nach Satz 24 gibt es auf Y genau eine β_n-Struktur $\mathcal{O}'(Y)$, so daß $\varphi: (Y, \mathcal{O}'(Y)) \to (M, \mathcal{O}(M))$ holomorph ist. Die Identität $i: (Y, \mathcal{O}'(Y)) \to (Y, \mathcal{O}(Y))$ ist dann, beschränkt auf Y_0, biholomorph. Da β_n-Räume und α_c-Räume vom Typ F sind, ist dann i sogar biholomorph schlechthin. Mithin ist die α_c-Struktur $\mathcal{O}(U)$ über U auch eine β_n-Struktur.

3. Wir werden in den restlichen Paragraphen dieser Arbeit den folgenden Hauptsatz beweisen:

Satz 32: Jeder α-Raum ist ein β_n-Raum.

Hierzu genügt es, auf Grund von Satz 31, folgendes zu zeigen:

Satz 33: Jede analytische Überlagerung $\mathfrak{Y} = (Y, \eta, X)$ einer komplexen Mannigfaltigkeit X ist eine algebroide Überlagerung.

Der Beweis dieser Aussage wird in mehreren Schritten geführt.

§ 11. Typen analytischer Überlagerungen

1. Um eine bequeme Ausdrucksweise zu gewinnen, wollen wir auch analytische Überlagerungen von α-Räumen betrachten.

Definition 37 (Analytische Überlagerung eines α-Raumes): Es sei R ein α-Raum. Ein Tripel $\mathfrak{Y} = (Y, \eta, R)$ heißt eine analytische Überlagerung von R, wenn

1) *Y ein lokal kompakter Raum und $\eta: Y \to R$ eine stetige eigentliche und nirgends entartete Abbildung von Y auf R ist,*

2) *es eine analytische Menge A in R gibt, so daß $\overset{-1}{\eta}(A)$ den Raum Y nirgends zerlegt und $\eta: Y - \overset{-1}{\eta}(A) \to R - A$ lokal topologisch ist.*

Die in § 2 für analytische Überlagerungen komplexer Mannigfaltigkeiten eingeführten Begriffe übertragen sich unmittelbar; insbesondere kann man holomorphe Funktionen in offenen Mengen von Y betrachten und somit die Garbe $\mathcal{O}(Y)$ der Keime von holomorphen Funktionen in Y definieren. Man zeigt leicht:

Der Raum Y ist, versehen mit der Strukturgarbe $\mathcal{O}(Y)$, ein α-Raum, die Abbildung $\eta: Y \to R$ ist holomorph. $\mathcal{O}(Y)$ ist die einzige α-Struktur auf Y, so daß η holomorph ist.

η induziert wieder eine Einbettung von $I(R)$ in den Ring $I(Y)$ der in Y holomorphen Funktionen. Wie in § 2 zeigt man:

$$(I(Y) : I(R)) \leq b(\mathfrak{Y}) = \text{Blätterzahl von } \mathfrak{Y}^{29)}\,.$$

2. Mit G werde fortan ein beliebiges einfach zusammenhängendes Gebiet im C^n der komplexen Veränderlichen $z = (z_1, \ldots, z_n)$ bezeichnet. P^1 sei die

[29]) Wir setzen: $(I(Y): I(R)) := \max\limits_{f \in I(Y)} (f: I(R))$.

Riemannsche Zahlenkugel mit der inhomogenen Veränderlichen w; der unendlich ferne Punkt von P^1 heiße p_∞. A sei eine rein n-dimensionale analytische Menge in $B := G \times P^1$; wir wollen stets $A \subset B_1 := G \times \{w, |w| < 1\}$ voraussetzen. Dann gilt, wie leicht einzusehen (vgl. Satz 3):

Es gibt ein Polynom $\omega(w; z) = w^k + a_1(z) w^{k-1} + \cdots + a_k(z)$ mit in G holomorphen Koeffizienten $a_\varkappa(z)$, $\varkappa = 1, \ldots, k$, das keine mehrfachen Faktoren enthält, so daß A die genaue Nullstellenmenge von $\omega(w; z)$ ist.

Es werde definiert:

Definition 38 (a-Überlagerung): Eine analytische Überlagerung von $B = G \times P^1$ heißt eine a-Überlagerung, wenn sie höchstens über einer in $B_1 = G \times \times \{w, |w| < 1\}$ enthaltenen analytischen Menge A verzweigt ist.

Ist $\mathfrak{P} = (P, \pi, B)$ eine b-blättrige a-Überlagerung von B, so besteht die Beschränkung $\mathfrak{P} | B_2 = (\overset{-1}{\pi}(B_2), \pi, B_2)$ von $\mathfrak{P}$ auf $B_2 := G \times (\{w, |w| > 1\} \cup p_\infty)$ aus genau b schlichten, nicht zusammenhängenden Blättern; denn B_2 ist einfach zusammenhängend.

Der folgende elementare Satz zeigt, daß jede analytische Überlagerung „lokal" als Teil einer a-Überlagerung aufgefaßt werden kann.

Satz 34: Es sei $\mathfrak{Y} = (Y, \eta, X)$ eine analytische Überlagerung einer rein $(n+1)$-dimensionalen komplexen Mannigfaltigkeit X. Dann gibt es zu jedem Punkt $x_0 \in X$ eine komplexe Karte (U, ψ) mit $x_0 \in U$ und eine a-Überlagerung $\mathfrak{P} = (P, \pi, B)$ eines Gebietes $B = G \times P^1(w)$, $G \subset C^n(z)$ mit folgender Eigenschaft: die Menge $V := \psi(U)$ ist in B enthalten; es gibt eine biholomorphe Abbildung $\Phi : \overset{-1}{\eta}(U) \to \overset{-1}{\pi}(V)$, so daß $\psi \circ \eta = \pi \circ \Phi$.

Beweis: Es sei M eine rein n-dimensionale analytische Menge in X, über der alle Verzweigungspunkte von $\mathfrak{Y}$ liegen. Gilt $x_0 \notin M$, so ist $\mathfrak{Y}$ über x_0 unverzweigt, und die Aussage des Satzes ist trivial. Sei also $x_0 \in M$. Man kann dann eine relativ kompakte Umgebung U von x_0 und eine biholomorphe Abbildung ψ von $\overline{U}$ auf eine Menge $\overline{V}$ des $C^{n+1}(z_1, \ldots, z_n, w)$ mit $\psi(x_0) = O$ finden, so daß das „Ebenenstück" $\{x \in U, z_\nu \circ \psi(x) = 0, \nu = 1, \ldots, n\}$ die Menge M in x_0 punkthaft schneidet; (U, ψ) ist ersichtlich eine komplexe Karte auf X mit $x_0 \in U$. Offensichtlich kann man U so wählen, daß gilt:

$$V = G \times K, \text{ wo } G := \{z, |z_1| < 1, \ldots, |z_n| < 1\}, \quad K := \left\{w, |w| < \frac{1}{2}\right\},$$

und $\psi(M) \cap (G \times \partial K)$ leer ist.

Die Abbildung ψ induziert eine Überlagerung $\mathfrak{P}'$ von $\overline{V}$, die über $G \times \partial K$ unverzweigt ist. Wir fassen nun w als inhomogene Koordinate einer Riemannschen Zahlenkugel P^1 auf und ziehen den folgenden, weiter unten bewiesenen Hilfssatz heran:

Hilfssatz 5: Es sei T ein Gebiet des C^n und S ein einfach zusammenhängendes Gebiet mit glattem Rand ∂S in einer Riemannschen Zahlenkugel. Dann läßt sich jede endlich-blättrige, unverzweigte und unbegrenzte Überlagerung von $T \times \partial S$ zu einer analytischen Überlagerung von $T \times \overline{S}$ fortsetzen, die höchstens über einer Ebene $T \times p_0$ verzweigt ist; dabei ist $p_0 \in S$ ein beliebig wählbarer Punkt.

Wir formulieren und beweisen nun den benutzten

Hilfssatz 6: Es seien $\omega_\varrho(z_1; z_2, \ldots, z_n)$ *Pseudopolynome in* z_1 *mit im Polyzylinder* $D_2 := \{(z_2, \ldots, z_n), |z_2| < \varepsilon_2, \ldots, |z_n| < \varepsilon_n\}$ *holomorphen Koeffizienten,* $\varrho = 1, \ldots, r$. ω_ϱ *sei irreduzibel über* D_2 *und vom Grade* k_ϱ *in* z_1, $\varrho = 1, \ldots, r$; *für das Produkt* $\omega := \prod_{\varrho=1}^{r} \omega_\varrho$ *gelte:*

$$\left\{z, \omega(z) = 0, \frac{\partial \omega}{\partial z_1}(z) = 0\right\} \subset E := \{z, z_2 = 0\}.$$

Wird dann die natürliche Zahl s *von allen Zahlen* $k_1, \ldots, k_r$ *geteilt, so zerfällt das Pseudopolynom*

$$\omega^*(z_1^*; z_2^*, \ldots, z_n^*) = \omega(\alpha(z^*)),$$

wobei $\alpha: z^* \to z$ *die Abbildung* $z_1 = z_1^*$, $z_2 = (z_2^*)^s$, $z_3 = z_3^*, \ldots, z_n = z_n^*$ *ist, über dem Polyzylinder* $D_2^* := \{(z_2^*, \ldots, z_n^*), |z_2^*| < \sqrt[s]{\varepsilon_2}, |z_3^*| < \varepsilon_3, \ldots, |z_n^*| < \varepsilon_n\}$ *in Linearfaktoren.*

Beweis: Ist der Hilfssatz für ein s richtig, so auch für jedes ganze Vielfache desselben. Wir dürfen daher ohne Einschränkung der Allgemeinheit $\omega(z)$ selbst als irreduzibel über D_2 voraussetzen und $s = k$ annehmen, wenn k der Grad von ω in z_1 ist. Es sei dann $Y' := \{z, \omega(z) = 0\}$ und $\eta: Y' \to D_2$ die Projektion $z \to (z_2, \ldots, z_n)$. Das Tripel $\mathfrak{Y}' = (Y' - \overset{-1}{\eta}(E), \eta, D_2 - E)$ ist eine s-blättrige unverzweigte Überlagerung von $D_2 - E$, die zusammenhängend ist, da ω irreduzibel ist. $\mathfrak{Y} = (Y, \eta, D_2)$ sei die eindeutig bestimmte Fortsetzung von $\mathfrak{Y}'$ zu einer analytischen Überlagerung von D_2. Die Funktion $z_1 = f(y) \mid Y$, die man durch holomorphe Fortsetzung der Funktion $z_1 \mid Y' - \overset{-1}{\eta}(E)$ erhält, genügt der Gleichung $\omega = 0$. Da $\mathfrak{Y}$ äquivalent zur Windungsüberlagerung $\mathfrak{W}_s$ ist (vgl. § 2), kann f als eindeutige Funktion $f\left(\sqrt[s]{z_2}, z_3, \ldots, z_n\right)$ aufgefaßt werden. Die Menge $\{z^* \in D_2^*, \omega^*(z^*) = 0\}$ ist daher die Vereinigungsmenge der Graphen der Funktionen $z_1^* = f(\varepsilon^\sigma z_2^*, z_3^*, \ldots, z_n^*)$, $\sigma = 1, \ldots, s$, wobei ε eine primitive s-te Einheitswurzel ist. Somit folgt:

$$\omega^*(z^*) = \prod_{\sigma=1}^{s} (z_1^* - f(\varepsilon^\sigma z_2^*, z_3^*, \ldots, z_n^*)),$$

w.z.b.w.

6. In § 14 werden wir zeigen, daß jede c-Überlagerung eine algebroide Überlagerung ist. Daraus folgt, daß auch jede b-Überlagerung algebroid ist, denn wir zeigen jetzt unter Benutzung des letzten Satzes:

Satz 38: Ist jede c-Überlagerung algebroid, so ist auch jede b-Überlagerung algebroid.

Beweis: Sei $\mathfrak{Y} = (Y, \eta, X)$ eine b-Überlagerung, die höchstens über der b-Menge $M \subset X$ verzweigt ist. Es ist nur zu zeigen, daß jeder Punkt $x \in M$ eine Umgebung D besitzt, so daß $\mathfrak{Y} \mid D$ algebroid ist. D, $\mathfrak{Y}^* = (Y^*, \eta, D^*)$, $\mathfrak{D} = (D^*, \alpha, D)$, $\hat{\mathfrak{D}} = (Y^*, \hat{\alpha}, V)$ seien gemäß Satz 37 gewählt. Nach Voraussetzung ist $\mathfrak{Y}^*$ eine algebroide Überlagerung. Werden D und D^* hinreichend klein gewählt, so gilt sogar:

$$(I(Y^*) : I(D^*)) = b(\mathfrak{Y}^*), \quad (I(D^*) : I(D)) = b(\mathfrak{D}) \; (= s).$$

Aus der Gleichung

$$(I(Y^*):I(D)) = (I(Y^*):I(D^*))\cdot(I(D^*):I(D)) = (I(Y^*):I(V))\,(I(V):I(D))$$

folgt nun wegen $b(\mathfrak{Y}^*) = b(\mathfrak{Y})$ und $b(\hat{\mathfrak{S}}) = b(\mathfrak{S})$:

$$(I(Y^*):I(V))\cdot(I(V):I(D)) = b(\hat{\mathfrak{S}})\cdot b(\mathfrak{Y})\,.$$

Da sicher $(I(Y^*):I(V)) \leqq b(\hat{\mathfrak{S}})$, $(I(V):I(D)) \leqq b(\mathfrak{Y})$, so muß gelten: $(I(V):I(D)) = b(\mathfrak{Y})$. Mithin ist $\mathfrak{Y}\,|\,D$ eine algebroide Überlagerung, w.z.b.w.

Aus Satz 38 ergibt sich sofort, wenn man voraussetzt, daß jede c-Überlagerung algebroid ist:

Satz 39: Jede analytische Überlagerung einer rein 2-dimensionalen komplexen Mannigfaltigkeit ist eine algebroide Überlagerung. Ist $\mathfrak{P} = (P, \pi, B)$, $B = G \times P^1$, $G \subset C^n$, *eine a-Überlagerung, so gibt es eine* $(n-2)$*-dimensionale analytische Menge* N *in* G, *so daß* $\mathfrak{P}\,|\,(G - N)\times P^1 = \big(\overset{-1}{\pi}((G-N)\times P^1),\ \pi,\ (G-N)\times P^1\big)$ *eine algebroide Überlagerung ist.*

§ 12. Bildgarben

1. Es sei X eine beliebige zusammenhängende komplexe Mannigfaltigkeit, $\mathfrak{S}$ eine kohärente analytische Garbe über X. Wir bezeichnen mit $r_x(\mathfrak{S})$ den Rang (die Dimension) des Moduls $\mathfrak{S}_x$ über $\mathcal{O}_x$, $x \in X$ [30]).

Satz 40: $r_x(\mathfrak{S})$ *ist von* $x \in X$ *unabhängig.*

Beweis: Da $\mathfrak{S}$ kohärent ist, gibt es zu jedem Punkt $x_0 \in X$ eine zusammenhängende Umgebung $U(x_0)$, in der eine exakte Sequenz $\mathcal{O}^p \xrightarrow{\alpha} \mathcal{O}^q \xrightarrow{\beta} \mathfrak{S} \to 0$ definiert werden kann. Offensichtlich gilt in jedem Punkte $x \in U$ die Gleichung $r_x(\mathfrak{S}) = q - r_x(\mathfrak{M})$, wobei $\mathfrak{M} \subset \mathcal{O}^q$ die Garbe $\alpha(\mathcal{O}^p)$ bezeichnet. Die Garbe $\mathfrak{M}$ hat aber in jedem Punkte $x \in U$ den gleichen Rang $r_x(\mathfrak{M})$: bezeichnen wir nämlich mit $f_1(x), \ldots, f_p(x)$ die q-tupel holomorpher Funktionen, die vermöge α Bild der p-tupel $(1, 0, \ldots, 0), \ldots, (0, \ldots 0, 1)$ konstanter Funktionen sind, so wird jeder Halm von $\mathfrak{M}$ über U durch die Schnittflächen $f_1(x), \ldots, f_p(x)$ erzeugt, so daß $r_x(\mathfrak{M})$, $x \in U$, immer gleich dem Maximum des Ranges $rg(f_1(x), \ldots, f_p(x))$ der Matrix $(f_1(x), \ldots, f_p(x))$, $x \in U$, ist. Dadurch ist Satz 40 bewiesen.

Definition 43 (Rang): $r(\mathfrak{S}) := r_x(\mathfrak{S})$ *heißt der Rang der Garbe* $\mathfrak{S}$ *über* X.

Bei freien Garben ist $r(\mathfrak{S})$ gleich dem in § 5 definierten Rang.

2. Wir betrachten Untergarben der Garbe $\mathcal{O}^q$ der Keime von holomorphen Funktionen.

Definition 44 (Freie Untergarbe): Es sei X *eine beliebige komplexe Mannigfaltigkeit und* $\mathfrak{S}$ *eine Untergarbe von* $\mathcal{O}^q$ *über* X. *Dann heißt* $\mathfrak{S}$ *in einem Punkt* $x_0 \in X$ *eine freie Untergarbe von* $\mathcal{O}^q$, *wenn in einer Umgebung* $U(x_0)$ *die Garbe* $\mathfrak{S}$ *und die Quotientengarbe* $\mathcal{O}^q/\mathfrak{S}$ *freie Garben sind.* $\mathfrak{S}$ *heißt eine freie Untergarbe über* X, *wenn* $\mathfrak{S}$ *in jedem Punkte* $x \in X$ *eine freie Untergarbe ist.*

---

[30]) Unter dem Rang von $\mathfrak{S}_x$ über $\mathcal{O}_x$ werde wie üblich die Maximalzahl linear unabhängiger Elemente verstanden.

§ 14. Der Hopfsche σ-Prozeß und c-Überlagerungen

1. In diesem Paragraphen soll bewiesen werden, daß jede c-Überlagerung algebroid ist. Der Beweis stützt sich wesentlich auf die Tatsache, daß man „einfache Singularitäten" analytischer Mengen durch Modifikationen auflösen kann. Wir verwenden ausschließlich den verallgemeinerten Hopfschen σ-Prozeß[33]).

Es sei X stets eine rein n-dimensionale komplexe Mannigfaltigkeit und $K \subset X$ eine rein $(n-k)$-dimensionale analytische Menge in X, die nur aus gewöhnlichen Punkten besteht, $2 \leqq k \leqq n$. Durch Anwendung des σ-Prozesses in K läßt sich dann eine komplexe Mannigfaltigkeit $'X$ gewinnen, die durch eine natürliche eigentliche holomorphe Projektion $\pi: {'X} \to X$ auf X abgebildet ist und durch folgende Eigenschaften charakterisiert werden kann:

1) *$\pi \,|\, {'X} - {'K}$, wo $'K := \overset{-1}{\pi}(K)$, ist eine biholomorphe Abbildung von $'X - {'K}$ auf $X - K$.*

2) *Zu jedem Punkt $x_0 \in K$ gibt es eine Umgebung U mit holomorphen Koordinaten $z_1, \ldots, z_n$, so daß gilt:*

a) $U \cap K = \{z \in U, z_1 = \cdots = z_k = 0\}$,

b) *Es gibt eine biholomorphe Abbildung ψ von $\overset{-1}{\pi}(U)$ auf die in $U \times P^{k-1}$ (singularitätenfreie) analytische Menge $\sigma(U) := \{(z, u_1, \ldots, u_k) \in U \times P^{k-1}, z_\varkappa u_\lambda - z_\lambda u_\varkappa = 0,\ \varkappa, \lambda = 1, \ldots, k\}$ mit $\tau \circ \psi = \pi$; dabei sind $u_1, \ldots, u_k$ homogene Koordinaten in P^{k-1}, mit τ wird die Produktprojektion $U \times P^{k-1} \to U$ bezeichnet.*

Man sieht unmittelbar, daß $\overset{-1}{\pi}(x)$, $x \in K$, stets ein $(k-1)$-dimensionaler komplex-projektiver Raum ist; daher ist $'K$ ein komplex-analytisches Faserbündel über K mit dem P^{k-1} als Faser.

Es gilt nun:

Satz 44: Ist $\mathfrak{S}$ eine kohärente analytische Garbe über $'X$, so sind die Bilder $\pi_\nu(\mathfrak{S})$, $\nu = 0, 1, 2, \ldots$ kohärente analytische Garben über X.

Beweis: Da $\pi: {'X} - {'K} \to X - K$ biholomorph abbildet, ist $\pi_0(\mathfrak{S}({'X} - {'K}))$ kohärent, und es gilt: $\pi_\nu(\mathfrak{S}({'X} - {'K})) = 0$ für $\nu \geqq 1$. Sei nun $x_0 \in K$ irgendein Punkt. Wir wählen gemäß 2) eine Umgebung U von x_0 und übertragen $\mathfrak{S}(\overset{-1}{\pi}(U))$ vermöge der biholomorphen Abbildung ψ nach $\sigma(U)$; dadurch erhalten wir die kohärente analytische Garbe $\hat{\mathfrak{S}} := \psi_0(\mathfrak{S})$ über $\sigma(U)$. Offensichtlich gilt: $\tau_\nu(\hat{\mathfrak{S}}) = \pi_\nu(\mathfrak{S})$ für alle $\nu \geqq 0$. Setzt man $\hat{\mathfrak{S}}$ trivial zu einer kohärenten analytischen Garbe $\hat{\mathfrak{S}}'$ über ganz $U \times P^{k-1}$ fort, so folgt: $\pi_\nu(\mathfrak{S}) = \tau_\nu(\hat{\mathfrak{S}}')$ für alle $\nu \geqq 0$. Nach Satz I ist aber $\tau_\nu(\hat{\mathfrak{S}}')$ stets kohärent über U. Da $x_0 \in K$ beliebig gewählt wurde, ist somit bewiesen, daß alle π-Bilder von $\mathfrak{S}$ kohärent über X sind, w.z.b.w.

In der komplexen Mannigfaltigkeit $'X$, die durch einen σ-Prozeß aus der komplexen Mannigfaltigkeit X erzeugt ist, kann man wiederum auf eine mindestens 2-codimensionale analytische Menge den σ-Prozeß anwenden. Man

[33]) Derselbe ist in der algebraischen Geometrie unter dem Namen „monoidale Transformation" bekannt; vgl. hierzu etwa [21].

erhält dann eine komplexe Mannigfaltigkeit $''X$, auf die man wieder den σ-Prozeß anwenden kann usw. Hat man durch q-malige Anwendung des σ-Prozesses die komplexe Mannigfaltigkeit ${}^{(q)}X$ erhalten, so sagt man, daß ${}^{(q)}X$ durch einen q-fach iterierten σ-Prozeß aus X entsteht. Bezeichnet man die Projektion ${}^{(\nu)}X \to {}^{(\nu-1)}X$ mit $\pi^{(\nu)}$, $\nu = 1, \ldots, q$, und setzt man: $\pi := \pi^{(1)} \circ \circ\, \pi^{(2)} \circ \cdots \circ \pi^{(q)}$, so folgt unmittelbar aus Satz 44:

Satz 45: Ist $\mathfrak{S}$ eine kohärente analytische Garbe über ${}^{(q)}X$, so ist das Bild $\pi_0(\mathfrak{S})$ eine kohärente analytische Garbe über X.

2. Es sei nun $M \subset X$ irgendeine c-Menge. N bezeichne die Menge der nichtgewöhnlichen Punkte von M. Ist N nicht leer, so ist N eine rein $(n-2)$-dimensionale analytische Menge in X. Wir beweisen zunächst:

Satz 46: Ist $'X$ durch Anwendung des σ-Prozesses in N aus X entstanden, so ist auch $'M := \overset{-1}{\pi}(M)$ eine c-Menge (π bezeichnet die natürliche Projektion $'X \to X$).

Beweis: Es sei $N \neq 0$, es seien M_ν bzw. N_ν, $\nu = 1, 2, 3, \ldots$ die irreduziblen Komponenten von M bzw. N. Zu jedem M_ν gibt es eine irreduzible $(n-1)$-dimensionale Komponente $'M_\nu$ von $'M$, die vermöge π eineindeutig auf M_ν abgebildet wird. Jede Menge $'N_\nu := \overset{-1}{\pi}(N_\nu)$ ist irreduzibel und besteht nur aus gewöhnlichen Punkten: zwei Mengen $'N_\nu$, $'N_\mu$, $\nu \neq \mu$, sind disjunkt. Es gilt: $'M = \bigcup_\nu {}'M_\nu \cup {}'N$, $'N := \bigcup_\nu {}'N_\nu = \overset{-1}{\pi}(N)$. Da alle Punkte von M_ν gewöhnlich sind, ist auch $'M_\nu$ singularitätenfrei.

Man verifiziert alle diese Aussagen leicht, indem man zu jedem Punkt $x_0 \in N$ eine Umgebung $U(x_0)$ mit in U holomorphen Koordinaten $z_1, \ldots, z_n$ so wählt, daß gilt:

$$x_0 = (0, \ldots, 0)\,, \quad U \cap N = \{z \in U, z_1 = z_2 = 0\},$$

$$U \cap M = \left\{z \in U, \prod_{\sigma=1}^{s} (z_1 - f_\sigma(z_2, \ldots, z_n) = 0)\right\};$$

dabei sind $f_1, \ldots, f_s$ in U holomorphe Funktionen in $z_2, \ldots, z_n$ mit $f_\sigma(0, z_3, \ldots, z_n) \equiv 0$, $\sigma = 1, \ldots, s$. Offensichtlich kann man stets Koordinaten $z_1, \ldots, z_n$ mit diesen Eigenschaften finden. Bei geeigneter Numerierung gilt:

$$M_\sigma \cap U = \{z \in U, z_1 = f_\sigma(z_2, \ldots, z_n)\}\,, \quad \sigma = 1, \ldots, s\,.$$

Wählt man nun eine inhomogene Koordinate w in P^1, so kann $\overset{-1}{\pi}(U)$ mit der in $U \times P^1$ analytischen Menge $\sigma(U) = \{(w, z), z \in U, z_2 \cdot w - z_1 = 0\}$ identifiziert werden. Alsdann gilt:

$$'M_\sigma \cap \overset{-1}{\pi}(U) = \{(w, z), z \in U, w = g_\sigma(z_2, \ldots, z_n), z_1 = f_\sigma(z_2, \ldots, z_n)\}\,,$$

wo $g_\sigma(z_2, \ldots, z_n) := \overset{-1}{z}_2 \cdot f_\sigma(z_2, \ldots, z_n)$ in $z_2, \ldots, z_n$ holomorph ist. Da $(w, z_2, \ldots, z_n)$ (bzw. $(w^{-1}, z_2, \ldots, z_n)$) holomorphe Koordinaten auf $\sigma(U)$ sind, sieht man sofort, daß $'M_\sigma$ in $\overset{-1}{\pi}(U)$ singularitätenfrei liegt.

von M. Dann besitzt zunächst jeder Punkt $x \notin N$ eine Umgebung U, so daß jede Komponente von $\mathfrak{Y} | U$ als Verzweigungspunkte nur Windungspunkte besitzt. Solche Überlagerungen sind aber stets algebroid; daher ist nach Satz 35 auch $\mathfrak{Y} | U$ eine algebroide Überlagerung.

Sei nun $x \in N$. Es gibt dann nach Voraussetzung eine Polyzylinderumgebung U von x mit holomorphen Koordinaten $z_1, \ldots, z_n$, so daß $U \cap M = \{z \in U, z_1 z_2 = 0\}$. Wegen Satz 35 dürfen wir $\overset{-1}{\eta}(U)$ als zusammenhängend voraussetzen. Die Beschränkung $\mathfrak{Y}_\nu(c)$ von $\mathfrak{Y}$ auf ein Ebenenstück $E_\nu := \{z \in U, z_\nu = c\}$, $\nu = 1, 2, c \neq 0$, ist dann — wie ohne weiteres ersichtlich — stets eine analytische Überlagerung. Die Anzahl der zusammenhängenden Komponenten von $\mathfrak{Y}_\nu(c)$ sei mit b_ν bezeichnet; offensichtlich ist b_ν unabhängig von c, $\nu = 1, 2$. Setzt man noch $b := b(\mathfrak{Y} | U)$, so zeigt eine einfache Rechnung, daß $f_1 := \sqrt[b]{z_1^{b_2} z_2^{b_1}}$ und $f_2 := \sqrt[b_1]{z_1}$ als (eindeutige) holomorphe Funktionen auf $\overset{-1}{\eta}(U)$ definiert werden können und daß eine geeignete Linearkombination $f := a_1 f_1 + a_2 f_2$ über einem geeigneten Punkt $\bar{x} \in U$ sicher b verschiedene Werte und damit den Grad b über $I(U)$ hat. Also ist $\mathfrak{Y}$ über einer Umgebung eines jeden Punkts $x \in X$ algebroid und mithin algebroid schlechthin.

Wir zeigen nun als letzten Satz dieses Paragraphen:

Satz 50: Jede c-Überlagerung $\mathfrak{Y} = (Y, \eta, X)$ einer komplexen Mannigfaltigkeit X ist eine algebroide Überlagerung.

Beweis: Es sei M eine c-Menge in X, über der alle Verzweigungspunkte von $\mathfrak{Y}$ liegen. Da die Aussage des Satzes lokaler Natur und für offene relativ kompakte Mengen U von X der Ausdruck $\sup_{x \in U} s(x, M)$ stets endlich ist, so können wir ohne Einschränkung der Allgemeinheit annehmen: $\sup_{x \in X} s(x, M) < \infty$. Nach Satz 47 kann man dann durch einen iterierten σ-Prozeß eine komplexe Mannigfaltigkeit $'X$ gewinnen, so daß $'M := \overset{-1}{\pi}(M)$ primitiv ist (π bezeichne die natürliche Projektion $'X \to X$).

Wir beschränken $\mathfrak{Y}$ auf $X - M$. Die Überlagerung $\mathfrak{Y} | X - M$ gibt, da $\pi : 'X - 'M \to X - M$ biholomorph ist, Anlaß zu einer unverzweigten Überlagerung von $'X - 'M$, die nach Satz 8 zu einer analytischen Überlagerung $'\mathfrak{Y} = ('Y, '\eta, 'X)$ von ganz $'X$ fortsetzbar ist. $'\mathfrak{Y}$ ist eine c-Überlagerung; es gibt eine holomorphe Abbildung $\lambda : 'Y \to Y$ mit $\pi \circ '\eta = \eta \circ \lambda$, die $'Y - \overset{-1}{\eta}('M)$ biholomorph auf $Y - \overset{-1}{\eta}(M)$ abbildet (man benutze Satz 2).

Da $'\mathfrak{Y}$ nach Satz 49 algebroid ist, ist die nullte Bildgarbe $\pi_0('\eta_0(\mathcal{O}('Y)))$ der Strukturgarbe von $'Y$ bezüglich der Abbildung $\pi \circ '\eta$ nach Satz 27 und Satz 45 eine kohärente analytische Garbe $'\mathfrak{S}$ über X. Wir behaupten nun, daß auch $\mathfrak{S} := \eta_0(\mathcal{O}(Y))$ über X kohärent ist. Zu dem Zweck genügt es zu zeigen, daß $\mathfrak{S}$ und $'\mathfrak{S}$ kanonisch isomorph sind. Das wird bewiesen sein, wenn man zu jeder offenen Menge $U \subset X$ einen natürlichen Isomorphismus $\lambda^* : H^0(U, \mathfrak{S}) \to H^0(U, '\mathfrak{S})$ angibt. Jede Schnittfläche über U in $'\mathfrak{S}$ bzw. $\mathfrak{S}$ kann als eine holomorphe Funktion in $(\pi \circ '\eta)^{-1}(U)$ bzw. $\overset{-1}{\eta}(U)$ gedeutet werden. Es induziert $\lambda : (\pi \circ '\eta)^{-1}(U) \to \overset{-1}{\eta}(U)$ aber einen Ringhomomorphismus

$\lambda^*: I(\overset{-1}{\eta}(U)) \to I((\pi \circ '\eta)^{-1}(U))$, der sogar ein Isomorphismus ist, da λ außerhalb $'\overset{-1}{\eta}('M)$ biholomorph ist. λ^* gibt Anlaß zum gesuchten Isomorphismus von $H^0(U, \mathfrak{S})$ auf $H^0(U, '\mathfrak{S})$.

Da die Garbe $\mathfrak{S} = \eta_0(\mathcal{O}(Y))$ mithin kohärent ist, besitzt jeder Punkt $x_0 \in X$ eine Umgebung U, so daß endlich viele Schnittflächen $s^{(1)}, \ldots, s^{(r)}$ in $\mathfrak{S}(U)$ alle Halme von $\mathfrak{S}(U)$ erzeugen. Ist also $s_{x_1} \in \mathfrak{S}_{x_1}$, $x_1 \in U - M$, ein beliebiger Keim einer in $\overset{-1}{\eta}(x_1)$ holomorphen Funktion, so gibt es r holomorphe Funktionskeime $g_{x_1}^{(\varrho)}$ in $x_1 \in X$, $\varrho = 1, \ldots, r$, so daß gilt: $s_{x_1} = \sum_{\varrho=1}^{r} g_{x_1}^{(\varrho)} \cdot s_{x_1}^{(\varrho)}$, dabei bezeichnet $s_{x_1}^{(\varrho)}$ den von $s^{(\varrho)}$ in x_1 erzeugten Keim. Wir wählen nun für s_{x_1} insbesondere einen solchen in $\overset{-1}{\eta}(x_1)$ holomorphen Funktionskeim, der in den $b(\mathfrak{Y})$ verschiedenen Punkten von $\overset{-1}{\eta}(x_1)$ paarweise verschiedene Werte hat. Dann hat auch die in $\overset{-1}{\eta}(U)$ holomorphe Funktion $f = \sum_{\varrho=1}^{r} g_{x_1}^{(\varrho)}(x_1) \cdot s^{(\varrho)}$, wo $g_{x_1}^{(\varrho)}(x_1)$ der Zahlenwert des Keimes $g_{x_1}^{(\varrho)}$ in x_1 ist, $\varrho = 1, \ldots, r$, in $\overset{-1}{\eta}(x_1)$ paarweise verschiedene Werte. Also gilt: $(f : I(U)) = b(\mathfrak{Y})$, so daß $\mathfrak{Y}$ eine algebroide Überlagerung ist.

Literatur

[1] Behnke, H., u. K. Stein: Modifikation komplexer Mannigfaltigkeiten und Riemannscher Gebiete. Math. Ann. **124**, 1—16 (1951). — [2] Bourbaki, N.: Topologie Générale. Chap. I, II. Paris: Hermann u. Cie. 1951. — [3] Bourbaki, N.: Espace vectoriels topologiques. Chap. I, II. Paris: Hermann u. Cie. 1953. — [4] Carathéodory, C.: Über die analytischen Abbildungen von mehrdimensionalen Räumen. Verh. int. Math. Congr. Zürich 1932, vol. I, S. 93—101. — [5] Cartan, H., u. P. Thullen: Zur Theorie der Singularitäten der Funktionen mehrerer komplexer Veränderlichen, Regularitäts- und Konvergenzbereiche. Math. Ann. **106**, 617—647 (1932). — [6] Cartan, H.: Idéaux de fonctions analytiques de n variables complexes. Ann. Ecole norm. sup. **61**, 149—197 (1944). — [7] Cartan, H.: Séminaire E. N. S. 1951/52 (hektographiert). — [8] Cartan, H.: Variétés analytiques complexes et cohomologie. Coll. de Bruxelles, 41—55 (1953). — [9] Cartan, H.: Séminaire E. N. S. 1953/54 (hektographiert). — [10] Cartan, H.: Zur Theorie der analytisch vollständigen Räume (Ref. über [14] im Séminaire Bourbaki). Mai 1955. — [11] Chevalley, C.: Theory of Lie groups. Princeton University Press 1946. — [12] Dieudonné, J.: Une généralisation des espaces compacts. J. Math. Pure Appl. **23**, 65—76 (1944). — [13] Gorenstein, D.: An arithmetic theory of adjoint plane curves. Trans. Amer. math. Soc. **72**, 414—436 (1952). — [14] Grauert, H.: Charakterisierung der holomorph-vollständigen komplexen Räume. Math. Ann. **129**, 233—259 (1955). — [15] Grauert, H., u. R. Remmert: Zur Theorie der Modifikationen I. Stetige und eigentliche Modifikationen komplexer Räume. Math. Ann. **129**, 274—296 (1955). — [16] Grauert, H., u. R. Remmert: Plurisubharmonische Funktionen in komplexen Räumen. Math. Z. **65**, 175—194 (1956). — [17] Grauert, H., u. R. Remmert: Singularitäten komplexer Mannigfaltigkeiten und Riemannsche Gebiete. Math. Z. **67**, 103—128 (1957). — [18] Grauert, H., u. R. Remmert: Sur les revêtements analytiques des variétés analytiques. C. R. Acad. Sci. (Paris) **245**, 918—921 (1957). — [19] Grauert, H., u. R. Remmert: Bilder und Urbilder analytischer Garben. Ann. of Math. (1958). — [20] Hirzebruch, F.: Neue topologische Methoden in der algebraischen Geometrie. Erg. Math. Berlin: Springer 1956. — [21] Hodge, W. V. D., and D. Pedoe: Methods of Algebraic Geometry III. Cambridge University Press 1954. — [22] Hopf, H.: Zur Topologie der komplexen Mannigfaltigkeiten. Studies and Essays presented to R. Courant.

beschriebenen σ-Prozeß[3]) an, d. h. man setze in s_0 in bestimmter Weise eine Riemannsche Zahlenkugel P_0^1 ein. Die unendlich fernen Punkte des entstandenen Raumes X bestehen alsdann aus den drei komplexen Geraden G_1, G_2, P_0^1, von denen G_1 und G_2 unter sich keinen und mit P_0^1 jeweils genau einen Schnittpunkt haben. Andererseits zeigt sich, daß man ebenfalls den Raum X erhält, wenn man in den Schnittpunkten s_1, s_2 der Achsen des einfach-projektiven Raumes P^2 mit der unendlich fernen Geraden P_0^1 den σ-Prozeß anwendet. Die eingesetzten Sphären stimmen dann mit den obigen Geraden G_1 und G_2 überein. — Der Übergang von $P^1 \times P^1$ zu P^2 kann also durch den σ-Prozeß und seine Umkehrung beschrieben werden[4]). Der σ-Prozeß nebst seiner Umkehrung stellt aber, wie man aus der algebraischen Geometrie[5]) weiß, einen Abänderungsprozeß dar, der auf die Funktionentheorie in vielerlei Hinsicht keinen Einfluß hat.

Man kann sich nun die Aufgabe stellen, allgemein solche im Sinne der Funktionentheorie „zulässigen Abänderungsprozesse" zu untersuchen und insbesondere danach trachten, diejenigen Abänderungsprozesse näher zu beschreiben, die die Ringe der holomorphen bzw. die Körper der meromorphen Funktionen invariant lassen. Einen ersten Schritt in dieser Richtung taten H. Behnke und K. Stein[6]). Ausgehend von der Frage nach den möglichen Abschließungen des n-dimensionalen komplexen Zahlenraumes C^n gelangten sie zum Begriff der „Modifikation", der als eine erste Präzisierung des Begriffes der „funktionentheoretisch zulässigen Abänderung" angesehen werden kann.

Sind zwei komplexe Räume X und $'X$ (das sind komplexe Mannigfaltigkeiten mit algebroiden Singularitäten; genaue Definition siehe § 1) vorgegeben und ist N eine abgeschlossene Punktmenge in X, so daß $X - N$ nicht leer und zusammenhängend ist, so heißt nach H. Behnke und K. Stein der komplexe Raum $'X$ eine Modifikation von X in N, wenn $X - N$ Teilgebiet von $'X$ ist, und wenn es zu jeder Umgebung $U(N) \subset X$ und zu jedem Punkt $'x \in 'N = 'X - (X - N)$ eine Umgebung $'U('x) \subset 'X$ gibt, derart, daß $'U('x) \cap (X - N)$ in $U(N) - N$ enthalten ist. — Durch diese Definition wird in der Tat ein Abänderungsprozeß beschrieben: der komplexe Raum X wird durch Ersetzen der Menge $N \subset X$ durch die Punkte einer neuen Menge $'N$ zu einem komplexen Raum $'X$ abgeändert.

---

[3]) H. Hopf: Über komplex-analytische Mannigfaltigkeiten. Rend. Mat. appl. Serie V, **10**, 169—182 (1951), sowie H. Hopf: Schlichte Abbildungen und lokale Modifikationen 4-dimensionaler komplexer Mannigfaltigkeiten. Comm. Math. Helv. **29**, 132—155 (1955).

[4]) Generell lassen sich zwei mehrfach-projektive komplexe Räume gleicher Dimension durch einen verallgemeinerten σ-Prozeß (monoidale Transformation) und seine Umkehrung ineinander überführen. Vgl. hierzu: E. Kreyszig: Stetige Modifikationen komplexer Mannigfaltigkeiten. Math. Ann. **128**, 479—492 (1955); gewisse Resultate der vorliegenden Arbeit sind hier für komplexe Mannigfaltigkeiten bereits angegeben.

[5]) Nach W. V. D. Hodge und D. Pedoe: Methods of Algebraic Geometry III, Cambridge University Press (1954), S. 222 ist ein σ-Prozeß nebst seiner Umkehrung eine birationale Transformation.

[6]) H. Behnke und K. Stein: Modifikation komplexer Mannigfaltigkeiten und Riemannscher Gebiete. Math. Ann. **124**, 1—16 (1951).

Der vorliegenden Arbeit liegt ebenfalls der soeben angegebene Modifikationsbegriff zugrunde. Wir fordern allerdings nicht, daß $X - N$ ein Teilgebiet von $'X$ ist, sondern lediglich, daß es ein Teilgebiet $'X - 'N$ von $'X$ gibt, das durch eine holomorphe Abbildung τ auf $X - N$ eineindeutig bezogen ist. Im übrigen setzen wir voraus, daß die abgeschlossene Menge N lokal jeweils in einer von X verschiedenen analytischen Menge enthalten ist (zur genauen Definition vgl. Def. 1, § 1). Einfache Beispiele zeigen nun[7]), daß bei solchen allgemeinen Modifikationen nicht zu erwarten ist, daß funktionentheoretische Invarianzaussagen, wie sie hier interessieren, gelten können. Daher engen wir den allgemeinen Begriff der Modifikation sofort durch eine Zusatzforderung zum Begriff der stetigen Modifikation ein. Wir nennen einen komplexen Raum $'X$ eine stetige Modifikation eines komplexen Raumes X, wenn $'X$ eine Modifikation von X ist und wenn jede Umgebung U eines beliebigen Punktes aus der zu ersetzenden Menge $N \subset X$ bei Ersetzung der in U liegenden Punkte von N durch Punkte von $'N$ in eine Umgebung eines jeden dieser neuen Punkte übergeht (präzise Fassung siehe Def. 3, § 1). Es zeigt sich (Satz 2, § 2), daß eine Modifikation $'X$ eines komplexen Raumes X genau dann eine stetige Modifikation ist, wenn die eineindeutige holomorphe Modifikationsabbildung τ von $'X - 'N$ auf $X - N$ zu einer holomorphen (nicht notwendig eineindeutigen) Abbildung von $'X$ in X fortsetzbar ist. Man könnte daher die Fortsetzbarkeit der Modifikationsabbildung τ direkt zur Definition der stetigen Modifikation erheben. Eine solche Definition scheint den Verff. jedoch nicht angemessen, da sie sich zu sehr von der intuitiven Grundvorstellung der stetigen Modifikation, die rein topologischer Natur ist, entfernen würde.

Bei einer stetigen Modifikation kann die Menge $N \subset X$ stets so klein gewählt werden, daß kein Punkt von N nur durch einen Punkt von $'N$ ersetzt wird (Satz 3, § 2); solche Modifikationen nennen wir wesentliche Modifikationen. Für wesentliche Modifikationen zeigen wir (Satz 4, § 2), daß die Menge $'N$ stets eine analytische Menge in $'X$ ist, die, falls der Raum X eine n-dimensionale komplexe Mannigfaltigkeit ist, entweder leer oder rein $(n - 1)$-dimensional ist.

Bei einer stetigen wesentlichen Modifikation ist die Menge $N \subset X$ im allgemeinen noch keine analytische Menge in X, wie ein Beispiel in § 4 zeigt. Das erreicht man erst, wenn man den Begriff der stetigen Modifikation noch weiter zum Begriff der eigentlichen Modifikation einschränkt (Satz 5, § 3). Unter einer eigentlichen Modifikation $'X$ eines komplexen Raumes X wird dabei eine stetige Modifikation verstanden, bei der die (fortgesetzte) Modifikationsabbildung τ von $'X$ in X eine eigentliche Abbildung im Sinne von N. BOURBAKI[8]) ist, d. h. bei der die Urbildmengen kompakter Mengen kompakt sind.

Bei einer eigentlichen wesentlichen Modifikation eines n-dimensionalen komplexen Raumes X ist die Menge N stets eine höchstens $(n - 2)$-dimen-

[7]) Vgl. hierzu auch W. STOLL: Über meromorphe Modifikationen. Habilitationsschrift Tübingen 1954, S. 7.

[8]) N. BOURBAKI: Topologie Générale, 2. Aufl., Chap. 1, § 10.9.

mit $a \neq 0$, $a \neq \infty$), deren durch τ vermitteltes Bild in $'X$ auf der Ebene $'z_1 = 0$ wesentliche Singularitäten hat.

Das angegebene Beispiel zeigt, daß der eingeführte Begriff der Modifikation für unsere Belange noch zu weit gefaßt ist. Wir schränken ihn daher durch eine Verschärfung der Bedingung 4., Def. 1 ein.

Def. 3: *Eine Modifikation* $('X, 'N, \tau, N, X)$ *heiße eine stetige Modifikation, wenn sie folgende Bedingung erfüllt:*

4'. *Ist* (U_j), $j \in J$, *eine beliebige offene Überdeckung von* N, *so enthält jede Menge* $\tau^{-1}(U_j - U_j \cap N) \cup 'N$ *eine offene Menge* V_j, *derart, daß die Vereinigung* $\bigcup\limits_{j \in J} V_j$ *eine Umgebung von* $'N$ *ist.*

Diese Definition kann als eine Präzisierung dessen angesehen werden, was man sich intuitiv unter einer zulässigen Einsetzung einer Menge $'N$ in eine Menge N vorstellt. Man möchte jedenfalls erreichen, daß eine jede Umgebung U eines beliebigen Punktes $x \in N$ nach erfolgter Ersetzung der Punkte von $U \cap N$ durch gewisse Punkte von $'N$ in eine Umgebung $'U$ dieser Punkte übergeht. Das aber wird genau durch Definition 3 gewährleistet. Man sieht am obigen Beispiel, daß bei allgemeinen Modifikationen diese Eigenschaft gewissen Umgebungen $U(x)$ nicht zukommt.

§ 2. Eigenschaften stetiger Modifikationen.

Eine grundlegende Eigenschaft stetiger Modifikationen formulieren wir in

Hilfssatz 1: *Ist* $('X, 'N, \tau, N, X)$ *eine stetige Modifikation, so ist die Abbildung* $\tau : 'X - 'N \to X - N$ *in jeden Randpunkt von* $'N$ *stetig fortsetzbar.*

Beweis: Sei $'x \in 'N$ irgendein Randpunkt von $'N$; sei $'x_\nu \in 'X - 'N$ irgendeine gegen $'x$ konvergierende Folge. Um zu zeigen, daß $\tau('x_\nu) \in X - N$ gegen einen Punkt $x \in N$ konvergiert, wählen wir eine offene Überdeckung (U_j) von N durch relativ-kompakte Mengen U_j. Der Punkt $'x$ ist in wenigstens einer der Mengen V_j enthalten, die nach Definition 3 den U_j zugeordnet sind. Da fast alle $'x_\nu$ in der Menge $V_j - V_j \cap 'N$ liegen und dieselbe durch τ in $U_j - U_j \cap N$ abgebildet wird, liegen fast alle $\tau('x_\nu)$ in $U_j - U_j \cap N$. Die Folge $\tau('x_\nu)$ besitzt daher einen Häufungspunkt x auf N. Da die Überdeckung (U_j) von N beliebig fein gewählt werden kann, kann es nicht zwei verschiedene Häufungspunkte geben. Aus diesem Grunde ist x unabhängig von der Wahl der Folge $'x_\nu$ eindeutig durch den Punkt $'x$ bestimmt. Erklärt man nun als τ-Bild von $'x$ den Punkt x, so hat man die gewünschte stetige Fortsetzung von τ.

Aus Hilfssatz 1 folgt

Satz 1: *Ist* $('X, 'N, \tau, N, X)$ *eine stetige Modifikation, so gibt es zu jedem Punkt* $'x \in 'N$ *eine zusammenhängende Umgebung* $'U$ *mit einer* $'N \cap 'U$ *umfassenden analytischen Menge* $'M \neq 'U$. *($'N$ ist dünn in $'X$.)*

Den Beweis dieses Satzes stützen wir auf eine Verallgemeinerung eines bekannten Satzes von T. Radó [14]): *Eine in einem komplexen Raum X stetige und außerhalb ihrer Nullstellen holomorphe Funktion ist holomorph in X.*

---

[14]) T. Radó: Über eine nicht fortsetzbare Riemannsche Mannigfaltigkeit. Math. Z. **20**, 1—6 (1924); H. Behnke und K. Stein loc. cit.[6]) und H. Cartan: Sur une extension d'un théorème de Radó. Math. Ann. **125**, 49—50 (1952).

Wir zeigen zunächst: $'N$ ist in einer Umgebung $'U$ eines jeden Randpunktes $'x \in 'N$ dünn. Sei $x = \tau('x)$ das Bild der nach Hilfssatz 1 in $'x$ stetig fortgesetzten Abbildung τ. In einer Umgebung $U(x)$ existiert eine holomorphe, nirgends identisch verschwindende Funktion f, die auf $U \cap N$ verschwindet. Sei $'U$ eine zusammenhängende Umgebung von $'x$, derart, daß alle Punkte von $'U$, die nicht zum offenen Kern von $'N$ gehören, durch die fortgesetzte Abbildung τ in U abgebildet werden. Die Funktion $f \cdot \tau$ ist in $'U - 'N \cap 'U$ holomorph und wird durch die Forderung $f \cdot \tau('N \cap 'U) = 0$ zu einer in ganz $'U$ stetigen Funktion $'f$ fortgesetzt. Nach dem verallgemeinerten Satz von T. RADÓ ist dann $'f$ in ganz $'U$ holomorph und damit $'N \cap 'U$ im Nullstellengebilde einer in $'U$ holomorphen Funktion enthalten, die nach Konstruktion in $'U$ nicht identisch verschwindet.

Zeigen wir noch: jeder Punkt von $'N$ ist Randpunkt von $'N$, so ist offenbar Satz 1 bewiesen. Angenommen, es gäbe einen inneren Punkt $'x_0 \in 'N$. Sei $'x(t)$ eine $'x_0$ mit einem Randpunkt $'x$ von $'N$ verbindende Kurve. Wegen der Abgeschlossenheit von $'N$ gäbe es von $'x_0$ her einen ersten Randpunkt $'x_1$ von $'N$ auf $'x(t)$. In jeder Umgebung von $'x_1$ lägen dann innere Punkte von $'N$. Das aber ist nach dem bereits bewiesenen unmöglich, denn in einer zusammenhängenden Umgebung $'U('x_1)$ ist $'N$ in einer von $'U$ verschiedenen analytischen Menge enthalten.

Anmerkung: Satz 1 steht in enger Beziehung zu einem von H. BEHNKE und K. STEIN bewiesenen Satz[15]). Die dort gemachte Voraussetzung, daß N im Nullstellengebilde einer in einer vollen Umgebung $U(N)$ definierten, nirgends identisch verschwindenden, holomorphen Funktion enthalten ist, konnte hier durch die schwächere Bedingung 2. der Def. 1 ersetzt werden.

Es schließt sich an:

Satz 2: *Eine Modifikation $('X, 'N, \tau, N, X)$ ist genau dann stetig, wenn die Abbildung $\tau: 'X - 'N \to X - N$ zu einer holomorphen Abbildung $\tau: 'X \to X$ von $'X$ in X fortsetzbar ist.*

Beweis: Ist $\tau: 'X - 'N \to X - N$ zu einer holomorphen und also auch stetigen Abbildung $\tau: 'X \to X$ von $'X$ in X fortsetzbar, so ist die vorgegebene Modifikation, wie man unmittelbar sieht, stetig. Wir beweisen die Umkehrung. Da nach Satz 1 die Menge $'N$ sicher nirgends dicht in $'X$ ist, ist $\tau: 'X - 'N \to$ $\to X - N$ nach Hilfssatz 1 zu einer stetigen Abbildung von $'X$ in X fortsetzbar. Da ferner $'N$ in der Umgebung $'U$ eines jeden Punktes $'x \in 'N$ in einer analytischen Menge $'M \neq 'U$ enthalten ist, so folgt nach einem bekannten Satz von RIEMANN über hebbare Singularitäten die Behauptung.

Im folgenden werden ausschließlich stetige Modifikationen betrachtet. Unter τ werde fortan stets die nach Satz 2 fortgesetzte Modifikationsabbildung von $'X$ in X verstanden.

Ist $('X, 'N, \tau, N, X)$ irgendeine stetige Modifikation, so kann man in vielen Fällen eine äquivalente Modifikation $('X, '\hat{N}, \tau, \hat{N}, X)$ finden, bei der die Menge $\hat{N}$ in der Menge N echt enthalten ist. Ein einfaches Beispiel hierzu wird durch die stetige Modifikation $('C^n, '0, \tau, 0, C^n)$ gegeben, wobei $'0$ bzw. 0

[15]) H. BEHNKE und K. STEIN loc. cit[6]), Satz 2, S. 14.

Es sei nun $U \subset V$ eine zusammenhängende Umgebung von x. Wir zeigen, daß $\tau('V) \supset U$ gilt. Da τ die Menge $'U - \tau^{-1}(A) \cap 'U$ mit $'U = \tau^{-1}(U) \cap 'V$ eigentlich und lokal-topologisch in $U - U \cap A$ abbildet und $U - U \cap A$ zusammenhängend ist, muß jeder Punkt von $U - U \cap A$ ein Urbild in $'U - {}'U \cap \tau^{-1}(A)$ haben. Ferner ist jeder Punkt x_0 von $A \cap U$ Konvergenzpunkt einer gegen x_0 konvergierenden Punktfolge $x_\nu \in U - U \cap A$. $\tau^{-1}(x_\nu)$ hat wenigstens einen Häufungspunkt $'x_0$ in $'U$. Offenbar gilt $\tau('x_0) = \tau(x_0)$. Also ist jeder Punkt von U Bildpunkt von $'U$ und damit von $'V$. Wir haben gezeigt, daß das τ-Bild jeder offenen Menge von $'R$ eine offene Menge in R ist. Damit ist Hilfssatz 2 bewiesen.

Nunmehr beweisen wir einen grundlegenden Satz über stetige wesentliche Modifikationen.

Satz 4: *Ist $('X^n, '\dot{N}, \tau, \dot{N}, X^n)$ eine stetige wesentliche Modifikation und ist X^n eine n-dimensionale komplexe Mannigfaltigkeit, so ist die Menge $'\dot{N}$ eine entweder leere oder rein $(n-1)$-dimensionale analytische Menge in $'X^n$.*

Die Behauptung dieses Satzes folgt unmittelbar aus dem auch an sich interessanten

Hilfssatz 3: *Es sei λ eine holomorphe Abbildung eines n-dimensionalen komplexen Raumes Y^n in eine komplexe Mannigfaltigkeit X^n; es sei M eine höchstens $(n-2)$-dimensionale analytische Menge in Y^n, derart, daß λ in $Y^n - M$ eineindeutig ist. Dann bildet λ den Gesamtraum Y^n eineindeutig in X^n ab. (Y^n ist also insbesondere eine komplexe Mannigfaltigkeit)*[17].

Beweis: Wäre der Hilfssatz falsch, so gäbe es einen komplexen Raum Y^n minimaler Dimension n, für den die Aussage des Satzes nicht richtig ist. Da Hilfssatz 3 eine lokale Eigenschaft ausdrückt, dürfen wir annehmen, daß Y^n einer analytisch-verzweigten Überlagerung R^n des Einheitspolyzylinders Z^n äquivalent ist und daß λ die Überlagerung R^n in den komplexen Zahlenraum C^n abbildet. Die Entartungsmenge K der Abbildung λ ist eine höchstens $(n-2)$-dimensionale analytische Menge in R^n; denn K ist notwendig in M enthalten. Man sieht analog wie im Beweise von Satz 3 (unter Benutzung von Hilfssatz 2), daß λ in $R^n - K$ eineindeutig ist. Wir zeigen, daß jede irreduzible Komponente von K vermöge λ auf genau einen Punkt des C^n abgebildet wird. Wäre das nicht der Fall, so gäbe es eine in R^n irreduzible Komponente K' von K, derart, daß $\lambda(K')$ mindestens zwei verschiedene Punkte enthielte. Es seien etwa die z_1-Koordinaten dieser Punkte voneinander verschieden. Wir betrachten dann in einer Umgebung W eines Punktes $x' \in K'$, in die keine von K' verschiedene Komponente von K eindringt, die durch x' laufende Niveaufläche F der in W holomorphen Funktion $z_1 \cdot \lambda$. F ist eine rein $(n-1)$-dimensionale analytische

[17]) Es gilt folgende Verallgemeinerung von Hilfssatz 3: *Es sei λ eine holomorphe Abbildung eines n-dimensionalen komplexen Raumes Y^n in eine n-dimensionale komplexe Mannigfaltigkeit X^n; es sei M eine höchstens $(n-2)$-dimensionale analytische Menge in Y^n, derart, daß in jedem uniformisierbaren Punkt von $Y^n - M$ die Funktionalmatrix der Abbildung λ den Rang n hat. Dann ist Y^n eine komplexe Mannigfaltigkeit, und die Funktionalmatrix von λ ist in jedem Punkt von Y^n vom Range n.* — Zum Beweis vgl.: H. Grauert und R. Remmert: Plurisubharmonische Funktionen in komplexen Räumen und Anwendungen auf einen Satz von Oka.

Menge in W und schneidet K' und mithin K in einer höchstens $(n-3)$-dimensionalen analytischen Menge[17a]), da die Funktion $z_1 \cdot \lambda$ auf K' nicht konstant ist.

Die Beschränkung λ^* von λ auf F ist eine Abbildung von F in die $(n-1)$-dimensionale analytische Ebene $\{z_1 = z_1 \cdot \lambda(x')\} \subset C^n$; sie kann daher als eine Abbildung von F in einen C^{n-1} aufgefaßt werden.

Bilden wir nun den durch F erzeugten $(n-1)$-dimensionalen (nicht notwendig zusammenhängenden) komplexen Raum Y^{n-1} (vgl. hierzu § 1) und bezeichnen wir mit λ' die λ^* in kanonischer Weise zugeordnete holomorphe Abbildung von Y^{n-1} in den C^{n-1}, so ist zunächst klar, daß λ' höchstens in derjenigen, nicht höher als $(n-3)$-dimensionalen analytischen Teilmenge von Y^{n-1} entartet ist, die über $F \cap K'$ liegt. (Man beachte, daß alle Punkte von $F - K'$ gewöhnliche Punkte von F sind und mithin bei der Bildung von Y^{n-1} die Menge F in der Nachbarschaft dieser Punkte „nicht geändert" wird.) Weiter gibt es aber auch mindestens eine zusammenhängende Komponente Y_1^{n-1} von Y^{n-1}, derart, daß λ' in gewissen über K' liegenden Punkten von Y_1^{n-1} wirklich entartet ist. In der Tat! Durch den Punkt $x' \in K'$ läuft nach Voraussetzung eine mindestens eindimensionale, in Y^n analytische Menge, die durch λ auf den Punkt $\lambda(x') \in C^n$ abgebildet wird. Diese Menge ist in F und mithin auch in einer der in W irreduziblen Komponenten von F enthalten. Bezeichnen wir mit F_1 eine solche Komponente und mit Y_1^{n-1} den zugehörigen zusammenhängenden komplexen Raum, so hat λ' in Y_1^{n-1} Entartungspunkte.

Somit hat sich ergeben, daß für das Paar Y_1^{n-1}, λ' die Behauptung von Hilfssatz 3 falsch ist. Das widerspricht jedoch der Voraussetzung, daß n minimal sein sollte. Also wird doch jede irreduzible Komponente von K durch λ auf genau einen Punkt des C^n abgebildet.

Sei nun Z_1^n ein ganz im Innern von Z^n gelegener Polyzylinder, sei R_1^n der über Z_1^n gelegene Teil von R^n. In R_1^n zerfällt $K \cap R_1^n$ in höchstens endlich viele irreduzible Komponenten. Bezeichnen wir mit $y_1, \ldots, y_s$ die λ-Bilder dieser Komponenten, so ist $\lambda(R_1^n - K \cap R_1^n)$ ein Gebiet G im C^n mit den Punkten $y_1, \ldots, y_s$ als Randpunkten, denn andernfalls wäre λ in $R_1^n - K \cap R_1^n$ nicht eineindeutig. Da λ den Raum $R^n - K$ eineindeutig abbildet und jeder Randpunkt von $R_1^n - K \cap R_1^n$, der nicht zu K gehört, innerer Punkt von $R^n - K$ ist, ist jedes λ-Bild eines Randpunktes von $R_1^n - K \cap R_1^n$ ein Randpunkt von G. Daher sind $y_1, \ldots, y_s$ keine isolierten Randpunkte von G.

Es gibt um jeden Randpunkt y von G, der von $y_1, \ldots, y_s$ verschieden ist, eine Umgebung $U \subset C^n$, die aus G einen holomorph-konvexen Bereich herausschneidet. Ist nämlich x das eindeutig bestimmte λ-Urbild von y in $R^n - K$, so ist R^n in der Umgebung von x uniformisierbar. Es gibt daher um x in $R^n - K$ eine holomorph-konvexe Umgebung V. Der Durchschnitt derselben mit R_1^n ist wieder holomorph-konvex, da R_1^n holomorph-konvex ist. Das λ-Bild von V ist dann eine gewünschte Umgebung U des Randpunktes y.

[17a]) Der Durchschnitt analytischer Mengen ist eine analytische Menge; vgl. H. GRAUERT und R. REMMERT, loc. cit. [10a]).

Beweis: Der erste Teil des Satzes ist bewiesen, wenn man gezeigt hat, daß jede meromorphe bzw. holomorphe Funktion $'f$ auf $'X$ das τ^*-Bild einer meromorphen bzw. holomorphen Funktion f auf X ist, d. h. daß es ein $f \in k(X)$ bzw. $f \in \mathfrak{J}(X)$ gibt mit $'f = \tau \cdot f$.

Wir dürfen annehmen, daß die vorgelegte Modifikation wesentlich ist. Wir bilden dann auf $X^n - N$ die meromorphe bzw. holomorphe Funktion $f' \cdot \tau^{-1}$. Diese ist, da N eine höchstens $(n-2)$-dimensionale analytische Menge in X^n ist, nach bekannten Sätzen zu einer meromorphen bzw. holomorphen Funktion f auf X^n fortsetzbar. Es gilt $'f = \tau f$.

Um den zweiten Teil des Satzes zu beweisen, definieren wir einen Homomorphismus $\mathring{\tau}$ von $V('X)$ auf $V(X)$ durch die τ-Projektion der in $'X$ analytischen Mengen in X. Diese Definition ist wegen Satz 6 sinnvoll. Da $\mathring{\tau} \cdot \hat{\tau}$ die identische Abbildung von $V(X)$ auf sich vermittelt, ist somit Satz 8 bewiesen.

Den Begriff der eigentlichen Modifikation benutzen wir, um eine Äquivalenzrelation in der Menge aller komplexen Räume einzuführen.

Def. 6: *Zwei komplexe Räume X und Y heißen verwandt, wenn es endlich viele komplexe Räume $X_0, X_1, \ldots, X_r$ mit $X_0 = X$, $X_r = Y$ gibt, derart, daß für alle $\varrho\,(0 < \varrho \leqq r)$ der Raum X_ϱ eine eigentliche Modifikation des Raumes $X_{\varrho-1}$ oder $X_{\varrho-1}$ eine eigentliche Modifikation von X_ϱ ist.*

Aus Satz 8 folgt sofort:

Satz 9: *In verwandten komplexen Räumen sind die Körper der meromorphen Funktionen und die Ringe der holomorphen Funktionen kanonisch isomorph*[20]).

Beispiele verwandter komplexer Räume werden durch die mehrfach-projektiven komplexen Räume gleicher Dimension gegeben[21]).

Wir geben noch eine für gewisse Fragen nützliche Charakterisierung der Menge $'\dot{N}$ einer eigentlichen wesentlichen Modifikation $('X, '\dot{N}, \tau, \dot{N}, X)$ an. Dabei müssen wir allerdings voraussetzen, daß der Raum X (und damit auch $'X$) eine *abzählbare Basis* hat, d. h. daß es abzählbar viele offene Mengen in X gibt, derart, daß jede weitere offene Menge in X als Vereinigung von gewissen dieser Mengen darstellbar ist.

Satz 10: *Sei $('X, '\dot{N}, \tau, \dot{N}, X)$ eine eigentliche wesentliche Modifikation, bei der X und $'X$ komplexe Räume mit abzählbarer Basis sind. Besteht dann $'K$ aus rein k-dimensionalen irreduziblen Komponenten von $'\dot{N}$, so gibt es eine Umgebung $'U('K)$, derart, daß jede in $'X$ analytische, rein k-dimensionale Menge, die in $'U('K)$ enthalten ist, bereits in $'K$ liegt.*

Wir zeigen zunächst:

Hilfssatz 4: *Ist M eine rein k-dimensionale analytische Menge in einem komplexen Raum Y mit abzählbarer Basis, so gibt es eine Umgebung $V(M)$,*

---

20) Für die Verbände der analytischen Mengen ist eine entsprechende Aussage nicht so einfach zu formulieren; vgl. hierzu jedoch die demnächst in den Math. Annalen erscheinende Arbeit der Verff.: Zur Theorie der Modifikationen II.

21) Vgl. E. Kreyszig loc. cit.[4]).

in der keine höher als k-dimensionale analytische Menge von Y enthalten ist[21a]).

Beweis: Man konstruiert zunächst leicht unter Verwendung einer abzählbaren Basis der offenen Mengen von Y eine Folge V_ν von Umgebungen von M mit folgenden Eigenschaften:

a) Der Durchschnitt $\bigcap_{\nu=1}^{\infty} V_\nu$ stimmt mit M überein.

b) Ist $A \subset Y$ irgendeine kompakte Menge, so ist $V_{\nu+1} \cap A$ relativ kompakt in $V_\nu \cap A$ enthalten.

Es sei nun B_μ eine Y ausschöpfende Folge von offenen, relativ-kompakten Mengen in Y. Wäre die Aussage des Hilfssatzes falsch, so gäbe es ein μ_0, derart, daß in jedem V_ν eine rein $'k$-dimensionale ($'k > k$), in Y analytische Menge M_ν läge, von der eine irreduzible Komponente in $V_\nu \cap B_{\mu_0}$ eindränge. Denn andernfalls könnte man zu jedem μ ein $\nu(\mu)$ finden, so daß keine $''k$-dimensionale ($''k > k$), in $V_{\nu(\mu)}$ enthaltene analytische Menge von Y Punkte mit B_μ gemeinsam hätte. Alsdann wäre $\bigcup_{\mu=1}^{\infty} V_{\nu(\mu)} \cap B_\mu$ eine Umgebung von M mit der im Hilfssatz behaupteten Eigenschaft.

Aus Forderung b) für die Folge V_ν ergibt sich, daß $\bigcup_{\nu=1}^{\infty} M_\nu \cap (Y - M)$ eine analytische Menge in $Y - M$ ist. Da die Dimension derselben in jedem ihrer Punkte größer als die Dimension von M ist, so folgt aus einem bekannten Satz über die Verteilung der Singularitäten einer analytischen Menge[22]), daß $\bigcup_{\nu=1}^{\infty} M_\nu$ abgeschlossen in Y und dort eine analytische Menge ist. Das aber ist nicht möglich. Nach Konstruktion der M_ν gibt es nämlich eine Folge von Punkten $x_\nu \in M_\nu \cap B_{\mu_0}$, die sich gegen einen Punkt $x \in M$ häuft. In der Umgebung von x kann $\bigcup_{\nu=1}^{\infty} M_\nu$ keine analytische Menge sein; denn dieselbe würde in beliebiger Nähe von x notwendig stets aus abzählbar unendlich vielen irreduziblen Komponenten bestehen, was einem bekannten Zerlegungssatz für analytische Mengen widerspricht. Damit ist Hilfssatz 4 bewiesen.

Zum Beweis von Satz 10 konstruieren wir zunächst eine Umgebung $'V('K)$, die keine irreduzible Komponente von $'\dot{N}$ enthält, die nicht in $'K$ liegt und

---

[21a]) Die Forderung, daß der Raum Y^n eine abzählbare Basis besitzt, ist für die Gültigkeit von Hilfssatz 4 wesentlich. Ersetzt man nämlich nach H. HOPF loc. cit.[3]), sowie E. CALABI und M. ROSENLICHT loc. cit[24]), jeden Punkt x der Ebene $z_1 = 0$ in $P^1 \times P^1$ durch eine Trägersphäre S_x, der der z_2-Richtung entsprechende Punkt fehlt, so erhält man eine komplexe Mannigfaltigkeit Y^2, die dieser Forderung nicht genügt. Die Menge der Punkte auf S_x, die der z_1-Richtung entsprechen, bilden eine nulldimensionale analytische Menge in Y^2. Man zeigt leicht, daß jede Umgebung U dieser Menge aus den Punkten einer vollen Umgebung der Ebene $z_1 = 0$ des $P^1 \times P^1$ besteht. In dieser und damit auch in U liegen aber im Gegensatz zum Hilfssatz 4 überabzählbar viele eindimensionale analytische Mengen $z_1 = c$, $c \neq 0$.

[22]) Vgl. R. REMMERT und K. STEIN loc. cit[2]) sowie W. ROTHSTEIN: Zur Theorie der Singularitäten analytischer Funktionen und Flächen. Math. Ann. **126**, 221—238 (1953); ferner: H. CARTAN: Séminaire 1953/54 Exp. XIII u. XIV.

Die den Ebenen $E(t)$ in $'Q^{2n}$ entsprechenden analytischen Mengen $'E(t)$, die durch die Gleichung

$$'E(t):\{f_1 = \cdots = f_n = t\}$$

gegeben werden, sind das kartesische Produkt der in $'P_\nu^2$ analytischen Mengen $\{f_\nu = t\}$ $(\nu = 1, \ldots, n)$. Da diese Mengen in $'P_\nu^2$ singularitätenfrei eingelagert und irreduzibel sind, ist auch jede Menge $'E(t)$ irreduzibel und besteht nur aus gewöhnlichen Punkten. Zwei Mengen $'E(t_1)$ und $'E(t_2)$ mit $t_1 \neq t_2$ haben keinen Punkt miteinander gemeinsam. Durch τ' wird jede Menge $'E(t)$ eineindeutig und holomorph auf die Ebene $E(t)$ abgebildet.

Wir behaupten nun: *Die Gesamtheit aller Mengen $'E(t)$ — d. i. die durch die Gleichung*

$$f_1 = \cdots = f_n$$

in $'Q^{2n}$ beschriebene analytische Menge — ist eine $(n+1)$-dimensionale, singularitätenfrei in $'Q^{2n}$ liegende komplexe Mannigfaltigkeit $'X^{n+1}$.

Das ergibt sich wie folgt: Bezeichnet $g_\nu('x)$ bzw. $h_\nu('x)$ die in $'Q^{2n}$ meromorphe Funktion $w_\nu \cdot \tau'$ bzw. $z_\nu \cdot \tau'$ $(\nu = 1, \ldots, n)$ und setzt man

$$r_\nu('x) = |g_\nu('x)| + |h_\nu('x)| \qquad (\nu = 1, \ldots, n),$$

so wird, wie unmittelbar ersichtlich, eine hinreichend kleine Umgebung eines jeden Punktes $'x \in {'Q^{2n}}$ mit $r_\nu('x) \neq 0$ $(\nu = 1, \ldots, n)$ durch τ' eineindeutig auf eine Umgebung von $\tau'('x) \in Q^{2n}$ abgebildet. Alle Punkte $'x \in {'X^{n+1}}$ mit $r_\nu('x) \neq 0$ $(\nu = 1, \ldots, n)$ sind daher sicher gewöhnliche Punkte von $'X^{n+1}$.

Sei nun etwa $'x_0 \in {'X^{n+1}}$ ein Punkt, für den genau $r_1, \ldots, r_k$ $(1 \leqq k \leqq n)$ verschwinden. Wir dürfen annehmen, daß die Funktionen $f_1, \ldots, f_k, g_{k+1}, h_{k+1}, \ldots, g_n, h_n$ in $'x_0$ endlich sind, denn das kann man stets durch Übergang von $f_\varkappa$ zu $f_\varkappa^{-1}$, dem eine Vertauschung von $w_\varkappa$ und $z_\varkappa$ entspricht, und durch Ausübung einer projektiven Transformation auf die g_ν, h_ν $(\nu = k+1, \ldots, n)$ erreichen. Durch die Funktionen $g_1, \ldots, g_k, f_1, \ldots, f_k, g_{k+1}, h_{k+1}, \ldots, g_n, h_n$ werden alsdann lokale Koordinaten in einer Umgebung von $'x_0 \in {'Q^{2n}}$ definiert. Durch evtl. Vertauschung der g_ν mit den h_ν erreicht man noch, daß gilt: $g_\nu('x_0) \neq 0$ $(\nu = k+1, \ldots, n)$.

In der Funktionalmatrix der Funktionen $f_2 - f_1, \ldots, f_n - f_1$ verschwindet nunmehr die Determinante

$$\frac{\partial(f_2 - f_1, \ldots, f_n - f_1)}{\partial(f_2, \ldots, f_k, h_{k+1}, \ldots, h_n)} = \begin{vmatrix} 1 & & & & & & 0 \\ & \cdot & & & & & \\ & & \cdot & & & & \\ & & & 1 & & & \\ & & & & g_{k+1}^{-1} & & \\ & & & & & \cdot & \\ 0 & & & & & & g_n^{-1} \end{vmatrix}$$

im Punkte $'x_0$ nicht. Daher ist $'x_0$ ein gewöhnlicher Punkt von $'X^{n+1}$. Da $'X^{n+1}$ zusammenhängend ist, ist die Behauptung bewiesen.

Jede Menge $'E(t)$ enthält genau einen Punkt $'x(t)$, der vermöge τ' auf den Nullpunkt $0 \in Q^{2n}$ abgebildet wird. Die Menge $'N = \{'x(t)\}$ aller dieser

Punkte ist daher eine singularitätenfrei in $'X^{n+1}$ liegende irreduzible eindimensionale analytische Menge, die durch $\gamma : 'x(t) \to t$ eineindeutig und holomorph auf eine Riemannsche Zahlenkugel P^1 bezogen ist.

Die Beschränkung τ von τ' auf $'X^{n+1}$ bildet $'X^{n+1} - 'N$ eineindeutig und holomorph auf $X^{n+1} - 0$ ab. Das Quintupel $('X^{n+1}, 'N, \tau, 0, X^{n+1})$ ist daher eine wesentliche Modifikation, bei der $'X^{n+1}$ eine $(n+1)$-dimensionale komplexe Mannigfaltigkeit und $'N$ die Riemannsche Zahlenkugel ist. $('X^{n+1}, 'N, \tau, 0, X^{n+1})$ ist sogar eine eigentliche Modifikation, da $'X^{n+1}$ und X^{n+1} kompakt sind.

Das Beispiel zeigt, daß im Falle $n + 1 \geqq 3$ Satz 4 sogar bei eigentlichen wesentlichen Modifikationen seine Gültigkeit verliert, wenn der komplexe Raum X keine komplexe Mannigfaltigkeit ist. Der hier angegebene Raum X^{n+1} kann mithin keine komplexe Mannigfaltigkeit sein. Der Punkt 0 ist eine nichtuniformisierbare Stelle. Diese Singularität wird durch die angegebene Modifikation „aufgelöst".

$'X^{n+1}$ ist ein komplex-analytischer Faserraum. Zunächst wird die Menge $'N$ von jeder Menge $'E(t)$ in genau dem einen Punkt $'x(t)$ geschnitten; daher gibt es eine natürliche Abbildung p von $'X^{n+1}$ auf $'N$. p ist eine holomorphe Abbildung. Weiter gibt es zu jedem Punkt $'x(t_0) \in 'N$ eine Umgebung $'V = \{'x(t), t \in U(t_0)\}$, derart, daß $p^{-1}('V)$ „trivial gefasert" ist. Ist nämlich $'V$ eine beliebige solche Umgebung, so wird $p^{-1}('V)$ durch τ auf die Menge $\{E(t), t \in U(t_0)\} \subset Q^{2n}$ abgebildet. Ist $U(t_0)$ hinreichend klein gewählt, so sieht man, daß jede Ebene $E(t)$ aus dieser Menge durch die holomorphe Abbildung $\Gamma_w : x \to (w_1(x), \ldots, w_n(x))$ bzw. $\Gamma_z : x \to (z_1(x), \ldots, z_n(x))$ eineindeutig auf einen Osgoodschen Raum $\mathop{\times}\limits_{\nu=1}^{n} P^1_\nu$ mit den Koordinaten $w_1, \ldots, w_n$ bzw. $z_1, \ldots, z_n$ bezogen wird. Die Abbildungen $'\Gamma_w : 'x \to (g_1('x), \ldots, g_n('x))$ bzw. $'\Gamma_z : 'x \to (h_1('x), \ldots, h_n('x))$ bilden jede Menge $'E(t) \subset p^{-1}('V)$ eineindeutig und holomorph auf $\mathop{\times}\limits_{\nu=1}^{n} P^1_\nu$ ab. Da ferner die Abbildung $\gamma \cdot p$ verschiedene Mengen $'E(t)$ trennt, wird $p^{-1}('V)$ durch $'\Gamma_w \times \gamma \cdot p : 'x \to (g_1('x), \ldots, g_n('x), t)$ bzw. durch die analog zu beschreibende Abbildung $'\Gamma_z \times \gamma \cdot p$ eineindeutig und holomorph auf $\mathop{\times}\limits_{\nu=1}^{n} P^1_\nu \times U(t_0)$ so abgebildet, daß die Menge $'E(t) \subset p^{-1}('V)$ jeweils auf die Menge $\mathop{\times}\limits_{\nu=1}^{n} P^1_\nu \times t$ bezogen ist. Das besagt aber, daß $'X^{n+1}$ ein komplex-analytischer Faserraum mit der Riemannschen Zahlenkugel P^1 als Basis, dem n-dimensionalen Osgoodschen Raum $\mathop{\times}\limits_{\nu=1}^{n} P^1_\nu$ als Faser und p als Projektionsabbildung ist. Die im Osgoodschen Raum $\mathop{\times}\limits_{\nu=1}^{n} P^1_\nu$ wirkende Fasergruppe stimmt, da evtl. statt der Abbildung Γ_w die Abbildung Γ_z zu wählen ist, der eine Ersetzung der w_ν durch tw_ν entspricht, mit der Gruppe

$$\{w_\nu \to tw_\nu,\ \nu = 1, \ldots, n;\ t \text{ eine beliebige komplexe Zahl } t \neq 0\}$$

überein.

70.

(mit M. Commichau)

Das formale Prinzip für kompakte komplexe Untermannigfaltigkeiten mit 1-positivem Normalenbündel

Ann. Math. Studies **100**, 101–126 (1981)

Reinhold Remmert gewidmet

Einleitung

Sei X eine n-dimensionale zusammenhängende komplexe Mannigfaltigkeit und A eine d-codimensionale zusammenhängende komplexe Untermannigfaltigkeit von X, $\mathfrak{m}$ die Idealgarbe von A. Der komplexe Unterraum

$$A_{(\nu)} := (A, \mathcal{H}_\nu)$$

von X mit der Strukturgarbe $\mathcal{H}_\nu := \mathcal{O}_X/\mathfrak{m}^{\nu+1}|A$ heisst die ν-te infinitesimale Umgebung von A. Natürlich ist $A_{(0)} = A$ die komplexe Untermannigfaltigkeit selbst.

Wit setzen $\mathcal{H}_\infty = \lim\limits_{\infty \leftarrow \nu} \mathcal{H}_\nu$ und nennen den formalen komplexen Raum $A_{(\infty)} := (A, \mathcal{H}_\infty)$ die formale Umgebung von A in X. Die Frage, zu der diese Arbeit einen Beitrag liefert, heisst: Wann bestimmt die Struktur von $A_{(\infty)}$ die Struktur des Umgebungskeims von A in X?

Bekanntlich ist dies nicht immer der Fall. V. I. Arnol'd [A] konnte 1976 zeigen, dass es im Fall $n = 2$ komplexe Tori A mit topologisch trivialem Normalbündel N gibt, bei denen der Umgebungskeim von A nicht isomorph zum Umgebungskeim der Null-Schnittfläche $\mathfrak{D} \subset N$ ist, obgleich $A_{(\infty)} \cong \mathfrak{D}_{(\infty)}$ gilt. Andererseits ist die Antwort auf unsere

Frage positiv – wir sagen: es gilt das formale Prinzip –, wenn das Normalenbundel $N = N(A)$ schwach negativ ist ([GM] oder [HR]).

Für den Fall positiven Normalenbündels wurde die Frage von Nirenberg und Spencer [NS] gestellt. Für den Fall $\dim A \geq 3$ und "genügend positiven" Normalenbündels bewies Griffiths [G], dass das formale Prinzip gilt, dann folgten Verschärfungen von Hartshorne [Ha] und Gieseker [Gi]. Im Fall $n \geq 2$ und einer nur schwachen Positivitätseigenschaft des Normalenbündels gab Hirschowitz [Hi] eine bejahende Antwort.

In der vorliegenden Arbeit wird die Gültigkeit des formalen Prinzips nun auch für den Fall nachgewiesen, dass das Normalenbündel $N = N(A)$ 1-positiv ist. Das ist sicher jedenfalls dann der Fall, wenn N eine Hermitesche Form trägt, bei der die Krümmungsform in jedem Punkt von A wenigstens einen positiven Eigenwert hat.

§1. *Die Aufbereitung komplexer Untermannigfaltigkeiten*

1. Sei X eine n-dimensionale zusammenhängende komplexe Mannigfaltigkeit und $A \subset X$ eine kompakte d-codimensionale zusammenhängende komplexe Untermannigfaltigkeit. Unter einem ausgezeichneten Koordinatensystem auf X verstehen wir eine biholomorphe Abbildung

$$F : U \xrightarrow{\sim} G$$

zwischen einer offenen Menge $U \subset\subset X$ und einem Gebiet $G \subset \mathbb{C}^n = \{\mathfrak{z} = (z_1, \cdots, z_n)\}$, so dass gilt:

(i) $U \cap A = F^{-1}(G \cap \{z_1 = \cdots = z_d = 0\})$

(ii) Es gibt eine Zahl $r > 0$ und ein Gebiet $\underline{G} \subset \mathbb{C}^{n-d}$, s.d.
$G = H_r \times \underline{G}$
mit $H_r := \{\mathfrak{z}' = (z_1, \cdots, z_d) \in \mathbb{C}^d : |z_\nu| < r$ für $1 \leq \nu \leq d\}$.

Natürlich gibt es um jeden Punkt $x \in A$ ein ausgezeichnetes Koordinatensystem.

Wir wählen nun eine Überdeckung $\mathfrak{W} = \{W_\iota, \iota = 1, \cdots, \iota_*\}$ von A mit ausgezeichneten Koordinatensystemen sowie offene Teilmengen $D_\iota \subset\subset W_\iota$ derart, dass die D_ι mit den Koordinaten von W_ι ebenfalls noch eine

Ist eine Zahl $s \in \mathbb{N}_0$ und eine Biholomorphie

$$E_{(s)}: A_{(s)} \xrightarrow{\sim} B_{(s)}$$

gegeben, so sind A und B isomorph, und Y kann als eine weitere Umgebung von A angesehen werden oder – genauer ausgedrückt – ergibt einen weiteren Umgebungskeim von A, der mit dem durch $A \subset X$ gegebenen vermöge $E_{(s)}$ bis zur Ordnung s einschliesslich isomorph ist. Man kann diese neue Umgebung von A durch Änderung des Zusammenheftens der Koordinatensysteme U_i realisieren. Dazu sei $\mathfrak{U}$ so fein gewählt, dass jede Menge $E_{(s)}(\underline{\bar{U}}_i)$ in einem lokalen Koordinatensystem von Y liegt. $E_{(s)}|(\underline{\bar{U}}_i)_{(s)}$ kann dann zu einer biholomorphen Abbildung $E^i_{(s)}: V \to Y$ fortgesetzt werden, wo $V = V(\underline{\bar{U}}_i)$ in X offen ist. Nur kann man i.a. nicht erwarten, dass sich die $E^i_{(s)}$ zu einer global definierten holomorphen Abbildung zusammenfügen.

Es sei jetzt U eine zusammenhängende hinreichend kleine offene Umgebung von A in X mit

(i) $U \subset\subset \cup \tilde{U}_i$

(ii) Falls $\tilde{U}_i = H_r \times \underline{\tilde{U}}_i$, so $\bar{U} \cap (\partial H_r \times \underline{\bar{\tilde{U}}}_i) = \emptyset$,
d.h. U ragt nirgends bis zum Rand ∂H_r hinaus.

(iii) $E_{(s)}$ lässt sich zu einer biholomorphen Abbildung $E^i_{(s)}$ in eine Umgebung von $\overline{U_i \cap U}$ fortsetzen.

(iv) $(E^i_{(s)})^{-1} \circ E^j_{(s)}$ ist noch auf $U_{ij} \cap U$ definiert und bildet $U_{ij} \cap U$ nach W_i ab.

Es ist dann $(E^i_{(s)})^{-1} \circ E^j_{(s)}|A_{(s)} = \mathrm{id}$, und daher schreibt sich mit $E^{ij}_{(s)} := (E^i_{(s)})^{-1} \circ E^j_{(s)}$ in den Koordinaten von W_i:

$$F_i \circ E^{ij}_{(s)} \circ F_i^{-1}(\mathfrak{z}) = \mathfrak{z} + \mathfrak{g}^{ij}_{(s)}(\mathfrak{z})$$

für alle $\mathfrak{z} \in F_i(U_{ij} \cap U)$, wo $\mathfrak{g}^{ij}_{(s)}$ von der Ordnung (s+1) auf $F_i(A)$ verschwindet.

Verheften wir nun die offenen Mengen

$$[(E^{ij}_{(s)})^{-1}(U_i \cap U)] \cap (U_j \cap U) \quad \text{und}$$

$$(U_i \cap U) \cap E^{ij}_{(s)}(U_j \cap U)$$

vermöge $E^{ij}_{(s)}$ miteinander, so erhalten wir eine komplexe Mannigfaltigkeit $\hat{X} \supset A_{(s)}$, die durch $E^* = \{E^i_{(s)}\}$ biholomorph auf eine Umgebung von B in Y abgebildet wird: $A_{(s)}$ liegt in $\hat{X}$ genauso wie B in Y.

Falls nun $E_{(s)}$ zu einer Umgebungsäquivalenz fortgesetzt werden kann, d.h. dass es eine biholomorphe Abbildung $E : U \xrightarrow{\sim} V = V(B) \subset Y$ gibt mit $E|A_{(s)} = E_{(s)}$, so wählen wir eine Umgebung $\tilde{U} = \tilde{U}(A) \subset\subset U$ so klein, dass stets

$$E(\tilde{U}_j \cap \tilde{U}) \subset E^j_{(s)}(U_j \cap U)$$

$$E(\tilde{U}_{ij} \cap \tilde{U}) \subset E^j_{(s)}(U_{ij} \cap U)$$

gilt. Wir setzen dann $\tilde{E}^i_{(s)} := (E^i_{(s)})^{-1} \circ E|\tilde{U}_i \cap \tilde{U}$ und erhalten

$$(*)\left\{\begin{array}{l} \tilde{E}^i_{(s)} = E^{ij}_{(s)} \circ \tilde{E}^j_{(s)} \quad \text{auf } \tilde{U}_{ij} \cap \tilde{U} \\ \tilde{E}^i_{(s)} | A_{(s)} = \mathrm{id} \\ \tilde{E}^i_{(s)}(\tilde{U}_i \cap \tilde{U}) \subset U_i \cap U \\ \tilde{E}^i_{(s)}(\tilde{U}_{ij} \cap \tilde{U}) \subset U_{ij} \cap U . \end{array}\right.$$

Sind umgekehrt injektive holomorphe Abbildungen $\tilde{E}^i_{(s)} : \tilde{U}_i \cap \tilde{U} \to U_i$ mit den genannten Eigenschaften gegeben, so setzen sich die Abbildungen $E^i_{(s)} \circ \tilde{E}^i_{(s)} : \tilde{U}_i \cap \tilde{U} \to Y$ zu einer biholomorphen Abbildung $E : \tilde{U}(A) \xrightarrow{\sim} \tilde{V}(B)$ mit $E|A_{(s)} = E_{(s)}$ zusammen.

Die Keime von Umgebungsäquivalenzen $(X, A) \xrightarrow{\sim} (Y, B)$, die Fortsetzungen von $E_{(s)}$ sind, entsprechen also umkehrbar eindeutig den Systemen $\{\tilde{E}^i_{(s)}\}$ mit den Bedingungen $(*)$.

Analog zeigt man:

Ist $\hat{E} : A_{(\infty)} \xrightarrow{\sim} B_{(\infty)}$ ein Isomorphismus, so erhält man durch

$$\hat{E}^i_{(s)} := (E^i_{(s)})^{-1} \circ \hat{E} : \underline{U}_{i(\infty)} \xrightarrow{\sim} \underline{U}_{i(\infty)} .$$

Isomorphismen mit $\hat{E}^i_{(s)} = E^{ij}_{(s)} \circ \hat{E}^j_{(s)}$ in $\underline{U}_{ij(\infty)}$.

$$\hat{z}_1^{(i)} = f_{1,1}^{(i,j)}(\hat{\mathfrak{z}}_j'') \cdot \hat{z}_1^{(j)} =: f_{ij}(\hat{\mathfrak{z}}_j'') \cdot \hat{z}_1^{(j)}$$

$$\hat{\mathfrak{z}}_i'' = f_{ij}''(0, \hat{\mathfrak{z}}_j'') =: \hat{f}_{ij}''(0, \hat{\mathfrak{z}}_j'') ,$$

wo f_{ij}'' (bzw. $\hat{f}_{ij}''$) die letzten (n–1) Komponenten von f_{ij} (bzw. $\hat{f}_{ij}$) bezeichnet. Man rechnet leicht nach, dass sich die ϕ_i zu einer Funktion $\hat{\phi}: N \to R_o^+$ zusammensetzen. Wir transportieren die Funktionen ϕ_i nach X:

$$\tilde{\phi}_i(x) := \phi_i(\mathfrak{z}_i(x)), \ x \in U_i \subset X .$$

Auf X definieren wir in einer Umgebung U(A)

$$\phi(x) := \sum_{i=1}^{i_*} p_i(x)\tilde{\phi}_i(x) \geq 0$$

und erhalten damit eine C^2-Funktion, die auf A und – wenn U klein genug – nur auf A verschwindet.

Da die $\hat{f}_{ij}$ umkehrbar sind, kann man über einer Umgebung von $\underline{U}_{ij}$ in W_{ij} schreiben:

$$f_{ij} = \hat{f}_{ij}(id + f^*_{ij}) ;$$

dabei verschwindet die erste Komponente von f^*_{ij} von 2. Ordnung auf A und die übrigen von 1. Ordnung. Ist nun U(A) klein, so gilt dort $\Sigma p_i \equiv 1$, und die Abbildung $id + f^*_{ij}$ wirft $\overline{U_{ij}} \cap U$ in W_i. Für $x \in U_j \cap U$ gilt

$$\begin{aligned}\phi(x) = \sum_{i=1}^{i_*} p_i(x)\tilde{\phi}_i(x) &= \sum_{i=1}^{i_*} p_i(x)\phi_i(\mathfrak{z}_i(x)) \\ &= \sum_{i=1}^{i_*} p_i(x)\cdot(\phi_i \circ f_{ij})(\mathfrak{z}_j(x)) \\ &= p_j(x)\phi_j(\mathfrak{z}_j(x)) + \sum_{\substack{i=1 \\ i\neq j}}^{i_*} p_i(x)\cdot(\phi_j \circ (id + f^*_{ij}))(\mathfrak{z}_j(x)) ,\end{aligned}$$

da $\phi_i \circ \hat{f}_{ij} = \phi_j$. Wegen $p_j(x) = 1 - \sum_{i \neq j} p_i(x)$ folgt $\phi(x) = \phi_j(\mathfrak{z}_j(x)) + \sum_{i \neq j} p_i(x)(\phi_j \circ (id + f^*_{ij}) - \phi_j)(\mathfrak{z}_j(x))$. Für $a \geq 0$ und $\mathfrak{z} = (z_1, \cdots, z_n) \in \mathbb{C}^n$ sei wieder $a \circ \mathfrak{z} := (az_1, z_2, \cdots, z_n)$. Die Funktion $\frac{1}{a} \circ f^*_{ij}(a \circ \mathfrak{z}_j)$ von $\mathfrak{z}_j$ strebt einschliesslich ihrer Ableitungen für $a \to 0$ auf einer Umgebung von $\frac{1}{a} \circ (\overline{U_{ij}}) \cap U$ von mindestens 1. Ordnung lokal gleichmässig gegen 0. Es ist

$$\frac{1}{a^3} \phi(\mathfrak{z}_j^{-1}(a \circ \mathfrak{z}_j(x))) = \phi_j(\mathfrak{z}_j(x)) + \sum_{i \neq j} p_i(\mathfrak{z}_j^{-1}(a \circ \mathfrak{z}_j(x))$$

$$\cdot \frac{1}{a^3} \cdot (\phi_j \circ (id + f^*_{ij}) - \phi_j)(a \circ \mathfrak{z}_j(x)) .$$

Für $a \to 0$ konvergiert

$$p_i(\mathfrak{z}_j^{-1}(a \circ \mathfrak{z}_j(x))) \to p_i(\mathfrak{z}_j^{-1}(0, \mathfrak{z}_j''(x))) .$$

Weiter gilt

$$\frac{1}{a^3} (\phi_j \circ (id + f^*_{ij}) - \phi_j)(a \circ \mathfrak{z}_j(x)) = \phi_j(\mathfrak{z}_j(x) + \frac{1}{a} \circ f^*_{ij}(a \circ \mathfrak{z}_j(x))) - \phi_j(\mathfrak{z}_j(x)).$$

Daher konvergiert für $a \to 0$

$$\frac{1}{a^3} \phi(\mathfrak{z}_j^{-1}(a \circ \mathfrak{z}_j(x))) \to \phi_j(\mathfrak{z}_j(x)) \text{ auf } \left(\frac{1}{a} \circ U_j\right) \cap U .$$

Die in den letzten Zeilen erhaltenen Konvergenzen erstrecken sich jeweils auch noch auf die ersten und zweiten Ableitungen der angegebenen Funktionen nach den $z_\nu^{(j)}$, und alle Konvergenzen sind lokal gleichmässig.

Für die ϕ_j und $\{x \in U_j : \phi_j(\mathfrak{z}_j(x)) < \varepsilon\}$ gilt der Hilfssatz 1, wenn $\varepsilon > 0$ klein genug ist. Er gilt wegen der gleichmässigen Konvergenz auch für $\frac{1}{a^3} \cdot \phi(\mathfrak{z}_j^{-1}(a \circ \mathfrak{z}_j(x)))$, wenn $a > 0$ nur genügend klein gewählt ist, und damit auch für ϕ selbst. Wir haben also gezeigt:

SATZ 3. *Es sei* X *eine* n-*dimensionale zusammenhängende komplexe Mannigfaltigkeit,* $A \subset X$ *eine* 1-*codimensionale kompakte zusammen-*

$$\|(g^i_{(s)})^{(p)}, \mathfrak{z}(t)\| \le e^{s+1} \cdot \sup\{\|(g^i_{(s)})^{(p)}, \tilde{\mathfrak{z}}\|, \tilde{\mathfrak{z}}'' = \mathfrak{z}''(t), \tilde{\mathfrak{z}} \in F_i(\partial V_{\varepsilon_1})\} .$$

Dabei ist $e \in (0,1)$ ein von $p, s, \varepsilon, \varepsilon_o$ unabhängige Konstante. Es gilt also für $|t| = \delta$ die Abschätzung

$$\|(g^i_{(s)})^{(p)}, \mathfrak{z}(t)\| \le e^{s+1}[K'(1+K_s R_o^s) \cdot \|(g^i_{(s)})^{(p)}, \mathfrak{z}_o\| + K_s R_o^s R(\varepsilon)] .$$

Für die Funktion $t \mapsto \|(g^i_{(s)})^{(p)}, \mathfrak{z}(t)\|$, $|t| \le \delta$, welche als endliche Summe von Beträgen holomorpher Funktionen plurisubharmonisch ist, gilt ein Maximumprinzip. Es ist $\mathfrak{z}_o = \mathfrak{z}(0)$ und daher

$$\|(g^i_{(s)})^{(p)}, \mathfrak{z}_o\| \le \sup_{|t|=\delta} \|(g^i_{(s)})^{(p)}, \mathfrak{z}(t)\| .$$

Mithin folgt

$$\|(g^i_{(s)})^{(p)}, \mathfrak{z}_o\| \le \frac{e^{s+1} K_s R_o^s R(\varepsilon)}{1 - e^{s+1} K'(1+K_s R_o^s)} .$$

Die Zahl e ist von ε, ε_o, s, p unabhängig, K' ebenfalls. Es sei nun also $s \in \mathbb{N}$ so gewählt, dass $e^{s+1}K' < \frac{1}{2}$ ist, dann $\varepsilon_o > 0$ so klein, dass $e^{s+1}K'(1+K_s R_o^s) < \frac{1}{2}$ und der ganze Bruch $\le \frac{1}{2K'} \cdot r(\varepsilon)$ ist. Es folgt

$$\|(g^i_{(s)})^{(p)}, \mathfrak{z}_o\| \le \frac{1}{2K'} \cdot r(\varepsilon) \text{ und damit}$$

$$\|(g^i_{(s)})^{(p)}, \mathfrak{z}\| \le \frac{1}{2K'} \cdot |z_1| \text{ in } F_j(\tilde{U}_j \cap V_\varepsilon) \text{ für alle } j .$$

Es sei $\varepsilon_p \in (0, \varepsilon_o]$ nun maximal mit

$$\|(g^j_{(s)})^{(p)}, \mathfrak{z}\| \le \frac{1}{K'} \cdot |z_1| \text{ in } F_j(\tilde{U}_j \cap V_{\varepsilon_p}) \text{ für alle } j .$$

Die eben erhaltene Ungleichung zeigt, dass $\varepsilon_p = \varepsilon_o$ sein muss für alle p. Daher gilt

$$\|(g^j_{(s)})^{(p)}, \mathfrak{z}\| \le \frac{1}{2K'} \cdot |z_1| \le \frac{1}{2K'} \cdot R_o$$

für alle p und $\mathfrak{z} \in F_j(\tilde{U}_j \cap V_{\varepsilon_o})$. Die formalen Potenzreihen $\mathfrak{g}^j_{(s)}$ konvergieren also in $F_j(\tilde{U}_j \cap V_{\varepsilon_o})$. Das war zu zeigen.

Der Beweis des Satzes für $d = \operatorname{codim}\ (A \hookrightarrow X) > 1$ folgt wieder durch Zurückführung auf den Fall $d = 1$ durch Aufblasen von A.

LITERATUR

[A] Arnol'd, V. I.: Bifurcations of invariant manifolds of differential equations and normal forms in neighborhoods of elliptic curves. Funct. Anal. and appl. 10 (1976), 249-259.

[C] Courant, R.: Dirichlet's principle, conformal mapping, and minimal surfaces. 3. Auflage. Interscience Publishers, New York 1967.

[G] Griffiths, Ph. A.: The Extension Problem in Complex Analysis II; Embeddings with positive normal bundle. Amer. J. Math. 88 (1966), 366-446.

[GF] Grauert, H. und Fischer, W.: Differential- und Integralrechnung II, 3. Auflage. Springer Heidelberg 1978.

[Gi] Gieseker, D.: On two theorems of Griffiths about embeddings with ample normal bundle. Amer. J. Math. 99 (1977), 1137-1150.

[GM] Grauert, H.: Über Modifikationen und exzeptionelle analytische Mengen. Math. Ann. 146 (1962), 331-368.

[GR] Gunning, R. und Rossi, H.: Analytic functions of several complex variables. Prentice-Hall, Englewood Cliffs, N. J., 1965.

[Ha] Hartshorne, R.: Cohomological dimension of algebraic varieties. Ann. Math. 88 (1968), 403-450.

[Hi] Hirschowitz, A.: On the convergence of formal equivalence between embeddings. To appear Ann. of Math.

[HR] Hironaka, H. und Rossi, H.: On the Equivalence of Inbeddings of Exceptional Complex Spaces. Math. Ann. 156 (1964), 313-333.

[NS] Nirenberg, L. und Spencer, D. C.: On rigidity of holomorphic imbeddings. In: Contributions to Function Theory. Tata Institute, Bombay 1960, 133-137.

präzisen Definition dieses Begriffes für komplexe Räume sei auf [6] verwiesen; für die Belange der vorliegenden Arbeit genügt folgende Aussage, die man etwa als Definition auffassen mag:

Eine in einem komplexen Raum X analytische Menge M ist im Punkte $x \in M$ *genau dann höchstens s-dimensional, wenn folgendes gilt: Eine Umgebung* $U(x) \subset X$ *läßt sich durch eine holomorphe Abbildung* τ *eineindeutig auf eine endlich-blättrige, analytisch-verzweigte Überlagerung* (R, Φ, G)[3] *eines Gebietes G des* C^n *abbilden, derart, daß* $\Phi \circ \tau(M \cap U)$ *in G in einer analytischen Menge von der Dimension* $k \leq s$ *enthalten ist.* — Es ist leicht einzusehen, daß diese Definition unabhängig von (R, Φ, G) und τ ist.

7. In den nachstehenden Paragraphen beweisen wir die folgenden beiden Hauptsätze über hebbare Singularitäten plurisubharmonischer Funktionen.

Satz 3 (Analogon zum ersten RIEMANN*schen Satz über hebbare Singularitäten). Es sei D eine dünne Menge der Ordnung 1 in einem komplexen Raum X; es sei p eine in* $X - D$ *plurisubharmonische Funktion. Zu jedem Punkt* $x \in D$ *gebe es eine Umgebung U, derart, daß p in* $U - U \cap D$ *nach oben beschränkt ist. Dann ist p eindeutig zu einer in ganz X plurisubharmonischen Funktion* $\overset{\circ}{p}$ *fortsetzbar.*

Satz 4 (Analogon zum zweiten RIEMANN*schen Satz über hebbare Singularitäten). Ist D eine dünne Menge der Ordnung 2 in einem komplexen Raum X, so ist jede in* $X - D$ *plurisubharmonische Funktion p eindeutig zu einer in ganz X plurisubharmonischen Funktion* $\overset{\circ}{p}$ *fortsetzbar.*

Da die nichtuniformisierbaren Punkte eines komplexen Raumes X eine dünne Menge der Ordnung 2 in X sind (vgl. [6]), ergibt sich aus Satz 4 direkt:

Ist die Funktion p in jedem uniformisierbaren Punkt eines komplexen Raumes X plurisubharmonisch, so existiert genau eine plurisubharmonische Fortsetzung von p in ganz X.

Es sei angemerkt, daß P. LELONG mit völlig anderen Methoden als die in dieser Arbeit benutzten eine wesentliche Verallgemeinerung des Satzes 3 für den Fall, daß X eine komplexe Mannigfaltigkeit ist, bewiesen hat[4]).

Die Sätze 3 und 4 lassen sich besonders elegant formulieren, wenn man ihnen eine algebraische Fassung gibt. Ist $N \neq X$ eine abgeschlossene Teilmenge eines komplexen Raumes X, so bezeichne $i^*\colon \Pi(X) \to \Pi(X - N)$ den der Injektion $i\colon X - N \to X$ in kanonischer Weise zugeordneten Homomorphismus der Halbgruppe $\Pi(X)$ der in X plurisubharmonischen Funktionen in die Halbgruppe $\Pi(X - N)$ der in $X - N$ plurisubharmonischen Funktionen. Mit $\Pi^*(X - N)$ werde diejenige Unterhalbgruppe von $\Pi(X - N)$ bezeichnet,

[3]) Für analytisch-verzweigte Überlagerungen hat sich die Tripelschreibweise (R, Φ, G) als zweckmäßig erwiesen: R bezeichnet den eigentlichen Überlagerungsraum; G das Gebiet im C^n, über dem der Raum R liegt; und Φ die natürliche Abbildung von R auf G. Hinsichtlich der näheren Beschreibung vgl. [4] und [6].

[4]) Die Arbeit von LELONG wird in den Math. Ann. erscheinen. Vgl. auch C. R. Acad. Paris **242**, 55—57 (1956).

deren Elemente in der Umgebung eines jeden Punktes von N nach oben beschränkt sind. Dann gilt:

Satz 3a: Ist D eine dünne Menge der Ordnung 1 in einem komplexen Raum X, so ist der Homomorphismus $i^*: \Pi(X) \to \Pi(X-D)$ ein Isomorphismus von $\Pi(X)$ auf $\Pi^*(X-D)$.

Satz 4 formuliert sich wie folgt:

Satz 4a: Ist D eine dünne Menge der Ordnung 2 in einem komplexen Raum X, so ist der Homomorphismus $i^*: \Pi(X) \to \Pi(X-D)$ ein Isomorphismus von $\Pi(X)$ auf $\Pi(X-D)$.

§ 2. Beweis der Fortsetzungssätze für komplexe Mannigfaltigkeiten

1. Grundlegend für den Beweis der Sätze 3 und 4 ist der folgende Fortsetzungssatz für subharmonische Funktionen, der zugleich den Satz 3 für den Fall der Dimension 1 enthält.

Satz 5. Es sei B ein Bereich der z-Ebene; es sei $z^{(0)}$ irgendein Punkt aus B. In $B - z^{(0)}$ sei eine subharmonische Funktion $s(z)$ gegeben, die in einer Umgebung von $z^{(0)}$ nach oben beschränkt ist. Dann ist

$$\breve{s}(z) = \begin{cases} s(z) & \text{für } z \neq z^{(0)}, \\ \overline{\lim\limits_{z \to z^{(0)}}}\, s(z) & \text{für } z = z^{(0)}, \end{cases}$$

die eindeutig bestimmte subharmonische Fortsetzung von $s(z)$ in B[5]).

Beweis. Die Funktion $\breve{s}(z)$ ist wegen der Beschränktheit von $s(z)$ nach oben in der Umgebung von $z^{(0)}$ sinnvoll definiert: es gilt stets $\breve{s}(z) < +\infty$. Da $\breve{s}(z)$ nach Definition halbstetig nach oben ist in jedem Punkt $z \in B$, ist also nur noch zu zeigen, daß auch die Bedingung γ') erfüllt ist.

Es werde angenommen, daß dies nicht der Fall ist. Es gibt dann ein Teilgebiet W von B und eine in W harmonische Funktion h, derart, daß die Funktion $\breve{s} + h$ in W nicht konstant ist und ihr Maximum m in einem inneren Punkt $\tilde{z}^{(0)} \in W$ annimmt. Offenbar enthält W dann den Punkt $z^{(0)}$, und es gilt $\tilde{z}^{(0)} = z^{(0)}$; weiter wird der Wert m von $\breve{s} + h$ in keinem von $z^{(0)}$ verschiedenen Punkt aus W angenommen. Wir legen nun um $z^{(0)}$ einen Kreis $K_0: \{|z - z^{(0)}| \leq d_0\}$, der in W enthalten ist. Für jeden Punkt $z \in \{|z - z^{(0)}| = d_0\}$ gilt dann: $\breve{s}(z) + h(z) < m$. Da $\breve{s} + h$ halbstetig nach oben in W ist, können wir ein $\varepsilon > 0$ so finden, daß für jeden Punkt von $|z - z^{(0)}| = d_0$ sogar gilt: $\breve{s}(z) + h(z) < m - \varepsilon$.

Wir bilden jetzt im Kreisring $K_d: \{d < |z - z^{(0)}| < d_0\}$, $0 < d < d_0$, die harmonische Funktion

$$h_d(z) = \frac{\varepsilon}{\ln \frac{d}{d_0}} \cdot \ln\left\{\left(\frac{d}{d_0}\right)^{\frac{m}{\varepsilon}} \cdot \frac{|z - z^{(0)}|}{d}\right\}.$$

[5]) Dieser Satz wurde im wesentlichen bereits von BRELOT [*1*] im Jahre 1934 bewiesen. Der hier wiedergegebene Beweis stimmt nicht mit dem von BRELOT mitgeteilten überein.

und unbegrenzt über $Z-\overline{Z}'$ und zerfällt in endlich viele zusammenhängende Komponenten $(B_\lambda, \Phi, Z-\overline{Z}')$, $\lambda=0, 1, \ldots, l$. Da sich überdies jede in $Z-\overline{Z}'$ verlaufende geschlossene Kurve stetig deformieren läßt in eine geschlossene Kurve, die in einer beliebig vorgegebenen, $Z-\overline{Z}'$ schneidenden eindimensionalen analytischen Ebene liegt, folgt analog wie oben, daß das Φ-Urbild einer jeden in $Z-\overline{Z}'$ eindimensionalen analytischen Ebene jeweils eine zusammenhängende Menge in B_λ ist. Daher können $\widetilde{R}_0 \cap \Phi^{-1}(Z-\overline{Z}')$ und $\widetilde{R}_1 \cap \Phi^{-1}(Z-\overline{Z}')$ nicht beide Punkte in derselben Komponente B_λ besitzen; die Numerierung der B_λ kann folglich so gewählt werden, daß $\widetilde{R}_0 \cap \Phi^{-1}(Z-\overline{Z}')$ in der Menge $C=\bigcup_{\lambda=0}^{l_0} B_\lambda$ $(l_0<l)$ enthalten und $\widetilde{R}_1 \cap C$ leer ist.

Wir betrachten nun denjenigen Teilraum T^* von T, der aus genau den Paaren $(\mathfrak{z}, t)$ besteht, wo $\mathfrak{z} \in E_t^1 \cap (Z-\overline{Z}')$, $0 \leq t \leq 1$. Die Überlagerung $(\Phi^{*-1}(T^*), \Phi^*, T^*)$ zerfällt in endlich viele Komponenten (B_μ^*, Φ^*, T^*), $\mu=0, \ldots, m$; es sei die Numerierung so gewählt, daß gilt: $B_0^* \subset R_0^*$. Der Raum B_0^* enthält sowohl Punkte $(r, 0)$ als auch Punkte $(r, 1)$. Jeder Punkt $(r, 0)$ wird nun, da er wegen $B_0^* \subset R_0^*$ in $\widetilde{R}_0^*$ liegt, vermöge π in $\widetilde{R}_0 \cap \Phi^{-1}(Z-\overline{Z}')$ und also in C abgebildet. Dann wird aber, da B_0^* zusammenhängend ist, sogar ganz B_0^* in C abgebildet. Andererseits wird aber jeder Punkt $(r, 1) \in B_0^*$, da er in $\widetilde{R}_1^*$ liegt, durch π in $\widetilde{R}_1$ abgebildet. Da $\widetilde{R}_1 \cap C$ leer ist, hat sich somit ein Widerspruch ergeben. Die Annahme, daß der Raum $\widetilde{R}$ nicht zusammenhängend ist, war also falsch: Hilfssatz 3 ist bewiesen.

Eine einfache Folgerung aus Hilfssatz 3 ist

Hilfssatz 4. Es sei $\hat{E}$ eine eindimensionale analytische Ebene des $(z_2, \ldots, z_n)$-Raumes durch $(z_2^{(0)}, \ldots, z_n^{(0)}) \in \hat{Z}$, die die Diskriminantenmenge $\hat{V}$ von V höchstens in $(z_2^{(0)}, \ldots, z_n^{(0)})$ schneidet. Mit E^2 werde die zweidimensionale analytische Ebene $\{\mathfrak{z} | , (z_2, \ldots, z_n) \in \hat{E}\}$ bezeichnet. Dann ist $(\Phi^{-1}(E^2 \cap Z - V), \Phi, E^2 \cap Z - V)$ eine zusammenhängende analytisch-verzweigte Überlagerung von $E^2 \cap Z - V$, die sich zu einer analytisch-verzweigten Überlagerung von $E^2 \cap Z$ fortsetzen läßt.

Beweis. Wir haben nur zu zeigen, daß $(\Phi^{-1}(E^2 \cap Z - V), \Phi, E^2 \cap Z - V)$ zusammenhängend ist; die Fortsetzbarkeit ergibt sich direkt aus dem Fortsetzungssatz. Der Zusammenhang ist aber ebenfalls klar, denn nach Hilfssatz 3 ist stets $\Phi^{-1}(E_1^* \cap Z - V)$ zusammenhängend, wo E_*^1 irgendeine eindimensionale analytische Ebene ist, die in der Form $\{\mathfrak{z} | , (z_2, \ldots, z_n) = (z_2^*, \ldots, z_n^*) \in \hat{E} - (z_2^{(0)}, \ldots, z_n^{(0)})\}$ gegeben werden kann.

4. Unter Verwendung von Hilfssatz 2 und Hilfssatz 4 beweisen wir nun, indem wir die Terminologie des 3. Abschnittes beibehalten, die folgende Verallgemeinerung von Hilfssatz 2:

Hilfssatz 5. Es sei $p(r)$ eine plurisubharmonische Funktion in einer offenen Menge $R-D \supset \Phi^{-1}(Z-V)$, die in der Umgebung eines jeden Punktes von $D \subset \Phi^{-1}(V)$ nach oben beschränkt ist. Es sei $\widetilde{E}^1$ die eindimensionale analytische Ebene $\{z_2 = z_2^{(0)}, \ldots, z_n = z_n^{(0)}\}$. Bezeichnen $\widetilde{R}_1, \ldots, \widetilde{R}_k$ die endlich vielen *zusammenhängenden Komponenten von* $\Phi^{-1}(\tilde{E}^1 - \mathfrak{z}_0)$, $\mathfrak{z}_0 = (z_1^{(0)}, \ldots, z_n^{(0)})$, *so gilt:*

$$\overline{\lim_{r\to r_0,\, r\in\tilde{R}_\varkappa}}\, p(r) = \overline{\lim_{r\to r_0,\, r\in R-D}}\, p(r) = m\,, \qquad \varkappa = 1, \ldots, k.$$

Beweis. Wir zeigen zunächst, daß gilt:

$$\overline{\lim_{r\to r_0,\, r\in\tilde{R}_\varkappa}}\, p(r) = m_0 \quad \text{für jedes } \varkappa = 1, \ldots, k.$$

Zu dem Zwecke legen wir durch den Punkt $(z_2^{(0)}, \ldots, z_n^{(0)})$ eine eindimensionale analytische Ebene $\hat{E}^1$ in $\hat{Z}$, die $\hat{V}$ in der Nähe von $(z_2^{(0)}, \ldots, z_n^{(0)})$ nur in $(z_2^{(0)}, \ldots, z_n^{(0)})$ schneidet. Weiter denken wir uns zu $\hat{E}^1$ die zweidimensionale analytische Ebene E^2 wie in Hilfssatz 4 gewählt. Dann ist $\left(\Phi^{-1}(E^2 \cap Z - V),\ \Phi,\ E^2 \cap Z - V\right)$ nach Hilfssatz 4 zu einer *zusammenhängenden* Überlagerung von $E^2 \cap Z$ fortsetzbar. Aus Hilfssatz 2 ergibt sich alsdann unmittelbar die obige Behauptung.

Es bleibt zu zeigen, daß gilt: $m_0 = m$. Sicher gilt $m_0 \leq m$. Angenommen, es wäre $m_0 < m_1 < m$. Wir wählen dann einen Kreis

$$K: \{|z_1 - z_1^{(0)}| \leq \delta, \quad z_2 = z_2^{(0)}, \ldots, z_n = z_n^{(0)}\}, \qquad \delta < d,$$

auf $\hat{E}^1$, der mit V nur den Punkt $\mathfrak{z}_0$ gemeinsam hat, derart, daß in $\Phi^{-1}(K - \mathfrak{z}_0)$ gilt: $p(r) < m_1$; letzteres ist offenbar möglich. Es läßt sich weiter eine Umgebung

$$W': \left\{\frac{\delta}{2} \leq |z_1 - z_1^{(0)}| \leq \delta, \quad |z_2 - z_2^{(0)}| < \varepsilon, \ldots, |z_n - z_n^{(0)}| < \varepsilon\right\}$$

finden, die keinen Punkt mit V gemeinsam hat, so daß für $r \in \Phi^{-1}(W')$ gilt: $p(r) < m_1$. Bezeichnen wir mit W die Umgebung

$$\{|z_1 - z_1^{(0)}| < \delta, \quad |z_\nu - z_\nu^{(0)}| < \varepsilon, \quad \nu = 2, \ldots, n\}$$

des Punktes $\mathfrak{z}_0$ und mit E irgendeine der Ebenen $\{z_2 = a_2, \ldots, z_n = a_n\}$, wo $|a_\nu - z_\nu^{(0)}| < \varepsilon$, $\nu = 2, \ldots, n$, so kann jede der Überlagerungen

$$\left(\Phi^{-1}(E \cap W - V),\ \Phi,\ E \cap W - V\right)$$

zu einer Überlagerung $(\tilde{R}, \Phi, E \cap W)$ von ganz $E \cap W$ fortgesetzt werden. Da $\tilde{R}$ stets eine RIEMANNsche Fläche ist, die durch eine holomorphe Abbildung τ spurpunkttreu in $\Phi^{-1}(E \cap W)$ abgebildet ist, kann man nach Satz 6 die Funktion p auf $\tilde{R} - \tau^{-1}(D)$ zu einer in ganz $\tilde{R}$ subharmonischen Funktion $\tilde{p}$ fortsetzen. Da wegen des Maximumprinzips die Funktion $\tilde{p}(r)$ im Innern von $\tilde{R}$ nicht größer als auf $\Phi^{-1}\left(\partial(E \cap W)\right)$ sein kann, so gilt für jeden Punkt $r \in \tilde{R}: \tilde{p}(r) < m_1$. Es ist deshalb $p(r) \leq m_1$ in jedem Punkt von $\Phi^{-1}(W) - D$. Dann gilt aber auch $\overline{\lim}_{r\to r_0,\, r\in R-D}\, p(r) \leq m_1 < m$ im Widerspruch zur Voraussetzung. Hilfssatz 5 ist bewiesen.

5. Ist $a(r)$ irgendeine nach oben halbstetige Funktion auf einer s-blättrigen, analytisch-verzweigten, zusammenhängenden Überlagerung (R, Φ, G), so ordnen wir derselben eine in G nach oben halbstetige Funktion $b(\mathfrak{z})$ zu,

indem wir setzen: $b(\mathfrak{z}) = \sum_{\sigma=1}^{s} a(\mathfrak{r}_\sigma)$, wo $\mathfrak{r}_\sigma$ die Punkte aus $\Phi^{-1}(\mathfrak{z})$ durchläuft. Dabei komme der Punkt $\mathfrak{r}_\sigma$ genau t-mal vor, wenn die Überlagerung R in hinreichend kleiner Umgebung von $\mathfrak{r}_\sigma$ stets t Blätter hat. *Wir nennen* $b(\mathfrak{z})$ *die zu* $a(\mathfrak{r})$ *gehörende elementarsymmetrische Funktion* und beweisen:

Hilfssatz 6. Es sei $\breve{p}(\mathfrak{r})$ *eine in* R *nach oben halbstetige und in* $R-D$, $D \subset \Phi^{-1}(V)$, *plurisubharmonische Funktion; für jeden Punkt* $\mathfrak{r}_0 \in D$ *gelte:* $\overline{\lim}_{\mathfrak{r}\to\mathfrak{r}_0,\, \mathfrak{r}\in R-D} \breve{p}(\mathfrak{r}) = \breve{p}(\mathfrak{r}_0)$. *Dann ist die zu* $\breve{p}(\mathfrak{r})$ *gehörende elementarsymmetrische Funktion* $\breve{q}(\mathfrak{z})$ *plurisubharmonisch in* G.

Beweis. Sei zunächst R eine Überlagerung eines Gebietes G der eindimensionalen Zahlenebene, also eine RIEMANNsche Fläche. Dann besteht D aus isolierten Punkten; da die Aussage des Hilfssatzes lokaler Natur ist, dürfen wir annehmen, daß G ein Kreis und D über dem Mittelpunkt $z^{(0)}$ dieses Kreises liegt und daß R zusammenhängend und nur über $z^{(0)}$ verzweigt ist. Da R im vorliegenden Falle eine RIEMANNsche Fläche ist, folgt aus Satz 5, daß $\breve{p}$ in ganz R subharmonisch ist. Es seien nun $\lambda_1, \ldots, \lambda_s$ die Decktransformationen von R. Da dieselben holomorphe Abbildungen sind, folgt unter Verwendung der Eigenschaften f) und g) aus § 1, daß auch die Funktion $\breve{q}'(\mathfrak{r}) = \sum_{\sigma=1}^{s} \breve{p} \circ \lambda_\sigma(\mathfrak{r})$ subharmonisch in R ist. Offenbar hat $\breve{q}'(\mathfrak{r})$ in allen Punkten von R, die über demselben Grundpunkt $z \in G$ liegen, den gleichen Wert. Da überdies $\breve{q}(z) = \breve{q}'(\Phi^{-1}(z))$, so ist also $\breve{q}(z)$ subharmonisch in G.

Sei nun (R, Φ, G) irgendeine Überlagerung. Da die Summe plurisubharmonischer Funktionen plurisubharmonisch ist, ist zunächst $q(\mathfrak{z}) = \sum_{1}^{s} \breve{p}(\mathfrak{r}_\sigma)$, $\mathfrak{z} \in G - V$, eine in $G - V$ plurisubharmonische Funktion. Da $q(\mathfrak{z})$ in der Umgebung eines jeden Punktes von V nach oben beschränkt ist, läßt sich $q(\mathfrak{z})$ nach Satz 6 zu einer in ganz G plurisubharmonischen Funktion $\tilde{q}(\mathfrak{z})$ fortsetzen. Wir behaupten: $\tilde{q}(\mathfrak{z}) = \breve{q}(\mathfrak{z})$. Zu dem Zwecke genügt es zu zeigen:

$$(*) \qquad \overline{\lim}_{\mathfrak{z}\to\mathfrak{z}_0,\, \mathfrak{z}\in G-V} q(\mathfrak{z}) \geq \breve{q}(\mathfrak{z}_0) \quad \text{für jedes } \mathfrak{z}_0 \in V.$$

Sei daher $\mathfrak{z}_0 \in V$ irgendein Punkt. Man kann um $\mathfrak{z}_0$ einen in G enthaltenen Polyzylinder Z legen, der in bezug auf V die im Hilfssatz 3 geforderten Eigenschaften hat (eventuell ist eine lineare Koordinatentransformation auszuführen). Ohne Einschränkung der Allgemeinheit werde angenommen, daß über $\mathfrak{z}_0$ nur ein Punkt $\mathfrak{r}_0$ von R liegt. Es sei wieder die Ebene $\tilde{E}^1$ wie im Hilfssatz 5 gewählt; es bezeichne $(\tilde{R}, \tilde{\Phi}, \tilde{E}^1 \cap Z)$ die Fortsetzung der Überlagerung $(\Phi^{-1}(\tilde{E}^1 \cap Z - V), \Phi, \tilde{E}^1 \cap Z - V)$. Zerfällt nun der Raum $\tilde{R}$ etwa in k zusammenhängende Komponenten $\tilde{R}_\varkappa$, $\varkappa = 1, \ldots, k$, so setzen wir zunächst die Funktion $\breve{p}$ aus $\Phi^{-1}(\tilde{E}^1 \cap Z - V)$ in jede Komponente $\tilde{R}_\varkappa$ zu einer dort subharmonischen Funktion $\breve{p}_\varkappa$ fort. Unter Verwendung von Hilfssatz 5 folgt: $\breve{p}_\varkappa(\mathfrak{r}) = \breve{p}(\mathfrak{r}_0)$ für $\mathfrak{r} \in \tilde{\Phi}^{-1}(\mathfrak{z}_0)$. Daher gilt auf $\tilde{E}^1 \cap Z$, wenn $\breve{q}_\varkappa$ die zu $\breve{p}_\varkappa$

gehörende elementarsymmetrische Funktion bezeichnet:

$$\breve{q}(\mathfrak{z}) = \sum_{\varkappa=1}^{k} \breve{q}_\varkappa(\mathfrak{z}).$$

Da nach dem bereits Bewiesenen die Funktionen $\breve{q}_\varkappa(\mathfrak{z})$ sämtlich subharmonisch sind, ist also auch $\breve{q}(\mathfrak{z})$ subharmonisch auf $\tilde{E}^1 \cap Z$. Es gilt daher:

$$\overline{\lim_{\mathfrak{z}\to\mathfrak{z}_0,\, \mathfrak{z}\in\tilde{E}^1\cap Z-\mathfrak{z}_0}} q(\mathfrak{z}) = \breve{q}(\mathfrak{z}_0).$$

Dann gilt aber erst recht die Ungleichung (*), w. z. b. w.

6. Wir sind nun in der Lage, Satz 3 für beliebige komplexe Räume X zu beweisen. Da die Aussage des Satzes lokaler Natur ist, dürfen wir ohne Einschränkung der Allgemeinheit voraussetzen, daß der komplexe Raum X eine endlich-blättrige, analytisch-verzweigte Überlagerung (R, Φ, G) eines Gebietes G des C^n ist. Sei also D eine dünne Menge der Ordnung 1 in R und p eine in $R-D$ plurisubharmonische Funktion, die in der Umgebung eines jeden Punktes $r\in D$ nach oben beschränkt ist. Da wir p nach Satz 6 in jeden uniformisierbaren Punkt von R eindeutig plurisubharmonisch fortsetzen können, dürfen wir annehmen, daß D in der Menge $\Phi^{-1}(V)$ enthalten ist.

Wir zeigen zunächst, daß höchstens eine plurisubharmonische Fortsetzung von p aus $R-\Phi^{-1}(V)$ in R möglich ist. Angenommen, es gäbe zwei solche Fortsetzungen $\breve{p}$ und $\breve{p}'$. Dann gilt also $\breve{p}'(r) = \breve{p}(r)$ für jeden Punkt $r\in R-\Phi^{-1}(V)$. Ist nun $r_0\in\Phi^{-1}(V)$ irgendein Punkt, so legen wir eine eindimensionale analytische Ebene E durch $\mathfrak{z}_0 = \Phi(r_0)$, derart, daß E in der Nähe von $\mathfrak{z}_0$ die Menge V nur in $\mathfrak{z}_0$ schneidet. Es zerfällt $\Phi^{-1}(E-\mathfrak{z}_0)$ in der Umgebung von $\mathfrak{z}_0$ in endlich viele zusammenhängende RIEMANNsche Flächen; der Punkt r_0 ist Häufungspunkt wenigstens einer derselben, etwa $\tilde{F}$. Dann folgt, da $\breve{p}$ und $\breve{p}'$ nach Voraussetzung beide plurisubharmonisch in R sind und in $R-\Phi^{-1}(V)$ mit p übereinstimmen, unter Verwendung von Hilfssatz 5:

$$\overline{\lim_{r\to r_0,\, r\in\tilde{F}}} p(r) = \begin{cases} \breve{p}(r_0), \\ \breve{p}'(r_0). \end{cases}$$

Daher gilt auch $\breve{p}(r_0) = \breve{p}'(r_0)$; mithin gibt es höchstens eine plurisubharmonische Fortsetzung von p in R.

Wir werden nun zeigen, daß die Funktion

$$\breve{p}(r) = \overline{\lim_{r'\to r,\, r'\in R-D}} p(r'), \qquad D\subset\Phi^{-1}(V),$$

tatsächlich eine plurisubharmonische Fortsetzung von p in R ist.

Zu dem Zwecke sei τ irgendeine holomorphe Abbildung eines Gebietes W der z-Ebene in R; wir dürfen annehmen, daß τ nicht konstant ist. Dann ist die zur Abbildung

$$\Phi\circ\tau\colon\quad z_1 = f_1(z), \ldots, z_n = f_n(z)$$

gehörende Funktionalmatrix $(f'_1(z), \ldots, f'_n(z))$ bis auf eine in W isoliert liegende Punktmenge S' vom Maximalrang. Es gibt deshalb zu jedem Punkt $z^{(0)} \in W - S'$ eine Umgebung $U'(z^{(0)}) \subset W - S'$, derart, daß $\Phi \circ \tau(U')$ eine in einer Umgebung U'' von $\mathfrak{z}_0 = \Phi \circ \tau(z^{(0)})$ eindimensionale analytische Menge A ist. Wir ziehen nun folgenden hier nicht zu beweisenden Hilfssatz heran (zum Beweise desselben vgl. [6]).

Hilfssatz 7. Es sei (R'', Φ, U'') *eine analytisch-verzweigte Überlagerung; es sei* A *eine eindimensionale analytische Menge in* U''. *Dann gibt es eine isolierte Punktmenge* S^* *in* A, *so daß* $(\Phi^{-1}(A - S^*), \Phi, A - S^*)$ *eine unverzweigte Überlagerung ist.*

Auf Grund dieses Hilfssatzes gibt es zu jedem Punkt $\mathfrak{z}_1 \in A - S^*$ eine n-dimensionale Umgebung $U^*(\mathfrak{z}_1) \subset U''$, derart, daß jede zusammenhängende Komponente $R_\varkappa$ von $\Phi^{-1}(U^*)$ über $(A - S^*) \cap U^*$ einblättrig ist. Ist nun $\breve{p}_\varkappa$ die Beschränkung von $\breve{p}$ auf $R_\varkappa$ und bezeichnet $\breve{q}_\varkappa$ die in U^* definierte, zu $\breve{p}_\varkappa$ gehörende elementarsymmetrische Funktion, so ist nach Hilfssatz 6 jede dieser Funktionen $\breve{q}_\varkappa$ plurisubharmonisch in U^*. Da über jedem Punkt von $(A - S^*) \cap U^*$ jeweils nur ein Punkt von $R_\varkappa$ liegt, stimmt $\breve{p}_\varkappa$ auf

$$\Phi^{-1}\big((A - S^*) \cap U^*\big) \cap R_\varkappa$$

mit $\breve{q}_\varkappa$ auf $(A - S^*) \cap U^*$ überein. Daraus folgt aber, daß die Beschränkung von $\breve{p}$ auf $\Phi^{-1}(A - S^*)$ eine subharmonische Funktion ist. Setzt man nun $S = (\Phi \circ \tau)^{-1}(S^*) \cap U'(z^{(0)})$, so ist S eine isolierte Punktmenge in $U'(z^{(0)})$; da τ die Menge $U' - S$ in $\Phi^{-1}(A - S^*)$ abbildet, ist $\breve{p} \circ \tau$ subharmonisch in $U' - S$. Es bleibt zu zeigen, daß $\breve{p} \circ \tau$ auch in allen Punkten von S selbst subharmonisch ist; sei also $z^{(1)} \in S$ irgendein Punkt. Wir wählen eine Umgebung $\hat{U}\big(\Phi \circ \tau(z^{(1)})\big)$ so, daß $\big(\Phi^{-1}(\hat{U}), \Phi, \hat{U}\big)$ eine zusammenhängende, s-blättrige Komponente $\hat{R}$ enthält, die über $\mathfrak{z}_1 = \Phi \circ \tau(z^{(1)})$ nur den einen Punkt $r_1 = \tau(z^{(1)})$ besitzt.

Es sei $\breve{p}(r_1) = m$. Wir bilden in $\hat{U}$ zu der Beschränkung von $\breve{p}$ auf $\hat{R}$ die elementarsymmetrische Funktion $\breve{q}(\mathfrak{z})$; dieselbe ist nach Hilfssatz 6 in $\hat{U}$ plurisubharmonisch. Deshalb ist $\breve{q} \circ \Phi \circ \tau$ in der Umgebung von $z^{(1)}$ subharmonisch. Es gilt: $\overline{\lim\limits_{z \to z^{(1)}}} \frac{1}{s} \breve{q} \circ \Phi \circ \tau(z) = m$.

Andererseits gilt, falls man $\overline{\lim\limits_{z \to z^{(1)}}} \breve{p} \circ \tau(z) \leq m_1 < m$ annimmt:

$$\frac{1}{s} \overline{\lim_{z \to z^{(1)}}} \breve{q} \circ \Phi \circ \tau(z) = \overline{\lim_{z \to z^{(1)}}} \frac{1}{s} \Big(\breve{p} \circ \tau(z) + \sum_{\substack{r_\sigma \in \Phi^{-1} \Phi \tau(z) \cap \hat{R} \\ r_\sigma \neq \tau(z)}} \breve{p}(r_\sigma)\Big)$$

$$\leq \frac{m_1}{s} + \frac{s-1}{s} m < m.$$

Also muß gelten $\overline{\lim\limits_{z \to z^{(1)}}} \breve{p} \circ \tau(z) = m$; d.h. aber, daß $\breve{p} \circ \tau(z^{(1)})$ mit der subharmonischen Fortsetzung von $\breve{p} \circ \tau$ in $z^{(1)}$ übereinstimmt. Die Funktion $\breve{p} \circ \tau$ ist somit in jedem Punkt von U' subharmonisch. Daraus folgt, daß $\breve{p} \circ \tau$ in $W - S'$ subharmonisch ist. Wiederholt man den soeben durchgeführten Schluß für die ebenfalls isoliert liegenden Punkte von S', so ergibt sich, daß $\breve{p} \circ \tau$ überall in W subharmonisch ist. Damit ist Satz 3 vollständig bewiesen.

7. Wir beweisen nun abschließend Satz 4, indem wir zeigen, daß unter seinen Voraussetzungen auch die Voraussetzungen von Satz 3 erfüllt sind. Wir können wieder annehmen, daß X eine analytisch-verzweigte Überlagerung (R, Φ, G) ist und dürfen weiter, falls G hinreichend klein gewählt ist, laut Definition der dünnen Menge sogar voraussetzen, daß es eine in G analytische, höchstens $(n-2)$-dimensionale Menge M gibt, so daß gilt: $D \subset \Phi^{-1}(M)$. Wir zeigen, daß $p(r)$ in einer Umgebung eines jeden Punktes aus D nach oben beschränkt ist. Damit ist dann der Satz bewiesen, da eine dünne Menge der Ordnung 2 erst recht dünn von der Ordnung 1 ist. Angenommen, $r' \in D$ sei ein Punkt, in dessen Umgebung p nicht nach oben beschränkt ist. Dann gibt es eine gegen r' konvergierende Punktfolge $r_\nu \in R - \Phi^{-1}(M \cup V)$[7]), so daß gilt: $\lim_{\nu\to\infty} p(r_\nu) = +\infty$. Wir setzen $\mathfrak{z}_\nu = \Phi(r_\nu)$, $\mathfrak{z}' = \Phi(r')$; dann gilt $\lim_{\nu\to\infty} \mathfrak{z}_\nu = \mathfrak{z}'$. Es sei nun E' eine eindimensionale analytische Ebene durch $\mathfrak{z}'$, die $M \cup V$ in einer Hyperkugel $H(\mathfrak{z}') \subset\subset G$ nur in $\mathfrak{z}'$ schneidet. Es gibt dann eine gegen E' konvergierende Folge E_ν von eindimensionalen analytischen Ebenen durch $\mathfrak{z}_\nu$, die $M \cap H$ nirgends und $V \cap H$ nur punkthaft schneiden. Es gibt weiter eine reelle Zahl k, so daß für jeden Punkt $r \in \Phi^{-1}(E' \cap \partial H)$ gilt: $p(r) < k$. Aus der Halbstetigkeit von p nach oben folgt, daß diese Ungleichung auch noch in einer ganzen Umgebung U von $\Phi^{-1}(E' \cap \partial H)$ gilt. Wählt man ν hinreichend groß, so ist $\Phi^{-1}(E_\nu \cap \partial H)$ in U enthalten. Da $(\Phi^{-1}(E_\nu \cap H - V), \Phi, E_\nu \cap H - V)$ zu einer Überlagerung von $E_\nu \cap H$ fortsetzbar ist, ergibt das Maximumprinzip, daß $p(r)$ auf $\Phi^{-1}(E_\nu \cap H)$ kleiner als k ist. Deshalb gilt auch $p(r_\nu) \leq k$, da $r_\nu \in \Phi^{-1}(E_\nu \cap H)$. Daraus folgt aber $\lim_{\nu\to\infty} p(r_\nu) \leq k$ im Widerspruch zur Annahme. Satz 4 ist bewiesen.

Literatur

[1] BRELOT, M.: Étude des fonctions sousharmoniques au voisinage d'un point. Act. scient. et ind. **139**, II, 5—55 (1934). — [2] BREMERMANN, H.: On the conjecture of the equivalence of the plurisubharmonic functions and the Hartogs functions. Math. Ann. **131**, 76—86 (1956). — [3] CARTAN, H.: Séminaire E.N.S. Paris 1951/52 u. 1953/54 (hektographiert). — [4] GRAUERT, H., u. R. REMMERT: Zur Theorie der Modifikationen I. Math. Ann. **129**, 274—296 (1955). — [5] GRAUERT, H., et R. REMMERT: Fonctions plurisousharmoniques dans des espaces analytiques. Généralisation d'un théorème d'Oka. C. R. Acad. Sci. Paris **241**, 1371—1373 (1955). — [6] GRAUERT, H., u. R. REMMERT: Analytisch-verzweigte Überlagerungen und komplexe Räume. Erscheint demnächst in den Math. Ann. — [7] HIRZEBRUCH, F.: Über vierdimensionale Riemannsche Flächen mehrdeutiger analytischer Funktionen von zwei komplexen Veränderlichen. Math. Ann. **126**, 1—22 (1953). — [8] HITOTUMATU, S.: On some conjectures concerning pseudo-convex domains. J. Math. Soc. Jap. **6**, 173—195 (1954). — [9] LELONG, P.: Fonctions plurisousharmoniques; mesures de Radon associées. Applications aux fonctions analytiques. Colloque sur les Fonctions de plusieurs variables, Bruxelles, 21—40, 1953. — [10] OKA, K.: Sur les fonctions analytiques de plusieurs variables. IX: Domaines finis sans point critique intérieur. Jap. J. Math. **23**, 97—155 (1953). — [11] REMMERT, R., u. K. STEIN: Über die wesentlichen Singularitäten analytischer Mengen. Math. Ann. **126**, 263—306 (1953).

[7]) Das folgt unter Verwendung von Satz 3!

Münster i. W., Mathematisches Institut der Universität

(Eingegangen am 1. Januar 1956)

harmonic function $p(x)$ which converges to $+\infty$ as x goes to the (ideal) boundary of X. Then he got the existence of holomorphic functions f from this property. In [19] the existence of the f comes from a theorem of L. Schwartz in functional analysis (topological vector spaces, see: H. Cartan, Séminaire E.N.S. 1953/54, Exposés XVI and XVII). The approach is much simpler, but my predecessor in Göttingen C.L. Siegel nevertheless did not like it: Oka's method is constructive and this one is not!

In [32] there is an example of a 3-dimensional bounded complex manifold (i.e. X together with a boundary is compact) with smooth pseudoconvex boundary, which is strictly pseudoconvex outside a (real) 3-dimensional surface and is not holomorphically convex. However, the following statement is expected to be true: Assume that X is a bounded complex manifold and that the boundary ∂X of X is smooth and pseudoconvex. If $x_0 \in \partial X$ is a point where ∂X is strictly pseudoconvex then there is a holomorphic function f in X which converges towards ∞ when we approach x_0. In the eighties Y.T. Siu (A vanishing theorem for semi positive line bundles over non-Kähler manifolds. J. Diff. Geom. 19, 431–454 (1984)) and J.P. Demailly (Champs magnétiques et inégalités de Morse pour la d''-cohomologie. Grenoble 1985) were able to prove the case when X is a tubular neighborhood of the zero section of a holomorphic line bundle over a compact complex manifold.

In [19] the proof is performed for manifolds only. It was proved that every real-analytic manifold (with countable topology) has arbitrary small complexifications, which are Stein manifolds. From this an approximation theorem was derived: Every differentiable map can be approximated by real-analytic ones. Any two real-analytic manifolds, which are diffeomorphic are real-analytically equivalent also, which solved a problem stated by H. Whitney (The self-intersections of a smooth n-manifold in $2n$-space. Ann. of Math. 45, 220–246 (1944)).

Most of the proofs can be transformed to real-analytic spaces, see [91].

The Levi problem was solved in [19] by the "bumping technique". This bumping technique was applied later by Kerzman to get global solutions for the $\bar{\partial}$ equation with estimates from the local solution of $\bar{\partial}$ (N. Kerzman: Hölder and L^p estimates for solution of $\bar{\partial}u = f$ in strongly pseudoconvex domains. Comm. Pure Applied Math. 26 (1971), 301–379). The "bumping technique" was generalized to the case of q-convex and q-concave spaces in [30].

After the solution of the Levi problem, in a joint paper with Docquier [23] the following result on locally Stein sets was proved by using the technique of holomorphic retraction from a Stein tubular neighborhood of a complex submanifold of $\mathbf{C}^n$ to the submanifold. An open subset G of a Stein space X is called locally Stein if for every point x in G there exists an open neighborhood U of x in X such that $U \cap G$ is Stein. The result was that a locally Stein open subset of a Stein manifold is Stein. It was conjectured that the same result should hold for Stein spaces instead of Stein manifolds, but the conjecture is still open. Andreotti and Narasimhan proved the case when the ambient space has only isolated singularities (A. Andreotti and R. Narasimhan: Oka's Heftungslemma and the Levi problem for complex spaces. Trans. Amer. Math. Soc. 111 (1964), 345–366). A paper of A. Hirschowitz shed some light on the difficulty of the case of Stein spaces (A. Hirschowitz: Pseudoconvexité au dessus d'espaces plus ou moins homogènes 26 (1974), 303–322). For $\mathbb{C}^n$ (and therefore also for Stein manifolds by embedding it in $\mathbb{C}^n$ and using the holomorphic retraction), Steinness is a local property because one can consider -log of the Euclidean distance to the boundary. Hirschowitz observed that the Euclidean distance to the boundary can be interpreted as the minimum of exit time out of the subdomain along holomorphic vector fields defined on the ambient manifold. Because of Rossi's result (Ann. of Math.) one knows that at a general singular point there cannot be any local holomorphic vector field nonvanishing at that point.

2

There is a problem related to the Levi problem on which much work was done using the techniques of the Levi problem after the Levi problem was solved. It is the problem of J.-P. Serre (Quelques problèmes globaux relatifs aux variétés de Stein. Colloque sur les fonctions de plusieurs variables, Bruxelles 1953, Georges Thone, Liège; Masson, Paris 1953, pp. 57–68). The problem asked whether a holomorphic bundle whose fiber and base are both Stein is Stein. The case where the bundle space is a topological covering space over the base was proved by K. Stein (Überlagerungen holomorph-vollständiger komplexer Räume, Arch. Math. 7 (1956), 354–361) and there was a later generalization by LeBarz (A propos des revêtements ramifiés d'espaces de Stein. Math. Ann. 222 (1976), 63–69). Y. Matsushima and A. Morimoto proved the case when the structure group is a connected complex Lie group (Sur certains espaces fibrés holomorphes sur une variété de Stein. Bull. Soc. Math. France 88 (1960), 137–155). For the other extreme when the structure group is totally real (for example the case of the automorphism of a bounded Euclidean domain) there are a number partial results by a number of mathematicians:

J. Brun: Sur le problème de Levi dans certains fibrés. manuscripta math. 14 (1974), 217–222. J. Brun: Le problème de Levi dans les fibrés à base de Stein et a fibre une courbe compacte. Ann. Inst. Fourier (Grenoble) 27 (1977), 17–28. G. Fischer: Holomorph-vollständige Faserbündel. Math. Ann. 180 (1969), 341–348. G. Fischer: Fibrés holomorphes au-dessus d'un espace de Stein espaces analytiques. Acad. Rep. Soc. Romains. Bucharest 1971, pp. 57–69. G. Fischer: Hilbert spaces of holomorphic functions on bounded domains. Manuscripta Math. 3 (1970), 305–314. A. Hirschowitz: Sur certains fibrés holomorphes à base et fibre de Stein (corrections), Compte Rendus 278 (1974), série A, 87–91. A. Hirschowitz: Domains de Stein et fonctions holomorphes bornées. Math. Ann. 213 (1975), 185–193. K. Königsberger: Über die Holomorphie-Vollständigkeit lokal trivialer Faserräume. Math. Ann. 189 (1970), 178–184. N. Sibony: Fibrés holmorphes et métrique de Carathéodory. C. R. Acad. Sci. Paris 279 (1974), 261–264. Y.-T. Siu: All plane domains are Banach-Stein, manuscripta math. 14 (1974), 101–105. Y.-T. Siu: Holomorphic fiber bundles whose fibers are bounded Stein domains with zero first Betti number. Math. Ann. 219 (1976), 171–192. J.-L. Stehlé: Fonctions plurisubharmoniques et convexité holomorphe de certain fibrés analytiques. Séminaire P. Lelong (Analyse), 1973–1974, 153–179.

One of the last partial results was that the answer to the Serre problem is affirmative when the fiber is a bounded domain in $\mathbb{C}^n$ whose first Betti number is zero. Then Skoda and later Demailly and Loeb-Coeuré gave counter-examples even with the fiber being a bounded Stein domain in $\mathbb{C}^2$ (H. Skoda: Fibrés holomorphe à base et à fibre de Stein. C. R. Acad. Sci. Paris 284 (1977), 1199–1202. H. Skoda: Fibrés holomorphe à base et à fibre de Stein. Invent. Math. 43 (1977), 97–107. J.-P. Demailly: Un exemple de fibré holomorphe non de Stein à fibre $\mathbb{C}^2$ ayant pour base le disque ou le plan. Invent. Math. 48 (1978), 293–302. J. J. Loeb and G. Coeuré: A counter example to the Serre problem with a bounded domain of $\mathbb{C}^2$ as fiber. Ann. of Math. 122 (1985), 329–334.)

Another result stemming from the Levi problem is the existence of a Stein open neighborhood for a Stein subvariety of an open subset of $\mathbb{C}^n$ (Y. T. Siu: Every Stein subvariety admits a Stein neighborhood. Invent. Math. 38 (1976), 89–100). This result was related to the problem of extension of regular holomorphic maps which H. Royden considered in order to prove the semicontinuity of the infinitesimal Kobayashi metric (Remarks on the Kobayashi metric. Proc. Maryland Conf. on Several Complex Variables. Lecture Notes in Math. Vol. 185, Springer-Verlag. The extension of regular holomorphic maps. Proc. A.M.S. 43 (1974), 306–312).

3

The paper [23] is concerned with unbranched domains over a Stein manifold X. It contains the usual theory (for instance of semi-continuous exhaustion by pseudo convex open subsets), which was known in $\mathbb{C}^n$ before. If $G \Subset X$ is a (weakly) pseudoconvex domain then G can be exhausted by a sequence of strictly pseudoconvex domains $G_\mu \Subset G_{\mu+1} \Subset X$ with $\mu = 1, 2, 3, \ldots$. The proofs of the most important theorems of sheaf theory for pseudoconvex subdomains G use this exhaustion. Therefore, a generalization to the abstract case where X is not a subdomain of a Stein manifold would be desirable. But from the 2-dimensional example of a relatively compact smooth flat pseudoconvex subdomain X of a topologically trivial holomorphic line bundle over a compact Riemann surface of genus $g > 0$ in [32] follows easily that there is a bounded complex manifold with a smooth real-analytic pseudoconvex boundary, which cannot be exhausted in this way.

On the other hand a complex manifold which can be exhausted by a sequence of relatively compact open strongly pseudoconvex open Stein subsets is not necessarily Stein (Fornaess: An increasing sequence of Stein manifolds whose limit is not Stein. Math. Annalen 223, 257–277 (1976), and also: A counterexample for the Levi problem for branched Riemann domains over $\mathbb{C}^n$. Math. Ann. 234, 275–277 (1978)). In the last paper also an example is given of a branched domain X over the $\mathbb{C}^n$, which is pseudo-convex, but is not holomorphically convex. The word "pseudoconvex" means here that every boundary point of X has a neighborhood which is a Stein space (i.e. X is locally Stein).

The paper [9] proves for unbranched domains X over $\mathbb{C}^n$ for instance that it is not necessary to require that X is pseudoconvex in all boundary points in order that X is a domain of holomorphy (see also: K. Diederich and T. Oshawa, A Levi problem on 2-dimensional complex manifolds). An important result is also the fact that in a proper modification $X \to Y$, where X is smooth, the analytic set $A \subset X$ which came in by the modification has codimension 1 everywhere.

In [14] complex manifolds are considered, which are projective complex-algebraic in one direction and are Stein manifolds in the other. They are called analytically complete manifolds. There were very many attemps to get results. One problem is: Assume that X is a projective complex-algebraic manifold and that $X^\wedge$ is the universal covering of X. Is then $X^\wedge$ an analytically complete complex manifold?

Every unbranched pseudoconvex domain over the complex-projective space $\mathbb{P}_n$ can be exhausted again by strictly pseudoconvex subdomains. Moreover it can be proved that it is holomorphically spreadable, which follows from the fact that it does not contain compact analytic subsets of higher dimension. So it is a Stein manifold. We get also that every unbranched domain of holomorphy over the $\mathbb{P}_n$ is a Stein manifold.

4

The solution of the general Levi problem was used in [28] to prove the existence of exceptional analytic sets $A \subset X$. Here X denotes a (reduced) complex space and $A \subset X$ a compact analytic subset, which everywhere has a positive dimension. The set A is called an exceptional analytic set if there exists a complex space Y together with a finite set $D \subset Y$ of points and a proper modification $\pi : X \to Y$ which maps $X - A$ biholomorphically onto $Y - D$. So by the inverse of the modification A is taken out of X and replaced by D. We say that A is blown down. The main result of [28] is:

Assume that A is an analytic subset of a complex space as described before. Then A is exceptional if and only if there is a relatively compact neighborhood U around A with strictly pseudoconvex boundary such that A is the so called maximal compact analytic subset of U.

The last notion means that every compact analytic subset $B \subset U$, which has positive dimension everywhere is contained in A as a subset. A complex analytic vectorbundle Vover a compact complex space X (or more general a complex analytic linear space over X) is called *weakly negative* if the zero cross section $O = A$ is exceptional. If V is a weakly negative vectorbundle a symmetric power of the dual V^* is very ample and X is projective algebraic. If a normalspace (= generalized normal bundle) of a compact analytic subset A in a complex space X is weakly negative then A is exceptional (See also Th. Peternell: Über exzeptionelle

Very lately some people saw that Manin's proof had a gap. But it could be closed by R. Coleman (Manin's proof of the Mordell conjecture over function fields. Enseignement matématiques 36, 339–427 (1990)). Of course, the aim was to solve the original Mordell conjecture for number fields in arithmetic geometry (L.J. Mordell: On the rational solutions of the indeterminate equation of the third and forth degree. Proc. Cambridge Philos. Soc. 21, 179–192 (1922)). It seems to be clear that neither the proof by Manin nor my proof can be transformed to the arithmetic case. In my proof the tangent space was used which does not exist in arithmetic geometry. There are ideas which can be carried over from algebraic geometry to arithmetic geometry, see A. Grothendieck. But in general they are essentially cohomological.

In the case of the number theoretic Mordell conjecture at first A.N. Parshin made preperations proving that the Mordell conjecture is a consequence of the so called Shafarevich conjecture (see: Algebraic curves over function fields. Isv. Akad. Nauk SSSR Ser. Mat. 32 (1968)). After that G. Faltings (Endlichkeitssätze für abelsche Mannigfaltigkeiten über Zahlkörpern. Invent. math. 73, 349–366 (1983)) was able to solve the problem by proving the Sharafervich conjecture via the Tate conjecture. I cannot see any connection with the ideas of my proof for function fields.

In response to a conjecture of S. Lang, the proof of the Mordell conjecture over functions by complex geometry was generalized from a curve of genus at least two to a general compact hyperbolic Kähler manifold by Riebesehl and by Noguchi (Hyperbolic fiber spaces and Mordell's conjecture over function fields. Publ. RIMS 21 (1985), 27–46). Another development in this direction is the result of N. Mok on the function field case of the Mordell-Weil theorem in which a hyperbolic fibers are replaced by an Abelian varieties. (N. Mok: Aspects of Kähler geometry on arithmetic varieties. Am. Math. Soc. Proc. Symp. Pure Math. 52, 335–396 (1991)).

7

The paper [5] was my thesis. It contains (among others) the following results:

1. *A Hermitian metric in a complex manifold is a Kähler metric if and only if all local analytic sets are minimal surfaces.*
2. *If X is an unbranched domain over $\mathbb{C}^n$ with real-analytically smooth boundary, then X is pseudoconvex if and only if X has a complete Kähler metric.*

Of course, the condition on the boundary is very restrictive. But the theorem is not true in general if the boundary of X contains lower dimensional components. As a counterexample, a method was introduced in [5] to construct a complete Kähler metric on the complement of a proper subvariety in a compact projective algebraic manifold.

There are two directions in which further work was done in this problem of characterizing Stein manifolds by complete Kähler metrics. Because of the counter-example, some additional conditions (on the boundary or the curvature of the metric on the interior) are needed to ensure that a complete Kähler manifold is Stein.

In the case of boundary conditons final satisfactory solutions were obtained in the following papers by K. Diederich, J. E. Fornaess, T. Oshawa, and P. Pflug. T. Oshawa: On complete Kähler domains with $\mathbb{C}^1$-boundary. Pub. RIMS Kyoto 16, 929–940 (1980). T. Oshawa: Analyticity of complements of complete Kähler domains. Proc. Jap. Acad. 56, Ser. A, 484–487 (1980). K. Diederich and P. Pflug: Über Gebiete mit vollständiger Kählermetrik. Math. Annalen 257, 191–198 (1981). K. Diederich and J.E. Fornaess: Thin complements of complete Kähler domains. Math. Annalen 259, 331–341 (1982). The article: Diederich-Fornaess: On the nature of thin complements of complete Kähler metrics, Wuppertal, is a survey. The main result reads: *Assume that $G \subset \mathbb{C}^n$ is a domain with a complete Kähler metric. Assume moreover that the boundary points of G in the open kernel of the closure of G have Stein neighborhoods. Then G is a Stein manifold.*

In the case of curvature condition on the interior, any one of the following four conditions is sufficient for a complete Kähler manifold M to be Stein.

(1) M is simply connected and the sectional curvature ≤ 0.
(2) M is noncompact, the sectional curvature ≥ 0 and moreover > 0 outside a compact set.
(3) M is noncompact, the sectional curvature ≥ 0, and the holomorphic bisectional curvature > 0.
(4) M is noncompact, the Ricci curvature > 0, the sectional curvature ≥ 0 and the canoncial line bundle is trivial.

This is the result of R. E. Green and H. Wu (Curvature and complex analysis I, II, III. Bull. Amer. Math. Soc. 77 (1971), 1045–1049; 78 (1972), 866–870; 79 (1973), 606–608. Some function-theoretical properties of noncompact Kähler manifolds. Proc. Symp. Pure Math. 27, Part II, Amer. Math. Soc. Providence, R.I. 1975, pp. 33–41. C^∞-convex functions and manifolds of positive curvature. Acta Math. 137 (1976), 209–244. Analysis on noncompact Kähler manifolds. Proc. Symp. Pure Math. vol 30, part II, Amer. Math. Soc. Providence, R.I. 1977, pp. 69–100.)

For a bounded domain in $\mathbb{C}^n$ N. Mok and S.T. Yau proved that it is Stein if and only if it admits a complete Kähler-Einstein metric (Completeness of the Kähler-Einstein metric on bounded Riemann domains and the characterization of domains of holomorphy by curvature conditions. Proc. Symp. Pure Math. 39 (1983), 41–59).

The method [5] of constructing a complete Kähler metric on the complement of a proper subvariety in a compact projective algebraic manifold was used by Ohsawa for vanishing theorems and to apply L^2 estimates of $\bar{\partial}$ on complete Kähler manifolds to derive the relation between $L^2-\bar{\partial}$-cohomology and intersection cohomology (Vanishing theorems on complete Kähler manifolds. Publ. RIMS (1984), 21–38. Hodge spectral sequence on compact Kähler spaces. Publ. RIMS (1987), 265–274. Supplement, Publ. RIMS 27 (1991), 505–507. Hodge spectral sequence and symmetry on compact Kähler spaces. Publ. RIMS (1987), 613–625. An exten-

Mannigfaltigkeiten, auf denen hinreichend viele holomorphe Funktionen existieren, ein ähnliches Verhalten wie die nicht geschlossenen Riemannschen Flächen zeigen. So entstand der Begriff der holomorph vollständigen Mannigfaltigkeit (in der französischen Literatur: *variété de Stein*[6])).

Eine komplexe Mannigfaltigkeit $\mathfrak{M}$ heißt holomorph vollständig, wenn:

1. *$\mathfrak{M}$ eine abzählbare Umgebungsbasis besitzt,*

2. *zu zwei beliebigen Punkten $x, y \in \mathfrak{M}$, $x \neq y$, immer eine in $\mathfrak{M}$ holomorphe Funktion f, $f(x) \neq f(y)$ existiert,*

3. *es zu jedem Punkt $x \in \mathfrak{M}$ n holomorphe Funktionen gibt, die in einer Umgebung von x ein lokales Koordinatensystem definieren,*

4. *$\mathfrak{M}$ holomorph-konvex*[7]) *ist.*

Auf holomorph vollständigen Mannigfaltigkeiten $\mathfrak{M}$ gilt ein Approximationssatz (vgl. Satz 6): *Jede in einem in bezug auf $\mathfrak{M}$ konvexen (vgl. Def. vor Satz 6) Teilbereich $\mathfrak{B}$ von $\mathfrak{M}$ holomorphe Funktion läßt sich im Innern von $\mathfrak{B}$ durch in $\mathfrak{M}$ holomorphe Funktionen gleichmäßig approximieren.* H. Cartan und J. P. Serre gelang die Ausdehnung der Theorie der *analytischen Garben* (faisceaux analytiques) auf holomorph vollständige Mannigfaltigkeiten. Ihre Hauptergebnisse sind in zwei fundamentalen Sätzen[8]) (théorème A und B) über die kohärenten analytischen Garben zusammengefaßt. Ein Spezialfall von théorème B ist die Gültigkeit der Aussage Cousin-I auf holomorph vollständigen Mannigfaltigkeiten (vgl. Satz 5): *Zu beliebig in $\mathfrak{M}$ vorgegebenen Hauptteilen gibt es immer eine in $\mathfrak{M}$ meromorphe Funktion.*

Nachdem sich die holomorph vollständigen Mannigfaltigkeiten in den Vordergrund der heutigen funktionentheoretischen Betrachtung geschoben haben, verdient die Frage Interesse, ob es zur Definition dieser Mannigfaltigkeiten notwendig ist, das Axiom 1 zu fordern[9]). Damit sind wir genau auf das Problem von T. Radó gekommen. Es zeigt sich, daß für holomorph vollständige Mannigfaltigkeiten eine Aussage analog zum Radóschen Satz richtig ist (Satz 8). Das Axiom 1 ist also zu deren Definition überflüssig.

In der vorliegenden Arbeit wird ferner das Problem untersucht, ob sich die Axiome 2, 3, 4 durch der Definition nach schwächere Forderungen ersetzen lassen. In der Tat zeigt sich, daß komplexe Mannigfaltigkeiten schon diesen drei Axiomen und dem Axiom 1 genügen, wenn sie holomorph-konvex und *K-vollständig* sind (vgl. § 4 und § 2). *Dabei heißt eine komplexe Mannigfaltigkeit $\mathfrak{M}$ K-vollständig, wenn es zu jedem Punkt $x \in \mathfrak{M}$ endlich viele in $\mathfrak{M}$*

---

[6]) Vgl. H. Cartan: Variétés analytiques complexes et cohomologie, Brüssel 1953, und H. Cartan: Séminaire E. N. S. 1951—52, exposé IX.

[7]) Vgl. H. Cartan, loc. cit. [6]) (Brüssel), p. 49.

[8]) Vgl. H. Cartan, loc. cit. [6]) (Brüssel), p. 51.

[9]) Bekanntlich haben nicht alle komplexen Mannigfaltigkeiten eine abzählbare Topologie; vgl. E. Calabi und M. Rosenlicht: Complex analytic manifolds without countable base. Proc. Amer. Math. Soc. **4**, 335—340 (1953). Unabhängig von dieser Arbeit wurde das in ihr gegebene Beispiel durch mündliche Mitteilungen von H. Hopf bekannt; vgl. übrigens H. Hopf, Schlichte Abbildungen und lokale Modifikationen 4-dimensionaler komplexer Mannigfaltigkeiten. Comment. Math. Helv. **29**, 132—156 (1955), insbesondere S. 145—146 mit Fußnote 7.

holomorphe Funktionen gibt, die eine Umgebung von x nirgends entartet in den komplexen Zahlenraum abbilden.

Nun ist bekannt, daß die Menge der komplexen Mannigfaltigkeiten noch nicht die Gesamtheit der analytischen Gebilde von Punkten algebroiden Verhaltens der Funktionen mehrerer komplexer Veränderlichen umfaßt. Aus diesem Grunde muß — wie es auch schon in einzelnen vorangegangenen Arbeiten geschehen ist — ein allgemeinerer Begriff an die Stelle der komplexen Mannigfaltigkeit gesetzt werden. Das soll hier durch den Begriff des komplexen Raumes[10]) geschehen:

Wir nennen einen Hausdorffschen Raum $\mathfrak{R}$ einen komplexen Raum, wenn $\mathfrak{R}$ mit einer Überdeckung $\{U_i\}$ von offenen Mengen U_i versehen ist, die durch topologische Abbildungen Φ_i fest auf analytisch verzweigte Überlagerungen $\mathfrak{A}_i$ von Gebieten des komplexen Zahlenraumes abgebildet sind. Haben U_i, $U_j \in \{U_i\}$ einen nichtleeren Durchschnitt, so ist gefordert, daß die Abbildung $\Phi_j \Phi_i^{-1}$ in $\Phi_i(U_i) \subset \mathfrak{A}_i$ holomorph ist.

Bei der Ausdehnung des Begriffes der holomorph vollständigen Mannigfaltigkeit auf komplexe Räume macht nur das Axiom 3 Schwierigkeiten. Es wird deshalb durch ein Axiom '3 ersetzt:

'3) *Zu jedem Punkt $x \in \mathfrak{M}$ gibt es endlich viele in $\mathfrak{M}$ holomorphe Funktionen, die eine Umgebung von x normal einbetten*[10a]). (Zur Definition der normalen Einbettung vgl. Def. 4, 5, 6.)

Man zeigt leicht, daß bei komplexen Mannigfaltigkeiten Axiom 3 und '3 äquivalent sind. Komplexe Räume mit den Eigenschaften 1, 2, '3 und 4 heißen *holomorph vollständige Räume.* In holomorph vollständigen Räumen gelten wieder die Aussagen Cousin-I und der Approximationssatz (vgl. Sätze 5 und 6). Wieweit dagegen die Aussage Cousin-II und die Sätze der Garbentheorie ihre Gültigkeit behalten, soll in einer späteren Arbeit des Verf. untersucht werden.

Alle Sätze der vorliegenden Arbeit werden nicht nur für holomorph vollständige Mannigfaltigkeiten, sondern gleich für holomorph vollständige Räume ausgesprochen. Es werden drei Klassen von komplexen Räumen betrachtet:

⟨a⟩ *n-dimensionale komplexe Räume, die den Axiomen 1, 2, '3 genügen,*

⟨b⟩ *n-dimensionale K-vollständige Räume,*

⟨c⟩ *komplexe Räume, die zu Riemannschen Gebieten über dem Raum C^n von n komplexen Veränderlichen analytisch äquivalent sind.*

Offenbar ist ein Raum ⟨a⟩ a fortiori ein Raum ⟨b⟩. Daß sich jeder K-vollständige Raum eindeutig holomorph auf ein Riemannsches Gebiet über dem C^n abbilden läßt und darum eine abzählbare Topologie besitzt, wird in § 3 gezeigt (Satz A). Dagegen ist die Klasse ⟨c⟩ größer als die Klasse ⟨a⟩. Ein in seinem Innern verzweigtes Riemannsches Gebiet $\mathfrak{G}$, dessen Holomorphiehülle schlicht ist[10b]), genügt weder dem Axiom 2 noch dem Axiom '3. In

[10]) Wir folgen hier H. Behnke und K. Stein. Vgl. H. Behnke und K. Stein, loc. cit.[3]).

[10a]) Vgl. H. Cartan: Séminaire, 1953—54, Exposé X, XI und K. Oka: Sur les fonctions analytiques des plusieurs variables. VIII. Lemme fondamental (suite). J. Math. Soc. Japan 3, 254—278 (1951).

[10b]) H. Behnke und P. Thullen: Theorie der Funktionen mehrerer komplexer Veränderlichen. Erg. d. Math. 3, 251—371 (1935).

Menge $U \subset \mathfrak{R}$ auf eine offene Menge einer analytisch-verzweigten Überlagerung $\mathfrak{A}$ abbildet, die die C-Bedingung erfüllt.

Eine analytisch-verzweigte Überlagerung, die der C-Bedingung genügt, ist zu einem durch eine in einem Gebiet des C^n analytische Menge A erzeugten komplexen Raum $*A$ analytisch äquivalent. Deshalb sind die komplexen Räume mit C-Bedingung genau die komplexen Räume nach der Definition von H. CARTAN[18]) (espaces analytiques généraux).

Wir definieren nun das konkrete Riemannsche Gebiet über dem C^n:

Def. 3. *Ein Paar $\mathfrak{R} = (R, \Phi)$ heißt ein Riemannsches Gebiet über dem C^n, wenn*

1. R ein Hausdorffscher Raum ist, der aus höchstens abzählbar vielen zusammenhängenden Komponenten besteht und Φ eine offene stetige Abbildung von R in den C^n ist,

2. es zu jedem Punkt $x \in R$ eine Umgebung $U(x) \subset R$ gibt, derart, daß $\mathfrak{A} = (U, \Phi)$ eine analytisch verzweigte Überlagerung von $\Phi(U)$ ist.

Dabei heißt eine Abbildung *offen*, wenn sie offene Mengen auf offene Mengen abbildet. Ein Riemannsches Gebiet ist trivialerweise ein spezieller komplexer Raum. Es gilt nun:

Satz 1. *U sei eine offene Menge eines komplexen Raumes $\mathfrak{R}$, $f_1 \ldots f_k$ seien endlich viele in $\mathfrak{R}$ holomorphe Funktionen, die eine nirgends entartete Abbildung τ von U in den C^k vermitteln. Dann gibt es um jeden Punkt $\tau(x)$, $x \in U$, eine Hyperkugel $H \subset C^k$ und um x eine beliebig kleine Umgebung $V \subset U$, die durch τ eigentlich in H abgebildet wird.*

Beweis. Da τ nicht in x entartet ist, gibt es zu x eine Umgebung $W(x)$, $W \Subset U$, derart, daß $\tau(x) \neq \tau(\overline{W} - W)$ ist. Die Menge $\tau(\overline{W} - W)$ ist abgeschlossen. Deshalb kann man um $\tau(x)$ eine Hyperkugel H legen, derart, daß $\overline{H}$ keinen Punkt von $\tau(\overline{W} - W)$ enthält. Die offene Menge $V = \tau^{-1}(H) \cap W$ wird durch τ eigentlich in H abgebildet, wie man auf folgende Weise zeigen kann: Wir dürfen annehmen, daß W und damit V zu einer offenen Menge einer analytisch verzweigten Überlagerung äquivalent ist. Eine Menge $N \subset V$ ist deshalb genau dann kompakt, wenn jede Folge von Punkten x_ν, $\nu = 1, 2, 3 \ldots$, aus N in N einen Häufungspunkt hat. Jede beliebige Folge von Punkten $x_\nu \in V$ häuft sich gegen einen Punkt $x \in \overline{W}$. Es gilt sogar $x \in W$, da anderenfalls $\tau(x_\nu) \in H$ gegen $\tau(x) \in \tau(\overline{W} - W)$ konvergieren müßte. Ist nun M eine kompakte Menge aus H und $x_\nu \in N = \tau^{-1}(M) \cap W$, so gilt $\tau(x) \in M$ und damit $x \in N$. Das war zu beweisen.

Da V eigentlich in H abgebildet wird, folgt aus einem Satz von R. REMMERT über Projektionen analytischer Mengen und komplexer Räume[19]), daß

---

[18]) Vgl. H. CARTAN, loc. cit.[3]).

[19]) Vgl. zwei demnächst erscheinende Arbeiten von R. REMMERT in den Math. Ann. über: „Projektionen analytischer Mengen" und „Holomorphe und meromorphe Abbildungen analytischer Mengen." Der Satz von R. REMMERT lautet: Sind $\mathfrak{R}, \mathfrak{S}$ komplexe Räume, wird $\mathfrak{R}$ durch τ eigentlich und holomorph in $\mathfrak{S}$ abgebildet und ist A eine analytische Menge in $\mathfrak{R}$, so ist $\tau(A)$ eine analytische Menge in $\mathfrak{S}$. Natürlich ist dieser Satz bei der in der vorliegenden Arbeit angegebenen Definition der analytischen Menge fast trivial. R. REMMERT beweist eine tieferliegende Aussage: Erfüllt $\mathfrak{S}$ die C-Bedingung, so ist $\tau(A)$ das simultane Nullstellengebilde von endlich vielen lokal-holomorphen Funktionen.

$\tau(V) \cap H$ eine analytische Menge in H ist. Dieser Umstand kann ausgenutzt werden, um die normale Einbettung eines komplexen Raumes zu definieren.

Def. 4. *Endlich viele in $\mathfrak{R}$ holomorphe Funktionen $f_1 \ldots f_k$ betten eine Umgebung eines Punktes $x \in \mathfrak{R}$ genau dann normal ein, wenn es*

1. *um x eine Umgebung U gibt, in der $f_1 \ldots f_k$ eine eindeutige und somit nirgends entartete holomorphe Abbildung τ vermitteln,*

2. *bei hinreichend klein nach Satz 1 gewähltem V $\tau(V) \cap H$ eine in H normal eingebettete analytische Menge ist.*

Def. 5. *Eine in einem Gebiet G des C^n analytische Menge A ist normal eingebettet, wenn sie in jedem ihrer Punkte normal eingebettet ist.*

Def. 6. *Eine analytische Menge $A \subset G$ ist in einem Punkt $x \in A$ normal eingebettet, wenn jede in einer Umgebung von x auf A holomorphe Funktion g Spur einer in einer Umgebung $U_g \subset G$ holomorphen Funktion $\underline{g}$ ist.*

Dabei heißt eine Funktion g in einer Umgebung von x auf A holomorph, wenn g in einer Umgebung der Punkte $\sigma^{-1}(x)$ in $^*A$ holomorph ist. $^*A$ ist der durch A erzeugte komplexe Raum, σ bezeichnet wieder die kanonische Abbildung $^*A \to A$. Es wird nicht gefordert, daß g in allen Punkten $\sigma^{-1}(x)$ den gleichen Funktionswert hat.

Wir sagen: Ein *komplexer Raum* $\mathfrak{R}$ wird durch endlich viele in $\mathfrak{R}$ holomorphe Funktionen $f_1 \ldots f_k$ *normal eingebettet,* wenn 1. die $f_1 \ldots f_k$ den Raum in einer Umgebung jedes seiner Punkte normal einbetten und 2. in zwei beliebigen verschiedenen Punkten $x, y \in \mathfrak{R}$ immer für wenigstens ein $\nu = 1 \ldots k$: $f_\nu(x) \neq f_\nu(y)$ ist. Normal eingebettete analytische Mengen A sind lokal irreduzibel eingebettet. Es ist daher dann $^*A$ zu A analytisch äquivalent.

Es gilt:

Satz 2. *Zu jedem Punkt x eines komplexen Raumes $\mathfrak{R}$, der der C-Bedingung genügt, gibt es eine Umgebung $U(x) \subset \mathfrak{R}$, derart, daß $U(x)$ durch endlich viele in $U(x)$ holomorphe Funktionen $f_1 \ldots f_k$ normal eingebettet wird.*

Beweis. Da der Satz lokaler Natur ist, dürfen wir annehmen, daß $\mathfrak{R}$ eine analytisch-verzweigte Überlagerung ist, die der C-Bedingung genügt. $\mathfrak{R}$ ist dann zu einem durch eine analytische Menge erzeugten komplexen Raum $^*A$ äquivalent. Nach einem Satz von H. Cartan und K. Oka[20]) läßt sich $^*A$ in einer Umgebung U jedes Punktes $x \in {}^*A$ durch in U holomorphe Funktionen normal einbetten. Damit ist Satz 2 bewiesen.

Wir benötigen für spätere Zwecke noch folgenden

Satz 3. *Sind $\mathfrak{R}$ ein komplexer Raum und $f_1 \ldots f_k$ in $\mathfrak{R}$ holomorphe Funktionen, die eine Umgebung U eines Punktes $x \in \mathfrak{R}$ normal einbetten, so gibt es eine positive Zahl ε, derart, daß auch alle in $\mathfrak{R}$ holomorphen Funktionen $'f_1 \ldots 'f_k$, $|'f_\nu - f_\nu| < \varepsilon$ in U, eine Umgebung von x normal einbetten.*

---

[20]) H. Cartan, loc. cit.[10a]), K. Oka, loc. cit. [10a]). Der hier benutzte Satz lautet: Ist A eine analytische Menge eines Gebietes des C^n, $^*A$ der durch A erzeugte komplexe Raum, so gibt es zu jedem Punkt $x \in {}^*A$ endlich viele in x holomorphe Funktionen $f_1 \ldots f_k$, die eine Umgebung von x normal einbetten.

Wir benutzen beim Beweise von Satz 3 einen Satz von H. CARTAN und K. OKA[21]):

Cartan-Okascher Fundamentalsatz. *Ist A eine in einem Holomorphiegebiet Z des C^n normal eingebettete analytische Menge und ist h, $|h| < M$, eine auf A (schwach) holomorphe Funktion, so gibt es zu jedem relativ-kompakt in Z enthaltenen Gebiet $'Z$ eine nicht von h abhängende Konstante $K_0 > 0$ derart, daß h auf $A \cap 'Z$ Spur einer in $'Z$ holomorphen Funktion $\underline{h}$, $|\underline{h}| < K_0 M$, ist.*

Beweis von Satz 3. Da die Funktionen $f_1 \ldots f_k$ eine holomorphe Abbildung τ von U in den $z_1 \ldots z_k$-Raum vermitteln, die U normal einbettet, ist τ in U sicher nirgends entartet und dort eineindeutig. Nach Satz 1 gibt es eine Hyperkugel H um $\tau(x)$ und eine Umgebung $V(x) \subset U$, derart, daß τ die Menge V eigentlich in H abbildet. $A = \tau(V)$ ist eine normal eingebettete analytische Menge in H. Sei $'H \Subset H$ eine relativ-kompakt, konzentrisch in H enthaltene Hyperkugel. Nach dem Cartan-Okaschen Satz gibt es zu $'H$ eine Konstante K_0, derart, daß sich alle auf A holomorphen Funktionen g, $|g(A)| < \varepsilon$, in $A \cap 'H$ als Spur einer in $'H$ holomorphen Funktion $\underline{g}$, $|\underline{g}('H)| < K_0 \varepsilon$, darstellen lassen. Setzen wir auf A: $g_\nu = f_\nu \tau^{-1}$, $'g_\nu = 'f_\nu \tau^{-1}$ und ist in U: $|'f_\nu - f_\nu| < \varepsilon$, so ist in $'H$: $\underline{g}_\nu = z_\nu$ und $|'\underline{g}_\nu - z_\nu| < K_0 \varepsilon$. Ist ε hinreichend klein gewählt, so gibt es daher eine Umgebung $W(\tau(x)) \Subset 'H$, die die Funktionen $'\underline{g}_\nu$ eineindeutig auf ein Gebiet G des $w_1 \ldots w_k$-Raumes abbilden. Bezeichnet λ diese Abbildung, so ist $\lambda(A \cap W)$ eine in G normal eingebettete analytische Menge. Denn eine Fortsetzung einer beliebigen in einem Punkt $w \in \lambda(A \cap W)$ auf $\lambda(A \cap W)$ holomorphen Funktion h in eine Umgebung dieses Punktes $\widetilde{U} \subset G$ erhält man, wenn man $\lambda^{-1} h$ zu $\underline{\lambda^{-1} h}$ in $\lambda^{-1}(\widetilde{U})$ fortsetzt und darauf in $\widetilde{U}$: $\underline{h} = \lambda\, \underline{\lambda^{-1} h}$ bildet. Die Funktionen $'f_\nu$ bilden eine Umgebung von x eineindeutig auf $\lambda(A \cap W)$ ab, betten also in dieser Umgebung $\mathfrak{R}$ normal ein. Das war zu beweisen.

Nach diesen Vorbereitungen ist es uns nun möglich geworden, den Begriff des holomorph vollständigen (komplexen) Raumes zu definieren:

Def. 7. *Ein komplexer Raum $\mathfrak{R}$ heißt holomorph vollständig, wenn folgende Axiome erfüllt sind:*

1. *$\mathfrak{R}$ besitzt eine abzählbare Umgebungsbasis.*

2. *Zu zwei beliebigen Punkten $x, y \in \mathfrak{R}$, $x \neq y$, gibt es immer eine in $\mathfrak{R}$ holomorphe Funktion f, derart, daß $f(x) \neq f(y)$ gilt.*

---

[21]) Vgl. H. CARTAN: Idéaux et modules des fonctions analytiques des variables complexes. Bull. Soc. Math. France 78, 28—64 (1950). Ferner auch H. CARTAN, loc. cit.[6]) (Brüssel), théorème 3. Der Satz, daß jede Funktion, die auf einer in einem Holomorphiegebiet $\mathfrak{G}$ normal eingebetteten analytischen Menge A (schwach) holomorph ist, sich als Spur einer in $\mathfrak{G}$ holomorphen Funktion gewinnen läßt, wurde schon vor mehreren Jahren von H. CARTAN bewiesen. Die hier benutzte Verschärfung ergibt sich nach einer mündlichen Mitteilung von H. CARTAN aus einem Satz von BANACH über lineare Abbildungen vollständiger metrischer Vektorräume aufeinander (vgl. N. BOURBAKI XII, Esp. vect. top.). Der Raum der holomorphen Funktionen auf A bzw. $\mathfrak{G}$ ist — versehen mit der Topologie der gleichmäßigen Konvergenz — ein vollständiger metrisierbarer Vektorraum über dem Körper der komplexen Zahlen. Vgl. auch K. OKA: Sur la théorie des fonctions des plusieurs variables. IX: Domaines finis sans point critique interieur. (Jap. J. Math. 1953.)

3. *Zu jedem Punkt $x \in \mathfrak{R}$ gibt es endlich viele in $\mathfrak{R}$ holomorphe Funktionen $f_1 \dots f_k$, die eine Umgebung von x normal einbetten.*

4. *$\mathfrak{R}$ ist holomorph-konvex*[22]).

Ein holomorph vollständiger komplexer Raum ohne nichtuniformisierbare Punkte heißt eine *holomorph vollständige komplexe Mannigfaltigkeit* (variété de Stein). Wir zeigen:

Satz 4. *Zu jedem Punkt x eines komplexen Raumes $\mathfrak{R}$, der der C-Bedingung genügt, gibt es eine beliebig kleine Umgebung $U(x)$, die ein zusammenhängender, holomorph vollständiger Raum ist.*

Beweis. Da der Satz lokaler Natur ist, dürfen wir annehmen, daß $\mathfrak{R}$ eine analytisch-verzweigte Überlagerung $\mathfrak{A} = (R, \Phi)$ einer Hyperkugel H ist. Zu $x \in \mathfrak{A}$ gibt es nach Satz 2 eine Umgebung V, die durch endlich viele in V holomorphe Funktionen $f_1 \dots f_k$ normal eingebettet wird. Wählen wir um $\Phi(x)$ eine Hyperkugel $'H \Subset H$, derart, daß $\Phi^{-1}('H) \cap V \Subset V$ gilt, so ist $\Phi^{-1}('H) \cap V$ ein holomorph vollständiger Raum. Denn die Axiome 1, 3, 4 von Def. 7 sind trivialerweise erfüllt. Axiom 2 ist erfüllt, da die $f_1 \dots f_k$ die Umgebung V eineindeutig abbilden.

In den folgenden Paragraphen wird der Definition 7 der Begriff des K-vollständigen Raumes gegenübergestellt.

Def. 8. *Ein komplexer Raum $\mathfrak{R}$ heißt K-vollständig, wenn es zu jedem Punkt $x \in \mathfrak{R}$ endlich viele in $\mathfrak{R}$ holomorphe Funktionen gibt, die eine Umgebung von x nirgends entartet abbilden.*

Jeder holomorph vollständige Raum und jedes Riemannsche Gebiet ist trivialerweise ein K-vollständiger Raum. Doch gibt es sogar offene komplexe Mannigfaltigkeiten, die nicht K-vollständig sind.

Für holomorph vollständige Räume gelten ähnliche Sätze, wie für holomorph vollständige Mannigfaltigkeiten.

Satz 5. (1. Cousinsche Aussage)[23]). *Ist $\{U_j\}$ eine offene Überdeckung von $\mathfrak{R}$, sind in allen U_j meromorphe Funktionen f_j definiert, derart, daß in allen $U_{j_1 j_2} = U_{j_1} \cap U_{j_2}$: $g_{j_1 j_2} = f_{j_1} - f_{j_2}$ holomorph ist, d. h. ist in $\mathfrak{R}$ eine Cousin-I-Verteilung gegeben, so gibt es eine in $\mathfrak{R}$ meromorphe Funktion f (Lösung der Cousin-I-Verteilung), derart, daß $f - f_j$ in U_j holomorph ist.*

Nennt man einen Bereich $\mathfrak{B} \subset \mathfrak{R}$ konvex in bezug auf $\mathfrak{R}$, wenn $\mathfrak{B}$ in bezug auf die Klasse der in $\mathfrak{R}$ holomorphen Funktionen holomorph-konvex ist, so gilt ferner:

Satz 6. (Approximationssatz)[24]). *Ist $\mathfrak{B}$ ein in bezug auf $\mathfrak{R}$ konvexer Bereich, so läßt sich jede in $\mathfrak{B}$ holomorphe Funktion im Innern von $\mathfrak{B}$ durch eine Folge von in $\mathfrak{R}$ holomorphen Funktionen gleichmäßig approximieren.*

Dabei sagen wir, eine Folge von holomorphen Funktionen f_ν *approximiert im Innern* von $\mathfrak{B}$ *gleichmäßig* eine Grenzfunktion f, wenn f_ν auf jedem kompakten Teil von $\mathfrak{B}$ gleichmäßig gegen f konvergiert.

---

[22]) H. Cartan, loc. cit.[6]) (Brüssel), p. 49.

[23]) Vgl. P. Cousin: Sur les fonctions des n var. compl. Acta math. **19**, 1—62 (1895) und K. Oka: Sur la théorie des fonctions des plusieurs variables. II: Domaines d'holomorphie. J. Sci. Hiroshima Univ. A **6**, 245—255 (1936).

[24]) Dieser Satz führt in der Literatur auch den Namen Rungescher Satz.

Wir zeigen zunächst Satz 6. $\mathfrak{B}$ ist durch eine Folge $\mathfrak{P}_\nu$: $\{x \in \mathfrak{R}, |f_\mu^{(\nu)}(x)| < 1, \mu = 1 \ldots k_\nu, f_\mu^{(\nu)}$ holomorph in $\mathfrak{R}\}$ *analytischer Polyeder* von $\mathfrak{R}$ ausschöpfbar, bei der $\mathfrak{P}_\nu$ relativ-kompakt in $\mathfrak{P}_{\nu+1}$ liegt. Zu jedem $\mathfrak{P}_\nu$ gibt es endlich viele in $\mathfrak{R}$ holomorphe Funktionen $f_1^{(\nu)} \ldots f_{k_\nu}^{(\nu)}, f_{k+1}^{(\nu)} \ldots f_{m_\nu}^{(\nu)}, |f_{k_\nu+\mu}^{(\nu)}(\mathfrak{P}_\nu)| < 1, \mu = 1 \ldots m_\nu - k_\nu$, die eine umkehrbar eindeutige holomorphe Abbildung τ_ν von $\mathfrak{P}_\nu$ in den m_ν-dimensionalen Einheitspolyzylinder Z vermitteln, derart, daß $A = \tau_\nu(\mathfrak{P}_\nu)$ eine in Z normal eingebettete analytische Menge ist. Es sei $'Z_\nu \Subset Z$ ein Polyzylinder, der $\tau_\nu(\mathfrak{P}_{\nu-1})$ umfaßt, und h sei eine holomorphe Funktion in $\mathfrak{P}_\nu$. Nach dem Cartan-Okaschen Fundamentalsatz ist dann $\hat{h} = h\,\tau_\nu^{-1}$ auf $A \cap {}'Z_\nu$ Spur einer in $'Z_\nu$ holomorphen Funktion $\underline{\hat{h}}$. Da $\underline{\hat{h}}$ sich in eine Potenzreihe nach den $z_1 \ldots z_{m_\nu}$ entwickeln läßt, kann $\underline{\hat{h}}$ durch (endliche) Potenzsummen $g = \Sigma a_{\mu_1 \ldots \mu_{m_\nu}} z_1^{\mu_1} \ldots z_{m_\nu}^{\mu_{m_\nu}}$ im Innern von $'Z_\nu$ approximiert werden. Deshalb ist h im Innern von $\mathfrak{P}_{\nu-1}$ durch Summen $g = \Sigma a_{\mu_1 \ldots \mu_{m_\nu}} f_1^{(\nu)\mu_1} \ldots f_{m_\nu}^{(\nu)\mu_{m_\nu}}$ approximierbar. Eine gegen eine in $\mathfrak{B}$ holomorphe Funktion g gleichmäßig konvergierende Folge von in $\mathfrak{R}$ holomorphen Funktionen $g_{\nu\nu}$ erhält man, wenn man zunächst g in jedem $\mathfrak{P}_\nu$ durch Funktionen $g_{\nu\mu}$, $|g - g_{\nu\mu}(\mathfrak{P}_{\nu-1})| < \frac{1}{\mu}$, $\mu = 1, 2, 3, \ldots$, gleichmäßig approximiert und dann die Diagonalfolge $g_{\nu\nu}$ bildet.

Beweis von Satz 5. Wir schöpfen wieder $\mathfrak{R}$ durch in $\mathfrak{R}$ relativ-kompakte analytische Polyeder $\mathfrak{P}_\nu$: $\{x \in \mathfrak{R}, |f_\mu^{(\nu)}(x)| < 1, \mu = 1 \ldots k_\nu, f_\mu^{(\nu)}$ holomorph in $\mathfrak{R}\}$ aus. Können wir zeigen, daß es zu jeder in $\mathfrak{R}$ gegebenen Cousin-I-Verteilung in jedem $\mathfrak{P}_\nu$ eine Lösung f_ν gibt, so ist Satz 5 bewiesen, wie folgende Überlegung zeigt. $g_\nu = f_{\nu+1} - f_\nu$ ist in $\mathfrak{P}_\nu$ holomorph. Nach Satz 6 gibt es in $\mathfrak{R}$ holomorphe Funktionen $'g_\nu$, derart, daß $|g_\nu - {}'g_\nu| < \frac{1}{\nu}$ in $\mathfrak{P}_{\nu-1}$ ist. Wir können daher (durch Bildung von $'f_{\nu+1} = f_{\nu+1} - {}'g_\nu$) die f_ν so bestimmen, daß $|f_{\nu+1} - f_\nu| < \frac{1}{\nu}$ in $\mathfrak{P}_{\nu-1}$ ist. $f = \lim f_\nu$ ist dann eine Lösung der Cousin-I-Verteilung in $\mathfrak{R}$.

Wir haben also nur noch zu zeigen, daß jede Cousin-I-Verteilung in $\mathfrak{R}$ eine Lösung in $\mathfrak{P}_\nu$ besitzt. Dazu betten wir $\mathfrak{P}_{\nu+1}$ durch endlich viele in $\mathfrak{R}$ holomorphe Funktionen $f_1^{(\nu+1)} \ldots f_k^{(\nu+1)}, f_{k+1}^{(\nu+1)} \ldots f_m^{(\nu+1)}$ als analytische Menge A wie beim Beweise von Satz 6 normal in den Einheitspolyzylinder Z ein. Es sei τ die durch diese holomorphen Funktionen beschriebene Abbildung. $\tau(\mathfrak{P}_\nu)$ ist in einem Polyzylinder $'Z: \{|z_\nu| < 1 - \varepsilon, 0 < \varepsilon < 1\}$ enthalten. Offenbar können wir den Kreis $'K: \{|z| < 1 - \varepsilon\}$ durch endlich viele offene Umgebungen $V_i \Subset K: \{|z| < 1\}$, $i = 1 \ldots s$, überdecken, derart, daß die Überdeckung $\{\overline{W}_{i_1 \ldots i_m}\}$ mit $\overline{W}_{i_1 \ldots i_m} = \tau^{-1}(A \cap (V_{i_1} \times \cdots \times \overline{V}_{i_m}))$, $i_\nu = 1 \ldots s$, eine Verfeinerung der Überdeckung $\{U_i\}$ von $\mathfrak{P}_\nu$ ist. Jedem $(i_1 \ldots i_m)$ kann dann ein $i = \gamma(i_1 \ldots i_m)$, $\overline{W}_{i_1 \ldots i_m} \subset U_i$, zugeordnet werden. Wir erhalten in natürlicher Weise in bezug auf die Überdeckung $\{\overline{W}_{i_1 \ldots i_m}\}$ eine Cousin-I-Verteilung in $\overline{W} = \bigcup_{i_\nu=1}^{s} \overline{W}_{i_1 \ldots i_m}$, wenn wir in $\overline{W}_{i_1 \ldots i_m}$ die meromorphe Funktion $f_{i_1 \ldots i_m} = f_{\gamma(i_1 \ldots i_m)}$ vorgeben. Jede Lösung der Cousin-I-Verteilung in bezug auf $\{U_i\}$ ist in $\overline{W}$ eine Lösung der zu $\{\overline{W}_{i_1 \ldots i_m}\}$ konstruierten Cousin-I-

Verteilung und umgekehrt. Den weiteren Beweis des Satzes 5 stützen wir auf folgende Aussage:

(1) Es seien $Q_1, Q_2, Q \Subset K$ offene Mengen des Einheitskreises K, mit $\overline{P}_i$, $i = 1, 2$, sei die Teilmenge $\overline{Q}_i \times \overline{Q} \times \cdots \times \overline{Q}$ von Z bezeichnet, ferner sei $\overline{W}_i = \tau^{-1}(\overline{P}_i) \cap \mathfrak{P}_{\nu+1}$. Ist dann $g_{1,2}$ in (einer Umgebung von) $\overline{W}_1 \cap \overline{W}_2$ holomorph, so gibt es in $\overline{W}_1, \overline{W}_2$ holomorphe Funktionen g_1, g_2, derart, daß $g_{1,2} = g_1 - g_2$ in $\overline{W}_1 \cap \overline{W}_2$ ist.

Zum Beweise dieser Behauptung bilden wir $\hat{g}_{1,2} = g_{1,2}\tau^{-1}$ auf $'A = A \cap \overline{P}_1 \cap \cap \overline{P}_2 \Subset Z$. Auf $'A$ ist $\hat{g}_{1,2}$ nach dem Cartan-Okaschen Fundamentalsatz Spur einer in $\overline{P}_1 \cap \overline{P}_2$ holomorphen Funktion $\underline{\hat{g}}_{1,2}$. Nach einem Heftungslemma von Cousin[25]) gibt es in $\overline{P}_1, \overline{P}_2$ holomorphe Funktionen $\underline{\hat{g}}_1, \underline{\hat{g}}_2$, derart, daß $\underline{\hat{g}}_1 - \underline{\hat{g}}_2 = \underline{\hat{g}}_{1,2}$ in $\overline{P}_1 \cap \overline{P}_2$ ist. $g_i = \underline{\hat{g}}_i \tau$ sind dann die gesuchten Funktionen in $\overline{W}_i$.

Die Aussage (1) verwenden wir, um eine Lösung der Cousin-I-Verteilung in $\mathfrak{P}_\nu$ zu konstruieren. Sind $g_{i_1 \ldots i_{s-1},1}, g_{i_1 \ldots i_{s-1},2}$ holomorphe Funktionen in $\overline{W}_{i_1 \ldots 1}$ bzw. in $\overline{W}_{i_1 \ldots 2}$, derart, daß in $\overline{W}_{i_1 \ldots 1} \cap \overline{W}_{i_1 \ldots 2}$: $g_{i_1 \ldots 1} - g_{i_1 \ldots 2} = f_{i_1 \ldots 1} - f_{i_1 \ldots 2}$ gilt, so ist ${}^*f = f_{i_1 \ldots 1} - g_{i_1 \ldots 1} = f_{i_1 \ldots 2} - g_{i_1 \ldots 2}$ eine Lösung der Cousin-I-Verteilung in $\overline{W}_{i_1 \ldots 1} \cup \overline{W}_{i_1 \ldots 2}$. Durch Heftung in $\overline{W}_{i_1 \ldots 1} \cup \overline{W}_{i_1 \ldots 2}$ und $\overline{W}_{i_1 \ldots 3}$ nach dem gleichen Verfahren erhält man eine Lösung der Cousin-I-Verteilung in $\overline{W}_{i_1 \ldots 1} \cup \overline{W}_{i_1 \ldots 2} \cup \overline{W}_{i_1 \ldots 3}$. Man kann diese Methode zur Konstruktion von Lösungen beliebig fortsetzen. Schließlich erhält man eine in $\overline{W}$ meromorphe Funktion f, die dort eine Cousin-I-Lösung ist. Da $\overline{W} \supset \mathfrak{P}_\nu$ gilt, ist in f eine Funktion für $\mathfrak{P}_\nu$ mit den verlangten Eigenschaften gefunden. Damit ist Satz 5 bewiesen.

Wir zeigen noch folgende Aussage:

Satz 7. *Ist $\mathfrak{R}$ ein holomorph-konvexer Raum mit abzählbarer Umgebungsbasis und gibt es eine $\mathfrak{R}$ ausschöpfende Folge $\mathfrak{B}_\nu, \ldots \subset \mathfrak{B}_\nu \subset \mathfrak{B}_{\nu+1} \subset \cdots$ von in bezug auf $\mathfrak{R}$ konvexen Bereichen, die alle holomorph vollständige Räume sind, so ist $\mathfrak{R}$ selbst ein holomorph vollständiger Raum.*

Beweis. Wir müssen zeigen, daß die Axiome 2, 3 des holomorph vollständigen Raumes bei $\mathfrak{R}$ erfüllt sind. Da die $\mathfrak{B}_\nu$ den Raum $\mathfrak{R}$ ausschöpfen, gibt es zu zwei beliebigen Punkten $x, y \in \mathfrak{R}$ ein $\mathfrak{B}_{\nu_0}$, so daß $x, y \in \mathfrak{B}_{\nu_0}$ ist. Gilt $f(x) \neq f(y)$, f holomorph in $\mathfrak{B}_{\nu_0}$, so existiert nach Satz 6 eine Folge von in $\mathfrak{B}_\nu$, $\nu > \nu_0$, holomorphen Funktionen f_ν, die im Innern von $\mathfrak{R}$ gleichmäßig gegen eine Grenzfunktion g konvergiert, derart, daß $|f_{\nu+1}(x) - f_\nu(x)|$, $|f_{\nu+1}(y) - f_\nu(y)| < \varepsilon_\nu$ ist. Sind die ε_ν hinreichend klein gewählt, so ist sicher $g(x) \neq g(y)$. Also ist Axiom 2 in $\mathfrak{R}$ erfüllt. Daß auch Axiom 3 erfüllt ist, folgt mit der gleichen Überlegung unter Verwendung von Satz 3.

§ 2. Abzählbarkeit der Topologie K-vollständiger Räume.

In diesem Paragraphen wird gezeigt, daß ein K-vollständiger Raum $\mathfrak{R}$ eine abzählbare Topologie besitzt (Satz 8). Offenbar ist diese Aussage bewiesen, wenn sie für jede zusammenhängende Komponente von $\mathfrak{R}$ nachgewiesen ist. Wir dürfen darum beim Beweise von Satz 8 voraussetzen, daß $\mathfrak{R}$ zusammenhängend ist.

[25]) Vgl. H. Behnke und P. Thullen, loc. cit.[10b]), § 4, Satz 32.

$z_{n-1}+w_{n-1}t, z_n+t)\equiv 0$ für $\nu=1\ldots k$ und $|t|<\min\left(d,\frac{d}{r}\right)$ ist. $B\cap U\times V$ stimmt also mit den gleichzeitigen Nullstellen der holomorphen Funktionen $F^{\nu}_{t_0}(z,w) = F_\nu(z,w,t_0), \nu=1\ldots k, |t_0|<\min\left(d,\frac{d}{r}\right)$ von z, w überein. Damit ist (1) bewiesen.

Wir bilden den durch B erzeugten komplexen Raum $*B$. $*B$ ist durch eine holomorphe Abbildung σ in natürlicher Weise auf B abgebildet. Es werde mit λ die Projektionsabbildung von $\mathfrak{G}\times P^{n-1}$ in $\mathfrak{G}$ und mit $\varkappa$ die Projektionsabbildung von $\mathfrak{G}\times P^{n-1}$ in P^{n-1} bezeichnet. Wir verstehen unter der *Fasermenge* $\mathfrak{F}_y$ der Abbildung $\varkappa\,\sigma$ zu einem Punkt $y\in *B$ die Vereinigung aller irreduziblen Komponenten der analytischen Menge $(\varkappa\,\sigma)^{-1}\varkappa\,\sigma(y)$, die durch y verlaufen. Es sei nun m die Dimension einer beliebigen zusammenhängenden Komponenten $*B_1$ von $*B$, und $r(y)$ sei die Dimension von $\mathfrak{F}_y$, $y\in *B_1$. Wir setzen $d=\min\limits_{y\in *B_1} r(y)$ und bezeichnen mit $\varrho = m-d$ den *Rang der Abbildung* $\varkappa\,\sigma$ in $*B_1$. Es gilt folgende Aussage:

(2) *Der Rang* ϱ *der Abbildung* $\varkappa\,\sigma$ *von* $*B_1$ in P^{n-1} *ist kleiner als* $n-1$.

In der Tat! Angenommen, $*B_1$ wäre eine zusammenhängende Komponente von $*B$, bei der das nicht der Fall ist. Es sei K die Menge der nichtuniformisierbaren Punkte von $*B_1$ und E die in $*B_1-K$ analytische Menge der Punkte von $*B_1-K$, in denen die Funktionalmatrix Δ der Abbildung $\varkappa\,\sigma$ einen kleineren Rang als ϱ hat. Wie man leicht sieht, ist E höchstens $m-1$-dimensional. Sei nun y ein beliebiger Punkt von $*B_1-K-E$. Man zeigt leicht, da unter unserer Annahme $\varrho=n-1$ ist, daß sich in einer Umgebung $W(y)$ so lokale Koordinaten $w_1\ldots w_m$, $\tau_0(\varkappa\,\sigma(w_1\ldots w_m))=g:\{z_\nu=w_\nu z_n, \nu=1\ldots n-1\}$, $W:\{|w_\nu|<d\}$, einführen lassen, daß genau die Punkte mit gleichem $w_1\ldots w_{n-1}$ durch $\varkappa\,\sigma$ in den gleichen Punkt von P^{n-1} geworfen werden. Ferner gibt es in einer Umgebung V von $\varkappa\,\sigma(y)$-Koordinaten $*w_1\ldots *w_{n-1}$, $V:\{|w^*_\nu|<d\}$, derart, daß $\varkappa\,\sigma(w_1\ldots w_m)=(w_1\ldots w_{n-1})\in P^{n-1}$ ist. Es existiert daher eine holomorphe Abbildung α von V in W, so daß in $V:\varkappa\,\sigma\,\alpha$ gleich der Identität ist.

Wir konstruieren nun eine holomorphe Abbildung Γ von $V\times P$ in den projektiven Raum P^n der inhomogenen Veränderlichen $z_1\ldots z_n$. P ist dabei die Riemannsche Zahlenkugel mit der inhomogenen Veränderlichen u. Offenbar wird Γ durch die Setzung $\Gamma(x,u)=(z_1\ldots z_{n-1},u)\in\tau_{\lambda\sigma\alpha(x)}(x)$ eindeutig definiert. Γ hat in $V\times P$ den Rang n, da in den Punkten (x,∞) von $V\times P$ die Fasermenge $\mathfrak{F}^{\Gamma}_{(x,\infty)}$ von Γ nulldimensional ist. Die Entartungsmenge N von Γ ist darum höchstens $n-1$-dimensional[33]). In beliebiger Nähe jedes Punktes von $V\times P$ gibt es also Punkte, in denen Γ nicht entartet ist und deshalb offen[33a]) abbildet. Das Γ-Bild der Punkte $(x,u)\in V\times P$, $\lambda\,\sigma\,\alpha(x) = (z_1\ldots z_{n-1},u)$, ist gleich $(z_1\ldots z_{n-1},u)\in A$. Nach Konstruktion der Abbildung Γ wird daher eine offene Umgebung U dieser Punkte in A abgebildet. Da es eine offene Teilmenge von U gibt, die auf eine offene Menge des P^n abgebildet wird, haben wir einen Widerspruch zu der Voraussetzung gewonnen,

[33]) Vgl. R. Remmert, loc. cit.[35]).

[33a]) Vgl. H. Grauert und R. Remmert, loc. cit.[16]).

daß A eine höchstens $n - 1$-dimensionale analytische Menge in $\mathfrak{S}$ ist. Damit ist (2) bewiesen.

Der Beweis von Satz 9 vervollständigt sich, wenn wir noch folgenden Satz heranziehen:

Satz 10. *$\mathfrak{R}$ sei ein komplexer Raum mit abzählbarer Umgebungsbasis, der durch eine holomorphe Abbildung τ in einen n-dimensionalen komplexen Raum $\mathfrak{S}$ abgebildet wird. Auf jeder zusammenhängenden Komponente $\mathfrak{R}_1$ von $\mathfrak{R}$ sei der Rang von τ kleiner als n. Dann überdeckt $\tau(\mathfrak{R})$ keine offene Menge von $\mathfrak{S}$.*

In der Tat ist Satz 9 bewiesen, wenn wir $\mathfrak{R} = {}^*B$, $\mathfrak{S} = P^{n-1}$ und $\tau = \varkappa\,\sigma$ setzen, da die Menge M mit der Menge $\varkappa\,\sigma({}^*B)$ in P^{n-1} übereinstimmt.

Beweis von Satz 10. Wir zeigen, daß es eine Umgebung U eines jeden Punktes $x \in \mathfrak{R}$ gibt, derart, daß $\tau(U)$ in $\mathfrak{S}$ nirgends dicht liegt. Für U werde eine relativkompakte offene Menge in einer m-dimensionalen zusammenhängenden Komponente $\mathfrak{R}_1$ von $\mathfrak{S}$ gewählt. $\tau(\overline{U})$ ist dann abgeschlossen in $\mathfrak{S}$. $V \Supset U$ sei eine relativkompakte offene Menge von $\mathfrak{R}_1$. Wir dürfen annehmen, daß U, V so klein gewählt sind, daß τ die Menge V in den Wirkungsbereich W eines lokalen Koordinatensystems $(W, \Psi, \mathfrak{A})$ abbildet und daß die Menge K der nichtuniformisierbaren Punkte von V in einer $m - 1$-dimensionalen analytischen Menge B_1 von V enthalten ist. Dabei ist $\mathfrak{A} = (R, '\Phi)$ eine analytisch-verzweigte Überlagerung eines Gebietes des C^n. Es sei $\Phi = '\Phi\,\Psi$. Die Funktionalmatrix Δ der Abbildung $\Phi\,\tau$ von $V - K$ in den C^n hat den gleichen maximalen Rang ϱ wie τ. Die Punkte von $V - K$, in denen Δ einen kleineren Rang als ϱ hat, bilden eine höchstens $m - 1$-dimensionale analytische Menge in $V - K$, die sich nach einem Satz von R. REMMERT[34]) zu einer in V analytischen Menge $\breve{B}_2$ fortsetzen läßt. Man kann V deshalb sogar so klein wählen, daß $\breve{B}_2$ in V in einer $m - 1$-dimensionalen analytischen Menge B_2 enthalten ist. Der Rang der Abbildung $\tau\,\sigma$ (mit $\sigma\colon {}^*A \to A$) von dem durch $A = B_1 \cup B_2$ erzeugten komplexen Raum ${}^*A$ in $\mathfrak{S}$ ist sicher kleiner als n. Denn nach einem Satz von R. REMMERT[35]) bilden die Punkte von ${}^*A$, in denen der lokale Rang ${}^*\varrho_x$ der Abbildung $\tau\,\sigma$ kleiner als ihr maximaler Rang ${}^*\varrho$ ist, eine niederdimensionale Menge in ${}^*A$. In beliebiger Nähe eines jeden Punktes $y_0 \in {}^*A$ gibt es also wenigstens einen Punkt y, wo ${}^*\varrho_y = {}^*\varrho$ ist. Wählen wir für y_0 dann einen Punkt aus ${}^*A$, dem ein gewöhnlicher Punkt $\sigma(y_0)$ von $A - K$ entspricht, so ist die Fasermenge $\mathfrak{F}_y^{\tau\sigma} = \sigma^{-1}(\mathfrak{F}_{\sigma(y)}^{\tau} \cap A)$ von $\tau\,\sigma$ in einer Umgebung von y_0 wenigstens $m - 1 - \varrho$-dimensional. Somit gilt ${}^*\varrho < n$. Machen wir die Induktionsvoraussetzung, daß unser Satz schon für komplexe Räume ${}^*A$ von kleinerer Dimension als m bewiesen ist, so ist $\tau\,\sigma({}^*A \cap \overline{U})$ eine in $\mathfrak{S}$ nirgends dichte Menge, wenn ${}^*A \cap \overline{U}$ die Menge $\{{}^*x \in {}^*A,\ \sigma(x) \in \overline{U}\}$ bezeichnet.

Ist nun x ein Punkt aus $V - A$, so gibt es eine Umgebung $W(x) \Subset V - A$, in deren Nähe sich Koordinaten $w_1 \ldots w_m$, $W\colon \{|w_\nu| < d\}$, so einführen lassen,

---

[34]) Vgl. R. REMMERT, loc. cit.[19]). Satz über die Nullstellengebilde der Funktionaldeterminanten holomorpher Abbildungen.

[35]) Vgl. R. REMMERT, loc. cit.[19]). Der Satz lautet: Sind $\mathfrak{R}$, $\mathfrak{S}$ komplexe Räume und bildet τ den Raum $\mathfrak{R}$ holomorph in $\mathfrak{S}$ ab, so bilden die Punkte x von $\mathfrak{R}$, in denen der lokale Rang $\varrho_x < k$ (k fest) ist, eine analytische Menge von $\mathfrak{R}$.

Wir konstruieren nun ein zu $\mathfrak{R}$ analytisch äquivalentes Riemannsches Gebiet über dem C^n.

Satz 13. *Vermitteln die holomorphen Funktionen $f_1 \ldots f_n$ eine nirgends entartete Abbildung Φ von $\mathfrak{R}$ in den C^n, so ist $(\mathfrak{R}, \Phi)$ ein Riemannsches Gebiet über dem C^n.*

Beweis. Wir haben zu zeigen, daß es zu jedem Punkt $x \in \mathfrak{R}$ eine Umgebung U gibt, derart, daß (U, Φ) eine analytisch-verzweigte Überlagerung von $\Phi(U)$ ist. Nach Satz 1 gibt es um x eine relativkompakte Umgebung U und um $\Phi(x)$ eine Hyperkugel H, derart, daß Φ die Umgebung U eigentlich in H abbildet. Sei K die Menge der nichtuniformisierbaren Punkte von U. Da Φ nirgends entartet ist, ist die Funktionaldeterminante Δ der Abbildung Φ in $U - K$ nicht identisch Null. Das Nullstellengebilde von Δ, das rein $n-1$-dimensional ist, läßt sich nach einem Satz von R. REMMERT und K. STEIN[36]) über die „Fortsetzung von analytischen Mengen" in die Menge K, die dünn von zweiter Ordnung ist, zu einer analytischen Menge $'A$ von U fortsetzen. Es sei U so klein gewählt, daß K in einer in U analytischen Menge $''A$ enthalten ist. Setzen wir noch $A = 'A \cup ''A$, so ist nach einem Projektionssatz von R. REMMERT[37]) $M = \Phi(A)$ eine analytische Menge in H. Man sieht leicht ein, daß

1. $U - \Phi^{-1}(M)$ lokal topologisch auf $H - M$ abgebildet wird,
2. daß es zu jedem Punkt $x \in U$ eine Umgebung $V \subset U$ gibt, derart, daß $V - \Phi(M)$ zusammenhängend ist.

Ferner sind alle übrigen Forderungen der Definition 1 erfüllt.

Somit ist gezeigt, daß (U, Φ) eine analytisch-verzweigte Überlagerung von H ist. Damit ist Satz 13 bewiesen.

Fassen wir nun die Ergebnisse der beiden letzten Paragraphen in einem Hauptsatz zusammen!

Satz A. *Jeder K-vollständige, n-dimensionale komplexe Raum $\mathfrak{R}$ ist zu einem Riemannschen Gebiet über dem C^n analytisch äquivalent. $\mathfrak{R}$ besitzt deshalb eine abzählbare Umgebungsbasis.*

§ 4. Äquivalenz der holomorph-konvexen RIEMANNschen Gebiete und der holomorph vollständigen Räume.

Im folgenden wollen wir unter einem Rechteckgebiet R im Raume von n komplexen Veränderlichen $z_\nu = u_\nu + iv_\nu$, $\nu = 1 \ldots n$, ein Gebiet verstehen, das durch Ungleichungen $|u_\nu| < a_\nu$, $|v_\nu| < b_\nu$ gegeben werden kann. Es gelte:

$$0 < ''''a_\nu < '''a_\nu < ''a_\nu < 'a_\nu < a_\nu, \quad 0 < ''''b_\nu < '''b_\nu < ''b_\nu < 'b_\nu < b_\nu,$$
$$0 < ''''\delta < '''\delta < ''\delta < '\delta < \delta < ''''a_1, \quad 0 < ''''r < '''r < ''r < 'r < r.$$

Wir definieren:

1. Q_1 bzw. Q_2 sei das Gebiet der Punkte $\{(z_1 \ldots z_n) \in R, -a_1 < u_1 < \delta\}$ bzw. der Punkte $\{(z_1 \ldots z_n) \in R, -\delta < u_1 < a_1\}$.

---

36) R. REMMERT und K. STEIN: Über die wesentlichen Singularitäten analytischer Mengen. Math. Ann. **126**, 263—306 (1953).

37) Vgl. R. REMMERT, loc. cit.19).

2. D sei das Gebiet $Q_1 \cap Q_2$.

3. $\mathfrak{R}$ sei ein komplexer Raum, der durch eine eigentliche, nirgends entartete, holomorphe Abbildung $\Phi: \mathfrak{R} \to R$ in R abgebildet ist. Ein Punkt $x \in \mathfrak{R}$ heiße über $\Phi(x)$ gelegen. Unter $\mathfrak{R} \cap D$ sei der Teilraum der Punkte von $\mathfrak{R}$ verstanden, die über D liegen. (Analoges für $\mathfrak{R} \cap Q_i$ u. a.)

Bezeichnet $C: \{|u_\nu| < c_\nu, |v_\nu| < d_\nu\}$ ein Rechteckgebiet des C^n, so werden wir unter $'C$ (bzw. $''C$, $'''C$) das Gebiet $\{|u_\nu| < 'c_\nu, |v_\nu| < 'd_\nu\}$ (bzw. $\{|u_\nu| < ''c_\nu, |v_\nu| < ''d_\nu\}$ usw.) verstehen.

Es gilt nun folgender fundamentaler Satz:

Satz 14. (Okasches Heftungslemma)[38]). *Sind $\mathfrak{R} \cap Q_i$ holomorph vollständige Räume und ist auf $\mathfrak{R} \cap D$ eine holomorphe Funktion g gegeben, so gibt es auf jedem $\mathfrak{R} \cap '''Q_i$, $i = 1, 2$, eine holomorphe Funktion g_i, derart, daß $g_2 - g_1 \equiv g$ auf $\mathfrak{R} \cap '''D$ ist. Gilt $|g| < M$ auf $\mathfrak{R} \cap 'D$, so lassen sich die g_i zu jeder kompakten Teilmenge $N_i \subset \mathfrak{R} \cap '''Q_i$ so bestimmen, daß $|g_i(N_i)| < KM$ gilt. K ist dabei unabhängig von g.*

Beweis. $\mathfrak{R} \cap D$ ist nach Voraussetzung ein holomorph vollständiger Raum. Es gibt deshalb endlich viele holomorphe Funktionen $f_1 \dots f_k$ in $\mathfrak{R} \cap D$, die $\mathfrak{R} \cap 'D$ normal einbetten und deren Betrag in $\mathfrak{R} \cap 'D$ kleiner als $1 - r$ ist. Im Gebiet $'P: \{(z_1 \dots z_n) \in 'D, |w_\nu| < 1 + 'r\}$ des $z_1 \dots z_n, w_1 \dots w_k$-Raumes ist deshalb die Menge $B: \{(\Phi(x), f_\nu(x)), x \in \mathfrak{R} \cap 'D\}$ eine normal eingebettete analytische Menge. Bezeichne σ die eineindeutige holomorphe Abbildung $(\Phi(x), f_\nu(x)) \to x$ von B auf $\mathfrak{R} \cap 'D$ und sei $\hat{g} = g\,\sigma$! Nach Voraussetzung gilt $|g| < M$ in $\mathfrak{R} \cap 'D$. Daher ist auch $|\hat{g}| < M$ auf B. Wir stützen uns nun auf den von K. Oka und H. Cartan bewiesenen Fundamentalsatz (vgl. § 1). In unserem Falle gilt: Es gibt ein $\underline{\hat{g}}$, $|\underline{\hat{g}}| < K_0 M$, in $''P$, derart, daß $\hat{g} = \underline{\hat{g}}$ auf $B \cap ''P$ ist. Wir führen folgende Bezeichnungen ein:

1. $''U$ sei im $\xi, \omega_1 \dots \omega_k$-Raum das Gebiet der Punkte $\{|Re\,\xi| < ''\delta, |Im\,\xi| < ''b_1, 1 - ''r < |\omega_\nu| < 1 + ''r\}$.

2. $'S_1$ bzw. $'S_2$ sei im $z_1 \dots z_n, w_1 \dots w_k$-Raum das Gebiet $\{-'a_1 < u_1 < -''\delta, (z_1 \dots z_n) \in 'R, |w_\nu| < 1 + 'r\}$ bzw. das Gebiet $\{''\delta < u_1 < 'a_1, (z_1 \dots z_n) \in 'R, |w_\nu| < 1 + 'r\}$.

Es werde nun im Gebiet $'P \times ''U$ die Funktion:

$$\underline{\lambda} = \frac{1}{2\pi i(\xi - z_1)(\omega_1 - w_1) \dots (\omega_k - w_k)}$$

betrachtet. $\underline{\lambda}$ hat keine Polstellen auf $(B \cap 'S_i) \times ''U$, da für die Punkte von B: $|w_\nu| < 1 - ''r$ gilt. Daher erhält man eine Cousin-I-Verteilung in $(\mathfrak{R} \cap 'Q_i) \times \times ''U$, wenn man in $(\mathfrak{R} \cap 'D) \times ''U$ die meromorphe Funktion $\lambda = \underline{\lambda}\,\sigma^{-1}$ und in $(\mathfrak{R} \cap 'Q_i \cap 'S_i) \times ''U$ die identisch verschwindende Funktion vorgibt. γ_1, γ_2 seien je eine Lösung dieser Cousin-I-Verteilung für $(\mathfrak{R} \cap Q_1) \times ''U$ bzw. für $(\mathfrak{R} \cap Q_2) \times ''U$. Es gilt auf $(\mathfrak{R} \cap 'D) \times ''U$, daß $\gamma_i - \lambda$ holomorph ist.

$\mathfrak{R} \cap 'D$ ist konvex in bezug auf $\mathfrak{R} \cap 'Q_i$. Folglich ist auch $(\mathfrak{R} \cap 'D) \times ''U$ konvex in bezug auf $(\mathfrak{R} \cap 'Q_i) \times ''U$. Da $(\mathfrak{R} \cap 'Q_i)$ und damit auch $(\mathfrak{R} \cap 'Q_i) \times \times ''U$ holomorph vollständige Räume sind, gilt für $(\mathfrak{R} \cap 'D) \times ''U$ in bezug

[38]) Vgl. K. Oka, loc. cit[21]). Der hier in besonderer Terminologie bewiesene Satz ist im wesentlichen das dort bewiesene Heftungslemma.

19.

On Levi's Problem and the Imbedding of Real-Analytic Manifolds

Annals of Math., II. Ser. **68**, 460–472 (1958)

Introduction

In 1911 E. E. Levi [18] showed that the boundary of a domain of holomorphy is not arbitrary. It satisfies certain condition of convexity and therefore is called pseudoconvex.[1] The pseudoconvexity is a local property. To prove that a domain with twice differentiable boundary is pseudoconvex it is only necessary to verify that some differential inequalities are satisfied (see [3]).

For more than forty years it was an open problem of the theory of several complex variables whether the Levi conditions are sufficient for the domains of holomorphy. At first the problem was solved for special domains. After refuting a counter-example of Blumenthal, H. Behnke proved that Levi's conjecture is true for (complex) 2-dimensional circular domains [1]. The first general result, however, was not obtained until 1942 by K. Oka [22]. Oka showed : *each pseudoconvex domain G of the* 2-*dimensional complex number space C^2 is a domain of holomorphy.* The problem was solved for the case of dimension $n > 2$ by K. Oka [23], H. Bremermann [5] and F. Norguet [21] in 1954. K. Oka [22] even proved that every unbranched (not necessarily schlicht) pseudoconvex domain over the n-dimensional complex number space C^n is a (holomorphically convex) domain of holomorphy. For branched domains and domains in the closed C^n, that is, in the n-dimensional complex projective space P^n, the problem is still unsolved.[2]

Using plurisubharmonic functions it can easily be proved that each pseudoconvex domain $G \subset C^n$ can be exhausted by strongly pseudoconvex domains $G_\nu \subset\subset G$ (see [23]). By a theorem of H. Behnke and K. Stein [2], the limit of domains of holomorphy is again a domain of holomorphy. So Levi's conjecture has to be verified only for strongly pseudoconvex domains (for definitions see § 1).

In this short paper relatively compact, *strongly* pseudoconvex subdomains G of complex manifolds $\mathfrak{M}$ are considered (without any assump-

---

1 There are several definitions of pseudoconvexity. See [17].

2 K. Oka has announced that the answer is also " yes " for these cases.

tion on $\mathfrak{M}$). It is proved that these domains are holomorphically convex (§ 2, Theorem 1). Because the domains of holomorphy $G \subset C^n$ are exactly the holomorphically convex domains, Theorem 1 solves Levi's problem for complex manifolds. It may be of interest that Theorem 1 is wrong for general pseudoconvex domains $G \subset\subset \mathfrak{M}$ (see the example in [15]).

In § 2 conditions are also given in order that G is a Stein manifold (Theorem 2). In § 3, Theorem 2 is applied to real-analytic manifolds to solve a problem of H. Whitney. This problem arises from the following theorem of Whitney:

If $\mathfrak{R}$ is a real-analytic manifold of dimension n, which has countable topology, then there exists[3] *a regularly imbedded n-dimensional real-analytic surface S in a $2n$-dimensional euclidean space R^{2n} and an isomorphism α: $\mathfrak{R} \longleftrightarrow S$ which is differentiable of class C^∞.*

The open question was: can α be chosen as a real-analytic mapping? As C. B. Morrey [19] proved in September last year, the answer is yes, if $\mathfrak{R}$ is compact. Morrey's proof for this statement uses the theory of partial differential equations and difficult estimates. In § 3 a short proof of the statement is given which, however, is based on deep results of the sheaf theory on Stein manifolds. Moreover, Whitney's conjecture is verified also for non-compact real-analytic manifolds with countable topology. An extension to real-analytic spaces is possible (for definitions see [9]): Theorems 1 and 2 can be proved *mutatis mutandis* by the same method for complex spaces. This will be done in a subsequent paper by the author (see [15]).

1. Preliminaries

1.1. $\mathfrak{M}$ will always denote a (connected) n-dimensional complex manifold and G will denote an open relatively compact subset of $\mathfrak{M}$ which has *piece-wise twice differentiable boundary*. This means: to each boundary point $x_0 \in \partial G$ there exists a neighborhood T of x_0 and in U finitely many twice continuously differentiable, real-valued functions $\varphi_1, \cdots, \varphi_k$ such that the exterior differentials $d\varphi_\nu$ do not vanish in U and $G \cap U = \{x \in U, \varphi_\nu(x) < 0, \nu = 1, \cdots, k\}$. $\mathfrak{M}$ induces a complex structure in G; therefore G can be considered as a complex manifold. We state the following definitions:

(1) *Let M be a subset of a complex manifold $\mathfrak{M}$. Then the holomorphically convex envelope $\hat{M}$ of M is the set*: $\{x \in \mathfrak{M}, |f(x)| \leq \sup |f(M)|$ *for all holomorphic functions f in* $\mathfrak{M}\}$.

[3] H. Whitney has proved this theorem *mutatis mutandis* also for differentiable manifolds.

$\hat{M}$ is always a closed subset of $\mathfrak{M}$.

(2) *$\mathfrak{M}$ is holomorphically convex if, for every compact subset $M \subset \mathfrak{M}$, the envelope $\hat{M}$ is compact.*

(3) *$\mathfrak{M}$ is K-complete*[4] *if, to each point $x_0 \in \mathfrak{M}$, there exist finitely many holomorphic functions $f_1, \cdots, f_k$ in $\mathfrak{M}$ such that x_0 is an isolated point of the set $A = \{x \in \mathfrak{M}, f_\nu(x) = f_\nu(x_0), \nu = 1, \cdots, k\}$.*

" K-complete " means that there are many holomorphic functions on $\mathfrak{M}$. A compact complex manifold is never K-complete, but every Riemann domain over the n-dimensional complex number space C^n is K-complete. The number k which appears in (3) cannot be chosen smaller than n.

(4) *$\mathfrak{M}$ is a Stein manifold if $\mathfrak{M}$ is holomorphically convex and K-complete.*

1.2. In [13] it is proved that the definition (4) is equivalent to the old definition of Stein manifolds given by K. Stein and H. Cartan [7]. Therefore we have the following statements ($\mathfrak{M}$ is always a Stein manifold):

(α) *$\mathfrak{M}$ has countable topology.*

(β) *Let $x, y \in \mathfrak{M}$ be distinct points. Then there is always a holomorphic function f in $\mathfrak{M}$ such that $f(x) \neq f(y)$.*

(γ) *To each point $x_0 \in \mathfrak{M}$ there exist holomorphic functions $f_1, \cdots, f_n$ in $\mathfrak{M}$ such that the determinant $\partial(f_1, \cdots, f_n)/\partial(z_1, \cdots, z_n)$ does not vanish in x_0 (where $z_1, \cdots, z_n$ are holomorphic coordinates*[5] *in a neighborhood of x_0).*

Let us denote by B an arbitrary open subset of $\mathfrak{M}$ (or of a differentiable manifold $\mathfrak{N}$). We call a holomorphic (differentiable) mapping $\alpha : B \rightarrow C^k$ regular if α is one-to-one and if the functional matrix $(\partial\alpha/\partial\mathfrak{z})$, $\mathfrak{z} = (z_1, \cdots, z_n)$, (or $(\partial\alpha/\partial\mathfrak{x})$, $\mathfrak{x} = (x_1, \cdots, x_n)$), has the rank n in all points $b \in B$. Then $\alpha(B)$ is an n-dimensional analytic (differentiable) surface S in C^k. S has no " singularities ". From the statements (α)-(γ) follows immediately:

PROPOSITION 1. *If $\mathfrak{M}$ is a Stein manifold and B, relatively compact, is contained in $\mathfrak{M}$ then there exist a natural number k and a regular holomorphic mapping α: $B \rightarrow C^k$.*

Far beyond this R. Remmert [24] has proved:

IMBEDDING THEOREM. *Let $\mathfrak{M}$ be an n-dimensional Stein manifold. Then there exist a number $k = k(n)$ and a regular, proper,*[6] *holomorphic mapping α: $\mathfrak{M} \rightarrow C^k$.*

Because α is proper and regular, $\alpha(\mathfrak{M})$ is an n-dimensional (closed) ana-

[4] In [3] the definition of K-completeness differs somewhat from (3). R. Remmert has proved that (3) is equivalent to the definition in [13].

[5] By holomorphic (real-analytic, etc.) coordinates, we always understand coordinates which belong to the complex (real-analytic) structure (of $\mathfrak{M}$).

[6] " Proper " in the sense of N. Bourbaki.

lytic subset of C^k. $\alpha(\mathfrak{M})$ contains only regular (= gewöhnliche) points.[7]

1.3. Let $G \subset\subset \mathfrak{M}$ denote the domain of Section 1.1. We define:

(5) *G is pseudoconvex if, to each point $x_0 \in \partial G$, there exist a neighborhood $U(x_0) \subset \mathfrak{M}$ and in U finitely many twice continuously differentiable, real valued functions $\varphi_1, \cdots, \varphi_k$, such that $d\varphi_\kappa \neq 0$, $G \cap U = \{x \in U, \varphi_\kappa(x) < 0, \kappa = 1, \cdots, k\}$, $L(\varphi_\kappa) = \sum (\partial^2\varphi_\kappa/\partial z_\nu \partial \bar{z}_\mu) a_\nu \bar{a}_\mu \leqq 0$ on $\partial G \cap U$ for all vectors $(a_1, \cdots, a_n)$ which satisfy $\sum (\partial\varphi_\kappa/\partial z_\nu) a_\nu = 0$, $(\kappa = 1, \cdots, k)$. G is called strongly pseudoconvex, if for all $x_0 \in \partial G$, we can find the neighborhood $U(x_0)$ and the functions $\varphi_1, \cdots, \varphi_k$ such that $L(\varphi_\kappa) > 0$ in U for all $(a_1, \cdots, a_n) \neq 0$ with $\sum (\partial\varphi_\kappa/\partial z_\nu) a_\nu = 0$ $(\kappa = 1, \cdots, k)$.*

It is known that the property $L(\varphi_\kappa) \geqq 0$ or $L(\varphi_\kappa) > 0$ does not depend on the choice of the functions $\varphi_1, \cdots, \varphi_k$. It is a local property of the boundary ∂G itself. If G is holomorphically convex, then G is also pseudoconvex (see[3]).

Levi and Krzoska have proved:[8]

(δ) *Let G be strongly pseudoconvex. Then, if $x \in \partial G$ is an arbitrary point and $U(x_0)$ a sufficiently small holomorphically convex neighborhood, $U(x_0) \cap G$ is a domain of holomorphy. If $U \cap G = \{\varphi_\kappa(x) < 0, \kappa = 1, \cdots, k\}$ with φ_κ twice continuously differentiable in (a neighborhood of) $\bar{U}$, $d\varphi_\kappa \neq 0$, and if $h_\kappa(x)$ are twice differentiable functions in $\bar{U}$ whose values and first and second derivatives are sufficiently small, then $U \cap \{\varphi_\kappa - h_\kappa < 0, \kappa = 1, \cdots, k\}$ is again a domain of holomorphy.*

We can assume that $U \cap G$ is contained in a local coordinate system of $\mathfrak{M}$. Because every domain $G^* \subset C^n$ is a Stein manifold if and only if G^* is a domain of holomorphy, we see that $U \cap G$ is a Stein manifold. Another result of Levi and Krzoska is:

(ε) *Let G be strongly pseudoconvex. Then, to each point $x_0 \in \partial G$, there exist a neighborhood $U(x_0)$ and holomorphic function f in (a neighborhood of) $\bar{U}$ with $df \neq 0$ and $\{x \in \bar{U}, f(x) = 0\} \cap \bar{G} = x_0$.*

(ε) is used to prove (δ).

1.4. A twice continuously differentiable real valued function $h(x)$ in $\mathfrak{M}$ is called *plurisubharmonic* if the form $L(h) = \sum (\partial^2 h/\partial z_\nu \partial \bar{z}_\mu) a_\nu \bar{a}_\mu$ is positive semidefinite everywhere in $\mathfrak{M}$. If $L(h)$ is positive definite everywhere in $\mathfrak{M}$, then h is said to be a *strongly plurisubharmonic* function. The following statement can easily be verified:

(*) *Let h be a strongly plurisubharmonic function in $\mathfrak{M}$, $A \subset \mathfrak{M}$ an analytic set of dimension $d > 0$. Then the restriction $h|A$ is not constant.*

[7] The theory of analytic sets is developed in [25]. See [25] for definitions.

[8] See [3]. In [3] only the first statement of (δ) is proved. But the second statement follows by the same argument.

$H^s(\mathfrak{W}, \Omega) = H^s(G, \Omega)$, the mapping u is an epimorphism by Proposition 3.

Let F_1, F_2 be two Fréchet spaces, α a continuous linear mapping $F_1 \to F_2$. Then α is called completely continuous if a neighborhood $U(0)$, $0 \in F_1$, exists, such that $\alpha(U) \subset F_2$ is relatively compact. Since $W_{\iota_0 \ldots \iota_s} \subset\subset W'_{\iota_0 \ldots \iota_s}$, it follows from the theorem of Montel on normal families that the restriction generates a completely continuous mapping $\Gamma(W'_{\iota_0 \ldots \iota_s}, \Omega) \to \Gamma(W_{\iota_0 \ldots \iota_s}, \Omega)$. Therefore v is also completely continuous.

L. Schwartz has proved the following theorem:[12]

Let F_1, F_2 be two Fréchet spaces (with countable topology), $u: F_1 \to F_2$ a continuous epimorphism, $v: F_1 \to F_2$ a completely continuous linear mapping. Then the vector space $F_2/u + v(F_1)$ has finite dimension.

In our case $F_2/u+v(F_1) = H_2/u+v(H_1)$ is equal to $H^s(\mathfrak{W}, \Omega) \simeq H^s(G, \Omega)$. So we have proved:

PROPOSITION 4. *If $G \subset\subset \mathfrak{M}$ is strongly pseudoconvex, then the complex vector spaces $H^\nu(G, \Omega)$, $\nu > 0$, have finite dimension.*

2.3. Now it is possible to prove Theorem 1. Let $x_0 \in \partial G$ be an arbitrary point, $U(x_0)$ a sufficiently small holomorphically convex neighborhood of x_0. Then by (δ) the open set $U \cap G$ is a Stein manifold; by (ϵ) a holomorphic function exists in $\overline{U}$, such that $df \neq 0$, $\overline{G} \cap S = x_0$, where $S = \{x \in \overline{U}, f(x) = 0\}$. As in Sections 1 and 2 we construct a strongly pseudoconvex domain G' with $G \subset\subset G'$, $W' = G' \cap U =$ Stein manifold, such that G' is so near to G that $S' = S \cap G' \cap U$ is a closed subset of G'. S', as a closed analytic submanifold of the Stein manifold W', is a Stein manifold.

S' can be regarded as a positive divisor in G'. Therefore to S' belongs a complex-analytic line bundle F which has a canonical holomorphic cross-section h vanishing only on S' of the first order.[13] Let F^k denote the tensor product $F \otimes \cdots \otimes F$ (k factors) and $\underline{F}^k$ the sheaf of germs of holomorphic sections of the complex-analytic line bundle F^k. We set $\underline{F}^0 = \Omega$, $F^k(S') =$ restriction of F^k to S', $\underline{F}^k(S') =$ sheaf of germs of holomorphic sections of $F^k(S')$ over S'. We consider, as usual, cross-sections in $\underline{F}^k$ (and $\underline{F}^k(S')$) as holomorphic cross-sections in F^k (or in $F^k(S')$).

The correspondence $s_x \to s_x \otimes h_x$ defines a sheaf homomorphism

[12] See [8], the corollary in Exposé XVI (by Serre). The ideas which occur in this proof are taken from Exposé XVII (by H. Cartan).

[13] For definitions of complex line bundles and their relationship to divisors, see [16, pp. 40–53 and 110–113].

$\alpha_k: \underline{F}^k \to \underline{F}^{k+1}$. The quotient sheaf $\underline{F}^{k+1}/\alpha_k(\underline{F}^k)$ is the trivial extension $*\underline{F}^{k+1}$ of $\underline{F}^{k+1}(S')$ to G'. We have the exact sequence :

$$0 \to \underline{F}^k \to \underline{F}^{k+1} \to *\underline{F}^{k+1} \to 0$$

to which corresponds an exact cohomology sequence :

$$0 \to H^0(G', \underline{F}^k) \to H^0(G', \underline{F}^{k+1}) \to H^0(G', *\underline{F}^{k+1}) \to H^1(G', \underline{F}^k) \to$$
$$H^1(G', \underline{F}^{k+1}) \to H^1(G', *\underline{F}^{k+1}) \to \cdots .$$

Because $H^\nu(G', *\underline{F}^{k+1}) = H^\nu(S', \underline{F}^{k+1}(S'))$ and $H^1(S', \underline{F}^{k+1}(S')) = 0$ (see [7, Théorème B]), we obtain the exact sequence :

$$H^0(G', \underline{F}^{k+1}) \to H^0(S', \underline{F}^{k+1}(S')) \xrightarrow{\beta_*} H^1(G', \underline{F}^k) \xrightarrow{\alpha_*} H^1(G', \underline{F}^{k+1}) \to 0 .$$

It follows that : $d_{k+1} \leqq d_k$, where $d_k = \dim H^1(G', \underline{F}^k)$. By Proposition 4, $d_0 = \dim H^1(G', \Omega)$ is finite. Therefore all the dimensions d_k are finite and, for $k > k_0$, we have $d_{k+1} = d_k$; thus α_* is an isomorphism, and the image of β_* is zero. We obtain the exact sequence :

$$H^0(G', \underline{F}^{k+1}) \xrightarrow{q_*} H^0(S', \underline{F}^{k+1}(S')) \longrightarrow 0 .$$

Because q_* is nothing else but the restriction of the cross-sections of F^{k+1} over G' to cross-sections of F^{k+1} over S', each holomorphic cross-section s of F^{k+1} over S$'$ can be continued to a holomorphic cross-section $\hat{s}$ of F^{k+1} over G'.

By [7, Théorème A], there exists a holomorphic cross-section s in F^{k+1} which does not vanish at x_0. Let $\hat{s}$ be its continuation to G'. F^{k+1} has a canonical holomorphic cross-section h^{k+1} which vanishes exactly on S' of order $k+1$. The quotient $f = \hat{s}/h^{k+1}$ is a meromorphic function in G'. f has exactly S' for polar surface, is holomorphic in G and does not have at $x_0 \in S'$ a point of indeterminacy : $\lim_{x \to x_0} |f(x)| = +\infty$.

Because we can construct such a function f for each point $x_0 \in \partial G$, the axiom in Definition (2) of § 1 is satisfied : G is holomorphically convex.

2.4. We prove :

PROPOSITION 5. *Let $\mathfrak{M}$ be a holomorphically convex complex manifold. Then $\mathfrak{M}$ is K-complete if and only if $\mathfrak{M}$ contains no compact analytic subsets of dimension greater than zero.*

PROOF. Let B be a compact analytic subset of $\mathfrak{M}$, $\dim B > 0$, and let B^* be a connected component of B, $\dim B^* > 0$. Furthermore, let, $x_0 \in B^*$ be an arbitrary point. Since every holomorphic function f is constant on

$K > 0$, the set $\{x \in \mathfrak{M}, r(x) < K\}$ is relatively compact in $\mathfrak{M}$. Let $p_1(x)$ be a p-function in the sense of Proposition 6. Then $p(x) = r(x) + p_1(x)$ is strongly plurisubharmonic in a neighborhood $U(\mathfrak{R}')$. By Proposition 7 we can find a p-function $p_2(x)$ and a neighborhood $V = V(\mathfrak{R}') \subset U$, such that $\overline{T} \cap \partial V = 0$ where $T = \{x \in V, p_2(x) < 1\}$. We define the function

$$q(x) = p(x) + (1 - p_2(x))^{-1} = p(x) + 1 + p_2(x) + p_2^2(x) + \cdots .$$

Then $q(x)$ is strongly plurisubharmonic, every set $T_\rho = \{x \in T, q(x) < \rho\}$ is contained as a relatively compact subset in T and $\mathfrak{M}$. We have $\bigcup T_\rho = T$, $T_{\rho_1} \subset\subset T_{\rho_2}$ if $\rho_1 < \rho_2$. By [20], there exists a dense set D of real numbers ρ, $\inf q(x) < \rho$, such that for $\rho \in D$ the tube T_ρ has twice differentiable (smooth) boundary. By Theorem 2 all these T_ρ are Stein manifolds. In [14] the following result is proved by a generalized approximation theorem of Runge (see also [10]):

Let T be a complex manifold, D a dense set of real numbers ρ, $\rho > \rho_0$, T_ρ a continuous family of relatively compact subdomains of T, such that $T_{\rho_1} \subset T_{\rho_2}$ if $\rho_1 < \rho_2$, $\bigcup T_\rho = T$, and T_ρ is a Stein manifold if $\rho \in D$. Then T itself is a Stein manifold.

So our tube T is a Stein manifold. By the imbedding theorem of Remmert there exists a regular proper holomorphic mapping ψ of T into a complex number space C^k of sufficiently high dimension. Thus $\psi \circ \pi$ is a real-analytic, regular and proper imbedding of $\mathfrak{R}$ into $C^k = R^{2k}$.

THEOREM 3. *Let $\mathfrak{R}$ be a real-analytic n-dimensional manifold with countable topology. Then there exists a real-analytic, regular and proper mapping ψ of $\mathfrak{R}$ into a euclidean space R^k of sufficiently high dimension.*[15]

3.5. Let us denote by G_ν a sequence of domains, which are contained as relatively compact subsets in the euclidean space R^k such that $G_\nu \subset\subset G_{\nu+1}$, $\bigcup G_\nu = R^k$. If c_ν is any sequence of positive numbers, $r(x)$ an s-times continuously differentiable real function in R^k, then there exists a real-analytic function $y(x) = \sum a_{\nu_1 \dots \nu_k} x^{\nu_1} \cdot \dots \cdot x^{\nu_k}$ such that $\sup_{\mathfrak{x} \in G_{\nu+1} - G_\nu} |r(\mathfrak{x}) - y(\mathfrak{x})| < c_\nu$ and the same inequalities hold for the derivatives up to order s if $s < \infty$ (= Weierstrass approximation theorem).[16] If $\psi: \mathfrak{R} \to R^k$ is a real-analytic, regular, proper imbedding of a real-analytic manifold $\mathfrak{R}$, then by a partition of unity it can easily be proved that, to every s-times continuously differentiable function $r(x)$ in $\mathfrak{R}$, there exists an s-times continuously differentiable function $\hat{r}(x)$ in R^k such that $r(x) =$

[15] In the case that $\mathfrak{R}$ is compact, it is not necessary to use the imbedding theorem of Remmert and the limit theorem for Stein manifolds. Proposition 1 is enough.

[16] This statement is a stronger form of the Weierstrass approximation theorem.

$\hat{r} \circ \psi(x)$. By the Weierstrass approximation theorem we obtain:

PROPOSITION 8. *Let $\mathfrak{R}$ be a real-analytic manifold with countable topology, $\{U_\iota\}$, $\{V_\iota\}$ open locally finite coverings of $\mathfrak{R}$, such that $V_\iota \subset\subset U_\iota$, and let ${}^{(\iota)}x_1, \cdots, {}^{(\iota)}x_n$ be real-analytic coordinates in U_ι. Then, if $r(x)$ is a real, s-times continuously differentiable function in $\mathfrak{R}$ and c_ι is a sequence of positive numbers, there exists a real-analytic function $y(x)$ in $\mathfrak{R}$ which satisfies the inequalities:*

$$|\partial^\sigma(y(x) - r(x))/\partial^{(\iota)}x_1^{\nu_1} \cdots \partial^{(\iota)}x_n^{\nu_n}| < c_\iota \qquad \text{in } V_\iota$$

(where $0 \leqq \sigma = \nu_1 + \cdots + \nu_n \leqq s$, $s < \infty$).

H. Whitney [26] has proved: every n-dimensional real-analytic manifold with countable topology can be differentiably, regularly, locally-properly[17] imbedded in the euclidean space R^{2n}. By Proposition 2 we obtain:

THEOREM 4. *Let $\mathfrak{R}$ be a real-analytic n-dimensional manifold with countable topology, ψ^*: $\mathfrak{R} \to R^k$ a continuously differentiable, regular, locally proper (or proper) mapping. Then there exists a real-analytic, regular, locally proper (or proper) mapping ψ: $\mathfrak{R} \to R^k$. If $k \geqq 2n$, a locally proper mapping ψ exists even if we have not assumed a mapping ψ^*.*

THE INSTITUTE FOR ADVANCED STUDY

BIBLIOGRAPHY

1. H. BEHNKE, *Über analytische Funktionen mehrerer Veränderlicher*, II: *Natürliche Grenzen*, Abh. Hamburg, 5 (1927), 290–312.
2. ——— and K. STEIN, *Konvergente Folgen nichtschlichter Regularitätsbereiche*, Ann. Mat. pura. appl., 28 (1949), 317–326.
3. ——— and P. THULLEN, Theorie der Funktionen mehrerer komplexer Veränderlichen, Erg. Math., 3, 1934.
4. N. BOURBAKI, Espaces vectoriels topologiques, Paris.
5. H. BREMERMANN, *Über die Äquivalenz der pseudokonvexen Gebiete und der Holomorphiegebiete im Raum von n komplexen Veränderlichen*, Math. Ann., 128 (1954), 63–91.
6. F. BRUHAT and H. WHITNEY, This paper on real-analytic manifolds is in preparation. Probably to appear in Comment. Helvet.
7. H. CARTAN, *Variétés analytiques complexes et cohomologie*, Coll. sur. les fonct. pls. variables, Bruxelles, 1953.
8. ———, Séminaire E.N.S. 1953/54, Exposés XVI and XVII (multigraphed).
9. ———, *Variétés analytiques reeles et variétés analytiques complexes*, Bull. Soc. Math. France, 85 (1957), 77–99.
10. F. DOCQUIER, Dissertation, Münster, 1958.
11. H. GRAUERT and R. REMMERT, *Plurisubharmonische Funktionen in komplexen Räu-*

[17] Here the concept "locally proper" is weaker than proper. In the papers of H. Whitney it is called " proper ". See Ann. of Math., 45, (1944), p. 292.

Ist $L(\varphi) > 0$ in einem Punkte $z \in \partial G$, so gibt es eine Umgebung $U(z)$, so daß $U(z) \cap G$ ein Holomorphiegebiet ist.

In den folgenden drei Jahrzehnten konnte man dann für spezielle Typen $G \subset C^n$ zeigen, daß die Bedingungen auch „im Großen" hinreichen (vgl. [1], [26]). Das erste allgemeine Resultat wurde aber erst 1942 von K. Oka [20] gewonnen:

(1) *Jedes pseudokonvexe Gebiet $G \subset C^2$ ist ein Holomorphiegebiet.*

Die Übertragung dieses Satzes auf die Funktionentheorie von mehr als zwei Veränderlichen machte einige Schwierigkeiten. 1954 zeigten jedoch H. Bremermann [4] und F. Norguet [19], daß (1) auch für pseudokonvexe Teilgebiete $G \subset C^n$, $n > 2$, richtig ist. Zur gleichen Zeit leitete K. Oka [21] die Aussage (1) für beliebige unverzweigte pseudokonvexe Gebiete über dem C^n her (so daß jetzt das Levische Problem nur noch für verzweigte Gebiete und unendliche Gebiete¹) ungelöst ist).

2. Seit einigen Jahren führt man funktionentheoretische Untersuchungen auch auf abstrakten Gebilden, den *komplexen Mannigfaltigkeiten* (und den *komplexen Räumen*), durch. Es zeigte sich dabei, daß nicht alle komplexen Mannigfaltigkeiten für eine Funktionentheorie geeignet sind, daß es vielmehr zweckmäßig ist, das Studium auf die Teilklasse K der *Steinschen Mannigfaltigkeiten* zu beschränken²). Diese Steinschen Mannigfaltigkeiten sind als die richtigen Verallgemeinerungen der nicht-kompakten Riemannschen Flächen anzusehen. Ferner gilt der Satz: Ein Gebiet $G \subset C^n$ ist genau dann ein Holomorphiegebiet, wenn $G \in K$ ist. Steinsche Mannigfaltigkeiten haben ähnliche Eigenschaften wie die Holomorphiegebiete. Es dürfte deshalb interessieren, Bedingungen zu kennen, unter denen eine komplexe Mannigfaltigkeit zu K gehört.

In der vorliegenden Arbeit wird nun (nachdem im § 1 grundlegende Definitionen und Sätze über Steinsche Mannigfaltigkeiten zusammengestellt sind) der Begriff der Pseudokonvexität für abstrakte komplexe Mannigfaltigkeiten definiert. Im § 3.1 sind mehrere Definitionen zusammengestellt, die man jedoch nur als sinnvoll für unverzweigte Gebiete über Steinschen Mannigfaltigkeiten anzusehen braucht: Eine allgemeingültige Fassung des Begriffes läßt sich bei dem heutigen Stand der Forschung noch nicht vornehmen. Die Äquivalenz der Definitionen aus § 3.1 wird in § 3.6 gezeigt. Als Hauptresultat ergibt sich sodann:

(2) *Jedes unverzweigte pseudokonvexe Gebiet über einer Steinschen Mannigfaltigkeit $\mathfrak{M}$ ist eine Steinsche Mannigfaltigkeit.*

(2) ist eine Verallgemeinerung eines Resultates von K. Stein [28]. Der Beweis wird durch holomorphe Einbettung von $\mathfrak{M}$ in einen komplexen Zahlenraum und unter Verwendung freier analytischer Garben gegeben. Er stützt sich im übrigen auf das Resultat K. Okas über das Levische Problem (s. § 2 und § 3). Es ergibt sich sodann:

---

¹) Für Gebiete, die gleichzeitig verzweigt und unendlich sind, ist die Levische Vermutung falsch.

²) Steinsche Mannigfaltigkeiten wurden in [27] eingeführt. Sie wurden von H. Cartan [6] und J. P. Serre [25] eingehend untersucht.

(3) *Jeder Durchschnitt von unverzweigten Holomorphiegebieten über einer Steinschen Mannigfaltigkeit ist ein Holomorphiegebiet.*

(3) besagt u. a., daß die Theorie der Holomorphiehüllen für unverzweigte Gebiete über Steinschen Mannigfaltigkeiten aufgebaut werden kann.

3. Im § 4 wird mit Hilfe der gleichen Methode (Einbettung, Garbentheorie) der Approximationssatz von RUNGE-BEHNKE-STEIN auf Teilgebiete Steinscher Mannigfaltigkeiten übertragen. Nach diesem Satz lassen sich unter gewissen Bedingungen holomorphe Funktionen in Gebieten $G \subset C^n$ durch Funktionen approximieren, die noch in größeren Gebieten $\breve{G}$ holomorph sind. In § 1.5 wird zunächst der bekannte Approximationssatz von OKA-WEIL angegeben:

(4) *Es seien $\mathfrak{M}$, $\breve{\mathfrak{M}}$ Steinsche Mannigfaltigkeiten, $\mathfrak{M}$ sei Teilbereich von $\breve{\mathfrak{M}}$ und in bezug auf $\breve{\mathfrak{M}}$ konvex. Dann läßt sich im Innern von $\mathfrak{M}$ jede in $\mathfrak{M}$ holomorphe Funktion f durch in $\breve{\mathfrak{M}}$ holomorphe Funktionen gleichmäßig approximieren*[3].

Der Begriff „*konvex in bezug auf $\breve{\mathfrak{M}}$*" ist eine rein analytische Eigenschaft (zur Definition vgl. § 1.5). Da es nicht immer möglich ist, zu entscheiden, ob $\mathfrak{M}$ in bezug auf $\breve{\mathfrak{M}}$ konvex ist, dürfte es zweckmäßig sein, diese Bedingung durch eine mehr topologische Eigenschaft zu ersetzen, wie sie die *holomorphe Ausdehnbarkeit* darstellt. Im § 4 werden weitere hinreichende Eigenschaften angegeben (euklidisch holomorphe, holomorphe, halbstetig holomorphe Ausdehnbarkeit). Schließlich erhält man[4]):

(5) *Approximationssatz von* H. BEHNKE *und* K. STEIN. *Es seien $\mathfrak{M}$, $\breve{\mathfrak{M}}$ Steinsche Mannigfaltigkeiten, $\mathfrak{M}$ sei Teilbereich von $\breve{\mathfrak{M}}$ und auf $\breve{\mathfrak{M}}$ halbstetig holomorph oder holomorph ausdehnbar. Dann kann man im Innern von $\mathfrak{M}$ jede in $\mathfrak{M}$ holomorphe Funktion durch in $\breve{\mathfrak{M}}$ holomorphe Funktionen gleichmäßig approximieren.*

Als Anwendung ergibt sich:

(6) *Es sei $\mathfrak{M}$ eine beliebige komplexe Mannigfaltigkeit, die durch eine halbstetige Schar $\mathfrak{M}(t)$, $0 \leqq t \leqq 1$, Steinscher Mannigfaltigkeiten ausschöpfbar sei. Dann ist $\mathfrak{M}$ selbst eine Steinsche Mannigfaltigkeit.*

§ 1. Steinsche Mannigfaltigkeiten

1. Die komplexen Mannigfaltigkeiten $\mathfrak{M}$ seien wie in [11] definiert. Es werde nicht vorausgesetzt, daß $\mathfrak{M}$ zusammenhängend ist. Jedoch sei angenommen, daß alle zusammenhängenden Komponenten von $\mathfrak{M}$ gleiche (komplexe) Dimension d haben. $d = d(\mathfrak{M})$ heiße die Dimension von $\mathfrak{M}$. Wie in [11] verstehen wir unter $\hat{B} = \{x \in \mathfrak{M}, |f(x)| \leqq \sup|f(B)|$ für alle in $\mathfrak{M}$ holomorphen Funktionen $f\}$ die *holomorphkonvexe Hülle* zu jeder Teilmenge $B \subset \mathfrak{M}$.

Definition 1. *$\mathfrak{M}$ heißt holomorphkonvex, wenn die holomorphkonvexe Hülle jeder kompakten Teilmenge $B \subset \mathfrak{M}$ kompakt ist.*

---

[3]) Das heißt, es gibt eine Folge in $\breve{\mathfrak{M}}$ holomorpher Funktionen, die auf jeder kompakten Teilmenge von $\mathfrak{M}$ gleichmäßig gegen f konvergiert.

[4]) Vgl. auch [9].

Garbe der Keime von globalen Schnittflächen in S. Dann ist das Tensorprodukt: $\Omega \otimes_C \underline{\Gamma}(\mathfrak{M}, S) = S$.

Satz d. *Ist $\mathfrak{M}$ eine Steinsche Mannigfaltigkeit und S eine kohärente analytische Garbe über $\mathfrak{M}$, so gilt $H^\nu(\mathfrak{M}, S) = 0$ für $\nu > 0$.*

Wir werden von Satz c nur einen Spezialfall benutzen, der wie folgt angegeben werden kann:

Satz c'. *Es sei $\mathfrak{M}$ eine Steinsche Mannigfaltigkeit, F ein komplex-analytisches Geradenbündel (= Vektorraumbündel vom Rang 1) über $\mathfrak{M}$. Dann gibt es zu jedem Punkt $x \in \mathfrak{M}$ eine holomorphe Schnittfläche in F, die über x von $0 \in F_x$ verschieden ist.*

Die Sätze c, c', d gelten auch für Steinsche Mannigfaltigkeiten mit Singularitäten, d. h. für holomorph-vollständige komplexe Räume.

4. Die Sätze c, d haben eine wichtige Folgerung:

Satz 1. *Ist $\mathfrak{M}$ eine n-dimensionale Steinsche Mannigfaltigkeit, $A \subset \mathfrak{M}$ eine rein $(n-1)$-dimensionale analytische Teilmenge, so ist auch $\mathfrak{M}' = \mathfrak{M} - A$ eine Steinsche Mannigfaltigkeit.*

Beweis: Es sei Ω die Garbe der Keime von lokalen holomorphen Funktionen über $\mathfrak{M}$. Bekanntlich ([14], p. 111) gibt es, da A einen Divisor definiert, zu A ein komplex-analytisches Geradenbündel F, das eine holomorphe Schnittfläche h besitzt, die genau A zur Nullstellenfläche erster Ordnung hat. Durch die Zuordnung der Keime $f_x \to f_x h_x$ wird ein Monomorphismus $i: \Omega \to \underline{F}$ erzeugt. Die Quotientengarbe, $\underline{F}/i(\Omega)$, ist zu der trivialen Fortsetzung der Garbe der Keime von lokalen holomorphen Schnitten in dem Geradenbündel F', welches durch Beschränkung von F auf A entsteht, kanonisch isomorph. Diese triviale Fortsetzung wird im folgenden auch mit $\underline{F}'$ bezeichnet. Es besteht also die exakte Sequenz

$$0 \to \Omega \to \underline{F} \to \underline{F}' \to 0 \,. \tag{1}$$

Nun gehört zu jeder exakten Sequenz von Garbenhomomorphismen eine exakte Sequenz der zugehörigen Kohomologiegruppen:

$$0 \to \Gamma(\mathfrak{M}, \Omega) \to \Gamma(\mathfrak{M}, \underline{F}) \to \Gamma(A, \underline{F}') \to H^1(\mathfrak{M}, \Omega) \to \cdots \tag{2}$$

Da $H^1(\mathfrak{M}, \Omega) = 0$ ist (nach Satz d), hat man die exakte Sequenz:

$$0 \to \Gamma(\mathfrak{M}, \Omega) \to \Gamma(\mathfrak{M}, \underline{F}) \xrightarrow{\beta} \Gamma(A, \underline{F}') \to 0 \,. \tag{3}$$

A ist eine Steinsche Mannigfaltigkeit oder, wenn A Singularitäten hat, ein holomorph-vollständiger komplexer Raum. Es gibt daher (Satz c') zu jedem Punkt $x \in A$ eine holomorphe Schnittfläche $s' \in \Gamma(A, \underline{F}')$, die in x keine Nullstelle hat. Da β durch die Beschränkungsbildung $F \to F'$ definiert wird, kann s' wegen (3) durch Beschränkung einer über $\mathfrak{M}$ holomorphen Schnittfläche s in F erhalten werden. $f = s/h$ ist eine in $\mathfrak{M}$ meromorphe Funktion, die höchstens auf A Polstellen hat. Da s in x von Null verschieden ist, h dort aber verschwindet, hat f in x eine Polstelle, die nicht Unbestimmtheitsstelle ist. f strebt also bei beliebiger Annäherung an x über alle Grenzen.

Da man zu jedem Punkt $x \in A$ eine solche Funktion finden kann und $\mathfrak{M}$ holomorphkonvex ist, so ist auch $\mathfrak{M} - A = \mathfrak{M}'$ holomorphkonvex. Natürlich ist $\mathfrak{M}'$ auch K-vollständig und somit eine Steinsche Mannigfaltigkeit.

5. Es sei $\mathfrak{M}$ eine beliebige komplexe Mannigfaltigkeit, $\mathfrak{F}$ eine Menge in $\mathfrak{M}$ holomorpher Funktionen. Ist $M \subset \mathfrak{M}$ eine beliebige Teilmenge, so setzen wir $\hat{M}_{\mathfrak{F}} = \{x \in \mathfrak{M},\ \sup|f(x)| \leqq \sup|f(M)|$ für alle $f \in \mathfrak{F}\}$. Offenbar ist $\hat{M}_{\mathfrak{F}} \subset \mathfrak{M}$ abgeschlossen.

Definition 4. *Es seien $\mathfrak{M}$, $\check{\mathfrak{M}}$ zwei d-dimensionale komplexe Mannigfaltigkeiten, $\mathfrak{M}$ sei Teilbereich von $\check{\mathfrak{M}}$. Ferner bezeichne $\mathfrak{F}$ die Menge der in $\check{\mathfrak{M}}$ holomorphen Funktionen. Dann heißt $\mathfrak{M}$ konvex in bezug auf $\check{\mathfrak{M}}$, wenn für jede kompakte Teilmenge $M \subset \mathfrak{M}$ der Durchschnitt $\hat{M}_{\mathfrak{F}} \cap \mathfrak{M}$ kompakt ist.*

Es gilt der folgende Approximationssatz von OKA-WEIL (vgl. [28], Satz 1.1):

Satz e. *Es seien $\mathfrak{M}$, $\check{\mathfrak{M}}$ zwei d-dimensionale Steinsche Mannigfaltigkeiten, $\mathfrak{M}$ sei Teilbereich von $\check{\mathfrak{M}}$. Dann und nur dann, wenn $\mathfrak{M}$ in bezug auf $\check{\mathfrak{M}}$ konvex ist, gibt es zu jeder in $\mathfrak{M}$ holomorphen Funktion f eine Folge f_ν, $\nu = 1, 2, 3, \ldots$, in $\check{\mathfrak{M}}$ holomorpher Funktionen, die im Innern von $\mathfrak{M}$ gleichmäßig gegen f konvergiert.*

Wir werden diesen Satz im Paragraphen 4 verwenden.

6. Zur Definition der Pseudokonvexität werden *plurisubharmonische Funktionen* herangezogen. Diese werden auf folgende Weise definiert:

Definition 5. *Es sei $\mathfrak{M}$ eine komplexe Mannigfaltigkeit. Dann heißt eine Funktion $p(x)$ über $\mathfrak{M}$ plurisubharmonisch, wenn*

1) *die Werte von $p(x)$ reelle Zahlen oder $-\infty$ sind,*

2) *$p(x)$ halbstetig nach oben ist* $\left(\overline{\lim\limits_{x \to x_0}}\, p(x) \leqq p(x_0)\right)$,

3) *in jedem lokalen Koordinatensystem von $\mathfrak{M}$ die Beschränkung von $p(x)$ auf jedes eindimensionale analytische Ebenenstück eine subharmonische Funktion ist.*

Es gibt mehrere äquivalente Definitionen der subharmonischen Funktionen (vgl. [2], [12]). Wir werden folgende Fassung des Begriffs verwenden:

Definition 6. *Es sei G ein Gebiet der z-Ebene, $p(z)$ eine Funktion in G, deren Werte reelle Zahlen oder $-\infty$ sind. Dann heißt $p(z)$ eine subharmonische Funktion, wenn*

1) *$p(z)$ halbstetig nach oben ist,*

2) *für jeden abgeschlossenen Kreis $K \subset G$ und für jede in K stetige, in $K - \partial K$[7]) harmonische Funktion $h(z)$ mit $h(z) > p(z)$ auf ∂K gilt: $h(z) > p(z)$ in ganz K.*

P. LELONG hat bewiesen [16]:

Satz f. *Eine zweimal stetig differenzierbare, reellwertige Funktion $p(x)$ über einer komplexen Mannigfaltigkeit $\mathfrak{M}$ ist genau dann plurisubharmonisch, wenn in jedem lokalen Koordinatensystem mit Koordinaten $z_1, \ldots, z_d$ die hermitesche Form*

$$\sum_{\nu,\mu=1}^{d} \frac{\partial^2 p}{\partial z_\nu \partial \bar{z}_\mu} dz_\nu d\bar{z}_\mu$$

positiv semidefinit ist.

---

[7]) Für jede Teilmenge K eines topologischen Raumes E bezeichnen wir mit ∂K den Rand von K, mit $\mathring{K}$ den offenen Kern von K in E.

Im [12] wurde gezeigt:

Satz g. *Es sei $\mathfrak{M}$ eine komplexe Mannigfaltigkeit, p eine nach oben halbstetige Funktion in $\mathfrak{M}$, deren Werte die reellen Zahlen und $-\infty$ sind. Dann ist p genau dann plurisubharmonisch, wenn für jede holomorphe Abbildung φ jedes Gebietes K der komplexen z-Ebene in $\mathfrak{M}$ die Funktion $p \circ \varphi(z)$ subharmonisch in K ist.*

Bemerkung: Man kann die holomorphen Funktionen in $\mathfrak{M}$ zur Konstruktion plurisubharmonischer Funktionen benutzen. Sind $f_1, \ldots, f_k$ k in $\mathfrak{M}$ holomorphe Funktionen und $F(x) = \sum_{\varkappa=1}^{k} f_\varkappa \bar{f}_\varkappa$, so gilt offenbar

$$\sum_{\nu,\mu=1}^{d} \frac{\partial^2 F}{\partial z_\nu \partial \bar{z}_\mu} dz_\nu d\bar{z}_\mu = \sum_{\varkappa=1}^{k} \left(\sum_{\nu=1}^{d} \frac{\partial f_\varkappa}{\partial z_\nu} dz_\nu \right) \cdot \left(\sum_{\mu=1}^{d} \frac{\partial \bar{f}_\varkappa}{\partial \bar{z}_\mu} d\bar{z}_\mu \right) \geqq 0 .$$

$F(x)$ ist also eine in $\mathfrak{M}$ plurisubharmonische Funktion.

Es sei noch ein im folgenden nicht verwandter, jedoch an sich interessanter lokaler Satz bewiesen:

Satz 2. *Es sei $\mathfrak{M}$ eine komplexe Mannigfaltigkeit. Ist $p(x)$ eine plurisubharmonische Funktion über $\mathfrak{M}$ und gilt $p(x) \geqq 0$, so sind auch die Potenzen $p^s(x)$, $s = 1, 2, \ldots$, plurisubharmonische Funktionen über $\mathfrak{M}$.*

Beweis: Gilt $0 \leqq p(x) < \infty$, so gilt auch $0 \leqq p^s(x) < \infty$. Ferner ist $p^s(x)$ wieder halbstetig nach oben. Es ist also nur zu zeigen, daß in jedem lokalen Koordinatensystem von $\mathfrak{M}$ die Beschränkung von $p(x)$ auf eindimensionale analytische Ebenenstücke subharmonisch ist, d. h. der Satz braucht nur für den Spezialfall subharmonischer Funktionen über Gebieten G der z-Ebene bewiesen zu werden.

Sei also $p(z) \geqq 0$ eine subharmonische Funktion in G, $K \subset G$ ein abgeschlossener Kreis, ∂K der Rand von K, $h(x)$ eine in $K - \partial K$ harmonische, in K stetige Funktion, für die auf ∂K: $h(z) > p^s(z)$ gilt. Es gilt dann auf ∂K: $h(z) > 0$, $\sqrt[s]{h(z)}$ ist eindeutig. Weil $p(z)$ halbstetig nach oben ist, gibt es eine auf ∂K stetige Funktion g^* mit $\sqrt[s]{h(z)} > g^*(z) > p(z)$, und daher kann man durch Lösen des Dirichletschen Problems eine in K stetige, in $K - \partial K$ harmonische Funktion g finden, für die auf ∂K gilt: $\sqrt[s]{h(z)} > g(z) > p(z)$. Da $p(z)$ subharmonisch ist, folgt: $g(z) > p(z) > 0$ in ganz K. Nun gilt in $K - \partial K$:

$$\frac{\partial^2 g^s(z)}{\partial z \, \partial \bar{z}} = s(s-1) g^{s-2} \left| \frac{\partial g(z)}{\partial z} \right|^2 \geqq 0 .$$

$g^s(z)$ ist also dort subharmonisch. Mithin ergibt sich aus $h(z) > g^s(z)$ auf ∂K, daß $h(z) > g^s(z)$ in ganz K gilt. Also ist auch $h(z) > p^s(z)$ in ganz K, und $p^s(z)$ ist eine subharmonische Funktion, q. e. d.

§ 2. Analytische Mannigfaltigkeiten über dem C^n

1. Eine holomorphe Abbildung $\mu : \mathfrak{M} \to \mathfrak{M}'$ einer komplexen Mannigfaltigkeit $\mathfrak{M}$ in eine komplexe Mannigfaltigkeit $\mathfrak{M}'$ heißt *nirgends entartet*, wenn für jeden Punkt $x' \in \mathfrak{M}'$ die Urbildmenge $\mu^{-1}(x')$ leer ist oder aus lauter isolierten Punkten besteht. Wir nennen die Abbildung μ *singularitätenfrei*, wenn in bezug auf jedes lokale Koordinatensystem von $\mathfrak{M}$ und $\mathfrak{M}'$ die Funktionalmatrix von μ überall den Rang $d = d(\mathfrak{M})$ = Dimension von $\mathfrak{M}$ hat. Eine singularitätenfreie Abbildung ist natürlich stets nirgends entartet.

Definition 7. *Ein Paar* $(\mathfrak{M}, \mu)$ *heißt eine komplexe Mannigfaltigkeit über dem* C^n, *wenn* $\mathfrak{M}$ *eine komplexe Mannigfaltigkeit und* μ *eine nirgends entartete holomorphe Abbildung von* $\mathfrak{M}$ *in den* C^n *ist. Wir sagen,* $\mathfrak{M}$ *liegt singularitätenfrei über dem* C^n, *wenn* $\mu : \mathfrak{M} \rightarrow C^n$ *eine singularitätenfreie Abbildung ist.*

Es sei nun $\mathfrak{M}$ eine d-dimensionale komplexe Mannigfaltigkeit, die vermöge einer holomorphen Abbildung $\mu : \mathfrak{M} \rightarrow C^n$ singularitätenfrei über dem C^n liegt. Bezeichnet T_x den d-dimensionalen komplexen Vektorraum der kontravarianten Vektoren an den Punkt $x \in \mathfrak{M}$, so wird jedem Vektor $\xi \in T_x$ vermöge μ ein Vektor $\tilde{\mu}(\xi) \in T_{\mu(x)}$ zugeordnet ($T_{\mu(x)}$ der n-dimensionale komplexe Vektorraum der kontravarianten Vektoren an den Punkt $\mu(x) \in C^n$). Diese Zuordnung $\tilde{\mu}$ ist monomorph, da die Funktionalmatrix von μ überall den Rang d hat. Da ferner der Vektorraum $T_{\mu(x)}$ dem Vektorraum C^n kanonisch isomorph ist, erhalten wir durch $\tilde{\mu}$ eine Einbettung von T_x in den C^n. Diese Einbettung definiert einen Monomorphismus μ^* des Tangentialbündels T von $\mathfrak{M}$ in das triviale Vektorraumbündel $TC = \mathfrak{M} \times C^n$ über $\mathfrak{M}$. Bezeichnen wir mit N das Quotientenbündel $TC/\mu^*(T)$ und mit q den Quotientenhomomorphismus $q : TC \rightarrow N$, so besteht die exakte Sequenz

(1) $$0 \longrightarrow T \xrightarrow{\mu^*} TC \xrightarrow{q} N \longrightarrow 0 .$$

2. Es seien $V^{(1)}, V^{(2)}$ zwei komplex-analytische Vektorraumbündel über $\mathfrak{M}$. Wie üblich bezeichnen wir mit $V_x^{(1)}, V_x^{(2)}$ die Fasern über $x \in \mathfrak{M}$ und mit $\mathrm{Hom}_x(V^{(1)}, V^{(2)})$ die Menge der Homomorphismen von $V_x^{(1)}$ in $V_x^{(2)}$. Bekanntlich ist $\mathrm{Hom}(V^{(1)}, V^{(2)}) = \{\mathrm{Hom}_x(V^{(1)}, V^{(2)})\}$ auf natürliche Weise ein komplexanalytisches Vektorbündel über $\mathfrak{M}$. Für den Rang gilt: $r(\mathrm{Hom}(V^{(1)}, V^{(2)})) = r(V^{(1)}) \cdot r(V^{(2)})$. Es sei nun $V^{(1)} = N$ und $V^{(2)} = T, TC, N$. Nach [7], p. 110, erhält man aus (1) eine exakte Sequenz:

(2) $$0 \rightarrow \mathrm{Hom}(N, T) \rightarrow \mathrm{Hom}(N, TC) \rightarrow \mathrm{Hom}(N, N) \rightarrow 0 .$$

Diese Sequenz erzeugt eine exakte Sequenz der Garben der Keime von lokalen holomorphen Schnitten:

(2′) $$0 \rightarrow \underline{\mathrm{Hom}}(N, T) \rightarrow \underline{\mathrm{Hom}}(N, TC) \rightarrow \underline{\mathrm{Hom}}(N, N) \rightarrow 0 .$$

Man hat die zugehörige exakte Kohomologiesequenz:

(3) $$0 \rightarrow H^0(\mathfrak{M}, \underline{\mathrm{Hom}}(N, T)) \rightarrow H^0(\mathfrak{M}, \underline{\mathrm{Hom}}(N, TC)) \xrightarrow{q^*} H_0(\mathfrak{M}, \underline{\mathrm{Hom}}(N, N)) \rightarrow H^1(\mathfrak{M}, \underline{\mathrm{Hom}}(N, T)) \rightarrow \cdots$$

Setzen wir nun voraus, daß $\mathfrak{M}$ eine Steinsche Mannigfaltigkeit ist, so ist nach Satz d die Kohomologiegruppe $H^1(\mathfrak{M}, \underline{\mathrm{Hom}}(N, T)) = 0$. Es besteht also die exakte Sequenz

(3′) $$0 \rightarrow \Gamma(\mathfrak{M}, \underline{\mathrm{Hom}}(N, T)) \rightarrow \Gamma(\mathfrak{M}, \underline{\mathrm{Hom}}(N, TC)) \xrightarrow{q^*} \Gamma(\mathfrak{M}, \underline{\mathrm{Hom}}(N, N)) \rightarrow 0 .$$

Beachten wir, daß jede Schnittfläche in $\underline{\mathrm{Hom}}(N, TC)$ als ein globaler Homo-

kann man Satz 4 dazu benutzen, die Definition der R-Abbildung abzuschwächen. Setzt man $B = \overline{\mathfrak{D}}$, $N = \partial\mathfrak{D}$ und gibt eine stetige Abbildung $\varphi : \mathring{\mathfrak{D}} \to G$ vor, so sind offenbar die Voraussetzungen unseres Satzes erfüllt. Es genügt also, φ nur auf $\mathring{\mathfrak{D}}$ zu definieren und die Bedingungen 1, 2, 3 von Definition 14 für irgendeine Fortsetzung von φ nach $\overline{\mathfrak{D}}$ zu verlangen.

3. In den Abschnitten 4 und 5 dieses Paragraphen werden elementare Aussagen über Beziehungen zwischen unseren verschiedenen Pseudokonvexitätsdefinitionen hergeleitet, wobei keine tieferen analytischen Mittel verwendet werden. Hier seien zwei vorbereitende Sätze bewiesen.

Satz 5. *Es sei $\mathfrak{M}$ eine n-dimensionale holomorphkonvexe komplexe Mannigfaltigkeit, die aus höchstens abzählbar vielen zusammenhängenden Komponenten besteht. Dann gibt es eine reell-analytische plurisubharmonische Funktion $p(x)$ in $\mathfrak{M}$, so daß alle Mengen $\{x \in \mathfrak{M}, p(x) < K\}$, $K > 0$, relativkompakt in $\mathfrak{M}$ liegen. Ist $\mathfrak{M}$ eine Steinsche Mannigfaltigkeit, so kann man $p(x)$ sogar so wählen, daß in allen Punkten von $\mathfrak{M}$ die Form $\sum\limits_{\nu,\mu=1}^{n} \frac{\partial^2 p}{\partial z_\nu \partial \bar{z}_\mu} dz_\nu d\bar{z}_\mu$ positiv definit ist.*

Beweis: Vorerst sei $\mathfrak{M}$ nur holomorphkonvex; wir können annehmen, daß $\mathfrak{M}$ nicht kompakt ist. Da nach [23] jede holomorphkonvexe komplexe Mannigfaltigkeit $\mathfrak{M}$ mit nur abzählbar vielen zusammenhängenden Komponenten abzählbare Topologie hat, gibt es eine Folge $\mathfrak{M}$ ausschöpfender Teilbereiche $\mathfrak{B}_\nu$ mit $\mathfrak{B}_\nu \Subset \mathfrak{B}_{\nu+1}$, $\nu = 1, 2, \ldots$. Wir können ferner $\{\mathfrak{B}_\nu\}$ so wählen, daß die holomorphkonvexe Hülle $\{\hat{\mathfrak{B}}_\nu\}$ stets in $\mathfrak{B}_{\nu+1}$ enthalten ist. Zu jedem Punkt $x_0 \in \overline{\mathfrak{B}_{\nu+2}} - \mathfrak{B}_{\nu+1}$ läßt sich dann eine in $\mathfrak{M}$ holomorphe Funktion $g(x)$ mit $|g(x_0)| > \sup|g(\mathfrak{B}_\nu)|$ finden. Durch Multiplikation mit einer Konstanten erreicht man, daß $|g(x_0)| > 1$, $\sup|g(\mathfrak{B}_\nu)| < 1$ gilt. $|g(x)| > 1$ ist noch in einer ganzen Umgebung $U(x_0)$ richtig. Da $\overline{\mathfrak{B}_{\nu+2}} - \mathfrak{B}_{\nu+1}$ kompakt ist, gibt es endlich viele in $\mathfrak{M}$ holomorphe Funktionen $g_\nu^{(\varkappa)}(x)$, $\varkappa = 1, \ldots, r_\nu$, so daß $\sup|g_\nu^{(\varkappa)}(\mathfrak{B}_\nu)| < 1$, jedoch in jedem Punkt $x \in \overline{\mathfrak{B}_{\nu+2}} - \mathfrak{B}_{\nu+1}$ der Betrag mindestens einer der Funktionen $g_\nu^{(\varkappa)}(x)$ größer als 1 ist ($\varkappa = 1, \ldots, r_\nu$). Wir setzen $p_\nu(x) = \sum\limits_{\varkappa=1}^{r_\nu} |g_\nu^{(\varkappa)}(x)|^{2s_\nu}$, wobei wir für s_ν eine positive ganze Zahl wählen, die so groß ist, daß $\sup|g_\nu^{(\varkappa)}(\mathfrak{B}_\nu)|^{2s_\nu} < r_\nu^{-1} 2^{-\nu}$ und mithin $\sup p_\nu(\mathfrak{B}_\nu) < 2^{-\nu}$ ist und daß $p_\nu(x) > \nu$ in jedem Punkt $x \in \overline{\mathfrak{B}_{\nu+2}} - \mathfrak{B}_{\nu+1}$ gilt. $p(x) = \sum\limits_{\nu=1}^{\infty} p_\nu(x)$ konvergiert gleichmäßig im Innern von $\mathfrak{M}$, und es gilt offensichtlich $\{x \in \mathfrak{M}, p(x) < K\} \Subset \mathfrak{M}$. Alle $p_\nu(x)$ sind nach der Bemerkung im Anschluß an Satz g plurisubharmonische Funktionen.

Wir zeigen nun, daß $p(x)$ reell-analytisch und plurisubharmonisch ist. Ersetzt man die lokalen Koordinatensysteme einer komplexen Mannigfaltigkeit $\mathfrak{M}$ durch die konjugiert komplexen Koordinatensysteme, so erhält man eine neue komplexe Mannigfaltigkeit $\mathfrak{M}^*$. $\mathfrak{M}$ ist in kanonischer Weise als Diagonale D in das kartesische Produkt $\mathfrak{M} \times \mathfrak{M}^*$ (nicht holomorph) eingebettet. Wir schreiben $D \cong \mathfrak{M}$. Jede in $\mathfrak{M}$ komplexwertige Funktion ist genau dann reell-analytisch, wenn sie sich zu einer holomorphen Funktion in eine

Umgebung $U(D) \subset \mathfrak{M} \times \mathfrak{M}^*$ fortsetzen läßt. Die Fortsetzung ist eindeutig bestimmt. Ist g eine in $\mathfrak{M}$ holomorphe Funktion, so kann g nach ganz $\mathfrak{M} \times \mathfrak{M}^*$ holomorph fortgesetzt werden. Die Fortsetzung ist auf den Flächen $x \times \mathfrak{M}^*$, $x \in \mathfrak{M}$, konstant. Analoges gilt für die holomorphe Fortsetzung von $\bar{g}(x)$; diese ist auf allen Flächen $\mathfrak{M} \times x^*$, $x^* \in \mathfrak{M}^*$, konstant. Es bezeichne $\breve{g}_\nu^{(\varkappa)}(x, x^*)$ die holomorphe Fortsetzung der auf $\mathfrak{M}$ holomorphen Funktion $(g_\nu^{(\varkappa)}(x))^{s_\nu}$, $\breve{\bar{g}}_\nu^{(\varkappa)}(x, x^*)$ die holomorphe Fortsetzung der konjugierten Funktion $(\bar{g}_\nu^{(\varkappa)}(x))^{s_\nu}$. Beide Fortsetzungen nehmen nach dem oben Gesagten in $\mathfrak{B}_\nu \times \mathfrak{B}_\nu^*$ keine anderen Werte als in $\mathfrak{B}_\nu$ an. Wenn man $h_\nu^{(\varkappa)}(x, x^*) = \breve{g}_\nu^{(\varkappa)}(x, x^*) \cdot \breve{\bar{g}}_\nu^{\varkappa}(x, x^*)$ und $\breve{p}_\nu(x, x^*) = \sum_{\varkappa=1}^{r_\nu} h_\nu^{(\varkappa)}(x, x^*)$ setzt, gilt daher in $\mathfrak{B}_\nu \times \mathfrak{B}_\nu^*$: $|h_\nu^{(\varkappa)}(x, x^*)| < r_\nu^{-1} 2^{-\nu}$ und $|\breve{p}_\nu(x, x^*)| < 2^{-\nu}$. Folglich konvergiert die Reihe holomorpher Funktionen $\sum_{\nu=1}^{\infty} \breve{p}_\nu(x, x^*)$ gleichmäßig im Innern von $\mathfrak{M} \times \mathfrak{M}^*$ gegen eine holomorphe Grenzfunktion $\breve{p}(x, x^*)$. Da sie auf $\mathfrak{M} \cong D$ mit $p(x)$ übereinstimmt, ist $p(x)$ reell-analytisch.

Ist $x_0 \in \mathfrak{M}$ ein beliebiger Punkt und sind $z_1, \ldots, z_n$ holomorphe Koordinaten in einer Umgebung $U(x_0)$, so sind $z_1, \ldots, z_n, \bar{z}_1, \ldots, \bar{z}_n$ — als unabhängig betrachtet — holomorphe Koordinaten in einer Umgebung $U \times U^*$ des zu x_0 gehörigen Punktes $(x_0, x_0) \in D \cong \mathfrak{M}$. Es gilt in x_0 bzw. (x_0, x_0):

$$\frac{\partial^2 p}{\partial z_\nu \partial \bar{z}_\mu} = \frac{\partial^2 \breve{p}}{\partial z_\nu \partial \bar{z}_\mu} = \sum_{\sigma=1}^{\infty} \frac{\partial^2 \breve{p}_\sigma}{\partial z_\nu \partial \bar{z}_\mu} = \sum_{\sigma=1}^{\infty} \frac{\partial^2 p_\sigma}{\partial z_\nu \partial \bar{z}_\mu}.$$

Deshalb ist die Form

$$\sum_{\nu,\mu=1}^{\mu} \frac{\partial^2 p}{\partial z_\nu \partial \bar{z}_\mu} dz_\nu d\bar{z}_\mu$$

in $\mathfrak{M}$ positiv semidefinit und somit $p(x)$ plurisubharmonisch.

Es sei nun $\mathfrak{M}$ eine Steinsche Mannigfaltigkeit. Nach § 1.1 gibt es zu jedem Punkt $x_0 \in \mathfrak{M}$ n in $\mathfrak{M}$ holomorphe Funktionen $f_1, \ldots, f_n$, so daß die Determinante $\left|\left(\frac{\partial f_\nu}{\partial z_\mu}\right)\right| \neq 0$ in x_0 ist. $p_{x_0} = f_1 \bar{f}_1 + \cdots + f_n \bar{f}_n$ ist dann eine in $\mathfrak{M}$ plurisubharmonische Funktion, bei der die Form $\sigma = \sum_{\nu,\mu=1}^{n} \frac{\partial^2 p_{x_0}(x)}{\partial z_\nu \partial \bar{z}_\mu} dz_\nu d\bar{z}_\mu$ in x_0 positiv definit ist. (σ ist natürlich in ganz $\mathfrak{M}$ positiv semidefinit.) σ ist noch in einer ganzen Umgebung $U(x_0)$ positiv definit. Da $\mathfrak{M}$ abzählbare Topologie hat, gibt es eine abzählbare Überdeckung $\{U_\nu\}$, $\nu = 1, 2, \ldots$, von $\mathfrak{M}$ mit solchen Umgebungen; die zu U_ν gehörige plurisubharmonische Funktion sei $p'_\nu = f_1^{(\nu)} \overline{f_1^{(\nu)}} + \cdots + f_n^{(\nu)} \overline{f_n^{(\nu)}}$. Ist wieder $\mathfrak{B}_\nu$, $\mathfrak{B}_\nu \Subset \mathfrak{B}_{\nu+1}$, $\nu = 1, 2, \ldots$, eine $\mathfrak{M}$ ausschöpfende Folge relativkompakter Teilbereiche von $\mathfrak{M}$ und gilt $f_\varkappa^{(\nu)} \overline{f_\varkappa^{(\nu)}} < k_\varkappa^{(\nu)}$ in $\overline{\mathfrak{B}}_\nu$, so setzen wir

$$\sum_{\varkappa=1}^{n} k_\varkappa^{(\nu)} = k^{(\nu)} \quad \text{und} \quad \varepsilon_\nu = \frac{2^{-\nu}}{k^{(\nu)}}.$$

$p'(x) = \sum_{\nu=1}^{\infty} \varepsilon_\nu p'_\nu(x)$ konvergiert dann im Innern von $\mathfrak{M}$ gleichmäßig, und man zeigt ähnlich wie im ersten Teil des Beweises, daß $p'(x)$ in $\mathfrak{M}$ reell-analytisch ist. Es gilt

$$\frac{\partial^2 p'}{\partial z_\nu \partial \bar{z}_\mu} = \sum_{\sigma=1}^{\infty} \varepsilon_\sigma \frac{\partial^2 p_\sigma}{\partial z_\nu \partial \bar{z}_\mu};$$

also ist die Form

$$\sum_{\nu,\mu=1}^{n} \frac{\partial^2 p'}{\partial z_\nu \partial \bar{z}_\mu} dz_\nu d\bar{z}_\mu$$

in ganz $\mathfrak{M}$ positiv definit. Konstruieren wir nach dem obigen Verfahren eine weitere reell-analytische plurisubharmonische Funktion $p''(x)$, für die $\{x \in \mathfrak{M}, p''(x) < K\} \Subset \mathfrak{M}$ gilt, so gilt dies wegen $p'(x) \geqq 0$ auch für $p(x) = p'(x) + + p''(x)$. Auf Grund ihrer Konstruktion hat die Funktion $p(x)$ auch alle anderen in Satz 5 verlangten Eigenschaften. Satz 5 ist bewiesen.

Weiter benötigen wir den folgenden

Satz 6. *Es sei $\mathfrak{R}$ eine n-mal stetig differenzierbare n-dimensionale reelle Mannigfaltigkeit mit abzählbarer Topologie. $g(x)$ sei eine n-mal stetig differenzierbare reelle Funktion in R und K die Menge der Punkte $x \in \mathfrak{R}$, in denen das Differential dg verschwindet. Dann hat $H = g(K)$ das Lebesguesche Maß Null.*

Beweis: Für den Fall, daß R ein Gebiet des euklidischen Raumes ist, wurde der Satz von A. P. Morse hergeleitet (vgl. [18]). Da $\mathfrak{R}$ abzählbare Topologie hat, gibt es eine Überdeckung von $\mathfrak{R}$ mit offenen Mengen $\mathfrak{B}_\nu$, $\nu = 1, 2, \ldots$, die n-mal stetig differenzierbar auf Gebiete des euklidischen Raums abgebildet werden können. $H_\nu = g(\mathfrak{B}_\nu \cap K)$ hat also das Maß Null. Nach einem bekannten Satze der Maßtheorie ist dann auch $H = g(K) = \bigcup H_\nu$ eine Nullmenge.

Es sei noch angemerkt, daß die Voraussetzung der n-maligen stetigen Differenzierbarkeit von g wesentlich ist (vgl. [18]). Ferner gibt es reell-analytische Mannigfaltigkeiten $\mathfrak{R}$ mit überabzählbarer Topologie, auf denen für Funktionen, die sogar reell-analytisch sein können, die Aussage von Satz 6 nicht gilt.

Wenn $g(x)$ nicht konstant ist, sagt Satz 6 aus, daß man eine dichte Menge reeller Zahlen y finden kann, so daß die Menge $\{x \in \mathfrak{R}, g(x) = y\}$ leer oder eine $(n-1)$-dimensionale n-mal stetig differenzierbare Fläche ist. Wir werden hiervon Gebrauch machen.

4. Es sei $\mathfrak{M}$ eine beliebige komplexe Mannigfaltigkeit mit abzählbarer Topologie. Wir bezeichnen mit h (bzw. p_ν oder p_7^*) die Aussage, daß $\mathfrak{M}$ holomorphkonvex (bzw. p_ν- oder p_7^*-konvex) ist $(\nu = 1, \ldots, 7)$. $\rightarrow$ bedeutet die Implikation zweier Aussagen. Es gilt:

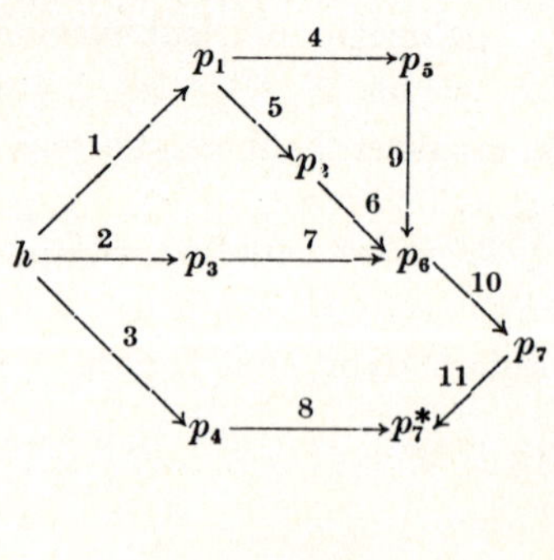

Im Falle der p_4-, p_7- und der p_7^*-Konvexität muß natürlich $\mathfrak{M} = G$ der Träger eines Riemannschen Gebietes $\mathfrak{G} = (G, \Phi)$ über einer Steinschen Mannigfaltigkeit sein. Wir beweisen die Aussagen 1—10:

(1) *Jede holomorphkonvexe komplexe Mannigfaltigkeit, die aus höchstens abzählbar vielen zusammenhängenden Komponenten besteht, ist p_1-konvex.*

Beweis: (1) ist eine unmittelbare Folge von Satz 5.

(2) *Jede holomorphkonvexe komplexe Mannigfaltigkeit, die aus höchstens abzählbar vielen zusammenhängenden Komponenten besteht, ist p_3-konvex.*

Beweis: (2) ist eine unmittelbare Folge von Satz 5 und Satz 6.

Aussage (3) ist trivial (man wähle $G \cup \tilde{\partial} G$ für die in Definition 11 auftretende Umgebung $U(r)$):

(3) *Es sei $\mathfrak{G} = (G, \Phi)$ ein unverzweigtes Riemannsches Gebiet, und G sei holomorphkonvex. Dann ist $\mathfrak{G}$ p_4-konvex.*

Ebenso leicht ergeben sich die Aussagen (5), (9), (10), (11). p_2-konvex ist nämlich eine Abschwächung von p_1-konvex, p_6-konvex eine Abschwächung von p_5-konvex und schließlich p_7(bzw. p_7^*)-konvex eine Abschwächung von p_6(bzw. p_7)-konvex. Wir verzichten darauf, diese Aussagen noch einmal ausführlich zu formulieren.

(4) *Jede p_1-konvexe komplexe Mannigfaltigkeit $\mathfrak{M}$ ist p_5-konvex.*

Beweis: Es sei F_ν, $\nu = 1, 2, \ldots$, in $\mathfrak{M}$ eine Folge eindimensionaler Flächen mit $\bigcup_\nu \partial F_\nu \Subset \mathfrak{M}$. φ_ν bezeichne die zugehörigen holomorphen Abbildungen $K \to \mathfrak{M}$. Ist dann p eine in $\mathfrak{M}$ plurisubharmonische Funktion, so sind die Funktionen $p_\nu = p \circ \varphi_\nu$ in K subharmonisch. Da subharmonische Funktionen dem Maximumprinzip genügen und p auf $\bigcup \partial F_\nu$ als nach oben halbstetige Funktion nach oben beschränkt ist, folgt $p_\nu(x) \leqq \sup(p_\nu(\partial K)) < M$ für $x \in K$. Ist nun jede Menge $\{x \in \mathfrak{M}, p(x) < M\} \Subset \mathfrak{M}$, so folgt $\bigcup |F_\nu| \Subset \mathfrak{M}$: Aus der p_1-Konvexität folgt die p_5-Konvexität.

(6) *Jede p_2-konvexe n-dimensionale komplexe Mannigfaltigkeit $\mathfrak{M}$ ist p_6-konvex.*

Beweis: Es sei φ eine biholomorphe Abbildung einer offenen Umgebung des (halboffenen) Polyzylinders $\mathfrak{D} = \{(z_1, \ldots, z_n); |z_1| \leqq 1, |z_\nu| < 1, \nu = 2, \ldots, n\}$ in $\mathfrak{M}$. Da φ eineindeutig ist, verschwindet die Funktionaldeterminante von φ im Innern $\mathring{\mathfrak{D}}$ von $\mathfrak{D}$ nicht (vgl. [22], p. 149). $\varphi(\mathring{\mathfrak{D}})$ ist also eine offene Teilmenge von $\mathfrak{M}$. Es sei nun $\varphi(\delta\mathfrak{D}) = B$ relativkompakt in $\mathfrak{M}$ enthalten. Da $\mathfrak{M}$ p_2-konvex ist, liegt auch der offene Kern $B^* = \mathring{\tilde{B}}$ der p-Hülle $\tilde{B}$ von B relativkompakt in $\mathfrak{M}$. In $\mathfrak{M} - B^*$ gibt es also eine dichte Menge D (etwa $D = \mathfrak{M} - \tilde{B}$), so daß folgendes gilt: Zu jedem Punkt $x_0 \in D$ existiert eine in $\mathfrak{M}$ plurisubharmonische Funktion $p(x)$ mit $p(x_0) > \sup(p(B))$. Nach dem Maximumprinzip für plurisubharmonische Funktionen muß $\varphi(\mathring{\mathfrak{D}}) \cap D$ leer sein. Da $\varphi(\mathring{\mathfrak{D}})$ offen ist, gilt also $\varphi(\mathring{\mathfrak{D}}) \subset B^*$ und somit $\varphi(\mathfrak{D}) \subset \overline{B}^*$, wobei $\overline{B}^*$ die abgeschlossene Hülle von B^* bezeichnet. Da B^* relativkompakt war, gilt dies also auch für $\varphi(\mathfrak{D})$, und folglich ist $\mathfrak{M}$ p_6-konvex, q. e. d.

Wir zeigen weiter

(7) *Jede p_3-konvexe n-dimensionale komplexe Mannigfaltigkeit $\mathfrak{M}$ ist p_6-konvex.*

von $\Phi^* \circ \varphi^*$ nach $\overline{\mathfrak{D}}$), was im Widerspruch zur p_6-Konvexität der Hyperkugel H steht. Aus der somit erwiesenen p_7-Konvexität von $\mathfrak{W}$ folgt nach Satz 7, daß die in bezug auf W^* gebildete Funktion $-\ln \delta_{W^*}(x)$ plurisubharmonisch ist. Da aber $\delta_{W^*}(x) = \delta(x)$ in der Nähe von x_0 gilt, ist Satz 8 bewiesen.

Satz 8 hat eine einfache Umkehrung:

Satz 9. *Es sei $\mathfrak{G} = (G, \Phi)$ ein Riemannsches Gebiet über einer Steinschen Mannigfaltigkeit. $p(x)$ sei eine nach oben halbstetige Funktion in G, deren Werte die reellen Zahlen und $-\infty$ sind. Für einen Randpunkt $x_0 \in \tilde{\partial} G$ gebe es eine Umgebung $U(x_0)$, so daß $p(x)$ in $U^* = U \cap G$ plurisubharmonisch ist und der Durchschnitt $U \cap \tilde{\partial} G \cap \overline{\{x, p(x) < K\}}$*[12]*) für beliebige reelle K leer ist. Dann ist $\mathfrak{G}$ in x_0 p_7^*-konvex.*

Beweis: Ist $\varphi : \overline{\mathfrak{D}} \to G \cup \tilde{\partial} G$ eine R-Abbildung mit $\varphi(\overline{\mathfrak{D}}) \subset U$, so ist $p \circ \varphi$ eine plurisubharmonische Funktion in $\mathfrak{D}$, die auf $\partial \mathfrak{D}$ nach oben beschränkt, aber in $\mathfrak{D}$ nach oben unbeschränkt ist. Das ist ein Widerspruch zum Maximumprinzip, angewandt auf eine geeignete Kreisscheibe $\{|z_1| \leqq 1, z_\nu = z_\nu^{(0)}, \nu = 2, \ldots, n\} \subset \mathfrak{D}$. Satz 9 ist bewiesen.

6. Wir leiten in diesem Abschnitt das Hauptergebnis dieses Paragraphen her:

Satz 10. *(Lösung des Levischen Problems): Es sei $\mathfrak{M}$ eine n-dimensionale Steinsche Mannigfaltigkeit, $\mathfrak{G} = (G, \Phi)$ ein unverzweigtes Riemannsches Gebiet über $\mathfrak{M}$. Ist dann $\mathfrak{G}$ p_7^*-konvex, so ist G eine Steinsche Mannigfaltigkeit.*

Da jede Steinsche Mannigfaltigkeit holomorphkonvex ist, folgt aus diesem Satz und den Ergebnissen von § 3.4:

Satz 11. *(Äquivalenz der Definitionen der Pseudokonvexität): G ist genau dann p_ν-konvex, wenn G p_μ- oder p_7^*-konvex ist ($\nu, \mu = 1, \ldots, 7$).*

Beweis von Satz 10: Nach dem Einbettungssatz von Remmert gibt es eine holomorphe Abbildung $\mu : \mathfrak{M} \to C^k$, so daß $(\mathfrak{M}, \mu)$ eine singularitätenfreie komplexe Mannigfaltigkeit über dem C^k ist. Nach Satz 3 können wir deshalb ein unverzweigtes Riemannsches Gebiet $\mathfrak{B} = (B, \pi)$ über dem C^k, eine biholomorphe Abbildung λ von $\mathfrak{M}$ auf eine singularitätenfreie analytische Menge $M \subset B$ und eine holomorphe Abbildung $\varrho : B \to M$ finden, so daß B eine Steinsche Mannigfaltigkeit, $\pi \circ \lambda = \mu$ und $\varrho|M$ die Identität ist. Wir setzen $\alpha = \lambda \circ \Phi$ und definieren die Menge $\check{G}$ der Paare (x, b) mit $x \in G$, $b \in B$, $\varrho(b) = \alpha(x)$. $\check{G}$ ist durch die Abbildung $\check{\varrho}: (x, b) \to x$ in G, durch die Abbildung $\check{\alpha}: (x, b) \to b$ in B abgebildet. Wir versehen $\check{G}$ mit der gröbsten Topologie, so daß $\check{\varrho}$ und $\check{\alpha}$ stetige Abbildungen sind. Wird $V \subset G$ durch α topologisch in M abgebildet, so $\check{\varrho}^{-1}(V)$ durch $\check{\alpha}$ topologisch in B. $\check{\alpha}$ ist also eine lokaltopologische Abbildung und somit $\check{\mathfrak{G}} = (\check{G}, \check{\alpha})$ ein unverzweigtes Riemannsches Gebiet über B. In bezug auf die durch $(\check{G}, \check{\alpha})$ in $\check{G}$ erzeugte komplexe Struktur sind $\check{\alpha}$ und $\check{\varrho}$ holomorphe Abbildungen. Man zeigt leicht:

(1) *Bezeichnet $\tilde{\partial} \check{G}$ (bzw. $\tilde{\partial} G$) den Rand des Riemannschen Gebietes $(\check{G}, \check{\alpha})$ (bzw. (G, Φ)) im Sinne von* § 3.1d, *so läßt sich die Abbildung $\check{\varrho}$ zu einer stetigen Abbildung $\check{\varrho}^* : \check{G} \cup \tilde{\partial} \check{G} \to G \cup \tilde{\partial} G$ fortsetzen. $\check{\varrho}^*$ bildet $\tilde{\partial} \check{G}$ in $\tilde{\partial} G$ ab.*

---

[12]) Die abgeschlossene Hülle $\overline{\{x, p(x) < K\}}$ ist in bezug auf $G \cup \tilde{\partial} G$ zu bilden.

Aus (1) ergibt sich:

(2) *Ist* $\mathfrak{G} = (G, \Phi)$ p_7^*-*konvex, so ist auch* $\check{\mathfrak{G}} = (\check{G}, \check{\alpha})$ p_7^*-*konvex.*

Beweis: Es sei r ein beliebiger Punkt aus $\tilde{\partial}\check{G}$, $r^* \in \tilde{\partial} G$ sei gleich $\check{\varrho}^*(r)$. Wir wählen eine Umgebung $U^*(r^*)$, so daß $\Phi(U^*)$ relativkompakt in einem lokalen Koordinatensystem von $\mathfrak{M}$ enthalten ist. (U^0, Φ), $U^0 = U^* \cap G$, kann dann als Riemannsches Gebiet über dem C^n angesehen werden. Da in der Nähe von r^* $\tilde{\partial} G = \tilde{\partial} U^0$ und $\mathfrak{G}$ in r^* p_7^*-konvex ist, folgt aus Satz 8, daß die Funktion $p^*(x^*) = -\ln \delta(x^*)$ in der Nähe von r^* plurisubharmonisch sein muß. Wir setzen $U = \check{\varrho}^{*-1}(U^*)$ und $p(x) = p^* \circ \check{\varrho}^*$. U ist eine Umgebung von r, $p(x)$ in der Nähe von r plurisubharmonisch, und wegen $U^* \cap \tilde{\partial} G \cap \overline{\{x^*, p^*(x^*) < K\}} = 0$ für beliebiges reelles $K > 0$ gilt auch $U \cap \tilde{\partial}\check{G} \cap \overline{\{x, p(x) < K\}} = 0$. (Die abgeschlossenen Hüllen sind in bezug auf $G \cup \tilde{\partial} G$ bzw. $\check{G} \cup \tilde{\partial}\check{G}$ zu bilden.) Aus Satz 9 folgt nun wie behauptet, daß $\check{\mathfrak{G}}$ in r p_7^*-konvex ist.

(3) *Ist* $\check{\mathfrak{G}} = (\check{G}, \check{\alpha})$ p_7^*-*konvex, so ist* $\tilde{\mathfrak{G}} = (\check{G}, \pi \circ \check{\alpha})$ p_7-*konvex.*

Beweis: Es bezeichne $\tilde{\partial}\check{G}$ den Rand des Riemannschen Gebietes $(\check{G}, \pi \circ \check{\alpha})$. Über B gilt offenbar: $\tilde{\partial}\check{G} = \tilde{\partial}\check{G}$. In diesen Punkten ist, wie man sofort sieht, mit $\check{\mathfrak{G}}$ auch $\tilde{\mathfrak{G}}$ p_7^*-konvex. Es sei nun $\varphi : \overline{\mathfrak{D}} \to \check{G} \cap \tilde{\partial}\check{G}$ eine R-Abbildung ($\mathfrak{D}$ der halboffene k-dimensionale Polyzylinder). Da B als Steinsche Mannigfaltigkeit p_6-konvex ist, gilt $\check{\alpha} \circ \varphi(\overline{\mathfrak{D}}) \Subset B$. Es ist also höchstens $\tilde{\partial}\check{G} \cap \varphi(\overline{\mathfrak{D}}) \neq 0$. Da $\tilde{\mathfrak{G}}$ in $\tilde{\partial}\check{G}$ aber p_7^*-konvex ist, folgt aus Satz 8, daß in der Nähe der Punkte von $\tilde{\partial}\check{G}$ $\tilde{p}(x) = -\ln \delta(x)$ eine plurisubharmonische Funktion ist. Es gibt dann eine Umgebung $U \subset \overline{\mathfrak{D}}$ der Menge $A = \varphi^{-1}(\tilde{\partial}\check{G}) \subset \partial\mathfrak{D} - \delta\mathfrak{D}$, so daß $p(x) = \tilde{p} \circ \varphi$ in $\mathring{U} = U \cap \mathring{\mathfrak{D}}$ plurisubharmonisch ist. Das kann jedoch nicht sein, da $p(x)$ in $\mathring{U}$ unbeschränkt, auf dem in $\mathring{\mathfrak{D}}$ enthaltenen Teil des Randes von U jedoch beschränkt ist und somit auf einem geeigneten Flächenstück $\{|z_1| < 1, z_\nu = z_\nu^{(0)}, \nu = 2, \ldots, k\} \cap \mathring{U}$ nicht dem Maximumprinzip genügt. Also ist auch (3) bewiesen.

Aus (2) und (3) ergibt sich, daß $\tilde{\mathfrak{G}} = (\check{G}, \pi \circ \check{\alpha})$ p_7-konvex ist, falls $\mathfrak{G} = (G, \Phi)$ p_7^*-konvex ist. Nach Satz 7 ist in jedem p_7-konvexen Riemannschen Gebiet $\tilde{\mathfrak{G}} = (\tilde{G}, \Phi)$ über dem C^k $-\ln \delta(x)$ eine plurisubharmonische Funktion. K. OKA [21] hat gezeigt: Ist $-\ln \delta(x)$ plurisubharmonisch, so ist der Träger $\tilde{G}$ von $\tilde{\mathfrak{G}}$ holomorphkonvex. Wir haben also:

(5) *Ist* $\mathfrak{G} = (G, \Phi)$ p_7^*-*konvex, so ist* $\check{\mathfrak{G}}$ *holomorphkonvex.*

Nun wird G vermittels der durch $\tilde{\lambda}(x) = (x, \lambda \circ \Phi(x))$ definierten Abbildung $\tilde{\lambda} : G \to \check{G}$ biholomorph auf die in $\check{G}$ singularitätenfreie analytische Menge $\tilde{\lambda}(G)$ abgebildet. Wegen der Abgeschlossenheit von $\tilde{\lambda}(G)$ ist $\tilde{\lambda}$ eine eigentliche Abbildung, und daher ist mit $\check{G}$ auch G holomorphkonvex. Satz 10 ist also bewiesen.

7. Es sei $\mathfrak{M}$ eine n-dimensionale Steinsche Mannigfaltigkeit, $\{\mathfrak{G}_\iota = (G_\iota, \Phi_\iota), \iota \in I\}$, I eine Indexmenge, eine Menge unverzweigter Riemannscher Gebiete über $\mathfrak{M}$. Wir sagen, ein unverzweigtes Riemannsches Gebiet $\mathfrak{G} = (G, \Phi)$ über $\mathfrak{M}$ ist in jedem $\mathfrak{G}_\iota$, $\iota \in I$, enthalten, wenn es stetige Abbildungen $\tau_\iota : G \to G_\iota$ mit

zeigt, daß in der Tat Aussagen in dieser Richtung gemacht werden können. *So ist zum Beispiel ein Gebiet G im C^n bereits dann ein Holomorphiegebiet, wenn der Rand von G bis auf eine diskrete Menge nicht isoliert liegender Randpunkte pseudokonvex ist* (vgl. Satz 6).

Um eine möglichst weitgehende Aussage formulieren zu können, führen wir den Begriff der dünnen sowie hebbaren Randpunktmenge ein. Wir nennen in Verallgemeinerung des Begriffes der dünnen Menge (vgl. [14]) eine Randpunktmenge A eines Gebietes G des C^n dünn, wenn es zu jedem Punkt $\mathfrak{z}^* \in A$ eine Umgebung $U \subset C^n$ und eine in $U \cap G$ holomorphe, nirgends identisch verschwindende Funktion f gibt, so daß zu jedem Punkt $\mathfrak{z} \in A \cap U$ eine gegen $\mathfrak{z}$ konvergierende Punktfolge $\mathfrak{z}_\nu \in U \cap G$ existiert, für die gilt: $\lim_{\nu \to \infty} f(\mathfrak{z}_\nu) = 0$.

Weiter heißt ein Punkt $\mathfrak{z}$ des Randes von G ein hebbarer Randpunkt, wenn es eine zusammenhängende Umgebung U von $\mathfrak{z}$ und eine in U analytische Menge $M \neq U$ gibt, so daß jeder Randpunkt von G, der in U liegt, zu M gehört.

Als wichtiges Resultat ergibt sich nun:

I. *Ein Gebiet G im C^n, welches außerhalb einer dünnen, nicht hebbaren Randpunktmenge überall pseudokonvex ist, ist ein Holomorphiegebiet.*

Der Beweis dieses Satzes stützt sich einerseits wesentlich auf den OKAschen Hauptsatz; andererseits auf einen von den Verfassern früher bewiesenen Satz über hebbare Singularitäten plurisubharmonischer Funktionen [14].

2. Für die Untersuchung der nichtschlichten RIEMANNschen Gebiete über dem C^n hat sich der Pseudokonvexitätsbegriff in der oben angegebenen Form als nicht zweckmäßig erwiesen. OKA legt seinen Untersuchungen daher einen anderen Pseudokonvexitätsbegriff zugrunde; derselbe wird durch die Kontinuitätssätze motiviert (vgl. auch [3]). Bekanntlich ist eine holomorphe Funktion gewiß dann nicht singulär in einem Punkte $\mathfrak{z} \in C^n$, wenn es ein eindimensionales analytisches Flächenstück F durch $\mathfrak{z}$ und eine gegen F konvergierende Schar F_ν von ebensolchen Flächenstücken gibt, derart, daß f auf allen F_ν und auf dem Rande von F holomorph ist (vgl. etwa [3]). In einem schlichten Holomorphiegebiet G kann es daher keine Folge F_ν von eindimensionalen analytischen Flächenstücken geben, die gegen ein analytisches Flächenstück F konvergiert, welches durch einen Randpunkt von G läuft und dessen Rand aus inneren Punkten von G besteht. Diese Eigenschaft eines schlichten Holomorphiegebietes G wird die Pseudokonvexität von G genannt; allgemein nennt man ein Gebiet im C^n pseudokonvex genau dann, wenn es sich gegenüber Scharen von eindimensionalen analytischen Flächenstücken in derselben Weise verhält wie die Holomorphiegebiete. Die Resultate von OKA lehren, daß für

Gebiete im C^n dieser Pseudokonvexitätsbegriff mit dem von CARTAN angegebenen übereinstimmt.

Der Begriff des pseudokonvexen Gebietes läßt sich auf beliebige nichtschlichte RIEMANNsche Gebiete übertragen (vgl. Definition 8), da man auch hier den Begriff des Randpunktes einführen kann. Ebenfalls kann man für beliebige Gebiete über dem C^n den Begriff der dünnen sowie hebbaren Randpunktmenge erklären. Satz I behält dann auch für nichtschlichte unverzweigte RIEMANNsche Gebiete über dem C^n seine Gültigkeit (Satz 4). Der Versuch einer weiteren Ausdehnung dieses Satzes auf beliebige RIEMANNsche Gebiete mit Verzweigungspunkten im Innern scheitert aber. Vielmehr zeigt sich:

Es gibt über dem C^n, $n \geqslant 3$, verzweigte, nicht-pseudokonvexe RIEMANNsche Gebiete, deren Rand bis auf einen nicht-hebbaren Randpunkt überall pseudokonvex ist.

Das zu diesem Zwecke konstruierte Beispiel lehrt darüber hinaus:

II. *Es gibt über dem C^n, $n \geqslant 3$, verzweigte (sogar zweiblättrige) Holomorphiegebiete mit lauter uniformisierbaren Punkten, die weder holomorphkonvex noch pseudokonvex sind.*

Man kann im Anschluß an dieses Beispiel weiter zeigen, daß in verzweigten Holomorphiegebieten nicht mehr alle Aussagen gelten, die von der Funktionentheorie in schlichten Gebieten her bekannt sind (vgl. auch [16]).

3. Man kann Satz I benutzen, um Aussagen über das Entartungsverhalten holomorpher Abbildungen von komplexen Räumen zu gewinnen. So ergibt sich, wenn man überdies noch einen weiteren Satz über hebbare Singularitäten plurisubharmonischer Funktionen heranzieht:

III. *Eine holomorphe Abbildung eines n-dimensionalen komplexen Raumes X in eine n-dimensionale komplexe Mannigfaltigkeit Y, deren Funktionaldeterminante außerhalb der nichtuniformisierbaren Punkte K von X nirgends verschwindet, besitzt keine Entartungsstellen. Ist die Abbildung außerhalb K eineindeutig, so ist sie in ganz X eineindeutig.*

Für die Gültigkeit dieses Satzes ist wesentlich, daß Y nur aus uniformisierbaren Punkten besteht (vgl. hierzu etwa das in [13], pp. 292–294 angegebene Beispiel einer eigentlichen wesentlichen Modifikation). Man kann alle holomorphen Abbildungen von n-dimensionalen komplexen Räumen ineinander, die in höchstens $(n-2)$-dimensionalen analytischen Mengen entartet sind, zur Konstruktion nicht-holomorph-konvexer Holomorphiegebiete benutzen.

Der Beweis von Satz III ist so angelegt, daß man überdies ein Kriterium für die Existenz nicht-uniformisierbarer Punkte in komplexen Räumen gewinnt:

IV. *Ein n-dimensionaler komplexer Raum X ist im Punkte $x \in X$ genau dann* *nicht-uniformisierbar, wenn es in keiner Umgebung $U(x)$ n holomorphe Funktionen gibt, deren Funktionalmatrix außerhalb einer in $U(x)$ analytischen, höchstens $(n-2)$-dimensionalen Menge vom Maximalrang ist.*

Anwendungen dieses Kriteriums zum Nachweis, daß $x \in X$ ein nicht-uniformisierbarer bzw. uniformisierbarer Punkt ist, sind möglich.

§ 1. Plurisubharmonische Funktionen in komplexen Räumen

1. Wir werden in dieser Arbeit einige Resultate aus der Theorie der plurisubharmonischen Funktionen in komplexen Räumen benutzen. Es sei zunächst an den Begriff des komplexen Raumes erinnert. Zur genauen Definition vgl. [16]: *Unter einem komplexen Raum X wird ein* Hausdorff*scher Raum verstanden, der mit einer komplex-analytischen Struktur versehen ist. Eine komplex-analytische Struktur ist ein maximales System von komplexen Karten (U, ψ) in X, die untereinander holomorph verträglich sind.* Komplexe Räume haben also folgende charakteristische Eigenschaft: Zu jedem Punkt $x \in X$ gibt es eine Umgebung U, die sich umkehrbar holomorph auf eine endlich-blättrige analytisch-verzweigte Überlagerung[3]) $\mathfrak{R} = (R, \Phi, G)$ eines Gebietes G des C^n abbilden läßt.

Man kennt in der Theorie der komplexen Räume die Begriffe: holomorphe Funktion, holomorphe Abbildung von komplexen Räumen ineinander, analytische Menge usw. Der Begriff der plurisubharmonischen Funktion in einem komplexen Raum ist von den Verfassern in einer früheren Arbeit eingeführt worden [14]. Es wurde definiert:

Definition 1. *Eine Funktion $p(x)$ in einem komplexen Raum X heißt plurisubharmonisch in X, wenn folgendes gilt:*

α) Die Werte von $p(x)$ sind reelle Zahlen oder $-\infty$,

β) $p(x)$ ist in X halbstetig nach oben: $\overline{\lim\limits_{x \to x_0}}\, p(x) \leqslant p(x_0)$,

γ) Ist τ eine holomorphe Abbildung eines Gebietes W der komplexen Zahlenebene in X, so ist $p \circ \tau$ eine subharmonische Funktion in W[4]).

2. Es sei $P = \{p_\iota(x), \iota \in J\}$ eine Familie von in einem komplexen Raum X reellwertigen, nach oben halbstetigen Funktionen ($-\infty$ sei als Wert zugelassen),

[3]) Zum Begriff der analytisch-verzweigten Überlagerung vgl. auch [13], [15], [16].

[4]) Im komplexen Zahlenraum wurde der Begriff der plurisubharmonischen Funktion von P. Lelong und K. Oka eingeführt. Grundlegende Sätze sowie weitere Literaturhinweise finden sich in [19]. Zur subharmonischen Funktion vgl. [5].

die auf jeder kompakten Teilmenge von X gleichmäßig nach oben beschränkt sind. Unter der oberen Einhüllenden $\hat{P}(x)$ der Menge P versteht man die kleinste, nach oben halbstetige Funktion, für die gilt: $\hat{P}(x) \geqslant p_\iota(x)$ für $x \in X$, $\iota \in J$. – Plurisubharmonische Funktionen haben folgende Eigenschaft:

a) *Ist* $P = \{p_\iota(x), \iota \in J\}$ *eine Familie von in einem komplexen Raum X plurisubharmonischen Funktionen, die auf jeder kompakten Teilmenge von X gleichmäßig nach oben beschränkt sind, so ist die obere Einhüllende* $\hat{P}(x)$ *eine in X plurisubharmonische Funktion.*[4a])

Offenbar ist die Grenzfunktion einer absteigenden Folge nach oben halbstetiger Funktionen wieder nach oben halbstetig. Für plurisubharmonische Funktionen gilt sogar:

b) *Die Grenzfunktion einer absteigenden Folge von plurisubharmonischen Funktionen ist eine plurisubharmonische Funktion.*

Wie die subharmonischen Funktionen genügen auch die plurisubharmonischen Funktionen dem Maximumprinzip:

c) *Jede plurisubharmonische Funktion, die im zusammenhängenden komplexen Raum X ihr Maximum annimmt, ist konstant.*

Wir werden weiter den folgenden, wohl zuerst von OKA (vgl. [23], p. 123) bewiesenen Satz über subharmonische Funktionen benutzen:

d) *Ist* $s(z)$ *eine subharmonische Funktion in einem Gebiet W der Zahlenebene und* $\{z(t), 0 \leqslant t \leqslant 1\}$ *ein Weg in W, so gilt:* $\overline{\lim\limits_{t \to 1}}\, s(z(t)) = s(z(1))$.

3. Für plurisubharmonische Funktionen gelten zwei Fortsetzungssätze, deren Analoga für holomorphe Funktionen hinreichend bekannt sind. Um diese Sätze im Allgemeinfall formulieren zu können, führen wir den Begriff der dünnen Menge ein (vgl. auch [14]):

Definition 2. *Eine abgeschlossene Teilmenge D eines n-dimensionalen komplexen Raumes X heißt dünn von der Ordnung k, wenn es zu jedem Punkt* $x \in X$ *eine Umgebung* $U(x)$ *und eine in* $U(x)$ *analytische, höchstens* $(n-k)$*-dimensionale Menge M gibt, so daß gilt:* $U \cap D \subset M$.

In [14] wurde bewiesen:

Satz 1. *Ist D eine dünne Menge der Ordnung* 1 *in einem komplexen Raum X und ist* $p(x)$ *eine in* $X - D$ *plurisubharmonische Funktion, die in einer Umgebung eines jeden Punktes* $x \in D$ *nach oben beschränkt ist, so existiert genau eine*

4a) Der Beweis ergibt sich aus [19] und [14], Satz 3. Die Aussage ist nicht, wie in [14] angenommen, trivial!

plurisubharmonische Fortsetzung $\breve{p}(x)$ *von* $p(x)$ *in ganz* X. *Die Funktion* $\breve{p}(x)$ *ist in den Punkten* $x' \in D$ *wie folgt definiert:* $\breve{p}(x') = \overline{\lim\limits_{x \to x', x \in X - D}} p(x)$.

Satz 2. *Ist D eine dünne Menge der Ordnung 2 in einem komplexen Raum X, so ist jede in* $X - D$ *plurisubharmonische Funktion eindeutig zu einer in ganz X plurisubharmonischen Funktion fortsetzbar.*

§2. Pseudokonvexe Riemannsche Gebiete und plurisubharmonische Funktionen

1. Es werden in diesem Paragraphen komplexe Räume untersucht, die in bestimmter Weise dem C^n überlagert sind. Man nennt diese Räume in Analogie zu den Riemannschen Flächen auch Riemannsche Gebiete.

Definition 3. *Ein Paar* $\mathfrak{G} = (G, \Phi)$ *heißt ein Riemannsches Gebiet über dem* C^n, *wenn*

1. *G ein Hausdorffscher Raum und* Φ *eine offene, stetige Abbildung von G in den* C^n *ist,*

2. *es zu jedem Punkt* $x \in G$ *eine Umgebung* $U(x)$ *gibt, derart, daß*

$$\mathfrak{A} = (U, \Phi, \Phi(U))$$

eine analytisch-verzweigte, endlich-blättrige Überlagerung[5]) *von* $\Phi(U)$ *ist.*

G ist in natürlicher Weise mit einer komplexen Struktur versehen, so daß Φ eine holomorphe Abbildung ist. Wir nennen $\mathfrak{G}$ *unverzweigt*, wenn Φ lokal-topologisch abbildet. Für unsere weiteren Überlegungen benötigen wir den Begriff des (erreichbaren) Randpunktes eines Riemannschen Gebietes (vgl. auch [11]).

Definition 4. *Ein (erreichbarer) Randpunkt eines Riemannschen Gebietes* $\mathfrak{G}$ *ist ein Filter*[6]) *r von offenen, zusammenhängenden Mengen* $U \subset G$ *mit folgenden Eigenschaften:*

1. *Der Filter der Mengen* $\Phi(U)$, $U \in r$, *konvergiert gegen einen Punkt* $\mathfrak{z}_0 \in C^n$.
2. *Ist V eine Umgebung von* $\mathfrak{z}_0$, *so enthält r genau eine zusammenhängende Komponente von* $\Phi^{-1}(V)$.
3. *Der Filter r hat keinen Häufungspunkt in G.*

Die Menge aller (erreichbaren) Randpunkte von $\mathfrak{G}$ *heißt der Rand* ∂G *von* $\mathfrak{G}$.

---

[5]) Zum Begriff der analytisch-verzweigten Überlagerung vgl. auch [13], [15], [16].

[6]) Unter einem Filter F über einer Menge M verstehen wir ein nichtleeres System nichtleerer Teilmengen von M, derart, daß zu zwei Elementen M_1, M_2 aus F stets eine Menge N aus F existiert, für die gilt: $N \subset M_1 \cap M_2$.

Ist $\mathfrak{G} = (G, \iota)$, wo G ein Gebiet des C^n und ι die Injektion bezeichnet, so nennt man bisweilen jeden Punkt $\mathfrak{z} \in C^n - G$, der Häufungspunkt von G ist, einen Randpunkt von G. Diese Definition ist im allgemeinen nicht mit Definition 4 äquivalent. Wird jedoch G von einer stückweise glatten $(2n - 1)$-dimensionalen Fläche berandet (zum Beispiel Hyperkugel oder Polyzylinder), so können offenbar alle Randpunkte von G im Sinne der Definition 4 in eindeutiger Weise durch konkrete Randpunkte – nämlich jeweils durch den Limes des Bildfilters bezüglich ι – repräsentiert werden.

Die Abbildung Φ wird durch die Festsetzung $\breve{\Phi}(r) = \mathfrak{z}_0$, $\breve{\Phi}(x) = \Phi(x)$, $r \in \partial G$, $x \in G$, zu einer Abbildung $\breve{\Phi}$ von $\breve{G} = G + \partial G$ in den C^n fortgesetzt[7]. Wir führen in $\breve{G}$ eine Topologie ein, indem wir den Randpunkten $r_0 \in \partial G$ Umgebungen zuordnen. Es sei etwa U_0 eine beliebige Menge aus r_0. Unter einer Umgebung $V(r_0)$ verstehen wir die Vereinigung von U_0 mit den Filtern $r \in \partial G$, die wenigstens eine Menge $U \subset U_0$ enthalten.

Offenbar wird $\breve{G}$ durch diese Topologie zu einem HAUSDORFFschen Raum gemacht. $\breve{\Phi}$ ist eine stetige Abbildung von $\breve{G}$ in den C^n.

Ist B irgendein Teilbereich von G, so ist $\mathfrak{B} = (B, \Phi)$ wieder ein RIEMANNsches Gebiet über dem C^n. $\breve{B}$ kann im allgemeinen nicht als Teilmenge von $\breve{G}$ aufgefaßt werden. Jedoch läßt sich die Injektion $\iota : B \to G$ in natürlicher Weise zu einer stetigen Abbildung $\breve{\iota}$ von $\breve{B}$ in $\breve{G}$ fortsetzen. Die Abbildung $\breve{\Phi} \cdot \breve{\iota}$ ist gleich der stetigen Fortsetzung der auf B beschränkten Abbildung Φ in $\breve{B}$.

Wir merken noch an:

Zu jedem Punkt $r \in \partial G$ *gibt es eine Kurve* $\{x(t), 0 \leqslant t \leqslant 1\}$, $x(1) = r$, *in* $\breve{G}$, *die für* $0 \leqslant t < 1$ *in* G *verläuft.*

Um ein späteres Hauptresultat bequem formulieren zu können, definieren wir noch:

Definition 5. *Ein Randpunkt* $r \in \partial G$ *heißt ein hebbarer Randpunkt von* $\mathfrak{G}$, *wenn es eine Umgebung* $U(r) \subset \breve{G}$ *gibt, so daß* $\mathfrak{G}_1 = (U, \breve{\Phi})$ *ein schlichtes RIEMANNsches Gebiet ist, in dem* $U \cap \partial G$ *eine dünne Menge* 1. *Ordnung ist.*

Randpunkte, die den Bedingungen dieser Definition nicht genügen, heißen *nicht-hebbare Randpunkte*. – Der Begriff des hebbaren Randpunktes ist hier sehr eingeschränkt, damit die Menge der nicht-hebbaren Randpunkte möglichst groß wird. Das ist für die Anwendungen unseres Hauptsatzes (Satz 4) von Bedeutung.

---

[7]) Man beachte, daß für Gebiete G im C^n die abgeschlossene Hülle $\overline{G}$ von G im allgemeinen nicht mit $\breve{G}$ übereinstimmt.

Offenbar ist die Menge der nicht-hebbaren Randpunkte eines RIEMANNschen Gebietes stets *abgeschlossen.*

Der Rand ∂G eines RIEMANNschen Gebietes $\mathfrak{G} = (G, \Phi)$ ist in einer Umgebung jedes hebbaren Randpunktes höchstens $(2n - 2)$-dimensional (im Sinne von K. Menger [21]), da ∂G dort Teilmenge einer analytischen Menge ist, deren reelle Dimension höchstens $2n - 2$ ist. Ist der Rand ∂G in allen Punkten $(2n - 1)$-dimensional, so besteht er also aus lauter nichthebbaren Randpunkten. Wir definieren noch:

Definition 6. *Eine abgeschlossene Menge $D \subset \partial G$ heißt eine dünne Menge, wenn es zu jedem Punkt $r_0 \in D$ eine Umgebung $U(r_0)$ und eine in $U \cap G$ holomorphe, nicht identisch verschwindende Funktion f gibt, so daß zu jedem Punkt $r \in D \cap U$ eine gegen r konvergierende Folge $x_\nu \in U \cap G$ existiert, für die gilt: $\lim_{\nu \to \infty} f(x_\nu) = 0$.*

2. Der Begriff der Pseudokonvexität kann in RIEMANNschen Gebieten auf mannigfache Weise eingeführt werden. Wir ziehen zur Definition spezielle Scharen analytischer Mengen heran.

Definition 7. *Unter einer Schar von k-dimensionalen analytischen Mengen in einem RIEMANNschen Gebiet $\mathfrak{G} = (G, \Phi)$ wird eine nirgends entartete holomorphe Abbildung $\sigma^{(k)}(\mathfrak{w}, t)$ der k-dimensionalen Einheitshyperkugel*

$$K: \{|\mathfrak{w}| = (w_1 \overline{w}_1 + \cdots + w_k \overline{w}_k)^{\frac{1}{2}} \leqslant 1\}$$

des C^k in $\breve{G}$ verstanden, die noch stetig von einem reellen Parameter t, $0 \leqslant t \leqslant 1$, abhängt.

Dabei sagen wir, $\sigma^{(k)}(\mathfrak{w}, t)$, $t = t_0$, bildet K holomorph in $\breve{G}$ ab, wenn die Abbildung $\breve{\Phi} \circ \sigma^{(k)}: K \to C^n$ in (einer Umgebung von) K holomorph ist.

Eine Schar von analytischen Mengen $\sigma^{(k)}(\mathfrak{w}, t)$ in $\mathfrak{G}$ heißt ausgezeichnet, wenn $\sigma^{(k)}(\mathfrak{w}, t)$ für $\mathfrak{w} \in K$, $0 \leqslant t < 1$ und für $\mathfrak{w} \in \partial K$, $0 \leqslant t \leqslant 1$, in G liegt.

Wir merken sofort an: *Es sei $\sigma^{(k)}(\mathfrak{w}, t)$ für $0 \leqslant t < 1$ eine Schar von k-dimensionalen analytischen Mengen in G; $\breve{\Phi} \circ \sigma^{(k)}(\mathfrak{w}, t)$ sei stetig fortsetzbar in $t = 1$. Dann gibt es für $0 \leqslant t \leqslant 1$ eine Schar $\breve{\sigma}^{(k)}(\mathfrak{w}, t)$ von k-dimensionalen analytischen Mengen in $\breve{G}$, die für $0 \leqslant t < 1$ mit der Schar $\sigma^{(k)}(\mathfrak{w}, t)$ übereinstimmt.* – Der Beweis ist trivial. Es werde nun definiert:

Definition 8. *Ein RIEMANNsches Gebiet $\mathfrak{G} = (G, \Phi)$ über dem C^n heißt pseudokonvex, wenn für jede ausgezeichnete Schar $\sigma^{(1)}(\mathfrak{w}, t)$ von 1-dimensionalen analytischen Mengen in $\mathfrak{G}$ der Durchschnitt $\{\sigma^{(1)}(\mathfrak{w}, 1)\} \cap \partial G$* leer ist [8]).

---

[8]) Diesem Pseudokonvexitätsbegriff lassen sich sofort schwächere Pseudokonvexitätsbegriffe an die Seite stellen. So kann man etwa ein Riemannsches Gebiet $\mathfrak{G} = (G, \Phi)$ über dem C^n pseudokonvex vom Grade q nennen (q-pseudokonvex) $(1 \leq q \leq n - 1)$, wenn für jede aus-

Es bezeichne $\sigma_\varepsilon^{(k)}(\mathfrak{w}, t)$ eine Schar k-dimensionaler analytischer Mengen in $\mathfrak{G}$, bei der die Menge $\{\breve{\Phi}\circ\sigma_\varepsilon^{(k)}(\mathfrak{w}, t)\}$ in einer Hyperkugel vom Radius ε enthalten ist. *Wir nennen $\mathfrak{G}$ pseudokonvex in einem Punkte $r \in \partial G$, wenn es zu r eine Umgebung $U(r)$ und ein $\varepsilon > 0$ gibt, so daß keine ausgezeichnete Schar $\sigma_\varepsilon^{(1)}(\mathfrak{w}, t)$ eindimensionaler analytischer Mengen in $\mathfrak{G}$ mit $U \cap \partial G$ einen Punkt gemeinsam hat.* – Ein Satz von K. OKA besagt [25]:

Satz A. *Ein unverzweigtes RIEMANNsches Gebiet $\mathfrak{G} = (G, \Phi)$ über dem C^n ist genau dann pseudokonvex, wenn $-\ln \delta_{\mathfrak{G}}(x)$ eine in G plurisubharmonische Funktion ist.*

Dabei bezeichnet $\delta_{\mathfrak{G}}(x)$ den euklidischen Abstand des Punktes $x \in G$ zum Rande ∂G. Es gilt ferner, [11]:

Satz B. *Ist $\mathfrak{G} = (G, \Phi)$ ein unverzweigtes RIEMANNsches Gebiet über dem C^n, so ist $-\ln \delta_{\mathfrak{G}}(x)$ genau dann in G plurisubharmonisch, wenn $-\ln \delta_{\mathfrak{G}}(x)$ in hinreichender Nähe jedes Randpunktes $r \in \partial G$ plurisubharmonisch ist.*

Auf ähnliche Weise wie Satz A zeigt man:

Satz C. *Ein unverzweigtes RIEMANNsches Gebiet $\mathfrak{G} = (G, \Phi)$ ist genau dann pseudokonvex in einem Randpunkt $r \in \partial G$, wenn $-\ln \delta_{\mathfrak{G}}(x)$ in einer Umgebung $U(r) \cap G$ plurisubharmonisch ist.*

Unter Verwendung von Satz A und Satz B folgt sofort:

Ein unverzweigtes RIEMANNsches Gebiet $\mathfrak{G}$ ist genau dann pseudokonvex schlechthin, wenn es in jedem Randpunkt pseudokonvex ist. Das letztere ist sicher dann der Fall, wenn es zu jedem Punkt $r \in \partial G$ eine Umgebung $U(r)$ gibt, so daß $(U(r) \cap G, \Phi)$ ein pseudokonvexes RIEMANNsches Gebiet ist.

3. Wir entwickeln nun ein Verfahren, das es gestattet, pseudokonvexe Gebiete durch ebensolche auszuschöpfen. Zunächst gilt:

Satz D. *Es sei $p(x)$ eine plurisubharmonische Funktion in einem RIEMANNschen Gebiet $\mathfrak{G} = (G, \Phi)$ über dem C^n; B sei der Bereich $\{x \in G, p(x) < M\}$. Das RIEMANNsche Gebiet $\mathfrak{B} = (B, \Phi)$ ist dann in allen Randpunkten r^* pseudokonvex, die über einem inneren Punkt von G liegen.*

Beweis: Wäre ∂B in r^* nicht pseudokonvex, so gäbe es zu jeder Umgebung $U(r^*)$ und zu jedem $\varepsilon > 0$ eine ausgezeichnete Schar $\sigma_\varepsilon^{(1)}(\mathfrak{w}, t)$ von 1-dimensionalen analytischen Mengen in $\mathfrak{B}$, so daß $\sigma_\varepsilon^{(1)}(\mathfrak{w}, 1) \cap \partial B \cap U$ nicht leer ist. Sind

gezeichnete Schar $\sigma^{(q)}(\mathfrak{w}, t)$ von q-dimensionalen analytischen Mengen in $\mathfrak{G}$ der Durchschnitt $\{\sigma^{(q)}(\mathfrak{w}, 1)\} \cap \partial G$ leer ist. Ist $\mathfrak{G}$ pseudokonvex vom Grade q, so erst recht vom Grade $q' > q$. Es sei darauf hingewiesen, daß neuerdings W. ROTHSTEIN bei der Untersuchung von Fortsetzungsproblemen analytischer Mengen ebenfalls einen q-Konvexitätsbegriff eingeführt hat (vgl. [31], p. 130); diese ROTHSTEINsche q-Konvexität steht in Beziehung zu der hier definierten $(n-q)$-Pseudokonvexität.

$U(r)$ und $\varepsilon > 0$ hinreichend klein gewählt, so ist die Menge

$$\{\breve{\iota} \circ \sigma_\varepsilon^{(1)}(\mathfrak{w}, t),\ \mathfrak{w} \in K,\ 0 \leqslant t \leqslant 1\}$$

in G enthalten, da r^* nach Voraussetzung über einem inneren Punkt von G liegen soll. Die Funktion $q(\mathfrak{w}) = p \circ \breve{\iota} \circ \sigma_\varepsilon^{(1)}(\mathfrak{w}, 1)$ ist dann subharmonisch im Einheitskreis K. Es gilt auf ∂K: $q(\mathfrak{w}) < M$; in den Punkten

$$\mathfrak{w} \in K \quad \text{mit} \quad \sigma_\varepsilon^{(1)}(\mathfrak{w}, 1) \in \partial B$$

aber hat man $q(\mathfrak{w}) = M$. Da ferner $q(\mathfrak{w}) \leqslant M$ in ganz K ist, haben wir einen Widerspruch zum Maximumprinzip für subharmonische Funktionen gewonnen. Damit ist Satz D bewiesen.

Es ergibt sich nun sofort aus Satz A und Satz D:

Satz D′. *Ist* $\mathfrak{G} = (G, \Phi)$ *ein unverzweigtes pseudokonvexes* RIEMANN*sches Gebiet über dem* C^n, *so ist* $\mathfrak{G}_K = (G_K, \Phi)$, $G_K = \{x \in G,\ \delta(x) > K\}$, $K > 0$, *eine Schar von pseudokonvexen* RIEMANN*schen Gebieten, die G ausschöpft, wenn K gegen* 0 *strebt.*

Dieser Satz ist in folgendem Sinne umkehrbar:

Satz D″. *Es sei* $\mathfrak{G} = (G, \Phi)$ *ein* RIEMANN*sches Gebiet über dem* C^n; *es sei* G_ν, $G_{\nu+1} \supset G_\nu$, *eine Ausschöpfungsfolge von* G, *in der jedes Gebiet* $\mathfrak{G}_\nu = (G_\nu, \Phi)$ *pseudokonvex ist. Dann ist auch* $\mathfrak{G}$ *pseudokonvex.*

Beweis: Angenommen, $\mathfrak{G}$ wäre nicht pseudokonvex. Dann gibt es in $\mathfrak{G}$ eine ausgezeichnete Schar $S = \{\sigma^{(1)}(\mathfrak{w}, t)\}$ von eindimensionalen analytischen Mengen, bei der $S \cap \partial G$ nicht leer ist. Da

$$N = \{\sigma^{(1)}(e^{i\vartheta}, t), \quad 0 \leqslant t \leqslant 1, \quad -\pi \leqslant \vartheta \leqslant +\pi\} \cup \{\sigma^{(1)}(\mathfrak{w}, 0)\}$$

eine kompakte Teilmenge von G ist, folgt, daß für ein ν_0 gilt: $N \subset G_{\nu_0}$. Man kann nun ein größtes t_1 finden, so daß für $0 \leqslant t < t_1$, $\mathfrak{w} \in K$, die Punkte $\sigma^{(1)}(\mathfrak{w}, t)$ aus G_{ν_0} sind. Die Schar $\{\sigma^{(1)}(\mathfrak{w}, t), 0 \leqslant t < t_1\}$ läßt sich zu einer in $\mathfrak{G}_{\nu_0}$ ausgezeichneten Schar $\breve{S} = \{\breve{\sigma}^{(1)}(\mathfrak{w}, t), 0 \leqslant t \leqslant t_1\}$ fortsetzen. Offenbar ist $\breve{S} \cap \partial G_{\nu_0}$ nicht leer. Das widerspricht jedoch der Voraussetzung, daß $\mathfrak{G}_{\nu_0}$ pseudokonvex ist.

4. Der Begriff der Pseudokonvexität ist entscheidend für die Charakterisierung der Holomorphiegebiete über dem C^n. Zur Definition dieser speziellen RIEMANNschen Gebiete ist es zweckmäßig, die folgenden Redeweisen zu verwenden:

Ein RIEMANN*sches Gebiet* $\mathfrak{G} = (G, \Phi)$ *ist in einem umfassenden* RIEMANN*schen Gebiet* $\tilde{\mathfrak{G}} = (\tilde{G}, \tilde{\Phi})$ *enthalten, wenn es eine spurpunkttreue, stetige Abbil-*

dung τ von G in $\tilde{G}$ gibt. Eine in $\tilde{G}$ holomorphe Funktion $\tilde{f}$ ist eine holomorphe Fortsetzung einer in G holomorphen Funktion f, wenn $f \equiv \tilde{f} \circ \tau$ ist.

Ein Riemannsches Gebiet $\mathfrak{G}$ heißt nun ein *Holomorphiegebiet*, wenn es eine in $\mathfrak{G}$ holomorphe Funktion f gibt, die sich in kein $\mathfrak{G}$ umfassendes Gebiet $\breve{\mathfrak{G}} \neq \mathfrak{G}$ holomorph fortsetzen läßt. Zur Charakterisierung dieser Holomorphiegebiete hat K. Oka den folgenden fundamentalen Satz bewiesen [25]:

Satz E. *Ein unverzweigtes Riemannsches Gebiet $\mathfrak{G} = (G, \Phi)$ ist genau dann ein Holomorphiegebiet, wenn $\mathfrak{G}$ pseudokonvex ist* [9]).

Dieser Satz gibt eine weitere Möglichkeit, die Pseudokonvexität zu definieren. Es folgt nämlich unter Verwendung von Satz E:

Satz F. *Ein unverzweigtes Riemannsches Gebiet $\mathfrak{G} = (G, \Phi)$ ist genau dann pseudokonvex, wenn es zu jedem Randpunkt $r \in \partial G$ eine Umgebung $U(r)$ gibt, so daß $(U(r) \cap G, \Phi)$ ein Holomorphiegebiet ist.*

Diese Eigenschaft wurde von H. Cartan zur Definition der Pseudokonvexität verwendet (vgl. [7]).

Bereits H. Cartan und P. Thullen haben den Begriff der Holomorphiekonvexität eingeführt [9]. Wir definieren zunächst den Begriff der holomorphkonvexen Hülle $\hat{K}$ einer Teilmenge $K \subset G$. $\hat{K}$ ist die Menge aller Punkte $x \in G$, für die gilt: $|f(x)| \leqslant \sup|f(K)|$, wobei f alle in G holomorphen Funktionen durchläuft.

Ein Riemannsches Gebiet $\mathfrak{G} = (G, \Phi)$ über dem C^n heißt holomorphkonvex, wenn die holomorphkonvexe Hülle $\hat{K}$ jeder relativ-kompakten Menge $K \subset G$ kompakt ist. – Ein grundlegender Satz ist [25]:

Satz G. *Jedes unverzweigte Holomorphiegebiet ist holomorphkonvex.*

Wir werden später in einem Beispiel zeigen, daß die Aussage von Satz G für verzweigte Riemannsche Gebiete falsch ist. Es gibt (sogar zweiblättrige) Holomorphiegebiete, die nicht holomorphkonvex sind. *Jedoch ist jedes holomorphkonvexe Riemannsche Gebiet ein Holomorphiegebiet* ([2] sowie [10]).

Ein bekannter Satz über die holomorphkonvexen Gebiete läßt sich unter Verwendung von Definition 7 wie folgt formulieren: *Jedes holomorphkonvexe Riemannsche Gebiet $\mathfrak{G} = (G, \Phi)$ über dem C^n besitzt einen dünnen Rand.*

In der Tat! Nach H. Cartan und P. Thullen [9] gibt es eine in G holomorphe, nicht identisch verschwindende Funktion f, deren Nullstellen sich

---

[9]) Aus Satz E und Satz D″ ergibt sich sofort ein bekannter Satz von H. Behnke und K. Stein über konvergente Folgen von Holomorphiegebieten: *Es sei $\mathfrak{G} = (G, \Phi)$ ein unverzweigtes Riemannsches Gebiet über dem C^n, es sei G_ν, $G_{\nu+1} \supset G_\nu$, eine Ausschöpfungsfolge von G, derart, daß jeweils $\mathfrak{G}_\nu = (G_\nu, \Phi)$ ein Holomorphiegebiet ist. Dann ist auch $\mathfrak{G} = (G, \Phi)$ ein Holomorphiegebiet.* Vgl. hierzu H. Behnke und K. Stein, Konvergente Folgen von Regularitätsbereichen und die Meromorphiekonvexität, Math. Ann. 116, 204–216 (1939).

gegen jeden Randpunkt von $\mathfrak{G}$ häufen. Es gibt dann zu jedem Randpunkt $r \in \partial G$ eine gegen r konvergierende Folge von Punkten $x_\nu \in G$, derart, daß $\lim_{\nu \to \infty} f(x_\nu) = f(x_\nu) = 0$ ist.

5. In Anlehnung an eine klassische Definition von F. HARTOGS [17] führen wir in unverzweigten RIEMANNschen Gebieten den Begriff der euklidischen Distanzfunktion bezüglich einer beliebig vorgegebenen komplexen Richtung ein. Es sei etwa E^k eine k-dimensionale analytische Ebene im C^n, $1 \leqslant k \leqslant n$. Durch jeden Punkt $\mathfrak{z} \in C^n$ gibt es dann genau eine k-dimensionale Ebene $E^k(\mathfrak{z})$, die zu E^k parallel ist. Ist nun $\mathfrak{G} = (G, \Phi)$ ein unverzweigtes RIEMANNsches Gebiet über dem C^n und ist $x \in G$ ein Punkt über $\mathfrak{z}$, so gibt es in $\Phi^{-1}(E^k(\mathfrak{z}))$ eine größte k-dimensionale Hyperkugel $H(x, E^k)$ um x. Ihr Radius sei mit $\delta(x, E^k)$ bezeichnet. Offenbar ist $\delta(x, E^k)$ eine nach unten halbstetige Funktion in G. Es gilt $\delta(x, E^n) = \delta_{\mathfrak{G}}(x)$, wenn E^n der ganze n-dimensionale komplexe Zahlenraum ist.

Definition 9. *Die Funktion $\delta(x, E^k)$ heißt die euklidische Distanzfunktion bezüglich E^k in G.*

Ist $\mathfrak{G}$ das Existenzgebiet der holomorphen Funktion $f(x)$, so nennen wir $\delta(x, E^k)$ auch den *Holomorphieradius* von $f(x)$ in x bezüglich E^k. Es gilt nun der folgende

Satz 3. *Es sei $\mathfrak{G} = (G, \Phi)$ ein unverzweigtes RIEMANNsches Gebiet über dem C^n. Ist dann $\mathfrak{G}$ in allen Punkten von $\partial G - M$, $M = \breve{\Phi}^{-1}(E^k(\mathfrak{z}_0))$, $\mathfrak{z}_0 \in C^n$, pseudokonvex, so ist $-\ln \delta(x, E^k)$ stets eine in $G - M$ plurisubharmonische Funktion.*

Beweis: Es sei $E = \{E^1\}$ die Menge der eindimensionalen analytischen Ebenen, die in E^k enthalten sind. Offenbar ist

$$\delta(x, E^k) = \inf_{E^1 \in E} \delta(x, E^1) .$$

Nun ist bekannt [5], daß alle Funktionen $-\ln \delta(x, E^1)$ unter unseren Voraussetzungen in $G - M$ plurisubharmonisch sind. Folglich ist $-\ln \delta(x, E^k)$ obere Einhüllende der plurisubharmonischen Funktionen $-\ln \delta(x, E^1)$, $E^1 \in E$, und somit nach § 1.2) in $G - M$ wieder selbst plurisubharmonisch, w. z. b. w.

Anmerkung. Es sei betont, daß die Umkehrung von Satz 3 nicht richtig ist. Es gibt zum Beispiel schlichte HARTOGSsche Gebiete

$$\{\mathfrak{z} \in C^n, (z_2, \ldots, z_n) \in G \subset C^{n-1}, |z_1| < R(z_2, \ldots, z_n)\} , \quad n \geqslant 3 ,$$

die nicht pseudokonvex sind, obgleich

$$-\ln \delta(\mathfrak{z}, E^1) = -\ln (R(z_2, \ldots, z_n) - |z_1|) ,$$
$$E^1 = \{\mathfrak{z}, z_2 = z_3 = \ldots = z_n = 0\} ,$$

eine plurisubharmonische Funktion ist. Man braucht für G nur ein Nichtholomorphiegebiet zu wählen.

§ 3. Verallgemeinerung eines Satzes von K. Oka.

1. Wir wollen im folgenden zeigen, daß RIEMANNsche Gebiete oft dann schon pseudokonvex sind, wenn sie es nur in genügend vielen Randpunkten sind. Als Hauptresultat dieses Paragraphen werden wir erhalten:

Satz 4. *Es sei* $\mathfrak{G} = (G, \Phi)$ *ein unverzweigtes* RIEMANN*sches Gebiet über dem* C^n; $A \subset \partial G$ *sei eine dünne Menge von nicht-hebbaren Randpunkten. Ist dann* $\mathfrak{G}$ *pseudokonvex in allen Punkten aus* $\partial G - A$, *so ist* $\mathfrak{G}$ *pseudokonvex schlechthin.*

Bevor wir diesen Satz beweisen, seien einige interessante Folgerungen gezogen. In Verbindung mit Satz E ergibt sich sofort:

Satz 5. *Es sei* $\mathfrak{G} = (G, \Phi)$ *ein unverzweigtes* RIEMANN*sches Gebiet über dem* C^n; $A \subset \partial G$ *sei eine dünne Menge von nicht-hebbaren Randpunkten. Gibt es dann zu jedem Punkt* $r \in \partial G - A$ *eine Umgebung* $U(r) \subset \breve{G}$, *so daß* $(U(r) \cap G, \Phi)$ *ein Holomorphiegebiet ist, so ist* $\mathfrak{G}$ *selbst ein Holomorphiegebiet.*

Für wahr! Da $(U \cap G, \Phi)$ nach Satz E pseudokonvex ist, ist $\mathfrak{G}$ in jedem Randpunkt $r \in \partial G - A$ pseudokonvex und damit pseudokonvex schlechthin. Daraus folgt nach K. OKA (Satz E), daß $\mathfrak{G}$ ein Holomorphiegebiet ist, w. z. b. w.

Die Bedingung, daß A aus lauter nicht-hebbaren Randpunkten besteht, ist wesentlich, wenn ∂G Bestandteile von kleinerer reeller Dimension als $2n - 1$ enthält. Ist etwa G^* ein Holomorphiegebiet des $z_1, \ldots, z_n$-Raumes und ist der Nullpunkt O ein Punkt von G^*, so ist auch $G^* - M$, $M = \{z_1 = 0\}$, ein Holomorphiegebiet. Sicherlich ist aber – wie man aus Definition 8 entnimmt – $G = G^* - M \cup K$ nicht pseudokonvex, wenn $K \subset\subset M \cap G^*$ eine (komplex) $(n-1)$-dimensionale Kugel um O bezeichnet. Also ist G kein Holomorphiegebiet, obgleich $A = \partial G \cap M$ dünn und G in $\partial G - A$ pseudokonvex ist.

Offenbar ist jede diskrete Menge $A \subset \partial G$ eine dünne Randpunktmenge. Dieselbe besitzt aber im allgemeinen hebbare Randpunkte, auch wenn alle Punkte aus A nicht isoliert in ∂G liegen. Dennoch ergibt sich aus Satz 5 der bereits im Spezialfall in [13], p. 287, angegebene

Satz 6. *Es sei* $\mathfrak{G} = (G, \Phi)$ *ein unverzweigtes* RIEMANN*sches Gebiet über dem* C^n. *Es sei* A *eine diskrete Menge von nichtisolierten Randpunkten. Ist dann* $\mathfrak{G}$ *pseudokonvex in jedem Punkt* $r \in \partial G - A$, *so ist* $\mathfrak{G}$ *ein Holomorphiegebiet.*

in $\mathfrak{H}(\mathfrak{G})$ enthalten. Da $\mathfrak{H}(\mathfrak{G})$ das kleinste $\mathfrak{G}$ umfassende Holomorphiegebiet ist, wäre alsdann $\mathfrak{G}^*$ kein Holomorphiegebiet und also auch nach Satz E nicht pseudokonvex. Unter Benutzung von Satz 4 sowie eines weiteren Satzes aus der komplexen Analysis läßt sich nun aber zeigen, daß $\mathfrak{G}^*$ pseudokonvex ist.

c) Wir betrachten in G^* die analytische Menge $M^* = \sigma^{*-1}(\tilde{M})$ und setzen: $A = \overline{M}^* \cap \partial G^*$. Offenbar ist $\mathfrak{G}^*$ in jedem Randpunkt, der nicht zu A gehört, pseudokonvex, da in der Nähe eines solchen Punktes der Rand von $\mathfrak{G}^*$ dieselbe Struktur wie der Rand des Holomorphiegebietes $\mathfrak{G}'$ hat. Um die Menge $A \subset \partial G^*$ näher charakterisieren zu können, ziehen wir die Cartansche Idealtheorie heran. Aus einem tiefliegenden Satz dieser Idealtheorie ergibt sich, daß die im Holomorphiegebiet $\mathfrak{H}(\mathfrak{G})$ analytische Menge $\tilde{M}$ im Nullstellengebilde einer in $\tilde{G}$ holomorphen, nicht identisch verschwindenden Funktion $\tilde{f}$ enthalten ist[14]). Setzen wir $f^* = \tilde{f} \circ \sigma^*$, so ist M^* im Nullstellengebilde von f^* enthalten. Daraus folgt, daß A eine dünne Menge in ∂G^* ist.

Mit A_1 sei nun die Menge der hebbaren Randpunkte von $\partial G^* \cap A$ bezeichnet. Wir wollen beweisen, daß $\mathfrak{G}^*$ in jedem Punkt $r^* \in A_1$ pseudokonvex ist. Nach Definition 5 gibt es eine Umgebung $U = U(r^*) \subset \breve{G}^*$, so daß $(U, \breve{\Phi}^*)$ ein schlichtes Riemannsches Gebiet und $\partial G^* \cap U$ in einer in U rein $(n-1)$-dimensionalen analytischen Menge N enthalten ist. Die Menge N zerfällt, falls U hinreichend klein gewählt ist, in U in endlich viele irreduzible Komponenten N_σ, $\sigma = 1, \ldots, s$. Wir dürfen annehmen, daß N so beschaffen ist, daß

$$(N_\sigma - \bigcup_{\substack{\nu=1 \\ \nu \neq \sigma}}^{s} N_\nu) \cap \partial G^*$$

für kein σ leer ist. Wir behaupten nun: $\partial G^* \cap U$ ist stets eine rein $(n-1)$-dimensionale analytische Menge in U. Daraus ergibt sich dann in Verbindung mit dem in Fußnote 10 zitierten Satz unmittelbar die Pseudokonvexität von $\mathfrak{G}^*$ in r^*.

Wir unterscheiden zwei Fälle:

α) Der Punkt r^* liegt über einem inneren Punkt von $\tilde{G}$ (bezüglich der Abbildung σ^*).

β) Der Punkt r^* liegt über einem Randpunkt $\tilde{r} \in \partial\tilde{G}$ (bezüglich der Abbildung σ^*).

ad α): In diesem Falle läßt sich, falls U hinreichend klein gewählt ist, die in

[14]) Nach [25] sind unverzweigte Holomorphiegebiete sogenannte holomorph-vollständige komplexe Mannigfaltigkeiten (zu diesem Begriff vgl. etwa [10]). In solchen Mannigfaltigkeiten der Dimension n ist aber jede analytische Menge das simultane Nullstellengebilde von höchstens $(n + 1)$ holomorphen Funktionen. Vgl. hierzu [8] sowie [11], Satz 1.

$U - \partial G^*$ analytische Menge $M^* \cap (U - \partial G^*)$ zu der in U analytischen Menge $M^{**} = \breve{\sigma}^{*-1}(\tilde{M}) \cap U$ fortsetzen. Die Menge $U - (\partial G^* \cup M^{**})$ ist eine offene Menge in G'; da $\partial G^* \cup M^{**}$ in U als Randpunktmenge von $\mathfrak{G}'$ aufgefaßt werden kann und $\mathfrak{G}'$ ein Holomorphiegebiet ist, so folgt, daß $U - (\partial G^* \cup M^{**})$ in allen Punkten von $\partial G^* \cup M^{**}$ pseudokonvex ist. Dann aber ergibt sich analog wie im Beweise von Satz 6, daß $U \cap (\partial G^* \cup M^{**})$ eine rein $(n-1)$-dimensionale analytische Menge in U ist. Da M^{**} selbst in U eine analytische, rein $(n-1)$-dimensionale Menge ist, folgt, daß $\partial G^* \cap U$ eine rein $(n-1)$-dimensionale analytische Menge in U ist.

ad β): In diesem Falle betrachten wir die Menge $U' = U \cap \sigma^{*-1}(\tilde{G})$. Diese Menge umfaßt $U - \partial G^*$ und ist in allen Randpunkten, die innere Punkte von U sind, pseudokonvex, da $\mathfrak{H}(\mathfrak{G}) = (\tilde{G}, \tilde{\Phi})$ ein Holomorphiegebiet ist. Es folgt weiter, daß $U - U'$ eine rein $(n-1)$-dimensionale analytische Menge in U ist. $\partial G^* \cap U$ umfaßt $U - U'$ und ist andererseits in der rein $(n-1)$-dimensionalen analytischen Menge N enthalten. Sei nun N_j eine irreduzible Komponente von N in U, die nicht in $U - U'$ enthalten ist. Nach Voraussetzung gibt es einen Randpunkt von $\mathfrak{G}^*$, der zu

$$N_j - \bigcup_{\substack{\nu=1 \\ \nu \neq j}}^{s} N_\nu$$

gehört. Dieser Punkt liegt aber notwendig über einem inneren Punkt von $\tilde{G}$. Da in α) gezeigt wurde, daß $\mathfrak{G}^*$ in allen diesen Punkten pseudokonvex ist, folgt[15]), daß $U \cap \partial G^*$ die Menge N_j umfaßt. Daher gilt $U \cap \partial G^* = N$, das heißt aber, daß $\partial G^* \cap U$ eine rein $(n-1)$-dimensionale analytische Menge in U ist.

Aus dem bisher bewiesenen ergibt sich, daß das RIEMANNsche Gebiet $\mathfrak{G}^* = (G^*, \Phi^*)$ in allen Randpunkten außer den Punkten der Menge $A - A_1$ pseudokonvex ist. Nun besteht aber $A - A_1$ nach Definition von A_1 aus lauter nicht-hebbaren Randpunkten. Da überdies $A - A_1$ als Teilmenge von A eine dünne Randpunktmenge ist, folgt aus Satz 4, daß $\mathfrak{G}^*$ pseudokonvex schlechthin ist. – Satz 7 ist bewiesen.

3. Dem Beweise von Satz 4 schicken wir einen Hilfssatz voraus:

Hilfssatz 1. *Es sei $\mathfrak{G} = (G, \Phi)$ ein unverzweigtes* RIEMANN*sches Gebiet über dem C^n, das über einem Gebiet $G^* \subset C^n$ liegt (das heißt $\Phi(G) \subset G^*$); M^* sei eine rein k-dimensionale, in G^* singularitätenfrei liegende analytische Menge; ferner sei A eine Menge von nichthebbaren Randpunkten in ∂G mit*

$$\breve{\Phi}(A) \cap G^* \subset M^* .$$

[15]) Vgl. Fußnote 10.

also: $-\ln \delta(x, E^{n-1}) \equiv \breve{p}(x)$, das heißt $-\ln \delta(x, E^{n-1})$ ist in G plurisubharmonisch.

Wir betrachten nun die Folge von RIEMANNschen Gebieten $\mathfrak{G}_\nu = (G_\nu, \Phi)$ mit $G_\nu = \{x \in G, -\ln \delta(x, E^{n-1}) < \nu\}$. $\mathfrak{G}_\nu$ ist auf Grund des unter 1) bewiesenen nach Satz D in allen Punkten $\tilde{r} \in \partial G_\nu$ pseudokonvex, die über einem inneren Punkt von G liegen, für die also gilt: $\breve{\iota}_\nu(\tilde{r}) \in G$ ($\iota_\nu : G_\nu \to G$ bezeichne wieder die Injektion). Wir behaupten:

2. $\mathfrak{G}_\nu$ *ist pseudokonvex schlechthin.*

Ist das nicht der Fall, so gibt es eine ausgezeichnete Schar $\sigma_\varepsilon^1(w, t)$, $\varepsilon = \frac{1}{2}e^{-\nu}$, eindimensionaler analytischer Mengen in $\breve{G}_\nu$, so daß $T = \{\sigma_\varepsilon^1(w, 1)\} \cap \partial G_\nu$ nicht leer ist[16]).

T enthält notwendig Punkte über ∂G. Anderenfalls wäre nämlich $\mathfrak{G}_\nu$ in jedem Punkt von T pseudokonvex, und die in bezug auf $\mathfrak{G}_\nu$ gebildete Distanzfunktion $-\ln \delta_{\mathfrak{G}_\nu}(x)$ müßte nach Satz C in der Nähe von T plurisubharmonisch in G_ν sein. Dann aber wäre $-\ln \delta(\sigma_\varepsilon^1(w, t))$ für hinreichend großes $t < 1$ jeweils in einer Umgebung W der in der komplexen w-Ebene gelegenen Menge $\{w, \sigma_\varepsilon^1(w, 1) \in \partial G_\nu\}$ subharmonisch und müßte überdies für $t \to 1$ einmal auf ∂W kleiner als in W werden. Das aber ist ein Widerspruch zum Maximumprinzip.

Sei etwa $\tilde{r}_1 = \sigma_\varepsilon^1(\tilde{w}, 1) \in \partial G_\nu$ ein Punkt über ∂G; es gebe also ein $r_1 \in \partial G$ mit $\breve{\iota}_\nu(\tilde{r}_1) = r_1$. Der Punkt $\tilde{r}_1$ ist durch die Kurve $x(t) = \sigma_\varepsilon^1(\tilde{w}, t)$, $0 \leqslant t \leqslant 1$, mit dem inneren Punkt $x_0 = \sigma_\varepsilon^1(\tilde{w}, 0) \in G_\nu$ verbunden. Wir legen durch die Punkte $x(t)$, $0 \leqslant t < 1$, jeweils die $(n-1)$-dimensionale Hyperkugel $H(x(t), E^{n-1}) \subset G$. Die Radien derselben sind sämtlich größer als $e^{-\nu}$. Bezeichnet nun $H(t)$ die in $H(x(t), E^{n-1})$ enthaltene, konzentrisch um $x(t)$ liegende $(n-1)$-dimensionale Hyperkugel vom Radius $e^{-\nu}$, so ist $\{H(t)\}$ für $0 \leqslant t < 1$ eine Schar $(n-1)$-dimensionaler analytischer Mengen in G, die durch eine Schar holomorpher Abbildungen $\sigma^{n-1}(\mathfrak{w}, t)$, $0 \leqslant t < 1$, der Hyperkugel H_0: $\{|\mathfrak{w}| = (|w_2|^2 + \cdots + |w_n|^2)^{\frac{1}{2}} \leqslant e^{-\nu}\}$ des $w_2, \ldots, w_n$-Raumes in G gegeben werden kann. Bezeichnen $z_1(t), \ldots, z_n(t)$ die Koordinaten von $\Phi \circ x(t)$, so kann man $\sigma^{n-1}(\mathfrak{w}, t)$ insbesondere so vorgeben, daß gilt:

$$\Phi \circ \sigma^{n-1}(\mathfrak{w}, t) = (z_1(t), z_2(t) + w_2, \ldots, z_n(t) + w_n) .$$

Daraus ersieht man aber (vgl. die Bemerkung § 2, 1), daß die Schar $\sigma^{n-1}(\mathfrak{w}, t)$ stetig zu einer in $\breve{G}$ ausgezeichneten Schar $\breve{\sigma}^{n-1}(\mathfrak{w}, t)$, $0 \leqslant t \leqslant 1$, von $(n-1)$-dimensionalen analytischen Mengen fortgesetzt werden kann.

[16]) Vgl. die Bemerkung im Anschluß an Satz C.

Wir benötigen als Zwischenresultat:

a) *Die Menge* $\{\breve{\sigma}^{n-1}(\mathfrak{w}, 1)\}$ *ist in* ∂G *enthalten.*

Wäre das nicht der Fall, so gäbe es einen Punkt $\mathfrak{w}_0 \in H_0$, so daß der Punkt $x_0 = \breve{\sigma}^{n-1}(\mathfrak{w}_0, 1)$ in G liegt und überdies gilt:

$$-\ln \delta(x_0, E^{n-1}) > -\ln(e^{-\nu} - |\mathfrak{w}_0|) .$$

Andererseits gilt aber: $\overline{\lim}_{x \to x_0,\, x \in \{\sigma^{n-1}(\mathfrak{w}, t);\, 0 \leq t < 1\}} -\ln \delta(x, E^{n-1}) \leq -\ln(e^{-\nu} - |\mathfrak{w}_0|)$,

da für alle Punkte $x_0(t) = \sigma^{n-1}(\mathfrak{w}_0, t)$, $0 \leq t < 1$, die Ungleichung

$$\delta(x_0(t), E^{n-1}) \geq e^{-\nu} - |\mathfrak{w}_0|$$

besteht. Der folgende, weiter unten zu beweisende Hilfssatz gibt nun einen Widerspruch:

Hilfssatz 2. *Ist* $\sigma^{n-1}(\mathfrak{w}, t)$ *eine Schar von singularitätenfrei in einer n-dimensionalen komplexen Mannigfaltigkeit X eingebetteten* $(n-1)$*-dimensionalen analytischen Mengen, und ist* $p(x)$ *eine plurisubharmonische Funktion in X, so gilt in jedem Punkt* $x_0 \in \{\sigma^{n-1}(\mathfrak{w}, 1)\}$ *die Gleichung:*

$$\overline{\lim_{x \to x_0,\, x \in S}}\; p(x) = p(x_0) , \quad \textit{wobei} \quad S = \{\sigma^{n-1}(\mathfrak{w}, t) , \quad 0 \leq t < 1\} .$$

Wir benötigen ferner:

b) *Es gibt ein* t_0, $0 \leq t_0 < 1$, *so daß für alle* t, t' *mit* $t_0 \leq t$, $t' < 1$ *die Schnittzahl* $S(t, t')$ *von* $\{\sigma_\varepsilon^1(w, t)\}$ *mit* $\{\sigma^{n-1}(\mathfrak{w}, t')\}$ *in bezug auf die natürliche Orientierung wohldefiniert ist.*

Zum Beweise haben wir zu zeigen (vgl. Fußnote 12), daß ein t_0, $0 \leq t_0 < 1$, so gewählt werden kann, daß gilt:

α) Die Menge $\{\sigma_\varepsilon^1(e^{i\vartheta}, t\}$, $-\pi \leq \vartheta \leq \pi$, hat keinen Punkt mit der Menge $\{\sigma^{n-1}(\mathfrak{w}, t')\}$ gemeinsam, falls $t_0 \leq t$, $t' < 1$.

β) Die Menge $\{\sigma^{n-1}(\partial H_0, t')\}$ hat keinen Punkt mit der Menge $\{\sigma_\varepsilon^1(w, t)\}$ gemeinsam, falls $t_0 \leq t$, $t' < 1$.

Da $\sigma_\varepsilon^1(w, t)$ eine ausgezeichnete Schar ist, hat die Menge $\{\sigma_\varepsilon^1(e^{i\vartheta}, t)\}$ einen Abstand $d > 0$ von ∂G. Da nach 2. die Menge $\breve{\sigma}^{n-1}(\mathfrak{w}, 1)$ in ∂G enthalten ist, kann man t_0 so groß wählen, daß jeder Punkt von $\sigma^{n-1}(\mathfrak{w}, t')$ für $t_0 \leq t' < 1$ von ∂G höchstens den Abstand $\frac{d}{2}$ hat. Bei Wahl dieses t_0 hat dann $\{\sigma_\varepsilon^1(e^{i\vartheta}, t)\}$ keinen Punkt mit $\{\sigma^{n-1}(\mathfrak{w}, t')\}$ für $t_0 \leq t, t' < 1$ gemeinsam; α) ist also bewiesen.

Die Behauptung β) ergibt sich ebenso einfach. Die Kugeln $\{\sigma^{n-1}(\mathfrak{w}, t)\}$ haben sämtlich den Radius $e^{-\nu}$. Da aber $\varepsilon = \frac{1}{2}e^{-\nu}$, so ist klar, daß t_0 auch noch so gewählt werden kann, daß β) erfüllt ist.

Nunmehr ergibt sich leicht, daß $\mathfrak{G}_\nu$ pseudokonvex schlechthin ist. Die Schnittzahl $S(t, t')$ von $\{\sigma_\varepsilon^1(w, t)\}$ mit $\{\sigma^{n-1}(\mathfrak{w}, t')\}$ ist nach bekannten Sätzen über Schnittzahlen (vgl. Fußnote 12) für alle t, t' mit $t_0 \leqslant t, t' < 1$ stets dieselbe. Ist $t = t' = t_1$, so haben $\{\sigma_\varepsilon^1(w, t_1)\}$ und $\{\sigma^{n-1}(\mathfrak{w}, t_1)\}$ den Punkt $x(t_1)$ gemeinsam. Da sich analytische Flächen nur positiv schneiden können (vgl. Fußnote 12), ist $S(t_1, t_1)$ also positiv. Andererseits können wir aber bei vorgegebenen t, $t_0 \leqslant t < 1$, stets ein t' in hinreichender Nähe bei 1 finden, daß $\{\sigma^{n-1}(\mathfrak{w}, t')\}$ keinen Punkt mit $\{\sigma_\varepsilon^1(w, t)\}$ gemeinsam hat; ist nämlich $d_1 > 0$ die Randdistanz von $\{\sigma_\varepsilon^1(w, t)\}$ zu ∂G, so braucht man t' nur so nahe bei 1 zu wählen, daß kein Punkt von $\{\sigma^{n-1}(\mathfrak{w}, t')\}$ von ∂G eine größere Entfernung als $d_1/2$ hat. (Das ist wegen a) möglich.) Für die so bestimmten Zahlen t, t' ergibt sich dann: $S(t, t') = 0$. Dieser Widerspruch zu $S(t, t') = S(t_1, t_1)$ löst sich nur so, daß $\mathfrak{G}_\nu$ in allen Randpunkten pseudokonvex ist.

Da die G_ν das Gebiet G ausschöpfen, muß nach Satz D'' auch $\mathfrak{G}$ selbst pseudokonvex sein. Damit ist Hilfssatz 1 bewiesen.

Wir holen nun den Beweis von Hilfssatz 2 nach. Wir wählen eine hinreichend kleine Umgebung $U(x_0)$ und eine in U singularitätenfrei eingebettete RIEMANNsche Fläche F, die $\{\sigma^{n-1}(\mathfrak{w}, 1)\}$ nur in x_0 schneidet und nicht berührt. Es gibt dann ein t_0, $0 \leqslant t_0 < 1$, so daß alle Flächen $\{\sigma^{n-1}(\mathfrak{w}, t)\}$, $t_0 \leqslant t \leqslant 1$, ebenfalls F in genau einem Punkt schneiden, wie man sofort einsieht, wenn man F als Nullstellengebilde von $(n - 1)$ holomorphen Funktionen darstellt und diese auf $\sigma^{n-1}(\mathfrak{w}, t)$ beschränkt.

Es sei nun $x(t)$, $t_0 \leqslant t \leqslant 1$, die Kurve $F \cap \sigma^{n-1}(\mathfrak{w}, t)$. Die Beschränkung von $p(x)$ auf F ist subharmonisch. Nach § 1, 2. d) gilt daher

$$p(x_0) = \overline{\lim_{t \to 1}}\, p(x(t)) .$$

Daraus folgt a fortiori die Behauptung des Hilfssatzes.

4. Unter Benutzung von Hilfssatz 1 läuft nun der Beweis von Satz 4 wie folgt: Wir haben zu zeigen, daß $\mathfrak{G}$ in allen Punkten aus A pseudokonvex ist. Um einen Widerspruch zu gewinnen, werde angenommen, das sei nicht der Fall. Die Teilmenge $A' \subset A$ derjenigen Randpunkte von $\mathfrak{G}$, in denen $\mathfrak{G}$ nicht pseudokonvex ist, ist dann nicht leer. Sei $r_0 \in A'$ irgendein Punkt! Nach Voraussetzung gibt es eine Umgebung $U(r_0) \subset \breve{G}$ und in $U(r_0) \cap G$ eine nirgends identisch verschwindende holomorphe Funktion f mit der Eigenschaft, daß zu jedem Punkt $r \in U \cap A'$ eine Folge $x_\nu \in U \cap G$ mit $\lim_{\nu \to \infty} f(x_\nu) = 0$ existiert, die gegen r konvergiert.

Wir betrachten nun das RIEMANNsche Gebiet $\mathfrak{U} = (U \frown G, \Phi)$. $(U \frown \breve{G})$ ist durch die Injektion $\breve{\iota}$ in $\breve{G}$ abgebildet. $\breve{\iota}$ ist eine topologische Abbildung von $U^* = \breve{\iota}^{-1}(U)$ auf U. Offenbar ist auch $\tilde{A} = \breve{\iota}^{-1}(U \frown A') \subset U^*$ eine in bezug auf f dünne Menge. Das RIEMANNsche Gebiet $\mathfrak{U}$ ist in keinem Punkt von $\tilde{A}$ pseudokonvex, dagegen aber in allen Punkten von $(\partial(U \frown G) \frown U^*) - \tilde{A}$.

Das Holomorphiegebiet $\mathfrak{G}^* = (G^*, \Phi^*)$ der Funktion $f(x)$ enthält nach Definition das Gebiet $\mathfrak{U}$. Es gibt daher eine spurpunkttreue stetige Abbildung τ von $U \frown G$ in G^*, die sich zu einer stetigen Abbildung $\breve{\tau}$ von $(G \frown \breve{U})$ in $\breve{G}^*$ fortsetzen läßt. Wir behaupten, daß kein Punkt von $\tilde{A}$ über einem inneren Punkt von G^* liegt.

Dazu sei die Fortsetzung $f^*(x)$ von $f(x)$ in G^* gebildet; M sei das Nullstellengebilde von $f^*(x)$. Es gilt $(\breve{\tau}(\tilde{A}) \frown G^*) \subset M$. Wir bezeichnen mit M_1 die Menge der nicht gewöhnlichen Punkte von M, mit M_2 die Menge der nicht gewöhnlichen Punkte von M_1 usw. Nach einem bekannten Satz über die Verteilung der nicht gewöhnlichen Punkte in einer analytischen Menge sind alle Mengen M_k, $k = 1, \ldots, n-1$, analytische Mengen, deren Dimension höchstens gleich $n - k - 1$ ist (vgl. hierzu auch [29], p. 286 sowie [8], Exposé IX). Aus Hilfssatz 1 folgt sofort, daß kein Punkt von $\tilde{A}$ über einem Punkt von $M - M_1$ liegen kann; denn dort ist sicher $\mathfrak{U}$ pseudokonvex. Nochmalige Anwendung desselben Hilfssatzes ergibt, daß $\breve{\tau}^{-1}(M_1 - M_2) \frown \tilde{A}$ leer ist. So fortfahrend folgt nach höchstens n Schritten, daß $\breve{\tau}^{-1}(M) \frown \tilde{A}$ selbst leer ist.

Zeigen wir nun noch, daß $\breve{\tau}(\tilde{A}) \frown M$ nicht leer sein kann, so ist ein Widerspruch gewonnen und Satz 4 bewiesen. Da $\mathfrak{U}$ in den Punkten von $\tilde{A}$ nicht pseudokonvex ist, gibt es in $\mathfrak{U}$ eine ausgezeichnete Schar 1-dimensionaler analytischer Mengen $\sigma^1(\mathfrak{w}, t)$, so daß $\{\sigma^1(\mathfrak{w}, 1)\} \frown \partial(G \frown U)$ nicht leer und in $\breve{\iota}^{-1}(\partial G) \frown U^*$ enthalten ist. $\{\sigma^1(\mathfrak{w}, 1)\}$ enthält dann aber auch sicher wenigstens einen Punkt $r_1 \in \tilde{A}$. Denn da $\mathfrak{U}$ in $\partial(G \frown U) \frown \breve{\iota}^{-1}(U) - \tilde{A}$ pseudokonvex ist, ist die Funktion $-\ln \delta_{\mathfrak{G}}(x)$ in der Nähe dieser Punkte plurisubharmonisch (Satz C). Die Funktionen $s(\mathfrak{w}) = -\ln \delta_{\mathfrak{G}}(\sigma^1(\mathfrak{w}, t))$ sind dann für hinreichend großes t in einer Umgebung W der Menge $S = \sigma^{-1}(\partial(G \frown U), 1)$ subharmonisch. Da dieselbe aber für $t \to 1$ einmal auf dem Rande ∂W kleinere Werte als im Innern von W annehmen muß, steht das im Widerspruch zum Maximumprinzip.

Aus einem bekannten Kontinuitätssatz[17]) folgt nun, daß $f(x)$ in r_1 holomorph ist. Es gilt also $\breve{\tau}(r_1) \in G^*$. Daher ist $\breve{\tau}(\tilde{A}) \frown G^*$ nicht leer, q. e. d.

---

[17]) Vgl. [3], p. 357.

§ 4. Verzweigte Holomorphiegebiete

1. Bei der Untersuchung der Existenzgebiete holomorpher Funktionen hat man bisher die Verzweigungspunkte und allgemein die Stellen algebroiden Verhaltens unberücksichtigt gelassen (vgl. [5], [2]). Dieses an sich unnatürliche Vorgehen findet seinen Grund in dem anfangs noch unzureichenden Zustand der Topologie, der eine Definition des verzweigten Riemannschen Gebietes ausschloß. Es zeigt sich nun, daß die zu entwickelnde Funktionentheorie in verzweigten Riemannschen Gebieten wesentlich von der bekannten Theorie in unverzweigten Gebieten verschieden ist. Wie schon in § 2 angeführt (Satz E), zeigte K. Oka die Äquivalenz der unverzweigten Holomorphiegebiete und der unverzweigten holomorphkonvexen Riemannschen Gebiete. Wir werden jedoch nun ein Beispiel eines verzweigten Holomorphiegebietes angeben, das weder holomorphkonvex noch pseudokonvex ist (vgl. auch [16]).

Es seien zunächst $C^2_\varkappa$, $\varkappa = 1, \ldots, k$, k Exemplare ($k \geqslant 2$) des 2-dimensionalen komplexen Zahlenraumes der Veränderlichen $z_\varkappa$, $w_\varkappa$. Im kartesischen Produkt $C^{2k} = \mathop{\times}\limits_{\varkappa=1}^{k} C^2_\varkappa$ werde die rein $(k+1)$-dimensionale analytische Menge

$$X^{k+1} = \left\{ \frac{z_1}{w_1} = \frac{z_2}{w_2} = \ldots = \frac{z_k}{w_k} \right\}$$

betrachtet. Wie bereits in [13] gezeigt wurde, ist X^{k+1} lokal irreduzibel eingebettet und bildet somit – versehen mit der induzierten komplexen Struktur – einen komplexen Raum. Alle Punkte von $X^{k+1} - O$ (O = Nullpunkt des C^{2k}) sind gewöhnliche Punkte und deshalb uniformisierbar. O selbst besitzt keine uniformisierbare Umgebung.

X^{k+1} wird durch die k-dimensionalen analytischen Ebenen der Schar

$$E(s) = \left\{ \frac{z_1}{w_1} = \frac{z_2}{w_2} = \ldots = \frac{z_k}{w_k} = s \right\}$$

überdeckt, wenn s die Zahlen einer Riemannschen Zahlenkugel durchläuft. Zwei Ebenen $E(s_1)$, $E(s_2)$, $s_1 \neq s_2$ schneiden sich genau im Punkte O.

2. *Durch die lineare holomorphe Abbildung*

$$\Phi: \left\{ \begin{array}{ll} v_0 = z_1 + \cdots + z_k\,, & \\ v_1 = w_1 + \alpha_1 z_1\,, & \\ \vdots & \alpha_\nu \neq \alpha_\mu \quad \text{für} \quad \nu \neq \mu; \quad |\alpha_\nu| = 1\,, \\ v_k = w_k + \alpha_k z_k\,, & \nu, \mu = 1, \ldots, k\,, \end{array} \right.$$

wird X^{k+1} nirgends entartet auf den Raum C^n, $n = k + 1$, der Veränderlichen $v_0, v_1, \ldots, v_k$ abgebildet.

Jede Ebene $E(s)$ wird nämlich durch Φ eineindeutig linear auf die $(n-1)$-dimensionale analytische Ebene

$$v_0 \cdot \prod_{\varkappa=1}^{k}(1+\alpha_\varkappa s) - s \sum_{\varkappa=1}^{k} v_\varkappa \cdot \prod_{\substack{\nu=1\\ \nu\neq\varkappa}}^{k}(1+\alpha_\nu s) = 0$$

im C^n bezogen. Daraus folgt, daß jeder Punkt $\mathfrak{v} = (v_0, v_1, v_2, \ldots, v_k) \in C^n$ in jeder Ebene $E(s)$ höchstens einen Urbildpunkt besitzt. Die Parameter s der Ebenen $E(s)$, in denen ein solcher Urbildpunkt liegt, müssen notwendig das Polynom

$$P(s) = v_0 \prod_{\varkappa=1}^{k}(1+\alpha_\varkappa s) - s \sum_{\varkappa=1}^{k} v_\varkappa \cdot \prod_{\substack{\nu=1\\ \nu\neq\varkappa}}^{k}(1+\alpha_\nu s)$$

annullieren, oder es muß $s = \infty$ sein. Da $P(s)$ nur für $\mathfrak{v} = O$ identisch verschwindet und im übrigen höchstens vom Grade k ist, besitzt jeder Punkt $\mathfrak{v} \neq O$ höchstens k verschiedene Urbilder in X^{k+1}. Über $\mathfrak{v} = O$ liegt aber nur der Punkt $O \in X^{k+1}$. Somit liegen alle Urbildpunkte jedes Punktes $\mathfrak{v} \in C^n$ isoliert in X^{k+1}, q. e. d.

Es sei nun K ein beliebiger Kreis $\{|s| < d < 1\}$ der s-Ebene. Die Menge $G = \{\bigcup_{s\in K} E(s)\} - O$ ist eine offene, zusammenhängende Teilmenge von $X^{k+1} - O$. Da Φ eine nirgends entartete Abbildung ist, folgt aus [10], Satz 13, daß $\mathfrak{G} = (G, \Phi)$ ein RIEMANNsches Gebiet über dem C^n ist, das nur aus uniformisierbaren Punkten besteht. Wir notieren einige Eigenschaften von $\mathfrak{G} = (G, \Phi)$.

(1) *G ist analytisch isomorph dem kartesischen Produkt* $Y = K \times \{C^k - O\}$.

Beweis: Die Abbildung

$$\pi: s = \frac{z_1}{w_1} = \frac{z_2}{w_2} = \cdots = \frac{z_k}{w_k}, \quad v_1 = w_1, \ldots, v_k = w_k$$

bildet G eineindeutig auf Y ab.

Wir zeigen weiter:

(2) *Es gibt einen Punkt* $\mathfrak{v}_0 = (v_0^{(0)}, v_1^{(0)}, \ldots, v_k^{(0)}) \in C^n$, *über dem genau ein Nichtverzweigungspunkt und keine weiteren Punkte von G liegen.*

Beweis: Wir wählen $\mathfrak{v}_0$ so, daß $v_\varkappa^{(0)} \neq 0$, $\varkappa = 0, \ldots, k$ und $P(s)$ mit diesen Werten genau eine einfache Nullstelle in einem Punkte $s_0 \in K$ besitzt. Das ist möglich, da bei beliebigen $v_\varkappa$ auch die Koeffizienten von $P(s)$ beliebig sind. Zu s_0 gehört genau ein Punkt $x_0 \in X^{k+1}$, der über $\mathfrak{v}_0$ liegt. Dieser ist in $E(s_0)$ enthalten. Also gilt $x_0 \in G$. Die anderen Punkte über $\mathfrak{v}_0$, die zu einem s, $P(s) = 0$, $s \neq s_0$, gehören, liegen in einer Ebene $E(s)$, $s \notin K$, und daher nicht in G, q. e. d.

Da ∂G in allen Punkten dieser Menge $(2n - 1)$-dimensional ist, folgt auch, daß r_0 ein nicht-hebbarer Randpunkt ist. – *$\mathfrak{G}$ ist also ein Gebiet über dem C^n, das außerhalb einer dünnen Menge nicht-hebbarer Randpunkte pseudokonvex und doch nicht pseudokonvex schlechthin ist.*

Zum Beweise, daß r_0 nicht-hebbar ist, hätte man auch folgenden Hilfssatz heranziehen können:

Hilfssatz 3. *Es sei $\mathfrak{R}' = (R', \varphi, H')$ eine endlich-blättrige, analytisch-verzweigte Überlagerung einer Hyperkugel $H' \subset C^n$. H sei eine Hyperkugel, die relativ-kompakt in H' enthalten ist; $\mathfrak{R} = (R, \varphi, H)$ sei die Beschränkung der Überlagerung $\mathfrak{R}'$ auf H. Ist dann π eine holomorphe Abbildung von R' in den C^n, die genau in einer dünnen (auch leeren) Menge $M' \subset R'$ der Ordnung 1 entartet ist*[18]*), so ist $\mathfrak{G} = (G, \Phi)$, $G = R - M'$, ein* RIEMANN*sches Gebiet, das nur nicht-hebbare Randpunkte besitzt. Dabei bezeichnet Φ die Beschränkung von π auf $G = R - M'$.*

Beweis: Nach [10], Satz 13, ist $\mathfrak{G} = (G, \Phi)$ ein RIEMANNsches Gebiet, das Teilgebiet des RIEMANNschen Gebietes $\mathfrak{G}' = (R' - M', \pi)$ ist. Es sei r ein Randpunkt von $\mathfrak{G}$, der über einem inneren Punkt x aus $R' - M'$ liegt. r läßt sich auch als ein Randpunkt von (R, φ) über $x \in (R' - M') \cap \varphi^{-1}(\partial H)$ auffassen. Es gilt darum in der Nähe von $x: \partial G = \partial R$. Da aber ∂R rein $(2n - 1)$-dimensional ist, hat auch ∂G in einer Umgebung von x die Dimension $2n - 1$. Dann ist r jedoch sicher kein hebbarer Randpunkt.

Sei nun r_0 ein Randpunkt von $\mathfrak{G}$, der über einem Punkt des Randes von $\mathfrak{G}'$ liegt. Wenn wir zeigen, daß es in beliebiger Nähe von r_0 noch Punkte $r \in \partial G$ gibt, die über einem inneren Punkt von $R' - M'$ gelegen sind, so ist auch r_0 kein hebbarer Randpunkt; denn die Menge der nicht-hebbaren Randpunkte ist abgeschlossen.

r_0 ist als Filter von offenen, zusammenhängenden Mengen in $G = R - M'$ definiert. Da die abgeschlossene Hülle $\overline{R}$ der Menge R in R' kompakt ist (zum Beweise beachte man, daß $\mathfrak{R}'$ endlich-blättrig ist), so besitzt der Filter r_0 mindestens einen Berührungspunkt $x_0 \in \overline{R}$. Da r_0 nicht über einem Punkt aus $R' - M'$ liegt, gilt sicher nicht $x_0 \in \overline{R} - M$. Es gilt also: $x_0 \in \overline{R} \cap M'$. Ferner ist $\pi(x_0) = \check{\Phi}(r_0) = \mathfrak{z}_0 \in C^n$; die analytische Menge $M^* = \pi^{-1}(\mathfrak{z}_0)$ enthält somit x_0. Weil π in der Menge M entartet ist, ist dieselbe in x_0 sicher mindestens 1-dimensional. Es sei M_1 die zusammenhängende Komponente von M^*[19]), die

---

[18]) Es braucht nur gefordert zu werden, daß π nicht überall entartet ist. Nach einem in [28] bewiesenen Satz folgt daraus, daß dann die Entartungsmenge von π eine dünne Menge erster Ordnung ist.

[19]) Eine analytische Menge ist stets lokal zusammenhängend und zerfällt deshalb in eindeutiger Weise in zusammenhängende Komponenten.

x_0 enthält. M_1 ist überall mindestens 1-dimensional; und man sieht unmittelbar, daß jeder Punkt von M_1 Häufungspunkt des Filters $\mathfrak{r}_0$ ist. Ferner ist M_1 sicher nicht kompakt, da sonst wegen des Maximumprinzips [20]) für holomorphe Funktionen jede der Funktionen $z_\nu \circ \varphi$, $\nu = 1, \ldots, n$, auf M_1 konstant sein müßte und M_1 dann nur über einem Punkt des C^n läge. Es ist also $M_1 \cap (\bar{R} - R)$ nicht leer.

Sei nun $U(\mathfrak{r}_0)$ eine beliebig kleine Umgebung von $\mathfrak{r}_0$. Nach Definition ist $U \cap G$ eine zusammenhängende Komponente einer Menge

$$\Phi^{-1}(V) = \pi^{-1}(V) \cap (R - M'),$$

wobei $V = V(\mathfrak{z}_0)$ eine Umgebung von $\mathfrak{z}_0 = \Phi(\mathfrak{r}_0)$ ist. Es bezeichne V_1' die zusammenhängende Komponente von $\pi^{-1}(V)$, die $U \cap G$ enthält. Offenbar umschließt V_1' unsere Menge M_1. Ebenso enthält die zusammenhängende Komponente V_1, $V_1 \supset U \cap G$, von $V_1' \cap R$ die Menge $M_1 \cap R$; denn $M_1 \cap R$ ist Häufungsmenge von $U \cap G$. $U \cap G$ ist Komponente von $V_1 - M'$, da M' den komplexen Raum R' nirgends zerlegt. Es folgt: $U \cap G = V_1 - M'$. Ferner gibt es – wie man leicht sieht – in hinreichender Nähe der Punkte $M_1 \cap (\bar{R} - R)$ Punkte $\tilde{x}_1 \in \bar{R} - R - M'$ und Umgebungen $W(\tilde{x}_1)$, so daß $W \cap R \subset V_1$. Ist dann x_1 ein Punkt aus $\check{\iota}^{-1}(\tilde{x}_1) \in \partial R$, so läßt sich, weil ∂G und ∂R in der Nähe von x_1 übereinstimmen, der Punkt x_1 auch als Randpunkt von $\mathfrak{G}$ auffassen. Offenbar gilt $x_1 \in U$. Damit ist gezeigt, daß in beliebiger Nähe von $\mathfrak{r}_0$ noch Punkte $x_1 \in \partial R - M'$ liegen. Unser Hilfssatz ist bewiesen.

5. Satz 4 (und Satz 2) gestatten eine weitere interessante Anwendung auf die Abbildungstheorie. Man kann nämlich zeigen (vgl. auch [13], Fußnote 17):

Satz 9. *Es sei X^n ein n-dimensionaler komplexer Raum; D sei eine in X^n dünne Menge 2. Ordnung; K sei die Menge der nichtuniformisierbaren Punkte von X^n. Ist dann π eine holomorphe Abbildung von X in den C^n, deren Funktionaldeterminante außerhalb $D \cup K$ nicht verschwindet, so ist X^n eine komplexe Mannigfaltigkeit. Die Funktionaldeterminante von π verschwindet nirgends.*

Beweis: Zunächst sei bemerkt, daß die Funktionaldeterminante Δ von π außerhalb K nirgends verschwindet. Wäre das nämlich nicht der Fall, so würde sie eine rein $(n-1)$-dimensionale Nullstellenmenge in $X - K$ besitzen. Diese könnte aber nicht in D enthalten sein, da D dünn von 2. Ordnung ist. In $X - K$ ist π also lokal-topologisch.

Es bezeichne nun M die Entartungsmenge der Abbildung π. M ist abge-

[20]) Für holomorphe Funktionen auf analytischen Mengen gilt bekanntlich das Maximumprinzip; vgl. etwa [30], [31], [29].

[9] H. CARTAN UND P. THULLEN, *Zur Theorie der Singularitäten der Funktionen mehrerer komplexer Veränderlichen. Regularitäts- und Konvergenzbereiche.* Math. Ann. 106, 617–647 (1932).

[10] H. GRAUERT, *Charakterisierung der holomorph-vollständigen komplexen Räume.* Math. Ann. 129, 233–259 (1955).

[11] H. GRAUERT, *Charakterisierung der Holomorphiegebiete durch die* KÄHLERsche *Metrik.* Math. Ann. 131, 38–75 (1956).

[12] H. GRAUERT UND R. REMMERT, *Fonctions plurisousharmoniques dans des espaces analytiques. Généralisation d'un théorème d'*OKA. C. R. Acad. Sci. Paris 241, 1371–1373 (1955).

[13] H. GRAUERT UND R. REMMERT, *Zur Theorie der Modifikationen. I. Stetige und eigentliche Modifikationen komplexer Räume.* Math. Ann. 129, 274–296 (1955).

[14] H. GRAUERT UND R. REMMERT, *Plurisubharmonische Funktionen in komplexen Räumen.* Math. Zeitschr. 65, 175–194 (1956).

[15] H. GRAUERT UND R. REMMERT, *Analytisch-verzweigte Überlagerungen und komplexe Räume.* Erscheint in den Math. Ann.

[16] H. GRAUERT UND R. REMMERT, *Singularitäten komplexer Mannigfaltigkeiten und* RIEMANNscher *Gebiete.* Math. Zeitschr. (1957).

[17] F. HARTOGS, *Zur Theorie der analytischen Funktionen mehrerer unabhängiger Veränderlichen, insbesondere über die Darstellung derselben durch Reihen, welche nach Potenzen einer Veränderlichen fortschreiten.* Math. Ann. 62, 1–88 (1906).

[18] F. HIRZEBRUCH, *Über eine Klasse von einfach-zusammenhängenden komplexen Mannigfaltigkeiten.* Math. Ann. 124, 77–86 (1951).

[19] P. LELONG, *Fonctions plurisousharmoniques; mesures de Radon associées. Applications aux fonctions analytiques; Colloque sur les fonctions de plusieurs variables, Bruxelles,* 21–40 (1953).

[20] E. E. LEVI, *Studii sui punci singolari essenziali delle funzioni analitiche di due o piu variabili complesse.* Ann. Mat. 3, 17, 61–87 (1910).

[21] K. MENGER, *Dimensionstheorie.* Teubner-Verlag, Leipzig 1928.

[22] F. NORGUET, *Sur les domaines d'holomorphie des fonctions uniformes de plusieurs variables complexes (Passage du local au global).* Bull. Soc. Math. France 82, 137–159 (1954).

[23] K. OKA, *Sur les fonctions analytiques de plusieurs variables. II. – Domaines d'holomorphie* J. Sci. Hirosima Univ., Ser. A, 7, Nr. 2, 115–130 (1937).

[24] K. OKA, *Sur les fonctions analytiques de plusieurs variables. VI. – Domaines pseudoconvexes.* Tôhoku Math. J. II, Ser. 49, 19–52 (1942).

[25] K. OKA, *Sur les fonctions analytiques de plusieurs variables. IX. – Domaines finis sans point critique intérieur.* Jap. J. Math. 23, 97–155 (1953).

[26] W. F. OSGOOD, *Lehrbuch der Funktionentheorie II,* 1. Teubner-Verlag, Leipzig 1929.

[27] W. F. OSGOOD, *Lehrbuch der Funktionentheorie II,* 2. Teubner-Verlag, Leipzig 1932.

[28] R. REMMERT, *Holomorphe und meromorphe Abbildungen komplexer Räume.* Math. Ann. 1957.

[29] R. REMMERT UND K. STEIN, *Über die wesentlichen Singularitäten analytischer Mengen.* Math. Ann. 126, 263–306 (1953).

[30] W. ROTHSTEIN, *Zur Theorie der Singularitäten analytischer Funktionen und Flächen.* Math. Ann. 126, 221–238 (1953).

[31] W. ROTHSTEIN, *Zur Theorie der analytischen Mannigfaltigkeiten im Raume von n komplexen Veränderlichen.* Math. Ann. 129, 96–138 (1955).

[32] P. THULLEN, *Zur Theorie der Singularitäten der Funktionen zweier komplexer Veränderlichen. Die Regularitätshüllen.* Math. Ann. 106, 64–76 (1932).

(Eingegangen den 17. März 1956)

14.

(avec R. Remmert)

Espaces analytiquement complets

C.R. Acad. Sci. Paris **245**, 882–885 (1957)

(présentée par M. L. de Broglie)

La notion d'espace analytiquement complet généralise les notions bien connues d'espace holomorphiquement complet et d'espace algébrique. Les théorèmes fondamentaux de la théorie des fonctions de plusieurs variables complexes sont des cas spéciaux de théorèmes valables pour les espaces analytiquement complets. En particulier on a une généralisation du théorème de Riemann-Roch-Hirzebruch.

1. Introduisons d'abord la notion d'espace analytiquement complet.

DÉFINITION 1. — *Un espace analytique* X *est dit analytiquement complet si les conditions suivantes sont remplies :*

a. X *est holomorphiquement convexe;*

b. Pour tout point $x_0 \in X$ *il y a un entier k et une application holomorphe* λ *de* X *dans* P_k (1), *telle que* x_0 *soit un point isolé de l'ensemble analytique défini par l'équation* $\lambda(x) = \lambda(x_0)$.

Il est évident que tout espace holomorphiquement complet (resp. tout sous-espace algébrique de P_n) est analytiquement complet. Tout revêtement fini analytique (possédant éventuellement des ramifications intérieures) d'un espace analytiquement complet est un espace analytiquement complet.

En utilisant les théorèmes 1 et 2 de notre Note [1] (2), on démontre :

THÉORÈME 1. — *Si* Q *est un polyèdre analytique* (3) *dans un espace analytiquement complet, alors il y a un isomorphisme analytique de* Q *sur un sous-espace analytique d'un* $Z_n \times P_m$ (4).

En particulier : *Tout espace compact, analytiquement complet, est un espace algébrique dans un* P_m.

Ce théorème généralise deux théorèmes dus à O. Zariski et J. P. Serre.

2. Soit X un espace analytiquement complet, et soit $\tau : X \to Y$ une application holomorphe et propre de X dans un espace holomorphiquement complet Y. En utilisant le théorème 1, et le fait que tout faisceau analytique cohérent sur un sous-ensemble analytique de $Z_n \times P_m$ peut être prolongé trivialement en un faisceau analytique cohérent sur $Z_n \times P_m$, on obtient à l'aide des théorèmes 1 et 2 de [1] :

THÉORÈME 2. — *Pour tout ouvert* Q *relativement compact de* Y *il existe un faisceau* $\mathfrak{F}$ *de germes de sections holomorphes d'un fibré à fibres vectorielles de dimension* 1, *de base* $\tau^{-1}(Q)$, *jouissant de la propriété suivante :*

Si $\mathfrak{S}$ *est un faisceau analytique cohérent quelconque sur* X, *il y a un entier* $k_0 = k_0(Q, \mathfrak{S})$ *tel que tous les faisceaux* $\mathfrak{S} \otimes \mathfrak{F}^k(\tau^{-1}(Q))$ (*pour* $k \geqq k_0$) *soient simples sur* $\tau^{-1}(Q)$ *pour l'application* $\tau : \tau^{-1}(Q) \to Q$ [5].

THÉORÈME 3. — *Si* $\mathfrak{S}$ *est un faisceau analytique cohérent sur* X, *alors toutes les images directes analytiques* $\tau_q(\mathfrak{S})$ *sont des faisceaux analytiques cohérents sur* $Y (q \geqq 0)$.

Les théorèmes 2 et 3 s'appliquent notamment au cas où Y est le noyau de X [6].

3. D'après K. Oka et H. Cartan [7] le faisceau des germes de fonctions holomorphes qui s'annulent sur un ensemble analytique dans un espace analytique X, est cohérent sur X. On déduit alors des théorèmes 2 et 3, en procédant comme dans l'Exposé XIX du Séminaire 1953-1954 de H. Cartan :

THÉORÈME 4. — *Soit* Y *un espace holomorphiquement complet; soit* A *un ensemble analytique dans* $Y \times P_n$ *ne possédant aucune composante irréductible contenue dans* $Y \times P_n^\infty$ [8]. *Alors, pour tout ouvert relativement compact* Q *de* Y, *il y a des pseudo-polynomes*

$$w_\varkappa(y, z_1, \ldots, z_n) \equiv \sum_{\alpha_1, \ldots, \alpha_n < \infty} b^{(\varkappa)}_{\alpha_1 \ldots \alpha_n}(y)\, z_1^{\alpha_1} \ldots z_n^{\alpha_n} \qquad (\varkappa = 1, \ldots, k),$$

avec des coefficients $b^{(\varkappa)}_{\alpha_1 \ldots \alpha_n}(y)$ *holomorphes dans* Q, *tels que* $A \cap (Q \times P_n)$ *soit l'ensemble des* $x \in Q \times P_n$ *satisfaisant à* $w_1(x) = \ldots = w_k(x) = 0$.

Ce théorème généralise un théorème bien connu de W. L. Chow [9]. W. Thimm a démontré quelques cas particuliers du théorème 4 [10].

4. Soit $\tau : X \to Y$ une application holomorphe et propre d'un espace analytiquement complet *sur* un espace holomorphiquement complet et *connexe* Y. Pour tout faisceau analytique $\mathfrak{S}$ sur X, les groupes de cohomologie $H^q(X, \mathfrak{S})$, $q \geqq 0$, peuvent être considérés, grâce à l'application τ, comme des modules unitaires sur l'anneau I(Y) des fonctions holomorphes dans Y. Désignons par $\dim_{I(Y)} H^q(X, \mathfrak{S})$ le rang de ce module; on démontre d'abord :

PROPOSITION 1. — *Si* $\mathfrak{S}$ *est un faisceau analytique cohérent sur* X, *les nombres* $\dim_{I(Y)} H^q(X, \mathfrak{S})$ *pour* $q \geqq 0$, *sont tous finis et sont nuls pour presque tout* q.

DÉFINITION 2. — *Soit $\mathfrak{S}$ un faisceau analytique cohérent sur* X. *Le nombre*

$$\chi_\tau(X, \mathfrak{S}) = \sum_{q=0}^{\infty} (-1)^q \dim_{I(Y)} H^q(X, \mathfrak{S})$$

s'appelle la caractéristique d'Euler-Poincaré de $\mathfrak{S}$ pour l'application τ.

Soit $\mathfrak{S} | \tau^{-1}(y_0)$ l'image réciproque du faisceau $\mathfrak{S}$ sur l'espace analytique $\tau^{-1}(y_0)$, $y_0 \in Y$, par l'injection $\iota : \tau^{-1}(y_0) \to X$; soit $\chi_\tau(\tau^{-1}(y_0), \mathfrak{S})$ la caractéristique d'Euler-Poincaré de $\mathfrak{S} | \tau^{-1}(y_0)$ pour l'application $\tau : \tau^{-1}(y_0) \to y_0$ [les groupes $H^q(\tau^{-1}(y_0), \mathfrak{S})$ sont alors considérés comme des espaces vectoriels sur le corps C des nombres complexes]. On peut démontrer :

THÉORÈME 5. — *Il existe un ensemble analytique $A \neq Y$ dans Y, tel que pour tout point $y_0 \in Y - A$ on ait l'égalité*

$$\chi_\tau(X, \mathfrak{S}) = \chi_\tau(\tau^{-1}(y_0), \mathfrak{S}).$$

En particulier, soit $\mathfrak{S}$ le faisceau des germes de sections holomorphes d'un espace fibré W à fibres vectorielles de dimension r. S'il existe un ensemble analytique $B \neq Y$ dans Y, tel que les ensembles $\tau^{-1}(y_0)$, $y_0 \in Y - B$, soient des variétés algébriques, la caractéristique d'Euler-Poincaré $\chi_\tau(X, \mathfrak{S}) = \chi_\tau(X, W)$ peut être exprimée par les polynomes de Todd en utilisant la formule de Riemann-Roch démontrée par F. Hirzebruch [11].

Si $\tau^{-1}(y_0)$, $y_0 \in Y - B$, est toujours une surface de Riemann compacte et connexe, plongée sans singularités dans X, on peut démontrer que le premier nombre de Betti $2p$ est le même pour presque toutes les surfaces $\tau^{-1}(y_0)$, $y_0 \in Y - B$. On a donc la formule de A. Weil [12]

$$\chi_\tau(X, W) = r - rp + d,$$

où d désigne le nombre de Chern de $W | \tau^{-1}(y_0)$.

(*) Séance du 19 août 1957.

(1) Nous désignons par P_k l'espace projectif complexe de dimension k.

(2) Nous désignons par [1] notre Note récente (*Comptes rendus*, 245, 1957, p. 819), dont nous conservons les notations et la terminologie.

(3) Un ensemble Q relativement compact dans un espace analytique X s'appelle un polyèdre analytique si Q est une réunion de composantes connexes d'un ensemble défini par des inégalités $|f_i(x)| < 1$, où les f_i désignent des fonctions holomorphes dans X, en nombre fini.

(4) On désigne par Z_n le polycylindre $\{|z_1| < 1, \ldots, |z_n| < 1\}$ dans l'espace C^n de n variables complexes.

(5) Pour la notion de faisceau analytique simple pour une application holomorphe, *voir* [1].

(6) Pour la définition du noyau d'un espace holomorphiquement convexe, *voir* R. REMMERT, *Comptes rendus*, 243, 1956, p. 118.

([7]) *Voir* H. Cartan, *Bull. Soc. Math. Fr.*, 78, 1950, p. 28-64; *Séminaire E. N. S.*, 1951-1952.

([8]) Nous désignons par P_n^∞ l'ensemble des points à l'infini de P_n; $z_1, \ldots, z_n$ désignent des coordonnées non homogènes dans P_n.

([9]) *Amer. J.*, 71, 1949, p. 893-914.

([10]) *Voir* un travail de W. Thimm à paraître aux *Math. Annalen.*

([11]) *Voir* F. Hirzebruch, *Neue topologische Methoden in der algebraischen Geometrie*, Springer-Verlag, Berlin, 1956.

([12]) *Voir* A. Weil, *J. Math. pures et appl.*, 17, 1938, p. 47-87.

(Extrait des *Comptes rendus des séances de l'Académie des Sciences*, t. 245, p. 882-885, séance du 26 août 1957.)

28.

Über Modifikationen und exzeptionelle analytische Mengen*

Math. Annalen **146**, 331–368 (1962)

Der Begriff der Modifikation trat zuerst in einer 1951 erschienenen Publikation [1] von H. Behnke und K. Stein auf. Die beiden Autoren verstehen darunter einen Prozeß, der eine Abänderung eines gegebenen komplexen Raumes gestattet. Ist X ein solcher Raum, $N \subset X$ eine niederdimensionale analytische Menge, so wird N durch eine andere Menge N' ersetzt, so daß die komplexe Struktur in $X - N$ auf den ganzen Raum $X' = (X - N) \cup N'$ ausgedehnt werden kann. Der neu gewonnene komplexe Raum X' heißt eine Modifikation von X.

Wie schon in [1] nachgewiesen wurde, können Modifikationen sehr pathologisch sein. Das Interesse wandte sich deshalb besonders speziellen Klassen zu. H. Hopf betrachtete in einer Arbeit [12] die sog. σ-Prozesse auf n-dimensionalen komplexen Mannigfaltigkeiten M. Diese Abänderungen gestatteten es, einen beliebigen Punkt $x \in M$ durch einen komplex-projektiven Raum P^{n-1} der Dimension $n - 1$ zu ersetzen. Das Resultat ist eine neue singularitätenfreie komplexe Mannigfaltigkeit M'. Es gibt allgemeinere Modifikationen, die die Mannigfaltigkeit M nur in einem Punkt $x \in M$ abändern. Jedoch kann der neu gewonnene Raum jetzt singuläre Punkte enthalten, d. h. er ist nur noch ein komplexer Raum.

Die vorliegende Arbeit behandelt folgende Frage: Es seien X ein komplexer Raum, $A \subset X$ eine kompakte analytische Menge. Wann gibt es dann eine Modifikation Y von X, in der A durch einen Punkt y ersetzt ist, so daß $X - A = Y - y$ gilt?

Existiert Y, so nennt man A eine *exzeptionelle analytische Menge* in X und man sagt, daß A zu einem Punkt „*zusammengeblasen*" werden kann.

Im allgemeinen ist das nicht möglich. Ist X ein komplexer Raum, $A \subset X$ eine zusammenhängende kompakte analytische Menge, so kann man natürlich, mengentheoretisch gesehen, A stets durch einen Punkt y_0 ersetzen. $Y = (X - A) \cup y_0$ trägt eine kanonische topologische Struktur, $Y - y_0 = X - A$ eine komplexe Struktur $\mathfrak{S}$, die Identität $X - A \to X - y_0$ läßt sich zu einer stetigen Abbildung $\lambda : X \to Y$ fortsetzen. λ bildet $X - A$ topologisch (und sogar biholomorph) auf $Y - y_0$ ab und wirft A auf y_0. Kann nun A zu einem Punkt zusammengeblasen werden, so läßt sich $\mathfrak{S}$ auf den ganzen Raum Y fortsetzen; λ wird dabei zu einer holomorphen Abbildung $X \to Y$.

*) The author was supported by US Air Force Grant No AF-EOAR-61-50.

Definition 4: *X heißt holomorph-konvex, wenn die holomorph konvexe Hülle jeder kompakten Menge kompakt ist.*

Es folgt:

Satz 2: *Es sei $G \Subset X$ streng pseudokonvex. Dann gibt es zu jedem Punkt $x_0 \in \partial G$ eine Umgebung $U = U(x_0)$, so daß $U \cap G$ holomorph-konvex ist.*

Beweis. Wir wählen zunächst eine Umgebung $V = V(x_0)$, in der eine streng plurisubharmonische Funktion φ existiert, so daß $V \cap G = \{x \in V : \varphi(x) < 0\}$ ist, und sodann eine holomorph-konvexe Umgebung $U = U(x_0) \subset V$. Ist U sehr klein gewählt, so kann man wegen Satz 1 zu jedem Punkt $x_1 \in \partial G \cap U$ eine in U holomorphe Funktion $f(x, x_1)$ finden, deren Nullstellengebilde x_1 aber sonst keinen weiteren Punkt aus $\overline{G}$ enthält. Ist $M \subset U \cap G$ eine kompakte Teilmenge, so ist deshalb kein Punkt von $\partial G \cap U$ Häufungspunkt von $\hat{M}$. Ferner gilt $\hat{M} \Subset U$, da U holomorph-konvex ist. Also ist $\hat{M} \Subset U \cap G$ kompakt.

3. Die Methoden, die in [6] angewandt wurden, lassen sich auf den Fall komplexer Räume übertragen[4]). Man erhält deshalb als globale Aussage:

Satz 3. *Es sei X ein komplexer Raum, $G \Subset X$ eine relativ-kompakte, streng pseudokonvexe offene Teilmenge. Dann ist G holomorph-konvex.*

Der Beweis von Satz 3 folgt analog zum Beweis des Satzes 2 aus folgendem Resultat:

Satz 4. *Es sei $G \Subset X$ streng pseudokonvex. Dann gibt es eine (offene) Umgebung $U = U(\overline{G})$ und zu jedem Punkt $x_0 \in \partial G$ eine in U meromorphe Funktion $g(x, x_0)$, derart, daß*

1) *x_0 nicht in der abgeschlossenen Hülle der Nullstellenmenge von $g(x, x_0)$ liegt,*

2) *die abgeschlossene Hülle $\overline{G}$ mit der Polstellenmenge von $g(x, x_0)$ genau den Punkt x_0 gemeinsam hat.*

Beide Sätze sind inzwischen in einer Arbeit von R. NARASIMHAN [16] explizit bewiesen worden. Durch Lösung einer Aufgabe vom Typ Cousin-II läßt sich sogar zeigen:

Satz 4'. *Es sei $G \Subset X$ streng pseudokonvex. Dann gibt es eine Umgebung $U = U(\overline{G})$ und zu jedem Punkt $x_0 \in \partial G$ eine in U holomorphe Funktion $f(x, x_0)$, so daß gilt:*

$$\{x \in U : f(x, x_0) = 0\} \cap \overline{G} = x_0 .$$

Dieser Satz ist das genaue globale Analogon des Satzes 1.

§ 2. Reduktionstheorie

1. Nach einem Satz von REMMERT [17] lassen sich holomorph-konvexe Räume stets zu holomorph-vollständigen Räumen reduzieren. Das Remmertsche Resultat wurde später durch H. CARTAN verschärft [2]. Es sei zunächst an den grundlegenden Begriff erinnert.

[4]) Der Beweis der Aussage 3 in [6] enthält eine Lücke. Jedoch läßt er sich wie auf p. 465 durchführen, wenn man voraussetzt, daß der Rand von G zweimal stetig differenzierbar und glatt ist. Nur dieser Fall wird zur Herleitung der Sätze in [6] benutzt. In der Definition (5) auf p. 463 sollte deshalb stets $k = 1$ gesetzt werden. — Im Falle, daß gilt $G \cap U = \{x \in U : p(x) < 0\}$ wobei $U = U(\partial G)$ eine Umgebung und p eine in U streng plurisubharmonische Funktion ist, vereinfacht sich der Beweis noch weiter und überträgt sich dann unmittelbar auf komplexe Räume. Man vgl. § 2, Satz 2.

Definition 1. *Ein komplexer Raum X heißt holomorph-vollständig, wenn er*
1) *holomorph-konvex ist,*
2) *es zu jedem Punkt $x_0 \in X$ endlich viele in X holomorphe Funktionen $f_1, \ldots, f_k$ gibt, so daß x_0 isolierter Punkt der Menge $\{x \in X : f_1(x) = \ldots = f_k(x) = 0\}$ ist.*

Wegen der Forderung 2) gibt es holomorph-konvexe Räume, die nicht holomorph-vollständig sind. Beispiele hierfür bilden alle kompakten komplexen Räume. Ein Gebiet im C^n ist dagegen genau dann holomorph-vollständig, wenn es holomorph-konvex ist, und das ist wiederum genau dann der Fall, wenn es ein Holomorphiegebiet ist.

R. REMMERT hat unter einigen zusätzlichen Voraussetzungen gezeigt:

Satz 1. *Es sei X ein holomorph-konvexer Raum. Dann gibt es einen holomorph-vollständigen Raum Y und eine surjektive, eigentliche holomorphe Abbildung $\Phi : X \to Y$, die folgende Eigenschaft besitzt:*

Sind $U \subset Y$ eine beliebige offene Teilmenge, $V = \Phi^{-1}(U)$, f eine in V holomorphe Funktion, dann gibt es eine in U holomorphe Funktion g, so daß $f = g \circ \Phi$ ist.

Das Paar (Φ, Y) heißt eine holomorphe Reduktion von X und ist bis auf Äquivalenz eindeutig bestimmt: Ist (Φ_1, Y_1) eine weitere holomorphe Reduktion von X, so gibt es eine biholomorphe, eindeutig bestimmte Abbildung τ von Y auf Y_1, so daß das Diagramm:

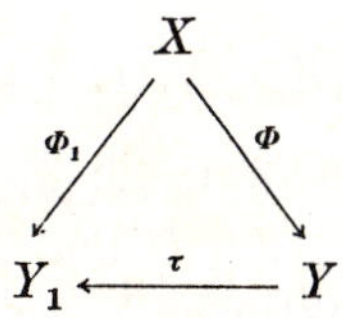

kommutativ ist.

H. CARTAN hat nun kürzlich mit Hilfe der analytischen Garbentheorie bewiesen, daß die zusätzlichen Voraussetzungen, die REMMERT noch machen mußte, überflüssig sind. Er bewies außerdem, daß die holomorphe Reduktion (Φ, Y) eines beliebigen holomorph konvexen Raumes X folgende wichtige Eigenschaft hat:

1) *Die Faser $\Phi^{-1}(y)$ über einem beliebigen Punkt $y \in Y$ ist ein zusammenhängender komplexer Unterraum von X.*

Darüber hinaus sieht man sofort ein, wenn man beachtet, daß die holomorphe Reduktion eindeutig bestimmt ist:

2) *Es sei $U \subset Y$ eine offene Teilmenge, so daß $\Phi | V$, $V = \Phi^{-1}(U)$, eineindeutig ist. Dann ist $\Phi | V$ biholomorph.*

Da sich der Begriff „normal" durch eine Fortsetzungseigenschaft holomorpher Funktionen charakterisieren läßt (man vergleiche [10]), folgt außerdem:

3) *Wenn X normal ist, dann ist auch Y normal.*

2. Wir werden in diesem Paragraphen die Remmertsche Reduktionstheorie auf unsere streng-pseudokonvexen offenen Teilmengen $G \Subset X$ anwenden. Wir benötigen dazu zwei leicht zu beweisende Aussagen. Wir zeigen zunächst:

Menge $D \subset Y$ und $X - A$ biholomorph auf $Y - D$ abbildet und außerdem noch folgende Eigenschaft hat:

Zu jeder Umgebung $U = U(D) \subset Y$ und zu jeder in $V = \Phi^{-1}(U)$ holomorphen Funktion g gibt es eine in U holomorphe Funktion f, so daß $g = f \circ \Phi$ ist.

Wählt man für U eine holomorph-vollständige Umgebung, so ist $(\Phi | V, U)$ holomorphe Reduktion von V. Daraus folgt, daß das Paar (Φ, Y) bis auf Äquivalenz eindeutig zu jeder exzeptionellen Menge $A \subset X$ bestimmt ist. Man kann also analytische Mengen, wenn überhaupt, so nur auf eine Weise zu einem Punkt zusammenblasen.

Wir zeigen:

Satz 5. *Es sei X ein komplexer Raum, $A \subset X$ eine nirgends diskrete, kompakte analytische Menge. Dann ist A genau dann exzeptionell, wenn es eine Umgebung $U = U(A) \Subset X$ gibt, die streng pseudokonvex ist, derart, daß A maximale, kompakte analytische Teilmenge von U ist.*

Beweis. Es werde zunächst angenommen, daß die Umgebung $U = U(A)$ existiert. Da dann U holomorph-konvex ist, gibt es die holomorphe Reduktion (Φ^*, W) von U. Nach dem Ergebnis des vorigen Abschnittes bildet Φ^* die Menge A auf eine diskrete Menge $D \subset W$ ab, $\Phi^{*-1}\, \Phi^*(x)$, $x \in U - A$, besteht stets nur aus isolierten Punkten. Da das Urbild jedes Punktes $w \in W$ zusammenhängend ist, gilt $A = \Phi^{*-1}(D)$ und Φ^* bildet $U - A$ eineindeutig und damit biholomorph auf $W - D$ ab. Wir setzen nun $Y = \{y = (w, x) : w = \Phi^*(x), x \notin A\} \cup D \cup X - U$. Y trägt eine natürliche komplexe Struktur, es gibt eine eigentliche holomorphe Abbildung $\Phi : X \to Y$, so daß alle geforderten Eigenschaften erfüllt sind.

Es sei umgekehrt $A \subset X$ eine kompakte exzeptionelle analytische Menge. Wir wählen ein Paar (Φ, Y), so daß den Forderungen der Definition 3 genügt ist. Da Y ein komplexer Raum ist, gibt es eine Umgebung W der Menge $D = \Phi(A)$, die sich durch eine biholomorphe Abbildung τ in ein Gebiet $G \subset C^n$ einbetten läßt. Wir dürfen annehmen, daß $D = y_0$ und $\tau(y_0) = 0 \in C^n$ ist. Es sei $p(z) = z_1\bar{z}_1 + \ldots + z_n\bar{z}_n$. $p(z)$ ist in G streng plurisubharmonisch, ist $\varepsilon > 0$ hinreichend klein gewählt, so ist $V = \{z : p(z) < \varepsilon\}$ eine Umgebung von 0, die relativ-kompakt in G enthalten ist. Wir setzen $U = U(A) = \Phi^{-1} \circ \tau^{-1}(V)$ und $\hat{p}(x) = p \circ \tau \circ \Phi$. $\hat{p}(x)$ ist in $\Phi^{-1}(W) - A$ streng plurisubharmonisch, U wird durch die Ungleichung $\{x : \hat{p}(x) - \varepsilon < 0\}$ gegeben und ist mithin streng pseudokonvex. Da $\tau^{-1}(V)$ holomorph-vollständig ist und deshalb wie im Beweis von Satz 4 folgt, daß $A \subset U$ maximale, kompakte analytische Teilmenge von U ist, haben wir unseren Satz vollständig bewiesen.

§ 3. Das Normalenbündel

1. Es seien X eine kompakte komplexe Mannigfaltigkeit, $F \to X$ ein komplex-analytisches Geradenbündel über X. Bekanntlich ist dann zu F eine Kohomologieklasse $c(F) \in H^2(X, Z)$ definiert. $c(F)$ heißt die Chernsche Klasse von F. Nach einer Definition von K. KODAIRA nennt man F positiv (bzw.

negativ), wenn das Bild von $c(F)$ in $H^2(X, R)$ durch eine reelle, geschlossene Differentialform $\Omega = i \sum_{\nu,\mu=1}^{n} g_{\nu\bar{\mu}}\, dz_\nu \wedge d\bar{z}_\mu$ gegeben werden kann, bei der die zugehörige Hermitesche Form $\sum_{\nu,\mu=1}^{n} g_{\nu\bar{\mu}}\, dz_\nu\, d\bar{z}_\mu$ überall in X positiv (bzw. negativ) definit ist.

Ist $U = \{U_\iota : \iota = 1, \ldots, \iota^*\}$ eine hinreichend feine offene Überdeckung von X, so kann das Geradenbündel F aus einem Kozyklus $h = \{h_{\iota_1\iota_2} : \iota_1, \iota_2 = 1, \ldots, \iota_*\}$ konstruiert werden. Die "transition functions" $h_{\iota_1\iota_2}$ sind in den Durchschnitten $U_{\iota_1\iota_2} = U_{\iota_1} \cap U_{\iota_2}$ holomorph und von Null verschieden. Auf jeder Faser $F_x = \pi^{-1}(x)$, $x \in U_\iota$, gibt es bezüglich ι eine kanonische Koordinate w_ι. Gilt $x \in U_{\iota_1\iota_2}$, so besteht die Koordinatentransformation $w_{\iota_1} = h_{\iota_1\iota_2}(x) \cdot w_{\iota_2}$.

Kodaira hat mit Hilfe von Methoden der verallgemeinerten Potentialtheorie gezeigt[5]):

Das Geradenbündel F ist positiv (negativ) dann und nur dann, wenn es ein System von reellwertigen, in U_ι zweimal stetig differenzierbaren Funktionen p_ι gibt, so daß in allen Durchschnitten $U_{\iota_1\iota_2}$ die Beziehung $p_{\iota_1} = |h_{\iota_1\iota_2}(x)| \cdot p_{\iota_2}$ gilt, in allen U_ι die Werte $p_\iota(x) \neq 0$ sind und die Hermitesche Form $\sum \frac{\partial^2 \lg p_\iota}{\partial z_\nu \partial \bar{z}_\mu} dz_\nu d\bar{z}_\mu$ positiv (negativ) definit ist.

Unter Verwendung dieses Ergebnisses läßt sich zeigen:

Satz 1. *Ein Geradenbündel F über einer komplexen Mannigfaltigkeit X ist genau dann negativ, wenn die Nullschnittfläche $\mathfrak{O} \subset F$ exzeptionell ist.*

Beweis. Es werde zunächst angenommen, daß F negativ ist. Wir wählen dann eine Überdeckung $U = \{U_\iota\}$, zu der ein Kozyklus h existiert. $\{p_\iota\}$ sei sodann ein System von reellwertigen Funktionen im Sinne des Kodairaschen Satzes. Wir setzen $T_\iota = \{y \in \pi^{-1}(U_\iota) : |w_\iota(y)| < p_\iota(\pi(y))\}$. Offenbar ist $T = \bigcup_\iota T_\iota$ eine Umgebung der Nullschnittfläche $\mathfrak{O} \subset F$, für die gilt: $T \cap \pi^{-1}(U_\iota) = T_\iota$. T_ι ist ein Hartogsscher Körper. Nun ist ein Hartogsscher Körper $\{|w_\iota| < p_\iota(x)\}$ genau dann streng pseudokonvex, wenn die Funktion $-\lg p_\iota(x)$ streng plurisubharmonisch ist. Also muß T streng pseudokonvex sein.

Nach § 2, Satz 3 gibt es eine kompakte Menge $K \subset T$, so daß jede nirgends diskrete, analytische kompakte Menge $A \subset T$ schon in K enthalten ist. Da jede Faser von F ein (eindimensionaler) komplexer Vektorraum ist, operiert der komplexe Zahlkörper in F: die Multiplikation mit einer komplexen Zahl $c \neq 0$ liefert eine fasertreue biholomorphe Abbildung c von F auf sich selbst.

Ist A nicht in $\mathfrak{O}$ enthalten, so gilt für ein geeignetes c sicher: $c \cdot A \subset T$, aber nicht $c \cdot A \subset K$. Da $c \cdot A$ ebenfalls eine kompakte analytische Teilmenge ist, erhält man einen Widerspruch.

---

[5]) Man vgl. [19]. Es ist trivial, daß das Kriterium hinreichend ist. Die Notwendigkeit folgt aus den Sätzen, daß jede komplexe Mannigfaltigkeit mit positiven (negativen) Geradenbündel kählersch ist und daß auf einer kählerschen Mannigfaltigkeit sich die Kohomologiegruppe $H^1(X, C)$ zerspaltet in die direkte Summe: $H^1(X, C) \cong H^{1,0}(X) + H^{0,1}(X)$.

Die Nullschnittfläche $\mathfrak{O}$ ist maximale kompakte analytische Teilmenge von T, $\mathfrak{O}$ ist exzeptionell.

Es werde umgekehrt $\mathfrak{O} \subset F$ als exzeptionell vorausgesetzt. Wie im Beweise des Satzes 5 aus § 2 kann man dann in einer Umgebung $T = T(\mathfrak{O})$ eine (reell-analytische) reellwertige Funktion p konstruieren, die folgende Eigenschaften hat:

1) $p(y) \geqq 0$, $\{p(y) = 0\} = \mathfrak{O}$.

2) $p(y)$ ist in $T - \mathfrak{O}$ streng plurisubharmonisch.

Wir setzen $\tilde{p}(y) = \frac{1}{2\pi} \int\limits_0^{2\pi} p(e^{i\vartheta} \cdot y)\, d\vartheta$. $\tilde{p}(y)$ ist in $\tilde{T} = \overset{\circ}{\bigcap\limits_{0 \leq \vartheta \leq 2\pi}} e^{i\vartheta} \cdot T$ wohldefiniert, invariant gegenüber Abbildungen $y \to e^{i\vartheta} \cdot y$ und hat in bezug auf $\tilde{T}$ die Eigenschaften 1 und 2. Eine leichte Rechnung zeigt: Für jedes $x \in X$ gilt auf $F_x \cap \tilde{T} : dp_x \neq 0$, wenn $p_x = \tilde{p} \,|\, F_x \cap \tilde{T}$ gesetzt wird. Ist $\varepsilon > 0$ hinreichend klein, so gilt $T_1 = \{x \in \tilde{T} : \tilde{p}(x) < \varepsilon\} \Subset \tilde{T}$. Der Durchschnitt $U_\iota \cap T_1$ kann durch eine Ungleichung $\{|w_\iota| < p_\iota(x)\}$ gegeben werden. Da T_1 streng pseudokonvex ist, ergibt sich, daß die Form $\sum \frac{\partial^2 \lg p_\iota}{\partial z_\nu \partial \bar{z}_\mu} dz_\nu d\bar{z}_\mu$ in ganz U_ι negativ definit ist. Damit folgt für das System $\{p_\iota\}$ das Kriterium des Kodairaschen Satzes. F ist negativ und Satz 1 bewiesen.

Die Kodairasche Definition des positiven (negativen) Geradenbündels wurde von AKIZUKI und NAKANO[6]) auf (komplex-analytische) Vektorraumbündel V übertragen. Anstelle der Formen $\sum \frac{\partial^2 \lg p_\iota}{\partial z_\nu \partial \bar{z}_\mu} dz_\nu d\bar{z}_\mu$ verwenden die beiden Autoren zu ihrer Definition eine Krümmungsform, die von einer (gegebenen) Metrik auf X und einer Metrik auf den Fasern von V abhängt. Der neu gewonnene Begriff ist also keine reine Invariante der analytischen Struktur von V.

Wie man leicht durch elementare Rechnung zeigen kann, besitzt bei jedem negativen Vektorraumbündel V die Nullschnittfläche $\mathfrak{O} \subset V$ eine streng pseudokonvexe Umgebung. Einfache Beispiele (z. B. das kovariante Tangentialbündel über dem P^2) lehren jedoch, daß es auch nicht negative Vektorraumbündel mit dieser Eigenschaft gibt. Wir definieren deshalb:

Definition 1. *Ein Vektorraumbündel V über einem komplexen Raum X heißt schwach negativ, wenn es eine streng pseudokonvexe Umgebung $T = T(\mathfrak{O}) \Subset V$ um die Nullschnittfläche $\mathfrak{O} \subset V$ gibt.*

Wie im Beweis von Satz 1 folgt, daß $\mathfrak{O} \subset T$ maximal ist. $\mathfrak{O}$ ist also bei schwach negativen Vektorraumbündeln exzeptionell. Die Umkehrung dieser Aussage gilt natürlich auch.

Definition 2. *Ein Vektorraumbündel V über einem komplexen Raum X heißt schwach positiv, wenn das zu V duale Vektorraumbündel V^* schwach negativ ist.*

---

[6]) Man vgl. [15]. Die Verallgemeinerung wurde auch wohl von KODAIRA selbst vorgenommen.

Wir zeigen noch:

(*) Ein Geradenbündel F über einem komplexen Raum X ist genau dann positiv (negativ), wenn eine (Tensor-) Potenz F^k positiv (bzw. negativ) ist, $k = 1, 2, 3, \ldots$.

Beweis. Wie gezeigt, operiert die multiplikative Gruppe der komplexen Zahlen C^* auf F und F^k. F (bzw. F^k) ist daher genau dann negativ, wenn es eine streng pseudokonvexe Umgebung um $\mathfrak{O} \subset F$ (bzw. $\mathfrak{O} \subset F^k$) gibt, die gegenüber C^* invariant ist. Nun bildet die durch $\xi \to \underbrace{\xi \otimes \xi \otimes \cdots \otimes \xi}_{\text{k-mal}}$ definierte holomorphe Abbildung $\tau : F \to F^k$ solche Umgebungen in F auf solche in F^k ab. Analoges gilt für τ^{-1}, woraus sich unmittelbar die Behauptung ergibt.

2. Wir nennen einen kompakten komplexen Raum X projektiv algebraisch, wenn es eine biholomorphe Abbildung ψ von X auf eine kompakte analytische Menge $A \subset P^n$ gibt. Da A nach dem Satz von Chow eine algebraische Menge ist, trägt jeder projektiv algebraische Raum X eine natürliche algebraische Struktur. Die meromorphen Funktionen in X sind die rationalen Funktionen. Die algebraische Struktur ist also unabhängig von ψ. Bezeichnet E eine $(n-1)$-dimensionale Ebene im P^n und F das Geradenbündel, das zu dem Divisor $(-E)$ gehört, also eine meromorphe Schnittfläche besitzt, die genau E zur Polstellenfläche 1. Ordnung hat, so ist F ein negatives Geradenbündel über dem P^n. Das gleiche gilt für $F|A$ und für das Urbild $F^* = \psi^*(F|A)$. Es gibt also über jedem projektiv algebraischen Raum X ein negatives Geradenbündel. Wir zeigen umgekehrt:

Satz 2. *Es seien X ein kompakter komplexer Raum, V ein schwach negatives Vektorraumbündel über X. Dann ist X projektiv algebraisch.*

Zum Beweise führen wir zunächst folgende Betrachtung durch. Es bezeichne $\mathfrak{O} \subset V$ die Nullschnittfläche, $\mathfrak{m}$ die Garbe der Keime von lokalen holomorphen Funktionen, die auf $\mathfrak{O}$ verschwinden. Jede Garbe $\mathfrak{Q}_k = \mathfrak{m}^k/\mathfrak{m}^{k+1}|\mathfrak{O}$ ist eine freie analytische Garbe über $\mathfrak{O} \cong X$.

Die Fasern V_x von V sind komplexe Vektorräume endlicher Dimension. Der Begriff des homogenen Polynoms in V_x ist also wohldefiniert. Es sei $\mathfrak{P}_k \subset \mathfrak{m}^k$ über V die (nicht-analytische) Garbe der Keime von solchen lokalen holomorphen Funktionen, die auf den Fasern homogene Polynome k-ten Grades sind. Wir haben für jeden Punkt $x \in \mathfrak{O}$ einen Isomorphismus $q_{kx} : \mathfrak{Q}_{kx} \rightleftarrows \Gamma(V_x, \mathfrak{P}_k)$. Die Abbildung q_{kx} hängt stetig von x ab. Wir setzen $q_k = \{q_{kx}\}$. Bezeichnet f_x einen holomorphen Funktionskeim, so läßt sich f_x in eine Potenzreihe $f_x = \sum_{k=0}^{\infty} f_{kx}$ mit $f_{kx} \in \Gamma(V_x, \mathfrak{P}_k) \cong \mathfrak{Q}_{kx}$ entwickeln.

Ist $\mathfrak{S}$ eine kohärente analytische Garbe über X, so bezeichne $\hat{\mathfrak{S}}$ die kohärente analytische Urbildgarbe von $\mathfrak{S}$ bezüglich der Projektion $\pi : V \to X$. Man hat Homomorphismen $\pi_x^* : \mathfrak{S}_x \to \Gamma(V_x, \hat{\mathfrak{S}}_x)$. Die Abbildung $\pi^* = \{\pi_x^*\}$ ist wieder über ganz X stetig. Durch q_k und π^* wird schließlich für jedes ν ein Homomorphismus $\lambda_{\nu k} : H^\nu(X, \mathfrak{S} \otimes \mathfrak{Q}_k) \to H^\nu(\mathfrak{O}, \hat{\mathfrak{S}} \cdot \mathfrak{m}^k)$ induziert.

Ist $x \in \mathfrak{O}$ und $\sigma \in \hat{\mathfrak{S}}_x$, so besteht eine eindeutig bestimmte Potenzreihenentwicklung $\sigma = \sum_{k=0}^{\infty} \sigma_k$ mit $\sigma_k \in \mathfrak{S}_k \otimes \mathfrak{Q}_{k\,x}$. Ebenso läßt sich jede Kohomologieklasse $\xi \in H^\nu(\mathfrak{O}, \hat{\mathfrak{S}})$ in eine Potenzreihe $\xi = \sum_{k=0}^{\infty} \xi_k$ mit $\xi_k \in H^\nu(X, \mathfrak{S} \otimes \mathfrak{Q}_k)$ entwickeln. Die Reihe von $\xi = \lambda_{\nu k}(\eta)$, $\eta \in H^\nu(X, \mathfrak{S} \otimes \mathfrak{Q}_k)$ enthält ξ an der k-ten Stelle. Alle übrigen Glieder sind null.

Wir zeigen:

Hilfssatz 1. *Zu jeder kohärenten analytischen Garbe $\mathfrak{S}$ über X gibt es eine natürliche Zahl k_0, so daß für $k \geqq k_0$ gilt:*

$$H^\nu(X, \mathfrak{S} \otimes \mathfrak{Q}_k) = 0, \quad \nu = 1, 2, 3, \ldots .$$

Beweis. Wir wählen eine streng pseudokonvexe Umgebung $T = T(\mathfrak{O}) \subset V$ und bezeichnen mit $\sum$ die direkte Summe. Wie unmittelbar aus der Potenzreihenentwicklung ersichtlich, ist die natürliche Abbildung: $\sum_k H^\nu(X, \mathfrak{S} \otimes \mathfrak{Q}_k) \to$ $\to H^\nu(\mathfrak{O}, \hat{\mathfrak{S}})$ injektiv. Mithin ist auch λ_ν: $\sum_k H^\nu(X, \mathfrak{S} \otimes \mathfrak{Q}_k) \to H^\nu(T, \hat{\mathfrak{S}})$ injektiv. Wäre nun unser Hilfssatz falsch, so müßte $\sum_k H^\nu(X, \mathfrak{S} \otimes \mathfrak{Q}_k)$ und somit auch der komplexe Vektorraum $H^\nu(T, \hat{\mathfrak{S}})$ unendliche Dimension haben. Ein in [6] bewiesener Satz besagt jedoch:

(*) Es seien Y eine komplexe Mannigfaltigkeit, $G \Subset X$ ein streng pseudokonvexes Teilgebiet. Dann ist $\dim_C H^\nu(G, \mathcal{O}) < \infty$.

Der in [6] angegebene Beweis von (*) bleibt richtig, wenn X durch einen komplexen Raum und $\mathcal{O}$ durch eine beliebige kohärente analytische Garbe ersetzt wird. In unserem Falle ist also auch $\dim H^\nu(T, \hat{\mathfrak{S}}) < \infty$. Widerspruch! Damit ist der Hilfssatz bewiesen.

Im Falle, daß $V = F$ ein komplex-analytisches Geradenbündel über X ist, gilt $\mathfrak{Q}_k \approx (\underline{F}^*)^k$, wobei F^* das zu F duale Geradenbündel und $(F^*)^k$ seine k-fache Tensorpotenz bezeichnet. Man hat deshalb zu Hilfssatz 1 folgendes:

Korollar. *Es seien F ein positives Geradenbündel über X, $\mathfrak{S}$ eine über X kohärente analytische Garbe. Dann gibt es eine natürliche Zahl k_0, so daß für $k \geqq k_0$ die Kohomologiegruppen $H^\nu(X, \mathfrak{S} \otimes \underline{F}^k) = 0$ sind, $\nu = 1, 2, 3, \ldots$.*

Zum Beweise von Satz 2 wählen wir für $\mathfrak{S}$ die Garbe $\mathfrak{S}(x_1, x_2)$ der Keime von lokalen holomorphen Funktionen auf X, die in $x_1, x_2 \in X$ verschwinden. Gilt $x_1 = x_2$, so bestehe $\mathfrak{S}(x_1, x_2)$ aus allen holomorphen Funktionskeimen, die in $x_1 = x_2$ Nullstellen zweiter Ordnung haben, also dort im Quadrat des maximalen Ideals enthalten sind. Es gibt nun ein $k_0 = k_0(x_1, x_2)$, so daß insbesondere $H^1(X, \mathfrak{S}(x_1, x_2) \otimes \mathfrak{Q}_{k_0}) = 0$ gilt. Aus der exakten Sequenz:

$$0 \to \mathfrak{S}(x_1, x_2) \otimes \mathfrak{Q}_{k_0} \to \mathcal{O} \otimes \mathfrak{Q}_{k_0} \to \sigma(x_1, x_2) \otimes \mathfrak{Q}_{k_0} \to 0,$$

in der $\mathcal{O}$ die Garbe der lokalen Ringe und $\sigma(x_1, x_2)$ die Quotientengarbe $\mathcal{O}/\mathfrak{S}(x_1, x_2)$ bezeichnet, erhält man sodann die exakte Sequenz:

$$(*) \qquad \Gamma(X, \mathfrak{Q}_{k_0}) \to \Gamma(X, \sigma(x_1, x_2) \otimes \mathfrak{Q}_{k_0}) \to 0 .$$

Die Garbe $\mathfrak{Q}_{k_0}$ ist über ganz X frei. Es ist also ein Vektorraumbündel Q_{k_0} bestimmt, derart, daß die Garbe der Keime von lokalen holomorphen Schnittflächen in Q_{k_0} zu $\mathfrak{Q}_{k_0}$ isomorph ist. Wie man unmittelbar sieht, ist die Garbe $\sigma(x_1, x_2)$ im Falle $x_1 \neq x_2$ über $X - x_1 - x_2$ die Nullgarbe und hat über x_ν den Halm $Q_{k_0 x_\nu}$, $\nu = 1, 2$. Im Falle $x_1 = x_2 = x_0$ ist $\sigma(x_1, x_2)$ in $X - x_0$ identisch Null und besteht über x_0 aus dem Halm $(\mathcal{O}_{x_0}/\mathfrak{m}^2_{x_0}) \otimes Q_{k_0 x_0}$, wobei $\mathfrak{m}^2_{x_0}$ das Quadrat des maximalen Ideals in x_0 bezeichnet. Es folgt deshalb:

(1) Es gibt, ob $x_1 = x_2$ oder $x_1 \neq x_2$ ist, stets Umgebungen $U_1 = U(x_1)$ und $U_2 = U(x_2)$, so daß für (x_1', x_2') mit $x_1' \in U_1$, $x_2' \in U_2$ ebenfalls die exakte Sequenz (*) richtig ist.

Die natürliche Abbildung der k_0'-fachen symmetrischen Potenz $\hat{Q}$ des Vektorraumbündels Q_{k_0} in $Q_{k_0 k_0'}$ ist surjektiv. Durch Bildung symmetrischer Produkte von Schnittflächen aus $\Gamma(X, \mathfrak{Q}_{k_0})$ erhält man Schnittflächen in $Q_{k_0 k_0'}$. Es folgt deshalb:

(2) Besteht für (x_1, x_2) die exakte Sequenz:

$$\Gamma(X, \mathfrak{Q}_{k_0}) \to \Gamma(X, \sigma(x_1, x_2) \otimes \mathfrak{Q}_{k_0}) \to 0 ,$$

so ist, falls k_0 die natürliche Zahl k_1 teilt, auch die Sequenz:

$$\Gamma(X, \mathfrak{Q}_{k_1}) \to \Gamma(X, \sigma(x_1, x_2) \otimes \mathfrak{Q}_{k_1}) \to 0$$

exakt. Da X kompakt ist, ergeben (1) und (2) zusammen:

(3) Es gibt eine natürliche Zahl k, so daß für alle Punktpaare (x_1, x_2) mit $x_1 \in X$, $x_2 \in X$ die Sequenz:

$$(**) \qquad \Gamma(X, \mathfrak{Q}_k) \to \Gamma(X, \sigma(x_1, x_2) \otimes \mathfrak{Q}_k) \to 0$$

exakt ist.

Es sei nun l die Dimension der Vektorräume $Q_{k x}$. Aus (**) folgt:

(4) Es gibt zu jedem Punkt $x \in X$ holomorphe Schnittflächen $s_1, \ldots, s_l \in \Gamma(X, \mathfrak{Q}_k)$, so daß die Vektoren $s_1(x), \ldots, s_l(x) \in Q_{k x}$ linear unabhängig sind.

Wir setzen $q = \dim_C \Gamma(X, \mathfrak{Q}_k)$ und $C_{lq} = \underbrace{C^l \times \ldots \times C^l}_{q\text{-mal}}$. Die lineare Gruppe $GL(l, C)$ operiert in natürlicher Weise auf den Unterraum $C^*_{lq} = \{(z_1, \ldots, z_q) \in C_{lq}, \operatorname{Rang}(z_1, \ldots, z_q) = l\}$. Der Quotientenraum $D = C^*_{lq}/GL(l, C)$ ist nichts anderes als die Grasmannsche Mannigfaltigkeit $P(q - l, q)$ der $(q - l)$-dimensionalen Ebenen im C^q. D ist also eine kompakte projektiv algebraische Mannigfaltigkeit.

Es seien nun $s_1, \ldots, s_q$ eine Basis von $\Gamma(X, \mathfrak{Q}_k)$. Wegen (4) definieren $s_1, \ldots, s_q$ eine holomorphe Abbildung $\psi: X \to D$. Aus (3) folgt, daß ψ sogar eine biholomorphe Einbettung ist. Denn ψ ist eineindeutig und für jeden Punkt $x \in X$ ist die Abbildung:

$$\mathcal{O}_y \to \mathcal{O}_x \to \mathcal{O}_x/\mathfrak{m}_x^2$$

surjektiv, wenn $y = \psi(x) \in D$ ist und $\mathcal{O}_y$ den lokalen Ring in y, $\mathcal{O}_x$ den lokalen Ring in x und $\mathfrak{m}_x \subset \mathcal{O}_x$ das maximale Ideal bezeichnen. Durch eine biholomorphe Abbildung $D \to P^m$ gelingt es sodann, X in einen komplex projektiven Raum biholomorph einzubetten. X ist also projektiv algebraisch, q. e. d.

3. Wir geben in diesem Abschnitt eine Anwendung von Satz 2. Es sei wieder X ein komplexer Raum, $N \subset X$ bezeichne die Menge der nicht regulären Punkte von X. N ist eine analytische Menge und es gilt überall $\dim_x N < \dim_x X$. Wir nennen eine Hermitesche Metrik $ds^2 = \sum g_{i\bar{k}}\, dz_i\, d\bar{z}_k$ in $X - N$ (mit dort stetigen Koeffizienten $g_{i\bar{k}}$) eine Kählersche Metrik in X, wenn es zu jedem Punkt $x \in X$ eine Umgebung U und eine in U streng plurisubharmonische Funktion p gibt, so daß in $U - N$ gilt: $g_{i\bar{k}} = \frac{\partial^2 p}{\partial z_i\, \partial \bar{z}_k}$. p heißt wie üblich eine lokale Potentialfunktion zu ds^2.

Es sei fortan über X eine solche Kählersche Metrik gegeben. Wir überdecken X mit offenen Mengen U_ι, $\iota \in I$, derart, daß in jedem U_ι eine Potentialfunktion p_ι existiert. Die Differenzen $p_{\iota_2} - p_{\iota_1} = h_{\iota_1 \iota_2}$ sind in den Mengen $U_{\iota_1} \cap U_{\iota_2} - N$ pluriharmonisch. Jeder Punkt eines komplexen Raumes besitzt eine (kompakte) Umgebung, die eine reell-analytische Triangulierung gestattet (man vgl. zum Beweis [14]). Es gibt deshalb auch zu jedem Punkt x beliebig kleine triangulierte Umgebungen U, die bezüglich ihrer Triangulierung ein Stern sind. Gilt $U \subset U_{\iota_1 \iota_2}$, so ist in U das Integral $\frac{1}{i} \int (d' h_{\iota_1 \iota_2} - d'' h_{\iota_1 \iota_2})$ vom Wege unabhängig, da die totale Ableitung des Integranden verschwindet. Das Integral bestimmt also eine in U stetige Funktion $h'_{\iota_1 \iota_2}$. Die Summe $f = h_{\iota_1 \iota_2} + i h'_{\iota_1 \iota_2}$ ist in $U - N$ holomorph. Es wird im allgemeinen nicht möglich sein, die Holomorphie von f in ganz U nachzuweisen. Jedoch ist f sicher in U holomorph, wenn X normal ist, da dann die Fortsetzungssätze von RIEMANN gelten.

Es gibt nun, da X kompakt und mithin erst recht parakompakt ist, eine Verfeinerung $\mathfrak{V} = \{V_\nu : \nu \in N\}$ von $\mathfrak{U} = \{U_\iota : \iota \in J\}$ und eine Verfeinerungsabbildung $\tau : N \to J$, so daß jeder Durchschnitt $V_{\nu_1 \nu_2} = V_{\nu_1} \cap V_{\nu_2}$ in einer Umgebung $U \subset U_{\iota_1 \iota_2}$ enthalten ist. Wir setzen $h_{\nu_1 \nu_2} = h_{\iota_1 \iota_2} | V_{\nu_1 \nu_2}$ und bestimmen in $V_{\nu_1 \nu_2}$ Funktionen $h'_{\nu_1 \nu_2}$, so daß $f_{\nu_1 \nu_2} = h_{\nu_1 \nu_2} + i h'_{\nu_1 \nu_2}$ in $V_{\nu_1 \nu_2} - N$ holomorph ist. $\xi = \delta \frac{-1}{2i} \{f_{\nu_1 \nu_2}\}$ ist ein Kozyklus aus $Z^2(\mathfrak{V}, R)$, wobei R die Garbe konstanter reeller Funktionen bezeichnet. Es ist leicht einzusehen, daß ξ die der reellen geschlossenen Form $\Omega = i \sum g_{i\bar{k}}\, dz_i \wedge d\bar{z}_k$ durch die Auflösung $0 \to R \to \to \Omega_0 \to \Omega_1 \to \Omega_2$ zugeordnete Kohomologieklasse ξ^* erzeugt, wobei Ω_ν die Garbe der reellen $(2 - \nu)$-mal stetig differenzierbaren Differentialformen bezeichnet, die auf komplexen Räumen analog zur Definition 2 aus § 1 zu erklären sind. Wir nennen deshalb ξ^* die Periodenklasse unserer Kählerschen Metrik. Es gibt eine natürliche Abbildung $H^2(X, Z) \to H^2(X, R)$, wobei Z die konstante Garbe der ganzen Zahlen bezeichnet.

Definition 3. *Eine Kählersche Metrik ds^2 auf einem komplexen Raum X heißt eine Hodgesche Metrik, wenn ihre Periodenklasse ξ im Bild von $H^2(X, Z)$ liegt. Ein kompakter komplexer Raum X mit Hodgescher Metrik wird ein Hodgescher Raum genannt.*

Analog zu einem fundamentalen Satz von KODAIRA [13] gilt:

Satz 3. *Jeder normale Hodgesche Raum X ist projektiv algebraisch.*

Beweis. Wir konstruieren zu einer Überdeckung $\mathfrak{V} = \{V_\nu\}$ die Funktionen $p_\nu = p_\iota | V_\nu$ und $f_{\nu_1\nu_2}$. Da ξ^* im Bild von $H^2(X, Z)$ liegt, können wir (genauer: nach einer Verfeinerung von $\mathfrak{V}$) die Funktionen $h'_{\nu_1\nu_2}$ so wählen, daß $\delta \frac{-1}{2i} \{f_{\nu_1\nu_2}\} = \xi \in Z^2(\mathfrak{V}, Z)$ gilt. Wir definieren $g_{\nu_1\nu_2} = e^{2\pi f_{\nu_1\nu_2}}$ in allen Durchschnitten $V_{\nu_1\nu_2}$ und setzen $\hat{p}_\nu = e^{-2\pi p_\nu}$. Es gilt $\delta(g_{\nu_1\nu_2}) = 0$ und $\hat{p}_{\nu_1} = g_{\nu_1\nu_2} \cdot \hat{p}_{\nu_2}$. Der Kozyklus $\{g_{\nu_1\nu_2}\}$ definiert also ein Geradenbündel F über X, der Bereich $\{|w_\nu| < \hat{p}_\nu\}$ ist nach § 3.1 eine streng pseudokonvexe Umgebung T um $\mathfrak{O} \subset F$. F ist damit negativ und X projektiv algebraisch.

Wenn X nicht normal ist, so läßt sich das Geradenbündel F nicht konstruieren. In diesem Falle dürfte, wenn man nur fordert, daß die Koeffizienten der Metrik stetig sind, der Satz 3 im allgemeinen falsch sein.

4. Es sei X ein kompakter komplexer Raum und D ein holomorpher Divisor über X. Die Nullstellenmenge von D sei mit A, das durch D definierte Geradenbündel sei mit F bezeichnet.

Satz 4. *Es sei $F|A$ positiv, $X - A$ enthalte keine nirgends diskreten, kompakten analytischen Teilmengen. Dann ist F über ganz X positiv und $X - A$ trägt eine natürliche affin-algebraische Struktur.*

Wir zeigen zum Beweis von Satz 4 zunächst folgendes wichtige

Lemma. *Ein Geradenbündel F über einem kompakten komplexen Raum X ist positiv, wenn es zu jeder kompakten, irreduziblen nirgends diskreten analytischen Menge $A \subset X$ eine natürliche Zahl k und eine über A holomorphe Schnittfläche s in $F^k | A$ gibt, die auf A wenigstens eine Nullstelle hat, jedoch dort nicht identisch verschwindet.*

Wir beweisen das Lemma durch vollständige Induktion über $\dim X$. Im Falle $\dim X = 0$ ist das Lemma trivial. Wir brauchen also nur den Induktionsschluß durchzuführen. Es werde zunächst vorausgesetzt, daß X irreduzibel ist.

Nach Voraussetzung gibt es für eine natürliche Zahl k_0 eine nicht identisch verschwindende Schnittfläche $s = s_0 \in \Gamma(X, \underline{F}^{k_0})$, die in X eine nicht leere Nullstellenmenge X_1 besitzt. X_1 ist eine analytische Menge und damit ein komplexer Unterraum von X. Es gilt $\dim X_1 < \dim X$ und nach Induktionsvoraussetzung also auf jeden Fall, daß $F | X_1$ positiv ist. Der offene Raum $X - X_1 = \mathring{X}$ kann keine kompakten nirgends diskreten analytischen Teilmengen A enthalten, da andernfalls $F^{k_0} | A$ eine nirgends verschwindende holomorphe Schnittfläche besäße und somit trivial wäre. Es gäbe dann über keiner zusammenhängenden Komponente von A eine Schnittfläche von der im Lemma geforderten Art.

Durch die Zuordnung $f_x \to s_x \cdot f_x$ erhält man einen Homomorphismus $\lambda : \mathcal{O}(X) \to \underline{F}^{k_0}$ und mithin eine exakte Sequenz:

$$(*) \qquad 0 \to \mathcal{O} \to \underline{F}^{k_0} \to \mathfrak{Q} \to 0,$$

wobei $\mathfrak{Q}$ die Quotientengarbe $\underline{F}^{k_0}/\lambda(\mathcal{O})$ bezeichnet. Es sei $\mathfrak{m}$ die Garbe der Keime derjenigen holomorphen Funktionen, die auf X_1 verschwinden. Setzen wir $\mathfrak{Q}_\nu = \mathfrak{m}^\nu \cdot \mathfrak{Q}$, $\nu = 1, 2, 3, \ldots$, $\mathfrak{Q}_0 = \mathfrak{Q}$, so gilt $\mathfrak{Q}_{\nu+1} \subset \mathfrak{Q}_\nu$, $\nu = 0, 1, 2, \ldots$. Da $\mathfrak{Q}$ in $X - X_1$ die Nullgarbe ist, gibt es nach [8] eine natürliche Zahl ν_0, so daß $\mathfrak{Q}_{\nu_0} = 0$ ist. Jeder Quotient $\mathfrak{Q}_\nu/\mathfrak{Q}_{\nu+1}$ kann als analytische Garbe über X_1 aufgefaßt werden. Man hat $\mathfrak{Q}/\mathfrak{Q}_1 = \underline{F}_1^{k_0}$, wenn $F_1 = F \mid X_1$ gesetzt wird.

F_1 ist nach Induktionsvoraussetzung positiv. Also gilt, wenn k_1 hinreichend groß gewählt ist:

$$H^\mu(X_1, \mathfrak{Q}_\nu/\mathfrak{Q}_{\nu+1} \otimes F_1^{k_1}) = 0$$

für $\nu = 0, 1, 2, \ldots$, $\mu = 1, 2, 3, \ldots$. Aus den exakten Sequenzen:

$$0 \to \mathfrak{Q}_{\nu+1} \otimes \underline{F}^{k_1} \to \mathfrak{Q}_\nu \otimes \underline{F}^{k_1} \to \mathfrak{Q}_\nu/\mathfrak{Q}_{\nu+1} \otimes \underline{F}_1^{k_1} \to 0$$

folgt sodann durch Induktion:

$$H^\mu(X_1, \mathfrak{Q}_\nu \otimes \underline{F}^{k_1}) = 0, \quad \mu = 1, 2, 3, \ldots.$$

Somit besteht die exakte Sequenz:

$$0 \to \Gamma(X, \mathfrak{Q}_1 \otimes \underline{F}^{k_1}) \to \Gamma(X, \mathfrak{Q} \otimes \underline{F}^{k_1}) \to \Gamma(X_1, \underline{F}_1^{k_0 + k_1}) \to 0\,.$$

Man kann daher jede holomorphe Schnittfläche in $F_1^{k_0 + k_1}$ zu einer Schnittfläche aus $\Gamma(X, \mathfrak{Q} \otimes \underline{F}^{k_1})$ fortsetzen. Ferner ist die zu (*) gehörende Kohomologiesequenz:

$$(**) \qquad \begin{aligned} &\Gamma(X, \underline{F}^{k_0 + k_1}) \longrightarrow \Gamma(X, \mathfrak{Q} \otimes \underline{F}^{k_1}) \to \\ &H^1(X, \underline{F}^{k_1}) \xrightarrow{\alpha} H^1(X, \underline{F}^{k_0 + k_1}) \to 0 \end{aligned}$$

exakt. Daraus ergibt sich zunächst, daß $\dim H^1(X, \underline{F}^{k_0+k_1}) \leqq \dim H^1(X, F^{k_1})$ gilt. Da (**) jedoch für jedes große k_1 gilt, die Vektorräume $H^1(X, \underline{F}^{k_1})$ endlich dimensional sind und ihre Dimension sich daher nicht beliebig oft verkleinern kann, folgt:

Ist k_1 hinreichend groß gewählt, so ist α injektiv. Dann ist:

$$\Gamma(X, \underline{F}^{k_0 + k_1}) \to \Gamma(X, \mathfrak{Q} \otimes \underline{F}^{k_1}) \to 0$$

exakt. Wir können also jede Schnittfläche aus $\Gamma(X, \mathfrak{Q} \otimes F^{k_1})$ weiter zu einer Schnittfläche aus $\Gamma(X, \underline{F}^{k_0+k_1})$ fortsetzen.

Es seien $s_1^*, \ldots, s_l^*$ Schnittflächen aus $\Gamma(X_1, \underline{F}^{k_0+k_1})$, die für diesen Vektorraum eine Basis bilden. Nach dem Beweis von Satz 2 gibt es beliebig große k_1, so daß die $s_1^*, \ldots, s_l^*$ eine biholomorphe Abbildung von X_1 in einen komplex projektiven Raum definieren. $s_1^*, \ldots, s_l^*$ verschwinden also in keinem Punkt von X_1 simultan. Wir setzen $s_1^*, \ldots, s_l^*$ zu Schnittflächen $s_1, \ldots, s_l$ aus $\Gamma(X, \underline{F}^{k_0+k_1})$ fort. Es gibt dann keinen Punkt $x \in X$, in dem $s_\nu(x) = 0$ gilt, für $\nu = 0, 1, \ldots, l$.

Es sei V das zu $F^{k_0+k_1}$ duale Geradenbündel über X. Die Schnittflächen s_ν lassen sich als (entlang den Fasern) lineare holomorphe Funktionen auf V deuten. V ist also holomorph-konvex. Es sei nun $A \subset V$ eine nirgends diskrete zusammenhängende kompakte analytische Menge. Die Funktionen $s_\nu \mid A$ sind dann konstant. Bezeichnet π die Projektion $V \to X$, $\mathfrak{O} \subset V$ die Nullschnittfläche, so gilt deshalb:

$$A \subset \pi^{-1}(X - X_1) - \mathfrak{O} \quad \text{oder} \quad A \subset \pi^{-1}(X_1) - \mathfrak{O} \quad \text{oder} \quad A \subset \mathfrak{O}\,.$$

Da $V \mid X_1$ nach Induktionsvoraussetzung negativ ist, kann A nicht in $\pi^{-1}(X_1) - \mathfrak{O}$ enthalten sein. Läge A in $\pi^{-1}(X - X_1) - \mathfrak{O}$, so wäre nach dem

Remmertschen Projektionssatz, das Bild $A^* = \pi(A) \subset X - X_1$ eine kompakte analytische Menge mit $\dim A^* > 0$. Die gibt es, wie gezeigt wurde, jedoch nicht. Also muß $A \subset \mathfrak{O}$ gelten, d. h. $\mathfrak{O}$ ist maximale kompakte analytische Teilmenge von V und damit nach dem Remmertschen Reduktionssatz exzeptionell. V ist negativ und F positiv.

Es sei jetzt X beliebig, X zerfalle in die irreduziblen Komponenten $X_1, \ldots, X_s$. Offenbar haben wir das Lemma vollständig bewiesen, wenn wir folgende Aussage hergeleitet haben:

Die Beschränkungen F_ν des Geradenbündels F auf X_ν, $\nu = 1, \ldots, s$ seien positiv. Dann ist F über ganz X positiv.

Beweis. Wir führen vollständige Induktion nach s und setzen $X' = \bigcup_{\nu=2}^{s} X_\nu$ und $F' = F|X'$. Nach Induktionsvoraussetzung ist F' positiv. Bezeichnet $\mathfrak{m}$ die Idealgarbe von X_1, so kann man $\mathfrak{m}$ auch als analytische Garbe über X' auffassen. Über X besteht die exakte Sequenz:

$$0 \to \mathfrak{m} \to \mathcal{O}(X) \to \mathcal{O}(X_1) \to 0 .$$

Durch Tensorierung mit F^k erhält man:

$$(*) \qquad 0 \to \mathfrak{m} \otimes (\underline{F}')^k \to \underline{F}^k \to \underline{F}_1^k \to 0 .$$

Auch (*) ist exakt. Ist k hinreichend groß gewählt, so gilt $H^1(X', \mathfrak{m} \otimes (\underline{F}')^k) = 0$. Man hat dann die exakte Kohomologiesequenz:

$$(**) \qquad \Gamma(X, \underline{F}^k) \to \Gamma(X_1, \underline{F}_1^k) \to 0 .$$

Jede holomorphe Schnittfläche in F^k über X_1 läßt sich also holomorph nach X fortsetzen. Ist k geeignet gewählt, so gibt es zu jedem Punkt $x \in X_\nu$ eine Schnittfläche $s \in \Gamma(X_\nu, \underline{F}^k)$, die dort nicht verschwindet. Wegen (**) gibt es auch in $\Gamma(X, \underline{F}^k)$ eine solche Schnittfläche. Wir bilden jetzt wieder das zu F^k duale Geradenbündel V und zeigen wie vorhin, daß die Nullschnittfläche $\mathfrak{O} \subset V$ exzeptionell ist. Damit ist dann wieder gezeigt, daß F positiv ist.

Der Beweis von Satz 4 ergibt sich jetzt sehr leicht. Das Gradenbündel $F = (D)$ besitzt eine natürliche Schnittfläche s, die genau auf A verschwindet. Ist A_1 eine nirgends diskrete irreduzible kompakte analytische Teilmenge von X, so gilt $A_1 \cap A \neq 0$ und $A_1 \cap (X - A) \neq 0$ oder $A_1 \subset A$. Im ersten Falle definiert s eine Schnittfläche in $F|A$ im Sinne unseres Lemmas, im zweiten Falle ist $F|A_1$ positiv. Dann existiert erst recht eine nicht identisch verschwindende holomorphe Schnittfläche in $F|A_1$, die in wenigstens einem Punkte $x_1 \in A_1$ eine Nullstelle hat. Also ist F nach dem Lemma positiv.

Es seien $s_0 = s^k, s_1, \ldots, s_l$ eine Basis von $\Gamma(X, \underline{F}^k)$. Wie zum Beweise von Satz 2 gezeigt wurde, kann man k so wählen, daß durch die Gleichungen $x_0 = s_0$, $x_\nu = s_\nu$, $\nu = 1, \ldots, l$ eine biholomorphe Abbildung ψ von X in den P^l definiert wird, dessen homogene Koordinaten mit $(x_0, \ldots, x_l)$ bezeichnet seien. $X - A$ wird dabei in $P^l - \{x_0 = 0\} \approx C^l$ geworfen, d. h. $\psi(X - A)$ ist eine affin algebraische Menge. Damit ist Satz 4 vollständig bewiesen.

Ist V ein Vektorraumbündel über einem komplexen Raum X (Projektion π), so kann man jede Faser $V_x = \pi^{-1}(x) \approx C^n$ in der üblichen Weise zu einem komplex-projektiven Raum P^n ergänzen. Man erhält dadurch ein kompaktes Bündel $\bar{V}$, das den P^n als typische Faser hat. Es sei nun V schwach negativ. Bläst man $\mathfrak{O} \subset V$ zu einem Punkt zusammen, so erhält man aus $\bar{V}$ bzw. V komplexe Räume. $\bar{V}'$ bzw. V'. $A = \bar{V}' - V' \approx \bar{V} - V$ definiert einen Divisor D. Bezeichnet F das Geradenbündel (D), so ist $F_1 = F|A$ isomorph zum Normalenbündel von A. Es gibt also eine Umgebung U um die Nullschnittfläche, so daß $\bar{F}_1 - U$ streng pseudokonvex ist. $\bar{F}_1 - U$ kann man aber als eine Umgebung um die Nullschnittfläche von F_1^{-1} auffassen. Da F_1^{-1} das zu F_1 duale Bündel ist, folgt, daß F_1 positiv ist. Da ferner V' keine nirgends diskrete kompakte analytische Menge enthält, folgt aus Satz 4, daß V' affin algebraisch ist. Damit hat sich ergeben:

Satz 5. *Ein Vektorraumbündel V ist genau dann schwach negativ, wenn V durch Niederblasen seiner Nullschnittfläche zu einem affin algebraischen Raum wird.*

5. Es sei $p_n(z) = \bar{z}_1 z_1 + \ldots + z_n \bar{z}_n$ für $z = (z_1, \ldots, z_n) \in C^n$. Die Funktion $p(z)$ ist streng plurisubharmonisch. Ist A ein komplexer Raum, $\psi: A \to C^n$ eine holomorphe Abbildung, die eine Umgebung $U = U(x)$ eines jeden Punktes $x \in A$ biholomorph in den C^n abbildet, so ist deshalb auch $\hat{p}(x) = p_n \circ \psi$ streng plurisubharmonisch.

Es sei nun A analytische Teilmenge eines parakompakten komplexen Raumes X.

Satz 6. *Es gibt eine Umgebung $U = U(A)$ und eine in U streng plurisubharmonische Funktion q, so daß $q|A = \hat{p}$ ist.*

Beweis. Wir bezeichnen mit $\mathfrak{m}$ die Garbe der Keime von lokalen holomorphen Funktionen, die auf A verschwinden. Zu jedem Punkt $x \in A$ gibt es eine Umgebung $U = U(x)$ und holomorphe Funktionen $f_1, \ldots, f_k \in \Gamma(U, \mathfrak{m})$, die in U jeden Halm von $\mathfrak{m}$ erzeugen. Durch $f_1, \ldots, f_k$ wird eine holomorphe Abbildung $\varphi: U \to C^k$ vermittelt. Wir setzen die Abbildung ψ in eine Umgebung von x zu einer holomorphen Abbildung $\hat{\psi}$ fort. Die Produktabbildung $(\hat{\psi}, \varphi)$ ist in einer Umgebung $V = V(x)$ biholomorph. Sie bildet V in den $C^n \times C^k$ ab.

Da außerdem X parakompakt ist, können wir eine in X offene, lokal finite Überdeckung $\mathfrak{V} = \{V_\iota : \iota \in I\}$ von A mit folgender Eigenschaft finden:

Über V_ι existiert eine biholomorphe Abbildung $(\hat{\psi}_\iota, \varphi_\iota): V_\iota \to C^n \times C^{k_\iota}$ wie oben konstruiert, so daß also insbesondere $\hat{\psi}_\iota | A \cap V_\iota = \psi | A \cap V_\iota$ und $\varphi_\iota(A \cap V_\iota) = 0 \in C^{k_\iota}$ gilt.

Es seien $\hat{p}_\iota = p_n \circ \hat{\psi}_\iota$ und $\{h_\iota\}$ eine beliebig oft stetig differenzierbare Teilung der „Eins" zu der Überdeckung $\mathfrak{V}$ von $\bigcup V_\iota$. Wir bilden die (lokal endliche) Reihe:

$$q = \sum h_\iota \cdot (\hat{p}_\iota + \varrho_\iota \cdot (p_{k_\iota} \circ \varphi_\iota))$$

mit $\varrho_\iota \geqq 0$ konstant. Die Funktion q ist dann in $\bigcup V_\iota$ beliebig oft stetig differenzierbar und es gilt $q|A = \hat{p}$. Wenn die Koeffizienten ϱ_ι hinreichend groß gewählt sind, ist q aber auch in jedem Punkt von A und damit in einer ganzen Umgebung von A streng plurisubharmonisch. Es sei etwa $x \in A$ ein beliebiger Punkt. Dann gilt für ein geeignetes $\nu \in I$ die Beziehung $h_\nu(x) \neq 0$. Wir setzen $\underline{x} = (\hat{\psi}_\nu(x), \varphi_\nu(x)) = (\psi(x), 0)$ und bestimmen eine Umgebung $W = W(\underline{x}) \subset C^n \times C^{k_\nu}$, so daß folgendes gilt, falls $x \in V_\iota$:

1) $D \cap (\hat{\psi}_\nu, \varphi_\nu)^{-1}(W) \Subset D$ für eine Umgebung $D = D(x) \subset V_\iota$,

2) die Abbildung $(\hat{\psi}_\iota, \varphi_\iota) \circ (\hat{\psi}_\nu, \varphi_\nu)^{-1} : B \to C^n \times C^{k_\iota}$ läßt sich zu einer holomorphen Abbildung $(\underline{\psi}_\iota, \underline{\varphi}_\iota) : W \to C^n \times C^{k_\iota}$ fortsetzen, so daß $\underline{\psi}_\iota | W \cap \cap C^n \times 0$ die Identität und $\underline{\varphi}_\iota(W \cap C^n \times 0) = 0 \in C^{k_\iota}$ ist (mit $B = W \cap \cap (\hat{\psi}_\nu, \varphi_\nu)(D)$) und $(\underline{\psi}_\nu, \underline{\varphi}_\nu) =$ Idendität gilt.

3) Es gibt in W beliebig oft stetig differenzierbare, reellwertige Funktionen $\underline{h}_\iota$, so daß $\underline{h}_\iota | B = h_\iota \circ (\hat{\psi}_\nu, \varphi_\nu)^{-1}$ und $\sum h_\iota = 1$.

Offenbar ist $\underline{q} = \sum_\iota \underline{h}_\iota \cdot (p_n \circ \underline{\psi}_\iota + \varrho_\iota(p_{k_\iota} \circ \varphi_\iota))$ eine Fortsetzung von $q \circ (\psi_\nu, \varphi_\nu)^{-1}$ in W. Die Funktion $\underline{q}$ ist in $\underline{x}$, wie man leicht nachrechnet, streng plurisubharmonisch, wenn die ϱ_ι groß gewählt sind. Es ist nämlich $\underline{q} | W \cap C^n \times 0 = p_n$ und $L(\sum \underline{h}_\iota \cdot \varrho_\iota \cdot (p_{k_\iota} \circ \underline{\varphi}_\iota))$ auf $\psi_\nu(x) \times C^{k_\nu}$ positiv definit in $\underline{x}$.

Es ist dem Verfasser nicht bekannt, ob der Fortsetzungssatz auch für beliebige auf A zweimal stetig differenzierbare, streng plurisubharmonische Funktionen gilt. Jedoch darf man einen solchen Satz vermuten.

6. Es seien V, X komplexe Räume, $\pi : V \to X$ eine holomorphe Abbildung. Wir nennen alle Mengen $V_x = \pi^{-1}(x)$, $x \in X$, Fasern über x. Es kann dabei vorkommen, daß gewisse Fasern leere Mengen sind.

Definition 4. *Das Tripel* (V, π, X) *heißt ein quasilinearer Raum über* X, *wenn jede Faser* V_x *zusätzlich die Struktur eines komplexen Vektorraumes trägt, so daß folgende Eigenschaften gelten:*

1) *Die durch die Vektoraddition definierte Abbildung* $V \oplus X\, V \to V$ *ist holomorph.*

2) *Die durch die Multiplikation definierte Abbildung* $C \oplus V \to V$ *ist holomorph.*

Natürlich kann bei einem quasi-linearen Raum die Dimension der Faser von x abhängen. Es werden nun die üblichen Begriffe erklärt. Sind $\mathfrak{V}' = (V', \pi', X)$, $\mathfrak{V} = (V, \pi, X)$ zwei quasi-lineare Räume über X, so nennt man eine holomorphe Abbildung $f : V' \to V$ einen (linearen) Morphismus, wenn f jede Faser V'_x linear in V_x abbildet, f heißt ein (linearer) Isomorphismus, wenn f eine biholomorphe Abbildung von V' auf V ist und stets V'_x isomorph auf V_x wirft. Ist V' analytische Teilmenge von V, so daß jede Faser V'_x Untervektorraum von V_x ist, so heißt $\mathfrak{V}'$ ein quasi-linearer Unterraum von $\mathfrak{V}$. Selbstverständlich gilt: Ist $U \subset X$ eine offene Menge, so ist $\mathfrak{V} | U = (\pi^{-1}(U), \pi, U)$ ein quasi-linearer Raum über U. Die einfachsten Beispiele quasi-linearer Räume sind die holomorphen Vektorraumbündel und insbesondere das triviale Vektorraumbündel $X \times C^n$.

Definition 5. *Ein quasi-linearer Raum* $\mathfrak{V} = (V, \pi, x)$ *heißt ein linearer Raum über* X, *wenn es zu jedem Punkt* $x \in X$ *eine Umgebung* $U = U(x)$ *gibt, so daß* $V | U$ *isomorph zu einem quasi-linearen Unterraum von* $U \times C^n$ *ist.*

Natürlich sind alle Vektorraumbündel lineare Räume über X. Bei einem linearen Raum ist stets die Abbildung $x \to 0 \in V_x$ holomorph. Wir nennen sie

schwach negativ zu sein. Das ist schon dann nicht der Fall, wenn X eine komplexe Mannigfaltigkeit und $A \subset X$ eine kompakte, singularitätenfreie analytische Untermenge von X der Codimension 1 ist. Der in [7] angegebene Satz ist also in der einen Richtung falsch. Wir geben hierzu ein einfaches Beispiel.

Es bezeichne P^1 die Riemannsche Zahlenkugel, (z_0, z_1) seien homogene Koordinaten auf P^1. Wir setzen $U_\nu = \{z_\nu \neq 0\} \subset P^1$, $\nu = 1, 2$, bilden die kartesischen Produkte $U_0 \times C(w_0)$, $U_1 \times C(w_1)$ und die Verheftungsabbildung

$$w_1 = \left(\frac{z_1}{z_0}\right)^2 \cdot w_0 + t\left(\frac{z_1}{z_0}\right) : U_{01} \times C(w_0) \rightleftarrows U_{01} \times C(w_1)$$

und erhalten so ein komplex analytisches Faserbündel F_t über P^1. Die typische Faser von F_t ist C, die Strukturgruppe jedoch die volle affine Gruppe in C. Für $t = 0$ ist F_t allerdings ein Geradenbündel. Wir definieren in $U_1 \times C: f_{\nu t}(w_1, z_0, z_1) = w_1\left(\frac{z_0}{z_1}\right)^\nu - t\left(\frac{z_0}{z_1}\right)^{\nu-1}$, $\nu = 1, 2$ und $f_{0t}(w_0, z_0, z_1) = w_1$; in $U_0 \times C: f_{\nu t}(w_0, z_0, z_1) = w_0\left(\frac{z_1}{z_0}\right)^{2-\nu}$, $\nu = 1, 2$ und $f_{0t}(w_0, z_0, z_1) = \left(\frac{z_1}{z_0}\right)^2 \cdot w_0 + t\left(\frac{z_1}{z_0}\right)$ und erhalten 3 holomorphe Funktionen auf F_t. Für $t \neq 0$ wird durch (f_{0t}, f_{1t}, f_{2t}) der ganze Raum F_t eigentlich und biholomorph in den C^3 abgebildet. F_t enthält deshalb keine nirgends diskreten, kompakten analytischen Mengen. Im Falle $t = 0$ bildet (f_{0t}, f_{1t}, f_{2t}) den Teilraum $F_0 - \mathfrak{O}$ biholomorph und eigentlich in $C^3 - 0$ ab. Das Bild der Nullschnittfläche $\mathfrak{O}$ ist der Nullpunkt des C^3.

Wir schließen nun jede Faser von F_t zur Riemannschen Zahlenkugel ab und erhalten ein kompaktes komplex-analytisches Faserbündel $\overline{F}_t$ über P^1, dessen typische Faser der P^1 ist. Mit Ω_t sei die Menge $\overline{F}_t - F_t$ bezeichnet. Die Menge $\bigcup \overline{F}_t$ ist bezüglich der natürlichen Topologie und der natürlichen komplex-analytischen Struktur eine komplexe Mannigfaltigkeit $\overline{F}$. Wir setzen $F = \bigcup F_t \subset \overline{F}$. Die Funktionen $f_\nu = \{f_{\nu t}\}$, $\nu = 0, 1, 2$ sind in $\overline{F}$ meromorph und in F holomorph, $g(x) = t$ ist in ganz $\overline{F}$ holomorph. Es sei $N = N(F_0)$ das Normalenbündel von F_0. N und daher auch $N|\mathfrak{O}$ ist trivial, wenn $\mathfrak{O} \subset F_0$ die Nullschnittfläche bezeichnet.

Wir blasen nun die singularitätenfreie analytische Menge Ω_0 durch eine monoidale Transformation auf und erhalten eine komplexe Mannigfaltigkeit X. A sei die kleinste analytische Menge, die durch die Modifikationsprojektion auf F_0 abgebildet wird. Natürlich gilt $A \cong F_0$. Die Funktionen g, $t \cdot f_0, \ldots, t \cdot f_2$ werden zu meromorphen Funktionen $\hat{g}, \hat{f}_0, \ldots, \hat{f}_2$ auf X. Sie verschwinden auf A. Es gibt eine Umgebung $U = U(A)$, in der sie holomorph sind, so daß sie $U - A$ biholomorph in den C^4 abbilden. A ist also exzeptionell. Andererseits ist $N(A)|\mathfrak{O} = N(F_0)|\mathfrak{O}$. Das Normalenbündel $N(A)$ kann also nicht schwach negativ sein.

Es bleibt zu vermuten, daß es zu jeder exzeptionellen analytischen Menge $A \subset X$ eine kohärente analytische Garbe $\mathfrak{m} \subset \mathcal{O}$ gibt, so daß $N_{\mathfrak{m}}$ schwach negativ ist.

Wir behandeln noch einen Fall, in dem das Kriterium notwendig ist. Es sei X eine komplexe Mannigfaltigkeit, $A \subset X$ eine singularitätenfreie, kompakte analytische Teilmenge, die in jedem Punkte die Kodimension 1 hat.

Satz 9. *A habe folgende Eigenschaft: Jedes Geradenbündel über A, das zu einem holomorphen Divisor gehört, ist positiv. Dann ist A genau dann exzeptionell, wenn das Normalenbündel von A schwach negativ ist.*

Beweis. Wir dürfen annehmen, daß A zusammenhängend ist. A sei exzeptionell. Dann gibt es eine Umgebung $U = U(A)$ und eine holomorphe Abbildung $\psi: U \to C^n$, die A auf $0 \in C^n$ und $U - A$ biholomorph abbildet. Ist ν geeignet gewählt, so verschwindet die Funktion $f = z_\nu \circ \psi$ nicht identisch in der Nähe von A. Sie hat deshalb A zur Nullstellenfläche endlicher Ordnung. Wir bezeichnen diese Ordnung mit k. Es sei R die abgeschlossene Hülle von

$$\{x \in U : f(x) = 0\} - A .$$

In den Punkten von $A \cap R$ hat dann f eine Nullstelle von höherer Ordnung als k. Die Funktion f definiert in der k-fachen Tensorpotenz $(N^*)^k$ des zu $N = N(A)$ dualen Gradenbündels N^* eine holomorphe Schnittfläche s, da $f \in \Gamma(U, \mathfrak{m}^k)$ und $(N^*)^k = (N^k)^*$, $N^k = N_{\mathfrak{m}^k}$ ist, wenn $\mathfrak{m}$ die Garbe der Keime auf A verschwindender lokaler holomorpher Funktionen bezeichnet. Diese ist nicht überall null, verschwindet aber in $A \cap R$. $(N^*)^k$ und mithin N^* ist positiv, N selbst negativ, q. e. d.

Beispiele von komplexen Mannigfaltigkeiten A, die die geforderte Eigenschaft besitzen, sind die kompakten Riemannschen Flächen, die komplex projektiven Räume usw.

§ 4. Die Umgebungsstruktur von analytischen Mengen

1. Wir bezeichnen mit X eine komplexe Mannigfaltigkeit, $A \subset X$ eine kompakte, singularitätenfreie analytische Teilmenge, die überall die Kodimension 1 hat. Ferner seien $\mathfrak{m}$ die Idealgarbe von A und $\mathfrak{S}$ eine kohärente analytische Garbe über X, derart, daß die Abbildung $\mathfrak{S} \otimes \mathfrak{m} \to \mathfrak{S}$ injektiv ist. Dieses ist z. B. dann der Fall, wenn $\mathfrak{S}$ Untergarbe einer freien Garbe ist. Wir zeigen zunächst:

Satz 1. *Es sei $T = T(A) \Subset X$ eine streng pseudokonvexe Umgebung von A, so daß A maximale kompakte analytische Teilmenge von T ist. Dann gibt es eine natürliche Zahl k, derart, daß $H^\nu(T, \mathfrak{S} \cdot \mathfrak{m}^k)$, $\nu = 1, 2, 3, \ldots$ durch die von $i: \mathfrak{S} \cdot \mathfrak{m}^k \to \mathfrak{S}$ erzeugte Abbildung auf $0 \in H^\nu(T, \mathfrak{S})$ abgebildet wird.*

Beweis. Wir wählen Funktionen $f_1, \ldots, f_n \in \Gamma(T, \mathcal{O})$, die genau A als simultanes Nullstellengebilde haben. Es sei $\mathfrak{n}$ die durch $f_1, \ldots, f_n$ erzeugte Untergarbe von $\mathcal{O}$. Man hat $\mathfrak{m} \supset \mathfrak{n}$, umgekehrt gibt es eine Zahl s', so daß $\mathfrak{m}^{s'} \subset \mathfrak{n}$ (nach dem Hilbertschen Nullstellensatz). Ist $x \in T$ und $g_x = (g_{1x}, \ldots, g_{nx}) \in \mathcal{O}^n{}_x$, so sei $\varphi(g_x) = \sum_{\nu=1}^{n} g_{\nu x} \cdot f_{\nu x}$. Der Garbenhomomorphismus $\varphi: \mathcal{O}^n \to \mathfrak{n}$, generiert einen

Garbenhomomorphismus $\varphi^* : \mathfrak{S} \otimes \mathcal{O}^n \to \mathfrak{S} \cdot \mathfrak{n}$. Wir setzen $\mathfrak{K} = \operatorname{Ker} \varphi^*$. Offenbar ist die Sequenz:

$$0 \to \mathfrak{K} \to \mathfrak{S} \otimes \mathcal{O}^n \to \mathfrak{S} \cdot \mathfrak{n} \to 0$$

exakt. Durch Multiplikation mit der Idealgarbe $\mathfrak{m}^s$ erhält man die exakte Sequenz:

$$0 \to \mathfrak{K} \cdot \mathfrak{m}^s \to (\mathfrak{S} \otimes \mathcal{O}^n) \cdot \mathfrak{m}^s \to \mathfrak{S} \cdot \mathfrak{n} \cdot \mathfrak{m}^s \to 0 .$$

Es sei k eine natürliche Zahl, die kleiner als s ist. Durch Bildung der Kohomologiesequenzen kommt man zu folgendem kommutativen Diagramm, in dem die Zeilen exakt sind:

$$\begin{array}{ccccc} H^\nu(T, (\mathfrak{S} \otimes \mathcal{O}^n) \cdot \mathfrak{m}^s) & \longrightarrow & H^\nu(T, \mathfrak{S} \cdot \mathfrak{n} \cdot \mathfrak{m}^s) & \longrightarrow & H^{\nu+1}(T, \mathfrak{K} \cdot \mathfrak{m}^s) \\ \downarrow \alpha & & \downarrow \beta & & \downarrow \gamma \\ H^\nu(T, (\mathfrak{S} \otimes \mathcal{O}^n) \cdot \mathfrak{m}^k) & \longrightarrow & H^\nu(T, \mathfrak{S} \cdot \mathfrak{n} \cdot \mathfrak{m}^k) & \longrightarrow & H^{\nu+1}(T, \mathfrak{K} \cdot \mathfrak{m}^k) . \end{array}$$

Die strengpseudokonvexe Umgebung T gestattet eine endliche Steinsche Überdeckung. Für großes ν verschwinden deshalb die Kohomologiegruppen. Unser Satz ist dann trivialerweise richtig. Wir können deshalb eine vollständige Induktion nach fallendem ν durchführen und dürfen jetzt die Induktionsvoraussetzung machen, daß Satz 1 schon für den Fall $\nu + 1$ bewiesen ist.

Es sei s in Vergleich zu k hinreichend groß gewählt. Dann ist $\operatorname{Im} \gamma = 0$ und mithin folgt: $\beta(H^\nu(T, \mathfrak{S} \cdot \mathfrak{n} \cdot \mathfrak{m}^s) \subset \varphi^*(H^\nu(T, (\mathfrak{S} \otimes \mathcal{O}^n) \cdot \mathfrak{m}^k)$. Bezeichnet Im^* das Bild in $H^\nu(T, \mathfrak{S})$, so gilt bei großem k die Gleichung:

$$\operatorname{Im}^* H^\nu(T, \mathfrak{S} \cdot \mathfrak{n} \cdot \mathfrak{m}^s) = \operatorname{Im}^* H^\nu(T, \mathfrak{S} \cdot \mathfrak{n} \cdot \mathfrak{m}^k) = \operatorname{Im}^* H^\nu(T, \mathfrak{S} \cdot \mathfrak{m}^k) ;$$

denn $\dim \operatorname{Im}^* H^\nu(T, \mathfrak{S} \cdot \mathfrak{m}^k)$ ist endlich, wird bei wachsendem k sicher nicht größer und kann natürlich nicht beliebig oft kleiner werden. Das bedeutet: Sind $\xi_1, \ldots, \xi_r \in \operatorname{Im}^* H^\nu(T, \mathfrak{S} \cdot \mathfrak{m}^k)$ Kohomologieklassen, die eine Basis des endlich dimensionalen komplexen Vektorraums $\operatorname{Im}^* H^\nu(T, \mathfrak{S} \cdot \mathfrak{m}^k)$ bilden, so gibt es komplexe Zahlen $u_{\nu\mu\varkappa}$ mit $\nu, \mu = 1, \ldots, r$ und $\varkappa = 1, \ldots, n$, derart, daß $\xi_\nu = \sum_{\varkappa=1} f_\varkappa \sum_{\mu=1}^{r} u_{\nu\mu\varkappa} \xi_\mu$. Daraus folgt aber $\xi_\nu = 0$, $\nu = 1, \ldots, r$, q. e. d.[6a])

Anmerkung. Der Satz 1 gilt auch noch, wenn X durch einen komplexen Raum und A durch eine beliebige kompakte analytische Teilmenge ersetzt wird. Er folgt dann aus [8], Hauptsatz II. In dem hier behandelten Spezialfall ist der Beweis jedoch, wie wir gezeigt haben, bedeutend einfacher.

Um eine einfache Folgerung aus Satz 1 zu gewinnen, machen wir die zusätzliche Voraussetzung, daß das Normalenbündel $N = N(A)$ schwach negativ ist.

Es gibt dann nach Hilfssatz 1, § 3, eine natürliche Zahl k, so daß für $\nu \geqq k$ gilt: $H^\mu(A, \mathfrak{S} \otimes \mathfrak{m}^\nu/\mathfrak{m}^{\nu+1}) = 0$, $\mu \geqq 1$.

[6a]) Vgl. Zusatz zur Korrektur.

Satz 2. *Es ist* $H^\mu(T, \mathfrak{S}\cdot\mathfrak{m}^s) = 0$, *für* $\mu \geqq 1$, *wenn* $s \geqq k$.

Beweis. Wir wählen ein $k_1 \geqq s$, so daß $\mathrm{Im}^* H^\mu(T, \mathfrak{S}\cdot\mathfrak{m}^{k_1}) = 0$, wobei jetzt Im^* das Bild in $H^\mu(T, \mathfrak{S}\cdot\mathfrak{m}^s)$ bezeichne. Die exakten Sequenzen:

$$0 \to \mathfrak{S}\cdot\mathfrak{m}^{\nu+1} \to \mathfrak{S}\cdot\mathfrak{m}^\nu \to \mathfrak{S}\otimes(\mathfrak{m}^\nu/\mathfrak{m}^{\nu+1}) \to 0\,,$$

führen zu den exakten Kohomologiesequenzen:

$$H^\mu(T, \mathfrak{S}\cdot\mathfrak{m}^{\nu+1}) \to H^\mu(T, \mathfrak{S}\cdot\mathfrak{m}^\nu) \to H^\mu(T, \mathfrak{S}\otimes(\mathfrak{m}^\nu/\mathfrak{m}^{\nu+1}))\,.$$

Für $\nu \geqq s$ hat man: $H^\mu(T, \mathfrak{S}\cdot\mathfrak{m}^{\nu+1}) \to H^\mu(T, \mathfrak{S}\cdot\mathfrak{m}^\nu) \to 0$. Also ist auch die Abbildung $H^\mu(T, \mathfrak{S}\cdot\mathfrak{m}^{k_1}) \to H^\mu(T, \mathfrak{S}\cdot\mathfrak{m}^s)$ surjektiv. Somit folgt $H^\mu(T, \mathfrak{S}\cdot\mathfrak{m}^s) = 0$.

2. Es sei fortan X stets eine komplexe Mannigfaltigkeit. Ferner seien $\mathfrak{m}$ eine kohärente Idealgarbe in X, $A \subset X$ die Nullstellenmenge von $\mathfrak{m}$ und Ω die Garbe von Keimen von holomorphen 1-Formen auf X. Wir definieren eine Untergarbe $\Omega' = \Omega_{\mathfrak{m}} \subset \Omega$, indem wir setzen: $\omega_x \in \Omega'_x$, wenn $\omega_x = \sum_\nu h_{\nu x}\cdot df_{\nu x} + \sum_\nu g_{\nu x}\varphi_{\nu x}$ mit $f_{\nu x}, g_{\nu x} \in m_x$ und $h_{\nu x} \in \mathcal{O}_x(X)$. Natürlich ist für $x \in X - A$ die Gleichheit $\Omega'_x = \Omega_x$ richtig.

Das Paar $A_{(\mathfrak{m})} = (A, \mathcal{O}(X)/\mathfrak{m}|A)$ ist ein sog. komplexer Raum mit nilpotenten Elementen (man vergleiche hierzu [8], § 1 und § 2). Wir nennen $\Omega_{\mathfrak{m}} =_{\mathrm{Def.}} \Omega/\Omega'|A$ die Garbe der holomorphen 1-Formen auf $A_{(\mathfrak{m})}$. Man sieht leicht, daß $\Omega_{\mathfrak{m}}$ eine kohärente analytische Garbe über $A_{(\mathfrak{m})}$ ist. Analog zu $\Omega_{\mathfrak{m}}$ kann man auch die Garben von Keimen von holomorphen Formen höheren Grades auf $A_{(\mathfrak{m})}$ definieren. Wir werden hier jedoch nur die 1-Formen benutzen. Es sei noch angemerkt, daß $\Theta_{\mathfrak{m}} =_{\mathrm{Def.}} \mathrm{Hom}(\Omega_{\mathfrak{m}}, \mathcal{O}_{\mathfrak{m}})$ mit $\mathcal{O}_{\mathfrak{m}} = \mathcal{O}(X)/\mathfrak{m}|A$ die Tangentialgarbe von $A_{\mathfrak{m}}$ heißt.

Es sei nun $\mathfrak{n}$ mit $\mathfrak{n} \subset \mathfrak{m}$ eine weitere kohärente analytische Garbe über X, deren Nullstellenmenge A ist. Es gelte $\mathfrak{m}^2 \subset \mathfrak{n}$. Wir definieren einige Garben über A, die nicht notwendig analytisch sind:

1. $\mathrm{Aut}(\mathfrak{n}:\mathfrak{m})$ sei die Garbe der Automorphismen $\mathcal{O}_{\mathfrak{n}x} \to \mathcal{O}_{\mathfrak{n}x}$, die $(\mathfrak{m}/\mathfrak{n})_x$ in sich abbilden und die Identität $\mathcal{O}_{\mathfrak{m}x} \to \mathcal{O}_{\mathfrak{m}x}$ erzeugen.

2. $\mathrm{Aut}(\mathfrak{n}, \mathfrak{m}) \subset \mathrm{Aut}(\mathfrak{n}:\mathfrak{m})$ sei die Untergarbe derjenigen Automorphismen $\mathcal{O}_{\mathfrak{n}x} \to \mathcal{O}_{\mathfrak{n}x}$, die außerdem noch $(\mathfrak{m}/\mathfrak{n})_x$ identisch auf sich abbilden.

3. $\mathrm{An}(\mathfrak{n}, \mathfrak{m})$ sei die Garbe der Abbildungen $(\mathfrak{m}/\mathfrak{n})_x \to (\mathfrak{m}/\mathfrak{n})_x$, die von Automorphismen aus $\mathrm{Aut}(\mathfrak{n}:\mathfrak{m})$ definiert werden.

4. Es sei $\Theta_{\mathfrak{n},\mathfrak{m}} = \mathrm{Hom}(\Omega_{\mathfrak{m}}, \mathfrak{m}/\mathfrak{n})$.

Die unter 1.—3. erklärten Garben sind Garben von Gruppen über A, dagegen ist $\Theta_{\mathfrak{n},\mathfrak{m}}$ eine kohärente analytische Garbe über $A_{(\mathfrak{m})}$. Ist $\xi_x \in \Theta_{\mathfrak{n},\mathfrak{m},x}$, so ist jedem Keim $\omega'_x \in \Omega_{\mathfrak{m}x}$ ein Wert $\xi_x(\omega'_x) \in (\mathfrak{m}/\mathfrak{n})_x$ zugeordnet, da aber jedes Element $\omega_x \in \Omega_{\mathfrak{n}x}$ auf $A_{(\mathfrak{m})}$ beschränkt[7]) werden kann, ist auch $\xi_x(\omega_x)$ wohldefiniert.

[7]) Wir verstehen unter Beschränkung die sog. analytische Beschränkung auf $A_{(\mathfrak{m})}$, d. i. das analytische Urbild bezüglich der Einbettungsabbildung $A_{(\mathfrak{m})} \to A_{(\mathfrak{n})}$.

Es sei $\xi_x \in \Theta_{\mathfrak{n},\mathfrak{m},x}$ gegeben. Durch die Setzung $f_x \to f_x + \xi_x(df_x)$ erhält man dann einen Automorphismus $a_x \in \mathrm{Aut}_x(\mathfrak{n},\mathfrak{m})$. Durch die Zuordnung $\xi_x \to a_x$ wird weiter ein Gruppenhomomorphismus $\lambda: \Theta_{\mathfrak{n},\mathfrak{m}} \to \mathrm{Aut}(\mathfrak{n},\mathfrak{m})$ definiert. Offenbar ist λ injektiv und surjektiv, also ein Garbenisomorphismus.

Wir wollen die Garben $\Theta_{\mathfrak{n},\mathfrak{m}}$ und $\mathrm{An}(\mathfrak{n},\mathfrak{m})$ in einem Spezialfall ausrechnen: Es sei $A = A_1 \cup A_2$, die Mengen A_ν seien singularitätenfrei, 1-kodimensional und mögen sich transversal schneiden. Die Menge A_1 darf jedoch auch leer sein. Wir bezeichnen mit $\mathfrak{p}$ bzw. $\mathfrak{q}$ die Idealgarbe von A_1 bzw. A_2 und setzen $\mathfrak{m} = \mathfrak{p}^s \cdot \mathfrak{q}^\nu$, $\mathfrak{n} = \mathfrak{p}^s \cdot \mathfrak{q}^{\nu+1}$, $s = 0, 1, 2, \ldots$, $\nu = 2, 3, \ldots$. Es ist dann $\Theta_{\mathfrak{n},\mathfrak{m}} = \mathrm{Hom}(\Omega_{\mathfrak{m}}, \mathfrak{m}/\mathfrak{n}) \cong \mathrm{Hom}(\Omega_{\mathfrak{q}^2}, \mathfrak{m}/\mathfrak{n})$ über A_2 und auf A_1 gleich null. Da $\mathfrak{m}/\mathfrak{n} \cong \mathfrak{p}^s \cdot (\mathfrak{q}^\nu/\mathfrak{q}^{\nu+1})$ gilt weiter $\mathrm{Hom}(\Omega_{\mathfrak{q}^2}, \mathfrak{m}/\mathfrak{n}) \cong \mathfrak{p}^s \cdot (\Theta \otimes (\mathfrak{q}^\nu/\mathfrak{q}^{\nu+1}))$, wobei Θ die analytische Beschränkung der Tangentialgarbe von X auf A_2 bezeichnet. Wir haben also erhalten:

$$(1) \qquad \Theta_{\mathfrak{n},\mathfrak{m}} \cong \mathfrak{p}^s \otimes (\Theta \otimes \mathfrak{q}^\nu/\mathfrak{q}^{\nu+1}) .$$

Im Falle $\nu = 1$ gilt: $\Theta_{\mathfrak{n},\mathfrak{m}} \cong \mathfrak{p}^s \otimes (\Theta_{\mathfrak{q}} \otimes \mathfrak{q}/\mathfrak{q}^2)$.

Bei der Berechnung von $\mathrm{An}(\mathfrak{n},\mathfrak{m})$ stellen wir zunächst leicht fest, daß $\mathrm{An}(\mathfrak{n},\mathfrak{m}) = 1$ gilt, wenn $\nu \geqq 2$ ist. In diesem Fall besteht also jeder Halm nur aus dem neutralen Gruppenelement. Es werde also $\nu = 1$ vorausgesetzt. Man hat dann $\mathfrak{m}/\mathfrak{n} \cong \mathfrak{p}^s(\mathfrak{q}/\mathfrak{q}^2)$. Ist $x \in A$ ein Punkt und sind $z_1, \ldots, z_n$ holomorphe Koordinaten in einer Umgebung $U = U(x)$, so daß $U \cap A_\nu = \{z_\nu = 0\}$ gilt und ist weiter $a \in \mathrm{Aut}_x(\mathfrak{n} : \mathfrak{m})$, so kann a in der Nähe von x in der Form:

$$z_\nu = z_\nu^* + z_1^{*s} \cdot z_2^* \cdot h_\nu(z^*)\,, \quad \nu = 1, \ldots, n$$

gegeben werden. Ein Element $\sigma \in (\mathfrak{p}^s(\mathfrak{q}/\mathfrak{q}^2))_x$ läßt sich stets in der Form: $z_1^s \cdot z_2 \cdot h_x(z)$ schreiben. Der Automorphismus a operiert auf σ in natürlicher Weise. Also ist $\mathrm{An}(\mathfrak{n},\mathfrak{m}) \cong \mathcal{O}_s^*$, wobei $\mathcal{O}_s^* = \mathcal{O}_s^*(A_2)$ auf A_2 die multiplikative Garbe der holomorphen Funktionskeime $(1 + z_1^s \cdot f_x)$ mit $(1 + z_1^s \cdot f_x)(x) \neq 0$ bezeichnet. $\mathcal{O}_s^*$ ist also eine Untergarbe der vollen multiplikativen Garbe $\mathcal{O}^*$ der nicht verschwindenden Keime von holomorphen Funktionen.

$$(2) \qquad \mathrm{An}(\mathfrak{n},\mathfrak{m}) \cong \mathcal{O}_s^* .$$

3. Es seien nun $\tilde{X}$ eine weitere komplexe Mannigfaltigkeit, $\tilde{A} \subset \tilde{X}$ eine analytische Menge und $\tilde{\mathfrak{n}} \subset \tilde{\mathfrak{m}}$ Idealgarben, deren Nullstellenmengen mit $\tilde{A}$ übereinstimmen. Wir bezeichnen mit $\psi: A_{(\mathfrak{m})} \to \tilde{A}_{(\tilde{\mathfrak{m}})}$ eine biholomorphe Abbildung, die sich lokal stets zu einer biholomorphen Abbildung $A_{(\mathfrak{n})} \to \tilde{A}_{(\tilde{\mathfrak{n}})}$ fortsetzen läßt. Zu jedem Punkt $x \in A$ gibt es Umgebungen $U = U(x)$, $\tilde{U} = \tilde{U}(\tilde{x})$, wobei $\tilde{x} = \psi(x)$ und eine biholomorphe Abbildung: $\hat{\psi}: U_{(\mathfrak{n})} \to \tilde{U}_{(\tilde{\mathfrak{n}})}$, derart, daß $\hat{\psi}|U_{(\mathfrak{m})} = \psi|U_{(\mathfrak{m})}$ ist.

Satz 3. *Gilt $H^1(A, \mathrm{Aut}(\mathfrak{n} : \mathfrak{m})) = 0$, so existiert eine biholomorphe Abbildung $\varphi: A_{(\mathfrak{n})} \to \tilde{A}_{(\tilde{\mathfrak{n}})}$, so daß $\psi = \varphi|A_{(\mathfrak{m})}$.*

Wir nennen φ eine Fortsetzung von ψ.

Beweis. Es gibt Überdeckungen $\mathfrak{U} = \{U_\iota\}$ von A und $\tilde{\mathfrak{U}} = \{\tilde{U}_\iota\}$ von $\tilde{A}$ und biholomorphe Abbildungen $\hat{\psi}_\iota\colon U_{\iota(\mathfrak{n})} \to \tilde{U}_{\iota(\tilde{\mathfrak{n}})}$, so daß $\hat{\psi}_\iota | U_{\iota(\mathfrak{m})} = \psi | U_{\iota(\mathfrak{m})}$. Die Abbildungen $\hat{\psi}_{\iota_1}^{-1} \circ \hat{\psi}_{\iota_2}$ bilden dann $U_{\iota_1\iota_2(\mathfrak{n})}$ biholomorph auf sich ab. Ihre Beschränkungen auf $U_{\iota_1\iota_2(\mathfrak{m})}$ sind die Identitäten. Man kann sie also als eine Schnittfläche aus $\Gamma(U_{\iota_1\iota_2}, \mathrm{Aut}(\mathfrak{n} : \mathfrak{m}))$ auffassen. Da die Kohomologiegruppe mit Koeffizienten in $\mathrm{Aut}(\mathfrak{n} : \mathfrak{m})$ verschwindet, gibt es biholomorphe Abbildungen $\varphi_\iota : U_{\iota(\mathfrak{n})} \to U_{\iota(\mathfrak{n})}$ mit $\varphi_\iota | U_{\iota(\mathfrak{m})} = \mathrm{id}$, so daß $\hat{\psi}_{\iota_1}^{-1} \circ \hat{\psi}_{\iota_2} = \varphi_{\iota_1}^{-1} \circ \varphi_{\iota_2}$. Die Abbildung $\varphi = \hat{\psi}_\iota \circ \varphi_\iota^{-1}$ ist dann unabhängig von ι definiert und liefert die gewünschte Fortsetzung von ψ.

Satz 4. *Wenn* $H^1(A, \mathrm{An}(\mathfrak{n}, \mathfrak{m})$ *und* $H^1(A, \Theta_{\mathfrak{n},\mathfrak{m}})$ *verschwinden, gilt auch* $H^1(A, \mathrm{Aut}(\mathfrak{n} : \mathfrak{m})) = 0$.

Beweis. Die Sequenz:

$$0 \to \mathrm{Aut}(\mathfrak{n}, \mathfrak{m}) \to \mathrm{Aut}(\mathfrak{n} : \mathfrak{m}) \to \mathrm{An}(\mathfrak{n}, \mathfrak{m}) \to 0$$

ist eine exakte Sequenz von Garben von Gruppen (man vergleiche [5]). Da $\mathrm{Aut}(\mathfrak{n}, \mathfrak{m})$ Normalteiler ist, folgt die exakte Kohomologiesequenz:

$$H^1(A, \mathrm{Aut}(\mathfrak{n}, \mathfrak{m}) \to H^1(A, \mathrm{Aut}(\mathfrak{n} : \mathfrak{m}) \to H^1(A, \mathrm{An}(\mathfrak{n}, \mathfrak{m}))$$

und daraus die Behauptung.

4. Es sei $G \subset C^n$ ein Gebiet, $A \subset G$ eine 1-kodimensionale analytische Menge. Es gebe eine in G holomorphe Funktion h, deren Nullstellenmenge A ist. Wir betrachten k-tupel holomorpher Funktionen $f = (f_1, \ldots, f_k)$, $g = (g_1, \ldots, g_k)$ in G, die auf A von r-ter h-Ordnung übereinstimmen. Es gibt also in G holomorphe Funktionen $\alpha_\nu(z)$, $z = (z_1, \ldots, z_n)$, $\nu = 1, \ldots, k$, so daß $g_\nu - f_\nu = h^r \cdot \alpha_\nu$ ist. Die Flächen $F_1 = \{(z, w) : w = f(z)\}$, $F_2 = \{(z, w) : w = g(z)\}$ sind singularitätenfreie analytische Teilmengen von $G \times C^k$. Wir führen für jeden Punkt $(\tilde{z}, \tilde{w}) \in F_1$ die lineare Koordinatentransformation

$$z_\nu^* = z_\nu - \tilde{z}_\nu\,, \quad \nu = 1, \ldots, n$$

$$w_\nu^* = w_\nu - \tilde{w}_\nu - \sum_{\varkappa=1}^{n} f_{\nu\varkappa}(z_\varkappa - \tilde{z}_\varkappa)\,, \quad \nu = 1, \ldots, k$$

mit $f_{\nu\varkappa} = \frac{\partial f_\nu}{\partial z_\varkappa}(\tilde{z})$ durch. Die Ebene $\{(z^*, w^*) : w_\nu^* = 0, \nu = 1, \ldots, k\}$ ist dann die Tangentialebene an F_1 im Punkte $(\tilde{z}, \tilde{w})$. Durch die Gleichungen

$$(*) \qquad z_\nu^* + \sum_{\mu=1}^{k} b_{\nu\mu}(\tilde{z})\, w^*\,, \quad \nu = 1, \ldots, n$$

werde in $(\tilde{z}, \tilde{w})$ eine Normale definiert. Die Koeffizienten $b_{\nu\mu}(\tilde{z})$ seien in G meromorph und in $G - A$ sogar holomorph. Wir erhalten also durch (*) über $F_1 \cap (G - A) \times C^k$ ein reguläres, holomorphes Normalenfeld $N(\tilde{z}, \tilde{w})$.

Satz 5. *Die Zahlen* r, s, $r - s$ *seine nicht kleiner als 1 und so groß, daß die Funktionen* $b_{\nu\mu} \cdot h^{r-1}$, $b_{\nu\mu} \cdot h^s$, $b_{\nu\mu} \cdot h^{r-s}$ *in* G *holomorph sind und auf* A *ver-*

$H^1(\tilde{A}', (\tilde{\mathfrak{p}}')^\nu/(\tilde{\mathfrak{p}}')^{\nu+1} \otimes \Theta) = 0$, wobei Θ die analytische Beschränkung der Tangentialgarbe von $\tilde{X}'$ auf $\tilde{A}'$ bezeichnet. Nach Satz 3 kann man deshalb den Isomorphismus: $\psi|\tilde{A}'_{(l)} : \tilde{A}'_{(l)} \xrightarrow{\sim} A'_{(l)}$ zunächst nach $\tilde{A}'_{(l+1)}$, von dort nach $\tilde{A}'_{(l+2)}$ und so schrittweise beliebig weit fortsetzen. Nach Induktionsvoraussetzung gibt es sogar eine Fortsetzung von $\psi|\tilde{A}'_{(l)}$ zu einem Isomorphismus $\hat{\varphi} : \tilde{A}'_* \to A'_*$ mit $A'_* = (A', \mathcal{O}(X')|A')$, $\tilde{A}'_* = (\tilde{A}', \mathcal{O}(\tilde{X}')|\tilde{A}')$. Wir können, sofern wir $\tilde{U}$ hinreichend klein und U geeignet gewählt haben, $\hat{\varphi}$ als eine biholomorphe Abbildung $\tilde{X}' \to X'$ ansehen.

Es seien $\mathfrak{q}$ bzw. $\tilde{\mathfrak{q}}$ die Garbe der Keime von holomorphen Funktionen, die auf X' bzw. $\tilde{X}'$ verschwinden. Wir setzen $D = A \cup X'$, $\tilde{D} = \tilde{A} \cup \tilde{X}'$, $\mathcal{O}_\nu^+ = \mathcal{O}(U)/\mathfrak{p}^l \cdot \mathfrak{q}^\nu|D$, $\tilde{\mathcal{O}}_\nu^+ = \mathcal{O}(\tilde{U})/\tilde{\mathfrak{p}}^l \cdot \tilde{\mathfrak{q}}^\nu|\tilde{D}$, schließlich $D_{(\nu)} = (D, \mathcal{O}_\nu^+)$ und $\tilde{D}_{(\nu)} = (\tilde{D}, \tilde{\mathcal{O}}_\nu^+)$. Die Abbildungen ψ und $\hat{\varphi}$ ergeben zusammen einen Isomorphismus $\varphi : \tilde{D}_{(1)} \xrightarrow{\sim} D_{(1)}$. Nun ist $\Theta_{\mathfrak{n},\mathfrak{m}} = \tilde{\mathfrak{p}}^l \otimes \tilde{\Theta} \otimes (\tilde{\mathfrak{q}}^{\nu+1}/\tilde{\mathfrak{q}}_\nu)$ und $\mathrm{An}(\mathfrak{n}, \mathfrak{m}) = 0$ für $\nu > 1$ und für $\nu = 1$ isomorph zu $\mathcal{O}_l^*$, wenn $\mathfrak{n} = \mathfrak{p}^l \cdot \mathfrak{q}^{\nu+1}$, $\mathfrak{m} = \mathfrak{p}^l \cdot \mathfrak{q}^\nu$. Wir nehmen ohne Beschränkung der Allgemeinheit an, daß $\tilde{U}$ streng pseudokonvex ist und $\tilde{A}$ als maximale kompakte analytische Teilmenge enthält. Sodann werde eine feste natürliche Zahl s und l so groß gewählt, daß für $\nu \leq s$ die Kohomologiegruppe $H^1(\tilde{U}, \Theta_{\mathfrak{n},\mathfrak{m}}) = 0$ ist. Wegen der exakten Sequenz : $0 \to (\tilde{\mathfrak{p}}')^l \overset{\exp}{\to} \mathcal{O}_l^* \to Z' \to \to 0$, wobei Z' die triviale Fortsetzung von Z und Z über $X' - \tilde{A}'$ die konstante Garbe der natürlichen Zahlen bezeichnet, verschwindet für l sogar die Kohomologie mit Koeffizienten in $\mathcal{O}_l^*$. Wir können dann nach Satz 3 die biholomorphe Abbildung φ schrittweise zu einem Isomorphismus $\tilde{\varphi} : \tilde{D}_{(s)} \to D_{(s)}$ fortsetzen. Es sei $\tilde{f}'_\nu = f_\nu \circ \tilde{\varphi} \in \Gamma(\tilde{D}_{(s)}, \tilde{\mathcal{O}}_s^+)$. Ist l genügend groß gewählt, so gilt $H^1(\tilde{U}, \tilde{\mathfrak{p}}^l \cdot \tilde{\mathfrak{q}}^s) = 0$. Man kann dann die Funktionen $\tilde{f}'_\nu$ zu in $\tilde{U}$ holomorphen Funktionen $\tilde{f}_\nu$ fortsetzen. Durch $z_\nu = \tilde{f}_\nu(\tilde{x})$, $\nu = 0, \ldots, m$ wird eine biholomorphe Abbildung $\tilde{\gamma}$ einer Umgebung von $\tilde{A}$ in den P^m definiert. Wir dürfen annehmen, daß $\tilde{\gamma}$ bereits in $\tilde{U}$ biholomorph ist.

Es sei $\underline{D} = \gamma(D) = \tilde{\gamma}(\tilde{D})$. Die analytischen Flächen $\gamma(U) = \underline{U}$ und $\tilde{\gamma}(\tilde{U}) = \underline{\tilde{U}}$ sind singularitätenfrei und schneiden sich auf $\underline{D}$ von einer Ordnung, die mit wachsendem l und s beliebig groß wird.

Wir dürfen nun annehmen, daß U und mithin $\underline{U}$ streng pseudokonvex sind und daß $A \subset U$ maximale kompakte analytische Untermenge ist. Wir konstruieren zu $\underline{U}$ eine meromorphe Normalenschar, die in $\underline{U} - \underline{D}$ holomorph und regulär ist. Es sei T' das Tangentialbündel von $\underline{U}$, T das auf $\underline{U}$ beschränkte Tangentialbündel des P^m und N das Normalenbündel von $\underline{U}$. Man hat über $\underline{U}$ die exakte Sequenz:

$$0 \to \underline{T}' \to \underline{T} \to \underline{N} \to 0 .$$

Daraus folgt, daß

$$0 \to \mathrm{Hom}(\underline{N}, \underline{T}') \to \mathrm{Hom}(\underline{N}, \underline{T}) \to \mathrm{Hom}(\underline{N}, \underline{N}) \to 0$$

exakt ist. Als exakte Kohomologiesequenz erhält man:

$$\cdots \to \Gamma(\underline{U}, \mathrm{Hom}(\underline{N}, \underline{T})) \to \Gamma(\underline{U}, \mathrm{Hom}(\underline{N}, \underline{N})) \xrightarrow{\delta} H^1(\underline{U}, \mathrm{Hom}(\underline{N}, \underline{T}') \to \cdots$$

Ein Element $\xi \in \Gamma(\underline{U}, \mathrm{Hom}(\underline{N}, \underline{T}))$ kann man als eine holomorphe Ebenenschar auffassen, die jedoch Singularitäten haben kann (dort wo ξ nicht N bijektiv in T abbildet). Es sei $i \in \Gamma(\underline{U}, \mathrm{Hom}(\underline{N}, \underline{N}))$ die Schnittfläche, die jedem Punkt $x \in \underline{U}$ die Identität $i_x \in \mathrm{Hom}(\underline{N}, \underline{N})$ zuordnet. Wir setzen $j = \delta(i)$. Es ist $(g^p \circ \gamma^{-1}) \cdot j = 0$, wenn nur p hinreichend groß gewählt ist.

Es gibt also ein ξ, das auf $(g^p \circ \gamma^{-1}) \cdot i$ abgebildet wird. Offenbar ist ξ in $\underline{U} - \underline{D}$ regulär und dort eine holomorphe Normalenschar. Ist nun s hinreichend groß, so erhalten wir in der Nähe von $\underline{D}$ nach Satz 5 eine biholomorphe Abbildung von $\underline{U}$ auf $\underline{\tilde{U}}$. Damit ist gezeigt, daß die Umgebungskeime von A und $\tilde{A}$ zueinander isomorph sind, q. e. d.

6. Es seien wieder $X, \tilde{X}$ komplexe Mannigfaltigkeiten, $A \subset X$ und $\tilde{A} \subset \tilde{X}$ singularitätenfreie, kompakte analytische Mengen der Kodimension 1. Ferner seien Θ die analytische Beschränkung der Tangentialgarbe von X auf A und Θ' die Tangentialgarbe von A. Es gilt $\Theta' \subset \Theta$.

Ist nun $l \geqq 2$ und ψ ein Isomorphismus $A_{(l)} \to \tilde{A}_{(l)}$, so kann man ψ zu einem Isomorphismus $A_{(s)} \to \tilde{A}_{(s)}$, s beliebig groß, fortsetzen, wenn $H^1(A, \Theta \otimes (\underline{N}^*)^\nu) = 0$, $\nu = l, l+1, \ldots$ gilt. N^* bezeichnet dabei das zu N duale Geradenbündel. Es besteht die exakte Sequenz: $0 \to \Theta' \to \Theta \to \underline{N} \to 0$. Daher ist $H^1(A, \Theta \otimes (\underline{N}^*)^\nu)$ sicher dann gleich null, wenn $H^1(A, \Theta' \otimes (\underline{N}^*)^\nu) = 0$ und $H^1(A, (\underline{N}^*)^{\nu-1}) = 0$ sind. Ist weiter $N(A)$ negativ, so folgt:

Satz 7. *Es sei* $\psi : A_{(l)} \to \tilde{A}_{(l)}$, $l \geqq 2$ *ein Isomorphismus. Es gelte* $H^1(A, \Theta' \otimes (\underline{N}^*)^\nu) = 0$, $H^1(A, (\underline{N}^*)^{\nu-1}) = 0$, $\nu = l, l+1, \ldots$ *Dann kann man* ψ *zu einer biholomorphen Abbildung* $\varphi : A_* \to \tilde{A}_*$ *der Umgebungskeime fortsetzen.*

Corollar. Sind $H^1(A, \Theta' \otimes (\underline{N}^*)^\nu) = 0$, $H^1(A, (\underline{N}^*)^\nu) = 0$, $\nu \geqq 1$, so ist A_* isomorph zu $\mathfrak{O}_*$, wobei $\mathfrak{O}$ die Nullschnittfläche in N bezeichnet.

Sind $A, \tilde{A}$ wie oben, jedoch von höherer Kodimension als 1, so kann man durch eine monoidale Transformation A bzw. $\tilde{A}$ zu 1-kodimensionalen, singularitätenfreien analytischen Mengen A^*, $\tilde{A}^*$ aufblasen. Das Normalenbündel $N(A^*)$ ist dann auch schwach negativ. Jedem Isomorphismus $\psi : A_{(l)} \to \tilde{A}_{(l)}$, $l \geqq 2$ entspricht ein Isomorphismus $\psi^* : A^*_{(l)} \to \tilde{A}^*_{(l)}$. Umgekehrt gehört für großes l die Abbildung $\psi^* : A^*_{(l)} \cong \tilde{A}^*_{(l)}$ genau dann zu einem Isomorphismus ψ, wenn $\psi^* | A^*_{(2)}$ von einem Isomorphismus $A_{(2)} \cong \tilde{A}_{(2)}$ herkommt. Dieses gilt auch noch, wenn (l) durch $*$ ersetzt wird. Das Hinderniselement für die Fortsetzung eines Isomorphismus $\psi : A_{(\nu)} \xrightarrow{\sim} \tilde{A}_{(\nu)}$ zu einem Isomorphismus $\varphi : A_{(\nu+1)} \to \tilde{A}_{(\nu+1)}$ ist in $H^1(A, \Theta' \otimes (\underline{N}^*)^\nu)$ und $H^1(A, (\underline{N}^*)^\nu \otimes \underline{N})$, wobei jetzt $(N^*)^l$ die l-te symmetrische Potenz von N^* bezeichnet. Unser Satz gilt also mutatis mutandis auch, wenn die Kodimension von A größer als eins ist.

7. Es sei X eine kompakte, projektiv-algebraische Mannigfaltigkeit, $A \subset X$ eine exzeptionelle singularitätenfreie analytische Menge von der Kodimension 1. Wir bezeichnen mit X' den komplexen Raum, der durch Niederblasen von A erhalten wird. Wie in Abschnitt 8 gezeigt wird, braucht X' nicht immer ein algebraischer Raum zu sein. Wir zeigen deshalb:

[9] GRAUERT, H., u. R. REMMERT: Plurisubharmonische Funktionen in komplexen Räumen. Math. Z. **65**, 175—194 (1956).

[10] GRAUERT, H., u. R. REMMERT: Komplexe Räume. Math. Ann. **136**, 245—318 (1958).

[11] HIRZEBRUCH, F.: Some problems on differentiable and complex manifolds. Ann. Math. **60**, 213—236 (1954).

[12] HOPF, H.: Schlichte Abbildungen und lokale Modifikation 4-dimensionaler komplexer Mannigfaltigkeiten. Comment. Math. Helv. **29**, 132—156 (1955).

[13] KODAIRA, K.: On Kähler Varieties of restricted type. Ann. Math. **60**, 28—48 (1954).

[14] KOOPMAN, B. O., and A. B. BROWN: On the covering of analytic loci by complexes. Trans. Am. Math. Soc. **34**, 231—251 (1931).

[15] NAKANO, S.: On complex analytic vector bundles. J. Math. Soc. Japan **7**, 1—12 (1955).

[16] NARASIMHAN, R.: The Levi problem for complex spaces. Math. Ann. **142**, 355—365 (1961).

[17] REMMERT, R.: Sur les espaces analytiques holomorphiquement séparables et holomorphiquement convexes. C. R. Acad. Sci. (Paris) **243**, 118—121 (1956).

[18] REMMERT, R., u. K. STEIN: Über die wesentlichen Singularitäten analytischer Mengen. Math. Ann. **126**, 263—306 (1953).

[19] WEIL, A.: Introduction à l'étude des varietés kaehleriénnes. Paris: Hermann 1958.

(Eingegangen am 15. September 1961)

38.

Mordells Vermutung über rationale Punkte auf Algebraischen Kurven und Funktionenkörper

Pub. Math. IHES Paris **25**, 131–149 (1965)

EINLEITUNG

Es seien $P^n = P^n(\mathbf{C})$ der n-dimensionale komplex-projektive Raum, $\mathfrak{X} \subset P^n$ eine singularitätenfreie, irreduzible Kurve über dem Körper der rationalen Zahlen. Das (homogene) Ideal von $\mathfrak{X}$ in P^n wird also von Polynomen aufgespannt, deren Koeffizienten rationale Zahlen sind. Mordell hat vermutet : *Ist das Geschlecht von $\mathfrak{X}$ größer als* 1, *so enthält $\mathfrak{X}$ höchstens endlich viele Punkte mit rationalen Koordinaten.* Diese Vermutung ist bis jetzt nur in Spezialfällen bestätigt worden (¹).

Vor kurzem ist nun von Manin (²) gezeigt worden, daß das Analogon für Funktionenkörper mit den komplexen Zahlen als Konstantenkörper richtig ist. Manin benutzt für seinen Beweis schwierige Methoden aus der Funktionentheorie. Seine Mittel sind also transzendenter Natur; sie lassen sich nicht auf Funktionenkörper einer von 0 verschiedenen Charakteristik übertragen. In der vorliegenden Arbeit soll jedoch ein algebraischer Beweis geliefert werden, der dann im Falle beliebiger Charakteristik gilt.

Es sei fortan k ein algebraisch abgeschlossener Körper, $\mathfrak{R}$ ein Funktionenkörper über k von endlichem Transzendenzgrad, $\hat{\mathfrak{R}}$ der algebraische Abschluß von $\mathfrak{R}$. Mit $\mathfrak{X} \subset P^n(\hat{\mathfrak{R}})$ werde eine singularitätenfreie (³), irreduzible (projektiv-algebraische) Kurve über $\mathfrak{R}$ bezeichnet. Es sei $\mathrm{ch}(\mathfrak{X})$ die Chernsche Zahl des kanonischen Bündels von $\mathfrak{X}$. Unter dem Geschlecht $g = g(\mathfrak{X})$ versteht man sodann die ganze Zahl $\frac{1}{2a}\mathrm{ch}(\mathfrak{X}) + 1$, wobei a die $\mathfrak{R}$-Dimension des Vektorraumes der regulären Funktionen auf $\mathfrak{X}$ ist. $\mathfrak{X}$ heißt trivial, wenn $\mathfrak{X}$ bereits über k definiert werden kann (⁴), und ein rationaler Punkt auf $\mathfrak{X}$ ist ein Punkt mit Koordinaten in $\mathfrak{R}$. Wie man unmittelbar sieht, ist ein Punkt x

---

(¹) Man vgl. etwa Siegel [4].
(²) Manin, Moskau, ist ein Schüler von Šafarevič. Man vgl. [2].
(³) Unter « singularitätenfrei » wird stets « absolut singularitätenfrei » verstanden.
(⁴) Das heißt, daß $\mathfrak{X}$ zu einer Kurve über k $\mathfrak{R}$-isomorph ist.

Identifizierungen $S_\infty = X_{\iota_0} \times P^{n-1}$ und $(S_\infty)|(X_{\iota_0} \times P^{n-1}) = N_{\iota_0}$ werden dabei auf folgende Weise vorgenommen. Besteht über einer offenen Teilmenge $U \subset X_{\iota_0}$ ein Isomorphismus von Geradenbündeln $\gamma : T_{\iota_0}|U \xrightarrow{\sim} U \times k$, so wird wegen $S = \bigoplus_1^n T_{\iota_0}$ auch ein Isomorphismus $\hat{\gamma} : \hat{S}|U \to U \times P^n$ definiert. $\hat{\gamma}|(S_\infty \cap (\hat{S}|U))$ ist von der Wahl von γ unabhängig und bildet $S_\infty \cap (\hat{S}|U)$ biregulär auf $U \times P^{n-1}$ ab. Durch Zusammenheften erhält man den kanonischen Isomorphismus $S_\infty \xrightarrow{\sim} X_{\iota_0} \times P^{n-1}$. — Um $(S_\infty)|(X_{\iota_0} \times P^{n-1}) = N_{\iota_0}$ zu zeigen, braucht man nur die kanonische Isomorphie der Garben M_1 bzw. M_2 der Keime lokaler regulärer Schnittflächen in beiden Bündeln zu zeigen. Das ist aber klar, da M_1 bzw. M_2 der Quotient der Garbe der rationalen Funktionskeime zu dem Divisor S_∞ auf $\hat{S}$ bzw. zu dem Divisor $F_{\infty \iota_0}$ auf $\hat{F}_{\iota_0}$ nach den Garben der Keime lokaler regulärer Funktionen ist. Die Transformationen $\hat{\Phi}_{\iota_1 \iota_2}$ wirken nämlich auf der Quotienten-Garbe M_1 trivial.

Mit M werde das reguläre Geradenbündel $(P^{n-1})|P^{n-1}$ bezeichnet, wobei P^{n-1} als 1-codimensionale Ebene in P^n anzusehen ist. M ist ample. Durch die Produktprojektionen $X_{\iota_0} \times P^{n-1} \to X_{\iota_0}$ bzw. $\to P^{n-1}$ werde sodann $T^*_{\iota_0}$ bzw. M nach $X_{\iota_0} \times P^{n-1}$ geliftet. Man erhält reguläre Geradenbündel $\hat{T}^*_{\iota_0}$ bzw. $\hat{M}$ auf $X_{\iota_0} \times P^{n-1}$.

SATZ 1. — *Das Geradenbündel* N_{ι_0} *ist regulär-äquivalent mit* $\hat{T}^*_{\iota_0} \otimes \hat{M}$.

Beweis. — Wir brauchen nur zu zeigen, daß $(S_\infty)|(X_{\iota_0} \times P^{n-1})$ und $\hat{T}^*_{\iota_0} \otimes \hat{M}$ rationale, nicht identisch verschwindende Schnittflächen s_1 bzw. s_2 besitzen, die in jedem Punkte Null- und Polstellen gleicher Ordnung haben. Es sei s eine rationale, nicht identisch verschwindende Schnittfläche in $T^*(X_{\iota_0})$. s kann als eine auf der algebraischen Mannigfaltigkeit $T(X_{\iota_0})$ rationale, auf den Fasern von $T(X_{\iota_0})$ homogen-lineare Funktion gedeutet werden. Wir bezeichnen die Punkte von $\bigoplus_1^n T(X_{\iota_0})$ mit $y = (y_1, \ldots, y_n)$. Man kann dann die rationale Funktion $\hat{f}(y) = s(y_1)$ als rationale Schnittfläche in (S_∞) auf $\hat{S}$ ansehen. $\hat{f}$ hat die Fläche $\{y_1 = 0\} \subset \hat{S}$ zur Nullstellenfläche 1. Ordnung, außerdem die Flächen $\bigoplus_1^n T_{\iota_0}|P$, $P \in X_{\iota_0}$ zu Pol- und Nullstellenflächen in der gleichen Ordnung wie s in P einen Pol bzw. eine Nullstelle hat.

Es sei $E \subset P^{n-1}$ eine Ebene, so daß $P \times E = \{y_1 = 0\} \cap S_\infty \cap (\hat{S}|P)$ für $P \in X_{\iota_0}$. Es gibt eine reguläre Schnittfläche g in M, die genau E zur Nullstellenfläche 1. Ordnung hat. Die nach $\hat{M}$ geliftete Schnittfläche g ist eine reguläre Schnittfläche $\hat{g}$ in $\hat{M}$ und verschwindet genau auf $S_\infty \cap \{y_1 = 0\}$ von 1. Ordnung. $\hat{s}$ sei die durch Liften von s nach $\hat{T}^*_{\iota_0}$ erhaltene reguläre Schnittfläche. $s_1 = \hat{f}|S_\infty$ und $s_2 = \hat{s} \otimes \hat{g}$ haben also überall auf S_∞ die gleichen Null- und Polstellen, q.e.d.

3. Ein Geradenbündel G über einem vollständigen algebraischen Raum Y heißt *ample*, wenn es eine positive Tensorpotenz G^r von G und reguläre Schnittflächen $s_0, \ldots, s_l \in \Gamma(Y, G^r)$ gibt, so daß durch die Gleichungen $z_0 = s_0(y), \ldots, z_l = s_l(y)$ mit $y \in Y$, $(z_0, \ldots, z_l) \in P^l$ (homogene Koordinaten), eine bireguläre Einbettung von Y in

den P^l definiert wird. Auf einer vollständigen Kurve ist ein Geradenbündel genau dann ample, wenn seine Chernsche Zahl größer als Null ist. Da wir $g(X)>1$ vorausgesetzt haben, ist also $T^*(X_{t_0})$ ample. Ebenso ist dann $\hat{T}^*_{t_0}\otimes\hat{M}=N_{t_0}$ ample.

Es sei $N=(F_\infty)|F_\infty$. Man hat dann $N|F_{\infty t_0}=N_{t_0}$. Da N_{t_0} ample ist, gilt für $l\geq l_0$ das « Vanishing theorem ». Es ist $H^\nu(F_{\infty t_0}, N^l_{t_0})=0$ für $\nu=1, 2, 3, \ldots$. Wir können deshalb folgenden Satz ([1]) aus der algebraischen Geometrie anwenden :

Es seien Y, R *algebraische Mannigfaltigkeiten*, W *ein algebraisches Vektorraumbündel über* Y. *Ferner sei* $\varphi: Y\to R$ *eine eigentliche, surjektive, einfache, reguläre Abbildung. Gilt dann für ein* $t_0\in R$: $H^1(Y_{t_0}, W_{t_0})=0$ *mit* $Y_{t_0}=\varphi^{-1}(t_0)$, $W_{t_0}=W|Y_{t_0}$, *so läßt sich jede Schnittfläche aus* $\Gamma(Y_{t_0}, W_{t_0})$ *in eine Umgebung von* Y_{t_0} *regulär fortsetzen. Ferner hat die* 1. *Bildgarbe* $\varphi_1(W)$ *in* t_0 *den Nullhalm.*

Fortan sei $l\geq l_0$ und so groß gewählt, daß es Schnittflächen $s'_1, \ldots, s'_r\in\Gamma(F_{\infty t_0}, N^l_{t_0})$ gibt, die eine bireguläre Einbettung in einen P^{r-1} vermitteln. Wir setzen $s'_1, \ldots, s'_r$ zu Schnittflächen $s_1, \ldots, s_r\in\Gamma(F_{\infty 1}, N^l)$ in eine Umgebung $F_{\infty 1}=p^{-1}\pi^{-1}(R_1)\cap F_\infty$ von $F_{\infty t_0}$ fort. Dabei ist $R_1=R_1(t_0)\subset R$ eine Umgebung von t_0. Sie sei so klein gewählt, daß $s_1|F_{\infty t}, \ldots, s_r|F_{\infty t}$ für jedes $t\in R_1$ noch eine bireguläre Einbettung von $F_{\infty t}$ definieren.

Als nächstes sollen $s_1, \ldots, s_r$ weiter fortgesetzt werden zu regulären Schnittflächen in dem Bündel $(F_\infty)^l=(l.F_\infty)$. Wir haben über $\hat{F}$ die exakten Sequenzen :

$$0\to((l-1).F_\infty)\to(l.F_\infty)\to N^l\to 0$$

und über t_0 die Bildsequenzen :

$$\ldots\to(\pi p)_0((lF_\infty))_{t_0}\to(\pi p)_0(N^l)_{t_0}\to(\pi p)_1(((l-1)F_\infty))_{t_0}\xrightarrow{\gamma}(\pi p)_1((lF_\infty))_{t_0}\to 0.$$

γ ist also surjektiv und der Halm $(\pi p)_1((lF_\infty))_{t_0}$ Quotientenmodul von $(\pi p)_1(((l-1)F_\infty))_{t_0}$. Da die untersuchten Moduln wegen der Kohärenz der Bildgarben noethersch sind, folgt für $l\geq l_1$, daß γ ein Isomorphismus ist. Dann ist aber

$$\ldots\to(\pi p)_0((lF_\infty))_{t_0}\to(\pi p)_0(N^l)_{t_0}\to 0$$

exakt und das bedeutet :

Es gibt eine Umgebung $R_2=R_2(t_0)\subset R_1$, so daß sich

$$s_1|(F_\infty\cap(\pi p)^{-1}(R_2)), \ldots, s_r|(F_\infty\cap(\pi p)^{-1}(R_2))$$

zu Schnittflächen $\hat{s}_1, \ldots, \hat{s}_r\in\Gamma((\pi p)^{-1}(R_2), (lF_\infty))$ fortsetzen lassen.

4. Wir fassen die konstante Funktion $f\equiv 1\in k$ auf $\hat{F}$ als reguläre Schnittfläche $\hat{s}_0$ in (lF_∞) auf. $\hat{s}_0$ hat dann F_∞ zur Nullstellenfläche l-ter Ordnung und verschwindet sonst nirgends. $\hat{s}_0, \ldots, \hat{s}_r$ ergeben deshalb eine reguläre Abbildung $\hat{\Phi}: \hat{F}|R_2\to P^r$.

([1]) Der Satz ist ein Spezialfall eines viel allgemeiner von A. GROTHENDIECK gewonnenen Resultates. Man vgl. [1]. — Für die weiteren Mittel, die wir aus der algebraischen Geometrie übernehmen müssen, vgl. SERRE [3] und GROTHENDIECK [1].

Im Falle $V = S$ und $Z = X_t$ gilt $V^* = \bigoplus_1^n T_t^*$. Da jedes T_t^* ample ist, ist auch V^* ample und $V = S$ ist negativ.

Es sei $\mathfrak{U} = \{U_\iota : \iota = 1, \ldots, \iota_*\}$ eine offene Überdeckung von Z und $\xi = \{\xi_{\iota_1\iota_2}\}$ ein Kozyklus aus $Z^1(\mathfrak{U}, V)$. Über den Durchschnitten $U_{\iota_1\iota_2} = U_{\iota_1} \cap U_{\iota_2}$ haben wir dann die Übergangsabbildungen $\Phi_{\iota_1\iota_2} : y \to y + \xi_{\iota_1\iota_2}(z)$ mit $y \in V_z$, die $V | U_{\iota_1\iota_2}$ biregulär und fasertreu auf sich abbilden. Verheften wir $V | U_{\iota_1}$ stets mit $V | U_{\iota_2}$ mittels $\Phi_{\iota_1\iota_2}$, so erhalten wir ein affines Bündel $G = G(V) = G(V, \{\Phi_{\iota_1\iota_2}\})$ über Z. Man weiß : G ist genau dann (affin) isomorph zu V, wenn G eine reguläre Schnittfläche besitzt.

2. W werde fortan als negativ vorausgesetzt und G besitze die maximale vollständige algebraische Teilmenge A. Es sei ψ die Bündelprojektion $G \to Z$. Wir setzen weiter voraus, daß Z eine irreduzible, vollständige, singularitätenfreie Kurve ist. Gilt $A \neq \emptyset$, so folgt $\psi(A) = Z$.

Wir liften G vermöge ψ nach A und erhalten über A ein reguläres affines Bündel $\check{G} = G \circ \psi = \check{G}(V \circ \psi)$. Es sei $\check{\psi}$ die kanonische Projektion $\check{G} \to G$. Man hat das kommutative Diagramm :

$$\begin{array}{ccc} \check{G} & \xrightarrow{\check{\psi}} & G \\ \downarrow & & \downarrow \\ A & \xrightarrow{\psi} & Z \end{array}$$

Das durch Liften nach A erhaltene Vektorraumbündel $V \circ \psi$ ist negativ. Ferner hat $\check{G}$ die reguläre Schnittfläche $\check{\mathfrak{D}}$, die jedem Punkt $a \in A$ den Punkt $\check{G}_a \cap \check{\psi}^{-1}(a)$ zuordnet. Es gilt also $\check{G} \approx V \circ \psi$. Bei dieser Isomorphie geht $\check{\mathfrak{D}}$ in die Nullschnittfläche von $V \circ \psi$ über, $\check{\mathfrak{D}}$ ist also maximale vollständige algebraische Teilmenge von $\check{G}$ und daher gilt $\check{\psi}^{-1}(A) = \check{\mathfrak{D}}$. Das bedeutet aber : $G_a \cap A$ besteht stets aus genau einem Punkt.

Es sei $U \subset Z$ eine offene Teilmenge, derart, daß es einen (affinen) Bündelisomorphismus $\Psi : G | U \to U \times k^n$ gibt. Es seien $y_1, \ldots, y_n$ Koordinaten des k^n. Die Menge $\check{A} = \Psi(A \cap (G | U))$ wird durch die Produktprojektion $U \times k^n \to U$ eigentlich auf U abgebildet. Es gibt deshalb irreduzible Polynome über U von der Gestalt $\omega_\nu(y_\nu, z) = y_\nu^{b_\nu} + a_{\nu 1} y^{b_\nu - 1} + \ldots + a_{\nu b_\nu}$ mit über U regulären Funktionen $a_{\nu\mu}$, $\nu = 1, \ldots, n$, so daß $\check{A} = \{\omega_\nu(y_\nu, z) = 0, \nu = 1, \ldots, n\}$. Da die $\omega_\nu(y_\nu, z)$ über jedem Punkt z genau eine Nullstelle haben, sind sie vollständig insepariert. Im Falle, daß die Charakteristik von k gleich Null ist, folgt also $b_\nu = 1$ für $\nu = 1, \ldots, n$. Im Falle, daß die Charakteristik von k gleich $p \neq 0$, hat ω_ν stets die Gestalt $y_\nu^{p^{\alpha_\nu}} + b_\nu(z)$.

3. Wir untersuchen die Situation von § 1. Es sei also $Z = X_t$, $V = S$ und $G = F_t$, ferner $A = E_t$. Wir setzen voraus, daß $E_t \neq \emptyset$ für jedes $t \in R$. Über jedem Punkt von X liegt dann genau ein Punkt von E. Da $p : E \to X$ eigentlich ist, folgt wieder :

Ist $U \subset X$ eine irreduzible offene Teilmenge und $\Psi : F | U \to U \times k^n$ ein Bündelisomorphismus, so wird die Menge $\check{E}=\Psi(E\cap F|U)\subset U\times k^n$ durch irreduzible Gleichungen gegeben :

$y_\nu+b_\nu(x)=0$ im Falle, daß die Charakteristik von k gleich o,

bzw.

$y_\nu^{p^{\alpha}}+b_\nu(x)=0$ im Falle, daß die Charakteristik von k gleich $p\neq 0$ ist.

Im Falle der Charakteristik o ist also $p: E\to X$ biregulär. Wir behaupten, daß dieses auch im Falle der Charakteristik $\neq 0$ gilt, falls es unendlich viele rationale Schnittflächen s in X gibt mit $\tilde{s}(R)\subset E$. Wir zeigen $\alpha_\nu=0$ für $\nu=1,\ldots,n$.

Es sei $x_0\in U$ beliebig. Wir wählen eine Umgebung $W=W(t_0)$, $t_0=\pi(x_0)$, so daß über W n reguläre, überall linear unabhängige Vektorfelder $\xi_1,\ldots,\xi_n$ existieren. Die auf U regulären Funktionen $b_1,\ldots,b_n$ definieren nun n^2 reguläre, in y inhomogenlineare Funktionen auf $\hat{B}=B\times k^n$ mit $B=U\cap\pi^{-1}(W)$. Es sei etwa $y\in\hat{B}$ ein Punkt über x und t. Dann ist $\Psi^{-1}(y)$ ein Homomorphismus von $T_t(R)$ nach $T_x(X)$, den wir mit $\tilde{y}$ bezeichnen wollen. Es sei db_ν die totale Ableitung von b_ν. Wir setzen $f_{\nu\mu}(y)=(db_\nu).(\tilde{y}(\xi_\mu(t)))$. Offenbar ist $f_{\nu\mu}$ regulär in $\hat{B}$.

Angenommen nun, nicht alle α_ν sind gleich o. Es sei etwa $\alpha_1\neq 0$. Wir bezeichnen dann mit A die algebraische Menge $\{f_{11}=f_{12}=\ldots=f_{1n}=0\}$ in $\hat{B}$. Es ist $db_1\not\equiv 0$ über U und damit auch über B. Anderenfalls wäre nämlich $a=b_1^{1/p}$ regulär und $y_1^{p^{\alpha_1}}+b_1=(y_1^{p^{\alpha_1-1}}+a)^p$ nicht irreduzibel.

Es sei $T(X/R)=\bigcup_t T_t$ das Bündel der Vektoren auf X in Richtung der Fasern. Man hat also $T(X/R)|X_t=T_t$. Bezeichnet U′ die nicht leere offene Menge $\{db_1\neq 0\}\cap B$ und U″ die Menge $U'\cap\{db_1.T(X/R)\neq 0\}$, so hat A über jedem Punkt von U″ genau einen Punkt und die Abbildung $A''\to U''$ ist biregulär (mit $A''=A\cap(U''\times k^n)$), wie man unter Benutzung der Linearität von $f_{11},\ldots,f_{1n}$ auf den Fasern $x\times k^n$ von $\hat{B}$ sofort einsieht.

Es sei s eine Schnittfläche in X mit $\tilde{s}(R)\subset E$. Auf $\Psi(\tilde{s}(R))$ ist das Polynom $\omega=y_1^{p^{\alpha_1}}+b_1$ identisch Null. Also gilt $d(\omega\circ\Psi\tilde{s})\equiv 0\equiv d(b_1\circ s)$ und deshalb

$$\Psi(\tilde{s}(R)\cap(F|U''))\subset A''.$$

Es sei $K\subset R$ die Unbestimmtheitsmenge von s. Man hat dann $U'\cap s(R-K)\subset U''$. Daher muß $A=\Psi(E)$ sein über allen Punkten aus $U''\cap s(R)$. Gibt es nun unendlich viele Schnittflächen über R mit $\tilde{s}(R)$ in E, so dringen auch unendlich viele $s(R)$ in U′ ein. $X-U'$ ist nämlich höchstens n-dimensional und kann daher höchstens endlich viele n-dimensionale algebraische Teilmengen enthalten. Es folgt : auch U″ ist nicht leer. Und wiederum dringen unendlich viele $s(R)$ in U″ ein. Die kleinste algebraische Teilmenge, die $U''\cap\bigcup s(R)$ umfaßt, ist aber gleich U″. Also folgt $A=\Psi(E)$ über U″. Damit ist die Abbildung $\Psi(E\cap(F|U''))\to U''$ biregulär. Also $\alpha_1=0$, weil auch $\omega|U''$ irreduzibel ist.

die Blätterzahl von $\hat{\mathfrak{R}}$ und die $X_{\nu t} = \hat{t}_\nu \times X_0 = X_0$ sind, $\nu = 1, \ldots, b$. Es sei $t_0 \in R$ beliebig und $\xi'_0, \ldots, \xi'_N \in \Gamma(X_{1t}, K^r)$ eine Basis. Wir definieren

$$\xi''_\nu = \begin{cases} \xi'_\nu & \text{auf } X_{1t_0} \\ 0 & \text{auf } X_{2t_0}, \ldots, X_{bt_0} \end{cases}$$

und wählen eine Umgebung $U = U(t_0)$, derart, daß wir $\xi''_0, \ldots, \xi''_N$ zu regulären Schnittflächen $\tilde{\xi}_0, \ldots, \tilde{\xi}_N$ in $\hat{\pi}^{-1}(U)$ fortsetzen können. Es sei dann $\xi_\nu = \sum_{g_\mu \in G} \tilde{\xi}_\nu \circ g_\mu$, $\nu = 0, \ldots, b$. Dabei bezeichnet $g_\mu \in G$ diejenige Transformation, die $\hat{t}_{01}$ auf $\hat{t}_{0\mu}$ abbildet, die wir uns deshalb als fasertreue Transformation $\hat{X} \to \hat{X}$ mit $X_{1t_0} \to X_{\mu t_0}$ denken. Es ist $\xi_\nu | X_{\mu t_0} = \xi'_\nu \circ g_\mu^{-1}$. Es gibt daher eine Umgebung $V = V(t_0) \subset U$, so daß $\xi_0, \ldots, \xi_N$ über $\hat{\pi}^{-1}(V)$ keine gemeinsamen Nullstellen haben, auf jeder Faser $X_{\mu t}$, $t \in \mathfrak{V}$ noch eine Basis bilden und die durch $\xi_0, \ldots, \xi_N$ vermittelte reguläre Abbildung $\psi : \hat{X}' = \hat{\pi}^{-1}(V) \to P^N$ jede Faser $X_{\mu t}$ biregulär in den P^N einbettet. Es gilt aber $\psi(X_{1t}) = \ldots = \psi(X_{bt})$. $\mathbf{X} = (\mathrm{id} \times \psi)(\hat{X}')$ ist eine abgeschlossene algebraische Untermannigfaltigkeit von $V \times \mathbf{P}^N$. Ändert man die Basis $\xi'_0, \ldots, \xi'_N$ oder die Fortsetzungen $\tilde{\xi}_0, \ldots, \tilde{\xi}_N$, so erhält man natürlich eine andere Einbettung $\mathbf{X}_1$. Es gibt dann jedoch eine wohlbestimmte reguläre Abbildung $C : V \to PL(N, k)$, so daß $\mathbf{X}_1 = C \circ \mathbf{X}$.

Man kann nun die Konstruktion der $\tilde{\xi}_0, \ldots, \tilde{\xi}_N$ über jedem $R^{(\lambda)}$ durchführen, d.h. $\mathbf{X}$ ist in bezug auf seine Einbettung quasitrivial. Durch (wohlbestimmtes) Zusammenheften von $\mathbf{X}$, die zu verschiedenen Punkten $t_0 \in R$ konstruiert sind, vermöge Abbildungen C kann man schließlich die algebraische Faserung $(X, \pi, R) = (\hat{R} \times X_0)/G$ konstruieren.

Es werde jetzt ein Beispiel einer Faserung (X, π, R) von vollständigen singularitätenfreien Kurven X_t vom Geschlecht $g \geq 2$ angegeben, die über keiner offenen Teilmenge von R trivial ist und doch unendlich viele rationale Schnittflächen besitzt. Es sei k ein algebraisch-abgeschlossener Körper der Charakteristik 3 und X_0 die irreduzible singularitätenfreie Kurve $\{x^4 + y^4 = 1\} \subset P^2$. Es sei G die Gruppe der beiden Transformationen : id und $(x, y) \to (-x, -y)$. G bildet X_0 biregulär auf sich ab und X_0/G ist isomorph zu der singularitätenfreien algebraischen Kurve $\{x^2 + y^2 = 1, z^2 = xy\} \subset P^3$.

Wir setzen $R = X'_0/G$, $\hat{R} = X'_0$ und τ sei die Quotientenprojektion $\hat{R} \to R$ (mit $X'_0 = X_0 \cap k^2$). $\hat{\mathfrak{R}} = (\hat{R}, \pi, R)$ ist eine unverzweigte Galoissche Überlagerung von R. Wir definieren $X = (\hat{R} \times X_0)/G$ und (X, π, R).

Die Abbildungen $\hat{s}_\nu : x^* = x^{3^\nu}, y^* = y^{3^\nu}$ sind reguläre Abbildungen $\hat{R} \to X_0$ mit $\hat{s}_\nu \circ l = l \circ \hat{s}_\nu$, $l \in G$. Wir fassen $\hat{s}_\nu$ als reguläre Schnittflächen in $\hat{R} \times X_0$ auf. Unter der Projektion $\hat{R} \times X_0 \to X$ werden dann die $\hat{s}_\nu$ zu regulären Schnittflächen s_ν in X. Die Faserung (X, π, R) besitzt also unendlich viele rationale Schnittflächen.

Es dürfte für einen Algebraiker nicht zu schwer sein, die nicht-trivialen, regulären Familien (X, π, R) von singularitätenfreien, vollständigen Kurven vom Geschlecht $g \geq 2$ weitgehend zu klassifizieren.

LITERATUR

[1] A. GROTHENDIECK, *Éléments de géométrie algébrique* (rédigés avec la collaboration de J. DIEUDONNÉ) :
I. Le langage des schémas, *Publ. Math.*, I.H.E.S., n° 4, Paris, 1960;
II. Étude globale élémentaire de quelques classes de morphismes, *Publ. Math.*, I.H.E.S., n° 8, Paris, 1961;
III. Étude cohomologique des faisceaux cohérents (Première Partie), *Publ. Math.*, I.H.E.S., n° 11, Paris, 1961;
III. Étude cohomologique des faisceaux cohérents (Seconde Partie), *Publ. Math.*, I.H.E.S., n° 17, 1963;
IV. Étude locale des schémas et des morphismes de schémas (Première Partie), *Publ. Math.*, I.H.E.S., n° 20, 1964.

[2] I. MANIN, Beweis eines Analogons der Mordellschen Vermutung für algebraische Kurven über Funktionenkörpern, *Dokl. Akad. Nauk. SSSR*, 152 (1963), 1061-1063, Engl. Übersetzung in *Soviet Mathematics*, 4 (1963), 1505-1507.

[3] J.-P. SERRE, Faisceaux algébriques cohérents, *Ann. Math.*, 61 (1955), 197-278.

[4] C. L. SIEGEL, Über einige Anwendungen Diophantischer Approximationen, *Abh. Preuss. Akad. Wiss., Phys.-Math. Klasse*, 1929, 1-69.

[5] O. ZARISKI, The problem of minimal models in the theory of algebraic surfaces, *Am. Journal Math.*, 80 (1958), 146-194, bes. p. 150.

Reçu le 15 novembre 1964.

Beispiele von komplexen Mannigfaltigkeiten, in denen eine vollständige Kählersche Metrik definiert werden kann, sind die holomorph vollständigen Mannigfaltigkeiten (Satz 7).

Im folgenden prüfen wir, *ob umgekehrt eine komplexe Mannigfaltigkeit mit vollständiger Kählerscher Metrik holomorph konvex ist.* Es zeigt sich leicht, daß das nicht immer richtig ist. So existiert selbst noch in jeder komplexen Mannigfaltigkeit $\mathfrak{M}^n$, die aus einer n-dimensionalen holomorphvollständigen Mannigfaltigkeit $\mathfrak{V}^n$ durch Herausnahme einer analytischen Menge[10]) $A \neq \mathfrak{V}^n$ entstanden ist, eine vollständige Kählersche Metrik (Satz A). $\mathfrak{M}^n$ ist, wenn A einen irreduziblen Bestandteil der (komplexen) Dimension $k \leq n-2$ enthält, nicht mehr holomorph-konvex[11]).

Jedoch sind Gebiete über dem C^n, deren Ränder glatt sind, holomorph-konvex, wenn in ihnen eine vollständige Kählersche Metrik gegeben ist. In dieser Gebietsklasse werden also die Holomorphiegebiete durch die Existenz einer vollständigen Kählerschen Metrik charakterisiert. Es gilt hier allgemein:

Ein Gebiet $\mathfrak{G}$ über dem C^n (mit glattem Rande) ist dann und nur dann holomorph-konvexes Holomorphiegebiet[12]), *wenn in $\mathfrak{G}$ eine vollständige Kählersche Metrik definiert werden kann (vgl. Satz C).*

Um zu diesem Resultat zu gelangen, wird zuerst eine Untersuchung an Reinhardtschen Körpern[13]) durchgeführt (§ 4). Dabei ergibt sich, daß ein Reinhardtscher Körper mit vollständiger Kählerscher Metrik aus einem Holomorphiegebiet durch Herausnahme von Achsen $\{z_{i_1} = z_{i_2} = \cdots = z_{i_s} = 0\}$, $i_\nu = 1, \ldots, n$, entstanden ist (Satz B). Zur Behandlung allgemeinerer Fälle zeigen wir dann, daß alle Gebiete des C^n mit vollständiger Kählerscher Metrik einem Kontinuitätssatz genügen müssen (§ 5, Satz 13). Dieser Kontinuitätssatz steht in enger Beziehung zu einer charakteristischen Eigenschaft der Kählerschen Metrik:

Ein Hermitesche Metrik Λ in einem Gebiet $\mathfrak{G} \subset C^n$ ist dann und nur dann Kählersch, wenn in bezug auf Λ alle in $\mathfrak{G}$ analytischen Mengen Minimalflächengebilde sind (Satz 14)[14]).

[10]) Vgl. zum Begriff der analytischen Menge: R. REMMERT und K. STEIN: Über die wesentlichen Singularitäten analytischer Mengen. Math. Ann. **126**, 263—306 (1953).

[11]) Nach einem bekannten Fortsetzungssatz läßt sich jede außerhalb einer höchstens $(n-2)$-dimensionalen analytischen Menge $A \subset \mathfrak{V}^n$ holomorphe Funktion in die Punkte von A holomorph fortsetzen. $\mathfrak{V}^n - A$ ist deshalb sicher nicht holomorphkonvex. Vgl. dazu: H. BEHNKE und P. THULLEN, loc. cit.[1]), p. 73, Satz 37.

[12]) Es ist keineswegs leicht einzusehen, ob jedes Holomorphiegebiet über dem C^n holomorphkonvex ist. Während das Problem schon 1932 von H. BEHNKE und P. THULLEN für schlichte und endlichblättrige Gebiete gelöst wurde, konnte erst K. OKA 1953 zeigen, daß jedes unverzweigte Holomorphiegebiet über dem C^n holomorphkonvex ist. Vgl. K. OKA: Sur les fonctions analytiques de plusieurs variables. IX.-Domaines finis sans point critique intérieur. Japanese J. Math. 1953.

[13]) Vgl. BEHNKE-THULLEN, loc. cit.[1]), p. 33.

[14]) Schon 1905 zeigte K. KOMMERELL, daß alle analytischen Flächen im C^2 in bezug auf die euklidische Metrik Minimalflächen sind. Vgl. K. KOMMERELL, Riemannsche Flächen im ebenen Raum von vier Dimensionen. Math. Ann. **60**, 548—596 (1905), insbesondere pp. 586ff.

Satz 13 wird nun auf Hartogssche Körper[15]) angewendet (§ 6). Es zeigt sich, daß diese unter gewissen zusätzlichen Voraussetzungen Holomorphiegebiete sind, wenn in ihnen eine vollständige Kählersche Metrik existiert (Satz 17).

Im allgemeinen Fall von Gebieten $\mathfrak{G}$ über dem C^n kommt man durch lokale Approximation mit Hartogsschen Körpern zum Ziele. Es gelingt auf diese Weise, aus der Existenz einer vollständigen Kählerschen Metrik in $\mathfrak{G}$ auf die Pseudokonvexität des Randes von $\mathfrak{G}$ (im Sinne von LEVI-KRZOSKA) zu schließen. Nach Satz 18 ist dann in $\mathfrak{G}$ die reellwertige Funktion $-\ln d_{\mathfrak{G}}$ plurisubharmonisch, wobei $d_{\mathfrak{G}}$ den (euklidischen) Abstand der Punkte von $\mathfrak{G}$ vom Rande bezeichnet. Aus neueren Untersuchungen von K. OKA[16]) folgt nun, daß $\mathfrak{G}$ Holomorphiegebiet ist, und damit der vorhin zitierte Satz C.

Es sei mir gestattet, an dieser Stelle den Herren Professoren Dr. H. BEHNKE und Dr. B. ECKMANN für das stete Wohlwollen, mit dem sie meine Arbeit gefördert haben, meinen Dank auszusprechen. Herrn Dozenten Dr. F. SOMMER sei für viele wertvolle Hinweise gedankt.

§ 1. Komplexe Mannigfaltigkeiten

Wir stellen in diesem Paragraphen grundlegende Begriffe zusammen. Es ist zweckmäßig, unseren Betrachtungen *komplexe Mannigfaltigkeiten* zugrunde zu legen. Zu dem Zweck führen wir zunächst den Begriff der *komplex-analytischen Struktur* auf $2n$-dimensionalen topologischen Mannigfaltigkeiten $\mathfrak{Q}^n$ ein.

Es sei $\{\mathfrak{U}_j\}$ ($j \varepsilon I$, I eine Indexmenge) ein überdeckendes System von offenen Mengen in $\mathfrak{Q}^n$, die durch topologische Abbildungen $\Psi_j : \mathfrak{U}_j \to \mathfrak{G}_j$ auf Gebiete $\mathfrak{G}_j$ des komplexen Zahlenraumes mit den Veränderlichen $z_1 \ldots z_n$ bezogen sind. Ein Paar $(\mathfrak{U}_j, \Psi_j)$ heiße ein *lokales Koordinatensystem* in $\mathfrak{Q}$. Ist der Durchschnitt $\mathfrak{U}_i \cap \mathfrak{U}_j$ zweier Umgebungen $\mathfrak{U}_i, \mathfrak{U}_j (i, j \varepsilon I)$ nicht leer, so sei die Abbildung $\Psi_i \Psi_j^{-1} : \Psi_j(\mathfrak{U}_i \cap \mathfrak{U}_j) \to \Psi_i(\mathfrak{U}_i \cap \mathfrak{U}_j)$ ferner holomorph. Wir sagen, zwei lokale Koordinatensysteme *hängen holomorph zusammen*.

Wir können nun zeigen, daß sich eine solche Menge von lokalen Koordinatensystemen zu einer maximalen Menge ergänzen läßt. Durch die $(\mathfrak{U}_j, \Psi_j)$ wird auf $\mathfrak{Q}^n$ der Begriff der holomorphen Funktion und damit der Begriff der holomorphen Abbildung in den C^n definiert. Ist daher $\mathfrak{U}$ eine beliebige offene Menge von $\mathfrak{Q}^n$ und Ψ eine topologische holomorphe Abbildung von $\mathfrak{U}$ auf ein Gebiet $\mathfrak{G}$ des C^n, so ist $(\mathfrak{U}, \Psi)$ ein lokales Koordinatensystem, das mit allen $(\mathfrak{U}_j, \Psi_j)$, ($j \varepsilon I$) durch holomorphe Abbildungen $\Psi \Psi_j^{-1}$ zusammenhängt. Indem wir dann alle so konstruierten Koordinatensysteme zu der Menge $\{(\mathfrak{U}_j, \Psi_j)\}$ hinzunehmen, erhalten wir Maximalität.

[15]) Vgl. BEHNKE-THULLEN, loc. cit.[1]), p. 35.

[16]) K. OKA, loc. cit.[12]). Vgl. ferner H. BREMERMANN: Über die Äquivalenz der pseudokonvexen Gebiete und der Holomorphiegebiete im Raum von n komplexen Veränderlichen. Math. Ann. 128, 63—91 (1954). F. NORGUET: Sur les domaines d'holomorphie des fonctions uniformes des plusieurs variables complexes. Bull. Soc. Math. France 82, 137—159 (1954).

in bezug auf $''\Lambda$, da $''\Lambda$ aus $*\Lambda$ durch Addition einer positiv semidefiniten Metrik entsteht. In jedem $P_\varkappa$ können nur endlich viele Punkte einer beliebigen sich in $\mathfrak{V}^n$ nicht häufenden Punktfolge $x_\varrho \in \mathfrak{V}^n$, $\varrho = 1, 2, 3, \ldots$, liegen. Somit wird der Abstand der x_ϱ von x_0 mit wachsendem ϱ unbeschränkt groß, q.e.d.

Fragen wir nun, ob jede Mannigfaltigkeit mit vollständiger Kählerscher Metrik holomorph-konvex ist, so zeigt sich, daß das nicht immer richtig ist. Es wird hier eine Konstruktion einer vollständigen Kählerschen Metrik im Raume $C^n - 0$ angegeben. $C^n - 0$ ist dabei die komplexe Mannigfaltigkeit, die aus dem Raum C^n der Veränderlichen $z_1 \ldots z_n$ durch Entfernung des Nullpunktes erhalten ist. Bekanntlich ist $C^n - 0$ für $n > 1$ nicht mehr holomorph-konvex[30]).

$g(w)$ sei für $w > 0$ eine reell-analytische Funktion mit folgenden drei Eigenschaften:

$$1.\ g(w) > 0,$$

$$2.\ \int_0^1 w\, g^2\, dw = d \text{ (endlich)},$$

$$3.\ \int_0^1 g\, dw = \infty.$$

Wir wählen etwa für $g(w)$ die Funktion $\frac{w-1}{w \ln w}$, die — wie man leicht nachrechnet — diese drei Eigenschaften hat. Setzt man nun $f(w) = \int_0^w w g^2 dw$ und $*U(w) = \int \frac{f}{w}\, dw$, so erzeugt $*U(z_1\bar z_1 + \cdots + z_n \bar z_n)$ in $C^n - 0$ eine positiv semidefinite Hermitesche Form $\alpha_0 = \Sigma\, g_{\nu\bar\mu} dz_\nu d\bar z_\mu$. Es gilt nämlich: $g_{\nu\bar\nu} = *U' + *U'' z_\nu \bar z_\nu$, $g_{\nu\bar\mu} = *U'' z_\mu \bar z_\nu$, wenn $\nu \neq \mu$ und $*U' = \frac{\partial *U}{\partial w}$, $*U'' = \frac{\partial^2 *U}{\partial w^2}$ ist. Auf der komplex eindimensionalen Ebene $z_2 = z_3 = \cdots = z_n = 0$ ist daher:

$$\alpha_0 = \sum_\nu *U' dz_\nu d\bar z_\nu + *U'' z_1 \bar z_1\, dz_1\, d\bar z_1 \geqq (*U' + *U'' z_1 \bar z_1)\, dz_1\, d\bar z_1 =$$
$$= g^2 w\, dz_1\, d\bar z_1 \geqq w\, (g\, d\, r)^2,$$

wenn $w = z_1 \bar z_1 + \cdots + z_n \bar z_n$ und $r = \sqrt{w}$ gesetzt wird. α_0 ist durch ein Potential im $C^n - 0$ erzeugt, das nur vom euklidischen Abstand der Punkte vom Nullpunkt des C^n abhängt. Aus Satz 5 folgt deshalb, daß α_0 gegenüber unitären Drehungen invariant ist. Das Gleiche ist in natürlicher Weise für $w(g dr)^2$ richtig. Somit gilt allgemein im $C^n - 0$:

$$\alpha_0 \geqq w(g dr)^2.$$

Das hat zur Folge:
1. α_0 ist positiv semidefinit,
2. unter der darum positiv semidefiniten Kählerschen Metrik $*\Lambda : ds^2 = \Sigma\, g_{\nu\bar\mu} dz_\nu d\bar z_\mu$ ist der Nullpunkt 0 unendlich fern.

In der Tat! Ist x_0 ein Punkt aus $C^n - 0$ und konvergiert $x_\varkappa \in C^n - 0$, $\varkappa = 1, 2 \ldots$, gegen 0, sind w_0, $w_\varkappa$ die zugehörigen Abstandsquadrate von 0 und

[30]) Vgl. loc. cit.[11]).

verbindet die differenzierbare Kurve $K_\varkappa$ den Punkt x_0 mit $x_\varkappa$, so gilt:

$$\int_{K_\varkappa} ds \geq \left| \int_{K_\varkappa} r g\, dr \right| \geq 1/2 \left| \int_{w_\varkappa}^{w_0} g\, dw \right| .$$

Aus Eigenschaft 3 von g ist ersichtlich, daß die Entfernungen von x_0 und $x_\varkappa$ in bezug auf $*\Lambda$ mit wachsendem $\varkappa$ gegen unendlich streben. Addieren wir noch zu $*\Lambda$ die euklidische Metrik $ds^2 = dz_1 d\bar{z}_1 + \cdots dz_n d\bar{z}_n$ hinzu, so erhalten wir im $C^n - 0$ eine vollständige (positiv-definite) Kählersche Metrik Λ_n, zu der $U_n = *U + z_1\bar{z}_1 + \cdots + z_n\bar{z}_n$ ein Potential ist.

Dieses Resultat läßt sich ausnutzen, um Satz 7 zu verallgemeinern. Wir formulieren als Hauptsatz dieses Paragraphen:

Satz A. *Ist eine komplexe Mannigfaltigkeit $\mathfrak{M}^n$ aus einer holomorph vollständigen Mannigfaltigkeit $\mathfrak{V}^n$ durch Herausnahme einer beliebigen analytischen Menge A entstanden, so existiert in $\mathfrak{M}^n$ eine vollständige Kählersche Metrik.*

Beweis. A ist simultanes Nullstellengebilde von holomorphen Funktionen $f_0 \ldots f_n$ (vgl. Satz 2). $U = U_{n+1} \circ \tau$ ist Potential der durch die holomorphe Abbildung $\tau : z_0 = f_0 \ldots z_n = f_n$ nach $\mathfrak{V}^n - A$ übertragenen Kählerschen Metrik Λ_{n+1}. In bezug auf diese (in $\mathfrak{V}^n - A$ positiv semidefinite) Metrik sind die Punkte von A unendlich fern. Addiert man noch eine in V^n vollständige Kählersche Metrik hinzu, so erhält man eine in $M^n = V^n - A$ vollständige (positiv definite) Kählersche Metrik.

§ 4. Vollständige Kählersche Metrik in Reinhardtschen Körpern

Zunächst werde folgender Hilfssatz bewiesen:

Hilfssatz 3. *Sei $\mathfrak{M}^n$ eine komplexe Mannigfaltigkeit über dem Raume C^n der Veränderlichen $z_1 \ldots z_n$, die als Automorphismen die Drehungen $\tau(\vartheta_1 \ldots \vartheta_k)$: $z_\nu \to z_\nu e^{i\vartheta_\nu}$, $z_\mu \to z_\mu$, $\nu = 1 \ldots k$, $\mu = k+1 \ldots n$, ϑ_ν reell, zuläßt. Sei $\tau(\vartheta_1 \ldots \vartheta_{\nu-1}, 2\pi, \vartheta_{\nu+1} \ldots \vartheta_k) = \tau(\vartheta_1 \ldots \vartheta_{\nu-1}, 0, \vartheta_{\nu+1} \ldots \vartheta_k)$ für $\nu = 1 \ldots k$. Ist dann Λ eine Kählersche Metrik in $\mathfrak{M}^n$, so läßt sich aus Λ eine Kählersche Metrik $\mathring{\Lambda}$ in $\mathfrak{M}^n$ konstruieren, derart, daß in bezug auf $\mathring{\Lambda}$ die Drehungen $\tau(\vartheta_1 \ldots \vartheta_k)$ isometrische Abbildungen sind. Ist Λ in $\mathfrak{M}^n$ vollständig, so gilt Gleiches für $\mathring{\Lambda}$. Enthält eine Randpunktmenge $\{x\}_\tau^k$ von $\mathfrak{M}^n$ in bezug auf Λ nur unendlichferne Punkte, so ist x in bezug auf $\mathring{\Lambda}$ ein unendlichferner Randpunkt*[31]).

Dabei ist $\{x\}_\tau^k$ eine einem Punkt oder Randpunkt x von $\mathfrak{M}^n$ in folgender Weise zugeordnete Menge:

Hat x die Koordinaten $z_1^{(0)} \ldots z_n^{(0)}$, so gibt es einen x enthaltenden k-fachen Torus von Punkten bzw. Randpunkten von $\mathfrak{M}^n$, die die Koordinaten $z_1^{(0)} e^{i\vartheta_1} \ldots z_k^{(0)} e^{i\vartheta_k}, z_{k+1}^{(0)} \ldots z_n^{(0)}$ besitzen. $\{x\}_\tau^k$ stimme mit den Punkten dieses Torus überein.

Beweis von Hilfssatz 3. Ist Λ eine Metrik $ds^2 = \Sigma\, g_{\nu\bar{\mu}}\, dz_\nu d\bar{z}_\mu$, so bilde man $\mathring{\Lambda} : d\mathring{s}^2 = \Sigma\, \mathring{g}_{\nu\bar{\mu}}\, dz_\nu d\bar{z}_\mu$ mit den Koeffizienten:

$$\mathring{g}_{\nu\bar{\mu}}(z_1 \ldots z_n, \bar{z}_1 \ldots \bar{z}_n)$$
$$= \frac{1}{(2\pi)^k} \int_0^{2\pi} \cdots \int_0^{2\pi} d\vartheta_1 \ldots d\vartheta_k\, g(z_1 e^{i\vartheta_1} \ldots z_k e^{i\vartheta_k}, z_{k+1} \ldots z_n; \ldots)\, e^{i(\vartheta_\nu \sigma_\nu^k - \vartheta_\mu \sigma_\mu^k)}$$
$$(\sigma_\nu^k = 1 \text{ für } \nu \leq k,\ \sigma_\nu^k = 0 \text{ für } \nu > k).$$

---
[31]) Vgl. loc. cit.[26]).

Da die angegebene Konstruktion eine Mittelwertbildung über die Gruppe der $\tau(\vartheta_1 \ldots \vartheta_k)$ darstellt, ist $\mathring{\Lambda}$ Hermitesch, Kählersch, positiv definit und in bezug auf $\mathring{\Lambda}$ sind die $\tau(\vartheta_1 \ldots \vartheta_k)$ isometrische Abbildungen. Ferner sind die Koeffizienten $\mathring{g}_{\nu\bar{\mu}}$, wie man leicht sieht, reell-analytisch in $\mathfrak{M}^n$. Es bleiben also nur noch die beiden letzten Behauptungen des Hilfssatzes 3 zu zeigen.

Es seien x_0, x zwei beliebige Punkte von $\mathfrak{M}^n$, die durch eine differenzierbare Kurve $K: \{z_\varkappa(t),\ 0 \leqq t \leqq 1,\ \varkappa = 1 \ldots n\}$ in $\mathfrak{M}^n$ verbunden seien. Nach der Schwarzschen Ungleichung gilt für eine reelle, nicht negative Funktion $h(\vartheta_1 \ldots \vartheta_k)$, $0 \leqq \vartheta_\nu \leqq 2\pi$:

$$\sqrt{\frac{1}{(2\pi)^k}\int_0^{2\pi}\cdots\int_0^{2\pi} h\, d\vartheta_1 \ldots d\vartheta_k} \geqq \frac{1}{(2\pi)^k}\int_0^{2\pi}\cdots\int_0^{2\pi}\sqrt{h}\, d\vartheta_1 \ldots d\vartheta_k .$$

Daraus ergibt sich:

$$\int_K d\mathring{s} = \int_0^1 \sqrt{\Sigma \mathring{g}_{\nu\bar{\mu}} \frac{dz_\nu}{dt}\frac{d\bar{z}_\mu}{dt}}\, dt \geqq$$

$$\geqq \frac{1}{(2\pi)^k}\int_0^{2\pi}\cdots\int_0^{2\pi} d\vartheta_1 \ldots d\vartheta_k \left(\int_0^1 \sqrt{\Sigma g_{\nu\bar{\mu}}\, e^{i(\vartheta_\nu \sigma_\nu^k - \vartheta_\mu \sigma_\mu^k)} \frac{dz_\nu}{dt}\frac{d\bar{z}_\mu}{dt}}\, dt\right)$$

$$= \frac{1}{(2\pi)^k}\int_0^{2\pi}\cdots\int_0^{2\pi} d\vartheta_1 \ldots d\vartheta_k \int_{K(\vartheta_1 \ldots \vartheta_k)} ds ,$$

wenn $K(\vartheta_1 \ldots \vartheta_k)$ die Kurve der Punkte $z_1(t)\, e^{i\vartheta_1} \ldots z_k(t)\, e^{i\vartheta_k}, z_{k+1}(t) \ldots z_n(t)$ bezeichnet. $K(\vartheta_1 \ldots \vartheta_k)$ verbindet einen Punkt von $\{x_0\}_\tau^k$ mit einem Punkt von $\{x\}_\tau^k$. Darum ist $\int_K d\mathring{s}$ größer als die Entfernung $E(\{x_0\}_\tau^k, \{x\}_\tau^k)$ von $\{x_0\}_\tau^k$ und $\{x\}_\tau^k$ in bezug auf Λ. Da die Entfernung von x_0 und x untere Grenze der Längen der Kurven ist, die x_0 mit x verbinden, gilt ferner, daß x_0 und x in bezug auf $\mathring{\Lambda}$ einen höchstens größeren Abstand $\mathring{E}(x_0, x)$ haben als $\{x_0\}_\tau^k$ und $\{x\}_\tau^k$ in bezug auf Λ. Ist $x_\nu \in M^n$ eine sich in M^n nicht häufende beliebige Punktfolge, so strebt, wenn Λ vollständig ist, $E(\{x_0\}_\tau^k, \{x_\nu\}_\tau^k)$ mit wachsendem ν gegen unendlich. Denn anderenfalls gäbe es im Gegensatz zur Vollständigkeit von Λ eine sich in $\mathfrak{M}^n$ nicht häufende Punktfolge $y_\nu \in \{x_\nu\}_\tau^k$, $\nu = 1, 2, 3, \ldots$, derart, daß die Entfernungen von x_0 und der Punkte einer unendlichen Teilmenge der y_ν in bezug auf Λ beschränkt wären. Nach den vorangegangenen Überlegungen konvergiert nun auch $\mathring{E}(x_0, x_\nu)$ gegen unendlich. Das bedeutet, daß $\mathring{\Lambda}$ vollständig ist.

Ist $\{x\}_\tau^k$ eine Menge in bezug auf Λ unendlich ferner Randpunkte, so ergeben ähnliche Überlegungen, daß x in bezug auf $\mathring{\Lambda}$ unendlich fern ist. Auf die Durchführung eines Beweises sei hier verzichtet.

Nachdem nun Hilfssatz 3 bewiesen ist, sei die Frage untersucht, ob die Vollständigkeit der Kählerschen Metrik nicht doch bei gewissen Mannigfaltigkeiten die Holomorphiekonvexität charakterisiert. Satz A zeigte nur, daß der Rand von $\mathfrak{M}^n$ keine niederdimensionalen Bestandteile enthalten darf. Es ist zweckmäßig, zuerst Untersuchungen an Reinhardtschen Körpern anzustellen.

Unter einem Reinhardtschen Körper $\mathfrak{K}^n$ wird bekanntlich eine Mannigfaltigkeit (Gebiet) über dem C^n verstanden, die als Automorphismen die Drehungen $\tau(\vartheta_1 \ldots \vartheta_n)$, $\tau(\vartheta_1 \ldots \vartheta_{\nu-1}, 2\pi, \vartheta_{\nu+1} \ldots \vartheta_n) = \tau(\vartheta_1 \ldots \vartheta_{\nu-1}, 0, \vartheta_{\nu+1} \ldots \vartheta_n)$, $\nu = 1 \ldots n$, in sich zuläßt. Nennen wir eine Punktmenge $A_{i_1 \ldots i_s} = \{(z_1 \ldots z_n) \mid z_{i_1} = z_{i_2} = \cdots = z_{i_s} = 0\}$, $i_1 < i_2 < \cdots < i_s$, im C^n eine *n-s-dimensionale Achse* und bezeichnet $\breve{\mathfrak{K}}^n$ den Reinhardtschen Körper, der aus $\mathfrak{K}^n$ durch Herausnahme der Punkte über den Achsen A_i, $i = 1 \ldots n$, entstanden ist, so sind $\ln z_i$, $i = 1 \ldots n$, mehrdeutige holomorphe Funktionen in $\breve{\mathfrak{K}}^n$. Die durch $w_i = \ln z_i$ vermittelte (mehrdeutige) holomorphe Abbildung Γ von $\breve{\mathfrak{K}}^n$ in den Raum $C^n(w)$ der Veränderlichen $w_1 \ldots w_n$ kann als eine holomorphe Abbildung von $\breve{\mathfrak{K}}^n$ auf eine Mannigfaltigkeit $\mathfrak{T}^n$ über dem Raum $C^n(w)$ aufgefaßt werden. Da Γ in $\breve{\mathfrak{K}}^n$ lokal-topologisch ist, folgt unmittelbar, daß Γ^{-1} die Mannigfaltigkeit $\mathfrak{T}^n$ eindeutig auf $\breve{\mathfrak{K}}^n$ abbildet. Das Paar $(\mathfrak{T}^n, \Gamma^{-1})$ stellt also eine (unbegrenzte, unverzweigte) Überlagerung von $\breve{\mathfrak{K}}^n$ dar. Der Gruppe $\tau(\vartheta_1 \ldots \vartheta_n)$ entspricht in $\mathfrak{T}^n$ die Automorphismengruppe $\Gamma\tau(\vartheta_1 \ldots \vartheta_n)\Gamma^{-1} = \sigma(\vartheta_1 \ldots \vartheta_n) : w_j \to w_j + i\vartheta_j$, $j = 1 \ldots n$. Nach S. Bochner heißen Mannigfaltigkeiten über dem C^n, die eine solche Automorphismengruppe besitzen, Tuben[32]). Setzt man $w_j = u_j + i v_j$, $j = 1 \ldots n$, so bilden die Punkte von $\mathfrak{T}^n$ mit reellen Koordinaten ein Gebiet $\mathfrak{L}$ über dem Raume der reellen Veränderlichen $u_1 \ldots u_n$. Man nennt nun $\mathfrak{K}^n$ *logarithmisch konvex,* wenn $\mathfrak{L}$ konvex im Sinne der Elementargeometrie ist. Wir beweisen folgenden

Satz 8. *Ein Reinhardtscher Körper $\mathfrak{K}^n$ mit vollständiger Kählerscher Metrik Λ ist logarithmisch konvex.*

Beweis. Nach Hilfssatz 3 ist $\mathring{\Lambda}$ in $\mathfrak{K}^n$ vollständig. Da $(\mathfrak{T}^n, \Gamma^{-1})$ eine Überlagerung von $\mathfrak{K}^n$ ist, ist jeder (im Endlichen gelegene) Randpunkt von $\mathfrak{T}^n$ in bezug auf die durch Γ^{-1} nach $\mathfrak{T}^n$ übertragene Kählersche Metrik $\mathring{\Lambda}$ unendlich fern. Es werde diese Metrik in $\mathfrak{T}^n$ mit $^*\Lambda : ds^2 = \Sigma g_{\nu\bar{\mu}} dw_\nu d\overline{w}_\mu$ bezeichnet. Da die $\tau(\vartheta_1 \ldots \vartheta_n)$ in bezug auf $\mathring{\Lambda}$ isometrische Abbildungen von $\mathfrak{K}^n$ sind, müssen die $\sigma(\vartheta_1 \ldots \vartheta_n) : w_j \to w_j + i\vartheta_j$ in $\mathfrak{T}^n$ in bezug auf $^*\Lambda$ isometrisch sein. Das bedeutet nichts anderes, als daß alle $g_{\nu\bar{\mu}}$ reine Funktionen der $u_1 \ldots u_n$ sind. Die Kählerschen Bedingungen

$$\frac{\partial g_{\nu\bar{\mu}}}{\partial w_\varkappa} = \frac{\partial g_{\varkappa\bar{\mu}}}{\partial w_\nu}, \qquad \frac{\partial g_{\nu\bar{\mu}}}{\partial \overline{w}_\varkappa} = \frac{\partial g_{\nu\bar{\varkappa}}}{\partial \overline{w}_\mu}$$

ergeben darum nach Wirtinger[33]) die Beziehungen:

$$\frac{\partial g_{\nu\bar{\mu}}}{\partial u_\varkappa} = \frac{\partial g_{\varkappa\bar{\mu}}}{\partial u_\nu}.$$

---

[32]) S. Bochner und W. T. Martin: Several Complex Variables, p. 90. Princeton 1948.

[33]) Nach Wirtinger ist: $\frac{\partial f(z)}{\partial z} = \frac{1}{2}\left(\frac{\partial f}{\partial x} + \frac{1}{i}\frac{\partial f}{\partial y}\right)$, $\frac{\partial f(z)}{\partial \bar{z}} = \frac{1}{2}\left(\frac{\partial f}{\partial x} - \frac{1}{i}\frac{\partial f}{\partial y}\right)$.

in ganz $\mathfrak{L}$ definiert, und es gilt dort: $g_{\nu\bar{\mu}} = \frac{\partial^2 {}^*U}{\partial u_\nu \partial u_\mu}$. Setzen wir in $\mathfrak{T}$: $\tilde{U}(w_1, w_2) = 4\,{}^*U(u_1, u_2)$, so ist $\frac{\partial^2 \tilde{U}}{\partial w_\nu \partial \bar{w}_\mu} = \frac{\partial^{2*} U}{\partial u_\nu \partial u_\mu} = g_{\nu\bar{\mu}}$. $\tilde{U}$ ist also in T Potential von ${}^*\Lambda$.

Satz 5 ergibt, daß $U(|z_1|, |z_2|) = \tilde{U}(\ln z_1, \ln z_2)$ ein Potential von $\mathring{\Lambda}$ in $\mathfrak{G} - A_2$ ist. In $'\mathfrak{G}$ gilt ferner, $|U(|z_1|, |z_2|)| < N$, wenn N hinreichend groß gewählt ist.

Nun gibt es nach einem Satz von E. KÄHLER[34]) in einer Umgebung $\mathfrak{V}(P)$ jedes Punktes $P \in \mathfrak{G}$ ein Potential U_P von $\mathring{\Lambda}$. Insbesondere gilt das für $P \varepsilon A_2 \cap {}'\mathfrak{G}$. Da U in einer Umgebung eines jeden dieser Punkte beschränkt ist, ist auch $U - U_P$ in der Nähe von P beschränkt. Ferner ist $U - U_P$ in $\mathfrak{V}(P) - A_2$ biharmonisch. Ein bekannter Satz über die Singularitäten biharmonischer Funktionen sagt aus, daß sich $U - U_P$ zu $H(z_1, z_2)$ biharmonisch in P fortsetzen läßt[34a]). $H(z_1, z_2) + U_P$ ist dann eine eindeutig bestimmte reell-analytische Fortsetzung von U in P. Wir können also durch Fortsetzung von U in jeden Punkt $P \in A_2 \cap \mathfrak{G}$ unsere Potentialfunktion U in ganz $\mathfrak{G}$ definieren. Aus Stetigkeitsgründen ist U überall in $\mathfrak{G}$ Potential von $\mathring{\Lambda}$.

Wir untersuchen nun das Verhalten von $U(|z_1|, |z_2|)$ in der Nähe des Randes von $\mathfrak{G}$. Es gilt:

(2) $U(|z_1|, |z_2|)$ *ist in der Umgebung jedes Randpunktes*: $({}^*z_1, 0)$, $a_2 < |{}^*z_1| < a_3$, *nach oben hin unbeschränkt.*

In der Tat! Bilden wir ${}^*U(u, |z_2|) = U(e^u, |z_2|)$, so gilt: $\frac{\partial^2 {}^*U}{\partial u^2} = {}^4g_{11} > 0$ und daher für $\ln a_1 < u^0 < \ln a_2$:

$$(\lambda) \qquad {}^*U(u, |z_2|) \geqq \frac{\partial^* U(u^0, |z_2|)}{\partial u}(u - u^0) + {}^*U(u^0, |z_2|).$$

Ferner ist

$$\frac{\partial {}^*U(u,0)}{\partial u} = \frac{\partial {}^*U(b,0)}{\partial u} + \int_b^u \frac{\partial^2 {}^*U(u,0)}{\partial u^2}\, du \geqq$$

$$\geqq \int_b^u \sqrt{\frac{\partial^2 {}^*U}{\partial u^2}}\, du - |u - b| - \left|\frac{\partial {}^*U(b,0)}{\partial u}\right|$$

für $a_1 < b < a_2$. Da die Punkte $\{(z_1, z_2) \mid |z_1| = a_2,\ z_2 = 0\}$ in bezug auf Λ und damit nach Hilfssatz 3 auch in bezug auf $\mathring{\Lambda}$ unendlich fern sind und $\sqrt{\frac{\partial^2 U}{\partial u^2}}\, du = 4\, d\mathring{s}$ ist, folgt, daß $\frac{\partial {}^*U(u,0)}{\partial u}$ für $u \to \ln a_2$ gegen $+\infty$ strebt. Aus Stetigkeitsgründen gibt es deshalb auch eine Folge von Punkten $(u^{(\nu)}, z_2^{(\nu)}) \to (\ln a_2, 0)$ mit $\ln a_1 < u^{(\nu)} < \ln a_2$, $0 < |z_2^{(\nu)}| < \varepsilon$, derart, daß $\lim_{\nu\to\infty} \frac{\partial {}^*U\left(u^{(\nu)}, |z_2^{(\nu)}|\right)}{\partial u} = +\infty$ ist. Es gilt nach (λ) für ${}^*u = \ln|{}^*z_1|$:

$$U(|{}^*z_1|, |z_2^{(\nu)}|) = {}^*U({}^*u, |z_2^{(\nu)}|) \geqq \frac{\partial {}^*U\left(u^{(\nu)}, |z_2^{(\nu)}|\right)}{\partial u}({}^*u - u^{(\nu)}) + {}^*U(u^{(\nu)}, |z_2^{(\nu)}|).$$

---

34) E. KÄHLER, loc. cit.[6]).

34a) Vgl. H. GRAUERT und R. REMMERT, Plurisubharmonische Funktionen in komplexen Räumen. Math. Z. 1956.

Ferner ergibt unsere Ungleichung (λ), da auf einer Fläche $\left\{(u, z_2) \mid u = c, |z_2| < \frac{\varepsilon}{2}\right\}$ mit $\ln a_1 < c < \ln a_2$ sowohl $*U$ als auch $\frac{\partial *U}{\partial u}$ beschränkt ist, daß $*U$ in einer Umgebung von ($\ln a_2$, 0) sicher nach unten hin beschränkt ist ($*U > M$). Daher gilt

$$U(|*z_1|, |z_2^{(\nu)}| \geqq \frac{\partial *U(u^{(\nu)}, |z_2^{(\nu)}|)}{\partial u} (*u - u^{(\nu)}) + M .$$

Somit ist $\lim\limits_{\nu \to \infty} U(|*z_1|, |z_2^{(\nu)}|) = +\infty$, d. h. U ist in der Nähe von $(*z_1, 0)$ nach oben hin unbeschränkt, q.e.d.

Der Beweis von (2) zeigte, daß es eine Folge von Punkten $(*z_1, z_2^{(\nu)}) \to \to (*z_1, 0)$ gibt, derart, daß die Folge $U(|*z_1|, |z_2^{(\nu)}|)$ gegen $+\infty$ strebt. Sind dann $\mathfrak{S}$ ein Gebiet: $\left\{b < |z_1| < c, \; |z_2| < \frac{\varepsilon}{2}\right\}$, $a_1 < b < a_2 < |z_1^*| < c < a_3$ und F_ν eine Folge von analytischen Flächen $z_2 = z_2^{(\nu)} \left(\frac{z_1}{*z_1}\right)^{k_\nu}$ mit so großen k_ν, daß jedes F_ν nur mit dem Teilrand B: $\left\{(z_1, z_2) \in rd\, \tilde{\mathfrak{S}} \mid |z_2| = \frac{\varepsilon}{2}\right\} \cup \{(z_1, z_2) \in \in rd\, \tilde{\mathfrak{S}}, |z_1| = b\}$ des Randes $rd\, \tilde{\mathfrak{S}}$ von $\tilde{\mathfrak{S}}$ Punkte gemeinsam hat, so gilt auf $rd\, F_\nu = F_\nu \cap B$ für ein von ν unabhängiges M die Ungleichung $|U| < M$. Die Beschränkung $'U_\nu$ von U auf $F_\nu \cap \tilde{\mathfrak{S}}$ wird daher bei hinreichend großem ν in $(*z_1, z_2^{(\nu)})$ größer als auf $rd\, F_\nu$ und nimmt im Innern von $F_\nu \cap \tilde{\mathfrak{S}}$ ihr Maximum an. Andererseits ist U in $\mathfrak{S}$ eine bisubharmonische Funktion. $'U_\nu$ ist deshalb auf F_ν subharmonisch[35]). Ein bekannter Satz über subharmonische Funktionen sagt aber aus, daß eine subharmonische, nicht konstante Funktion im Innern von F_ν ihr Maximum nicht annehmen kann. Widerspruch! Damit ist Hilfssatz 5 bewiesen.

Die beiden Hilfssätze werden verwendet, um einen für die weiteren Betrachtungen dieses Paragraphen grundlegenden Satz zu beweisen:

Satz 9. *Ist $\mathfrak{R}^n \subset C^n$ ein (schlichter) Reinhardtscher Körper mit vollständiger Kählerscher Metrik und ist A_i eine K-Achse von $\mathfrak{R}^n$, so liegen die eigentlichen Punkte der L_i-Projektion von $\mathfrak{R}^n$ auf A_i in $\mathfrak{R}^n$.*

Beweis. Es sei $\breve{A}_i$ die Menge der eigentlichen Punkte von A_i. Sicher gilt $\mathfrak{D} = \breve{A}_i \cap \mathfrak{R}^n \subset \breve{A}_i \cap L_i(\mathfrak{R}^n)$. Da ferner $\breve{A}_i \cap L_i(\mathfrak{R}^n)$ ein zusammenhängendes Gebiet in $\breve{A}_i$ ist, stimmt $\mathfrak{D}$ dann und nur dann mit $\breve{A}_i \cap L_i(\mathfrak{R}^n)$ überein, wenn $\breve{A}_i \cap L_i(\mathfrak{R}^n)$ keinen Randpunkt von $\mathfrak{D}$ enthält. Angenommen $P(z_1^0 \ldots z_n^0) \in \in \breve{A}_i \cap L_i(\mathfrak{R}^n)$ wäre ein solcher Randpunkt von $\mathfrak{D}$. Nach Hilfssatz 4 schneidet dann, wenn d so klein gewählt ist, daß $\mathfrak{B}$: $\{(z_1 \ldots z_n) \in A_i, \; |z_j - z_j^0| < d, \; j = 1 \ldots n\} \subset\subset \breve{A}_i \cap L_i(\mathfrak{R}^n)$ gilt, jede eindimensionale Ebene $E(b_j)$: $\{(z_1 \ldots z_n) \mid z_j = b_j$ für $j \neq i\}$, $(b_1 \ldots b_n) \in \mathfrak{B}$ aus $\mathfrak{R}^n$ einen Vollkreis oder einen im Mittelpunkt punktierten Kreis heraus. Es gibt deshalb ein $\varepsilon > 0$, so daß $*\mathfrak{S}$: $\{(z_1 \ldots z_n) \mid L_i(z_1 \ldots z_n) \in \mathfrak{B}, \; 0 < |z_i| < \varepsilon\}$ in $\mathfrak{R}^n$ enthalten ist. Da ferner P Randpunkt von $\mathfrak{D}$ ist, können wir reelle Konstanten $a_1 > 0$, $a_3 > 0$, $\nu_1 \ldots \nu_n$, so bestimmen,

[35]) Vgl. Def. nach Satz 4), ferner zu dem Satz über subharmonische Funktionen loc. cit.[28]).

$\Lambda: ds^2 = \Sigma h_{\nu\bar{\mu}} dz_\nu d\bar{z}_\mu$ Minimalflächengebilde, so muß für jede eindimensionale Ebene $z_\varkappa = a_\varkappa t + b_\varkappa$, $\varkappa = 1 \ldots n$ (t komplex), durch einen Punkt von $\mathfrak{G}$

$$\Sigma g^{1,2} (\Gamma^\tau_{\nu, n+\mu})_h a_\nu \bar{a}_\mu = 0 \qquad \text{für } \tau = 1 \ldots 2n$$

sein. Da $g^{1,2} \neq 0$ und die a_ν beliebig gewählt werden können, folgt $(\Gamma^\tau_{\nu, n+\mu})_h = 0$. Man errechnet ferner, daß die Komponenten $\Gamma^{n+\varkappa}_{\nu,\mu}$ und $\Gamma^\varkappa_{n+\nu, n+\mu}$; $\nu, \mu, \varkappa = 1 \ldots n, \tau = 1 \ldots 2n$, bei jeder Hermiteschen Metrik verschwinden. Somit sind nur die $\Gamma^\varkappa_{\nu,\mu}$ und die $\Gamma^{n+\varkappa}_{n+\nu, n+\mu}$ von null verschieden, d. h. Λ ist Kählersch.

Es gilt also der

Satz 14. *In jeder Kählermannigfaltigkeit sind die analytischen Mengen Minimalflächengebilde. Sind in einem Gebiet $\mathfrak{G}$ des C^n mit Hermitescher Metrik Λ alle eindimensionalen analytischen Mengen Minimalflächengebilde, so ist Λ eine Kählersche Metrik.*

Dieser Satz gibt den tieferen Grund für die Gültigkeit von Satz 12. In einem Gebiet $\mathfrak{G}$ des Raumes von n komplexen Veränderlichen $z_1 \ldots z_n$ gilt auf einer eindimensionalen analytischen Fläche $F: \{z_k = f_k(w), k = 1 \ldots n\}$ für das Flächenelement do in bezug auf eine in $\mathfrak{G}$ gegebene Kählersche Metrik $ds^2 = \Sigma h_{\nu\bar{\mu}} dz_\nu d\bar{z}_\mu$:

$$do = i \Sigma h_{\nu\bar{\mu}} \frac{\partial f_\nu}{\partial w} \frac{\partial \bar{f}_\mu}{\partial \bar{w}} dw\, d\bar{w} = \Omega .$$

Also ist $\int \Omega = I$, dem Inhalt von F. Könnte sich nun eine analytische Fläche F so an den Rand von $\mathfrak{G}$ anschmiegen, daß sie mit $rd\,\mathfrak{G}$ ein Kontinuum gemeinsam hat und ihr Inhalt daher unendlich wird, so kann I auf allen in hinreichender Nähe von F in $\mathfrak{G}$ gelegenen analytischen Flächen nicht stationär sein.

§ 6. Hartogssche Körper mit vollständiger Kählerscher Metrik

Unter einem *Hartogsschen Körper* im Raume von n komplexen Veränderlichen $z_1 \ldots z_n$ sei ein Gebiet $H^n \subset C^n$ verstanden, das als Automorphismen die Drehungen $\tau(\vartheta): z_1 \to z_1 e^{i\vartheta}$, $z_2 \to z_2 \ldots z_n \to z_n$ zuläßt. Zunächst seien Hartogssche Körper $H^2 \subset C^2$ betrachtet, die durch eine Ungleichung $R_1(z_2, \bar{z}_2) < |z_1| < R_2(z_2, \bar{z}_2)$, $z_2 \in \mathfrak{G}$, gegeben werden können. Dabei seien $\mathfrak{G}$ ein Gebiet der z_2-Ebene, R_1, R_2 in $\mathfrak{G}$ zweimal stetig differenzierbare, reellwertige Funktionen, und überall in $\mathfrak{G}$ gelte $0 < R_1 < R_2$. In H^2 sei eine positive definite Kählersche Metrik $\Lambda: ds^2 = \sum_{\nu,\mu=1}^{2} g_{\nu\bar{\mu}} dz_\nu d\bar{z}_\mu$ definiert. Ist unter Λ eine Randpunktmenge $\{z^{(0)}\}^1_\tau$ (vgl. Hilfssatz 3) von H^2 unendlich fern, so gilt nach Hilfssatz 3 Gleiches in bezug auf die aus Λ gebildete Kählersche Metrik $\mathring{\Lambda}: ds^2 = \Sigma \mathring{g}_{\nu\bar{\mu}} dz_\nu d\bar{z}_\mu$. H^2 werde durch die (nicht eindeutige, aber eindeutig umkehrbare) Transformation $L: w_1 = \ln z_1$, $w_2 = z_2$ auf die *Halbtube* $\mathfrak{T}: \{(w_1, w_2) \mid \ln R_1 < u < \ln R_2, w_2 \in \mathfrak{G}\}$, $w_1 = u + iv$, abgebildet. Es sei $\Lambda_T: ds^2 = \Sigma h_{\nu\bar{\mu}} dw_\nu d\bar{w}_\mu$ die durch L nach $\mathfrak{T}$ übertragene Metrik $\mathring{\Lambda}$. Da alle Abbildungen $\tau(\vartheta)$ in bezug auf $\mathring{\Lambda}$ isometrisch sind, sind die Automorphismen $\sigma(\vartheta): w_1 \to w_1 + i\vartheta$, $w_2 \to w_2$ isometrische Abbildungen von $\mathfrak{T}$. Das bedeutet aber, daß die $h_{\nu\bar{\mu}}$ nicht vom

Imaginärteil v von w_1 abhängen. Ist $\{z^{(0)}\}_\tau^1$ eine unendlichferne Randpunktmenge, so sind offenbar unter Λ_T alle Randpunkte $\{w^{(0)}\}_\sigma^{\cdot} = L(\{z^{(0)}\}_\tau^1)$, $w^{(0)} = L(z^{(0)})$ unendlichfern. Wie man unmittelbar sieht, ist $\{w^{(0)}\}_\sigma$ eine Punktmenge, die in der Form $\{(w_1, w_2) \mid u = u^0,\ w_2 = w_2^{(0)}\}$, $w^{(0)} = (w_1^{(0)}, w_2^{(0)})$, gegeben werden kann. Wir zeigen:

(1) *Λ_T besitzt in $\mathfrak{T}$ ein globales Potential $U(u; w_2, \overline{w}_2)$.*

Beweis. Aus den Kählerschen Bedingungen für Λ_T ergibt sich unmittelbar, daß die alternierende Differentialform $\varphi = 2h_{1,\overline{1}}du + h_{2,\overline{1}}dw_2 + h_{1,\overline{2}}d\overline{w}_2$ geschlossen ist (in Zeichen $d\varphi = 0$). $U^* = \int\limits_{w^{(1)}}^{(w_1, w_2)} \varphi + C$ mit $w^{(1)} \in \mathfrak{T}$ stellt deshalb eine Funktion in $\mathfrak{T}$ dar. U^* hängt nicht von v ab und ist reell, wenn wir für C eine reelle Zahl gewählt haben. Ist dann $\widetilde{U}(u; w_2, \overline{w}_2)$ eine reelle Funktion in $\mathfrak{T}$ mit $\dfrac{\partial \widetilde{U}}{\partial u} = 2U^*$, so gilt:

$$\frac{\partial^2 \widetilde{U}}{\partial w_1 \partial \overline{w}_1} = \frac{1}{4}\widetilde{U}'' = h_{1,\overline{1}}; \qquad \frac{\partial^2 \widetilde{U}}{\partial w_1 \partial \overline{w}_2} = \frac{1}{2}\frac{\partial \widetilde{U}'}{\partial \overline{w}_2} = h_{1,\overline{2}}; \qquad \frac{\partial^2 \widetilde{U}}{\partial w_2 \partial \overline{w}_1} = \frac{1}{2}\frac{\partial \widetilde{U}'}{\partial w_2} = h_{2,\overline{1}}$$

und ferner

$$\left(\frac{\partial^2 \widetilde{U}}{\partial w_2 \partial \overline{w}_2} - h_{2,\overline{2}}\right)' = 2\left(\frac{\partial h_{1,\overline{2}}}{\partial w_2} - \frac{\partial h_{2,\overline{2}}}{\partial w_1}\right) = 0 \qquad \left(\text{mit } \widetilde{U}' = \frac{\partial \widetilde{U}}{\partial u};\ \widetilde{U}'' = \frac{\partial^2 \widetilde{U}}{\partial u^2}\right)$$

Somit ist $f^* = \dfrac{\partial^2 \widetilde{U}}{\partial w_2 \partial \overline{w}_2} - h_{2,\overline{2}}$ eine reine Funktion in w_2 und $\overline{w}_2$. Es gibt nun eine reellwertige Funktion f in $\mathfrak{G}$, für die dort $\dfrac{\partial^2 f}{\partial w_2 \partial \overline{w}_2} = f^*$ ist. Setzen wir noch $U = \widetilde{U} - f$, so ist offenbar U ein in (1) gefordertes Potential von Λ_T.

(2) *Eine reellwertige, stetige Funktion $R(w_2, \overline{w}_2) > 0$ sei in $\mathfrak{G}$ so gewählt, daß dort $\ln R_1 < R < \ln R_2$ gilt. Liegt dann ein Gebiet $\breve{\mathfrak{G}}$ (mit glattem Rande) relativ kompakt in $\mathfrak{G}$, so kann man $C > 0$ so bestimmen, daß $\dfrac{\partial U}{\partial u} = U' > 0$ ist in $\breve{\mathfrak{T}}$: $\{(w_1, w_2) \mid \ln R(w_2, \overline{w}_2) < u < \ln R_2(w_2, \overline{w}_2),\ w_2 \in \breve{\mathfrak{G}}\}$.*

Beweis. Es ist $U'(u^{(0)}; w_2^{(0)}, \overline{w}_2^{(0)}) = 2 \int\limits_{w^{(1)}}^{\left(\ln R\left(w_2^{(0)}, \overline{w}_2^{(0)}\right),\, w_2^{(0)}\right)} \varphi + 4 \int\limits_{\mathfrak{L}} h_{1,\overline{1}} du + C$,

wenn $\mathfrak{L}$ die Strecke $\{(u, w_2) \mid \ln R(w_2^{(0)}, \overline{w}_2^{(0)}) < u < u^{(0)},\ w_2 = w_2^{(0)}\}$ bezeichnet. Der erste Term τ der vorstehenden Gleichung ist auf $\{(u, w_2) \mid u = \ln R(w_2, \overline{w}_2),\ w_2 \in \breve{\mathfrak{G}}\}$ beschränkt. Es ist also dort $\tau + C > 0$, wenn $C > 0$ hinreichend groß gewählt ist. Da ferner Λ_T positiv definit ist, und damit $h_{1,\overline{1}} > 0$ gilt, folgt, daß für ein solches C die Ungleichung $U' > 0$ in $\breve{\mathfrak{T}}$ gilt.

Durch eine zweimal stetig differenzierbare, reellwertige Funktion $r(w_2, \overline{w}_2)$ in $\mathfrak{G}$ wird Λ_T eine (nicht notwendig positiv definite) Kählersche Metrik $r \circ \Lambda$: $ds^2 = \Sigma\, \hat{h}_{\nu\overline{\mu}} dw_\nu d\overline{w}_\mu$ in der Halbtube $r \circ \breve{\mathfrak{T}}$: $\{(w_1, w_2) \mid \ln R - r < u < \ln R_2 - r,\ w_2 \in \breve{\mathfrak{G}}\}$ zugeordnet, wenn man fordert, daß die Funktion $\hat{U}(u; w_2, \overline{w}_2) = U(u + r; w_2, \overline{w}_2)$ Potential von $r \circ \Lambda$ sein soll. Da $\hat{U}$ sicher zweimal stetig differenzierbar ist, folgt, daß alle $\hat{h}_{\nu\overline{\mu}}$ stetige Funktionen sind. Wie eine kurze Rechnung

$\Sigma \varphi_{\nu,\bar{\mu}} b_\nu \bar{b}_\mu \geqq 0$, also $\Sigma\, \varphi_{\nu,\bar{\mu}} a_\nu \bar{a}_\mu + tc\gamma + t\bar{c}\bar{\gamma} + \bar{c}ctt\ \varphi_{1,\bar{1}} \geqq 0$, wenn $\gamma = \varphi_{1,\bar{\mu}} \bar{a}_\mu$ gesetzt wird. Daher ist: $\Sigma\, \Psi_{\nu,\bar{\mu}} a_\nu \bar{a}_\mu \geqq t \left[\Sigma\, a_\nu \bar{a}_\nu - c\gamma - \bar{c}\,\bar{\gamma} - c\bar{c}t\ \varphi_{1,\bar{1}}\right]$. Offenbar brauchen wir den Hilfssatz nur für Einheitsvektoren a_ν zu beweisen. Für solche gilt: $\Sigma\, \Psi_{\nu,\bar{\mu}}\, a_\nu \bar{a}_\mu \geqq t\, [1 - 2 \max\limits_{a_\nu, \mathfrak{Z}} |c| \cdot |\gamma| - \max\limits_{a_\nu, \mathfrak{Z}} c\bar{c}\, |\varphi_{1,\bar{1}}|]$. Da $\max |c|$ mit $\mathfrak{Z}$ beliebig klein wird, kann man $\mathfrak{Z}$ so bestimmen, daß der Ausdruck in der letzten eckigen Klammer immer größer als $\frac{1}{2}$ ist. Ψ ist dann für jedes $0 < t \leqq$ $\leqq 1$ eine LK-Funktion im strengen Sinne.

Nun zum eigentlichen Beweis von Satz 18! Angenommen, $-\ln d_{\mathfrak{G}}$ ist in $\mathfrak{G}$ nicht überall plurisubharmonisch. Es sei r ein Randpunkt von $\mathfrak{G}$ im Sinne von Hilfssatz 8. Da $rd\,\mathfrak{G}$ zweimal stetig differenzierbar ist, gibt es eine Umgebung $\mathfrak{V}(r)$, die durch Φ eineindeutig in eine Umgebung $\mathfrak{U}(z^{(0)})$, $z^{(0)} = \Phi(r)$, abgebildet wird. Es sei $\mathfrak{B}$ der Bereich der Punkte $\{z \mid z \in \mathfrak{U},\ \varphi(z) < 0\}$. Nach Hilfssatz 9 stimmt $-\ln d_{\mathfrak{V}}$ in hinreichender Nähe von r mit $-\ln d_{\mathfrak{G}}$ überein und ist deshalb in keiner Umgebung von r plurisubharmonisch. Da $d_{\mathfrak{V}} \circ \Phi^{-1}$ $\equiv d_{\mathfrak{B}}$ ist, gilt das Gleiche für $-\ln d_{\mathfrak{B}}$ in bezug auf alle Umgebungen von $z^{(0)}$. Sei nun $\mathfrak{Z}$ ein Polyzylinder um $z^{(0)}$ im Sinne von Hilfssatz 10. Aus Hilfssatz 9 folgt wieder, daß $-\ln d_{\mathfrak{B}_0}$ in $\mathfrak{B}_0 = \mathfrak{B} \cap \mathfrak{Z} = \{z \mid z \in \mathfrak{Z},\ \varphi(z) < 0\}$ nicht plurisubharmonisch sein kann. Andererseits sind nach einem bekannten Satz[41]) alle Funktionen $-\ln d_{\mathfrak{B}_t}$ in $\mathfrak{B}_t = \{z \mid z \in \mathfrak{Z},\ \varphi(z) + t \sum\limits_{\nu=1}^{n} |z_\nu - z_\nu^{(0)}|^2 < 0\}$, $0 < t \leqq$ $\leqq 1$, plurisubharmonisch. Es gilt $\lim\limits_{t \to 0} \mathfrak{B}_t = \mathfrak{B}_0$, $-\ln d_{\mathfrak{B}_t} \leqq -\ln d_{\mathfrak{B}_{t'}}$, für $t \leqq t'$ und $\lim\limits_{t \to 0} -\ln d_{\mathfrak{B}_t} = -\ln d_{\mathfrak{B}_0}$. $-\ln d_{\mathfrak{B}_0}$ ist also Grenzwert einer absteigenden Folge plurisubharmonischer Funktionen und deshalb wieder plurisubharmonisch[42]). Widerspruch! Damit ist Satz 18 bewiesen.

Wir untersuchen nun Gebiete mit vollständiger Kählerscher Metrik. Es gilt folgender Satz:

Satz 19. *Es sei $\mathfrak{G}$ ein (unverzweigtes) Gebiet über dem C^n; der Rand von $\mathfrak{G}$ sei reell-analytisch. Ist dann ferner in $\mathfrak{G}$ eine vollständige Kählersche Metrik Λ definiert, so ist $\mathfrak{G}$ pseudokonvex.*

Aus Satz 18 ergibt sich, daß unter den Voraussetzungen von Satz 19 $-\ln d_{\mathfrak{G}}$ in $\mathfrak{G}$ plurisubharmonisch ist. Wir ziehen jetzt einen grundlegenden Satz von K. OKA heran:

Satz. *Ein verzweigtes Gebiet $\mathfrak{G}$ über dem C^n, in dem $-\ln d_{\mathfrak{G}}$ eine plurisubharmonische Funktion ist, ist ein holomorphkonvexes Holomorphiegebiet*[43]).

Es folgt nun unmittelbar:

Satz C. *Jedes (unverzweigte) Gebiet über dem $\mathfrak{C}^n$ mit reell-analytischem Rand und vollständiger Kählerscher Metrik ist ein holomorphkonvexes Holomorphiegebiet.*

---

[41]) Vgl. S. HITOTUMATU: On some conjectures concerning pseudoconvex domaines. J. Math. Soc. Japan **6**, 177—195 (1954); hier besonders p. 187.

[42]) Vgl. S. HITOMATU, loc. cit.[41]), p. 179, Propos. 2.

[43]) Vgl. K. OKA, loc. cit.[12]).

Die folgenden Seiten werden nur noch verwendet, um Satz 19 zu beweisen. Es sei r ein beliebiger Randpunkt von $\mathfrak{G}$. Da $rd\,\mathfrak{G}$ als reell-analytisch vorausgesetzt ist, gibt es eine Umgebung $\mathfrak{V}(r)$, die durch Φ eineindeutig in eine Umgebung $\mathfrak{U}(z^{(0)})$, $z^{(0)} = \Phi(r)$, abgebildet wird. In $\mathfrak{U}$ gilt $d\,\varphi \neq 0$, wenn φ wie auf p. 68 gewählt ist. Durch eine geeignete affin-lineare Koordinatentransformation kann man erreichen, daß $\varphi_1 = \frac{\partial \varphi}{\partial z_1} \neq 0$, $\varphi_\nu = \frac{\partial \varphi}{\partial z_\nu} = 0$, $\nu = 2 \ldots n$, in $z^{(0)}$ gilt. Da ferner die Klasse der LK-Funktionen gegenüber holomorphen Transformationen invariant ist, dürfen wir ohne Einschränkung der Allgemeinheit annehmen, daß in $z^{(0)}$ dieser Fall vorliegt und sogar, daß dort $\frac{\partial {}^*\varphi}{\partial u} > 0$ ist, wenn wir ${}^*\varphi(u, v; z_2, \bar z_2; \ldots; z_n \bar z_n) \equiv \varphi(u + iv, u - iv; z_2, \bar z_2; \ldots; z_n, \bar z_n)$ setzen. Wir können ebenso $z^{(0)} = (0, \ldots, 0) = 0$ voraussetzen. Durch eine quadratische Transformation $z_\nu \to z_\nu + \Sigma\, a_{\nu,\varkappa\mu} z_\varkappa z_\mu$ in einer Umgebung $\tilde{\mathfrak{U}}(0) \subset \mathfrak{U}$ kann man weiter erreichen[44]), daß in 0 auch noch $\frac{\partial^2 \varphi}{\partial z_\nu \partial z_\mu} = 0$, $\nu, \mu = 1 \ldots n$, gilt. Es gibt nun ein Gebiet $\mathfrak{D}: \{(z_1 \ldots z_n) \mid |u| < d,\ |v| < d,\ |z_\nu| < d_\nu, \nu = 2 \ldots n\} \subset \tilde{\mathfrak{U}}$ um $z^{(0)} = 0$, in dem die Gleichung ${}^*\varphi = 0$ nach u auflösbar ist: Man kann in $\mathfrak{D}': \{(v, z_2 \ldots z_n) \mid |v| < d,\ |z_\nu| < d_\nu\}$ eine reell-analytische Funktion $h(v; z_2, \bar z_2, \ldots z_n, \bar z_n)$, $|h| < d$, finden, derart, daß $\mathfrak{V}^* = \mathfrak{D} \cap \mathfrak{V} = \{(z_1 \ldots z_n) \in \mathfrak{D} \mid u < h(v; z_2, \bar z_2 \ldots z_n, \bar z_n)\}$ ist ($\mathfrak{V} = \{(z_1 \ldots z_n) \in \mathfrak{U}) \mid \varphi(z_1 \ldots z_n) < 0\}$). Es gilt $h(0; 0, 0, \ldots, 0, 0) = 0$, $\frac{\partial h}{\partial z_\nu} = 0$, $\frac{\partial^2 h}{\partial z_\nu \partial z_\mu} = 0$, $\nu, \mu = 2 \ldots n$, in 0. In $\mathfrak{V}^*$ ist $\Lambda^* = \Lambda \circ \Phi^{-1}$ eine Kählersche Metrik, unter der die Randpunkte $u = h$ von $\mathfrak{V}^*$ unendlichfern sind. Es ist $\mathfrak{V}^* = \Phi^{-1}(\mathfrak{D})$ eine Umgebung von r. $\mathfrak{V}^* - rd\,\mathfrak{G}$ wird durch Φ eineindeutig in $\mathfrak{D}$ auf $\mathfrak{V}^*$ abgebildet. Wir nennen nun eine *reellwertige Funktion* Ψ, $\Psi(0) = 0$, *eine LK-Funktion in* 0, *wenn* Ψ *in einer Umgebung* $W(0)$ *zweimal stetig differenzierbar ist, dort* $d\,\Psi \neq 0$ *gilt und in* 0 *die Ungleichung* $\Sigma \frac{\partial^2 \varphi}{\partial z_\nu \partial \bar z_\mu} a_\nu \bar a_\mu \geqq 0$ *für alle* a_ν, $\Sigma \frac{\partial \varphi}{\partial z_\nu} a_\nu = 0$ *erfüllt ist.* Ist Ψ_1 eine weitere zweimal stetig differenzierbare reellwertige Funktion mit $d\,\Psi_1 \neq 0$ in W und stimmen dort die Mengen $\Psi = 0$ und $\Psi_1 = 0$ und die Seiten $\Psi < 0$, $\Psi_1 < 0$ überein, so ist auch Ψ_1 eine LK-Funktion in 0, wie man leicht durch Rechnung zeigen kann[44]). *Ob* Ψ *in* 0 *LK-Funktion ist oder nicht, hängt also nur von der Fläche* $\Psi = 0$ *ab.* Können wir zeigen, daß $u - h$ eine LK-Funktion in 0 ist, so ist deshalb $u - h$ auch sicher eine LK-Funktion in jedem Punkte $u = h$ aus $\mathfrak{D}$; denn da $r \in rd\,\mathfrak{G}$ beliebig gewählt ist, ist kein Punkt von $u = h$ ausgezeichnet. $u - h$ ist auch eine LK-Funktion in ganz $\mathfrak{D}$, was man gleich einsieht, wenn man beachtet, daß h nicht von u abhängt. Satz 19 folgt also unmittelbar aus folgendem:

Hilfssatz 11. *Es sei* $u = h(v; z_2, \bar z_2 \ldots z_n, \bar z_n)$ *eine in* $\mathfrak{D}'$ *reell-analytische, reellwertige Funktion mit folgenden Eigenschaften:*

1. $|h| < d$ *in* $\mathfrak{D}'$.
2. $h = 0$, $\frac{\partial h}{\partial z_\nu} = 0$, $\frac{\partial^2 h}{\partial z_\nu \partial z_\mu} = 0$, $\nu, \mu = 2 \ldots n$, *in* 0.

---

[44]) Vgl. H. Behnke und P. Thullen, loc. cit.[1]), p. 54.

Ist dann in $\mathfrak{B}^* = \{(z_1 \ldots z_n) \in \mathfrak{D} \mid u < h\}$ *eine Kählersche Metrik* Λ^* *definiert, unter der die Randpunkte* $u = h$ *von* $\mathfrak{B}^*$ *unendlich fern sind, so ist* $u - h$ *eine LK-Funktion in* 0.

$u - h$ werde als Funktion von $z_1 \ldots z_n$ betrachtet. Gilt in 0: $\Sigma \frac{\partial(u-h)}{\partial z_\nu} a_\nu = 0$, $(a_1 \ldots a_n) \neq (0, \ldots, 0)$, so sind die Vektoren $\mathfrak{e}_1 = (1, 0, \ldots, 0)$, $\mathfrak{e}_2 = (0, a_2, \ldots, a_n)$ sicher linear unabhängig. E sei die durch $\mathfrak{e}_1$ und $\mathfrak{e}_2$ in 0 aufgespannte zweidimensionale komplexe Ebene. Jeder Punkt von E ist eine Linearkombination $\hat{z}_1 \mathfrak{e}_1 + \hat{z}_2 \mathfrak{e}_2$ von $\mathfrak{e}_1, \mathfrak{e}_2$. $\hat{z}_1, \hat{z}_2$ können als komplexe Koordinaten auf E aufgefaßt werden. Offenbar ist $\hat{\mathfrak{D}} = \mathfrak{D} \cap E$ ein Gebiet, das durch eine Formel $\{(\hat{z}_1, \hat{z}_2) \mid |\hat{u}| < d, |\hat{v}| < d, |\hat{z}_2| < \hat{d}\}, \hat{z}_1 = \hat{u} + i\hat{v}$ gegeben werden kann. Bezeichnet $\hat{h}$ die Beschränkung von h auf E und $\hat{\mathfrak{B}}$ das Gebiet $\{(\hat{z}_1, \hat{z}_2) \in E \mid \hat{u} < \hat{h}\} = \mathfrak{B}^* \cap E$, so ist die Beschränkung $\hat{\Lambda}$ von Λ^* auf $\hat{\mathfrak{B}}$ eine Kählersche Metrik in $\hat{\mathfrak{B}}$, unter der die Randpunkte $\hat{u} = \hat{h}$ unendlich fern sind. Gilt nun Hilfssatz 11 für $n = 2$, so ist in $(0, 0) \in E: \gamma = \Sigma \frac{\partial^2(\hat{u} - \hat{h})}{\partial \hat{z}_\nu \partial \bar{\hat{z}}_\mu} b_\nu \bar{b}_\mu \geqq 0$, für $(b_1, b_2) = (a_1, 1)$, da $\Sigma \frac{\partial(\hat{u} - \hat{h})}{\partial \hat{z}_\nu} b_\nu = \Sigma \frac{\partial(u-h)}{\partial z_\nu} a_\nu = 0$ gilt. γ ist aber gleich $\Sigma \frac{\partial^2(u-h)}{\partial z_\nu \partial \bar{z}_\mu} a_\nu \bar{a}_\mu$. Hilfssatz 11 gilt also sicher, wenn er für $n = 2$ richtig ist.

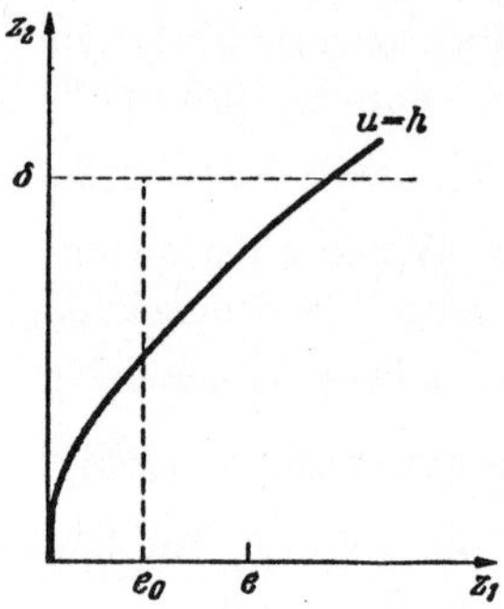

Fig. 3

Beweis des Hilfssatzes für $n = 2$. Da nach Voraussetzung $\frac{\partial(u-h)}{\partial z_2} = 0$ in 0 gilt, genügt ein Vektor (a_1, a_2) genau dann dort der Gleichung $\Sigma \frac{\partial(u-h)}{\partial z_\nu} a_\nu = 0$, wenn $a_1 = 0$ ist. Nehmen wir nun an, $u - h$ wäre keine LK-Funktion in 0, so ist deshalb $\frac{\partial^2 h}{\partial z_2 \partial \bar{z}_2} > 0$ für $v = 0, z_2 = 0$. Daraus folgt, wenn man beachtet, daß $\frac{\partial^2 h}{\partial z_2 \partial z_2} = \frac{\partial^2 h}{\partial \bar{z}_2 \partial \bar{z}_2} = 0$ vorausgesetzt wurde, daß in 0: $\left(\frac{\partial^2 h}{\partial \varrho^2}\right)_\vartheta =_{Df.} \frac{\partial^2 h(0, \varrho e^{i\vartheta}, \varrho e^{-i\vartheta})}{\partial \varrho^2} > 0$ gilt. ($\varrho = |z_2|$, $\vartheta = \operatorname{arc} z_2$). Es gibt darum einen punktierten Kreis $K = \{z_2 \mid 0 < |z_2| < \delta\} \Subset \mathfrak{D}'$ der z_2-Ebene, in dem $\left(\frac{\partial h}{\partial \varrho}\right)_\vartheta =_{Df.} \frac{\partial h(0, \varrho e^{i\vartheta}, e^{-i\vartheta})}{\partial \varrho} > 0$ ist. In K gilt $h > 0$, auf $|z_2| = \delta$ sogar: $0 < e < h$. Insbesondere ist in den Punkten $\{(z_1, z_2) \mid z_1 = e_0 = \frac{e}{2}, |z_2| < \delta, u = h\}$ auf der Ebene $z_1 = e_0$ die Ableitung $\left(\frac{\partial(u-h)}{\partial \varrho}\right)_\vartheta \neq 0$. Das Gleiche gilt auch noch in einer vollen (komplex) zweidimensionalen Umgebung dieser Punkte. $u - h = 0$ ist dort nach ϱ auflösbar: In einem Gebiet $\mathfrak{D}_0$: $\{(z_1, z_2) \mid |u - e_0| < \varepsilon, |v| < \varepsilon, |z_2| < \delta\}$, $0 < \varepsilon < e_0$, wird die Fläche $u = h$ durch eine reell-analytische Gleichung $\varrho = \eta(\vartheta; u, v)$ gegeben. $\mathfrak{B} = \mathfrak{B}^* \cap \mathfrak{D}_0$ ist gleich $\{(z_1, z_2) \in \mathfrak{D}_0 \mid \varrho > \eta\}$. Wurde e_0 hinreichend klein gewählt, so ist $(u - h)$ wie auch $(\eta - \varrho)$ in keinem Punkt von $F: \{(z_1, z_2) \in \mathfrak{D}_0 \mid \varrho = \eta\}$ eine LK-Funktion. Es bezeichne nun E die Fläche $\{(z_1^{(1)}, z_2^{(1)}) \mid u_1 = e_0, |v_1| < \varepsilon, |z_2^{(1)}| = 1\}$ und E_1 die Fläche $\{(z_1^{(1)},$

$z_2^{(1)}) \mid u_1 = e_0,\ |v_1| < \varepsilon_1,\ |z_2^{(1)}| = 1\}$ mit $\varepsilon_1 < \varepsilon$ im Raume der Veränderlichen $z_1^{(1)} = u_1 + i v_1,\ z_2^{(1)} = \varrho_1 e^{i\vartheta_1}$. Für E gilt folgender, am Schluß der Arbeit bewiesene

Hilfssatz 12. *Ist $\hat{\tau}_1: z_\nu = \hat{f}_\nu(\vartheta_1, v_1)$, $\nu = 1, 2$, eine reell-analytische, eineindeutige Abbildung von E auf $\hat{\tau}_1(E)$ und ist ferner überall auf E die Determinante $\frac{\partial(\hat{f}_1, \hat{f}_2)}{\partial(\vartheta_1, v_1)} \neq 0$, so ist $\hat{\tau}_1$ eindeutig zu einer umkehrbar eindeutigen, holomorphen Abbildung $\tau_1: z_\nu = f_\nu(z_1^{(1)}, z_2^{(1)})$ einer vollen Umgebung $\mathfrak{D}_1: \{(z_1^{(1)}, z_2^{(1)}) \mid |u_1 - e_0| < \varepsilon_1,\ |v_1| < \varepsilon_1,\ 1 - \delta_1 < |z_2| < 1 + \delta_1\}$ von E_1 auf eine Umgebung von $\hat{\tau}(E_1)$ fortsetzbar. In $\mathfrak{D}_1$ gilt: $\frac{\partial(f_1, f_2)}{\partial(z_1^{(1)}, z_2^{(1)})} \neq 0$.*

Wir setzen auf E die Funktion $\hat{f}_1(\vartheta_1, v_1) \equiv i v_1,\ \hat{f}_2(\vartheta_1, v_1) \equiv \eta(\vartheta_1; e_0, v_1)\, e^{i\vartheta_1}$. Die Fortsetzung τ_1 ist dann von der Form: $z_1 = f_1 \equiv z_1^{(1)};\ z_2 = f_2(z_1^{(1)}, z_2^{(1)})$. $\mathfrak{D}_1$ sei so klein, daß $\mathfrak{D}_0$ die Menge $\tau_1(\mathfrak{D}_1)$ enthält. Bezeichnet ϱ_1 den $|z_2^{(1)}|$, so gilt für $u_1 = e_0,\ v_1 = 0,\ \varrho_1 = 1,\ \vartheta_1$ reell: $\left(\frac{\partial(\eta - \varrho) \circ \tau_1}{\partial \varrho_1}\right)_{\vartheta_1} \neq 0$, wie man leicht errechnet. Das Gleiche gilt auch noch in einer ganzen Umgebung dieser Punkte. Hat man ε_1 hinreichend klein gewählt, so kann man darum die Fläche $F_1: (\varrho - \eta) \circ \tau_1 = 0$ in $\mathfrak{D}_1$ durch eine reell-analytische Gleichung $\varrho_1 = \eta_1(\vartheta_1, u_1, v_1)$ geben. Es ist: $\eta_1(\vartheta_1; e_0, v_1) \equiv 1$ und natürlich $\eta_1(\vartheta_1 + 2n\pi, u_1, v_1) = \eta_1(\vartheta_1, u_1, v_1)$. τ_1 bildet F_1 in F ab und den Bereich $\mathfrak{B}_1: \{(z_1^{(1)}, z_2^{(1)}) \in \mathfrak{D}_1 \mid \varrho_1 > \eta_1\}$ in $\mathfrak{B}$. $\eta_1 - \varrho_1$ ist wie $(\eta - \varrho) \circ \tau_1$ keine LK-Funktion auf F_1.

Wir konstruieren nun eine umkehrbar eindeutige holomorphe Abbildung τ_2 eines Teilgebietes $\mathfrak{D}_1^* \subset \mathfrak{D}_1$, das aus Punkten $(z_1^{(1)}, z_2^{(1)})$ mit $|u_1 - e_0| < \varepsilon_2,\ |v_1| < \varepsilon_2$ besteht, auf ein Gebiet $\mathfrak{D}_2: \{(z_1^{(2)}, z_2^{(2)}) \mid |u_2 - e_0| < \varepsilon_2,\ |v_2| < \varepsilon_2,\ 1 - \delta_2 < |z_2^{(2)}| < 1 + \delta_2\}$, $0 < \varepsilon_2 < \varepsilon_1$, $0 < \delta_2 < \delta_1$. τ_2 habe folgende Eigenschaften:

1. τ_2 kann durch Gleichungen $z_1^{(2)} = z_1^{(1)};\ z_2^{(2)} = \frac{z_2^{(1)}}{g(u_1, v_1; \varrho_1, \vartheta_1)}$ gegeben werden.

2. Es gilt in $\mathfrak{D}_1^*$:

a) $g(u_1, v_1, \varrho_1, \vartheta_1 + 2n\pi) = g(u_1, v_1, \varrho_1, \vartheta_1)$,

b) $|g(e_0, v_1, 1, \vartheta_1)| \equiv 1$,

c) $\frac{\partial |g(e_0, v_1, 1, \vartheta_1)|}{\partial u_1} + k(v_1, \vartheta_1) \frac{\partial |g(e_0, v_1, 1, \vartheta_1)|}{\partial \varrho_1} \equiv k(v_1, \vartheta_1)$,

d) $\operatorname{arc} g(e_0, 0, 1, \vartheta_1) \equiv 0$.

Dabei ist $k(v_1, \vartheta_1) = \frac{\partial \eta_1(\vartheta_1; e_0, v_1)}{\partial u_1}$ gesetzt. c) braucht nur auf $E_1 \cap \mathfrak{D}_1^*$ zu gelten. Da dort $\varrho = 1$, $|g| = 1$ gilt, ist c) offenbar erfüllt, wenn $g = e^q$ ist und q den Gleichungen c'): $\frac{\partial\, Re\, q(e_0, v_1, 1, \vartheta_1)}{\partial u_1} + k(v_1, \vartheta_1) \frac{\partial\, Re\, q(e_0, v_1, 1, \vartheta_1)}{\partial \ln \varrho_1} = k(v_1, \vartheta_1)$ und $Re\, q(e_0, v_1, 1, \vartheta_1) = 0$ genügt. q muß dabei holomorph in den Variablen $z_1^{(1)} = u_1 + i v_1,\ w = \ln \varrho_1 + i\vartheta_1$ sein. Die Cauchy-Riemannschen Differentialgleichungen ergeben, daß c') mit c'') $\frac{\partial p(v_1, \vartheta_1)}{\partial v_1} + k(v_1, \vartheta_1) \frac{\partial p(v_1, \vartheta_1)}{\partial \vartheta_1} = k(v_1, \vartheta_1)$ äquivalent ist ($p(v_1, \vartheta_1) = Im\, q(e_0, v_1, 1, \vartheta_1)$). c'') stellt eine lineare partielle Differentialgleichung dar, die sich mit der Nebenbedingung d): $p(0, \vartheta_1) = \operatorname{arc} g(e_0, 0, 1, \vartheta_1) \equiv 0$ in $\{(v_1, \vartheta_1) \mid |v_1| < \varepsilon_1,\ \vartheta_1 \text{ reell}\}$ eindeutig lösen läßt. Die Lösung ist wie $k(v_1, \vartheta_1)$ periodisch in $\vartheta_1: p(v_1, \vartheta_1) = p(v_1, \vartheta_1 + 2n\pi)$. Setzen wir noch $Re\, q(e_0, v_1, 1, \vartheta_1) = 0$ und $g(e_0, v_1, 1, \vartheta_1) = e^q$, so erhalten wir eine eindeutige, reell-analytische Funktion g auf E_1. Die Abbildung $\hat{\tau}_2 \colon z_1^{(2)} = z_1^{(1)}$, $z_2^{(2)} = \frac{z_2^{(1)}}{g}$ ist eine reell-analytische Abbildung von E_1 in den C^2. Ist $\tilde{\varepsilon}_2$ hinreichend klein gewählt, so gilt auf $E_1^* = \{(z_1^{(1)}, z_2^{(1)}) \in E_1 \mid |v_1| < \tilde{\varepsilon}_2\} \colon \frac{\partial \operatorname{arc} z_2^{(2)}}{\partial \vartheta_1} = \frac{\partial(\vartheta_1 - \operatorname{arc} g)}{\partial \vartheta_1} = 1 - \frac{\partial p(v_1, \vartheta_1)}{\partial \vartheta_1} \neq 0$, da $\frac{\partial p(0, \vartheta_1)}{\partial \vartheta_1} \equiv 0$ ist. $\operatorname{arc} z_2^{(2)}$ ist dann in ϑ_1 monoton; $z_2^{(2)} = \frac{z_2^{(1)}}{g}$ für jedes feste v_1, $|v_1| < \tilde{\varepsilon}_2$, eine eineindeutige Abbildung des Einheitskreisrandes in der z_2-Ebene auf sich und daher $\hat{\tau}_2$ eine eineindeutige Abbildung von E_1^* auf sich. Ferner ist: $\left|\frac{\partial(z_1^{(2)}, z_2^{(2)})}{\partial(v_1, \vartheta_1)}\right| \geqq 1 - \left|\frac{\partial p(v_1, \vartheta_1)}{\partial \vartheta_1}\right| \neq 0$ be hinreichend kleinem $\tilde{\varepsilon}_2$ auf E_1^*. Nach Hilfssatz 12 können wir $\hat{\tau}_2$ zu einer eineindeutigen Abbildung τ_2 einer Umgebung von $E_2^* \colon \{(z_1^{(1)}, z_2^{(1)}) \in E_1\, |v_1| < \varepsilon_2\}$ fortsetzen. Sind $\mathfrak{D}_1^*$ und $\varepsilon_2 < \tilde{\varepsilon}_2 < \varepsilon_1$ geeignet gewählt, so ist τ_2 sogar eine solche Abbildung von $\mathfrak{D}_1^*$ auf ein Gebiet $\mathfrak{D}_2$: $\{(z_1^{(2)}, z_2^{(2)}) \mid u_2 - e_0| < \varepsilon_2,\ |v_2| < \varepsilon_2,\ 1 - \delta_2 < |z_2^{(2)}| < 1 + \delta_2\}$. τ_2 hat die verlangten Eigenschaften.

Es sei E_2 die Fläche $\{(z_1^{(2)}, z_2^{(2)}) \mid u_2 = e_0,\ |v_2| < \varepsilon_2,\ |z_2^{(2)}| = 1\} \subset \mathfrak{D}_2$. τ_2^{-1} bildet E_2 eineindeutig in E_1 ab. Da $g(e_0, 0, 1, \vartheta_1) \equiv 1$ ist, gilt für die Fortsetzung auch $g(e_0, 0, \varrho_1, \vartheta_1) \equiv 1$. In allen Punkten $z_1^{(2)} = e_0$, $z_2^{(2)} = \varrho_2 e^{i\vartheta_2}$ ist daher $\frac{\partial([\varrho_1 - \eta_1] \circ \tau_2^{-1})}{\partial \varrho_2} = \frac{\partial(\varrho_1 - \eta_1)}{\partial \varrho_1} = 1$. Werden ε_2, δ_2 hinreichend klein gewählt, so ist diese Ableitung noch in $\mathfrak{D}_2$ von Null verschieden: In einem geeigneten D_2 kann also die Fläche $(\eta_1 - \varrho_1) \circ \tau^{-1} = 0$ in der Form $\{(z_1^{(2)}, z_2^{(2)}) \in \mathfrak{D}_2 \mid \eta_2 = \varrho_2\}$ gegeben werden. Man errechnet leicht unter Verwendung der Eigenschaften a, b, c, d von g, daß für $\eta_2(\vartheta_2; u_2, v_2)$ folgendes gilt:

1. $\eta_2(\vartheta_2 + 2n\pi; u_2, v_2) \equiv \eta_2(\vartheta_2, u_2, v_2)$,
2. $\eta_2(\vartheta_2; e_0, v_2) \equiv 1$,
3. $\frac{\partial \eta_2(\vartheta_2; e_0, v_2)}{\partial u_2} \equiv 0$.

Ferner ist $\eta_2 - \varrho_2$ wie $(\eta_1 - \varrho_1) \circ \tau_2^{-1}$ *LK*-Funktion in keinem Punkt von $\eta_2 - \varrho_2 = 0$. Das Gebiet $\mathfrak{B}_2 \colon \{(z_1^{(2)}, z_2^{(2)}) \in \mathfrak{D}_2 \mid \varrho_2 > \eta_2\}$ wird durch τ_2^{-1} eineindeutig holomorph in $\mathfrak{B}_1$ abgebildet.

Aus 2. und 3. folgt, daß $\frac{\partial(\eta_2 - \varrho_2)}{\partial z_1^{(2)}} = 0$ gilt auf E_2. Da ferner $\eta_2 - \varrho_2$ dort keine LK-Funktion ist, muß $\gamma = \frac{\partial^2 \eta_2(\vartheta_2, e_0, v_2)}{\partial z_1^{(2)} \partial \bar{z}_1^{(2)}} = \frac{1}{4} \frac{\partial^2 \eta_2(\vartheta_2, e_0, v_2)}{\partial u_2^2} < 0$ sein. Ist $0 < \varepsilon_3 < \varepsilon_2$, so gilt für $|v_2| < \varepsilon_3$, $-\infty < \vartheta_2 < +\infty$, sogar $\gamma(\vartheta_1, v_2) < r < 0$. Wurde ε_3 hinreichend klein gewählt, so ist daher $R_1(u_2, v_2) =_{Df.} 1 + r(u_2 - e_0)^2 \geqq \eta_2$ für $|u_2 - e_0| < \varepsilon_3$, $|v_2| < \varepsilon_3$, $-\infty < \vartheta_2 < +\infty$, und es gilt für diesen Argumentbereich $0 < R_1 < 1 + \delta_2$. Der Rand des Hartogsschen Körpers $\mathfrak{H}^2$: $\{(z_1^{(2)}, z_2^{(2)}) \mid |u_2 - e_0| < \varepsilon_3,\ |v_2| < \varepsilon_3,\ R_1 < |z_2^{(2)}| < R_2 = 1 + \delta_2\}$ hat mit $F_2 \colon \{\varrho_2 = \eta_2\}$ das (reell) zweidimensionale Flächenstück $E_3 \colon \{(z_1^{(2)}, z_2^{(2)}) \mid z_1^{(2)} = e_0 + i v_2,\ |z_2^{(2)}| = R_1(e_0, v_2) = 1,\ -\varepsilon_3 < v_2 < \varepsilon_3\}$ gemeinsam. Da $\tau_1 \circ \tau_2^{-1}$ das Gebiet $\mathfrak{B}_2$ eineindeutig holomorph in $\mathfrak{B}$ abbildet und dabei F_2 auf $u = h$ wirft, sind in $\mathfrak{B}_2$

alte Randpunkte $\varrho_2 = \eta_2$ unter der Kählerschen Metrik $\Lambda = \Lambda^* \circ (\tau_1 \tau_2^{-1})$ unendlich fern. Also ist erst recht in $\mathfrak{H}^2$, das ja in $\mathfrak{B}_2$ enthalten ist, die Fläche E_3 unendlich fern. Nach Satz 15 muß für $z_1^{(2)} = e_0 + i v_2$ gelten: $\frac{\partial^2 \ln R_1}{\partial z_1^{(2)} \partial \bar{z}_1^{(2)}} \geqq 0$. Das ist aber, wie man errechnet, nicht der Fall. Damit haben wir einen Widerspruch durch unsere Annahme gewonnen, daß $u - h$ nicht LK-Funktion in 0 ist. Hilfssatz 11 ist also richtig.

Wir holen nun noch den Beweis von Hilfssatz 12 nach. Da die Funktionen $\hat{f}_\nu(v_1, \vartheta_1)$ auf E reell-analytisch sind, kann man f_ν um jeden Punkt $p = (v_1^0, \vartheta_1^0) \in \overline{E}_1$ in eine Potenzreihe $\Sigma\, a_{n,m}^{(\nu)} (v_1 - v_1^0)^n \cdot (\delta_1 - \vartheta_1^0)^n$ entwickeln. Die Reihe $f_\nu^* (z_1^{(1)}, w) = \Sigma\, a_{n,m}^{(\nu)} i^{-(n+m)} (z_1^{(1)} - i v_1^0)^n \cdot (w - i\vartheta_1^0)^m$ konvergiert noch in einer (komplex) zweidimensionalen Umgebung von $(i v_1^0, i\vartheta_1^0)$, im $(z_1^{(1)}, w)$-Raum. Die $f_\nu^* (z_1^{(1)}, w)$ sind dort holomorphe Funktionen. Offenbar ist $f_\nu(z_1^{(1)}, z_2^{(1)}) = f_\nu^* (z_1^{(1)}, \ln z_2^{(1)})$ eine holomorphe Fortsetzung von $\hat{f}_\nu$ in eine volldimensionale Umgebung von p. Wie man unmittelbar aus der Konstruktion entnimmt, ist f_ν die einzig mögliche holomorphe Fortsetzung. Im Punkte p gilt $\frac{\partial f_\nu}{\partial z_1^{(1)}} = i^{-1} a_{1,0}^{(\nu)} = \frac{1}{i} \frac{\partial \hat{f}_\nu}{\partial v_1}$; $\frac{\partial f_\nu}{\partial z_2^{(1)}} = i^{-1} a_{0,1}^{(\nu)} e^{-i\vartheta_1^0} = \frac{1}{i} \frac{\partial \hat{f}_\nu}{\partial \vartheta_1} e^{-i\vartheta_1^0}$ und somit $\frac{\partial(f_1, f_2)}{\partial(z_1^{(1)}, z_2^{(1)})} = - \frac{\partial(\hat{f}_1, \hat{f}_2)}{\partial(v_1, \vartheta_1)} \cdot e^{-i\vartheta^0} \neq 0$. $z_1 = f_1$, $z_2 = f_2$ bildet also eine Umgebung von p eindeutig ab.

Wir erhalten nun eine Fortsetzung $f_\nu(z_1^{(1)}, z_2^{(1)})$ von $\hat{f}_\nu$ in eine volle Umgebung $\mathfrak{U}$ von E_1, wenn wir f_ν in jedem Punkt $p \in \overline{E}_1$ fortsetzen. Ist $\mathfrak{U}$ hinreichend klein gewählt, so gilt dort $\frac{\partial(f_1, f_2)}{\partial(z_1^{(1)}, z_2^{(1)})} \neq 0$. Gäbe es keine Umgebung $\mathfrak{D}_1$ von E_1, in der $\tau_1 : z_\nu = f_\nu$ eineindeutig ist, so gäbe es in $\mathfrak{U}$ zwei Folgen $p_\nu^{(1)}$ und $p_\nu^{(2)}$ von Punkten $p_\nu^{(1)} \neq p_\nu^{(2)}$, die gegen einen Punkt $p_0^{(1)}$ bzw. $p_0^{(2)}$ aus E_1 konvergieren, derart, daß $\tau_1(p_\nu^{(1)}) = \tau_1(p_\nu^{(2)})$ ist. Dann gilt auch $\tau_1(p_0^{(1)}) = \tau_1(p_0^{(2)})$ und da auf $E_1 : \tau_1 = \hat{\tau}_1$ eineindeutig ist, $p_0^{(1)} = p_0^{(2)} = p_0$. Das kann aber nicht sein, da τ_1 wie vorhin gezeigt, eine Umgebung von p_0 umkehrbar abbildet. Damit ist Hilfssatz 12 bewiesen.

(Eingegangen am 28. Juli 1955)

Part III

Fibre Bundles

$n = 2$ or 3 it is easy to construct unstable and stable vector bundles on $\mathbb{P}_n$ (see for instance [58]). Some of them are topologically but not holomorphically trivial.

If V is such a vector bundle on $\mathbb{P}_n$ and $L \subset \mathbb{P}_n$ a complex line then $V|L$ is the direct sum $F \oplus G$ of two line bundles, which have Chern classes $c(L)$ and $c'(L)$ with $c(L) \geq c'(L)$. We put $d = d(V) = \min\{c(L)\} - \max\{c'(L)\}$. Since the first Chern class $c_1(V) = c(L) + c'(L)$ always we have $c_1(V) = 2 \cdot \min\{c(L)\} - d(V)$. So the generic splitting behavior is given by d. For stable bundles the so called Grauert-Mülich theorem is valid: *If $c_1(V)$ is even then $d = 0$, if $c_1(V)$ is odd then* $d = 1$ (see also the addenda to [58] in manuscripta math. 18). There is also the theorem by W. Barth for the case $n = 2$: *The set of lines L, where the splitting of $V|L$ is not generic, is a curve in the dual projective plane $\mathbb{P}_2^*$.*

On $\mathbb{P}_4$ we have the Horrocks-Mumford bundle, which is a stable rank 2 vector bundle, which does not split into line bundles. In [63] M. Schneider and I myself tried to prove that all unstable rank 2 bundles on $\mathbb{P}_n$ with $n \geq 4$ split into line bundles. Unfortunately the proof had a gap and it seems to be that an easy proof on $\mathbb{P}_4$ is not possible. Meanwhile, it seems that the theorem can be proved only in the case $n \geq 5$. But all the attemps failed even in this situation.

4

Another important case is that Y is not a complex space but a (set theoretic) real-analytic space. Then via complexification to a Stein space similar results are true (see: [91]). Another possibility is the infinite dimensional case. Here L is a Banach-analytic Lie group (L. Bungert: Holomorphic functions with values in locally convex spaces and applications to integral forms. Trans. Am. math. Soc. 111 (1964). And: On analytic fiber bundles. Topology 7 (1968). See also U. Grauert-Peternell: Banach-analytische Faserbündel auf nicht-kompakten Riemannschen Flächen. Schriftenreihe Math. Inst. Univ. Münster 28, Ser. 2 (1983).

5

The equivalence of continuous and holomorphic vector bundles is part of the general Oka principle which loosely asserts that in the context of Stein spaces what can be done topologically can also be done holomorphically. The techniques of approximation developed to establish the equivalence of continuous and holomorphic vector bundles were later used in a number of papers with results in diverse areas including function algebra, approximation results, Oka principle in more general settings, and the bound on the number of holomorphic functions needed to define a subvariety in the Euclidean space, and a bound on the dimension of the Euclidean space needed to immerse or embed a Stein manifold in.The papers are listed below:

R. Arens: To what extent does the space of maximal ideals determine the algebra? Function Algebras, edited by F.T. Bartel. pp. 164–168. Chicago, Scott-Foresman

1966. F. Docquier: Holomorphe Ausdehnung komplexer Mannifaltigkeiten und Approximation holomorpher Funktionen. Schriftenreihe Math. Inst. Univ. Münster 13 (1958). O. Forster: Prolongements des variétés de Stein. Comm. Math. Helv. 45 (1970), 170–184. O. Forster and K.J. Ramspott: Über die Darstellung analytischer Mengen. Sb. Bayer. Akad. Wiss. Math.-Nat. Kl. 1963 (1984), 89–99. O. Forster and K.J. Ramspott: Okasche Paare von Garben nicht-abelscher Gruppen. Invent. Math. 1 (1966), 260–286. O. Forster and K.J. Ramspott: Aanlytische Modulgarben und Endromisbündel. Invent. Math. 2 (1966), 145–170. H. Grauert and H. Kerner [33]. H. Holmann: Abbildungtheorie n-dimensionaler holomorph-vollständiger Mannifaltigkeiten. Schriftenreihe Math. Inst. Univ. Münster 10 (1956). K.J. Ramspott: Stetige und holomorphe Schnitte in Bündeln mit homogener Faser. Math. Z. 89 (1965), 234–246. K.J. Ramspott and K. Stein: Über Rungesche Paare komplexer Mannifaltigkeiten. Math. Ann. 145 (1962), 444–463. H. Röhrl: Das Riemann-Hilbertsche Problem der Theorie der linearen Differentialgleichungen. Math. Ann. 133 (1957), 1–25. M. Schneider: Vollständige, fast-vollständige und mengen-theoretische-vollständige Durchschnitte in Stein Mannifaltigkeiten. Math. Ann. 260 (1982), 151–174.

For the question of number of defining equations Forster and Ramspott proved that a submanifold of a Stein manifold whose dimension is strictly less than half of that of the ambient space is a complete intersection (Analytische Modulgarben und Endromisbündel. Invent. math. 2 (1966), 145–170). M. Schneider proved that a locally complete intersection of a Stein space whose dimension is precisely half of that of the ambient space is a global complete intersection if and only if its normal bundle is trivial and topological class defined by it is trivial (Vollständige, fast-vollständige und mengen-theoretische-vollständige Durchschnitte in Stein Mannifaltigkeiten. Math. Ann. 260 (1982), 151-174).

For the question of imbedding and immersion dimensions, Forster proved that a Stein manifold X of dimension n can be embedded in $2n-k$ for $n \geq 6$ and k being the integral part of $(n-2)/3$ and can be immersed into $\mathbb{C}^{2n-1}$. The embedding result sharpened the theorem of Remmert-Narasimhan-Bishop which asserts embedding into $\mathbb{C}^{2n+1}$ (R. Remmert: Habilitationsschrift, Münster 1956. E. Bishop: Mappings of partially analytic spaces. Amer. J. Math. 83 (1961), 209–242. R. Narasimhan: Imbedding of holomorphically complete complex spaces. Amer. J. Math. 82 (1960), 917–934). The immersion result generalized that of R. Gunning and Narasimhan for Riemann surfaces (Immersion of open Riemann surfaces. Math. Ann. 174 (1967), 103–108). The general conjecture on the immersion of parallelizable Stein manifold of dimension n into $\mathbb{C}^n$ remains unsolved. The best results in this direction are those of M. Gromov and J. Eliasberg (M. Gromov and J. Eliasberg: Nonsingular maps of Stein manifolds. Func. Anal. & Applications 5 (1971), 82–83. M. Gromov: Partial Differential Relations. Springer Verlag 1986). Their results are the following. *If* $2q > 3n+1$, *then every* n*-dimensional Stein manifold* V *admits a proper holomorphic immersion into* $\mathbb{C}^q$. *Every parallelizable Stein manifold of dimension* n *can be immersed into* $\mathbb{C}^{n+1}$.

Die analytische Bedingung, daß $\mathfrak{R}$ in bezug auf $\check{\mathfrak{R}}$ konvex sein muß, läßt sich im Falle $n = 1$ durch eine rein topologische Bedingung (den relativ-einfachen Zusammenhang, vgl. § 2.2) ersetzen. Im Falle $n > 1$ kann man nur zu einer topologisch-analytischen Eigenschaft gelangen (holomorphe Ausdehnbarkeit, vgl. § 1.3).

In den folgenden Jahren ging man dazu über, auch Funktionentheorie auf abstrakten Gebilden, den sog. komplexen Räumen [2]), zu treiben. (A) konnte auf diesen Fall verallgemeinert werden (vgl. z. B. [2]). Eine noch weitergehende Verallgemeinerung des Rungeschen Satzes für komplexwertige Funktionen scheint damit ausgeschlossen zu sein.

In der vorliegenden Arbeit werden nun Funktionen $F(r)$ mit Werten in beliebigen komplexen Räumen $\mathfrak{W}$ untersucht. Es wird vorausgesetzt, daß die Argumenträume $\mathfrak{R}, \check{\mathfrak{R}}$ für die Funktionentheorie sinnvolle komplexe holomorph-vollständige Räume sind [3]), ferner, daß $\mathfrak{R}$ Teilbereich von $\check{\mathfrak{R}}$ und auf $\check{\mathfrak{R}}$ holomorph ausdehnbar ist. Das Hauptproblem ist dann das folgende:

Wann kann man im Innern von $\mathfrak{R}$ jede dort holomorphe Funktion mit Werten in $\mathfrak{W}$ durch in $\check{\mathfrak{R}}$ holomorphe Funktionen $\check{\mathfrak{R}} \to \mathfrak{W}$ beliebig stark approximieren?

Im § 2 wird dieses Problem in dem Fall untersucht, daß $\mathfrak{W}$ eine Riemannsche Fläche ist. Es werden befriedigende Lösungen angegeben (Sätze 3, 4, 5). Die Paragraphen 3 und 4 sind dann den Funktionen mit Werten in komplexen Lieschen Gruppen L gewidmet. Als Hauptresultat ergibt sich:

(B) *Ist $F(r): \mathfrak{R} \to L$ eine in $\mathfrak{R}$ holomorphe Funktion, die über lauter in $\mathfrak{R}$ holomorphe Funktionen $F(r, t)$, $0 \leqq t \leqq 1$, stetig auf die Funktion $E(r) \equiv 1 \in L$ deformiert werden kann, so gibt es eine Folge in $\check{\mathfrak{R}}$ holomorpher Funktionen $\check{F}_\nu(r): \check{\mathfrak{R}} \to L$, die im Innern von $\mathfrak{R}$ gleichmäßig gegen $F(r)$ strebt (vgl. Satz 11).*

Wie sich in [16, 17] zeigt, ist der Satz (B) für die Theorie der analytischen Faserbündel von ausschlaggebender Bedeutung. Er wird deshalb in der vorliegenden Arbeit in der Allgemeinheit hergeleitet, wie er in [16, 17] gebraucht wird. Es wird zugelassen, daß L den Punkten von $\check{\mathfrak{R}}$ angeheftet ist. Das bedeutet, daß $F(r)$ seine Werte in einem Faserbündel [4]) über $\check{\mathfrak{R}}$ mit L als Faser hat. Sodann darf $F(r)$ noch von einem Parameter $\mathfrak{t}$ aus einem kompakten Raum $\mathfrak{T}$ abhängen [(e, h)-Funktionen]. Diese Funktionen $F(r, \mathfrak{t})$, $r \in \mathfrak{R}$, $\mathfrak{t} \in \mathfrak{T}$, werden im § 3 eingehend untersucht. Es wird mit Hilfe eines im Anhang bewiesenen Satzes über Fréchetträume [5]) eine an sich interessante Aussage über die Darstellung der Funktionen $F(r, \mathfrak{t})$ als Linearkombination von gewissen Funktionen $H_\nu(r)$ bewiesen (Satz 7). Diese Aussage wird zum Beweis von (B) herangezogen.

---

[2]) Man vergleiche etwa [3]. Komplexe Räume wurden fast gleichzeitig von Behnke-Stein [7] und Cartan [11] in die Literatur eingeführt.

[3]) Zur Definition vgl. § 1.2. Es gibt komplexe Räume, in denen so wenige holomorphe Funktionen existieren, daß in ihnen eine Funktionentheorie nicht sinnvoll ist. Vgl. etwa [10].

[4]) Zu Einführung in die Theorie der Faserbündel siehe [22].

[5]) Fréchet-Räume sind spezielle topologische Vektorräume (vgl. [9]).

Die in (B) auftretende analytische Bedingung, daß $F(r)$ über lauter holomorphe Funktionen auf $E(r)$ deformierbar ist, werden wir in [16] durch eine rein topologische Bedingung ersetzen. Außerdem werden wir dort eine notwendige und hinreichende Bedingung für die Approximierbarkeit der Funktionen $F(r)$ durch Funktionen $\check{F}_\nu(r)$ angeben können.

§ 1. Verallgemeinerungen des Rungeschen Satzes

1. Wir stützen uns in unseren Untersuchungen auf den Begriff des *komplexen Raumes* $\mathfrak{R}$, wie er in [18, 19] eingeführt worden ist. Wir setzen jedoch immer voraus, daß $\mathfrak{R}$ der C-Bedingung genügt und aus höchstens abzählbar vielen zusammenhängenden Komponenten besteht. Unsere komplexen Räume haben deshalb folgende charakteristische Eigenschaft:

Zu jedem Punkt $r \in \mathfrak{R}$ gibt es eine Umgebung U, die sich umkehrbar eindeutig und holomorph auf eine analytisch-verzweigte C-Überlagerung $\mathfrak{A} = (R, \Phi)$ eines Gebietes $\mathfrak{G} \subset C^n$ abbilden läßt.

Kann man für $\mathfrak{A}$ das Gebiet $\mathfrak{G}$ selbst — also die triviale Überlagerung von $\mathfrak{G}$ — wählen, so heißt r ein uniformisierbarer Punkt von $\mathfrak{R}$. Ein komplexer Raum, der nur aus uniformisierbaren Punkten besteht, ist eine *komplexe Mannigfaltigkeit.*

Es läßt sich wie in [19] in jedem komplexen Raum der Begriff der *holomorphen Funktion*, sowie der *holomorphen Abbildung* von komplexen Räumen ineinander einführen. Unter einem *analytischen Polyeder* in $\mathfrak{R}$ sei hier ein (zusammenhängendes) relativ-kompaktes Teilgebiet von $\mathfrak{R}$ verstanden, das eine zusammenhängende Komponente eines Bereiches $\{r \in \mathfrak{R}, |f_\nu(r)| < 1, \nu = 1 \ldots k\}$ ist. Dabei sind die f_ν komplexwertige, in ganz $\mathfrak{R}$ holomorphe Funktionen. Wir bezeichnen ferner mit $\hat{M}_\mathfrak{F}$ die *holomorph-konvexen Hüllen* der Teilmengen $M \subset \mathfrak{R}$ in bezug auf eine Familie $\mathfrak{F}$ von in $\mathfrak{R}$ holomorphen Funktionen. $\hat{M}_\mathfrak{F}$ besteht genau aus den Punkten $r \in \mathfrak{R}$, in denen $|f(r)| \leqq \leqq \sup |f(M)|$ für alle $f \in \mathfrak{F}$ ist. Offenbar ist $\hat{M}_\mathfrak{F}$ abgeschlossen und enthält M. Ist $\mathfrak{F}$ die Familie aller in $\mathfrak{R}$ holomorphen Funktionen, so setzen wir für $\hat{M}_\mathfrak{F}$ auch einfach $\hat{M}$.

Def. 1. *$\mathfrak{R}$ ist holomorph-konvex, wenn zu jeder relativ-kompakten Teilmenge $M \subset \mathfrak{R}$ immer $\hat{M}$ kompakt ist.*

Holomorph-konvexe komplexe Räume, deren Topologie eine abzählbare Basis[6]) hat, sind durch analytische Polyeder ausschöpfbar. Wir sagen, endlich viele in $\mathfrak{R}$ holomorphe Funktionen $f_1 \ldots f_k$ vermitteln eine *nirgends entartete Abbildung* τ eines Teilbereiches $\mathfrak{B} \subset \mathfrak{R}$ in den C^k, wenn für jedes $\mathfrak{z} \in C^k$ immer $\tau^{-1}(\mathfrak{z}) \cap \mathfrak{B}$ aus isolierten Punkten besteht.

---

[6]) Unter einer abzählbaren Basis der Topologie von $\mathfrak{R}$ wird ein abzählbares System von offenen Teilmengen U_ν von $\mathfrak{R}$ verstanden, derart, daß jede offene Teilmenge von $\mathfrak{R}$ Vereinigung von Mengen U_ν ist. Eine Topologie, die eine abzählbare Basis hat, nennen wir auch eine abzählbare Topologie.

Ein Beweis dieses Satzes für holomorph-vollständige Mannigfaltigkeiten wurde ebenfalls von H. WILL [25] durchgeführt. Der Beweis läßt sich auf komplexe Räume übertragen. Auf eine Durchführung sei hier verzichtet.

4. Der Zweck dieser Arbeit ist eine Verallgemeinerung des Rungeschen Satzes auf Funktionen F, deren Wertebereich nicht unbedingt der Körper der komplexen Zahlen ist. Wir nehmen zunächst den allgemeinsten Fall an, daß die Werte von F aus einem komplexen Raum $\mathfrak{W}$ genommen sind. *Eine solche Funktion F in einem komplexen Raum $\mathfrak{R}$ nennen wir holomorph*, wenn F eine holomorphe Abbildung von $\mathfrak{R}$ in $\mathfrak{W}$ vermittelt.

Es seien nun F, F_ν, $\nu = 1, 2, \ldots$, in einem topologischen Raum $\mathfrak{T}$ definierte Funktionen mit Werten in $\mathfrak{W}$. Es sei V eine beliebige Umgebung der Diagonalen von $\mathfrak{W} \times \mathfrak{W}$. Wir definieren:

Def. 5. *F_ν konvergiert im Innern von $\mathfrak{T}$ gleichmäßig gegen F, wenn es zu jeder kompakten Teilmenge $M \subset \mathfrak{T}$ und zu jedem V ein ν_0 gibt, so daß für $\nu \geq \nu_0$ und $t \in M$:*

$$(F(t), F_\nu(t)) \in V$$

gilt.

Man sieht unmittelbar, daß im Falle $\mathfrak{W} = C^k$, d. h., wo die Werte von F k-tupel komplexer Zahlen sind, Def. 5 mit der sonst üblichen Definition der gleichmäßigen Konvergenz übereinstimmt. F_ν konvergiert dann gleichmäßig im Innern von $\mathfrak{T}$ gegen F, wenn in bezug auf jedes M und $\varepsilon > 0$ bei hinreichend großem ν gilt, daß der euklidische Abstand von $F(t)$ und $F_\nu(t)$, $t \in M$, kleiner als ε ist.

Es ist nun möglich, das Hauptproblem der vorliegenden Arbeit zu formulieren:

Problem: *Es seien $\mathfrak{R}, \check{\mathfrak{R}}$ holomorph-vollständige Räume; $\mathfrak{R}$ sei Teilbereich von $\check{\mathfrak{R}}$ und auf $\check{\mathfrak{R}}$ holomorph ausdehnbar; ferner möge F eine in $\mathfrak{R}$ holomorphe Funktion mit Werten in einem komplexen Raum $\mathfrak{W}$ bezeichnen. Unter welchen Bedingungen gibt es eine Folge in $\check{\mathfrak{R}}$ holomorpher Funktionen $\check{F}_\nu$, $\check{F}_\nu(r) \in \mathfrak{W}$, die im Innern von $\mathfrak{R}$ gleichmäßig gegen F konvergiert?*

Im folgenden werden wir dieses Problem zunächst für den Fall, daß $\mathfrak{W}$ eine Riemannsche Fläche ist, diskutieren, um dann später für holomorphe Funktionen mit Werten in einer komplexen Lieschen Gruppe auch in höheren komplexen Dimensionen eine befriedigende Lösung anzugeben.

§ 2. Funktionen mit Werten in Riemannschen Flächen

1. Es sei also $\mathfrak{W}$ eine beliebige (abstrakte) Riemannsche Fläche. Je nachdem, ob sich die universelle Überlagerungsfläche von $\mathfrak{W}$ auf den Einheitskreis, die offene Zahlenebene oder die Riemannsche Zahlenkugel holomorph eineindeutig abbilden läßt, sprechen wir vom hyperbolischen, parabolischen oder elliptischen Typus der Fläche $\mathfrak{W}$. Es werde zunächst angenommen, $\mathfrak{W}$ habe hyperbolischen Typus.

Es bezeichne $\mathfrak{R}$ den Einheitskreis der z-Ebene, $\check{\mathfrak{R}}$ sei die offene komplexe Zahlenebene selbst. Da jede Riemannsche Fläche holomorph-konvex [3] ist, sind $\mathfrak{R}$, $\check{\mathfrak{R}}$ holomorph-vollständige Räume. Ferner läßt sich $\mathfrak{R}$ auf $\check{\mathfrak{R}}$ holomorph ausdehnen. Damit sind für $\mathfrak{R}$ und $\check{\mathfrak{R}}$ die Voraussetzungen unseres Hauptproblems erfüllt.

Wir bezeichnen nun mit $\mathfrak{F}$ die Familie der holomorphen Funktionen der z-Ebene C, deren Wertebereich $\mathfrak{W}$ ist. Nach bekannten Sätzen der klassischen Funktionentheorie ist $\mathfrak{F}$ eine normale Familie[12]): Jede Folge von Funktionen $F_\nu \in \mathfrak{F}$ enthält eine Teilfolge F_{ν_μ}, die im Innern von C gleichmäßig gegen eine Grenzfunktion $F \in \mathfrak{F}$ oder gegen den idealen Rand von $\mathfrak{W}$ konvergiert. Dabei sagen wir, F_{ν_μ} *konvergiert* im Innern von C gleichmäßig gegen den *idealen Rand* von $\mathfrak{W}$, wenn es zu allen kompakten Mengen $M \subset C$, $W \subset \mathfrak{W}$ ein μ_0 gibt, so daß für $\mu \geqq \mu_0$ gilt: $F_{\nu_\mu}(M) \subset \mathfrak{W} - W$.

Es sei nun λ eine umkehrbar eindeutige, holomorphe Abbildung von $\mathfrak{R}$ auf die universelle Überlagerungsfläche $\hat{\mathfrak{W}}$ von $\mathfrak{W}$; φ sei die Projektion von $\hat{\mathfrak{W}}$ auf $\mathfrak{W}$. Da auch φ holomorph ist, folgt, daß $F \equiv \varphi \circ \lambda$ eine in $\mathfrak{R}$ holomorphe Funktion mit Werten in $\mathfrak{W}$ ist.

Wir nehmen nun an, daß es eine Folge von Funktionen $\check{F}_\nu \in \mathfrak{F}$ gibt, die im Innern von $\mathfrak{R}$ gleichmäßig gegen F konvergiert. Da $\mathfrak{F}$ eine normale Familie ist, enthält $\check{F}_\nu$ eine Teilfolge $\check{F}_{\nu_\mu}$, die sogar im Innern von C gleichmäßig konvergiert. Die Grenzfunktion $\check{F}$ von $\check{F}_{\nu_\mu}$ ist dann eine Fortsetzung von F in C.

Da $\hat{\mathfrak{W}}$ eine unbegrenzte und unverzweigte Überlagerung von $\mathfrak{W}$ und ferner C einfach zusammenhängend ist, gibt es eine holomorphe Abbildung $\check{\lambda}$ von C in $\hat{\mathfrak{W}}$, so daß $\check{F} \equiv \varphi \cdot \check{\lambda}$ ist. Bei geeigneter Wahl von $\check{\lambda}$ gilt in $\mathfrak{R}$: $\lambda \equiv \check{\lambda}$. $\lambda^{-1} \circ \check{\lambda}$ bildet deshalb C holomorph in den Einheitskreis $\mathfrak{R}$ ab und ist in $\mathfrak{R}$ die Identität. Eine solche holomorphe Abbildung der z-Ebene gibt es aber nach Sätzen der klassischen Funktionentheorie nicht (vgl. Identitätssatz für holomorphe Funktionen, Satz von LIOUVILLE usw.). Wir haben damit einen Widerspruch zu unserer Annahme gefunden, daß F durch Funktionen aus $\mathfrak{F}$ approximiert werden kann. Es gilt also:

Satz 3. *Es sei $\mathfrak{W}$ eine Riemannsche Fläche vom hyperbolischen Typus. Selbst unter der einfachsten Voraussetzung, daß $\mathfrak{R}$ der Einheitskreis und $\check{\mathfrak{R}}$ die offene Zahlenebene ist, gibt es immer eine in $\mathfrak{R}$ holomorphe Funktion F mit Werten in $\mathfrak{W}$, die im Innern von $\mathfrak{R}$ nicht durch eine gleichmäßig konvergierende Folge in ganz $\check{\mathfrak{R}}$ holomorpher Funktionen $\check{F}_\nu(\check{F}_\nu(r) \in \mathfrak{W}$ für $r \in \check{\mathfrak{R}})$ approximiert werden kann.*

Damit hat in diesem Fall die Lösung unseres Hauptproblems zu einer negativen Antwort geführt.

2. Es sei nun $\mathfrak{W}$ eine nicht-elliptische Riemannsche Fläche vom parabolischen Typus. Bekanntlich gibt es in dieser Klasse nur Paare Riemannscher Flächen, die nicht zueinander konform äquivalent sind. Ein solches Paar ist die offene z-Ebene C und die in ihrem Nullpunkt punktierte z-Ebene $\dot{C} = C - 0$.

[12]) Das gilt, weil die universelle Überlagerungsfläche von $\mathfrak{W}$ zum Einheitskreis analytisch äquivalent ist. Man vgl. [4].

Dagegen ist als Spezialfall von [16], Satz 4 folgende Aussage richtig:

Satz 5. *Es seien* $\mathfrak{R}, \check{\mathfrak{R}}$, *holomorph-vollständige Räume.* $\mathfrak{R}$ *sei Teilbereich von* $\check{\mathfrak{R}}$ *und auf* $\check{\mathfrak{R}}$ *holomorph ausdehnbar. Ist dann* f *eine in* $\mathfrak{R}$ *holomorphe Funktion mit Werten in* $\dot{C}$, *gegen die im Innern von* $\mathfrak{R}$ *eine Folge in ganz* $\check{\mathfrak{R}}$ *stetiger Funktionen* $\check{g}_\nu$ *gleichmäßig konvergiert, so gibt es auch eine Folge von in ganz* $\check{\mathfrak{R}}$ *holomorphen Funktionen* $\check{f}_\nu$, *die im Innern von* $\mathfrak{R}$ *gleichmäßig gegen* f *konvergiert.*

Eine notwendige und hinreichende Bedingung für die Approximierbarkeit von f durch holomorphe Funktionen ist also die Approximierbarkeit durch stetige Funktionen. Ein Ziel der weiteren Untersuchung kann es nun sein, diese Bedingung durch eine Relation zwischen $\xi(\mathfrak{h}) = \frac{1}{2\pi i}\int d \ln f$, $\mathfrak{H}^1(\mathfrak{R})$, $\mathfrak{H}^1(\check{\mathfrak{R}})$ zu ersetzen. Eine exakte Durchführung muß jedoch über den Rahmen dieser Arbeit hinausführen. Man sieht aber leicht ein, wenn man beachtet, daß ein komplexer Raum lokal einfachzusammenhängend ist, daß man f höchstens dann durch in $\check{\mathfrak{R}}$ holomorphe Funktionen $\check{f}_\nu$ approximieren kann, wenn folgende Bedingung erfüllt ist:

Ist Z ein beliebiger eindimensionaler Zyklus in $\mathfrak{R}$, der in $\check{\mathfrak{R}}$ nullhomolog ist, so gilt $\int\limits_Z d \ln f = 0$.

4. Als nächstes wäre der Fall zu behandeln, daß der Wertebereich $\mathfrak{W}$ eine Riemannsche Fläche vom elliptischen Typus ist[13a]). Da man jedoch — wie es scheint — dieses Problem nicht mit einfachen Mitteln behandeln kann und auch eine Lösung augenblicklich nicht von größerem Interesse ist, verzichten wir hier auf eine nähere Untersuchung.

Auch eine Durchdenkung unseres Hauptproblems für den allgemeinen Fall, daß $\mathfrak{W}$ ein beliebiger n-dimensionaler komplexer Raum ist, dürfte zu keinem nennenswerten Resultat führen. Wir beschränken uns daher auf den Beweis eines Approximationssatzes für Funktionen mit Werten in speziellen Faserräumen, deren Fasern komplexe Liesche Gruppen sind. Ein solcher Approximationssatz ist funktionentheoretisch von Interesse, da er — wie sich in [17] zeigt — eine Anwendung auf die Theorie der analytischen Faserräume gestattet.

§ 3. Funktionen mit Werten in analytischen Faserräumen $V(\mathfrak{R})$ und $L(\mathfrak{R}, L^*)$

1. Es seien zunächst einige bekannte Tatsachen über die komplexen Lieschen Gruppen zusammengestellt.

Def. 6. *Eine komplexe Liesche Gruppe ist eine (nicht notwendig zusammenhängende) m-dimensionale komplexe Mannigfaltigkeit* L^m, *zwischen deren Punkten* l *eine Operation* $l_3 = l_1 \circ l_2$ *definiert ist, derart, daß folgendes gilt:*

1) *die Menge der Punkte* $l \in L^m$ *bildet mit der Operation* $\circ$ *eine Gruppe;*

2) *die Abbildung* $(l, l') \to l \circ l'^{-1}$ *ist eine holomorphe Abbildung des kartesischen Produktes* $L^m \times L^m$ *auf* L^m.

13a) Im Falle $\mathfrak{W}$ = elliptische Fläche gelten m. m. die Sätze 4 und 5!

Dabei bezeichnet l^{-1} das Inverse der Punkte $l \in L^m$. Da die Punktmenge von L^m eine Gruppe ist, gibt es genau einen Punkt $e \in L^m$, der neutrales Element dieser Gruppe ist. Wir nennen diesen Punkt den neutralen Punkt von L^m.

Aus der Lieschen Gruppentheorie ist bekannt, daß man in einer (hinreichend kleinen) Umgebung $U(e)$ sog. *Normalkoordinaten* $z_1 \ldots z_m$ einführen kann[14]. In einem solchen Koordinatensystem kommt dem neutralen Punkt e immer das m-tupel $(0, \ldots, 0)$ zu. Sind $l = (z_1, \ldots, z_m)$, $l' = (az_1, \ldots, az_m)$ zwei Punkte aus U und bezeichnet $l + l'$ — falls vorhanden — den Punkt $(z_1 + az_2, \ldots, z_m + az_m)$, so gilt für l, l' stets, wenn $l \circ l'$ ebenfalls in U liegt: $l \circ l' = l + l'$. Durch diese beiden Eigenschaften sind die Normalkoordinaten bis auf eine affin-lineare Transformation $z_\nu \to \sum_{\mu=1}^{m} a_{\nu\mu} z_\mu$ eindeutig bestimmt. Ist $l \to \varphi(l)$ ein (holomorpher) Gruppenautomorphismus von L^m, so muß daher $l^* = \varphi(l)$ in den Koordinaten von $U(e)$ eine lineare Transformation $z_\nu^* = \sum a_{\nu\mu} z_\mu$ sein, wobei $z_1, \ldots, z_m$ bzw. $z_1^*, \ldots, z_m^*$ die Koordinaten von l, l^* bezeichnen. Beispiele solcher Gruppenautomorphismen sind die inneren Abbildungen $l \to \varphi(l, l^*) =_{Def.} l^* \circ l \circ l^{*-1}$.

Wir werden in Zukunft immer davon Gebrauch machen, daß in einer Umgebung $U(e)$ ein Normalkoordinatensystem definiert ist; U sei in bezug auf die Koordinaten dieses Systems stets eine Hyperkugel.

In den folgenden Abschnitten werden des öfteren Liesche Gruppen L^* vorkommen, deren Punkte gleichzeitig Gruppenautomorphismen einer weiteren Lieschen Gruppe L sind. Wir definieren deshalb:

Def. 7. *Eine komplexe Liesche Gruppe L^* wirkt in einer komplexen Lieschen Gruppe L automorph, wenn folgendes gilt:*

a) Den Punkten von L^* entsprechen eindeutig holomorphe Gruppenautomorphismen von L.

b) $\circ$ in L^* entspricht die natürliche Verknüpfung dieser Automorphismen.

c) Die Abbildung $(l^*, l) \to l^*(l)$ von $L^* \times L$ auf L ist holomorph.

Offenbar wirkt L automorph in sich selbst, wenn man den Punkten $l^* \varepsilon L$ die Automorphismen $l \to \varphi(l, l^*)$ zuordnet.

2. Es sei nun $\mathfrak{R}$ ein komplexer Raum, L^* sei eine komplexe Liesche Gruppe, die in einer komplexen Lieschen Gruppe L automorph wirkt. Wir denken uns $\mathfrak{R}$ durch eine Menge $\{W_\iota, \iota \in I\}$ offener Umgebungen überdeckt. In den Durchschnitten $W_{\iota_1\iota_2} = W_{\iota_1} \cap W_{\iota_2}$ bestehe jeweils eine holomorphe Abbildung $\Phi_{\iota_1\iota_2}$ von $W_{\iota_1\iota_2}$ in L^*. Die Verteilung der $\Phi_{\iota_1\iota_2}$ genüge der Verträglichkeitsbedingung:

$$\Phi_{\iota_1\iota_2}(r) \circ \Phi_{\iota_2\iota_3}(r) = \Phi_{\iota_1\iota_3}(r); \ \iota_1, \iota_2, \iota_3 \in I, \ r \in W_{\iota_1\iota_2\iota_3} = W_{\iota_1} \cap W_{\iota_2} \cap W_{\iota_3}.$$

Wir bilden nun die kartesischen Produkte $B_\iota = W_\iota \times L$ und die Tripel (ι, r, l), $r \in W_\iota$, $l \in L$. Ist $r \in W_{\iota_1\iota_2}$, so werde $(\iota_1, r, \Phi_{\iota_1\iota_2}(r) \square l) = (\iota_2, r, l)$ gesetzt, wobei $\square$ die Anwendung der Abbildung $\Phi_{\iota_1\iota_2}(r)$ auf l bezeichne. Offenbar ist die Gesamtheit der Tripel (ι, r, l) mit dieser Identifizierungsvorschrift und

[14]) Die Normalkoordinaten werden in [13] mit "*canonical coordinates*" bezeichnet. Die Existenz kann man für komplexe wie für reelle Liesche Gruppen nachweisen.

Satz 7a. *Es gibt in $\mathfrak{R}$ endlich viele holomorphe Funktionen $H_\nu(r)$, $\nu = 1 \ldots q$, mit Werten in $V(\mathfrak{R})$, derart, daß sich jede in $\mathfrak{R}^*$ holomorphe (stetige) Funktion mit Werten in $V(\mathfrak{R})$ durch eine Linearkombination $F(r) = \sum_{\nu=1}^{q} f_\nu(r) \cdot H_\nu(r)$ darstellen läßt. Dabei sind die $f_\nu(r)$ in $\mathfrak{R}^*$ holomorphe (stetige) komplexwertige Funktionen.*

Beweis. Die Menge $\bigcup S_r$, $S_r = \{(r, F(r))\}$ der Keime $(r, F(r))$ von in $r \in \mathfrak{R}$ holomorphen Funktionen mit Werten in $V(\mathfrak{R})$ bildet — versehen mit der bekannten Keimtopologie — eine analytische Garbe $\mathfrak{S}$ (faisceau analytique)[18]) über $\mathfrak{R}$. $\mathfrak{S}$ ist eine freie kohärente Garbe, da $V(\mathfrak{R})$ lokal stets das kartesische Produkt einer Umgebung $U(r)$, $r \in \mathfrak{R}$, mit dem C^m ist. Nach einem Satz von H. CARTAN ([12], théorème A) kann man deshalb zu jedem Punkt $r_0 \in \mathfrak{R}$ endlich viele in $\mathfrak{R}$ holomorphe Funktionen $\tilde{H}_1(r), \ldots, \tilde{H}_{\tilde{q}}(r)$ mit Werten in $V(\mathfrak{R})$ finden, die über dem Ring O_{r_0} der in r_0 holomorphen komplexwertigen Funktionen S_{r_0} aufspannen. Die $\tilde{H}_\nu(r)$ sind sicher in r_0 und mithin in einer ganzen Umgebung von r_0 linear unabhängig. Da $\mathfrak{R}^* \Subset \mathfrak{R}$, folgt, daß es in $\mathfrak{R}$ endlich viele Funktionen $H_1(r), \ldots, H_q(r)$ gibt, von denen in jedem Punkte $r \in \mathfrak{R}^*$ m linear unabhängig sind. Die $H_\nu(r)$ spannen deshalb über O_r stets ganz S_r auf ($r \in \mathfrak{R}^*$). Daher folgt nach einem weiteren Satz von H. CARTAN (vgl. [12], Satz 5), daß man jede in $\mathfrak{R}^*$ holomorphe Funktion $F(r)$ durch eine Reihe $F(r) = \sum_{\nu=1}^{q} f_\nu(r) \cdot H_\nu(r)$ mit holomorphen $f_\nu(r)$ darstellen kann.

Ist $F(r)$ eine in $\mathfrak{R}^*$ nur stetige Funktion, so hat man folgendermaßen vorzugehen. Man überdeckt zunächst $\overline{\mathfrak{R}^*}$ mit endlich vielen Umgebungen $U_1, \ldots, U_k$, derart, daß es zu $U_\varkappa$, $\varkappa = 1, \ldots, k$, stets m der Funktionen $H_\nu(r)$ gibt, die überall in $U_\varkappa$ linear unabhängig sind. Solche Funktionen seien $H_{\varkappa_1}(r), \ldots, H_{\varkappa_m}(r)$, $0 \leq \varkappa_1 < \varkappa_2 \ldots < \varkappa_m \leq q$. Man stellt dann $F(r)$ in $U_\varkappa \cap \mathfrak{R}^*$ durch die eindeutig bestimmte Linearkombination $F(r) = \sum_{\mu=1}^{m} g_{\varkappa_\mu}^{(\varkappa)} H_{\varkappa_\mu}(r)$ dar. Setzt man $g_\mu^{(\varkappa)}(r) = 0$ für $\mu \notin \{\varkappa_\mu\}$, so folgt: $F(r) = \sum_{\mu=1}^{q} g_\mu^{(\varkappa)} H_\mu(r)$. Nun gibt es zu $\{U_\varkappa\}$ nach bekannten Sätzen [8] eine „Teilung der Eins"[19]): Man kann in $\bigcup U_\varkappa \supset \mathfrak{R}^*$ k stetige Funktionen φ_ν, $0 \leq \varphi_\nu \leq 1$, finden, so daß $\overline{\{r \in \bigcup U_\varkappa, \varphi_\nu(r) \neq 0\}} \cap \bigcup U_\varkappa \subset U_\nu$ und $\sum_{\nu=1}^{k} \varphi_\nu = 1$ ist. Mit $f_\nu(r) = \sum \varphi_\varkappa g_\nu^{(\varkappa)}(r)$ gilt offenbar die Gleichung: $F(r) = \sum_{\nu=1}^{q} f_\nu(r) \cdot H_\nu(r)$, q.e.d.

4. Um topologische Bedingungen für die Gültigkeit eines Approximationssatzes zu erhalten, ist es zweckmäßig, gleich allgemeinere als nur holomorphe

---

18) Zum Begriff der analytischen und der kohärenten Garbe vgl. [12]. Eine analytische Garbe heißt frei, wenn sie lokal zu der Garbe der Keime von holomorphen Abbildungen in den C^m isomorph ist. Freie Garben sind stets kohärent.

19) Eine Teilung der Eins zu einer Überdeckung $\{U_\varkappa\}$ eines topologischen Raumes $\mathfrak{T}$ ist eine Menge von in $\mathfrak{T}$ *stetigen* Funktionen $\varphi_\varkappa$, derart, daß 1) $0 \leq \varphi_\varkappa(t) \leq 1$, $t \in \mathfrak{T}$, 2) $V_\varkappa = \overline{\{t, \varphi_\varkappa(t) \neq 0\}} \subset U_\varkappa$, 3) $\{V_\varkappa\}$ lokal-finit ist, 4) $\sum_\varkappa \varphi_\varkappa = 1$ gilt.

Funktionen zu untersuchen. Es werden deshalb folgende Bezeichnungen eingeführt:

1) $\mathfrak{T}$ *sei ein kompakter (also normaler) Hausdorffraum.*

2) $\mathfrak{E} \subset \mathfrak{H}$ *seien abgeschlossene (also kompakte) Teilmengen von* $\mathfrak{T}$.

Wir definieren ferner:

Def. 8. *Eine* (e, h)*-Funktion* $F(r, \mathfrak{t})$, $r \in \mathfrak{R}$, $\mathfrak{t} \in \mathfrak{T}$ *in einem komplexen Raum* $\mathfrak{R}$[20]) *ist eine stetige Abbildung des kartesischen Produktes* $\mathfrak{R} \times \mathfrak{T}$ *in einen Faserraum* $L(\mathfrak{R}, L^*)$, *die noch folgenden Bedingungen genügt:*

0) $\pi \circ F(r, \mathfrak{t}) = r$,

1) *ist* $\mathfrak{t}_0 \in \mathfrak{H}$, *so ist die Funktion* $F(r, \mathfrak{t}_0)$ *in* $\mathfrak{R}$ *holomorph,*

2) *gehört* $\mathfrak{t}_0$ *der Menge* $\mathfrak{E}$ *an, so gilt sogar in* $\mathfrak{R}$: $F(r, \mathfrak{t}_0) \equiv E(r)$.

Ist $L(\mathfrak{R}, L^*) = V(\mathfrak{R})$ ein Vektorraumbündel, so läßt sich jede (e, h)-Funktion mit Werten in $V(\mathfrak{R})$ auch als stetige Abbildung von $\mathfrak{T}$ in $H^s(\mathfrak{R})$ auffassen. Das Bild der Punkte $\mathfrak{t} \in \mathfrak{H}$ liegt dabei in $H^a(\mathfrak{R})$. Den Punkten $\mathfrak{t} \in \mathfrak{E}$ wird das Nullelement von $H^s(\mathfrak{R})$ zugeordnet. Umgekehrt ist jede stetige Abbildung $\mathfrak{T} \to H^s(\mathfrak{R})$ mit diesen Eigenschaften eine (e, h)-Funktion im Sinne von Def. 8.

Man kann (e, h)-Funktionen in gewissen Fällen auf die Funktion $E(r, \mathfrak{t}) = E(r)$ deformieren. Wir sagen, eine (e, h)-Funktion $F(r, \mathfrak{t})$ ist (e, h)*-homotop* E *in* $\mathfrak{R}$ bzw. *im Innern von* $\mathfrak{R}$, wenn es in $\mathfrak{R}$ bzw. auf jeder kompakten Teilmenge von $\mathfrak{R}$ eine stetige Schar von (e, h)-Funktionen $F(r, \mathfrak{t}; t)$, $0 \leq t \leq 1$, gibt, derart, daß $F(r, \mathfrak{t}, 0) \equiv E$ und $F(r, \mathfrak{t}, 1) \equiv F$ ist. Neben dieser Relation gibt es noch eine schwächere Homotopiebeziehung. Eine (e, h)-Funktion $F(r, \mathfrak{t})$ *ist e-homotop* E *in* $\mathfrak{R}$ *bzw. im Innern von* $\mathfrak{R}$, wenn es in $\mathfrak{R}$ bzw. auf jeder kompakten Teilmenge von $\mathfrak{R}$ eine stetige Schar von e-Funktionen $F(r, \mathfrak{t}; t)$ gibt, bei der $F(r, \mathfrak{t}, 0) \equiv E$ und $F(r, \mathfrak{t}; 1) \equiv F(r, \mathfrak{t})$ ist. Dabei heißt eine in $\mathfrak{R} \times \mathfrak{T}$ stetige Abbildung $F(r, \mathfrak{t}): \mathfrak{R} \times \mathfrak{T} \to L(\mathfrak{R}, L^*)$ mit $\pi \circ F(r, \mathfrak{t}) = r$ eine e-Funktion, wenn für jedes feste $\mathfrak{t}_0 \in E$ gilt: $F(r, \mathfrak{t}_0) \equiv E$.

Natürlich ist eine Deformation $F(r, \mathfrak{t}; t)$, $r \in \mathfrak{R}$, $\mathfrak{t} \in \mathfrak{T}$, $0 \leq t \leq 1$, wieder eine (e, h)-Funktion in $\mathfrak{R}$ in bezug auf den Parameterraum $\mathfrak{T}^* = \mathfrak{T} \times I$, $I = \{0 \leq \leq t \leq 1\}$ und Mengen $\mathfrak{E}^*$, $\mathfrak{H}^*$ mit $\mathfrak{E}^* \subset \mathfrak{H}^* \subset \mathfrak{T}^*$. Ist $F(r, \mathfrak{t}, t)$ eine (e, h)-Deformation, so wird $\mathfrak{E}^* = (\mathfrak{E} \times I) \cup (\mathfrak{T} \times 0)$, $\mathfrak{H}^* = (\mathfrak{H} \times I) \cup (\mathfrak{T} \times 0)$ gesetzt. Im Falle, daß $F(r, \mathfrak{t}, t)$ nur eine e-Deformation ist, muß man in $\mathfrak{T}^*$ die Teilmengen $\mathfrak{E}^* = (\mathfrak{E} \times I) \cup (\mathfrak{T} \times 0)$, $\mathfrak{H}^* = (\mathfrak{H} \times 1) \cup (\mathfrak{H} \times 0)$ auszeichnen.

5. Wir können nun Satz 7a auf (e, h)-Funktionen übertragen:

Satz 7. *Es seien* $\mathfrak{R}$ *ein holomorph-vollständiger Raum,* $V(\mathfrak{R})$ *ein m-dimensionales Vektorraumbündel über* $\mathfrak{R}$, $\mathfrak{R}^*$ *ein relativ-kompakter, holomorph-konvexer Teilbereich von* $\mathfrak{R}$. *Es gibt dann endlich viele in* $\mathfrak{R}$ *holomorphe Funktionen* $H_1(r), \ldots, H_q(r)$ *mit Werten in* $V(\mathfrak{R})$, *derart, daß sich in* $\mathfrak{R}^* \times \mathfrak{T}$ *jede dort definierte* (e, h)*-Funktion mit Werten in* $V(\mathfrak{R})$ *durch eine Linearkombination* $F(r, \mathfrak{t}) = \sum_{\nu=1}^{q} f_\nu(r, \mathfrak{t}) \cdot H_\nu(r)$ *darstellen läßt. Dabei sind die* $f_\nu(r, \mathfrak{t})$ *komplexwertige* (e, h)*-Funktionen in* $\mathfrak{R}^* \times \mathfrak{T}$.

[20]) Genauer wäre die Redeweise: (e, h)-Funktion in $\mathfrak{R} \times \mathfrak{T}$. Wir werden im folgenden jedoch immer von (e, h)-Funktionen in $\mathfrak{R}$ sprechen, wenn das nicht zu Mißverständnissen führt.

Wir ziehen zum Beweis einen von H. CARTAN aufgestellten Satz der Theorie der topologischen Vektorräume heran (vgl. die Herleitung im Anhang).

Satz 8. *Es seien F, $\check{F}$ Frécheträume. φ sei eine lineare, stetige Abbildung von $\check{F}$ auf F. Ferner seien τ bzw. $\check{\tau}$ stetige Abbildungen eines kompakten, regulären Raumes $\mathfrak{T}$ in F bzw. einer abgeschlossenen Teilmenge $B \subset \mathfrak{T}$ in $\check{F}$. Gilt dann $\tau = \varphi \circ \check{\tau}$ in B, so gibt es eine stetige Fortsetzung $\check{\tau}^*$ von $\check{\tau}$ in ganz $\mathfrak{T}$, so daß überall $\varphi \circ \check{\tau}^* = \tau$ ist.*

In unserem Fall wird durch die Abbildung $\varphi_1 : (f_1(r), \ldots, f_q(r)) \to \sum_{\nu=1}^{q} f_\nu(r) \cdot H_\nu(r)$ der Fréchetraum $\check{F}_1$ der q-tupel der in $\mathfrak{R}^*$ holomorphen komplex-wertigen Funktionen auf $H^a(\mathfrak{R}^*)$ abgebildet. Nach Satz 8 ist deshalb die Abbildung $\check{\tau}_1(\mathfrak{t}) = (0, \ldots, 0), \mathfrak{t} \in \mathfrak{C}$, zu einer Abbildung $\check{\tau}_1^* : \mathfrak{S} \to \check{F}_1$ fortsetzbar, für die $\varphi_1 \circ \check{\tau}_1^* = \tau$ ist (mit $\tau : \mathfrak{t} \to F(r, \mathfrak{t})$). Durch Anwendung des gleichen Verfahrens auf $H^s(\mathfrak{R}^*)$, den Fréchetraum $\check{F}_2$ der q-tupel von in $\mathfrak{R}^*$ stetigen komplexwertigen Funktionen und auf die Abbildung $\varphi_2 : (f_1, \ldots, f_q) \to \sum f_\nu H_\nu$ mit stetigen f_ν erhält man sodann eine stetige Fortsetzung $\check{\tau}_2^*$ von $\check{\tau}_1^*$ in ganz $\mathfrak{T}$, so daß $\varphi_2 \circ \check{\tau}_2^* = \tau$ gilt. Bezeichnet man die q-tupel $\check{\tau}_2^*(\mathfrak{t})$ mit $(f_1(r, \mathfrak{t}), \ldots, f_q(r, \mathfrak{t}))$, so sind offenbar $f_\nu(r, \mathfrak{t})$ (e, h)-Funktionen, und es gilt $\sum f_\nu(r, \mathfrak{t}) \cdot H_\nu(r) = F(r, t)$, q.e.d.

§ 4. Approximationssätze für Funktionen mit Werten in analytischen Faserräumen $L(\mathfrak{R}, L)$

1. In diesem Abschnitt wird Satz 1 auf (e, h)-Funktionen mit Werten in einem Vektorraumbündel $V(\mathfrak{R})$ übertragen. Wir zeigen:

Satz 9. *Es seien $\mathfrak{R}$, $\check{\mathfrak{R}}$ holomorph-vollständige Räume, $\mathfrak{R}$ sei Teilbereich von $\check{\mathfrak{R}}$ und auf $\check{\mathfrak{R}}$ holomorph ausdehnbar. Ferner sei $\mathfrak{R}_1$ ein relativ-kompakter Teilbereich von $\mathfrak{R}$ und $V(\check{\mathfrak{R}})$ ein Vektorraumbündel über $\check{\mathfrak{R}}$. Ist dann $\varepsilon > 0$ beliebig, so gibt es zu jeder (e, h)-Funktion $F(r, \mathfrak{t})$ in $\mathfrak{R} \times \mathfrak{T}$ eine (e, h)-Funktion $\check{F}(r, \mathfrak{t})$ in $\check{\mathfrak{R}} \times \mathfrak{T}$, für die in $\mathfrak{R}_1 \times \mathfrak{T}$ gilt: $|F(r, \mathfrak{t}) - \check{F}(r, \mathfrak{t})| < \varepsilon$.*

Beweis. Da $\mathfrak{R}$ nach Satz 2 in bezug auf $\check{\mathfrak{R}}$ konvex ist, können wir ein analytisches Polyeder $\mathfrak{P}$ so bestimmen, daß $\mathfrak{R}_1 \Subset \mathfrak{P} \Subset \mathfrak{R}$ und daß die definierenden Funktionen von $\mathfrak{P}$ in ganz $\check{\mathfrak{R}}$ holomorph sind. $\mathfrak{P}$ ist deshalb in bezug auf $\check{\mathfrak{R}}$ konvex.

Nach Satz 7[21]) gibt es in $\check{\mathfrak{R}}$ endlich viele holomorphe Funktionen $H_\nu(r)$ mit Werten in $V(\mathfrak{R})$, mit denen wir $F(r, \mathfrak{t})$ in $\mathfrak{P}$ in der Form $F(r, \mathfrak{t}) = \sum_{\nu=1}^{q} f(r, \mathfrak{t}) \cdot H_\nu(r)$ darstellen können. Da die Multiplikation der Funktionen mit Werten in $V(\mathfrak{R})$ und der komplexwertigen Funktionen stetig ist, folgt bei hinreichend kleinem $\delta > 0$:

[21]) Der Beweis läßt sich auch direkt ohne Verwendung von Satz 7 führen. Satz 7 wird jedoch in [16] wesentlich herangezogen.

Gilt für in $\check{\mathfrak{R}} \times \mathfrak{T}$ definierte komplexwertige (e, h)-Funktionen $\check{f}_\nu(r, \mathfrak{t})$ in $\mathfrak{R}_1 \times \mathfrak{T}$ die Ungleichung $|f_\nu - \check{f}_\nu| < \delta$, so ist dort sicher $|F - \check{F}| < \varepsilon$, wenn $\check{F}(r, \mathfrak{t}) = \sum_{\nu=1}^{q} \check{f}_\nu \cdot H_\nu$ gesetzt wird.

Es müssen also zum Beweise von Satz 9 nur noch die Funktionen $\check{f}_\nu(r, \mathfrak{t})$ bestimmt werden. Dazu überdecken wir zunächst $\mathfrak{T}$ mit so kleinen Umgebungen $U_\varkappa$, $\varkappa = 1, \ldots, k$, daß für $\mathfrak{t}_1, \mathfrak{t}_2 \in U_\varkappa$, $r \in \mathfrak{R}_1$ die Ungleichung $|f_\nu(r,\mathfrak{t}_1) - - f_\nu(r, \mathfrak{t}_2)| < \frac{\delta}{2}$ richtig ist. Wir wählen dann einen festen Punkt $\mathfrak{t}_\varkappa \in U_\varkappa$. $\mathfrak{t}_\varkappa$ sei aus $U_\varkappa \cap \mathfrak{E}$, wenn $U_\varkappa \cap \mathfrak{E} \neq 0$. Ist $U_\varkappa \cap \mathfrak{E} = 0$, so nehmen wir $\mathfrak{t}_\varkappa \in U_\varkappa \cap \mathfrak{H}$, im Falle $U_\varkappa \cap \mathfrak{H} = 0$ einfach aus $U_\varkappa$. Wir approximieren nun $f_\nu(r, \mathfrak{t}_\varkappa)$ durch in $\check{\mathfrak{R}}$ definierte komplexwertige Funktionen $g_\nu^{(\varkappa)}(r)$, so daß in $\mathfrak{R}_1$: $|f_\nu(r, \mathfrak{t}_\varkappa) - - g_\nu^{(\varkappa)}(r)| < \frac{\delta}{2}$ gilt. Ist $\mathfrak{t}_\varkappa \in \mathfrak{E}$, so werde $g_\nu^{(\varkappa)}(r) \equiv E(r)$ gesetzt, gehört $\mathfrak{t}_\varkappa$ der Menge $\mathfrak{H}$ an, so sei $g_\nu^{(\varkappa)}$ holomorph. Die Existenz folgt dann aus Satz 1. Gilt $\mathfrak{t}_\varkappa \notin \mathfrak{H}$, so existiert nach dem Tietzeschen Fortsetzungssatz ([1], p. 73) eine stetige Funktion $g_\nu^{(\varkappa)}(r)$: Da $\check{\mathfrak{R}}$ als holomorph-vollständiger Raum normal[22]) ist, läßt sich $f_\nu(r, \mathfrak{t}_\varkappa)$ von $\overline{\mathfrak{R}}_1$ in ganz $\check{\mathfrak{R}}$ fortsetzen. Ist nun $\{\varphi_\varkappa(\mathfrak{t})\}$ eine Teilung der Eins zu $\{U_\varkappa\}$, so ist offenbar $\check{f}_\nu(r, \mathfrak{t}) = \sum_{\varkappa=1}^{k} \varphi_\varkappa(\mathfrak{t}) \cdot g_\nu^{(\varkappa)}(r)$ eine (e, h)-Funktion in $\check{\mathfrak{R}} \times \mathfrak{T}$, und es gilt in $\mathfrak{R}_1 \times \mathfrak{T}$: $|f_\nu - \check{f}_\nu| < \delta$, q.e.d.

2. Wir untersuchen nun beliebige (e, h)-Funktionen mit Werten in einem Faserraum $L(\mathfrak{R}, L^*)$. Es gilt folgender:

Satz 10. *Es seien $\mathfrak{R}$, $\check{\mathfrak{R}}$ holomorph vollständige Räume. $\mathfrak{R}$ sei Teilbereich von $\check{\mathfrak{R}}$ und auf $\check{\mathfrak{R}}$ holomorph ausdehnbar. Ferner sei $F(r, \mathfrak{t})$, $r \in \mathfrak{R}$, $\mathfrak{t} \in \mathfrak{T}$, eine (e, h)-Funktion in $\mathfrak{R}$ mit Werten in einem Faserraum $L(\mathfrak{R}, L^*)$. Ist dann $F(r, \mathfrak{t})$ (e, h) homotop E im Innern von $\mathfrak{R}$, so gibt es eine Folge von (e, h)-Funktionen $\check{F}_\nu(r, \mathfrak{t})$ in $\check{\mathfrak{R}}$, die im Innern von $\mathfrak{R} \times \mathfrak{T}$ gleichmäßig gegen $F(r, \mathfrak{t})$ konvergiert. Dabei kann man die $\check{F}_\nu(r, \mathfrak{t})$ so wählen, daß sie in $\check{\mathfrak{R}}$ (e, h)-homotop E sind.*

Zum Beweise zeigen wir zunächst:

Hilfssatz 1. *Es gibt unter den Voraussetzungen von Satz 7 zu jedem relativkompakten Teilbereich $\mathfrak{R}_1 \Subset \mathfrak{R}$ endlich viele (e, h)-Funktionen $F^{(\nu)}(r, \mathfrak{t})$, $\nu = 1 \ldots s$, in $\mathfrak{R}$, derart, daß $F(r, \mathfrak{t}) \equiv \prod_{\nu=1}^{s} F^{(\nu)}(r, \mathfrak{t})$ und $F^{(\nu)}(r, \mathfrak{t}) \in U(E)$, $\nu = 1 \ldots s$, für $r \in \mathfrak{R}_1$ und $\mathfrak{t} \in \mathfrak{T}$ ist.*

Beweis. Es sei $F(r, \mathfrak{t}, t)$, $0 \leq t \leq 1$, eine (e, h)-Deformation von $F(r, \mathfrak{t})$ auf $E(r)$. Aus Stetigkeitsgründen können wir dann eine Folge reeller Zahlen $t_\varkappa$, $\varkappa = 0, \ldots, k$, mit $0 = t_0 < t_1 < \cdots < t_k = 1$ so bestimmen, daß für $r \in \mathfrak{R}_1$, $\mathfrak{t} \in \mathfrak{T}$ gilt: $F^{(\nu)}(r, \mathfrak{t}) =_{\mathrm{Def.}} F(r, \mathfrak{t}, t_\nu) \circ F^{-1}(r, \mathfrak{t}, t_{\nu-1}) \in U(E)$. Es ist $\prod_{\nu=1}^{s} F^{(\nu)}(r, \mathfrak{t}) = F(r,\mathfrak{t})$ und damit Hilfssatz 1 bewiesen.

---

[22]) Man zeigt leicht, daß jeder komplexe Raum mit abzählbarer Topologie metrisierbar ist. Ein metrischer Raum ist aber normal. Vgl. [8].

Wir konstruieren nun Folgen $\check{F}_\mu^{(\nu)}(r, t)$ von (e, h)-Funktionen in $\check{\mathfrak{R}}$, die im Innern von $\mathfrak{R}_1 \times \mathfrak{T}$ gleichmäßig gegen $F^{(\nu)}(r, t)$ konvergieren und in $\check{\mathfrak{R}} \times \mathfrak{T}$ (e, h)-homotop E sind. Aus der Stetigkeit der Lieschen Gruppenoperation folgt dann sofort, daß die Folge $\check{F}_\mu(r, t) = \prod_{\nu=1}^{s} \check{F}_\mu^{(\nu)}(r, t)$ im Innern von $\mathfrak{R}_1 \times \mathfrak{T}$ gleichmäßig gegen $F(r, t)$ strebt. Die $\check{F}_\mu$ sind in $\check{\mathfrak{R}} \times \mathfrak{T}$ (e, h)-homotop E.

Aus diesen Überlegungen ergibt sich, daß man zum Beweis von Satz 10 nur die Existenz der Funktionen $\check{F}_\mu^{(\nu)}(r, t)$ nachzuweisen braucht für den Fall, daß $\mathfrak{R}_1$ ein beliebiges analytisches Polyeder in $\mathfrak{R}$ ist, das durch in $\check{\mathfrak{R}}$ holomorphe Funktionen gegeben werden kann. Ist nämlich $\mathfrak{R}_1^{(\varkappa)}, \mathfrak{R}_1^{(\varkappa)} \Subset \mathfrak{R}_1^{(\varkappa+1)} \Subset \mathfrak{R}$, $\varkappa = 1, 2, \ldots$, eine $\mathfrak{R}$ ausschöpfende Folge von relativ-kompakten Teilbereichen und kann man nach dem angegebenen Verfahren zu jedem $\mathfrak{R}_1^{(\varkappa)}$ Folgen $\check{F}_{\varkappa,\mu}$ finden, die im Innern von $\mathfrak{R}_1^{(\varkappa)} \times \mathfrak{T}$ gleichmäßig gegen $F(r, t)$ konvergieren, so strebt im Innern von $\mathfrak{R} \times \mathfrak{T}$ die Folge $\check{F}_{\varkappa,\mu_\varkappa}$ gleichmäßig gegen $F(r, t)$, wenn $\mu_\varkappa > \varkappa$ hinreichend groß gewählt ist. Wir können nun für die $\mathfrak{R}_1^{(\varkappa)}$ analytische Polyeder nehmen, die aus einer oder mehreren zusammenhängenden Komponenten einer Menge $\{r \in \check{\mathfrak{R}}, |\check{f}_\mu(r)| < 1, \mu = 1 \ldots l\}$ bestehen, wobei die $\check{f}_\nu(r)$ in $\check{\mathfrak{R}}$ holomorphe, komplex-wertige Funktionen sind. Denn, da $\mathfrak{R}$ nach Voraussetzung auf $\check{\mathfrak{R}}$ holomorph ausdehnbar und somit auch in bezug auf $\check{\mathfrak{R}}$ konvex ist, kann man $\mathfrak{R}$ durch solche Polyeder ausschöpfen. Somit ist Satz 10 bewiesen, wenn man die Richtigkeit folgenden Hilfssatzes gezeigt hat:

Hilfssatz 2. *Es sei $\mathfrak{P} \Subset \mathfrak{R}$ ein analytisches Polyeder in $\mathfrak{R}$, das aus zusammenhängenden Komponenten einer Menge $\{r \in \check{\mathfrak{R}}, |\check{f}_\mu(r)| < 1, \mu = 1 \ldots d\}$ besteht. Die $\check{f}_\mu(r)$ seien endlich viele in $\check{\mathfrak{R}}$ holomorphe, komplexwertige Funktionen. Ist dann $F^*(r, t)$ eine (e, h)-Funktion in $\mathfrak{P}$ mit Werten aus $U(E)$, so gibt es eine Folge $\check{F}_\nu^*(r, t)$ von (e, h)-Funktionen in $\check{\mathfrak{R}}$, die im Innern von $\mathfrak{P} \times \mathfrak{T}$ gleichmäßig gegen $F^*(r, t)$ konvergiert. Dabei kann man die $\check{F}_\nu^*(r, t)$ so bestimmen, daß sie in $\check{\mathfrak{R}}$ (e, h)-homotop E sind.*

Zum Beweise benutzen wir die in § 3,2 eingeführte Abbildung $\varrho : U(O) \to \to U(E)$ und setzen $^*F(r, t) = \varrho^{-1} \circ F^*(r, t)$. Da $\mathfrak{P}$ in bezug auf $\check{\mathfrak{R}}$ konvex ist, gibt es nach Satz 9 Folgen $^*\check{F}_\mu(r, t) : \check{\mathfrak{R}} \times \mathfrak{T} \to V_L(\check{\mathfrak{R}})$ von (e, h)-Funktionen in $\check{\mathfrak{R}} \times \mathfrak{T}$, die im Innern von $\mathfrak{P} \times \mathfrak{T}$ gleichmäßig gegen $^*F(r, t)$ konvergieren. Setzen wir noch $\check{F}_\mu^*(r, t) = \check{\varrho} \circ {}^*\check{F}_\mu(r, t)$, so strebt $\check{F}_\mu^*$ im Innern von $\mathfrak{P} \times \mathfrak{T}$ gleichmäßig gegen $F^*(r, t)$. Da die $\check{F}_\mu^*$ (e, h)-homotop E sind, ist Hilfssatz 2 bewiesen.

5. Wir untersuchen in diesem Abschnitt (e, h)-Funktionen mit Werten in $L(\check{\mathfrak{R}}, L^*)$, bei denen der Parameterraum $\mathfrak{T}$ ein Punkt und gleichzeitig die Menge $\mathfrak{H}$ ist. Diese Funktionen $F(r)$ stimmen natürlich mit den gewöhnlichen holomorphen Funktionen, deren Werte in $L(\check{\mathfrak{R}}, L^*)$ liegen, überein. Wir nennen $F(r)$ *holomorph homotop E* im Innern von $\mathfrak{R}$ (bzw. *holomorph retraktibel*), wenn man in jeder kompakten Teilmenge von $\mathfrak{R}$ $F(r)$ über lauter

holomorphe Funktionen $F(r, t)$ auf $E(r)$ deformieren kann. Offenbar deckt sich diese Eigenschaft von F damit, daß $F(r)$ (e, h)-homotop E ist. Dementsprechend sagen wir, $F(r)$ ist *homotop* E, wenn $F(r)$ e-homotop E ist. $F(r)$ läßt sich dann über stetige Funktionen $F(r, t)$ auf $E(r)$ deformieren. Als Spezialfall von Satz 10 gilt nun:

Satz 11. *Es seien $\mathfrak{R}, \check{\mathfrak{R}}$ holomorph-vollständige Räume, $\mathfrak{R}$ sei Teilbereich von $\check{\mathfrak{R}}$ und auf $\check{\mathfrak{R}}$ holomorph ausdehnbar. Ist dann $F(r)$ eine in $\mathfrak{R}$ holomorphe Funktion mit Werten in einem analytischen Faserraum $L(\check{\mathfrak{R}}, L^*)$ und ist $F(r)$ holomorph homotop E im Innern von $\mathfrak{R}$, so gibt es eine Folge in $\check{\mathfrak{R}}$ holomorpher Funktionen $\check{F}_\nu(r)$ mit Werten in $L(\check{\mathfrak{R}}, L^*)$, die im Innern von $\mathfrak{R}$ gleichmäßig gegen $F(r)$ konvergiert.*

Es seien jetzt einige Fälle betrachtet, in denen $F(r)$ immer holomorph retraktibel ist. Wir setzen dabei voraus, daß $L(\check{\mathfrak{R}}, L^*)$ mit dem kartesischen Produkt $\check{\mathfrak{R}} \times L^m$ übereinstimmt. Die Funktionen $F(r)$ mit Werten in $L(\check{\mathfrak{R}}, L^*)$ kann man dann als holomorphe Abbildungen von $\mathfrak{R}$ bzw. $\check{\mathfrak{R}}$ in L^m auffassen: Wir nennen daher $F(r)$ eine *Funktion mit Werten in L^m*.

Def. 9. *Ein komplexer Raum $\mathfrak{R}$ heißt holomorph retrahierbar, wenn es eine Schar holomorpher Abbildungen $\tau(r, t)$, $0 \leqq t \leqq 1$, von $\mathfrak{R}$ in sich gibt, so daß $\tau(r, 1) \equiv r$ und $\tau(r, 0) \equiv r_0 \in \mathfrak{R}$ für alle $r \in \mathfrak{R}$ ist.*

Es ergibt sich sofort folgende Aussage:

Satz 12. *Ist ein komplexer Raum $\mathfrak{R}$ holomorph retrahierbar, so ist jede in $\mathfrak{R}$ holomorphe Funktion $F(r)$ mit Werten in einer zusammenhängenden komplexen Lieschen Gruppe L^m holomorph retraktibel.*

In der Tat! Setzt man $F(r, t) = F(\tau(r, t))$, so hat man eine holomorphe Deformation von $F(r)$ auf $F(r, 0) = F(r_0)$. Da L^m zusammenhängend ist, kann man $F(r, 0)$ als konstante Funktion weiter auf $E(r) \equiv e$ deformieren.

In Verbindung mit Satz 11 folgt nun:

Satz 13. *Es seien $\mathfrak{R}, \check{\mathfrak{R}}$ holomorph-vollständige Räume, $\mathfrak{R}$ sei Teilbereich von $\check{\mathfrak{R}}$, holomorph retraktibel und auf $\check{\mathfrak{R}}$ holomorph ausdehnbar. Ist dann $F(r)$ eine in $\mathfrak{R}$ holomorphe Funktion mit Werten in einer komplexen Lieschen Gruppe, so gibt es stets eine Folge in $\check{\mathfrak{R}}$ holomorpher Funktionen $\check{F}_\nu(r): \check{\mathfrak{R}} \to L^m$, die im Innern von $\mathfrak{R}$ gleichmäßig gegen $F(r)$ konvergiert.*

Beweis. Da $\mathfrak{R}$ retrahierbar ist, ist $\mathfrak{R}$ zusammenhängend. Ist $r_0 \in \mathfrak{R}$ ein beliebiger Punkt, so hat deshalb $F(r) \circ F^{-1}(r_0)$ nur Werte in der zusammenhängenden Komponente L_0 von L^m, die das neutrale Element e enthält. Nun ist L_0 wieder eine komplexe Liesche Gruppe und $F(r) \circ F^{-1}(r_0)$ nach Satz 11 und Satz 12 Grenzfunktion einer Folge $\check{F}_\nu^{(0)}$ von in $\check{\mathfrak{R}}$ holomorphen Funktionen mit Werten in L_0. Setzt man noch $\check{F}_\nu = \check{F}_\nu^{(0)} \circ F(r_0)$, so ist Satz 13 bewiesen.

Als Beispiele von holomorph retrahierbaren komplexen Räumen seien die Sterngebiete (Polyzylinder, Hyperkugel etc.) des C^n angeführt. Diese lassen sich durch eine Transformationsschar $\mathfrak{z} - \mathfrak{z}_0 \to t(\mathfrak{z} - \mathfrak{z}_0)$ zusammenziehen.

12.

Holomorphe Funktionen mit Werten in komplexen Lieschen Gruppen*)

Math. Annalen **133**, 450–472 (1957)

Einleitung

In der Funktionentheorie mehrerer Veränderlichen ist man seit einigen Jahren bestrebt, sich die topologische Theorie der Faserräume für die Lösung von analytischen Problemen nutzbar zu machen. Um eine Verbindung von Topologie und Analysis herzustellen, wurde zunächst der Begriff des analytischen Faserraumes eingeführt. H. CARTAN [5] zeigte dann 1950, daß sich die bekannten Cousinschen Probleme in der Sprache dieser analytischen Faserräume formulieren lassen. F. HIRZEBRUCH [15] hat 1955 spezielle analytische Geradenbündel dazu benutzt, den klassischen Satz von RIEMANN-ROCH auf algebraische Mannigfaltigkeiten höherer Dimension zu übertragen. Weitere umfangreiche Untersuchungen sind von KODAIRA, SPENCER, SERRE angestellt worden.

Bei der Konstruktion von analytischen Faserräumen werden komplexe Liesche Gruppen als Strukturgruppen verwendet. Die Lösung gewisser Probleme der Faserraumtheorie erfordert deshalb die Kenntnis der Eigenschaften von holomorphen Funktionen (holomorphen Abbildungen) mit Werten in komplexen Lieschen Gruppen L.

In der vorliegenden Arbeit werden nun diese Funktionen eingehend untersucht. Als Argumenträume werden alle holomorph-vollständigen Räume $\mathfrak{R}$[1]) zugelassen. Diese Klasse besteht aus den für die Funktionentheorie sinnvollen, nicht kompakten komplexen Räumen. Als erstes wesentliches Resultat ergibt sich:

(1) *Jede in* $\mathfrak{R}$ *holomorphe Funktion* $F(r)$ *mit Werten in* L *ist genau dann in* $\mathfrak{R}$ *über eine Schar von holomorphen Funktionen* $F(r,t):\mathfrak{R}\rightarrow L$, $0\leqq t\leqq 1$,

---

*) Bei der vorliegenden Publikation handelt es sich um den zweiten Teil der Habilitationsschrift des Verf., die in drei Teilarbeiten in den Math. Annalen erscheint (vgl. [13, 14]). Einige Resultate wurden bereits in einer C. r.-Note angekündigt (vgl. [12]). — Ich möchte an dieser Stelle Herrn Prof. CARTAN meinen Dank für wertvolle Ratschläge aussprechen. Er hat auf dem internationalen Symposium 1956 in Mexiko über die vorliegende Arbeit (und über [13, 14]) vorgetragen (vgl. [8]).

[1]) Die holomorph vollständigen Räume bilden unter den nicht kompakten komplexen Räumen die Klasse K der für die Funktionentheorie sinnvollen komplexen Räume. In K sind alle nicht kompakten Riemannschen Flächen und die Holomorphiegebiete des C^n enthalten. Ferner sind die variétés de STEIN (vgl. [7], p. 50) eine Teilklasse von K.

auf die Funktion $E(r) = 1 \in L$ deformierbar, wenn sie dort über lauter stetige Funktionen $S(r,t): \mathfrak{R} \to L$, $0 \leqq t \leqq 1$, auf $E(r)$ deformierbar ist (vgl. Satz 3).

In diesem Satz wird also behauptet: die analytische Eigenschaft, daß man $F(r)$ über lauter holomorphe Funktionen auf $E(r)$ deformieren kann, ist zu der rein topologischen Eigenschaft äquivalent, daß $F(r)$ über stetige Funktionen auf $E(r)$ deformierbar ist. Der Satz (1) schwächt deshalb die Voraussetzung von [13], Satz 11 ab.

Um eine Isomorphie zwischen den Deformationsklassen von holomorphen und stetigen Funktionen herzustellen, wird sodann bewiesen:

(2) *Jede stetige Funktion $S(r): \mathfrak{R} \to L$ ist auf eine holomorphe Funktion $F(r): \mathfrak{R} \to L$ deformierbar.*

Nennt man einen holomorph-vollständigen Raum $\mathfrak{R}$ auf einen holomorph-vollständigen Raum $\check{\mathfrak{R}}$ holomorph ausdehnbar[2]), wenn $\mathfrak{R}$ Teilbereich von $\check{\mathfrak{R}}$ und über lauter holomorph-vollständige Räume stetig auf $\check{\mathfrak{R}}$ ausdehnbar ist, so folgt schließlich der Approximationssatz:

(3) *Es seien $\mathfrak{R}, \check{\mathfrak{R}}$ holomorph-vollständige Räume, $\mathfrak{R}$ sei auf $\check{\mathfrak{R}}$ holomorph ausdehnbar. Dann ist jede in $\mathfrak{R}$ holomorphe Funktion $F(r): \mathfrak{R} \to L$, die im Innern von $\mathfrak{R}$ durch in $\check{\mathfrak{R}}$ stetige Funktionen beliebig stark angenähert werden kann, dort auch durch holomorphe Funktionen beliebig stark approximierbar (vgl. § 1, Satz 4).*

Der Beweis der Resultate (1)—(3) erfordert sehr tiefliegende Aussagen der Theorie analytischer Garben. Ferner ist es notwendig, sogleich Funktionen zu untersuchen, die noch von einem Parameter $\mathfrak{t} \in \mathfrak{T}$ ($\mathfrak{T}$ ein kompakter Raum) abhängen. Der Beweis wird in den Paragraphen 1—3 durchgeführt.

In § 4 wird die Garbe $\mathfrak{S}^s$ bzw. $\mathfrak{S}^a$ der Keime von stetigen bzw. holomorphen Funktionen mit Werten in L untersucht. Bezeichnet man mit H^s bzw. H^a die 1. Kohomologiemenge von $\mathfrak{R}$ mit Koeffizienten in $\mathfrak{S}^s$ bzw. $\mathfrak{S}^a$ und mit i die Injektion $\mathfrak{S}^a \to \mathfrak{S}^s$, so gilt:

(4) i erzeugt einen Isomorphismus i^* von H^a auf H^s (vgl. die Sätze 11a, 12).

In [14] werden wir zeigen, daß dieses Resultat gleichzeitig eine Aussage über die Klasse $\mathfrak{K}$ der topologischen Faserräume über $\mathfrak{R}$ mit L als Strukturgruppe enthält: *die Theorie der analytischen Faserräume aus $\mathfrak{K}$ ist zu der Theorie der topologischen Faserräume aus $\mathfrak{K}$ isomorph* (vgl. auch [9, 10]).

Um den Satz (4) herzuleiten, ist es notwendig, daß die Sätze (1)—(3) gleich allgemeiner als hier angegeben bewiesen werden. Es wird deshalb zugelassen, daß L den Punkten von $\mathfrak{R}$ angeheftet ist, d. h. es werden Funktionen $F(r)$ mit Werten in analytischen Faserräumen $L(\mathfrak{R}, L^*)$ betrachtet, deren Basis $\mathfrak{R}$, deren Faser L und deren Strukturgruppe L^* eine komplexe Automorphismengruppe von L ist. Dabei ist immer gefordert, daß der Funktionswert $F(r)$ in der Faser über r liegt. Offenbar darf man deshalb im Falle

[2]) Man vergleiche zur Definition [2] und [13].

Satz 3. *Es sei $\mathfrak{R}$ ein holomorph-vollständiger Raum und $F(r,\mathfrak{t})$ eine (e,h)-Funktion in $\mathfrak{R}\times\mathfrak{T}$ mit Werten in einem Faserraum $L(\mathfrak{R},L^*)$. Ist dann $F(r,\mathfrak{t})$ e-homotop E (in $\mathfrak{R}\times\mathfrak{T}$ oder im Innern von $\mathfrak{R}\times\mathfrak{T}$), so ist $F(r,\mathfrak{t})$ sogar (e,h)-homotop E (in $\mathfrak{R}\times\mathfrak{T}$ oder im Innern von $\mathfrak{R}\times\mathfrak{T}$)* [7]).

Da man $\mathfrak{R}$ nach [13], § 1.1 durch analytische Polyeder B ausschöpfen kann und diese nach [13], § 1.2 wieder holomorph-vollständige Räume sind, folgt, daß man zu Satz 3 nur zu beweisen braucht, daß $F(r,\mathfrak{t})$ in $\mathfrak{R}\times\mathfrak{T}$ (e,h)-homotop E ist, falls $F(r,\mathfrak{t})$ dort e-homotop E ist.

Unter Verwendung von Satz 3 läßt sich schließlich folgender allgemeiner Satz herleiten:

Satz 4. *Es seien $\mathfrak{R}$, $\check{\mathfrak{R}}$ holomorph-vollständige Räume, $\mathfrak{R}$ sei Teilbereich von $\check{\mathfrak{R}}$ und auf $\check{\mathfrak{R}}$ holomorph ausdehnbar, ferner sei $F(r,\mathfrak{t})$ eine (e,h)-Funktion in $\mathfrak{R}\times\mathfrak{T}$ mit Werten in einem Faserraum $L(\check{\mathfrak{R}},L^*)$. Gibt es dann in $\check{\mathfrak{R}}\times\mathfrak{T}$ eine Folge von e-Funktionen $\check{S}_\nu(r,\mathfrak{t})$ mit Werten in $L(\check{\mathfrak{R}},L^*)$, die im Innern von $\mathfrak{R}\times\mathfrak{T}$ gleichmäßig gegen $F(r,\mathfrak{t})$ strebt, so konvergiert auch eine Folge von in $\check{\mathfrak{R}}\times\mathfrak{T}$ definierten (e,h)-Funktionen $\check{F}_\nu(r,\mathfrak{t})$ im Innern von $\mathfrak{R}\times\mathfrak{T}$ gleichmäßig gegen $F(r,\mathfrak{t})$.*

Als Spezialfall ist in Satz 4 enthalten, daß man eine holomorphe Funktion $F(r)$ über $\mathfrak{R}$ (= holomorphe Schnittfläche) mit Werten in $L(\check{\mathfrak{R}},L^*)$ genau dann durch in $\check{\mathfrak{R}}$ holomorphe Funktionen $\check{F}_\nu(r)$ im Innern von $\mathfrak{R}$ gleichmäßig approximieren kann, wenn $F(r)$ dort durch eine Folge in $\check{\mathfrak{R}}$ stetiger Funktionen gleichmäßig angenähert werden kann. Dadurch werden die Voraussetzungen von [13], Satz 11 vereinfacht.

Wir führen in den folgenden Abschnitten dieses Paragraphen die Sätze 3 und 4 auf einfachere Aussagen (Satz 5, Satz 7) zurück. Ihr vollständiger Beweis wird erst in dem Paragraphen 3 erbracht werden können.

3. Es sei $\mathfrak{T}^*$ ein beliebiger kompakter Raum, $\mathfrak{T}_1$ sei der kompakte Raum $\mathfrak{T}^*\times\{t, 0\leqq t\leqq 1\}$. Ferner seien in $\mathfrak{T}_1$ abgeschlossene Mengen $\mathfrak{E}_1$, $\mathfrak{H}_1$ mit $\mathfrak{E}_1\subset\mathfrak{H}_1$ ausgezeichnet. Wir setzen voraus, daß $\mathfrak{E}_1\cap\mathfrak{T}^*\times\{t, 0<t<1\} = \mathfrak{E}^*\times\{t, 0<t<1\}$, $\mathfrak{H}_1\cap\mathfrak{T}^*\times\{t, 0<t<1\} = \mathfrak{H}^*\times\{t, 0<t<1\}$ ist, wobei $\mathfrak{E}^*$ bzw. $\mathfrak{H}^*$ abgeschlossene Teilmengen von $\mathfrak{T}^*$ bezeichnen. Unter $\mathfrak{H}_1^0$ verstehen wir schließlich die Menge $\mathfrak{H}_1\cup\{\mathfrak{t}, (\mathfrak{t},1)\in\mathfrak{H}_1\}\times\{t\}\cup\mathfrak{T}^*\times 0$. Die (e,h)-Funktionen $F(r,\mathfrak{t},t)$ in Räumen $\mathfrak{R}\times\mathfrak{T}_1$ denken wir uns fortan in bezug auf die Mengen $\mathfrak{E}_1$, $\mathfrak{H}_1$ definiert [8]). Ist $F(r,\mathfrak{t},t)$ sogar für $(\mathfrak{t},t)\in\mathfrak{H}_1^0$ holomorph, so heiße

[7]) „Im Innern von $\mathfrak{R}\times\mathfrak{T}$" bedeutet „auf jeder kompakten Teilmenge von $\mathfrak{R}\times\mathfrak{T}$". — Ist L eine komplexe Liesche Gruppe, deren universeller Überlagerungsraum dem C^m analytisch äquivalent ist (z. B. eine abelsche oder auflösbare Gruppe), so gilt Satz 3 — wenigstens wenn $L(\mathfrak{R},L^*) = \mathfrak{R}\times L$ ist — in bezug auf beliebige komplexe Räume $\mathfrak{R}$. In diesem Falle läßt sich seine Aussage mit elementaren Mitteln herleiten. Andererseits kann man schon holomorphe Abbildungen von Nichtholomorphiegebieten des C^3 in die Gruppe $GL(2,C)$ der 2reihigen, nichtsingulären komplexen Matrizen angeben, die zwar stetig, jedoch nicht holomorph auf $E(r)$ deformierbar sind. Die zum Beweis von Satz 3 benutzten Methoden dürften deshalb der Problemstellung angemessen sein.

[8]) Unter der $\mathfrak{E}$- und der $\mathfrak{H}$-Menge seien fortan die Mengen verstanden, die zur Definition der (e,h)-Funktionen verwendet werden.

$F(r,\mathfrak{t},t)$ eine *(e,h^0)-Funktion* in $\mathfrak{R}\times\mathfrak{T}_1$. Für (e,h)-Funktionen in $\mathfrak{R}\times\mathfrak{T}_1$ definieren wir eine weitere Homotopiebeziehung, indem wir zunächst noch in $\mathfrak{T}_1$ die Menge $\mathfrak{C}_1=\mathfrak{T}^*\times 1$ auszeichnen, die im folgenden mit $\mathfrak{C}$-Menge bezeichnet wird. Wir sagen dann: zwei (e,h)-Funktionen $F_1(r,\mathfrak{t},t)$ und $F_2(r,\mathfrak{t},t)$ sind in $\mathfrak{R}\times\mathfrak{T}_1$ *(e,h,c)-homotop*, wenn es eine (e,h)-Deformation $F(r,\mathfrak{t},t,s)$, $0\leqq s\leqq 1$, von F_1 auf F_2 mit folgenden Eigenschaften gibt:

a) $F(r,\mathfrak{t},t,1)=F_1(r,\mathfrak{t},t)$, $F(r,\mathfrak{t},t,0)=F_2(r,\mathfrak{t},t)$

b) $F(r,\mathfrak{t},1,s)=F_1(r,\mathfrak{t},1)=F_2(r,\mathfrak{t},1)$.

(e,h,c)-homotope (e,h)-Funktionen müssen also notwendig auf $\mathfrak{R}\times\mathfrak{C}_1$ übereinstimmen.

Als grundlegender Satz gilt nun:

Satz 5. *Ist $\mathfrak{R}$ ein holomorph-vollständiger Raum, so gibt es zu jeder in $\mathfrak{R}\times\mathfrak{T}_1$ definierten (e,h)-Funktion mit Werten in einem Faserraum $L(\mathfrak{R},L^*)$ eine (e,h,c)-homotope (e,h^0)-Funktion.*

Wir werden diesen Satz in späteren Abschnitten weiter auf ein einfacheres Resultat zurückführen. Es sei hier nur noch gezeigt, wie man aus Satz 5 die Sätze 3 und 4 leicht gewinnen kann.

Zum Beweise von Satz 3 bilden wir das kartesische Produkt $\mathfrak{T}_1$ des Raumes $\mathfrak{T}$ mit $I=\{t,\ 0\leqq t\leqq 1\}$ und zeichnen in $\mathfrak{T}_1$ als Mengen $\mathfrak{E}_1$ bzw. $\mathfrak{H}_1$ die Mengen $\mathfrak{E}\times I\cup\mathfrak{T}\times 0$ bzw. $\mathfrak{E}_1\cup\mathfrak{H}\times 1$ aus. Ist nun $F(r,\mathfrak{t},t)$ eine e-Deformation von $F(r,\mathfrak{t})$ auf $E(r,\mathfrak{t})$ mit $F(r,\mathfrak{t},1)=F(r,\mathfrak{t})$, $F(r,\mathfrak{t},0)=E(r,\mathfrak{t})$, so ist die nach Satz 5 existierende, zu $F(r,\mathfrak{t},t)$ (e,h,c)-homotope (e,h^0)-Funktion $F^0(r,\mathfrak{t},t)$ eine (e,h)-Deformation von $F(r,\mathfrak{t})$ auf $E(r,\mathfrak{t})$.

Um Satz 4 zu beweisen, zeigen wir zunächst:

Satz 6. *Ist $\mathfrak{R}$ ein holomorph-vollständiger Raum, so gibt es zu jeder in $\mathfrak{R}\times\mathfrak{T}$ definierten e-Funktion $S(r,\mathfrak{t})$ mit Werten in einem Faserraum $L(\mathfrak{R},L^*)$ eine e-homotope*[9] *(e,h)-Funktion $F(r,\mathfrak{t})$.*

In der Tat! Wir definieren den Raum $\mathfrak{T}_1=\mathfrak{T}\times I$ und setzen $\mathfrak{H}_1=\mathfrak{E}_1=\mathfrak{E}\times I$. $F(r,\mathfrak{t},t)=S(r,\mathfrak{t})$ ist dann eine (e,h)-Funktion in bezug auf $\mathfrak{T}_1$. Bezeichnet $F^0(r,\mathfrak{t},t)$ eine zu $F(r,\mathfrak{t},t)$ (e,h,c)-homotope (e,h^0)-Funktion, so läßt sich F^0 als e-Deformation von $S(r,\mathfrak{t})$ auf die Funktion $F^0(r,\mathfrak{t})=F^0(r,\mathfrak{t},0)$ deuten. Diese ist für festes $\mathfrak{t}$ holomorph und damit eine (e,h)-Funktion in $\mathfrak{R}\times\mathfrak{T}$.

Wir erbringen nun den eigentlichen Beweis von Satz 4. Wir haben zu zeigen: Zu jeder kompakten Menge $M\subset\mathfrak{R}$ und zu jedem $\varepsilon>0$ existiert eine in $\check{\mathfrak{R}}\times\mathfrak{T}$ definierte (e,h)-Funktion $\check{F}(r,\mathfrak{t})$, so daß in $M\times\mathfrak{T}$ gilt: $F(r,\mathfrak{t})\circ\check{F}^{-1}(r,\mathfrak{t})\in U(E)$, $|F(r,\mathfrak{t})\circ\check{F}^{-1}(r,\mathfrak{t})|<\varepsilon$. Da man $\mathfrak{R}$ durch analytische Polyeder $\mathfrak{P}=\mathfrak{p}\,\{r\in\mathfrak{R},\ |f_\mu(r)|<1,\ \mu=1\ldots s\}$ ausschöpfen kann, ist M immer in einem solchen Polyeder enthalten. Weil ferner $\mathfrak{R}$ in bezug auf $\check{\mathfrak{R}}$ konvex ist, darf man dabei sogar annehmen, daß alle f_μ in ganz $\check{\mathfrak{R}}$ holomorph sind ($\mathfrak{p}\,\{\}$ bezeichnet die Vereinigung einer oder mehrerer zusammenhängender Komponenten der Menge $\{\}$).

Nach Voraussetzung gibt es in $\check{\mathfrak{R}}\times\mathfrak{T}$ eine Folge von e-Funktionen $S_\nu(r,\mathfrak{t})$, die im Innern von $\mathfrak{R}\times\mathfrak{T}$ gleichmäßig gegen $F(r,\mathfrak{t})$ konvergiert. Wir wählen ν_0

[9]) $F(r,\mathfrak{t})$ ist also über lauter e-Funktionen auf $S(r,\mathfrak{t})$ deformierbar.

Raumes von n-komplexen Veränderlichen $z_1 \ldots z_n$; $\mathfrak{Z}_1$ bzw. $\mathfrak{Z}_2$ sei das Gebiet $\{\mathfrak{z} \in \mathfrak{Z},\ -a_1 \leqq x_1 \leqq 0\}$ bzw. $\{\mathfrak{z} \in \mathfrak{Z},\ 0 \leqq x_1 \leqq a_1\}$. Der Satz von H. CARTAN lautet nun unter Verwendung dieser Symbolik:

Ist $F(\mathfrak{z})$ eine in (einer Umgebung von) $\mathfrak{Z}_0 = \mathfrak{Z}_1 \cap \mathfrak{Z}_2$ holomorphe Funktion mit Werten in einer komplexen Lieschen Gruppe L^m, so gibt es in $\mathfrak{Z}_1, \mathfrak{Z}_2$ je eine holomorphe Funktion $F_1(\mathfrak{z})$ bzw. $F_2(\mathfrak{z})$ mit Werten in L^m, so daß in $\mathfrak{Z}_0$ gilt: $F(\mathfrak{z}) = F_1(\mathfrak{z}) \circ F_2^{-1}(\mathfrak{z})$ (vgl. [4, 6]).

Um die Aussage dieses Satzes auf (e,h)-Funktionen auszudehnen, ist zunächst eine Verschärfung zweckmäßig. Wir zeigen:

Hilfssatz 1. *Es sei $\mathfrak{H}$ ein topologischer Raum; V sei eine Umgebung von $\mathfrak{Z}_0$, und $F(\mathfrak{z},\mathfrak{t})$ sei eine in $V \times \mathfrak{H}$ stetige, für festes $\mathfrak{t} \in \mathfrak{H}$ holomorphe Funktion mit Werten in $U(e)$. Besteht dann in $V \times \mathfrak{H}$ die Ungleichung $|F(\mathfrak{z},\mathfrak{t})| < \varepsilon$, so gibt es, wenn $\varepsilon > 0$ hinreichend klein, in $\mathfrak{Z}_1 \times \mathfrak{H}, \mathfrak{Z}_2 \times \mathfrak{H}$ je eine stetige, in $\mathfrak{z}$ holomorphe Funktion $F_1(\mathfrak{z},\mathfrak{t})$ bzw. $F_2(\mathfrak{z},\mathfrak{t})$ mit Werten in $U(e)$, so daß in $\mathfrak{Z}_0 \times \mathfrak{H}$ gilt: $F_1(\mathfrak{z},\mathfrak{t}) \circ \circ F_2^{-1}(\mathfrak{z},\mathfrak{t}) = F(\mathfrak{z},\mathfrak{t})$. Ist für ein $\mathfrak{t}_0 \in \mathfrak{H}$ die Gleichung $F(\mathfrak{z},\mathfrak{t}_0) \equiv e$ richtig, so gilt auch $F_1(\mathfrak{z},\mathfrak{t}_0) = F_2(\mathfrak{z},\mathfrak{t}_0) \equiv e$.*

Beweis[12]). Wir bestimmen reelle Zahlen $a_\nu^{(0)}, b_\nu^{(0)}, \delta_0 > 0, d > 0$, so daß gilt $a_\nu^{(0)} - d > a_\nu$, $b_\nu^{(0)} - d > b_\nu$, $\delta_0 - d > 0$ und definieren durch die Setzung $a_\nu^{(\mu+1)} = a_\nu^{(\mu)} - 2^{-\mu-1} \cdot d$, $b_\nu^{(\mu+1)} = b_\nu^{(\mu)} - 2^{-\mu-1} \cdot d$, $\delta_{\mu+1} = \delta_\mu - 2^{-\mu-1} \cdot d$ absteigende Folgen ($\nu = 1 \ldots n$, $\mu = 0, 1, 2, \ldots$), für die $\lim\limits_{\mu\to\infty} a_\nu^{(\mu)} = a_\nu^{(0)} - d$, $\lim\limits_{\mu\to\infty} b_\nu^{(\mu)} = b^{(0)} - d$, $\lim\limits_{\mu\to\infty} \delta_\mu = \delta_0 - d$ ist. Wir bezeichnen ferner mit $\mathfrak{Z}^{(\mu)}$ den Kasten $\{\mathfrak{z}, |x_\nu| \leqq a_\nu^{(\mu)}, |y_\nu| \leqq b_\nu^{(\mu)}, \nu = 1 \ldots n\}$, mit $\mathfrak{Z}_1^{(\mu)}$ bzw. $\mathfrak{Z}_2^{(\mu)}$ die Kästen $\{\mathfrak{z} \in \mathfrak{Z}^{(\mu)} - a_1^{(\mu)} \leqq x_1 \leqq \delta_\mu\}$ bzw. $\{\mathfrak{z} \in \mathfrak{Z}^{(\mu)}, -\delta_\mu \leqq x_1 \leqq a_1^{(\mu)}\}$ und denken uns die Zahlen $a_\nu^{(0)}, b_\nu^{(0)}, \delta_0$ so klein gewählt, daß jedes Gebiet $\mathfrak{D}_\mu = \mathfrak{Z}_1^{(\mu)} \cap \mathfrak{Z}_2^{(\mu)}$ relativ-kompakt in V enthalten ist. Da jedes $\mathfrak{D}_{\mu+1}$ relativ-kompakt in $\mathfrak{D}_\mu$ liegt, hat $\mathfrak{D}_{\mu+1}$ von $\partial\mathfrak{D}_\mu$ einen endlichen Abstand. Dieser ist gleich $2^{-\mu-1}d$. $\mathfrak{C}_\varkappa^{(\mu)}(z_2^0, \ldots, z_n^0)$, $\varkappa = 1, 2$ sei in $\mathfrak{D}_\mu$ der Streckenzug:

$$\left\{\mathfrak{z} \in \mathfrak{D}_\mu,\ z_\nu = z_\nu^0, \left(x_1 = -(-1)^\varkappa \frac{\delta_\mu + \delta_{\mu+1}}{2},\ |y_1| \leqq \frac{a_1^{(\mu)} + a_1^{(\mu+1)}}{2}\right) \text{ oder}\right.$$
$$\left.\left(0 \leqq -(-1)^\varkappa x_1 \leqq \frac{\delta_\mu + \delta_{\mu+1}}{2},\ |y_1| = \frac{a_1^{(\mu)} + a_1^{(\mu+1)}}{2}\right),\ \nu = 2 \ldots n\right\},$$

der durch die positive y_1-Richtung orientiert sei.

Ist nun $f^{(\mu)}$ eine komplexwertige, in $\mathfrak{D}_\mu \times \mathfrak{H}$ stetige und für festes $\mathfrak{t} \in \mathfrak{H}$ holomorphe Funktion, so können wir durch Laurenttrennung[13]) zwei in $\mathfrak{Z}_1^{(\mu+1)} \times \mathfrak{H}$ bzw. $\mathfrak{Z}_2^{(\mu+1)} \times \mathfrak{H}$ stetige für $\mathfrak{t} \in \mathfrak{H}$ holomorphe Funktionen $f_1^{(\mu+1)}$ bzw. $f_2^{(\mu+1)}$ konstruieren, für die in $\mathfrak{D}_{\mu+1} \times \mathfrak{H}$ gilt: $f_1^{(\mu+1)} - f_2^{(\mu+1)} = f^{(\mu)}$. Wir haben dazu:

$$f_\varkappa^{(\mu+1)} = \frac{1}{2\pi i} \int\limits_{\mathfrak{C}_\varkappa^{(\mu)}(z_2,\ldots,z_n)} \frac{f^{(\mu)}(\xi, z_2, \ldots, z_n, \mathfrak{t})}{\xi - z_1}\, d\xi$$

zu setzen. Eine einfache Abschätzung ergibt, falls $|f^{(\mu)}| < \varepsilon_\mu$ in $\mathfrak{D}_\mu \times \mathfrak{H}$ ist, daß in $\mathfrak{Z}_\varkappa^{(\mu+1)} \times \mathfrak{H}$ der Betrag $|f_\varkappa^{(\mu+1)}| < \varepsilon_\mu 2^{\mu+1} K_0$ ist $\left(K_0 = 1 + \frac{2}{\pi d}(a_1^{(0)} + \delta_0)\right)$.

[12]) Wir schließen uns direkt dem Beweisgedanken in [6] an.

[13]) Das Wort „Laurenttrennung" entstammt der Arbeit [18].

Ist $f^{(\mu)}(\mathfrak{z}, \mathfrak{t}_0) \equiv 0$ für ein $\mathfrak{t}_0 \in \mathfrak{H}$, so gilt auch $f_1^{(\mu+1)}(\mathfrak{z},\mathfrak{t}_0) = f_2^{(\mu+1)}(\mathfrak{z},\mathfrak{t}_0) \equiv 0$. Diese Überlegung ist auch für holomorphe Funktionen richtig, deren Werte m-tupel komplexer Zahlen sind. Wir haben also erhalten:

(1) *Es gibt eine Konstante $K_0 > 1$ und zu jeder in $\mathfrak{D}_\mu \times \mathfrak{H}$ stetigen, für $\mathfrak{t} \in \mathfrak{H}$ holomorphen Funktion $*F^{(\mu)}(\mathfrak{z},\mathfrak{t})$, $|*F^{(\mu)}(\mathfrak{z},\mathfrak{t})| < \varepsilon_\mu$, deren Werte m-tupel komplexer Zahlen sind, zwei in $\mathfrak{Z}_\varkappa^{(\mu+1)} \times \mathfrak{H}$ stetige, für $\mathfrak{t} \in \mathfrak{H}$ holomorphe Funktionen $*F_\varkappa^{(\mu+1)}(\mathfrak{z},\mathfrak{t})$, $|*F_\varkappa^{(\mu+1)}| < \varepsilon_\mu 2^{\mu+1} K_0$, $\varkappa = 1, 2$, für die $*F_1^{(\mu+1)} - *F_2^{(\mu+1)} = *F^{(\mu)}$ in $\mathfrak{D}_{\mu+1} \times \mathfrak{H}$ ist. Gilt für ein $\mathfrak{t}_0 \in \mathfrak{H}$: $*F^{(\mu)}(\mathfrak{z},\mathfrak{t}_0) \equiv 0$, so ist auch $*F_1^{(\mu+1)}(\mathfrak{z},\mathfrak{t}_0) = *F_2^{(\mu+1)}(\mathfrak{z},\mathfrak{t}_0) \equiv 0$.*

Wir untersuchen jetzt die Gruppenverknüpfung in $U(e)$. Ist $\varepsilon > 0$ hinreichend klein, so gilt für $l', l'' \in U(e)$ mit $|l'| < \varepsilon$, $|l''| < \varepsilon$ zunächst $\{l', |l'| < \varepsilon\} \Subset U(e)$, $l = l' \circ l'' \in U(e)$ und ferner eine Beziehung ($[l'] = \mathfrak{w}'$, $[l''] = \mathfrak{w}''$, $[l] = \mathfrak{w}$):

$$\mathfrak{w} = \begin{Bmatrix} w_1' + w_1'' + \Sigma A_{1ij}\, w_i' w_j'' \\ \vdots \\ w_m' + w_m'' + \Sigma A_{mij}\, w_i' w_j'' \end{Bmatrix} + \text{höhere Glieder}.$$

Es gibt daher eine Zahl $K_1 > 0$, so daß gilt: $|w_\nu - w_\nu' - w_\nu''| < K_1 \cdot r^2$, $\nu = 1 \ldots m$, wobei $r = \max(|l'|, |l''|)$. Ebenso erhält man für eine 3fache Verknüpfung $l = l' \circ l'' \circ l'''$ die Abschätzung $|w_\nu - w_\nu' - w_\nu'' - w_\nu'''| < K_2 \cdot r^2$, $r = \max(|l'|, |l''|, |l'''|)$.

Unsere in $V \times \mathfrak{H}$ gegebene Funktion $F(\mathfrak{z},\mathfrak{t})$ mit Werten in $U(e)$ können wir uns nun als Abbildung von $V \times \mathfrak{H}$ in den C^m denken. Durch Laurenttrennung von $F^{(0)} = F(\mathfrak{z},\mathfrak{t})$ gewinnt man in $\mathfrak{Z}_\varkappa^{(1)}$ die Funktion $F_\varkappa^{(1)}(\mathfrak{z},\mathfrak{t})$. Da in $\mathfrak{D}_0 \subset V$ gilt $|F^{(0)}| < \varepsilon$, hat man $|F_\varkappa^{(1)}| < \varepsilon\, 2\, K_0$. Setzen wir in $\mathfrak{D}_1$: $F^{(1)} = F_1^{(1)-1} \circ F^{(0)} \circ F_2^{(1)}$, so gilt dort $|F^{(1)}| < K_2(\varepsilon\, 2\, K_0)^2$. Bestimmt man $\varepsilon > 0$ so klein, daß $4\varepsilon K_0^2 \cdot K_2 < 1/4$, so wird sogar $|F^{(1)}| < \varepsilon/4$. Wir konstruieren nun wieder durch Laurenttrennung in $\mathfrak{Z}_\varkappa^{(2)} \times \mathfrak{H}$ die Funktion $F_\varkappa^{(2)}(\mathfrak{z},\mathfrak{t})$, für die dort $|F_\varkappa^{(2)}| < \varepsilon K_0$ ist. Für $F^{(2)} = F_1^{(2)-1} \circ F^{(1)} \circ F_2^{(2)}$ in $\mathfrak{D}_2 \times \mathfrak{H}$ ist dann $|F^{(2)}| < \varepsilon/4^2$. Durch Fortsetzung des Verfahrens erhält man in $\mathfrak{Z}_\varkappa^{(\mu)} \times \mathfrak{H}$ Funktionen $F_\varkappa^{(\mu)}$ mit $|F_\varkappa^{(\mu)}| < 2^{2-\mu} \varepsilon K_0$ und in $\mathfrak{D}_\mu$ Funktionen $F^{(\mu)} = F_1^{(\mu)^{-1}} \circ F^{(\mu-1)} \circ F_2^{(\mu)}$ mit $|F^{(\mu)}| < \varepsilon/4^\mu$. Wie man leicht nachrechnet, konvergiert bei genügend kleinem $\varepsilon > 0$ das Produkt $\bigcirc_{\mu=1}^{\infty} F_\varkappa^{(\mu)}$ in $\mathfrak{Z}_\varkappa' \times \mathfrak{H}$, $\mathfrak{Z}_\varkappa' = \lim_{\mu \to \infty} \mathfrak{Z}_\varkappa^{(\mu)}$, gleichmäßig gegen eine Funktion $F_\varkappa$ mit Werten in $U(e)$, und es ist in $\mathfrak{D}' \times \mathfrak{H}$, $\mathfrak{D}' = \lim_{\mu \to \infty} \mathfrak{D}_\mu$: $F_1^{-1} \circ F \circ F_2 = \lim_{\mu \to \infty} F^{(\mu)} = 0 = e$. Also ist $F_1 \circ F_2^{-1} \equiv F$, $F_1(\mathfrak{z},\mathfrak{t})$, $F_2(\mathfrak{z},\mathfrak{t})$ sind stetige, für festes $\mathfrak{t} \in \mathfrak{H}$ in $\mathfrak{Z}_1'$ bzw. $\mathfrak{Z}_2'$ holomorphe Funktionen. Gilt für $\mathfrak{t}_0 \in \mathfrak{H}$ die Gleichung $F(\mathfrak{z},\mathfrak{t}_0) \equiv 0 = e$, so ist das auch für $F_\varkappa^{(\mu)}(\mathfrak{z},\mathfrak{t}_0)$, $F^{(\mu)}(\mathfrak{z},\mathfrak{t}_0)$ richtig. Daher ist dann auch $F_\varkappa(\mathfrak{z},\mathfrak{t}_0) \equiv e$, $\varkappa = 1, 2$. Da $\mathfrak{Z}_\varkappa' \supset \mathfrak{Z}_\varkappa$, ist unser Hilfssatz bewiesen.

2. Wir werden nun Hilfssatz 1 benutzen, den Cartanschen Satz auf beliebige (e, h)-Funktionen mit Werten in einer komplexen Lieschen Gruppe zu übertragen. Zunächst folgt:

Hilfssatz 2. *Es sei $\mathfrak{T}$ ein kompakter Raum, an dem eine $\mathfrak{E}$- und eine $\mathfrak{H}$-Menge ausgezeichnet seien; V sei eine Umgebung von $\mathfrak{Z}_0$ und $F(\mathfrak{z},\mathfrak{t})$ in $V \times \mathfrak{T}$ eine (e,h)-Funktion mit Werten in $U(e) \subset L^m$. Ferner gelte $|F(\mathfrak{z},\mathfrak{t})| < \varepsilon$ für $\mathfrak{z} \in V$,*

$\mathfrak{t} \in \mathfrak{T}$. *Ist dann $\varepsilon > 0$ hinreichend klein, so gibt es in $\mathfrak{Z}_1\times\mathfrak{T}$, $\mathfrak{Z}_2\times\mathfrak{T}$ (e,h)-Funktionen $F_1(\mathfrak{z},\mathfrak{t})$, $F_2(\mathfrak{z},\mathfrak{t})$ mit Werten aus $U(e)$, so daß in $\mathfrak{Z}_0\times\mathfrak{T}$ die Gleichung $F = F_1\circ F_2^{-1}$ richtig ist.*

Beweis. Nach Hilfssatz 1 gibt es in $\mathfrak{Z}_1\times\mathfrak{H}$ bzw. $\mathfrak{Z}_2\times\mathfrak{H}$ je eine stetige, in $\mathfrak{z}$ holomorphe Funktion $\mathring{F}_1(\mathfrak{z},\mathfrak{t})$ bzw. $\mathring{F}_2(\mathfrak{z},\mathfrak{t})$ mit Werten in $U(e)$, für die in $\mathfrak{Z}_0\times\mathfrak{H}$ gilt: $\mathring{F}_1\circ\mathring{F}_2^{-1} = F$ und in $\mathfrak{Z}_\varkappa$ ist: $\mathring{F}_\varkappa(\mathfrak{z},\mathfrak{t}_0) \equiv e$, falls $\mathfrak{t}_0$ $\mathfrak{E}$ angehört. Nun ist Hilfssatz 1 für beliebig kleine $U(e)$ richtig. Ist $\varepsilon > 0$ hinreichend klein, so lassen sich daher die $\mathring{F}_\varkappa$ auch so bestimmen, daß ihre Werte in einer beliebig vorgegebenen Hyperkugel $\tilde{U}(e) = \{l \in U(e), |l| < \delta\} \Subset U(e)$ liegen. Da $\mathfrak{Z}_2\times\mathfrak{T}$ ein normaler Raum und $\tilde{U}(e)$ ein *solider* Raum ist (zur Def. vgl. [16], p. 54), kann man dann $\mathring{F}_2(\mathfrak{z},\mathfrak{t})$ zu einer (e,h)-Funktion $F_2(\mathfrak{z},\mathfrak{t})$ in $\mathfrak{Z}_2\times\mathfrak{T}$ stetig fortsetzen, so daß überall $|F_2(\mathfrak{z},\mathfrak{t})| < \delta$ ist. Setzen wir:

$$F_1^0(\mathfrak{z},\mathfrak{t}) = \begin{cases} F(\mathfrak{z},\mathfrak{t})\circ F_2(\mathfrak{z},\mathfrak{t}) & \text{für } \mathfrak{z}\in\mathfrak{Z}_0,\ \mathfrak{t}\in\mathfrak{T}, \\ F_1(\mathfrak{z},\mathfrak{t}) & \text{für } \mathfrak{z}\in\mathfrak{Z}_1,\ \mathfrak{t}\in\mathfrak{H}, \end{cases}$$

so erhalten wir eine in $\mathfrak{Z}_0\times\mathfrak{T}\cup\mathfrak{Z}_1\times\mathfrak{H}$ stetige Funktion. Haben wir $\delta > 0$ hinreichend klein gewählt, so gilt sicher noch $H = \{|l| < 3\,\delta\} \Subset U(e)$ und $|F_1^0(\mathfrak{z},\mathfrak{t})| < 3\,\delta$. Man kann deshalb — nach dem schon benutzten Fortsetzungssatz — auch $F_1(\mathfrak{z},\mathfrak{t})$ zu einer (e,h)-Funktion $F_1(\mathfrak{z},\mathfrak{t})$ in $\mathfrak{Z}_1\times\mathfrak{T}$ fortsetzen, die nur Werte aus H annimmt. Es ist $F_1(\mathfrak{z},\mathfrak{t})\circ F_2^{-1}(\mathfrak{z},\mathfrak{t}) = F(\mathfrak{z},\mathfrak{t})$ für $\mathfrak{z}\in\mathfrak{Z}_0$, $\mathfrak{t}\in\mathfrak{T}$. Damit ist Hilfssatz 2 bewiesen.

3. Es sei nun A eine in $\mathfrak{Z}$ normal eingebettete analytische Menge. Wir setzen $A_\nu = A\cap\mathfrak{Z}_\nu$, $\nu = 0, 1, 2$ und denken uns auf A_0 eine komplexwertige (e,h)-Funktion $f_0(\mathfrak{z},\mathfrak{t})$ gegeben. Dieselbe ist nach Voraussetzung in einer Umgebung $V(A_0)\times\mathfrak{T}\subset A\times\mathfrak{T}$ definiert. A selbst ist in einer Umgebung $W(\mathfrak{Z})$ normal eingebettet. Wählen wir $\delta > 0$ hinreichend klein, so gilt $\mathfrak{D} = \{\mathfrak{z}, |x_1| < \delta, |x_\nu| < a_\nu + \delta, |y_\mu| < b_\mu + \delta,\ \nu = 2\ldots n,\ \mu = 1\ldots n\} \Subset W(\mathfrak{Z})$ und $A_0^* = A\cap\mathfrak{D}\Subset V(A_0)$. Wir bezeichnen mit H^a, H^s, $({}^*H^a, {}^*H^s)$ die mit der Topologie der kompakten Konvergenz[14]) versehenen Vektorräume der in $\mathfrak{D}$ holomorphen, stetigen, (der in A_0^* holomorphen, stetigen) komplexwertigen Funktionen. Nach [13], Satz 6 sind H^a, H^s, ${}^*H^a$, ${}^*H^s$ Frecheträume. H^a wird durch die Beschränkung φ_1 der in $\mathfrak{D}$ holomorphen Funktionen stetig linear in ${}^*H^a$ abgebildet. Nach einem Satz von H. CARTAN (vgl. [7], Satz 3) ist φ_1 sogar eine Abbildung von H^a auf ${}^*H^a$. Da man nach dem Fortsetzungssatz von TIETZE [1] jede auf A_0^* stetige komplexwertige Funktion in $\mathfrak{D}$ hinein fortsetzen kann, ist auch die Beschränkungsabbildung $\varphi_2: H^s\to{}^*H^s$ eine lineare stetige Abbildung von H^s auf ${}^*H^s$.

Die (e,h)-Funktion $f_0(\mathfrak{z},\mathfrak{t})$ kann man nun als stetige Abbildung $\tau:\mathfrak{t}\to f_0(\mathfrak{z},\mathfrak{t})$ von $\mathfrak{T}$ in ${}^*H^s$ auffassen. Die Menge $\mathfrak{E}\subset\mathfrak{T}$ wird dabei auf den Nullpunkt $0\in{}^*H^s$ geworfen, $\mathfrak{H}\subset\mathfrak{T}$ wird in ${}^*H^a$ abgebildet. Nach [13], Satz 8 läßt sich deshalb die Abbildung $\check{\tau}:\mathfrak{E}\to 0\in H^a$ zu einer stetigen Abbildung $\check{\tau}_1:\mathfrak{H}\to H^a$ fortsetzen, so daß überall in $\mathfrak{H}$ gilt: $\varphi_1\circ\check{\tau}_1 = \tau$. $\check{\tau}_1$ läßt sich dann weiter zu einer stetigen Abbildung $\check{\tau}_2:\mathfrak{T}\to\mathfrak{H}^s$ fortsetzen. Für geeignetes $\check{\tau}_2$ hat man:

[14]) Wir schließen uns den Definitionen in [3] an.

$\varphi_2 \circ \check{\tau}_2 = \tau$. Schreibt man die Abbildung $\check{\tau}_2$ in der Form $\mathfrak{t} \to \underline{f}_0(\mathfrak{z},\mathfrak{t})$, so ist $\underline{f}_0(\mathfrak{z},\mathfrak{t})$ eine (e,h)-Funktion in $\mathfrak{D} \times \mathfrak{T}$, deren Beschränkung auf $A_0^* \times \mathfrak{T}$ die Funktion $f_0(\mathfrak{z},\mathfrak{t})$ liefert. Wir haben also folgenden Hilfssatz bewiesen:

Hilfssatz 3. *Jede in $A_0^* \times \mathfrak{T}$ gegebene komplexwertige (e,h)-Funktion läßt sich als (e,h)-Funktion nach $\mathfrak{D} \times \mathfrak{T}$ fortsetzen.*

Wir zeigen nun:

Hilfssatz 4. *Es gibt eine Konstante $K > 1$, so daß für jede in $A_0^* \times \mathfrak{T}$ definierte (e,h)-Funktion $f(\mathfrak{z},\mathfrak{t})$, $|f(\mathfrak{z},\mathfrak{t})| < M$, eine (e,h)-Funktion $\underline{f}(\mathfrak{z},\mathfrak{t})$,* $\sup_{V(\mathfrak{Z}_0)\times\mathfrak{T}} |\underline{f}(\mathfrak{z},\mathfrak{t})| < KM$, *in $\mathfrak{D} \times \mathfrak{T}$ existiert, die eine Fortsetzung von $f(\mathfrak{z},\mathfrak{t})$ ist.* Dabei bezeichnet $V(\mathfrak{Z}_0) \Subset \mathfrak{D}$ eine Umgebung von $\mathfrak{Z}_0$.

Beweis. Die Menge der (e,h)-Funktionen in $A_0^* \times \mathfrak{T}$ (bzw. in $\mathfrak{D} \times \mathfrak{T}$) bildet, versehen mit der Topologie der kompakten Konvergenz, einen Frechetraum (vgl. [13]), den wir mit $^*H^e$ bzw. H^e bezeichnen wollen. Nach Hilfssatz 3 bildet die Beschränkung φ der (e,h)-Funktionen in $\mathfrak{D} \times \mathfrak{T}$ auf $A_0^* \times \mathfrak{T}$ den Raum H^e stetig linear auf $^*H^e$ ab. Aus einem Satz von Banach ([3], Kap. I, § 3.3, Satz 1) folgt deshalb, daß φ eine offene Abbildung ist. Insbesondere wird durch φ die offene Menge $\{f(\mathfrak{z},\mathfrak{t}) \in H^e, \sup_{V(\mathfrak{Z}_0)\times\mathfrak{T}} |f(\mathfrak{z},\mathfrak{t})| < 1\}$ auf eine Umgebung von $0 \in {}^*H^e$ abgebildet. Dieselbe enthält, wenn $K > 1$ hinreichend groß, alle (e,h)-Funktionen $f(\mathfrak{z},\mathfrak{t}) \in {}^*H^e$, für die in $A_0^* \times \mathfrak{T}$ gilt: $|\underline{f}(\mathfrak{z},\mathfrak{t})| < \frac{1}{K}$. Ist $f(\mathfrak{z},\mathfrak{t})$, $\sup |f(\mathfrak{z},\mathfrak{t})| < M$, eine beliebige (e,h)-Funktion in $A_0^* \times \mathfrak{T}$, so gibt es daher eine Fortsetzung von $\frac{1}{KM} f$ zu einer (e,h)-Funktion $\frac{1}{KM} \underline{f}(\mathfrak{z},\mathfrak{t})$ in $\mathfrak{D} \times \mathfrak{T}$, für die in $\mathfrak{Z}_0 \times \mathfrak{T}$: $|\frac{1}{KM} \underline{f}(\mathfrak{z},\mathfrak{t})| < 1$ ist. Da $\underline{f}$ eine Fortsetzung von f ist und man $|\underline{f}(\mathfrak{z},\mathfrak{t})| < KM$ für $\mathfrak{z} \in V(\mathfrak{Z}_0)$, $\mathfrak{t} \in \mathfrak{T}$ hat, ist Hilfssatz 4 bewiesen.

4. Wir behalten die Terminologie von § 2.3 bei und zeigen die Richtigkeit folgenden Satzes:

Satz 8. *Es sei $F(\mathfrak{z},\mathfrak{t})$ in $A_0^* \times \mathfrak{T}$ eine (e,h)-Funktion mit Werten in $U(e) \subset L$. In $A_0^* \times \mathfrak{T}$ gelte $|F(\mathfrak{z},\mathfrak{t})| < \varepsilon$. Ist $\varepsilon > 0$ hinreichend klein, so gibt es in $A_\nu \times \mathfrak{T}$ (e,h)-Funktionen $F_\nu(\mathfrak{z},\mathfrak{t})$, $\nu = 1, 2$, so daß auf $A_0 \times \mathfrak{T}$ gilt: $F(\mathfrak{z},\mathfrak{t}) = F_1(\mathfrak{z},\mathfrak{t}) \circ F_2^{-1}(\mathfrak{z},\mathfrak{t})$.*

Beweis. Da $F(\mathfrak{z},\mathfrak{t})$ seine Werte aus $U(e)$ hat, können wir $F(\mathfrak{z},\mathfrak{t})$ als Abbildung in den $(w_1, \ldots w_m)$-Raum auffassen. $F(\mathfrak{z},\mathfrak{t})$ wird deshalb durch ein m-tupel $(f_1(\mathfrak{z},\mathfrak{t}), \ldots, f_m(\mathfrak{z},\mathfrak{t}))$ gegeben. Offenbar sind die $f_\nu(\mathfrak{z},\mathfrak{t})$ komplexwertige (e,h)-Funktionen mit $|f_\nu(\mathfrak{z},\mathfrak{t})| < \varepsilon$. Nach Hilfssatz 4 existiert eine Fortsetzung $\underline{f}_\nu(\mathfrak{z},\mathfrak{t})$ von $f_\nu(\mathfrak{z},\mathfrak{t})$ in $\mathfrak{D} \times \mathfrak{T}$ mit $\sup_{V(\mathfrak{Z}_0)\times\mathfrak{T}} |\underline{f}_\nu(\mathfrak{z},\mathfrak{t})| < K\varepsilon$. Ist $\varepsilon > 0$ hinreichend klein, so entspricht $(\underline{f}_1(\mathfrak{z},\mathfrak{t}), \ldots, \underline{f}_m(\mathfrak{z},\mathfrak{t}))$ für festes $(\mathfrak{z},\mathfrak{t})$ aus der Umgebung $V(\mathfrak{Z}_0) \times \mathfrak{T}$ von $\mathfrak{Z}_0 \times \mathfrak{T}$ einem Punkt $\underline{F}(\mathfrak{z},\mathfrak{t}) \in U(e)$. $\underline{F}(\mathfrak{z},\mathfrak{t})$ ist eine (e,h)-Funktion und eine Fortsetzung von $F(\mathfrak{z},\mathfrak{t})$ in $V(\mathfrak{Z}_0) \times \mathfrak{T}$. Nach Hilfssatz 2 gilt, falls ε und damit $|\underline{F}|$ hinreichend klein: $\underline{F}(\mathfrak{z},\mathfrak{t}) = \underline{F}_1(\mathfrak{z},\mathfrak{t}) \circ \underline{F}_2^{-1}(\mathfrak{z},\mathfrak{t})$, wobei die $\underline{F}_\nu(\mathfrak{z},\mathfrak{t})$ (e,h)-Funktionen in $\mathfrak{Z}_\nu \times \mathfrak{T}$ sind. Beschränkt man $\underline{F}_\nu(\mathfrak{z},\mathfrak{t})$ auf $A_\nu \times \mathfrak{T}$, so gilt: $F(\mathfrak{z},\mathfrak{t}) = F_1(\mathfrak{z},\mathfrak{t}) \circ F_2^{-1}(\mathfrak{z},\mathfrak{t})$. Damit ist Satz 8 bewiesen.

§ 3. Der Beweis von Satz 7

1. Wir werden in diesem Paragraphen zunächst den Satz 8 auf (e,h)-Funktionen mit Werten in Faserräumen $L(A,L^*)$ verallgemeinern und dann einen vollständigen Beweis von Satz 7 angeben.

Wir greifen auf die Terminologie von § 2 zurück. $V(A)$ sei ein m-dimensionales Vektorraumbündel über A. Wir setzen $V(A_0) = \pi^{-1}(A_0^*)$ und denken uns eine stetige Abbildung $(x,\mathfrak{t}) \to \lambda(x,\mathfrak{t})$ von $V(A_0^*) \times \mathfrak{T}$ auf $V(A_0^*)$ gegeben. Es gelte $\pi \circ \lambda(x,\mathfrak{t}) = \pi(x)$, $\lambda(x,\mathfrak{t}_0)$, $\mathfrak{t}_0 \in \mathfrak{T}$, bilde die Vektorräume $\pi^{-1}(\mathfrak{z}) \subset V(A_0^*)$ homogen komplex-linear auf sich ab. Für $\mathfrak{t}_0 \in \mathfrak{H}$ sei $\lambda(x,\mathfrak{t}_0)$ holomorph, für $\mathfrak{t}_0 \in \mathfrak{E}$ gelte sogar $\lambda(x,\mathfrak{t}_0) = x$. — Wir nennen jede Abbildung $\lambda(x,\mathfrak{t})$ mit diesen Eigenschaften eine (e,h)-Abbildung von $V(A_0^*) \times \mathfrak{T}$ auf $V(A_0^*)$. Setzen wir noch $\|\lambda(x,\mathfrak{t})\| = \sup\limits_{x \in V(A_0^*),\, |x|=1,\, \mathfrak{t} \in \mathfrak{T}} |x - \lambda(x,\mathfrak{t})|$ und $\lambda(\mathfrak{t}) = \{x \to \lambda(x,\mathfrak{t})\}$, so ist es möglich, folgenden Satz zu formulieren:

Satz 9. *Ist $F(r,\mathfrak{t})$ eine (e,h)-Funktion in $A_0^* \times \mathfrak{T}$ mit Werten in $V(A)$, ist $\lambda(x,\mathfrak{t})$ eine (e,h)-Abbildung von $V(A_0^*) \times \mathfrak{T}$ auf $V(A_0^*)$, so gibt es, wenn $\|\lambda\|$ hinreichend klein ist, in $A_\nu \times \mathfrak{T}$, $A_\nu = A \cap \mathfrak{Z}_\nu$, stets (e,h)-Funktionen $F_\nu(\mathfrak{z},\mathfrak{t})$, $\nu = 1, 2$, so daß in $A_0 \times \mathfrak{T}$ gilt: $F_1(\mathfrak{z},\mathfrak{t}) - \lambda(\mathfrak{t}) \square F_2(\mathfrak{z},\mathfrak{t}) = F(\mathfrak{z},\mathfrak{t})$.*

Beweis. A ist nach Voraussetzung in einer Umgebung von $\mathfrak{Z}$ definiert. Wir dürfen deshalb annehmen, daß $A_0^* \Subset A$ liegt. Sind dann $H_\mu(\mathfrak{z})$ im Sinne von Satz 2 Funktionen in A mit Werten in $V(A)$, so ist $\tilde{H}_\mu(\mathfrak{z},\mathfrak{t}) = \lambda(\mathfrak{t}) \square H_\mu(\mathfrak{z}) - - H_\mu(\mathfrak{z})$ in $A_0^* \times \mathfrak{T}$ durch eine Linearkombination $\tilde{H}_\mu(\mathfrak{z},\mathfrak{t}) = \Sigma\, \tilde{g}_{\nu\mu}(\mathfrak{z},\mathfrak{t}) \cdot \cdot H_\nu(\mathfrak{z})$ darstellbar, wobei die $\tilde{g}_{\nu\mu}(\mathfrak{z},\mathfrak{t})$ komplexwertige (e,h)-Funktionen in $A_0^* \times \mathfrak{T}$ sind. Nun sind die $H_\mu(\mathfrak{z})$ in A_0^* beschränkt $(|H_\mu| < M)$. Wenn $\|\lambda\| < \varepsilon$ ist, gilt $\sup\limits_{A_0^* \times \mathfrak{T}} |\tilde{H}_\nu| < \varepsilon M$. Da sich ferner jede (e,h)-Funktion in $A_0^* \times \mathfrak{T}$ durch eine Linearkombination der H_μ darstellen läßt, folgt nach der Schlußweise von Hilfssatz 4 aus dem Satz von BANACH, daß die $\tilde{g}_{\nu\mu}$ so gewählt werden können, daß gilt: $\sup\limits_{U(A_0) \times \mathfrak{T}} |\tilde{g}_{\nu\mu}(\mathfrak{z},\mathfrak{t})| < \varepsilon K M$. Dabei ist $K > 1$ eine nicht von λ abhängende Konstante. Es sei nun ε hinreichend klein. Dann ist in $U(A_0) \times \mathfrak{T} : |G(\mathfrak{z},\mathfrak{t})| \neq 0$, wenn $g_{\nu\mu} = \tilde{g}_{\nu\mu} + \delta_{\nu\mu}$, $G(\mathfrak{z},\mathfrak{t}) = ((g_{\nu\mu}))$ gesetzt wird. $G(\mathfrak{z},\mathfrak{t})$ ist eine (e,h)-Funktion mit Werten in $GL(q,C)$, die in der Umgebung $U \times \mathfrak{T}$ von $A_0 \times \mathfrak{T}$ im Sinne von Satz 8 hinreichend wenig von der Matrixfunktion $E(r,\mathfrak{t}) = ((\delta_{\nu\mu}))$ verschieden ist. Es gibt daher in $A_1 \times \mathfrak{T}$, $A_2 \times \mathfrak{T}$ (e,h)-Funktionen $G_1(\mathfrak{z},\mathfrak{t})$, $G_2(\mathfrak{z},\mathfrak{t})$, so daß in $A_0 \times \mathfrak{T}$ gilt $G = G_1 \circ G_2^{-1}$.

Wir stellen nun nach Satz 2 $F(\mathfrak{z},\mathfrak{t})$ durch eine Linearkombination $F(\mathfrak{z},\mathfrak{t}) = \Sigma f^{(\varkappa)}(\mathfrak{z},\mathfrak{t}) \cdot H_\varkappa(\mathfrak{z})$ dar und bezeichnen mit $(f^{(\varkappa)})$ das q-tupel der Funktionen $f^{(\varkappa)}$. Ferner werde $(h^{(\varkappa)}(\mathfrak{z},\mathfrak{t})) = G_1^{-1} \circ (f^{(\varkappa)}(\mathfrak{z},\mathfrak{t}))$ gesetzt. Sicher läßt sich eine Umgebung $A_0^{**} = A \cap \{\mathfrak{z}, |x_1| < \delta^*, |x_\nu| < a_\nu + \delta^*, |y_\mu| < b_\mu + \delta^*, \nu = 2 \ldots n, \mu = 1 \ldots n\}$ von A_0 finden derart, daß die $h^{(\varkappa)}(\mathfrak{z},\mathfrak{t})$ noch in $\bar{A}_0^{**} \times \mathfrak{T}$ definiert und dort (e,h)-Funktionen sind. Da es beliebig kleine in bezug auf A konvexe Umgebungen von $\bar{A}_0^{**}$ gibt, kann man nach Satz 1 in $A \times \mathfrak{T}$ (e,h)-Funktionen $\check{h}^{(\varkappa)}(\mathfrak{z},\mathfrak{t})$ finden, mit denen in $A_0^{**} \times \mathfrak{T}$ gilt: $|\check{h}^{(\varkappa)}(\mathfrak{z},\mathfrak{t}) - h^{(\varkappa)}(\mathfrak{z},\mathfrak{t})| < \varepsilon^*$ (ε^* hinreichend klein im Sinne von Satz 8). Es folgt also, daß in $\mathfrak{Z}_1, \mathfrak{Z}_2$ (e,h)-Funktionen

$h_1^{(\varkappa)}(\mathfrak{z},\mathfrak{t})$, $h_2^{(\varkappa)}(\mathfrak{z},\mathfrak{t})$ existieren, für die $h_1^{(\varkappa)}(\mathfrak{z},\mathfrak{t}) - h_2^{(\varkappa)}(\mathfrak{z},\mathfrak{t}) = h^{(\varkappa)}(\mathfrak{z},\mathfrak{t}) - \check{h}^{(\varkappa)}(\mathfrak{z},\mathfrak{t})$ ist. Setzen wir noch $(f_1^{(\varkappa)}(\mathfrak{z},\mathfrak{t})) = G_1 \circ (h_1^{(\varkappa)} + \check{h}^{(\varkappa)})$ und $(f_2^{(\varkappa)}(\mathfrak{z},\mathfrak{t})) = G_2^{-1} \circ \circ (h_2^{(\varkappa)}(\mathfrak{z},\mathfrak{t}))$, so folgt, daß $(f_1^{(\varkappa)}) - G \circ (f_2^{(\varkappa)}) = (f^{(\varkappa)})$ ist. Für die Linearkombination: $F_\nu(\mathfrak{z},\mathfrak{t}) = \sum_{\varkappa=1}^{q} f_\nu^{(\varkappa)} \cdot H_\varkappa$, $\nu = 1, 2$, gilt daher: $F_1(\mathfrak{z},\mathfrak{t}) - \lambda(\mathfrak{t}) \,\square\, F_2(\mathfrak{z},\mathfrak{t}) = F(\mathfrak{z},\mathfrak{t})$. Damit ist Satz 9 bewiesen.

2. Wir definieren den analytischen Faserraum $L(A,L^*)$ und die Abbildung $\varrho(x): V_L(A) \to L(A,L^*)$ wie in § 1.1 und zeigen, indem wir die Bezeichnungen von § 3.1 beibehalten:

Hilfssatz 5. *Ist $F(\mathfrak{z},\mathfrak{t})$ mit $F(\mathfrak{z},\mathfrak{t}) \in U(E)$ und $|F(\mathfrak{z},\mathfrak{t})| < \varepsilon$ in $A_0^* \times \mathfrak{T}$ eine (e,h)-Funktion mit Werten in $L(A,L^*)$, so gibt es, falls $\varepsilon > 0$ zu A, A_0^*, $L(A,L^*)$ hinreichend klein gewählt ist, in $A_\nu \times \mathfrak{T}$ (e,h)-Funktionen $F_\nu(\mathfrak{z},\mathfrak{t})$ mit Werten in $L(A,L^*)$, die in $A_\nu \times \mathfrak{T}$ (e,h)-homotop E sind, so daß in $A_0 \times \mathfrak{T}$ gilt: $F_1(\mathfrak{z},\mathfrak{t}) \circ \circ F_2^{-1}(\mathfrak{z},\mathfrak{t}) = F(\mathfrak{z},\mathfrak{t})$.*

Beweis. Wir setzen $s \cdot F(\mathfrak{z},\mathfrak{t})$ für $\varrho(s \cdot \varrho^{-1} \circ F(\mathfrak{z},\mathfrak{t}))$, $0 \leqq s \leqq 1$. Offenbar ist $F(\mathfrak{z},\mathfrak{t},s) = s \cdot F(\mathfrak{z},\mathfrak{t})$ eine (e,h)-Deformation von $F(\mathfrak{z},\mathfrak{t})$ auf E. Es ist $F(\mathfrak{z},\mathfrak{t},1) = F(\mathfrak{z},\mathfrak{t})$ und $F(\mathfrak{z},\mathfrak{t},0) = E(\mathfrak{z})$. Bezeichnet man mit $\mathfrak{T}_0$ den Raum $\mathfrak{T} \times \{s\}$ und zeichnet man in $\mathfrak{T}_0$ als $\mathfrak{H}$-Menge die Menge $\mathfrak{H} \times \{s\}$ und als $\mathfrak{E}$-Menge die Menge $\mathfrak{E} \times \{s\}$ aus, so folgt, daß $F(\mathfrak{z},\mathfrak{t},s)$ eine (e,h)-Funktion in $A_0 \times \mathfrak{T}_0$ ist. Daher ist Hilfssatz 5 bewiesen, wenn es gelingt in $A_1 \times \mathfrak{T}_0$, $A_2 \times \mathfrak{T}_0$ (e,h)-Funktionen $F_1(\mathfrak{z},\mathfrak{t},s)$, $F_2(\mathfrak{z},\mathfrak{t},s)$ so zu bestimmen, daß gilt:

$$
(1) \qquad \begin{aligned} &F_1(\mathfrak{z},\mathfrak{t},s) \circ F_2^{-1}(\mathfrak{z},\mathfrak{t},s) = F(\mathfrak{z},\mathfrak{t},s) \quad \text{auf} \quad A_0 \times \mathfrak{T}_0\,, \\ &F_\nu(\mathfrak{z},\mathfrak{t},0) = E(\mathfrak{z}) \quad \text{auf} \quad A_\nu \times \mathfrak{T}\,, \quad \nu = 1, 2\,. \end{aligned}
$$

Die Aussage von Hilfssatz 5 folgt, wenn wir $s = 1$ setzen.

Offenbar ist (vgl. § 3.1) $\lambda(\mathfrak{t},s) = \{\lambda(x,\mathfrak{t},s)\}$: $\{x \to \varrho^{-1}(F(\pi(x),\mathfrak{t},s) \circ \varrho(x) \circ \circ F^{-1}(\pi(x),\mathfrak{t},s))\}$ in bezug auf $\mathfrak{T}_0$ eine lineare (e,h)-Abbildung von $(U(0) \cap \cap V_L(A_0^*)) \times \mathfrak{T}_0$ in $V_L(A_0^*)$. Da λ linear ist, dürfen wir annehmen, daß $\lambda(\mathfrak{t},s)$ sogar ganz $V_L(A_0^*) \times \mathfrak{T}_0$ auf $V_L(A_0^*)$ abbildet. Läßt man $\sup|F(\mathfrak{z},\mathfrak{t})|$ gegen 0 gehen, so wird auch $|F(\mathfrak{z},\mathfrak{t},s)|$ und damit $\|\lambda(\mathfrak{t},s)\|$ beliebig klein. Wir können deshalb voraussetzen, daß $\|\lambda(\mathfrak{t},s)\|$ hinreichend klein im Sinne von Satz 9 ist.

Es sei nun ${}^*F_\nu(\mathfrak{z},\mathfrak{t},s)$ eine (e,h)-Funktion in $A_\nu \times \mathfrak{T}_0$, die ihre Werte in $V_L(A)$ annimmt. Durch Integration zeigt man leicht, daß man zu ${}^*F_\nu$ in $A_\nu \times \mathfrak{T}_0$ eine (e,h)-Funktion $F_\nu(\mathfrak{z},\mathfrak{t},s)$, $F_\nu(\mathfrak{z},\mathfrak{t},0) \equiv E$, mit Werten in $L(A, L^*)$ bestimmen kann, für die $\lim\limits_{s' \to s} \frac{1}{s'-s} \varrho^{-1}(F_\nu(\mathfrak{z}, \mathfrak{t}, s') \circ F_\nu^{-1}(\mathfrak{z}, \mathfrak{t}, s)) = {}^*F_\nu(\mathfrak{z}, \mathfrak{t}, s)$ ist. Beachtet man noch, daß (1) zu

$$
(2) \qquad \begin{aligned} &F(\mathfrak{z},\mathfrak{t},s') \circ F^{-1}(\mathfrak{z},\mathfrak{t},s) = [F(\mathfrak{z},\mathfrak{t},s') \circ (F_2(\mathfrak{z},\mathfrak{t},s') \circ F_2^{-1}(\mathfrak{z},\mathfrak{t},s))^{-1} \circ F^{-1}(\mathfrak{z},\mathfrak{t},s')] \circ \\ &\qquad\qquad \circ (F_1(\mathfrak{z},\mathfrak{t},s') \circ F_1^{-1}(\mathfrak{z},\mathfrak{t},s)) \\ &\text{auf} \quad A_0 \times \mathfrak{T},\ 0 \leqq s \leqq s' \leqq 1;\ s' - s < \varepsilon^* \quad \text{beliebig klein;} \\ &F_\nu(\mathfrak{z},\mathfrak{t},0) \equiv E \quad \text{auf} \quad A_\nu \times \mathfrak{T},\ \nu = 1, 2\,, \end{aligned}
$$

äquivalent ist, so folgt, daß man zur Konstruktion der Funktionen $F_\nu(\mathfrak{z},\mathfrak{t},s)$ in (1) nur (e,h)-Funktionen ${}^*F_\nu(\mathfrak{z},\mathfrak{t},s)$ in $A_\nu \times \mathfrak{T}_0$ zu bestimmen braucht, für

60. Über die Deformation von Pseudogruppenstrukturen. Soc. Math. France, Astérisque 32–33, 141–150 (1976). *deform* Zbl. 332.32015

61. Statistical geometry and spacetime. Commun. Math. Phys. **49**, 155–160 (1976). *quant* Zbl. 331.50005

62. Statistische Geometrie. Ein Versuch zur geometrischen Deutung physikalischer Felder. Nachr. Akad. Wiss. Göttingen, II. Math.-Phys. Kl. **2**, 13–32 (1976). *quant* Zbl. 328.53020

63. (mit M. Schneider) Komplexe Unterräume und holomorphe Vektorbündel vom Rang 2. Math. Ann. **230**, 75–90 (1977). *deform* Zbl. 412.32014

64. (mit I. Lieb) Differential- und Integralrechnung. III: Integrationstheorie. Kurven- und Flächenintegrale, Vektoranalysis. 2nd, completely revised and enlarged edition. Heidelberger Taschenbücher Bd. 43, XIV, 210 S., Berlin-Heidelberg-New York: Springer-Verlag (1977). *mono* Zbl. 354.26003 (1st ed. see 45.)

65. (mit R. Remmert) Theorie der Steinschen Räume. Grundlehren der mathematischen Wissenschaften Bd. 227, XX, 249 S., Berlin-Heidelberg-New York: Springer-Verlag (1977) Zbl. 379.32001. Engl. Transl. (by A. Huckleberry): Grundlehren der mathematischen Wissenschaften Bd. 236, Berlin-Heidelberg-New York: Springer-Verlag (1979) Zbl. 433.32007. Russian Transl. (by D.N. Akhiezer), Nauka, Moskau (1989). *mono*

66. Deformation komplexer Strukturen. In: *Komplexe Analysis und ihre Anwendung auf partielle Differentialgleichungen.* Kongress- und Tagungsberichte der Univers. Halle, 24–27 (1977). *deform*

67. Complex Morse singularities. In: *Journées complexes Nancy* 80, Institut E. Cartan, Univ. Nancy **I**, 3, 87–92 (1981). *compl* Zbl. 485.32008

68. (with R. Remmert) In Memoriam Heinrich Behnke. Math. Annalen **225**, 1–4 (1981). *epistem* Zbl. 449.01007

69. (mit S. Leykum) Die pseudoeuklidische Geometrie als statistisches Gleichgewicht. Math. Annalen **255**, 273–285 (1981). *quant* Zbl. 438.51022 (Zbl. 451.5198)

70.* (mit M. Commichau) Das formale Prinzip für kompakte komplexe Untermannigfaltigkeiten mit 1-positivem Normalenbündel. In: *Recent developments in several complex variables*, Proc. Conf., Princeton Univ. 1979, Ann. Math. Studies **100**, 101–126 (1981). *deform* Zbl. 485.32005 I, 106–131

71. Kantenkohomologie. Compos. Math. **44**, 79–101 (1981). *compl* Zbl. 512.32011

72. Gedanken zur Angewandten und Reinen Mathematik und zur komplexen Analysis. In: *DFG, Forschung in der Bundesrepublik Deutschland*, 471–479, Verlag Chemie Weinheim (1983). *epistem*
73. Woraus die Welt gemacht ist? unitas (Würzburg) **123**, 83–85 (1983). *epistem*
74.* Kontinuitätssatz und Hüllen bei speziellen Hartogsschen Körpern. Abh. Math. Semin. Univ. Hamb. **52**, 179–186 (1982). *lev* Zbl. 493.32015 (Zbl. 506.32001) II, 652–659
75.* Set theoretic complex equivalence relations. Math. Annalen **265**, 137–148 (1983). *decomp* Zbl. 504.32007 (Zbl. 514.32005) II, 775–786
76. (with R. Remmert) Coherent Analytic Sheaves. Grundlehren der mathematischen Wissenschaften Bd. 265, XVIII, 249 S., Berlin-Heidelberg-New York: Springer-Verlag (1984). *mono* Zbl. 537.32001
77.* On meromorphic equivalence relations. In: *Contributions to several complex variables (dedicated to W. Stoll)*, Proc. Conf. Complex Analysis, Notre Dame/Indiana 1984, Aspects Math. **E9**, 115–147 (1986). *decomp* Zbl. 592.32008 II, 787–819
78. (with Ulrike Peternell) Hyperbolicity of the complement of plane curves. Manuscr. Math. **50**, 429–441 (1985). *hyp* Zbl. 581.32031
79.* Meromorphe Äquivalenzrelationen: Anwendungen, Beispiele, Ergänzungen. Math. Annalen **278**, 175–183 (1987). *decomp* Zbl. 651.32008 II, 820–828
80. Was erforschen die Mathematiker? Abh. Math.-Nat. Klasse, Akad. Wiss. Lit. 1986, **Nr. 3**, 1–17 (1986). *epistem* Zbl. 608.00021
81. (with G. Harder and R. Remmert) Curriculum vitae mathematicae. Math. Annalen **278** (dedicated to F. Hirzebruch), V-VIII (1987). *epistem*
82. (with G. Dethloff) On the infinitesimal deformation of simply connected domains in one complex variable. In: Intern. Sympos. in Memory of Hua Loo Keng (Peking 1988). Vol. II Analysis (Eds. Gong Sheng et al.), 57–88, Berlin-Heidelberg-New York: Springer-Verlag (1991). *hyp*
83. The methods of the theory of functions of several complex variables. In: *Miscellanea mathematica*, dedicated to H. Götze (Eds.: P. Hilton, F. Hirzebruch, R. Remmert), 129–143, Berlin-Heidelberg-New York: Springer-Verlag (1991). *compl* Zbl. 737.32001
84. Jetmetriken und hyperbolische Geometrie. Math. Zeitschr. **200**, 149–168 (1989). *hyp* Zbl. 664.32020

85. (with G. Dethloff) Deformation of compact Riemann surfaces Y of genus p with distinguished points $P_1, \ldots, P_n \in Y$. Complex geometry and analysis, Proc. Int. Symp. in Honor of E. Vesentini, Pisa/Italy 1988. Lecture Notes Math. **1422**, 37–44, Berlin-Heidelberg-New York: Springer-Verlag (1990). *hyp* Zbl. 702.32020

86. Der Urgrund mathematischen Denkens. Atti Accad. Medit. Scie. Catania 1–9, Anno VI, I, 1; 63–71 (1991). *epistem*

87. Die Unendlichkeit in der Mathematik. Math. Semesterber. **37**, 153–156 (1990). *epistem*

88. C.F. Gauß oder der Geist der alten Mathematik in Göttingen. Erlanger Universitätsreden (aus Anlaß der Verleihung des von-Staudt-Preises), 3. Folge, **38**, 39–51 (1992). *epistem*

89. (with R. Remmert and Th. Peternell) Several Complex Variables VII. Encylopaedia of Mathematical Sciences Vol. 74, VIII, 369 pp., Berlin-Heidelberg-New York: Springer-Verlag (1994). *mono*

90. Analytische und meromorphe Zerlegungen und der reelle Fall. Jahr. Ber. DMV **95**, No. 4, 181–189 (1993). *decomp* Zbl. 787.32014

91. Bernhard Riemann and his ideas in philosophy of nature. Volume dedicated to B. Riemann, edited by Th.M. Rassias and H.M. Srivastava, to appear 1995. *epistem*

92. Wie Gauß die alte Göttinger Mathematik schuf. Proceedings Gauß-Symposium, München 1993, to appear. A slightly modified version also in: Naturwissenschaftliche Rundschau 6/1994, 211–219 (1994). *epistem*

Selected lecture notes (currently by: Mathematisches Institut, Bunsenstr. 3/5, 37073 Göttingen):

1. Einführung in die Theorie der elliptischen Differentialoperatoren. Summer term, 1970, Notes by W. Alt.
2. Funktionentheorie I. Summer term 1979. Notes by R. Wardelmann, Ulrike Grauert.
3. Analytische Geometrie und lineare Algebra I. Winter term 1987/88. Notes by H.C. Grunau.
4. Analytische Geometrie und lineare Algebra II. Summer term 1988. Notes by F. Jonas.
5. Differential- und Integralrechnung I. Winter term 1991/92. Notes by F. Rambo.
6. Differential- und Integralrechnung II. Summer term 1992. Notes by F. Rambo.

Acknowledgements

We would like to thank the original publishers of Hans Grauert's papers for granting permission to reprint them here.

The numbers following each source correspond to the numbering of the article in the bibliography.

Reprinted from *Abh. Math. Semin. Univ. Hamburg*. Vandenhoeck & Ruprecht, Göttingen. © Mathematisches Seminar der Universität Hamburg: II. 74

Reprinted from *Annals of Math., II Ser.* © Princeton University and the Institute for Advanced Study. Princeton University Press, Princeton, NJ: I. 19, II. 18

Reprinted from *Ann. Math. Studies.* © Princeton University Press and University of Tokyo Press, Princeton, NJ: I. 70

Reprinted from *Arch. Math.* © Birkhäuser Verlag, Basel: II. 31

Reprinted from *Bull. Soc. Math. France.* © Société Mathématique de France, Paris: II. 30

Reprinted from *C. R. Acad. Sci., Paris, Sér. I. Mathématique* © Gauthier-Villars, Paris: I. 14

Reprinted from *Comment. Math. Helvetici.* © Birkhäuser Verlag, Basel: I. 9

Reprinted from *Contributions to several complex variables (dedicated to W. Stoll), Proc. Conf. Complex Analysis, Notre Dame/Indiana 1984, Aspects of Mathematics E9.* © Vieweg Verlag, Braunschweig: II. 77

Reprinted from *Nachr. Akad. Wiss. Göttingen, II. Math.-Phys. Klasse.* Vandenhoeck & Ruprecht, Göttingen. © Akademie der Wissenschaften Göttingen: II. 27, II. 37

Reprinted from *Publ. Math. IHES.* Presses Universitaires de France, Paris; Springer-Verlag, New York. © Institut des Hautes Etudes Scientifiques, Bures-sur-Yvette: I. 38, II. 24

Reprinted from *Rice University Studies.* © William Marsh Rice University, Houston, TX: II. 51

HANS GRAUERT

SELECTED PAPERS

VOLUME II

Foto: Dr. M. Grauert

Hans Grauert 1993

HANS GRAUERT

SELECTED PAPERS

VOLUME II

Springer-Verlag
Berlin Heidelberg New York
London Paris Tokyo
Hong Kong Barcelona
Budapest

Professor Dr. Hans Grauert
Universität Göttingen
Mathematisches Institut
Bunsenstrasse 3-5
D-37073 Göttingen, Germany

Mathematics Subject Classification (1991): 01A75, 32-03, 14G05, 32Axx, 32Bxx, 32Cxx, 32Dxx, 32Exx, 32Fxx, 32Gxx, 32Hxx, 32Jxx, 32Lxx, 32Mxx, 32Nxx, 32P05, 32Sxx, 52Cxx, 53C55

ISBN 3-540-57107-8 (in 2 Bänden)
Springer-Verlag Berlin Heidelberg New York
ISBN 0-387-57107-8 Set (2 volumes)
Springer-Verlag New York Berlin Heidelberg

Library of Congress Cataloging-in-Publication Data.
Grauert, Hans, 1930- [Selections. 1994]
Selected papers / Hans Grauert. p. cm. English and German.
Includes bibliographical references and index.
ISBN 3-540-57107-8 (Berlin: set: acid-free). – ISBN 0-387-57107-8 (New York: set: acid-free)
1. Functions of several complex variables. I. Title. QA331.7.G7425 1994 515'.94–dc20 94-29204

Typesetting of the foreword, the curriculum vitae, the ten commentaries, and the bibliography:
Camera ready copy by the author using a Springer TEX macro package
SPIN: 10073259 41/3140 - 5 4 3 2 1 0 - Printed on acid-free paper

Foreword

As I wanted to keep the size of this collective reprinting within reasonable limits only a representative selection of the mathematical papers appears here. Monographs, survey articles and essays of a more philosophical nature (see *epistem* in the bibliography) have been omitted completely. The same applies to the field of non-Archimedean function theory (*nonarch*), since I feel that other methods are better than those analogous to complex analysis. Also most of the results on hyperbolic complex spaces have not been included as they are incomplete.

It may be that discrete geometry as proposed by B. Riemann is the only possible way in quantum physics to force wave theory and particle theory into a single consistent logical system (see: *quant*): experiments in the so-called quantum philosophy, which were carried out particularly in the last two decades, show, for instance, that the (Lorentz)distance in the interior of a system of particles can be (practically) zero (this is called "locality"), but of course is positive in the ambient space. This happens automatically in discrete geometry. But nothing was really proved and so all of this has been omitted.

All this means that we have restricted the choice to the area of *Several Complex Variables* (with one exception: the Mordell conjecture over fields of any characteristic). This edition appears in two volumes comprising 8 parts. Both volumes and, indeed, the individual parts may be read independently of one another. However, a historical introduction to complex spaces is to be found in Part I.

More about complex spaces was already collected together in a Russian edition, translated by I. R. Shafarevich and published in 1965 of papers of R. Narasimhan, H. Cartan, A. Andreotti, R. Remmert and myself.

Many of the commentaries have been written by Y.T. Siu, to whom I am much indebted. I have also to thank my colleague S.J. Patterson for improving on my English.

Göttingen, October 1994 *Hans Grauert*

Curriculum vitae

(Calendar written in the European style, SS = summer term, WS = winter term)

born:	8.2.1930 in Haren-Ems (Niedersachsen)
parents:	Clemens and Maria Grauert
visited:	Volksschule Haren from 1.4.1936–31.3.1941 Mittelschule Haren from 1.4.1941–31.3.1945 Gymnasium Meppen from 1.1.1946–21.2.1949
Reifezeugnis:	Gymnasium Meppen on 21.2.1949
studied: mathematics and physics:	University of Mainz SS 1949 University of Münster WS 1949–WS 1952 Eidgenössische Technische Hochschule Zürich in spring 1953–SS 1953
doctorate:	Münster in mathematics on 30.7.1954
grants:	Land Nordrhein-Westfalen WS 1954 Deutsche Forschungsgemeinschaft SS 1955
wissensch. Assistent	Münster September 1955–30.9.1959
in between	Institute for Advanced Study, Princeton, N.J., WS 1957–WS 1958, thereafter: Institut des Hautes Études Scientifiques (IHES) in Paris SS 1959
Habilitation:	in mathematics in Münster on 8.2.1957
ordentlicher Professor:	at the University of Göttingen from 1.10.1959
honours:	invited lectures ICM (International Congress of Mathematiciens): 1958 Edinburgh $\frac{1}{2}$ hour, 1962 Stockholm 1 hour, 1966 Moskau $\frac{1}{2}$ hour jointly with R. Remmert from 1959: permanently invited Professor at the IHES, member of Academies of Sciences: Göttingen, Mainz, Leopoldina Halle, Catania, Europaea London, München Dr.rer.nat.h.c. at the universities Bayreuth, Bochum, Bonn von-Staudt-price of the university of Erlangen 1991
visiting professor:	Berkeley, University of Chicago, Stanford, Tokyo, Kyoto, Notre Dame, Yale, Acad. Sin. Peking

Part VIII. Special Results

Part IX. Commentary on the Non-Archimedean Function Theory

Part X. Commentary on Discrete Geometry

The following abbreviations in italics concern the kind of contents (Inhalt) of the paper concerned: *compl:* complex spaces, sheaf theory; *lev:* Levi problem, convexity, Stein spaces, projective algebraic spaces; *deform:* deformation of complex structures, formal principle, vector bundles; *decomp:* analytic and meromorphic decompositions.

Contents Volume I

Part I. General Theory of Complex Spaces

Part II. Levi Problem and Pseudoconvexity

Part III. Fibre Bundles

The number in parentheses following the contribution title indicates the corresponding number in the bibliography.

The following abbreviations in italics concern the kind of contents (Inhalt) of the paper concerned: *compl:* complex spaces, sheaf theory; *lev:* Levi problem, convexity, Stein spaces, projective algebraic spaces; *deform:* deformation of complex structures, formal principle, vector bundles; *decomp:* analytic and meromorphic decompositions.

Part IV

Direct Images

Commentary

1

The *proper image theorem* (R. Remmert: Holomorphe und meromorphe Abbildungen komplexer Räume. Math. Annalen 133, 328–370 (1957)), which states that every proper holomorphic direct image of an analytic set is an analytic set again can be considered as a set theoretic version of the direct image theorem for coherent analytic sheaves. However, it is much simpler and its proof is much easier. So let us first consider this theorem. The essential tool (R. Remmert and K. Stein: Über die wesentlichen Singularitäten analytischer Mengen. Math. Annalen 126, 263–306 (1953)) of its proof is the fact that analytic sets A can be analytically extended beyond lower dimensional analytic sets B. This tool has proved to be important in many other cases. (For instance in Part VII: Decomposition of complex spaces).

The case where $\dim A = \dim B$ is more difficult. It contains the famous theorem of Radó in a generalized version:

Assume that $D \subset \mathbb{C}^n$ is a domain and that f is a continuous function $D \to \mathbb{C}^m$ which is holomorphic where it is different from $O \in \mathbb{C}^m$. Then f is holomorphic in D.

Now f has to be k-valued and may have branching points. If the value of f in these is different from $O \in \mathbb{C}^m$ the graph of f locally there is an analytic set. Over any point of D the function f may have k different values, at most.

2

There are some important consequences of the singularity theorem in the case $\dim B < \dim A$ and the proper image theorem for analytic sets. Assume at first that X is a compact algebraic space. That means that X is a topological space which is equipped with a structure sheaf such that some further conditions are satisfied. Similar to analytic sets A in domains $D \subset \mathbb{C}^n$ one can also define affine algebraic sets $A \subset \mathbb{C}^n$. This is done by replacing the local holomorphic functions by the $\mathbb{C}$-algebra of polynomials in $\mathbb{C}^n$. These algebraic sets carry the Zariski topology and are $\mathbb{C}$-ringed spaces. Any algebraic space X has to be locally isomorphic to an affine algebraic set. But it never is a Hausdorff space. However, it has a property which replaces the Hausdorff property. First, the notion of cartesian product has

5

The direct image theorem states that *all direct images* $\mathcal{R}^m\psi_*(\mathcal{S})$ *are coherent again.* Its first proof used the known theorem of finiteness of the cohomology on the compact fiber X_0 over a point $O \in Y$ (see H. Cartan and J.P. Serre: Un théorème de finitude concernant les variétés analytiques compactes. Acad. Sci. Paris 237, 128–130 (1953)). Then, generalized formal power series transversal to X_0 are employed.

Roughly speaking, the proof of the direct image theorem uses power series expansion whose coefficients are cohomology classes on one fixed fiber. The coefficients are obtained recurrently and with estimates. Cohomology groups carry natural Fréchet space structures. However, to get a convergent power series by recurrent formula with estimates, one needs a fixed norm for the interation process instead of the infinite sequence of semi-norms. One key point of the proof of the direct image is to replace a cocycle with estimate for a weak norm by another cocycle with estimate for a stronger norm modulo a coboundary with estimate for an even weaker norm. This "smoothing" technique resembles the smoothing process used in the Nash-Moser implicit function theorem (J. Nash: The imbedding problem for Riemannian manifolds. Ann. of Math. 63 (1956), 20–63. J. Moser: A rapidly converging iteration method and nonlinear partial differential equations. Ann. Scuola Norm. Sup. di Pisa 20 (1966), I. 265–315, II. 499–533.) In the case of the proof of the direct image theorem the sequence of semi-norms are defined by supremum norm for holomorphic functions on a sequence compact subsets of a complex space. In the case of the Nash-Moser implicit function theorem the sequence of norms are C^k norms for smooth functions The number k in the C^k norm indicates the order of smoothness of an element with finite C^k norm. In the process of iteration with estimates to get a convergent series, for each step the estimate may be obtained only for a weaker norm and the order of smoothness is thereby lowered. In the Nash-Moser process, a smoothing operator, usually defined by convolution, is applied to recover the loss of smoothness in each step of the iteration, at the expense of slowing down somewhat the rate of convergence of the series. The smoothing process used in the proof of the direct image theorem and that used in the Nash-Moser implicit function theorem are similar, but were done completely independently, each without the awareness of the other.

The original proof of the direct image theorem is rather difficult. About 10 years later methods were found which used the cohomology on all fibres simultanously instead of on one fixed fiber. Now I think the most simple idea stands in the book [76]. It follows the ideas of a paper written by D. Forster and K. Knorr: (Ein Beweis des Grauertschen Bildgarbensatzes nach Ideen von B. Malgrange. Manuscripta math. 5, 19–44 (1971)). A similar proof by R. Kiehl and J.L. Verdier (Ein einfacher Beweis des Kohärenzsatzes von Grauert. Math. Annalen 195, 24–50 (1971)) used more general techniques. There were moreover generalizations to the case where Y is an differentiable manifold and ψ is a differentiable map. See: D. Forster and K. Knorr (Relativ-analytische Räume und die Kohärenz von Bildgarben. Invent. math. 16, 113–160 (1972)) and the paper by R. Kiehl (Relativ-analytische Räume. Invent. math. 16, 40–112 (1972)). However, even in the simple proofs some analogue of the key smoothing process is used.

Since the support of any coherent analytic sheaf is an analytic set the proper image theorem follows directly from the direct image theorem. The direct image theorem, however, is much more powerful and much more difficult to prove.

6

We shall list some results which were obtained by the direct image theorem:

1) *Assume that X is a holomorphically convex complex space, eventually with a non reduced structure sheaf. Then the joint level sets of all holomorphic functions on X lead to an analytic fibration of X. The quotient space X is a (non reduced) Stein space Y and we have a proper holomorphic map $\psi : X \to Y$ such that every holomorphic function f on X can be written as $f = g \circ \psi$ where g is a holomorphic function on Y. The function g is uniquely determined.*

We call $\psi : X \to Y$ the *Remmert reduction* of X (see: R. Remmert: Sur les espaces analytiques holomorphiquement séparables et holomorphiquemnt convexes. C.R. Acad. des Sci. Paris, Séance du 2.7.1956, 118–121).

2) *Assume $\psi : X \to Y$ is a surjective holomorphic map of complex spaces and that $\mathcal{S}$ is an analytic sheaf over X. Then the stalks of $\mathcal{S}$ are also modules over the local rings in Y. If $y \in Y$ denotes a point, $\mathcal{O}$ the structure sheaf of Y and m the ideal sheaf of the analytic set $\{y\}$ we have the exact sequence $0 \to m \to \mathcal{O} \to \mathbb{C} \to 0$. If we tensorize with $\mathcal{S}$ we get the exact sequence $\mathcal{S} \otimes m \to \mathcal{S} \to \mathcal{S}[y] \to 0$ where $\mathcal{S}[y]$ is the analytic restriction of $\mathcal{S}$ to the fiber X_y over y.*

We call $\mathcal{S}$ *flat over y* if also $0 \to \mathcal{S} \otimes m \to \mathcal{S} \to \mathcal{S}[y] \to 0$ is exact and call $\mathcal{S}$ *flat over Y* if this is true for all $y \in Y$. A necessary but not sufficient condition is that the map supp($\mathcal{S}$) $\to Y$ is surjective and that all its fibres have the same dimension. We say that X *itself is flat over Y* if the structure sheaf of X is flat over Y. In this case if $\mathcal{S}$ is locally free then $\mathcal{S}$ also is flat over Y. If X and Y are complex manifolds and the map ψ is regular (i.e. its jacobian has the highest rank everywhere) then X is flat over Y.

From now on we always do assume that $\mathcal{S}$ is flat over Y and that ψ is proper and that X and Y are reduced. First there is the following result:

The function $d_k(y) = d_k(\mathcal{S}, y) := \dim_{\mathbb{C}} H^k(X_y, \mathcal{S}[y])$ with $k = 0, 1, 2, \ldots$, $y \in Y$ is upper semicontinuous in the analytic Zariski topology.

This means: if d is an integer then the set $A_d = \{y \in Y : d_k(y) \geq d\}$ is always analytic.

Denote by n the (constant) dimension of the fibres of X. We define the Euler-Poincaré characteristic $\chi(y) = \sum_{k=0}^{n}(-1)^k d_k(y)$ and get: *$\chi(y)$ is locally constant.*

automorphen Funktionen über G bildet einen Körper, den wir mit $K(\Gamma)$ bezeichnen wollen. Wir setzen fortan voraus, daß es wenigstens m algebraisch unabhängige Funktionen aus $K(\Gamma)$ gibt[2].

Satz 3. *Ist Γ pseudokonkav und sind $f_1, \ldots, f_m \in K(\Gamma)$ algebraisch unabhängige Funktionen, so ist $K(\Gamma)$ eine endliche algebraische Erweiterung des rationalen Funktionenkörpers $\mathbb{C}(f_1, \ldots, f_m) \subset K(\Gamma)$.*

Bevor wir Satz 3 beweisen, ist es notwendig, einige Vorbereitungen zu treffen[3]. Es seien $z_0 \in \mathbb{C}^m$ ein beliebiger Punkt, $\mathfrak{o}$ der Ring der Keime der holomorphen Funktionen in z_0, $\mathfrak{m} \subset \mathfrak{o}$ das maximale Ideal. Der komplexe Vektorraum $\mathfrak{o}_l = \mathfrak{o}/\mathfrak{m}^{l+1}$ hat die Dimension $\binom{m+l}{m}$. Der Wert $\dim_{\mathbb{C}} \mathfrak{o}_l$ ist also ein Polynom vom Grade m in l. Laut Definition verschwindet eine in einer Umgebung $K = K(z_0)$ holomorphe Funktion h in z_0 (wenigstens) l-ter Ordnung, wenn der durch h in z_0 erzeugte Funktionenkeim Element des Ideals $\mathfrak{m}^l$ ist. Es folgt als Verallgemeinerung des Schwarzschen Lemmas:

(1) *Ist K eine Hyperkugel vom Radius r um z_0 und verschwindet h in z_0 von l-ter Ordnung, so gilt $|f(z)| \leq \frac{|z - z_0|^l}{r^l} \sup |f(K)|$, wenn $z = (z_1, \ldots, z_m)$, $z_0 = (z_1^{(0)}, \ldots, z_m^{(0)})$ und $|z - z_0|^2 = \sum_{\nu=1}^{m} |z_\nu - z_\nu^{(0)}|^2$ gesetzt werden.*

Der Beweis von (1) ist trivial. Er ergibt sich aus dem Schwarzschen Lemma der Funktionentheorie einer Veränderlichen, da man die Aussage nur für die Beschränkung von f auf jede beliebige eindimensionale komplexe Gerade durch den Mittelpunkt $z_0 \in K$ herzuleiten braucht.

Es sei $G' \subset\subset G$ eine relativ kompakte offene Teilmenge, für die die Eigenschaften aus Definition 3 gelten. Ferner seien $g, f_\nu \in K(\Gamma)$ endlich viele meromorphe Funktionen, $\mathfrak{U} = \{U_\iota\}$, und $\mathfrak{V} = \{V_\iota\}$, $\mathfrak{V}^* = \{V_\iota^*\}$ endliche, jedoch sehr feine offene Überdeckungen von G' (mit $\iota = 1, \ldots, \iota_*$). Wir können folgende Eigenschaften erfüllen:

1) Die offenen Mengen V_ι, V_ι^* sind konzentrische Hyperkugeln um Punkte $z_\iota \in \bar{G}'$. Es gilt stets $V_\iota^* \subset V_\iota \subset U_\iota$. Das Verhältnis der Radien von V_ι^* zu V_ι ist kleiner-gleich eine feste Zahl $q < 1$.

2) Zu jedem Index $\iota \in I = \{1, \ldots, \iota_*\}$ ist eine Transformation $\gamma_\iota \in \Gamma$ gegeben, so daß $\bar{V}_\iota \subset (U_\iota \hat{\cap} \gamma_\iota^{-1}(G'))_{U_\iota}$.

---

[2] Wenn Γ (eigentlich) diskontinuierlich und G beschränkt sind, gibt es diese m Funktionen stets.

[3] Der Beweis folgt einem Ansatz von Poincaré, der später von Hervé [4] und Serre [6] weiter ausgearbeitet wurde, und benutzt die von Siegel gegebene Vereinfachung [8]. Er ist eine fast exakte Kopie von [8], wenn man von der Ausnutzung der Gruppe Γ und der Pseudokonkavität absieht.

3) —a— Über $\overline{U}_\iota$ bestehen Quotientendarstellungen: $g = g'_\iota/g''_\iota$, $f_\nu = f'_{\iota\nu}/f''_{\iota\nu}$, wobei $g'_\iota, g''_\iota, f'_{\iota\nu}, f''_{\iota\nu}$ in $\overline{U}_\iota$ holomorphe[4] Funktionen sind. —b— Die Funktionen $g_{\iota_1\iota_2} = g''_{\iota_1}/(g''_{\iota_2} \circ \gamma_{\iota_1})$, $f_{\iota_1\iota_2} = \prod_\nu f''_{\iota_1\nu}/(f''_{\iota_2\nu} \circ \gamma_{\iota_1})$ sind in $\overline{U}_{\iota_1\iota_2} = \overline{U}_{\iota_1} \cap \gamma_{\iota_1}^{-1}(\overline{U}_{\iota_2})$ holomorph.

Man konstruiert die Überdeckungen $\mathfrak{U}$, $\mathfrak{V}$, $\mathfrak{V}^*$ leicht unter Ausnutzung der Voraussetzung, daß $\overline{G}'$ kompakt ist. Man kann ja um jeden Punkt $z \in \overline{G}'$ konzentrische Hyperkugeln $V^* \subset V \subset U$ legen, derart, daß für ein $\gamma \in \Gamma$ die Inklusion $\gamma(V) \subset G'$ oder die Beziehung $V \subset (U \mathbin{\hat{\cap}} \gamma^{-1}(G'))_U$ gilt. Wählt man U hinreichend klein, so sind auch die unter 3a) verlangten Quotientendarstellungen möglich. Man kann dann Zähler und Nenner sogar als lokal teilerfremd wählen. Es folgt, daß endliche Überdeckungen $\mathfrak{U}$, $\mathfrak{V}$, $\mathfrak{V}^*$ existieren, für die die Eigenschaften 1)—3a) gelten und außerdem jeder Bruch g'_ι/g''_ι, $f'_{\iota\nu}/f''_{\iota\nu}$ in jedem Punkte von $\overline{U}_\iota$ reduziert ist. Deshalb müssen auch die Funktionen $g_{\iota_1\iota_2}$, $f_{\iota_1\iota_2}$ in $\overline{U}_{\iota_1\iota_2}$ holomorph sein.

Wir wählen positive Zahlen M' und M, so daß $\sup |g_{\iota_1\iota_2}(\overline{U}_{\iota_1\iota_2})| < M'$ und $\sup |f_{\iota_1\iota_2}(\overline{U}_{\iota_1\iota_2})| < M$ gilt. $F^l_{\nu\mu}$ sei der komplexe Vektorraum derjenigen meromorphen Funktionen $h \in K(\Gamma)$, die sich über $\overline{U}_\iota$ als ein Quotient $h_\iota/(g''_\iota)^\nu \cdot (f''_\iota)^\mu$ darstellen lassen, bei dem der Zähler h_ι eine über $\overline{U}_\iota$ holomorphe Funktion ist, die in z_ι von l-ter Ordnung verschwindet (mit $\nu, \mu, l = 0, 1, 2, 3, \ldots$), und $f''_\iota = \prod_\nu f''_{\iota\nu}$ gesetzt ist. Wir erklären die Normen:

$$\|h\| = \max_\iota \sup |h_\iota(\overline{V}_\iota)|,$$

$$\|h\|^* = \max_\iota \sup |h_\iota(\overline{V}^*_\iota)|.$$

Es folgt nach dem Schwarzschen Lemma:

(2) $\|h\|^* \leq q^l \|h\|$

und ferner läßt sich zeigen:

(3) $\|h\| \leq (M')^\nu M^\mu \|h\|^*$.

Beweis von (3). In $\overline{U}_{\iota_1\iota_2}$ gilt: $h_{\iota_1} = g^\nu_{\iota_1\iota_2} \cdot f^\mu_{\iota_1\iota_2} \cdot (h_{\iota_2} \circ \gamma_{\iota_1})$. Insbesondere ist das in $U_{\iota_1} \cap \gamma_{\iota_1}^{-1}(G' \cap V^*_{\iota_2})$ richtig. Es folgt deshalb: $\max \sup |h_\iota(U_\iota \cap \gamma_\iota^{-1}(G'))| \leq (M')^\nu \cdot M^\mu \|h\|^*$. Da $(U_\iota \mathbin{\hat{\cap}} \gamma_\iota^{-1}(G'))_{U_\iota} \supset \overline{V}_\iota$, gilt die gleiche Abschätzung für $\max \sup |h_\iota(\overline{V}_\iota)|$, q. e. d.

Aus (2) und (3) ergibt sich:

(4) Gilt $q^l \cdot (M')^\nu \cdot M^\mu < 1$, so ist $\dim F^l_{\nu\mu} = 0$.

Wir setzen: $a = [-\lg M'/\lg q] + 1$, $b = [-\lg M/\lg q] + 1$ und $l(\nu, \mu) = \nu a + \mu b$. Man hat $F^l_{\nu\mu} = 0$ für $l \geq l(\nu, \mu)$ (wenn $\nu^2 + \mu^2 \neq 0$). Daraus folgt, wenn $F_{\nu\mu}$ den Vektorraum $F^0_{\nu\mu}$ bezeichnet:

[4] Das bedeutet, daß die Funktionen in einer offenen Umgebung von $\overline{U}_\iota$ erklärt und holomorph sind.

(5) $\dim F_{\nu\mu} \leq \iota^* \cdot \binom{m + l(\nu, \mu) - 1}{m} = P(\mu).$

$P(\mu) = (b^m \cdot \iota_*/m!)\,\mu^m + A_1(\nu)\mu^{m-1} + \cdots + A_0(\nu)$ ist ein Polynom vom Grade m in μ.

Es seien jetzt $g, f_1, \ldots, f_m \in K(\Gamma)$ beliebig gewählt, die Funktionen $f_1, \ldots, f_m$ seien algebraisch unabhängig. Wir setzen $h_{\nu,\mu_1,\ldots,\mu_m} = g^\nu \cdot f_1^{\mu_1} \cdots f_m^{\mu_m}$. Die Anzahl der Ausdrücke $h_{\nu,\mu_1,\ldots,\mu_m}$ mit $\nu \leq \nu_0$, $\mu \leq \mu_0$, $\mu = \mu_1 + \cdots + \mu_m$ beträgt $(\nu_0 + 1)\binom{m + \mu_0}{m} = ((\nu_0 + 1)/m!)\mu_0^m + B_1\mu_0^{m-1} + \cdots + B_0 = Q(\mu_0)$. Andererseits gilt jedoch: $h_{\nu,\mu_1,\ldots,\mu_m} \in F_{\nu_0\mu_0}$. Wählen wir ν_0 so groß, daß $(\nu_0 + 1)/m! > b^m \cdot \iota_*/m!$ ist, so muß für großes μ_0 die Ungleichung $Q(\mu_0) > P(\mu_0)$ richtig sein, d.h. es besteht eine nicht-triviale algebraische Gleichung:

$$\sum_{\substack{\nu = 0, \ldots, \nu_0 \\ \mu = 0, \ldots, \mu_0}} a_{\nu,\mu_1,\ldots,\mu_m} g^\nu \cdot f_1^{\mu_1} \cdots f_m^{\mu_m} = 0.$$

Dabei sind sicher Koeffizienten $a_{\nu,\mu_1,\ldots,\mu_m}$ mit $\nu > 0$ von null verschieden, da sonst $f_1, \ldots, f_m$ algebraisch abhängig wären. Jede Funktion $g \in K(\Gamma)$ ist also algebraisch über $\mathbf{C}(f_1, \ldots, f_m)$ von einem Grad $d(g) \leq \nu_0$. Die Zahl ν_0 hängt dabei von b, ι_* und damit M und den Überdeckungen $\mathfrak{U}$, $\mathfrak{B}$, $\mathfrak{B}^*$ ab.

Wir wählen nun $\mathfrak{U}$, $\mathfrak{B}$, $\mathfrak{B}^*$ so, daß die Eigenschaften 1) — 3) in bezug auf die Funktionen $f_1, \ldots, f_m$ gelten, die wir als ein für alle mal fest gewählt annehmen. Wir setzen $F_\mu = F_{0\,\mu}$. Die direkte Summe $F = \sum_{\mu=0}^{\infty} F_\mu$ bildet einen graduierten Ring. Man wird deshalb zu folgender rein algebraischer Betrachtung geführt:

Es seien $\hat{R} = \sum_{\nu=0}^{\infty} \hat{R}_\nu$ irgendein graduierter kommutativer nullteilerfreier Ring, $R = \sum R_\nu \subset \hat{R}$ ein graduierter Unterring, $K(\hat{R})$ [bzw. $K(R)$] der Körper $\left\{\frac{r'}{r''} : r' \in \hat{R}_\nu,\ r'' \in R_\nu,\ r'' \neq 0\right\}$ $\left(\text{bzw. } \left\{\frac{r'}{r''} : r', r'' \in R_\nu,\ r'' \neq 0\right\}\right)$, wobei in der Menge $\left\{\frac{r'}{r''}\right\}$ die üblichen Identifizierungen vorzunehmen sind und die Addition und Multiplikation auf natürliche Weise erklärt werden. Jedes Element aus $K(\hat{R}) \supset K(R)$ sei algebraisch über $K(R)$. Es werde ferner vorausgesetzt, daß jede Gruppe R_ν ganz abgeschlossen in $\hat{R}_\nu$ ist, d.h. genügt ein Element $r \in \hat{R}_\nu$ einer ganz-algebraischen Gleichung: $r^l + A_1 r^{l-1} + \cdots + A_l = 0$ mit $A_\mu \in R_{\nu\cdot\mu}$, so gelte stets $r \in R_\nu$. Es folgt unter diesen Annahmen:

Satz 4. *$K(\hat{R})$ stimmt mit $K(R)$ überein.*

Der Beweis wird später erbracht werden. Wir setzen in unserem Falle $R = F$ und $\hat{R} = R \cdot K(\Gamma)$. Es gilt dann $K(\hat{R}) = K(\Gamma)$, der Körper $K(R)$ enthält wenigstens die Funktionen $f_1, \ldots, f_m$. Jedes Element von $K(\hat{R})$ ist also algebraisch über $K(R)$. Weil der Ring der holomorphen Funktionen in seinem Quotientenkörper ganz abgeschlossen ist, muß auch jede Gruppe R_ν in $\hat{R}_\nu$ ganz abgeschlossen sein. Also folgt $K(R) = K(\hat{R}) = K(\Gamma)$.

Ist aber $g \in K(R)$ ein beliebiges Element, so gilt nach Definition von $K(R)$ in jedem $\overline{U}_\iota$ die Beziehung: $g = (g'_\iota/(f''_\iota)^\nu)/(g''_\iota/(f''_\iota)^\nu)$, wobei g'_ι, g''_ι in $\overline{U}_\iota$ holomorph sind. Somit ist $g = g'_\iota/g''_\iota$; die Funktionen $g_{\iota_1 \iota_2}$ sind holomorph. Das bedeutet: für die Funktionen $g, f_1, \ldots, f_m$ sind die Eigenschaften 1)—3) erfüllt. Wir können die Überdeckungen $\mathfrak{U}$, $\mathfrak{V}$, $\mathfrak{V}^*$ und damit die Zahl ν_0 unabhängig von g wählen. $K(\Gamma)$ ist eine endliche algebraische Erweiterung von $\mathrm{C}(f_1, \ldots, f_m)$, q. e. d.

Es werde der Beweis von Satz 4 nachgeholt. Es sei $g \in K(\hat{R})$ ein beliebiges Element. Nach Voraussetzung besteht eine algebraische Gleichung: $g^l + a_1 g^{l-1} + \cdots + a_l = 0$ mit $a_\nu \in K(R)$. Wählt man s geeignet, so gilt $a_\nu = a'_\nu/a''$ mit $a'_\nu, a'' \in R_s$ und $g = g'/g''$ mit $g' \in \hat{R}_s$, $g'' \in R_s$. Man erhält:

$$(g' \cdot a'')^l + a'_1 \cdot g'' \cdot (g' \cdot a'')^{l-1} + a'_2 \cdot (a'') \cdot (g'')^2 (g' \cdot a'')^{l-2} + \cdots + a'_l \cdot (a'')^{l-1} \cdot (g'')^l = 0.$$

Also ist $g' \cdot a''$ ein Element von R_{2s} und daraus folgt: $g = (g' \cdot a'')/(g'' \cdot a'') \in K(R)$, q. e. d.

§ 3. Die Siegelsche Modulgruppe

Es bezeichne jetzt $H = H_n$ die Siegelsche obere Halbebene, $\Gamma = \Gamma_n$ sei die Siegelsche Modulgruppe. H ist ein Teilgebiet des $\mathrm{C}^{\frac{n(n+1)}{2}}$ und besteht aus allen symmetrischen quadratischen Matrizen $Z = X + iY$ vom Grade n, bei denen die Form $\bar{\mathfrak{a}}^t \circ Y \circ \mathfrak{a}$ positiv definit ist (in Zeichen $Y > 0$). Zur Definition von Γ betrachtet man alle reellen Matrizen $\begin{pmatrix} A & B \\ C & D \end{pmatrix}$, die den Gleichungen:

$$\begin{pmatrix} A & B \\ C & D \end{pmatrix}^t \begin{pmatrix} 0 & E \\ -E & 0 \end{pmatrix} \begin{pmatrix} A & B \\ C & D \end{pmatrix} = \begin{pmatrix} 0 & E \\ -E & 0 \end{pmatrix}, \quad \begin{vmatrix} A & B \\ C & D \end{vmatrix} = 1$$

genügen, wobei A, B, C, D quadratische Matrizen vom Grade n und E die Einheitsmatrix gleichen Grades sind. Durch die Zuordnung

$$Z \to (AZ + B)\,(CZ + D)^{-1}$$

erhält man biholomorphe Abbildungen $\gamma: H_n \to H_n$. Die symplektische Gruppe $\hat{\Gamma}$ besteht aus allen diesen Transformationen, die Modulgruppe Γ ist eine Untergruppe von $\hat{\Gamma}$. Ihre Elemente entsprechen Matrizen $\begin{pmatrix} A & B \\ C & D \end{pmatrix}$ mit ganzzahligen Komponenten.

Jede reelle positiv definite symmetrische Matrix Y läßt sich auf die sogenannte Jacobische Normalform bringen, d.h. sie läßt sich schreiben $Y =$

der Operatorgarbe $\mathfrak{O}(X)$ der Keime der holomorphen Funktionen in X alle Halme von $\mathfrak{S}$.

THEOREM B. *Ist $\mathfrak{S}$ eine kohärente analytische Garbe über einer Steinschen Mannigfaltigkeit X, so verschwinden alle Cohomologiegruppen $H^q(X, \mathfrak{S})$ für $q > 0$.*

2. Es ist seit langem bekannt, daß Aussagen, wie sie in den Theoremen A und B gemacht werden, nicht für kohärente analytische Garben über beliebigen komplexen Mannigfaltigkeiten richtig sind. Selbst für algebraische Mannigfaltigkeiten sind die Theoreme A und B i. a. falsch. Es gelang jedoch J.P. SERRE 1954 (vgl. [6], Exp. XVIII und XIX, sowie [19]), unter Verwendung der Tensorproduktbildung von analytischen Garben zu beweisen, daß die Theoreme A und B in einer modifizierten Fassung für kohärente analytische Garben über allen komplexen projektiven Räumen richtig bleiben :

THEOREM VON SERRE. *Es gibt eine ausgezeichnete freie analytische Garbe $\mathfrak{F}$ über dem n-dimensionalen komplexen projektiven Raum P^n, $n \geqq 1$, mit folgender Eigenschaft : Ist $\mathfrak{S}$ irgendeine kohärente analytische Garbe über dem P^n, so gelten für fast alle Garben $\mathfrak{S} \otimes \mathfrak{F}^{\underline{k}}$, $k \geqq 0$, die Aussagen der Theoreme* A *und* B.[3]

Da man eine beliebige algebraische Mannigfaltigkeit X laut Definition stets singularitätenfrei in einem projektiven Raum P^n einbetten kann und jede kohärente analytische Garbe über X einfach dadurch zu einer kohärenten analytischen Garbe über dem P^n fortgesetzt wird, wenn man sie außerhalb $X \subset P^n$ null setzt, so sind durch das SERREsche Theorem die Theoreme A and B in der modifizierten Fassung für beliebige algebraische Mannigfaltigkeiten bewiesen.

3. Die soeben gewonnene Einsicht führt uns zu einem grundlegenden Prinzip der Theorie der kohärenten analytischen Garben :

Um einen Satz über kohärente analytische Garben für eine Klasse von komplexen Mannigfaltigkeiten zu beweisen, bette man diese Mannigfaltigkeiten in strukturell einfachere komplexe Mannigfaltigkeiten ein und beweise den entsprechenden Satz für diese einfacheren Mannigfaltigkeiten.

Unter dieses Prinzip ist auch weitgehend die vorliegende Arbeit gestellt. Es werden zwei Hauptsätze I. und II. für kohärente analytische Garben über kartesischen Produkträumen $Y \times P^n$ bewiesen. Dabei kann Y eine beliebige komplexe Mannigfaltigkeit sein ; wir lassen jedoch auch

[3] Das k-fache Tensorprodukt einer Garbe $\mathfrak{F}$ mit sich selbst: $\mathfrak{F} \otimes \mathfrak{F} \otimes \ldots \otimes \mathfrak{F}$ wird in dieser Arbeit stets mit $\mathfrak{F}^{\underline{k}}$ bezeichnet. Mit $\mathfrak{F}^k$ bezeichnen wir die k-fache direkte Summe von $\mathfrak{F}$ mit sich selbst: $\mathfrak{F} \oplus \mathfrak{F} \oplus \cdots \oplus \mathfrak{F}$.

von vornherein zu, daß Y irgendein komplexer Raum im Sinne von H. CARTAN und J. P. SERRE ist.[4] In einer späteren Arbeit wird gezeigt, daß aus den Sätzen I. und II. sehr weitreichende Sätze über kohärente analytische Garben für allgemeinere komplexe Räume, als es die Produkträume sind, hergeleitet werden können.

Grundlegend für unsere Überlegungen sind die Begriffe des *analytischen Bildes* und des *analytischen Urbildes* einer Garbe, die *J. Leray* einführte und *A. Grothendieck* benutzte, um den Satz von RIEMANN-ROCH-HIRZEBRUCH auf kohärente analytische Garben zu verallgemeinern.[5] Diese neuen Begriffe gestatten die Definition der Einfachheit einer analytischen Garbe bzgl. einer holomorphen Abbildung. Es seien X, Y komplexe Räume, es sei $\tau : X \to Y$ eine holomorphe Abbildung von X in Y. Eine analytische Garbe $\mathfrak{S}$ über X heißt *A-einfach* bzgl. τ, wenn das analytische Urbild des 0-ten Bildes von $\mathfrak{S}$ bzgl. τ die Garbe $\mathfrak{S}$ "erzeugt" (zur genaueren Definition vgl. § 2.7). Die analytische Garbe $\mathfrak{S}$ heißt *B-einfach* bzgl. τ, wenn alle ν-ten Bildgarben von $\mathfrak{S}$ bzgl. τ Nullgarben sind, $\nu = 1, 2, \ldots$ (vgl. § 2. 6.). Die analytische Garbe $\mathfrak{S}$ heißt *einfach* bzgl. τ, wenn sie A-einfach und B-einfach bzgl. τ ist.

Der Begriff "A-einfach" besagt im wesentlichen, daß jeder Punkt $y_0 \in Y$ eine Umgebung $U(y_0)$ besitzt, so daß für $\mathfrak{S}$ über $\tau^{-1}(U(y_0))$ das Theorem A gilt; analog besagt "B-einfach" im wesentlichen, daß es zu jedem Punkt $y_0 \in Y$ beliebig kleine Umgebungen $U(y_0)$ gibt, so daß für $\mathfrak{S}$ über $\tau^{-1}(U(y_0))$ stets das Theorem B gilt.

In der vorliegenden Arbeit wird nun der Fall betrachtet, daß X ein Produktraum $Y \times P^n$ und τ die Projektion auf Y ist. Es werden die folgenden beiden Hauptsätze bewiesen (vgl. § 3.5).

I. *Es gibt eine ausgezeichnete freie analytische Garbe $\mathfrak{F}$ über $Y \times P^n$ mit folgender Eigenschaft: Ist $\mathfrak{S}$ irgendeine kohärente analytische Garbe über $Y \times P^n$ und Q ein relativ-kompakter Teilbereich von Y, so sind fast alle Garben $\mathfrak{S} \otimes \mathfrak{F}^k$, $k \geqq 0$, über $Q \times P^n$ einfach bzgl. der Projektion $\tau : Q \times P^n \to Q$.*

II. *Ist $\mathfrak{S}$ irgendeine kohärente analytische Garbe über $Y \times P^n$, so sind alle ihre analytischen Bildgarben bzgl. $\tau : Y \times P^n \to Y$ kohärent über Y.*[5a]

Aus I. und II. ergibt sich dann:

III. *Ist $\mathfrak{S}$ irgendeine kohärente analytische Garbe über $Y \times P^n$ und Q*

[4] Es gibt verschiedene Möglichkeiten, den Begriff des komplexen Raumes einzuführen. Wir schließen uns in dieser Arbeit der von H. CARTAN in seinen Seminarberichten gegebenen Definition an (vgl. [6, Exp. VI - IX]), lassen jedoch nach einem Vorschlag von J. P. SERRE auch nicht normale komplexe Räume zu (vgl. [6, Exp. XX] sowie [19]).

[5] Wir stützen uns auf mündliche Mitteilungen von Herrn GROTHENDIECK.

[5a] A. GROTHENDIECK hat analoge Sätze in der algebraischen Geometrie bewiesen. Vgl. H. CARTAN Séminaire 1956/57.

ein relativ-kompakter, holomorph-vollständiger Teilbereich von Y, so gelten für fast alle Garben $\mathfrak{S} \otimes \mathfrak{F}^k$, $k \geqq 0$, über $Q \times P^n$ die Aussagen der Theoreme A *und* B.

Ist Y ein einziger Punkt, so beinhaltet III. genau das Theorem von SERRE. Unser Beweis schließt sich jedoch nicht an den Beweis von SERRE an; er wird unter wesentlicher Verwendung des HOPFschen σ-Prozesses und ohne Benutzung der CARTAN-SERREschen Endlichkeitssätze für Cohomologiegruppen über kompakten komplexen Räumen geführt (§§ 4, 5).

4. Die grundlegenden Begriffe und Sätze aus der allgemeinen Garbentheorie sind der Vollständigkeit halber in § 1 zusammengestellt. Der Begriff der Cohomologiegruppe mit Koeffizienten in einer Garbe wird in einer neueren Fassung benutzt, wodurch die sonst gelegentlich notwendige Beschränkung auf parakompakte topologische Räume überflüssig wird. In § 2 werden zunächst *geringte Räume* als Verallgemeinerung von komplexen Räumen eingeführt; alsdann wird die Theorie der Urbilder und Bilder von Garben für *morphe Abbildungen* zwischen beliebigen geringten Räumen entwickelt. Bild- und Urbildbildung erweisen sich als *kovariante additive Funktoren*; der Urbildfunktor ist sogar *rechtsexakt* und *tensoriell multiplikativ* und führt kohärente Garben in kohärente Garben über, der 0-te Bildfunktor ist *linksexakt*. Urbildbildung und Bildung der 0-ten Bilder sind *transitiv* gegenüber zusammengesetzten morphen Abbildungen; demzufolge erweisen sich auch die Einfachheitsbegriffe als transitiv.

Für die Anwendungen ist es wichtig, Beziehungen zwischen den Cohomologiegruppen mit Koeffizienten in einer Garbe und den Cohomologiegruppen mit Koeffizienten in der 0-ten Bildgarbe zu kennen. Im allgemeinen Falle können solche Beziehungen mit Hilfe von Spektralsequenzen hergeleitet werden. Ist indessen die vorgegebene Garbe B-einfach, so läßt sich zeigen, daß die in Rede stehenden Cohomologiegruppen kanonisch isomorph sind. Dieser Satz wird nach einer Idee von H. CARTAN mit Hilfe von *welken Garbenauflösungen* bewiesen.[6]

1. Grundlegende Begriffe und Sätze der Garbentheorie

1. Es sei X ein topologischer Raum. Die Begriffe der Garbe, des (kanonischen) Garbendatums, der Untergarbe und Quotientengarbe, des

[6] Auf die Möglichkeit, diesen Satz unter Benutzung welker Garbenauflösungen zu beweisen, wurden wir von Herrn Professor H. CARTAN in einem Briefe aufmerksam gemacht. Wir möchten Herrn Professor H. CARTAN an dieser Stelle für die freundliche Mitteilung seiner Beweisidee unseren Dank aussprechen.

Garbenhomomorphismus etc. sind über beliebigen topologischen Räumen wohldefiniert und seien als bekannt vorausgesetzt.[7] Mit $\mathfrak{A} = \mathfrak{A}(X)$ wird im folgenden stets eine Garbe von Ringen über X bezeichnet; alle Halme $\mathfrak{A}_x$, $x \in X$, von $\mathfrak{A}$ seien kommutativ und mögen ein Einselement 1_x besitzen, die Abbildung $x \to 1_x$ sei stetig.

Eine Garbe $\mathfrak{S}$ von abelschen Gruppen über X heißt eine *Garbe von $\mathfrak{A}$-Moduln*, wenn jeder Halm $\mathfrak{S}_x$ von $\mathfrak{S}$ ein unitärer $\mathfrak{A}_x$-Modul ist, derart, daß die natürliche Abbildung $(a_x, s_x) \to a_x \cdot s_x$ der Menge

$$\{(a_x, s_x) : a_x \in \mathfrak{A}_x, s_x \in \mathfrak{S}_x, x \in X\} \subset \mathfrak{A} \times \mathfrak{S}$$

in $\mathfrak{S}$ stetig ist. Statt Garbe von $\mathfrak{A}$-Moduln sagen wir auch kurz *$\mathfrak{A}$-Garbe.*

Ein Garbenhomomorphismus $\varphi : \mathfrak{S} \to \mathfrak{S}^1$ zwischen zwei $\mathfrak{A}$-Garben $\mathfrak{S}$, $\mathfrak{S}^1$ über X heißt ein *$\mathfrak{A}$-Homomorphismus*, wenn $\varphi \mid \mathfrak{S}_x = \varphi_x : \mathfrak{S}_x \to \mathfrak{S}_x^1$ für jedes $x \in X$ ein $\mathfrak{A}_x$-Homomorphismus ist.

Ist U irgendeine offene Menge in X und $\mathfrak{S}$ irgendeine $\mathfrak{A}$-Garbe über X, so sei die Gesamtheit aller Schnitte in $\mathfrak{S}$ über U wie üblich mit $H^0(U, \mathfrak{S})$ bezeichnet. $H^0(U, \mathfrak{S})$ kann in natürlicher Weise als ein unitärer $H^0(U, \mathfrak{A})$-Modul aufgefaßt werden (man beachte, daß $H^0(U, \mathfrak{A})$ ein kommutativer Ring mit Einselement ist). Man hat natürliche, mit der Moduloperation verträgliche Beschränkungshomomorphismen

$$r_V^U : H^0(U, \mathfrak{S}) \longrightarrow H^0(V, \mathfrak{S}),$$

wenn V irgendeine in U enthaltene offene Menge von X ist. Die Gesamtheit aller Paare $\{H^0(U, \mathfrak{S}), r_V^U\}$ bildet das kanonische $\mathfrak{A}$-Garbendatum der $\mathfrak{A}$-Garbe $\mathfrak{S}$.

Es sei nun $\{S(U), r_V^U\}$ irgendein $\mathfrak{A}$-Garbendatum[8] einer $\mathfrak{A}$-Garbe $\mathfrak{S}$ über X. Es gibt einen natürlichen Homomorphismus von $\{S(U), r_V^U\}$ in das kanonische $\mathfrak{A}$-Garbendatum $\{H^0(U, \mathfrak{S}), r_V^U\}$ von $\mathfrak{S}$: jedes Element $f \in S(U)$ bestimmt nämlich *den* Schnitt in $\mathfrak{S}$ über U, der jedem $x \in U$ den Keim von f in x zuordnet. Man erhält so einen natürlichen $H^0(U,\mathfrak{A})$-Homomorphismus $h_U : S(U) \to H^0(U, \mathfrak{S})$, der jedoch i.a. weder injektiv noch surjektiv ist[9]. Es gilt indessen [18, p. 200].

(a) *Der Homomorphismus $h_U : S(U) \to H^0(U, \mathfrak{S})$ ist genau dann injektiv, wenn die folgende Bedingung erfüllt ist:*

Ist $f \in S(U)$ beliebig und gibt es eine Überdeckung[10] $\{U_\iota\}$ von U, so daß

[7] Vgl. hierzu etwa [18] sowie [12].

[8] Ein Garbendatum einer Garbe heißt ein $\mathfrak{A}$-Garbendatum, wenn es eine $\mathfrak{A}$-Garbe definiert.

[9] Eine Abbildung heißt *injektiv*, wenn sie eineindeutig ist; sie heißt *surjektiv*, wenn sie eine Abbildung auf den Bildraum ist. Eine injektive und surjektive Abbildung heißt *bijektiv*.

[10] Unter einer Überdeckung wird stets eine *offene* Überdeckung verstanden.

Ist $\mathfrak{S}$ eine kohärente $\mathfrak{A}$-Garbe über X, so besitzt jeder Punkt $x \in X$ eine Umgebung U, so daß über U eine exakte $\mathfrak{A}$-Sequenz $\mathfrak{A}^p(U) \to \mathfrak{A}^q(U) \to \mathfrak{S}(U) \to 0$ besteht.

Zum Nachweis der Kohärenz einer $\mathfrak{A}$-Garbe bedient man sich häufig des folgenden Kriteriums [18, p. 208]:

(d) *In einer exakten $\mathfrak{A}$-Sequenz $0 \to \mathfrak{S}_1 \to \mathfrak{S}_2 \to \mathfrak{S}_3 \to 0$ von $\mathfrak{A}$-Garben über einem topologischen Raum X sind alle drei Garben $\mathfrak{S}_1$, $\mathfrak{S}_2$, $\mathfrak{S}_3$ kohärent, wenn wenigstens zwei von ihnen kohärent sind.*

Hieraus ergibt sich sofort:

(d') *Ist $\varphi : \mathfrak{S}_1 \to \mathfrak{S}_2$ ein $\mathfrak{A}$-Homomorphismus zwischen zwei kohärenten $\mathfrak{A}$-Garben $\mathfrak{S}_1$, $\mathfrak{S}_2$ über einem topologischen Raum X, so sind der Kern, der Cokern und das Bild von φ kohärente $\mathfrak{A}$-Garben über X* [12].

Wir beweisen nun:

(d'') *Es sei $0 \to \mathfrak{S}_0 \xrightarrow{\varphi_0} \mathfrak{S}_1 \xrightarrow{\varphi_1} \mathfrak{S}_2 \to \cdots \to \mathfrak{S}_k \xrightarrow{\varphi_k} \mathfrak{S}_{k+1} \to \cdots$ eine unendliche exakte $\mathfrak{A}$-Sequenz von $\mathfrak{A}$-Garben über einem topologischen Raum X; die Garben $\mathfrak{S}_{3\nu+1}$, $\mathfrak{S}_{3\nu+2}$, $\nu = 0, 1, 2, \ldots$, seien kohärent. Dann sind auch die Garben $\mathfrak{S}_{3\nu}$, $\nu = 0, 1, 2, \ldots$, kohärent.*

Beweis. Aus $\mathfrak{S}_0 \approx \mathrm{Bild}(\varphi_0) = \mathrm{Kern}(\varphi_1)$ folgt die Kohärenz von $\mathfrak{S}_0$, denn $\mathrm{Kern}(\varphi_1)$ ist wegen der Kohärenz von $\mathfrak{S}_1$ und $\mathfrak{S}_2$ nach (d') kohärent. Um die Kohärenz von $\mathfrak{S}_3$ zu zeigen (für die weiteren Garben $\mathfrak{S}_6$, $\mathfrak{S}_9$, ... verläuft der Beweis analog!), gehen wir aus von der exakten $\mathfrak{A}$-Sequenz:

$$(*) \qquad 0 \longrightarrow \mathrm{Kern}\,(\varphi_3) \longrightarrow \mathfrak{S}_3 \longrightarrow \mathrm{Bild}\,(\varphi_3) \longrightarrow 0\,.$$

Nach (d') ist $\mathrm{Bild}(\varphi_3) = \mathrm{Kern}(\varphi_4)$ kohärent, da $\mathfrak{S}_4$ und $\mathfrak{S}_5$ nach Voraussetzung kohärent sind. Weiter ist auch $\mathrm{Kern}(\varphi_3)$ kohärent; denn es gilt $\mathrm{Kern}(\varphi_3) = \mathrm{Bild}(\varphi_2)$, und aus der exakten $\mathfrak{A}$-Sequenz $0 \to \mathrm{Kern}(\varphi_2) \to \mathfrak{S}_2 \to \mathrm{Bild}(\varphi_2) \to 0$ folgt nach (d) die Kohärenz von $\mathrm{Bild}(\varphi_2)$, da die Kohärenz von $\mathrm{Kern}(\varphi_2) = \mathrm{Bild}(\varphi_1)$ wegen der Kohärenz von $\mathfrak{S}_1$ und $\mathfrak{S}_2$ nach (d') sichergestellt ist. Aus (*) folgt nun nach (d) die Kohärenz von $\mathfrak{S}_3$, q.e.d.

Aus (d'') folgt sofort:

(d''') *Es sei $0 \to \mathfrak{S}_0 \to \mathfrak{S}_1 \to \mathfrak{S}_2 \to \cdots \to \mathfrak{S}_k \to \mathfrak{S}_{k+1} \to \cdots$ eine unendliche exakte $\mathfrak{A}$-Sequenz von $\mathfrak{A}$-Garben über einem topologischen Raum X; die Garben $\mathfrak{S}_{3\nu}$, $\mathfrak{S}_{3\nu+2}$, $\nu = 0, 1, 2, \ldots$, seien kohärent. Dann sind auch die Garben $\mathfrak{S}_{3\nu+1}$, $\nu = 0, 1, 2, \ldots$, kohärent.*

Aus (d) folgt weiter:

(d'''') *Die direkte Summe $\mathfrak{S}_1 \oplus \mathfrak{S}_2 \oplus \ldots \oplus \mathfrak{S}_p$ von endlich vielen kohärenten $\mathfrak{A}$-Garben ist kohärent.*

---

[12] Der Cokern von $\varphi : \mathfrak{S}_1 \to \mathfrak{S}_2$ ist die Quotientengarbe $\mathfrak{S}_2/\varphi(\mathfrak{S}_1)$.

Wir merken noch an (vgl. [18 p. 209, 210]):

(e) *Sind* $\mathfrak{S}_1$ *und* $\mathfrak{S}_2$ *kohärente* $\mathfrak{A}$*-Garben über einem topologischen Raum* X, *so sind auch die Garben* $\mathfrak{S}_1 \otimes_{\mathfrak{A}} \mathfrak{S}_2$ *und* $\mathrm{Hom}_{\mathfrak{A}}(\mathfrak{S}_1, \mathfrak{S}_2)$ *kohärent.*

Hieraus folgt:

(f) *Es sei* $\mathfrak{S}$ *eine kohärente* $\mathfrak{A}$*-Garbe über einem topologischen Raum* X; *es sei* $\mathfrak{M}$ *eine kohärente* $\mathfrak{A}$*-Untergarbe von* $\mathfrak{A}^p$, $p \geqq 1$. *Dann sind die Annulatoren* $\mathfrak{S}^{\mathfrak{M}}$ *und* $\mathfrak{M}^{\mathfrak{S}}$ *kohärente* $\mathfrak{A}$*-Garben.*

Beweis. Jedes Element $s_x \in \mathfrak{S}$ definiert den natürlichen $\mathfrak{A}_x$-Homomorphismus $m_x \to m_x s_x$ von $\mathfrak{M}_x$ in $\mathfrak{S}_x^p$. Daher gibt es einen kanonischen $\mathfrak{A}$-Homomorphismus $\varphi : \mathfrak{S} \to \mathrm{Hom}_{\mathfrak{A}}(\mathfrak{M}, \mathfrak{S}^p)$, dessen Kern $\mathfrak{S}^{\mathfrak{M}}$ ist. Da $\mathfrak{S}$ und $\mathrm{Hom}_{\mathfrak{A}}(\mathfrak{M}, \mathfrak{S}^p)$ kohärent sind, folgt aus (d') die Kohärenz von $\mathfrak{S}^{\mathfrak{M}}$. Analog beweist man die Kohärenz von $\mathfrak{M}^{\mathfrak{S}}$.

4. Ein besonderer Fall liegt vor, wenn die Garbe $\mathfrak{A}$ über X, die sich ebenfalls als $\mathfrak{A}$-Garbe auffassen läßt, kohärent ist. Dann gibt es ein einfaches Kriterium für die Kohärenz einer $\mathfrak{A}$-Garbe $\mathfrak{S}$, nämlich:

(g) *Ist* $\mathfrak{A}$ *eine kohärente Garbe über* X, *so ist eine* $\mathfrak{A}$*-Garbe über* X *genau dann kohärent, wenn es eine offene Überdeckung* $\mathfrak{U} = \{U_\iota\}$ *von* X *gibt, so daß für jedes* $U_\iota \in \mathfrak{U}$ *eine exakte* $\mathfrak{A}$*-Sequenz* $\mathfrak{A}^p(U_\iota) \to \mathfrak{A}^q(U_\iota) \to \mathfrak{S}(U_\iota) \to 0$ *besteht.*

Der Beweis ist trivial. Weiter ergibt sich sofort:

(g') *Ist* $\mathfrak{A}$ *kohärent über* X, *so ist jede freie* $\mathfrak{A}$*-Garbe* $\mathfrak{S}$ *über* X *kohärent. Eine* $\mathfrak{A}$*-Untergarbe* $\mathfrak{M}$ *von* $\mathfrak{A}^q$ *ist bereits dann kohärent, wenn sie von endlichem Typus ist.*

5. Ist $\mathfrak{S}$ irgendeine Garbe von abelschen Gruppen über einem topologischen Raum X, so ist für jede natürliche Zahl $q \geqq 0$ die q-dimensionale Cohomologiegruppe $H^q(X, \mathfrak{S})$ von X mit Koeffizienten in der Garbe $\mathfrak{S}$ wohldefiniert (vgl. [12], sowie [18]); man benutzt Überdeckungen, die sukzessive verfeinert werden. Wir geben im folgenden – einem Vorschlag von H. Cartan folgend – eine etwas andere Definition, die jedoch in den wichtigen Fällen mit der herkömmlichen Definition übereinstimmt.[13]

Ausgangspunkt ist der Begriff der welken Garbe, den wir in diesem Abschnitt besprechen.

Definition 2. (Welke Garbe). *Eine* $\mathfrak{A}$*-Garbe* $\mathfrak{S}$ *über einem topologischen Raum* X *heißt welk, wenn jede Schnittfläche in* $\mathfrak{S}$ *über einer beliebigen offenen Menge* U *von* X *zu einer Schnittfläche in* $\mathfrak{S}$ *über ganz* X

[13] Wir stützen uns in den Abschnitten 5.–7. weitgehend auf briefliche Mitteilungen von Herrn Prof. H. Cartan.

$$W^{n+1}(\mathfrak{S}) = W(\text{Cokern } d_{n-1}) \,, \qquad n = 0, 1, \ldots,$$

$d_n : W^n(\mathfrak{S}) \to W^{n+1}(\mathfrak{S})$ sei das Produkt der natürlichen Abbildungen

$$W^n(\mathfrak{S}) \longrightarrow (\text{Cokern } d_{n-1}) \xrightarrow{j_{(\text{Cokern } d_{n-1})}} W^{n+1}(\mathfrak{S}) \,.$$

Man zeigt jetzt leicht durch vollständige Induktion, daß die $\mathfrak{A}$-Sequenz

$$0 \to \mathfrak{S} \xrightarrow{j_\mathfrak{S}} W^0(\mathfrak{S}) \xrightarrow{d_0} W^1(\mathfrak{S}) \xrightarrow{d_1} W^2(\mathfrak{S}) \to \cdots \to W^n(\mathfrak{S}) \xrightarrow{d_n} \cdots$$

eine exakte welke $\mathfrak{A}$-Auflösung von $\mathfrak{S}$ ist.

7. Wir bezeichnen im folgenden den Komplex $W^0(\mathfrak{S}) \xrightarrow{d_0} W^1(\mathfrak{S}) \xrightarrow{d_1} \cdots$, der durch die $\mathfrak{A}$-Garbe $\mathfrak{S}$ in natürlicher Weise definiert ist, mit $W^*(\mathfrak{S})$. *Man beweist, daß W^* ein exakter Funktor ist.* Es sei $W^*(H^0(\mathfrak{S}))$ der zu $W^*(\mathfrak{S})$ assoziierte Komplex von $H^0(X, \mathfrak{A})$-Moduln. Dann wird definiert:

DEFINITION 3. (Cohomologiemoduln). *Der q-te Homologiemodul $H_q(W^*(H^0(\mathfrak{S})))$ des Komplexes $W^*(H^0(\mathfrak{S}))$ von $H^0(X, \mathfrak{A})$-Moduln heißt der q-te Cohomologiemodul $H^q(X, \mathfrak{S})$ von X mit Koeffizienten in der Garbe $\mathfrak{S}$:*

$$H^q(X, \mathfrak{S}) = H_q(W^*(H^0(\mathfrak{S}))) \,, \qquad q = 0, 1, \ldots,$$

Es ist evident, daß der hier definierte nullte Cohomologiemodul $H^0(X, \mathfrak{S})$ in natürlicher Weise zum Modul der Schnitte in $\mathfrak{S}$ über X isomorph ist; offensichtlich ist jedes $H^q(X, \mathfrak{S})$ ein $H^0(X, \mathfrak{A})$-Modul.

Man kann nun zeigen:

(l) *Sind $\mathfrak{S}, \mathfrak{S}'$ zwei $\mathfrak{A}$-Garben über X, so erzeugt jeder $\mathfrak{A}$-Homomorphismus $\varphi : \mathfrak{S} \to \mathfrak{S}'$ natürliche $H^0(X, \mathfrak{A})$-Homomorphismen $\varphi_q : H^q(X, \mathfrak{S}) \to H^q(X, \mathfrak{S}')$, $q = 0, 1, \ldots$.*

Zum Beweis beachte man, dass gilt: $j_{\mathfrak{S}'} \circ \varphi = W(\varphi) \circ j_\mathfrak{S}$.

Weiter ist leicht einzusehen, daß der Funktor W additiv ist:

(l′) *Ist $\bigoplus_{\nu=1}^n$ eine direkte Summe von endlich vielen $\mathfrak{A}$-Garben $\mathfrak{S}_\nu$, so gibt es natürliche $H^0(X, \mathfrak{A})$-Isomorphien:*

$$H^q(X, \textstyle\bigoplus_{\nu=1}^n \mathfrak{S}_\nu) \approx \textstyle\bigoplus_{\nu=1}^n H^q(X, \mathfrak{S}_\nu) \,, \qquad q = 0, 1, \ldots.$$

Die folgende Aussage ist von grundlegender Bedeutung für die Anwendungen der Garbentheorie.

(m) *Ist über einem topologischen Raum X eine exakte $\mathfrak{A}$-Sequenz*

$$0 \longrightarrow \mathfrak{S}' \longrightarrow \mathfrak{S} \longrightarrow \mathfrak{S}'' \longrightarrow 0$$

von $\mathfrak{A}$-Garben gegeben, so gibt es eine natürliche exakte Cohomologiesequenz

$$0 \to H^0(X, \mathfrak{S}') \to H^0(X, \mathfrak{S}) \to H^0(X, \mathfrak{S}'') \to H^1(X, \mathfrak{S}') \to \cdots$$
$$\cdots \to H^n(X, \mathfrak{S}') \to H^n(X, \mathfrak{S}) \to H^n(X, \mathfrak{S}'') \to H^{n+1}(X, \mathfrak{S}) \to \cdots$$

der $H^0(X, \mathfrak{A})$-Moduln, in der alle Homomorphismen in natürlicher Weise definiert sind.

Der Beweis sei angedeutet. Zunächst ist die $\mathfrak{A}$-Sequenz

$$0 \longrightarrow W^n(\mathfrak{S}') \longrightarrow W^n(\mathfrak{S}) \longrightarrow W^n(\mathfrak{S}'') \longrightarrow 0$$

exakt für jedes $n \geqq 0$. Da alle diese Garben welk sind, kann man zeigen, daß diese Sequenzen zu einer exakten Sequenz

$$0 \longrightarrow W^*(H^0(\mathfrak{S}')) \longrightarrow W^*(H^0(\mathfrak{S})) \longrightarrow W^*(H^0(\mathfrak{S}'')) \longrightarrow 0$$

der zugehörigen Modulkomplexe Anlaß geben. Diese letzte exakte Sequenz definiert aber in bekannter Weise eine exakte Homologiesequenz

$$0 \longrightarrow H_0(W^*(H^0(\mathfrak{S}'))) \longrightarrow H_0(W^*(H^0(\mathfrak{S}))) \longrightarrow H_0(W^*(H^0(\mathfrak{S}'')))$$
$$\longrightarrow H_1(W^*(H^0(\mathfrak{S}'))) \longrightarrow \cdots$$
$$\cdots \longrightarrow H_n(W^*(H^0(\mathfrak{S}))) \longrightarrow H_n(W^*(H^0(\mathfrak{S}'')))$$
$$\longrightarrow H_{n+1}(W^*(H^0(\mathfrak{S}'))) \longrightarrow \cdots .$$

8. Zur Berechnung der Cohomologiemoduln $H^q(X, \mathfrak{S})$ eines topologischen Raumes X mit Koeffizienten in einer $\mathfrak{A}$-Garbe $\mathfrak{S}$ benötigt man nicht notwendig die natürliche welke $\mathfrak{A}$-Auflösung von $\mathfrak{S}$. Es gilt vielmehr:

(n) *Ist*

$$(*) \qquad 0 \longrightarrow \mathfrak{S} \xrightarrow{h} \mathfrak{H}_0 \xrightarrow{h_0} \mathfrak{H}_1 \xrightarrow{h_1} \mathfrak{H}_2 \longrightarrow \cdots$$

irgendeine zu $\mathfrak{S}$ gehörende welke $\mathfrak{A}$-Sequenz und

$$K(H^0(\mathfrak{H})): H^0(X, \mathfrak{H}_0) \xrightarrow{h_0^*} H^0(X, \mathfrak{H}_1) \xrightarrow{h_1^*} H^0(X, \mathfrak{H}_2) \longrightarrow \cdots$$

der assoziierte Komplex von $H^0(X, \mathfrak{A})$-Moduln, so gibt es natürliche $H^0(X, \mathfrak{A})$-Homomorphismen

$$\lambda_q : H^q(X, \mathfrak{S}) \longrightarrow H_q(K(H^0(\mathfrak{H}))), \qquad q = 0, 1, 2, \ldots;$$

dabei ist λ_0 stets bijektiv. Ist $(*)$ eine welke $\mathfrak{A}$-Auflösung von $\mathfrak{S}$, so sind alle λ_q bijektiv.

Den Beweis von (n) stützt man zweckmässig auf das folgende, einfach herzuleitende

LEMMA. *Es seien*

über $\tilde{X}$ genau dann kohärent, wenn $\tilde{\mathfrak{S}}$ kohärent ist.

3. Ist $\tau : X \to Y$ eine gegebene morphe Abbildung, so kann man jeder $\mathfrak{B}$-Garbe $\mathfrak{T}$ über Y bzgl. τ eine Urbildgarbe $\tau^*(\mathfrak{T})$ von $\mathfrak{A}$-Moduln über X zuordnen. Zunächst werde für beliebige Garben $\mathfrak{T}$ die sog. *topologische Urbildgarbe* $\mathfrak{T}^t$ über X definiert:

Man setzt $\mathfrak{T}^t_x = \mathfrak{T}_{\tau(x)}$ und $\mathfrak{T}^t = \{\mathfrak{T}^t_x,\ x \in X\}$. Es gibt natürliche Abbildungen:

$$\pi : \mathfrak{T}^t \longrightarrow X, \quad \tau' : \mathfrak{T}^t \longrightarrow \mathfrak{T}$$

von $\mathfrak{T}^t$ auf X bzw. in $\mathfrak{T}$. Führt man in $\mathfrak{T}^t$ die gröbste Topologie ein, so daß π und τ' stetige Abbildungen werden, so ist π lokaltopologisch. Die so definierte Garbe $\mathfrak{T}^t$ über X heißt die topologische Urbildgarbe von $\mathfrak{T}$ bzgl. τ. (Die Topologie in $\mathfrak{T}^t$ kann auch dadurch charakterisiert werden, daß die Produktabbildung $\pi \times \tau' : \mathfrak{T}^t \to X \times \mathfrak{T}$ eine topologische Abbildung in $X \times \mathfrak{T}$ sein soll).

Ist $\mathfrak{T}$ eine $\mathfrak{B}$-Garbe, so kann die Garbe $\mathfrak{T}^t$ in natürlicher Weise als eine $\mathfrak{B}^t$-Garbe aufgefaßt werden, wenn mit $\mathfrak{B}^t$ das topologische Urbild der Strukturgarbe $\mathfrak{B}$ über Y bezeichnet wird. Es gibt einen natürlichen Homomorphismus:

$$\tilde{\tau}^t : \mathfrak{B}^t \longrightarrow \mathfrak{A}$$

von $\mathfrak{B}^t$ in $\mathfrak{A}$, der durch die Gleichung: $\tilde{\tau}^t(\mathfrak{b}^t_x) = \tau(\mathfrak{b}_{\tau(x)})$, $\mathfrak{b}^t_x \in \mathfrak{B}^t_x$, $\mathfrak{b}_{\tau(x)} = \tau'(\mathfrak{b}^t_x)$ definiert wird. Vermöge $\tilde{\tau}^t$ wird $\mathfrak{A}$ zu einer $\mathfrak{B}^t$-Garbe. Es wird nun definiert:

DEFINITION 8. ($\mathfrak{A}$-*Urbildgarbe*). *Die Garbe*

$$\tau^*(\mathfrak{T}) = \mathfrak{T}^t \otimes_{\mathfrak{B}^t} \mathfrak{A}$$

heißt die $\mathfrak{A}$-Urbildgarbe von $\mathfrak{T}$ bzgl. der morphen Abbildung τ.[20]

Die Garbe $\tau^*(\mathfrak{T})$ geht aus $\mathfrak{T}^t$ durch Änderung der Operatorengarbe $\mathfrak{B}^t$ in $\mathfrak{A}$ hervor (*kovariante $\tilde{\tau}^t$-Ausdehnung* von $\mathfrak{T}^t$ in der Terminologie von [8, p. 29]). Man hat einen natürlichen Homomorphismus $s^t_x \to s^t_x \otimes 1$ von $\mathfrak{T}^t$ in $\tau^*(\mathfrak{T})$, der jedoch i.a. nicht injektiv ist.

Wir werden später benutzen:

(d) *Es gibt einen natürlichen operatorverträglichen*[21] *Homomorphismus* $\mathring{\tau}: H^q(Y, \mathfrak{T}) \to H^q(X, \tau^*(\mathfrak{T}))$.

---

[20] Es ist evident, daß $\tau^*(\mathfrak{T})$ als eine Garbe von $\mathfrak{A}$-Moduln aufgefaßt werden kann. Wird tensoriell multipliziert bzgl. einer Garbe von Ringen, die von der Strukturgarbe verschieden sind, so wird diese Garbe rechts unten neben das Produktsymbol $\otimes$ geschrieben. Bei tensorieller Multiplikation bzgl. der Strukturgarbe wird nur das Symbol $\otimes$ geschrieben.

Beweis. Wir definieren zunächst einen operatorverträglichen Homomorphismus $\tau^t : H^0(Y, \mathfrak{T}) \to H^0(X, \mathfrak{T}^t)$. Ist s eine Schnittfläche in $\mathfrak{T}$ über Y, so gibt es genau eine Schnittfläche s^t in $\mathfrak{T}^t$ über X, so daß $\tau'(s^t) = s$. Die Zuordnung $s \to s^t$ liefert den Homomorphismus τ^t. Bezeichnet man nun mit ι den durch die Gleichung $\iota(s^t) = s^t \otimes 1$, wo $1 \in H^0(X, \mathfrak{A})$ die Einsschnittfläche ist, definierten Homomorphismus $H^0(X, \mathfrak{T}^t) \to H^0(X, \tau^*(\mathfrak{T}))$, so ist $\mathring{\tau} = \iota \circ \tau^t$ der gesuchte Homomorphismus.

4. Wir stellen im folgenden einige Eigenschaften der $\mathfrak{A}$-Urbildgarben zusammen.

Zunächst gilt:

(e) *Die $\mathfrak{A}$-Urbildbildung ist transitiv: Sind $\tau : X \to Y$, $\sigma : Y \to Z$ morphe Abbildungen und ist $\mathfrak{F}$ eine $\mathfrak{C}$-Garbe über Z, so sind die $\mathfrak{A}$-Garben $(\sigma \circ \tau)^*(\mathfrak{F})$ und $\tau^*(\sigma^*(\mathfrak{F}))$ über X in kanonischer Weise isomorph.*

Man überzeugt sich zunächst, daß die Bildung der topologischen Urbildgarbe transitiv ist: es seien mit $\mathfrak{F}^t_\sigma$ bzw. $\mathfrak{F}^t_{\sigma\circ\tau}$ die Urbilder von $\mathfrak{F}$ bzgl. σ bzw. $\sigma \circ \tau$ bezeichnet; weiter sei $(\mathfrak{F}^t_\sigma)^t_\tau$ das Urbild von $\mathfrak{F}^t_\sigma$ bzgl. τ. Dann sind $\mathfrak{F}^t_{\sigma\circ\tau}$ und $(\mathfrak{F}^t_\sigma)^t_\tau$ sicher dieselben Mengen. Aus der Definition der Topologie in den topologischen Urbildern folgt aber, daß diese Mengen auch die gleiche Topologie tragen.

Es gibt nun natürliche $\mathfrak{A}$-Isomorphien (vgl. § 1, (b')):

$$\begin{aligned}\tau^*(\sigma^*(\mathfrak{F})) &= (\mathfrak{F}^t_\sigma \otimes_{\mathfrak{C}^t_\sigma} \mathfrak{B})^t_\tau \otimes_{\mathfrak{B}^t_\tau} \mathfrak{A} \approx ((\mathfrak{F}^t_\sigma)^t_\tau \otimes_{(\mathfrak{C}^t_\sigma)^t_\tau} \mathfrak{B}^t_\tau) \otimes_{\mathfrak{B}^t_\tau} \mathfrak{A} \\ &\approx (\mathfrak{F}^t_{\sigma\circ\tau} \otimes_{\mathfrak{C}^t_{\sigma\circ\tau}} \mathfrak{B}^t_\tau) \otimes_{\mathfrak{B}^t_\tau} \mathfrak{A} \approx \mathfrak{F}^t_{\sigma\circ\tau} \otimes_{\mathfrak{B}^t_{\sigma\circ\tau}} (\mathfrak{B}^t_\tau \otimes_{\mathfrak{B}^t_\tau} \mathfrak{A}) \\ &\approx \mathfrak{F}^t_{\sigma\circ\tau} \otimes_{\mathfrak{C}^t_{\sigma\circ\tau}} \mathfrak{A} = (\sigma \circ \tau)^*(\mathfrak{F}), \qquad \text{q.e.d.}\end{aligned}$$

Weiter bemerken wir:

(f_1) *Ist $\varphi : \mathfrak{T}_1 \to \mathfrak{T}_2$ ein $\mathfrak{B}$-Homomorphismus, so gibt es einen natürlichen $\mathfrak{A}$-Homomorphismus $\tau^*(\varphi) : \tau^*(\mathfrak{T}_1) \to \tau^*(\mathfrak{T}_2)$; φ ist surjektiv genau dann, wenn $\tau^*(\varphi)$ surjektiv ist; es gilt $\tau^*(1) = 1$, wenn $1 : \mathfrak{T}_1 \to \mathfrak{T}_1$ die Identität ist. Ist $\psi : \mathfrak{T}_2 \to \mathfrak{T}_3$ ein weiterer $\mathfrak{B}$-Homomorphismus, so gilt: $\tau^*(\psi \circ \varphi) = \tau^*(\psi) \circ \tau^*(\varphi)$.*

Sind $\tau : X \to Y$, $\sigma : Y \to Z$ morphe Abbildungen und ist $\varphi : \mathfrak{F}_1 \to \mathfrak{F}_2$ ein $\mathfrak{C}$-Homomorphismus von $\mathfrak{C}$-Garben über Z, so gilt:

$$(\sigma \circ \tau)^*(\varphi) = \tau^*(\sigma^*(\varphi)) .$$

Beweis. Man hat unmittelbar einen $\mathfrak{B}^t$-Homomorphismus $\varphi^t : \mathfrak{T}^t_1 \to \mathfrak{T}^t_2$ der topologischen Urbilder. Setzt man $\tau^*(\varphi) = \varphi^t \otimes 1$, wo $1 : \mathfrak{A} \to \mathfrak{A}$ die

[21] Es seien R_1, R_2 zwei Ringe und φ: $R_1 \to R_2$ ein Ringhomomorphismus; es sei K_ν ein R_ν-Modul, $\nu = 1, 2$. Eine eindeutige Abbildung ψ: $K_1 \to K_2$ heißt ein *operatorverträglicher* (genauer *φ-verträglicher*) *Homomorphismus*, wenn ψ ein Gruppenhomomorphismus ist, und wenn gilt: $\psi(r_1 k_1) = \varphi(r_1)\psi(k_1)$, $r_1 \in R_1$, $k_1 \in K_1$. In dieser Arbeit wird vorwiegend $R_1 = H^0(Y, \mathfrak{B})$, $R_2 = H^0(X, \mathfrak{A})$ und φ der natürliche induzierte Homomorphismus sein.

Identität ist, so sieht man unmittelbar, daß $\tau^*(\varphi)$ alle behaupteten Eigenschaften besitzt.

(f$_2$) *Es gibt natürliche $\mathfrak{A}$-Isomorphien* :

$$\tau^*(\mathfrak{T}_1 \oplus \mathfrak{T}_2) \approx \tau^*(\mathfrak{T}_1) \oplus \tau^*(\mathfrak{T}_2)\,;\; \tau^*(\mathfrak{T}_1 \otimes \mathfrak{T}_2) \approx \tau^*(\mathfrak{T}_1) \otimes \tau^*(\mathfrak{T}_2)\,.$$

In der Tat ! Es gilt nach § 1, (b) :

$$\begin{aligned}\tau^*(\mathfrak{T}_1 \oplus \mathfrak{T}_2) &= (\mathfrak{T}_1 \oplus \mathfrak{T}_2)^t \otimes_{\mathfrak{B}^t} \mathfrak{A} \approx (\mathfrak{T}_1^t \oplus \mathfrak{T}_2^t) \otimes_{\mathfrak{B}^t} \mathfrak{A} \\ &\approx (\mathfrak{T}_1^t \otimes_{\mathfrak{B}^t} \mathfrak{A}) \oplus (\mathfrak{T}_2^t \otimes_{\mathfrak{B}^t} \mathfrak{A}) \approx \tau^*(\mathfrak{T}_1) \oplus \tau^*(\mathfrak{T}_2)\,.\end{aligned}$$

Weiter gilt nach § 1, (b′) :

$$\begin{aligned}\tau^*(\mathfrak{T}_1 \otimes_{\mathfrak{B}} \mathfrak{T}_2) &= (\mathfrak{T}_1 \otimes_{\mathfrak{B}} \mathfrak{T}_2)^t \otimes_{\mathfrak{B}^t} \mathfrak{A} \approx (\mathfrak{T}_1^t \otimes_{\mathfrak{B}^t} \mathfrak{T}_2^t) \otimes_{\mathfrak{B}^t} \mathfrak{A} = \mathfrak{T}_1^t \otimes_{\mathfrak{B}^t} \mathfrak{T}_2^t \otimes_{\mathfrak{B}^t} \mathfrak{A}, \\ \tau^*(\mathfrak{T}_1) \otimes_{\mathfrak{A}} \tau^*(\mathfrak{T}_2) &= (\mathfrak{T}_1^t \otimes_{\mathfrak{B}^t} \mathfrak{A}) \otimes_{\mathfrak{A}} (\mathfrak{T}_2^t \otimes_{\mathfrak{B}^t} \mathfrak{A}) \approx \mathfrak{T}_1^t \otimes_{\mathfrak{B}^t} (\mathfrak{A} \otimes_{\mathfrak{A}} (\mathfrak{T}_2^t \otimes_{\mathfrak{B}^t} \mathfrak{A})) \\ &\approx \mathfrak{T}_1^t \otimes_{\mathfrak{B}^t} \mathfrak{T}_2^t \otimes_{\mathfrak{B}^t} \mathfrak{A}\,.\end{aligned}$$

(f$_3$) *Ist* $\mathfrak{T}_1 \xrightarrow{\varphi_1} \mathfrak{T}_2 \xrightarrow{\varphi_2} \mathfrak{T}_3 \longrightarrow 0$ *eine exakte $\mathfrak{B}$-Sequenz von $\mathfrak{B}$-Garben, so ist* $\tau^*(\mathfrak{T}_1) \xrightarrow{\tau^*(\varphi_1)} \tau^*(\mathfrak{T}_2) \xrightarrow{\tau^*(\varphi_2)} \tau^*(\mathfrak{T}_3) \longrightarrow 0$ *eine exakte $\mathfrak{A}$-Sequenz der $\mathfrak{A}$-Urbilder.*

Der Beweis ergibt sich unmittelbar aus § 1, (b″).

(f$_1$)–(f$_3$) Hergeben insbesondere : τ^* *ist eine kovarianter, additiver, tensoriell-multiplikativer, rechtsexakter Funktor.*

Es folgt nun leicht :

(g) *Das $\mathfrak{A}$-Urbild $\tau^*(\mathfrak{T})$ einer jeden freien $\mathfrak{B}$-Garbe $\mathfrak{T}$ ist eine freie $\mathfrak{A}$-Garbe. Für jedes $p \geqq 1$ ist $\tau^*(\mathfrak{B}^p)$ in natürlicher* Weise *zu $\mathfrak{A}^p$ isomorph. Ist $\mathfrak{A}$ kohärent, so ist das $\mathfrak{A}$-Urbild $\tau^*(\mathfrak{T})$ einer jeden kohärenten $\mathfrak{B}$-Garbe $\mathfrak{T}$ kohärent.*

Beweis. Zeigen wir, daß $\tau^*(\mathfrak{B}^p)$ und $\mathfrak{A}^p$ isomorph sind, so folgt auch die Freiheit der $\mathfrak{A}$-Urbilder. Es gilt (vgl. § 1, (b)) :

$$\tau^*(\mathfrak{B}^p) = (\mathfrak{B}^p)^t \otimes_{\mathfrak{B}^t} \mathfrak{A} \approx (\mathfrak{B}^t)^p \otimes_{\mathfrak{B}^t} \mathfrak{A} \approx \mathfrak{A}^p\,.$$

Sei nun $\mathfrak{A}$ kohärent. Ist dann $\mathfrak{T}$ kohärent über Y, so besitzt jeder Punkt $y_0 \in Y$ eine Umgebung V, so daß über V eine exakte $\mathfrak{B}$-Sequenz

$$\mathfrak{B}^p(V) \longrightarrow \mathfrak{B}^q(V) \longrightarrow \mathfrak{T}(V) \longrightarrow 0$$

besteht. Aus (f$_3$) und dem bereits bewiesenen folgt hieraus die Existenz einer natürlichen exakten $\mathfrak{A}$-Sequenz :

$$\mathfrak{A}^p(\tau^{-1}(V)) \longrightarrow \mathfrak{A}^q(\tau^{-1}(V)) \longrightarrow \tau^*(\mathfrak{T})(\tau^{-1}(V)) \longrightarrow 0$$

über $\tau^{-1}(V)$. Da $\mathfrak{A}$ kohärent ist, folgt hieraus nach § 1, (g) die Kohärenz von $\tau^*(\mathfrak{T})$ über X.

5. Ist $\tau : X \to Y$ eine morphe Abbildung, so kann man jeder Garbe $\mathfrak{S}$

von $\mathfrak{A}$-Moduln über X eine Folge $\tau_q(\mathfrak{S})$, $q = 0, 1, 2, \ldots$, von Bildgarben von $\mathfrak{B}$-Moduln über Y zuordnen. Wir definieren die Garbe $\tau_q(\mathfrak{S})$ durch ein $\mathfrak{B}$-Garbendatum. Für eine nichtleere offene Menge U in Y werde gesetzt:

$$T_q(U) = H^q(\tau^{-1}(U), \mathfrak{S}) \, ,$$

ist $U \cap \tau(X)$ leer, so sei $T_q(U) = 0$. Da $H^q(\tau^{-1}(U), \mathfrak{S})$ ein $H^0(\tau^{-1}(U), \mathfrak{A})$-Modul ist, kann $T_q(U)$ in natürlicher Weise als ein $H^0(U, \mathfrak{B})$-Modul aufgefaßt werden. Es gibt natürliche, operatorverträgliche Beschränkungshomomorphismen $r^U_V\colon T_q(U) \to T_q(V)$, wenn $V \subset U$ eine offene Menge ist; dieselben sind durch die Beschränkungshomomorphismen der definierenden Cohomologiegruppen gegeben. Da r^U_U stets die Identität ist und für drei offene Mengen $W \subset V \subset U$ stets gilt: $r^U_W = r^V_W \circ r^U_V$, so bildet die Gesamtheit aller Paare $\{T_q(U), r^U_V\}$ für jedes $q = 0, 1, 2, \ldots$ ein $\mathfrak{B}$-Garbendatum über Y, das zu einer $\mathfrak{B}$-Garbe über Y Anlaß gibt.

Definition 9. (*q-te Bildgarbe*). *Die durch das $\mathfrak{B}$-Garbendatum $\{T_q(U), r^U_V\}$ definierte $\mathfrak{B}$-Garbe heißt die q-te Bildgarbe $\tau_q(\mathfrak{S})$ von $\mathfrak{S}$ bzgl. der morphen Abbildung τ.*[22]

Es ist evident, daß die Halme von $\tau_q(\mathfrak{S})$ in allen Punkten $y \notin \overline{\tau(X)}$ null sind.

Wir bemerken sofort:

(h) *Die Elemente $t_{\tau(x)} \in \tau_0(\mathfrak{S})$ entsprechen umkehrbar eindeutig den Keimen von Schnittflächen s in $\mathfrak{S}$ über $\tau^{-1}(\tau(x))$.*

Wir beweisen nun:

Satz 3. *Zu jeder offenen Menge U in Y gibt es einen natürlichen operatorverträglichen Isomorphismus $\psi_U\colon H^0(\tau^{-1}(U), \mathfrak{S}) \to H^0(U, \tau_0(\mathfrak{S}))$. Das $\mathfrak{B}$-Garbendatum $\{T_0(U), r^U_V\}$ der $\mathfrak{B}$-Garbe $\tau_0(\mathfrak{S})$ ist daher in natürlicher Weise dem kanonischen Garbendatum von $\tau_0(\mathfrak{S})$ isomorph.*

Beweis. Für jede offene Menge U in Y gibt es nach § 1. 1 einen natürlichen Homomorphismus $h_U\colon T_0(U) \to H^0(U, \tau_0(\mathfrak{S}))$. Man verifiziert leicht auf Grund von § 1, (a) und (a′), daß h_U stets bijektiv ist. Faßt man h_U als Abbildung ψ_U von $H^0(\tau^{-1}(U), \mathfrak{S})$ in $H^0(U, \tau_0(\mathfrak{S}))$ auf, so ist klar, daß ψ_U operatorverträglich abbildet.

Aus Satz 3 folgt unmittelbar:

(i) *Ist $\mathfrak{S}$ eine welke $\mathfrak{A}$-Garbe über X, so ist $\tau_0(\mathfrak{S})$ eine welke $\mathfrak{B}$-Garbe über Y.*

Weiter ergibt sich direkt die Transitivität der Bildung von 0-ten Bildgarben:

[22] Bilder von Garben wurden erstmals von J. Leray betrachtet.

Nun sind die Komplexe $K(H^0(U, \tau_0(\mathfrak{H})))$ und $K(H^0(\tau^{-1}(U), \mathfrak{H}))$ von $H^0(U, \mathfrak{B})$ -bzw. $H^0(\tau^{-1}(U), \mathfrak{A})$-Moduln operatorverträglich isomorph, da nach Satz 3 die Moduln $H^0(U, \tau_0(\mathfrak{H}_\nu))$ und $H^0(\tau^{-1}(U), \mathfrak{H}_\nu)$ für alle $\nu \geqq 0$ operatorverträglich isomorph sind. Daher sind auch die Homologiemoduln $H_q(K(H^0(U, \tau_0(\mathfrak{H}))))$ und $H_q(K(H^0(\tau^{-1}(U), \mathfrak{H})))$ operatorverträglich isomorph; nach § 1, (n) folgt somit für jedes U die Existenz eines $H(U,\mathfrak{B})$-Homomorphismus:

$$\mu_q^U : T_q(U) \longrightarrow H^q(\tau^{-1}(U), \mathfrak{S}) \xrightarrow{\lambda_q^U} H_q(K(H^0(\tau^{-1}(U), \mathfrak{H})))$$
$$\longrightarrow H_q(K(H^0(U, \tau_0(\mathfrak{H})))) .$$

Derselbe gibt Anlaß zu einem $\mathfrak{B}$-Homomorphismus

$$\mu_q : \tau_q(\mathfrak{S}) \longrightarrow H_q(K(\tau_0(\mathfrak{H}))) .$$

Ist (*) eine welke $\mathfrak{A}$-Auflösung von $\mathfrak{S}$, so ist nach § 1, (n) jeder Homomorphismus λ_q^U bijektiv. Da in der Definition von μ_q^U alle übrigen Homomorphismen von vornherein bijektiv sind, ist also in diesem Falle μ_q^U für jedes U bijektiv und somit auch μ_q selbst, w.z.b.w.

Wir führen nun den Begriff der B-einfachen Garbe ein.

DEFINITION 10. (*B-Einfach*). *Eine $\mathfrak{A}$-Garbe $\mathfrak{S}$ über X heißt B-einfach bzgl. der morphen Abbildung $\tau : X \to Y$, wenn $\tau_q(\mathfrak{S}) = 0$ für alle $q > 0$.*

Wir bemerken sofort:

Die $\mathfrak{A}$-Garbe $\mathfrak{S}$ ist sicher dann B-einfach bzgl. τ, wenn jeder Punkt $y_0 \in Y$ eine Umgebungsbasis $\{U_\iota\}$ besitzt, so daß alle Garben $\mathfrak{S}(\tau^{-1}(U_\iota))$ B-Garben sind. Ist speziell $\tau : X \to y_0$ eine morphe Abbildung auf einen Punkt y_0, so ist $\mathfrak{S}$ genau dann B-einfach bzgl. τ, wenn $\mathfrak{S}$ eine B-Garbe ist.

Von nun an sei (*) stets eine welke $\mathfrak{A}$-Auflösung von $\mathfrak{S}$. Aus (n) und § 1, (k) folgt sofort;

(o) *Die $\mathfrak{A}$-Garbe $\mathfrak{S}$ ist genau dann B-einfach bzgl. τ, wenn $(\overset{*}{*})$ eine welke $\mathfrak{A}$-Auflösnug von $\tau_0(\mathfrak{S})$ ist.*

Wir verallgemeinern nun die Aussage (k):

SATZ 5. *Sind $\tau : X \to Y$ und $\sigma : Y \to Z$ morphe Abbildungen und ist $\mathfrak{S}$ eine $\mathfrak{A}$-Garbe über X, so gibt es zu jeder Zahl $q \geqq 0$ einen natürlichen $\mathfrak{C}$-Homomorphismus*

$$\iota_q : \sigma_q(\tau_0(\mathfrak{S})) \longrightarrow (\sigma \circ \tau)_q(\mathfrak{S}) ,$$

ι_0 ist stets bijektiv. Ist $\mathfrak{S}$ B-einfach bzgl. τ, so sind alle ι_q bijektiv.

BEWEIS. Die Behauptung ist nur für $q \geqq 1$ zu beweisen. Die Sequenzen (*) und $(\overset{*}{*})$ geben wegen $(\sigma \circ \tau)_0 = \sigma_0 \circ \tau_0$ beide Anlaß zur gleichen $\mathfrak{C}$-Sequenz:

$$(\overset{*}{**})\quad O \longrightarrow \sigma_0\tau_0(\mathfrak{S}) \xrightarrow{h''} \sigma_0\tau_0(\mathfrak{H}_0) \xrightarrow{h_0''} \sigma_0\tau_0(\mathfrak{H}_1) \xrightarrow{h_1''} \sigma_0\tau_0(\mathfrak{H}_2) \longrightarrow \cdots$$

Nach (n), angewendet auf (*) und ($\overset{*}{**}$), gibt es also zu jedem $q \geqq 1$ eine natürliche $\mathfrak{C}$-Bijektion $\delta_q : (\sigma \circ \tau)_q(\mathfrak{S}) \to H_q(K((\sigma \circ \tau)_0(\mathfrak{H})))$. Wendet man (n) auf ($\overset{*}{*}$) und ($\overset{*}{**}$) an, so folgt die Existenz von natürlichen $\mathfrak{C}$-Homomorphismen $\varepsilon_q : \sigma_q(\tau_0(\mathfrak{S})) \to H_q(K(\sigma_0(\tau_0(\mathfrak{H}))))$. Da die jeweils linksstehenden Homologiegarben als identisch angesehen werden dürfen, wird durch

$$\iota_q = \delta_q^{-1} \circ \varepsilon_q : \sigma_q(\tau_0(\mathfrak{S})) \longrightarrow (\sigma \circ \tau)_q(\mathfrak{S})$$

der gesuchte $\mathfrak{C}$-Homomorphismus definiert. Ist $\mathfrak{S}$ B-einfach bzgl. τ so ist nach (o) die Sequenz ($\overset{*}{*}$) eine welke $\mathfrak{A}$-Auflösung von $\tau_0(\mathfrak{S})$, nach (n) ist dann auch jedes ε_q bijektiv. Daher ergibt sich in diesem Falle, daß alle ι_q bijektiv sind.

Wir merken an:

Zusatz zu Satz 5. *Die $\mathfrak{A}$-Garbe $\mathfrak{S}$ sei B-einfach bzgl. τ. Dann ist $\mathfrak{S}$ genau dann B-einfach bzgl. $\sigma \circ \tau$, wenn $\tau_0(\mathfrak{S})$ B-einfach bzgl. σ ist.*

Insbesondere ist also, falls $\mathfrak{S}$ B-einfach bzgl. τ ist, die Garbe $\mathfrak{S}$ genau dann eine B-Garbe, wenn $\tau_0(\mathfrak{S})$ eine B-Garbe ist. Diese Aussage kann noch wie folgt verallgemeinert werden:

Satz 6. *Ist $\tau : X \to Y$ eine morphe Abbildung und $\mathfrak{S}$ eine $\mathfrak{A}$-Garbe über X, so gibt es zu jedem $q \geqq 0$ einen natürlichen operatorverträglichen Homomorphismus:*

$$\varphi_q : H^q(Y, \tau_0(\mathfrak{S})) \longrightarrow H^q(X, \mathfrak{S}) ,$$

φ_0 ist bijektiv. Ist $\mathfrak{S}$ B-einfach bzgl. τ, so sind alle φ_q bijektiv.

Beweis: Nach § 1,(n) gibt es natürliche $\mathfrak{A}$- bzw. $\mathfrak{B}$-Homomorphismen

$$\lambda_q : H^q(X, \mathfrak{S}) \longrightarrow H_q(K(H^0(\mathfrak{H}))) ,$$
$$\lambda_q' : H^q(Y, \tau_0(\mathfrak{S})) \longrightarrow H_q(K(H^0(\tau_0(\mathfrak{H})))) ,$$

dabei ist λ_q stets bijektiv. Nach Satz 3 gibt es operatortreue Bijektionen

$$\pi_q : H_q(K(H^0(\tau_0(\mathfrak{H})))) \longrightarrow H_q(K(H^0(\mathfrak{H}))) .$$

Dann ist $\varphi_q = \lambda_q \circ \pi_q \circ \lambda_q'$ der gesuchte Homomorphismus. Ist $\mathfrak{S}$ B-einfach bzgl. τ, so sind alle φ_q bijektiv, da dann nach § 1,(n) alle λ_q' bijektiv sind.

7. Wir betrachten in diesem Abschnitt die $\mathfrak{A}$-Urbilder von Bildgarben und umgekehrt und beweisen einfache Sätze über den Zusammenhang dieser beiden Prozesse. Zunächst gilt:

Satz 7. *Es sei $\tau : X \to Y$ eine morphe Abbildung.*

(a) *Zu jeder $\mathfrak{A}$-Garbe $\mathfrak{S}$ über X gibt es einen natürlichen $\mathfrak{A}$-Homomorphismus $\alpha : \tau^*(\tau_0(\mathfrak{S})) \to \mathfrak{S}$.*

(b) *Zu jeder $\mathfrak{B}$-Garbe $\mathfrak{T}$ über Y gibt es einen natürlichen $\mathfrak{B}$-Homomorphismus $\beta : \mathfrak{T} \to \tau_0(\tau^*(\mathfrak{T}))$.*

BEWEIS. Ad (a). Zunächst werde ein Homomorphismus $\alpha^\iota : (\tau_0(\mathfrak{S}))^\iota \to \mathfrak{S}$ definiert. Jedes Element $s_x^\iota \in (\tau_0(\mathfrak{S}))_x^\iota$ ist ein Element $s_{\tau(x)} \in \tau_0(\mathfrak{S})_{\tau(x)}$. Nach (h) gibt es zu $s_{\tau(x)}$ einen eindeutig bestimmten Schnittflächenkeim s in $\mathfrak{S}$ über $\tau^{-1}(\tau(x))$. Bezeichnen wir mit s_x das von s in x erzeugte Element, so wird durch $s_x^\iota \to s_x$ der Homomorphismus α^ι definiert. Der gesuchte Homomorphismus $\alpha : \tau^*(\tau_0(\mathfrak{S})) \to \mathfrak{S}$ wird dann durch die Gleichung

$$\alpha(s_x^\iota \otimes a_x) = a_x \cdot \alpha^\iota(s_x^\iota),\ x \in X\ ,$$

beschrieben.

Ad (b). Nach (d) gibt es zu jeder offenen Menge U in Y einen operatorverträglichen Homomorphismus $\mathring{\tau}_U : H^0(U, \mathfrak{T}) \to H^0(\tau^{-1}(U), \tau^*(\mathfrak{T}))$. Ist $\psi_U : H^0(\tau^{-1}(U), \tau^*(\mathfrak{T})) \to H^0(U, \tau_0(\tau^*(\mathfrak{T})))$ der natürliche operatortreue Isomorphismus (Satz 3), so wird durch die Abbildungen $\psi_U \circ \mathring{\tau}_U$, $U \subset Y$, ein $\mathfrak{B}$-Homomorphismus der kanonischen Garbendatums von $\mathfrak{T}$ in das kanonische Garbendatum von $\tau_0(\tau^*(\mathfrak{T}))$ gegeben. Derselbe gibt Anlaß zu einem $\mathfrak{B}$-Homomorphismus $\beta : \mathfrak{T} \to \tau_0(\tau^*(\mathfrak{T}))$, w.z.b.w.

Wir behaupten nun:

(p) *Es seien $\tau : X \to Y$, $\sigma : Y \to Z$ morphe Abbildungen, $\mathfrak{S}$ sei eine $\mathfrak{A}$-Garbe über X. Die natürlichen Homomorphismen*

$$\tau^*(\tau_0(\mathfrak{S})) \longrightarrow \mathfrak{S},\ \sigma^*(\sigma_0(\tau_0(\mathfrak{S}))) \longrightarrow \tau_0(\mathfrak{S}),\ (\sigma \circ \tau)^*(\sigma \circ \tau)_0(\mathfrak{S}) \longrightarrow \mathfrak{S}$$

seien mit α_0, α_1, α_2 bezeichnet. Dann gilt (vgl. f_1):

$$\alpha_2 = \alpha_0 \circ \tau^*(\alpha_1)\ .$$

Der Beweis sei dem Leser überlassen (τ^* = Liftung von α_1 nach X).

Wir führen nun den Begriff der A-einfachen Garbe ein.

DEFINITION 11. (*A-einfach*). *Es sei $\tau : X \to Y$ eine morphe Abbildung. Eine $\mathfrak{A}$-Garbe $\mathfrak{S}$ über X heißt A-einfach bzgl. τ, wenn der natürliche $\mathfrak{A}$-Homomorphismus $\alpha : \tau^*(\tau_0(\mathfrak{S})) \to \mathfrak{S}$ surjektiv ist.*

Wir bemerken sofort:

Die $\mathfrak{A}$-Garbe $\mathfrak{S}$ ist sicher dann A-einfach bzgl. τ, wenn jeder Punkt $y_0 \in Y$ eine Umgebung U besitzt, so daß die Garbe $\mathfrak{S}(\tau^{-1}(U))$ stets eine A-Garbe ist.

Ist speziell $\tau : X \to y_0$ eine morphe Abbildung auf einen Punkt y_0, so ist $\mathfrak{S}$ genau dann A-einfach bzgl. τ, wenn $\mathfrak{S}$ eine A-Garbe ist.

Aus (p) folgt sofort (α_2, α_0 haben dieselbe Bedeutung wie in (p)):

SATZ 8. *Es seien* $\tau : X \to Y$, $\sigma : Y \to Z$ *morphe Abbildungen,* $\mathfrak{S}$ *sei eine* $\mathfrak{A}$*-Garbe über* X*, derart, daß* $\tau_0(\mathfrak{S})$ *A-einfach bzgl.* σ *ist. Dann gilt:* Bild α_2 = Bild α_0. *Insbesondere ist* $\mathfrak{S}$ *A-einfach bzgl.* $\sigma \circ \tau$ *genau dann, wenn* $\mathfrak{S}$ *A-einfach bzgl.* τ *ist.*

ZUSATZ. *Die bzgl.* τ *A-einfache* $\mathfrak{A}$*-Garbe* $\mathfrak{S}$ *ist eine A-Garbe, wenn* $\tau_0(\mathfrak{S})$ *eine A-Garbe ist.*

Es ist zweckmässig, eine $\mathfrak{A}$-Garbe $\mathfrak{S}$, die sowohl A-einfach als auch B-einfach bzgl. einer morphen Abbildung τ ist, kurz *einfach* bzgl. τ zu nennen. Ist $\tau : X \to y_0$ eine morphe Abbildung auf einen Punkt y_0, so sind die bzgl. τ einfachen $\mathfrak{A}$-Garben genau die C-Garben. Aus Satz 8 und dem Zusatz zu Satz 5 folgt:

(q) *Der Begriff der Einfachheit ist transitiv.*

3. Analytische Garben über komplexen Räumen
Divisoren und Geradenbündel
Formulierung der Hauptsätze

1. Wir legen unseren Betrachtungen den Begriff des komplexen Raumes zugrunde, wie er von J. P. SERRE [19] angegeben wurde. Es sei kurz an die SERREsche Definition erinnert.

Die Bereiche B des n-dimensionalen komplexen Zahlenraumes C^n bilden geringte Räume, wenn man sie mit der Strukturgarbe $\mathfrak{O}(B)$ der Keime von holomorphen Funktionen versieht. Analytische Mengen M in B—das sind $\mathfrak{O}(B)$-Mengen im Sinne von § 2.2—bilden geringte Unterräume von B, wenn man auf ihnen gemäß § 2.2 die Strukturgarbe $\tilde{\mathfrak{O}}(M)$ auszeichnet. Man definiert nun:

DEFINITION 12. (Komplexer Raum) *Ein geringter Hausdorffscher Raum* X *mit der Strukturgarbe* $\mathfrak{O}(X)$ *heißt ein komplexer Raum, wenn es zu jedem* $x_0 \in X$ *eine Umgebung* $U(x_0)$ *und eine analytische Menge* M *in einem Bereiche* B *eines Zahlenraumes gibt, so daß eine bimorphe Abbildung* τ *von* $U(x_0)$ *auf* M *möglich ist.*

Wir notieren sofort:

SATZ 9. *Sind* X_1, X_2 *komplexe Räume, so bildet der Produktraum* $X_1 \times X_2$*—versehen mit einer natürlichen geringten Struktur (vgl. § 2.1.)—einen komplexen Raum*[24].

Im folgenden werde der Einfachheit halber stets vorausgesetzt, daß

[24] Man beachte, daß die Aussage von Satz 9 nicht völlig trivial ist. Man vgl. [19, p. 4] und [11].

hört die Garbe $\mathfrak{O}^q(X)$.

Für zwei komplex-analytische Vektorraumbündel W, W' der Dimension q, q' ist die WHITNEY*sche Summe* $W \oplus W'$ sowie das *Tensorprodukt* $W \otimes W'$ wohldefiniert; $W \oplus W'$ ist $(q + q')$-dimensional, $W \otimes W'$ ist von der Dimension qq'. Man beweist sogleich:

(b) *Sind* $\mathfrak{W}$, $\mathfrak{W}'$ *die zu den Vektorraumbündeln* W, W' *gehörenden Garben, so gehören die Garben* $\mathfrak{W} \oplus \mathfrak{W}'$, $\mathfrak{W} \otimes \mathfrak{W}'$ *zu den Vektorraumbündeln* $W \oplus W'$, $W \otimes W'$.

Es sei $\tau\colon X \to Y$ eine holomorphe Abbildung und W ein komplex-analytisches Vektorraumbündel über Y. Dann kann W vermöge τ in bekannter Weise zu einem Vektorraumbündel $\tau^*(W)$ über X geliftet werden. Es gilt:

(c) *Gehört zum Vektorraumbündel* W *über* Y *die analytische Garbe* $\mathfrak{W}$ *über* Y, *so gehört zum gelifteten Vektorraumbündel* $\tau^*(W)$ *die analytische Urbildgarbe* $\tau^*(\mathfrak{W})$ *von* $\mathfrak{W}$ *bzgl.* τ *und umgekehrt.*

4. Im folgenden sind die komplex-analytischen Geradenbündel von besonderer Bedeutung. Die Gesamtheit der analytischen Isomorphieklassen der komplex-analytischen Geradenbündel über einem komplexen Raum X bildet eine abelsche Gruppe in bezug auf das Tensorprodukt. Diese Gruppe ist in natürlicher Weise isomorph zur ersten Cohomologiegruppe $H^1(X, \mathfrak{E}_a)$ von X mit Koeffizienten in der Garbe $\mathfrak{E}_a$ der Keime der lokalen nirgends verschwindenden holomorphen Funktionen.[28]

Die Garbe $\mathfrak{E}_a$ kann als Untergarbe der Garbe $\mathfrak{M}_a$ der Keime der lokalen meromorphen Funktionen, die nicht Nullteiler sind, aufgefaßt werden. Die Quotientengarbe $\mathfrak{D} = \mathfrak{M}_a/\mathfrak{E}_a$ heiße die *Garbe der Divisorenkeime* über X. Unter einem Divisor D in X versteht man eine Schnittfläche in $\mathfrak{D}$ über X, die Divisoren in X sind also die Elemente der 0-ten Cohomologiegruppe $H^0(X, \mathfrak{D})$ und bilden somit eine abelsche Gruppe.

Divisoren werden gewöhnlich durch eine Verteilung von meromorphen Ortsfunktionen gegeben. Man geht von einer offenen Überdeckung $\{U_\iota\}$ des Raumes X aus und gibt in jedem U_ι eine meromorphe Funktion f_ι vor, die nicht Nullteiler ist, derart, daß $f_\iota^{-1}f_\jmath$ in $U_\iota \cap U_\jmath$ holomorph ist und dort keine Nullstellen hat. Dann repräsentiert die Verteilung $\{U_\iota, f_\iota\}$ in natürlicher Weise einen Divisor D. Ein Divisor D heißt *holomorph* wenn er durch eine Verteilung $\{U_\iota, f_\iota\}$ repräsentiert werden kann, in der alle Funktionen f_ι holomorph sind.

Der natürlichen exakten Sequenz (ι = Injektion, h = Restklassenprojektion)

---

[28] Vgl. hierzu und zum folgenden [12, p. 110–112.]

$$0 \longrightarrow \mathfrak{C}_a \xrightarrow{\iota} \mathfrak{M}_a \xrightarrow{h} \mathfrak{D} \longrightarrow 0$$

entspricht nach § 1, (m) eine exakte Cohomologiesequenz:

$$0 \longrightarrow H^0(X, \mathfrak{C}_a) \xrightarrow{\iota_*} H^0(X, \mathfrak{M}_a) \xrightarrow{h_*} H^0(X, \mathfrak{D}) \xrightarrow{\delta^0_*} H^1(X, \mathfrak{C}_a) \longrightarrow \cdots$$

Jede in X meromorphe Funktion $f \in H^0(X, \mathfrak{M}_a)$ erzeugt daher einen Divisor $(f) = h_*(f)$. Man nennt (f) den *Divisor von* f; ist f eine holomorphe Funktion, so ist (f) ein holomorpher Divisor. Die Faktorgruppe $H^0(X, \mathfrak{D})/h_*H^0(X, \mathfrak{M}_a)$ heißt die *Gruppe der Divisorenklassen von* X.

Vermöge δ^0_* wird jedem Divisor D in X eine erste Cohomologieklasse $\delta^0_* D \in H^1(X, \mathfrak{C}_a)$ und somit eine analytische Isomorphieklasse von komplex-analytischen Geradenbündeln über X zugeordnet. Aus der Exaktheit der obigen Cohomologiesequenz folgt unmittelbar:

(d) *Die Gruppe der Divisorenklassen von X ist in natürlicher Weise zu einer Untergruppe von $H^1(X, \mathfrak{C}_a)$ isomorph.*

Ist F ein komplex-analytisches Geradenbündel über X, so kann man jeder meromorphen Schnittfläche m in F über X in natürlicher Weise einen Divisor (m) zuordnen: man repräsentiert F in bezug auf eine geeignete Überdeckung $\{U_\iota\}$ von X durch einen Cozyklus $g_{\iota_0\iota_1}: U_{\iota_0} \cap U_{\iota_1} \to C^*$. Eine meromorphe Schnittfläche m in F wird dann durch in U_ι meromorphe Funktionen m_ι gegeben, für die in $U_{\iota_0} \cap U_{\iota_1}$ gilt: $m_{\iota_0}/m_{\iota_1} = g_{\iota_0\iota_1}$. Die Verteilung $\{U_\iota, m_\iota\}$ definiert den gesuchten Divisor (m).

Ist D ein Divisor in X, so sei mit $\{D\}$ das bis auf analytische Isomorphie wohlbestimmte zu $(\delta^0_* D)^{-1}$ assoziierte komplex-analytische Geradenbündel bezeichnet. Wird D bzgl. einer Überdeckung $\{U_\iota\}$ von X durch die meromorphen Ortsfunktionen f_ι gegeben, so wird $\{D\}$ durch den Cozyklus $g_{\iota_0\iota_1} = f_{\iota_0} \cdot f^{-1}_{\iota_1}: U_{\iota_0} \cap U_{\iota_1} \to C^*$ repräsentiert.

(e) *Ist D ein Divisor in X, so gibt es eine meromorphe Schnittfläche m in $\{D\}$ über X mit $(m) = D$. Ist D ein holomorpher Divisor, so gibt es eine holomorphe Schnittfläche mit dieser Eigenschaft.*

Ist F ein komplex-analytisches Geradenbündel über X und m eine meromorphe Schnittfläche in F über X, so sind die Geradenbündel F und $\{(m)\}$ zueinander analytisch-äquivalent.

Wir merken noch an:

(f) *Sind D_1 und D_2 zwei Divisoren über X, so gilt:*

$$\{D_1 + D_2\} = \{D_1\} \otimes \{D_2\}.$$ [29]

[29] Die Gruppe $H^0(X, \mathfrak{D})$ der Divisoren wird herkömmlicherweise additiv geschrieben. Die Addition zweier Divisoren, die bzgl. derselben Überdeckung $\{U_\iota\}$ von X durch meromorphe Ortsfunktionnen gegeben sind, erfolgt durch Multiplikation als Ortsfunktionen.

5. Wir betrachten im folgenden durchweg den Fall, daß X ein kartesisches Produkt $Y \times P^n$ eines komplexen Raumes Y mit dem n-dimensionalen komplexen projektiven Raum P^n ist. τ sei stets die Projektionsabbildung $Y \times P^n \to Y$. Statt "einfach bzgl. τ" sagen wir auch "einfach über Y".

Im P^n definiert jede $(n-1)$-dimensionale analytische Ebene E einen holomorphen Divisor (E). Ist $\{U_\iota\}$ eine hinreichend feine Überdeckung des P^n, so wird (E) durch jede Verteilung $\{U_\iota, f_\iota\}$ gegeben, in der f_ι eine in U_ι holomorphe Funktion ist, die genau auf $U_\iota \cap E$ in erster Ordnung verschwindet. Es ist klar, daß alle Divisoren (E), wo E irgendeine $(n-1)$-dimensionale analytische Ebene im P^n ist, derselben Divisorenklasse angehören.

Es sei $F = \{(E)\}$ das dem Divisor (E) assoziierte komplex-analytische Geradenbündel über dem P^n. Wir nennen F das *ausgezeichnete Geradenbündel über dem* P^n; es ist nach (e) durch die folgende Eigenschaft charakterisiert:

Es gibt zu jeder $(n-1)$*-dimensionalen analytischen Ebene* E *im* P^n *eine holomorphe Schnittfläche* h_E *in* F *über dem* P^n*, die genau auf* E *von* 1. *Ordnung verschwindet.*

Das ausgezeichnete Geradenbündel F über dem P^n läßt sich konstant zu einem Geradenbündel über $Y \times P^n$ fortsetzen (Liftung von F bzgl. der Abbildung $Y \times P^n \to P^n$). Das entstehende Geradenbündel werde wieder mit F bezeichnet und das *ausgezeichnete Geradenbündel über* $Y \times P^n$ genannt. Es sei $\mathfrak{F}$ die Garbe der Keime der holomorphen Schnitte in F über $Y \times P^n$. $\mathfrak{F}$ ist eine freie Garbe. Nach (b) gehören dann zu den Geradenbündeln $\otimes_1^k F = F^{\underline{k}}$ die Garben $\mathfrak{F}^{\underline{k}}$, $k = 1, 2, \ldots$[3].

Wir können nun die Hauptsätze der vorliegenden Arbeit formulieren. Zunächst gilt $(n = 1, 2, 3, \ldots)$:

SATZ I_n. *Ist* $\mathfrak{S}$ *irgendeine kohärente analytische Garbe über* $Y \times P^n$ *und* Q *ein beliebiger relativ-kompakter Teilbereich von* Y, *so gibt es eine natürliche Zahl* $k_0 = k_0(Q, \mathfrak{S})$, *so daß die kohärenten analytischen Garben* $\mathfrak{S} \otimes \mathfrak{F}^{\underline{k}}(Q \times P^n)$ *bzgl.* $\tau : Q \times P^n \to Q$ *stets einfach sind, wenn* $k \geqq k_0$.

Weiter behaupten wir $(n = 1, 2, 3, \ldots; m = 0, 1, 2, \ldots)$:

SATZ II_n^m. *Ist* $\mathfrak{S}$ *irgendeine kohärente analytische Garbe über* $Y \times P^n$, *so ist die* m*-te analytische Bildgarbe* $\tau_m(\mathfrak{S})$ *bzgl. der Projektion* $\tau : Y \times P^n \to Y$ *kohärent über* Y.

Aus beweistechnischen Gründen notieren wir auch noch den folgenden Spezialfall von Satz II_n^0:

SATZ II_n^*. *Ist* $\mathfrak{S}$ *irgendeine kohärente analytische Garbe über* $Y \times P^n$

und Q ein beliebiger relativ-kompakter Teilbereich von Y, so gibt es eine natürliche Zahl $k_0 = k_0(Q, \mathfrak{S})$, *so daß die 0-ten analytischen Bildgarben* $\tau_0(\mathfrak{S} \otimes \mathfrak{F}^k_-(Q \times P^n))$ *von* $\mathfrak{S} \otimes \mathfrak{F}^k_-(Q \times P^n)$ *bzgl.* $\tau : Q \times P^n \to Q$ *kohärent sind, wenn* $k \geqq k_0$.

Die Beweise dieser Sätze werden in den restlichen beiden Paragraphen dieser Arbeit gegeben. Wir notieren hier noch eine unmittelbare Folgerung:

SATZ III_n. *Ist* $\mathfrak{S}$ *irgendeine kohärente analytische Garbe über* $Y \times P^n$ *und Q ein relativ-kompakter, holomorph-vollständiger Teilbereich von Y, so gibt es eine natürliche Zahl* $k_0 = k_0(Q, \mathfrak{S})$, *so daß alle Garben* $\mathfrak{S} \otimes \mathfrak{F}^k_-(Q \times P^n)$ *für* $k \geqq k_0$ *C-Garben sind.*

Der Beweis ist trivial! Man wähle k_0 gemäß Satz I_n. Dann gilt nach Satz 14 für alle $k \geqq k_0$: $H^q(Q \times P^n, \mathfrak{S} \otimes \mathfrak{F}^k_-) \approx H^q(Q, \tau_0(\mathfrak{S} \otimes \mathfrak{F}^k_-))$. Nach Satz II^0_n ist $\tau_0(\mathfrak{S} \otimes \mathfrak{F}^k_-(Q \times P^n))$ kohärent über Q, aus dem Theorem B folgt daher: $H^q(Q \times P^n, \mathfrak{S} \otimes \mathfrak{F}^k_-) = 0$ für alle $q \geqq 1$, $k \geqq k_0$. Mithin sind die Garben $\mathfrak{S} \otimes \mathfrak{F}^k_-(Q \times P^n)$ für $k \geqq k_0$ sicher B-Garben. Aus Satz I_n, II^0_n, Zusatz zu Satz 8, und Theorem A ergibt sich analog, daß auch alle Garben $\mathfrak{S} \otimes \mathfrak{F}^k_-(Q \times P^n)$, $k \geqq k_0$, A-Garben sind.

Satz III_n ist eine Verallgemeinerung der von J. P. SERRE (vgl. [6, Exp. XVIII, XIX]; auch [19]) für den P^n bewiesenen Theoreme A und B. Unser Beweis benutzt nicht die SERREschen Resultate, die damit insbesondere aufs neue bewiesen werden.

4. Beweis der Sätze I_n und II^m_n: Induktionsbeginn

1. In diesem Paragraphen beweisen wir die Sätze I_1 und II^*_1. Wir zeigen zunächst die Gültigkeit von Satz I_1. Offensichtlich ist Satz I_1 in folgendem Hilfssatz enthalten (die Bezeichnungen sind wie in Satz I_1 gewählt):

HILFSSATZ 1. *Zu jedem Punkt* $y_0 \in Y$ *gibt es eine Umgebung* $V \subset Y$ *und eine natürliche Zahl* $k_0 \geqq 0$, *so daß folgendes gilt:*

(a) *Zu jedem* $k \geqq k_0$ *gibt es endlich viele Schnittflächen in* $\mathfrak{S} \otimes \mathfrak{F}^k_-$ *über* $V \times P^1$, *die alle Halme von* $\mathfrak{S} \otimes \mathfrak{F}^k_-$ *über* $V \times P^1$ *erzeugen.*

(b) *Ist W irgendein holomorph-vollständiger Teilbereich in V, so ist* $\mathfrak{S} \otimes \mathfrak{F}^k_-(W \times P^1)$ *eine B-Garbe.*

Es möge nun dieser Hilfssatz bewiesen werden. Es sei U' mit $y_0 \in U'$ irgendein holomorph-vollständiger Teilbereich von Y und V eine holomorphvollständige Umgebung von y_0, derart, daß $\overline{V}$ kompakt in U' liegt. Es sei z eine inhomogene Koordinate in P^1; wir wählen reelle Zahlen ε, ε'

im Innern von U_μ gleichmäßig gegen holomorphe Matrizen $\mathfrak{A}_\mu$. Da jede Matrix $\mathfrak{A}_\mu^{(n)}$ invertierbar ist, sind auch die $\mathfrak{A}_\mu$ invertierbar, da $|\mathfrak{A}_\mu| \not\equiv 0$. Es gilt nun:

$$\mathfrak{A}_1^{(n)} \cdot \mathfrak{A} \cdot (\mathfrak{A}_2^{(n)})^{-1} = \mathfrak{E} + \mathfrak{B}^{(n+1)},$$

was sich sofort aus der Identität

$$(\mathfrak{E} + \mathfrak{B}_1^{(n)}) \cdot (\mathfrak{E} + \mathfrak{B}^{(n)}) \cdot (\mathfrak{E} + \mathfrak{B}_2^{(n)})^{-1} = \mathfrak{E} + \mathfrak{B}^{(n+1)},$$

die mit der Definition von $\mathfrak{B}^{(n+1)}$ äquivalent ist, ergibt. Dann gilt aber:

$$\mathfrak{A}_1 \cdot \mathfrak{A} \cdot \mathfrak{A}_2^{-1} = \mathfrak{E} \qquad \text{q.e.d.}$$

2. Es ist noch Satz $\mathrm{II}_1{}^*$ zu beweisen. In diesem Abschnitt soll gezeigt werden, daß es genügt, Satz II_1^* in einer reduzierten Fassung zu beweisen. Die Bezeichnungen seien wie in § 3 gewählt. Dann ist also zu beweisen: *Alle Garben $\tau_0(\mathfrak{S} \otimes \mathfrak{F}^{\underline{k}})$, $\tau: Y \times P^1 \to Y$, sind kohärent über Q, wenn k hinreichend groß ist.*

Wir behaupten nun:

HILFSSATZ 2: *Es genügt, die vorstehende Aussage für den Fall zu beweisen, daß Y ein Polyzylinder Z^m in einem Zahlenraum C^m und $\mathfrak{S}$ eine kohärente analytische Untergarbe von $\mathfrak{O}^q(Z^m \times P^1)$, $q \geqq 1$ beliebig, ist.*

In der Tat! Zunächst braucht man nur zu zeigen, daß jeder Punkt $y_0 \in Y$ eine Umgebung $\mathrm{U}(y_0)$ besitzt, so daß fast alle Garben $\tau_0(\mathfrak{S} \otimes \mathfrak{F}^{\underline{k}})$, $\tau_0: U(y_0) \times P^1 \to U(y_0)$, kohärent sind. Man kann nun eine Umgebung $\mathrm{U} = \mathrm{U}(y_0)$ so bestimmen, daß U mit einer analytischen Menge in einem Polyzylinder Z^m: $\{|z_1| < 1, \ldots, |z_m| < 1\}$ isomorph ist; die Strukturgarbe $\mathfrak{O}(U)$ ist also mit der Quotientengarbe $\mathfrak{O}(Z^m)/\mathfrak{J}$, wo $\mathfrak{J}$ die zur analytischen Menge U in Z^m gehörende kohärente Idealgarbe ist, identisch. Dann ist $U \times P^1$ eine analytische Menge in $Z^m \times P^1$, und ihre Strukturgarbe $\mathfrak{O}(U \times P^1)$ ist die Quotientengarbe $\mathfrak{O}(Z^m \times P^1)/\mathfrak{J}$, wobei $\mathfrak{J}$ jetzt als die zur analytischen Menge $U \times P^1$ in $Z^m \times P^1$ gehörende Idealgarbe aufzufassen ist.[31]

Wir setzen nun alle Garben $\mathfrak{S} \otimes \mathfrak{F}^{\underline{k}}(U \times P^1)$ trivial zu analytischen Garben $'(\mathfrak{S} \otimes \mathfrak{F}^{\underline{k}})(Z^m \times P^1)$ über $Z^m \times P^1$ fort. Nach § 2,(c) sind alle Garben $'(\mathfrak{S} \otimes \mathfrak{F}^{\underline{k}})(Z^m \times P^1)$ kohärent. Offensichtlich gilt:

$$'(\mathfrak{S} \otimes \mathfrak{F}^{\underline{k}})(Z^m \times P^1) \approx {}'\mathfrak{S}(Z^m \times P^1) \otimes \mathfrak{F}^{\underline{k}}(Z^m \times P^1),$$

wenn mit $'\mathfrak{S}$ die triviale Fortsetzung von $\mathfrak{S}$ bezeichnet wird. Wir betrachten die 0-ten Bildgarben $\tau_0({}'\mathfrak{S}(Z^m \times P^1) \otimes \mathfrak{F}^{\underline{k}}(Z^m \times P^1))$ und $\tau_0(\mathfrak{S} \otimes \mathfrak{F}^{\underline{k}}(U \times P^1))$, wobei im ersten Falle das Bild bzgl. der Projektion $\tau: Z^m \times P^1 \to Z^m$ und im zweiten Falle bzgl. $\tau: U \times P^1 \to U$ zu nehmen ist. Es ist un

[31] Dies folgt aus Satz 9.

mittelbar ersichtlich, daß $\tau_0('\mathfrak{S}(Z^m \times P^1) \otimes \mathfrak{F}^{\underline{k}}(Z^m \times P^1))$ die triviale Fortsetzung von $\tau_0(\mathfrak{S} \otimes \mathfrak{F}^{\underline{k}}(U \times P^1))$ von U auf Z^m ist. Zeigen wir daher, daß $\tau_0('\mathfrak{S}(Z^m \times P^1) \otimes \mathfrak{F}^{\underline{k}}(Z^m \times P^1))$ für alle hinreichend grossen k kohärent ist, so folgt aus § 2, (c), daß auch $\tau_0(\mathfrak{S} \otimes \mathfrak{F}^{\underline{k}}(U \times P^1))$ für alle diese k kohärent ist. Es genügt somit, die Betrachtungen auf Polyzylinder Z^m zu beschränken.

Wählt man Z^m hinreichend klein, so folgt aus Hilfssatz 1, (a), daß es ein $k_0 \leqq 0$ gibt, derart, daß in $\mathfrak{S} \otimes \mathfrak{F}^{\underline{k_0}}$ über $Z^m \times P^1$ endlich viele Schnittflächen $s_1, \ldots, s_{\mathfrak{v}_1}$ existieren, die in jedem Punkt von $Z^m \times P^1$ den Halm von $\mathfrak{S} \otimes \mathfrak{F}^{\underline{k_0}}$ erzeugen. Ist dann $\varphi\colon \mathfrak{O}^q \to \mathfrak{S} \otimes \mathfrak{F}^{\underline{k_0}}$ der von diesen Schnittflächen erzeugte analytische Homomorphismus, so ist φ surjektiv. Setzt man $\mathfrak{M} = \text{Kern } \varphi$, so hat man über $Z^m \times P^1$ eine natürliche exakte Sequenz :

$$0 \to \mathfrak{M} \to \mathfrak{O}^q \to \mathfrak{S} \otimes \mathfrak{F}^{\underline{k_0}} \to 0$$

Da $\mathfrak{F}^{\underline{k}}$ für alle k frei ist, so gibt es nach § 1, (b''') eine natürliche exakte Sequenz

$$0 \to \mathfrak{M} \otimes \mathfrak{F}^{\underline{k}} \to \mathfrak{O}^q \otimes \mathfrak{F}^{\underline{k}} \to \mathfrak{S} \otimes \mathfrak{F}^{\underline{k_0+k}} \to 0 \, .$$

Da $\mathfrak{W}$ kohärent ist, so folgt aus Satz I_1, falls k geeignet groß gewählt ist, $\tau_1(\mathfrak{M} \otimes \mathfrak{F}^{\underline{k}}(Z^m \times P^1)) = 0$. Daher gibt die vorstehende exakte Sequenz nach § 2, (m) Anlaß zu einer exakten Sequenz der 0-ten Bilder

$$0 \to \tau_0(\mathfrak{M} \otimes \mathfrak{F}^{\underline{k}}) \to \tau_0(\mathfrak{O}^q \otimes \mathfrak{F}^{\underline{k}}) \to \tau_0(\mathfrak{S} \otimes \mathfrak{F}^{\underline{k_0+k}}) \to 0 \, .$$

Wir werden nun sogleich zeigen, daß alle Garben $\tau_0(\mathfrak{O}^q \otimes \mathfrak{F}^{\underline{k}})$ frei und somit kohärent sind. Wenn man daher beweisen kann, daß fast alle Garben $\tau_0(\mathfrak{M} \otimes \mathfrak{F}^{\underline{k}})$ kohärent sind, so folgt aus § 1, (d) die Kohärenz fast aller Garben $\tau_0(\mathfrak{S} \otimes \mathfrak{F}^{\underline{k}})$. Damit ist Hilfssatz 2 bewiesen.

Wir zeigen noch, daß $\tau_0(\mathfrak{O}^q \otimes \mathfrak{F}^{\underline{k}})$ stets frei ist. Das ergibt sich unmittelbar aus folgender Aussage :

Es gibt einen natürlichen analytischen Isomorphismus von $\tau_0(\mathfrak{O}^q \otimes \mathfrak{F}^{\underline{k}}(Z^m \times P^1))$ *auf* $\mathfrak{O}^{q(k+1)}(Z^m)$.

Zum Beweis bemerken wir zunächst, daß $\mathfrak{O}^q \otimes \mathfrak{F}^{\underline{k}}$ in natürlicher Weise zur Garbe $\bigoplus_1^q \mathfrak{F}^{\underline{k}}$ analytisch isomorph ist. Da nach § 2, (1') gilt : $\tau_0(\bigoplus_1^q \mathfrak{F}^{\underline{k}}) \approx \bigoplus_1^q \tau_0(\mathfrak{F}^{\underline{k}})$, genügt es somit zu zeigen, daß $\tau_0(\mathfrak{F}^{\underline{k}})$ zu $\mathfrak{O}^{k+1}(Z^m)$ in natürlichcr Weise analytisch isomorph ist. Die Garbe $\tau_0(\mathfrak{F}^{\underline{k}})$ wird durch das Garbendatum $H^0(V \times P^1, \mathfrak{F}^{\underline{k}})$, wo V alle offenen Mengen von Z^m durchläuft, gegeben. Nun kann aber jede Schnittfläche $s_r \in H^0(V \times P^1, \mathfrak{F}^{\underline{k}})$ als ein Pseudopolynom $\sum_{\kappa=0}^{k} a_\kappa \cdot w^\kappa$ aufgefaßt werden und umgekehrt ; dabei sind $a_0, \ldots, a_k$ holomorphe Funktionen in V, w ist eine inhomogene Koordinate des P^1. Durch die Zuordnung $s_r \to (a_0, \ldots, a_k)$ wird alsdann $H^0(V \times P^1, \mathfrak{F}^k)$ analytisch isomorph auf $H^0(V, \mathfrak{O}^{k+1})$ abgebildet. Dadurch wird aber ein natürlicher Isomorphismus von $\tau_0(\mathfrak{F}^k)$ auf $\mathfrak{O}^{k+1}(Z^m)$ definiert.

3. Es soll nun Satz II_1^* in der durch Hilfssatz 2 reduzierten Fassung bewiesen werden. Wir behaupten, daß es genügt, folgendes zu zeigen:

SATZ 15. *Es sei G ein Gebiet im C^m und $\mathfrak{N}$ eine analytische Untergarbe von $\mathfrak{O}^q(G)$. Für jeden holomorph-vollständigen Teilbereich B von G gelte: $H^1(B, \mathfrak{N}) = 0$. Dann ist $\mathfrak{N}$ kohärent.*

Hieraus ergibt sich nämlich die zu beweisende Teilaussage von Satz II_1^* wie folgt:

Es sei $\mathfrak{M}$ die vorgegebene kohärente analytische Untergarbe von $\mathfrak{O}^q(Z^m \times P^1)$. Ist Z^m hinreichend klein gewählt, so gibt es nach Hilfssatz 1, (b) ein $k_0 \geqq 0$, so daß für jeden holomorph-vollständigen Teilbereich W von Z^m gilt: $H^q(W \times P^1, \mathfrak{M} \otimes \mathfrak{F}^k) = 0$, falls $k \geqq k_0$, $q > 0$. Es folgt dann in Verbindung mit Satz 14, daß auch gilt:

$$H^1(W, \tau_0(\mathfrak{M} \otimes \mathfrak{F}^k)) = 0 \text{ für alle diese } W, \text{ falls } k \geqq k_0 .$$

Nun ist $\mathfrak{N} = \tau_0(\mathfrak{M} \otimes \mathfrak{F}^k)$, da $\tau_0(\mathfrak{O}^q \otimes \mathfrak{F}^k(Z^m \times P^1)) \approx \mathfrak{O}^{q(k+1)}(Z^m)$, eine analytische Untergarbe von $\mathfrak{O}^{q(k+1)}(Z^m)$. Da dieselbe die Voraussetzungen von Satz 15 erfüllt, ist sie kohärent, w.z.b.w.

Wir müssen also nur noch Satz 15 beweisen. Zu dem Zwecke beweisen wir folgendes:

HILFSSATZ 3_p. *Es sei Z^p: $\{|z_1| \leqq r_1, \ldots, |z_p| \leqq r_p, z_{p+1} = \ldots = z_m = 0\}$, $r_1 > 0, \ldots, r_p > 0$, eine abgeschlossene p-dimensionale Polyzylindermenge im C^m, $0 \leqq p \leqq m$. Über einer offenen Umgebung $V(Z^p)$ sei eine analytische Untergarbe $\mathfrak{N}$ von $\mathfrak{O}^q(V(Z^p))$ gegeben, $q \geqq 1$; für jeden holomorph-konvexen Teilbereich B von V gelte: $H^1(B, \mathfrak{N}) = 0$. Dann erzeugen die Schnittflächen in $\mathfrak{N}$ über Z^p im Nullpunkt $\mathcal{O} \in Z^p$ den Halm $\mathfrak{N}_{\mathcal{O}}$.*

BEWEIS. Wir führen vollständige Induktion nach p. Die Aussage des Hilfssatzes 3_0 ist trivial. Es sei Hilfssatz 3_{p-1} bereits bewiesen, wir beweisen dann die Gültigkeit von Hilfssatz 3_p. Es seien ε, δ, a positive reelle Zahlen, es gelte $a + \delta < r_p$, $a - 2\delta > 0$. Wir setzen dann:

$$\begin{aligned} Z_\varepsilon &: \{|z_1| < r_1 + \varepsilon, \ldots, |z_p| < r_p + \varepsilon, |z_{p+1}| < \varepsilon, \ldots, |z_m| < \varepsilon\} , \\ Z'_{\varepsilon\delta} &= Z_\varepsilon \cap \{|z_p| < a + \delta\},\ Z''_{\varepsilon\delta} = Z_\varepsilon \cap \{|z_p| > a - \delta\} , \\ Z_{\varepsilon\delta} &= Z'_{\varepsilon\delta} \cap Z''_{\varepsilon\delta} , \\ Z_0 &= Z_{\varepsilon/2} \cap \{|z_p| < a - 2\delta\} ; \end{aligned}$$

ε sei so klein gewählt, daß $Z_\varepsilon \subset V(Z^p)$.

Es sei nun $s_{\mathcal{O}} \in \mathfrak{N}$ ein beliebiges Element über $\mathcal{O}$. Nach Induktionsvoraussetzung gibt es endlich viele Schnittflächen $s^{(1)}, \ldots, s^{(r)}$ in $\mathfrak{N}$ über $Z^{p-1} = Z^p \cap \{z_p = 0\}$ und endlich viele in $\mathcal{O}$ holomorphe Funktionskeime $f^{(1)}_{\mathcal{O}}, \ldots, f^{(r)}_{\mathcal{O}}$, so daß gilt: $s_{\mathcal{O}} = \sum_{\rho=1}^{r} f^{(\rho)}_{\mathcal{O}} \cdot s^{(\rho)}(\mathcal{O})$; dabei bezeichnet $s^{(\rho)}(\mathcal{O})$ den Punkt von $s^{(\rho)}$ über $\mathcal{O}$.

Die Schnittflächen $s^{(1)}, \ldots, s^{(r)}$ lassen sich zu beschränkten Schnittflächen $\hat{s}^{(1)}, \ldots, \hat{s}^{(r)}$ in $\mathfrak{N}$ über $Z'_{\varepsilon\delta}$ fortsetzen[32], wenn ε, δ, a hinreichend klein gewählt werden. Ferner kann man eine Umgebung $U(\mathcal{O}) \subset\subset Z_0$ finden und (beschränkte) Schnittflächen $\hat{f}^{(1)}, \ldots, \hat{f}^{(r)} \in H^0(U, \mathfrak{O})$ mit $\hat{f}^{(\rho)}(\mathcal{O}) = f^{(\rho)}_{\mathcal{O}}$, so daß die Schnittfläche $\hat{s} = \sum_{\rho=1}^{r} \hat{f}^{(\rho)} \cdot \hat{s}^{(\rho)} \in H^0(U, \mathfrak{N})$ in $\mathcal{O}$ das Element $s_{\mathcal{O}}$ erzeugt: $\hat{s}(\mathcal{O}) = s_{\mathcal{O}}$.

Alle Gruppen $H^0(Z_\varepsilon, \mathfrak{N})$, $H^0(Z_\varepsilon, \mathfrak{O}^p)$ etc. sind Vektorräume über dem komplexen Zahlenkörper C; $H^0(Z_\varepsilon, \mathfrak{N})$ kann in natürlicher Weise als ein Unterraum von $H^0(Z_\varepsilon, \mathfrak{O}^q)$ aufgefaßt werden. Versieht man $H^0(Z_\varepsilon, \mathfrak{O}^q)$ mit der Topologie der kompakten Konvergenz, (man beachte, daß jede Schnittfläche $s \in H^0(Z_\varepsilon, \mathfrak{O}^q)$ ein q-tupel von in Z_ε holomorphen Funktionen ist), so kann man zeigen, daß $H^0(Z_\varepsilon, \mathfrak{O}^q)$ ein FRECHETraum ist (d.h. ein lokalkonvexer vollständiger metrischer Vektorraum). Dann trägt auch $H^0(Z_\varepsilon, \mathfrak{N})$ eine natürliche Topologie; wir behaupten:

(I) *Es gibt zu jedem $\rho = 1, \ldots, r$ eine Folge $\hat{s}^{(\rho)}_\kappa \in H^0(Z_\varepsilon, \mathfrak{N})$, $\kappa = 1, 2, \ldots$, die über Z_0 gleichmässig gegen $\hat{s}^{(\rho)}$ konvergiert.*

(II) *Ist $h_\kappa \in H^0(U, \mathfrak{O}^q)$ irgendeine Folge von Schnittflächen, die über U gleichmäßig gegen eine Schnittfläche $h \in H^0(U, \mathfrak{O}^q)$ konvergiert, so ist h eine Schnittfläche in der von den Schnittflächen $\{h_1, h_2, h_3, \ldots\}$ über U aufgespannten analytischen Untergarbe von $\mathfrak{O}^q$.*

Stellen wir die Beweise von (I) und (II) vorerst zurück, so folgt aus (I), daß die Folge der Schnittflächen $\hat{s}_\kappa = \sum_{\rho=1}^{r} \hat{f}^{(\rho)} \cdot \hat{s}^{(\rho)}_\kappa \in H^0(U, \mathfrak{N})$ über U gleichmäßig gegen $\hat{s} \in H^0(U, \mathfrak{N})$ konvergiert. Nach (II) liegt dann aber $\hat{s}$ in der von den Schnittflächen $\{\hat{s}_1, \hat{s}_2, \hat{s}_3, \ldots\}$ über U aufgespannten analytischen Garbe und somit erst recht in der von den Schnittflächen $\{\hat{s}^{(1)}_1, \ldots, \hat{s}^{(r)}_1, \hat{s}^{(1)}_2, \ldots, \hat{s}^{(r)}_2, \ldots\}$ über Z_ε aufgespannten analytischen Garbe, und es folgt die Behauptung des Hilfssatzes 3_p.

Es sind noch die Beweise von (I) und (II) nachzuholen. (II) ist eine unmittelbare Folgerung aus einem Satz von H. CARTAN, der aussagt, daß die Untermoduln von $\mathfrak{O}^q_x$, $x \in U$, stets abgeschlossen sind bzgl. der Topo-

[32] Eine Schnittfläche $\hat{s} = (a_1, \ldots, a_q) \in H^0(Z'_{\varepsilon\delta}, \mathfrak{N})$ heißt *beschränkt* über $Z'_{\varepsilon\delta}$, wenn jede Funktion a_i $i, = 1, \ldots, q$, beschränkt in $Z'_{\varepsilon\delta}$ ist.

logie der kompakten Konvergenz (vgl. [2, Appendice I]).

Um (I) zu beweisen, sei zunächst bemerkt, daß die Vektorräume $H^0(Z'_{\varepsilon\delta}, \mathfrak{R})$, $H^0(Z''_{\varepsilon\delta}, \mathfrak{R})$ etc. abgeschlossene Unterräume von $H^0(Z'_{\varepsilon\delta}, \mathfrak{O}^q)$, $H^0(Z''_{\varepsilon\delta}, \mathfrak{O}^q)$ etc. und somit selbst FRECHETräume sind. Durch die Zuordnung $('h, ''h) \to ''h - 'h$, $'h \in H^0(Z'_{\varepsilon\delta}, \mathfrak{R})$, $''h \in H^0(Z''_{\varepsilon\delta}, \mathfrak{R})$ wird eine stetige lineare Abbildung $\rho : H^0(Z'_{\varepsilon\delta}, \mathfrak{R}) \times H^0(Z''_{\varepsilon\delta}, \mathfrak{R}) \to H^0(Z_{\varepsilon\delta}, \mathfrak{R})$ definiert. Da nach Voraussetzung gilt: $H^1(Z_\varepsilon, \mathfrak{R}) = 0$, so ist sogar jedes Element $h \in H^0(Z_{\varepsilon\delta}, \mathfrak{R})$ als eine solche Differenz $''h^* - 'h^*$ darstellbar, ρ bildet also auf $H^0(Z_{\varepsilon\delta}, \mathfrak{R})$ ab. Nach einem Satz von BANACH ist ρ dann eine offene Abbildung[33]. Es gibt somit eine reelle Zahl $K > 1$, so daß jede Schnittfläche $h \in H^0(Z_{\varepsilon\delta}, \mathfrak{R})$ mit $|h| < M$ über $Z_{\varepsilon\delta}$ darstellbar ist als eine Differenz $''h - h'$, $''h \in H^0(Z''_{\varepsilon\delta}, \mathfrak{R})$, $'h \in H^0(Z'_{\varepsilon\delta}, \mathfrak{R})$, wobei über $Z''_{\varepsilon/2,\delta/2}$ bzw. $Z'_{\varepsilon/2,\delta/2}$ gilt: $|''h| < KM$, $|'h| < KM$.

Wir fassen nun jede Schnittfläche $\hat{\mathfrak{s}}^{(\rho)} \in H^0(Z'_{\varepsilon\delta}, \mathfrak{R})$ als eine Schnittfläche in $\mathfrak{R}$ über $Z_{\varepsilon\delta}$ auf; es sei etwa über $Z_{\varepsilon\delta}$: $|\hat{\mathfrak{s}}^{(\rho)}| < M$ für alle $\rho = 1, \ldots, r$. Wir setzen:

$$h_\kappa^{(\rho)} = \frac{\hat{\mathfrak{s}}^{(\rho)}}{z_p^\kappa}, \qquad \kappa = 1, 2, \ldots,$$

dann gilt: $h_\kappa^{(\rho)} \in H^0(Z_{\varepsilon\delta}, \mathfrak{R})$, $|h_\kappa^{(\rho)}| < \dfrac{M}{(a-\delta)^\kappa}$. Wir bestimmen zu jedem κ Schnittflächen $''h_\kappa^{(\rho)} \in H^0(Z''_{\varepsilon\delta}, \mathfrak{R})$, $'h_\kappa^{(\rho)} \in H^0(Z'_{\varepsilon\delta}, \mathfrak{R})$ mit $''h_\kappa^{(\rho)} - 'h_\kappa^{(\rho)} = h_\kappa^{(\rho)}$, so daß über $Z''_{\varepsilon/2,\delta/2}$ bzw. $Z'_{\varepsilon/2,\delta/2}$ gilt: $|''h_\kappa^{(\rho)}| < \dfrac{KM}{(a-\delta)^\kappa}$ bzw. $|'h_\kappa^{(\rho)}| < \dfrac{KM}{(a-\delta)^\kappa}$. Setzen wir:

$$''g_\kappa^{(\rho)} = z_p^\kappa \cdot ''h_\kappa^{(\rho)}, \quad 'g_\kappa^{(\rho)} = z_p^\kappa \cdot 'h_\kappa^{(\rho)},$$

so gilt zunächst: $'g_\kappa^{(\rho)} \in H^0(Z'_{\varepsilon\delta}, \mathfrak{R})$. Aus der Gleichnng

$$\hat{\mathfrak{s}}_\kappa^{(\rho)} = 'g_\kappa^{(\rho)} + \hat{\mathfrak{s}}^{(\rho)} = ''g_\kappa^{(\rho)}$$

folgt aber, daß $\hat{\mathfrak{s}}_\kappa^{(\rho)}$ sogar eine Schnittfläche in $\mathfrak{R}$ über Z_ε ist. Offenbar konvergiert diese Folge über Z_0 gleichmäßig gegen $\hat{\mathfrak{s}}^{(\rho)}$, denn man hat über $Z_0 \subset Z'_{\varepsilon/2,\delta/2}$:

$$|'g_\kappa^{(\rho)}| \leqq KM\left(\frac{a-2\delta}{a-\delta}\right)^\kappa, \qquad \kappa = 1, 2, \ldots, \rho = 1, \ldots, r.$$

Damit ist Hilfssatz 3_p vollständig bewiesen.

Wir beweisen nun abschließend Satz 15. Da $\mathfrak{R}$ eine analytische Unter-

[33] Vgl. [1, p. 34].

garbe von $\mathfrak{O}^q(G)$ ist, genügt es nach Satz 12 zu zeigen, daß jeder Punkt $\mathfrak{z}_0 \in G$ eine Umgebung U besitzt, so daß $\mathfrak{N}$ über U von den Schnittflächen aus $H^0(U, \mathfrak{N})$ erzeugt wird. Wir wählen für U eine offene Polyzylinderumgebung Z^m von $\mathfrak{z}_0$, so daß $\overline{Z}^m$ noch in G liegt. Aus Hilfssatz 3_m folgt dann, daß die Schnittflächen in $\mathfrak{N}$ über Z^m den Halm von $\mathfrak{N}$ über dem Polyzylindermittelpunkt $\mathfrak{z}_0$ erzeugen. Der Beweis von Hilfssatz 3_p, $0 \leqq p \leqq m$, läßt sich aber fast wörtlich (mit etwas komplizierteren Bezeichnungen) für jeden Punkt des Polyzylinders durchführen. Damit ist Satz 15 bewiesen.

5. Beweis der Sätze I_n und II_n^m : Induktionsschluß

1. Der Zweck dieses Paragraphen besteht darin, zu zeigen, daß die Sätze I_n und II_n^m sich aus den Sätzen I_1 und II_1^* ergeben. Wir leiten zunächst den Satz I_n aus I_1, I_{n-1}, II_1^0, II_{n-1}^0 her. Der Beweis erfolgt in mehreren Abschnitten $(\alpha, \beta, \gamma, \delta, \varepsilon)$:

(α). Es sei $p_0 \in P^n$ ein beliebiger, aber fester Punkt. Wir wenden in p_0 den σ-Prozess an[34] und bezeichnen die entstehende komplexe Mannigfaltigkeit mit P_σ^n. Es sei $\pi^1 : P_\sigma^n \to P^n$ die Modifikationsabbildung; wir setzen $\sigma = (\pi^1)^{-1}(p_0)$. σ ist ein singularitäten frei in P_σ^n liegender $(n-1)$-dimensionaler komplexer projektiver Raum. Es gibt eine natürliche holomorphe Projektion $\rho^1 : P_\sigma^n \to \sigma$; die Fasern von ρ^1 sind die eindimensionalen analytischen Ebenen durch p_0, d.h. RIEMANNsche Zahlenkugeln. Wir setzen noch: $\pi = i \times \pi^1 : Y \times P_\sigma^n \to Y \times P^n$; $\rho = i \times \rho^1 :$ $Y \times P_\sigma^n \to Y \times \sigma$.

Um Satz I_n zu beweisen, haben wir nur folgendes zu zeigen: *es gibt zu jedem Punkt $y_0 \in Y$ eine Umgebung $U = U(y_0) \subset Y$ und ein k_0, so daß für $k \geqq k_0$ jede Garbe $\mathfrak{S} \otimes \mathfrak{F}^k(U \times P^n)$ einfach über $U \times P^n$ ist.* Satz I_n ist also in bezug auf Y von lokaler Natur. Wir dürfen deshalb beim Beweis voraussetzen, daß es eine holomorph-vollständige Umgebung $K(p_0) \subset P^n$ gibt, so daß über $Y \times K(p_0)$ eine exakte analytische Sequenz:

$$(*) \qquad \mathfrak{O}^p \to \mathfrak{O}^q \to \mathfrak{S} \to 0$$

besteht. Es sei nun $\hat{\mathfrak{S}} = \pi^*(\mathfrak{S})$ das π-Urbild von $\mathfrak{S}$ und $K_\sigma = \pi^{-1}(K)$. Die exakte Sequenz (*) wird nach § 2,(f_3) nach $Y \times K_\sigma$ übertragen; man hat über $Y \times K_\sigma$:

$$(**) \qquad \mathfrak{O}^p \to \mathfrak{O}^q \to \hat{\mathfrak{S}} \to 0\,.$$

Wir bezeichnen in (*) mit $\mathfrak{M}$ das Bild von $\mathfrak{O}^p$ in $\mathfrak{O}^q$. $\hat{\mathfrak{M}}$ sei in (**) das Bild von $\mathfrak{O}^p$ in $\mathfrak{O}^q$. Sind nun $f_1, \cdots, f_p$ irgendwelche q-tupel von in $Y \times K$

[34] Zum σ-Prozess vgl. [13] sowie [16].

holomorphen Funktionen, die über $Y \times K$ die Garbe $\mathfrak{M}$ erzeugen, so wird $\hat{\mathfrak{M}}$ über $Y \times K_\sigma$ von den q-tupeln $\hat{f}_\nu = f_\nu \circ \pi$, $\nu = 1, \ldots, p$, erzeugt.

(β) Wir wollen in diesem Abschnitt zeigen, daß man ohne Einschränkung der Allgemeinheit folgendes voraussetzen darf:

(a) *Die Garbe $\hat{\mathfrak{S}}$ ist einfach über $Y \times \sigma$.*

(b) *$\rho_0(\hat{\mathfrak{S}})$ ist kohärent über $Y \times \sigma$.*

Beweis. Wir liften das ausgezeichnete Geradenbündel F über $Y \times P^n$ nach $Y \times P^n_\sigma$ und erhalten über $Y \times P^n_\sigma$ das Geradenbündel $\hat{F} = \pi^*(F)$. Die Schnittflächen $Y \times h_E$ (vgl. § 3.5) werden dabei zu Schnittflächen $Y \times \hat{h}_{\hat{E}}$, die auf der Menge $\tilde{E} = \pi^{-1}(E)$ von genau erster Ordnung verschwinden. Es sei $\hat{\mathfrak{F}}$ die Garbe der lokalen holomorphen Schnitte in $\hat{F}$; nach § 3, (c) gilt $\pi^*(\mathfrak{F}) = \hat{\mathfrak{F}}$. Da $Y \times P^n_\sigma$ bzgl. der Abbildung ρ ein komplexer Faserraum über $Y \times \sigma$ mit der Zahlenkugel P^1 als typischer Faser ist, gibt es zu jedem Punkt $\tilde{y} \in Y \times \sigma$ eine Umgebung $\tilde{U}$, so daß $\rho^{-1}(\tilde{U})$ ein kartesisches Produkt $\tilde{U} \times P^1$ ist. Wird $\tilde{U}$ hinreichend klein gewählt, so stimmt die Beschränkung $\hat{F}(\tilde{U} \times P^1)$ von $\hat{F}$ auf $\rho^{-1}(\tilde{U})$ mit dem ausgezeichneten Geradenbündel über $\tilde{U} \times P^1$ überein: Durch Beschränkung der Schnittflächen $Y \times \hat{h}_{\hat{E}}$ lassen sich nämlich über $\tilde{U} \times P^1$ holomorphe Schnittflächen h finden, die auf einer Menge $\tilde{U} \times p_1$, $p_1 \in P^1$, von genau 1. Ordnung verschwinden. Man kann also nach Satz I_1 zu jedem relativkompakten Teilbereich $\tilde{V}$ von $Y \times \sigma$ eine natürliche Zahl $k_0 \geqq 0$ so bestimmen, daß für $k \geqq k_0$ die Garben $\hat{\mathfrak{S}} \otimes \hat{\mathfrak{F}}^{\underline{k}}(\rho^{-1}(\tilde{V}))$ sämtlich einfach über $\tilde{V}$ sind. Ferner sind die Bildgarben $\rho_0(\hat{\mathfrak{S}} \otimes \hat{\mathfrak{F}}^{\underline{k}})$ nach Sate II_1^0 kohärent über V. Da Satz I_n nur lokal zu beweisen ist, dürfen wir annehmen, daß gilt: $\tilde{V} = Y \times \sigma$.

Nun besteht die Identität: $\hat{\mathfrak{S}} \otimes \hat{\mathfrak{F}}^{\underline{k}} = \pi^*(\mathfrak{S} \otimes \mathfrak{F}^{\underline{k}})$, da π außerhalb $Y \times \sigma$ umkehrbar und $\hat{F}^{\underline{k}}$ in der Nähe von $Y \times \sigma$ trivial ist und mithin dort gilt: $\hat{\mathfrak{S}} \otimes \hat{\mathfrak{F}}^{\underline{k}} \approx \hat{\mathfrak{S}}$, $\mathfrak{S} \otimes \mathfrak{F}^{\underline{k}} \approx \mathfrak{S}$. Da man zum Beweise von Satz I_n statt von der Garbe $\mathfrak{S}$ auch von jeder Garbe $\mathfrak{S} \otimes \mathfrak{F}^{\underline{k}}$ ausgehen darf, ist somit gezeigt, daß man $\mathfrak{S}$ als eine Garbe annehmen darf, für die die Eigenschaften (a) und (b) erfüllt sind.

(γ) Es sei E_0 eine feste $(n-1)$-dimensionale Ebene in P^n durch p_0. Die Menge $Y \times \hat{E}_0 = \pi^{-1}(Y \times E_0)$ zerfällt in $Y \times P^n_\sigma$ in die beiden irreduziblen Komponenten $Y \times \sigma$ und $Y \times \tilde{E}$; dabei ist $\tilde{E}$ die $(n-1)$-dimensionale irreduzible analytische Menge in P^n_σ mit $\pi^1(\tilde{E}) = E_0$. Es sei $\hat{F}_1$

das Geradenbündel über $Y \times P^n_\sigma$, welches eine holomorphe Schnittfläche $s^{(1)}$ besitzt, die genau auf $Y \times \tilde{E}$ in 1. Ordnung verschwindet. Offensichtlich entsteht $\hat{F}_1$ durch Liften des ausgezeichneten Geradenbündels F_1 über $Y \times \sigma = Y \times P^{n-1}$ vermöge ρ; denn F_1 besitzt eine holomorphe Schnittfläche, die genau auf $Y \times (\sigma \cap \tilde{E})$ in 1. Ordnung verschwindet; $\rho^*(F_1)$ hat deshalb eine Schnittfläche, die genau auf $Y \times \tilde{E}$ in 1. Ordnung verschwindet, und muß deshalb nach § 3, (e) mit $\hat{F}_1$ übereinstimmen. Es sei weiter $\hat{F}_2$ dasjenige Geradenbündel über $Y \times P^n_\sigma$, welches eine Schnittfläche $s^{(2)}$ besitzt, die genau auf $Y \times \sigma$ in 1. Ordnung verschwindet. Nach § 3, (f) gilt: $\hat{F} = \hat{F}_1 \otimes \hat{F}_2$ und also $\hat{\mathfrak{F}} = \hat{\mathfrak{F}}_1 \otimes \hat{\mathfrak{F}}_2$, wenn $\hat{\mathfrak{F}}_1$, $\hat{\mathfrak{F}}_2$ die Garben der lokalen holomorphen Schnitte in $\hat{F}_1$, $\hat{F}_2$ bezeichnen.

Da es nun zu jedem Punkt $\tilde{y} \in Y \times \sigma$ eine Umgebung $V(\tilde{y})$ gibt, so daß $\hat{F}_1(\rho^{-1}(\tilde{V}))$ trivial ist, folgt $\rho_0(\hat{\mathfrak{S}} \otimes \hat{\mathfrak{F}}_1^k) \approx \rho_0(\hat{\mathfrak{S}}) \otimes \mathfrak{F}_1^k$; dabei bezeichnet $\mathfrak{F}_1 = \rho_0(\hat{\mathfrak{F}}_1)$ die Garbe der lokalen holomorphen Schnitte in F_1.

Nach (β) ist $\rho_0(\hat{\mathfrak{S}})$ eine kohärente analytische Garbe über $Y \times \sigma$. Aus Satz I_{n-1} folgt deshalb, daß es zu jeder relativ-kompakten offenen Menge $Q \subset\subset Y$ eine natürliche Zahl $k_0 = k_0(Q, \mathfrak{S})$ gibt, so daß die Garben $\rho_0(\hat{\mathfrak{S}}) \otimes \mathfrak{F}_1^k = \rho_0(\hat{\mathfrak{S}} \otimes \hat{\mathfrak{F}}_1^k)$ einfach über Q sind, wenn $k \geqq k_0$. Da $\hat{\mathfrak{S}} \otimes \hat{\mathfrak{F}}_1^k$ einfach über $Q \times \sigma$ und nach § 2, (q) die Einfachheit einer Garbe transitiv ist, folgt, daß $\hat{\mathfrak{S}} \otimes \hat{\mathfrak{F}}_1^k(Q \times P^n_\sigma)$ einfach über Q ist.

(δ) Wir greifen auf die Bezeichnungsweise in (α) zurück und machen folgende einschränkende zusätzliche Voraussetzung:

(V) *Die Garbe $\hat{\mathfrak{M}}$ über $Q \times K_\sigma$ ist eine B-Garbe.*

Es wird sich in (ε) herausstellen, daß man Satz I_n nur für Garben $\mathfrak{S}$, für die (V) richtig ist, zu beweisen braucht.

Es sei nun die exakte Sequenz $0 \to \hat{\mathfrak{M}} \to \hat{\mathfrak{O}}^q \to \mathfrak{S} \to 0$ über $Q \times K_\sigma$ betrachtet. Da wegen (V) zu ihr die exakte Cohomologiesequenz $0 \to H^0(Q \times K_\sigma, \hat{\mathfrak{M}}) \to H^0(Q \times K_\sigma, \mathfrak{O}^q) \to H^0(Q \times K_\sigma, \hat{\mathfrak{S}}) \to 0$ gehört, ist jede Schnittfläche in $\hat{\mathfrak{S}}$ Bild einer Schnittfläche in $\mathfrak{O}^q$. Da das gleiche auch für $\mathfrak{S}$ gilt, folgt sofort, daß der Homomorphismus $\mathring{\pi}$: $H^0(Q \times K, \mathfrak{S}) \to H^0(Q \times K_\sigma, \hat{\mathfrak{S}})$ surjektiv ist[35].

Über $Q \times K_\sigma$ gilt: $\hat{\mathfrak{S}} = \hat{\mathfrak{S}} \otimes \hat{\mathfrak{F}}^k$ und über $Q \times K$: $\mathfrak{S} = \mathfrak{S} \otimes \mathfrak{F}^k$; da ferner π außerhalb $Y \times p_0$ unkehrbar ist, hat man folgendes Resultat bewiesen:

---

[35] $\mathring{\pi}$ ist der gemäß § 2, (d) zur Abbildung π gehörende Homomorphismus.

satz 4 ist $\pi_0(\hat{\mathfrak{S}})$ kohärent und mithin auch $\mathfrak{S}'$, $\mathfrak{S}^*$, $\beta(\mathfrak{S})$. Durch tensorielle Multiplikation mit $\mathfrak{F}^{\underline{k}}$ erhält man exakte Sequenzen:

$$\text{(a)}\quad 0 \to \mathfrak{S}' \otimes \mathfrak{F}^{\underline{k}} \to \mathfrak{S} \otimes \mathfrak{F}^{\underline{k}} \to \beta(\mathfrak{S}) \otimes \mathfrak{F}^{\underline{k}} \to 0\,,$$

$$\text{(b)}\quad 0 \to \beta(\mathfrak{S}) \otimes \mathfrak{F}^{\underline{k}} \to \pi_0(\hat{\mathfrak{S}}) \otimes \mathfrak{F}^{\underline{k}} \to \mathfrak{S}^* \otimes \mathfrak{F}^{\underline{k}} \to 0\,.$$

Ist k hinreichend groß, so gehören zu (a), (b) nach Satz I_n auf grund von § 2, (m) die folgenden exakten Sequenzen über $Q \subset\subset Y$:

$$(\overline{\text{a}})\quad 0 \to \tau_0(\mathfrak{S}' \otimes \mathfrak{F}^{\underline{k}}) \to \tau_0(\mathfrak{S} \otimes \mathfrak{F}^{\underline{k}}) \to \tau_0(\beta(\mathfrak{S}) \otimes \mathfrak{F}^{\underline{k}}) \to 0\,,$$

$$(\overline{\text{b}})\quad 0 \to \tau_0(\beta(\mathfrak{S}) \otimes \mathfrak{F}^{\underline{k}}) \to \tau_0(\pi_0(\hat{\mathfrak{S}}) \otimes \mathfrak{F}^{\underline{k}}) \to \tau_0(\mathfrak{S}^* \otimes \mathfrak{F}^{\underline{k}}) \to 0\,.$$

Nach Satz 16 sind $\tau_0(\mathfrak{S}' \otimes \mathfrak{F}^{\underline{k}})$ und $\tau_0(\mathfrak{S}^* \otimes \mathfrak{F}^{\underline{k}})$ kohärent. Also folgt, daß über Q auch $\tau_0(\mathfrak{S} \otimes \mathfrak{F}^{\underline{k}})$ kohärent ist, q.e.d.

5. Es kann jetzt gezeigt werden, daß die Sätze II_n^m, $m \geqq 0$, sich leicht aus den Sätzen I_n, II_1^* und II_n^*, II_{n-1}^m ergeben; insbesondere folgt Satz II_1^m, $m \geqq 0$, aus den Sätzen I_1 und II_1^*.

Es sei E eine feste $(n-1)$-dimensionale Ebene des P^n. Die Schnittfläche $Y \times h_E$ in F sei wie in § 5.1 (β) definiert. Wir bezeichnen mit φ den Homomorphismus: $s_x \to s_x \otimes (Y \times h_E)_x$ der Garbe $\mathfrak{S}$ in $\mathfrak{S} \otimes \mathfrak{F}$. Es sei $\varphi_k = \underbrace{\varphi \circ \ldots \circ \varphi}_{k\text{-mal}} : \mathfrak{S} \to \mathfrak{S} \otimes \mathfrak{F}^{\underline{k}}$. φ_k ist außerhalb der Menge $Y \times E$ bijektiv; die Garben $\mathfrak{S}_k^* = \text{Cokern } \varphi_k$ und $\mathfrak{S}_k' = \text{Kern } \varphi_k$ sind also nur über $Y \times E$ von Null verschieden. Man hat die exakten Sequenzen:

$$\text{(a)}\quad 0 \to \mathfrak{S}_k' \to \mathfrak{S} \to \varphi_k(\mathfrak{S}) \to 0\,,$$

$$\text{(b)}\quad 0 \to \varphi_k(\mathfrak{S}) \to \mathfrak{S} \otimes \mathfrak{F}^{\underline{k}} \to \mathfrak{S}_k^* \to 0\,.$$

Es sei nun $\mathfrak{S}$ kohärent. Offenbar sind dann auch alle Garben in (a) und (b) kohärent und nach den Sätzen 16 und II_{n-1}^q auch die Garben $\tau_q(\mathfrak{S}_k')$, $\tau_q(\mathfrak{S}_k^*)$ in den zu (a) und (b) gehörigen Bildsequenzen:

$$(\overline{\text{a}})\quad 0 \to \tau_0(\mathfrak{S}_k') \to \tau_0(\mathfrak{S}) \to \tau_0(\varphi_k(\mathfrak{S})) \to \tau_1(\mathfrak{S}_k') \to \tau_1(\mathfrak{S}) \to \ldots$$

$$(\overline{\text{b}})\quad 0 \to \tau_0(\varphi_k(\mathfrak{S})) \to \tau_0(\mathfrak{S} \otimes \mathfrak{F}^{\underline{k}}) \to \tau_0(\mathfrak{S}_k^*) \to \tau_1(\varphi_k(\mathfrak{S})) \to \tau_1(\mathfrak{S} \otimes \mathfrak{F}^{\underline{k}}) \to \ldots$$

Da II_n^* vorausgesetzt ist, sind über $Q \times Y$ für $k \geqq k_0$ die Garben $\tau_0(\mathfrak{S} \otimes \mathfrak{F}^{\underline{k}})$ kohärent und die Garben $\tau_q(\mathfrak{S} \otimes \mathfrak{F}^{\underline{k}}) = 0$ für $q > 0$ und mithin ebenfalls kohärent. Aus $(\overline{\text{b}})$ folgt dann nach § 1, (d″), daß alle Garben $\tau_q(\varphi_k(\mathfrak{S}))$ kohärent sind, aus $(\overline{\text{a}})$ folgt schließlich nach § 1; (d‴), daß alle Garben $\tau_q(\mathfrak{S})$, $q \geqq 0$ kohärent sind. Damit sind die Sätze II_n^m bewiesen.

The Institute for Advanced Study
Universität Münster (Westf.)

LITERATUR

1. N. BOURBAKI, Espaces vectoriels topologiques, Paris, 1953, Ch. I, II.
2. H. CARTAN, *Idéaux des fonctions analytiques des variables complexes*, Ann. Ecole Normale Sup. **61** (1944), 149-197.
3. ———, *Idéaux et modules des fonctions analytiques des variables complexes*, Bull. Soc. Math. France, **78** (1950), 28-64.
4. ———, Séminaire E.N.S. 1951-51 (hektographiert).
5. ———, Variétés analytiques complexes et cohomologie; Colloque de Bruxelles, (1953) 41-55.
6. ———, Seminaire E.N.S. 1953-54 (hektographiert).
7. ———, Zur Theorie der analytisch vollständigen Räume (Ref. über [9] im Séminaire Bourbaki), Mai 1955.
8. ——— und S. EILENBERG, Homological Algebra; Princeton Math. Ser. **19**, 1956.
9. H. GRAUERT, *Charakterisierung der holomorph-vollständigen komplexen Räume*, Math. Ann. **129**, (1955) 223-259.
10. ——— und R. REMMERT, *Faiseaux analytiques cohérents sur le produit d'un espace analytique et d'un espace projectif*, C. R. Acad. Sci. Paris, **245**, (1957), 819-822.
11. ———, Komplexe Räume; erscheint in den Math. Ann. 1958.
12. F. HIRZEBRUCH, Neue topologische Methoden in der algebraischen Geometrie, Erg. der Math., Springer Verlag, Berlin 1956.
13. H. HOPF, *Schlichte Abbildungen und lokale Modifikationen 2-dimensionaler komplexer Mannigfaltigkeiten*, Comm. Math. Helvet. **29** (1955), 132-155.
14. J. LERAY, *L'anneau spectral et l'anneau filtré d'homologie d'un espace localement compact et d'une application continue*, Jour. Math. Pures Appl. **29** (1950), 1-139.
15. K. OKA, *Sur les fonctions analytiques des plusieurs variables*. VII. *Sur quelques notions arithmétiques*, Bull. Soc. Math. France **78** (1950), 1-27.
16. R. REMMERT, Über stetige und eigentliche Modifikationen komplexer Räume. Colloque de Topologie, Strasbourg, 1954.
17. J. P. SERRE, Quelques problèmes globaux relatifs aux variétés de Stein; Colloque de Bruxelles, (1953), 57-68.
18. ———, Faisceaux algébriques cohérents; Ann. of Math. **61** (1955), 197-278.
19. ———, Géométrie algébrique et géométrie analytique, Ann. L'Inst. Fourier. **6** (1955/56) 1-42.

Machen wir für unsere komplex-analytische Schar $X \to M$ die Voraussetzung :

(∗) *Zu jedem Punkt* $y \in M$ *gibt es eine Umgebung* $U(y)$ *und eine biholomorphe Abbildung*

$$\varphi : \pi^{-1}(U) \overset{in}{\to} U \times P^n,$$

so kann man leicht zeigen, daß die Aussage (A) auch für $X \to M$ gilt ([1]).

Allerdings impliziert (∗), daß jede Fasermenge X_y eine projektiv algebraische Mannigfaltigkeit ist. Das ist natürlich sehr einschränkend, besonders auch deswegen, weil die Untersuchungen von KODAIRA und SPENCER zu zeigen scheinen, daß einfache Gesetzmäßigkeiten in der Berechnung der Dimension von Modulräumen nur dann bestehen, wenn man auf die Algebraizität der komplexen Strukturen verzichtet. Andererseits genügt es keineswegs, nur komplexe Mannigfaltigkeiten zu untersuchen. Man muß Mannigfaltigkeiten mit singulären Punkten (d.h. in unserem Falle : komplexe Räume) in die Betrachtung einbeziehen, um auch nur zu einigermaßen befriedigenden Ergebnissen zu gelangen. In der vorl. Arbeit wird deshalb gezeigt :

(I) Es seien X, Y komplexe Räume, $\pi : X \to Y$ *eine eigentliche holomorphe Abbildung, S eine kohärente analytische Garbe über X. Dann sind alle Bildgarben von S kohärente analytische Garben über Y.*

Der Beweis von (I) ist bedeutend schwieriger als der in [6] gegebene semialgebraische Beweis für (A). Da X, Y komplexe Räume mit nicht-uniformisierbaren Punkten sind, ist es auch nicht möglich, die potentialtheoretischen Methoden von Kodaira und Spencer zu verwenden. Es muß ein besonderer Weg beschritten werden. Es handelt sich dabei vor allem um eine verfeinerte Anwendung von Potenzreihen. Zweckmäßig, jedoch nicht unbedingt notwendig ist auch die Verwendung eines neuen *allgemeineren* Begriffes des *komplexen Raumes*. Wir werden diese neuen Räume einfach « komplexe Räume » nennen. Die von H. CARTAN und J. P. SERRE definierten komplexen Räume werden in der vorl. Arbeit « reduzierte komplexe Räume » heißen. Allgemeine komplexe Räume können in ihren lokalen Ringen nilpotente Elemente enthalten. Ihre Analoga in der algebraischen Geometrie sind seit einiger Zeit bekannt. Sie wurden m.W. zum ersten Male von A. GROTHENDIECK angegeben.

4. Es sei noch eine kurze Übersicht über den Inhalt der vorl. Arbeit gegeben. Im § 1 werden die neuen komplexen Räume eingeführt. Der § 2 beschäftigt sich mit der analytischen Garbentheorie auf diesen Räumen. Der § 3 bringt Untersuchungen über kartesische Produkte $\mathfrak{G} = G \times K(\rho)$, wobei $G \subset C^d$ ein Gebiet und $K(\rho)$ einen m-dimensionalen Polyzylinder bezeichnet. Ist S eine kohärente analytische Garbe über $\mathfrak{G}$, so werden in dem Vektorraum der Koketten über $\mathfrak{G}$ mit Koeffizienten in S Pseudonormen definiert. Es werden Beschränktheitsaussagen für diese Pseudonormen hergeleitet. Im § 4 werden die Pseudonormen und die Beschränktheitsaussagen auf

---

(1) Man braucht dabei nicht vorauszusetzen, daß $\pi : X \to M$ eine komplex-analytische Schar ist. Es genügt, daß X, M komplexe Räume sind, daß π eine eigentliche holomorphe Abbildung ist und daß (∗) erfüllt ist.

komplexe Räume X ausgedehnt, die durch eine eigentliche holomorphe Abbildung π in einen Polyzylinder $K(\rho)$ abgebildet sind. Es werden in X Meßatlanten, Meßüberdeckungen etc. definiert, aus denen sich dann die Pseudonormen ableiten. Im § 5 wird schließlich ein wichtiges Lemma für einen Fall ν_0 hergeleitet. Dazu müssen Induktionsannahmen gemacht werden, die u.a. die Kohärenz der Bildgarben $\pi_\nu(S)$, $\nu>\nu_0$ enthalten, wenn S eine gewisse kohärente analytische Garbe über X bezeichnet. Im § 6 wird sodann gezeigt, daß aus dem Lemma für ν_0 die Kohärenz von $\pi_{\nu_0}(S)$ folgt. Da $\pi_\nu(S)$ für sehr großes ν gleich null und somit kohärent ist, wird dadurch eine vollständige Induktion gegeben, die den vorne angegebenen Satz (I) beweist (vgl. Hauptsatz I in § 6). Neben dem Hauptsatz I werden im § 6 noch weitere Aussagen hergeleitet, die einen Zusammenhang zwischen der Kohomologie der Fasern $\pi^{-1}(y), y\in Y$ und den Bildgarben $\pi_\nu(S)$ liefern (Vgl. Hauptsätze II, IIa). Der § 7 zeigt noch, wie sich die Resultate (1), (2) von Kodaira und Spencer in verallgemeinerter Form aus der in der vorl. Arbeit durchgeführten Theorie ergeben. Ferner wird dort aus dem Hauptsatz I der bekannte Remmertsche Satz über eigentliche holomorphe Projektionen analytischer Mengen abgeleitet ([1]). Dieser Satz ist damit aufs Neue bewiesen und in eine größere Theorie eingeordnet (Hauptsatz I kann als ein Ergebnis über analytische Projektion mit « Vielfachheit » gedeutet werden).

§ 1. Ein neuer Begriff des komplexen Raumes.

1. Die grundlegenden Begriffe der Garbentheorie seien als bekannt vorausgesetzt. Wir bezeichnen mit X einen beliebigen topologischen Raum. $A=A(X)$ sei eine Garbe von komplexen Algebren über X, alle Halme A_x, $x\in X$ von A seien kommutativ, assoziativ und mögen ein Einselement 1_x besitzen, die Abbildung $x\to 1_x$ sei stetig.

Wir nennen im folgenden einen topologischen Raum X, über dem eine Garbe A definiert ist, einen (komplex) beringten Raum. $A=A(X)$ heißt die *Strukturgarbe* von X. Ein beringter Raum muß also als ein Paar (X, A) angesehen werden. Wir schreiben jedoch einfach X, wenn das nicht zu Mißverständnissen führt. Beringte Räume wurden in [11], [6] eingehend untersucht. Wir werden deshalb hier die Terminologie aus [6] übernehmen, jedoch werde folgende in [6] nicht enthaltene Definition getroffen :

Definition 1. *Es seien $(X, A(X))$, $(Y, A(Y))$ beringte Räume. Eine morphe Abbildung Ψ von X in Y ist ein Paar (ψ_0, ψ_1) einer stetigen Abbildung $\psi_0 : X\to Y$ und einer stetigen Abbildung $\psi_1 : X\oplus_{\psi_0} A(Y)=\{(x, \sigma) : x\in X, \sigma\in A_y(Y), y=\psi_0(x)\}\to A(X)$, die jede Algebra $(x, A_y(Y))$ homomorph in die Algebra $A_x(X), y=\psi_0(x)$ abbildet* ([2]). *Ψ heißt eine bimorphe (surjektive) Abbildung, wenn ψ_0, ψ_1 topologische Abbildungen sind und ψ_1 stets die Algebren $(x, A_y(Y))$ isomorph auf die Algebren $A_x(X), y=\psi_0(x)$ projiziert.*

([1]) Vgl. Remmert [10].
([2]) Wir setzen dabei voraus, daß dieser Homomorphismus nicht entartet ist, also nicht ganz $(x, A_y(Y))$ auf das Nullelement von $A_x(X)$ abbildet.

Man kann ein einfaches Beispiel eines beringten Raumes betrachten. Es sei G ein Teilgebiet des n-dimensionalen komplexen Zahlenraumes C^n, $O = O(G)$ bezeichne über G die Garbe der Keime von lokalen holomorphen Funktionen. Offenbar ist O eine Garbe von komplexen Algebren, G mit der Strukturgarbe O also ein komplex beringter Raum.

Wir bezeichnen mit $A \subset G$ eine analytische Teilmenge, mit $I^* \subset O$ eine kohärente Untergarbe von Idealen, deren Nullstellenmenge mit A übereinstimmt. Die Quotientengarbe $'H = O/I^*$ besitzt über $G - A$ nur Halme, die aus Nullmoduln bestehen. Betrachtet man nur die Halme von $'H$, die über A liegen, so erhält man über A eine Garbe $H = H(A)$ von lokalen Ringen. Wird A mit dieser Strukturgarbe versehen, so ist A ein beringter Raum. Wie man leicht sieht, werden i.a. die Halme H_x, $x \in A$ nilpotente Elemente enthalten.

Durch die Quotientenabbildung $O \to {'H}$ wird jedem Element $\sigma \in O_x$, $x \in A$ ein Element $\hat{\sigma} \in H_x$ zugeordnet. Wir nennen $\hat{\sigma}$ die Beschränkung von σ auf (A, H) (in Zeichen $\hat{\sigma} = \sigma \mid (A, H)$). Ebenso wird jeder Schnittfläche $s \in \Gamma(G, O(G))$ durch $O \to {'H}$ eine Schnittfläche $\hat{s} \in \Gamma(A, H)$ zugeordnet. Auch $\hat{s}$ werde mit « Beschränkung von s auf (A, H) » bezeichnet ($\hat{s} = s \mid (A, H)$).

Ein besonderer Fall tritt ein, wenn I^* die Garbe der Keime aller lokalen holomorphen Funktionen ist, die auf A verschwinden. Wir bezeichnen im folgenden diese Garbe stets mit $I = I(A)$. Nach einem bekannten Satz von H. Cartan ist I kohärent. Offenbar gilt stets $I^* \subset I$, wenn I^* eine allgemeine kohärente Idealgarbe ist, deren Nullstellenmenge mit A übereinstimmt. Es werde mit $O(A)$ die Beschränkung der Garbe $O(G)/I$ auf A bezeichnet. $O(A)$ kann in natürlicher Weise als eine Untergarbe der Garbe $C(A)$ der Keime stetiger Funktionen auf A angesehen werden. Die Schnittflächen in $O(A)$ sind also spezielle stetige Funktionen über A. Da $I^* \subset I$ gilt, gibt es den durch Quotientenbildung kanonisch definierten Homomorphismus red : $H(A) \to O(A)$.

Definition 2. *Ein beringter Raum $(X, A(X))$ heißt ein komplexer Raum, wenn folgendes gilt :*

1) *X ist ein Hausdorffscher Raum.*

2) *Zu jedem Punkt $x \in X$ gibt es eine Umgebung $U(x)$, einen beringten Raum $(A, H(A))$, der auf die vorhin beschriebene Weise definiert ist, und eine bimorphe surjektive Abbildung Ψ : $U(x) \to A$.*

(X, A(X)) heißt ein reduzierter komplexer Raum, wenn X hausdorffsch und $U(x)$ stets zu einem beringten Raum (A, O(A)) bimorph äquivalent ist. Offenbar ist ein komplexer Raum genau dann ein reduzierter komplexer Raum, wenn die Halme $A_x(X)$ seiner Strukturgarbe keine nilpotenten Elemente enthalten.

2. Es seien $A_\nu \subset G_\nu \subset C^{n_\nu}$ analytische Mengen, H_ν, O_ν Strukturgarben über A_ν, die wie vorhin definiert sind, red_ν seien die Projektionen $H_\nu \to O_\nu$, $\nu = 1,2$; ferner sei

$\Psi = (\psi_0, \psi_1)$ eine morphe Abbildung des beringten Raumes (A_1, H_1) in den beringten Raum (A_2, H_2). Wir zeichnen Untergarben von H_ν, $\nu = 1,2$ aus :

$H_\nu^{(1)}$ sei die Menge der Elemente σ von H_ν, für die folgendes gilt :

Es gibt zu σ eine offene Menge $U \subset A_\nu$ und eine Schnittfläche $s = s(x) \in \Gamma(U, H_\nu)$, so daß

1) $\sigma \in s$,

2) $s(x)$ für alle $x \in U$ im maximalen Ideal von $(H_\nu)_x$ enthalten ist.

Offenbar ist $H_\nu^{(1)}$ nichts anderes als die Kerngarbe des Homomorphismus red_ν. Da aber $H_\nu^{(1)}$ durch eine innere Eigenschaft der Garbe H_ν definiert ist, bildet ψ_1 den Raum $A_1 \oplus_{\psi_0} H_2^{(1)}$ in $H_1^{(1)}$ homomorph ab. Daraus folgt insbesondere, daß ψ_1 eine Abbildung $\psi_1^* : O_2 \oplus_{\psi_0} A_1 \to O_1$ definiert. $\Psi^* = (\psi_0, \psi_1^*)$ ist eine morphe Abbildung des komplexen Raumes (A_1, O_1) in den komplexen Raum (A_2, O_2).

Nun kann O_ν als Untergarbe von $C(A_\nu)$ gedeutet werden, $\nu = 1,2$. Ordnet man einem beliebigen Funktionskeim $f \in C(A_2)$ den Funktionskeim $f \circ \psi_0 \in C(A_1)$ zu, so erhält man eine stetige Abbildung $\lambda : A_1 \oplus_{\psi_0} C(A_2) \to C(A_1)$. Das Diagramm :

$$\begin{array}{ccc} C(A_1) & \leftarrow & A_1 \oplus_{\psi_0} C(A_2) \\ \downarrow & & \downarrow \\ A_1 & \rightarrow & A_2 \end{array}$$

ist kommutativ. Wir zeigen :

Satz 1. λ *bildet* $A_1 \oplus_{\psi_0} O_2$ *in* O_1 *ab. Es gilt* $\lambda = \psi_1^*$.

Beweis. Da ψ_1^* ein Ringhomomorphismus ist, bildet ψ_1^* stets das Einselement $1_y \in (O_2)_y$, $y = \psi_0(x)$, $x \in A_1$ ab auf das Einselement $1_x \in (O_1)_x$. Da ferner ψ_1^* ein Homomorphismus von komplexen Algebren ist, folgt, daß ψ_1^* eine Abbildung der konstanten Funktionen aus $\Gamma(V, O_2)$ in die konstanten Funktionen aus $\Gamma(U, O_1)$ erzeugt [1] (mit $U = \psi_0^{-1}(V)$, $V \subset A_2$ eine offene Menge). Die Funktion $f \equiv c$ geht in die Funktion $g \equiv c$ über.

Es seien nun $x_0 \in A_1$ ein beliebiger Punkt, $y_0 = \psi_0(x_0) \in A_2$ und $\sigma \in (O_2)_{y_0}$ ein Garbenelement. Man kann eine Umgebung $V(y_0) \subset A_2$ und eine komplexe Funktion $f \in \Gamma(V, O_2)$ finden, die in y_0 den Keim σ erzeugt. Das ψ_1^*-Bild von f sei mit g bezeichnet ($g \in \Gamma(U, O_1)$, $U = \psi_0^{-1}(V)$). Durch ψ_1^* wird $f - f(y)$ auf die Funktion $g - f(y)$ abgebildet (mit $y \in V$ festgewählt). Der Keim von $f - f(y)$ gehört zum maximalen Ideal von $(O_2)_y$. Also muß der Keim von $g - f(y)$ in jedem Punkt $x \in \psi_0^{-1}(y)$ zum maximalen Ideal von $(O_1)_x$ gehören. Das heißt $f(y) = g(x)$. Also gilt : $g = f \circ \psi_0$. Daraus folgt aber unmittelbar die Behauptung von Satz 1.

3. Es sei $\hat{\psi}^*$ eine holomorphe Abbildung eines Gebietes $G_1^* \subset C^{n_1^*}$ in ein Gebiet $G_2^* \subset C^{n^*}$, die eine analytische Menge $A_1^* \subset G_1^*$ in eine analytische Menge $A_2^* \subset G_2^*$ abbildet.

---

(1) Wir werden im folgenden stets eine Abbildung, die durch eine Abbildung α erzeugt ist, auch mit α bezeichnen. In unserem Falle steht also auch für die erzeugte Abbildung ψ_1^*.

Es sei H_ν^* eine Strukturgarbe über A_ν^*, die durch Beschränkung einer Quotientengarbe $'H_\nu^* = O(G_\nu^*)/I_\nu^*$ definiert ist, $\nu = 1,2$. $\hat{\psi}^*$ erzeugt dann eine Abbildung

$$\varphi : G_1^* \oplus_{\hat{\psi}^*} I_2^* \to O(G_1^*).$$

Bildet φ die Garbe $G_1^* \oplus_{\hat{\psi}^*} I_2^*$ in I_1^* ab, so erhalten wir außerdem einen Homomorphismus $\psi_1^* : A_1^* \oplus_{\hat{\psi}^*} H_2^* \to H_1^*$. $(\hat{\psi}^* \mid A_1^*, \psi_1^*)$ ist eine morphe Abbildung. Wir sagen, daß sie von $\hat{\psi}^*$ erzeugt ist. — Wir verwenden die gleiche Bezeichnungsweise wie im vorigen Abschnitt und zeigen :

Satz 2. *Es gibt zu jedem Punkt $x \in A_1$ eine in G_1 offene Umgebung $U(x) \subset G_1$ und eine holomorphe Abbildung $\hat{\psi} : U \to G_2$, die die morphe Abbildung $\Psi \mid U \cap A_1$ erzeugt.*

Beweis. Wir bezeichnen mit $z_1, \ldots, z_{n_2}$ komplexe Koordinaten in G_2, f_ν sei die durch die Quotientenprojektion $O(G_2) \to {'H_2}$ definierte Bildschnittfläche von z_ν aus $\Gamma(A_2, H_2)$, ferner sei g_ν das ψ_1-Bild von f_ν in $\Gamma(A_1, H_1)$, $\nu = 1, \ldots, n_2$. Ist die Umgebung $U(x)$, $x \in A_1$, hinreichend klein gewählt, so kann man holomorphe Funktionen $\hat{g}_\nu$ über U bestimmen, die vermöge der Quotientenprojektion $O(G_1) \to {'H_1}$ die Schnittflächen g_ν definieren. Es sei dann $\hat{\psi}$ die durch $(g_1, \ldots, g_{n_2})$ bestimmte holomorphe Abbildung. Aus Satz 1 folgt : $\hat{\psi} \mid U \cap A_1 = \psi_0 \mid U \cap A_1$.

Es seien $y_0 \in \hat{\psi}(U \cap A_1)$ ein beliebiger Punkt, $f_{y_0} \in (H_2)_{y_0}$ ein beliebiges Garbenelement. Ist $V(y_0)$ eine hinreichend kleine, in G_2 offene Umgebung von y_0, so gibt es eine holomorphe Funktion $\hat{f}$ aus $\Gamma(V, O(V))$, die f_{y_0} definiert. Wir setzen $W = \hat{\psi}^{-1}(V)$, $\hat{g} = \hat{f} \circ \hat{\psi}$. $\hat{g}$ ist eine in W holomorphe Funktion. Wir haben zu zeigen, daß $\hat{g}$ das Element $g_{x_0} = \psi_1(f_{y_0}) \in (H_1)_{x_0}$, $x_0 \in \hat{\psi}^{-1}(y_0)$ bestimmt. Dazu ist es notwendig, einen Hilfssatz heranzuziehen, der ein Spezialfall des in § 3 bewiesenen Satzes 2 ist.

Hilfssatz 1. *Es sei $O_\mathfrak{O}$ der Ring der Keime holomorpher Funktionen in einem Punkte $\mathfrak{O} \in C^n$, $I_\mathfrak{O}$ sei ein Ideal in $O_\mathfrak{O}$. Ist dann $f \in O_\mathfrak{O}$ ein Keim einer holomorphen Funktion und gibt es zu jeder natürlichen Zahl k ein Element $h \in I_\mathfrak{O}$, so daß der holomorphe Funktionskeim $f - h$ in $\mathfrak{O}$ eine Nullstelle k-ter Ordnung hat, so gilt $f \in I_\mathfrak{O}$.*

Wir verzichten hier darauf, Hilfssatz 1 zu beweisen und führen den Beweis von Satz 2 fort.

Es sei k eine vorgegebene natürliche Zahl. Man kann dann ein Polynom $Q = Q(z_1, \ldots, z_{n_2})$ finden, so daß die Funktion $\hat{f}' = \hat{f} - Q$ im Punkte y_0 mindestens von der Ordnung k verschwindet. Wir setzen $P = Q \circ \hat{\psi}$ und bezeichnen mit $\hat{g}_{x_0}$ bzw. P_{x_0} den von $\hat{g}$ bzw. P in x_0 erzeugten holomorphen Funktionskeim. f'_{y_0} sei das von $\hat{f}'$ definierte Element aus $(H_2)_{y_0}$, g'_{x_0} sei sein ψ_1-Bild in $(H_1)_{x_0}$. Ferner seien $\tilde{g}_{x_0}$ bzw. $\tilde{g}'_{x_0}$ holomorphe Funktionskeime in x_0, die g_{x_0} bzw. g'_{x_0} definieren. Offenbar kann man $\tilde{g}'_{x_0}$ so wählen, daß der Funktionskeim in x_0 eine Nullstelle k-ter Ordnung hat. Ebenso hat $\hat{g}_{x_0} - P_{x_0}$ in x_0 eine Nullstelle der Ordnung k. Offenbar ist $(\hat{g}_{x_0} - \tilde{g}_{x_0}) - (\hat{g}_{x_0} - P_{x_0}) + \tilde{g}'_{x_0}$ in der zur Definition von $'H_1$ verwendeten Idealgarbe I_1^* enthalten, weil

$$P_{x_0} \mid (A_1, H_1) = \psi_1(Q_{y_0}) \mid (A_2, H_2)$$

ist. Da k beliebig sein kann, folgt aus Hilfssatz 1 : $\hat{g}_{x_0} - \tilde{g}_{x_0} \in (I_1^*)_{x_0}$, $\hat{g}$ definiert also das Element g_{x_0}, q.e.d.

4. Wir behalten die Terminologie des Abschnittes 2 bei. Es seien $f_1, \ldots, f_q \in \Gamma(A_2, H_2)$ endlich viele Schnittflächen. Durch die Projektion $H_2 \rightarrow O_2(A_2)$ erhalten wir in Zuordnung zu den Schnittflächen f_ν q komplex-wertige Funktionen aus $\Gamma(A_2, O_2(A_2))$, die eine stetige Abbildung $\varphi_0 : A_2 \rightarrow C^q$ definieren. Man kann φ_0 in kanonischer Weise zu einer morphen Abbildung ergänzen.

Wir bezeichnen die Punkte des C^q mit $z = (z_1, \ldots, z_q)$, $y_0 \in A_2$ sei ein beliebiger Punkt. Wir setzen $z_0 = \varphi_0(y_0) = (z_1^{(0)}, \ldots, z_q^{(0)})$. Nach Definition der Garbe H_2 kann man eine Umgebung $U(y_0) \subset G_2$ und in U holomorphe Funktionen $\hat{f}_\nu$ finden, deren Beschränkung auf $(A_2 \cap U, H_2)$ mit $f_\nu | A_2 \cap U$ übereinstimmt. Die Funktionen $\hat{f}_\nu$ definieren eine holomorphe Abbildung $\hat{\varphi}_0 : U \rightarrow C^q$, deren Beschränkung auf $A_2 \cap U$ die Abbildung $\varphi_0 | A_2 \cap U$ ist. $\hat{\varphi}_0$ definiert in natürlicher Weise einen Homomorphismus der Algebra $O_{z_0}(C^q)$ in die Algebra $O_{y_0}(G_2)$. Nach Anwendung der Quotientenabbildung $O(G_2) \rightarrow H_2$ erhält man sodann einen Homomorphismus $\varphi_{1y_0} : O_{z_0}(C^q) \rightarrow (H_2)_{y_0}$. Offenbar ist φ_{1y_0} von der Wahl der Funktionen $\hat{f}_1, \ldots, \hat{f}_q$ unabhängig. Die Menge $\varphi_1 = \{\varphi_{1y}\}$ kann man schließlich als eine Abbildung $A_2 \oplus_{\varphi_0} O(C^q) \rightarrow H_2$ auffassen und $\Phi = (\varphi_0, \varphi_1)$ ist die gesuchte morphe Abbildung.

Es sei $g_\nu \in \Gamma(A_1, H_1)$ das ψ_1-Bild der Schnittflächen f_ν, $\nu = 1, \ldots, q$. Die Schnittflächen $(g_1, \ldots, g_q)$ definieren wieder eine morphe Abbildung $A_1 \rightarrow C^q$, die wir mit $\tilde{\Phi} = (\tilde{\varphi}_0, \tilde{\varphi}_1)$ bezeichnen wollen. Aus Satz 2 folgt unmittelbar :

Satz 3. *Das Diagramm :*

$$\begin{array}{ccc} A_1 & \overset{\Psi}{\rightarrow} & A_2 \\ {\scriptstyle\tilde{\Phi}}\searrow & & \swarrow{\scriptstyle\Phi} \\ & C^q & \end{array}$$

ist kommutativ.

5. Die Sätze 1-3 führen zu einfachen Folgerungen für komplexe Räume :

(1) *Es sei (X, H) ein komplexer Raum. Dann gibt es eine eindeutig bestimmte Untergarbe $O = O(X) \subset C(X)$ von komplexen Algebren, so daß (X, O) ein reduzierter komplexer Raum ist. Es ist kanonisch eine Abbildung red : $H \rightarrow O$ definiert, so daß das Diagramm :*

$$\begin{array}{ccc} H & \overset{red}{\rightarrow} & O \\ \searrow & & \swarrow \\ & X & \end{array}$$

kommutativ ist. Bezeichnet i die Identität, so ist (i, red) eine morphe Abbildung von (X, O) auf (X, H).

Wir werden im folgenden (X, O) die *Reduktion* von (X, H) nennen.

Es folgt sofort :

Satz 4. *Zu jedem relativkompakten Teilbereich* $B \subset\subset X$ *gibt es eine natürliche Zahl* $k = k(B)$, *so daß* $H^{(k)} = 0$ *ist.*

Beweis. Offenbar braucht man diesen Satz nur lokal und für den Fall zu beweisen, daß $X = A \subset G \subset C^n$ eine analytische Menge und $H(X) = H(A) = O(G)/I^*$ der Quotient der Garbe $O(G)$ und einer in G kohärenten Idealgarbe I^* ist, die A zur genauen Nullstellenmenge hat. Die Garbe $I = I(A)$ der Keime holomorpher Funktionen, die auf A verschwinden, ist ebenfalls kohärent (nach einem Satz von H. Cartan). Wegen der lokalen Natur unseres Satzes dürfen wir sodann annehmen, daß über G endlich viele Schnittflächen $s_1, \ldots, s_q \in \Gamma(G, I)$ existieren, die in jedem Punkte $x \in G$ den Halm I_x erzeugen.

Die Halme $H_x^{(\nu)}$, $\nu = 1,2,3, \ldots$ werden nun von Elementen erzeugt, die in den Schnittflächen $s_{\mu_1} \cdot \ldots \cdot s_{\mu_\nu} | (A, H)$, $1 \leq \mu_1 \leq \mu_2 \leq \ldots \leq \mu_\nu \leq q$, enthalten sind. Da jede Schnittfläche s_μ, $\mu = 1, \ldots, q$ die Nullstellenmenge der Idealgarbe I^* umfaßt, folgt aus dem Hilbertschen Nullstellensatz, daß es zu jedem Punkt $x \in A$ eine natürliche Zahl $k = k(x)$ gibt, so daß jeder Keim, der in x von einem Produkt $\pi = s_{\mu_1} \cdot \ldots \cdot s_{\mu_k}$ definiert wird, in I_x^* enthalten ist. Nach dem Cartan-Rückertschen Basissatz ist dann π eine Schnittfläche in I^* über einer ganzen Umgebung von x. Ist $B \subset\subset A$ eine relativkompakte Teilmenge und k hinreichend groß gewählt, so ist jedes Produkt $s_{\mu_1} \cdot \ldots \cdot s_{\mu_k}$ eine Schnittfläche in I^* über einer offenen Umgebung von B. Das heißt aber $H^{(k)} | B = 0$, q.e.d.

§ 2. Garbentheorie.

1. Wir werden im diesem Paragraphen die Theorie analytischer Garben über komplexen Räumen entwickeln.

Definition 1. *Es sei* (X, H) *ein komplexer Raum. Eine Garbe S von abelschen Gruppen über X heißt eine analytische Garbe, wenn jeder Ring* H_x, $x \in X$ *auf dem Halm* S_x *operiert, so daß die dadurch definierte Abbildung* $\bigcup_x H_x \oplus S_x \to S$ *eine stetige Abbildung ist.*

Zwischen analytischen Garben kann man wie üblich *analytische Garbenhomomorphismen* definieren. Wir nennen einen analytischen Homomorphismus einfach einen Homomorphismus, wenn das nicht zu Mißverständnissen führt. Es werde definiert :

Definition 2. *Es seien* (X_1, H_1), (X_2, H_2) *komplexe Räume,* $\Phi = (\varphi_0, \varphi_1) : X_1 \to X_2$ *eine holomorphe Abbildung,* S_1 *bzw.* S_2 *eine analytische Garbe über* X_1 *bzw.* X_2. *Dann heißt eine stetige Abbildung* $\lambda : X_1 \oplus_{\varphi_0} S_2 \to S_1$ *ein Garbenhomomorphismus* $S_2 \to S_1$ *(über* Φ*), wenn folgendes gilt :*

1) *λ bildet jeden Halm* (x, S_{2y}) *homomorph in* S_{1x} *ab,*
2) *man hat :* $\lambda(x, s_y \cdot f_y) = \lambda(x, s_y) \cdot \varphi_1(f_y)$, $s_y \in S_{2y}$, $f_y \in H_{2y}$, $y = \varphi_0(x)$.

Wie im Falle reduzierter komplexer Räume kann man *direkte Summen* und *Tensorprodukte* von analytischen Garben erklären. Wir bezeichnen mit S^p, H^p usw. die p-fache direkte Summe der Garben S, H usw. mit sich selbst. $S^{\underline{p}}$, $H^{\underline{p}}$ usw. sei die p-fache Tensorpotenz. Man kann ferner den Begriff der Kohärenz analytischer Garben definieren :

Definition 3. *Eine analytische Garbe S über einem komplexen Raum (X, H) heißt kohärent, wenn es zu jedem Punkt $x \in X$ eine Umgebung $U(x)$ und über U eine exakte Garbensequenz : $H^p \to H^q \to S \to 0$ gibt.*

In [6], § 1 wurde eine etwas andere Definition der Kohärenz gegeben. Aus einem Satz von K. Oka über die Relationengarbe eines Systems $f_1, \ldots, f_k$ von q-tupeln holomorpher Funktionen folgt jedoch, daß H im Sinne von [6] kohärent ist. Daraus ergibt sich dann die Äquivalenz der Definition 3 mit der Definition 1 in [6].

Wie in [6] gewinnt man folgende Aussagen :

(a) In einer exakten analytischen Sequenz $0 \to S' \to S \to S'' \to 0$ von analytischen Garben über einem komplexen Raum (X, H) sind alle drei Garben kohärent, wenn wenigstens zwei von ihnen kohärent sind.

(b) Es sei $\varphi : S_1 \to S_2$ ein analytischer Homomorphismus zwischen zwei kohärenten Garben über X. Dann sind der Kern, der Kokern, das Bild von φ kohärente analytische Garben.

(c) Die direkte Summe $S_1 \oplus S_2$, das Tensorprodukt (über H) $S_1 \otimes S_2$, die Garbe $Hom(S_1, S_2)$ sind kohärente analytische Garben, wenn S_1, S_2 kohärent sind.

(d) Es seien S eine kohärente analytische Garbe über (X, H), $M \subset S$ eine analytische Untergarbe von S. Dann ist M bereits dann kohärent, wenn es zu jedem Punkt $x \in X$ eine Umgebung $U(x)$ gibt, so daß die Schnittflächen aus $\Gamma(U, M)$ jeden Halm M_x, $x \in U$ erzeugen.

2. Es sei $I \subset H$ eine analytische Untergarbe. Offenbar ist dann jeder Halm I_x ein Ideal im Ring H_x. Wir nennen die Menge der Punkte $x \in X$, in denen $I_x \neq H_x$ gilt, die *Nullstellenmenge der Idealgarbe I* (in Zeichen N(I)).

Es werde nun $X^* = N(I)$ gesetzt. Als Teilmenge von X ist X^* ein Hausdorffscher Raum. Wir versehen X^* mit der Strukturgarbe $H^* = (H/I) | X^*$. Es folgt :

Satz 1. *(X^*, H^*) ist ein komplexer Raum, $X^* \subset X$ eine analytische Menge.*

Bevor wir Satz 1 beweisen können, muß eine allgemeine Betrachtung durchgeführt werden. Wir machen dazu die Annahme, daß (X^*, H^*) ein komplexer Raum, $X^* \subset X$ eine analytische Menge ist. Es sei S^* eine analytische Garbe über X^*. Man kann S^* trivial zu einer Garbe $'S^* = S$ über X fortsetzen : Die Halme von S stimmen über X^* mit den Halmen von S^* überein, über $X - X^*$ hat S nur Nullhalme. Man zeigt leicht :

Satz 2. *S ist genau dann kohärent, wenn S^* kohärent ist.*

Der Beweis von Satz 2 kann wie in [6] geführt werden (vgl. § 2 *(c)*). Es sei deshalb hier auf ihn verzichtet. — Wir werden im folgenden S^* und die triviale Fortsetzung von S^* als gleiche Garben behandeln, wenn das nicht zu Mißverständnissen führt.

Beweis von Satz 1. Man braucht Satz 1 nur für den Fall zu beweisen, daß $X = A \subset G \subset C^n$ eine analytische Menge und $H = O(G)/I^*$ die im vorigen Paragraphen beschriebene Quotientengarbe ist. Wir bezeichnen mit $\widetilde{I} \subset O(G)$ die kohärente Kerngarbe des Homomorphismus $O(G) \to H/I$. Offenbar stimmt die Nullstellenmenge von $\widetilde{I}$ mit $X^* \subset X = A$ überein, und es gilt : $H^* = H/I = O(G)/\widetilde{I}$, $X^* \subset X$ ist eine analytische Teilmenge, q.e.d.

Wir nennen fortan einen Raum (X^*, H^*) einen *komplexen Unterraum* von (X, H).

Es sei S eine kohärente analytische Garbe über X. Durch die Festsetzung $S^* = S/S \cdot I|X$ erhält man eine kohärente analytische Garbe über X^*. S^* heiße die analytische Beschränkung von S auf X^* (in Zeichen $S^* = S|_a X$ oder einfach $S^* = S|X$). Durch die Quotientenabbildung $S \to S^*$ wird jedem Garbenelement $\sigma \in S_x$, $x \in X^*$ ein Garbenelement $\sigma^* \in S^*_x$ zugeordnet, in analoger Weise erhält man zu jeder Schnittfläche $s \in \Gamma(U, S)$, $U \cap X^* \neq 0$ eine Schnittfläche $s^* \in \Gamma(U \cap X^*, S^*)$. Wir nennen σ^* bzw. s^* die analytische Beschränkung von σ bzw. s auf X^*. In den folgenden Paragraphen werden wir das Wort « analytisch » i.a. fortlassen.

3. In [6] wurde die Godementsche Kohomologietheorie mit Koeffizienten in Garben von abelschen Gruppen entwickelt. Wir werden in dieser Arbeit im wesentlichen nur parakompakte Räume untersuchen und können uns deshalb auf die Chechsche Definition der Kohomologiegruppen beschränken. Wir betrachten nur Koketten, Kozyklen etc., die antikommutativ in ihren Indices sind (d.h. $f_{\iota_0 \ldots \iota_a \ldots \iota_b \ldots \iota_r} = -f_{\iota_0 \ldots \iota_b \ldots \iota_a \ldots \iota_r}$). Dadurch ergeben sich wesentliche Vereinfachungen in der Rechnung. Die Struktur der Kohomologiegruppen ändert sich jedoch nicht.

Für holomorph-vollständige Räume ergeben sich interessante Aussagen :

Satz 3. *(Analogon zum Theorem B von H. Cartan). Es seien (X, H) ein holomorph-vollständiger komplexer Raum, S eine kohärente analytische Garbe über X. Dann gilt $H^\nu(X, S) = 0$ für $\nu > 0$.*

Beweis. Wir definieren $H^{(\nu)}$, $\nu = 0, 1, 2, \ldots$ wie in § 1, Abschnitt 6 und setzen $S^{(\nu)} = S \cdot H^{(\nu)}$. Es ist $S^{(0)} = S$. Die Garben $S^{(\nu-1)}/S^{(\nu)}$ kann man als analytische Garben über der Reduktion (X, O) auffassen. Wie man leicht sieht, ist $S^{(\nu-1)}/S^{(\nu)}$ kohärent.

Man hat exakte Sequenzen : $0 \to S^{(\nu)} \to S^{(\nu-1)} \to S^{(\nu-1)}/S^{(\nu)} \to 0$, zu denen Kohomologiesequenzen : $H^\mu(X, S^{(\nu)}) \to H^\mu(X, S^{(\nu-1)}) \to H^\mu(X, S^{(\nu-1)}/S^{(\nu)})$ gehören. Da aber (X, O) ein holomorphvollständiger Raum ist, folgt aus [3], théorème B, daß

$$(*)\ H^\mu(X, S^{(\nu)}) \to H^\mu(X, S^{(\nu-1)}) \to 0, \quad \mu = 1, 2, 3, \ldots$$

exakt ist.

Wir schöpfen X durch eine aufsteigende Folge $X_\varkappa$, $\varkappa = 1, 2, 3, \ldots$ relativkompakter Teilbereiche aus. Nach § 1, Satz 4 gibt es zu jedem $\varkappa$ eine natürliche (kleinste Zahl) $k(\varkappa)$, so daß $S^{(k(\varkappa))}|X_\varkappa = 0$ ist. Es sei $U = \{U_\iota\}$ eine beliebige offene Überdeckung von X, $\xi \in Z^\mu(U, S)$ sei ein Kozyklus, $\mu > 0$. Ist V eine Verfeinerung von U, τ die Abbildung der zugehörigen Indexmengen, so bezeichne $\tau\xi$ das induzierte Bild von ξ in $Z^\mu(V, S)$ (1). Wegen der exakten Sequenz (*) gibt es nun eine Verfeinerung V_1 und eine Kokette $\eta_1 \in C^{\mu-1}(V_1, S)$, so daß $\xi_1 = \tau\xi - \delta\eta_1 \in Z^\mu(V_1, S^{(k(1))})$ gilt. Durch nochmalige Anwendung von (*) kann man sodann eine Verfeinerung V_2 von V_1 und eine Kokette $\eta_2 \in C^{\mu-1}(V_2, S^{(k(1))})$ finden, so daß $\xi_2 = \tau\xi_1 - \delta\eta_2 \in Z^\mu(V_2, S^{(k(2))})$ gilt. Man hat $\eta_2 | X_1 = 0$. So kann man beliebig fortfahren. Man erhält eine Verfeinerungsfolge $V_\varkappa$, $\varkappa = 1,2,3,\ldots$, für die man annehmen darf, daß $V_\varkappa | X_{\varkappa-2} = V_{\varkappa-1} | X_{\varkappa-2}$ ist. Es gibt daher eine Überdeckung V von X, die feiner als alle Überdeckungen $V_\varkappa$ ist. V ist auch eine Verfeinerung von U. Man kann das Bild $\tau\eta_\varkappa \in C^{\mu-1}(V, S)$ der zu den Überdeckungen konstruierten Koketten betrachten. Da $\tau\eta_\varkappa | X_{\varkappa-1} = 0$ ist, läßt sich die Summe $\eta = \sum_{\varkappa=1}^{\infty} \tau\eta_\varkappa$ definieren. Es folgt $\tau\xi = \delta\eta$, d.h. jeder Kozyklus aus $Z^\mu(U, S)$ repräsentiert die Nullkohomologieklasse. Somit gilt $H^\mu(X, S) = 0$, q.e.d.

Es gilt auch ein Analogon zu [3], théorème A :

Satz 4. *Es seien (X, H) ein holomorph-vollständiger komplexer Raum, S eine kohärente analytische Garbe über X. Dann erzeugen die Schnittflächen aus $\Gamma(X, S)$ über der Operatorgarbe H jeden Halm von S.*

Beweis. Wir betrachten wie vorhin die Folge $S = S^{(0)} \supset S^{(1)} \supset S^{(2)} \supset \ldots$ kohärenter Garben über (X, H). Wegen Satz 3 bestehen die exakten Sequenzen :

$$(\overset{*}{*}) \quad H^0(X, S^{(\nu-1)}) \overset{\alpha}{\to} H^0(X, S^{(\nu-1)}/S^{(\nu)}) \to 0$$

Es sei $\sigma \in S_x$, $x \in X$ ein Garbenelement. Da (X, O) ein holomorphvollständiger reduzierter komplexer Raum ist, folgt aus [3], théorème A, daß es endlich viele Schnittflächen $s^{(1)}_\mu$, $\mu = 1, \ldots, q_1$ aus $\Gamma(X, S/S^{(1)})$ gibt, so daß $\sigma | (X, O) = \sum (s^{(1)}_\mu)_x \cdot f^{(1)}_\mu$ mit $f^{(1)}_\mu \in O_x$ ist. Es sei red die Projektion $H \to O$. Man kann Garbenelemente $\hat{f}^{(1)}_\mu \in H_x$ finden, deren red-Bild $f^{(1)}_\mu$ ist. Wegen $(\overset{*}{*})$ gibt es Schnittflächen $\hat{s}^{(1)}_\mu \in \Gamma(X, S)$ mit $\alpha(\hat{s}^{(1)}_\mu) = s^{(1)}_\mu$. Offenbar ist $\sigma_1 = \sigma - \sum_\mu (\hat{s}^{(1)}_\mu)_x \hat{f}^{(1)}_\mu$ in $S^{(1)}$ enthalten. Man kann nun das gleiche Verfahren auf σ_1 und das Bild von σ_1 in $S^{(1)}/S^{(2)}$ anwenden und so fortfahren. Man erhält Folgen $\sigma_\varkappa \in S^{(\varkappa)}$ und Darstellungen $\sigma_\varkappa = \sigma_{\varkappa-1} - \sum_\mu (\hat{s}^{(\varkappa)}_\mu)_x \hat{f}^{(\varkappa)}_\mu$ mit $\hat{f}^{(\varkappa)}_\mu \in H_x$ und $\hat{s}^{(\varkappa)}_\mu \in \Gamma(X, S^{(\varkappa-1)})$. Ist k hinreichend groß gewählt, so gilt $S^{(k)} = 0$ in einer Umgebung von x und mithin $\sigma_k = 0$. Also folgt : $\sigma = \sum_\varkappa \sum_\mu (\hat{s}^{(\varkappa)}_\mu)_x \hat{f}^{(\varkappa)}_\mu$, q.e.d.

4. Es sei $\Phi = (\varphi_0, \varphi_1) : X \to Y$ eine holomorphe Abbildung einen komplexen Raumes (X, H(X)) in einem komplexen Raum (Y, H(Y)). S sei eine analytische Garbe über X. Nach J. Leray ist S eine Folge $\Phi_\nu(S)$, $\nu = 1,2,3,\ldots$ von analytischen Bildgarben über Y zugeordnet. Man kann jede Garbe $\Phi_\nu(S)$ leicht durch ein analytisches Garbendatum definieren.

(1) Wir bezeichnen mit τ stets die Verfeinerungsabbildung. Wir werden jedoch im folgenden das τ fast immer fortlassen und anstelle von $\tau\xi$ einfach ξ setzen.

Definition 4. Ein analytisches Garbendatum über einem komplexen Raum $(Y, H(Y))$ ist ein System $\{(M(U), r^U_V) : V \subset U, U, V \in T(Y)\}$, in dem $T(Y)$ die Menge der offenen Mengen von Y, $M(U)$ einen der offenen Menge U zugeordneten Modul über $I(U)$, dem Ring der in U holomorphen Funktionen, bezeichnen und r^U_V Homomorphismen $M(U) \to M(V)$ sind, die den Relationen $r^U_U = \text{Identität}$, $r^{U_2}_{U_3} r^{U_1}_{U_2} = r^{U_1}_{U_3}$ genügen.

Ein analytisches Garbendatum definiert in der wohlbekannten Weise stets eine analytische Garbe über Y. Zur Definition der Bildgarben $\Phi_\nu(S)$ wählen wir das Garbendatum : $M_\nu = \{(H^\nu(\varphi_0^{-1}(U), S), r^U_V) : V \subset U \in T(Y)\}$. Dabei bezeichnet r^U_V den natürlichen Beschränkungshomomorphismus $H^\nu(\varphi_0^{-1}(U), S) \to H^\nu(\varphi_0^{-1}(V), S)$. Wie im Falle reduzierter komplexer Räume sind alle Kohomologiegruppen $H^\nu(\varphi_0^{-1}(U), S)$ Moduln über dem Ring der in $\varphi_0^{-1}(U)$ holomorphen Funktionen. Da durch die Abbildung φ_1 der Ring $I(U)$ in $I(\varphi_0^{-1}(U))$ homomorph abgebildet wird, ist $H^\nu(\varphi_0^{-1}(U), S)$ erst recht ein Modul über $I(U)$ und somit M_ν ein Garbendatum. In analoger Weise zu [6], § 2 ergeben sich folgende Aussagen :

(a) Es sei $U = \{U_\iota\}$ eine offene Überdeckung von X, $\xi \in Z^\nu(U, S)$ sei ein Kozyklus. Dann definiert ξ eine Schnittfläche $\Phi_\nu(\xi) \in \Gamma(Y, \Phi_\nu(S))$. $\Phi_\nu(\xi)$ hängt dabei nur von der Kohomologieklasse von ξ ab.

Es ist also auch jeder Kohomologieklasse $\eta \in H^\nu(X, S)$ eine Schnittfläche aus $\Gamma(Y, \Phi_\nu(S))$ zugeordnet. Wir werden im folgenden diese Schnittfläche auch mit $\Phi_\nu(\eta)$ bezeichnen.

(b) Die $I(Y)$-Moduln $\Gamma(X, S)$ und $\Gamma(Y, \Phi_0(S))$ sind unter der Abbildung $\Phi_0 : \Gamma(X, S) \to \Gamma(Y, \Phi_0(S))$ isomorph. Man kann jede Schnittfläche aus $\Gamma(Y, \Phi_0(S))$ als Schnittfläche aus $\Gamma(X, S)$ auffassen.

(c) Sind alle Garben $\Phi_\nu(S) = 0$ für $\nu = 1, 2, 3, \ldots$, so besteht sogar ein kanonischer Isomorphismus : $H^\nu(X, S) \approx H^\nu(Y, \Phi_0(S))$.

(d) Ist $0 \to S' \to S \to S'' \to 0$ eine exakte Sequenz analytischer Garben über X, so besteht eine kanonisch zugeordnete Bildsequenz : $0 \to \Phi_0(S') \to \Phi_0(S) \to \Phi_0(S'') \to \Phi_1(S') \to \ldots$.

(e) Ist $X \xrightarrow{\Phi'} Y \xrightarrow{\Phi''} Z$ eine Folge holomorpher Abbildungen zwischen komplexen Räumen $(X, H(X))$, $(Y, H(Y))$, $(Z, H(Z))$, und ist S eine analytische Garbe über X, so gilt $(\Phi'' \circ \Phi')_0(S) = \Phi''_0(\Phi'_0(S))$. Verschwinden die Garben $\Phi'_\nu(S)$, $\nu > 0$, so hat man außerdem : $(\Phi'' \circ \Phi')_\mu(S) = \Phi''_\mu(\Phi'_0(S))$, $\mu = 1, 2, 3, \ldots$.

Besonders einfach werden die analytischen Bildgarben, wenn $\Phi = (\varphi_0, \varphi_1) : X \to Y$ eine holomorphe Abbildung eines komplexen Raumes $(X, H(X))$ in einen komplexen Raum $(Y, H(Y))$ ist, bei der das φ_0-Urbild einer jeden diskreten Menge in Y eine diskrete Menge in X ist. Wir nennen solche Abbildungen nirgends entartet. Es folgt sofort (vgl. [7]) :

(f) Ist $\Phi : X \to Y$ eine nirgends entartete holomorphe Abbildung und S eine analytische Garbe über X, so gilt $\Phi_\nu(S) = 0$, $\nu > 0$.

Es sei nun $\Phi : X \to Y$ eine biholomorphe Abbildung von X auf Y. Ist dann S eine analytische Garbe über X, so wird jeder Halm S_x durch Φ zu einem Halm über $y = \varphi_0(x)$ verpflanzt. Man erhält eine analytische Garbe S^* über Y. Wie man sofort sieht, gilt $S^* = \Phi_0(S)$.

Man kann holomorphe Abbildungen $\Phi^* = (\varphi_0, \varphi_1^*) : X \to Y^*$ eines komplexen Raumes (X, H(X)) in einen komplexen Unterraum (Y^*, H(Y^*)) eines komplexen Raumes (Y, H(Y)) betrachten. Ist S eine analytische Garbe über X, so lassen sich die Bildgarben $\Phi_\nu^*(S)$ in Y trivial fortsetzen. Ferner definiert die Abbildung Φ^* eine morphe Abbildung $\Phi : X \to Y$. Es gilt $'\Phi_\nu^*(S) = \Phi_\nu(S)$, $\nu = 0, 1, 2, \ldots$. Wir werden je nach Bedarf mit $\Phi_\nu^*(S)$ die Garbe über Y^* oder die triviale Fortsetzung in Y verstehen.

Im folgenden wird besonders der Fall interessieren, daß $\Phi : X \to Y^*$ eine surjektive biholomorphe Abbildung ist. Wir nennen eine solche Abbildung eine biholomorphe Abbildung von X in Y. Man hat die Aussage :

(g) Es sei S eine analytische Garbe über X, $\Phi : X \to Y$ eine biholomorphe Abbildung. Dann ist $\Phi_0(S)$ genau dann kohärent, wenn S kohärent ist.

5. Wir werden im § 6 einen Satz benötigen, der in enger Beziehung zu der Aussage *(c)* des vorigen Abschnittes steht.

Satz 5. *Es seien X, Y komplexe Raume, $\Phi : X \to Y$ eine holomorphe Abbildung und S eine analytische Garbe über X. Ferner werde vorausgesetzt, daß alle Bildgarben $\Phi_\nu(S)$, $\nu = 0, 1, 2, \ldots$ kohärente analytische Garben über Y sind und daß Y ein holomorph-vollständiger Raum ist. Dann ist $\Phi_\nu : H^\nu(X, S) \to \Gamma(Y, \Phi_\nu(S))$ ein (surjektiver) Isomorphismus.*

Beweis. Wir wählen eine exakte Auflösung :

$$0 \to S \xrightarrow{\varepsilon} W_0 \xrightarrow{\alpha_0} W_1 \xrightarrow{\alpha_1} W_2 \xrightarrow{\alpha_2} \ldots$$

von S mit welken Garben $W_\varkappa$, $\varkappa = 0, 1, 2, \ldots$ (vgl. [6], § 1 und § 2). Es gilt $H^\nu(X, S) = \operatorname{Ker} \alpha_\nu / \alpha_{\nu-1}(\Gamma(X, W_{\nu-1}))$. Die Bildsequenz :

$$0 \to \Phi_0(S) \to \Phi_0(W_0) \xrightarrow{a_0} \Phi_0(W_1) \xrightarrow{a_1} \Phi_0(W_2) \xrightarrow{a_2} \ldots$$

ist zwar noch eine welke Auflösung von $\Phi_0(S)$, jedoch i.a. nicht mehr an den Stellen $\Phi_0(W_\varkappa)$, $\varkappa = 1, 2, 3, \ldots$ exakt. Wir setzen : $B_\varkappa = \operatorname{Im} a_{\varkappa-1}$, $K_\varkappa = \operatorname{Ker} a_\varkappa$, $\varkappa = 1, 2, 3, \ldots$. Man hat natürliche Isomorphien :

$$\Gamma(Y, \Phi_0(W_\varkappa)) \approx \Gamma(X, W_\varkappa),$$
$$\Gamma(Y, K_\varkappa) \approx \operatorname{Ker} \Gamma(X, W_\varkappa),$$
$$\Gamma(Y, \operatorname{Ker} a_0) \approx \Gamma(Y, \Phi_0(S)) \approx \Gamma(X, S)$$

und exakte Sequenzen :

$$0 \to B_\varkappa \to K_\varkappa \to \Phi_\varkappa(S) \to 0, \quad \varkappa = 1, 2, 3, \ldots,$$
$$0 \to K_{\varkappa-1} \to \Phi_0(W_{\varkappa-1}) \to B_\varkappa \to 0, \quad \varkappa = 2, 3, 4, \ldots,$$
$$0 \to \Phi_0(S) \to \Phi_0(W_0) \to B_1 \to 0.$$

Durch Anwendung von $(*)$ auf $f^{(1)}$ gewinnt man sodann eine Schnittfläche $g_2 \in \Gamma(K(\rho, \mathfrak{d}_*), H^p(\mathfrak{d}_*))$ mit

$$||g_2||_\rho^{\mathfrak{d}_*} < c_1 \mathfrak{M}(1+4^{-1}),\ f^{(2)} = f^{(1)} - \left(\frac{t_1}{\rho_1}\right)^2 h(\mathfrak{d}) \circ g_2 = \sum_{\varkappa = d_1^+ + 2}^{d_1 - 1} f_\varkappa^{(2)} \left(\frac{t_1}{\rho_1}\right)^\varkappa,$$

$$||f_\varkappa^{(2)}||_\rho^{\mathfrak{d}} < \mathfrak{M}(1 + 4^{d_1^+ - \varkappa} + 4^{d_1^+ + 1 - \varkappa} \cdot (1 + 4^{-1})) = \mathfrak{M}(1 + 4^{d_1^+ + 1 - \varkappa} + 2 \cdot 4^{d_1^+ - \varkappa}).$$

Durch Fortsetzung des Verfahrens gelingt es, Schnittflächen

$$g_\nu \in \Gamma(K(\rho, \mathfrak{d}_*), H^p(\mathfrak{d}_*)),\ f^{(\nu)} = f^{(\nu-1)} - \left(\frac{t_1}{\rho_1}\right)^\nu \cdot h(\mathfrak{d}) \circ g_\nu \in \Gamma(K(\rho, \mathfrak{d}), H^q(\mathfrak{d}))$$

zu konstruieren. Immer bleibt $||f^{(\nu)}|| < 2\mathfrak{M}$ und mithin $||g_\nu||_\rho^{\mathfrak{d}_*} < 2 c_1 \mathfrak{M}$. Für $g = \sum_{\nu=1}^{\infty} \left(\frac{t_1}{\rho_1}\right)^\nu g_\nu$ gilt : $h(\mathfrak{d}) \circ g = f$.

Ist $f \in \Gamma(K(\rho, \mathfrak{d}), H^q(\mathfrak{d}))$ mit $f \mid K(\mathfrak{e}) \in M(\mathfrak{e})$ und $||f||_\rho^{\mathfrak{d}} < \mathfrak{M}$ eine beliebige Schnittfläche, so kann man $f^+ = f \mid K(\rho, \mathfrak{d}^+)$ bilden. Nach den Überlegungen zu Anfang des Beweises gibt es dann eine Schnittfläche $g^+ \in \Gamma(K(\rho, \mathfrak{d}_*), H^p(\mathfrak{d}_*))$ mit $||g^+||_\rho^{\mathfrak{d}_*} < c\mathfrak{M}$ und $h(\mathfrak{d}^+) \circ g^+ = f^+$. Wir setzen $f^* = f - h(\mathfrak{d}) \circ g^+$, es gilt wieder $f^* \mid K(\mathfrak{e}) \in M(\mathfrak{e})$ für alle $\mathfrak{e} \leq \mathfrak{d}$, aber darüber hinaus : $f^* = \sum_{\varkappa = d_1^+}^{d_1 - 1} f_\varkappa^* \left(\frac{t_1}{\rho_1}\right)^\varkappa$. Also läßt sich das letzte Resultat anwenden. Satz 1 ist damit bewiesen.

Im Falle, daß $d_1^+ = 1$ ist, vereinfacht sich der Beweis von Satz 1 etwas. Es folgt dann :

Zusatz I. *Die Zuordnung $f \to g$ ist sogar von (ρ_1, d_1) unabhängig linear beschränkt.*

Offenbar ist d_1^+ genau dann gleich 1, wenn der Homomorphismus λ die Garbe $S = H^q(\mathfrak{d}_*)/M(\mathfrak{d}_*)$ über $K(\rho_1, \mathfrak{d}_*)$, $\rho_1 \ll \rho_0$ injektiv abbildet (¹). Wir werden später solche Garben torsionsrecht nennen. Wie man leicht sieht, ist i.a. $f \to g$ nicht von $\rho_1 < \rho_1^{(1)}$ unabhängig linear beschränkt.

Wir definieren noch :

a) Eine Folge $\mathfrak{e}_\nu = (e_1^{(\nu)}, \ldots, e_m^{(\nu)})$ von m-tupeln natürlicher Zahlen konvergiert gegen ∞, wenn jede Komponentenfolge $e_\mu^{(\nu)}$ gegen ∞ konvergiert.

b) $\min(\mathfrak{e}, \mathfrak{d}) = (\min(e_1, d_1), \ldots, \min(e_m, d_m))$.

Zusatz II. *Es gibt eine von f und $\rho < \rho_1$ unabhängige Funktion $f(\mathfrak{e}) \leq \mathfrak{e}$, deren Werte und Argumente m-tupel natürlicher Zahlen sind, so daß folgendes gilt :*

1) $\lim_{\mathfrak{e} \to \infty} f(\mathfrak{e}) = \infty$,

2) *Ist $f \mid K(\min(\mathfrak{e}, \mathfrak{d})) = 0$, so kann man g so wählen, daß $g \mid K(\min(f(\mathfrak{e}), \mathfrak{d})) = 0$ und die Zuordnung $f \to g$ unabhängig von d_1 linear beschränkt ist.*

(¹) Der Träger T der Garbe Ker λ ist eine analytische Menge, da Ker λ kohärent ist (vgl. § 7). Es gilt $O \notin T$. Daraus folgt die Aussage.

Der Beweis von Zusatz II ergibt sich unmittelbar, wenn man dem Gang des Beweises von Satz I folgt.

Man erhält nun unmittelbar eine Aussage, in der § I, Hilfssatz I enthalten ist :

Satz 2. *Es seien* $M'_{\mathfrak{D}}$, $M_{\mathfrak{D}} \subset O\mathfrak{z}$, $\mathfrak{D} \in K =$ *Nullpunkt, Untermoduln. Zu jedem m-tupel* $\mathfrak{e}$ *natürlicher Zahlen und zu jedem Element* $f \in M_{\mathfrak{D}}$ *gebe es ein Element* $f' \in M'_{\mathfrak{D}}$ *mit* $f - f' \in O\mathfrak{z} \cdot I(\mathfrak{e})$. *Dann gilt* $M_{\mathfrak{D}} \subset M'_{\mathfrak{D}}$.

Beweis. Nach dem Rückertschen Basissatz gibt es Basen $f'_1, \ldots, f'_p, f_1, \ldots, f_\nu$ von $M'_{\mathfrak{D}}$ bzw. $M_{\mathfrak{D}}$. Ist ρ_0 hinreichend klein, so sind alle diese Funktionen in K holomorph, durch die Zuordnung $(a_1, \ldots, a_p) \rightarrow \Sigma a_\nu f'_\nu$ erhält man dann einen Homomorphismus $h : O^p \rightarrow O^q$. Nach Satz I gilt $f_\nu | K(\rho) \in \Gamma(K(\rho), h(O^p))$, wenn $\rho \ll \rho_0$ und mithin $M_{\mathfrak{D}} \subset M'_{\mathfrak{D}}$.

2. Es seien $G \subset C^n$ ein Holomorphiegebiet, π die Produktprojektion $G \times K \rightarrow G$, F ein q-rangiges komplex-analytisches Vektorraumbündel über $G \times K$. Es ergibt sich :

Satz 3. *F ist analytisch äquivalent zu der Liftung* $\pi^{-1}(\mathring{F})$ *eines q-rangigen komplex-analytischen Vektorraumbündels* $\mathring{F}$ *über G.*

Beweis. Wir setzen $\mathring{F} = F | G \times o$ (mit $o =$ Nullpunkt aus K) und erhalten ein Vektorraumbündel über G, da $G \times o \approx G$ ist. Weil $G \times K$ auf $G \times o$ zusammenziehbar ist, sind F und $\pi^{-1}(\mathring{F})$ topologisch äquivalent, weil ferner $G \times K$ ein holomorph-vollständiger Raum ist, folgt nach [8], Satz I die analytische Äquivalenz $\pi^{-1}(\mathring{F}) \approx F$.

Man braucht zwischen analytisch äquivalenten Bündeln nicht zu unterscheiden und darf deshalb voraussetzen, daß $F = \pi^{-1}(\mathring{F})$ ist.

Es sei $T = \{T_\iota, \iota \in I\}$ eine hinreichend feine Steinsche Überdeckung von G. $\mathring{F}$ kann dann durch einen Kozyklus $\Phi = \{\Phi_{\iota_1\iota_2}(z) : \iota_1, \iota_2 \in I\} \in Z^1(T, GL(q, C))$ gegeben werden. Die Ausdrücke $\Phi_{\iota_1\iota_2}(z)$ sind holomorphe Abbildungen $T_{\iota_1\iota_2} = T_{\iota_1} \cap T_{\iota_2} \rightarrow GL(q, C)$ und werden wie üblich « transition functions » genannt. Das Bündel F entsteht durch Verheftung der kartesischen Produkte $T_\iota \times C^q = \{(\iota, z, w) : z \in T_\iota, w \in C^q\}$ vermöge der biholomorphen Abbildungen : $T_{\iota_1\iota_2} \times C^q \rightarrow T_{\iota_1\iota_2} \times C^q : (\iota_2, z, w) \rightarrow (\iota_1, z, \Phi_{\iota_1\iota_2}(z) \circ w)$.

Wir setzen $\hat{T} = \{\hat{T}_\iota = T_\iota \times K : \iota \in I\}$, $\hat{\Phi} = \{\hat{\Phi}_{\iota_1\iota_2} = \Phi_{\iota_1\iota_2} \circ \pi\} \in Z^1(\hat{T}, GL(q, C))$. Es folgt sofort, daß F durch den Kozyklus $\hat{\Phi}$ gegeben wird. Da F durch Verheftung entstanden ist, gibt es kanonische holomorphe Abbildungen $\hat{\psi}_\iota : \hat{\varphi}^{-1}(\hat{T}_\iota) \rightarrow \hat{T}_\iota \times C^q$, die durch Liftung der kanonischen Abbildungen $\psi_\iota : \varphi^{-1}(T_\iota) \rightarrow T_\iota \times C^q$ erhalten sind. Dabei bezeichnen φ, $\hat{\varphi}$ die Bündelprojektionen $\mathring{F} \rightarrow G$, $F \rightarrow G \times K$.

Ist $s \in \Gamma(B, \underline{F})$, $B \subset \hat{T}_\iota$ eine Schnittfläche, so wird s durch $\hat{\psi}_\iota$ auf eine Schnittfläche in dem trivialen Bündel $\hat{T}_\iota \times C^q$ abgebildet, die man als ein q-tupel holomorpher Funktionen deuten kann. Wir bezeichnen dieses q-tupel mit $\hat{\psi}_\iota(s)$.

Es sei nun $U = \{U_i : i \in J\}$ eine offene Überdeckung von G. Wir nehmen an, daß U eine « eigentliche Verfeinerung » von T ist (in Zeichen $U \subset\subset T$). Das bedeutet folgendes : Zu jedem Element $i \in J$ ist ein Element $\tau(i) \in I$ definiert, so daß aus $\iota = \tau(i)$ folgt : $U_i \subset\subset T_\iota$.

Wir greifen auf die Bezeichnungen des vorigen Abschnittes zurück und setzen $\hat{U}(\rho) = \{U_i \times K(\rho)\}$ und führen in $C^\nu(\hat{U}(\rho), \underline{F})$ eine Pseudonorm ein. Ist $\xi = \{\xi_{i_0 \ldots i_\nu}\} \in C^\nu(\hat{U}(\rho), \underline{F})$ eine Kokette, so setzen wir:

$$||\xi||_{U\rho} = \sup_{i_0, \ldots, i_\nu, \mu, \iota = \tau(i_\mu)} ||\hat{\psi}(\xi_{i_0 \ldots i_\nu})||^{\mathfrak{d}\infty}_{U_{i_0 \ldots i_\nu}\rho} \qquad \mathfrak{d}\infty = (\infty, \ldots, \infty).$$

Wir untersuchen zunächst den Fall, wo $K = 0$ ein Punkt ist, und setzen in diesem Falle anstelle von $||\xi||_{U\rho}$ einfach $||\xi||_U$. Es gilt $F = \overset{0}{F}$. Wir setzen fortan voraus, daß U eine Steinsche Überdeckung von G ist. Ein Satz von Leray besagt dann, daß $H^\nu(U, \underline{F}) = H^\nu(G, \underline{F})$ ist, $\nu = 0, 1, 2, \ldots$. Aus dem Theorem B von H. Cartan folgt deshalb : $H^\nu(U, \underline{F}) = 0$, $\nu = 1, 2, 3, \ldots$. Wir zeigen darüber hinaus :

Hilfssatz 1. *Es seien $G' \subset\subset G$ ein Teilgebiet, $V = \{V_i\}$ eine offene endliche Überdeckung von G', die eine eigentliche Verfeinerung der Überdeckung U ist. Dann gibt es zu jedem Kozyklus $\xi \in Z^\nu(U, \underline{F})$, $\nu \geq 1$ eine Kokette $\eta \in C^{\nu-1}(V, \underline{F})$, so daß $\xi | G' = \delta\eta$ ist. Die Zuordnung $\xi \to \eta$ ist in bezug auf die Normen $||\xi||_U$, $||\eta||_V$ linear beschränkt.*

Beweis. Die Gruppen $C^\nu(U, \underline{F})$, $Z^\nu(U, \underline{F})$ lassen sich als komplexe Vektorräume auffassen. Versehen mit der Topologie der kompakten Konvergenz sind sie Fréchetsche Räume. Da $\delta : C^{\nu-1}(U, \underline{F}) \to Z^\nu(U, \underline{F})$ stetig, linear, surjektiv ist, folgt aus einem Satz von Banach ([2]), daß δ eine offene Abbildung ist. Daraus ergibt sich aber unmittelbar die Behauptung des Hilfssatzes (vgl. § 2, Abschnitt 8, wo ein ähnlicher Schluss durchgeführt ist).

Die Aussage von Hilfssatz 1 überträgt sich unmittelbar auf unsere Produktgebiete $G \times K(\rho)$:

Satz 4. *Es seien $G' \subset\subset G$ ein Teilgebiet, $V = \{V_i\}$ eine offene endliche Überdeckung von G', die eine eigentliche Verfeinerung der Überdeckung U ist. Dann gibt es zu jedem Kozyklus $\xi \in Z^\nu(\hat{U}(\rho), \underline{F})$, $\nu \geq 1$ eine Kokette $\eta \in C^{\nu-1}(\hat{V}(\rho), \underline{F})$, so daß $\xi | G' \times K(\rho) = \delta\eta$ ist. Die Relation $\xi \to \eta$ ist in bezug auf die Normen $||\xi||_{U\rho}$, $||\eta||_{V\rho}$ unabhängig von ρ linear beschränkt.*

Der Beweis ergibt sich durch Potenzreihenentwicklung von ξ nach den Variablen t von $K(\rho)$.

3. Wir zeigen jetzt, indem wir die Bezeichnungsweise des vorigen Abschnittes beibehalten :

Satz 5. *Es seien F_1, F_0 zwei komplex-analytische Vektorraumbündel über $G \times K$, h ein analytischer Homomorphismus der Garbe $\underline{F_1}$ in die Garbe $\underline{F_0}$. Ferner seien $V \subset\subset U \subset\subset T$, $\hat{V}$, $\hat{U}$ die im vorigen Abschnitt definierten Überdeckungen. Ist dann $\rho < \rho_0$ hinreichend klein, so gibt es zu jedem Kozyklus $\xi = \{\xi_{i_0 \ldots i_\nu}\} \in Z^\nu(\hat{U}(\rho), \underline{F_0})$ mit $\xi_{i_0 \ldots i_\nu} \in \Gamma(\hat{U}_{i_0 \ldots i_\nu}(\rho), M)$, $M = h(\underline{F_1})$ einen Kozyklus $\eta \in Z^\nu(\hat{V}(\rho), \underline{F_1})$, so daß $\xi | G' \times K(\rho) = h(\eta)$ ist. Die Zuordnung $\xi \to \eta$ ist linear beschränkt.*

Zum Beweis von Satz 5 zeigen wir zunächst :

(*) Es gibt zu F_0, F_1 ein Holomorphiegebiet P mit $G' \subset\subset P \subset\subset G$ und zu jedem $\rho < \rho_0$ ein ρ_1 mit $\rho < \rho_1 < \rho_0$, so daß über $P \times K(\rho_1)$ eine exakte Garbensequenz $0 \to \underline{F}_l \overset{h_{l-1}}{\to} \underline{F}_{l-1} \overset{h_{l-2}}{\to} \ldots \overset{h_1}{\to} \underline{F}_1 \overset{h_0}{\to} \underline{F}_0$ existiert, in der F_ν, $\nu = 0, 1, \ldots$, komplex-analytische Vektorraumbündel vom Range p_ν bezeichnen und $h_0 = h$ ist.

Beweis von (*). Wir wählen ein (offenes) analytisches Polyeder P mit $G' \subset\subset P \subset\subset G$ und ein m-tupel ρ_1, $\rho < \rho_1 < \rho_0$. Ist M_1 der Kern der Abbildung h_0, so wird jeder Halm von M_1 über einer Umgebung $U(\overline{P} \times \overline{K}(\rho_1))$ durch festgewählte Schnittflächen $s_1, \ldots, s_{p_2} \in \Gamma(G \times K, M_1)$ erzeugt. $h_1 : (a_x^{(1)}, \ldots, a_x^{(p_2)}) \to \Sigma a_x^{(\nu)} s_\nu$ ist dann ein analytischer Homomorphismus von $\underline{F}_2 = O^{p_2}(U)$ auf $M_1 | U \subset \underline{F}_1 | U$, die Sequenz (1) : $\underline{F}_2 \overset{h_1}{\to} \underline{F}_1 \overset{h_0}{\to} \underline{F}_0$ somit über U exakt. Da es beliebig kleine Holomorphiegebiete P' mit $P \subset\subset P'$ gibt, kann man das geiche Verfahren auf $M_2 = \operatorname{Ker} h_1$ anwenden und so beliebig fortfahren. Nach dem Hilbertschen Syzygiensatz gibt es eine Zahl $l \leq n + m$, so daß M_{l-1} eine freie Garbe ist. Wir definieren dann : $\underline{F}_l = M_{l-1}$ und erhalten damit die exakte Sequenz (*).

Satz 5 läßt sich nun durch Induktion über l beweisen. Wegen (*) kann man fortan ohne Einschränkung der Allgemeinheit voraussetzen, daß über $G \times K$ eine exakte Sequenz :

$$0 \to \underline{F}_l \to \underline{F}_{l-1} \to \ldots \overset{h_1}{\to} \underline{F}_1 \overset{h_0}{\to} \underline{F}_0$$

gegeben ist. Wir betrachten zunächst den Fall der Kozyklen vom Grade $\nu = 0$ und führen folgende Bezeichnungen ein :

1) Es sei $G_\varkappa$, $\varkappa = 0, 1, 2, 3$ eine Folge von Holomorphiegebieten mit $G_0 = G$, $G' \subset G_3$, $G_{\varkappa+1} \subset\subset G_\varkappa$.

2) Es seien $\mathfrak{U}_\varkappa = \{U_\iota^{(\varkappa)}\}$, $\varkappa = 0, 1, 2, 3$ Steinsche für $\varkappa \neq 0$ endliche Überdeckungen von $G_\varkappa$ bzw. von $\overline{G}_1$ im Falle $\varkappa = 1$. Es gelte $\mathfrak{U}_0 = \mathfrak{U}$; $\mathfrak{V} \subset \mathfrak{U}_3$, $\mathfrak{U}_{\varkappa+1}$ sei eigentliche Verfeinerung von $\mathfrak{U}_\varkappa$. Alle Elemente $U_\iota^{(1)} \in \mathfrak{U}_1$ seien Polyzylinder und so klein gewählt, daß für sehr kleines ρ für den Polyzylinder $\hat{U}_\iota^{(1)} = U_\iota^{(1)} \times K(\rho)$ die Aussage von Satz 1 gilt.

Wir dürfen voraussetzen, daß ρ unabhängig von ι « hinreichend » klein gewählt ist. Wir setzen $\hat{U}_\iota^{(\varkappa)} = U_\iota^{(\varkappa)} \times K(\rho)$, $\hat{\mathfrak{U}}_\varkappa = \{\hat{U}_\iota^{(\varkappa)}\}$.

Es sei nun $\xi \in \Gamma(G, \underline{F}_0)$, $||\xi||_{\mathfrak{U}\rho} < \mathfrak{M}$ vorgegeben. Nach Satz 1 gibt es Schnittflächen $\xi_\iota \in \Gamma(\hat{U}_\iota^{(1)}, \underline{F}_1)$ mit $||\xi_\iota||_{U_\iota^{(1)}\rho} < c_1 \mathfrak{M}$ und $h(\xi_\iota) = \xi$. Für den Kozyklus $\eta = \delta\{\xi_\iota\} \in Z^1(\hat{\mathfrak{U}}_1, \underline{F}_1)$ gilt $||\eta||_{\mathfrak{U}_1\rho} < 2\, c_1 \mathfrak{M}$. Nach Induktionsvoraussetzung läßt sich ein Kozyklus $\eta^* \in Z^1(\hat{\mathfrak{U}}_2, \underline{F}_2)$ mit $h_1(\eta^*) = \eta$, $||\eta^*||_{\mathfrak{U}_2\rho} < c_2 \mathfrak{M}$ finden. Satz 4 ergibt :

$$\eta^* = -\delta\gamma, \ \gamma \in C^0(\hat{\mathfrak{U}}_3, \underline{F}_2), \ ||\gamma||_{\mathfrak{U}_3\rho} < c_3 \mathfrak{M}.$$

Es ist $\xi^* = h_1(\gamma) + \{\xi_\iota\} \in \Gamma(G_3, \underline{F}_1)$ unabhängig von ι definiert, es gilt

$$h(\xi^*) = \xi, \ ||\xi^*||_{\mathfrak{V}\rho} < c_4 \mathfrak{M}, \quad \text{q.e.d.}$$

In ähnlicher Weise folgt aus der Induktionsvoraussetzung die allgemeine Aussage des Satzes. Zunächst seien wieder einige Bezeichnungen eingeführt :

1) Es sei $G_\varkappa$, $\varkappa = 0, 1, 2, 3$ eine Folge von Holomorphiegebieten mit $G_0 = G$, $G' \subset G_3$, $G_{\varkappa+1} \subset\subset G_\varkappa$.

2) Es seien $U_\varkappa = \{U_\iota^{(\varkappa)}\}$ Steinsche Überdeckungen von $G_\varkappa$, $\varkappa = 0, 1, \ldots, 3$. Es gelte $U_0 = U$, $U_\iota^{(\varkappa+1)} \subset\subset U_\iota^{(\varkappa)}$, $V \subset U_3$. Die Überdeckungen $U_\varkappa$, $\varkappa \neq 0$ seien endlich.

Es sei wieder ρ hinreichend klein gewählt und $\xi = \{\xi_{\iota_0 \ldots \iota_\nu}\} \in Z^\nu(\hat{U}_0, \underline{F}_0)$, $\|\xi\|_{U_0\rho} < \mathfrak{M}$ vorgegeben. Wie vorhin gezeigt, lassen sich Schnittflächen $\xi^*_{\iota_0 \ldots \iota_\nu} \in \Gamma(\hat{U}^{(1)}_{\iota_0 \ldots \iota_\nu}, \underline{F}_1)$, $\|\xi^*_{\iota_0 \ldots \iota_\nu}\|_{U^{(1)}_{\iota_0 \ldots \iota_\nu}\rho} < c_1 \mathfrak{M}$ bestimmen. Wir setzen $\eta = \delta\{\xi^*_{\iota_0 \ldots \iota_\nu}\} \in Z^{\nu+1}(\hat{U}_1, \underline{F}_1)$ und wählen ein $\eta^* \in Z^{\nu+1}(\hat{U}_2, \underline{F}_2)$ mit $h_1(\eta^*) = \eta$ und ein $\gamma \in C^\nu(\hat{U}_3, \underline{F}_2)$ mit $\delta\gamma = \eta^*$. Es gilt $\|\gamma\|_{U_3\rho} < c_3 \mathfrak{M}$. $\xi' = \{\xi^*_{\iota_0 \ldots \iota_\nu}\} - h_1(\gamma) \in Z^\nu(U_3, \underline{F}_1)$ ist ein Kozyklus, für den $h(\xi') = \xi$, $\|\xi'\|_{V\rho} < c_4 \mathfrak{M}$ gilt, q.e.d.

Damit ist der Induktionsschluß durchgeführt. Um die Induktionsbasis zu gewinnen, müssen wir exakte Sequenzen (2) $0 \to F_1 \to F_0$ betrachten. Da man aber (2) durch $0 \to 0 \to F_1 \to F_0$ ersetzen darf, genügt es die Sequenzen $0 \to 0 \to F_0$ zu untersuchen. Für diesen Fall ist jedoch die Aussage von Satz 5 trivial.

Aus dem Beweis zu Satz 5 und dem Zusatz 1 zu Satz 1 folgt :

Zusatz zu Satz 5. *Es sei $S = \underline{F}_0 / h(\underline{F}_1)$ torsionsrecht. Dann ist die Zuordnung $\xi \to \eta$ von $\rho_1 < \rho_1^{(1)}$ unabhängig linear beschränkt, wenn ρ_1 sehr klein ist.*

Dabei nennen wir eine Garbe S über einem Gebiet $G \times K$ torsionsrecht, wenn der Homomorphismus $\lambda : S_{\hat{0}} \to S_{\hat{0}} : \sigma \to t_1 \cdot \sigma$ injektiv ist. $S_{\hat{0}}$ bezeichnet die Menge der Halme von S über $G \times O$, $O \in K$.

Korollar zu Satz 5. Es sei $M \subset O^q(G \times K)$ eine kohärente Untergarbe. Ist dann $\rho < \rho_0$ hinreichend klein gewählt, so gibt es zu jedem Kozyklus $\xi \in Z^\nu(\hat{U}(\rho), M)$ eine Kokette $\eta \in C^{\nu-1}(\hat{V}(\rho), M)$ mit $\xi | G' \times K(\rho) = \delta\eta$. Die Zuordnung $\xi \to \eta$ ist linear beschränkt. Ist O^q/M torsionsrecht, so ist $\xi \to \eta$ sogar von ρ_1 unabhängig linear beschränkt.

Beweis. Es seien P_1 ein analytisches Polyeder mit $G' \subset\subset P_1 \subset\subset G$ und $\rho_1 < \rho_0$ ein m-tupel positiver Zahlen. Man kann über $P_1 \times K(\rho_1)$ eine exakte Sequenz $O^p \to M \to 0$ definieren. Das Korollar ergibt sich sofort durch Anwendung von Satz 4 und Satz 5.

4. Wir werden im folgenden Satz 5 nur für den Fall benutzen, daß $\underline{F}_1 = O^p$, $\underline{F}_0 = O^q$ ist. Es sei fortan T stets die triviale Überdeckung $T = \{G\}$ von G. Wir fahren mit der Verallgemeinerung von Satz 1 fort :

Satz 6. *Es seien $h : O^p(G \times K) \to O^q(G \times K)$ ein analytischer Homomorphismus, $\hat{U}$, $\hat{V}$ die in Abschnitt 2 definierten Steinschen Überdeckungen von $G \times K$, bzw. $G' \times K$, $\mathfrak{d}$ ein m-tupel von Zahlen 1, 2, 3, …, ∞. Ist dann $\rho < \rho_0$ hinreichend klein gewählt, so gibt es zu jedem Kozyklus $\xi = \{\xi_{\iota_0 \ldots \iota_\nu}\} \in Z^\nu(\hat{U}(\rho), M(\mathfrak{d}))$ mit $M(\mathfrak{d}) = h(\mathfrak{d}) \circ O^p$ einen Kozyklus $\eta \in Z^\nu(\hat{V}(\rho), H^p(\mathfrak{d}))$, so daß $\xi = h(\mathfrak{d}) \circ \eta$ ist. Die Zuordnung $\xi \to \eta$ ist in bezug auf die Normen $\|\xi\|_{U\rho}$, $\|\eta\|_{V\rho}$ linear beschränkt.*

Beweis. Wir definieren über $G \times K$ eine kohärente Untergarbe $M_\mathfrak{d}$ von $O^q(G \times K)$, indem wir:

1) $M_\mathfrak{d} | G \times (K - K(\mathfrak{d})) = O^q(G \times K) | G \times (K - K(\mathfrak{d}))$,

2) $f_x \in (M_\mathfrak{d})_x \Leftrightarrow f_x | G \times K(\mathfrak{d}) \in (M(\mathfrak{d}))_x$, $x \in G \times K(\mathfrak{d})$

fordern. Es seien

$k_1 = (1, 0, \ldots, 0)$, $k_2 = (0, 1, 0, \ldots, 0)$, $\ldots$, $k_q = (0, \ldots, 0, 1) \in \Gamma(G \times K, O^q(G \times K))$ q-tupel holomorpher Funktionen. Es werde $k_{\nu\mu} = t_\nu^{d_\nu} \cdot k_\mu$ gesetzt. Ferner sei l_ν, $\nu = 1, \ldots, p$ das h-Bild der Schnittfläche $\underbrace{(0, \ldots, 0, 1, 0, \ldots, 0)}_{1 = \nu - te\ Stelle} \in \Gamma(O^p(G \times K))$. Bezeichnet dann $h_\mathfrak{d}$: $O^{p+qm}(G \times K) \to O^q(G \times K)$ denjenigen Homomorphismus, der durch die Zuordnung $\sigma = (\sigma_\nu, \sigma_{\nu\mu}) \to \Sigma \sigma_{\nu\mu} k_{\nu\mu} + \Sigma \sigma_\nu l_\nu$ erzeugt wird, so bildet $h_\mathfrak{d}$: $O^{p+qm}(G \times K)$ auf $M_\mathfrak{d}$ ab. Schreiben wir $O^{p+qm}(G \times K) = O^p \oplus O^{qm}$, so wird O^p durch $h_\mathfrak{d}$ auf M und O^{qm} auf $O^q \cdot I(\mathfrak{d})$ abgebildet, wobei $I(\mathfrak{d})$ die von den Funktionen $t_\nu^{d_\nu}$, $\nu = 1, \ldots, m$ erzeugte Idealgarbe bezeichnet.

Ist nun $\xi \in Z^\nu(\hat{U}(\rho), M(\mathfrak{d}))$ ein Kozyklus, so wenden wir auf jeden Koeffizienten $\xi_{\iota_0 \ldots \iota_\nu}$ die im Abschnitt 1 beschriebene Polynomfortsetzung an und erhalten einen Kozyklus $\xi^* = \{\xi^*_{\iota_0 \ldots \iota_\nu}\} \in Z^\nu(\hat{U}(\rho), M_\mathfrak{d})$. Nach Satz 5 gibt es einen Kozyklus

$$\eta^* \in C^{\nu-1}(\hat{V}(\rho), O^{p+qm})$$

mit $\xi^* = h_\mathfrak{d}(\eta^*)$. Wir bezeichnen mit η das Bild von η^* in $C^{\nu-1}(\hat{V}(\rho), H^p(\mathfrak{d}))$, das dort durch die natürliche Abbildung $O^p \oplus O^{qm} \to O^p \to H^p(\mathfrak{d})$ definiert wird. Offenbar gilt $h(\mathfrak{d}) \circ \eta = \xi$, die Zuordnung $\xi \to \eta$ ist linear beschränkt, q.e.d.

In den folgenden Paragraphen wird benutzt werden, daß die Zuordnung $\xi \to \eta$ sogar von d_1 unabhängig linear beschränkt ist. Wir zeigen zunächst:

Satz 7'. *Es seien $h: O^p(G \times K) \to O^q(G \times K)$ ein analytischer Homomorphismus, $G' \subset\subset G$ ein relativ-kompaktes Teilgebiet, $\mathfrak{d} = (d_1, \ldots, d_m)$ ein m-tupel von Zahlen $1, 2, 3, \ldots, \infty$. Ist dann $\rho < \rho_0$ hinreichend klein, so gibt es zu jeder Schnittfläche $s \in \Gamma(G \times K(\rho, \mathfrak{d}), M(\mathfrak{d}))$ eine Schnittfläche $\tilde{s} \in \Gamma(G' \times K(\rho, \mathfrak{d}), H^p(\mathfrak{d}))$ mit $s | G' \times K(\rho, \mathfrak{d}) = h(\mathfrak{d}) \circ \tilde{s}$. Die Zuordnung $s \to \tilde{s}$ ist unabhängig von d_1 linear beschränkt.*

Beweis. Da man mit Hilfe der Methoden des Beweises von Satz 6 zu $M_{\mathfrak{d}_*}$, $\mathfrak{d}_* = (\infty, d_2, \ldots, d_m)$ übergehen kann, darf man ohne Beschränkung der Allgemeinheit voraussetzen, daß $d_\nu = \infty$, $\nu = 2, \ldots, m$ ist.

Wir überdecken einen abgeschlossenen Polyzylinder $\overline{P}$, $G' \subset\subset P \subset\subset G$ mit kleinen Polyzylindern $Z_\iota \subset G$ und wählen ρ so klein, daß für die Polyzylinder $Z_\iota \times K(\rho)$ der Satz 1 gilt. Über $Z_\iota \times K(\rho)$ lassen sich sodann Schnittflächen $\tilde{s}_\iota$ in O^p bestimmen, so daß $h(\mathfrak{d}) \circ \tilde{s}_\iota = s | Z_\iota \times K(\rho, \mathfrak{d})$ ist. Die Zuordnung $s \to \tilde{s}_\iota$ ist unabhängig von d_1 in bezug auf die Normen $||s||^{\mathfrak{d}}_{G\rho}$, $||\tilde{s}_\iota||^{\mathfrak{d}_*}_{Z_\iota\rho}$ linear beschränkt. Wir setzen $\tilde{s}_{\iota_1\iota_2} = h(\tilde{s}_{\iota_2} - \tilde{s}_{\iota_1})$. Es folgt: $\tilde{s}_{\iota_1\iota_2} | Z_{\iota_1\iota_2} \times K(\rho, \mathfrak{d}) = 0$. Wir dürfen wegen Satz 6 voraussetzen, daß $d_1 \geq d_1^+$ und $t_1^{d_1^+ - 1} \cdot O^q/M$ torsionsrecht ist. Bezeichnet $\tilde{M} \supset M$ die kohärente Untergarbe der

und bestimmen eine Kokette $\eta_1 \in C^{\nu-1}(\hat{V}_1(\rho), M(\mathfrak{d}_0'))$ mit $\delta\eta_1 = \xi | G_1 \times K(\rho, \mathfrak{d}_0')$. Nach Satz 7 kann man eine Kokette $\eta_1^* \in C^{\nu-1}(\hat{V}_2(\rho), H^p(\mathfrak{d}_0'))$ finden, so daß, $h(\mathfrak{d}_0') \circ \eta_1^* = \eta_1$ gilt. Dabei ist $h : O^p \to O^q$ ein Garbenhomomorphismus, so daß $h(\mathfrak{d}_*) \circ H^p(\mathfrak{d}_*) = M(\mathfrak{d}_*)$ ist. Es gibt eine von $(\rho_1, d_1^{(0)})$ unabhängige Konstante c, derart, daß $||\eta_1^*||_{\nu,\rho^*} < c ||\eta_1||_{\nu,\rho^*} < c \left(\frac{\rho_1^*}{\rho_1}\right)^{d_1^{(0)}-1} \cdot ||\eta_1||_{\nu,\rho}$ gilt (mit $\rho^* = (\rho_1^*, \rho_2, \ldots, \rho_m)$). Wir setzen $\eta_2 = h(\mathfrak{d}_0) \circ \eta_1^*$. Es folgt $||\eta_2||_{\nu,\rho} < c' ||\eta_1||_{\nu,\rho}$, wenn ρ sehr klein ist.

Es ist $\xi_1 = (\xi - \delta\eta_2) \Big/ \left(\frac{t_1}{\rho_1}\right)^{d_1^{(0)}-1} \in Z^\nu(\hat{V}_2(\rho), \widetilde{M}_{d_1^{(0)}-1}(1, d_2, \ldots, d_m))$ ein Kozyklus. Man kann nach Hilfssatz 2 eine Kokette $\eta_3 \in C^{\nu-1}(\hat{V}(\rho), \widetilde{M}_{d_1^{(0)}-1}(1, d_2, \ldots, d_m))$ finden, so daß $\delta\eta_3 = \xi_1$ ist. Es folgt für $\eta = \eta_2 + \left(\frac{t_1}{\rho_1}\right)^{d_1^{(0)}-1} \eta_3$ die Gleichheit $\xi | G' = \delta\eta$. Man sieht sofort, daß $\eta \to \xi$ unabhängig von ρ_1 linear beschränkt ist, q.e.d.

Nach dem vorstehenden ist klar, daß Hilfssatz 3 gilt, wenn $H^q(\mathfrak{d}_*)/M(\mathfrak{d}_*)$ torsionsrecht ist. Um ihn zu beweisen dürfen wir jetzt annehmen, daß $d_1 > d_1^+$ gilt. Wir beschränken den Kozyklus ξ auf $G \times K(\rho, \mathfrak{d}^+)$. Wie wir gezeigt haben, kann man eine Kokette $\eta^+ \in C^{\nu-1}(\hat{V}_1(\rho), M(\mathfrak{d}^+))$ finden, so daß $\delta\eta^+ = \xi | G_1 \times K(\rho, \mathfrak{d}^+)$ gilt. Wie vorhin kann man η^+ zu einer Kokette $\eta^* \in C^{\nu-1}(\hat{V}_2(\rho), M(\mathfrak{d}))$ fortsetzen. Die Zuordnung $\eta^+ \to \eta^*$ ist unabhängig von (ρ_1, d_1) linear beschränkt. Es folgt

$$\xi^+ = (\xi - \delta\eta^*) \Big/ \left(\frac{t_1}{\rho_1}\right)^{1} \in Z^\nu(\hat{V}_2(\rho), \widetilde{M}_{d_1^+}(\mathfrak{d}))$$

und mithin $\xi^+ = \delta\gamma$, wobei $\xi^+ \to \gamma$ unabhängig von (ρ_1, d_1) linear beschränkt ist, da $M_{d_1^+}$ torsionsrecht ist. Für $\eta = \eta^* + \gamma \cdot \left(\frac{t_1}{\rho_1}\right)^{d_1^+}$ gilt : $\delta\eta = \xi | G'$, was den Beweis des Hilfssatzes abschließt.

Der Beweis von Satz 8 ist nun nicht mehr schwer. Wir bezeichnen mit $M(\mathfrak{d}_*)$ die Kerngarbe der Abbildung $\alpha(\mathfrak{d}_*) : H^q(\mathfrak{d}^*) \to S(\mathfrak{d}^*)$, G_1 sei wieder ein Holomorphiegebiet mit $G' \subset\subset G_1 \subset\subset G$ und V_1 eine Steinsche Überdeckung, wie im letzten Beweis. Ist $\xi \in Z^\nu(\hat{U}(\rho), S(\mathfrak{d}))$ endlich, so gibt es eine endliche Kokette $\eta_1 \in C^\nu(\hat{U}(\rho), H^q(\mathfrak{d}))$ mit $\alpha(\mathfrak{d}) \circ \eta_1 = \xi$. Der Kozyklus $\delta\eta_1$ liegt in $Z^{\nu+1}(\hat{U}(\rho), M(\mathfrak{d}))$. Es gibt also eine Kokette $\eta_2 \in C^\nu(\hat{V}_1(\rho), M(\mathfrak{d}))$ mit $\delta\eta_2 = \delta\eta_1$. $\xi_1 = \eta_1 - \eta_2 \in Z^\nu(\hat{V}_1(\rho), H^q(\mathfrak{d}))$ ist also ein Kozyklus. Nach Satz 4 a gilt : $\xi_1 = \delta\gamma$, $\gamma \in C^{\nu-1}(\hat{V}(\rho), H^q(\mathfrak{d}))$. Also hat sich ergeben : $\xi = \delta\eta$ für $\eta = \alpha(\mathfrak{d}) \circ \gamma$ und es ist klar, daß die Zuordnung $\xi \to \eta$ unabhängig von (ρ_1, d_1) linear beschränkt ist.

In analoger Weise folgt aus Hilfssatz 3 leicht der folgende Satz :

Satz 9. Ist $\rho \ll \rho_0$ hinreichend klein, so ist die Zuordnung

$$s \to s' = s | G' \times K(\rho, \mathfrak{d}),\ s \in \Gamma(G \times K(\rho, \mathfrak{d}), S(\mathfrak{d}))$$

in bezug auf die Normen $||s||_{U\rho}$, $||s'||_{G'\rho}$ unabhängig von (d_1, ρ_1) linear beschränkt.

Der Beweis sei dem Leser überlassen.

6. Unsere Norm für die Schnittflächen in $S(\mathfrak{d})$ wird im wesenlichen durch die Auflösung $\Gamma(\mathfrak{d}) : H^q(\mathfrak{d}) \to S(\mathfrak{d}) \to 0$ bestimmt. Im nächsten Paragraphen wird besonders das Verhalten dieser Norm bei Änderung der Auflösung interessieren. Es werde deshalb folgende Betrachtung durchgeführt :

Es seien $G_\varkappa \times K$, $\varkappa = 1,2$ zwei Holomorphiegebiete über denen kohärente analytische Garben $S_\varkappa$ und Auflösungen $\Gamma_\varkappa : O^{q_\varkappa} \to S_\varkappa \to 0$ gegeben sind. ψ_0 sei eine holomorphe Abbildung von $G_2 \times K$ in $G_1 \times K$, die die Punkte $(z_2, \mathfrak{t}) \in G_2 \times K$ auf Punkte $(z_1, \mathfrak{t}) \in G_1 \times K$ abbildet, also in $\mathfrak{t}$ die Identität ist. Über dieser Abbildung möge eine stetige Abbildung $\psi_1 : S_1 \oplus_{\psi_0} G_2 \times K \to S_2$ gegeben sein, die die Moduln $(S_1)_x$ operatorverträglich in $(S_2)_y$, $x = \psi_0(y)$ abbildet, also ein Garbenhomomorphismus ist ([1]). Das Diagramm :

$$\begin{array}{ccc} S_2 & \overset{\psi_1}{\leftarrow} & S_1 \oplus_{\psi_0} G_2 \times K \\ \downarrow & & \downarrow \\ G_2 \times K & \underset{\psi_0}{\rightarrow} & G_1 \times K \end{array}$$

ist kommutativ.

Weil $G_2 \times K$ ein Holomorphiegebiet ist, kann man über $G_2 \times K$ eine stetige Abbildung $\psi_2 : O^{q_1}(G_1 \times K) \oplus_{\psi_0} G_2 \times K \to O^{q_2}(G_2 \times K)$ bestimmen, so daß (ψ_0, ψ_2) ein Garbenhomomorphismus und das Diagramm :

$$\begin{array}{ccc} O^{q_2} & \overset{\psi_2}{\leftarrow} & O^{q_1} \oplus_{\psi_0} G_2 \times K \\ \alpha_2 \downarrow & & \alpha_1 \downarrow \\ S_2 & \underset{\psi_1}{\leftarrow} & S_1 \oplus_{\psi_0} G_2 \times K \end{array}$$

kommutativ ist.

Es seien nun $B_\nu \subset\subset G_\nu$, $\nu = 1,2$ offene Teilmengen, ψ_0 bilde $\hat{B}_2 = B_2 \times K$ in $\hat{B}_1 = B_1 \times K$ ab. Wir zeigen :

Hilfssatz 4. *Es sei $f \in \Gamma(B_1 \times K(\rho, \mathfrak{d}), H^{q_1}(\mathfrak{d}))$, $\rho < \rho_1 < \rho_0$ eine Schnittfläche. Dann ist die Zuordnung $f \to g = f \circ \psi_0 | B_2 \times K(\rho, \mathfrak{d})$ unabhängig von $(\rho, \mathfrak{d})$ linear beschränkt.*

Beweis. Wir setzen zunächst voraus, daß f von $\mathfrak{t}$ unabhängig ist. Es ist dann f noch in $B_1 \times K(\mathfrak{d})$ holomorph und es gilt $||f||_{B_1 \rho} = ||f||_{B_1 \rho_0} = \mathfrak{M}$. Für die Potenzreihenentwicklung $g = \sum_{\varkappa=0}^{\mathfrak{d}} g_\varkappa \left(\frac{\mathfrak{t}}{\rho}\right)^\varkappa$ hat man deshalb

$$|g_\varkappa| < q_1 \mathfrak{M} \left(\frac{\rho_1}{\rho_1^{(0)}}\right)^{\varkappa_1} \cdot \ldots \cdot \left(\frac{\rho_m}{\rho_m^{(0)}}\right)^{\varkappa_m} < q_1 \mathfrak{M} a^{|\varkappa|}, \quad |\varkappa| = \varkappa_1 + \ldots + \varkappa_m, \quad a = \max_\nu \rho_\nu^{(1)}/\rho_\nu^{(0)} < 1.$$

Ist f beliebig, so folgen für $f \circ \psi_0 | B_2 \times K(\rho) = g = \sum_{\varkappa=0}^{\mathfrak{d}} g_\varkappa \left(\frac{\mathfrak{t}}{\rho}\right)^\varkappa$ die Ungleichungen $|g_\varkappa| < q_1 \mathfrak{M} \sum_{\varkappa=0}^{\infty} a^{|\varkappa|} = \mathfrak{M}\left(\frac{1}{1-a}\right)^m$, wenn $\mathfrak{M} = ||f||_{B_1 \rho}$ ist, q.e.d.

([1]) ψ_1 müßte, genau genommen, als Paar (ψ_0, ψ_1) definiert werden. Vgl. die Definition in § 1.

Ist ein Meßatlas in $X(\rho)$ gegeben, so kann man natürlich r unabhängig von (ι_1, ι_2) wählen. Ein solches r sei fest gegeben und mit $r_* = r_*(\mathfrak{W})$ bezeichnet. Ferner seien immer feste Homomorphismen $\Psi_{\iota_1\iota_2} = (\psi_{\iota_1\iota_2}, \psi'_{\iota_1\iota_2})$ definiert. Wir setzen stets voraus, daß alle Abbildungen $\Psi_{\iota\iota}$ die identischen Homomorphismen sind.

2. Wir müssen noch die Existenz von Meßkarten und Meßatlanten nachweisen. Zunächst zeigen wir:

Satz 1. *Es gibt zu jedem Punkt* $x \in X_0 = \pi^{-1}(O)$, *mit* $O \in K =$ *Nullpunkt, eine Meßkarte* $\mathfrak{W} = (W, W', \Phi, \mathfrak{G} = G \times K(\rho), \Gamma : O^q \to \Phi_0(S) \to 0)$ *in* $X(\rho)$, *für die* $x \in W'$ *gilt (wenn* $\rho \ll \rho_0$*).*

Beweis. Nach Definition des komplexen Raumes kann man eine Umgebung $W^*(x)$ durch eine biholomorphe Abbildung Φ^* auf einen komplexen Unterraum A^* eines Gebietes $G^* \subset C^n$ abbilden. Das kartesische Produkt $\Phi = \Phi^* \times \pi$ bildet W^* biholomorph auf einen komplexen Unterraum $A' \subset G^* \times K$ ab: Wird die zu A^* gehörende Idealgarbe in einem Punkte $z_0 \in G^*$ von den holomorphen Funktionskeimen h_ν, $\nu = 1, \ldots, k$, aufgespannt, so wird die Idealgarbe von A' in jedem Punkte (z_0, t_0), $t_0 \in K$ von den Funktionskeimen h_ν, $g_\mu - (t_\mu)_{(z_0, t_0)}$, $\nu = 1, \ldots, k$, $\mu = 1, \ldots, m$ erzeugt. Dabei sind die g_μ holomorphe Funktionskeime in $z_0 \in G^*$, deren Beschränkung auf A^* gleich $(t_\mu \circ \pi \circ (\Phi^*)^{-1})_{z_0}$ ist. — Die Garbe S wird durch Φ nach A' übertragen. Die triviale Fortsetzung der übertragenen Garbe stimmt mit $\Phi_0(S)$ überein. Also ist $\Phi_0(S)$ kohärent. Man kann eine holomorph-vollständige Umgebung $G \times K(\rho)$ von $\Phi(x)$ finden $(\rho \ll \rho_0)$, über der sich eine exakte Sequenz: $\Gamma : O^q \to \Phi_0(S) \to 0$ definieren läßt. Wir setzen noch $W = \Phi^{-1}(G \times K(\rho)) \subset W^*$, $A = A' \cap (G \times K(\rho))$ und wählen für W' eine in W relativ-kompakt enthaltene offene Menge und haben damit Satz 1 bewiesen.

Für die Existenz von Meßatlanten gilt folgende Aussage:

Satz 2. *Es sei* $\rho \ll \rho_0$ *hinreichend klein gewählt. Dann gibt es einen Meßatlas in* $X(\rho)$.

Beweis. Wir wählen zunächst eine endliche Menge von Meßkarten

$$\mathfrak{W}_\iota = (W_\iota, W'_\iota, \Phi_\iota, \mathfrak{G}_\iota = G_\iota \times K(\rho_\iota), \Gamma_\iota : O_\iota^{q_\iota} \to \Phi_{\iota 0}(S) \to 0), \quad \iota = 1, \ldots, \iota_*,$$

derart, daß $X_0 \subset \bigcup_\iota W_\iota$. Da X_0 regulär ist, gibt es sodann relativkompakte Teilgebiete $G'''_\iota \subset\subset G''_\iota \subset\subset G_\iota$, so daß die offenen Mengen $W'''_\iota = \Phi_\iota^{-1}(G'''_\iota \times K(\rho_\iota))$ noch X_0 überdecken. Offenbar kann man nun eine Überdeckung $\{G_{\iota\nu}, \nu = 1, \ldots, \nu_\iota\}$ der abgeschlossenen Hülle von G'''_ι mit Gebieten $G_{\iota\nu} \subset\subset G''_\iota$, ein ρ, $0 < \rho < \rho_\iota$ und ein $r > 0$ mit folgender Eigenschaft finden: Gilt $(G_{\iota\nu} \times K(\rho)) \cap \Phi_\iota(W''_{\iota i}) \neq 0$, so folgt $\mathfrak{G}_{\iota\nu} \subset G_\iota \times K(\rho)$, $\mathfrak{G}_{\iota\nu} \cap A_\iota = \mathfrak{G}_{\iota\nu} \cap \Phi_\iota(W_{\iota i})$, wenn $\mathfrak{G}_{\iota\nu} = \mathrm{sat}_{r\rho}(G_{\iota\nu} \times K(\rho))$ und

$$A_\iota = \Phi_\iota(W_\iota), \quad W''_\iota = \Phi_\iota^{-1}(G''_\iota \times K(\rho))$$

gesetzt wird $(\iota = 1, \ldots, \iota_*)$. Wir definieren:

$$M_{\iota i} = \{\nu : \nu = 1, \ldots, \nu_\iota, (G_{\iota\nu} \times K(\rho)) \cap \Phi_\iota(W''_{\iota i}) \neq 0\},$$

$A_{i\iota\nu} = \mathfrak{G}_{\iota\nu} \cap A_\iota$, $\nu \in M_{\iota i}$ und betrachten die biholomorphe Abbildung $\lambda_{i\iota\nu} = \Phi_i \circ \Phi_\iota^{-1}$: $A_{i\iota\nu} \to A_i$. Sind r, ρ und alle Gebiete $G_{\iota\nu}$ sehr klein, so wird auch $\mathfrak{G}_{\iota\nu}$ sehr klein und $\lambda_{i\iota\nu}$ durch Beschränkung einer holomorphen Abbildung $\tilde{\lambda}_{i\iota\nu} : \mathfrak{G}_{\iota\nu} \to C^{n_i} \times K(\rho)$ erhalten, die mit den Produktprojektionen $\mathfrak{G}_{\iota\nu} \to K(\rho)$, $C^{n_i} \times K(\rho) \to K(\rho)$ kommutiert. Gilt $i = \iota$, so sei $\tilde{\lambda}_{i\iota\nu}$ die Identität. Da die Garben $\Phi_{\iota 0}(S)$ außerhalb der Mengen A_ι Nullgarben sind, erhält man eine Abbildung $\tilde{\lambda}'_{i\iota\nu} : \Phi_{i0}(S) \oplus_{\tilde{\lambda}_{i\iota\nu}} \mathfrak{G}_{\iota\nu} \to \Phi_{\iota 0}(S)$, so daß $(\tilde{\lambda}_{i\iota\nu}, \tilde{\lambda}'_{i\iota\nu})$ ein analytischer Garbenhomomorphismus ist ($\nu \in M_{\iota i}$).

Es werde weiterhin vorausgesetzt, daß r, ρ und die Gebiete $G_{\iota\nu}$ äußerst klein sind. Dann bildet $\tilde{\lambda}_{i\iota\nu}$ sicher $\mathfrak{G}_{\iota\nu}$ in $G_i \times K(\rho)$ ab, $\nu \in M_{\iota i}$. Ferner ist $\{W'_{\iota\nu}\}$, $W'_{\iota\nu} = \Phi_\iota^{-1}(G_{\iota\nu} \times K(\rho))$ eine offene Überdeckung von $X(\rho)$. Wir setzen $\varkappa = (\iota, \nu)$, $\iota = 1, \ldots, \iota_*$, $\nu = 1, \ldots, \nu_\iota$ und definieren $W_\varkappa = W_\iota \cap X(\rho)$, $\Phi_\varkappa = \Phi_\iota$, $\mathfrak{G}_\varkappa(\rho) = G_\iota \times K(\rho)$, $\Gamma_\varkappa = \Gamma_\iota$, $\Psi_{\varkappa_1\varkappa_2} = (\tilde{\lambda}_{\iota_1\iota_2\nu_2}, \tilde{\lambda}'_{\iota_1\iota_2\nu_2})$. Gilt $W'_{\varkappa_1\varkappa_2} \neq 0$, so folgt $\nu_2 \in M_{\iota_2\iota_1}$, mithin ist $\Psi_{\varkappa_1\varkappa_2}$ definiert. Außerdem liegt dann $\operatorname{sat}_{r\rho}\Phi_{\varkappa_2}(W'_{\varkappa_1\varkappa_2}) \subset \mathfrak{G}_{\iota_2\nu_2}$ in $G_{\varkappa_2}(\rho)$. Also ist

$$\{\mathfrak{W}_\varkappa = (W_\varkappa, W'_\varkappa, \Phi_\varkappa, \mathfrak{G}_\varkappa(\rho), \Gamma_\varkappa)\}$$

ein Meßatlas in $X(\rho)$, q.e.d.

Wir setzen im folgenden stets voraus, daß schon ρ_0 hinreichen klein gewählt ist und daß über $X = X(\rho_0)$ ein fester Meßatlas $\mathfrak{W} = \{\mathfrak{W}_\varkappa, \varkappa = 1, \ldots, \varkappa_*\}$ gegeben ist. Die Allgemeinheit unserer Resultate wird dadurch nicht eingeschränkt werden.

3. Es sei $M \subset X$ eine beliebige Teilmenge. Wir definieren :

$$\hat{\operatorname{sat}}_{r\rho\varkappa} M = \Phi_\varkappa^{-1}(\operatorname{sat}_{r\rho}\Phi_\varkappa(M \cap W'_\varkappa)) \subset W_\varkappa \cap X(\rho)$$

für $\rho \leq \rho_0$, $r \leq r_*(\mathfrak{W})$, $\varkappa = 1, \ldots, \varkappa_*$. $\hat{\operatorname{sat}}_{r\rho\varkappa}(M)$ ist stets eine offene holomorph-vollständige Teilmenge von X. Ist $\{U_\iota\}$ eine Umgebungsbasis eines Punktes $x_0 \in X_0 \cap W'_\varkappa$, so ist auch $\{\hat{\operatorname{sat}}_{r\rho\varkappa} U_\iota : \rho < \rho_0, r < r_*\}$ eine Umgebungsbasis von x_0.

Definition 4. *Ein Paar $\mathfrak{U} = (U, r)$, $r = r(\mathfrak{U}) < r_*$ heißt eine Meßüberdeckung von $X(\rho)$, wenn folgendes gilt :*

1) *$U = \{U_\iota : \iota = 1, \ldots, \iota_* = \iota_*(U)\}$ ist eine endliche Steinsche Überdeckung von $X(\rho)$, r ist eine positive Zahl.*

2) *U ist auf $\mathfrak{W}$ bezogen, d.h. : jedem $\iota \in I = \{1, \ldots, \iota_*\}$ sind nicht leere Teilmengen $\mathcal{N}'_{\mathfrak{U}}(\iota) \subset \mathcal{N}_{\mathfrak{U}}(\iota) \subset K = \{1, \ldots, \varkappa_*\}$ zugeordnet.*

3) *Es ist $\mathcal{N}'_{\mathfrak{U}}(\iota_0, \ldots, \iota_l) = \mathcal{N}'_{\mathfrak{U}}(\iota_0) \cap \ldots \cap \mathcal{N}'_{\mathfrak{U}}(\iota_l) \neq 0$, wenn $U_{\iota_0 \ldots \iota_l} \neq 0$ ist.*

4) *Es gilt : $U_\iota \subset W'_\varkappa$, $\hat{\operatorname{sat}}_{r\rho\varkappa}(U_\iota) \subset W'_\varkappa$, wenn $\varkappa \in \mathcal{N}_{\mathfrak{U}}(\iota)$.*

5) *Ist $\varkappa \in \mathcal{N}'_{\mathfrak{U}}(\iota_0)$, so überdecken die Umgebungen U_ι, $\varkappa \in \mathcal{N}_{\mathfrak{U}}(\iota)$ die Menge $\hat{\operatorname{sat}}_{r\rho\varkappa}(U_{\iota_0})$, die Mengen U_ι mit $\varkappa \notin \mathcal{N}_{\mathfrak{U}}(\iota)$ haben mit $\hat{\operatorname{sat}}_{r\rho\varkappa}(U_{\iota_0})$ einen leeren Durchschnitt.*

6) *Jeder Punkt $x \in X(\rho)$ ist in höchstens $A(\mathfrak{W}) = \varkappa_* \cdot \max_\varkappa 2^{2 \cdot \dim_C G_\varkappa}$ Elementen der Überdeckung U enthalten.*

Es sei $\mathfrak{V} = (V, r(\mathfrak{V}))$ eine beliebige weitere Meßüberdeckung von $X(\rho)$. Wir definieren :

Definition 5. *$\mathfrak{V}$ heißt eine zulässige Verfeinerung von $\mathfrak{U}$ (in Zeichen $\mathfrak{V} \subset \mathfrak{U}$), wenn folgende Eigenschaften vorhanden sind :*

1) *V ist eine Verfeinerung von U.*
2) $\mathcal{N}_{\mathfrak{V}}(\iota) = \mathcal{N}_{\mathfrak{U}}(\tau(\iota))$, $\mathcal{N}'_{\mathfrak{V}}(\iota) = \mathcal{N}'_{\mathfrak{U}}(\tau(\iota))$.
3) $\hat{sat}_{r(\mathfrak{V})\rho\varkappa}(V_\iota) \subset U_{\tau(\iota)}$, $\varkappa \in \mathcal{N}_{\mathfrak{V}}(\iota)$, $\iota = 1, \ldots, \iota_*(V)$.
4) $\psi_{\varkappa_1\varkappa_2}$ *bildet stets* $\overline{sat_{r(\mathfrak{V})\rho}\Phi_{\varkappa_2}(V_{\iota_0\ldots\iota_l})}$ *in* $sat_{r(\mathfrak{U})\rho}\Phi_{\varkappa_1}(U_{\tau(\iota_0)\ldots\tau(\iota_l)})$ *ab, wenn*
$$\varkappa_1, \varkappa_2 \in \mathcal{N}_{\mathfrak{V}}(\iota_0, \ldots, \iota_l) = \mathcal{N}_{\mathfrak{V}}(\iota_0) \cap \ldots \cap \mathcal{N}_{\mathfrak{V}}(\iota_l).$$

Bei einer zulässigen Verfeinerung wird $\hat{sat}_{r(\mathfrak{U})\rho\varkappa}(U_{\iota_0})$, $\varkappa \in N'_{\mathfrak{U}}(\iota_0)$ sogar von den Mengen V_ι, $\varkappa \in N_{\mathfrak{V}}(\iota)$ überdeckt. — Wir werden im folgenden statt $N'_{\mathfrak{U}}$, $N_{\mathfrak{U}}$, etc., auch N, N', etc., schreiben, wenn das nicht zu Mißverständnissen führt.

Wir zeigen :

Satz 3. *Es sei ν_* eine natürliche Zahl. Ist dann $\rho < \rho_0$ hinreichend klein gewählt, so gibt es Meßüberdeckungen $\mathfrak{U}_\nu = (U_\nu, r_\nu)$, $\nu = 1, \ldots, \nu_*$ von $X(\rho)$, derart, daß $\mathfrak{U}_\nu$ zulässige Verfeinerung von $\mathfrak{U}_{\nu-1}$ ist, $\nu = 2, \ldots, \nu_*$.*

Beweis. Wir konstruieren zunächst eine auf $\mathfrak{W}$ bezogene Überdeckung
$$\widetilde{U} = \{\widetilde{U}_\iota : \iota = 1, \ldots, \iota_*\}.$$
Die Träger $W'_\varkappa$ der Meßkarten $\mathfrak{W}_\varkappa$ bilden eine offene Überdeckung von X. Nach dem Schrumpfungssatz kann man offene Mengen $W'''_\varkappa \subset\subset W''_\varkappa \subset\subset W'_\varkappa$ finden, so daß noch $X_0 \subset \bigcup_\varkappa W'''_\varkappa$ gilt. Es sei $\widetilde{U}$ eine endliche Steinsche Überdeckung einer Umgebung von X_0, die so fein ist, daß aus $\overline{W'''_\varkappa} \cap \widetilde{U}_\iota \neq 0$ bzw. $\widetilde{U}_\iota \cap \overline{W''_\varkappa} \neq 0$ folgt : $\hat{sat}_{r\tilde{\rho}\varkappa}(\widetilde{U}_\iota) \subset W''_\varkappa$ bzw. $\hat{sat}_{r\tilde{\rho}\varkappa}(\widetilde{U}_\iota) \subset W'_\varkappa$ und $\widetilde{U}_\iota \subset W'_\varkappa$ (mit r, $\tilde{\rho}$ hinreichend klein unabhängig von ι, $\varkappa$ gewählt). Wir setzen $N'(\iota) = \{\varkappa : \overline{W'''_\varkappa} \cap \widetilde{U}_\iota \neq 0\}$, $N(\iota) = \{\varkappa : \overline{W''_\varkappa} \cap \widetilde{U}_\iota \neq 0\}$. Offenbar wird für kleines $\tilde{\rho}$ die Menge $\hat{sat}_{r\tilde{\rho}\varkappa}(\widetilde{U}_{\iota_0})$, $\varkappa \in N'(\iota_0)$ von den Umgebungen $\widetilde{U}_\iota$, $\varkappa \in N(\iota)$ überdeckt, die Durchschnitte $\hat{sat}_{r\tilde{\rho}\varkappa}(\widetilde{U}_{\iota_0}) \cap \widetilde{U}_\iota$, $\varkappa \notin N(\iota)$ sind leer.

Es gibt nun Steinsche Überdeckungen $\widetilde{U}_\nu = \{\widetilde{U}^{(\nu)}_\iota : \iota = 1, \ldots, \iota_\nu\}$, $\nu = 0, \ldots, \nu_*$ einer Umgebung von X_0 und stark absteigende Folgen reeller Zahlen
$$r_* > r_0 = r > r_1 > \ldots > r_{\nu_*} > 0, \quad \rho_0 > \tilde{\rho} > \rho_1 > \ldots > \rho_{\nu_*} > 0,$$
derart, daß folgendes gilt :

1) $\widetilde{U}_0 = \widetilde{U}$.
2) $\widetilde{U}_\nu$ ist eine Verfeinerung von $\widetilde{U}_{\nu-1}$ (Verfeinerungsabbildung $\tau = \tau^\nu_{\nu-1}$).
3) $\hat{sat}_{r_\nu\rho_\nu\varkappa}(\widetilde{U}^{(\nu)}_\iota) \subset \widetilde{U}^{(\nu-1)}_{\tau(\iota)}$ für $\varkappa \in N_\nu(\iota) = N_{\nu-1}(\tau(\iota))$, $N_0(\iota) = N(\iota)$.
4) $\psi_{\varkappa_1\varkappa_2}(\overline{sat_{r_\nu\rho_\nu}\Phi_{\varkappa_2}(\widetilde{U}^{(\nu)}_{\iota_0\ldots\iota_l})}) \subset\subset sat_{r_{\nu-1}\rho_{\nu-1}}\Phi_{\varkappa_1}(X_0 \cap \widetilde{U}^{(\nu-1)}_{\tau(\iota_0)\ldots\tau(\iota_l)})$, $\varkappa_1, \varkappa_2 \in N_\nu(\iota_0, \ldots, \iota_l)$.
5) Jeder Punkt von X ist in höchstens $A(\mathfrak{W})$ Elementen der Überdeckung $\widetilde{U}_\nu$ enthalten, wenn $\nu \neq 0$ ist.

Die Konstruktion der Steinschen Überdeckungen $\widetilde{U}_\nu$ ist einfach. Um z.B. $\widetilde{U}_1$ zu erhalten, wählt man zunächst Gebiete $G'_\varkappa \subset\subset G_\varkappa$, so daß die Mengen $\Phi_\varkappa^{-1}(G'_\varkappa \times K)$ noch eine Umgebung von X_0 überdecken. Durch eine Unterteilung des $C^{n_\varkappa}$ in rechtwinklige Kästen, deren Seiten zu den reellen Achsen des $C^{n_\varkappa} \approx R^{2n_\varkappa}$ parallel sind, gelingt es sodann eine (beliebig feine) endliche Überdeckung $\{G_{\varkappa\mu}\}$ von $\overline{G}'_\varkappa$ zu konstruieren, die folgende Eigenschaft hat :

1) Alle Elemente $G_{\varkappa\mu}$ sind offene holomorph-vollständige Teilmengen von $G_\varkappa$.

2) Jeder Punkt von $G_\varkappa$ ist in höchstens $2^{2n_\varkappa}$ Elementen $G_{\varkappa\mu}$ enthalten.

Nach dem Schrumpfungssatz gibt es eine offene Überdeckung $U' = \{U'_\iota\}$ einer Umgebung von X_0 mit $U'_\iota \subset\subset U_\iota$. Sind die Mengen $G_{\varkappa\mu}$ und das m-tupel ρ_1 sehr klein gewählt, so gibt es zu jedem $(\varkappa, \mu)$ ein ι, so daß $U^{(1)}_{\varkappa\mu} = \Phi_\varkappa^{-1}(G_{\varkappa\mu} \times K(\rho_1))$ in U'_ι enthalten ist. Wir können deshalb eine Verfeinerungsabbildung $\tau(\varkappa, \mu)$ definieren, so daß stets $U^{(1)}_{\varkappa\mu} \subset U'_{\tau(\varkappa,\mu)}$ gilt. Sind r_1, ρ_1, $G_{\varkappa\mu}$ sehr klein, so sind offenbar für die Überdeckung $\widetilde{U}_1 = \{U^{(1)}_{\varkappa\mu}\}$ alle verlangten Eigenschaften vorhanden.

Die Konstruktion der Überdeckung $\widetilde{U}_2$ geschieht in analoger Weise. Man muß nur $\widetilde{U}_0$ mit $\widetilde{U}_1$ vertauschen. Man kann also $\widetilde{U}_{\nu+1}$ aus $\widetilde{U}_\nu$ konstruieren und erhält dadurch die Kette $\widetilde{U}_\nu$, $\nu = 0, \ldots, \nu_*$.

Wir wählen nun $\rho < \rho_\nu$, $\nu = 1, 2, \ldots, \nu_*$ so klein, daß alle Überdeckungen $\widetilde{U}_\nu$ die Tube $X(\rho)$ überdecken und setzen $U_\nu = \{U^{(\nu)}_\iota = \widetilde{U}^{(\nu)}_\iota \cap X(\rho) : \iota = 1, \ldots, \iota_\nu\}$. Wie man leicht sieht, sind alle Paare $(U_\nu, r_\nu) = \mathfrak{U}_\nu$ Meßüberdeckungen, $\mathfrak{U}_\nu$ ist eine zulässige Verfeinerung von $\mathfrak{U}_{\nu-1}$, q.e.d.

Wir setzen fortan immer voraus, daß schon ρ_0 so klein gewählt ist, daß über $X = X(\rho_0)$ eine Folge von Meßüberdeckungen $\mathfrak{U}_\nu$, $\nu = 0, \ldots, \nu_*$ im Sinne von Satz 3 existiert. Wir werden uns im folgenden stets auf eine solche festgewählte Folge beziehen. Die Zahl ν_* wird später bestimmt werden.

4. Es sei $\mathfrak{U} = (U = \{U_\iota : \iota = 1, \ldots, \iota_*\}, r)$ eine Meßüberdeckung von X. Wir setzen $U(\rho) = \{U_\iota(\rho) : \iota = 1, \ldots, \iota_*\} = U \cap X(\rho) = \{U_\iota \cap X(\rho) : \iota = 1, \ldots, \iota_*\}$ und ordnen den Koketten $\xi \in C^l(U(\rho), S)$, eine Norm $\|\xi\|_{\mathfrak{U}\rho}$ zu. Wir setzen zunächst für die Schnittflächen $\xi^* \in \Gamma(^*U, S)$ mit $^*U = U_{\iota_0 \ldots \iota_l}(\rho)$:

$$\|\xi^*\|_{\mathfrak{U}^*U\rho} = \max_{\varkappa \in N(\iota_0 \ldots \iota_l)} \inf_{\eta^*} \|\eta^*\|_{B_\varkappa \rho}.$$

Dabei ist $B_\varkappa = \mathrm{sat}_{r\rho} \Phi_\varkappa(U_{\iota_0 \ldots \iota_l})$ und $\eta^* \in \Gamma(B_\varkappa, \Phi_{\varkappa 0}(S))$ durchläuft die Schnittflächen mit $\eta^* | \Phi_\varkappa(^*U) = \Phi_{\varkappa 0}(\xi^*)$. Gibt es keine solche Schnittfläche, so sei $\|\xi^*\|_{\mathfrak{U}^*U\rho} = \infty$. $\|\eta^*\|_{B_\varkappa\rho}$ ist die in § 3 definierte Norm für die Schnittflächen in einer Garbe über $\mathfrak{G}_\varkappa$.

Die Norm für die Koketten $\xi = \{\xi_{\iota_0 \ldots \iota_l}\} \in C^l(U(\rho), S)$ ergibt sich nun sofort. Wir setzen einfach $\|\xi\|_{\mathfrak{U}\rho} = \max_{\iota_0 \ldots \iota_l} \|\xi_{\iota_0 \ldots \iota_l}\|_{\mathfrak{U}U_{\iota_0 \ldots \iota_l}(\rho)\rho}$.

Es gilt :

Satz 4. *Es sei $\mathfrak{V}$ eine Meßüberdeckung von X, die eine zulässige Verfeinerung einer Meßüberdeckung $\mathfrak{U}$ ist. Ist dann $\xi \in C^l(U(\rho), S)$ eine Kokette, so folgt :* $\|\xi\|_{\mathfrak{V}\rho} \leq \|\xi\|_{\mathfrak{U}\rho}$.

Der Beweis ist einfach. Er folgt unmittelbar aus vorstehender Definition der Norm. Die Brauchbarkeit unserer Norm ergibt sich durch folgende Aussage :

Satz 5. *Es sei* $\mathfrak{U}_\nu = (U_\nu = \{U_\iota^{(\nu)}\}, r_\nu)$, $\nu = -2, -1, 0$ *eine Kette zulässiger Verfeinerungen von Meßüberdeckungen von X. Ist dann* $\rho < \rho_0$, *so wird die Beschränkung* $\xi | X(\rho)$ *jeder Kohomologieklasse* $\xi \in H^l(X(\rho + \varepsilon), S)$ *durch einen Kozyklus* $\eta \in Z^l(U_0(\rho), S)$ *mit endlicher Norm* $\|\eta\|_{\mathfrak{U}_0\rho}$ *repräsentiert.* $\varepsilon = (\varepsilon_1, \ldots, \varepsilon_m)$ *ist dabei ein m-tupel beliebig kleiner positiver Zahlen.*

Beweis. Da $U_{-2}(\rho + \varepsilon)$ eine Steinsche Überdeckung ist, wird ξ durch einen Kozyklus $\eta^* \in Z^l(U_{-2}(\rho + \varepsilon), S)$ repräsentiert. Wir betrachten die Schnittflächen

$$\Phi_{\varkappa 0}(\eta^*_{\iota_0 \ldots \iota_l}) \in \Gamma(\Phi_\varkappa(U^{(-2)}_{\iota_0 \ldots \iota_l}(\rho + \varepsilon)), \Phi_{\varkappa 0}(S)), \ \varkappa \in N(\iota_0, \ldots, \iota_l).$$

Ihre Beschränkung auf $* = \mathrm{sat}_{r_{-1}\rho + \varepsilon} \Phi_\varkappa(U^{(-1)}_{i_0 \ldots i_l})$ sei mit $\gamma^*_{i_0 \ldots i_l}$ bezeichnet $(\tau(i_\nu) = \iota_\nu)$. Da $*$ ein holomorph-vollständiger Raum ist, ist $\gamma^*_{i_0 \ldots i_l}$ unter dem Homomorphismus $\alpha_\varkappa : O_\varkappa^{q_\varkappa} \to \Phi_{\varkappa 0}(S)$ Bild einer Schnittfläche $\tilde{\gamma}^*_{i_0 \ldots i_l} \in \Gamma(*, O_\varkappa^{q_\varkappa})$. Die Beschränkung $\gamma_{k_0 \ldots k_l}$ von $\tilde{\gamma}^*_{i_0 \ldots i_l}$ auf $\mathrm{sat}_{r_0\rho} \Phi_\varkappa(U^{(0)}_{k_0 \ldots k_l})$ hat dann endliche Norm (wenn $\tau(k_\nu) = i_\nu$).

Setzen wir noch : $\eta = \tau\eta^* | X(\rho)$, so gilt $\Phi_{\varkappa 0}(\eta_{k_0 \ldots k_l}) = \alpha_\varkappa(\gamma_{k_0 \ldots k_l})$. Also hat η in bezug auf die Meßüberdeckung $\mathfrak{U}_0 = (U_0, r_0)$ endliche Norm. Offenbar erzeugt η die Kohomologieklasse $\xi | X(\rho)$. Damit ist Satz 5 bewiesen.

5. Es sei $\mathfrak{U}$ eine Meßüberdeckung von X. Eine Meßüberdeckung $\mathfrak{V}$ von X heißt eine hinreichend starke zulässige Verfeinerung von $\mathfrak{U}$ (in Zeichen $\mathfrak{V} \subset\subset \mathfrak{U}$), wenn es zwischen $\mathfrak{V}$ und $\mathfrak{U}$ eine für die in Betracht gezogenen Untersuchungen genügend große endliche Anzahl von Meßüberdeckungen $\mathfrak{U}_\nu$, $\nu = 0, \ldots, \nu^*$ gibt, so daß $\mathfrak{U}_0 = \mathfrak{U}$, $\mathfrak{U}_{\nu*} = \mathfrak{V}$ und $\mathfrak{U}_\nu$ eine zulässige Verfeinerung von $\mathfrak{U}_{\nu-1}$ ist, $\nu = 1, \ldots, \nu_*$.

Wir treffen folgende Festsetzungen.

1) Sind $\mathfrak{U}$, $\mathfrak{V}$, etc. Meßüberdeckungen von X, so werde stets

$$\mathfrak{U} = (U = \{U_\iota : \iota = 1, \ldots, \iota_*(U)\}, r(\mathfrak{U})), \ \mathfrak{V} = (V = \{V_\iota\}, r(\mathfrak{V})), \text{ etc.}$$

gesetzt.

2) $^*U$ sei stets ein Durchschnitt $U_{i_0 \ldots i_l}(\rho)$.

3) $^*V$ sei (bei beliebigen Verfeinerungen V von U) ein Durchschnitt $V_{\iota_0 \ldots \iota_l}(\rho)$ mit $\tau(\iota_\nu) = i_\nu$.

4) $^*\hat{U} = \Phi_\varkappa(^*U)$ für ein festgewähltes $\varkappa \in N'(i_0, \ldots, i_l)$.

5) $^*\tilde{U} = \mathrm{sat}_{r(\mathfrak{U})\rho} \Phi_\varkappa(U_{i_0 \ldots i_l})$.

6) $\hat{V} = \{\hat{V}_\iota = \Phi_\varkappa(V_\iota(\rho)) : \varkappa \in N(\iota)\}$ für das feste $\varkappa$.

7) $\tilde{V} = \{\tilde{V}_\iota = \mathrm{sat}_{r(\mathfrak{V})\rho} \Phi_\varkappa(V_\iota) : \varkappa \in N(\iota)\}$.

Es sei ferner d eine natürliche Zahl, die auch $+\infty$ sein darf. Wir bezeichen mit $\hat{I}_d$, die von der holomorphen Funktion $t_1^d \circ \pi$ in X erzeugte Untergarbe von H(X) und setzen $S_d = S/S \cdot \hat{I}_d$. Die Quotientenabbildung $q(d) : S \to S_d$ ist ein analytischer

Garbenhomomorphismus, der sich auf die Gruppen der Koketten, Kohomologieklassen überträgt. Wir bezeichnen die so gewonnenen Homomorphismen ebenfalls mit $q(d)$. Ferner generiert $q(d)$ Abbildungen $q_\varkappa(d) : \Phi_{\varkappa 0}(S) \to \Phi_{\varkappa 0}(S_d)$. Wir setzen $\alpha_\varkappa(d) = q_\varkappa(d) \circ \alpha_\varkappa$ und $\Gamma_{d\varkappa} : O_\varkappa^{q_\varkappa} \xrightarrow{\alpha_\varkappa(d)} \Phi_{\varkappa 0}(S_d) \to 0$ und erhalten dadurch aus $\mathfrak{W}$ einen Meßatlas $\mathfrak{W}^{(d)}$ für die Garbe S_d. Die in bezug auf $\mathfrak{W}^{(d)}$ gebildeten Normen bezeichnen wir durch Zufügen eines d zu den bei $\mathfrak{W}$ benutzten Symbolen, z.B. $\|\xi\|^d_{\mathfrak{U}\rho}$, $\|\xi^*\|^d_{\mathfrak{U}^*\mathfrak{U}\rho}$ usw. Trivialer Weise ist die Abbildung $\xi \to \xi' = q(d) \circ \xi \in C^l(\mathfrak{U}(\rho), S_d)$, $\xi \in C^l(\mathfrak{U}(\rho), S)$ in bezug auf die Normen $\|\xi\|_{\mathfrak{U}\rho}$, $\|\xi'\|^d_{\mathfrak{U}\rho}$ unabhängig von (ρ, d) linear beschränkt.

Es seien $\mathfrak{V} \subset \mathfrak{U}$ Meßüberdeckungen von X. Wir führen in den Vektorraum $C^\lambda(*\mathfrak{U} \cap \mathfrak{V}, S)$ eine weitere Pseudonorm ein. Ist $\eta \in C^\lambda(*\mathfrak{U} \cap \mathfrak{V}, S)$ eine Kokette, so werde $\hat{\eta} = \Phi_{\varkappa 0}(\eta) \in C^\lambda(*\hat{\mathfrak{U}} \cap \hat{\mathfrak{V}}, \Phi_{\varkappa 0}(S))$ gesetzt (mit $\varkappa \in N'(i_0, \ldots, i_l)$). Man beachte, daß wegen Axiom 5 in Definition 4 $\hat{\mathfrak{V}}$ eine Überdeckung von $*\hat{\mathfrak{U}}$ ist. — Wird nun $\hat{\eta}$ durch Beschränkung einer Kokette $\tilde{\eta} \in C^\lambda(*\tilde{\mathfrak{U}} \cap \tilde{\mathfrak{V}}, \Phi_{\varkappa 0}(S))$ erhalten, so sei $\|\hat{\eta}\| = \inf_{\tilde{\eta}} \|\tilde{\eta}\|_{*\tilde{\mathfrak{U}} \cap \tilde{\mathfrak{V}}\rho}$. Gibt es keine Kokette $\tilde{\eta}$, so setzen wir wieder $\|\hat{\eta}\| = \infty$. Damit haben wir für η die Norm $\|\eta\|'_{\mathfrak{V}^*\mathfrak{U}\rho} = \max_{\varkappa \in N'(i_0 \ldots i_l)} \|\Phi_{\varkappa 0}(\eta)\|$ erhalten.

In gleicher Weise erhält man für die Koketten $\eta \in C^\lambda(*\mathfrak{U} \cap \mathfrak{V}, S_d)$ eine Norm $\|\eta\|'^d_{\mathfrak{V}^*\mathfrak{U}\rho}$. Die durch $q(d)$ erzeugte Abbildung $C^\lambda(*\mathfrak{U} \cap \mathfrak{V}, S) \to C^\lambda(*\mathfrak{U} \cap \mathfrak{V}, S_d)$ ist unabhängig von (ρ, d) linear beschränkt.

Wir zeigen :

Satz 6. *Es seien $\mathfrak{V}' \subset\subset \mathfrak{V} \subset \mathfrak{U}' \subset\subset \mathfrak{U}$ eine Kette von Meßüberdeckungen von X und $\xi \in Z^\lambda(*\mathfrak{U} \cap \mathfrak{V}(\rho), S_d)$ ein (endlicher) Kozyklus, $\rho \ll \rho_0$ sei hinreichend klein. Dann gibt es eine Kokette $\eta \in C^{\lambda-1}(*\mathfrak{U}' \cap \mathfrak{V}'(\rho), S_d)$ mit $\delta\eta = \xi \mid *\mathfrak{U}'$. Die Zuordnung $\xi \to \eta$ ist in bezug auf die Normen $\|\xi\|'^d_{\mathfrak{V}^*\mathfrak{U}\rho}$, $\|\eta\|'^d_{\mathfrak{V}'^*\mathfrak{U}'\rho}$ unabhängig von (ρ_1, d) linear beschränkt.*

Beweis. Wir wählen $\varkappa \in N'(i_0, \ldots, i_l)$. Da $\|\xi\|'^d_{\mathfrak{V}^*\mathfrak{U}\rho}$ endlich ist, wird $\hat{\xi} = \Phi_{\varkappa 0}(\xi)$ durch Beschränkung einer Kokette $\tilde{\xi} \in C^\lambda(*\tilde{\mathfrak{U}} \cap \tilde{\mathfrak{V}}, \Phi_{\varkappa 0}(S_d))$ erhalten. Wir wählen Meßüberdeckungen $\mathfrak{V}_\nu$, $\mathfrak{U}_\nu$, $\nu = 1,2$ mit $\mathfrak{V}' \subset \mathfrak{V}_2 \subset \mathfrak{V}_1 \subset \mathfrak{V}$, $\mathfrak{U}' \subset \mathfrak{U}_2 \subset \mathfrak{U}_1 \subset \mathfrak{U}$. Da $\mathfrak{V}_1$, $\mathfrak{U}_1$ zulässige Verfeinerungen von $\mathfrak{V}$, $\mathfrak{U}$ sind, ist $\tilde{\xi} \mid *\tilde{\mathfrak{U}}_1 \cap \tilde{\mathfrak{V}}_1$ sicher ein Kozyklus (Axiom 3, Definition 5). Natürlich wird im allgemeinen $\tilde{\mathfrak{V}}_1$ nicht $*\tilde{\mathfrak{U}}_1$ überdecken. Sicher wird jedoch wegen Axiom 5, Definition 4 die Menge $\Phi_\varkappa(W_\varkappa) \cap *\tilde{\mathfrak{U}}_1$ überdeckt. Da die betrachtete Garbe nur hier von null verschieden ist, können wir $*\tilde{\mathfrak{U}}_1 \cap \tilde{\mathfrak{V}}_1$ zu einer Steinschen Überdeckung von $*\tilde{\mathfrak{U}}_1$ ergänzen und $\tilde{\xi} \mid *\tilde{\mathfrak{U}}_1$ als Kozyklus über $*\tilde{\mathfrak{U}}_1$ ansehen. Nach § 3, Satz 8 gibt es eine Kokette $\tilde{\eta} \in C^{\lambda-1}(*\tilde{\mathfrak{U}}_2 \cap \tilde{\mathfrak{V}}_2, \Phi_{\varkappa 0}(S_d))$ mit $\delta\tilde{\eta} = \tilde{\xi} \mid *\tilde{\mathfrak{U}}_2$, so daß die Zuordnung $\tilde{\xi} \to \tilde{\eta}$ unabhängig von (d, ρ_1) linear beschränkt ist. Diese Kokette definiert eine Kokette $\eta^* \in C^{\lambda-1}(*\mathfrak{U}_2 \cap \mathfrak{V}_2, S_d)$. Aus § 3, Satz 10 folgt sodann, daß

$$\eta = \tau\eta^* \in C^{\lambda-1}(*\mathfrak{U}' \cap \mathfrak{V}'(\rho), S_d)$$

die verlangten Eigenschaften hat.

ist. Es folgt $\delta\partial\gamma_\nu = \tilde{\xi}_\nu - \xi_\nu$, $\delta\xi_\nu = \delta\tilde{\xi}_\nu = \partial\xi_\nu = \partial\tilde{\xi}_\nu = 0$. Dabei ist $\partial\gamma_l = \{A_{i_0\ldots i_l, \iota_0} = \gamma_{i_0\ldots i_l}\}$ zu setzen.

(1) ergibt sofort: man kann die Kokettenfolgen so bestimmen, daß die Norm der Koketten stets kleiner als $c_1 M$ ist ($c_1 > 1$ eine von ξ und ρ_1, d unabhängige Konstante). Betrachtet man sodann ξ_l als einen Kozyklus ξ^* aus $Z^l(U(\rho), S_d)$, so folgt aus (2) die Beziehung $\|\xi^*\|_{\mathfrak{U}_\rho} < c_0 M$ (mit $c_0 > 1$ wieder eine von ξ, ρ_1, d unabhängige Konstante). Es ist $\tilde{\xi}^* = \{\tilde{\xi}^*_{i_0\ldots i_l} = \xi_{i_0\ldots i_l, \iota_0}\} = \tau\xi$ und $\tau\xi^* - \tau\xi = \delta\tau\gamma_l$. Nach (2) hat man ebenfalls $\|\tau\gamma_l\|_{\mathfrak{B}'_\rho} < \text{const.} \cdot M$. Damit ist Satz 8 bewiesen.

§ 5. Ein Lemma.

1. Es sei wieder X ein komplexer Raum, $K = K(\rho_0) \subset C^m$ ein Polizylinder, $\pi : X \to K$ eine eigentliche holomorphe Abbildung. Ferner sei

$$\mathfrak{W} = \{\mathfrak{W}_\varkappa = (W_\varkappa, W'_\varkappa, \Phi_\varkappa, \mathfrak{G}_\varkappa = G_\varkappa \times K, \Gamma_\varkappa : O_\varkappa^{q_\varkappa} \to \Phi_{\varkappa 0}(S) \to 0) : \varkappa = 1, \ldots, \varkappa_*\}$$

ein Meßatlas in X. Im übrigen sei die gleiche Terminologie wie in § 4 gewählt.

Wir bezeichnen mit $\mathfrak{e} = (e_1, \ldots, e_m)$ ein m-tupel natürlicher Zahlen und mit $I(\mathfrak{e})$ bzw. $\hat{I}(\mathfrak{e})$ diejenige kohärente analytische Untergarbe von $O(K)$ bzw. $H(X)$, die von den holomorphen Funktionen $t_\nu^{e_\nu}$ bzw. $t_\nu^{e_\nu} \circ \pi$, $\nu = 1, \ldots, m$ erzeugt wird. Wir setzen $S_\mathfrak{e} = S/S^\mathfrak{e}$, $S^\mathfrak{e} = S \cdot \hat{I}(\mathfrak{e})$. Es gilt über $X - X_0$ mit $X_0 = \pi^{-1}(O)$, $O \in K$ = Nullpunkt, die Gleichheit $S_\mathfrak{e} = 0$.

Durch die Quotientenabbildung $S \overset{q(\mathfrak{e})}{\to} S_\mathfrak{e}$ erhält man einen Homomorphismus $H^l(X(\rho), S) \to H^l(X, S_\mathfrak{e})$, $C^l(U(\rho), S) \to C^l(U, S_\mathfrak{e})$, etc., der auch mit $q(\mathfrak{e})$ bezeichnet sei.

Wir werden im nächsten Paragraphen zeigen, daß die analytischen Bildgarben $\pi_l(S)$, $l = 0, 1, 2, \ldots$ kohärent sind. Der Beweis dieser Aussage benutzt ein an sich interessantes Lemma, dessen Formulierung noch einige weitere Definitionen von Bezeichnungen erfordert.

1) $\lambda : \pi_l(S) \to Q$ sei ein Homomorphismus der Garbe $\pi_l(S)$ in eine kohärente analytische Garbe Q über K.

2) $H^l_\lambda(X(\rho), S)$ sei die Untergruppe derjenigen Kohomologieklassen von $H^l(X(\rho), S)$, deren π_l-Bild eine Schnittfläche in der Garbe $\operatorname{Ker} \lambda | K(\rho)$ ist.

3) $Z^l_\lambda(U(\rho), S)$ sei die Gruppe der Kozyklen aus $Z^l(U(\rho), S)$ die Kohomologieklassen aus $H^l_\lambda(X(\rho), S)$ repräsentieren. Dabei ist U eine offene Überdeckung von X.

Hauptlemma. *Es seien $\mathfrak{B} \subset\subset \mathfrak{U} \subset\subset \mathfrak{U}_0$ Meßüberdeckungen von X. Es gibt dann ein $\rho_1 \leq \rho_0$ und endliche Kozyklen $\xi_1, \ldots, \xi_s \in Z^l_\lambda(U(\rho_1), S)$ und zu jedem endlichen Kozyklus $\xi \in Z^l_\lambda(U(\rho), S)$, $\rho \leq \rho_1$ eine Kokette $\eta \in C^{l-1}(V(\rho), S)$ und in $K(\rho)$ holomorphe Funktionen $a_\nu(t)$, $\nu = 1, \ldots, s$, so daß $\xi = \sum_{\nu=1}^{s} a_\nu(t) \cdot \xi_\nu + \delta\eta$ gilt. Die Zuordnung $\xi \to a_\nu(t)$, η ist linear beschränkt in bezug auf die Normen: $\|\xi\|_{\mathfrak{U}_\rho}$, $\|a_\nu(t)\|_\rho$, $\|\eta\|_{\mathfrak{B}_\rho}$.*

Zusatz. *Es gibt eine Funktion $f(\mathfrak{e})$, deren Werte m-tupel natürlicher Zahlen sind, mit* $\lim_{\mathfrak{e}\to\infty} f(\mathfrak{e}) = \infty$, *so daß folgendes gilt* [1] : *Ist* $q(\mathfrak{e})\circ\xi$ *kohomolog null, so kann man die Funktionen* $a_\nu(\mathfrak{t})$ *so wählen, daß sie in* $O \in K$ *Schnittflächen in der Idealgarbe* $I(f(\mathfrak{e}))$ *sind.*

Wir bezeichnen mit $n = \mathrm{ach}(S)$ die kleinste ganze Zahl, zu der sich natürliche Zahlen $d_{n+1}, \ldots, d_m < \infty$ finden lassen, so daß die Garbe $S \cdot (t_\nu \circ \pi)^{d_\nu} = 0$ ist, $\nu = n+1, \ldots, m$. n heiße der Achsenrang von S bzgl. π.

In den folgenden Abschnitten dieses Paragraphen werden wir das Hauptlemma für den Fall (l, n) der Kohomologie vom Grade l und $\mathrm{ach}(S) = n$ aus einigen Induktionsannahmen herleiten :

1) $\pi_{l^*}(S)$ ist kohärent, wenn $l^* > l$; $\mathrm{ach}(S) \leqslant n$.
2) Das Hauptlemma und der Zusatz gelten für den Fall (l^*, n^*), $l^* > l$; $n^* \leqslant n$.
3) $\pi_{l^*}(S)$ ist kohärent, wenn $\mathrm{ach}(S) < n$, $l^* = 0, 1, 2, \ldots$.
4) Das Hauptlemma und der Zusatz gelten für (l^*, n^*), $n^* < n$.

Wir setzen bei der Induktion, die erst im nächsten Paragraphen vollständig zu Ende geführt werden wird, voraus, daß X, π, K festgegeben sind. Ebenfalls sei $\mathfrak{W}$ fest vorgegeben, jedoch nicht die Auflösungen $\Gamma_\varkappa$. S sei nicht fest und eine ganz beliebige kohärente analytische Garbe über X.

2. Es müssen zunächst einige Vorbereitungen gemacht werden, u.a. ist es notwendig mehrere Hilfssätze zu beweisen :

Hilfssatz 1. *Gelten Lemma und Zusatz für den Fall* (l, n), $Q = 0$, *so folgt ihre Gültigkeit für den Fall* (l, n), Q *beliebig.*

Beweis. Wir wählen zunächst für $Q = 0$ Kozyklen $\tilde{\xi}_1, \ldots, \tilde{\xi}_{\tilde{s}} \in Z^l(U(\rho_1), S)$ im Sinne des Hauptlemmas. Durch die Zuordnung $(a_1, \ldots, a_{\tilde{s}}) \to \sum_{\nu=1}^{\tilde{s}} a_\nu \pi_l(\tilde{\xi}_\nu)$ erhalten wir einen Homomorphismus $\tilde{\gamma} : O^{\tilde{s}} \to \pi_l(S)$. Wir setzen $\gamma = \lambda \circ \tilde{\gamma}$ und bezeichnen mit M die Kerngarbe von γ. Da $O^{\tilde{s}}$ und Q kohärente Garben sind, ist auch M kohärent. Wir können ein $\rho_2 < \rho_1$, eine natürliche Zahl s und über $K(\rho_2)$ eine exakte Sequenz $O^s \xrightarrow{\beta} M \to 0$ definieren.

Wir setzen :

$$(b_1^{(i)}, \ldots, b_{\tilde{s}}^{(i)}) = \beta(\underbrace{0, \ldots, 0, 1}_{i\text{-te Stelle}}, 0, \ldots, 0),$$

$$\xi_i = \sum b_\nu^{(i)} \tilde{\xi}_\nu, \quad i = 1, \ldots, s.$$

Es sei nun $\xi \in Z^l_\lambda(U(\rho), S)$, $\rho < \rho_2$ ein endlicher Kozyklus, dessen $q(\mathfrak{e})$-Bild kohomolog null ist. ξ läßt sich dann in der Form $\xi = \sum_{\nu=1}^{\tilde{s}} \tilde{a}(\mathfrak{t}) \tilde{\xi}_\nu + \delta\eta$ darstellen, in der

[1] Wir verlangen nur, daß $f(\mathfrak{e})$ von ξ und $\rho \leq \rho_1$, nicht aber, daß diese Funktion von ρ_1, ξ_ν, etc., unabhängig ist.

die Funktionen $\tilde{a}_\nu(t)$ Schnittflächen in der Garbe $I(\tilde{\mathcal{F}}(\mathfrak{e}))$ sind. Andererseits ist das $\tilde{s}$-tupel $\tilde{a} = (\tilde{a}_1(t), \ldots, \tilde{a}_{\tilde{s}}(t))$ eine Schnittfläche in M. Nach Satz 1, § 3 gibt es, wenn ρ sehr klein ist, ein s-tupel $a = (a_1(t), \ldots, a_s(t))$ in $K(\rho)$ holomorpher Funktionen, die Schnittflächen in einer Garbe $I(\tilde{\tilde{\mathcal{F}}}(\tilde{\mathcal{F}}(\mathfrak{e})))$ sind, so daß $\beta(a) = \tilde{a}$ gilt. Man hat $\xi = \sum_{\nu=1}^{s} a_\nu(t)\xi_\nu + \delta\eta$. Offenbar ist die Zuordnung $\xi \to a_\nu(t)$, η linear beschränkt, q.e.d.

Aus dem Hauptlemma ergibt sich ein einfaches Korollar :

Korollar I. *Es sei $l^* > l$, $ach(S) \leqslant n$ oder $ach(S) < n$, $\xi \in Z^{l^*}(U(\rho), S)$ ein endlicher Kozyklus mit $\pi_{l^*}(\xi) = 0$, $\rho < \rho_1$ hinreichend klein. Dann gilt $\xi = \delta\eta$, $\eta \in C^{l^*-1}(V(\rho), S)$. Die Zuordnung $\xi \to \eta$ ist linear beschränkt.*

Beweis. Nach dem Hauptlemma gibt es endliche Kozyklen $\xi_1, \ldots, \xi_s \in Z^{l^*}(U(\rho_1), S)$, so daß $\xi = \sum_\nu a_\nu(t)\xi_\nu + \delta\eta$ und $\pi_{l^*}(\xi_\nu) = 0$ gilt (man setze $Q = \pi_{l_*}(\xi)$, λ = Identität). Für hinreichend kleines ρ_2 hat man : $\xi_\nu | X(\rho_2) = \delta\eta_\nu$, $\eta_\nu \in C^{l^*-1}(V(\rho_2), S)$, $\|\eta_\nu\|_{\mathfrak{B}_{\rho_2}} < \mathfrak{M}$ Also ist $\xi = \delta\gamma$, $\gamma = \sum a_\nu \eta_\nu + \eta$, q.e.d.

Um ein weiteres Korollar zu gewinnen, bezeichnen wir mit $d < \infty$ eine natürliche Zahl und mit S_d, die in § 4 definierte kohärente analytische Garbe über X. $q(d)$ sei der natürliche Homomorphismus $S \to S_d$, $C^{l^*}(X, S) \to C^{l^*}(X, S_d)$, etc.

Korollar II. *Das Hauptlemma ist in bezug auf S_d, $Z^l_{\lambda d}(U(\rho), S_d)$ richtig, wenn $ach(S) \leq n$ und $Z^l_{\lambda d}(U(\rho), S_d)$ — abweichend von der Definition in Abschnitt 1 — die Gruppe der Kozyklen $\xi \in Z^l(U(\rho), S_d)$ bezeichnet, für die folgendes gilt :*

Ist $t \in K(\rho) \cap \{t_1 = 0\}$ ein beliebiger Punkt, so gibt es stets eine Umgebung $B(\pi^{-1}(t))$ und einen Kozyklus $\hat{\xi} \in Z^l(B \cap U(\rho), S)$, so daß $\xi | B = q(d) \circ \hat{\xi}$ ist.

Beweis. Da die Induktionsvoraussetzungen von Abschnitt 1 bestehen (1), brauchen wir nur zu zeigen, daß man $Z^l_{\lambda d}(U(\rho), S_d)$ auch wie in Abschnitt 1 definieren kann. Zu dem Zwecke ist eine kohärente analytische Garbe Q_d und ein Homomorphismus $\lambda_d : \pi_l(S_d) \to Q_d$ zu definieren.

Wir setzen $S^d = (t_1^d \circ \pi) \cdot S \subset S$. Offenbar ist S^d eine kohärente analytische Garbe über X. Nach Induktionsvoraussetzung ist das $(l+1)$-Bild kohärenter Garben mit $ach \leqslant n$ kohärent. Also folgt die Kohärenz von $\pi_{l+1}(S^d)$. Nun besteht über X die exakte Sequenz : $0 \to S^d \to S \to S_d \to 0$, zu der die exakte Bildsequenz $\pi_l(S) \to \pi_l(S_d) \xrightarrow{c} \pi_{l+1}(S^d) \to \ldots$ gehört. Wir setzen $\lambda_d = c$, $Q_d = \pi_{l+1}(S^d)$. Unter Verwendung des (üblichen) Lerayschen Satzes folgt sofort, daß Q_d, λ_d nach der in Abschnitt 1 angegebenen Vorschrift gerade unsere Gruppe $Z^l_{\lambda d}(U(\rho), S_d)$ definieren.

---

(1) Da wir eine Vertauschung $t_1 \leftrightarrow t_n$ durchführen können, können wir S_d so behandeln, als ob $ach(S^d) < n$ gilt.

3. Es werde ein weiterer Hilfssatz hergeleitet :

Hilfssatz 2. *Es seien* $\mathfrak{V} \subset\subset \mathfrak{U}$ *Messüberdeckungen von X, d eine natürliche Zahl. Dann gibt es zu jeder Kokette* $\eta \in C^l(U(\rho), S^d)$, $\rho \ll \rho_0$, *eine Kokette* $\tilde{\eta} \in C^l(V(\rho), S)$ *mit* $\left(\left(\frac{t_1}{\rho_1}\right)^d \circ \pi\right) \cdot \tilde{\eta} = \eta$. *Die Zuordnung* $\eta \to \tilde{\eta}$ *ist in bezug auf die Normen* $\|\eta\|_{\mathfrak{U}_\rho}$, $\|\tilde{\eta}\|_{\mathfrak{V}_\rho}$ *unabhängig von d linear beschränkt.*

Beweis. Wir wählen Meßüberdeckungen $\mathfrak{V}_\mu$, $\mu = 0, 1, 2$ mit $\mathfrak{V} = \mathfrak{V}_2 \subset\subset \mathfrak{V}_1 \subset\subset \mathfrak{V}_0 = \mathfrak{U}$ und eine feste Funktion $\varkappa = \varkappa(\iota_0, \ldots, \iota_l) \in N'(\iota_0, \ldots, \iota_l)$ und setzen $*V_\mu = V^{(\mu)}_{\iota_0 \ldots \iota_l}$, $B_\mu = \operatorname{sat}_{r(\mathfrak{V}_\mu)\rho} \Phi_\varkappa(*V_\mu)$, $\eta^* = \eta_{\iota_0 \ldots \iota_l}$. Wie in § 3, Abschnitt 6 kann man über einer Umgebung von $\overline{B}_1$ die exakte Sequenz $O^{q\varkappa} \xrightarrow{\alpha_\varkappa} \Phi_{\varkappa 0}(S) \to 0$ zu einer exakten Sequenz :

$$(*) \qquad O^p \xrightarrow{h} O^{q\varkappa} \xrightarrow{\alpha_\varkappa} \Phi_{\varkappa 0}(S) \to 0$$

ergänzen. Wir beschränken $(*)$ auf $B_1 \cap G_\varkappa \times K(\rho, (d, \infty, \ldots, \infty))$ und erhalten das kommutative Diagramm :

$$(**) \qquad \begin{array}{ccccccc} H^p(d) & \xrightarrow{h(d)} & H^{q\varkappa}(d) & \xrightarrow{\alpha_\varkappa(d)} & \Phi_{\varkappa 0}(S^d) & \to & 0 \\ {\scriptstyle \mathrm{res}_2} \uparrow & & {\scriptstyle \mathrm{res}_1} \uparrow & & {\scriptstyle \mathrm{res}_0} \uparrow & & \\ O^p & \xrightarrow{h} & O^{q\varkappa} & \xrightarrow{\alpha_\varkappa} & \Phi_{\varkappa 0}(S) & \to & 0 \end{array}$$

in dem die Zeilen exakt sind.

Da η endlich ist, gibt es eine Schnittfläche $\hat{\eta}^* \in \Gamma(B_1, O^{q\varkappa})$ mit $\alpha_\varkappa(\hat{\eta}^*) = \Phi_{\varkappa 0}(\eta^*)$. Es gilt wegen $\eta \in C^l(V_1(\rho), S^d)$ die Beziehung $\alpha_\varkappa(d) \circ \mathrm{res}_1 \hat{\eta}^* = 0$. Es läßt sich also eine Schnittfläche $\tilde{\tilde{\eta}}^* \in \Gamma(B_2, O^p)$ finden mit $h(d) \circ \mathrm{res}_2 \tilde{\tilde{\eta}}^* = \mathrm{res}_1 \hat{\eta}^*$, derart, daß die Zuordnung $\eta \to \tilde{\tilde{\eta}}^*$ unabhängig von d linear beschränkt ist.

Wir setzen $\hat{\gamma}^* = t_1^{-d}(\hat{\eta}^* - h \circ \tilde{\tilde{\eta}}^*)$ und $\gamma^* = \alpha_\varkappa(\hat{\gamma}^*)$. Man hat $\Phi_{\varkappa 0}(\eta^*) \mid B_2 = t_1^d \cdot \gamma^*$. Wird noch $\tilde{\eta}_{\iota_0 \ldots \iota_l} = \Phi_{\varkappa 0}^{-1}(\gamma^*)$ und $\tilde{\eta} = \{\tilde{\eta}_{\iota_0 \ldots \iota_l}\}$ definiert, so ist $\|\tilde{\eta}\|_{\mathfrak{V}_\rho}$ endlich, die Zuordnung $\eta \to \tilde{\eta}$ ist unabhängig von d in bezug auf die Normen $\|\eta\|_{\mathfrak{U}_\rho}$, $\|\tilde{\eta}\|_{\mathfrak{V}_\rho}$ linear beschränkt. Ferner gilt $t_1^d \cdot \tilde{\eta} = \eta$.

Wir zeigen, daß aus dem Lemma und den Induktionsannahmen der Zusatz folgt :

Hilfssatz 3. *Gilt das Hauptlemma für (l, n), so ist auch sein Zusatz für (l, n) richtig.*

Beweis. Wegen Hilfssatz 1 können wir uns auf den Fall $Q = 0$ beschränken. Wir wählen eine Kette von Meßüberdeckungen $\mathfrak{V} \subset\subset \mathfrak{U}_3 \subset\subset \mathfrak{U}_2 \subset \mathfrak{U}_1 \subset\subset \mathfrak{U} \subset\subset \mathfrak{U}_0$. Es sei $\xi \in Z^l(U(\rho), S)$ ein beliebiger endlicher Kozyklus. $q(\mathfrak{e}) \circ \xi$ sei kohomolog null, d eine beliebige natürliche Zahl. Wir nehmen an, daß $\mathfrak{e}$ sehr groß ist, u.a. daß $e_1 > d$ gilt.

Nach Induktionsvoraussetzung ist der Zusatz des Hauptlemmas für S_d richtig. Man kann also endliche Kozyklen $\tilde{\xi}_1, \ldots, \tilde{\xi}_{\tilde{s}} \in Z^l_{\lambda d}(U(\rho_1), S_d)$ bestimmen, so daß $q(d) \circ \xi = \Sigma a_\nu(t) \tilde{\xi} + \delta \tilde{\eta}$ ist. Dabei ist $\tilde{\eta} \in C^{l-1}(U_1(\rho), S_d)$ eine Kokette, die $a_\nu(t)$ sind holomorphe Funktionen in $K(\rho)$, die Schnittflächen in einer Idealgarbe $I(f_d(\mathfrak{e})) \cdot$ sind.

Ist $\rho_2 < \rho_1$ hinreichend klein, so gibt es (genauer : nach Verfeinerung von $\mathfrak{U}$)

endliche Kozyklen $\xi_1, \ldots, \xi_{\tilde{s}} \in Z^l(U(\rho_2), S)$ so daß $q(d) \circ \xi_\nu = \tilde{\xi}_\nu | X(\rho_2)$ gilt, $\nu = 1, \ldots, \tilde{s}$. Ferner kann man zu $\tilde{\eta}$ durch die in § 3 beschriebene Polynomfortsetzung eine endliche Kokette $\eta \in C^{l-1}(U_2(\rho), S)$ finden, für die $q(d) \circ \eta = \tilde{\eta}$ ist.

Wir setzen $\xi^* = \xi - \sum_{\nu=1}^{\tilde{s}} a_\nu(t)\xi_\nu - \delta\eta$ und erhalten einen Kozyklus mit $q(d) \circ \xi^* = 0$, $\rho < \rho_2$. Es sei $d^+ < d$ eine natürliche Zahl, derart, daß S^{d^+} torsionsrecht [1] ist. $\hat{\xi} = \tau\xi^* \Big/ \left(\frac{t_1}{\rho_1}\right)^{d-d^+}$ ist dann (bei sehr kleinem ρ) ein Kozyklus aus $Z^l(U_3(\rho), S)$ mit $\|\hat{\xi}\|_{\mathfrak{U},\rho} = c \cdot \|\xi^*\|_{\mathfrak{U},\rho}$. Aus dem Hauptlemma folgt : Es gibt endliche Kozyklen $\xi_1^*, \ldots, \xi_s^* \in Z^l(U(\rho_2), S)$, so daß $\hat{\xi} = \Sigma b_\nu(t)\xi_\nu^* + \delta\eta^*$ gilt (mit $\eta^* \in C^{l-1}(V(\rho), S)$). Man hat also : $\xi = \Sigma a_\nu \xi_\nu + \left(\frac{t_1}{\rho_1}\right)^{d-d^+} \Sigma b_\nu \xi_\nu^* + \delta\left(\eta + \left(\frac{t_1}{\rho_1}\right)^{d-d^+} \eta^*\right)$. Offenbar ist die Zuordnung $\xi \to a_\nu, b_\nu$, etc., linear beschränkt. Es folgt, da nun der Zusatz für das Kozyklensystem (ξ_ν, ξ_ν^*) gilt, daß der Zusatz auch für ein beliebiges Kozyklensystem

$$(\xi_1, \ldots, \xi_s) \in Z^l(U(\rho_2), S)$$

richtig ist, das eine Basis von $Z^l(U(\rho), S)$ im Sinne des Hauptlemmas ist, q.e.d.

4. Offenbar kann man ohne Einschränkung der Allgemeinheit die Voraussetzung machen, daß $\rho_1^{(1)} < 1 < \rho_1^{(0)}$ gilt. Wir bezeichnen mit ρ^* das m-tupel $(1, \rho_2, \ldots, \rho_m)$ und mit $\mathfrak{V} \subset \mathfrak{U}$ Meßüberdeckungen von X. Man kann nun jeder endlichen Kokette $\eta \in C^l(U(\rho), S)$ eine Zerlegung $\eta = \sum_{\nu=0}^{\infty} \left(\frac{t_1}{\rho_1}\right)^\nu \eta_\nu$ zuordnen, in der $\eta_\nu \in C^l(V(\rho^*), S)$ Koketten sind :

Es sei wieder $\varkappa = \varkappa(\iota_0, \ldots, \iota_l) \in N'(\iota_0, \ldots, \iota_l)$ eine beliebige, aber feste Funktion. Wir betrachten die Auflösung $O^{q_\varkappa} \xrightarrow{\alpha_\varkappa} \Phi_{\varkappa 0}(S) \to 0$. $\Phi_{\varkappa 0}(\eta_{\iota_0 \ldots \iota_l})$ wird durch Beschränkung einer Schnittfläche $\eta^* = \eta^*_{\iota_0 \ldots \iota_l} \in \Gamma(B, \Phi_{\varkappa 0}(S))$ erhalten (mit $B = \mathrm{sat}_{r(\mathfrak{U})\rho} \Phi_\varkappa(U_{\iota_0 \ldots \iota_l})$). η^* ist das $\alpha_\varkappa$-Bild einer Schnittfläche $\xi = \xi_{\iota_0 \ldots \iota_l} \in \Gamma(B, O^{q_\varkappa})$. Wir entwickeln ξ in eine Potenzreihe : $\xi = \Sigma \left(\frac{t_1}{\rho_1}\right)^\nu \xi_\nu$. ξ_ν kann als eine (nicht von t_1 abhängende) Schnittfläche aus $\Gamma(B', O^{q_\varkappa})$ angesehen werden $(B' = \mathrm{sat}_{r(\mathfrak{U})\rho^*} \Phi_\varkappa(U_{\iota_0 \ldots \iota_l}))$. Wir setzen nun

$$\eta^{(\nu)}_{\iota_0 \ldots \iota_l} = \Phi_{\varkappa 0}^{-1} \alpha_\varkappa(\xi_\nu) \,|\, V_{\iota_0 \ldots \iota_l}$$

und $\eta_\nu = \{\eta^{(\nu)}_{\iota_0 \ldots \iota_l}\}$. Man sieht sofort, daß die Zuordnung $\eta \to \eta_\nu$ unabhängig von ν, ρ_1 in bezug auf die Normen $\|\eta\|_{\mathfrak{U}\rho}$, $\|\eta_\nu\|_{\mathfrak{V}\rho^*}$ linear beschränkt ist.

Wir zeigen :

Hilfssatz 4. *Es seien $\mathfrak{V} \subset\subset \mathfrak{U} \subset\subset \mathfrak{U}_0$ Messüberdeckungen von X. Ist $\rho_1 \ll \rho_0$ hinreichend klein, so gibt es endliche Kozyklen $\xi_\nu \in Z^l(U(\rho_1), S)$, so daß folgendes gilt : Ist $\xi \in Z^l(U(\rho), S)$,*

---

[1] Das bedeutet hier, daß der durch $\sigma \to (t_1 \circ \pi) \cdot \sigma$ erzeugte Homomorphismus $S^{d^+} \to S^{d^+}$ über X_0 injektiv ist. Zur Existenz vgl. Fussnote (2) auf p. 25.

$\rho \leq \rho_1$ *ein endlicher Kozyklus, so lassen sich eine Kokette* $\eta \in C^{l-1}(V(\rho), S)$ *und in* $K(\rho)$ *holomorphe Funktionen* $a_\nu(t)$ *finden, derart, daß die Zuordnung* $\xi \to \eta, a_\nu(t)$, $1/\rho_1 \cdot (\xi - \sum_{\nu=1}^{s} a_\nu(t)\xi_\nu - \delta\eta)$ *in bezug auf die Normen*

$$\|\xi\|_{\mathfrak{U}_\rho}, \ \|a_\nu(t)\|_\rho, \ \|\eta\|_{\mathfrak{V}_\rho}, \ \|1/\rho_1 \cdot (\xi - \Sigma a_\nu(t)\xi_\nu - \delta\eta)\|_{\mathfrak{V}_\rho}$$

und in bezug auf die letztere sogar unabhängig von ρ_1 *linear beschränkt ist.*

Beweis. Wir entwickeln zunächst ξ nach der vorhin angegebenen Vorschrift in eine Potenzreihe $\xi = \sum_{\nu=0}^{\infty} \left(\frac{t_1}{\rho_1}\right)^\nu \xi'_\nu$, setzen $\eta_{\nu_0} = \sum_{\nu=0}^{\infty} \left(\frac{t_1}{\rho_1}\right)^\nu \xi'_{\nu+\nu_0}$ und definieren

$$\gamma_\nu = \{\gamma^{(\nu)}_{i_0 \dots i_{l+1}}\} = t_1^\nu \delta\eta_\nu \cdot \rho_1^{-1} = \delta\left(-\sum_{\mu=0}^{\nu-1} \rho_1^{\nu-1}\left(\frac{t_1}{\rho_1}\right)^\mu \xi'_\mu\right).$$

Wir wählen Meßüberdeckungen $\mathfrak{V}_1, \dots, \mathfrak{V}_6$ mit $\mathfrak{V} \subset\subset \mathfrak{V}_6 \subset\subset \dots \subset\subset \mathfrak{V}_1 \subset\subset \mathfrak{U}$. Die Zuordnung $\xi \to \gamma_\nu$ ist dann in bezug auf die Normen $\|\xi\|_{\mathfrak{U}_\rho}$, $\|\gamma_\nu\|_{\mathfrak{V}_1\rho^*}$ unabhängig von ν, ρ_1 linear beschränkt. Es gilt $\gamma_\nu \in Z^{l+1}(V_1(\rho^*), S^\nu)$.

Wir bestimmen nach Hilfssatz 2 eine Kokette $\tilde{\gamma}_\nu \in C^{l+1}(V_2(\rho^*), S)$ mit $t_1^\nu \cdot \tilde{\gamma}_\nu = \gamma_\nu$. Es sei d eine natürliche Zahl, so daß S^d torsionsrecht ist. $t_1^d \cdot \tilde{\gamma}_\nu = t_1^d \cdot \rho_1^{-1} \delta\eta_\nu$ ist dann ein Kozyklus aus $Z^{l+1}(\mathfrak{V}_2(\rho^*), S^d)$. Es gilt $\pi_{l+1}(t_1^d \cdot \tilde{\gamma}_\nu) = 0$. Also folgt aus dem Korollar I : $t_1^d \cdot \tilde{\gamma}_\nu = \delta\sigma_\nu^*$ mit $\sigma_\nu^* \in C^l(V_3(\rho^*), S^d)$.

Wir setzen $\hat{\eta}_\nu = q(d+1) \circ (t_1^d \eta_\nu - \rho_1 \sigma_\nu) \in Z^l(V_3(\rho^*), S_{d+1})$ für $\nu > d$, $\hat{\eta}_0 = q(d+1) \circ \xi$. Nach Induktionsvoraussetzung gilt : $\hat{\eta}_\nu = \sum_\mu a_{\nu\mu}(t)\hat{\xi}_\mu + \delta\hat{\omega}_\nu$, wobei

$$\hat{\xi}_\mu \in Z^l_{\lambda_{d+1}}(U(\rho_1^*), S_{d+1}), \ \hat{\omega}_\nu \in C^{l-1}(V_4(\rho^*), S_{d+1})$$

und die Funktionen $a_{\nu\mu}(t)$ in $K(\rho^*)$ holomorph sind. Ist $\rho_1^* \ll \rho_0$ noch hinreichend klein, so sind $\hat{\xi}_\mu$ $q(d+1)$-Bilder endlicher Kozyklen $\xi_\mu \in Z^l(U(\rho_1^*), S)$ (genauer : nach einer Verfeinerung von $\mathfrak{U}$), ferner ist $\hat{\omega}_\nu$ $q(d+1)$-Bild einer Kokette $\omega_\nu \in C^{l-1}(V_5(\rho^*), S)$. Alle Zuordnungen $\xi \to \omega_\nu$, $a_{\nu\mu}(t)$ sind in bezug auf die Normen

$$\|\xi\|_{\mathfrak{U}_\rho}, \ \|\omega_\nu\|_{\mathfrak{V}_5\rho^*}, \ \|a_{\nu\mu}(t)\|_{\rho^*}, \ \nu > d \text{ bzw. } \rho_1^{-d}\|\omega_0\|_{\mathfrak{V}_5\rho^*}, \ \rho_1^{-d}\|a_{0\mu}(t)\|_{\rho^*}$$

unabhängig von (ν, ρ_1) linear beschränkt.

Nun ist das $q(d+1)$-Bild der Kokette

$$\mathfrak{o}_\nu^* = t_1^d \cdot \xi'_\nu - \rho_1 \sigma_\nu^* - \sum_\mu a_{\nu\mu}(t)\xi_\mu - \delta\omega_\nu, \ \nu > d, \ \mathfrak{o}_0^* = \sum_{\nu=0}^{d} \left(\frac{t_1}{\rho_1}\right)^\nu \xi'_\nu - \Sigma a_{0\mu}\xi_\mu - \delta\omega_0$$

gleich null. Nach Hilfssatz 2 läßt sich eine Kokette

$$\mathfrak{o}_\nu \in C^l(V_6(\rho^*), S), \ \mathfrak{o}_0 \in C^l(V_6(\rho^*), S), \ \sigma_\nu \in C^l(V_6(\rho^*), S)$$

konstruieren, so daß $\mathfrak{o}_0^* = t_1^{d+1}\mathfrak{o}_0$, $\mathfrak{o}_\nu^* = t_1^{d+1}\mathfrak{o}_\nu$, $\sigma_\nu^* = t_1^d \sigma_\nu$, $\nu = d+1, d+2, \dots$. Wir setzen

$$\sigma = \sum_{\nu=d+1}^{\infty} \frac{t_1^\nu}{\rho_1^\nu}\sigma_\nu | X(\rho), \quad a_\mu(t) = \sum_{\nu=d+1}^{\infty} \frac{t_1^{\nu-d}}{\rho_1^\nu} a_{\nu\mu}(t) + a_{0\mu}(t) | K(\rho),$$

$$\omega = \omega_0 + \sum_{\nu=d+1}^{\infty} \frac{t_1^{\nu-d}}{\rho_1^\nu}\omega_\nu | X(\rho), \quad \mathfrak{o} = t_1^d \mathfrak{o}_0 + \sum_{\nu=d+1}^{\infty} \frac{t_1^\nu}{\rho_1^\nu}\mathfrak{o}_\nu | X(\rho).$$

Man hat dann :

$$\xi - \Sigma a_\mu(t)\xi_\mu - \delta\omega = t_1 \cdot \mathfrak{o} + \rho_1\sigma.$$

Offenbar ist die Zuordnung $\xi \to a_\mu(t)$, ω, $\mathfrak{o}$, σ in bezug auf die Normen

$$||\xi||_{\mathfrak{U}_\rho}, \; ||\eta||_{\mathfrak{V}_\rho}, \; ||a_\mu||_\rho$$

und in bezug auf $||\mathfrak{o}||_{\mathfrak{V}_\rho}$, $||\sigma||_{\mathfrak{V}_\rho}$ unabhängig von ρ_1 linear beschränkt. Daraus folgt sofort der Hilfssatz 4.

5. Der Beweis des Hauptlemmas kann nunmehr in wenigen Schritten erbracht werden. Wir wenden den Hilfssatz 4 und den Satz 8 aus § 4 an und wählen eine Meßüberdeckung $\mathfrak{V}_1$ mit $\mathfrak{V} \subset\subset \mathfrak{V}_1 \subset\subset \mathfrak{U}$. Es seien $\tilde{\xi}_1, \ldots, \tilde{\xi}_s \in Z^l(U(\rho_1), S)$ endliche Kozyklen von der Art, wie sie in Hilfssatz 4 auftreten. Ist $\xi \in Z^l(U(\rho), S)$, $||\xi||_{\mathfrak{U}_\rho} < \mathfrak{M}$ ein Kozyklus, so können wir Funktionen $a_\nu^{(0)}(t)$ und eine Kokette $\eta_0 \in C^{l-1}(V_1(\rho), S)$ bestimmen, so daß $||a_\nu^{(0)}(t)||_\rho < c \cdot \mathfrak{M}$, $||\eta_0||_{\mathfrak{V}_{1,\rho}} < c \cdot \mathfrak{M}$ und $||\xi_1'||_{\mathfrak{V}_{1,\rho}} < \rho_1 c' \cdot \mathfrak{M}$ ist, wenn $\xi_1' \in Z^l(V_1(\rho), S)$ den Kozyklus $\xi_1' = \xi - \sum_{\nu=1}^{s} a_\nu^{(0)}(t)\tilde{\xi}_\nu - \delta\eta_0$ bezeichnet. Dabei ist $c > 1$ eine von ξ, c' eine auch von ρ_1 unabhängige Konstante. Nach dem Lerayschen Satz 8 kann man jedoch einen Kozyklus $\xi_1 \in Z^l(U(\rho), S)$, $||\xi_1||_{\mathfrak{U}_\rho} < c_1 c' \rho_1 \mathfrak{M}$ und eine Kokette

$$\eta_0' \in C^{l-1}(V(\rho), S), \; ||\eta_0'||_{\mathfrak{V}_\rho} < c_1 c' \rho_1 \mathfrak{M}$$

bestimmen, so daß $\xi_1 - \xi_1' = \delta\eta_0'$ ist. $c_1 > 1$ ist wieder eine von ρ_1 und ξ unabhängige Konstante.

Wir wenden nun das gleiche Verfahren auf ξ_1 an, konstruieren ξ_2', $a_\nu^{(1)}(t)$, η_1, η_1', ξ_2, wenden dann das Verfahren auf ξ_2 an und fahren so fort. Offenbar konvergieren die Reihen $a_\nu(t) = \sum_{\mu=0}^{\infty} a_\nu^{(\mu)}(t)$, $\eta = \sum_{\mu=0}^{\infty} (\eta_\mu + \eta_\mu')$, wenn $c_1 c' \rho_1 < 1/2$ ist. Es gilt dann $||a_\nu(t)||_\rho < \text{const}\, \mathfrak{M}$, $||\eta||_{\mathfrak{V}_\rho} < \text{const}\, \mathfrak{M}$ und $\xi = \Sigma a_\nu \tilde{\xi}_\nu + \delta\eta$. Damit ist das Hauptlemma aus den Voraussetzungen in Abschnitt 1 hergeleitet.

6. Im Falle $\mathrm{ach}(S) = 0$ gibt es natürliche Zahlen $d_1, \ldots, d_m$, so daß über X_0 die Halme der Garben $t_\nu^{d_\nu} \cdot S = 0$ sind, $\nu = 1, \ldots, m$. Man kann S als kohärente analytische Garbe über dem kompakten komplexen Raum $Y = (X_0, H(X)/\hat{I}(d_1, \ldots, d_m))$ auffassen, wobei $\hat{I}(d_1, \ldots, d_m)$ die von den holomorphen Funktionen $t_\nu^{d_\nu} \circ \pi$, $\nu = 1, \ldots, m$ über X definierte Idealgarbe bezeichnet. Das Hauptlemma (und der für diesen Sonderfall triviale Zusatz) folgen also für $(l, 0)$ aus folgenden Satz :

Satz 1. *Es sei X ein kompakter komplexer Raum, der durch eine holomorphe Abbildung $\pi : X \to K$ auf den Nullpunkt eines Polyzylinders $K \subset C^m$ abgebildet ist.* $\mathfrak{V} \subset\subset \mathfrak{U} \subset\subset \mathfrak{U}_0$ *sei eine*

Folge von Messüberdeckungen von X. Sind dann $\xi_1, \ldots, \xi_s \in Z^l(U, S)$ *endliche Kozyklen, die eine Basis der Kohomologiegruppe* $H^l(X, S)$ *bilden, so gibt es zu jeden endlichen Kozyklus* $\xi \in Z^l(U, S)$ *komplexe Zahlen* a_ν, $\nu = 1, \ldots, s$ *und eine Kokette* $\eta \in C^{l-1}(V, S)$, *so daß* $\xi = \Sigma a_\nu \xi_\nu + \delta\eta$ *gilt. Die Zuordnung* $\xi \to a_\nu, \eta$ *ist in bezug auf die Normen* $||\xi||_{\mathfrak{U}_\rho}$, $||\eta||_{\mathfrak{V}_\rho}$, $|a_\nu|$ *linear beschränkt.*

Beweis. Wir wählen zunächst eine feste Funktion $\varkappa = \varkappa(\iota_0, \ldots, \iota_l) \in N(\iota_0, \ldots, \iota_l)$ und setzen $i = (\iota_0, \ldots, \iota_l)$. Wir wählen sodann eine Meßüberdeckung $\mathfrak{U}'$ mit $\mathfrak{V} \subset\subset \mathfrak{U}' \subset\subset \mathfrak{U}$ und natürliche Zahlen $d_1, \ldots, d_m$, so daß $t_\nu^{d_\nu} \cdot S = 0$ gilt, $\nu = 1, \ldots, m$. Man hat in X die Meßkarten (1. Art) :

$$\mathfrak{W}_{1i} = (\hat{\text{sat}}_{r(\mathfrak{U})\rho\varkappa(i)} U_i, \ \Phi_{\varkappa(i)}, \ \text{sat}_{r(\mathfrak{U})\rho} \Phi_{\varkappa(i)}(U_i), \ldots), \ \mathfrak{W}_{2i} = (\hat{\text{sat}}_{r(\mathfrak{U}')\rho\varkappa(\tau i)} U'_i, \ \Phi_{\varkappa(\tau i)}, \ldots).$$

Da auch $t_\nu^{d_\nu} \cdot \Phi_\varkappa(S) = 0$ gilt und wir deshalb bei der Definition der Normen $|| \ ||_{\mathfrak{U}_\rho}$, $|| \ ||_{\mathfrak{U}'_\rho}$, $|| \ ||_1$, $|| \ ||_2$ mit Schnittflächen f in $O^{q_\varkappa}$ auskommen, die Polynome vom t_ν-Grade $< d_\nu$ sind, folgt, daß die Abbildung $\xi \to \xi$ für $\xi \in Z^l(U, S)$ bzw. $\eta \to \eta$ für $\eta \in C^{l-1}(U', S)$ in bezug auf die Normen $||\xi||_{\mathfrak{U}_\rho} \to ||\xi||_1$ bzw. $||\eta||_2 \to ||\eta||_{\mathfrak{V}_\rho}$ linear beschränkt ist. Also ergibt sich Satz unmittelbar aus Satz 7, § 2.

Ferner ist das Hauptlemma für den Fall (l, n), $l \geq A(\mathfrak{W})$, richtig. Da wir nur alternierende Koketten betrachten, gilt für $l \geq A(\mathfrak{W})$: $C^l(U(\rho), S) = 0$. Darüber hinaus folgt, daß $\pi_l(S)$, $l \geq A(\mathfrak{W})$ gleich null und damit kohärent ist.

§ 6. Die Kohärenz.

1. Es ist zweckmäßig, zunächst das Lemma des vorigen Paragraphen abzuändern. Wir bezeichnen mit $\mathfrak{e} = (e_1, \ldots, e_m)$ ein m-tupel natürlicher Zahlen und mit $H_\mathfrak{e}^l(X, S_\mathfrak{e})$ den komplexen Vektorraum $q(\mathfrak{e}) \circ H^l(X(\rho), S) \subset H^l(X, S_\mathfrak{e})$. ρ sei dabei so klein gewählt, daß $H_\mathfrak{e}^l(X, S_\mathfrak{e})$ maximal ist. Dieses ist stets möglich, da $H^l(X, S_\mathfrak{e})$ als Kohomologiegruppe eines kompakten komplexen Raumes aufgefaßt werden kann und deshalb endliche Dimension hat.

Lemma (*). *Aus den Induktionsvoraussetzungen* § 5, *Abschnitt* 1 *folgt : Es gibt ein m-tupel natürlicher Zahlen* $\mathfrak{e}_0$, *so daß folgendes gilt : Sind* $\xi_1, \ldots, \xi_s \in H^l(X(\rho_1), S)$, $\rho_1 \ll \rho_0$ *Kohomologieklassen, derart, daß* $q(\mathfrak{e}_0) \circ \xi_\nu$, $\nu = 1, \ldots, s$ *den komplexen Vektorraum* $H^l_{\mathfrak{e}_0}(X, S_{\mathfrak{e}_0})$ *aufspannen, so gibt es zu jeder Klasse* $\xi \in H^l(X(\rho_1), S)$ *in* $K(\rho)$, $\rho < \rho_1$ *holomorphe Funktionen* $a_\nu(\mathfrak{t})$, $\nu = 1, \ldots, s$, *so daß* $\xi | X(\rho) = \sum_{\nu=1}^{s} a_\nu(\mathfrak{t}) \xi_\nu | X(\rho)$ *ist. Es gibt eine Funktion* $f(\mathfrak{e}) \leq \mathfrak{e}$ *mit* $\lim_{\mathfrak{e} \to \infty} f(\mathfrak{e}) = \infty$ *und folgender Eigenschaft : Ist* $q(\mathfrak{e}) \circ \xi = 0$, *so kann man die Funktionen* $a_\nu(\mathfrak{t})$ *so wählen, daß sie Schnittflächen in der Idealgarbe* $I(f(\mathfrak{e}))$ *sind* (1).

Beweis. Wir wählen eine Folge $\mathfrak{V} \subset\subset \mathfrak{U} \subset\subset \mathfrak{U}_0$ von Meßüberdeckungen von X. Nach § 4, Satz 5 gibt es endliche Kozyklen ξ^*, ξ_ν^* aus $Z^l(U(\rho), S)$, die die Kohomologie-

(1) Wir fordern fortan nur, daß $f(\mathfrak{e})$ von ξ, ρ_1, ρ unabhängig ist.

Der Beweis von Satz 3 folgt leicht aus (7) durch Induktion über dim Y. Wie vorne gezeigt, kann man einen niederdimensionalen reduzierten komplexen Unterraum $Y' \subset Y$ finden, so daß $\pi_l(S)$ über $Y - Y'$ eine freie Garbe ist und daß die Homomorphismen λ_y für $y \in Y - Y'$ bijektiv sind. Also ist Satz 3 über $Y - Y'$ richtig. Nach Induktionsvoraussetzung gilt er auch für Y'. Ferner ergibt sich unser Satz unter Verwendung der Hauptsätze leicht, wenn Y eine Riemannsche Fläche ist. Da man zu jedem Punkt $y_0 \in Y'$ und zu jeder der endlich vielen an y_0 grenzenden zusammenhängenden Komponenten von $Y - Y'$ ein Stück $K \subset Y$ einer Riemannschen Fläche finden kann, das y_0 enthält und sonst ganz in $Y - Y'$ verläuft, folgt, daß es eine Umgebung $U(y_0)$ gibt, so daß für $y \in (Y - Y') \cap U$ gilt : $\dim_c H^l(X_y, S(y)) \leq \dim_c H^l(X_{y_0}, S(y_0))$. Das ist dann sogar für $y \in V$ richtig, wenn $V \subset U$ eine hinreichend kleine Umgebung von y bezeichnet. Damit ist der Satz bewiesen.

5. Es werde nun vorausgesetzt, daß $\dim_c H^l(X_y, S(y))$ unabhängig von y ist. Es folgt zunächst :

Satz 4. Die Garben $A_y = \pi_{l+1}(S \cdot \hat{m}^\nu(y))$ sind torsionsfrei, $y \in Y$.

Beweisandeutung. Man zeigt zunächst, daß die natürlichen Abbildungen $S \otimes m^\nu(y) \to S$ injektiv sind. Daraus folgt sodann, daß auch die Abbildungen

$$S_y \otimes_c (m^\nu(y)/m^{\nu+1}(y)) \to S \cdot \hat{m}^\nu(y)/S \cdot \hat{m}^{\nu+1}(y)$$

injektiv sind. Ist ξ ein Keim eines Kozyklus mit Koeffizienten in $S \cdot \hat{m}^\nu(y)$ entlang X_y, so kann man $\xi = \Sigma a_\nu \xi_\nu$ setzen, wobei ξ_ν Koketten mit Koeffizienten in S und a_ν über y linear unabhängige Elemente aus $m^\nu(y)$ sind. $\xi_\nu | X_y$ sind dann Kozyklen. Dadurch wird ein formales Konstruktionsverfahren für Koketten η mit $\delta\eta = \xi$ gegeben. Man leitet damit leicht her :

(a) Satz 4 gilt für allgemeine reduzierte komplexe Räume Y, wenn er in bezug auf normale komplexe Räume Y bewiesen ist.

Man zeigt nun :

(b) Satz 4 folgt für normale komplexe Räume Y, wenn er für allgemeine komplexe Räume von kleinerer Dimension als Y richtig ist.

Für den Fall von Riemannschen Flächen Y läßt sich unser Satz unter der Voraussetzung $\dim_c H^l(X_y, S(y)) = \text{const.}$ sehr leicht nachweisen. Damit ist eine vollständige Induktion gegeben, die unseren Satz beweist.

6. Es folgt nun sofort, daß die Beschränkungsabbildung $H^l(V, S) \to H^l(X_y, S(y))$ mit $V = \pi^{-1}(U)$ surjektiv ist, wenn U eine sehr kleine Umgebung von y bezeichnet. Es seien $\xi_1, \ldots, \xi_q \in H^l(V, S)$ Kohomologieklassen, so daß $\xi_\nu | X_y$, $\nu = 1, \ldots, q$ eine Basis des komplexen Vektorraumes $H^l(X_y, S(y))$ bilden. Man zeigt leicht :

(a) Die Schnittflächen $\eta_\nu = \pi_l(\xi_\nu)$ erzeugen in einer Umgebung von y die Garbe $\pi_l(S)$.

Man braucht dazu nur die Voraussetzung von Lemma (*) für ein beliebiges m-tupel $\mathfrak{e}$ nachzuweisen.

Damit hat sich auch ergeben :

(b) Die Abbildung λ_y *ist bijektiv.*

Ferner sieht man sofort, daß $\dim_c H^l(X_y, S(y))$ nicht von y unabhängig sein kann, wenn die Relationengarbe von $(\eta_1, \ldots, \eta_q)$ von null verschieden ist. Also gilt :

Satz 5. *Die Garbe* $\pi_l(S)$ *ist eine freie Garbe, die Homomorphismen*

$$\lambda_y : \pi_l(S)_y / (\pi_l(S) \cdot m(y))_y \to H^l(X_y, S(y))$$

sind bijektiv.

Beispiele zeigen, daß die Voraussetzungen für die Sätze 3-5 wesentlich sind. Ist z.B. S nicht platt über Y, so braucht die Funktion $\dim_c H^l(X_y, S(y))$ nicht halbstetig nach oben zu sein.

7. Unter der Voraussetzung, daß S platt über Y und Y reduziert und zusammenhängend ist, kann noch eine weitere wichtige Folgerung gezogen werden. Wir setzen $\chi(y) = \sum_{l=0}^{\infty} (-1)^l \dim_c H^l(X_y, S(y))$. Die Summe ist natürlich für jedes feste y endlich, d.h. $\chi(y)$ existiert immer. Es folgt :

Satz 6. $\chi(y)$ *hängt nicht von* y *ab.*

Auf den Beweis, der selbstvertändlich nur für den Fall erbracht werden muß, daß Y eine Riemannsche Fläche ist, sei hier verzichtet.

LITERATUR

[1] AHLFORS, L. V. : *Aufsatz im Congressband Funktionentheorietagung Princeton 1957*. Princeton University Press, 1960.

[2] BOURBAKI, N. : *Espaces vectoriels topologiques*. Hermann, Paris.

[3] CARTAN, H. : *Variétés analytiques complexes et cohomologie*. Coll. de Bruxelles, 41-55 (1953).

[4] CARTAN, H. und J.-P. SERRE : Un théorème de finitude concernant les variétés analytiques compactes. *C.R. Acad. Sci. Paris*, **237**, 128-130 (1953). Vgl. auch Séminaire E.N.S. H. Cartan 1953/54, Exposé 17.

[5] FRÖHLICHER, A. und A. NIJENHUIS : A theorem on stability of complex structures. *Proc. Nat. Acad. Sci. USA*, **43**, 239-241 (1957).

[6] GRAUERT, H. und R. REMMERT : Bilder und Urbilder analytischer Garben. *Ann. of Math.*, **68**, 393-443 (1958).

[7] GRAUERT, H. und R. REMMERT : Komplexe Räume. *Math. Annalen*, **136**, 245-318 (1958).

[8] GRAUERT, H. : Analytische Faserungen über holomorph-vollständigen Räumen. *Math. Annalen*, **135**, 263-273 (1958).

[9] KODAIRA, K. und D. C. SPENCER : On Deformations of complex-analytic Structures. Teil I und II : *Ann. of Math.*, **67**, 328-466 (1958), Teil III erscheint in den *Ann. of Math.*, 1959/60.

[10] REMMERT, R. : Holomorphe und meromorphe Abbildungen komplexer Räume. *Math. Annalen*, **133**, 338-370 (1957). Ferner : Projektionen analytischer Mengen. *Math. Annalen*, **130**, 410-441 (1956).

[11] SERRE, J.-P. : Faisceaux algébriques cohérents. *Ann. of Math.*, **61**, 197-278 (1955).

Berichtigung zu der Arbeit: Ein Theorem der analytischen Garbentheorie und die Modulräume komplexer Strukturen

Publ. Math. Paris IHES **16**, 131–132 (1963)

1) In Satz 1, § 3 muß an Stelle von $\boldsymbol{\rho} < \boldsymbol{\rho}_1(d_2, \ldots, d_m, h) \leq \boldsymbol{\rho}_0$ vorausgesetzt werden $\rho_m < \rho_m^{(1)}, \rho_{m-1} < \rho_{m-1}^{(1)}(\rho_m), \rho_{m-2} < \rho_{m-2}^{(1)}(\rho_m, \rho_{m-1}), \ldots, \rho_1 < \rho_1^{(1)}(\rho_m, \ldots, \rho_2)$. Dabei sind $\rho_\nu^{(1)}$ positive Funktionen mit $\boldsymbol{\rho}_1 = (\rho_1^{(1)}, \ldots, \rho_m^{(1)}) \leq \boldsymbol{\rho}_0$, die noch von $(d_2, \ldots, d_m, h)$ abhängen, jedoch nicht von ρ_ν, wenn $d_\nu = 1$ ist. — In den folgenden Sätzen (z. B. Satz 2, 5, 6, 7, 8, 9 aus § 3, Hauptlemma u.s.w.) ist die Voraussetzung für $\boldsymbol{\rho}$ dementsprechend zu modifizieren. $\boldsymbol{\rho} \ll \boldsymbol{\rho}_0$ bedeutet fortan diese Dreiecksbedingung.

Ergänzung zum Beweis von Satz 1, § 3. Wir beweisen den Zusatz II gleichzeitig mit. Der erste Abschnitt auf p. 26 ist zu ersetzen durch :

« (*f*) $\quad \mathfrak{d}' = (1, d_2, \ldots, d_m)$

(*g*) $\quad M^{(\nu)} = M(\mathfrak{d}_*) \cap t_1^\nu H^q(\mathfrak{d}_*), \qquad M_\nu = M^{(\nu-1)}/M^{(\nu)}$.

Die Garbe $M^{(\nu)}$ ist der Kern des Homomorphismus

$$M(\mathfrak{d}_*) \to H^q(\mathfrak{d}_*) \to H^q(\mathfrak{d}_*)/t_1^\nu H^q(\mathfrak{d}_*)$$

und deshalb kohärent. Gleiches gilt für M_ν. Die Multiplikation mit $t_1 : M^{(\nu)} \to M^{(\nu+1)}$ definiert eine Injektion $M_\nu \to M_{\nu+1}$. Es gibt ein $\boldsymbol{\rho}_2$ mit $0 < \boldsymbol{\rho}_2 < \boldsymbol{\rho}_0$, so daß $M_\nu = M_{d_1^+}$, $\nu \geq d_1^+$ über $K(\boldsymbol{\rho}_2)$. Die Garben M_ν lassen sich ferner als Untergarben von $H^q(\mathfrak{d}')$ auffassen.

Wir wählen über $K(\boldsymbol{\rho}_2)$ Homomorphismen $\alpha_\nu : (\mathcal{O})^{l\nu} \to (\mathcal{O})^q$ mit

$$\alpha_\nu(\mathfrak{d}') \circ (H)^{l\nu}(\mathfrak{d}') = M_\nu$$

und über $K(\boldsymbol{\rho}_2)$ Homomorphismen $\beta_\nu : \mathcal{O}^{l\nu} \to \mathcal{O}^p$, derart, daß $h(\mathfrak{d}_*) \circ \beta_\nu(\mathfrak{d}_*) \circ H^{l\nu}(\mathfrak{d}_*) \subset M_{\nu-1}$ und die Abbildungen $\gamma_\nu : H^{l\nu}(\mathfrak{d}_*) \to H^p(\mathfrak{d}_*) \to M^{(\nu-1)} \to M_\nu$ und $(H)^{l\nu}(\mathfrak{d}_*) \to M^{(\nu)}$ übereinstimmen.

Es sei nun $\boldsymbol{\rho}_1 < \boldsymbol{\rho}_2$ so gewählt, daß für $K(\boldsymbol{\rho}, d_*)$, $\boldsymbol{\rho} < \boldsymbol{\rho}_1$ der Satz 1 auch in Bezug auf α_ν mit seinem Zusatz II gilt; $f \in \Gamma(K(\rho, \mathfrak{d}), H^q(\mathfrak{d}))$ sei eine endliche Schnittfläche mit $\|f\|_\rho^{\mathfrak{d}} < M$ und $f|K(\mathfrak{e}) \in M(\mathfrak{e})$ für alle $\mathfrak{e} \leq \mathfrak{d}$. Es gelte zunächst $d_1 \leq d_1^+$. In diesem Falle kommen wir durch Induktion über $d_1 = d$ zum Ziele. Sei etwa bereits

$$f|K(\boldsymbol{\rho}, d-1, d_2, \ldots, d_m) = 0.$$

Dann liegt nach dem Satz 1_{s_0-1} $f'=\mathrm{Im}[f|t_1^{d-1}\to\Gamma(K(\mathfrak{p}, \mathfrak{d}'), H^q(\mathfrak{d}'))]$ in $M^{(d)}$, da aus dem induktiv mitbewiesenen Zusatz II in bezug auf $K(\mathfrak{p}, d-1, d_2, \ldots, d_m)$ folgt : $f'|K(\mathfrak{e})\in M_d(\mathfrak{e})$. Es gibt eine Schnittfläche $g\in\Gamma(K(\mathfrak{p}, \mathfrak{d}'), (H)^{ld}(\mathfrak{d}'))$ mit

$$\gamma_d \circ g = \mathrm{Im}(f|t_1^{d-1}\to\Gamma(K(\mathfrak{p}), \mathfrak{d}'), M_d).$$

Also ist $f-h(\mathfrak{d})\circ\beta_\nu(\mathfrak{d})\circ g=0$. Die Zuordnung $f\to g$ ist ferner linear beschränkt, da $f\to g$ und β_ν linear beschränkt ist.

Fortan sei also $d_1>d_1^+$. Es folgt : ... »

Nun weiter bei (*) auf p. 26! g^* werde gleich $\beta_\nu(\mathfrak{d}_*)\circ g$ mit $\alpha_{d_1^+}(\mathfrak{d}')\circ g=f_1$ gesetzt. Die Fußnote auf p. 26 ist überflüssig.

Weitere durch die Änderung von Satz 1 bedingte Korrekturen :

a) P. 33 oben : Die Überdeckungen Z und Z′ müssen gleichzeitig konstruiert werden.

b) Die Fußnote auf p. 49 und daher auch der Beweis des Korollars II sind nur für $d=1$ richtig. Er muß durch eine Induktion über d unter Verwendung der Garben $S^{\nu-1}/S^\nu$ vervollständigt werden (wie beim Beweis von Satz 1). Analoges gilt für den Beweis von Hilfssatz 3.

2) In § 7, Satz 2 braucht die Menge, in der λ_y nicht bijektiv ist, nicht immer abgeschlossen zu sein.

Part V

q-Convexity and Cohomology

Commentary

1

Assume always that X is a reduced complex space (the assumption "reduced" is actually not necessary) and that $\mathcal{S}$ is an analytic sheaf on X. We call $\mathcal{S}$ a *flabby sheaf* if for any open subset $U \subset X$ every cross-section $s \in \mathcal{S}(U)$, i.e. a continuous cross-section in $\mathcal{S}$ over U, can be continued to a $s^\wedge \in \mathcal{S}(X)$ by putting $s^\wedge(x) = s(x)$ for $x \in U$ and $s^\wedge(x) = 0 \in \mathcal{S}_x$ for $x \in X - U$. We denote by $W(\mathcal{S})$ the sheaf of local not necessarily continuous cross-sections in $\mathcal{S}$. Hence, $\mathcal{S}$ is an analytic subsheaf of $W(\mathcal{S})$ and W is an exact functor of analytic sheaves on X to flabby analytic sheaves.

If $\mathcal{S}$ is an arbitrary analytic sheaf on X and 0 denotes the zero sheaf of $\mathcal{O}$-modules we have the *canonical* (exact) *resolution by flabby sheaves* $0 \to \mathcal{S} \to \mathcal{S}_0 \to \mathcal{S}_1 \to \ldots$ on X with $\mathcal{S}_0 = W(\mathcal{S})$ and $\mathcal{S} \to \mathcal{S}_0$ being the identity. $\mathcal{S}_1$ is obtained as $W(\mathcal{Q})$ where $\mathcal{Q}$ is the quotient sheaf $\mathcal{S}_0/im(\mathcal{S})$ and $im(\mathcal{S})$ is the image sheaf of $\mathcal{S}$ in $\mathcal{S}_0$. The homomorphism $\mathcal{S}_0 \to \mathcal{S}_1$ is the composition of the quotient map $\mathcal{S}_0 \to \mathcal{Q}$ and the identity $\mathcal{Q} \to W(\mathcal{Q})$. All the other homomorphisms are defined in the analoguous way.

Now the cohomology groups (complex vector spaces) of X with coefficients in $\mathcal{S}$ can be defined. We understand for $\mu = 0, 1, 2, \ldots$ simply by $H^\mu(X, \mathcal{S})$ the quotient of the kernel $\ker(\mathcal{S}_\mu(X))$ of the homomorphism $\mathcal{S}_\mu(X) \to \mathcal{S}_{\mu+1}(X)$ by the image of $\mathcal{S}_{\mu-1}(X)$. The image in $\mathcal{S}_0$ is the zero module. Hence $H^0(X, \mathcal{S})$ is nothing but the module of cross-sections $\mathcal{S}(X)$.

Locally we always have continuous cross-sections in $\mathcal{S}$. The first cohomology group can be considered as the obstruction space against the existence of sections of $\mathcal{S}(X)$.

2

A real function ψ on X is called (*strictly*) *q-convex* with $q = 1, 2, 3, \ldots$ if in a neighborhood U of any point x_0 it is the restriction of a $\mathbb{C}^\infty$-differentiable q-convex function $\hat{\psi}$, where $\hat{\psi}$ is given in a domain $G \subset \mathbb{C}^N$ and U is biholomorphically embedded in G. The function $\psi^\wedge$ is q-convex in G if its Levi form $L(\psi)$ has everywhere at least $N - q + 1$ positive eigenvalues. So 1-convex functions are just the differentiable strictly plurisubharmonic functions. If $p > q$ then the q-convexity is stronger than the p-convexity.

$$\omega = \sum_{i,j} h_{ij}(z) w_i \bar{w}_j$$

(3) the matrix $(h_{ij}(x_0))$ is the unit matrix,
(4) the total derivative $dh_{ij}(x_0) = 0$
(5) the Hermitian form

$$\sum (\partial^2 h_{ij}(x_0)/\partial z_\mu \bar{\partial} z_\lambda) \gamma_{i\mu} \bar{\gamma}_{j\lambda}$$

is positive semi definite and in a dense set of X positive definite.

In the generic points of X this property is much stronger than the Griffiths positivity. By Siu-Demailly it is enough to require "positive definite" in one point of each connected component of X. We have the following

Theorem. *Assume that X is a Moishezon space and that $\mathcal{S}$ is a Nakano positive coherent sheaf on X. Then all cohomology groups $H^\mu(X, \mathcal{S} \cdot \mathcal{K}_X)$ vanish for $\mu \geq 1$.*

A consequence of the theory is: *Assume that X is a non-compact 1-convex connected complex manifold and that $\mathcal{S}$ is the structure sheaf or more general a Nakano semi-positive sheaf on X. Then all cohomology groups $H^\mu(X, \mathcal{S} \cdot K_X)$ with $\mu \geq 1$ vanish.*

In [50] also a connection between the cohomology of X and the cohomology of the maximal compact analytic subset of X was proved. There is also a Hodge theory.

Meanwhile by other authors other vanishing theorems were obtained for complex spaces. See for instance Th. Peternell (Der Kodairasche Verschwindungssatz auf streng pseudokonvexen Räumen. Math. Annalen 270 (1985), I, 87–96; II, 603–631), which is a general theory for the vanishing of cohomology of image sheaves; Th. Peternell (On strongly pseudoconvex Kähler manifolds. Inv. Math. 70, 157–168 (1982). See also Y. Kawamata (A generalization of Kodaira-Ramanujan's vanishing theorem. Math. Annalen 261, 43–46 (1982)); E. Viehweg (Vanishing theorems. Crelle's Journal 335, 1–8 (1982)); E. Esnault, E. Viehweg (De Rham complexes and vanishing theorems. Inv. Math. 86, 161–194 (1986)); T. Oshawa (Vanishing theorems on complete Kähler manifolds. Publ. RIMS 20, 21–38 (1984)); K. Takegoshi (Relative vanishing theorems in analytic spaces. Duke J. Math. 52, 273–279 (1985)); Kollar (Higher direct images of dualizing sheaves I. Ann. Math. 123, 11–42 (1986)). A Hodge theory for q-convex complex manifolds was proved by T. Oshawa (A reduction theorem for cohomology group of very strongly q-convex Kähler manifolds. Invent. math. 63, 335–354 (1981).

8

The theory of concave space was applied to the problem of compactification of noncompact complex manifolds with finite volume. It started out with in the joint paper with Andreotti [27] in the context of the quotients of the Siegel upper space with finite volume. Later Y.T. Siu and S.T. Yau applied it in the setting of noncompact complete Kähler manifolds of negative sectional curvature and finite volume (Compactification of negatively curved complete Kähler manifolds of finite volume. In: S.-T. Yau (ed.) Seminar on Differential Geometry. Ann. Math. Studies. Vol. 102 pp. 363–380. Princeton University Press, 1982) as a generalization of the compactification theorem of Baily and Borel for the rank one case (W.L. Baily and A. Borel: Compactification of arithmetic quotients of bounded symmetric domains. Ann. Math. 84 (1966), 442–528). A number of more general later results were obtained by Mok, Zhong, Nadel, Tsuji, and Yeung (N. Mok: Compactification of complete Kähler surfaces of finite volume satisfying certain conditions. Ann. Math. 128 (1989), 383–425. N. Mok and J. Zhong: Compactifying complete Kähler manifolds of finite topological type and bounded curvature. Ann. Math. 129 (1989), 417–470. A. Nadel: On complex manifolds which can be compactified by adding finitely many points. Invent. Math. 101 (1990), 173–189. A. Nadel and H. Tsuji: Compactification of complete Kähler manifolds of negative curvature. J. Diff. Geom. 28 (1988), 503–512. S. K. Yeung: Compactification of complete Kähler surfaces. Invent. Math. 99 (1990), 145–164. S. K. Yeung: Compactification of Kähler manifolds with negative Ricci curvature. Invent. Math. 106 (1991), 13–25.)

9

The theory of pseudoconcavity and pseudoconvexity was also applied to the realization of group representation on cohomology groups to explain why only cohomology groups of certain dimensions are nonzero (Ph. Griffiths and W. Schmid: Locally homogeneous complex manifolds. Acta Math. 123 (1969), 253–302).

Cycles spaces were used to relate cohomology groups of higher dimension of the original complex space to section modules on cycle space and relate q-convexity of the original space to 1-convexity of the cycle space (D. Barlet, Convexité de l'espace des cycles. Bull. Soc. Math. France 106 (1978), 373–397. A. Andreotti and F. Norguet: La convexité holomorphe dans l'espace analytique des cycles d'une variété algébrique. Scuola Norm. Sup. Pisa 21 (1967), 31–82. F. Norguet and Y.-T. Siu: Holomorphic convexity of spaces of cycles. Bull. Soc. Math. France 105 (1977), 191–223). The relation between q-convexity of the original space and 1-convexity of the cycle space was used by Barlet, Peternell, and Schneider to obtain the Hartshorne conjecture for the special case of $\mathbb{P}_2$-bundles over complex surfaces (D. Barlet: A propos d'une conjecture de R. Hartshorne. Crelles Journ. 374 (1987), 214–220. D. Barlet, Th. Peternell, M. Schneider: On two conjectures of Hartshorne's. Math. Ann. 286 (1990), 13–25).

Papers Reprinted in this Part

Expressions in italics concern the contents of the paper.

Abbreviations: *compl* = complex spaces, sheaf theory; *lev* = Levi problem, convexity, Stein spaces, projective algebraic spaces

[30] (avec A. Andreotti) Théorèmes de finitude pour la cohomologie des espaces complexes. Bull. Soc. Math. France **90**, 193–259 (1962). *lev*

[74] Kontinuitätssatz und Hüllen bei speziellen Hartogsschen Körpern. Abh. Math. Semin. Univ. Hamb. 52, 179–186 (1982). *lev*

[50] (mit O. Riemenschneider) Verschwindungssätze für analytische Kohomologiegruppen auf komplexen Räumen. Invent. Math. **11**, 263–292 (1970). *compl*

30.

(avec A. Andreotti*)

Théorèmes de finitude pour la cohomologie des espaces complexes

Bull. Soc. Math. France **90**, 193–259 (1962)

Cet article est consacré à des résultats intermédiaires entre les deux théorèmes de H. Cartan et J.-P. Serre; l'un, le théorème de finitude pour la cohomologie à valeurs dans un faisceau cohérent d'un espace complexe compact [6], l'autre, le « théorème B » de la théorie des espaces holomorphiquement complets ([18], [24]). Toutes les techniques de démonstration employées ici sont inspirées de ces deux Mémoires et de [12]. Une partie des résultats sont annoncés dans [13].

On introduit les notions d'espaces fortement q-pseudoconvexes, d'espaces q-complets et d'espaces fortement q-pseudoconcaves. Ces notions englobent celles d'espace holomorphiquement convexe (= espace fortement 1-pseudoconvexe lorsque l'ensemble de dégénérescence est compact), d'espace holomorphiquement complet (= espace 1-complet), d'espace compact (convexité nulle).

Les énoncés des théorèmes nécessitent l'introduction de la notion de dimension homologique d'un faisceau cohérent, ce qui est fait au paragraphe 1.

Moyennant une étude locale de la situation développée aux paragraphes 2, 3, 4, on arrive aux théorèmes de finitude du paragraphe 5. Le point qui nous semble le plus délicat est le théorème d'approximation du n° 19 qui étend aux classes de cohomologie le théorème de Runge sur l'approximation des fonctions sur un espace de Stein.

Des applications de ces théorèmes sont développées au paragraphe 6. En particulier, on obtient un théorème d'annulation de la cohomologie à valeurs dans un faisceau localement libre, qui étend le théorème analogue de

(*) The second author was supported by directorate of Mathematical Sciences AFOSR, European office of aerospace research, Grant No. AF-EOAR-61-50.

$\mathcal{O}_x(f_1, \ldots, f_h) \cap \mathcal{O}_x f_{h+1} = f_{h+1} \mathcal{O}_x(f_1, \ldots, f_h)$ *pour* $0 \leq h \leq s-1$.
Alors, au voisinage de x, on a une résolution de Hilbert du type

$$0 \to \mathcal{O} \to \mathcal{O}^{\binom{s}{s-1}} \to \ldots \to \mathcal{O}^{\binom{s}{1}} \to \mathcal{I} \to 0.$$

Nous dirons que X est une *intersection complète* au point x si l'on peut choisir les générateurs de l'idéal $\mathcal{I}_x = \mathcal{O}_x(f_1, \ldots, f_s)$ de sorte que
$\mathcal{O}_x(f_1, \ldots, f_h) \cap \mathcal{O}_x f_{h+1} = f_{h+1} \mathcal{O}_x(f_1, \ldots, f_h)$ pour $0 \leq h \leq s-1$.

PROPOSITION 3. — *Si X est une intersection complète au point x, alors*

$$\operatorname{dih}_x X = \dim_x X.$$

Preuve. — Nous ferons d'abord la remarque suivante. Soient X un espace complexe irréductible, f une fonction holomorphe sur X non identiquement nulle, $Y = \{x \in X \mid f(x) = 0\}$. Alors si Y n'est pas vide, il est purement dimensionnel de codimension 1.

En effet, supposons d'abord X normal. Soit $g = f^{-1}$. L'ensemble Y des points singuliers de g est maigre. D'après un théorème de THULLEN [27], en un point $y \in Y$ qui est simple pour X, cet ensemble est purement dimensionnel de codimension 1 (ceci peut aussi être établi directement). Si $y \in Y$ est singulier pour X par le théorème d'Hartogs, il doit être un point d'accumulation de points de Y simples sur X. Donc partout $\operatorname{codim}_y(Y) = 1$.

Comme la projection de l'espace normalisé sur l'espace envisagé est propre à fibre discrète d'après un théorème de REMMERT [20], on déduit la conclusion.

Démontrons que $\dim_x X = m - s$ dans les hypothèses envisagées. Soit $\mathcal{I}_h = \mathcal{O}_x(f_1, \ldots, f_h)$ et soit V_h le germe d'ensemble analytique défini par $\mathcal{I}_h$ au point x. Si $h = 1$, de la remarque précédente découle que $\operatorname{codim}_x V_1 = 1$. Par induction, supposons que V_h soit purement dimensionnel de codimension h. Démontrons que V_{h+1} est aussi purement dimensionnel de codimension $h+1$. Pour ceci il suffit de démontrer que f_{h+1} n'est identiquement nulle sur aucune composante irréductible de V_h.

Soit $\mathcal{I}_h = \mathfrak{q}_1 \cap \ldots \cap \mathfrak{q}_l$ une décomposition primaire minimale de $\mathcal{I}_h$ et soient $\mathfrak{p}_1, \ldots, \mathfrak{p}_l$ les idéaux premiers associés. Comme

$$\mathcal{O}(f_{h+1}) \cap \mathcal{I}_h = f_{h+1} \mathcal{I}_h,$$

f_{h+1} ne peut être dans aucun des idéaux premiers $\mathfrak{p}_i$. Ceci termine la démonstration.

PROPOSITION 4. — *On a toujours* $\operatorname{dih}_x X \leq \dim_x X$.

Preuve. — Soit $\mathcal{O}_X$ le faisceau des anneaux locaux sur X étendu trivialement sur U en dehors de X. Envisageons une résolution de Hilbert de $\mathcal{O}_X$ sur un voisinage V, dans U, du point x et soit $d(x)$ sa longueur. Par définition, on a $\operatorname{dih}_x X = m - d(x)$.

Soit y un point de $X \cap V$ qui soit non singulier pour X et tel que $\dim_y X = \dim_x X$. Soit $d(y)$ la longueur d'une résolution de Hilbert de $\mathcal{O}_X$ au voisinage de y. A cause de ce qu'on a dit en b, on aura

$$m - d(y) = \dim_y X = \dim_x X.$$

En vertu de la minimalité de la fonction $d(x)$, on aura aussi $d(y) \leqq d(x)$. Donc

$$\mathrm{dih}_x X = m - d(x) \leqq m - d(y) = \dim_x X.$$

C. Q. F. D.

2. — Chemins différentiables dans un espace de Fréchet.

4. Préliminaires.

a. Soit F un espace de Fréchet, c'est-à-dire un espace vectoriel topologique sur $\mathbf{C}$, localement convexe, métrisable, complet. Soit I_m le cube unité fermé de $\mathbf{R}^m$:

$$I_m = \{ t = (t_1, \ldots, t_m) \in \mathbf{R}^m \mid |t_l| \leqq 1 \}.$$

Désignons par $\mathcal{E}^r(I_m, F)$ l'espace des applications continûment différentiables jusqu'à l'ordre r de I_m dans F; tout élément de $\mathcal{E}^r(I_m, F)$ est donc une fonction définie sur I_m, à valeurs dans F, admettant des dérivées partielles continues jusqu'à l'ordre r. L'espace $\mathcal{E}^0(I_m, F)$ est l'espace des applications continues de I_m dans F; l'espace $\mathcal{E}^\infty(I_m, F)$ celui des applications indéfiniment différentiables.

b. Munissons les espaces $\mathcal{E}^r(I_m, F)$ de la topologie de la convergence uniforme des fonctions et de leurs dérivées jusqu'à l'ordre r. Les espaces envisagés sont complets. En particulier, on obtient des espaces de Banach si $r < \infty$ et F est un espace de Banach, tandis que $\mathcal{E}^\infty(I_m, F)$ sera un espace de Fréchet.

c. Pour tout élément $f \in \mathcal{E}^0(I_m, F)$ on définit, par exemple au moyen des sommes de Riemann, l'intégrale $\int_{I_m} f(t)\, dt$, dt étant la mesure euclidienne sur I_m.

Soit $e' \in F'$ un élément du dual de F, c'est-à-dire une application linéaire continue de F dans $\mathbf{C}$. La fonction $h_{e'}(t) = \langle e', f(t) \rangle$ est une fonction continue de t sur I_m à valeurs dans $\mathbf{C}$. On a pour tout $e' \in F'$ l'identité

$$\int_{I_m} \langle e', f(t) \rangle\, dt = \left\langle e', \int_{I_m} f(t)\, dt \right\rangle$$

Celle-ci est de démonstration facile. D'ailleurs, elle pourrait être prise

est aussi une suite exacte d'espaces de Fréchet et d'applications linéaires continues.

Preuve. — Comme F' est un sous-espace fermé de F en tant que noyau de α, il résulte que $\mathcal{E}^\infty(T, F')$ est un sous-espace fermé de $\mathcal{E}^\infty(T, F)$ qui s'identifie au noyau de α_*. Donc la suite

$$0 \to \mathcal{E}^\infty(T, F') \xrightarrow{\alpha'_*} \mathcal{E}^\infty(T, F) \xrightarrow{\alpha_*} \mathcal{E}^\infty(T, F'')$$

est une suite exacte. Il reste à démontrer que la dernière application est surjective.

Soit $f: T \to F''$ un élément de $\mathcal{E}^\infty(T, F'')$. Envisageons ses coefficients de Fourier $a_n(f)$ $(n \in \mathbf{Z}^m)$. Comme f est indéfiniment différentiable, on a $|n|^{2k} a_n \to 0$ pour $|n| \to \infty$ et k quelconque. Comme $\alpha: F \to F'$ est surjective, elle est ouverte (théorème de Banach), donc on peut choisir des suites fondamentales $\{V_\nu\}$, $\{W_\nu\}$ de voisinages de zéro dans F, F'' respectivement, $\nu = 1, 2, 3, \ldots$, telles que :

(i) $\alpha(V_\nu) \supset W_\nu$;
(ii) $V_\nu \supset V_{\nu+1} \supset \ldots$; $W_\nu \supset W_{\nu+1} \supset \ldots$;
(iii) $W_{\nu+1} + W_{\nu+1} \subset W_\nu$.

On peut supposer aussi que les V_ν sont disqués, i. e. que pour $\lambda \in \mathbf{C}$ et $|\lambda| \leqq 1$, on a

$$\lambda V_\nu \subset V_\nu.$$

Pour $k > 0$ donné et tout $N > 0$, désignons par $\nu(N, k)$ le plus grand entier tel que

$$|n|^{2k} a_n(f) \in W_{\nu(N,k)} \quad \text{si} \quad |n| \geqq N.$$

On a évidemment $\nu(N+1, k) \geqq \nu(N, k)$. De plus, $\lim_{N \to +\infty} \nu(N, k) = +\infty$. Choisissons une suite d'entiers $0 < N_0 < N_1 < N_2 < \ldots$ tels que

$$\nu(N_0, 0) \geqq 1, \qquad \nu(N_1, 1) \geqq 2, \qquad \nu(N_2, 2) \geqq 3, \qquad \ldots.$$

Choisissons une suite b_n, $n \in \mathbf{Z}^m$, d'éléments de F de la manière suivante. Pour $|n| < N_0$ on demande que $\alpha(b_n) = a_n(f)$, ce qui est possible, car α est surjective.

Pour $N_0 \leqq |n| < N_1$, on demande que $\alpha(b_n) = a_n(f)$ et que $b_n \in V_1$. Ceci est possible car, pour $n \geqq N_0$, $a_n(f) \in W_1$.

Pour $N_1 \leqq |n| < N_2$, on demande que $\alpha(b_n) = a_n(f)$ et que $|n|^2 b_n \in V_2$. Ceci est possible, car, pour $|n| \geqq N_1$, nous avons $|n|^2 a_n(f) \in W_2$. Et ainsi de suite. On vérifie que, pour tout $k > 0$, on a $\lim_{|n| \to +\infty} |n|^{2k} b_n = 0$. En effet, V_ν étant fixé, choisissons un $k_0 > \sup(k, \nu)$. Comme $|n|^{2k_0} b_n \in V_{k_0} \subset V_\nu$, pour $|n| > N_{k_0}$, il résulte que $|n|^{2k} b_n = \frac{|n|^{2k}}{|n|^{2k_0}} |n|^{2k_0} b_n$ est dans V_ν, car $\frac{|n|^{2k}}{|n|^{2k_0}} < 1$.

Il résulte que $g(t) = \sum_{n \in \mathbf{Z}^m} b_n e^{2\pi i n.t}$ est un élément de $\mathcal{E}^\infty(T, F)$ en vertu de la proposition 6. De plus, comme $f(t) = \sum_{n \in \mathbf{Z}^m} a_n(f) e^{2\pi i n.t}$, et que α est linéaire et continue, on déduit $\alpha(g(t)) = f(t)$. Ceci prouve notre assertion.

b. Nous utiliserons dans la suite aussi le lemme suivant :

Lemme 2. — *Soit $\alpha : F \to F'$ une application linéaire continue d'espaces de Fréchet. Si* Im α *est dense dans F', alors l'application*

$$\alpha_* : \quad \mathcal{E}^\infty(T, F) \to \mathcal{E}^\infty(T, F')$$

a une image dense daus le deuxième espace.

Preuve. — Soit $f \in \mathcal{E}^\infty(T, F')$. Soit $f(t) = \sum a_n e^{2\pi i n.t}$ son développement en série de Fourier. On peut approcher f aussi bien qu'on veut par une somme partielle $s_N = \sum_{|n| < N} a_n e^{2\pi i n.t}$. Soit b_n^ν une suite d'éléments de F tels que $\lim_{\nu \to \infty} \alpha(b_n^\nu) = a_n$, $|n| < N$. Soit $g^\nu = \sum_{|n| < N} b_n^\nu e^{2\pi i n.t}$. On a $\lim_{\nu \to \infty} \alpha(g^\nu) = s_N$. Ceci prouve notre assertion.

c. Soit X une variété différentiable paracompacte, et soit F un espace de Fréchet. Désignons par $\mathcal{E}^\infty(X, F)$ l'espace des applications indéfiniment différentiables de X dans F. On peut répéter pour $\mathcal{E}^\infty(X, F)$ ce qu'on a dit dans le cas où X est un tore; la topologie sur $\mathcal{E}^\infty(X, F)$ étant à présent celle de la convergence uniforme des fonctions et de toutes leurs dérivées sur tout compact de X. On obtient, pour X fixé, un foncteur covariant de la catégorie des espaces de Fréchet et des applications linéaires continues, en elle-même.

Théorème 1. — *Le foncteur $\mathcal{E}^\infty(X, F)$ est exact.*

Preuve. — Soit $0 \to F' \xrightarrow{\alpha'} F \xrightarrow{\alpha} F'' \to 0$ une suite exacte d'espaces de Fréchet et d'applications linéaires continues. Il faut démontrer l'exactitude de la suite d'applications linéaires continues

$$0 \to \mathcal{E}^\infty(X, F') \xrightarrow{\alpha'_*} \mathcal{E}^\infty(X, F) \xrightarrow{\alpha_*} \mathcal{E}^\infty(X, F'') \to 0.$$

faisceau des germes des formes indéfiniment différentiables de type $(0, r)$ en les différentielles des fibres. Soit $\bar{\partial}'_r$ l'opérateur $\bar{\partial}: \mathfrak{A}^{0,r} \to \mathfrak{A}^{0,r+1}$ défini comme tout à l'heure.

De ce qu'on a dit au point b et du théorème 1 du nº 6, on déduit la suite exacte de faisceaux et d'homomorphismes sur $\mathbf{C}^n \times \mathbf{R}^m$:

$$(\star) \qquad 0 \to \mathfrak{A} \to \mathfrak{A}^{0,0} \xrightarrow{\bar{\partial}'_0} \mathfrak{A}^{0,1} \xrightarrow{\bar{\partial}'_1} \ldots \xrightarrow{\bar{\partial}'_{n-1}} \mathfrak{A}^{0,n} \to 0.$$

En effet, elle découle de la suite exacte de faisceaux et homomorphismes sur $\mathbf{C}^n$

$$0 \to \mathcal{O} \to A^{0,0} \xrightarrow{\bar{\partial}_0} A^{0,1} \xrightarrow{\bar{\partial}_1} \ldots \xrightarrow{\bar{\partial}_{n-1}} A^{0,n} \to 0$$

et du fait qu'on peut pour tout ouvert $U' \times V'$ de $\mathfrak{V}$ identifier $\Gamma(U' \times V', \mathfrak{A}^{0,r})$ et $\mathcal{E}^\infty(U', \Gamma(V', A^{0,r}))$, l'opérateur $\bar{\partial}'_r$ dans $\mathfrak{A}^{0,r}$ se transformant en $(\bar{\partial}_r)_*$.

On remarquera que les faisceaux $\mathfrak{A}^{0,r}$ sont des faisceaux fins et que $\bar{\partial}'$ commute à la multiplication par les fonctions constantes sur les fibres.

Proposition 7. — *Pour une famille banale* $\mathfrak{V} = V \times M$, *si l'on a* $H^r(V, \mathcal{O}) = 0$ *pour un entier* $r \geq 1$, *on a* $H^r(\mathfrak{V}, \mathfrak{A}) = 0$.

Preuve. — L'hypothèse faite sur V et le théorème de Dolbeault [2] montrent que la suite

$$\Gamma(V, A^{0,r-1}) \xrightarrow{\bar{\partial}_{r-1}} \Gamma(V, A^{0,r}) \xrightarrow{\bar{\partial}_r} \Gamma(V, A^{0,r+1})$$

est exacte. Il faut démontrer que la suite

$$\Gamma(\mathfrak{V}, \mathfrak{A}^{0,r-1}) \xrightarrow{\bar{\partial}'_{r-1}} \Gamma(\mathfrak{V}, \mathfrak{A}^{0,r}) \xrightarrow{\bar{\partial}'_r} \Gamma(\mathfrak{V}, \mathfrak{A}^{0,r+1})$$

est exacte.

Or ceci est une conséquence du théorème 1 du nº 6.

d. Désignons par $Z^{0,r}(V)$ l'espace

$$\operatorname{Ker}(\Gamma(V, A^{0,r}) \xrightarrow{\bar{\partial}_r} \Gamma(V, A^{0,r+1}))$$

pour V ouvert dans $\mathbf{C}^n$. De même pour $\mathfrak{V}$ ouvert dans $\mathbf{C}^n \times \mathbf{R}^m$ désignons par $\mathfrak{Z}^{0,r}(\mathfrak{V})$ l'espace

$$\operatorname{Ker}(\Gamma(\mathfrak{V}, \mathfrak{A}^{0,r}) \xrightarrow{\bar{\partial}'_r} \Gamma(\mathfrak{V}, \mathfrak{A}^{0,r+1})).$$

Ces deux espaces $Z^{0,r}(V)$ et $\mathfrak{Z}^{0,r}(\mathfrak{V})$ sont munis des topologies induites.

---

[2] Le théorème de Dolbeault dit que $H^r(V, \mathcal{O})$ est isomorphe à

$$\operatorname{Ker}\Big(\Gamma(V, A^{0,r}) \xrightarrow{\bar{\partial}_r} \Gamma(V, A^{0,r+1})\Big) \Big/ \operatorname{Im}\Big(\Gamma(V, A^{0,r-1}) \xrightarrow{\bar{\partial}_{r-1}} \Gamma(V, A^{0,r})\Big).$$

Proposition 8. — *Soient $V' \subset V$ deux ouverts dans $\mathbf{C}^n$. Si, par restriction, l'image de $Z^{0,r}(V)$ est dense dans $Z^{0,r}(V')$, alors pour tout ouvert $M \subset \mathbf{R}^m$ l'image par restriction de $\mathfrak{Z}^{0,r}(V \times M)$ est dense dans $\mathfrak{Z}^{0,r}(V' \times M)$.*

Preuve. — Soit $\varphi' \in \mathfrak{Z}^{0,r}(V' \times M)$. Comme φ' s'identifie à un élément de $\mathcal{E}^\infty(M, Z^{0,r}(V'))$, par le théorème 2 du n° 6, on peut trouver une suite de fonctions $\{\varphi_\nu\} \in \mathcal{E}^\infty(M, Z^{0,r}(V))$ telle que les images φ'_ν des φ_ν tendent vers φ'. Il résulte alors que les formes φ_ν sont $\bar{\partial}'$-fermées et ont des images φ'_ν qui tendent vers la forme φ'.

e. **Proposition 9.** — *Soit $\mathcal{V} = \{V_t\}_{t \in M}$ une famille de domaines dans $\mathbf{C}^n$. Supposons que $\mathcal{V}$ soit réunion d'une suite croissante $\mathcal{V}_h = \{V_t(h)\}_{t \in M}$ de sous-familles telles qu'on ait, pour un entier $r \geq 1$, les propriétés :*

(i) $\bar{\mathcal{V}}_h \subset \mathcal{V}_{h+1}$, $\mathcal{V} = \bigcup_{h \geq 0} \mathcal{V}_h$, *pour tout compact* $K \subset M$, $(\mathbf{C}^n \times K) \cap \bar{\mathcal{V}}_h$ *est compact;*

(ii) $H^r(V_t(h), \mathcal{O}) = 0$ *pour tout t et tout h;*

(iii) $\mathfrak{Z}^{0,r-1}(\mathcal{V}_{h+1})$ *a une image dense dans* $\mathfrak{Z}^{0,r-1}(\mathcal{V}_h)$ *par restriction.*

Alors on a $H^r(\mathcal{V}, \mathfrak{A}) = 0$.

Preuve.

α. Dans la suite (★) les faisceaux $\mathcal{A}^{0,r}$ étant fins on peut calculer la cohomologie $H^*(\mathcal{V}, \mathfrak{A})$ au moyen des sections des faisceaux $\mathcal{A}^{0,r}$ en vertu de l'isomorphisme de Dolbeault généralisé (*cf.* Godement [10]).

Soit $\varphi \in \mathfrak{Z}^{0,r}(\mathcal{V})$ une forme qui représente une classe de cohomologie de $H^r(\mathcal{V}, \mathfrak{A})$. Nous démontrerons d'abord que, sur chaque $\mathcal{V}_h$ on peut trouver une forme ψ_h, indéfiniment différentiable, et de type $(0, r-1)$ le long des fibres telle que

$$\varphi|_{\mathcal{V}_h} = \bar{\partial}' \psi_h.$$

Pour tout $t \in M$ et tout entier $h \geq 0$ on peut choisir un voisinage U de t dans M tel que

$$\mathcal{V}_h \cap \pi^{-1}(V_t) \subset V_t(h+1) \times V.$$

Ceci est possible en vertu de la propriété (i).

Choisissons un recouvrement localement fini $\mathcal{U} = \{U_i\}_{i \in I}$ de M et dans chaque U_i un point t_i, tels que

$$\mathcal{V}_h \cap \pi^{-1}(U_i) \subset V_{t_i}(h+1) \times U_i.$$

Soit $\{\rho_i\}$ une partition indéfiniment différentiable de l'unité, subordonnée au recouvrement $\mathcal{U}$. Soit $\varphi_i = \rho_i \varphi$. On a $\bar{\partial}' \varphi_i = 0$ et $\sum \varphi_i = \varphi$. En vertu de l'hypothèse (ii) et de la proposition 7, on peut trouver une forme ψ_i sur $V_{t_i}(h+1)\times U_i$, indéfiniment différentiable, telle que $\varphi_i=\bar\partial'\psi_i$. En multipliant ψ_i par une fonction C^∞ constante le long des fibres, égale à 1 sur le support de φ_i, et dont le support est contenu dans l'image réciproque d'un compact de U_i, on voit qu'on peut supposer que le support de ψ_i est dans l'image réciproque d'un compact de U_i. Il suffit alors de prendre pour ψ_h la restriction à $\mathcal{V}_h$ de $\psi=\sum\psi_i$.

β. Soit $\gamma\in\mathcal{Z}^{0,r-1}(\mathcal{V}_h)$, pour tout $\varepsilon>0$ et k entier positif, on peut trouver une forme $\eta\in\mathcal{Z}^{0,r-1}(\mathcal{V}_{h+1})$ telle que (avec des notations évidentes)

$$p_k^{h-1}(\gamma-\eta)=\sum_{|\alpha|\leq k}\sup_{\overline{\mathcal{V}}_{h-1}}|D\alpha\gamma-D\alpha\eta|<\varepsilon.$$

En effet, soit $\mathfrak{U}=\{U_i\}_{i\in I}$ un recouvrement localement fini de M avec des ouverts relativement compacts et d'indice borné $\leq s$ (on peut supposer $s=2m+1$). Avec une partition de l'unité subordonnée à $\mathfrak{U}$ on peut écrire $\gamma=\sum\gamma_i$ avec les $\gamma_i\in\mathcal{Z}^{0,r-1}(\mathcal{V}_h)$ et à support contenu dans l'image réciproque d'un compact de U_i. A cause de l'hypothèse (iii) on peut trouver $\eta_i\in\mathcal{Z}^{0,r-1}(\mathcal{V}_{n+1})$ à support contenu dans l'image réciproque d'un compact de U_i et telle que $p_k^{h-1}(\gamma_i-\eta_i)<\varepsilon/s$. Il suffit alors de prendre $\eta=\sum\eta_i$ pour avoir la conclusion.

γ. Étant donnée $\varphi\in\mathcal{Z}^{0,r}(\mathcal{V})$, en vertu de (α), on peut sur tout $\mathcal{V}_h$ trouver une forme ψ_h indéfiniment différentiable et de type $(0, r-1)$ telle que

$$\varphi\,|_{\mathcal{V}_h}=\bar\partial'\psi_h.$$

La forme ψ_h est déterminée modulo l'addition d'une forme

$$\eta_h\in\mathcal{Z}^{0,r-1}(\mathcal{V}_h).$$

Étant donnée une série $\sum_1^\infty\varepsilon_s$ à termes positifs et convergente, en vertu de (β) on voit qu'on peut choisir les formes ψ_h de proche en proche de sorte que

$$p_{h-1}^h(\psi_h-\psi_{h-1})<\varepsilon_h \qquad \text{pour} \quad h=1, 2, \ldots.$$

Envisageons sur $\mathcal{V}_h$ la série

$$\psi_h+(\psi_{h+1}-\psi_h)+(\psi_{h+2}-\psi_{h+1})+\ldots.$$

A cause des inégalités établies, elle est convergente à une forme $\tilde\psi_h$ indéfiniment différentiable sur $\mathcal{V}_h$ telle que $\bar\partial'\tilde\psi_h=\varphi\,|_{\mathcal{V}_h}$. Comme $\tilde\psi_{h+1}|_{\mathcal{V}_h}=\tilde\psi_h$ la collection des formes $\{\tilde{\psi}_h\}$ définit une forme globale ψ sur $\mathcal{V}$ indéfiniment différentiable et de type $(0, r-1)$ telle que $\bar{\partial}'\psi = \varphi$. Ceci démontre la proposition.

8. Familles de domaines d'holomorphie. Paires de Runge.

a. Par une *famille de domaines d'holomorphie* dans $\mathbf{C}^n$, on entend une famille $(\mathcal{V}, \pi, M)$ de domaines dans $\mathbf{C}^n$ dont chaque fibre $V_t = \pi^{-1}(t)$ $(t \in M)$ est un domaine d'holomorphie.

Soit $\mathcal{V} = \{V_t\}_{t\in M}$ une famille de domaines dans $\mathbf{C}^n$. Désignons par $\mathcal{H}(\mathcal{V}) = \Gamma(\mathcal{V}, \mathfrak{A})$ l'espace des fonctions indéfiniment différentiables sur $\mathcal{V}$ et holomorphes le long des fibres, la topologie étant celle de la convergence compacte des fonctions et des dérivées.

Soit $\mathcal{V}' = \{V'_t\}_{t\in M}$ une sous-famille de $\mathcal{V}$, i. e. pour chaque $t \in M$, V'_t est un ouvert dans V_t. On dit que $(\mathcal{V}, \mathcal{V}')$ est une *paire de Runge* si l'image de $\mathcal{H}(\mathcal{V})$ dans $\mathcal{H}(\mathcal{V}')$ par l'homomorphisme de restriction est dense dans ce dernier espace.

Lorsque M est réduit à un point, on retrouve la définition de paire de Runge pour deux ouverts $V' \subset V$ dans $\mathbf{C}^n$.

Nous dirons qu'une famille $(\mathcal{V}, \pi, M) = \{V_t\}_{t\in M}$ est une *famille régulière* si, pour chaque $t \in M$, on peut trouver un voisinage U_t de t dans M et un ouvert $D_t \subset \mathbf{C}^n$ tels que

(i) $V_t \subset D_t$ et (D_t, V_t) est une paire de Runge;
(ii) $D_t \times U_t \supset \pi^{-1}(U_t)$.

b. Soit K un sous-ensemble compact de $\mathcal{V} = \{V_t\}_{t\in M}$. Nous désignerons par $(\hat{K})_{\mathcal{V}}$ l'enveloppe convexe de K par rapport à $\mathcal{V}$

$$(\hat{K})_{\mathcal{V}} = \left\{ x \in \mathcal{V} \;\middle|\; |f(x)| \leq \sup |f(K)| \quad \text{pour tout } f \in \mathcal{H}(\mathcal{V}) \right\}.$$

Si M est réduit à un point, on retrouve la notion d'enveloppe convexe d'un compact dans un ouvert de $\mathbf{C}^n$.

Si $\mathcal{V}$ est une famille *régulière*, on démontre facilement que

$$(\hat{K})_{\mathcal{V}} = \bigcup_{t\in M} \left(\widehat{K \cap V_t}\right)_{V_t} \quad [3].$$

---

[3] L'exemple suivant montre que la condition de régularité pour $\mathcal{V}$ est nécessaire. Soit

$$\mathcal{V} = \mathbf{C} \times \mathbf{R} - \{(0, 0)\} \quad \text{et} \quad K = \left\{ (z, t) \in \mathcal{V} \;\middle|\; |z| = 1, \; -1 \leq t \leq 1 \right\}.$$

On a

$$\left(\widehat{K \cap V_t}\right)_{V_t} = \{\, |z| \leq 1 \,\} \quad \text{pour } 0 < |t| \leq 1$$

et

$$\left(\widehat{K \cap V_0}\right)_{V_0} = \{\, |z| = 1 \,\}.$$

Donc $\bigcup_t \left(\widehat{K \cap V_t}\right)_{V_t}$ n'est pas fermé.

COROLLAIRE. — *Sous les mêmes hypothèses, on a*

$$H_k^s(\mathcal{V}, \mathcal{O}) = 0 \quad \textit{pour} \quad 0 \leqq s \leqq d-q.$$

b. Soit $\mathcal{V} = \{V_t\}_{t\in M}$, $M \subset \mathbf{C}^{q-1}$ une famille analytique complexe régulière de domaines d'holomorphie. D'après le théorème précédent, on sait que $H^q(\mathcal{V}, \mathcal{O}) = 0$. Désignons par $Z^{0,q-1}(\mathcal{V})$ l'espace des formes indéfiniment différentiables sur $\mathcal{V}$, de type $(0, q-1)$ et $\bar\partial$-fermées, l'opérateur $\bar\partial$ étant l'opérateur de différentiation extérieure par rapport aux coordonnées complexes conjuguées sur $\mathcal{V}$. Munissons cet espace de la topologie de la convergence compacte des coefficients et de toutes leurs dérivées.

THÉORÈME 4. — *Soient $\mathcal{V}$, $\mathcal{V}'$ deux familles régulières de domaines d'holomorphie dans $\mathbf{C}^{d-q+1}\times\mathbf{C}^{q-1}$. Supposons que $\mathcal{V}'$ soit une sous-famille de $\mathcal{V}$ et que la paire $(\mathcal{V}, \mathcal{V}')$ soit une paire de Runge. Alors l'image de $Z^{0,l}(\mathcal{V})$ dans $Z^{0,l}(\mathcal{V}')$ par l'holomorphisme de restriction est dense dans ce dernier espace, dès que $l \geqq q-1$.*

Preuve. — Désignons par $\mathfrak{A}^{0,l}$ le faisceau des germes de formes différentielles sur $\mathcal{V}$ de type $(0, l)$ en les différentielles de base, à coefficients indéfiniment différentiables et holomorphes le long des fibres. Désignons par $A^{0,l}$ le faisceau des germes des formes différentielles de type $(0, l)$ sur $\mathcal{V}$ à coefficient indéfiniment différentiables. On a sur $\mathcal{V}$ les deux suites exactes de faisceaux et d'homomorphismes :

$$0 \to \mathcal{O} \to \mathfrak{A}^{0,0} \xrightarrow{\bar\partial_t} \mathfrak{A}^{0,1} \xrightarrow{\bar\partial_t} \dots \xrightarrow{\bar\partial_t} \mathfrak{A}^{0,q-1} \to 0,$$

$$0 \to \mathcal{O} \to A^{0,0} \xrightarrow{\bar\partial} A^{0,1} \xrightarrow{\bar\partial} \dots \xrightarrow{\bar\partial} A^{0,d} \to 0,$$

où $\bar\partial_t$ désigne la différentiation extérieure par rapport aux coordonnées complexes conjuguées de la base.

Ces deux résolutions sont composées de faisceaux acycliques, la première en vertu de la remarque faite en *a*, la deuxième par le fait que les faisceaux $A^{0,l}$ sont fins.

Il en résulte que toute forme différentielle de type $(0, l)$ qui est C^∞ sur $\mathcal{V}$ et $\bar\partial$-fermée est co-homologue à une forme du même type en les seules différentielles de base, $\bar\partial_t$-fermée, à coefficients C^∞ et holomorphes le long des fibres. Pour toute forme $\varphi \in Z^{0,l}(\mathcal{V})$ on peut écrire

$$\varphi = \psi + \bar\partial\gamma, \qquad \text{où} \quad \psi \in \Gamma(\mathcal{V}, \mathfrak{A}^{0,l}) \quad \text{et} \quad \gamma \in \Gamma(\mathcal{V}, A^{0,l-1});$$

on aura $\gamma = 0$ si $l = 0$ et $\psi = 0$ si $l \geqq q$. On a la même propriété pour $\mathcal{V}'$.

Soit à présent $\varphi' \in Z^{0,l}(\mathcal{V}')$. Écrivons $\varphi' = \psi' + \bar\partial\gamma'$, avec

$$\psi' \in \Gamma(\mathcal{V}', \mathfrak{A}^{0,l}), \qquad \gamma' \in \Gamma(\mathcal{V}', A^{0,l-1}).$$

Soit K un compact contenu dans $\mathcal{V}'$. Puisque $(\mathcal{V}, \mathcal{V}')$ est une paire de Runge on peut approcher la composante de ψ', donc aussi ψ', autant qu'on veut sur K par une forme $\psi \in \Gamma(\mathcal{V}, \mathfrak{A}^{0,l})$. Soit γ la forme déduite de γ' par multiplication avec une fonction C^∞ à support dans $\mathcal{V}'$ et qui vaut 1 sur K. Envisageons γ comme une forme sur $\mathcal{V}$ en la prenant égale à 0 en dehors de $\mathcal{V}'$. La forme $\psi + \bar{\partial}\gamma$ approche ψ' sur K autant qu'on veut. Comme toute forme de $\Gamma(\mathcal{V}, \mathfrak{A}^{0,l})$ est $\bar{\partial}$-fermée si $l \geqq q-1$, on a

$$\psi + \partial\gamma \in Z^{0,l}(\mathcal{V}).$$

Par dualité, on obtient pour la cohomologie à support compact le

Corollaire. — *Sous les mêmes hypothèses l'homomorphisme naturel*

$$H_k^{d-l}(\mathcal{V}', \mathcal{O}) \to H_k^{d-l}(\mathcal{V}, \mathcal{O})$$

est injectif lorsque $l \geqq q-1$.

Preuve. — On a la suite exacte d'espaces de Fréchet

$$(\star) \qquad 0 \to Z^{0,l}(\mathcal{V}) \xrightarrow{i} \Gamma(\mathcal{V}, A^{0,l}) \xrightarrow{\bar{\partial}^l} \Gamma(\mathcal{V}, A^{0,l+1}),$$

les applications i, $\bar{\partial}^l$ étant linéaires et continues. De plus, les hypothèses entraînent que $H^{l+1}(\mathcal{V}, \mathcal{O}) = 0$ et donc l'exactitude de la suite

$$(\star\star) \qquad \Gamma(\mathcal{V}, A^{0,l}) \xrightarrow{\bar{\partial}^l} \Gamma(\mathcal{V}, A^{0,l+1}) \xrightarrow{\bar{\partial}^{l+1}} \Gamma(\mathcal{V}, A^{0,l+2}).$$

De l'exactitude de $(\star\star)$, on déduit que l'image de $\bar{\partial}^l$ est égale au noyau de $\bar{\partial}^{l+1}$, donc fermée; le théorème de Banach prouve alors que $\bar{\partial}^l$ est un homomorphisme.

Par passage aux espaces duaux dans $(\star)$ et en désignant par $K^{r,s}$ l'espace des formes de type (r, s) sur $\mathcal{V}$ à coefficients distributions à support compact, on obtient la suite exacte (*cf.* Serre [26])

$$0 \leftarrow (Z^{0,l}(\mathcal{V}))' \xleftarrow{{}^t i} K^{d,d-l} \xleftarrow{{}^t\bar{\partial}^l} K^{d,d-l-1}.$$

De là, en identifiant $\mathcal{O}$ au faisceau des d-formes holomorphes sur $\mathcal{V}$, on a

$$H_k^{d-l}(\mathcal{V}, \mathcal{O}) \subset (Z^{0,l}(\mathcal{V}))'.$$

Le transposé λ de l'homomorphisme de restriction envoie $(Z^{0,l}(\mathcal{V}'))'$ *injectivement* dans $(Z^{0,l}(\mathcal{V}))'$, en vertu du théorème précédent. Par conséquent, la restriction de λ à $H_k^{d-l}(\mathcal{V}', \mathcal{O})$ est aussi injective.

10. Familles de domaines pseudoconvexes. — Soit D un ouvert dans $\mathbf{C}^n$ et soit φ une fonction définie sur D, indéfiniment différentiable à valeurs réelles, fortement q-pseudoconvexe (avec $q \geqq 1$) ([4]). Soit $\xi_0 \in D$ et soit

$$Y = \{ z \in D \mid \varphi(z) < \varphi(\xi_0) \}.$$

Supposons les coordonnées $z_1, \ldots, z_n$ de $\mathbf{C}^n$ choisies de sorte que ξ_0 soit à l'origine et que sur l'espace $z_1 = \ldots = z_{q-1} = 0$ la fonction φ soit fortement plurisousharmonique au voisinage de l'origine. Posons

$$z_1 = t_1, \quad \ldots, \quad z_{q-1} = t_{q-1}; \quad z_q = \xi_1, \quad \ldots, \quad z_n = \xi_{n-q+1}$$

et soit $\varphi = \varphi(\xi, t)$ la fonction envisagée.

Choisissons $\rho > 0$, $\varepsilon > 0$ de sorte que pour tout t, tel que $\| t \| < \varepsilon$ ([5]) la fonction $\psi_t(\xi) = \varphi(\xi, t)$ des variables ξ soit fortement plurisousharmonique dans le polycylindre $\| \xi \| \leqq \rho$.

Soient U^*, U deux ouverts d'holomorphie contenant ξ_0, tels que $U \Subset U^*$ et contenu dans le polycylindre

$$Q = \{ (\xi, t) \in \mathbf{C}^n \mid \| \xi \| < \rho, \| t \| < \varepsilon \}$$

et supposons que (U^*, U) soit une paire de Runge. Par exemple, on peut choisir pour U^*, U deux boules concentriques ou deux polyèdres analytiques dans le polycylindre Q.

On peut considérer les deux ouverts $\mathfrak{V} = U$, $\mathfrak{W} = U \cap Y$ par rapport à la projection sur l'espace des t comme deux familles analytiques de domaines d'holomorphie dépendant de $q-1$ paramètres. L'assertion concernant $\mathfrak{V}$ découle du fait que, $\mathfrak{V}$ étant un domaine d'holomorphie, les sections de $\mathfrak{V}$ avec les espaces $z_1 = t_1^0, \ldots, z_{q-1} = t_{q-1}^0$, pour $\| t^0 \| < \varepsilon$ sont aussi des domaines d'holomorphie.

L'assertion concernant $\mathfrak{W}$ découle du théorème suivant dont la forme générale est due à NARASIMHAN [19] :

Si X est un espace de Stein et p une fonction différentiable plurisousharmonique sur X, alors, pour tout $\alpha \in \mathbf{R}$, l'ensemble $\{ p(x) < \alpha \}$ est de Runge dans X et un espace de Stein ([6]).

([4]) Une fonction φ à valeurs réelles, C^∞, définies sur un ouvert $D \subset \mathbf{C}^n$ est dite *fortement q-pseudoconvexe* si la forme hermitienne

$$L(\varphi)_\xi = \sum \left(\frac{\partial^2 \varphi}{\partial z_\alpha \, \partial \bar{z}_\alpha} \right)_\xi u_\alpha \bar{u}_\beta$$

à $n - q + 1$ valeurs propres > 0, en tout point $\xi \in D$ (*cf.* [1]).

([5]) On convient de noter $\| x \|$ le nombre $\sup\limits_{1 \leqq i \leqq k} | x_i |$ pour tout point $x = (x_1, \ldots, x_k) \in \mathbf{C}^k$.

([6]) Pour un domaine $X \subset \mathbf{C}^n$, ce théorème a été démontré par BEHNKE et STEIN [2]. Pour une variété X, ce théorème est déjà dans DOQUIER et GRAUERT [7].

De plus, remarquons que, si (X, X') est une paire de Runge de domaines d'holomorphie [telle que (U^*, U)], et si V est un sous-espace analytique fermé de X, la paire $(V, X' \cap V)$ est aussi une paire de Runge. On déduit de là que $\mathcal{V}$, $\mathcal{W}$ sont des familles *régulières* de domaines d'holomorphie et que la paire $(\mathcal{V}, \mathcal{W})$ est une paire de Runge. Nous pouvons donc énoncer la proposition snivante :

Proposition 11. — *Soit D ouvert dans $\mathbf{C}^n$ et φ une fonction C^∞ fortement q-pseudoconvexe sur D. Soit $\xi_0 \in D$ et soit*

$$Y = \{ z \in D \mid \varphi(z) < \varphi(\xi_0) \}.$$

Si U^* est un voisinage d'holomorphie de ξ_0 suffisamment petit dans D, pour tout voisinage d'holomorphie $U \Subset U^*$ de ξ_0 qui soit de Runge dans U^* on a

$$H^r(U \cap Y, \mathcal{O}) = 0 \text{ pour } r \geqq q \text{ et } H^s_k(U \cap Y, \mathcal{O}) = 0 \text{ pour } 0 \leqq 1 \leqq n - q;$$
$$Z^{0,l}(U, \mathcal{O}) \to Z^{0,l}(U \cap Y, \mathcal{O}) \text{ a une image dense pour } l \geqq q - 1;$$
$$H^{n-l}_k(U \cap Y, \mathcal{O}) \to H^{n-l}_k(U, \mathcal{O}) \text{ est injectif pour } l \geqq q - 1.$$

Remarque. — On peut éviter l'utilisation du théorème général de Narasimhan par un argument direct. Pour tout t, on écrit le développement de Taylor de $\psi_t(\xi)$ au voisinage de $\xi^{(1)}$

$$\psi_t(\xi) = \psi_t(\xi^{(1)}) + 2 \operatorname{Re} f_t(\xi^{(1)}, \xi) + L(\psi_t)_{\xi^{(1)}} + [3],$$

où $f_t(\xi^{(1)}, \xi)$ est une fonction holomorphe de ξ (en réalité un polynome du second degré), où $L(\psi_t)_{\xi^{(1)}}$ est la forme de Lévi en les variables ξ au point $\xi^{(1)}$ et où $[3]$ désigne un infiniment petit du 3e ordre par rapport à $\|\xi - \xi^{(1)}\|$. Si ρ et ε sont petits, $L(\psi_t)_{\xi^{(1)}} + [3] > 0$ pour $\xi \neq \xi^{(1)}$ et la considération de la fonction $e^{f_t(\xi^{(1)}, \xi)}$ permet de démontrer que

$$\Delta_t = \{ \xi \mid \|\xi\| < \rho, \ \psi_t(\xi) < \psi_0(0) \}$$

est holomorphiquement convexe par rapport au polycylindre $\|\xi\| < \rho$.

11. Familles de domaines d'holomorphie troués.

a. Envisageons dans $\mathbf{C}^{n+p}$, pour $p > 0$, les domaines suivants :

$$\Delta_\alpha = \begin{cases} \frac{1}{2} < |z_\alpha| < 1 \\ |z_\beta| < 1 \quad \text{pour} \quad \beta \neq \alpha, \quad 1 \leqq \beta \leqq n + p \end{cases} \qquad (1 \leqq \alpha \leqq n).$$

Soit

$$\Delta_0 = \begin{cases} |z_\mu| < 1 & 1 \leqq \mu \leqq n, \\ |z_{n+\nu}| < \frac{1}{2} & 1 \leqq \nu \leqq p, \end{cases}$$

Posons finalement

$$\xi_0 = \frac{2f-\varepsilon}{2\varepsilon - f}.$$

Lorsque f varie dans le cercle $|f| < \varepsilon$, ξ_0 varie dans le cercle $|\xi_0| < 1$, le point $f = \frac{\varepsilon}{2}$ étant envoyé dans le point $\xi_0 = 0$.

Sur $\left\{ f = \frac{\varepsilon}{2} \right\} \cap U$, on a $\varphi(z) > \varphi(\xi_0)$, à cause des conditions ($\bigstar$) et du choix de f. Donc il existe une constante $0 < b < 1$ telle que l'ouvert $|\xi_0| < b$, $|\xi_i| < 1$, $1 \leqq i \leqq n$, soit contenu dans Y'.

En conclusion, on a déterminé $n+1$ fonctions holomorphes $\xi_0, \xi_1, \ldots, \xi_n$ dans U telles que :

(i) l'ouvert

$$|\xi_0| < 1, \qquad |\xi_i| < 1 \quad \text{pour } i \neq \alpha, \qquad \frac{1}{2} < |\xi_\alpha| < 1$$

est contenu dans Y' pour tout $\alpha = 1, \ldots, n$;

(ii) l'ouvert

$$|\xi_0| < b, \qquad |\xi_i| < 1 \quad \text{pour } 1 \leqq i \leqq n$$

est contenu dans Y';

(iii) l'application $z \to \xi$ est une application biholomorphe de l'ouvert $P = \{ |\xi_i| < 1, 0 \leqq i \leqq n \}$ sur un sous-ensemble analytique du polycylindre $\|\xi\| < 1$ de $\mathbf{C}^{n+1}$.

β. Choisissons $\eta > 0$ si petit que l'ouvert

$$P_\eta = \{ |\xi_i| < 1 + \eta, 0 \leqq i \leqq n \}$$

soit contenu dans U. Soit Δ le compact de P_η défini par les inégalités

$$\varphi(z) \leqq \varphi(\xi_0), \qquad |\xi_i| \leqq 1.$$

D'après le théorème cité de Narasimhan [19] ou par un argument direct (*cf.* n° 10, Remarque), on voit que Δ coïncide avec sa propre enveloppe $\hat{\Delta}$ par rapport à P_η. On peut donc construire une suite décroissante de polyèdres

$$Q_\nu = \left\{ z \in P_\eta \;\middle|\; |f_{\nu,i}(z)| < \frac{1}{2}, 1 \leqq i \leqq r_\nu \right\}$$

tendant vers

$$\Delta : \quad Q_{\nu+1} \subset Q_\nu, \qquad \bigcap_\nu Q_\nu = \Delta.$$

Envisageons la suite d'ouverts $W_\nu = P - (P \cap Q_\nu)$. C'est une suite croissante d'ouverts telle que $\bigcup W_\nu = P \cap Y'$. Sans perte de généralité, on peut supposer que chaque fonction $f_{\nu,i}$ est en valeur absolue < 1 sur P.

Pour chaque ν, envisageons l'application τ_ν de P dans $\mathbf{C}^{n+r_\nu+1}$ définie par

$$w_0 = \xi_0, \quad \ldots, \quad w_n = \xi_n,$$
$$w_{n+1} = f_{\nu,1}, \quad \ldots, \quad w_{n+r_\nu} = f_{\nu,r_\nu}.$$

Elle envoie le polycylindre P biholomorphiquement sur un sous-ensemble analytique $\tau_\nu(P)$ du polycylindre $W = \{\, \| w \| < 1 \,\}$.

Envisageons les domaines

$$\Delta_\alpha = \begin{cases} |w_i| < 1 & (i \neq \alpha), \\ \frac{1}{2} < |w_\alpha| < 1 & \text{pour } \alpha = 1, \ldots, n + r_\nu \end{cases}$$

et le domaine

$$\Delta_0 = \begin{cases} |w_0| < b \\ |w_i| < 1 & (i \neq 0). \end{cases}$$

Soit $Z_\nu \bigcup_{\alpha=0}^{n+r_\nu} \Delta_\alpha$. Il en résulte que

$$\tau_\nu(W_\nu) \subset Z_\nu \cap \tau_\nu(P).$$

Soit $M_\nu = \tau_\nu^{-1}(Z_\nu \cap \tau_\nu(P))$. C'est une suite croissante d'ouverts telle que $\bigcup_\nu M_\nu = P \cap Y'$.

Soit $N = n + r_\nu + 1$. Soit $\mathcal{J}$ le faisceau d'idéaux défini dans W par la sous-variété analytique $\tau_\nu(P)$. Comme le plongement τ_ν s'étend à un voisinage de $\overline{P}$, on aura sur W une résolution du type

$$(1) \qquad 0 \to \mathcal{O}^{p_{N-n}} \to \ldots \to \mathcal{O}^{p_1} \to \mathcal{J} \to 0$$

en vertu des propositions 1 et 3. Du lemme 1, on tire que $H^s(Z_\nu, \mathcal{O}) = 0$ pour $s \neq 0$, $N - 1$. On aura donc

$$H^r(Z_\nu, \mathcal{J}) \simeq H^{r+N-n-1}\left(Z_\nu, \mathcal{O}^{p_{N-n}}\right)$$

pour $r > 0$ pourvu que $r + N - n - 1 < N - 1$, i. e. pour $0 < r < n$.

En particulier, $H^1(Z_\nu, \mathcal{J}) = 0$, car on suppose $n > 1$. Dans le diagramme commutatif

$$\begin{array}{ccccccccc} 0 \to & H^0(W, \mathcal{J}) & \to & H^0(W, \mathcal{O}) & \to & H^0(P, \mathcal{O}) & \to 0 \\ \downarrow & \downarrow & & \downarrow & & \downarrow & \downarrow \\ 0 \to & H^0(Z_\nu, \mathcal{J}) & \to & H^0(Z_\nu, \mathcal{O}) & \to & H^0(M_\nu, \mathcal{O}) & \to 0 \end{array}$$

les horizontales sont des suites exactes. Les trois premiers et le dernier homomorphismes verticaux sont des bijections par le théorème d'Hartogs. Il en découle que $H^0(P, \mathcal{O}) \to H^0(M_\nu, \mathcal{O})$ est aussi une bijection.

Finalement, de la suite exacte de faisceaux

$$0 \to \mathcal{J} \to \mathcal{O} \to \mathcal{O}_{T_\nu(P)} \to 0$$

utilisée tout à l'heure, on déduit que $H^r(M_\nu, \mathcal{O}) \simeq H^{r+1}(Z_\nu, \mathcal{J})$ si

$$r+1 < N-1.$$

Donc $H^r(M_\nu, \mathcal{O}) = 0$ pour $0 < r < n-1$.

En conclusion, on a construit dans un voisinage P de ξ_0 une suite croissante d'ouverts $\{M_\nu\}$ tels que :

(i) $\bigcup_\nu M_\nu = P \cap Y'$;

(ii) $H^0(P, \mathcal{O}) \to H^0(M_\nu, \mathcal{O})$ est bijectif;

(iii) $H^r(M_\nu, \mathcal{O}) = 0$ pour $0 < r < n-1$.

De la proposition 9 on déduit le lemme suivant :

Lemme 2. — *Soit D un ouvert dans $\mathbf{C}^n$, $n \geq 2$, et φ une fonction C^∞ sur D fortement plurisousharmonique. Soit $\xi_0 \in D$ et soit*

$$Y' = \{ z \in D \mid \varphi(z) > \varphi(\xi_0) \}.$$

Il existe un système fondamental de voisinages d'holomorphie P de ξ_0 dans D tels que

(i) $H_0(P, \mathcal{O}) \to H_0(P \cap Y', \mathcal{O})$ est bijectif [7];

(ii) $H^r(P \cap Y', \mathcal{O}) = 0$ pour $0 < r < n-1$.

c. Nous voulons démontrer à présent la

Proposition 12. — *Soient D un ouvert dans $\mathbf{C}^n$ et φ une fonction C^∞ fortement q-pseudoconvexe sur D, $n - q \geq 1$. Pour tout point $\xi_0 \in D$, on peut trouver un système fondamental de voisinages d'holomorphie Q de ξ_0 tels que, en désignant par Y' l'ensemble $\{ z \in D \mid \varphi(z) > \varphi(\xi_0) \}$, on ait :*

(i) $H^0(Q, \mathcal{O}) \to H^0(Q \cap Y', \mathcal{O})$ *est bijectif;*

(ii) $H^r(Q \cap Y', \mathcal{O}) = 0$ *pour* $0 < r < n - q$.

Preuve. — α. Il existe un espace linéaire L de dimension $n-q+1$ passant par ξ_0 tel que $\varphi|_L$ soit fortement plurisousharmonique sur L au voisinage de ξ_0. Soit U un voisinage de ξ_0 dans D tel que, sur les sections de U par les espaces linéaires de dimension $n-q+1$ parallèles à L, φ soit fortement plurisousharmonique.

---

(7) Ce fait n'est autre qu'un aspect particulier du « théorème de continuité », *cf.* Behnke-Thullen [3], p. 49.

Supposons ξ_0 à l'origine, et que $z_1 = \ldots = z_{q-1} = 0$ soient les équations de L. Posons $t_1 = z_1, \ldots, t_{q-1} = z_{q-1}, \xi_1 = z_q, \ldots, \xi_{n-q+1} = z_n$. Supposons le polycylindre $\| t \| < 1$, $\| \xi \| < 1$ contenu dans U. Sur l'espace $L = \{ t = 0 \}$ effectuons la construction d'un petit polyèdre P au voisinage de l'origine satisfaisant aux conditions du lemme 2, par rapport à la fonction

$$\varphi(\xi) = \varphi(\xi, 0).$$

Soit

$$Y' = \{ z \in D \mid \varphi(z) > \varphi(\xi_0) \}$$

et soit Y'_t la section de Y' par l'espace $z_1 = t_1, \ldots, z_{q-1} = t_{q-1}$. On peut trouver un $\varepsilon > 0$, $\varepsilon < 1$, si petit que le polyèdre $P \times \{ t \}$ et l'ouvert Y'_t vérifient les conclusions du lemme 2 pour $\| t \| < \varepsilon$.

β. Soit $M = \{ \| t \| < \varepsilon \}$ et posons

$$Q = P \times M \qquad \text{et} \qquad \mathcal{V} = Q \cap Y'.$$

Envisageons $\mathcal{V} = \{ V_t \}_{t \in M}$ comme une famille de domaines dans $\mathbf{C}^{n-q+1}$, V_t étant l'ouvert $Q \cap Y'_t$.

Avec les mêmes notations qu'au théorème 3, en utilisant le lemme 2 et la proposition 9, on déduit avec un raisonnement analogue que $H^r(\mathcal{V}, \mathfrak{A}^{0,s}) = 0$ pour $s \geq 0$, et $0 < r < n - q$ [8]. On peut donc représenter chaque classe de cohomologie de $H^r(\mathcal{V}, \mathcal{O})$, pour $0 < r < n - q$, par une forme ψ de type

---

[8] Précisément on raisonnera de la manière suivante. Pour tout $t \in M$ on peut écrire la fibre Y'_t comme réunion d'une suite croissante d'ouverts $M_\nu(t)$ tels que

(i) $H^r(M_\nu(t), \mathcal{O}) = 0$, $0 < r < n < q$;

(ii) $H^0(P \times \{ t \}, \mathcal{O}) \to H^0(M_\nu(t), \mathcal{O})$ est bijectif.

Soit K un compact dans $\mathcal{V}$. Pour tout $t \in M$ il existe un voisinage $U(t)$ de t dans M tel que

$$\pi^{-1}(U(t)) \cap K \subset U(t) \times M_{\nu_t}(t).$$

On peut donc choisir un recouvrement $\mathcal{U} = \{ U_i(t_i) \}$ localement fini de M avec des ouverts relativement compacts dans M tel que pour chaque $U_i(t_i)$ on ait l'inclusion précédente.

Posons $\mathcal{W}(K) = \bigcup_i U(t_i) \times M_{\nu_{t_i}}(t_i)$. Si $0 < r < n - q$ pour toute forme $\varphi^{0,r} \in \mathfrak{Z}^{0,r}(\mathcal{V}^r)$ on peut alors trouver une forme $\varphi^{0,r-2}$ sur $\mathcal{W}(K)$ indéfiniment différentiable et de type $(0, r-1)$ en les différentielles le long des fibres telle que $\varphi^{0,r} |_{\mathcal{W}} = \partial^{\overline{\ }} \psi^{0,r-1}$.

Ceci étant, soit $\{ K_s \}$ une suite croissante de compacts de $\mathcal{V}$, tels que

$$K_s \subset \mathring{K}_{s+1} \mathcal{V} = \bigcup_s K_s.$$

Posons $\mathcal{W}_s = \mathcal{W}(K_s)$.

Il suit de là que $\mathfrak{Z}^{0,r}(\mathcal{V}) \to \mathfrak{Z}^{0,r}(\mathcal{W}_s)$ a une image dense pour $0 \leq r < n - q$. Le cas $r = 0$ découle immédiatement de la condition (ii), car toute fonction indéfiniment diffé-

(o, r) en les différentielles de base, à coefficients indéfiniment différentiables et holomorphes le long des fibres et $\bar{\partial}_t$ fermée.

Les coefficients de ψ s'étendent de manière naturelle à des fonctions sur $P \times M$ holomorphes sur chaque fibre $P \times \{t\}$. En regardant le développement de Taylor en chaque point et le prolongement analytique des coefficients de ψ, ou en utilisant l'intégrale de Weil (compte tenu du fait que la frontière distinguée de $P \times \{t\}$ est dans Y'_t et restreignant un peu et génériquement le polyèdre $P \times \{t\}$), on reconnaît que les fonctions étendues sont des fonctions indéfiniment différentiables. En plus, la forme étendue ψ reste $\bar{\partial}_t$ fermée.

Il résulte donc que l'homomorphisme de restriction

$$H^r(Q, \mathcal{O}) \rightarrow H^r(\mathcal{V}, \mathcal{O})$$

est surjectif pour $0 \leqq r < n - q$. Pour $r = 0$, ce sera un isomorphisme et comme $H^r(Q, \mathcal{O}) = 0$ pour $r > 0$, on a aussi la deuxième partie de la conclusion.

Par dualité, pour les mêmes hypothèses, on obtient le

Corollaire. — *On a* $H^s_k(Q \cap Y', \mathcal{O}) = 0$ *pour* $q + 1 < s < n$ *et l'homomorphisme* $H^n_k(Q \cap Y', \mathcal{O}) \rightarrow H^n_k(Q, \mathcal{O})$ *est bijectif si* $n > q + 1$.

Preuve. — On a la suite exacte d'espaces de Fréchet :

$$\Gamma(Q \cap Y', A^{0,r-1}) \xrightarrow{\bar{\partial}} \Gamma(Q \cap Y', A^{0,r}) \xrightarrow{\bar{\partial}} \Gamma(Q \cap Y', A^{0,r+1}).$$

La deuxième application $\bar{\partial}$ sera un homomorphisme si $H^{r+1}(Q \cap Y', \mathcal{O}) = 0$, i. e. pour $r + 1 < n - q$. Par la dualité de Serre, on a donc la première assertion.

De plus, la suite

$$0 \rightarrow H^0(Q, \mathcal{O}) \xrightarrow{i} \Gamma(Q, A^{0,0}) \xrightarrow{\bar{\partial}} \Gamma(Q, A^{0,1})$$

est aussi exacte et $\bar{\partial}$ est un homomorphisme, car $H^1(Q, \mathcal{O}) = 0$. De même pour $Q \cap Y'$ au lieu de Q, en vertu de la proposition précédente, car $n > q + 1$. En dualisant, on a

$$H^n_k(Q, \mathcal{O}) \simeq (H^0(Q, \mathcal{O}))', \qquad H^n_k(Q \cap Y', \mathcal{O}) \simeq (H^0(Q \cap Y', \mathcal{O})).$$

De là notre affirmation.

---

rentiable et holomorphe le long des fibres de $\mathcal{V}$, se prolonge à une fonction, holomorphe le long des fibres sur $Q = P \times M$, et qui est aussi indéfiniment différentiable sur Q comme il résulte du prolongement analytique.

Le raisonnement de la proposition 9 permet alors de conclure que

$$H^r(\mathcal{V}, \mathfrak{A}) = 0 \qquad \text{pour } 0 < r < n - q$$

Exemple. — Soit D un ouvert d'holomorphie dans $\mathbf{C}^n$, $z^{(1)}, \ldots, z^{(k)}$ des points de D. Soient U_i, pour $i=1, \ldots, k$, des boules disjointes de centre $z^{(i)}$ dans D. De la suite exacte pour le couple $\bigcup_{i=1}^{k} U_i \subset D$, on déduit que

$$H^r\Big(D - \bigcup_i U_i, \mathcal{O}\Big) = 0 \qquad \text{pour} \quad 0 < r < n-1.$$

Par approximation, si $n > 2$, on obtient (propos. 9) $H^r\Big(D - \bigcup z^{(i)}, \mathcal{O}\Big) = 0$. Ce résultat pourrait aussi être déduit comme au lemme 2. Ceci étant, soit A un sous-ensemble analytique de dimension k dans le polycylindre $P = \{\, \| z \| < 1 \,\}$ de $\mathbf{C}^n$. Supposons que les espaces $z_1 = c_1, \ldots, z_k = c_k$, $\| c \| < 1$ coupent A en un nombre fini de points (pour tout point d'un ensemble analytique, il existe toujours un voisinage de telle sorte). On aura alors comme à la proposition précédente,

$$H^r(P - A, \mathcal{O}) = 0 \qquad \text{pour} \quad 0 < r < n-k-1 = \operatorname{codim}(A) - 1.$$

En utilisant le théorème de Leray sur les recouvrements acycliques en dessous d'une certaine dimension ([9]), on retrouve d'intéressants théorèmes signalés par Scheja [23]. Pour traiter le cas d'un faisceau cohérent quelconque on se ramène au cas précédent en utilisant la dimension homologique du faisceau.

4. Cohomologie aux points frontière des domaines d'un espace analytique.

12. Domaines q-pseudoconvexes. — Soit V un sous-ensemble analytique d'un domaine $D \subset \mathbf{C}^N$ et soit $\xi \in V$. Soit φ une fonction indéfiniment différentiable sur V et fortement q-pseudoconvexe. Nous supposerons que φ est restriction à V d'une fonction $\hat{\varphi}$ indéfiniment différentiable et fortement q-pseudoconvexe dans D. Soit $\mathcal{F}$ un faisceau cohérent sur V et soit $\mathcal{F}$ son extension triviale à D. Sur un voisinage suffisamment petit U^* de ξ_0 (*cf.* propos. 1) considérons une résolution de Hilbert de $\hat{\mathcal{F}}$:

$$0 \to \mathcal{O}^{p_d} \to \ldots \to \mathcal{O}^{p_0} \to \hat{\mathcal{F}} \to 0.$$

Soit Y l'ouvert

$$Y = \{\, z \in D \mid \hat{\varphi}(z) > \varphi(\xi_0) \,\}.$$

Théorème 5. — *Si U^* est un voisinage d'holomorphie suffisamment petit de ξ_0 dans D, pour tout voisinage $U \Subset U^*$ d'holomorphie de ξ_0 dans D qui soit de Runge dans U^*, et tout faisceau cohérent $\mathcal{F}$ sur V, on a*

$$H^r((U \cap Y) \cap V, \mathcal{F}) = 0 \qquad \textit{pour} \quad r \geq q.$$

([9]) *Cf.*, par exemple le Séminaire E. E. Levi, Pisa, 1959.

tel que

$$\delta\varphi^0 \in Z^l(\mathfrak{U}', \mathcal{O}).$$

Ce cocycle est dans la classe de cohomologie définie par φ^l en vertu de l'isomorphisme de Dolbeault. En effet, on n'a fait que rendre explicite cet isomorphisme.

β. Par l'hypothèse que l'image de $\Gamma(X, Z^l)$ est dense dans $\Gamma(X', Z^l)$ on peut trouver une suite $\psi^l(n) \in \Gamma(X, Z^l)$ telle que $\psi^l(n)|_{X'}$ tende vers φ^l.

Posons $\psi^l_{\nu_0}(n) = \psi^l(n)|_{U_{\nu_0}}$. On peut trouver

$$\psi^{l-1}(n) = \{\psi^{l-1}_{\nu_0}(n)\} \in C^0(\mathfrak{U}, A^{l-1})$$

tel que

$$\psi^l_{\nu_0}(n) = \bar{\partial}\psi^{l-1}_{\nu_0}(n).$$

Or, remarquons que l'application

$$\Gamma(U_{\nu_0}, A^{l-1}) \xrightarrow{\bar{\partial}} \Gamma(U_{\nu_0}, Z^l)$$

est surjective ; elle est donc un homomorphisme d'espaces de Fréchet.

Supposons $U_{\nu_0} \subset X'$, comme $\psi^l_{\nu_0}(n)$ tend vers $\varphi^l_{\nu_0}$, on peut choisir $\{\psi^{l-1}_{\nu_0}(n)\}$ de sorte que cette suite tende vers $\varphi^{l-1}_{\nu_0}$.

On aura

$$\delta\psi^{l-1}(n) \in Z^1(\mathfrak{U}, Z^{l-1})$$

et, si $U_{\nu_0}, U_{\nu_1} \subset X$ on aura

$$\lim_{n \to \infty} (\delta\psi^{l-1}(n))_{\nu_0\nu_1} = (\delta\varphi^{l-1})_{\nu_0\nu_1}.$$

On peut trouver

$$\psi^{l-2}(n) = \{\psi^{l-2}_{\nu_0\nu_1}(n)\} \in C^1(\mathfrak{U}, A^{l-2})$$

tel que

$$(\delta\psi^{l-1}(n))_{\nu_0\nu_1} = \bar{\partial}\psi^{l-2}_{\nu_0\nu_1}(n).$$

De plus, on peut demander que, si $\mathfrak{U}_{\nu_0}, \mathfrak{U}_{\nu_1} \subset X'$, on ait

$$\lim_{n \to \infty} \psi^{l-2}_{\nu_0\nu_1}(n) = \varphi^{l-2}_{\nu_0\nu_1}.$$

Ainsi de suite, on construit pour $0 \leq i \leq l$ des éléments

$$\psi^{l-i}(n) = \{\psi^{l-i}_{\nu_0\ldots\nu_{i-1}}(n)\} \in C^{i-1}(\mathfrak{U}, A^{l-i}),$$

pour lesquels

$$\delta\psi^{l-i}(n) \in Z^i(\mathfrak{U}, Z^{l-i}), \qquad (\delta\psi^{l-i}(n))_{\nu_0\ldots\nu_i} = \bar{\partial}\psi^{l-i-1}_{\nu_0\ldots\nu_i}(n)$$

et si $U_{\nu_0}, \ldots, U_{\nu_i} \subset X'$, on ait

$$\lim_{n \to \infty} \psi^{l-i}_{\nu_0\ldots\nu_{i-1}}(n) = \varphi^{l-i}_{\nu_0\ldots\nu_{i-1}}.$$

Pour $i=l$ on aura

$$\psi^0(n)=\{\psi^0_{\nu_0\ldots\nu_{l-1}}(n)\}\in C^{l-1}(\mathfrak{U}, A^0)$$

tel que

$$\delta\psi^0(n)\in Z^l(\mathfrak{U}, \mathcal{O})$$

et si $U_{\nu_0}, \ldots, U_{\nu_l}\subset X'$,

$$\lim_{n\to\infty}(\delta\psi^0(n)_{\nu_0\ldots\nu_l})=(\delta\varphi^0)_{\nu_0\ldots\nu_l}.$$

γ. Soit $\xi'\in Z^l(\mathfrak{U}, \mathcal{O})$ et soit $\varphi^l\in\Gamma(X', Z^l)$ une forme dans la même classe de cohomologie.

Soit γ' le cocycle $\delta\varphi^0$ construit en α. On aura

$$\xi'=\gamma'+\delta\eta', \qquad \text{avec} \quad \eta'\in C^{l-1}(\mathfrak{U}', \mathcal{O}).$$

Soit $\eta\in C^{l-1}(\mathfrak{U}, \mathcal{O})$ telle que

$$\eta_{\nu_0\ldots\nu_{l-1}}=\eta'_{\nu_0\ldots\nu_{l-1}} \quad \text{si} \quad U_{\nu_0}, \ldots, U_{\nu_{l-1}}\subset X'.$$

Soit $\gamma(n)$ le cocycle $\delta\psi^0(n)$ construit en β. Posons

$$\xi(n)=\gamma(n)+\delta\eta.$$

Des considérations précédentes il résulte que

$$\lim_{n\to\infty} r^{\mathfrak{U}}_{\mathfrak{U}'}\gamma(n)=\gamma' \qquad \text{et} \qquad r^{\mathfrak{U}}_{\mathfrak{U}'}\eta=\eta'$$

donc que

$$\lim_{n\to\infty} r^{\mathfrak{U}}_{\mathfrak{U}'}\xi(n)=\xi'.$$

Ceci achève la démonstration.

Soit à présent D un ouvert dans C^n et φ une fonction indéfiniment différentiable fortement q-pseudoconvexe. Soit

$$\xi_0\in D \qquad \text{et} \qquad Y=\{z\in D \mid \varphi(z)<\varphi(\xi_0)\}.$$

Soit U^* un voisinage d'holomorphie suffisamment petit de ξ_0 dans D et soit $U\Subset U^*$ un deuxième voisinage d'holomorphie qui soit de Runge dans U^*. D'après la proposition 11, on sait que $\Gamma(U, Z^l)$ a une image dense dans $\Gamma(U\cap Y, Z^l)$ pour tout $l\geqq q-1$. D'après la proposition 13, il résulte que pour tout recouvrement $\mathfrak{U}$ de D adapté à $\mathcal{O}$ l'image de $Z^l(\mathfrak{U}|_U, \mathcal{O})$ dans $Z^l(\mathfrak{U}|_{U\cap Y}, \mathcal{O})$ est dense pour $l\geqq q-1$.

PROPOSITION 14. — *Pour tout faisceau cohérent $\mathcal{F}$ sur D et tout $l\geqq q-1$, $Z^l(\mathfrak{U}|_U, \mathcal{F})$ a une image dense dans $Z^l(\mathfrak{U}|_{U\cap Y}, \mathcal{F})$.*

Preuve. — Comme $\bar{U}$ est un compact d'un ouvert d'holomorphie U^*, on peut trouver un nombre fini de sections de $\mathcal{F}$ sur U^* qui engendrent $\mathcal{F}$ en chaque point de U. On peut donc trouver sur U une suite exacte

$$(\star) \qquad 0 \to \mathcal{G} \to \mathcal{O}^q \to \mathcal{F} \to 0.$$

Envisageons le diagramme commutatif

$$\begin{array}{ccc} Z^l(\mathfrak{U}|_U, \mathcal{O}^q) & \xrightarrow{\alpha} & Z^l(\mathfrak{U}|_U, \mathcal{F}) \\ \downarrow r & & \downarrow r \\ Z^l(\mathfrak{U}|_{U\cap Y}, \mathcal{O}^q) & \xrightarrow{\beta} & Z^l(\mathfrak{U}|_{U\cap Y}, \mathcal{F}). \end{array}$$

En utilisant le théorème 5 qui prouve $H^r(\mathfrak{U}|_{U\cap Y}, \mathcal{G}) = 0$ pour $r \geqq q$ et la suite de cohomologie associée à la suite exacte ($\star$), on voit que

$$H^l(\mathfrak{U}|_{U\cap Y}, \mathcal{O}^q) \to H^l(U\cap Y, \mathcal{F})$$

est surjectif pour $l \geqq q-1$.

Soit $\xi' \in Z^l(\mathfrak{U}|_{U\cap Y}, \mathcal{F})$. De la dernière remarque il suit qu'on peut trouver

$$\eta' \in Z^l(\mathfrak{U}|_{U\cap Y}, \mathcal{O}^q) \qquad \text{et} \qquad \gamma' \in C^{l-1}(\mathfrak{U}|_{U\cap Y}, \mathcal{F})$$

tels que

$$\xi' = \beta(\eta') + \delta\gamma'.$$

On peut construire

$$\gamma \in C^{l-1}(\mathfrak{U}|_U, \mathcal{F}) \qquad \text{tel que} \quad r\gamma = \gamma'.$$

On peut aussi trouver une suite

$$\eta(n) \in Z^l(\mathfrak{U}|_U, \mathcal{O}^q) \qquad \text{telle que} \quad r\eta(n) \to \eta'$$

(*cf.* remarque précédant l'énoncé de la proposition 14). Posons

$$\xi(n) = \alpha(\eta(n)) + \delta\gamma.$$

Comme α, β et les homomorphismes de restriction sont des applications continues, on a $r\xi(n) \to \xi'$.

C. Q. F. D.

a. Soit V un sous-ensemble analytique de D et soit $\xi_0 \in V$. Soit $\mathfrak{V} = \mathfrak{U} \cap V = \{U_\nu \cap V\}$ le recouvrement découpé par $\mathfrak{U}$ sur V (11). Soit $\mathcal{F}$ un faisceau analytique cohérent sur V. Avec les mêmes notations que tout à l'heure, on a le

THÉORÈME 6. — *Pour $l \geqq q-1$, l'espace $Z^l(\mathfrak{V}|_{U\cap V}, \mathcal{F})$ à une image dense dans l'espace $Z^l(\mathfrak{V}|_{(U\cap Y)\cap V}, \mathcal{F})$.*

---

(11) Remarquons que tout recouvrement de V avec des ouverts d'holomorphie a un raffinement qui est découpé par un recouvrement de U avec des ouverts d'holomorphie.

Preuve. — Soit $\hat{\mathcal{F}}$ l'extension triviale de $\mathcal{F}$ à D. On a un diagramme commutatif

$$\begin{array}{ccc} Z^l(\mathfrak{U}|_U, \hat{\mathcal{F}}) & \xrightarrow{\alpha} & Z^l(\mathfrak{V}|_{U\cap V}, \mathcal{F}) \\ \downarrow r & & \downarrow r \\ Z^l(\mathfrak{U}|_{U\cap Y}, \hat{\mathcal{F}}) & \xrightarrow{\beta} & Z^l(\mathfrak{V}|_{(U\cap Y)\cap V}, \mathcal{F}) \end{array}$$

où α et β sont des isomorphismes d'espaces de Fréchet.

14. Cohomologie à supports compacts.

a. Reprenons la situation envisagée au n° 13. Nous supposerons que la dimension N de l'espace ambiant est égale à la dimension de l'espace tangent de Zariski à V en ξ_0. Pour la résolution de Hilbert envisagée du faisceau $\hat{\mathcal{F}}$ on aura $N-d = \mathrm{dih}_{\xi_0}(\mathcal{F})$.

Théorème 7. — *Si U^* est un voisinage d'holomorphie suffisamment petit de ξ_0 dans D, pour tout voisinage $U \Subset U^*$ d'holomorphie de ξ_0 dans D qui soit de Runge dans U^*, on a*

$$H_k^r((U\cap Y)\cap V, \mathcal{F}) = 0 \qquad \textit{pour} \quad 0 \leqq r \leqq \mathrm{dih}_{\xi_0}(\mathcal{F}) - q.$$

Preuve. — Comme dans la démonstration du théorème 5, on aura

$$H_k^r((U\cap Y)\cap V, \mathcal{F}) \simeq H_k^r(U\cap Y, \hat{\mathcal{F}}) \simeq H_k^{r+h}(U\cap Y, Z^{h-1})$$

pourvu que $r+h \leqq N-q$ (propos. 11). Pour $h=d$ on obtient le résultat cherché.

b. Avec les mêmes notations, on a le

Théorème 8. — *L'homomorphisme*

$$H_k^{\mathrm{dih}_{\xi_0}(\mathcal{F})-q+1}((U\cap Y)\cap V, \mathcal{F}) \to H_k^{\mathrm{dih}_{\xi_0}(\mathcal{F})-q+1}(U\cap V, \mathcal{F})$$

est injectif.

Preuve. — On doit démontrer que

$$H_k^\rho(U\cap Y, \hat{\mathcal{F}}) \to H_k^\rho(U, \hat{\mathcal{F}}))$$

est injectif pour $\rho = \mathrm{dih}_{\xi_0}(\hat{\mathcal{F}}) - q + 1$. On est donc ramené à démontrer un théorème pour les faisceaux sur D.

Si $\hat{\mathcal{F}} \simeq \mathcal{O}^p$ i. e. $\mathrm{dih}_{\xi_0}(\mathcal{F}) = N$ le théorème est vrai (propos. 11). Par récur rence descendante, admettons le théorème démontré pour tout faisceau $\mathcal{G}$ sur D avec $\mathrm{dih}_{\xi_0}(\mathcal{G}) > \mathrm{dih}_{\xi_0}(\hat{\mathcal{F}})$. De la suite exacte

$$0 \to Z^0 \to \mathcal{O}^{p_0} \to \hat{\mathcal{F}} \to 0,$$

on déduit le diagramme commutatif à lignes exactes

$$\begin{array}{ccccc} H_k^\rho(U\cap Y, \mathcal{O}^{p_0}) & \to & H_k^\rho(U\cap Y, \hat{\mathcal{F}}) & \to & H_k^{\rho+1}(U\cap Y, Z^0) \\ \downarrow & & \downarrow\beta & & \downarrow\alpha \\ H_k^\rho(U, \mathcal{O}^{p_0}) & \to & H_k^\rho(U, \hat{\mathcal{F}}) & \to & H_k^{\rho+1}(U, Z^0). \end{array}$$

Comme

$$\rho = \operatorname{dih}_{\xi_0}(\hat{\mathcal{F}}) - q + 1 < N - q + 1$$

on aura (th. 7)

$$H_k^\rho(U\cap Y, \mathcal{O}^{p_0}) = 0.$$

De plus, U est d'holomorphie, donc $H_k^\rho(U, \mathcal{O}^{p_0}) = 0$. Comme

$$\operatorname{dih}_{\xi_0}(Z^0) = \operatorname{dih}_{\xi_0}(\hat{\mathcal{F}}) + 1,$$

l'homomorphisme α est injectif. De ceci et du diagramme précédent on déduit que β est aussi injectif.

15. **Domaines q-pseudoconcaves.** — Reprenons les notations du n° **12** en remplaçant l'ouvert Y par

$$Y' = \{ z\in D \mid \hat{\varphi}(z) > \hat{\varphi}(\xi_0) \}.$$

Supposons aussi que la dimension N de l'espace $\mathbf{C}^N$ soit égale à la dimension de l'espace tangent de Zariski à V au point ξ_0.

THÉORÈME 9. — *Il existe un système fondamental de voisinages d'holomorphie Q de ξ_0 dans D tels que*

$$H^r((Q\cap Y')\cap V, \mathcal{F}) = 0 \qquad \text{pour} \quad 0 < r < \operatorname{dih}_{\xi_0}(\mathcal{F}) - q.$$

Preuve. — Comme aux théorèmes 5 et 7 en utilisant la proposition 12.

THÉORÈME 10. — *Avec les mêmes notations, si* $\operatorname{dih}_{\xi_0}(\mathcal{F}) > q$, *il résulte que l'homomorphisme*

$$H^0(Q\cap V, \mathcal{F}) \to H^0((Q\cap Y')\cap V, \mathcal{F})$$

est bijectif.

Preuve. — Des suites exactes

$$\begin{array}{l} 0 \to Z^0 \to \mathcal{O}^{p_0} \to \hat{\mathcal{F}} \to 0, \\ 0 \to Z^1 \to \mathcal{O}^{p_1} \to Z^0 \to 0, \\ \dots\dots\dots\dots\dots\dots\dots\dots, \\ 0 \to \mathcal{O}^{p_d} \to \mathcal{O}^{p_{d-1}} \to Z^{d-2} \to 0 \end{array}$$

(*cf.* démonstration du théorème 5), on déduit que

$$H^1(Q\cap Y', Z^l) \cong H^{d-l}(Q\cap Y', \mathcal{O}^{p_d}) = 0$$

si $0 < d - i < N - q$ (propos. 12). Cela a lieu pour $i = 0, 1, \ldots, d-1$ puisque $d < N - q$, car $\mathrm{dih}_{\xi_0}(\mathcal{F}) = N - d > q$.

Donc on a les suites exactes

$$0 \to H^0(Q \cap Y', Z^0) \to H^0(Q \cap Y', \mathcal{O}^{p_0}) \to H^0((Q \cap Y') \cap V, \mathcal{F}) \to 0,$$
$$0 \to H^0(Q \cap Y', Z^i) \to H^0(Q \cap Y', \mathcal{O}^{p_{i-1}}) \to H^0(Q \cap Y', Z^{i-1}) \to 0,$$
$$0 \to H^0(Q \cap Y', \mathcal{O}^{p_d}) \to H^0(Q \cap Y', \mathcal{O}^{p_{d-1}}) \to H^0(Q \cap Y', Z^{d-2}) \to 0.$$

On en déduit l'exactitude de la suite

$$0 \to H^0(Q \cap Y', \mathcal{O}^{p_d}) \to H^0(Q \cap Y', \mathcal{O}^{p_{d-1}}) \to \ldots$$
$$\to H^0(Q \cap Y', \mathcal{O}^{p_0}) \to H^0((Q \cap Y') \cap V, \mathcal{F}) \to 0.$$

De même, on a une suite exacte analogue en remplaçant $Q \cap Y'$ par Q. Par restriction, cette deuxième suite s'applique dans la première. Tous les homomorphismes de restriction sont bijectifs, sauf peut-être pour

$$H^0(Q \cap V, \mathcal{F}) \to H^0((Q \cap Y') \cap V, \mathcal{F}).$$

Du « lemme des cinq » on déduit que cet homomorphisme est aussi bijectif.

5. Espaces q-pseudoconvexes et q-pseudoconcaves.

16. Espaces fortement q-pseudoconvexes (q-pseudoconcaves).

a. Soit X un espace analytique complexe, soit B un ouvert dans X. Désignons par $\partial B = \bar{B} - B$ la frontière de B.

Nous supposerons que pour tout point $\xi_0 \in \partial B$ on peut trouver un voisinage U de ξ_0 dans X et une fonction indéfiniment différentiable φ sur U à valeurs réelles tels que

$$B \cap U = \{ x \in U \mid \varphi(x) < \varphi(\xi_0) \}.$$

Nous dirons que ∂B est

(i) *fortement q-pseudoconvexe au voisinage du point* ξ_0 si l'on peut choisir la fonction φ fortement q-pseudoconvexe ($q \geq 1$);

(ii) *fortement q-pseudoconcave au voisinage du point* ξ_0 si l'on peut choisir la fonction $-\varphi$ fortement q-pseudoconvexe ($q \geq 1$).

Nous dirons que ∂B *est fortement q pseudoconvexe* (*fortement q-pseudoconcave*) si ∂B est telle au voisinage de chacun de ses points.

b. Étant donné un ouvert $B \Subset X$ dont la frontière ∂B est fortement q-pseudoconvexe, est-il possible de trouver un voisinage U de ∂B et une fonction φ fortement q-pseudoconvexe sur U tels que

$$B \cap U = \{ x \in U \mid \varphi(x) < 0 \}?$$

Nous pouvons démontrer que la réponse est affirmative dans le cas des variétés (= espaces sans singularités) :

Proposition 15. — *Soient X une variété, B un ouvert de X relativement compact à frontière fortement q-pseudoconvexe. Il existe un voisinage U de ∂B et une fonction fortement q-pseudoconvexe φ sur U tels que*

$$B \cap U = \{ x \in U \mid \varphi(x) < 0 \}.$$

Preuve. — Nous ferons d'abord quelques remarques préliminaires :

α. Soient φ_1, φ_2 deux fonctions réelles de classe C^k ($k \geq 1$) définies dans un voisinage de l'origine $\{0\} \in \mathbf{R}^m$ et nulles en $\{0\}$. Si $(d\varphi_1)_0 \neq 0$ et si φ_2 s'annule sur $\{\varphi_1 = 0\}$, alors dans un voisinage de $\{0\}$ il existe une fonction réelle h de classe C^{k-1} telle que $\varphi_2 = \varphi_1 h$.

β. Avec les mêmes notations, supposons que $(d\varphi_1)_0 = (d\varphi_2)_0 = 0$. Soit

$$H_r(u) = \sum_{\alpha, \beta} \left(\frac{\partial^2 \varphi}{\partial x_\alpha \, \partial x_\beta} \right)_0 u_\alpha u_\beta \qquad (r = 1, 2).$$

Faisons les hypothèses suivantes :

(i) $H_r(u)$ n'est pas identiquement nulle;

(ii) $\varphi_1 > 0 \Rightarrow \varphi_2 \geq 0$, $\varphi_1 < 0 \Rightarrow \varphi_2 \leq 0$,

d'où résulte

$$\varphi_2 > 0 \Rightarrow \varphi_1 \geq 0, \qquad \varphi_2 < 0 \Rightarrow \varphi_1 \leq 0.$$

Alors l'une des possibilités suivantes est vérifiée :

$$H_1(u) \geq 0, \qquad H_2(u) \geq 0;$$
$$H_1(u) \leq 0, \qquad H_2(u) \leq 0;$$

il existe une constante $\lambda > 0$ telle que $H_1(u) = \lambda \mathrm{H}_2(u)$.

La démonstration de ces faits ne présente pas de difficultés.

γ. Venons à la démonstration de la proposition. Soit $\mathfrak{U} = \{U_i\}_{i \in I}$ un recouvrement ouvert fini de ∂B, tel que sur chaque U_i on ait une fonction φ_i fortement q-pseudoconvexe telle que

$$B \cap U_i = \{ x \in U_i \mid \varphi_i(x) < 0 \}.$$

Soit ρ_i une partition de l'unité subordonnée au recouvrement $\mathfrak{U}$. Envisageons la fonction $\varphi = \exp c \sum \rho_i \varphi_i - 1$, avec $c > 0$, sur $\bigcup_i \mathfrak{U}_i$. La forme de Levi $\mathrm{L}(\varphi)$ de φ est donnée par

$$L(\varphi) = c \exp c \sum \rho_i \varphi_i \left\{ L\left(\sum \rho_i \varphi_i \right) + c \left| \partial \left(\sum \rho_i \varphi_i \right) \right|^2 \right\}.$$

Il suffit de démontrer que φ est fortement q-pseudoconvexe en chaque point $\xi_0 \in \partial B$.

Soit $\rho_i(\xi_0) \neq 0$ pour $i = i_1, \ldots, i_r$. Supposons d'abord que l'une des fonctions φ_{i_α} ait une différentielle non nulle en ξ_0, par exemple $(d\varphi_{i_1})_{\xi_0} \neq 0$. Au voisinage de ξ_0 on peut écrire

$$\varphi_{i_\alpha} = \varphi_{i_0} h_{i_\alpha}, \qquad \text{avec} \quad h_{i_\alpha}(\xi_0) > 0$$

[si $h_{i_\alpha}(\xi_0) = 0$, on a $\mathrm{L}(\varphi_{i_\alpha}) = 0$ en ξ_0 ce qui est impossible], $\alpha = 1, \ldots, r$. On peut choisir $c > 0$ tel que φ soit fortement q-pseudoconvexe au point ξ_0 ([12]). Si, au contraire, $(d\varphi_{i_\alpha})_{\xi_0} = 0$, $\alpha = 1, \ldots, r$, les formes $\mathrm{L}(\varphi_{i_\alpha})_{\xi_0}$ sont ou bien semi-définies toutes du même signe ou bien toutes proportionnelles avec des constantes multiplicatives > 0. Dans ce cas, quel que soit le choix de c, φ est fortement q-pseudo-convexe.

Soit $c(\xi_0)$ la borne inférieure des $c \geqq 1$ tels que φ soit fortement pseudoconvexe au point ξ_0. On voit que $c(\xi_0)$ est semi-continue supérieurement sur ∂B. Donc pour $c = 2 \sup\limits_{\xi_0 \in \partial B} c(\xi_0)$ la fonction φ répond à notre problème.

On a un résultat analogue pour les frontières fortement q-pseudoconcaves.

Remarque. — Le même argument s'applique au cas d'un espace quelconque lorsque les fonctions φ_i sont fortement pseudoconvexes (*cf.* GRAUERT, [14]).

c. Nous poserons les définitions suivantes.

Un espace complexe X est dit *fortement q-pseudoconvexe* s'il existe un compact $K \subset X$ et une fonction φ continue sur X et fortement q-pseudoconvexe en dehors de K telle que les ensembles

$$B_c = \{ x \in X \mid \varphi(x) < c \}$$

pour $c \in \mathbf{R}$ soient relativement compacts.

On convient de dire qu'un espace compact est *o-pseudoconvexe.* Tout espace fortement q-pseudoconvexe est aussi fortement $(q+1)$-pseudoconvexe. Si $q > 0$ et $K = \emptyset$, on dit que X est *q-complet.*

([12]) En effet, comme $(d\varphi_{i_0})_{\xi_0} \neq 0$ on peut choisir les coordonnées locales au point ξ_0 de sorte que $(\partial\varphi_{i_0})_{\xi_0} = dz_n$ et que

$$L(\varphi)_{\xi_0} = A \sum_1^{n-1} C_{\alpha\bar\beta}\, dz_\alpha d\bar z_\beta + dz_n \sum_1^{n-1} b_\alpha\, d\bar z_\alpha + d\bar z_n \sum_1^{n-1} \bar b_\alpha\, dz_\alpha$$
$$+ (Bc + k)\, dz_n\, d\bar z_n \qquad \text{avec} \quad A > 0, \qquad B > 0,$$

et

$$\sum_1^{n-q} C_{\alpha\bar\beta}\, dz_\alpha\, d\bar z_\beta > 0.$$

recouvrements acycliques et du fait que $\mathfrak{U}'$ est un recouvrement extrait de $\mathfrak{U}$. Ce sont donc des homomorphismes topologiques.

Soit $\xi \in Z^l(\mathfrak{U}|_B, \mathcal{F})$. D'après ce qui précède, on peut trouver une suite

$$\eta_n \in Z^l(\mathfrak{U}'|_A, \mathcal{F}) \qquad \text{telle que} \quad r'(\eta_n) \to \bar{s}(\xi).$$

On peut trouver des

$$\xi_1(n) \in Z^l(\mathfrak{U}|_A, \mathcal{F}) \qquad \text{tels que} \quad s(\xi_1(n)) = \eta_n.$$

Donc

$$\bar{s}(r(\xi_1(n)) - \xi) = r'(\eta_n) - \bar{s}(\xi) \to 0.$$

Il existe alors des éléments μ_n avec $\bar{s}(\mu_n) = 0$, dans

$$Z^l(\mathfrak{U}|_B, \mathcal{F}) \qquad \text{tels que} \quad r(\xi_1(n)) - \xi + \mu_n \to 0.$$

Si $l \geqq 1$, les μ_n sont des cobords

$$\mu_n = \delta\gamma_n, \qquad \gamma_n \in C^{l-1}(\mathfrak{U}|_B, \mathcal{F}).$$

On peut trouver des cochaînes $\hat{\gamma}_n \in C^{l-1}(\mathfrak{U}|_A, \mathcal{F})$ telles que leurs restrictions à $\mathfrak{U}|_B$ soient les γ_n.

Alors $r(\xi_1(n) + \delta\hat{\gamma}_n) \to \xi$. Donc on a démontré que l'image de $Z^l(\mathfrak{U}|_A, \mathcal{F})$ dans $Z^l(\mathfrak{U}|_B, \mathcal{F})$ est dense dans cet espace.

Le même résultat vaut aussi si $l = 0$, car alors les homomorphismes s étant biunivoques sont des isomorphismes.

ξ. Pour terminer la démonstration on doit appliquer un nombre fini de fois le résultat précédent compte tenu du lemme du n° 17 et de la note (13).

b. Proposition 20. — *Soit X un espace complexe, soit $\{B_n\}_{n \geqq 0}$ une suite croissante d'ouverts tels que $X = \bigcup B_n$. Soit $\mathcal{F}$ un faisceau cohérent sur X et $\mathfrak{U}$ un recouvrement de X adapté à $\mathcal{F}$.*

Supposons que pour chaque n

$$Z^l(\mathfrak{U}|_{B_{n+1}}, \mathcal{F}) \to Z^l(\mathfrak{U}|_{B_n}, \mathcal{F})$$

ait une image dense dans le second espace.

Alors aussi

$$Z^l(\mathfrak{U}, \mathcal{F}) \to Z^l(\mathfrak{U}|_{B_0}, \mathcal{F})$$

a une image dense dans $Z^l(\mathfrak{U}|_{B_0}, \mathcal{F})$.

Cet énoncé découle du lemme suivant :

Lemme. — *Soit $\{F_n\}_{n \geqq 0}$ une suite d'espaces de Fréchet et $f_n : F_n \to F_{n-1}$ pour $n \geqq 1$ une suite d'applications linéaires continues entre eux à image dense.*

Soit

$$F = \varprojlim_{n \geqq 0} F_n = \{ \{ x_n \} \in \Pi F_n \mid f_n(x_n) = x_{n-1} \text{ pour } n \geqq 1 \},$$

et soit π_n la projection naturelle de F dans F_n.

Alors pour tout n l'image de π_n est dense dans F_n.

En effet, il suffira de prendre pour F_n l'espace $Z^\iota(\mathcal{U}\,|_{B_n}, \mathcal{F})$ et pour f_n l'application de restriction dans $Z^l(\mathcal{U}\,|_{B_{n-1}}, \mathcal{F})$ pour $n \geqq 1$. Alors F s'identifie à l'espace $Z^l(\mathcal{U}, \mathcal{F})$ (même du point de vue topologique si l'on munit F de sa topologie de limite inverse).

Démonstration du lemme. — Comme toute suite $\{ x_n \}_{n \geqq n_0} \in \varprojlim_{n \geqq n_0} F_n$ se prolonge en une suite $\{ x_n \}_{n \geqq 0} \in F$ en posant

$$x_{n_0-1} = f_{n_0}(x_{n_0}), \qquad x_{n_0-2} = f_{n_0-1}(x_{n_0-1}), \qquad \ldots, \qquad x_0 = f_1(x_1),$$

il suffit de démontrer le lemme pour la projection π_0.

Soit d_n une distance invariante par translations sur F_n apte à définir la topologie de F_n. Soit $x \in F_0$ et $\varepsilon > 0$.

Choisissons des $x_n \in F_n$ de proche en proche pour $n \geqq 0$ de sorte à satisfaire les conditions suivantes :

$$\begin{aligned}
&x_0 = x,\\
&x_1 \in F_1, \qquad d_0(f_1(x_1) - x_0) < \frac{\varepsilon}{2},\\
&x_2 \in F_2, \qquad d\ (f_2(x_2) - x_1) < \frac{\varepsilon}{2},\\
&\qquad\qquad\quad d_0(f_1 f_2(x_2) - f_1(x_1)) < \frac{\varepsilon}{2^2},\\
&x_3 \in F_3, \qquad d_2(f_3(x_3) - x_2) < \frac{\varepsilon}{2},\\
&\qquad\qquad\quad d_1(f_2 f_3(x_3) - f_2(x_2)) < \frac{\varepsilon}{2^2},\\
&\qquad\qquad\quad d_0(f_1 f_2 f_3(x_3) - f_1 f_2(x_2)) < \frac{\varepsilon}{2^3},
\end{aligned}$$

et ainsi de suite. Ceci est possible, car les applications f_n sont continues et à image dense.

Posons

$$y_n = x_n + (f_{n+1}(x_{n+1}) - x_n) + (f_{n+1} f_{n+2}(x_{n+2}) - f_{n+1}(x_{n+1})) + \ldots.$$

La série est convergente, car telle est la série des distances d_n de ses éléments, donc y_n est un élément bien défini de F_n. De plus, $f_n(y_n) = y_{n-1}$ pour

Ce théorème est une conséquence du lemme suivant :

Lemme. — *Soit X un espace complexe; soit $\mathcal{F}$ un faisceau cohérent sur X et soit $\mathfrak{U}$ un recouvrement de X adapté à $\mathcal{F}$.*

Supposons qu'il existe dans X une suite croissante $\{B_n\}_{n\geqq 0}$ d'ouverts tels que $X=\bigcup_0^\infty B_n$ satisfaisant aux conditions

(i) *$H^r(B_{n+1}, \mathcal{F})\to H^r(B_n, \mathcal{F})$ est un isomorphisme pour $n\geqq 0$;*

(ii) *$Z^{r-1}(\mathfrak{U}|_{B_{n+1}}, \mathcal{F})$ a une image dense dans $Z^{r-1}(\mathfrak{U}|_{B_n}, \mathcal{F})$, pour $n\geqq 0$, Alors l'homomorphisme*

$$H^r(X, \mathcal{F})\to H^r(B_0, \mathcal{F})$$

est bijectif.

Preuve. — On note par r_n l'homomorphisme de restriction de $C^*(\mathfrak{U}, \mathcal{F})$ dans $C^*(\mathfrak{U}|_{B_n}, \mathcal{F})$, et par r_n^m celui de $C^*(\mathfrak{U}|_{B_m}, \mathcal{F})$ dans $C^*(\mathfrak{U}|_{B_n}, \mathcal{F})$ pour $m\geqq n$.

D'après le lemme du n° 18 on sait que les homomorphismes

$$r_n^*:\quad H^r(X, \mathcal{F})\to H^r(B_n, \mathcal{F})$$

sont surjectifs.

Par l'hypothèse (i) $\operatorname{Ker} r_0^* = \operatorname{Ker} r_n^*$ pour $n\geqq 0$. On doit démontrer que $\operatorname{Ker} r_0^* = 0$.

Soit $\alpha\in\operatorname{Ker} r_0^*$. Si $\xi\in Z^r(\mathfrak{U}, \mathcal{F})$ est un représentant de α on aura

$$r_n(\xi)=\delta\gamma_n,\qquad \gamma_n\in C^{r-1}(\mathfrak{U}|_{B_n}, \mathcal{F})$$

de sorte que

$$r_n^{n+1}(\gamma_{n+1})-\gamma_n\in Z^{r-1}(\mathfrak{U}|_{B_n}, \mathcal{F}).$$

Les γ_n pouvant être altérées par l'addition d'un cocycle de $Z^{r-1}(\mathfrak{U}|_{B_n}, \mathcal{F})$, on reconnaît, en vertu de la condition (ii) qu'on peut les choisir de proche en proche de sorte que pour tout $n\geqq 0$, les séries

$$\eta_n=(r_n^{n+1}(\gamma_{n+1})-\gamma_n)+(r_n^{n+1}\, r_{n+1}^{n+2}(\gamma_{n+2})-r_n^{n+1}(\gamma_{n+1}))+\ldots$$

soient convergentes dans $Z^{r-1}(\mathfrak{U}|_{B_n}, \mathcal{F})$ (*cf.* lemme du n° 19). Posons $\beta_n=\gamma_n+\eta_n$; on a $r_n^{n+1}(\beta_{n+1})=\beta_n$, donc on définit un élément $\beta\in C^{r-1}(\mathfrak{U}, \mathcal{F})$ pour lequel $\delta\beta=\xi$. Ceci démontre que $\alpha=0$.

Corollaire. — *Sous les hypothèses du théorème on a en particulier si X est q-complet*

$$H^r(X, f)=0\qquad pour\quad r\geqq q.$$

Car on peut prendre dans ce cas $B_0=\emptyset$

21. Cohomologie avec supports.

a. Soit X un espace topologique, soient X_1, X_2 deux parties ouvertes de X telles que $X = X_1 \cup X_2$. On pose $X_{12} = X_1 \cap X_2$.

Soit $\mathcal{F}$ un faisceau de groupes commutatifs sur X et soit $\mathcal{F}_\mu$ le sous-faisceau de $\mathcal{F}$ égal à $\mathcal{F}$ sur X_μ et nul sur $X - X_\mu$. On a la suite exacte de faisceaux

$$0 \to \mathcal{F}_{12} \xrightarrow{\alpha} \mathcal{F}_1 \oplus \mathcal{F}_2 \xrightarrow{\beta} \mathcal{F} \to 0,$$

où

$$\alpha(\sigma) = \sigma \oplus \sigma, \qquad \beta(\sigma_1 \oplus \sigma_2) = \sigma_1 - \sigma_2.$$

Soit Φ une famille paracompactifiante sur X (17). Par passage à la suite exacte de cohomologie, on a la suite exacte

$$\begin{aligned}0 &\to H^0_{\Phi_{12}}(X_{12}, \mathcal{F}) \to H^0_{\Phi_1}(X_1, \mathcal{F}) \oplus H^0_{\Phi_2}(X_2, \mathcal{F}) \to H^0_{\Phi}(X, \mathcal{F}) \to \ldots \\ &\to H^q_{\Phi_{12}}(X_{12}, \mathcal{F}) \to H^q_{\Phi_1}(X_1, \mathcal{F}) \oplus H^q_{\Phi_2}(X_2, \mathcal{F}) \to H^q_{\Phi}(X, \mathcal{F}) \\ &\to H^{q+1}_{\Phi_{12}}(X_{12}, \mathcal{F}) \to \ldots,\end{aligned}$$

où Φ_μ désigne la famille des éléments de Φ contenu dans X_μ.

b. Soit X un espace complexe sur lequel il existe une fonction $\varphi > 0$ fortement q-pseudoconvexe telle que les ensembles

$$X_{\varepsilon, c} = \{ x \in X \mid \varepsilon < \varphi(x) < c \}$$

soient relativement compacts pour tout $\varepsilon > 0$ et tout $c > 0$. Soit

$$B_c = \{ x \in X \mid \varphi(x) < c \} \qquad (c > 0.$$

La frontière ∂B_c de B_c est compacte et fortement q-pseudoconvexe.

LEMME 1. — *On peut choisir un recouvrement fini* $\mathfrak{U} = \{ U_i \}_{1 \leq i \leq t}$ *de* ∂B_c *dans* X, *aussi fin qu'on veut, et une suite décroissante* $\{ B^j \}_{0 \leq j \leq t}$ *d'ouverts à frontière fortement q-pseudoconvexe dans* X *tels que*

(i) $B_c = B^0 \supset B^1 \supset \ldots \supset B^t$, $B^0 \supset \bar{B}^t$, $B^i - B^{i+1} \Subset U_i$ *pour* $0 \leq i \leq t - 1$.

(ii) *pour tout faisceau cohérent* $\mathcal{F}$ *sur* X *on a*

$$H^r_k(U_i \cap B_j, \mathcal{F}) = 0 \quad pour\ 0 \leq r \leq \operatorname{dih}(\mathcal{F}) - q \qquad (1 \leq i \leq t,\ 0 \leq j \leq t),$$

et

$$H^r_k(U_i \cap B_j, \mathcal{F}) \to H^r_k(U_i \cap B_{j-1}, \mathcal{F}) \quad est\ injectif\ pour\ r = \operatorname{dih}(\mathcal{F}) - q + 1.$$

---

(17) Pour la définition de famille paracompactifiante on peut se référer au livre de GODEMENT [10], p. 150. Il suffit de retenir pour la suite que telle est la famille de tous les fermés d'un espace paracompact.

La démonstration se fait avec le même raisonnement qu'au lemme du n° 17 en utilisant les théorèmes 7 et 8 au lieu du théorème 5. Une remarque analogue à celle faite à la fin du lemme cité s'applique aussi dans ce cas.

PROPOSITION 23. — *Pour tout* $c > 0$ *il existe un* $\varepsilon_0 > 0$, *avec* $c - \varepsilon_0 > 0$ *tel que pour tout faisceau cohérent* $\mathcal{F}$ *sur* X *et* $0 < \varepsilon < \varepsilon_0$, *l'application*

$$H^r_\Phi(B_{c-\varepsilon}, \mathcal{F}) \to H^r_\Phi(B_c, \mathcal{F})$$

soit un isomorphisme pour $0 \leq r \leq \operatorname{dih}(\mathcal{F}) - q$, Φ *étant la famille des fermés de* X *contenus respectivement dans* $B_{c-\varepsilon}$ et B_c.

Preuve. — Soit $A = B_c$, $B = B^1$, $V = A \cap U_1$. On peut écrire $A = B \cup V$ et $B \cap V = B \cap U_1$. Il suffit de démontrer que l'application

$$H^r_\Phi(B, \mathcal{F}) \to H^r_\Phi(A, \mathcal{F})$$

est un isomorphisme pour $r \leq \operatorname{dih}(\mathcal{F}) - q$ En effet, par itération du procédé, on démontrera que $H^r_\Phi(B_l, \mathcal{F}) \to H^r(B_c, \mathcal{F})$ est un isomorphisme et, en vertu de la remarque à la fin du lemme précédent, on aura le résultat cherché.

Or de la suite exacte établie en *a* on déduit une suite exacte

$$\begin{aligned}\ldots \to H^r_\Phi\ (B \cap V, \mathcal{F}) \to H^r_\Phi(B, \mathcal{F}) \oplus H^r_\Phi(V, \mathcal{F}) \to H^r_\Phi(A, \mathcal{F})\\ \to H^{r+1}_\Phi(B \cap V, \mathcal{F}) \to \ldots.\end{aligned}$$

Des hypothèses, on déduit que

$$\begin{aligned}H^r_\Phi(B \cap V, \mathcal{F}) &= H^r_k(B \cap V, \mathcal{F}) = 0 \quad \text{pour } r \leq \operatorname{dih}(\mathcal{F}) - q,\\ H^r_\Phi(V, \mathcal{F}) &= H^r_k(V, \mathcal{F}) \quad = 0 \quad \text{pour } r \leq \operatorname{dih}(\mathcal{F}) - q\end{aligned}$$

et que

$$H^{r+1}_\Phi(B \cap V, \mathcal{F}) \to H^{r+1}_\Phi(V, \mathcal{F}) \quad \text{est injectif si } r = \operatorname{dih}(\mathcal{F}) - q.$$

De là résulte bien que l'homomorphisme

$$H^r_\Phi(B, \mathcal{F}) \to H^r_\Phi(A, \mathcal{F})$$

est un isomorphisme pour $r \leq \operatorname{dih}(\mathcal{F}) - q$.

De la même façon on démontre la

PROPOSITION 24. — *Pour tout* $c > 0$ *il existe un* $\varepsilon_1 > 0$, *tel que pour tout faisceau cohérent* $\mathcal{F}$ *sur* X *et* $0 < \varepsilon < \varepsilon_1$ *l'application*

$$H^r_\Phi(B_c, \mathcal{F}) \to H^r_\Phi(B_{c+\varepsilon}, \mathcal{F})$$

soit un isomorphisme pour $0 \leq r \leq \operatorname{dih}(\mathcal{F}) - q$, Φ *étant la famille des fermés de* X *contenus respectivement dans* B_c et $B_{c+\varepsilon}$.

c. Soit $\varepsilon_0(c)$ la borne supérieure des ε_0 de la proposition 23 et soit $\varepsilon_1(c)$ la borne supérieure des ε_1 de la proposition 24. Posons

$$\varepsilon(c) = \inf\{\varepsilon_0(c), \varepsilon_1(c)\}.$$

Des propositions précédentes il résulte que $\varepsilon(c)$ est une fonction de c semi-continue inférieurement. On peut donc trouver une suite

$$c_0 > c_1 > c_2 > \ldots, \qquad c_\nu \to 0, \qquad c_\nu > 0,$$

telle que l'application

$$H^r_{\Phi_\nu}(B_{c_\nu}, \mathcal{F}) \to H^r_{\Phi_{\nu-1}}(B_{c_{\nu-1}}, \mathcal{F})$$

soit un isomorphisme pour $r \leqq \operatorname{dih}(\mathcal{F}) - q$, pour $\nu = 1, 2, \ldots, \Phi_\nu$ étant la famille des fermés de X contenus dans B_{c_ν}. On aura

$$\bigcap_\nu \overline{B}_{c_\nu} = \emptyset.$$

Proposition 25. — *Soit X un espace complexe satisfaisant aux hypothèses énoncées en b, soit $\mathcal{F}$ un faisceau cohérent sur X. Pour tout $c > 0$, on a*

$$H^r_\Phi(B_c, \mathcal{F}) = 0 \qquad \textit{pour} \quad r \leqq \operatorname{dih}(\mathcal{F}) - q,$$

Φ étant la famille des fermés de X contenus dans B_c.

Preuve. — Dans la suite précédente $\{c_\nu\}$ on peut supposer $c = c_0$. Soit

$$0 \to \mathcal{F} \to \mathcal{C}^0 \xrightarrow{\delta} \mathcal{C}^1 \xrightarrow{\delta} \mathcal{C}^2 \to \ldots$$

une résolution flasque de $\mathcal{F}$.

Soit $\xi_0 \in Z^r_{\Phi_0}(B_{c_0}, \mathcal{F}) = \operatorname{Ker}(\Gamma_{\Phi_0}(B_{c_0}, \mathcal{C}^r) \xrightarrow{\delta} \Gamma_{\Phi_0}(B_{c_0}, \mathcal{C}^{r+1}))$.
Soit i_ν l'homomorphisme de restriction

$$Z^r_{\Phi_\nu}(B_{c_\nu}, \mathcal{F}) \to Z^r_{\Phi_{\nu-1}}(B_{c_{\nu-1}}, \mathcal{F}).$$

On peut trouver $\xi_1 \in Z^r_{\Phi_1}(B_{c_1}, \mathcal{F})$ tel que

$$i_1(\xi_1) = \xi_0 + \delta\gamma_0, \qquad \text{avec} \quad \gamma_0 \in \Gamma_{\Phi_0}(B_{c_0}, \mathcal{C}^{r-1}).$$

De même, on peut trouver $\xi_2 \in Z^r_{\Phi_2}(B_{c_2}, \mathcal{F})$ tel que

$$i_2(\xi_2) = \xi_1 + \delta\gamma_1, \qquad \text{avec} \quad \gamma_1 \in \Gamma_{\Phi_1}(B_{c_1}, \mathcal{C}^{r-1}).$$

Ainsi de suite, on aura

$$\xi_0 = \xi_1 - \delta\gamma_0 = \xi_2 - \delta\gamma_0 - \delta\gamma_1 = \ldots = \xi_\nu - \delta(\gamma_0 + \ldots + \gamma_\nu),$$

avec

$$\mathrm{Supp}\,\xi_\nu \subset B_{c_\nu}, \qquad \mathrm{Supp}\,\gamma_\nu \subset B_{c_\nu}.$$

La série $\sum_0^\infty \gamma_\nu$ est localement finie, car $\bigcap_\nu \overline{B}_{c_\nu} = \emptyset$. Donc elle représente un élément $\gamma \in \Gamma_{\Phi_0}(B_{c_0}, \mathcal{C}^{r-1})$. Le support de $\xi_0 - \delta\gamma$ est nul, car contenu dans $\bigcap_\nu \overline{B}_{c_\nu}$. Donc $\xi_0 = \delta\gamma$. Ceci démontre que $H^r_{\Phi_0}(B_{c_0}, \mathcal{F}) = 0$ pour $r \geq 1$. Pour $r = 0$, la proposition est évidente.

Théorème 15. — *Soit X un espace complexe sur lequel il existe une fonction $\varphi > 0$, fortement q-pseudoconvexe telle que les ensembles*

$$X_{\varepsilon,c} = \{ x \in X \mid \varepsilon < \varphi(x) < c \}$$

soient relativement compacts pour $\varepsilon > 0$ et $c > 0$. Soit

$$B_c = \{ x \in X \mid \varphi(x) < c \} \qquad \text{pour} \quad c < 0.$$

Soit $\mathcal{F}$ un faisceau cohérent sur X, l'homomorphisme

$$H^r(X, \mathcal{F}) \to H^r(X - B_c, \mathcal{F})$$

est bijectif si $r < \mathrm{dih}(\mathcal{F}) - q$,
injectif si $r = \mathrm{dih}(\mathcal{F}) - q$.

Preuve. — On a la suite exacte de cohomologie relative au sous-espace B_c.

$$\ldots \to H^r_\Phi(B_c, \mathcal{F}) \to H^r(X, \mathcal{F}) \to H^r(X - B_c, \mathcal{F})$$
$$\to H^{r+1}_\Phi(B_c, \mathcal{F}) \to$$

où Φ désigne la famille des fermés dans X contenus dans B_c.

Le théorème est alors conséquence immédiate de la proposition 25. En particulier, les hypothèses précédentes sont vérifiées si X est un espace q-complet.

Remarque. — Le procédé de démonstration suivi est inspiré d'une idée due à Ehrenpreis [8].

6. Applications.

22. Filtration de la cohomologie sur un fibré.

a. Soient X un espace complexe et $E \xrightarrow{\pi} X$ un fibré vectoriel holomorphe sur X de fibre $\mathbf{C}^r$. Soit $\mathfrak{U} = \{ U_i \}_{i \in I}$ un recouvrement de X par des ouverts d'holomorphie de sorte que sur chaque U_i le fibré E soit trivial. Si

$\Phi_i : U_i \times \mathbf{C}^r \to E$ sont les cartes ainsi obtenues, nous désignerons par $g_{ij} : U_{ij} \to GL(r, \mathbf{C})$ le cocycle défini par les relations

$$\Phi_j^{-1} \Phi_i(z, \xi_i) = (z, g_{ji} \circ \xi_i)$$

ξ_i désignant les coordonnées en fibre au-dessus de U_i.

Envisageons E comme espace complexe et sur E le recouvrement

$$\hat{\mathfrak{U}} = \{ \pi^{-1}(U_i) \}_{i \in I}.$$

Les ouverts de $\hat{\mathfrak{U}}$ sont des ouverts d'holomorphie.

Soit U un ouvert de X contenu dans U_i. Toute fonction holomorphe f sur $\pi^{-1}(U)$ peut être développée en série de puissances en les coordonnées en fibre ξ_i :

$$f = \sum c^i_{\nu_1 \ldots \nu_r}(z) \, \xi_{i1}^{\nu_1} \ldots \xi_{ir}^{\nu_r},$$

les $c^i_{\nu_1 \ldots \nu_r}(z)$ étant des fonctions holomorphes sur U. Il résulte que l'anneau $A(U) = \Gamma(\Pi^{-1}(U), \mathcal{O})$ est filtré par les puissances de l'idéal $A(U)\,(\xi_{i1}, \ldots, \xi_{ir})$. Autrement dit, f sera de degré filtrant $\geqq k$ si elle s'annule à l'ordre $\geqq k$ sur la section nulle du fibré $E|_U$.

Si $U \subset U_i \cap U_j$, on peut aussi développer f par rapport aux coordonnées en fibre ξ_j sur U_j :

$$f = \sum_{\mu_i \geqq 0} c^j_{\mu_1 \ldots \mu_r}(z) \, \xi_{j1}^{\mu_1} \ldots \xi_{jr}^{\mu_r}.$$

Comme $\xi_i = g_{ij}(z) \xi_j$ on voit d'abord que la filtration choisie sur $A(U)$ ne dépend pas du choix des coordonnées en fibre, ce qui était aussi évident *a priori* d'après la signification géométrique.

Désignons par X_i^k le vecteur de composantes $\xi_{i1}^{\nu_1} \ldots \xi_{ir}^{\nu_r}$, $\nu_1 + \ldots + \nu_r = k$. Si $P_k(g)$ désigne la puissance tensorielle symétrique $k^{\text{ième}}$ de l'endomorhisme $g \in GL(r, \mathbf{C})$ des relations précédentes on tire que $X_i^k = P_k(g_{ij}) X_j^k$. Désignons par $C_k^i(z)$ le vecteur de composantes $c^i_{\nu_1 \ldots \nu_r}(z)$, $\nu_1 + \ldots + \nu_r = k$. De ce qui précède, il résulte que $C_k^i(z) = P_k({}^t g_{ij}^{-1}) \, C_k^j(z)$, c'est-à-dire $C_k^i(z)$ représente sur U une section du fibré $E^{*(k)}$ puissance tensorielle symétrique $k^{\text{ième}}$ du fibré E^* dual de E. De plus, notons $A_k(U)$ l'ensemble des éléments de $A(U)$ de degré filtrant $\geqq k$; alors $A_k(U)$ est somme directe de $A_{k+1}(U)$ et de l'espace des sections de $E^{*(k)}$ sur U.

b. Envisageons le groupe $C^i(\hat{\mathfrak{U}}, \mathcal{O})$ des i-cochaînes de $\hat{\mathfrak{U}}$ à valeurs dans $\mathcal{O}$. D'après ce qu'on vient de dire, ce groupe est filtré, et la filtration est compatible avec l'opération δ de cobord. Ceci nous donne une filtration sur la cohomologie $H^i(\hat{\mathfrak{U}}, \mathcal{O})$. Soit $GH^i(\hat{\mathfrak{U}}, \mathcal{O})$ le groupe gradué associé à cette filtration. De la remarque faite tout à l'heure, nous déduisons la proposition suivante :

Proposition 26. — *Soit $E \xrightarrow{\pi} X$ un fibré vectoriel holomorphe sur X. Il existe une filtration naturelle sur les groupes de cohomologie $H^i(E, \mathcal{O})$. Le gradué associé est isomorphe à la somme directe des groupes de cohomologie en dimension i de X à valeurs dans les puissances tensorielles symétriques du fibré E^* dual de E*

$$GH^i(E, \mathcal{O}) \simeq \bigoplus_k H^i(X, E^{*(k)}).$$

23. Théorèmes d'annulation de la cohomologie.

a. Supposons que le fibré dual E^*, en tant qu'espace complexe, soit (a) fortement q-convexe, (b) fortement q-concave. Alors on sait que

$$(a) \quad \dim_{\mathbf{C}} H^i(E^*, \mathcal{O}) < \infty \quad \text{si} \quad i \geqq q \quad \text{dans le cas convexe;}$$
$$(b) \quad \dim_{\mathbf{C}} H^i(E^*, \mathcal{O}) < \infty \quad \text{si} \quad i < \operatorname{dih}(X) + r - q \quad \text{dans le cas concave.}$$

Appliquons la proposition précédente au fibré E^* et remarquons que

$$\dim_{\mathbf{C}} GH^i(E^*, \mathcal{O}) \leqq \dim_{\mathbf{C}} H^i(E^*, \mathcal{O}).$$

Nous en déduisons la

Proposition 27. — *Si le fibré E^* est (a) fortement q-convexe, (b) fortement q-concave, alors il existe un entier k_0 tel que pour tout $k \geqq k_0$ on ait*

$$(a) \quad H^i(X, E^{(k)}) = 0 \quad \textit{pour} \quad i \geqq q \quad \textit{dans le cas } q\textit{-convexe;}$$
$$(b) \quad H^i(X, E^{(k)}) = 0 \quad \textit{pour} \quad i < \operatorname{dih}(X) + r - q \quad \textit{dans le cas } q\textit{-concave,}$$

$E^{(k)}$ désignant la puissance tensorielle symétrique $k^{\text{ième}}$ du fibré E.

b. Nous voulons terminer en donnant un critère pratique de calcul de la convexité d'un fibré E dans le cas où X est une variété complexe compacte de dimension n.

Pour cela, introduisons sur E une métrique hermitienne sur les fibres. Au-dessus de chaque ouvert $U_i \in \mathfrak{U}$, elle sera donnée par une forme hermitienne positive non dégénérée ${}^t\bar{\xi}_i h_i \xi_i$, la matrice h_i dépendant différentiablement du point $z \in U_i$. Pour $z \in U_i \cap U_j$ on aura $h_j = {}^t\bar{g}_{ij} h_i g_{ij}$.

Sur l'espace E envisageons la fonction $\varphi = {}^t\bar{\xi}_i h_i \xi_i$. Comme X est compacte les ouverts $B_c = \{ x \in E \mid \varphi(x) < c \}$ pour $c > 0$ sont relativement compacts.

Pour le calcul de la signature de la forme de Lévi de φ, nous faisons les remarques suivantes. La métrique donnée définit une ∂-connection dans E donnée par les (1, 0)-formes $h_i^{-1} \partial h_i$. L'obstruction à ce que cette connection soit holomorphe est donnée par l'annulation de la forme de courbure

$\Theta_l = \bar{\partial}(h_l^{-1}\, \partial h_l)$. Par un calcul direct ([18]), on trouve qu'en un point $(z, \xi) \in E$ la forme de Lévi $L(\varphi)$ de φ a autant de valeurs propres < 0 que la forme ${}^t\bar{\xi}\, h \Theta \xi$ et r valeurs propres > 0 de plus que ladite forme.

Nous observons encore que ${}^t\bar{\eta}_l {}^t h_l^{-1} \eta_l$ est une métrique hermitienne sur le fibré dual E^*. Pour cette métrique la forme de courbure est $\Theta_l^* = \bar{\partial}({}^t h_l\, \partial\, {}^t h_l^{-1})$. En posant $\eta_l = {}^t h_l \bar{\xi}_l$ on a une application de E dans E^* et il résulte

$$ {}^t\bar{\eta}\, {}^t h^{-1}\, \Theta^* \eta = -\, {}^t\xi\, \overline{h \Theta \xi}. $$

Cela dit, envisageons pour chaque $(z_l, \xi_l) \in E$ la forme hermitienne en dz, $d\bar{z}$, donnée localement par

$$ (1) \qquad Q(\xi, dz, d\bar{z}) = {}^t\bar{\xi}_l\, h_l \Theta_l \xi_l. $$

Pour calculer la q-convexité de E utilisons la fonction $\varphi = {}^t\bar{\xi}\, h \xi$ et pour calculer la q-concavité, la fonction $e^{-c\varphi}$ avec $c > 0$ assez grand. De ce qu'on vient de dire il résulte le lemme suivant :

Lemme. — *Supposons que pour chaque $\xi \neq 0$ la forme Q ait $n - q + 1$ valeurs propres > 0 et $n - p + 1$ valeurs propres < 0. Alors le fibré E est fortement q-convexe (par rapport à la fonction φ) et fortement $(p + r - 1)$-concave (par rapport à la fonction $e^{-c\varphi}$). Par correspondance, le fibré dual E^* sera fortement p-convexe (par rapport à la fonction $\varphi^* = {}^t\bar{\eta}\, {}^t h^{-1} \eta$) et fortement $(q + r - 1)$-concave (par rapport à la fonction $e^{-c\varphi^*}$).*

On en conclut le résultat suivant.

Proposition 28. — *Soit E un fibré vectoriel holomorphe sur une variété complexe compacte X de dimension n. On munit E d'une forme hermitienne h positive non dégénérée, dont la forme de courbure soit Θ, et l'on définit sur E une forme différentielle Q de type (1, 1) en les différentielles de la base X, dont l'expression locale est donnée par la formule (1). Supposons que Q ait t_1 valeurs propres > 0 et $n - t_2$ valeurs propres < 0 pour tout point de E. Il existe alors un entier k_0 tel que*

$$ H^i(X, E^{(k)}) = 0 \quad \text{si} \quad i \notin \{t_1, t_1 + 1, \ldots, t_2\} \quad \text{et} \quad k \geq k_0. $$

En particulier, si la forme Q est non dégénérée $t_2 = t_1 = t$ et l'on a

$$ H^i(X, E^{(k)}) = 0 \quad \text{si} \quad i \neq t \quad \text{et} \quad k \geq k_0. $$

On rapprochera ce résultat d'un théorème bien connu de Bott concernant les espaces homogènes complexes de groupes de Lie [4].

([18]) On se sert du fait qu'en un point $z_0 \in X$, par choix convenable des coordonnées dans les fibres au voisinage de z_0, on aura $(\partial h)_{z_0} = 0$.

50.

(mit O. Riemenschneider)

Verschwindungssätze für analytische Kohomologiegruppen auf komplexen Räumen

Invent. Math. **11**, 263–292 (1970)

Einleitung

Es sei X eine kompakte Kählersche Mannigfaltigkeit, K das kanonische Geradenbündel von X und $F \to X$ ein positives komplex-analytisches Geradenbündel. Dann gilt, wie Kodaira [9] zeigte,

$$H^{\nu}(X, \underline{F} \otimes \underline{K}) = 0, \qquad \nu \geqq 1,$$

wobei $\underline{F}$ bzw. $\underline{K}$ die Garbe der Keime von holomorphen Schnitten in F bzw. K bezeichnet. Man kann einen entsprechenden Satz auch für positive Vektorraumbündel beweisen (Nakano [12]).

In der vorliegenden Arbeit soll eine Übertragung dieses Resultates auf kompakte komplexe Räume vorgenommen werden. Dazu ist es zunächst notwendig, für beliebige komplexe Räume X eine kanonische Garbe $\underline{K} = \underline{K}(X)$ zu definieren. Wir gehen folgendermaßen vor: Nach Hironaka [7] gibt es zu jedem (reduzierten) komplexen Raum (mit zusätzlichen Eigenschaften) eine eigentliche Modifikation $(\hat{X}, \pi)$, bei der $\hat{X}$ eine Mannigfaltigkeit ist. Wir definieren dann die kanonische Garbe $\underline{K}$ als das (nullte) direkte Bild $\pi_{(0)}(\hat{\underline{K}})$ der kanonischen Garbe $\hat{\underline{K}}$ von $\hat{X}$. $\underline{K}$ ist eine torsionsfreie kohärente analytische Garbe auf X, die unabhängig von der Modifikation $(\hat{X}, \pi)$ definiert ist (§2.1). – Das Hauptresultat läßt sich dann entsprechend dem Verschwindungssatz von Nakano formulieren:

Es sei X ein Moišezon-Raum, d.h. ein irreduzibler kompakter komplexer Raum der Dimension n, der n unabhängige meromorphe Funktionen besitzt, es sei $V \to X$ ein positives Vektorraumbündel und $\underline{K}$ die kanonische Garbe von X. Dann gilt

$$H^{\nu}(X, \underline{V} \otimes \underline{K}) = 0, \qquad \nu \geqq 1.$$

Wir beweisen sogar eine etwas allgemeinere Fassung (Satz 2.1): $\underline{V}$ kann durch eine quasi-positive torsionsfreie kohärente analytische Garbe S auf X ersetzt werden (solche Garben werden in §1.2 definiert).

Beim Beweis benutzen wir die (etwas verallgemeinerten) alten Resultate für kompakte Kählersche Mannigfaltigkeiten (Satz 2.2), die Hironakasche Desingularisation und ein Algebraisierungs-Theorem von Artin [3]. Es ist wesentlich zu zeigen, daß für eine Desingularisation $\pi: \hat{X} \to X$ die direkten Bilder

$$\pi_{(\nu)}(\pi^*(\underline{V}) \otimes \underline{\hat{K}}), \qquad \nu = 1, 2, \ldots,$$

verschwinden (Satz 2.3).

Die Beziehungen zwischen der Kohomologie auf $\hat{X}$ und der auf X interessieren auch für den Fall, daß $\pi: \hat{X} \to X$ eine eigentliche Modifikation kompakter Kählerscher Mannigfaltigkeiten X und $\hat{X}$ ist. Wir untersuchen solche Abbildungen in §4.

In der Dualitätstheorie komplexer Räume (Serre-Dualität) wird anstelle von $\underline{K}$ eine andere kanonische Garbe $\underline{K}^*$ verwendet, die mit Hilfe des Hom-Funktors definiert wird (vgl. §3). $\underline{K}$ und $\underline{K}^*$ stimmen natürlich in regulären Punkten überein; i.a. ist aber bei normalen komplexen Räumen $\underline{K}$ echt in $\underline{K}^*$ enthalten. Wir zeigen an einem Beispiel, daß unser Verschwindungssatz mit $\underline{K}^*$ als kanonischer Garbe i.a. nicht gilt (§3.3).

Interessant wäre noch zu wissen, ob der Verschwindungssatz auch für gewisse nicht kompakte komplexe Räume richtig ist, etwa für streng pseudokonvexe Räume X. Sind nur isolierte Singularitäten im Inneren von X vorhanden, so folgt ein solcher Satz leicht aus dem entsprechenden Ergebnis für streng pseudokonvexe Mannigfaltigkeiten ([6], Satz 7; wir geben hier in einem Spezialfall einen neuen Beweis dieses Resultates, vgl. das Korollar zu Satz 2.4). Der Satz dürfte auch richtig sein, wenn der streng pseudokonvexe Raum X nicht-isolierte Singularitäten besitzt. Der Beweis wird jedoch viel schwieriger sein, da die Methoden von Artin für diesen Fall i.a. keine Algebraisation, sondern nur eine algebraische Approximation erlauben.

Zum Schluß wollen wir noch erwähnen, daß die Resultate dieser Arbeit in einer Note gleichen Titels angekündigt wurden (Several Complex Variables I. Maryland 1970. Lecture Notes in Mathematics 155. Berlin-Heidelberg-New York: Springer 1970).

§ 1. Vorbereitungen

1. Es sei zunächst X ein beliebiger komplexer Raum und S eine kohärente analytische Garbe über X. Der zu S gehörende *lineare Raum* $L = L(S)$ ist auf folgendem Wege erklärt: Es sei $x_0 \in X$ ein beliebiger Punkt und $U = U(x_0) \subset X$ eine offene Menge, über der eine exakte Sequenz

$$\mathcal{O}^p | U \xrightarrow{h} \mathcal{O}^q | U \to S | U \to 0$$

Koordinaten u, v der Mannigfaltigkeit $\tilde{X}$ mit $u(z)=v(z)=0$ finden, so daß $\hat{\pi}_z\colon \mathcal{O}_{X,0}\to\mathcal{O}_{\tilde{X},z}$ durch $\tilde{\pi}_z(x)=u$, $\hat{\pi}_z(y)=u\cdot v$ gegeben wird. Aus der exakten Sequenz

$$\mathcal{O}_{X,0}\xrightarrow{h}\mathcal{O}_{X,0}\oplus\mathcal{O}_{X,0}\xrightarrow{\varepsilon}\mathfrak{m}=\mathfrak{m}_0(0)\to 0$$

mit $h(f)=(fy,-fx)$ und $\varepsilon(f_1,f_2)=f_1x+f_2y$ folgt dann eine exakte Sequenz

$$\mathcal{O}_{\tilde{X},z}\xrightarrow{\tilde{h}}\mathcal{O}_{\tilde{X},z}\oplus\mathcal{O}_{\tilde{X},z}\xrightarrow{\tilde{\varepsilon}}(\pi^*S)_z=\mathfrak{m}\otimes_{\mathcal{O}_{X,0}}\mathcal{O}_{\tilde{X},z}\to 0$$

mit $\tilde{h}(g)=(g\,u\,v,-g\,u)$ und $\tilde{\varepsilon}(g_1,g_2)=x\otimes g_1+y\otimes g_2$. Wir betrachten nun das Element

$$g^*=\tilde{\varepsilon}(v,-1)=x\otimes v-y\otimes 1\,.$$

g^* ist von Null verschieden, denn sonst würde mit einem gewissen Element g eine Gleichung $(v,-1)=(g\,u\,v,-g\,u)$ gelten, was nicht sein kann. Man hat aber

$$\begin{aligned}u\cdot g^*&=x\otimes u\,v-y\otimes u=x\otimes\hat{\pi}_z(y)-y\otimes\hat{\pi}_z(x)\\&=x\,y\otimes 1-x\,y\otimes 1=0,\end{aligned}$$

d.h. π^*S hat in jedem Punkt von $\pi^{-1}(0)=\mathbb{P}^1$ Torsion!

Satz 1.1 von Rossi führt uns dazu, die torsionsfreie Urbildgarbe $S\circ\pi := S^*/T(S^*)$, $S^*=\pi^*S$, zu betrachten. Wir bemerken dann als erstes:

Satz 1.2. *Es sei $\pi\colon Y\to X$ eine holomorphe Abbildung komplexer Räume X, Y, und es seien S eine beliebige und F eine lokal freie kohärente analytische Garbe über X. Dann gilt*

$$(S\otimes F)\circ\pi=(S\circ\pi)\otimes\pi^*F\,.$$

Beweis. Es sei $S^*=\pi^*S$ und $F^*=\pi^*F$. Dann gilt per definitionem

$$(S\otimes F)\circ\pi=(S^*\otimes F^*)/T(S^*\otimes F^*)\,.$$

Ist $y\in Y$ ein beliebiger Punkt, so läßt sich jedes Element $s^*\in S_y^*\otimes F_y^*$ eindeutig als Summe

$$s^*=\sum_{j=1}^{t}s_j^*\otimes f_j^*$$

schreiben, wobei $s_j^*\in S_y^*$ und $f_1^*,\dots,f_t^*$ eine Basis des freien $\mathcal{O}_{Y,y}$-Moduls F_y^* ist. Daraus folgt unmittelbar

$$T(S^*\otimes F^*)_y=T(S_y^*\otimes F_y^*)=T(S_y^*)\otimes F_y^*=\big(T(S^*)\otimes F^*\big)_y,$$

und also

$$\begin{aligned}(S\otimes F)\circ\pi&=(S^*\otimes F^*)/T(S^*)\otimes F^*\\&=\big(S^*/T(S^*)\big)\otimes F^*=(S\circ\pi)\otimes\pi^*F,\end{aligned}$$

w.z.b.w.

Die in §2 auftretenden Abbildungen $\pi\colon Y \to X$ haben stets die Eigenschaft

(E) *X und Y sind irreduzible komplexe Räume der Dimension n, π ist in mindestens einem Punkt $y_0 \in Y$ diskret.*

Für solche Abbildungen ist das torsionsfreie Urbild nur für torsionsfreie Garben sinnvoll. Es gilt nämlich

Satz 1.3. *Die holomorphe Abbildung $\pi\colon Y \to X$ besitze die Eigenschaft* (E). *Ist S eine kohärente analytische Garbe auf X, so gilt*

$$(S/T(S)) \circ \pi \cong S \circ \pi .$$

Beweis. Die exakte Sequenz $0 \to T(S) \to S \to S/T(S) \to 0$ impliziert eine exakte Sequenz

$$\pi^*(T) \xrightarrow{i^*} S^* \xrightarrow{\varphi^*} (S/T)^* \to 0,$$

wobei $T = T(S)$, $S^* = \pi^* S$ und $(S/T)^* = \pi^*(S/T)$ gesetzt ist. Nun besitzt T als Torsionsgarbe einen niederdimensionalen Träger. Da aufgrund der Eigenschaft (E) das Urbild einer niederdimensionalen analytischen Menge in X unter π wieder niederdimensional ist, ist auch

$$\mathrm{Tr}\,(i^*(\pi^*(T))) \subset \mathrm{Tr}\,(\pi^*(T)) = \pi^{-1}(\mathrm{Tr}(T))$$

niederdimensional in Y, d.h. $i^*(\pi^*(T)) \subset T(S^*)$, und folglich gilt wegen $(S/T)^* \cong S^*/i^*(\pi^*(T))$:

$$S \circ \pi = S^*/T(S^*) = (S/T)^*/(T(S^*)/\ker \varphi^*).$$

Da $\varphi^*\colon S^* \to (S/T)^*$ surjektiv ist und $\ker \varphi^*$ in $T(S^*)$ enthalten ist, folgt sofort

$$T((S/T)^*) = T(S^*)/\ker \varphi^*$$

und damit nach Definition die Behauptung, w.z.b.w.

Korollar. *Es seien $\rho\colon Z \to Y$ und $\pi\colon Y \to X$ zwei holomorphe Abbildungen, von denen ρ die Eigenschaft* (E) *besitzt. Dann gilt für eine beliebige kohärente analytische Garbe S auf X das Transitivitätsgesetz*

$$(S \circ \pi) \circ \rho = S \circ (\pi \circ \rho).$$

Beweis. Mit $S^* = \pi^* S$ folgt aus Satz 1.3 unmittelbar

$$\begin{aligned}(S \circ \pi) \circ \rho &= (S^*/T(S^*)) \circ \rho = S^* \circ \rho = \rho^* S^*/T(\rho^* S^*)\\ &= (\pi \circ \rho)^* S/T((\pi \circ \rho)^* S) = S \circ (\pi \circ \rho),\end{aligned}$$

w.z.b.w.

Wir haben schließlich noch zu untersuchen, wie sich semi- und quasi-positive Garben bei Bildung des torsionsfreien Urbildes verhalten. Wir beweisen

Satz 1.4. *Die Abbildung* $\pi\colon Y \to X$ *besitze die Eigenschaft* (E). *Ist dann* S *eine torsionsfreie semi- (bzw. quasi-) positive kohärente analytische Garbe auf* X, *so ist auch* $S \circ \pi$ *semi- (bzw. quasi-) positiv.*

Beweis. Es sei $L = L(S)$ der lineare Raum zu S und U eine offene Menge in X, für die eine Einbettung $L|U \hookrightarrow U \times \mathbb{C}^q$ und eine hermitesche Form $\hat{h} = \sum \hat{h}_{ij} w_i \overline{w}_j$ auf $U \times \mathbb{C}^q$ existiert mit $\hat{h}|L = h$, wobei h die semi-positive hermitesche Form auf L bezeichnet. Da ein surjektiver Garbenhomomorphismus $\pi^* S \to S \circ \pi$ existiert, ist $L(S \circ \pi)$ ein abgeschlossener Unterraum von

$$L(\pi^* S) = L \times_X Y.$$

Ist nun $V = \pi^{-1}(U)$, so erhält man eine Einbettung

$$L(S \circ \pi)|V \hookrightarrow V \times \mathbb{C}^q,$$

und die Einschränkung $h \circ \pi$ der auf $V \times \mathbb{C}^q$ definierten hermiteschen Form

$$\hat{h} \circ \pi = \sum \hat{h}_{ij}(\pi(y))\, w_i \overline{w}_j$$

auf $L(S \circ \pi)|V$ liefert eine hermitesche Form auf $L(S \circ \pi)$.

Wir bezeichnen weiter mit M die Menge der Punkte $y \in Y$, in denen π kein lokaler Isomorphismus ist. M ist eine (abgeschlossene) analytische Menge in Y. Da π in einer Umgebung von y_0 endlich ist, muß M niederdimensional sein.

Ist $y \in Y - M$ und $x = \pi(y)$, so gilt also $L(S \circ \pi)_y = L_x$ und $(h \circ \pi)_y = h_x$. Infolgedessen ist $h \circ \pi$ semi-positiv auf dem Vektorraumbündel

$$L(S \circ \pi)|R(Y, S \circ \pi) \cap \pi^{-1}(R(X, S)) - M.$$

Da $\pi^{-1}(X - R(X, S)) \cup M$ eine niederdimensionale analytische Menge in Y ist, ist dann auch $h \circ \pi$ auf $L(S \circ \pi)|R(Y, S \circ \pi)$ semi-positiv und folglich $S \circ \pi$ eine semi-positive Garbe auf Y.

Wenn S sogar quasi-positiv ist, so gibt es eine offene dichte Teilmenge $\mathring{R} \subset R(X, S)$, so daß $L|\mathring{R}$ ein positives Vektorraumbündel über der Mannigfaltigkeit $\mathring{R}$ ist. Dann ist aber auch

$$L(S \circ \pi)|R(\hat{X}, \hat{S}) \cap \pi^{-1}(\mathring{R}) - M$$

ein positives Vektorraumbündel, und $R(\hat{X}, \hat{S}) \cap \pi^{-1}(\mathring{R}) - M$ liegt offen und dicht in $R(\hat{X}, \hat{S})$, w.z.b.w.

4. Ein irreduzibler kompakter komplexer Raum X der (komplexen) Dimension n heißt nach Artin ein *Moišezon-Raum*, wenn er n unabhängige meromorphe Funktionen besitzt. Es sei nun S eine torsionsfreie kohärente analytische Garbe über einem Moišezon-Raum X. Nach Satz 1.1 gibt es dann einen irreduziblen Raum $\tilde{X}$ und eine eigentliche Modifikation $\tilde{\pi}: \tilde{X} \to X$, so daß $S \circ \tilde{\pi}$ lokal frei ist. $\tilde{X}$ ist als eigentliche Modifikation eines Moišezon-Raumes wieder ein Moišezon-Raum. Nach Moišezon [11], §2 besitzt $\tilde{X}$ dann eine projektiv-algebraische Desingularisation $\hat{X}$, d.h. es existiert eine projektiv-algebraische Mannigfaltigkeit $\hat{X}$ und eine eigentliche Modifikation $\pi: \hat{X} \to \tilde{X}$. Mit dem Korollar zu Satz 1.3 und mit Satz 1.4 erhalten wir deshalb

Satz 1.5. *Es sei X ein Moišezon-Raum und S eine torsionsfreie kohärente analytische Garbe über X. Dann existiert eine projektiv-algebraische Mannigfaltigkeit $\hat{X}$ und eine eigentliche Modifikation $\pi: \hat{X} \to X$, so daß $\hat{S} = S \circ \pi$ lokal frei ist.*

Ist S zusätzlich quasi-positiv, so auch $\hat{S}$.

Eine wichtige Eigenschaft von Moišezon-Räumen wurde von Artin bewiesen (vgl. [3], §7):

Zu jedem Punkt x_0 eines Moišezon-Raumes X gibt es einen affin-algebraischen Raum $\mathring{Y}$ und eine offene holomorphe Abbildung $\mathring{\varphi}: \mathring{Y} \to X$, die lokal biholomorph ist, so daß $x_0 \in \mathring{\varphi}(\mathring{Y})$ und für jede meromorphe Funktion f auf X die Funktion $f \circ \mathring{\varphi}$ rational ist ($\mathring{\varphi}: \mathring{Y} \to X$ ist also ein morphisme étale).

Man kann $\mathring{Y}$ zu einem projektiv-algebraischen Raum Y vervollständigen und $\mathring{\varphi}$ zu einer regulären holomorphen Abbildung $\varphi: Y \to X$ fortsetzen. φ besitzt die Eigenschaft (E).

§ 2. Das Hauptresultat

1. Es sei X ein n-dimensionaler Moišezon-Raum und $\pi: \hat{X} \to X$ eine eigentliche Modifikation, bei der $\hat{X}$ eine projektiv-algebraische Mannigfaltigkeit ist. Ist dann $\hat{K} = K(\hat{X})$ das kanonische Geradenbündel von $\hat{X}$, so setzen wir

$$\underline{K} = \underline{K}(X) := \pi_{(0)}(\underline{K}(\hat{X}))$$

und erhalten damit eine torsionsfreie kohärente analytische Garbe über X.

$\underline{K} = \underline{K}(X)$ ist unabhängig von der Desingularisation $(\hat{X}, \pi)$ von X definiert.

Beweis. Es seien $(\hat{X}_i, \pi_i)$, $i = 1, 2$, zwei Desingularisationen von X mit projektiv-algebraischen Mannigfaltigkeiten $\hat{X}_1$ und $\hat{X}_2$. Dann ist die Reduktion $\hat{Y}$ des Faserproduktes $\hat{X}_1 \times_X \hat{X}_2$ ein projektiv-algebraischer komplexer Raum, der vermöge der natürlichen Abbildungen $p_i\colon \hat{Y} \to \hat{X}_i$ eine eigentliche Modifikation von $\hat{X}_1$ und $\hat{X}_2$ ist. Es sei schließlich $(\hat{Z}, \rho)$ eine Desingularisation von $\hat{Y}$ und $\varphi_i = p_i \circ \rho$; $i = 1, 2$:

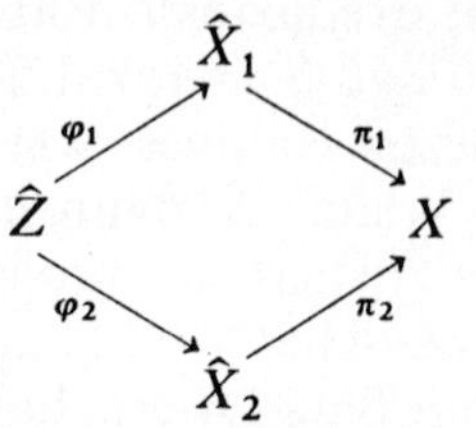

Wir brauchen jetzt nur noch zu zeigen, daß

$$\pi_{1(0)}(\underline{K}(\hat{X}_1)) = (\pi_1 \circ \varphi_1)_{(0)}(\underline{K}(\hat{Z}))$$

gilt. Wegen $(\pi_1 \circ \varphi_1)_{(0)}(\underline{K}(\hat{Z})) = \pi_{1(0)}(\varphi_{1(0)}(\underline{K}(\hat{Z})))$ genügt es dazu sogar, die Gleichheit

$$\underline{K}(\hat{X}_1) = \varphi_{1(0)}(\underline{K}(\hat{Z}))$$

zu verifizieren. Wir schreiben $\hat{X}$ für $\hat{X}_1$ und φ für φ_1 und bezeichnen mit $\hat{E} \subset \hat{Z}$ die Entartungsmenge der eigentlichen Modifikationsabbildung φ. $E = \varphi(\hat{E})$ ist dann mindestens 2-codimensional in $\hat{X}$. Infolgedessen läßt sich jede holomorphe n-Form auf einer Menge $U - E$ nach ganz U fortsetzen, wenn U eine offene Teilmenge von $\hat{X}$ ist. Insbesondere gilt dies für Formen $(\hat{\alpha} | \hat{U} - \hat{E}) \circ \varphi'^{-1}$, wobei $\hat{\alpha}$ eine n-Form auf der offenen Menge $\hat{U} = \varphi^{-1}(U) \subset \hat{Z}$ und φ' die Einschränkung von φ auf $\hat{Z} - \hat{E}$ ist. Dies bedeutet, daß jede holomorphe n-Form auf $\hat{U}$ von einer n-Form auf U herkommt, w.z.b.w.

Wir nennen $\underline{K} = \underline{K}(X)$ die *kanonische Garbe von* X. Ist X eine Mannigfaltigkeit, so stimmt $\underline{K}$ natürlich mit der Garbe der Keime von holomorphen Schnitten in dem kanonischen Geradenbündel von X überein.

2. Die Garbe $\underline{K}(X)$ läßt sich auch ohne Verwendung der Desingularisationstheorie definieren (X sei normal).

Es sei $N \subset X$ die (mindestens 2-codimensionale) analytische Menge der singulären Punkte von X. Wir betrachten dann zu jeder offenen Menge $U \subset X$ den Modul

$$\Gamma_*(U) = \{\varphi \in \Gamma(U - N, \underline{K}(X - N))\colon \int_{U-N} \varphi \wedge \bar{\varphi} < \infty\}$$

und zeigen, daß *die durch die Praegarbe* $\{\Gamma_*(U)\}$ *definierte Garbe auf* X *mit der kanonischen Garbe* $\underline{K}(X)$ *übereinstimmt.*

Es sei $\varphi \in \Gamma(U, \underline{K}(X))$ und $V \subset\subset U$ beliebig. Wir nehmen dann eine Desingularisation $\pi\colon \hat{X} \to X$ vor und setzen $\hat{U} = \pi^{-1}(U)$, $\hat{V} = \pi^{-1}(V)$

und $\hat{N} = \pi^{-1}(N)$. Ist nun ψ das φ entsprechende Element aus $\Gamma(\hat{U}, \underline{K}(\hat{X})) \cong \Gamma(U, \underline{K}(X))$, so folgt sofort wegen $\hat{V} \subset\subset \hat{U}$:

$$\int_{V-N} \varphi \wedge \bar{\varphi} = \int_{\hat{V}-\hat{N}} \psi \wedge \bar{\psi} = \int_{\hat{V}} \psi \wedge \bar{\psi} < \infty .$$

Es ist also $\underline{K}(X)$ in der oben definierten Garbe enthalten. Um die Umkehrung zu zeigen, betrachten wir zunächst X (lokal) als verzweigte Überlagerung über einem Gebiet $G \subset \mathbb{C}^n(z_1, \ldots, z_n)$:

$$\tau : X \to G .$$

φ sei eine holomorphe n-Form auf der n-dimensionalen Mannigfaltigkeit $X - N$; dann gilt

$$(*) \qquad \varphi = a(x)\,(d\mathfrak{z} \circ \tau), \quad d\mathfrak{z} = dz_1 \wedge \cdots \wedge dz_n ,$$

wobei $a(x)$ eine meromorphe Funktion auf X ist, die außerhalb N holomorph ist und auf N höchstens Polstellen besitzt.

Dies sieht man folgendermaßen ein: Über Punkten, die nicht zum singulären Ort $S(\Delta)$ des Verzweigungsortes $\Delta \subset G$ gehören, besitzt X nur Windungspunkte, d.h. X ist dort von der Form $\{w^b - z_1\}$. In diesen Punkten ist die Gleichung $(*)$ sofort nachprüfbar. Da $S(\Delta)$ mindestens 2-codimensional in G liegt, erhält man $(*)$ wegen des Riemannschen Hebbarkeitssatzes auf ganz X.

Es sei nun $\psi = \varphi \circ \pi$, wobei $\pi : \hat{X} \to X$ wiederum eine Desingularisation von X ist. Dann gilt $\psi = b(\hat{x})\,(d\mathfrak{z} \circ \tau \circ \pi)$ mit $b(\hat{x}) = a(\pi(x))$. Nun ist $d\mathfrak{z} \circ \tau \circ \pi$ von der Form $h(\hat{x})\, d\hat{x}_1 \wedge \cdots \wedge d\hat{x}_n$, wobei h holomorph auf $\hat{X}$ ist. Es ist also

$$\psi = b(\hat{x})\, h(\hat{x})\, d\hat{x}_1 \wedge \cdots \wedge d\hat{x}_n$$

eine meromorphe Differentialform auf $\hat{X}$. Sie hat höchstens Polstellen auf $\hat{N}$. Ist nun $\int_{X-N} \varphi \wedge \bar{\varphi} < \infty$, so gilt auch $\int_{\hat{X}-\hat{N}} \psi \wedge \bar{\psi} < \infty$. Dann kann aber $b \cdot h$ keine Polstellen besitzen. Andernfalls gäbe es nämlich einen Punkt $\hat{x}_0 \in \hat{X}$ und Koordinaten $\xi_1, \ldots, \xi_n$ in $\hat{x}_0$ von $\hat{X}$ mit

$$\hat{N} = \{\xi_1 = 0\}$$

und

$$b(\xi)\, h(\xi) = \frac{b_1(\xi)}{\xi_1^s}, \quad b_1(\hat{x}_0) \neq 0, \quad s \geqq 1 .$$

Es folgt dann für eine kleine Umgebung $\hat{U}$ von $\hat{x}_0$:

$$\left| \int_{\hat{U}-\hat{N}} \psi \wedge \bar{\psi} \right| = \left| \int_{\hat{U}-\hat{N}} \frac{b_1 \cdot \bar{b}_1}{(\xi_1 \cdot \bar{\xi}_1)^s}\, do \right| \geqq c \int_0^{r_0} \frac{dr}{r^{2s-1}}, \qquad c > 0 ,$$

und also $\int\limits_{\hat{U}-\hat{N}} \psi \wedge \bar{\psi} = \infty$ im Widerspruch zur Voraussetzung. Somit ist bh holomorph in ganz $\hat{X}$, d.h. ψ läßt sich zu einem Schnitt $\hat{\psi}$ aus $\Gamma(\hat{X}, \underline{K}(\hat{X}))$ fortsetzen, und φ ist die Einschränkung von $\hat{\psi}$, aufgefaßt als Schnitt in $\Gamma(X, \underline{K}(X))$, auf $X-N$, w.z.b.w.

3. Es sei jetzt X ein n-dimensionaler Moišezon-Raum und S eine torsionsfreie kohärente analytische Garbe über X. Es sei $\pi\colon \hat{X} \to X$ eine eigentliche Modifikation von X, so daß $S \circ \pi$ lokal frei über $\hat{X}$ ist. Die kohärente analytische Garbe

$$S \cdot \underline{K}(X) := \pi_{(0)}((S \circ \pi) \otimes \underline{K}(\hat{X}))$$

ist torsionsfrei über X. Man zeigt wie in Abschnitt 1, daß sie unabhängig von der speziellen Wahl der Modifikation $(\hat{X}, \pi)$ definiert ist. Ist insbesondere S lokal frei, so gilt $S \cdot \underline{K}(X) = S \otimes \underline{K}(X)$.

Wir können nun unser Hauptergebnis formulieren:

Satz 2.1. *Es sei X ein n-dimensionaler irreduzibler kompakter komplexer Raum, der n unabhängige meromorphe Funktionen besitzt, und es sei S eine quasi-positive torsionsfreie kohärente analytische Garbe auf X. Dann gilt*

$$H^\nu(X, S \cdot \underline{K}(X)) = 0$$

für $\nu \geqq 1$.

Der Beweis zerfällt in zwei Teile, einen transzendenten und einen algebraischen. Wir zeigen zunächst:

Satz 2.2. *Es sei X eine kompakte Kählersche Mannigfaltigkeit und V ein quasi-positives Vektorraumbündel über X. Dann gilt:*

$$H^\nu(X, \underline{V} \otimes \underline{K}(X)) = 0, \qquad \nu = 1, 2, \ldots.$$

Der Beweis besteht aus einer Kopie der Nakanoschen Idee im Falle eines positiven Vektorraumbündels [12]. Wir begnügen uns deshalb mit einer kurzen Skizze:

Es bezeichne $A^{p,q}(V)$ den Vektorraum der Differentialformen vom Typ (p,q) über X mit Werten in dem Vektorraumbündel V. Man hat dann eine Anzahl von Operatoren, die in der üblichen Weise definiert sein sollen (V^* bezeichnet das zu V duale Vektorraumbündel):

$$\begin{aligned}
d''\colon &\ A^{p,q}(V) \to A^{p,q+1}(V)\\
\bar{*}\colon &\ A^{p,q}(V) \to A^{n-p,n-q}(V^*)\\
\delta'' = -\bar{*} d'' \bar{*}\colon &\ A^{p,q}(V) \to A^{p,q-1}(V)\\
L\colon &\ A^{p,q}(V) \to A^{p+1,q+1}(V)\\
\Lambda = -\bar{*} L \bar{*}\colon &\ A^{p,q}(V) \to A^{p-1,q-1}(V)\\
\chi\colon &\ A^{p,q}(V) \to A^{p+1,q+1}(V).
\end{aligned}$$

Ferner wird in $A^{p,q}(V)$ vermöge

$$(\varphi, \psi) := \int_X \varphi \wedge \bar{*}\psi$$

ein hermitesches Skalarprodukt erklärt. Ist

$$\mathscr{H}^{p,q}(V) = \{\varphi \in A^{p,q}(V) : d''\varphi = \delta''\varphi = 0\}$$

der Vektorraum der harmonischen Formen aus $A^{p,q}$, so gilt

$$\mathscr{H}^{p,q}(V) \cong H^{p,q}(V) := H^q(X, \underline{V} \otimes \Omega^p),$$

wenn Ω^p die Garbe der Keime von holomorphen p-Formen auf X bezeichnet. Wegen $\underline{K}(X) = \Omega^n$ haben wir also $\mathscr{H}^{n,q}(V)$, $q \geqq 1$, zu betrachten.

Nach Nakano hat man nun für beliebiges $\varphi \in \mathscr{H}^{p,q}(V)$ bei beliebigem Vektorraumbündel V die Ungleichung

$$(\chi \wedge \Lambda\varphi, \varphi) \geqq 0.$$

Andererseits ist die Definition der Quasi-Positivität von V gerade so gefaßt, daß für $\varphi \in A^{n,q}(V)$, $q \geqq 1$, die (n, n)-Form

$$\chi \wedge \Lambda\varphi \wedge \bar{*}\varphi \leqq 0$$

und in jedem Punkt x_0 aus der offenen dichten Teilmenge $\mathring{R} \subset R(X, \underline{V})$ echt kleiner als Null ist, wenn dort φ von Null verschieden ist. Infolgedessen muß jede Form $\varphi \in \mathscr{H}^{n,q}(V)$, $q \geqq 1$, auf $\mathring{R}$ und damit auf ganz X verschwinden, w.z.b.w.

Den zweiten Teil des Beweises von Satz 2.1 formulieren wir als

Satz 2.3. *Es sei X ein projektiv-algebraischer Raum und S eine quasi-positive torsionsfreie kohärente analytische Garbe über X. Ferner sei $\pi: \hat{X} \to X$ eine Desingularisation von X derart, daß $\hat{S} = S \circ \pi$ lokal frei ist. Dann gilt*

$$\pi_{(\nu)}(\hat{S} \otimes \underline{K}(\hat{X})) = 0, \qquad \nu \geqq 1.$$

Beweis. Wir setzen $\underline{\hat{K}} = \underline{K}(\hat{X})$ und beweisen durch vollständige Induktion nach ν, daß $\pi_{(\nu)}(\hat{S} \otimes \underline{\hat{K}}) = 0$ für alle $\nu \geqq 1$. Der Induktionsanfang $\nu = 1$ wird dabei mit erledigt.

Es sei also $\nu \geqq 1$ und für $1 \leqq \mu < \nu$ schon bewiesen, daß $\pi_{(\mu)}(\hat{S} \otimes \underline{\hat{K}}) = 0$. Wir wählen dann eine Steinsche Überdeckung $\mathfrak{U} = \{U_\rho\}$ von X und eine Steinsche Überdeckung $\mathfrak{V} = \{V_\sigma\}$ von $\hat{X}$ und setzen $\hat{\mathfrak{U}} = \{\hat{U}_\rho = \pi^{-1}(U_\rho)\}$. Wir bilden dann den zu den beiden Überdeckungen $\hat{\mathfrak{U}}$ und $\mathfrak{V}$ gehörenden Doppelkomplex $\{C^{r,s} = C^{r,s}(\hat{\mathfrak{U}}, \mathfrak{V}); \delta', \delta''\}$. Dabei sind Elemente aus $C^{r,s}$ nichts anderes als Kollektionen von Schnittflächen in $\hat{U}_{\rho_0 \ldots \rho_r} \cap V_{\sigma_0 \ldots \sigma_s} = \hat{U}_{\rho_0} \cap \cdots \cap \hat{U}_{\rho_r} \cap V_{\sigma_0} \cap \cdots \cap V_{\sigma_s}$, δ' ist der bezüglich der Überdeckung $\hat{\mathfrak{U}}$ und δ'' der bezüglich $\mathfrak{V}$ gebildete Korandoperator. Wir malen uns das folgende Diagramm auf:

$$\begin{array}{ccccccccccc}
C^{0,0} & \xrightarrow{\delta'} & C^{1,0} & \xrightarrow{\delta'} & C^{2,0} & \rightarrow \cdots \rightarrow & C^{\nu,0} & \xrightarrow{\delta'} & C^{\nu+1,0} & \rightarrow \cdots \\
{\scriptstyle\delta''}\big\downarrow & & {\scriptstyle\delta''}\big\downarrow & & {\scriptstyle\delta''}\big\downarrow & & {\scriptstyle\delta''}\big\downarrow & & {\scriptstyle\delta''}\big\downarrow & \\
C^{0,1} & \xrightarrow{\delta'} & C^{1,1} & \xrightarrow{\delta'} & C^{2,1} & \rightarrow \cdots \rightarrow & C^{\nu,1} & \xrightarrow{\delta'} & C^{\nu+1,1} & \rightarrow \cdots \\
\downarrow & & \downarrow & & \downarrow & & \downarrow & & \downarrow & \\
\vdots & & \vdots & & \vdots & & \vdots & & \vdots & \\
\downarrow & & \downarrow & & \downarrow & & \downarrow & & \downarrow & \\
C^{0,\nu-1} & \xrightarrow{\delta'} & C^{1,\nu-1} & \xrightarrow{\delta'} & C^{2,\nu-1} & \rightarrow \cdots \rightarrow & C^{\nu,\nu-1} & \xrightarrow{\delta'} & C^{\nu+1,\nu-1} & \rightarrow \cdots \\
{\scriptstyle\delta''}\big\downarrow & & {\scriptstyle\delta''}\big\downarrow & & {\scriptstyle\delta''}\big\downarrow & & & & & \\
C^{0,\nu} & \xrightarrow{\delta'} & C^{1,\nu} & \xrightarrow{\delta'} & C^{2,\nu} & & & & &
\end{array}$$

Da bei beliebigem $V_{\sigma_0 \ldots \sigma_s}$ das System $\hat{\mathfrak{U}} \cap V_{\sigma_0 \ldots \sigma_s}$ eine Steinsche Überdeckung von $V_{\sigma_0 \ldots \sigma_s}$ ist, sind alle waagerechten Sequenzen in dem obigen Diagramm exakt. Außerdem gilt für eine beliebige Steinsche Menge $U \subset X$ nach Induktionsvoraussetzung

$$H^{\mu}(\pi^{-1}(U), \hat{S} \otimes \underline{\hat{K}}) = \Gamma(U, \pi_{(\mu)}(\hat{S} \otimes \underline{\hat{K}})) = 0; \qquad \mu = 1, \ldots, \nu - 1.$$

Infolgedessen sind auch die senkrechten Sequenzen

$$C^{r,0} \xrightarrow{\delta''} C^{r,1} \xrightarrow{\delta''} \cdots \xrightarrow{\delta''} C^{r,\nu-1}$$

für alle r exakt. Durch Treppensteigen erhält man dann in bekannter Weise einen kanonischen Isomorphismus

$$H^{2,\nu-1} \cong H^{\nu+1,0}.$$

Wir werden nun zeigen, daß man ohne Einschränkung $H^{\nu+1,0} = 0$ annehmen kann. Da nämlich X projektiv-algebraisch ist, existiert ein in unserem Sinne quasi-positives komplex-analytisches Geradenbündel $F \to X$. Ist $\hat{\underline{F}} = \pi^* \underline{F}$, so folgt aus Satz 1.2 die Beziehung

$$\hat{S} \otimes \hat{\underline{F}}^l = (S \otimes \underline{F}^l) \circ \pi =: \widehat{S \otimes \underline{F}}^l$$

und damit für alle μ:

$$\begin{aligned} \pi_{(\mu)}(\widehat{S \otimes \underline{F}}^l \otimes \underline{\hat{K}}) &= \pi_{(\mu)}(\hat{S} \otimes (\underline{\hat{K}} \otimes \hat{\underline{F}}^l)) \\ &= \pi_{(\mu)}(\hat{S} \otimes \underline{\hat{K}}) \otimes \underline{F}^l. \end{aligned}$$

Es verschwindet also $\pi_{(\mu)}(\hat{S} \otimes \underline{\hat{K}})$ genau dann, wenn $\pi_{(\mu)}(\widehat{S \otimes \underline{F}}^l \otimes \underline{\hat{K}})$ verschwindet. $S \otimes \underline{F}^l$ ist eine quasi-positive kohärente analytische Garbe.

Nach [5] existiert nun ein l_0, so daß für alle $l \geqq l_0$ gilt:

$$H^{\nu+1}(X, \pi_{(0)}(\hat{S} \otimes \underline{\hat{K}}) \otimes \underline{F}^l) = 0.$$

Also ist auch $H^{\nu+1}(X, \pi_{(0)}(\widehat{S\otimes\underline{F}^{l}}\otimes\underline{\hat{K}}))=0$ und wir können ohne Einschränkung

$$H^{\nu+1,0}=H^{\nu+1}(\hat{\mathfrak{U}}, \hat{S}\otimes\underline{\hat{K}})=H^{\nu+1}(X, \pi_{(0)}(\hat{S}\otimes\underline{\hat{K}}))=0$$

voraussetzen.

Angenommen, es wäre $\pi_{(\nu)}(\hat{S}\otimes\underline{\hat{K}})\neq 0$. Da wir wieder mit einer genügend hohen Potenz von $\underline{F}$ tensorieren dürfen, können wir ohne Einschränkung die Existenz eines globalen Schnittes $\sigma\in\Gamma(X, \pi_{(\nu)}(\hat{S}\otimes\underline{\hat{K}}))$, $\sigma\neq 0$, voraussetzen.

Mit Hilfe von σ konstruieren wir nun eine nicht-verschwindende Kohomologieklasse aus $H^{\nu}(\hat{X}, \hat{S}\otimes\underline{\hat{K}})$:

Wegen $\sigma|U_{\rho}\in\Gamma(U_{\rho}, \pi_{(\nu)}(\hat{S}\otimes\underline{\hat{K}}))=H^{\nu}(\hat{U}_{\rho}, \hat{S}\otimes\underline{\hat{K}})$ gibt es Zyklen $\xi_{\rho}\in Z^{\nu}(\hat{U}_{\rho}\cap\mathfrak{B}, \hat{S}\otimes\underline{\hat{K}})$ mit $\pi_{(\nu)}\xi_{\rho}=\sigma|U_{\rho}$. Man bilde nun $\zeta=\delta'\{\xi_{\rho}\}\in C^{1,\nu}$. Wegen $\pi_{(\nu)}\zeta=0$ gibt es ein $\eta\in C^{1,\nu-1}$ mit $\zeta=\delta''\eta$. Nun ist $\delta'\delta'\eta=0$ und $\delta''\delta'\eta=\delta'\zeta=0$ und also $\delta'\eta\in Z^{2,\nu-1}$. Wegen $H^{2,\nu-1}=H^{\nu+1,0}=0$ ist jedoch $Z^{2,\nu-1}=B^{2,\nu-1}$; es gilt somit $\delta'\eta\in B^{2,\nu-1}$.

Im Falle $\nu>1$ gibt es also ein $\gamma\in C^{1,\nu-2}$ mit $\delta''\delta'\gamma=\delta'\eta$. Da die $(\nu-1)$-te waagerechte Sequenz bei $C^{1,\nu-1}$ exakt ist, gibt es schließlich ein $\alpha\in C^{0,\nu-1}$, so daß $\eta-\delta''\gamma=\delta'\alpha$. Wir setzen $\xi_{\rho}^{*}=\xi_{\rho}-\delta''\alpha_{\rho}$, $\alpha_{\rho}=\alpha|\hat{U}_{\rho}$. Wegen $\delta'\{\xi_{\rho}^{*}\}=\zeta-\delta''\eta=0$ ist $\xi^{*}=\{\xi_{\rho}^{*}\}\in C^{\nu}(\mathfrak{B}, \hat{S}\otimes\underline{\hat{K}})$, und aus $\delta''\xi_{\rho}^{*}=\delta''\xi_{\rho}$ folgt $\pi_{(\nu)}\xi^{*}=\sigma\neq 0$, d.h.

$$H^{\nu}(\hat{X}, \hat{S}\otimes\underline{\hat{K}})\neq 0.$$

Nun ist $\hat{S}$ jedoch nach Satz 1.4 und Voraussetzung die Garbe der Keime holomorpher Schnitte in dem quasi-positiven Vektorraumbündel $V=L(\hat{S})$. Wir haben somit einen Widerspruch zu Satz 2.2!

In etwas modifizierter Form kann man in gleicher Weise den Fall $\nu=1$ behandeln, w.z.b.w.

Nun zum Beweis von Satz 2.1! Nach dem in § 1.4 Gesagten gibt es zu X eine projektiv-algebraische Desingularisation $(\hat{X}, \pi)$, so daß $S\circ\pi$ eine quasi-positive lokal freie Garbe ist; außerdem gibt es zu jedem Punkt $x_0\in X$ einen projektiv-algebraischen Raum Y, eine holomorphe Abbildung $\varphi: Y\to X$ und eine algebraische Menge $E\subset Y$, so daß $\varphi|Y-E$ lokal biholomorph und $x_0\in\varphi(Y-E)$ ist. Das gefaserte Produkt $\tilde{Y}=Y\times_X\hat{X}$ ist dann ein projektiv-algebraischer Raum, der nach Hironaka eine projektiv-algebraische Desingularisation $\hat{Y}$ besitzt[1]. Wir haben dann das folgende kommutative Diagramm:

$$\begin{array}{ccc} \hat{Y} & \xrightarrow{\psi} & \hat{X} \\ {\scriptstyle\sigma}\downarrow & & \downarrow{\scriptstyle\pi} \\ Y & \xrightarrow{\varphi} & X. \end{array}$$

[1] Wir nehmen immer nur diejenige irreduzible Komponente, die *auf* X abgebildet wird.

Mit π ist auch σ eine eigentliche Modifikation, und $\hat{S}=(S\circ\pi)\circ\psi=(S\circ\varphi)\circ\sigma$ ist eine quasi-positive lokal freie Garbe. Wegen Satz 2.3 ist dann $\sigma_{(\nu)}(\hat{S}\otimes\underline{K}(\hat{Y}))=0$ für $\nu\geqq 1$. Außerhalb $\hat{E}=\sigma^{-1}(E)$ ist ψ lokal biholomorph, und es gilt $x_0\in\pi(\psi(\hat{Y}-\hat{E}))$. Daraus folgt das Verschwinden von $\pi_{(\nu)}((S\circ\pi)\otimes\hat{\underline{K}})$, $\hat{\underline{K}}=\underline{K}(\hat{X})$, in der Nähe von x_0 für alle $\nu\geqq 1$. Da dies für beliebiges $x_0\in X$ gilt, erhalten wir

$$\pi_{(\nu)}((S\circ\pi)\otimes\hat{\underline{K}})=0, \qquad \nu\geqq 1,$$

woraus

$$\begin{aligned} H^\nu(X, S\cdot\underline{K}) &= H^\nu(X, \pi_{(0)}((S\circ\pi)\otimes\hat{\underline{K}})) \\ &= H^\nu(\hat{X}, (S\circ\pi)\otimes\hat{\underline{K}})=0, \qquad \nu\geqq 1, \end{aligned}$$

wegen Satz 2.2 folgt, w.z.b.w.

Da ein Moišezon-Raum X eine projektiv-algebraische Desingularisation $\hat{X}$ besitzt, *trägt jeder Moišezon-Raum eine quasi-positive torsionsfreie kohärente analytische Garbe vom Rang* 1. Die Umkehrung dieser Aussage ist offen:

Ist jeder (normale) kompakte komplexe Raum, der eine quasi-positive torsionsfreie kohärente analytische Garbe trägt, ein Moišezon-Raum?

4. In diesem Abschnitt leiten wir in einem Sonderfall den Verschwindenssatz aus [6] für streng pseudokonvexe Mannigfaltigkeiten erneut her. Es sei X eine streng pseudokonvexe komplexe Mannigfaltigkeit und $E\subset X$ die maximale kompakte analytische Teilmenge. X ist dann eigentliche Modifikation eines normalen Steinschen Raumes Y, der nur endlich viele singuläre Punkte enthält. Es sei $\pi: X\to Y$ die Modifikationsabbildung. Wir zeigen zunächst

Satz 2.4. *Es gilt* $\pi_{(\nu)}(\underline{K}(X))=0$ *für* $\nu\geqq 1$.

Beweis. Wir können uns auf den Fall beschränken, daß E zusammenhängend ist. Y enthält dann höchstens einen singulären Punkt $y_0=\pi(E)$. Es gibt somit nach Artin ([2], Theorem 3.8) eine Umgebung $U=U(y_0)\subset Y$, die offene Teilmenge eines normalen projektiv-algebraischen Raumes $\hat{Y}$ ist. Wir dürfen ohne Einschränkung $U=Y$ annehmen. Sei ferner $\hat{\pi}: \hat{X}\to\hat{Y}$ eine Desingularisation von $\hat{Y}$, so daß X offene Teilmenge von $\hat{X}$ und π die Einschränkung von $\hat{\pi}$ auf X ist. Ist dann F ein positives Geradenbündel über $\hat{Y}$, so folgt nach Satz 2.3

$$\hat{\pi}_{(\nu)}(\underline{K}(\hat{X}))\otimes\underline{F}=\hat{\pi}_{(\nu)}(\hat{\underline{F}}\otimes\underline{K}(\hat{X}))=0$$

und also $\pi_{(\nu)}(\underline{K}(X))=0$, $\nu\geqq 1$, w.z.b.w.

Da Y Steinsch ist, folgt aus Satz 2.4 sofort

$$H^\nu(X, \underline{K}(X))=H^\nu(Y, \pi_{(0)}(\underline{K}(X)))=0, \qquad \nu\geqq 1.$$

Wir erhalten also das

Korollar. *Ist X eine streng pseudokonvexe komplexe Mannigfaltigkeit, so gilt*

$$H^\nu(X, \underline{K}(X))=0, \quad \nu \geqq 1.$$

Diese Aussage bleibt auch richtig, wenn man $\underline{K}=\underline{K}(X)$ durch $\underline{V}\otimes\underline{K}$ ersetzt, wobei V ein semi-positives Vektorraumbündel auf X bezeichnet. Da man jedoch bei dem obigen Beweis zeigen müßte, daß V Beschränkung eines semi-positiven Vektorraumbündels von $\hat{X}$ ist, wird der Beweis wesentlich schwieriger.

§ 3. Die kanonische Garbe von Grothendieck

1. Wir betrachten in diesem Paragraphen die von Grothendieck eingeführte kanonische Garbe $\underline{K}^*=\underline{K}^*(X)$, die in der Dualitätstheorie (Serre-Dualität) von großer Wichtigkeit ist.

Es sei X ein n-dimensionaler komplexer Raum. U sei eine offene Menge in X, die biholomorph in ein Gebiet G des $\mathbb{C}^m$ eingebettet sei, es sei $d=m-n$ die Codimension von U in G, $\mathcal{O}$ die Strukturgarbe von U und $\underline{K}$ die kanonische Garbe von G. Dann verschwinden die Garben

$$\operatorname{Ext}^i_{\mathcal{O}(G)}(\mathcal{O}, K); \quad i=0,\dots,d-1.$$

Wir setzen

$$\underline{K}^*(U)=\operatorname{Ext}^d_{\mathcal{O}(G)}(\mathcal{O}, \underline{K})|U.$$

$\underline{K}^*(U)$ ist eine kohärente analytische Garbe auf U, deren Träger ganz U ist und die in den regulären Punkten von U mit der gewöhnlichen kanonischen Garbe übereinstimmt. Man kann zeigen, daß $\underline{K}^*(U)$ von der Einbettung $U \hookrightarrow G$ unabhängig definiert ist. Infolgedessen kann man die Garben $\underline{K}^*(U)$ zu einer globalen Garbe $\underline{K}^*$ auf X zusammenkleben.

2. Wir wollen nun zeigen, daß für einen normalen komplexen Raum X mit Singularitätenmenge A die kanonische Garbe $\underline{K}^*(X)$ gleich dem nullten direkten Bild der gewöhnlichen kanonischen Garbe $\underline{K}(X-A)$ unter der Einbettungsabbildung $X-A \hookrightarrow X$ ist. Insbesondere ist dann die von uns definierte Garbe $\underline{K}(X)$ eine Untergarbe von $\underline{K}^*(X)$.

Diese Behauptung ist eine unmittelbare Folgerung aus dem nächsten Satz, in dem X nicht normal zu sein braucht:

Satz 3.1 (2. Riemannscher Hebbarkeitssatz). *Es sei $A\subset X$ eine mindestens 2-codimensionale analytische Menge in X. Dann ist die Beschränkungsabbildung*

$$\Gamma(X, \underline{K}^*) \to \Gamma(X-A, \underline{K}^*)$$

bijektiv.

Beweis. Wir zeigen zunächst, daß jede Schnittfläche $f\in\Gamma(X-A, \underline{K}^*)$ lokal über A hinaus fortgesetzt werden kann.

für $d \geqq 6$. Betrachten wir dazu zunächst das Geradenbündel $F \otimes K(R)$. Da $K(R)$ genau g linear unabhängige holomorphe Schnittflächen besitzt, folgt

$$\dim \Gamma(R, \underline{F} \otimes \underline{K}(R)) \geqq g + c(F) = g - d = \tfrac{1}{2} d(d-5) + 1.$$

Ist nun $V \to \bar{F}$ ein beliebiges Geradenbündel, so hat man stets eine exakte Sequenz

$$(*) \qquad 0 \to \underline{G}^{-1} \otimes \underline{V} \to \underline{V} \to \underline{V} | R \to 0,$$

wobei unter $\underline{V}|R$ genauer die triviale Fortsetzung nach $\bar{F}$ der analytischen Einschränkung von $\underline{V}$ auf R zu verstehen ist. Die letzte Bemerkung benutzen wir dazu, die Fortsetzbarkeit hinreichend vieler holomorpher Schnitte in $F \otimes K(R)$ nach $G^2 \otimes \bar{H} \otimes K(\bar{F})$ zu verifizieren.

Es sei zunächst $V = G \otimes \bar{H} \otimes K(\bar{F})$. Da die Gleichheit $G \otimes K(\bar{F}) | R = K(R)$ besteht und $\bar{H}$ in einer Umgebung von R trivial ist, so folgt aus $(*)$ die exakte Sequenz

$$0 \to \underline{\bar{H}} \otimes \underline{K}(\bar{F}) \to \underline{G} \otimes \underline{\bar{H}} \otimes \underline{K}(\bar{F}) \to \underline{K}(R) \to 0.$$

Nach Satz 2.1 gilt nun $H^\nu(\bar{F}, \underline{\bar{H}} \otimes \underline{K}(\bar{F})) = 0$ für $\nu \geqq 1$ und somit

$$H^\nu(\bar{F}, \underline{G} \otimes \underline{\bar{H}} \otimes \underline{K}(\bar{F})) = H^\nu(R, \underline{K}(R)), \qquad \nu \geqq 1.$$

Setzt man in $(*)$ $V = G^2 \otimes \bar{H} \otimes K(\bar{F})$ ein, so liefert die Kohomologiesequenz und die Beziehung $G|R = F$ die exakte Sequenz

$$\Gamma(\bar{F}, \underline{G}^2 \otimes \underline{\bar{H}} \otimes \underline{K}(\bar{F})) \to \Gamma(R, \underline{F} \otimes \underline{K}(R)) \to H^1(R, \underline{K}(R)),$$

woraus wegen $\dim H^1(R, \underline{K}(R)) = 1$ die Behauptung

$$\dim \Gamma(\bar{F}, \underline{G}^2 \otimes \underline{\bar{H}} \otimes \underline{K}(\bar{F})) \geqq \dim \Gamma(R, \underline{F} \otimes \underline{K}(R)) - 1 \geqq \tfrac{1}{2} d(d-5) \geqq 1$$

für $d \geqq 6$ folgt, w.z.b.w.

Wir betrachten jetzt ein Geradenbündel über dem $\mathbb{P}^1$ mit der Chernschen Zahl $-c \leqq -1$ (also ohne Einschränkung $= S^c$, wenn S das Hopfsche Bündel über dem $\mathbb{P}^1$ ist). Da Y ein Kegel (mit der isolierten Singularität als Zentrum) ist, operiert die multiplikative Gruppe $\mathbb{C}^* = \mathbb{C} - 0$ auf Y. Wir können also zu diesem Geradenbündel das assoziierte Bündel konstruieren, das Y zur Faser hat. Man erhält dadurch einen 3-dimensionalen normalen kompakten komplexen Raum X, dessen Singularitätenmenge isomorph zu $\mathbb{P}^1$ ist.

Es sei nun $\mathring{Y}$ der affin algebraische Raum $Y - Y_\infty$, wobei Y_∞ die Menge der unendlich fernen Punkte von $Y \subset \mathbb{P}^3$ bezeichnet; es gilt also $\mathring{Y} \subset \mathbb{C}^3$. Die Gruppe $\mathbb{C}^*$ operiert auch auf $\mathbb{C}^3$. Wir können dann das zu S^c assoziierte Bündel V mit Fasern $\mathbb{C}^3$ konstruieren und erhalten sofort $X \subset V = S^c \oplus S^c \oplus S^c$. Nun ist S^c ein negatives Geradenbündel, so daß V ein negatives Vektorraumbündel ist. Nach [5], Satz 5, wird dann aus V

durch Niederblasen der Nullschnittfläche $\mathbb{P}^1 \subset V$ ein affin algebraischer Raum. Hieraus folgt nun unmittelbar:

Die Nullschnittfläche $\mathbb{P}^1 \subset X$ läßt sich zu einem Punkt zusammenblasen. Dabei entsteht aus X ein projektiv-algebraischer Raum X'. Insbesondere ist X dann selbst projektiv-algebraisch.

Es sei $\tilde{H}'$ das Geradenbündel, das zu dem Divisor der unendlich fernen Punkte von X' gehört. Ist $X' \subset \mathbb{P}^n$, so ist $\tilde{H}'$ als Einschränkung des zu $\mathbb{P}^n_\infty$ gehörenden Geradenbündels quasi-positiv. Das Urbild $\tilde{H}$ von $\tilde{H}'$ bezüglich der eigentlichen Modifikation $X \to X'$ ist dann ebenfalls quasi-positiv. $\tilde{H}$ ist nichts anderes als das Geradenbündel, das zu dem Divisor der unendlich fernen Punkte der Fasern des Bündels $X \to \mathbb{P}^1$ gehört, d.h. es gilt $\tilde{H} | Y = H_Y$.

Wir können nun beweisen, daß X (zusammen mit $\tilde{H}$) ein Beispiel der gesuchten Art ist:

Es gilt $H^1(X, \underline{\tilde{H}} \otimes \underline{K}^*(X)) \neq 0$.

Beweis. Wegen Satz 3.1 und § 2.2 können wir Schnitte

$$\xi \in \Gamma(Y, \underline{H} \otimes \underline{K}^*(Y))$$

als meromorphe Schnittflächen in dem Bündel $K(\bar{F}) \otimes \bar{H}$ auffassen. Es sei p die maximale Polstellenordnung aller Schnitte ξ auf der Nullschnittfläche $R \subset \bar{F}$. Aufgrund des eingangs Bewiesenen gilt $p \geqq 2$ für $d \geqq 6$. Es sei $\Gamma_* \subset \Gamma(Y, \underline{H} \otimes \underline{K}^*(Y))$ der Untervektorraum der Schnittflächen, die auf R eine Polstellenordnung $< p$ besitzen. Da die Gruppe $\mathbb{C}^*$ auf Γ operiert und Γ_* in Γ_* abbildet, operiert sie auch auf dem Quotienten Γ/Γ_*. Ist $\xi_1, \ldots, \xi_l$, $l \geqq 1$, eine Basis von Γ/Γ_*, so gilt, falls φ die Abbildung $\mathbb{C}^* \to \operatorname{Aut}(\Gamma/\Gamma_*)$ bezeichnet, für $\lambda = 1, \ldots, l$:

$$(\ast) \qquad \varphi(a)\, \xi_\lambda = a^{p-1}\, \xi_\lambda, \qquad a \in \mathbb{C}^*.$$

Es sei nun $\pi\colon X \to \mathbb{P}^1$ und $\Pi = \pi_{(0)}(\underline{\tilde{H}} \otimes \underline{K}^*(X))$; ferner sei Π_* die kohärente analytische Garbe auf $\mathbb{P}^1$, die durch das Garbendatum

$$\Pi_*(U) = \{\xi \in \Gamma(\pi^{-1}(U), \underline{\tilde{H}} \otimes \underline{K}^*(X)) \colon \xi | \pi^{-1}(z) \in \Gamma_* \text{ für alle } z \in U\};$$

$U \subset \mathbb{P}^1$, definiert ist. Jedes Element aus $(\Pi/\Pi_*)_z$, $z \in \mathbb{P}^1$, wird nach Trivialisierung $X | U \cong U \times Y$ repräsentiert durch eine holomorphe Abbildung $\xi\colon U \to \Gamma/\Gamma_*$ ($U = U(z) \subset \mathbb{P}^1$ muß hinreichend klein sein). Sind f_{ij} die Übergangsfunktionen von S^c und g_{ij} die Übergangsfunktionen des kanonischen Bündels $K(\mathbb{P}^1)$, so sieht man mittels $(\ast)$ unmittelbar, daß sich ξ vermöge der Funktionen $g_{ij} \cdot f_{ij}^{p-1}$ transformiert. Es gilt folglich

$$\Pi/\Pi_* = \underline{V},$$

wobei das Vektorraumbündel V die l-fache Whitney-Summe des Geradenbündels $K(\mathbb{P}^1) \otimes S^{c(p-1)}$ ist.

Der Grad von V ist dann gleich

$$l(c(K(R))-c(p-1))=-l(2+c(p-1))<0,$$

so daß $\Gamma(\mathbb{P}^1, \underline{V})=0$. Der Satz von Riemann-Roch liefert dann

$$\dim H^1(\mathbb{P}^1, \underline{V})=l(2+c(p-1))-l=l(1+c(p-1))>0.$$

Da wegen $H^2(\mathbb{P}^1, \Pi_*)=0$ die Abbildung

$$H^1(\mathbb{P}^1, \Pi)\to H^1(\mathbb{P}^1, \Pi/\Pi_*)$$

surjektiv ist, ist auch $H^1(\mathbb{P}^1, \pi_{(0)}(\underline{H}\otimes\underline{K}^*(X)))=H^1(\mathbb{P}^1, \Pi)\neq 0$. Daraus folgt unmittelbar $H^1(X, \underline{H}\otimes\underline{K}^*(X))\neq 0$, w.z.b.w.

§ 4. Modifikationen von Mannigfaltigkeit zu Mannigfaltigkeit

1. Es sei $\pi\colon \hat{X}\to X$ eine eigentliche holomorphe Abbildung reduzierter komplexer Räume mit abzählbarer Topologie; $\hat{E}\subset\hat{X}$ und $E\subset X$ seien abgeschlossene analytische Teilmengen mit $\pi(\hat{E})\subset E$, so daß π eine biholomorphe Abbildung $\hat{X}-\hat{E}\to X-E$ induziert. Wir wollen im folgenden eine exakte Sequenz herleiten, welche die Homologiegruppen (mit Koeffizienten in einem Körper) von $\hat{X}$, X, $\hat{E}$ und E miteinander verknüpft. – Ähnliche Überlegungen findet man für die Kohomologie von Mannigfaltigkeiten $\hat{X}$ und X schon bei Aeppli [1].

Da man nach [4] und [10] beliebig feine Triangulierungen von X finden kann, so daß E Unterkomplex dieser Triangulierungen ist, so ist E starker Deformationsretrakt beliebig kleiner (abgeschlossener) Umgebungen $U=U(E)\subset X$. Für solche U ist die kanonische Abbildung

$$H_l(E)\to H_l(U)$$

ein Isomorphismus für alle $l\geqq 0$. Das folgende kommutative Diagramm mit exakten Zeilen

$$\begin{array}{ccccccccccc}
\cdots\to & H_l(E) & \to & H_l(X) & \to & H_l(X,E) & \to & H_{l-1}(E) & \to & H_{l-1}(X) & \to\cdots\\
 & \downarrow\cong & & \downarrow\cong & & \downarrow & & \downarrow\cong & & \downarrow\cong & \\
\cdots\to & H_l(U) & \to & H_l(X) & \to & H_l(X,U) & \to & H_{l-1}(U) & \to & H_{l-1}(X) & \to\cdots
\end{array}$$

liefert dann die Isomorphie

$$H_l(X,E)\xrightarrow{\simeq} H_l(X,U).$$

Sind $U_1\subset U_2$ zwei Umgebungen von E mit der obigen Eigenschaft, so ist dann auch die Abbildung

$$H_l(X,U_1)\to H_l(X,U_2)$$

bijektiv für alle l. – Entsprechendes gilt auch für $\hat{X}$ und $\hat{E}$.

Aufgrund der Eigenschaften von π kann man nun abgeschlossene Umgebungen $U_2 \subset U_1$ von E und $\hat{U}_1 \subset \hat{U}_2$ von $\hat{E}$ finden, für die die obigen Isomorphien gelten und die Relation

$$U_2 - E \subset \hat{U}_1 - \hat{E} \subset U_1 - E \subset \hat{U}_2 - \hat{E}$$

besteht. In dem kommutativen Diagramm

$$\begin{array}{ccccccc}
H_l(X-E, U_2-E) & \longrightarrow & H_l(\hat{X}-\hat{E}, \hat{U}_1-\hat{E}) & \xrightarrow{\omega} & H_l(X-E, U_1-E) & \longrightarrow & H_l(\hat{X}-\hat{E}, \hat{U}_2-\hat{E}) \\
\downarrow & & | & & \downarrow & & | \\
H_l(X, U_2) & & \xrightarrow{\quad\sim\quad} & & H_l(X, U_1) & & | \\
& & \downarrow & & & & \downarrow \\
& & H_l(\hat{X}, \hat{U}_1) & & \xrightarrow{\quad\sim\quad} & & H_l(\hat{X}, \hat{U}_2)
\end{array}$$

sind die senkrechten Abbildungen wegen des Ausschneidungsaxioms bijektiv. Also ist ω ein Isomorphismus, und aus dem Diagramm

$$\begin{array}{ccccc}
H_l(\hat{X}-\hat{E}, \hat{U}_1-\hat{E}) & \xrightarrow{\sim} & H_l(\hat{X}, \hat{U}_1) & \xleftarrow{\sim} & H_l(\hat{X}, \hat{E}) \\
\omega\downarrow & & \downarrow & & \downarrow \\
H_l(X-E, U_1-E) & \xrightarrow{\sim} & H_l(X, U_1) & \xleftarrow{\sim} & H_l(X, E)
\end{array}$$

erhalten wir für alle $l \geqq 0$ einen Isomorphismus

$$H_l(\hat{X}, \hat{E}) \xrightarrow{\sim} H_l(X, E).$$

2. Wir betrachten nun das folgende kommutative Diagramm mit exakten Zeilen:

$$(*)\qquad \begin{array}{ccccccccccccc}
\cdots \longrightarrow & H_{l+1}(\hat{X}, \hat{E}) & \xrightarrow{\hat{\partial}} & H_l(\hat{E}) & \xrightarrow{\hat{i}} & H_l(\hat{X}) & \xrightarrow{\hat{j}} & H_l(\hat{X}, \hat{E}) & \xrightarrow{\hat{\partial}} & H_{l-1}(\hat{E}) & \longrightarrow \cdots \\
& \downarrow\cong & & \downarrow\rho_l & & \downarrow\pi_l & & \downarrow\cong & & \downarrow\rho_{l-1} & \\
\cdots \longrightarrow & H_{l+1}(X, E) & \xrightarrow{\partial} & H_l(E) & \xrightarrow{i} & H_l(X) & \xrightarrow{j} & H_l(X, E) & \xrightarrow{\partial} & H_{l-1}(E) & \longrightarrow \cdots,
\end{array}$$

und definieren als erstes

$$H_l^*(\hat{E}) := \ker\bigl(\rho_l\colon\ H_l(\hat{E}) \to H_l(E)\bigr).$$

Da es sich bei $(*)$ um ein Diagramm von Vektorräumen handelt, können wir einen Untervektorraum $H_l^*(E)$ von $H_l(E)$ finden, so daß

$$H_l(E) = H_l^*(E) \oplus \operatorname{im} \rho_l.$$

i bildet $H_l^*(E)$ injektiv in $H_l(X)$ ab. Ist nämlich $\xi^* \in H_l^*(E)$ ein Element mit $i(\xi^*) = 0$, so gibt es ein $\hat{\eta} \in H_{l+1}(\hat{X}, \hat{E})$ mit $\rho_l \circ \hat{\partial}(\hat{\eta}) = \partial(\hat{\eta}) = \xi^*$, woraus $\xi^* \in H_l^*(E) \cap \operatorname{im} \rho_l = 0$ folgt. — Wir fassen deshalb $H_l^*(E)$ auch als Untervektorraum von $H_l(X)$ auf.

Für die Abbildung $\hat{\partial} \circ j: H_l(X) \to H_{l-1}(\hat{E})$ gilt $\rho_{l-1} \circ \hat{\partial} \circ j = \partial \circ j = 0$, d.h. $\operatorname{im}(\hat{\partial} \circ j) \subset H^*_{l-1}(\hat{E})$; außerdem ist $\hat{\partial} \circ j(i(H_l(E))) = 0$. Infolgedessen gibt $\hat{\partial} \circ j$ Anlaß zu einer Abbildung

$$\partial^*: H_l(X)/H_l^*(E) \to H^*_{l-1}(\hat{E}).$$

Wir beweisen nun

Satz 4.1. *Unter den Voraussetzungen von Abschnitt* 1 *existiert eine exakte Sequenz*

$$\cdots \longrightarrow H_l^*(\hat{E}) \xrightarrow{\hat{\imath}} H_l(\hat{X}) \xrightarrow{\bar{\pi}_l} H_l(X)/H_l^*(E) \xrightarrow{\partial^*} H^*_{l-1}(\hat{E}) \longrightarrow \cdots$$

$$\cdots H_0^*(\hat{E}) \xrightarrow{\hat{\imath}} H_0(\hat{X}) \xrightarrow{\bar{\pi}_0} H_0(X)/H_0^*(E) \longrightarrow 0.$$

Beweis. An Hand des Diagramms $(*)$ ist leicht einzusehen, daß es sich bei der obigen Sequenz um einen Komplex handelt, d.h. daß an allen Stellen $\operatorname{im} \subset \ker$ gilt. Wir haben noch die umgekehrten Inklusionen zu beweisen.

a) Sei $\hat{\xi} \in H_l^*(\hat{E})$ mit $\hat{\imath}(\hat{\xi}) = 0$. Dann existiert ein $\zeta \in H_{l+1}(X, E)$ mit $\hat{\xi} = \hat{\partial}(\zeta)$, woraus $\partial(\zeta) = \rho_l(\hat{\xi}) = 0$ folgt. Also gibt es ein $\eta \in H_l(X)$ mit $j(\eta) = \zeta$, so daß die Restklasse $\bar{\eta} \in H_l(X)/H_l^*(E)$ unter ∂^* auf $\hat{\xi}$ abgebildet wird.

b) Sei $\hat{\xi} \in H_l(\hat{X})$ mit $\bar{\pi}_l(\hat{\xi}) = 0$; dann gibt es ein $\zeta \in H_l^*(E)$ mit $\pi_l(\hat{\xi}) = i(\zeta)$. Es ist somit $\hat{j}(\hat{\xi}) = j \circ i(\zeta) = 0$, woraus die Existenz eines Elementes $\hat{\eta}_1 \in H_l(\hat{E})$ mit $\hat{\imath}(\hat{\eta}_1) = \hat{\xi}$ folgt. Weiter impliziert $i \circ \rho_l(\hat{\eta}_1) = \pi_l(\hat{\xi}) = i(\zeta)$ die Existenz eines Elementes $\hat{\eta}_2 \in H_{l+1}(\hat{X}, \hat{E})$ mit $\rho_l(\hat{\eta}_1) - \zeta = \partial(\hat{\eta}_2) = \rho_l \circ \hat{\partial}(\hat{\eta}_2)$, d.h. $\rho_l(\hat{\eta}_1 - \hat{\partial}(\hat{\eta}_2)) \in H_l^*(E) \cap \operatorname{im} \rho_l = 0$. Mithin ist $\hat{\eta} := \hat{\eta}_1 - \hat{\partial}(\hat{\eta}_2) \in H_l^*(\hat{E})$, und es gilt $\hat{\imath}(\hat{\eta}) = \hat{\imath}(\hat{\eta}_1) = \hat{\xi}$.

c) Sei $\xi \in H_l(X)$ so beschaffen, daß für die Restklasse $\bar{\xi} \in H_l(X)/H_l^*(E)$ das ∂^*-Bild gleich Null ist. Wegen $\hat{\partial} \circ j(\xi) = \partial^*(\bar{\xi}) = 0$ gibt es dann ein $\hat{\eta}_1 \in H_l(\hat{X})$ mit $j(\xi) = \hat{j}(\hat{\eta}_1)$. Die Gleichung $j \circ \pi_l(\hat{\eta}_1) = j(\xi)$ liefert ein Element $\zeta \in H_l(E)$ mit $\pi_l(\hat{\eta}_1) - \xi = i(\zeta)$. Wegen $H_l(E) = H_l^*(E) \oplus \operatorname{im} \rho_l$ gibt es weiter Elemente $\zeta_1 \in H_l^*(E)$ und $\hat{\eta}_2 \in H_l(\hat{E})$ mit $\zeta = \zeta_1 \oplus \rho_l(\hat{\eta}_2)$. Für $\hat{\eta} := \hat{\eta}_1 - \hat{\imath}(\hat{\eta}_2) \in H_l(\hat{X})$ gilt dann $\pi_l(\hat{\eta}) - \xi = i(\zeta - \rho_l(\hat{\eta}_2)) = i(\zeta_1) \in i(H_l^*(E))$ und also $\bar{\pi}_l(\hat{\eta}) = \bar{\xi}$, w.z.b.w.

3. Aus der exakten Sequenz in Satz 4.1 ziehen wir nun einige Folgerungen.

a) Es sei X eine Mannigfaltigkeit, π sei surjektiv und $\hat{X}$ besitze eine Desingularisation $\hat{Y}$ (z.B. sei $\hat{X}$ ein Moišezon-Raum). Dann hat die Abbildung $\hat{Y} \to X$ den Abbildungsgrad 1, so daß nach Hopf [8] die kanonischen Abbildungen

$$H_l(\hat{Y}) \to H_l(X), \quad l \geq 0,$$

surjektiv sind. Dies impliziert die Surjektivität der Abbildungen

$$\pi_l\colon\ H_l(\hat{X}) \to H_l(X),$$

was wiederum unmittelbar die Surjektivität der Abbildungen

$$\rho_l\colon\ H_l(\hat{E}) \to H_l(E)$$

nach sich zieht (man vgl. (∗) in Abschnitt 2). Folglich ist $H_l^*(E)=0$, und die Sequenz aus Satz 4.1 liefert, da $\bar{\partial}$ injektiv, exakte Sequenzen

$$0 \to H_l^*(\hat{E}) \to H_l(\hat{X}) \to H_l(X) \to 0, \qquad l \geqq 0.$$

Da auch die Sequenzen

$$0 \to H_l^*(\hat{E}) \to H_l(\hat{E}) \to H_l(E) \to 0$$

exakt sind, so erhalten wir für alle l die *Dimensionsformel von Aeppli* ([1], Lemma 5):

$$\dim H_l(\hat{X}) - \dim H_l(\hat{E}) = \dim H_l(X) - \dim H_l(E).$$

b) Es sei $\pi\colon \hat{X} \to X$ wie in Abschnitt 1; zusätzlich sei π surjektiv, und es existiere eine singularitätenfreie Menge M in einer Umgebung $U=U(E)$, so daß $E \subset M$. Ist dann $\hat{M}=\pi^{-1}(M)$, so schließt man entsprechend a), daß die Abbildungen

$$\pi_l\colon\ H_l(\hat{M}) \to H_l(M), \qquad l \geqq 0,$$

und damit auch die Abbildungen

$$\rho_l\colon\ H_l(\hat{E}) \to H_l(E), \qquad l \geqq 0,$$

surjektiv sind. Es folgt somit $H_l^*(E)=0$, und wir erhalten in diesem Fall eine exakte Sequenz

$$\cdots \to H_l^*(\hat{E}) \to H_l(\hat{X}) \to H_l(X) \to H_{l-1}^*(\hat{E}) \to \cdots$$

$$\cdots \to H_0^*(\hat{E}) \to H_0(\hat{X}) \to H_0(X) \to 0.$$

Diese Sequenz gilt insbesondere für den Fall, das E selbst eine Mannigfaltigkeit ist (wobei auch der Fall der Dimension 0 eingeschlossen ist, d.h. E nur aus isolierten Punkten besteht).

4. Es sei jetzt $\pi\colon \hat{X} \to X$ eine eigentliche Modifikationsabbildung, X und $\hat{X}$ seien kompakte Kählersche Mannigfaltigkeiten. Wir führen folgende Bezeichnungen ein: $A^l = A^l(X)$ bzw. $\hat{A}^l = A^l(\hat{X})$ seien die Vektorräume der l-dimensionalen C^∞-Differentialformen auf X bzw. $\hat{X}$. $Z^l = Z^l(X)$ bzw. $\hat{Z}_*^l = Z_*^l(\hat{X})$ seien die geschlossenen l-Formen auf X bzw. die geschlossenen l-Formen auf $\hat{X}$, deren Perioden auf $H_l^*(\hat{E}) = \ker(H_l(\hat{E}) \to H_l(E))$ verschwinden. Wir setzen $B^l = B^l(X) = dA^{l-1}(X)$ und

Beweis. Es sei $\mathfrak{U}=\{U_\iota: \iota=1,\ldots,\iota_*\}$ eine offene Überdeckung von X und $\varphi=\{\varphi_{\iota_0\iota_1}\}\in Z^1(\mathfrak{U},\Omega_*^{p,q})$ ein Kozyklus. Gilt $\varphi_{\iota_0\iota_1}=\psi_{\iota_0}-\psi_{\iota_1}$ mit $\psi_\iota\in\Gamma(U_\iota,\Pi_*^{p,q})$, so läßt sich schreiben $\psi_\iota=\sum_{\nu+\mu=p+q}\psi_\iota^{\nu,\mu}$.

Es gilt $\psi_\iota^{\nu,\mu}=\psi^{\nu,\mu}|U_\iota$, $\psi^{\nu,\mu}\in A^{\nu,\mu}(X)$, falls $(\nu,\mu)\neq(p,q)$. Aus der Theorie der Kählerschen Mannigfaltigkeiten folgt:

$$\sum_{(\nu,\mu)\neq(p,q)}\psi^{\nu,\mu}=d\alpha+\sum_{(\nu,\mu)\neq(p,q)}h^{\nu,\mu}+\psi^{p,q},$$

wobei die $h^{\nu,\mu}$ harmonisch sind. $\psi_\iota^*=\psi_\iota-d\alpha-\sum h^{\nu,\mu}=\psi_\iota^{p,q}-\psi^{p,q}$ ist also d-geschlossen und vom Typ (p,q). Es gilt $\varphi=\delta\{\psi_\iota^*\}$. Also repräsentiert φ auch in $H^1(X,\Omega_*^{p,q})$ die Nullklasse. Hieraus folgt unmittelbar der Satz 4.5.

Wir übernehmen jetzt wieder die Bezeichnungsweise des Abschnitts 5 und zeigen

Satz 4.6. *Es sei $\varphi\in A^{p,q}(X)$ eine d-geschlossene Form. Dann gibt es eine d-geschlossene Form $\hat\varphi\in A^{p,q}(\hat X)$ mit $\hat\varphi|X\backsim\varphi$ (in der d- und d″-Kohomologie).*

Beweis. Wir betrachten die injektive Abbildung

$$H^1(\hat X,\Pi_*^l(\hat X))\hookrightarrow H^{l+1}(\hat X,\mathbb{C})$$

und ebenso

$$H^1(\mathbb{P}^n,\Pi_*^l(\hat X))\hookrightarrow H^{l+1}(\mathbb{P}^n,\mathbb{C}).$$

Beide Abbildungen kommutieren mit der Urbildbildung. Der Homomorphismus $H^{l+1}(\mathbb{P}^n,\mathbb{C})\to H^{l+1}(\hat X,\mathbb{C})$ ist nach Hopf injektiv. Es sei

$$\hat\xi=\{\varphi|X_0\cap X_1\}\in Z^1(\mathfrak{X},\Pi_*^l(X))$$

und

$$\xi=\{(\varphi|X_0\cap X_1)\circ\pi^{-1}\}\in Z^1(\mathfrak{Y},\Pi_*^l(\mathbb{P}^n)).$$

Der Kozyklus $\hat\xi$ ist kohomolog null, das Bild in $H^{l+1}(\hat X,\mathbb{C})$ verschwindet. Also ist auch das Bild von ξ in $H^{l+1}(\mathbb{P}^n,\mathbb{C})$ gleich null. Es folgt, daß ξ kohomolog null ist: $\xi=\xi_1-\xi_2$ mit $\xi_\nu\in\Gamma(Y_\nu,\Pi_*^l(\mathbb{P}^n))$. Nach dem vorstehenden Satz 4.5 kann man sogar $\xi_\nu\in\Gamma(Y_\nu,\Omega_*^{p,q}(\mathbb{P}^n))$ wählen. Es gilt, da Y_1 eine Hyperkugel ist, $\xi_1\backsim 0$ und mithin $\xi_1\circ\pi\backsim 0$. Im Falle $p+q=0$ können wir $\xi_1=0$ wählen. Es ist dann $\hat\varphi=\varphi-\xi_1\circ\pi=-\xi_2\circ\pi$.

Zusatz. *Sind $p\geqq 1$, $q\geqq 1$, so läßt sich sogar $\varphi=\hat\varphi$ in der Nähe von E erreichen.*

Beweis. In Y_1 gilt $\xi_1=d'd''\eta$ mit $\eta\in A^{p-1,q-1}(Y_1)$. Ist t eine Testfunktion in Y_1 mit $\mathrm{t}|U(0)\equiv 1$, $U(0)\subset\subset Y_1$, so schreiben wir $\xi_1^*=d'd''(1-\mathrm{t})\eta$ und $\xi_2^*=\xi_1^*-\xi=\xi_2$ in $\mathbb{C}^n-\{0\}$ bzw. $\mathbb{P}^n-U$. Die ξ_ν^* erfüllen den gleichen Zweck wie die ξ_ν. Verwendet man ξ_ν^* anstelle der ξ_ν, so folgt $\hat\varphi\equiv\varphi$ in einer Umgebung von E.

Literatur

1. Aeppli, A.: Modifikation von reellen und komplexen Mannigfaltigkeiten. Comm. Math. Helv. **31**, 219–301 (1956/57).
2. Artin, M.: Algebraic approximation of structures over complete local rings. Publ. Math. IHES no. **36**, 23–58 (1969).
3. – Algebraization of formal moduli: II. Existence of modifications. Ann. Math. **91**, 88–135 (1970).
4. Giesecke, B.: Simpliziale Zerlegung abzählbarer analytischer Räume. Math. Z. **83**, 177–213 (1964).
5. Grauert, H.: Über Modifikationen und exzeptionelle analytische Mengen. Math. Ann. **146**, 331–368 (1962).
6. – Riemenschneider, O.: Kählersche Mannigfaltigkeiten mit hyper-q-konvexem Rand. Erscheint demnächst in: Problems in Analysis. Papers in Honor of S. Bochner.
7. Hironaka, H.: Resolution of singularities of an algebraic variety over a field of characteristic zero: I, II. Ann. Math. **79**, 109–326 (1964).
8. Hopf, H.: Zur Algebra der Abbildungen von Mannigfaltigkeiten. J. Reine Angew. Math. **163**, 71–88 (1930).
9. Kodaira, K.: On a differential geometric method in the theory of analytic stacks. Proc. Nat. Acad. Sci. **39**, 1268–1273 (1953).
10. Lojasiewicz, S.: Triangulation of semi-analytic sets. Ann. Scuola Norm. Sup. Pisa (3) **18**, 449–474 (1964).
11. Moišezon, B. G.: Resolution theorems for compact complex spaces with a sufficiently large field of meromorphic functions. Math. USSR-Izvestija **1**, 1331–1356 (1967). – Das russische Original erschien in: Izv. Akad. Nauk. SSSR Ser. Mat. **31**, 1385–1414 (1967).
12. Nakano, S.: On complex analytic vector bundles. J. Math. Soc. Japan **7**, 1–12 (1955).
13. Rossi, H.: Picard variety of an isolated singular point. Rice Univ. Studies **54**, 63–73 (1968).
14. Scheja, G.: Riemannsche Hebbarkeitssätze für Cohomologieklassen. Math. Ann. **144**, 345–360 (1961).

(Eingegangen am 10. September 1970)

Commentary

1

At first, (holomorphic) deformations of compact Riemann surfaces X were considered. Already Riemann claims that X has $3g-3$ (complex) deformation parameters if the genus of X is $g > 1$. (In the case $g = 0$ the surface X is the P_1, it is rigid. In the case $g = 1$ the surface X is an abelian curve, it has 1 parameter). Riemann called the number of deformation parameters the number of moduli. He certainly did not have an exact definition.

In higher dimensions for algebraic manifolds first attemps were made by Max Noether. He did not yet get a complete theory. This did not change until 1958, when Kodaira and D.C. Spencer published their 3 papers on the moduli of compact complex manifolds in the Annals of Mathematics (Ann. of Math. 67, 328–401, 403–466 (1958) and 71, 43–76 (1960)). Kodaira and Spencer used the methods of elliptic systems of partial differential equations.

Assume that X is an n-dimensional connected compact complex manifold and that Θ is the sheaf of local holomorphic vector-fields on X. Assume that S is a (germ of a) complex space which is equipped with a base point $0 \in S$ and that $F : \underline{X} \to S$ is a homolorphic proper flat family such that the fibre in 0 is X. Then F is called a (local) holomorphic deformation of X. There is a natural linear map ϱ of the tangent space T_0 of $0 \in S$ into the cohomology group $H^1(X, \Theta)$ which has finite complex dimension d. A holomorphic deformation F is called *semi-universal* if it has the following properties:

1) The map ϱ is injective;
2) The map ϱ is surjective;
3) Every other holomorphic deformation on X can be obtained by a holomorphic lifting out of F;
   Deviating from the literature we moreover require:
4) The properties 2) and 3) remain true when we replace the base point 0 in the deformation F by a point near to 0.

Of course, if the semi-universal deformation of X exists, it is uniquely determined up to a isomorphy (which suggests itself).

Already 1958 Kodaira, Spencer and (L.) Nirenberg proved using the elliptic theory the existence if the second cohomology group $H^2(X, \Theta) = 0$ (see: On the existence of deformation of complex analytic structures. Ann. Math. 68, 450–459). In their case S is a d-dimensional domain in $\mathbb{C}^d$. Later on Kuranishi generalized

56.

Der Satz von Kuranishi für kompakte komplexe Räume

Invent. Math. **25**, 107–142 (1974)

Einleitung

1. Es sei $B \subset G \subset \mathbb{C}^d$ ein komplexer Raum, $0 \in B$ ein fester Punkt (Aufpunkt), $\hat{X}$ ein komplexer Raum, $\pi: \hat{X} \to B$ eine eigentliche surjektive reguläre holomorphe Abbildung. Die Fasern $\hat{X}_t = \pi^{-1}(t)$, $t \in B$ sind dann kompakte komplexe Mannigfaltigkeiten. Wir bezeichnen X_0 mit X und nennen $(\hat{X}, \pi, B, 0)$ eine holomorphe Deformation von X. Ist nämlich B zusammenhängend, so sind zwar alle $\hat{X}_t$ die gleichen differenzierbaren Mannigfaltigkeiten, die komplexe Struktur auf $\hat{X}_t$ hängt jedoch im allgemeinen von t ab.

Es sei B' ein weiterer komplexer Raum mit einem Aufpunkt $0'$, es sei $\varphi: B' \to B$ eine holomorphe Abbildung, die $0'$ auf 0 wirft. Durch „Liften" mittels φ erhält man eine holomorphe Deformation $\pi': \hat{X}' \to B'$ von X über B'. Gilt für ein $t' \in B'$ eine Gleichung $\varphi(t') = t \in B$, so folgt $\hat{X}'_{t'} = \hat{X}_t$.

Man nennt nun eine holomorphe Deformation $(\hat{X}, \pi, B, 0)$ vollständig in 0, wenn jede weitere holomorphe Deformation von X mittels Liftens in der Nähe von $0' \in B'$ aus ihr gewonnen werden kann. Die Deformation heißt versell in 0, wenn immer dabei das totale Differential $(d\varphi)(0')$ eindeutig festgelegt ist. Verselle Deformationen von X sind bis auf Isomorphie eindeutig bestimmt.

1961 zeigte Kuranishi [3] folgenden

Satz. *Es sei X eine kompakte komplexe Mannigfaltigkeit. Dann gibt es eine verselle holomorphe Deformation* $(\hat{X}, \pi, B, 0)$ *von X, die in jedem Punkt* $t \in B$ *noch vollständig ist.*

In der vorliegenden Arbeit wird dieses Resultat auf den Fall verallgemeinert, wo X ein kompakter komplexer Raum ist. Es wird außerdem gezeigt, daß jeder kompakte komplexe Raum X_1, der nur wenig von X verschieden ist, in der versellen Deformation $(\hat{X}, \pi, B, 0)$ als Faser auftritt. Bei der Deformation von komplexen Räumen macht das Wort „regulär" keinen Sinn mehr. Es ist durch „platt" zu ersetzen.

2. Die Methode von Kuranishi verwendet fast-komplexe Strukturen und harmonische Analyse. Wegen der Singularitäten, die komplexe Räume haben können, konnte dieser Weg in der vorliegenden Arbeit nicht beschritten werden. Vielmehr wird die Deformation durch Verheften von Teilstücken (und lokaler Deformation der Teilstücke) bewerkstelligt. Ich habe über diese Möglichkeit (für Mannigfaltigkeiten) zum ersten Mal 1958 in Princeton in einem gemeinsamen Seminar mit Andreotti, Kodaira, Spencer, Weil vorgetragen, jedoch nie einen Beweis veröffentlicht, da sich die harmonische Analyse als leichter erwies.

Die Deformation kompakter komplexer Räume habe ich im Sommer 1972 aufgegriffen und Anfang April 1973 in Pisa zum ersten Male ein Seminar darüber veranstaltet. Der Beweis ist seitdem noch wesentlich vereinfacht worden. Im Herbst 1973 erfuhr ich, daß sich auch die Herren Douady und Hubbard mit dem Problem befassen. Sie haben Ende des Jahres darüber ebenfalls ein Seminar veranstaltet und sogar eine Note in den Comptes Rendus (Paris) veröffentlicht. Ihre Beweisidee ist von meiner wesentlich verschieden. Ein völlig anderer Weg zu dem Hauptergebnis wird ferner z.Z. von den Herren Forster und Knorr (Regensburg) gegangen. Man vgl. auch [4].

3. Soweit die hier verwendeten Methoden schon für komplexe Mannigfaltigkeiten Bedeutung haben, sind sie von [1] Commichau entwickelt worden. Wir legen diese Arbeit zugrunde. Ferner verwenden wir die Begriffe aus Douady [2]. Wichtig sind vor allem die holomorphen Operatoren, die nichts anderes als holomorphe Operationen auf „komplexen Räumen über banachanalytische Räume" sind. *In der vorliegenden Arbeit wird alles durch solche holomorphen Operatoren konstruiert, auch wenn gelegentlich nur von Existenz geredet wird. Die banachanalytischen Räume haben „nilpotente Elemente". Der Einfachheit halber werden sie in den Beweisen gelegentlich nicht erwähnt. Man erkennt jedoch immer leicht, daß die Beweise die „nilpotenten Elemente" miteinschließen.*

Im § 1 werden lokale garbentheoretische Resultate gewonnen. Soweit sie den Begriff „privilegiert" ausnutzen sind sie zum Teil schon von Douady [2] hergeleitet worden. Im § 2 werden komplexe Räume in kleine Teile zerhackt (Aufbereitung). Im § 3 wird ein holomorpher Operator Γ definiert, der Deformationen möglichst nahe an infinitesimale Deformationen bringt. Der § 4 enthält die Glättungsoperation Λ. Der § 5 bringt dann den Beweis des Hauptresultates. Man erhält die verselle Deformation $\pi\colon \hat{X} \to B$ als Fixpunktmenge eines holomorphen Operators, der im wesentlichen gleich $\Lambda \circ \Gamma$ ist.

Ich habe Herrn W. Bartenwerfer für wertvolle Hinweise zu danken.

§ 1. Komplexe Unterräume in Gebieten des C^N. Astrale Umgebungen

1. Es sei $G \subset C^N$ ein Gebiet, mit $\mathcal{O}$ werde seine Strukturgarbe bezeichnet. Alle holomorphen Funktionen, die wir fortan betrachten, seien beschränkt. Es sei $\mathfrak{f} = \begin{pmatrix} f_1 \\ \vdots \\ f_m \end{pmatrix}$ ein m-tupel solcher holomorpher Funktionen in G und $\mathcal{I}$ die von $\mathfrak{f}$ erzeugte kohärente Idealgarbe. Wir versehen die Menge $X = \{\mathfrak{f} = 0\}$ mit $\mathcal{H} = \mathcal{O}/\mathcal{I} | X$ als Strukturgarbe und erhalten einen komplexen Unterraum von G.

Es sei Θ die Garbe der Keime holomorpher Vektorfelder in G. Durch Anwendung eines der Elemente von $\Theta_{\mathfrak{z}}$ auf $\mathcal{I}_{\mathfrak{z}}$ und nachfolgender Beschränkung auf X erhält man stets ein Element aus $\mathcal{H}om_{\mathfrak{z}}(\mathcal{I}, \mathcal{H})$. Die Gesamtheit der so gewonnenen Elemente werde mit $\mathcal{D}_{\mathfrak{z}}$ bezeichnet. $\mathcal{D}_{\mathfrak{z}} \subset \mathcal{H}om_{\mathfrak{z}}(\mathcal{I}, \mathcal{H})$ ist ein $\mathcal{H}_{\mathfrak{z}}$-Untermodul. Wir führen dieses Verfahren für jedes $\mathfrak{z} \in X$ durch und erhalten über X eine kohärente analytische Untergarbe $\mathcal{D}$ von $\mathcal{H}om(\mathcal{I}, \mathcal{H})$. Wir setzen $\mathcal{T} = \mathcal{T}(X) = \mathcal{H}om(\mathcal{I}, \mathcal{H})/\mathcal{D}$ und nennen $\mathcal{T}$ die Garbe der infinitesimalen Deformationen von X.

Diese Garbe ist unabhängig von der Einbettung von X in einem Gebiet definiert, also eine (lokale) Invariante des komplexen Raumes X. Die Garbe ist deshalb auch auf komplexen Räumen, die sich nicht einbetten lassen, definiert. Wir stellen hier nur die folgende Betrachtung an: Es sei G_1 ein anderes Gebiet im C^N und $H: G_1 \xrightarrow{\sim} G$ eine biholomorphe Abbildung. Es sei $\mathcal{I}_1$ eine kohärente Idealgarbe über G_1 und $X_1 = \{\mathcal{I}_1 = 0\}$ der komplexe Unterraum von G_1, der $\mathcal{H}_1 = \mathcal{O}_1/\mathcal{I}_1 | X_1$ zur Strukturgarbe hat. Das Urbild von $\mathcal{I}$ bzgl. H sei $\mathcal{I}_1$, d.h. H ist auch eine biholomorphe Abbildung von X_1 auf X. Es werde durch H der Punkt $\mathfrak{z}_1 \in G_1$ auf $\mathfrak{z} \in G$ abgebildet. Man erhält dann Isomorphismen $\mathcal{I}_{\mathfrak{z}} \xrightarrow{\sim} \mathcal{I}_{1\mathfrak{z}_1}$, $\mathcal{H}_{\mathfrak{z}} \xrightarrow{\sim} \mathcal{H}_{1\mathfrak{z}_1}$, $\mathcal{H}om_{\mathfrak{z}}(\mathcal{I}, \mathcal{H}) \rightarrow \mathcal{H}om_{\mathfrak{z}_1}(\mathcal{I}_1, \mathcal{H}_1)$, $\mathcal{D}_{\mathfrak{z}} \rightarrow \mathcal{D}_{1\mathfrak{z}_1}$ und schließlich $\mathcal{T}_{\mathfrak{z}} \rightarrow \mathcal{T}_{1\mathfrak{z}_1}$. Dabei sind die entsprechenden Objekte auf G_1 wie auf G jedoch mit Anhängung einer 1 bezeichnet. Man hat so eine Garbenisomorphie $H_*: \mathcal{T} \rightarrow \mathcal{T}_1$ gewonnen. H_* ist lokal definiert und hängt in $\mathfrak{z}$ nur von dem Verhalten von H in der Nähe von $\mathfrak{z}$ ab. Ferner nur von dem Isomorphismus $H: X_1 \rightarrow X$. Es sei etwa $\tilde{H} = H + A \cdot \mathfrak{f}_1$, wobei A eine holomorphe Matrixfunktion in G_1' ist und $\tilde{H}$ Teilgebiete $G_1' \subset G_1$ und $G' \subset G$ biholomorph aufeinander abbildet. Ist dann $g \in \mathcal{I}_{\mathfrak{z}}$, so geht g vermöge $\tilde{H}$ über in $g \circ \tilde{H} = g \circ H + \sum_{i,j} (g_{z_i} \circ H)\, a_{ij} f_j^{(1)} +$ eine Linearkombination von $f_i^{(1)} \cdot f_j^{(1)}$. Durch jeden Homomorphismus $\varphi: \mathcal{I}_{1\mathfrak{z}} \rightarrow \mathcal{H}_{1\mathfrak{z}}$ wird die letztere auf 0 abgebildet. Ist $\varphi(f_j^{(1)}) = b_j$, so entsteht das Bild von $\sum_{i,j} (g_{z_i} \circ H)\, a_{ij} f_j^{(1)}$ aus $g \circ H$ durch Derivation nach einem Vektorfeld $\begin{pmatrix} c_1 \\ \vdots \\ c_N \end{pmatrix}$ mit $\sum_j h_{ij} c_j =$

$\sum a_{ij} b_j$, wobei (h_{ij}) die Funktionalmatrix von H bezeichnet. Die Differenz der beiden Homomorphismen von $\mathscr{H}om_{\mathfrak{z}}(\mathscr{I}, \mathscr{H})$ in $\mathscr{H}om_{\mathfrak{z}_1}(\mathscr{I}_1, \mathscr{H}_1)$ liegt deshalb in $\mathscr{D}_{1\mathfrak{z}_1}$, d.h. die beiden Isomorphismen $\mathscr{T}_{\mathfrak{z}} \to \mathscr{T}_{1\mathfrak{z}_1}$ stimmen überein.

Wie man sieht, ist die Zuordnung $(X, H) \to (\mathscr{T}, H_*^{-1})$ ein kovarianter Funktor[1]. Werden X und X_1 durch $H|X$ mit einander identifiziert, so ist H_*^{-1} die zugehörige Identifizierung von $\mathscr{T}$ und $\mathscr{T}_1$.

Die Garbe $\mathscr{T}$ ist natürlich in allen gewöhnlichen Punkten von X gleich null. Sie ist überall kohärent. Die Elemente aus $\mathrm{Hom}(\mathscr{I}, \mathscr{H}) = \Gamma(G, \mathscr{H}om(\mathscr{I}, \mathscr{H}))$ definieren Schnitte in ihr durch Restklassenbildung. Ist $\varphi \in \mathrm{Hom}(\mathscr{I}, \mathscr{H})$, so setzen wir $\mathfrak{f}' = \varphi(\mathfrak{f})$, also $f_i' = \varphi(f_i)$. Durch $\mathfrak{f}' \in \Gamma(X, m \cdot \mathscr{H})$ ist φ eindeutig festgelegt. Natürlich gehört nicht zu jedem $\mathfrak{f}'$ auch ein φ. Das ist jedoch genau dann der Fall, wenn für jedes in einer offenen Menge $U \subset G$ holomorphe m-tupel $\mathfrak{g} = (g_1, \dots, g_m)$ mit $\mathfrak{g} \circ \mathfrak{f} = 0$ auch $\mathfrak{g} \circ \mathfrak{f}' = 0$ gilt. Das m-tupel $\mathfrak{f}'$ kann beliebig gewählt werden, wenn jede Relation $\mathfrak{g}$ von $\mathfrak{f}$ auf X verschwindet (d.h. wenn $\mathfrak{f}$ einen vollständigen Durchschnitt definiert).

Es sei G fortan immer ein Holomorphiegebiet.

Es sei $\mathfrak{f}_1$ ein anderes Erzeugendensystem von $\mathscr{I}$. Es gibt also eine (hier nicht notwendig beschränkte) holomorphe Matrixfunktion A in G mit $\mathfrak{f}_1 = A \circ \mathfrak{f}$. Es gilt dann $\mathfrak{f}_1' = \varphi(\mathfrak{f}_1) = A \circ \varphi(\mathfrak{f}) = A \circ \mathfrak{f}'$ Durch $\mathfrak{f}'$ kann man ein Element aus $\Gamma(X, \mathscr{T})$ geben. Das m-tupel $\mathfrak{f}'$ hängt von $\mathfrak{f}$ ab. Ändert man $\mathfrak{f}$, so muß man $\mathfrak{f}'$ auf gleiche Weise ändern.

2. Wir führen in diesem Abschnitt einige wichtige Notationen ein, ferner Normen für holomorphe Funktionen und Schnitte in kohärenten Garben. Ist g eine in G holomorphe Funktion, so setzen wir $\|g\| = \sup |g(G)|$. Ist $\mathfrak{g} = (g_1, \dots, g_l)$ ein l-tupel, so sei $\|\mathfrak{g}\| = \max \|g_i\|$. Natürlich dürfen die l-tupel auch Spalten oder gar Matrizen sein. Es sei $r > 0$ eine reelle Zahl. Wir schreiben $\mathfrak{g} < r$ falls $\|\mathfrak{g}\| < r$ und heißen ein $\mathfrak{g}$ (aus einer festen Menge) quasi kleiner r (im Zeichen $\mathfrak{g} \lesssim r$), wenn für eine fest gegebene, auf jeden Fall von r unabhängige Konstante $K \geqq 1$ gilt: $\mathfrak{g} \leqq K \cdot r$. Es sei $\underline{g}$ eine holomorphe Funktion auf X. Wir schreiben $\underline{g} < r$, wenn es eine holomorphe Fortsetzung g von $\underline{g}$ nach G mit $g < r$ gibt. Entsprechend ist $\|\underline{g}\| = \inf \|g\|$ definiert. Analog wird $\lesssim$ definiert, entsprechende Definitionen werden für m-tupel getroffen. Die Definition ist beinahe unabhängig von der Einbettung von X. Es sei $X \subset G_1$ eine weitere Einbettung in einem Holomorphiegebiet G_1. Es sei $G_1' \subset\subset G_1$ ein Teilbereich und $X' = X \cap G_1'$. Die holomorphen m-tupel auf X und X' bilden nun Banachräume. Dann gilt:

---

[1] Zu biholomorphen Abbildungen $H|X$.

Satz 1. *Für alle in X holomorphen $\mathfrak{g}$ ist $\|\mathfrak{g}|X'\|' \lesssim \|\mathfrak{g}\|$, wenn $\|\ \|$ die Norm in bezug auf G und $\|\ \|'$ die Norm in bezug auf G_1' bezeichnet. Die Abbildung $\mathfrak{g} \to \mathfrak{g}|X'$ ist kompakt.*

Beweis. Es sei etwa $\|\mathfrak{g}\|=1$ und $\hat{\mathfrak{g}}$ eine holomorphe Fortsetzung von $\mathfrak{g}$ nach G mit $\|\hat{\mathfrak{g}}\|=1$. Wir wählen eine Steinsche Überdeckung $\mathfrak{U}=\{U_\iota\colon \iota\in I\}$ von G_1, so daß sich die Identität $X\to X$ zu einer holomorphen Abbildung: $F_\iota\colon U_\iota\to G$ forsetzen läßt. Die $\hat{\mathfrak{g}}_\iota=\hat{\mathfrak{g}}\circ F_\iota$ sind dann holomorphe Fortsetzungen von $\mathfrak{g}|X\cap U_\iota$ nach U_ι. Es ist $\delta(\hat{\mathfrak{g}}_\iota)\in Z^1(\mathfrak{U},\mathscr{I}_1)$ und $\|\delta(\hat{\mathfrak{g}}_\iota)\|=\max\|-\hat{\mathfrak{g}}_{\iota_1}+\hat{\mathfrak{g}}_{\iota_2}\|\leqq 2$. Nach den Sätzen der Garbentheorie gibt es eine Konstante $K\geqq 1$ und ein $(\mathfrak{h}_\iota)\in C^0(\mathfrak{U},\mathscr{I}_1)$ mit $\delta(\mathfrak{h}_\iota)=\delta(\hat{\mathfrak{g}}_\iota)$ und

$$\max\|\mathfrak{h}_\iota|U_\iota\cap G_1''\|\leqq K,$$

wobei G_1'' ein Teilbereich mit $G_1'\subset\subset G_1''\subset\subset G_1$ ist. Wir setzen dann in G_1'' das m-tupel $\hat{\mathfrak{g}}''=\hat{\mathfrak{g}}_\iota-\mathfrak{h}_\iota$. Es gilt $\|\hat{\mathfrak{g}}\|\leqq K+1$, also $\|\hat{\mathfrak{g}}''\|\lesssim 1$ und $\hat{\mathfrak{g}}''|X'=\mathfrak{g}|X'$. Die weitere Beschränkung auf G_1' erhält dann die Ungleichungen und liefert die Kompaktheit der Abbildung.

Entsprechend lassen sich unsere Notationen für Schnittflächen in kohärenten analytischen Garben einführen. Es sei etwa $\mathscr{S}$ eine solche Garbe über X und $\varphi=m\mathscr{H}\to\mathscr{S}$ ein Epimorphismus. Ist dann $s\in\Gamma(X,\mathscr{S})$ eine Schnittfläche, so gibt es ein $\mathfrak{g}\in\Gamma(X,q\mathscr{H})$ mit $\varphi(\mathfrak{g})=s$. Wir wollen natürlich immer annehmen, daß es ein beschränktes $\mathfrak{g}$ gibt. Wir setzen dann $\|s\|=\inf\|\mathfrak{g}\|$. Analog zum Vorhergehenden definieren wir die Zeichen $<$ und $\lesssim$. Die Norm ist weitgehend unabhängig von φ, und Satz 1 gilt entsprechend. $\Gamma(X,\mathscr{S})$ ist mit unserer Norm ein Banachraum.

Es sei noch eine bequeme Schreibweise eingeführt. Es seien s_1, $s_2\in\Gamma(X,\mathscr{S})$. Wir setzen $s_1=s_2 \bmod r$, falls $s_1-s_2\lesssim r$. Die Schritte in den letzten Paragraphen der Arbeit werden an die Benutzung p-adischer Topologie erinnern.

3. Wir notieren in diesem Abschnitt einige Abschätzungen über das Einsetzen von holomorphen Abbildungen ineinander.

Satz 2. *Es seien $G''\subset\subset G'\subset\subset G$ Teilbereiche. Dann gibt es ein $\varepsilon_0>0$, so daß für $\varepsilon\leqq\varepsilon_0$ folgendes gilt: Ist $F=id+\xi$ eine holomorphe Abbildung $G\to\mathbb{C}^N$ mit $\xi<\varepsilon$, so wird durch F der Bereich G' biholomorph und regulär in den $\mathbb{C}^N$ abgebildet, $F(G')$ umfaßt den Bereich G'' und für die Umkehrabbildung $F^{-1}=id-\eta$ in G'' gilt:*

$$\xi=\eta \bmod \varepsilon^2.$$

Satz 3. *Es sei $H=G\xrightarrow{\sim}G_1$ eine biholomorphe Abbildung von Gebieten im C^N. Es sei $G'\subset\subset G$ ein Teilbereich. Dann gibt es ein $\varepsilon_0>0$, so daß für $\varepsilon\leqq\varepsilon_0$ folgendes gilt: Sind $F=id+\xi$ in G' und $F_1=id+\xi_1$ in G_1 holomorphe Abbildungen, so gilt in G': $F_1\circ H\circ F=H+\xi(H)+\xi_1\circ H \bmod \varepsilon^2$. $(\xi,\xi_1<\varepsilon.)$*

Es gilt ferner:

Satz 4. *Es sei* $H: G \xrightarrow{\sim} G$ *eine biholomorphe Abbildung und* $G' \subset\subset G$ *ein Teilbereich. Dann gibt es ein* $\varepsilon_0 > 0$, *so daß für* $\varepsilon \leqq \varepsilon_0$ *folgendes gilt: Ist* $F = id + \xi$ *eine holomorphe Abbildung in G mit* $\xi < \varepsilon$, *so gilt in G' die Beziehung* $H^{-1} \circ F \circ H = id + \eta$ *mit* $\eta \lesssim \varepsilon$.

Satz 5. *Es sei* $G \subset C^N$ *ein Gebiet, es seien* $F_1 = id + \xi_1$ *und* $F_2 = id + \xi_2$ *holomorphe Abbildungen von G in den* C^N *und* $G' \subset\subset G$ *wieder ein Teilbereich. Dann gibt es eine Zahl* $\varepsilon_0 > 0$, *so daß für* $\xi_1 < \varepsilon_1 \leqq \varepsilon_0$, $\xi_2 < \varepsilon_2 \leqq \varepsilon_0$ *gilt:*

$$F_1 \circ F_2 = id + \eta \quad \text{mit} \quad \eta = \xi_1 + \xi_2 \mod (\varepsilon_1 \cdot \varepsilon_2).$$

Beweise der Sätze finden sich in Commichau [1].

4. Es sei $G \subset C^N$ ein Holomorphiegebiet, $F_1 = q_1 \mathcal{O}$ und $F_2 = q_2 \mathcal{O}$, es sei $h: F_2 \to F_1$ ein analytischer Garbenhomomorphismus. Es bezeichne wieder $\mathfrak{B}_i = \Gamma(G, F_i)$ den Banachraum der *beschränkten* Schnittflächen in F_i. Man nennt *h privilegiert*, wenn folgendes gilt:

1) Es ist $\Gamma(G, h(F_2)) = h_* \Gamma(G, F_2)$.

2) Es ist $\ker \Gamma(G, F_2)$ direkter Summand von $\Gamma(G, F_2)$.

3) Es ist $h_* \Gamma(G, F_2)$ direkter Summand von $\Gamma(G, F_1)$.

Im folgenden schreiben wir meistens h anstelle von h_*. Im Falle der Privilegiertheit gibt es einen $\mathbb{C}$-linearen Operator $\mathfrak{h}: \Gamma(G, F_1) \to \Gamma(G, F_2)$, so daß im $\mathfrak{h}$ abgeschlossen und $h\mathfrak{h} | \Gamma(G, h(F_2))$ die Identität ist. Es seien natürlich $\mathfrak{B}_1 = \Gamma(G, h(F_2)) \oplus \ker \mathfrak{h}$ und $\mathfrak{B}_2 = \mathfrak{h}\Gamma(G, F_1) \oplus \ker \Gamma(G, F_2)$ als direkte Summen.

Im allgemeinen ist h nicht privilegiert. Wenn h beliebig ist, so kann man jedoch um jeden Punkt $\mathfrak{z}_0 \in G$ beliebig kleine Umgebungen $U(\mathfrak{z}_0) \subset G$ finden, so daß $h | U$ privilegiert ist. Man kann für U sogar um $\mathfrak{z}_0$ Quader wählen.

Ist h nicht privilegiert, so gilt noch der folgende:

Satz 6. *Es sei* $G' \subset\subset G$ *ein Teilbereich. Dann gibt es einen linearen Operator* $\mathfrak{h}: \Gamma(G, F_1) \to \Gamma(G', F_2)$, *so daß* $h\mathfrak{h} | \Gamma(G, h(F_2))$ *die Beschränkung auf G' ist.*

Beweis. Wir wählen einen Punkt $\mathfrak{z}_0 \in G'$ und ein Holomorphiegebiet G_1 mit $G' \subset\subset G_1 \subset\subset G$. Es sei $\varphi_\nu^i \in \bar{\Gamma}(G, h(F_2))$ ein vollständiges Orthonormalsystem, so daß die Potenzreihenentwicklung von φ_ν^i in $\mathfrak{z}_0$ mit $(0, \ldots, 0, a_i(\mathfrak{z} - \mathfrak{z}_0)^\nu, \ldots)$ (in lexikographischer Ordnung) beginnt. Hierbei bezeichnet $\bar{\Gamma}(G, h(F_2))$ die Vervollständigung von $\Gamma(G, h(F_2))$ zu einem Hilbertraum, ν ist ein Multiindex $(\nu_1, \ldots, \nu_N)$ und i läuft von 1 bis q_1. Es gilt $\|\varphi_\nu^i | G_1\| \lesssim r^{|\nu|}$ mit $r < 1$. Es gibt dann $\psi_\nu^i \in \Gamma(G', F_1)$ mit $\|\psi_\nu^i\| \lesssim r^{|\nu|}$ und $h\psi_\nu^i = \varphi_\nu^i | G'$. Ist $\mathfrak{f} \in \Gamma(G, F_2)$, so sei $\sum_{\nu, i} a_\nu^i \varphi_\nu^i$ die Orthonormalreihe von $\mathfrak{f}$

$\gamma \in C^{\nu-1}(\mathfrak{U}'', F_2)$ mit $\delta\gamma = \tilde{\mathfrak{h}}(\xi) - \eta$ und gewinnen durch einen holomorphen Operator ein $\gamma_1 \in C^{\nu-1}(\mathfrak{U}', F_1)$ mit $\delta\gamma_1 = \xi - \delta\tilde{h}_2(\gamma)$. Es sei dann $\mathfrak{h}_\nu(\xi) = \gamma_1 + \tilde{h}_2(\gamma)$. Man hat immer $\delta\mathfrak{h}_\nu(\xi) = \xi$ und über $\mathfrak{H}$ folgt sogar $\delta\tilde{h}_2\gamma - \xi = 0$ und $\gamma_1 = 0$ und mithin $\tilde{h}_1\,\mathfrak{h}_\nu(\xi) = 0$, q.e.d.

6. Wir zeigen einen Satz, der in enger Beziehung zu Satz 7 steht.

Satz 10. *Es sei $\varepsilon > 0$ hinreichend klein. Dann gibt es für $\tilde{h}_1 - h_1 < \varepsilon$ und $\tilde{h}_2 - h_2 < \varepsilon$ einen holomorphen Operator $\tilde{\mathfrak{h}}_1 : \Gamma(G, F_0) \to \Gamma(G', F_1)$, so daß auf $\Gamma(G, F_1) \times \mathfrak{A}$ gilt: $\tilde{h}_1(\hat{\mathfrak{f}}) | G' = \tilde{h}_1\,\tilde{\mathfrak{h}}_1\,\tilde{h}_1(\hat{\mathfrak{f}})$.*

Beweis. 1) Wir nehmen zunächst an, daß G privilegiert ist. Es sei wieder $\mathfrak{h}_1 : \Gamma(G, F_0) \to \Gamma(G, F_1)$ ein linearer Operator mit

$$h_1\,\mathfrak{h}_1(\mathfrak{f}) = \mathfrak{f} \quad \text{für } \mathfrak{f} \in \Gamma(G, h_1(F_1))$$

und $\mathfrak{h}_2 : \Gamma(G, F_1) \to \Gamma(G, F_2)$ ein linearer Operator, so daß

$$\mathfrak{h}_1 \circ h_1 + h_2 \circ \mathfrak{h}_2 = \mathrm{id} \quad \text{und} \quad \mathfrak{h}_2 \circ \mathfrak{h}_1 = 0.$$

Wir bilden $\tilde{\mathfrak{h}}_2$ gemäß Satz 7. Wir setzen $\Delta(\mathfrak{f}) = \mathfrak{f} - \tilde{h}_1\,\mathfrak{h}_1(\mathfrak{f})$. Es folgt für die Folge $\mathfrak{f}_\nu$ mit $\mathfrak{f}_{\nu+1} = \Delta(\mathfrak{f}_\nu)$, $\mathfrak{f}_0 = \mathfrak{f}$ die Beziehung:

$$\begin{aligned} \mathfrak{h}_1(\mathfrak{f}_{\nu+1}) &= \mathfrak{h}_1(\mathfrak{f}_\nu) - \mathfrak{h}_1\,\tilde{h}_1\,\mathfrak{h}_1(\mathfrak{f}_\nu) \\ &= \mathfrak{h}_1(\mathfrak{f}_\nu) - \mathfrak{h}_1\,h_1\,\mathfrak{h}_1(\mathfrak{f}_\nu) \quad \mathrm{mod}\,\varepsilon\,\|\mathfrak{h}_1(\mathfrak{f}_\nu)\| \\ &= 0 \quad \mathrm{mod}\,\varepsilon\,\|\mathfrak{h}_1(\mathfrak{f}_\nu)\|. \end{aligned}$$

Also gilt:

$$\|\mathfrak{h}_1(\mathfrak{f}_{\nu+1})\| \lesssim K^{\nu+1}\,\varepsilon^{\nu+1}\,\|\mathfrak{h}_1(\mathfrak{f})\|.$$

Es ist: $\mathfrak{f}_{\nu+1} - \mathfrak{f}_\nu = -\tilde{h}_1\,\mathfrak{h}_1(\mathfrak{f}_\nu) \lesssim K^\nu \varepsilon^\nu \|\mathfrak{f}\|$, also konvergiert bei hinreichend kleinem $\varepsilon > 0$ die Folge $\mathfrak{f}_\nu$ gegen ein $\mathfrak{f}^0 = \tilde{\alpha}(\mathfrak{f}) \in \Gamma(G, F_0)$ mit $\mathfrak{h}_1(\mathfrak{f}^0) = 0$. Es folgt $\mathfrak{f}^0 - \mathfrak{f}_\nu \lesssim K^\nu \varepsilon^\nu \|\mathfrak{f}\|$. Man hat $\mathfrak{f}_{\nu+1} - \mathfrak{f}_\nu = -\tilde{h}_1\,\mathfrak{h}_1(\mathfrak{f}_\nu - \mathfrak{f}^0)$ und mithin $\mathfrak{f}^0 - \mathfrak{f} = -\tilde{h}_1\,\mathfrak{h}\left(\sum_{\nu=0}^{\infty}(\mathfrak{f}_\nu - \mathfrak{f}^0)\right)$. Wir setzen $\tilde{\mathfrak{h}}_1(\mathfrak{f}) = \mathfrak{h}_1\left(\sum_{\nu=0}^{\infty}(\mathfrak{f}_\nu - \mathfrak{f}^0)\right)$. Es ist dann $\mathfrak{f} = \tilde{\alpha}(\mathfrak{f}) + \tilde{h}_1\,\tilde{\mathfrak{h}}_1(\mathfrak{f})$.

Es sei nun $\mathfrak{f}^0 = \tilde{h}_1(\hat{\mathfrak{f}})$ und $\mathfrak{h}_1(\mathfrak{f}^0) = 0$. Wir ersetzen $\hat{\mathfrak{f}}$ durch $\hat{\mathfrak{f}} - \tilde{h}_2\,\tilde{\mathfrak{h}}_2(\hat{\mathfrak{f}})$ und $\mathfrak{f}^0$ durch $\tilde{h}_1(\hat{\mathfrak{f}} - \tilde{h}_2\,\tilde{\mathfrak{h}}_2(\hat{\mathfrak{f}}))$. Die Differenz des neuen und alten $\mathfrak{f}^0$ auf $\mathfrak{A}$ ist gleich null.

Es ist $\hat{\mathfrak{f}} - \mathfrak{h}_1\,\tilde{h}_1(\hat{\mathfrak{f}}) - \tilde{h}_2\,\tilde{\mathfrak{h}}_2(\hat{\mathfrak{f}}) = \hat{\mathfrak{f}} - \mathfrak{h}_1\,h_1\,\hat{\mathfrak{f}} - h_2\,\mathfrak{h}_2\,\hat{\mathfrak{f}} + D_1(\hat{\mathfrak{f}}) = D_1(\hat{\mathfrak{f}})$, wobei D_1 wieder ein holomorpher in $\hat{\mathfrak{f}}$ linearer Operator ist mit $\|D_1\| \lesssim \varepsilon$. Ferner hat man $\tilde{h}_2\,\tilde{\mathfrak{h}}_2\,\hat{\mathfrak{f}} = 0$ auf $\mathfrak{A}$. Somit gilt auf $\mathfrak{A}$ die Gleichung $\hat{\mathfrak{f}} = D_1(\hat{\mathfrak{f}})$, mithin folgt, daß für $\mathfrak{A}$ stets das neue $\hat{\mathfrak{f}}$ verschwindet. Deswegen muß das (alte) $\mathfrak{f}^0$ für $(\tilde{h}_1, \tilde{h}_2) \in \mathfrak{A}$ gleich 0 sein und man hat die Aussage des Satzes ohne G verkleinern zu müssen.

2) Es seien nun h_1, h_2 beliebig, nicht mehr notwendig privilegiert zu G. Wir wählen ein Holomorphiegebiet G'' mit $G' \subset\subset G'' \subset\subset G$. Wir über-

decken $\bar{G}''$ mit endlich vielen privilegierten Steinschen Umgebungen $U_\iota \subset\subset G$ und wählen zu den U_ι Operatoren $\tilde{\mathfrak{h}}_{1\iota}$ im Sinne des Satzes. Ebenso sei $\tilde{\alpha}_\iota$ definiert. Ist $\mathfrak{f} \in \Gamma(G, F_0)$, so sei $\mathfrak{f}_\iota^0 = \tilde{\alpha}_\iota(\mathfrak{f})$. Man hat dann $\delta(\mathfrak{f}_\iota^0) = -\tilde{h}_1(\delta \tilde{\mathfrak{h}}_{1\iota}(\mathfrak{f}))$. Es sei nun $\mathfrak{U}' = \{U_\iota'\}$ mit $U_\iota' \subset\subset U_\iota$ eine endliche Steinsche Überdeckung von $\bar{G}'$. Nach Satz 9 konstruieren wir

$$(\hat{\mathfrak{f}}_\iota) \in C^0(\mathfrak{U}', F_1) \quad \text{mit} \quad \delta(\hat{\mathfrak{f}}_\iota) = \delta \tilde{\mathfrak{h}}_{1\iota}(\mathfrak{f}) \,|\, \mathfrak{U}' \cap G'.$$

Wir setzen $\tilde{\mathfrak{h}}_1(\mathfrak{f}) = \tilde{\mathfrak{h}}_{1\iota}(\mathfrak{f}) - \hat{\mathfrak{f}}_\iota$.

Im Falle $\mathfrak{f} = \tilde{h}_1 \hat{\mathfrak{f}}$ folgt $\mathfrak{f}_\iota^0 = 0$ auf $\mathfrak{A}$ und mithin dort $\tilde{h}_1(\hat{\mathfrak{f}}_\iota) = 0$. Man hat dann $\tilde{h}_1 \tilde{\mathfrak{h}}_1(\mathfrak{f}) = \tilde{h}_1 \tilde{\mathfrak{h}}_\iota(\mathfrak{f}) = \mathfrak{f}$ auf $\mathfrak{A}$. Damit ist Satz 10 bewiesen.

Satz 11. *Es gibt einen holomorphen Operator* $\mathfrak{h}_\nu^*(\tilde{h}_1, \tilde{h}_2)$ *der*

$$Z^\nu(\mathfrak{U}, F_0) \to C^{\nu-1}(\mathfrak{U}' \cap G', F_1)$$

linear abbildet und folgende Eigenschaft hat: Es sei

$$\mathfrak{B} = \tilde{h}_1^{-1}(Z^\nu(\mathfrak{U}, F_0)) \cap (C^\nu(\mathfrak{U}, F_1) \times \mathfrak{A}).$$

Dann gilt auf $\mathfrak{B}$:

$$\delta \tilde{h}_1 \mathfrak{h}_\nu^* \tilde{h}_1 = \tilde{h}_1 \,|\, \mathfrak{U}' \cap G'.$$

Beweis. Es sei $G' \subset\subset G'' \subset\subset G''' \subset\subset G$, wobei G'', G''' Holomorphiebereiche sind. Es sei $\mathfrak{U}''$ eine Steinsche Überdeckung von $\bar{G}''$ und $\mathfrak{U}'''$ eine solche von $\bar{G}'''$ mit $U_\iota' \subset\subset U_\iota'' \subset\subset U_\iota''' \subset\subset U_\iota$. Es sei $\xi \in Z^\nu(\mathfrak{U}, F_0)$. Wir betrachten $\tilde{\mathfrak{h}}_1(\xi) \in C^\nu(\mathfrak{U}''' \cap G''', F_1)$, wobei $\tilde{\mathfrak{h}}_1$ eine Kollektion von Operationen gemäß Satz 10 zu den $U_{\iota_0 \ldots \iota_\nu}$ ist. Wir schreiben $\delta \tilde{\mathfrak{h}}_1(\xi) = \delta \gamma$ mit $\gamma \in C^\nu(\mathfrak{U}'' \cap G'', F_1)$ gemäß Satz 9. Ebenfalls nach diesem Satz setzen wir $\tilde{\mathfrak{h}}_1(\xi) - \gamma = \delta \eta$ mit $\eta \in C^{\nu-1}(\mathfrak{U}' \cap G', F_1)$. Wir schreiben $\mathfrak{h}_\nu^*(\xi) = \eta$.

Ist $\xi \in \tilde{h}_1 \; C^\nu(\mathfrak{U}, F_1)$ und ist $(\tilde{h}_1, \tilde{h}_2) \in \mathfrak{A}$, so folgt $\tilde{h}_1(\gamma) = 0$ und $\delta \tilde{h}_1 \eta = \xi \,|\, \mathfrak{U}' \cap G'$. Das gleiche gilt für ganz $\tilde{h}_1 \mathfrak{B}$. Damit ist Satz 11 bewiesen.

Wir schreiben fortan $\tilde{\alpha}(\mathfrak{f}) = \mathfrak{f} - \tilde{h}_1 \tilde{\mathfrak{h}}_1(\mathfrak{f})$. Im Falle $\tilde{h}_1 = h_1$, $\tilde{h}_2 = h_2$ schreiben wir für $\tilde{\alpha}$ auch α, anstelle von $\tilde{\mathfrak{h}}_1$ auch $\mathfrak{h}_1$. Es gilt $\tilde{\mathfrak{h}}_1 - \mathfrak{h}_1 \lesssim \varepsilon$, $\tilde{\alpha} - \alpha \lesssim \varepsilon$. Es sei $F_0 = \mathcal{O}$. Ist $\mathfrak{f} = (f_1, \ldots, f_N)$ ein N-tupel von holomorphen Funktionen in G, so schreiben wir $\alpha(\mathfrak{f})$ für $(\alpha(f_1), \ldots, \alpha(f_N))$.

7. Es sei $\mathfrak{h} = \begin{pmatrix} f_1 \\ \vdots \\ f_m \end{pmatrix}$ ein m-tupel beschränkter holomorpher Funktionen in $G \subset C^N$. Wir bezeichnen mit $X = \{\mathfrak{f} = 0\}$ den komplexen Unterraum von G, der als Menge gleich $\{\mathfrak{f} = 0\}$ ist und die Strukturgarbe $\mathscr{H} = \mathcal{O}/\mathscr{I} \,|\, X$ mit $\mathscr{I} = \mathcal{O}\mathfrak{f}$ trägt. Es sei $\mathfrak{G} = \begin{pmatrix} \mathfrak{g}_1 \\ \vdots \\ \mathfrak{g}_l \end{pmatrix}$ mit $\mathfrak{g}_i = (g_{i1}, \ldots, g_{im})$ eine beschränkte holomorphe Matrixfunktion auf G, so daß die $\mathfrak{g}_1, \ldots, \mathfrak{g}_l$ die Relationengarbe $\mathfrak{R}(\mathfrak{f})$ in jedem Punkt von G erzeugen. Es gilt also insbesondere $\mathfrak{G}\circ\mathfrak{f}=0$.

Es sei $B\subset G$ eine kompakte Teilmenge, die beliebig kleine holomorphkonvexe Umgebungen besitzt. Wir führen folgende Redeweise ein: Eine holomorphe Funktion g (oder auch ein m-tupel von solchen Funk-Funktionen) ist auf B gegeben, wenn es in einer durch den Aufbau des Ganzen bestimmten festen holomorphkonvexen Umgebung $U(B)\subset\subset G$ definiert ist. Abschätzungen für g gelten in B, wenn sie in U gelten.

Es seien $\varepsilon>0$ und $\sigma\geqq 0$ kleine reelle Zahlen. Schranken für ihre Größe werden sich aus dem Folgenden ergeben. Es sei $\mathfrak{f}'$ ein m-tupel holomorpher Funktionen auf B und $\mathfrak{G}'$ dort eine holomorphe (l, m)-Matrixfunktion. Es gelte $\mathfrak{f}'<\varepsilon$, $\mathfrak{G}'<\varepsilon$ und $\tilde{\mathfrak{G}}\circ\tilde{\mathfrak{f}}<\sigma$ mit $\tilde{\mathfrak{G}}=\mathfrak{G}+\mathfrak{G}'$ und $\tilde{\mathfrak{f}}=\mathfrak{f}+\mathfrak{f}'$.

Definition 1. Das Paar $\tilde{X}=(\tilde{\mathfrak{f}}, \tilde{\mathfrak{G}})$ heißt ein Astralraum aus der (ε,σ)-astralen Umgebung von $X=(\mathfrak{f},\mathfrak{G})$.

Offenbar sind die (ε,σ)-astralen Umgebungen von X offene Teilmengen eines Banachraumes. Die Menge $\{\tilde{\mathfrak{f}}=0\}$ kann selbst bei beliebig kleinem $\varepsilon>0$ leer sein. Das ist jedoch nicht der Fall, wenn $\sigma=0$ ist.

Ist B ein komplexer Raum, $0\in B$ ein fester Punkt und $\tilde{\mathfrak{f}}(\mathfrak{z},\mathfrak{t})$ mit $\tilde{\mathfrak{f}}(\mathfrak{z},0)=\mathfrak{f}(\mathfrak{z})$ holomorph in $G\times B$, so bedeutet die (lokale) Existenz eines $\tilde{\mathfrak{G}}(\mathfrak{z},\mathfrak{t})$ mit $\tilde{\mathfrak{G}}\circ\tilde{\mathfrak{f}}=0$, gerade daß die Familie $\hat{X}=\{\tilde{\mathfrak{f}}=0\}\to B$ platt über B ist.

Ist $(\tilde{\mathfrak{f}}, \tilde{\mathfrak{G}})$ ein astraler Raum, so bezeichnen wir die durch $\tilde{\mathfrak{f}}$ vermittelte Abbildung $m\mathcal{O}\to\mathcal{O}$ mit $\tilde{h}_1$ und den durch $\tilde{\mathfrak{G}}$ definierten Homomorphismus $l\mathcal{O}\to m\mathcal{O}$ mit $\tilde{h}_2$.

Es sei g eine holomorphe Funktion auf B und r eine nicht negative Zahl. Wir schreiben $g|\tilde{X}\leqq r$ falls es eine holomorphe $(1,m)$-Matrixfunktion A auf B mit $A\lesssim 1$ und $g-A\circ\tilde{\mathfrak{f}}\leqq r$ gibt. Natürlich ist dabei (entsprechend unserer Redeweise) vorgeschrieben, daß A auf einer kleineren (aber fest definierten) Umgebung von B existiert. Ist $g<1$ und $g|X=0$ im üblichen Sinne, so folgt $g\leqq 0$. Die Konstante bei $A\lesssim 1$ ergibt sich aus den Sätzen der Garbentheorie.

8. Es seien $B_\iota\subset B$, $\iota=1,\ldots,\iota_*$ kompakte holomorphkonvexe Teilmengen mit $\bigcup B_\iota=B$. Wir setzen $\mathfrak{B}=\{B_\iota\colon \iota=1,\ldots,\iota_*\}$.

Aus Satz 10 folgt unmittelbar (Verkleinerung der Umgebung von B):

Satz 12. *Es gibt einen holomorphen Operator* $\tilde{\mathfrak{h}}_1(\tilde{h}_1,\tilde{h}_2)=\tilde{\mathfrak{h}}_1(\tilde{\mathfrak{f}},\tilde{\mathfrak{G}})$, *der jedem* $g\in\Gamma(B,\mathcal{O})$ *ein m-tupel* $\mathfrak{g}=(g_1,\ldots,g_m)\in\Gamma(B,m\mathcal{O})$ *linear zuordnet, so daß* $\tilde{h}_1\circ\tilde{\mathfrak{h}}_1\circ\tilde{h}_1=\tilde{h}_1$ *über* C^*, *wobei* $C^*\subset C^0(\mathfrak{B},m\mathcal{O})\times H$ *den banach-analytischen Unterraum derjenigen* $(\xi,\tilde{h}_1,\tilde{h}_2)$ *mit* $\delta\tilde{h}_1\xi=0$ *und* $\tilde{h}_2\circ\tilde{h}_1=0$ *ist.*

Beweis. Wir haben nur $\tilde{h}_1\tilde{\mathfrak{h}}_1\tilde{h}_1=\tilde{h}_1$ auf C^* zu zeigen. Dazu braucht nur $\tilde{h}_1 C^*=\tilde{h}_1(\Gamma(\mathfrak{B},m\mathcal{O})\times H)$ nachgewiesen zu werden. Ist etwa $(\xi,\tilde{h}_1,\tilde{h}_2)\in C^*$, so ist $\tilde{h}_1\delta\xi=0$. Wir konstruieren nach Satz 9 ein η mit $\delta\xi=\delta\eta$.

Es ist dann $\xi - \eta \in \Gamma(B, m\mathcal{O})$. Wir setzen $\mathfrak{h}(\xi) = \xi - \eta$ und erhalten eine lineare Abbildung $\mathfrak{h}$: $C^* \to \Gamma(B, m\mathcal{O})$, die noch holomorph von $\tilde{h}_1, \tilde{h}_2$ abhängt.

Im Falle $\tilde{h}_2 \circ \tilde{h}_1 = 0$ folgt $\tilde{h}_1(\eta) = 0$, also $\tilde{h}_1\, \mathfrak{h}(\xi) = \tilde{h}_1(\xi)$. Damit ist alles gezeigt.

Corollar. *Es sei* $g \in \Gamma(B, \mathcal{O})$ *mit* $g | \tilde{X} \cap B_\iota < \sigma$. *Dann gilt* $g | \tilde{X} \lesssim \sigma$.

Durch Potenzreihenentwicklung folgt:

Satz 13. *Es sei* $\varepsilon > 0$ *hinreichend klein gewählt,* g *holomorph auf* B *und* $F = \mathrm{id} + \xi$ *mit* $\xi < \varepsilon$ *eine holomorphe Abbildung* $B \to C^N$ *und* A *eine holomorphe* (N, m)*-Matrixfunktion auf* B *mit* $A \circ \mathfrak{f} < \varepsilon$. *Dann gibt es auf* B *eine holomorphe* $(1, m)$*-Matrixfunktion* $\mathfrak{g}$, *so daß* $\mathfrak{g} \lesssim \|A\|$ *und* $g(F + A \circ \mathfrak{f}) = g \circ F + \mathfrak{g} \circ \mathfrak{f}$ *ist.*

Beweis. Wir entwickeln $g(\mathfrak{z} + \mathfrak{w})$ in eine Potenzreihe $g(\mathfrak{z} + \mathfrak{w}) = g(\mathfrak{z}) + \sum_{|\nu|=1}^{\infty} a_\nu(\mathfrak{z})\, \mathfrak{w}^\nu$, wobei die $a_\nu(\mathfrak{z})$ holomorphe Funktionen auf B sind. Es ist dann bei hinreichend kleinem $\varepsilon > 0$:

$$\begin{aligned} g(F + A \circ \mathfrak{f}) &= g \circ F + \sum_{|\nu|=1}^{\infty} (a_\nu \circ F)(A \circ \mathfrak{f})^\nu \\ &= g \circ F + \mathfrak{g} \circ \mathfrak{f}. \end{aligned}$$

Man erhält $\mathfrak{g}$ durch einen holomorphen Operator aus g, F, A.

Als Folgerung hat man:

Satz 14. *Es sei* $\varepsilon > 0$ *hinreichend klein, es seien* $F_i = \mathrm{id} + \xi_i$ *holomorph* $B \to C^N$ *mit* $\xi_i < \varepsilon$ *für* $i = 1, 2$. *Ferner sei* $g: B \to C^N$ *eine holomorphe Abbildung. Dann gilt* $\tilde{\alpha}(g \circ F_1) = \tilde{\alpha}(g \circ F_2)$ *über dem banachanalytischen Raum* $\mathfrak{B} = \{(F_1, F_2, g, \tilde{h}_1, \tilde{h}_2): \tilde{\alpha}(F_1) = \tilde{\alpha}(F_2), \tilde{h}_1 \circ \tilde{h}_2 = 0\}$. *Dabei ist* $\tilde{\alpha}$ *in der Definition von* $\mathfrak{B}$ *in bezug auf eine größere Umgebung von* B *als in der Gleichung* $\tilde{\alpha}(g \circ F_1) = \tilde{\alpha}(g \circ F_2)$ *zu definieren.*

Ferner hat man:

Satz 14′. *Es sei* $\varepsilon > 0$ *hinreichend klein und* $F = \mathrm{id} + \xi$ *mit* $\xi < \varepsilon$ *eine holomorphe Abbildung* $B \to C^N$. *Es seien* g_1, g_2 *holomorphe Abbildungen* $B \to C^N$. *Dann gilt:*

$$\tilde{\alpha}(\tilde{h}_1 \circ F, \tilde{h}_2 \circ F, g_1 \circ F) = \tilde{\alpha}(\tilde{h}_1 \circ F, \tilde{h}_2 \circ F, g_2 \circ F)$$

in dem banachanalytischen Raum:

$$\{(F, g_1, g_2, \tilde{h}_1, \tilde{h}_2): \tilde{\alpha}(\tilde{h}_1, \tilde{h}_2, g_1) = \tilde{\alpha}(\tilde{h}_1, \tilde{h}_2, g_2), \tilde{h}_1 \circ \tilde{h}_2 = 0\}.$$

Beweis. Gilt $\tilde{\alpha}(g_1) = \tilde{\alpha}(g_2)$, so ist $g_1 - g_2 = \tilde{h}_1(\mathfrak{g})$, falls $\tilde{h}_1 \circ \tilde{h}_2 = 0$. Daraus folgt $g_1 \circ F - g_2 \circ F = (\tilde{h}_1 \circ F)(\mathfrak{g} \circ F)$ und mithin die behauptete Gleichung.

Gilt $\tilde{\alpha}(g_1)=\tilde{\alpha}(g_2)$, $\tilde{h}_1 \circ \tilde{h}_2 = 0$ nicht exakt, so gilt die behauptete Gleichung bis auf eine Linearkombination von $\tilde{h}_1 \circ \tilde{h}_2$, $\tilde{\alpha}(g_1)-\tilde{\alpha}(g_2)$. Damit ist alles bewiesen.

Es sei wieder $H_\varepsilon = H = \{(\tilde{\mathfrak{f}}=\mathfrak{f}+\mathfrak{f}', \tilde{\mathfrak{G}}=\mathfrak{G}+\mathfrak{G}')\colon \mathfrak{f}'<\varepsilon, \mathfrak{G}'<\varepsilon \text{ auf } B\} = \{\tilde{X}\}$ offene Menge eines Banachraumes. Es sei $F(\mathfrak{z}, \tilde{\mathfrak{f}}, \tilde{\mathfrak{G}})$ eine holomorphe Abbildung von $B \times H_{\varepsilon_0} \to B \times H_{\varepsilon_0+\varepsilon}$ mit $F = \mathrm{id} + \xi$ und $\xi < \varepsilon$. Es sei $\hat{\mathfrak{A}} \subset B \times H_{\varepsilon_0+\varepsilon}$ der banachanalytische Unterraum der $(\mathfrak{z}, \tilde{\mathfrak{f}}, \tilde{\mathfrak{G}})$ mit $\tilde{\mathfrak{f}}(\mathfrak{z})=0$ und $\tilde{\mathfrak{G}} \circ \tilde{\mathfrak{f}} \doteq 0$.

Definition 2. F bildet $\hat{\mathfrak{A}}$ in sich ab, falls $[\tilde{\mathfrak{f}}] \circ F$ und $[\tilde{\mathfrak{G}} \circ \tilde{\mathfrak{f}}] \circ F$ Linearkombinationen von $[\tilde{\mathfrak{f}}]$ und $[\tilde{\mathfrak{G}} \circ \tilde{\mathfrak{f}}]$ sind. Hierbei sind $[\tilde{\mathfrak{f}}]$ und $[\tilde{\mathfrak{G}} \circ \tilde{\mathfrak{f}}]$ holomorphe Abbildungen auf $B \times H$:

$$[\tilde{\mathfrak{f}}](\mathfrak{z}, \tilde{\mathfrak{f}}, \tilde{\mathfrak{G}}) = \tilde{\mathfrak{f}}(\mathfrak{z}), \qquad [\tilde{\mathfrak{G}} \circ \tilde{\mathfrak{f}}](\mathfrak{z}, \tilde{\mathfrak{f}}, \tilde{\mathfrak{G}}) = \tilde{\mathfrak{G}} \circ \tilde{\mathfrak{f}}.$$

Es gilt der bekannte:

Satz 15. *Ist $\varepsilon > 0$ hinreichend klein, so existiert die Umkehrung von F auf $B \times H_{\varepsilon_0 - \bar{\varepsilon}}$ mit $\bar{\varepsilon} \lesssim \varepsilon$. Sie bildet wieder $\hat{\mathfrak{A}}$ in sich ab.*

Der Beweis findet sich in der Literatur, etwa in [2].

Satz 16. *Es sei wie in Satz 12 das System $\mathfrak{B} = \{B_i\colon i=1, \ldots, i_*\}$ eine endliche kompakte Überdeckung von B. Dann gibt es einen holomorphen Operator $\tilde{\mathfrak{h}}(\tilde{h}_1, \tilde{h}_2)$, der $C^0(\mathfrak{B}, \mathcal{O}) \to \Gamma(B, \mathcal{O})$ linear abbildet, so daß folgendes gilt:*

Ist C^* *die banachanalytische Untermenge der $(\xi, \tilde{h}_1, \tilde{h}_2)$ von $C^0(\mathfrak{B}, \mathcal{O}) \times \mathfrak{A}$ mit $\xi | \tilde{X} \in Z^0(\mathfrak{B} \cap \tilde{X}, \mathcal{O})$, so stimmen auf C^* die Beschränkung auf $\tilde{X}$ und die Abbildung, die man durch $\tilde{\mathfrak{h}}$ mit nachfolgender Beschränkung auf $\tilde{X}$ erhält, überein.*

Beweis. Es sei $\xi = (\xi_i) \in C^0(\mathfrak{B}, \mathcal{O})$. Wir konstruieren nach Satz 10 ein $\gamma = (\gamma_{i_1 i_2}) \in C^1(\mathfrak{B}, m\mathcal{O})$ mit $\gamma_{i_1 i_2} = \tilde{\mathfrak{h}}_1(-\xi_{i_1} + \xi_{i_2})$ über $B_{i_1 i_2}$. Nach Satz 9 konstruieren wir dann ein $\gamma' \in C^1(\mathfrak{B}, m\mathcal{O})$ mit $\delta\gamma' = \delta\gamma$. Wir finden nach Satz 6* ein $\omega \in C^0(\mathfrak{B}, m\mathcal{O})$ mit $\delta\omega = \gamma - \gamma'$ und setzen $\eta_i = \xi_i - \tilde{h}_1(\omega_i)$. Nach Satz 6* gibt es sodann ein $(\eta'_i) \in C^0(\mathfrak{B}, \mathcal{O})$ mit $\delta(\eta'_i) = \delta(\eta_i)$. Wir setzen $\eta = \eta_i - \eta'_i = \tilde{\mathfrak{h}}(\xi_i) \in \Gamma(B, \mathcal{O})$.

Ist $\tilde{h}_2 \circ \tilde{h}_1 = 0$ und $\delta\xi | \tilde{X} = 0$, so folgt $\tilde{h}_1 \gamma = \delta\xi$ und $\tilde{h}_1 \gamma' = 0$. Es ist $\delta(\eta_i) = \delta\xi - \tilde{h}_1 \gamma = 0$, also sind auch die $\eta'_i = 0$. Wegen $\tilde{h}_1(\omega_i) | \tilde{X} = 0$ folgt dann:

$$\eta | \tilde{X} = \eta_i | \tilde{X} = \xi_i | \tilde{X}.$$

Das gleiche gilt auf ganz C^* (unter Berücksichtigung der nilpotenten Elemente).

9. Es sei in diesem Abschnitt G in bezug auf h_1, h_2 privilegiert. Es sei $\mathfrak{h} = \mathfrak{h}_1 \colon \Gamma(G, \mathcal{O}) \to \Gamma(G, m\mathcal{O})$ der Operator aus dem Beweis zu Satz 10.

Es sei $\mathfrak{h}\, h_1\, \mathfrak{h} = \mathfrak{h}$. Es sei wieder $\mathfrak{f}'$ ein weiteres m-tupel holomorpher Funktionen in G mit $\mathfrak{f}' < \varepsilon$. Wir definieren:

Definition 3. $\tilde{\mathfrak{f}} = \mathfrak{f} + \mathfrak{f}'$ heißt normal, falls für $B = E - B'$ mit $B' = \begin{pmatrix} \mathfrak{h}(f_1') \\ \vdots \\ \mathfrak{h}(f_m') \end{pmatrix}$ gilt $B \circ \tilde{\mathfrak{f}} = \tilde{\mathfrak{f}}$ (oder damit gleichbedeutend: $\mathfrak{h}(\mathfrak{f}') = 0$).

Wir zeigen:

Satz 17. *Es gibt zu $\tilde{\mathfrak{f}}$ eine (m, m)-Matrix $C' \lesssim \varepsilon$, so daß $\tilde{\mathfrak{f}}^0 = C \circ \tilde{\mathfrak{f}}$ mit $C = E + C'$ normal ist. C' wird dabei durch einen holomorphen Operator aus $\tilde{\mathfrak{f}}$ konstruiert. Ist $\tilde{\mathfrak{f}}_1 = C_1 \circ \tilde{\mathfrak{f}}$ mit $C_1 = E + C_1'$, $C_1' < \varepsilon$, so folgt $\tilde{\mathfrak{f}}_1^0 = \tilde{\mathfrak{f}}^0$.*

Beweis. Wir bilden in G eine Folge holomorpher m-tupel $\tilde{\mathfrak{f}}_\nu$ mit $\tilde{\mathfrak{f}}_0 = \tilde{\mathfrak{f}}$ und $\tilde{\mathfrak{f}}_{\nu+1} = B_\nu \circ \tilde{\mathfrak{f}}_\nu$, $B_\nu = E - B_\nu'$ und $B_\nu' = \mathfrak{h}(\mathfrak{f}_\nu')$. Es gilt $B_0' \lesssim \varepsilon$, $B_{\nu+1}' = \mathfrak{h}(\mathfrak{f}_{\nu+1}') = \mathfrak{h}(\mathfrak{f}_\nu' - B_\nu' \circ \mathfrak{f} - B_\nu' \mathfrak{f}_\nu') = -\mathfrak{h}(B_\nu' \mathfrak{f}_\nu') + B_\nu' - \mathfrak{h}\, h_1(B_\nu') = -\mathfrak{h}(B_\nu' \mathfrak{f}_\nu')$. Es ist $\tilde{\mathfrak{f}}_{\nu+1} - \tilde{\mathfrak{f}}_\nu = -B_\nu' \tilde{\mathfrak{f}}_\nu$, $\alpha(\tilde{\mathfrak{f}}_{\nu+1} - \tilde{\mathfrak{f}}_\nu) = -\alpha(B_\nu' \circ \mathfrak{f}_\nu')$ und $\tilde{\mathfrak{f}}_{\nu+1} - \tilde{\mathfrak{f}}_\nu = -(B_\nu' - B_{\nu-1}') \circ \mathfrak{f} + (\mathfrak{f}_\nu' - \mathfrak{f}_{\nu-1}') - B_\nu' \mathfrak{f}_\nu' + B_{\nu-1}' \mathfrak{f}_{\nu-1}' = -\alpha(B_{\nu-1}' \circ \mathfrak{f}_{\nu-1}') - B_\nu' \mathfrak{f}_\nu' + B_{\nu-1}' \mathfrak{f}_{\nu-1}'$, da $\alpha + h_1\, \mathfrak{h}$ die Identität ist. Wir zeigen, daß es Konstanten $K_0, K \geqq 1$ gibt mit $\tilde{\mathfrak{f}}_{\nu+1} - \tilde{\mathfrak{f}}_\nu \leqq K_0 K^\nu \varepsilon^{\nu+1}$ und $B_\nu' \leqq K^{\nu+1} \varepsilon^{\nu+1}$. Eine solche Ungleichung gilt für $\nu = 0$. Es seien beide Ungleichungen für $\nu - 1$ bereits bewiesen. Es gilt dann $\mathfrak{f}_{\nu-1}' \leqq \varepsilon(K_0 + 1) \dfrac{1 - K^{\nu-1} \varepsilon^{\nu-1}}{1 - K\varepsilon} \leqq 2\varepsilon K_0$, falls ε hinreichend klein. Mithin ist $B_\nu' \lesssim K^\nu \varepsilon^\nu K_0\, 2\varepsilon \leqq K^{\nu+1} \varepsilon^{\nu+1}$. Es folgt $\mathfrak{f}_\nu' \leqq 2\varepsilon K_0$ und $\tilde{\mathfrak{f}}_{\nu+1} - \tilde{\mathfrak{f}}_\nu \leqq K^{\nu+1} \varepsilon^{\nu+1}$. Die Folge $\tilde{\mathfrak{f}}_\nu$ konvergiert deshalb gegen ein $\tilde{\mathfrak{f}}^0$, falls ε klein. Es ist $B \circ \tilde{\mathfrak{f}}^0 = \tilde{\mathfrak{f}}^0$, d.h. $\tilde{\mathfrak{f}}^0$ ist normal. Es sei $C = \cdots B_\nu \circ B_{\nu-1} \circ \cdots \circ B_0$. Wegen der Abschätzungen konvergiert das unendliche Produkt und es gilt $\tilde{\mathfrak{f}}^0 = C \circ \tilde{\mathfrak{f}}$. Wir setzen fortan $\tilde{\mathfrak{f}}^0 = \beta(\tilde{\mathfrak{f}})$. Es gilt $C' \lesssim \varepsilon$.

Aus $\tilde{\mathfrak{f}}_1 = C_1 \circ \tilde{\mathfrak{f}}$ folgt $\tilde{\mathfrak{f}}_1^0 = C_2 \circ \tilde{\mathfrak{f}}^0$ mit $C_2 = E + C_2'$, $\|C_2'\| = \omega \lesssim \varepsilon$. Es sei C_2' minimal gewählt. Es gilt $\tilde{h}_1\, \mathfrak{h}(\mathfrak{f}_1^{0\prime} - \mathfrak{f}^{0\prime}) = 0$ und $\tilde{h}_1\, \mathfrak{h}(\mathfrak{f}_1^{0\prime} - \mathfrak{f}^{0\prime}) = \tilde{h}_1\, \mathfrak{h}(C_2' \circ \tilde{\mathfrak{f}}^0) = C_2' \circ \tilde{\mathfrak{f}}^0 + \mathfrak{g}$ mit $\mathfrak{g} \lesssim \varepsilon\, \omega$. Also folgt $0 \geqq K_1 \omega - K_2\, \varepsilon\, \omega$ und mithin $\omega = 0$ und $C_2 = E$ und $\tilde{\mathfrak{f}}_1^0 = \tilde{\mathfrak{f}}^0$, falls ε klein.

10. Es sei in diesem Abschnitt $G \subset \mathbb{C}^N$ ein beliebiges Gebiet. Wir zeigen:

Satz 18. *Es seien $\mathfrak{f}$ und $\mathfrak{f}_*$ m-tupel holomorpher Funktionen in G, die die gleiche Idealgarbe erzeugen. Dann gibt es um jeden Punkt $\mathfrak{z}_0 \in G$ eine Umgebung $U = U(\mathfrak{z}_0)$ und eine holomorphe Funktion A von invertierbaren (m, m)-Matrizen in U mit $\mathfrak{f} | U = A \circ \mathfrak{f}_*$.*

Beweis. Die Komponenten von $\mathfrak{f}$ und $\tilde{\mathfrak{f}}$ seien o.E.d.A. so numeriert, daß $f_1, \ldots, f_s$ und $f_{*1}, \ldots, f_{*s}$ den Halm von $\mathcal{O} \cdot \mathfrak{f} = \mathcal{O} \cdot \mathfrak{f}_*$ in $\mathfrak{z}_0$ erzeugen, wenn s die minimale Anzahl der Erzeugenden ist. Es ist dann

$$\begin{pmatrix} f_1 \\ \vdots \\ f_s \end{pmatrix} = A_{\mathfrak{z}_0}' \circ \begin{pmatrix} f_{*1} \\ \vdots \\ f_{*s} \end{pmatrix} \quad \text{mit } A_{\mathfrak{z}_0}' \in m^2\, \mathcal{O}_{\mathfrak{z}_0}.$$

§ 3. Der Γ-Operator

1. Es sei $(\tilde{\mathfrak{f}}_\iota, \tilde{\mathfrak{G}}_\iota, \tilde{H}_{\iota_1\iota_2})$ eine Pseudodeformation von X zu ε, σ, $\mathfrak{B}$. Es sei auf jeden Fall $\varepsilon, \sigma < 1$. Wir setzen:

$$\mathfrak{f}_\iota^* = \mathfrak{f}'_\iota \,|\, \bar{Y}_\iota, \qquad \mathfrak{G}_\iota^* = \mathfrak{G}'_\iota \,|\, \bar{Y}_\iota, \qquad \xi^*_{\iota_1\iota_2} = H'_{\iota_1\iota_2} \,|\, \bar{Y}_{\iota_1\iota_2}.$$

Man hat die Abschätzungen:

$$\mathfrak{f}_\iota^* < \varepsilon, \qquad \mathfrak{G}_\iota \circ \mathfrak{f}_\iota^* = -\mathfrak{G}_\iota^* \circ \mathfrak{f}_\iota^* + \tilde{\mathfrak{G}}_\iota \circ \tilde{\mathfrak{f}}_\iota \lesssim \varepsilon^2 + \sigma, \qquad \xi^*_{\iota_1\iota_2} < \varepsilon.$$

Es folgt über $\bar{S}_{\iota_1\iota_2}$ die Abschätzung $\tilde{\mathfrak{f}}_{\iota_1} \circ \tilde{H}_{\iota_1\iota_2} - A_{\iota_1\iota_2} \circ \tilde{\mathfrak{f}}_{\iota_2} \lesssim \varepsilon$. Nach Voraussetzung gibt es über $\bar{S}_{\iota_1\iota_2}$ eine holomorphe Matrixfunktion $A'_{\iota_1\iota_2}$ mit $A'_{\iota_1\iota_2} \lesssim 1$ und

$$\tilde{\mathfrak{f}}_{\iota_1} \circ \tilde{H}_{\iota_1\iota_2} - A_{\iota_1\iota_2} \circ \tilde{\mathfrak{f}}_{\iota_2} - A'_{\iota_1\iota_2} \circ \tilde{\mathfrak{f}}_{\iota_2} \lesssim \sigma.$$

Nach Satz 1.10 gibt es dann auch ein $A''_{\iota_1\iota_2}$ über $\bar{S}_{\iota_1\iota_2}$ mit $A''_{\iota_1\iota_2} \lesssim \varepsilon$ und

$$\tilde{\mathfrak{f}}_{\iota_1} \circ \tilde{H}_{\iota_1\iota_2} - A_{\iota_1\iota_2} \circ \tilde{\mathfrak{f}}_{\iota_2} - A''_{\iota_1\iota_2} \circ \tilde{\mathfrak{f}}_{\iota_2} \lesssim \sigma.$$

Hieraus folgt für $\bar{Y}_{\iota_1\iota_2}$ die Ungleichung (vgl. Satz 1.3)

$$\xi^*_{\iota_1\iota_2}(\mathfrak{f}_{\iota_1}) + \mathfrak{f}^*_{\iota_1} \circ H_{\iota_1\iota_2} - A_{\iota_1\iota_2} \circ \mathfrak{f}^*_{\iota_2} \lesssim \varepsilon^2 + \sigma.$$

Natürlich müssen zur Gewinnung dieser Ungleichungen ε, σ sehr klein sein, und die Quaderumgebung von $\bar{P}_\iota$ muß mehrfach verkleinert werden.

Aus $\tilde{H}_{\iota_1\iota_2} \circ \tilde{H}_{\iota_2\iota_3} - \tilde{H}_{\iota_1\iota_3} \leqq \sigma$ mit $\tilde{\mathfrak{f}}_{\iota_3} = 0$ folgt auf $\bar{Y}_{\iota_1\iota_2\iota_3} \subset \bar{Y}_{\iota_3}$ die Ungleichung:

$$\xi^*_{\iota_1\iota_2}(H_{\iota_1\iota_2}) \circ H_{\iota_2\iota_3} + \xi^*_{\iota_2\iota_3}(H_{\iota_1\iota_2} \circ H_{\iota_2\iota_3}) - \xi^*_{\iota_1\iota_3}(H_{\iota_1\iota_3}) \lesssim \varepsilon^2 + \sigma.$$

2. Wir zeigen:

Satz 1. *Durch einen linearen Operator läßt sich über* $\mathfrak{B}$ *die folgende Zerlegung herstellen:*

$$(\mathfrak{f}_\iota^*, \xi^*_{\iota_1\iota_2}) + (g_\iota^*, \eta^*_{\iota_1\iota_2}) = (\mathfrak{f}_\iota^0, \xi^0_{\iota_1\iota_2}) + \delta(\eta_\iota)$$

mit

$$g_\iota^* \lesssim \varepsilon^2 + \sigma, \qquad \eta^*_{\iota_1\iota_2} \lesssim \varepsilon^2 + \sigma, \qquad (\mathfrak{f}_\iota^0, \xi^0_{\iota_1\iota_2}) \in V$$

und $\underline{\mathfrak{f}}_\iota^0 \lesssim \varepsilon + \sigma$, $\xi^0_{\iota_1\iota_2} \lesssim \varepsilon + \sigma$, $\eta_\iota \lesssim \varepsilon + \sigma$. *Dabei sind die Quaderumgebungen von* $\bar{P}_\iota$ *zu verkleinern.*

Beweis. 1) Durch einen linearen Operator erhält man auf $\bar{Y}_\iota$ m-tupel holomorpher Funktionen $\mathfrak{f}_\iota^\cup$ mit $\mathfrak{G}_\iota \circ \mathfrak{f}_\iota^\cup = 0$ und $\mathfrak{f}_\iota^* - \mathfrak{f}_\iota^\cup \lesssim \varepsilon^2 + \sigma$ (nach dem Satz 1.6 und 1.10). Es sei $\underline{s}_\iota^\cup = h_0(\mathfrak{f}_\iota^\cup) \in \Gamma(\bar{V}_\iota, \mathscr{T})$. Im allgemeinen ist $\delta(\underline{s}_\iota^\cup) \neq 0$. Es gilt jedoch für $\delta(\underline{s}_\iota^\cup) = (s_{\iota_1\iota_2})$ die Ungleichung $s_{\iota_1\iota_2} \lesssim \varepsilon^2 + \sigma$. Nach dem Satz 1.6** kann deshalb eine Schnittfläche $\underline{s}'' \in \Gamma(X, \mathscr{T})$ finden mit $\underline{s}_\iota^\cup - \underline{s}'' \lesssim \varepsilon^2 + \sigma$. Das bedeutet folgendes: Wir können holomorphe m-tupel $\mathfrak{f}''_\iota$ über $\bar{Y}_\iota$ mit $\mathfrak{G}_\iota \circ \mathfrak{f}''_\iota = 0$ und $h_0(\mathfrak{f}''_\iota) = \underline{s}''$ und $\mathfrak{f}_\iota^* - \mathfrak{f}''_\iota \lesssim \varepsilon^2 + \sigma$ finden und diese nach Satz 1.10 eindeutig bestimmen, so daß wieder ein linearer Operator entsteht. Es ist ferner:

$$\xi^*_{\iota_1\iota_2}(\mathfrak{f}_{\iota_1})+\mathfrak{f}''_{\iota_1}\circ H_{\iota_1\iota_2}-A_{\iota_1\iota_2}\circ\mathfrak{f}''_{\iota_2}\lesssim\varepsilon^2+\sigma.$$

Es gibt mittels Satz 1.10 auf $\bar{Y}_{\iota_1\iota_2}$ holomorphe Vektorfelder $\xi''_{\iota_1\iota_2}$ mit $\xi^*_{\iota_1\iota_2}-\xi''_{\iota_1\iota_2}\lesssim\varepsilon^2+\sigma$, so daß $\xi''_{\iota_1\iota_2}(\mathfrak{f}_{\iota_1})+\mathfrak{f}''_{\iota_1}\circ H_{\iota_1\iota_2}=A_{\iota_1\iota_2}\circ\mathfrak{f}''_{\iota_2}$. Man hat dabei zu benutzen, daß $\underline{s}''$ von ι unabhängig ist. Wir haben also ein verheftetes System $(\mathfrak{f}''_\iota, \xi''_{\iota_1\iota_2})$ gewonnen.

Man hat auf $\bar{Y}_{\iota_1\iota_2\iota_3}\subset Y_{\iota_3}$ die Ungleichung:

$$\xi''_{\iota_1\iota_2}(H_{\iota_1\iota_2})\circ H_{\iota_2\iota_3}+\xi''_{\iota_2\iota_3}(H_{\iota_1\iota_2}\circ H_{\iota_2\iota_3})-\xi''_{\iota_1\iota_3}(H_{\iota_1\iota_3})\lesssim\varepsilon^2+\sigma.$$

Wir setzen $\hat{H}_{\iota_1\iota_2}=H_{\iota_1\iota_2}\circ(\mathrm{id}+t\xi''_{\iota_1\iota_2})=H_{\iota_1\iota_2}+t\xi''_{\iota_1\iota_2}(H_{\iota_1\iota_2})$. Es ist dann $\hat{H}_{\iota_1\iota_2}\circ\hat{H}_{\iota_2\iota_3}-\hat{H}_{\iota_1\iota_3}=t\cdot a$ mit $a\lesssim\varepsilon^2+\sigma$ auf $\hat{\bar{Y}}_{\iota_1\iota_2\iota_3}$, wobei $\hat{\bar{Y}}_{\iota_1\iota_2\iota_3}$ den Teilbereich zu $\bar{Y}_{\iota_1\iota_2\iota_3}$ von $\{\mathfrak{f}_{\iota_3}+t\mathfrak{f}''_{\iota_3}=0\}$ bezeichnet. Es sei

$$\hat{H}_{\iota_1\iota_2\iota_3}=\hat{H}_{\iota_3\iota_2}\circ\hat{H}_{\iota_2\iota_1}\circ\hat{H}_{\iota_1\iota_3}=\mathrm{id}-t\gamma''_{\iota_1\iota_2\iota_3}.$$

Aus der letzten Aussage folgt: $\gamma''_{\iota_1\iota_2\iota_3}\lesssim\varepsilon^2+\sigma$. Es ist $\underline{h}_1(\underline{s}'')=(\gamma'')\lesssim\varepsilon^2+\sigma$. Es gibt daher mittels eines linearen Operators ein $\underline{s}\in\Gamma_0$ mit $\underline{s}''-\underline{s}\lesssim\varepsilon^2+\sigma$, und wir können bereits annehmen, daß $\underline{s}=\underline{s}''$ ist. Es ist dann $\gamma=\delta(\gamma''_{\iota_1\iota_2})$, wobei $\gamma''_{\iota_1\iota_2}$ holomorphe Tangentialfelder an $\bar{Y}_{\iota_1\iota_2}$ mit $\gamma''_{\iota_1\iota_2}\lesssim\varepsilon^2+\sigma$ sind. Wir setzen $\xi'''_{\iota_1\iota_2}=\xi''_{\iota_1\iota_2}-\gamma''_{\iota_1\iota_2}$ und erhalten eine infinitesimale Deformation $(\mathfrak{f}''_\iota, \xi'''_{\iota_1\iota_2})$. Es sei $(g^*_\iota, \eta^*_{\iota_1\iota_2})=-(\mathfrak{f}^*_\iota, \xi^*_{\iota_1\iota_2})+(\mathfrak{f}''_\iota, \xi'''_{\iota_1\iota_2})$. Man hat $g^*_\iota\lesssim\varepsilon^2+\sigma$, $\eta^*_{\iota_1\iota_2}\lesssim\varepsilon^2+\sigma$. Wir können dann schreiben

$$(\mathfrak{f}^*_{\iota_1}, \xi^*_{\iota_1\iota_2})+(g^*_\iota, \eta^*_{\iota_1\iota_2})=(\mathfrak{f}^0_\iota, \xi^0_{\iota_1\iota_2})+\delta(\eta_\iota).$$

Die Abschätzungen folgen aus § 2.7.

3. Es seien $(\tilde{\mathfrak{f}}^\cup_\iota, \mathfrak{G}^\cup_\iota, \tilde{H}^\cup_{\iota_1\iota_2})$ und $(\tilde{\mathfrak{f}}_\iota, \mathfrak{G}_\iota, \tilde{H}_{\iota_1\iota_2})$ Pseudodeformationen von X zu $\varepsilon>0$ und $\mathfrak{V}$. Es sei $\omega\geqq 0$.

Definition 1. $(\tilde{\mathfrak{f}}^\cup_\iota, \mathfrak{G}^\cup_\iota, \tilde{H}^\cup_{\iota_1\iota_2})$ und $(\tilde{\mathfrak{f}}_\iota, \mathfrak{G}_\iota, \tilde{H}_{\iota_1\iota_2})$ heißen ω-äquivalent, wenn es biholomorphe Abbildungen $F_\iota=\mathrm{id}+\xi_\iota$: $\bar{P}_\iota\to Q_\iota$ mit $\xi_\iota\leqq\omega$ und holomorphe Matrixfunktionen $B_\iota=E+B'_\iota$ mit $B'_\iota\leqq\omega$ gibt, so daß folgendes gilt:

1) $\tilde{\mathfrak{f}}_\iota\circ F_\iota=B_\iota\circ\tilde{\mathfrak{f}}^\cup_\iota \bmod\sigma$ über $\bar{P}_\iota$.

2) $\tilde{H}^\cup_{\iota_1\iota_2}=F^{-1}_{\iota_1}\circ\tilde{H}_{\iota_1\iota_2}\circ F_{\iota_2} \bmod\sigma$ auf $\tilde{Y}^\cup_{\iota_1\iota_2}$.

3) Es ist in Satz 1:

$$\delta(\xi_\iota)+0=0+\delta(\eta_\iota)\quad\text{mit}\quad\xi_\iota=\eta_\iota.$$

Ist die letzte Bedingung nicht erfüllt, so sprechen wir von schwach-ω-äquivalent. Die F_ι heißen die Äquivalenzabbildungen und die (F_ι, B_ι) die Äquivalenzdaten. Natürlich handelt es sich hier nicht um eine exakte Äquivalenzrelation.

Es sei $\mathfrak{W}=\{W_\iota\}$ eine Steinsche Überdeckung von X mit $W_\iota \subset\subset V_\iota$ und $W_\iota=\Phi_\iota^{-1}(L_\iota)$, wobei $L_\iota \subset\subset P_\iota$ konzentrische Teilquader sind. Es sei $R_{\iota_1\iota_2} \subset\subset S_{\iota_1\iota_2}$ gemäß § 2.1 zu den L_ι gebildet. $H_{\iota_1\iota_2}$ bildet also $R_{\iota_1\iota_2}$ biholomorph auf $R_{\iota_2\iota_1}$ ab. Wir setzen $Z_\iota=L_\iota \cap X_\iota$.

Wir definieren jetzt eine holomorphe Operation Γ: $(\tilde{\mathfrak{f}}_\iota, \tilde{\mathfrak{G}}_\iota, \tilde{H}_{\iota_1\iota_2}) \to (\hat{\mathfrak{f}}_\iota, \hat{\mathfrak{G}}_\iota, \hat{H}_{\iota_1\iota_2})$ auf der banachanalytischen Mannigfaltigkeit der ε-Pseudodeformation zu $\bar{\mathfrak{W}}$, die unter Verkleinerung der Umgebungen von $\bar{L}_\iota$ versucht, die Pseudodeformation näher an die in Abschnitt 2 zugeordnete infinitesimale Deformation zu bringen.

Es seien (η_ι) nach Abschnitt 2 zu $(\tilde{\mathfrak{f}}_\iota, \tilde{\mathfrak{G}}_\iota, \tilde{H}_{\iota_1\iota_2})$ definiert (wobei wir anstelle von $\bar{\mathfrak{V}}$ die Überdeckung $\bar{\mathfrak{W}}$ verwenden). Wir setzen $F_\iota=\mathrm{id}+\xi_\iota$ mit $\xi_\iota=-\alpha_\iota(\eta_\iota)$ über $\bar{L}_\iota$. Dabei ist α_ι wie am Ende von Abschnitt 16 definiert. Man kann $\alpha_\iota(\eta_\iota)$ bilden, da α_ι nur von den Werten auf $\bar{Z}_\iota$ abhängt. Es gilt $\xi_\iota \lesssim \varepsilon$. Wir setzen $\hat{\mathfrak{f}}_\iota=\beta_\iota(\tilde{\mathfrak{f}}_\iota \circ F_\iota)=C_\iota \circ (\tilde{\mathfrak{f}}_\iota \circ F_\iota)$ mit $C_\iota=E+C'_\iota$ und $C'_\iota \lesssim \varepsilon$ und $\hat{\mathfrak{G}}_\iota=(\tilde{\mathfrak{G}}_\iota \circ F_\iota)\circ C_\iota^{-1}$ und schränken danach auf kleine Umgebungen von $\bar{L}_\iota$ ein (vgl. Satz 3). Als Verheftungsabbildung definieren wir $\hat{H}_{\iota_1\iota_2}=F_{\iota_1}^{-1}\circ \tilde{H}_{\iota_1\iota_2}\circ F_{\iota_2}$. Offenbar sind $(\hat{\mathfrak{f}}_\iota, \hat{\mathfrak{G}}_\iota, \hat{H}_{\iota_1\iota_2})$ und $(\tilde{\mathfrak{f}}_\iota, \tilde{\mathfrak{G}}_\iota, \tilde{H}_{\iota_1\iota_2})$ $K\varepsilon$-äquivalent mit einer Konstanten $K \geqq 1$.

4. Wir zeigen:

Satz 2. *Es seien* $(\tilde{\mathfrak{f}}_\iota^{\cup}, \tilde{\mathfrak{G}}_\iota^{\cup}, \tilde{H}_{\iota_1\iota_2}^{\cup})$ *und* $(\tilde{\mathfrak{f}}_\iota, \tilde{\mathfrak{G}}_\iota, \tilde{H}_{\iota_1\iota_2})$ *ω-äquivalente Deformationen mit $\omega \leqq \varepsilon$. Die Äquivalenzdaten seien* $(F_\iota=\mathrm{id}+\xi_\iota, B_\iota=E+B'_\iota)$. *Dann gilt für die nach Satz 1 definierten Ketten:* $\eta_\iota^{\cup}=\eta_\iota+\xi_\iota \mod(\varepsilon\cdot\omega)$.

Beweis. Wir haben die Konstruktion in Abschnitt 2 durchzuführen. Es gilt auf $\bar{Z}_{\iota_2}^{\cup} \cap \bar{R}_{\iota_1\iota_2}$ die Gleichung

$$\tilde{H}_{\iota_1\iota_2}^{\cup}=F_{\iota_1}^{-1}\circ \tilde{H}_{\iota_1\iota_2}\circ F_{\iota_2}.$$

Daraus folgt dort (Satz 1.3):

$$\tilde{H}_{\iota_1\iota_2}^{\cup}=\tilde{H}_{\iota_1\iota_2}+\xi_{\iota_2}(H_{\iota_1\iota_2})-\xi_{\iota_1}\circ H_{\iota_1\iota_2} \quad \mod(\varepsilon\cdot\omega).$$

Dieses ist gleich:

$$H_{\iota_1\iota_2}\circ\big(\mathrm{id}+\tilde{\xi}_{\iota_1\iota_2}+\xi_{\iota_2}-H_{\iota_2\iota_1}(\xi_{\iota_1})\big) \quad \mod(\varepsilon\cdot\omega),$$

wenn $\tilde{H}_{\iota_1\iota_2}=H_{\iota_1\iota_2}\circ(\mathrm{id}+\tilde{\xi}_{\iota_1\iota_2})$ gesetzt ist.

Es ist $\tilde{\mathfrak{f}}_\iota \circ F_\iota=B_\iota \circ \tilde{\mathfrak{f}}_\iota^{\cup}$ über $\bar{L}_\iota$. Es gilt deshalb

$$\xi_\iota(\mathfrak{f}_\iota)+\mathfrak{f}_\iota^{*}=\mathfrak{f}_\iota^{\cup *} \quad \mod(\varepsilon\cdot\omega)$$

auf $\bar{Z}_\iota$. Daraus folgt:

$$(\mathfrak{f}_\iota^{\cup *}, \xi_{\iota_1\iota_2}^{\cup *})=(\mathfrak{f}_\iota^{*}, \xi_{\iota_1\iota_2}^{*})+\delta(\xi_\iota) \quad \mod(\varepsilon\cdot\omega).$$

Das bedeutet aber wegen der Eigenschaft 3 von Definition 1 die Gleichung

$$\eta_\iota^{\cup}=\eta_\iota+\xi_\iota \quad \mod(\varepsilon\cdot\omega), \quad \text{q.e.d.}$$

Es sei M ein komplexer Raum, $0 \in M$ ein festgewählter Aufpunkt (basepoint). Anstelle einzelner Deformationen von X kann man auch holomorphe Familien von Deformationen über M betrachten. Die $\tilde{\mathfrak{f}}_\iota$, $\tilde{\mathfrak{G}}_\iota$ sind dann holomorph über $\bar{L}_\iota \times M$, die $\tilde{H}_{\iota_1\iota_2}$ holomorph über $\bar{R}_{\iota_1\iota_2} \times M$ und es gelten außer den Eigenschaften von § 2.3 die Gleichungen

$$\tilde{\mathfrak{f}}_\iota(0)=\mathfrak{f}_\iota, \quad \tilde{\mathfrak{G}}_\iota(0)=\mathfrak{G}_\iota, \quad \tilde{H}_{\iota_1\iota_2}(0)=H_{\iota_1\iota_2}.$$

Wir nennen solche Familien holomorphe Deformationen von X über M.

Zusatz. *Der Satz 2 gilt auch für holomorphe Deformationen von X über M.*

Der Beweis bleibt unverändert, wenn man die in § 1 beschriebene Norm für holomorphe Funktionen auf M verwendet.

5. Wir zeigen:

Satz 3. *Sind $(\tilde{\mathfrak{f}}_\iota^\cup, \tilde{\mathfrak{G}}_\iota^\cup, \tilde{H}_{\iota_1\iota_2}^\cup)$ und $(\tilde{\mathfrak{f}}_\iota, \tilde{\mathfrak{G}}_\iota, \tilde{H}_{\iota_1\iota_2})$ ω-äquivalente Deformationen, so erhält man durch Γ schwach-$K\varepsilon\omega$-äquivalente Deformationen $(\hat{\mathfrak{f}}_\iota^\cup, \hat{\mathfrak{G}}_\iota^\cup, \hat{H}_{\iota_1\iota_2}^\cup)$ und $(\hat{\mathfrak{f}}_\iota, \hat{\mathfrak{G}}_\iota, \hat{H}_{\iota_1\iota_2})$, wobei $K \geqq 1$ eine feste Konstante ist.*

Beweis. Es seien $(\tilde{F}_\iota = \mathrm{id} + \tilde{\xi}_\iota, \tilde{B}_\iota = E + B_\iota')$ die Äquivalenzdaten und $(\eta_\iota^\cup)$, (η_ι) nach Satz 1 zu $(\tilde{\mathfrak{f}}_\iota^\cup, \tilde{\mathfrak{G}}_\iota^\cup, \tilde{H}_{\iota_1\iota_2}^\cup)$ und $(\tilde{\mathfrak{f}}_\iota, \tilde{\mathfrak{G}}_\iota, \tilde{H}_{\iota_1\iota_2})$ gebildet. Wir dürfen $\tilde{\alpha}_\iota^\cup(\tilde{\xi}_\iota) = \tilde{\xi}_\iota = \alpha_\iota(\tilde{\xi}_\iota) \bmod \varepsilon\omega$ voraussetzen. Es sei $F_\iota^\cup = \mathrm{id} + \xi_\iota^\cup$ mit $\xi_\iota^\cup = -\alpha_\iota(\eta_\iota^\cup)$, $F_\iota = \mathrm{id} + \xi_\iota$ mit $\xi_\iota = -\alpha_\iota(\eta_\iota)$. Man hat gemäß Satz 2 die Gleichung

$$\eta_\iota^\cup = \eta_\iota + \tilde{\xi}_\iota \quad \mathrm{mod}(\varepsilon\omega).$$

Mithin gilt

$$F_\iota^\cup = \tilde{F}_\iota^{-1} \circ F_\iota \quad \mathrm{mod}(\varepsilon\omega) \text{ auf } \bar{L}_\iota.$$

Es ist dann

$$G_\iota \underset{\mathrm{Def}}{=} F_\iota^{-1} \circ \tilde{F}_\iota \circ F_\iota^\cup = \mathrm{id} \quad \mathrm{mod}(\varepsilon\omega).$$

Man hat

$$(\tilde{\mathfrak{f}}_\iota \circ F_\iota) \circ G_\iota = (\tilde{B}_\iota \circ F_\iota^\cup) \circ (\tilde{\mathfrak{f}}_\iota^\cup \circ F_\iota^\cup)$$

und $\tilde{\mathfrak{f}}_\iota \circ F_\iota - \tilde{\mathfrak{f}}_\iota \circ F_\iota \circ G_\iota \lesssim \varepsilon\omega$ und

$$\beta_\iota(\tilde{\mathfrak{f}}_\iota \circ F_\iota) - \beta_\iota(\tilde{\mathfrak{f}}_\iota \circ F_\iota \circ G_\iota) \lesssim \varepsilon\omega$$

und

$$\hat{\mathfrak{f}}_\iota \circ G_\iota = C_\iota \circ \beta_\iota[(\tilde{\mathfrak{f}}_\iota \circ F_\iota) \circ G_\iota]$$

mit $C_\iota = E + C_\iota'$ und $C_\iota' \lesssim \varepsilon \cdot \omega$. Also folgt $\hat{\mathfrak{f}}_\iota \circ G_\iota = C_\iota \circ \hat{\mathfrak{f}}_\iota^\cup$. Damit ist die schwache $K\varepsilon \cdot \omega$-Äquivalenz bewiesen.

Natürlich werden wieder die Umgebungen von $\bar{L}_\iota$ bei dem Prozeß verkleinert. Die Äquivalenzabbildungen sind in bezug auf große Umgebungen zu nehmen, die β_ι in bezug auf kleine zu definieren. Die C_ι sind über noch kleineren Umgebungen zu definieren.

Zusatz. *Satz 3 gilt auch für unsere Deformationen über M.*

§ 4. Die Glättung von Deformationen

1. Es sei $P \subset \mathbb{C}^N$ ein abgeschlossener Quader, es sei $n \leqq 2 \cdot N$, $\mathfrak{z} = (z_1, \ldots, z_N)$, $z_\nu = x_{2\nu-1} + i\, x_{2\nu}$. Es seien für $\nu = 1, \ldots, n$ je eine Zerlegung $x_0^{(\nu)}, \ldots, x_t^{(\nu)}$ mit $x_0^{(\nu)} < \cdots < x_t^{(\nu)}$ und $P = \{\mathfrak{z}\colon x_0^{(\nu)} \leqq x_\nu \leqq x_t^{(\nu)}\}$ gegeben. Wir setzen $P_\nu = P_{\underline{\nu}} = P_{\nu_1 \ldots \nu_n} = \{\mathfrak{z}\colon x_{\nu_\lambda - 1}^{(\lambda)} \leqq x_\lambda \leqq x_{\nu_\lambda}^{(\lambda)}$ für $\lambda = 1, \ldots n\}$. Das System (P_ν) ist eine Überdeckung von P mit abgeschlossenen achsenparallelen Teilquadern. Wir bezeichnen mit $P_{\underline{\nu}_1 \ldots \underline{\nu}_p}$ den Durchschnitt $P_{\underline{\nu}_1} \cap \cdots \cap P_{\underline{\nu}_p}$.

Es sei $\mathfrak{f} = \begin{pmatrix} f_1 \\ \vdots \\ f_m \end{pmatrix}$ ein m-tupel beschränkter holomorpher Funktionen über P und $\mathfrak{G} = \begin{pmatrix} \mathfrak{g}_1 \\ \vdots \\ \mathfrak{g}_l \end{pmatrix}$ dort ein beschränktes Erzeugendensystem von $\mathfrak{N}(\mathfrak{f})$. Es sei ferner folgendes gegeben[4]:

1) Über den P_ν holomorphe m-tupel $\mathfrak{f}'_\nu$ und holomorphe (l, m)-Matrixfunktionen $\mathfrak{G}'_\nu$ mit $\mathfrak{f}'_\nu < \varepsilon$, $\mathfrak{G}'_\nu < \varepsilon$ und $\tilde{\mathfrak{G}}_\nu \circ \tilde{\mathfrak{f}}_\nu \leqq \sigma$, wobei $\tilde{\mathfrak{f}}_\nu = \mathfrak{f}_\nu + \mathfrak{f}'_\nu$, $\tilde{\mathfrak{G}}_\nu = \mathfrak{G}_\nu + \mathfrak{G}'_\nu$. Wir setzen $\tilde{Y}_\nu = \{\tilde{\mathfrak{f}}_\nu = 0\} \subset P_\nu$.

2) Über den Durchschnitten $P_{\nu_1 \nu_2}$ seien biholomorphe Abbildungen $F_{\nu_1 \nu_2} = id + \xi_{\nu_1 \nu_2}$ mit $\|\xi_{\nu_1 \nu_2}\| < \varepsilon$ gegeben, so daß $\tilde{\mathfrak{f}}_{\nu_1} \circ F_{\nu_1 \nu_2} | \tilde{Y}_{\nu_2} \leqq \sigma$.

3) Über $P_{\nu_1 \nu_2 \nu_3}$ gelte $F_{\nu_1 \nu_2} \circ F_{\nu_2 \nu_3} - F_{\nu_1 \nu_3} | \tilde{Y}_{\nu_3} \leqq \sigma$.

Wir zeigen:

Satz 1. *Man kann durch einen holomorphen Operator über P holomorphe m-tupel $\mathfrak{f}'$ und Matrixfunktionen $\mathfrak{G}'$ mit $\mathfrak{f}' \lesssim \varepsilon$, $\mathfrak{G}' \lesssim \varepsilon$ und $\tilde{\mathfrak{G}} \circ \tilde{\mathfrak{f}} \lesssim \sigma$, und über den P_ν biholomorphe Abbildungen $F_\nu = \mathrm{id} + \xi_\nu$ mit $\xi_\nu \lesssim \varepsilon$ und $F_{\nu_1} - F_{\nu_1 \nu_2} \circ F_{\nu_2} | \hat{Y} \lesssim \sigma$ und $\tilde{\mathfrak{f}}_\nu \circ F_\nu | \hat{Y} \lesssim \sigma$ konstruieren. Dabei ist $\hat{Y} = \{\tilde{\mathfrak{f}} = 0\}$ gesetzt.*

Beweis. Wir nennen n den Rang von (P_ν) und beweisen den Satz durch vollständige Induktion über n. Für $n = 0$ ist er trivialerweise richtig. Sei er also für den Fall $n - 1$ bereits bewiesen. Es sei $\nu' = (\nu_1, \ldots, \nu_{n-1})$. Der Index ν_n laufe von $1, \ldots, t$. Wir konstruieren (nach Commichau [1]) zunächst über $P_{\nu' \nu_n}$ biholomorphe Abbildungen $G_{\nu' \nu_n} = \mathrm{id} + \xi_{\nu' \nu_n}$ mit $\xi_{\nu' \nu_n} \lesssim \varepsilon$, so daß $F_{\nu' \nu_n, \nu' \tilde{\nu}_n} \circ G_{\nu' \tilde{\nu}_n} = G_{\nu' \nu_n}$ in $P_{\nu' \nu_n, \nu' \tilde{\nu}_n}$ falls $|\nu_n - \tilde{\nu}_n| = 1$. Wir ersetzen sodann $\tilde{\mathfrak{f}}_{\nu' \nu_n}$ durch $\tilde{\mathfrak{f}}_{\nu' \nu_n} \circ G_{\nu' \nu_n}$ und $\tilde{\mathfrak{G}}_{\nu' \nu_n}$ durch $\tilde{\mathfrak{G}}_{\nu' \nu_n} \circ G_{\nu' \nu_n}$ und bezeichnen die neuen Objekte wieder auf alte Weise. Man hat $\tilde{\mathfrak{f}}_{\nu' \nu_n} | \tilde{Y}_{\nu' \tilde{\nu}_n} \lesssim \sigma$ über $P^* = P_{\nu' \nu_n, \nu' \tilde{\nu}_n}$. Das heißt: es gibt über $P^* = P^*_{\nu_n \tilde{\nu}_n}$ ein $A = A_{\nu' \nu_n, \nu' \tilde{\nu}_n} = E + A' = E + A'_{\nu' \nu_n, \nu' \tilde{\nu}_n}$ mit $A' \lesssim \varepsilon$ und $\tilde{\mathfrak{f}}_{\nu' \nu_n} = A \circ \tilde{\mathfrak{f}}_{\nu' \tilde{\nu}_n} \bmod \sigma$. Dazu schreibt man zunächst $\mathfrak{f}'_{\nu' \nu_n} - \mathfrak{f}'_{\nu' \tilde{\nu}_n} = A' \circ \tilde{\mathfrak{f}}_{\nu' \nu_n} \bmod \sigma$ mit $A' \lesssim 1$ und kann dann nach Satz 1.10 sogar $A' \lesssim \varepsilon$ wählen. Man kann dann über den $P_{\nu' \nu_n}$ holomorphe Matrixfunktionen $A_{\nu' \nu_n}$ mit $A'_{\nu' \nu_n} \lesssim \varepsilon$ und $A_{\nu' \nu_n} \circ A'_{\nu' \nu_n, \nu' \tilde{\nu}_n} \circ$

[4] Die σ dienen in diesem § nur der Heuristik.

$A^{-1}_{\nu'\tilde{\nu}_n}=E$ finden. Wir ersetzen $\tilde{\mathfrak{f}}_{\nu'\nu_n}$ durch $A_{\nu'\nu_n}\circ\tilde{\mathfrak{f}}_{\nu'\nu_n}$, bezeichnen wieder wie vorher und haben $\tilde{\mathfrak{f}}_{\nu'\tilde{\nu}_n}-\tilde{\mathfrak{f}}_{\nu'\nu_n}\lesssim\sigma$ auf $P^*_{\nu_n\tilde{\nu}_n}$. Durch Lösung eines Cousin-I-Problems (Satz 1.6*) kann man schließlich ein $\tilde{\mathfrak{f}}_{\nu'}$ über $P_{\nu'}$ konstruieren mit $\tilde{\mathfrak{f}}_{\nu'\nu_n}-\tilde{\mathfrak{f}}_{\nu'}\lesssim\sigma$. Die $\mathfrak{G}_{\nu'\nu_n}$ werden entsprechend abgewandelt, so daß $\mathfrak{G}_{\nu'\nu_n}\circ\tilde{\mathfrak{f}}_{\nu'\nu_n}\lesssim\sigma$ gilt. Man hat dann auch $\tilde{\mathfrak{G}}_{\nu'\nu_n}\circ\tilde{\mathfrak{f}}_{\nu'}\lesssim\sigma$. Man kann dann durch einen Verheftungsprozess (Satz 1.9) leicht holomorphe (l,m)-Matrixfunktionen $\tilde{\mathfrak{G}}_{\nu'}$ über $P_{\nu'}$ bestimmen mit $\mathfrak{G}'_{\nu'}\lesssim\varepsilon$ und $\tilde{\mathfrak{G}}_{\nu'}\circ\tilde{\mathfrak{f}}_{\nu'}\lesssim\sigma$.

Es bleibt nur noch die Verheftung über $P_{\nu',\tilde{\nu}'}$ herzustellen. Wir betrachten $G_{\nu',\tilde{\nu}'\nu_n}\underset{\text{Def}}{=}G^{-1}_{\nu'\nu_n}\circ F_{\nu'\nu_n,\tilde{\nu}'\nu_n}\circ G_{\tilde{\nu}'\nu_n}$ über $P_{\nu'\nu_n,\tilde{\nu}'\nu_n}$. Es gilt über $P_{\nu'\nu_n,\tilde{\nu}'\nu_n,\tilde{\nu}'\tilde{\nu}_n}=P_{\nu'\nu_n,\tilde{\nu}'\tilde{\nu}_n}=P_{\nu'\nu_n,\nu'\tilde{\nu}_n,\tilde{\nu}'\tilde{\nu}_n}$ mod σ die Gleichung

$$F_{\nu'\nu_n,\tilde{\nu}'\nu_n}\circ F_{\tilde{\nu}'\nu_n,\tilde{\nu}'\tilde{\nu}_n}|\tilde{Y}_{\tilde{\nu}'\tilde{\nu}_n}=F_{\nu'\nu_n,\tilde{\nu}'\tilde{\nu}_n}|\tilde{Y}_{\tilde{\nu}'\tilde{\nu}_n}=F_{\nu'\nu_n,\nu'\tilde{\nu}_n}\circ F_{\nu'\tilde{\nu}_n,\tilde{\nu}'\tilde{\nu}_n}|\tilde{Y}_{\tilde{\nu}'\tilde{\nu}_n},$$

wobei es sich noch um die alten $\tilde{Y}_{\tilde{\nu}'\tilde{\nu}_n}$ handelt. Es gilt $F_{\nu'\nu_n,\nu'\tilde{\nu}_n}=G_{\nu'\nu_n}\circ G^{-1}_{\nu'\tilde{\nu}_n}$ und $F_{\tilde{\nu}'\nu_n,\tilde{\nu}'\tilde{\nu}_n}=G_{\tilde{\nu}'\nu_n}\circ G^{-1}_{\tilde{\nu}'\tilde{\nu}_n}$. Hieraus folgt nach Satz 1.14 und Satz 1.14′:

$$G^{-1}_{\nu'\nu_n}\circ F_{\nu'\nu_n,\tilde{\nu}'\nu_n}\circ G_{\tilde{\nu}'\nu_n}|\tilde{Y}_{\tilde{\nu}'\tilde{\nu}_n}=G^{-1}_{\nu'\tilde{\nu}_n}\circ F_{\nu'\tilde{\nu}_n,\tilde{\nu}'\tilde{\nu}_n}\circ G_{\tilde{\nu}'\tilde{\nu}_n}|\tilde{Y}_{\tilde{\nu}'\tilde{\nu}_n}\mod\sigma,$$

wobei es sich jetzt um die neuen $\tilde{Y}_{\tilde{\nu}'\tilde{\nu}_n}=\{\tilde{\mathfrak{f}}_{\tilde{\nu}'\tilde{\nu}_n}=0\}$ handelt. Wir können an Stelle von $\tilde{Y}_{\tilde{\nu}'\tilde{\nu}_n}$ auch $\tilde{Y}_{\tilde{\nu}'}=\{\tilde{\mathfrak{f}}_{\tilde{\nu}'}=0\}$ verwenden. Es folgt also

$$G'_{\nu',\tilde{\nu}'\nu_n}|\tilde{Y}_{\tilde{\nu}'}=G'_{\nu',\tilde{\nu}'\tilde{\nu}_n}|\tilde{Y}_{\tilde{\nu}'}\mod\sigma\qquad\text{mit } G\ldots=\mathrm{id}+G'\ldots.$$

Es gibt daher holomorphe Matrixfunktionen $B_{\nu_n\tilde{\nu}_n}$ über $P_{\nu'\nu_n,\tilde{\nu}'\tilde{\nu}_n}$ mit $B_{\nu_n\tilde{\nu}_n}\lesssim\varepsilon$ und $-G'_{\nu',\tilde{\nu}'\nu_n}+G'_{\nu',\tilde{\nu}'\tilde{\nu}_n}=B_{\nu_n\tilde{\nu}_n}\circ\tilde{\mathfrak{f}}_{\tilde{\nu}'}$ mod σ. Wir setzen $B_{\nu_n\tilde{\nu}_n}=-B_{\nu_n}+B_{\tilde{\nu}_n}$, wobei B_{ν_n} über $P_{\nu',\tilde{\nu}'\nu_n}$ und $B_{\tilde{\nu}_n}$ über $P_{\nu',\tilde{\nu}'\tilde{\nu}_n}$ holomorph ist und dann $G''_{\nu',\tilde{\nu}'\nu_n}=G'_{\nu',\tilde{\nu}'\nu_n}-B_{\nu_n}\circ\tilde{\mathfrak{f}}_{\tilde{\nu}'}$. Der Korand $\delta(G''_{\nu',\tilde{\nu}'\nu_n})$ ist nun quasi kleiner σ. Es gibt daher ein $F_{\nu',\tilde{\nu}'}$ über $P_{\nu',\tilde{\nu}'}$ mit $F'_{\nu',\tilde{\nu}'}-G''_{\nu',\tilde{\nu}'\nu_n}\lesssim\sigma$ für $F_{\nu'\tilde{\nu}'}=\mathrm{id}+F'_{\nu'\tilde{\nu}'}$.

Es gilt $\tilde{\mathfrak{f}}_{\nu'}\circ G_{\nu',\tilde{\nu}'\nu_n}|\tilde{Y}_{\tilde{\nu}'}\lesssim\sigma$. Hieraus folgt $\tilde{\mathfrak{f}}_{\tilde{\nu}'}\circ F_{\nu',\tilde{\nu}'}|\tilde{Y}_{\tilde{\nu}'}\lesssim\sigma$.

Wir betrachten über $P_{\nu'_1,\nu'_2,\nu'_3}$ die Differenz $F_{\nu'_1,\nu'_2}\circ F_{\nu'_2,\nu'_3}-F_{\nu'_1,\nu'_3}$. Es sei $\tilde{\tilde{G}}_{\nu',\tilde{\nu}'\nu_n}=\mathrm{id}+G''_{\nu',\tilde{\nu}'\nu_n}$. Die Differenz stimmt über $P_{\nu'_1,\nu'_2,\nu'_3}$ mod σ überein mit $\tilde{\tilde{G}}_{\nu'_1,\nu'_2\nu_n}\circ\tilde{\tilde{G}}_{\nu'_2,\nu'_3\nu_n}-\tilde{\tilde{G}}_{\nu'_1,\nu'_3\nu_n}$. Dieses ist auf $\{\tilde{\mathfrak{f}}_{\nu'_3}=0\}$ quasi kleiner σ. Damit sind die Eigenschaften 1)–3) von Satz 1 erfüllt.

Man kann nun die Induktionsvoraussetzung anwenden und auf P die Funktionen $\mathfrak{f}'$, $\mathfrak{G}'$ konstruieren, ferner die holomorphen Abbildungen $F_{\nu'}$. Wir setzen dann $F_\nu=G_\nu\circ F_{\nu'}$. Es ist dann $F_{\nu_1}-F_{\nu_1\nu_2}\circ F_{\nu_2}\lesssim\sigma$ auf $\{\tilde{\mathfrak{f}}=0\}$ und auch die übrigen Aussagen von Satz 1 sind erfüllt.

Zusatz. *Der Satz 1 gilt auch für holomorphe Familien über M mit* $\sigma=0$.

2. Es seien $\mathfrak{W}<<\mathfrak{V}<<\mathfrak{U}$ Überdeckungen von X. Es sei $W_\iota=\Phi_\iota^{-1}(L_\iota)$ mit $L_\iota\subset\subset P_\iota$ konzentrische Quader. Es sei $(\tilde{\mathfrak{f}}_\iota=\mathfrak{f}_\iota+\mathfrak{f}'_\iota,\ \tilde{\mathfrak{G}}_\iota=\underline{\mathfrak{G}_\iota}+\mathfrak{G}'_\iota,\ \tilde{H}_{\iota_1\iota_2}=H_{\iota_1\iota_2}\circ(\mathrm{id}+\xi'_{\iota_1\iota_2}))$ eine Pseudodeformation von X bzgl. $\mathfrak{W}$. Wir

37.

(mit W. Fischer)

Lokal-triviale Familien kompakter komplexer Mannigfaltigkeiten

Nachr. Akad. Wiss. Göttingen, II. Math.-Phys. Kl. **6**, 89–94 (1965)
Vorgelegt von Herrn H. Grauert in der Sitzung vom 18.12.1964

Einleitung. Es seien X und M zusammenhängende komplexe Mannigfaltigkeiten, $\pi\colon X \to M$ sei eine surjektive eigentliche reguläre holomorphe Abbildung. Man nennt dann das Tripel (X, π, M) eine holomorphe Familie komplexer Mannigfaltigkeiten. $X_t := \pi^{-1}(t)$ ist für jedes $t \in M$ eine singularitätenfrei eingebettete kompakte komplexe Untermannigfaltigkeit von X, die wir als zusammenhängend voraussetzen wollen.

Die erste systematische und grundlegende Untersuchung solcher holomorphen Familien wurde von Kodaira und Spencer in [3] durchgeführt. Mit Hilfe einer beliebig oft differenzierbaren Riemannschen Metrik auf X läßt sich zeigen, daß alle Fasern X_t, $t \in M$, die gleiche differenzierbare Struktur tragen, ja sogar, daß die Familie (X, π, M), aufgefaßt als differenzierbare Familie differenzierbarer Mannigfaltigkeiten, lokal-trivial ist. Das bedeutet: Zu jedem $t_0 \in M$ gibt es eine Umgebung $U(t_0)$ und eine eineindeutige, in beiden Richtungen C^∞-differenzierbare Abbildung $\varphi\colon \pi^{-1}(U(t_0)) \to U(t_0) \times X_{t_0}$, so daß das Diagramm

$$\begin{array}{ccc} \pi^{-1}(U(t_0)) & \xrightarrow{\ \varphi\ } & U(t_0)\times X_{t_0} \\ & {\scriptstyle\pi}\searrow \quad \swarrow{\scriptstyle p} & \\ & U(t_0) & \end{array}$$

kommutativ ist (dabei bezeichnet p die Projektion des kartesischen Produktes auf den ersten Faktor).

Analog wird definiert: Die holomorphe Familie (X, π, M) heißt lokal-trivial (im komplex-analytischen Sinn), wenn es zu jedem $t_0 \in M$ eine Umgebung $U(t_0)$ und eine biholomorphe Abbildung $h\colon \pi^{-1}(U(t_0)) \to U(t_0) \times X_{t_0}$ gibt, die das oben angegebene Diagramm kommutativ macht. Eine holomorphe Familie komplexer Mannigfaltigkeiten ist im allgemeinen nicht lokal-trivial im komplex-analytischen Sinn (Beispiele in [2] und [3]). Ist die Familie (X, π, M) lokal-trivial, so sind natürlich alle Fasern X_t, $t \in M$, biholomorph äquivalent. In dieser Arbeit soll gezeigt werden, daß auch die Umkehrung richtig ist, wie auch K. Stein vermutete:

Satz: *Sind alle Fasern X_t, $t \in M$, der holomorphen Familie (X, π, M) komplex-analytisch isomorph, so ist die Familie (X, π, M) lokal-trivial.*

Dieser Satz wurde bereits in [2] (p. 71, Fußnote) ausgesprochen.

1. Kodaira und Spencer gaben in [3] ein notwendiges und hinreichendes Kriterium für die lokale Trivialität einer holomorphen Familie an: Es sei Θ die Garbe der Keime holomorpher Tangentialvektorfelder auf X, Θ_t bzw. $\mathfrak{T}$ die analoge Garbe auf X_t bzw. M, $\Phi \subset \Theta$ die Garbe der Keime solcher Vektorfelder auf X, die tangential an die Fasern X_t sind, T_t der Tangentialraum in t an M. Kodaira und Spencer definieren einen Homomorphismus $\varrho: \mathfrak{T} \to \pi_1(\Phi)$, wo $\pi_1(\Phi)$ die erste analytische Bildgarbe von Φ unter $\pi: X \to M$ ist, und zeigen: Eine holomorphe Familie ist genau dann lokal-trivial, wenn $\varrho = 0$ gilt. Sie definieren weiter „punktale" Homomorphismen $\varrho_t: T_t \to H^1(X_t, \Theta_t)$ und zeigen: Ist die Familie (X, π, M) regulär, d.h. ist $\dim H^1(X_t, \Theta_t)$ unabhängig von $t \in M$, so ist $\varrho = 0$ genau dann, wenn $\varrho_t = 0$ für alle $t \in M$ ist.

Nun ist nach der Konstruktion von ϱ_t das Verschwinden von ϱ_t gleichbedeutend mit der Existenz von Elementen von $H^0(X_t, \Theta \mid X_t)$, deren Projektionen ganz T_t aufspannen. Zum Beweis unseres Satzes konstruieren wir solche Vektorfelder auf den Fasern X_t über einer in M dichten Menge. Daraus folgt dann leicht die Behauptung.

2. Zum Beweis nehmen wir vorerst an, daß M eindimensional sei. Da es sich um ein lokales Problem handelt, können wir M als Einheitskreis in der komplexen Zahlenebene annehmen. Die Isomorphie der Fasern X_t bedeutet, daß für jedes $t \in M$ eine biholomorphe Abbildung $\psi_t: X_0 \to X_t$ existiert. Wir zeigen zunächst:

(a) *Sei M' die Menge der Punkte $t \in M$ mit folgender Eigenschaft: Es gibt eine Folge $\{t_\mu\}$ in M ($\mu = 1, 2, 3, \ldots$), die gegen t konvergiert, und biholomorphe Abbildungen $\alpha_\mu: X_t \to X_{t_\mu}$, die kompakt gegen die identische Abbildung von X_t auf sich konvergieren. Dann ist M' dicht in M.*

Beweis: Sei U ein offener Teil von M, $\mathscr{C}(X_0, X \mid U)$ der Raum der stetigen Abbildungen von X_0 in $X \mid U$, versehen mit der Topologie der kompakten Konvergenz. X_0 ist kompakt und (als parakompakte Mannigfaltigkeit) metrisierbar, $X \mid U$ hat nach dem in der Einleitung Bemerkten für hinreichend kleines U die topologische Struktur von $X_0 \times U$, ist also metrisierbar. Die Topologie von $X_0 \times U$ hat ebenfalls eine abzählbare Basis. Nach [1] (§ 2, exercice 7) hat dann auch das System der offenen Teilmengen von $\mathscr{C}(X_0, X \mid U)$ eine abzählbare Basis. $\{\psi_t : t \in U\}$ ist eine überabzählbare Teilmenge von $\mathscr{C}(X_0, X \mid U)$, enthält also mindestens einen Häufungspunkt von sich, d.h. es gibt ein $t_0 \in U$ und eine Folge $\{t_\mu: \mu = 1, 2, 3, \ldots\}$, so daß ψ_{t_μ} kompakt gegen ψ_{t_0} konvergiert (natürlich konvergieren dann die t_μ gegen t_0). Wir setzen $\alpha_\mu := \psi_{t_\mu} \circ \psi_{t_0}^{-1}: X_{t_0} \to X_{t_\mu}$. Damit ist $t_0 \in M'$ gezeigt, es folgt, daß M' dicht in M ist.

3. Es sei T_t^* das analytische Urbild von T_t in bezug auf die Projektion $\pi \mid X_t: X_t \to \{t\}$. Dann ist die Sequenz

$$0 \to \Theta_t \to \Theta \mid X_t \to T_t^* \to 0$$

53.

Über die Deformation isolierter Singularitäten analytischer Mengen

Invent. Math. **15**, 171–198 (1972)

Einleitung

Es seien X eine $(n+m)$-dimensionale komplexe Mannigfaltigkeit, $B \subset \mathbb{C}^m$ ein Gebiet, das den Nullpunkt $\mathfrak{O}$ enthält und $\pi\colon X \to B$ eine eigentliche holomorphe Abbildung, die außerdem auch noch regulär ist: der Rang der Funktionalmatrix von π sei überall auf X gleich m. Die Fasern $X_t = \pi^{-1}(t)$, $t \in B$ sind dann stets n-dimensionale kompakte komplexe Mannigfaltigkeiten. Kodaira und Spencer [3] haben deshalb $\pi\colon X \to B$ eine reguläre Familie kompakter komplexer Mannigfaltigkeiten genannt und sie auch eine holomorphe Deformation der Faser $X_{\mathfrak{O}}$ geheißen.

Es sei $B_1 \subset \mathbb{C}^{m_1}$ ein weiteres Gebiet mit $\mathfrak{O} \in B_1$, es sei $\varphi\colon B_1 \to B$ eine holomorphe Abbildung mit $\varphi(\mathfrak{O}) = \mathfrak{O}$. Man kann dann die Familie $\pi\colon X \to B$ durch φ zu einer regulären Familie kompakter komplexer Mannigfaltigkeiten $\pi_1\colon Y \to B_1$ liften. Es gilt $Y_{\mathfrak{O}} = X_{\mathfrak{O}}$. Man gewinnt also durch φ eine neue holomorphe Deformation von $X_{\mathfrak{O}}$.

φ definiert einen Homomorphismus des Tangentialraumes $T_{1\mathfrak{O}}$ von B_1 in $\mathfrak{O}$ in $T_{\mathfrak{O}}$, den Tangentialraum von B in $\mathfrak{O}$. Dieser Homomorphismus sei mit φ_* bezeichnet. Man nennt dann $\pi\colon X \to B$ eine verselle Deformation von $X_{\mathfrak{O}}$, wenn sich jede andere holomorphe Deformation $\pi_1\colon Y \to \hat{B}_1$ von $X_{\mathfrak{O}}$ über einer Umgebung $B_1(\mathfrak{O}) \subset \hat{B}_1$ durch Liften mittels einer holomorphen Abbildung $\varphi\colon B_1 \to B$ erhalten läßt, so daß dabei φ_* durch $\pi_1\colon Y \to \hat{B}_1$ eindeutig festgelegt ist. Existiert eine verselle Deformation, so ist sie (in der Nähe von $\mathfrak{O}$) bis auf Isomorphie eindeutig bestimmt.

Kodaira, Nirenberg und Spencer zeigten schon 1958, daß X stets dann eine verselle Deformation besitzt, wenn die 2. Kohomologiegruppe von $X_{\mathfrak{O}}$ mit Koeffizienten in der Tangentialgarbe von $X_{\mathfrak{O}}$ verschwindet. Bei der Lösung des allgemeinen Falles stellte sich jedoch schon bald heraus, daß es nicht genügt, reguläre Familien über Gebieten B zu betrachten. Man muß anstelle von Gebieten allgemeiner analytische Mengen M verwenden. Kuranishi konnte dann in [4] für jede kompakte komplexe Mannigfaltigkeit $X_\mathfrak{D}$ die Existenz einer versellen Familie $\pi: X \to M$ nachweisen (Versalität in bezug auf reguläre Deformationen über reduzierten analytischen Mengen B_1).

In der vorliegenden Arbeit wird die kompakte komplexe Mannigfaltigkeit $X_\mathfrak{D}$ durch den Keim einer reduzierten analytischen Menge mit einer isolierten Singularität ersetzt. Dieser Keim ist fortan wieder mit $X_\mathfrak{D}$ bezeichnet. Es werden wieder holomorphe Deformationen definiert, der Begriff der Versalität wird festgelegt, und es wird nach der Existenz von versellen Deformationen von $X_\mathfrak{D}$ gefragt. Entsprechend dem Satz von Kodaira, Nirenberg, Spencer zeigte Tiourina [6] unter einer einschränkenden Voraussetzung, daß eine verselle Deformation von $X_\mathfrak{D}$ über einem Gebiet G existiert.

An sich interessiert bei allem nur der Keim der Deformation im Nullpunkt. Man spricht deshalb auch von holomorphen Deformationen über analytischen Stellenringen. Tiourinas Deformation ist eine holomorphe Deformation über einem regulären analytischen Stellenring. Die Versalität dieser Familie wurde nur in bezug auf Deformationen über regulären analytischen Stellenringen bewiesen.

Schlessinger [5] hat Deformationen von $X_\mathfrak{D}$ über formalen analytischen Stellenringen betrachtet. Er hat in dieser Kategorie die Existenz von versellen Deformationen ohne die einschränkende Voraussetzung von Tiourina bewiesen.

In der vorliegenden Arbeit soll die Existenz von versellen Deformationen beliebiger Keime $X_\mathfrak{D}$ gezeigt werden. Die Basis der Deformation ist dabei ein analytischer Stellenring, der auch nilpotente Elemente enthalten kann. Die Versalität wird für Deformationen von $X_\mathfrak{D}$ über beliebigen analytischen Stellenringen bewiesen.

Der Beweis stützt sich auf die Ideen von Tiourina und wesentlich auf das Resultat von Schlessinger. Es werden ferner Konstruktionen durchgeführt, deren Konvergenz nachgewiesen werden muß. Dabei wird eine spezielle Banachalgebra definiert. Um die Keime von holomorphen Funktionen auf einer analytischen Menge behandeln zu können, wird ferner eine sehr allgemeine Weierstraßformel hergeleitet. Es zeigt sich, daß die holomorphen Funktionskeine in bijektiver Beziehung zu N-tupeln von konvergenten Potenzreihen stehen. Die Zahl der Variablen in den Komponenten des N-tupels ist jedoch für die einzelnen Komponenten unterschiedlich.

Von Interesse dürfte auch die in § 2 angegebene Weierstraßinvariante $\mathfrak{s} = (s_1, \ldots, s_m)$ für Ideale $\mathscr{I}$ im Ring der konvergenten Potenzreihen sein. $\mathfrak{s}$ ist invariant gegenüber beliebigen holomorphen Koordinatentransformationen. Man kann aus $\mathfrak{s}$ die homologische Dimension von $\mathscr{I}$ berechnen. Ist $\mathscr{I}$ ein Hauptideal, so ist $\mathfrak{s}$ im wesentlichen nichts anderes als die Multiplizität von $\mathscr{I}$.

§ 1. Formale und analytische Familien von isolierten Singularitäten

1. Es sei $\mathcal{O}$ bzw. $\mathcal{H}$ die $\mathbb{C}$-Algebra der konvergenten Potenzreihen in $\mathfrak{O}\in\mathbb{C}^n$ bzw. $\mathfrak{O}\in\mathbb{C}^m$. Es sei $\mathcal{I}_{\mathfrak{O}}\subset\cdot\,\mathcal{O}$ ein reduziertes Ideal, der Mengenkeim $X_{\mathfrak{O}}=\{\mathcal{I}_{\mathfrak{O}}=0\}$ habe $\mathfrak{O}$ als isolierte Singularität. Der analytische Stellenring $\underline{\mathcal{O}}_{\mathfrak{O}}=\mathcal{O}/\mathcal{I}_{\mathfrak{O}}$ heißt die Algebra der Funktionskeime auf $X_{\mathfrak{O}}$ oder auch die lokale Algebra von $X_{\mathfrak{O}}$. Es bezeichne $\mathcal{I}$ ein Ideal in dem topologischen Tensorprodukt[1] $\mathcal{O}\hat{\otimes}_{\mathbb{C}}\mathcal{H}$ und $\mathcal{J}$ ein beliebiges Ideal, das echt in $\mathcal{H}$ enthalten ist. Durch die Zuordnung $h\to 1\hat{\otimes}h$ wird ein Algebrahomomorphismus π: $\mathcal{H}\to\mathcal{O}\hat{\otimes}\mathcal{H}$ definiert. Wir fordern einige Eigenschaften. Zunächst gelte:

(a) *π bilde $\mathcal{J}$ in $\mathcal{I}$ ab.*

Setzen wir $\underline{\mathcal{O}}=(\mathcal{O}\hat{\otimes}\mathcal{H})/\mathcal{I}$ und $\underline{\mathcal{H}}=\mathcal{H}/\mathcal{J}$, so erzeugt π deshalb einen Homomorphismus $\underline{\pi}$: $\underline{\mathcal{H}}\to\underline{\mathcal{O}}$ von analytischen Stellenalgebren. Wir fordern:

(b) *$\underline{\pi}$ sei platt.*

$\underline{\mathcal{O}}$ und $\underline{\mathcal{H}}$ sind die Algebren der Funktionskeime auf den Keimen komplexer Räume $\{\mathcal{I}=0\}$ bzw. $\{\mathcal{J}=0\}$. – Die Restklassenbildung $\mathcal{H}\to\mathbb{C}$ definiert den Homomorphismus τ: $\mathcal{O}\hat{\otimes}\mathcal{H}\to\mathcal{O}\hat{\otimes}\mathbb{C}=\mathcal{O}$. Es sei $\mathfrak{m}\subset\mathcal{H}$ das maximale Ideal. Man hat einen natürlichen Isomorphismus $\mathcal{O}\hat{\otimes}\mathcal{H}/(\mathcal{O}\hat{\otimes}\mathcal{H})\circ\pi(\mathfrak{m})\xrightarrow{\sim}\mathcal{O}$. Die Zusammensetzung des Quotientenhomomorphismus $\mathcal{O}\hat{\otimes}\mathcal{H}\to\mathcal{O}\hat{\otimes}\mathcal{H}/(\mathcal{O}\hat{\otimes}\mathcal{H})\circ\pi(\mathfrak{m})$ mit diesem Isomorphismus ist gleich τ. Wir nennen deshalb τ die Beschränkung auf den Nullpunkt $\mathfrak{O}\in\mathbb{C}^m$ und verlangen

(c) *Die Beschränkung $\tau(\mathcal{I})$ ist gleich $\mathcal{I}_{\mathfrak{O}}$.*

Das maximale Ideal von $\underline{\mathcal{H}}$ werde mit $\underline{\mathfrak{m}}$ bezeichnet. Der Quotient $\underline{\mathcal{O}}/\underline{\mathcal{O}}\cdot\pi(\underline{\mathfrak{m}})$ heißt dann die Beschränkung von $\underline{\mathcal{O}}$ auf den Nullpunkt des Mengenkeimes $\{\mathcal{J}=0\}$. Es gilt $\underline{\mathcal{O}}/\underline{\mathcal{O}}\cdot\pi(\underline{\mathfrak{m}})=\underline{\mathcal{O}}_{\mathfrak{O}}$.

Alles ist durch $(\mathcal{I},\mathcal{J})$ festgelegt. Wir nennen deshalb statt $(\underline{\mathcal{O}},\underline{\mathcal{H}})$ auch oft das Paar $(\mathcal{I},\mathcal{J})$ die Deformation von $X_{\mathfrak{O}}$:

Definition 1. Das Paar $(\mathcal{I},\mathcal{J})$ heißt eine holomorphe Deformation von $X_{\mathfrak{O}}$, wenn für $\mathcal{I},\mathcal{J}$ die Eigenschaften (a)–(c) gelten.

Ist $\hat{\mathcal{H}}$ die $\mathbb{C}$-Algebra der formalen Potenzreihen in $\mathfrak{O}\in\mathbb{C}^m$, so läßt sich für $\hat{\mathcal{H}}$ alles genau so durchführen wie für $\mathcal{H}$. Ein Paar $(\hat{\mathcal{I}},\hat{\mathcal{J}})$ von Idealen $\hat{\mathcal{I}}\subset\cdot\,\mathcal{O}\hat{\otimes}\hat{\mathcal{H}}$, $\hat{\mathcal{J}}\subset\cdot\,\hat{\mathcal{H}}$ mit den Eigenschaften (a)–(c) heißt dann eine *formale Deformation* von $X_{\mathfrak{O}}$.

2. Es sei $(\mathcal{I},\mathcal{J})$ eine holomorphe Deformation von $X_{\mathfrak{O}}$. Wir bezeichnen mit $\mathcal{H}_1$ die Algebra der konvergenten Potenzreihen in $\mathfrak{O}\in\mathbb{C}^{m_1}$,

[1] Die Theorie der topologischen Tensorprodukte analytischer Stellenalgebren ist in [1] ausführlich dargestellt worden.

$\mathscr{J}_1 \subset\cdot \mathscr{H}_1$ sei ein Ideal und $\varphi: \mathscr{H} \to \mathscr{H}_1$ mit $\mathscr{J} \to \mathscr{J}_1$ ein Homomorphismus von Stellenalgebren. Die Tensorierung mit $\mathcal{O}$ ergibt einen Homomorphismus $\psi: \mathcal{O} \hat{\otimes} \mathscr{H} \to \mathcal{O} \hat{\otimes} \mathscr{H}_1$. Es sei $\pi_1: \mathscr{H}_1 \to \mathcal{O} \otimes \mathscr{H}_1$ der durch $h \to 1 \hat{\otimes} h$ vermittelte Homomorphismus. Die Menge $\mathscr{I}_1 = \psi(\mathscr{I}) + \pi_1(\mathscr{J}_1)$ ist ein Ideal in $\mathcal{O} \hat{\otimes} \mathscr{H}_1$. Man zeigt leicht, daß für $(\mathscr{I}_1, \mathscr{J}_1)$ die Bedingungen (a)–(c) erfüllt sind. $(\mathscr{I}_1, \mathscr{J}_1)$ ist also eine holomorphe Deformation von $X_{\mathfrak{D}}$. Wir schreiben $(\mathscr{I}_1, \mathscr{J}_1) = \varphi^*(\mathscr{I}, \mathscr{J})$ und nennen $\varphi^*(\mathscr{I}, \mathscr{J})$ die durch φ nach $\mathscr{H}_1/\mathscr{J}_1$ geliftete Deformation.

Definition 2. Zwei holomorphe Deformationen $(\mathscr{I}_1, \mathscr{J})$, $(\mathscr{I}_2, \mathscr{J})$ mit $\mathscr{I}_1, \mathscr{I}_2 \subset\cdot \mathcal{O} \hat{\otimes} \mathscr{H}$, $\mathscr{J} \subset\cdot \mathscr{H}$ heißen isomorph, wenn es einen Isomorphismus $\psi: \mathcal{O} \hat{\otimes} \mathscr{H} \xrightarrow{\sim} \mathcal{O} \hat{\otimes} \mathscr{H}$ über $\mathscr{H}$ mit $\psi(\mathscr{I}_1) = \mathscr{I}_2$ gibt. Zwei Deformationen $(\mathscr{I}_1, \mathscr{J}_1)$, $(\mathscr{I}_2, \mathscr{J}_2)$ mit $\mathscr{I}_1, \mathscr{I}_2 \subset\cdot \mathcal{O} \hat{\otimes} \mathscr{H}$, $\mathscr{J}_1, \mathscr{J}_2 \subset\cdot \mathscr{H}$ heißen äquivalent, wenn es einen Isomorphismus $\varphi: \mathscr{H} \xrightarrow{\sim} \mathscr{H}$ und über φ einen Isomorphismus $\psi: \mathcal{O} \hat{\otimes} \mathscr{H} \to \mathcal{O} \hat{\otimes} \mathscr{H}$ mit $\varphi(\mathscr{J}_1) = \mathscr{J}_2$ und $\psi(\mathscr{I}_1) = \mathscr{I}_2$ gibt.

Isomorphe Deformationen sind natürlich immer auch äquivalent.

Ist $\varphi: \mathscr{H} \to \mathscr{H}_1$ ein Homomorphismus von Stellenalgebren mit $\mathscr{J} \to \mathscr{J}_1$, so sei $\varphi': \mathfrak{m}/(\mathfrak{m}^2 + \mathscr{J}) \to \mathfrak{m}_1/(\mathfrak{m}_1^2 + \mathscr{J}_1)$ das Differential. φ' ist eine lineare Abbildung von endlichdimensionalen komplexen Vektorräumen.

Definition 3. Eine holomorphe Deformation $(\mathscr{I}, \mathscr{J})$ von $X_{\mathfrak{D}}$ heißt versell, falls $\mathscr{J} \subset \mathfrak{m}^2$ gilt und jede andere holomorphe Deformation $(\mathscr{I}_1, \mathscr{J}_1)$ von $X_{\mathfrak{D}}$ bis auf Isomorphie durch Liftung mittels eines Homomorphismus $\varphi: \mathscr{H} \to \mathscr{H}_1$ mit $\mathscr{J} \to \mathscr{J}_1$ aus $(\mathscr{I}, \mathscr{J})$ erhalten werden kann und dabei das Differential φ' durch $(\mathscr{I}_1, \mathscr{J}_1)$ eindeutig festgelegt ist.

Es folgt unmittelbar:

Existiert eine verselle Deformation von $X_{\mathfrak{D}}$, so ist sie bis auf Äquivalenz eindeutig bestimmt.

Im formalen Fall kann man die gleichen Definitionen treffen. Nach Schlessinger [5] gilt:

Satz 1. *$X_{\mathfrak{D}}$ hat eine formale verselle Deformation.*

3. Es sei $e = 1, 2, 3, \ldots$ und $\mathscr{H}_e = \mathscr{H}/\mathfrak{m}^e$, ferner $\mathscr{H}_\infty = \mathscr{H}$. Wir führen in $\mathscr{H}_e$ für $e = 1, 2, 3, \ldots, \infty$ eine Seminorm ein. Es bezeichne $\mathfrak{t} = (t_1, \ldots, t_m)$ die Punkte des $\mathbb{C}^m$, $\nu = (\nu_1, \ldots, \nu_m)$ die Multiindizes mit $\nu_i \in \mathbb{N}_0$, es sei ferner $\mathfrak{t}^\nu = t_1^{\nu_1} \cdot \cdots \cdot t_m^{\nu_m}$, $|\nu| = \nu_1 + \cdots + \nu_m$, $\rho = (\rho_1, \ldots, \rho_m)$ ein m-tupel von positiven Zahlen. Ist dann $f = \sum_{|\nu|=0}^{e-1} a_\nu \mathfrak{t}^\nu \in \mathscr{H}_e$, so sei

$$\|f\| = \|f\|_\rho = \sup_\nu 2\delta(|\nu|+1)^{m+2} |a_\nu| \rho^\nu \quad \text{mit} \quad \delta = 2^{m+2} \sum_{r=0}^{\infty} (r+1)^{-2}.$$

Die Menge $\mathfrak{B} = \mathfrak{B}^e(\rho) = \{f \in \mathscr{H}_e : \|f\| < \infty\}$ ist dann ein Banachraum über $\mathbb{C}$.

Wir untersuchen das Verhalten dieser Norm bei der Multiplikation. Es seien

$$f=\sum_{|\nu|=0}^{e-1} a_\nu t^\nu, \qquad g=\sum_{|\mu|=0}^{e-1} b_\mu t^\mu \in \mathcal{H}_e.$$

Man hat

$$f\cdot g=\sum_{|\lambda|=0}^{e-1} t^\lambda \Big(\sum_{\nu+\mu=\lambda} a_\nu b_\mu\Big)$$

und

$$\alpha_\lambda=\Big|\sum_{\nu+\mu=\lambda} a_\nu\cdot b_\mu\Big| \leqq \sum_{\nu+\mu=\lambda} |a_\nu|\cdot|b_\mu| = \sum_{r=0}^{|\lambda|} \sum_{\substack{|\nu|=r\\ \nu+\mu=\lambda}} |a_\nu|\cdot|b_\mu|.$$

Die Anzahl der m-tupel ν mit $|\nu|=r$ ist grob abgeschätzt höchstens $(r+1)^m$. Bezeichnen wir $\|f\|$ mit c_1 und $\|g\|$ mit c_2, so folgt:

$$\begin{aligned}\alpha_\lambda &\leqq \sum_{r=0}^{|\lambda|} \sum_{|\nu|=r} \frac{c_1 c_2}{(|\nu|+1)^{m+2}(|\lambda|-|\nu|+1)^{m+2} 4\delta^2 \rho^\lambda}\\ &\leqq \frac{c_1 c_2}{2\delta^2 \rho^\lambda} \sum_{r=0}^{|\lambda|/2} \frac{(r+1)^m}{(r+1)^{m+2}(|\lambda|-r+1)^{m+2}}\\ &\leqq \frac{c_1 c_2\, 2^{m+1}}{\delta^2 \rho^\lambda (|\lambda|+2)^{m+2}} \sum_{r=0}^{\infty} (r+1)^{-2},\end{aligned}$$

also $\alpha_\lambda\cdot\rho^\lambda\cdot 2\delta(|\lambda|+1)^{m+2} \leqq c_1 c_2$. Damit ist gezeigt: $\|f\cdot g\| \leqq \|f\|\cdot\|g\|$.

Satz 2. $\mathfrak{B}^e(\rho)$ *ist eine Banachsche Algebra.*

4. Es seien e, p natürliche Zahlen und $\mathcal{J}_e \subset p\,\mathcal{H}_e$, $\mathcal{J}_{e+i} \subset p\,\mathcal{H}_{e+i}$ Untermoduln. $\mathcal{J}_{e+i}$ heißt eine Erweiterung von $\mathcal{J}_e$, wenn die Beschränkung von $\mathcal{J}_{e+i}$ auf $p\,\mathcal{H}_e$ gleich $\mathcal{J}_e$ ist. Dabei ist die Beschränkung das Bild unter dem Restklassenhomomorphismus $p\,\mathcal{H}_{e+i} \to p\,\mathcal{H}_e$. Wir definieren.

Definition 4. $\mathcal{J}_{e+i}$ mit $i \geqq 1$ heißt eine minimale Erweiterung von $\mathcal{J}_e$, wenn

1) $\mathcal{J}_{e+i}$ eine Erweiterung von $\mathcal{J}_e$ ist und

2) jede Erweiterung $\tilde{\mathcal{J}}_{e+i}$ von $\mathcal{J}_e$, die in $\mathcal{J}_{e+i}$ enthalten ist, mit $\mathcal{J}_{e+i}$ übereinstimmt.

Es sei $h_1, \ldots, h_k \in \mathcal{J}_e$ ein Erzeugendensystem. Wir nennen $h_1, \ldots, h_k$ minimal, wenn $h_1, \ldots, h_k$ nicht mehr durch Fortlassen eines h_i verkleinert werden kann. Es folgt:

Satz 3. $\mathcal{J}_{e+1}$ *ist Erweiterung von* $\mathcal{J}_e$ *genau dann, wenn es Erzeugende* $\hat{h}_1, \ldots, \hat{h}_l \in \mathcal{J}_{e+1}$ *mit* $l \geqq k$ *und* $\hat{h}_i | p\,\mathcal{H}_e = h_i$ *für* $i=1, \ldots, k$ *und* $\hat{h}_i | p\,\mathcal{H}_e = 0$ *für* $i=k+1, \ldots, l$ *gibt. Ist* $\mathcal{J}_{e+1}$ *minimale Erweiterung von* $\mathcal{J}_e$, *so läßt sich* $l=k$ *wählen. Jede Fortsetzung von* $h_1, \ldots, h_k$ *zu* $\tilde{h}_1, \ldots, \tilde{h}_k \in \mathcal{J}_{e+1}$ *ist dann Erzeugendensystem von* $\mathcal{J}_{e+1}$. *Ist umgekehrt* $h_1, \ldots, h_k$ *minimales Erzeugen-*

densystem von $\mathscr{I}_e$ *und* $\hat{h}_1, \ldots, \hat{h}_k \in \mathscr{I}_{e+1}$ *Erzeugendensystem mit* $\hat{h}_i | p\,\mathscr{H}_e = h_i$, *so ist* $\mathscr{I}_{e+1}$ *minimale Erweiterung von* $\mathscr{I}_e$.

Beweis. Existieren Erzeugende $\hat{h}_1, \ldots, \hat{h}_l \in \mathscr{I}_{e+1}$ mit den angegebenen Eigenschaften, so ist $\mathscr{I}_{e+1}$ natürlich Erweiterung von $\mathscr{I}_e$. Es sei umgekehrt $\mathscr{I}_{e+1}$ Erweiterung von $\mathscr{I}_e$. Es seien dann $\hat{h}_1, \ldots, \hat{h}_k$ irgendwelche Fortsetzungen von Erzeugenden $h_1, \ldots, h_k$ nach $\mathscr{I}_{e+1}$. Sind dann noch $\hat{h}_{k+1}, \ldots, \hat{h}_l$ mit $\hat{h}_i | p\,\mathscr{H}_e = 0$ Erzeugende des Untermoduls

$$\mathscr{I}'_{e+1} = \{h \in \mathscr{I}_{e+1} : h | p\,\mathscr{H}_e = 0\} \subset \mathscr{I}_{e+1},$$

so erzeugen $\hat{h}_1, \ldots, \hat{h}_l$ den Modul $\mathscr{I}_{e+1}$ und haben die geforderten Eigenschaften. Im Falle einer minimalen Erweiterung müssen natürlich $h_{k+1}, \ldots, h_l$ gleich null sein.

Wir beweisen nun die letzte Behauptung von Satz 3. Dazu bezeichnen wir mit $\mathfrak{m}_e \in \mathscr{H}_e$ das maximale Ideal und für $g \in \mathscr{H}_e$ mit $g(0)$ das Bild von g unter dem Restklassenhomomorphismus $\mathscr{H}_e \to \mathscr{H}_e / \mathfrak{m}_e = \mathbb{C}$. Es ist also $g(0) \in \mathbb{C}$ und g ist genau dann eine Einheit, wenn $g(0) \neq 0$ ist. Ist $h_1, \ldots, h_l \in \mathscr{I}_e$ ein minimales Erzeugendensystem, so folgt deshalb aus $\sum_{i=1}^{k} a_i h_i = 0$ mit $a_i \in \mathscr{H}_e$ stets $a_i(0) = 0$ für $i = 1, \ldots, k$. Wäre $\mathscr{I}_{e+1}$ nun nicht minimale Erweiterung von $\mathscr{I}_e$, so gäbe es Fortsetzungen $\tilde{h}_1, \ldots, \tilde{h}_k$ von $h_1, \ldots, h_k$ nach $\mathscr{I}_{e+1}$, so daß $\tilde{h}_1, \ldots, \tilde{h}_k$ nicht ganz $\mathscr{I}_{e+1}$ erzeugen. Man hat dann Gleichungen $\tilde{h}_i = \sum_{j=1}^{k} a_{ij} \hat{h}_j$ mit $a_{ij} \in \mathscr{H}_{e+1}$. Für die Beschränkung $\underline{a}_{ij}$ auf $\mathscr{H}_e$ gilt sodann, wenn δ_{ij} das Kroneckersymbol bezeichnet:

$$\sum (\underline{a}_{ij} - \delta_{ij}) h_j = 0.$$

Also ist $a_{ij}(0) = \delta_{ij}$ und mithin das Gleichungssystem $\tilde{h}_i = \sum a_{ij} \hat{h}_j$ nach $\hat{h}_j$ auflösbar. Dieses kann jedoch nicht sein, da sonst die $\tilde{h}_i$ ganz $\mathscr{I}_{e+1}$ erzeugen würden.

Damit ist Satz 3 bewiesen.

Corollar. *Es seien* $\mathscr{I}_{e+1}$ *und* $\tilde{\mathscr{I}}_{e+1}$ *zwei minimale Erweiterungen von* $\mathscr{I}_e$. *Dann gilt* $\mathscr{I}_{e+1} \cap p\,\mathfrak{m}^e = \tilde{\mathscr{I}}_{e+1} \cap p\,\mathfrak{m}^e$.

Beweis. Es sei $h_1, \ldots, h_k$ ein minimales Erzeugendensystem von $\mathscr{I}_e$, es seien $\hat{h}_1, \ldots, \hat{h}_k$ bzw. $\tilde{h}_1, \ldots, \tilde{h}_k$ Fortsetzungen zu Reihen aus $\mathscr{I}_{e+1}$ bzw. $\tilde{\mathscr{I}}_{e+1}$. Wir erhalten dadurch minimale Erzeugendensysteme. Ist $g \in \mathscr{I}_{e+1} \cap p\,\mathfrak{m}^e$, so gilt $g = \sum_{i=1}^{k} a_i \hat{h}_i$. Da die Beschränkung auf $\mathscr{H}_e$ null ergibt, folgt $a_i(0) = 0$. Mithin ist $g = \sum_{i=1}^{k} a_i \hat{h}_i = \sum_{i=1}^{k} a_i \tilde{h}_i$ und gehört damit auch zu $\tilde{\mathscr{I}}_{e+1}$. Man hat $p\,\mathfrak{m}^e \cap \mathscr{I}_{e+1} \subset \tilde{\mathscr{I}}_{e+1} \cap p\,\mathfrak{m}^e$. Umgekehrt ist natürlich auch $\tilde{\mathscr{I}}_{e+1} \cap p\,\mathfrak{m}^e \subset \mathscr{I}_{e+1} \cap p\,\mathfrak{m}^e$, q.e.d.

Man kann dann die Division mit Rest durchführen. Wir wenden sie auf die α_j^r und auf α an und setzen

$$\omega_j^{(r+1)} = \mathfrak{t}^{\nu_j^*} + \operatorname{red} \alpha_j^r \quad \text{für } j=1,\ldots,r \quad \text{und} \quad \omega_{r+1}^{(r+1)} = \mathfrak{t}^\mu + \operatorname{red} \alpha .$$

Man hat wieder $\alpha_j^{r+1} = \operatorname{red} \alpha_j^r \geqq \nu_j^*$ und $\alpha_{r+1}^{(r+1)} = \operatorname{red} \alpha > \mu$. Die Koeffizienten von den $\alpha_j^{(r+1)}$ sind reguläre Funktionen auf Z_{r+1} und es gilt $\omega_j^{(r+1)} \in \mathscr{J}$. Ist nun ein $g \in \mathscr{J}$ reduziert in bezug auf $\mathfrak{s}_{r+1}$, so kann ein Glied $b_\mu \mathfrak{t}^\mu$ in g nicht auftreten. Ferner ist g in bezug auf $\mathfrak{s}_r$ reduziert, μ war minimal gewählt. Also gilt $\mu < g$. Damit ist die Gültigkeit von A_{r+1} gezeigt.

Da die Folge $\mathfrak{s}_r$ echt aufsteigend ist, muß das Verfahren einmal abbrechen. Es tritt der Fall ein, wo $\operatorname{red}_r \mathscr{J} = 0$. Wir setzen dann $r = r_0$ und haben Satz 5 bewiesen. Die ν^* sind durch $\mathfrak{s}$ bestimmt. Es ist klar, daß auch die reduzierten $\alpha_{\nu'}$ eindeutig festgelegt sind.

Anmerkung. Das reduzierende System $\mathfrak{s}$ ist nach Konstruktion dem Ideal $\mathscr{J}$ eindeutig zugeordnet. Man sieht leicht ein, daß es sogar eine biholomorphe Invariante von $\mathscr{J}$ ist. Wir nennen $\mathfrak{s}$ *die Weierstraßinvariante* von $\mathscr{J}$ oder auch einfach die Vielfachheit von $\mathscr{J}$.

5. Aus der in Satz 5 behaupteten Eindeutigkeit ergibt sich sofort:

Satz 6. *Es seien $\mathscr{J}_e \subset \mathscr{H}_e$, $\mathscr{J}_{e+1} \subset \mathscr{H}_{e+1}$ Ideale, $\mathscr{J}_{e+1}$ sei Erweiterung von $\mathscr{J}_e$. Ferner seien $\mathfrak{s}_e$, $\mathfrak{s}_{e+1}$ die zugehörigen reduzierenden Systeme, Z_e und Z_{e+1} die zugehörigen Zariski-offenen Teilmengen von G und $\Lambda_e = \{\omega_1^e, \ldots, \omega_k^e\}$, $\Lambda_{e+1} = \{\omega_1^{e+1}, \ldots, \omega_l^{e+1}\}$ die zugehörigen Systeme von Weierstraßpolynomen (nach einer Koordinatentransformation aus $Z_e \cap Z_{e+1}$). Es gilt dann $\mathfrak{s}_e \leqq \mathfrak{s}_{e+1}$, $k \leqq l$, $\omega_i^{e+1} | \mathscr{H}_e = \omega_i^e$ für $i=1,\ldots,k$ und $\omega_i^{e+1} | \mathscr{H}_e = 0$ für $i = k+1, \ldots, l$.*

Der Beweis ist trivial. Er folgt unmittelbar aus der Konstruktion im Beweis zu Satz 5 und braucht hier nicht durchgeführt zu werden. Man beachte, daß durchaus $\mathfrak{s}_e < \mathfrak{s}_{e+1}$ gelten kann, da für $\mathfrak{s}_e$ gefordert wurde:

$$s_p(\nu_1, \ldots, \nu_{p-1}) < e - \nu_1 - \cdots - \nu_{p-1} \quad \text{oder gleich } \infty .$$

Wir nennen Λ_e auch ein *System von Weierstraßpolynomen zu $\mathscr{J}_e$*. Es gilt:

Satz 7. *Es sei $\mathscr{J}_e \subset \mathscr{H}_e$ ein Ideal und $\mathfrak{s}$ das reduzierende System zu $\mathscr{J}_e$. Es gebe eine Erweiterung $\mathscr{J}_{e+1}$ von $\mathscr{J}_e$, zu der das gleiche reduzierende System $\mathfrak{s}$ gehört. Es sei dann $\omega_1^e, \ldots, \omega_k^e$ ein System von Weierstraßpolynomen zu $\mathscr{J}_e$ und $\tilde{\omega}_1^{e+1}, \ldots, \tilde{\omega}_k^{e+1}$ irgendeine Erweiterung zu einem System von Weierstraßpolynomen zu $\mathfrak{s}$ in bezug auf $\mathscr{H}_{e+1}$, so daß*

$$\tilde{\mathscr{J}}_{e+1} = \mathscr{H}_{e+1}(\tilde{\omega}_1^{e+1}, \ldots, \tilde{\omega}_k^{e+1})$$

minimale Erweiterung von $\mathscr{J}_e$ ist. Dann ist $(\tilde{\omega}_1^{e+1}, \ldots, \tilde{\omega}_k^{e+1})$ ein System von Weierstraßpolynomen zu $\tilde{\mathscr{J}}_{e+1}$.

Beweis. Wir müssen zeigen, daß $\tilde{\mathcal{J}}_{e+1}$ das gleiche reduzierende System $\mathfrak{s}$ hat. Es sei $\hat{\mathcal{J}}_{e+1}$ eine minimale Erweiterung von $\mathcal{J}_e$, die in $\mathcal{J}_{e+1}$ enthalten ist. Es gilt, wie früher gezeigt, $\dim_{\mathbb{C}} \mathcal{H}_{e+1}/\hat{\mathcal{J}}_{e+1} = \dim_{\mathbb{C}} \mathcal{H}_{e+1}/\tilde{\mathcal{J}}_{e+1}$. Das bedeutet $\dim_{\mathbb{C}} \mathcal{H}_{e+1}/\mathcal{J}_{e+1} \leqq \dim_{\mathbb{C}} \mathcal{H}_{e+1}/\tilde{\mathcal{J}}_{e+1}$. Die Dimensionen sind durch $\mathfrak{s}$ bestimmt. Müßte das $\mathfrak{s}$ bei $\tilde{\mathcal{J}}_{e+1}$ noch vergrößert werden, so wäre die letzte Dimension kleiner als die erste, und das wäre ein Widerspruch.

Wir zeigen noch:

Satz 8. *Es sei $e_0 < e$, es seien $\mathcal{J}_{e_0} \subset \mathcal{H}_{e_0}$, $\mathcal{J}_e \subset \mathcal{H}_e$ Ideale. Es sei $\mathcal{J}_e$ minimale Erweiterung von $\mathcal{J}_{e_0}$. Ferner gehöre zu $\mathcal{J}_{e_0}$, $\mathcal{J}_e$ das gleiche reduzierende System $\mathfrak{s}$. Es seien $\Lambda_{e_0} = \{\omega_i^{e_0}: i = 1, \ldots, k\}$, $\Lambda_e = \{\omega_i^e\}$ die zugehörigen Systeme von Weierstraßpolynomen. Wir wählen eine Folge $1 \leqq p_1 < \cdots < p_r \leqq k$, so daß $\omega_{p_1}^{e_0}, \ldots, \omega_{p_r}^{e_0}$ minimales Erzeugendensystem von $\mathcal{J}_{e_0}$ ist und setzen:*

$$\omega_i^e = \mathfrak{t}^{\nu^*} + \sum a_{i\mu} \mathfrak{t}^\mu,$$

wobei $\sum$ reduziert ist. Es gibt dann komplexe Zahlen γ_i^j und $a_{i\mu}^0$, so daß für $|\mu| = e-1$ gilt:

$$a_{i\mu} = \sum_{j=1}^{r} \gamma_i^j a_{p_j\mu} + a_{i\mu}^0.$$

Dabei sind die γ_i^j von $\mu, e, a_{p_j\mu}$ und $\mathcal{J}_e$ unabhängig, $a_{i\mu}^0$ hängt nicht von $a_{p_j\mu}$ ab.

Beweis. Es gelten Gleichungen:

$$\omega_i^{e_0} = \sum_{j=1}^{r} c_{ij} \omega_{p_j}^{e_0} \quad \text{mit} \quad c_{ij} \in \mathcal{H}_{e_0 - \mathfrak{o}_j}, \; c_{p_j j} = 1, \; c_{p_i j} = 0 \text{ für } i \neq j,$$

wobei $\mathfrak{o}_j = \mathfrak{o}(\omega_{p_j}^{e_0})$ die Ordnung der Nullstelle ist. Wir setzen:

$$h_i = \sum_{j=1}^{r} c_{ij} \omega_{p_j}^e = \mathfrak{t}^{\nu^*} + \beta_i,$$

wobei $\omega_i^{e_0} = \mathfrak{t}^{\nu^*} + \alpha_i^{e_0}$, wobei die c_{ij} als Potenzreihen aus $\mathcal{H}$ aufgefaßt sind.

Wegen der Eindeutigkeit folgt:

$$\operatorname{red} \beta_i = \sum a_{i\mu} \mathfrak{t}^\mu = \alpha_i.$$

Es sei $\tilde{\mathcal{J}}_e$ eine weitere minimale Erweiterung von $\mathcal{J}_{e_0}$, zu der das reduzierende System $\mathfrak{s}$ gehöre. Es sei $\tilde{\mathcal{J}}_e | \mathcal{H}_{e-1} = \mathcal{J}_e | \mathcal{H}_{e-1}$. Wir führen zu $\tilde{\mathcal{J}}_e$ das gleiche wie zu $\mathcal{J}_e$ durch, setzen $\tilde{\omega}_i^e = \mathfrak{t}^* + \sum \tilde{a}_{i\mu} \mathfrak{t}^\mu$ und betrachten

$$\tilde{h}_i - h_i = \sum_{j=1}^{r} c_{ij} (\tilde{\omega}_{p_j}^e - \omega_{p_j}^e) = \tilde{\beta}_i - \beta_i = \sum_{j=1}^{r} c_{ij}(0) \sum_{|\mu| = e-1} (\tilde{a}_{p_j\mu} - a_{p_j\mu}) \mathfrak{t}^\mu.$$

§ 3. Konstruktion einer formal versellen analytischen Deformation

1. Es sei nun $\mathscr{I}_{\mathfrak{D}} \subset \cdot \mathscr{O}$ wieder ein reduziertes Ideal wie in § 1.1. Der Mengenkeim $X_{\mathfrak{D}} = \{\mathscr{I}_{\mathfrak{D}} = 0\}$ habe also wieder in $\mathfrak{D} \in \mathbb{C}^n$ eine isolierte Singularität. Wir bezeichnen den Strukturring $\mathscr{O}/\mathscr{I}_{\mathfrak{D}}$ von $X_{\mathfrak{D}}$ wieder mit $\underline{\mathscr{O}}_{\mathfrak{D}}$ und betrachten die Homomorphismen $\mathrm{Hom}_{\mathscr{O}}(\mathscr{I}_{\mathfrak{D}}, \underline{\mathscr{O}}_{\mathfrak{D}})$. Ist $\xi: \mathscr{O} \to \mathscr{O}$ eine Derivation, so definiert die Einschränkung von ξ auf $\mathscr{I}_{\mathfrak{D}}$ ein Element aus $\mathrm{Hom}_{\mathscr{O}}(\mathscr{I}_{\mathfrak{D}}, \underline{\mathscr{O}}_{\mathfrak{D}})$. Dieses sei mit $\underline{\xi}$ bezeichnet. Bekanntlich ist $H^1 = \mathrm{Hom}_{\mathscr{O}}(\mathscr{I}_{\mathfrak{D}}, \underline{\mathscr{O}}_{\mathfrak{D}})/D$ mit $D = \{\underline{\xi}\}$ ein endlich dimensionaler komplexer Vektorraum. Seine Dimension sei m. Es sei $\mathscr{H}$ der Ring der konvergenten Potenzreihen in $\mathfrak{D} \in \mathbb{C}^m$.

Wir bezeichnen mit $f_1, \ldots, f_d \in \mathscr{I}_{\mathfrak{D}}$ ein Erzeugendensystem und schreiben $(f_1, \ldots, f_d) = \mathfrak{f}$. Nach Schlessinger gibt es zu jedem $e \geqq 1$ ein Ideal $\mathscr{J}_e \subset \mathscr{H}_e$, so daß eine Familie $F^{(e)}(\mathfrak{z}, \mathfrak{t}) = \sum_{|\nu|=0}^{e-1} F_\nu(\mathfrak{z})\, \mathfrak{t}^\nu$, $F_\nu \in d\,\mathscr{O}$ mit folgenden Eigenschaften existiert[3]:

1) $F_0(\mathfrak{z}) = \mathfrak{f}(\mathfrak{z})$, $\pi(\mathscr{J}_e) \subset \mathscr{I}_e = \mathscr{O} \hat{\otimes} \mathscr{H}_e \cdot (F^{(e)})$.

2) Ist $\mathfrak{g} = (g_1, \ldots, g_d) \in d \cdot \mathscr{O}$ mit $\mathfrak{g} \cdot \mathfrak{f} = 0$, so gibt es stets ein

$$G = \sum_{|\nu|=0}^{e-1} G_\nu(\mathfrak{z})\, \mathfrak{t}^\nu \quad \text{mit } G_\nu \in d\mathscr{O},$$

$G_0 = \mathfrak{g}$ und $G \cdot F \equiv 0 \mod (\mathfrak{m}^e, \mathscr{J}_e)$.

3) Die Familie $F^{(e)}(\mathfrak{z}, \mathfrak{t})$ ist versell.

4) $F^{e+1} | \mathscr{H}_e = F^e$, $\mathscr{J}_{e+1} | \mathscr{H}_e = \mathscr{J}_e$.

Es gilt ferner $\mathscr{J}_2 = 0$. Aus der Versalität folgt, daß $\mathscr{J}_e$ bis auf einen Isomorphismus von $\mathscr{H}_e$ eindeutig bestimmt ist. $\mathscr{J}_{e+1}$ ist stets eine Erweiterung von $\mathscr{J}_e$. Wie früher gezeigt, ist dieser Übergang für $e \geqq e_0 \geqq 2$ minimal. Wir zeigen zunächst:

Satz 1. *Es sei $e \geqq e_0$ und $\tilde{\mathscr{J}}_{e+1}$ eine minimale Erweiterung von $\mathscr{J}_e$ und $\tilde{F}^{(e+1)}(\mathfrak{z}, \mathfrak{t})$ eine Familie, so daß die Eigenschaften* 1)–2) *in bezug auf $\tilde{\mathscr{J}}_{e+1}$ gelten und $\tilde{F}^{(e+1)} | \mathscr{H}_2 = F^{(2)}$ ist. Dann sind die Familien $((F^{(e+1)}), \mathscr{J}_{e+1})$ und $((\tilde{F}^{(e+1)}), \tilde{\mathscr{J}}_{e+1})$ zueinander äquivalent.*

Beweis. Da die Familie $((F^{e+1}, \mathscr{J}_{e+1}))$ versell ist, gibt es einen Homomorphismus $\varphi: \mathscr{H}_{e+1} \to \mathscr{H}_{e+1}$, so daß die Liftung von $((F^{e+1}), \mathscr{J}_{e+1})$ mittels φ zu $((\tilde{F}^{e+1}), \tilde{\mathscr{J}}_{e+1})$ isomorph ist. Das Differential φ' ist dabei eindeutig festgelegt. Die Beschränkungen von $((F^{e+1}), \mathscr{J}_{e+1})$ und $((\tilde{F}^{e+1}), \tilde{\mathscr{J}}_{e+1})$ auf $\mathscr{H}_2$ stimmen überein. Es muß deshalb φ' die Identität sein. Nach dem Jacobischen Umkehrsatz ist φ' also ein Isomorphismus.

---

[3] Die Eigenschaften 1)–2) sind äquivalent mit den Axiomen einer (platten) holomorphen Deformation. Man vgl. etwa Tiourina [6]. Anstelle von $\mathscr{O} \hat{\otimes} \mathscr{H}_e \cdot (F^{(e)})$ schreiben wir auch $(F^{(e)})$ oder noch einfacher $F^{(e)}$.

Man kann deshalb (nach der Transformation φ) $\mathscr{J}_{e+1}$ als Unterideal von $\tilde{\mathscr{J}}_{e+1}$ ansehen. Die Beschränkungen $\mathscr{J}_e$ bzw. $\tilde{\mathscr{J}}_e$ von $\mathscr{J}_{e+1}$ bzw. $\tilde{\mathscr{J}}_{e+1}$ auf $\mathscr{H}_e$ sind zueinander isomorph (unter einem Isomorphismus $\mathscr{H}_e \to \mathscr{H}_e$). Es ist deshalb $\dim_{\mathbb{C}} \mathscr{J}_e = \dim_{\mathbb{C}} \tilde{\mathscr{J}}_e$. Mithin folgt aus $\mathscr{J}_e \subset \tilde{\mathscr{J}}_e$ die Gleichheit $\mathscr{J}_e = \tilde{\mathscr{J}}_e$. Nun gilt $\mathscr{J}_{e+1} \subset \tilde{\mathscr{J}}_{e+1}$. Andererseits sind $\mathscr{J}_{e+1}$ und $\tilde{\mathscr{J}}_{e+1}$ minimale Erweiterungen von $\mathscr{J}_e$. Also muß auch $\mathscr{J}_{e+1} = \tilde{\mathscr{J}}_{e+1}$ gelten.

2. Es soll die Division mit Rest nach $\mathscr{J}_e$ durchgeführt werden. Die Folge $(\mathscr{J}_e, F^{(e)})$ mit den Eigenschaften 1)–4) wird dabei so konstruiert, daß die zu $\mathscr{J}_e$ gehörenden reduzierenden Systeme möglichst lange größer werden. Es gibt jedoch ein e_0, so daß zu allen $\mathscr{J}_e$ mit $e \geqq e_0$ das gleiche reduzierende System $\mathfrak{s}$ gehört. Das ist dann auch völlig unabhängig davon, wie die Erweiterungen $\mathscr{J}_e$ von $\mathscr{J}_{e_0}$ definiert werden. Es müssen nur die geforderten Eigenschaften 1)–4) erhalten bleiben. Bei Änderung der $\mathscr{J}_e$ für $e \geqq e_0$ ändert sich also an $\mathfrak{s}$ nichts!

Es sei $\Omega^e = \{\omega_1^e, \ldots, \omega_l^e\}$ das zugehörige System von Weierstraßpolynomen. Man hat $\omega_\lambda^{e+1} | \mathscr{H}_e = \omega_\lambda^e$.

Wir wählen ferner im Sinne von Satz 8 aus § 2 Zahlen $p_1, \ldots, p_r$ mit $1 \leqq p_1 < p_2 < \cdots < p_r \leqq l$, so daß die $\omega_{p_1}^e, \ldots, \omega_{p_r}^e$ für $e \geqq e_0$ minimales Erzeugendensystem von $\mathscr{J}_e$ sind. Für die reduzierten Glieder $a_{i\nu} \mathfrak{t}^\nu$ von ω_i^{e+1} mit $|\nu| = e$ gelten dann feste Gleichungen

$$a_{i\nu} = \sum_{j=1}^{r} \gamma_i^j a_{p_j \nu} + a_{i\nu}^0,$$

wobei die γ_i^j von $e, \nu, a_{p_j \nu}$ unabhängig sind. Die $a_{i\nu}^0$ sind von den $a_{p_j \nu}$ unabhängig. Wir schreiben fortan $a_{p_j \nu} = b_{j\nu}$.

Es sei $H = H^{e+1} \in d(\mathcal{O} \otimes \mathscr{H}_{e+1})$ für $e \geqq e_0$. Es sei $\Omega^e = \{\omega_1^e, \ldots, \omega_l^e\}$ das System von Weierstraßpolynomen zu $\mathscr{J}_e$ in bezug auf $\mathscr{H}_e$, das System $\{\omega_1^0, \ldots, \omega_l^0\}$ entstehe aus Ω^e, wenn die $b_{j\nu}$ null gesetzt werden. Wir reduzieren H zunächst mittels $\{\omega_1^0, \ldots, \omega_l^0\}$ und erhalten die Darstellung

$$H = \sum_{i=1}^{l} Q_i \omega_i^0 + R_0.$$

Es sei jetzt $b_{j\nu}$ beliebig. Wir erhalten dann aus Ω^e ein System

$$\{\omega_1^{e+1}, \ldots, \omega_l^{e+1}\} = \Omega^{e+1}.$$

Es gilt

$$\omega_i^{e+1} - \omega_i^0 = \sum_{\substack{|\nu| = e \\ \text{reduziert}}} \sum_{j=1}^{r} \gamma_i^j b_{j\nu} \mathfrak{t}^\nu.$$

Mithin folgt:

$$H = \sum_{i=1}^{l} Q_i \omega_i^{e+1} + \left(R_0 - \sum_{\substack{|\nu| = e \\ \text{reduziert}}} \sum_{i=0}^{l} Q_i(0) \sum_{j=1}^{r} \gamma_i^j b_{j\nu} \mathfrak{t}^\nu \right),$$

also für die Glieder bei t^ν im Restterm:

$$R_\nu = R_\nu^0 - \sum_{\substack{i=1\ldots l\\ j=1\ldots r}} Q_i(0)\,\gamma_i^j\, b_{j\nu} \qquad \text{für } |\nu|=e,\ \nu=\text{reduziert}.$$

Alle Q_i, R_0, R_ν^0, R_ν sind jetzt natürlich d-tupel von Potenzreihen in $(\mathfrak{z}, \mathfrak{t})$ oder in $\mathfrak{z}$. Da die Beschränkung dieser Darstellung auf $\mathscr{H}_{e_0}$, die eindeutig bestimmte Darstellung von $H|\mathscr{H}_{e_0}$ liefert, sind die $Q_i(0)$ unabhängig von e festgelegte Elemente aus $d\cdot\mathcal{O}$. Die γ_i^j sind feste komplexe Zahlen. Wir können also schreiben

$$R_\nu = R_\nu^0 - \sum_{j=1,\ldots,r} c_j b_{j\nu} \qquad \text{mit } c_j \in d\mathcal{O}.$$

3. Es sei $F^e \in d(\mathcal{O}\hat{\otimes}\mathscr{H}_e)$, $e \geqq e_0$ ein d-tupel von Potenzreihen mit den Eigenschaften 1)–3) aus Abschnitt 1. Nach Schlessinger können wir die $b_{j\nu}$ so wählen, daß eine Fortsetzung F^{e+1} von F^e nach $\mathscr{H}_{e+1}$ existiert, so daß wieder die Eigenschaften 1)–3) gelten. Für $\mathfrak{g}=(g_1,\ldots,g_d)$ mit $\mathfrak{g}\cdot\mathfrak{f}=0$ gibt es also stets ein $G^{e+1}\in d(\mathcal{O}\otimes\mathscr{H}_{e+1})$ mit

$$G^{e+1}\cdot F^{e+1} \equiv 0 \bmod (\mathscr{J}_{e+1}).$$

Wir fassen die folgenden Reihen auch als Elemente aus $\mathcal{O}\hat{\otimes}\mathscr{H}_{e+1}$ auf. Wir setzen $G^{e+1}=G^e+\gamma$ mit $G^e=G^{e+1}|\mathscr{H}_e$, $F^{e+1}=F^e+\Phi$. G^{e+1}, F^{e+1} dürfen wir als reduziert annehmen. Es gilt $G^{e+1}\cdot F^{e+1}=G^e\cdot F^e+\gamma\cdot\mathfrak{f}+\mathfrak{g}\cdot\Phi$. Für ein Element $H\in d(\mathcal{O}\hat{\otimes}\mathscr{H}_{e+1})$ bezeichne H_ν stets den Koeffizienten bei t^ν, red^{e+1} sei die Reduktion bezüglich $\{\omega_1^{e+1},\ldots,\omega_l^{e+1}\}$, red^0 die Reduktion bezüglich $\{\omega_1^0,\ldots,\omega_l^0\}$. Wir erhalten:

$$\begin{aligned} 0 &= \mathrm{red}_\nu^{e+1}(G^{e+1}\cdot F^{e+1}) = \mathrm{red}_\nu^{e+1}(G^e\cdot F^e)+\gamma_\nu\cdot\mathfrak{f}+\mathfrak{g}\cdot\Phi_\nu \\ &= \mathrm{red}_\nu^0(G^e\cdot F^e)+\gamma_\nu\cdot\mathfrak{f}+\mathfrak{g}\cdot\Phi_\nu - \sum_{j=1}^{r} c_j b_{j\nu}, \end{aligned}$$

wobei die c_j nur von $G^e\cdot F^e|\mathscr{H}_{e_0}$ abhängen.

Wir betrachten die bei uns auftretenden Elemente aus $d\mathcal{O}$ als d-tupel von holomorphen Funktionen in einer Umgebung $U=U(\mathfrak{D})\subset\mathbb{C}^n$. $X_\mathfrak{D}$ ist also auch eine analytische Menge in U. Wir wählen eine Kugel $W(\mathfrak{D})\subset\subset U$. In $U-\overline{W}$ ist dann $X_\mathfrak{D}$ singularitätenfrei. Für den Keim X_1 der Menge $X_\mathfrak{D}$ in einem beliebigem Punkt $\mathfrak{z}_1\in X_\mathfrak{D}\cap(U-\overline{W})$ gilt folgendes, wenn F_1^e den Keim von F^e in $\mathfrak{z}_1$ bezeichnet:

Bei beliebiger Wahl der $b_{j\nu}$ läßt sich F_1^e nach $\mathscr{H}_{e+1}$ zu einem F_1^{e+1} so fortsetzen, daß die Eigenschaften 1)–2) gelten. Nach Satz 7 aus § 2 ist auch $\omega_1^{e+1},\ldots,\omega_l^{e+1}$ bei beliebigen $b_{j\nu}$ stets ein System von Weierstraß-polynomen zu $\mathfrak{s}$ und zu $\mathscr{J}_{e+1}=(\omega_1^{e+1},\ldots,\omega_l^{e+1})$. Ferner kann man G_1^e stets zu G_1^{e+1} fortsetzen, so daß $G_1^{e+1}\cdot F_1^{e+1}\equiv 0 \bmod (\mathscr{J}_{e+1})$ gilt. Deshalb folgt:

$$\operatorname{red}_\nu^0(G_1^e \cdot F_1^e) - \sum_{j=1}^{r} c_{j1} b_{j\nu} | X_1 = -\mathfrak{g} \cdot \Phi_{\nu 1} | X_1 .$$

Der Ausdruck auf der linken Seite hängt deshalb nur von $\mathfrak{g}|X_1$ und nicht von der Wahl von G^e ab. Da dieses für jedes $\mathfrak{z}_1 \in X_{\mathfrak{D}} \cap (U - \overline{W})$ gilt, und $X_{\mathfrak{D}}$ reduziert ist, folgt:

$$\operatorname{red}_\nu^0(G^e \cdot F^e) - \sum_{j=1}^{r} c_j b_{j\nu} | X_{\mathfrak{D}} \in \underline{\mathcal{O}}_{\mathfrak{D}}$$

hängt nur von $\mathfrak{g}|X_{\mathfrak{D}}$ ab.

Es sei $N = \{\mathfrak{g} \in d\mathcal{O} \colon \mathfrak{g} \cdot \mathfrak{f} = 0\}$ und $\underline{N}$ das Bild von N in $d\underline{\mathcal{O}}_{\mathfrak{D}}$ unter der Beschränkungsabbildung $\mathcal{O} \to \underline{\mathcal{O}}_{\mathfrak{D}}$. Die Zuordnungen:

$$\mathfrak{g}|X_{\mathfrak{D}} \to \operatorname{red}_\nu^0(G^e \cdot F^e)|X_{\mathfrak{D}}$$

$$\mathfrak{g}|X_{\mathfrak{D}} \to c_j|X_{\mathfrak{D}}$$

sind also Homomorphismen

$$\underline{N} \to \underline{\mathcal{O}}_{\mathfrak{D}},$$

die wir mit $\mathfrak{r}_\nu$ bzw. $\mathfrak{c}_j$ bezeichnen wollen. Sind die $b_{j\nu}$ geeignet gewählt, so existiert nach Schlessinger F^{e+1}, G^{e+1}, und das heißt, daß die

$$\mathfrak{r}_\nu - \sum_{j=1}^{r} \mathfrak{c}_j b_{j\nu}$$

Beschränkung von Homomorphismen $d\underline{\mathcal{O}}_{\mathfrak{D}} \to \underline{\mathcal{O}}_{\mathfrak{D}}$ sind. Es gibt dann $\Phi_\nu \in \mathcal{O}$ mit

$$\left(\mathfrak{r}_\nu - \sum_{j=1}^{r} \mathfrak{c}_j b_{j\nu}\right)(\mathfrak{g}|X_{\mathfrak{D}}) = -\mathfrak{g} \cdot \Phi_\nu | X_{\mathfrak{D}} .$$

Bei gegebenem G^e kann man dann γ_ν bestimmen, so daß

$$\operatorname{red}_\nu^0(G^e \cdot F^e) - \sum_{j=1}^{r} c_j b_{j\nu} + \mathfrak{g} \cdot \Phi_\nu = -\gamma_\nu \mathfrak{f} .$$

Die Familie F^e ist dadurch zu F^{e+1} fortgesetzt, und es gelten die Eigenschaften 1)–4) aus Abschnitt 1, wie auch immer wir unsere Wahl getroffen haben.

4. Wir haben noch die Konvergenz der Folgen G^e, F^e, ω_i^e zu zeigen. Deshalb müssen die $b_{j\nu}$, γ_ν, Φ_ν entsprechend gewählt werden. Wir geben $\varepsilon > 0$ beliebig vor und schreiben $\omega_i^{e0} = \mathfrak{t}^{\nu*} + \alpha_i^{e0}$. Wir wählen $\rho = (\rho_1, \ldots, \rho_m)$ so, daß $\|\alpha_i^{e0}\| \leqq \varepsilon \sigma^{-1} \rho^{\nu*}$ gilt. Wir werden die Konstruktion der α_i^e so durchführen, daß diese Abschätzung erhalten bleibt.

Es sei $\mathfrak{g}_1, \ldots, \mathfrak{g}_q$ ein Erzeugendensystem von N. Für ein festes $e \geqq e_0$ sei zu $\mathfrak{g}_p$ bereits ein G_p^e definiert, so daß die geforderten Eigenschaften gelten. Wir setzen dabei stets G_p^e, F^e als reduziert voraus. Wir haben dann zu jedem j ein $c_{pj} \in \mathcal{O}$. Es sind die Gleichungen

$$\operatorname{red}_\nu^0(G_p^e \cdot F^e) = \sum_{j=1}^{r} c_{pj}(\mathfrak{z}) \cdot b_{j\nu} - \mathfrak{g}_p \Phi_\nu - \gamma_{p\nu} \cdot \mathfrak{f} \quad \text{mit } p = 1, \ldots, q \text{ und } |\nu| = e$$

nach $b_{j\nu}$, Φ_ν, $\gamma_{p\nu}$ zu lösen. Da die Existenz gesichert ist, gibt es nach dem Satz 9 aus § 2 nach einer geeigneten linearen Transformation des $\mathbb{C}^n$ eine Konstante $K \geqq 1$, so daß (für $|\nu| = e$):

$$|b_{j\nu}|, \|\Phi_\nu\|, \|\gamma_{p\nu}\| \leqq K \max_p \|\operatorname{red}_\nu^0(G_p^e \cdot F^e)\|.$$

Wir setzen $F^e = \mathfrak{f} + F' + F''$, $G_p^e = \mathfrak{g}_p + G_p' + G_p''$, $\omega_i^e = \omega_i' + \omega_i''$ mit $F' = F^{eo} - \mathfrak{f}$, $G_p' = G_p^{eo} - \mathfrak{g}_p$, $\omega_i' = \omega_i^{eo}$ und $\gamma = \min(1, \rho_1, \ldots, \rho_m) > 0$. Für jedes ν^* gilt dann $\rho^{\nu^*} \geqq \gamma^{eo-1}$. Es sei $c \geqq d(2 + \gamma^{eo-1}) + r + 1$ und K_0 so gewählt, daß $\dfrac{K_0 K}{1-\varepsilon} c \leqq 1$ und $K_0 \leqq \dfrac{\varepsilon}{4K_*} \sigma^{-1}$ (man vgl. § 2.5). Das Produkt $(\mathfrak{g}_p + G_p') \cdot (\mathfrak{f} + F')$ ist kongruent 0 mod $(\mathfrak{m}^{eo}, \mathscr{J}_{eo})$. Man kann deshalb zerlegen $(\mathfrak{g}_p + G_p')\,(\mathfrak{f} + F') = \sum Q_j^{(p)} \omega_{pj}^{eo}$ mit $Q_j^{(p)} \in \mathcal{O} \otimes \mathscr{H}_{eo}$. Es sei $Q_j^{(p)\prime} = Q_j^{(p)}(\mathfrak{z}, \mathfrak{t}) - Q_j^{(p)}(\mathfrak{z}, 0)$. Wir gehen durch Multiplikation mit einer kleinen positiven Zahl zu einem kleineren ρ über. Man kann erreichen, daß gilt:

$$\|F'\| \leqq K_0, \qquad \|G_p'\| \leqq K_0,$$

$$\|(\mathfrak{g}_p + G_p')(\mathfrak{f} + F') - \sum Q_j^{(p)} \omega_{pj}'\| \leqq K_0^2 \gamma^{eo-1}, \qquad \|Q_j^{(p)\prime}\| \leqq K_0.$$

Dabei wird wieder alles als Element aus $\mathcal{O} \hat{\otimes} \mathscr{H}$ aufgefaßt. Wir werden nun die Konstruktion so führen, daß immer $\|F''\|, \|G_p''\|, \|\omega_{pj}''\| \leqq K_0 \gamma^{eo-1}$ gilt. Es folgt:

$$\operatorname{red}_\nu^0(G_p^e \cdot F^e) = \operatorname{red}_\nu^0[(\mathfrak{g}_p + G_p') \cdot (\mathfrak{f} + F') + G_p'' \cdot F' + G_p' F'' + G_p'' F''] =$$

$$\operatorname{red}_\nu^0[(\mathfrak{g}_p + G_p') \cdot (\mathfrak{f} + F') - \sum Q_j^{(p)} \omega_{pj}' - \sum Q_j^{(p)\prime} \omega_{pj}'' + G_p'' F' + G_p' F'' + G_p'' F'']$$

und mithin:

$$\|\operatorname{red}_\nu^0 \cdot \mathfrak{t}^\nu\| \leqq \frac{K_0^2}{1-\varepsilon}(1 + r + d + d + \gamma^{eo-1} d)\, \gamma^{eo-1} \leqq \frac{c K_0^2}{1-\varepsilon} \gamma^{eo-1}.$$

Daraus folgt

$$\|b_{j\nu} \mathfrak{t}^\nu\|, \|\Phi_\nu \mathfrak{t}^\nu\|, \|\gamma_{p\nu} \mathfrak{t}^\nu\| \leqq \frac{K K_0}{1-\varepsilon} c K_0 \gamma^{eo-1} \leqq K_0 \gamma^{eo-1}.$$

Es sei ρ am Anfang schon so gewählt, daß gilt $\|\alpha_i^0\| \leqq K_0 \cdot \rho^{\nu^*}$ (mit α_i^0 wie Ende § 2.5. Es brauchen K_* und K_0 bei Verkleinerung von ρ nicht geändert zu werden!). Die α_i^{e+1} werden aus den α_{pj}^{e+1} konstruiert. Es folgt: $\|\alpha_i^{e+1}\| \leqq \varepsilon \sigma^{-1} \rho^{\nu^*}$.

Führen wir die Konstruktion über alle e fort, so erhalten wir formale Potenzreihen $\omega_i = \mathfrak{t}^{\nu^*} + \alpha_i$, G_p, F mit $\|\alpha_i\| \leqq \varepsilon\,\sigma^{-1}\,\rho^{\nu^*}$ und

$$\|G_p - \mathfrak{g}_p\| \leqq K_0, \qquad \|F - \mathfrak{f}\| \leqq K_0.$$

ω_i, G_p, F sind deshalb konvergente Potenzreihen, und die Reduktion $\mathrm{red}(G_p \cdot F)$ ist stets gleich Null. Ist $\mathscr{J}$ das Ideal $\mathscr{H} \cdot (\omega_1, \ldots, \omega_l)$, so ist $(\omega_1, \ldots, \omega_l)$ ein System von Weierstraßpolynomen zu $\mathscr{J}$. Es ist daher $G_p \cdot F \equiv 0 \bmod (\mathscr{J})$, d.h. F ist eine platte Deformation von $X_{\mathfrak{D}}$ über $\{\mathscr{J} = 0\}$. Diese Deformation ist im formalen Sinne zu der Schlessinger-Deformation äquivalent, d.h. *F ist im formalen Sinne versell.*

§ 4. Der Nachweis, daß die soeben konstruierte Familie im analytischen Sinne versell ist

1. Es bezeichne immer $(F, \mathscr{J})$ die in § 3 konstruierte formal-verselle Deformation von $X_{\mathfrak{D}}$. Das Ideal $\mathscr{J} \subset \mathscr{H}$ sei durch Drehung in allgemeine Lage gebracht. Es gibt dann zu $\mathscr{J}$ eindeutig ein reduzierendes System $\mathfrak{s}$ und dazu ein System von Weierstraßpolynomen. Wir setzen F als reduziert voraus.

Es sei $\mathscr{K}$ der Ring der konvergenten Potenzreihen im 0-Punkt des $\mathbb{C}^q$ und $\mathfrak{K} \subset \mathscr{K}$ sei ein Ideal. Es sei $(G, \mathfrak{K})$ eine andere platte Deformation von $X_{\mathfrak{D}} \subset \mathbb{C}^n$, derart, daß gilt: $G = G(\mathfrak{z}, \mathfrak{u})$, $G(\mathfrak{z}, 0) = \mathfrak{f}(\mathfrak{z})$, $G \in d(\mathscr{O} \hat{\otimes} \mathscr{K})$. Das Ideal $\mathfrak{K}$ sei ebenfalls durch eine Drehung in allgemeine Lage gebracht. Das System G sei reduziert.

Unser Ziel ist es, folgende Objekte zu konstruieren:

1) d-dimensionale quadratische Matrizen:

$$\sum_{|\mu|=1}^{\infty} A_\mu(\mathfrak{z})\,\mathfrak{u}^\mu \in d^2(\mathscr{O} \hat{\otimes} \mathscr{K}).$$

2) n-tupel von Funktionskeimen

$$\sum_{|\mu|=1}^{\infty} c_\mu(\mathfrak{z})\,\mathfrak{u}^\mu \in n(\mathscr{O} \hat{\otimes} \mathscr{K}).$$

3) m-tupel von Potenzreihen

$$\sum_{|\mu|=1}^{\infty} k_\mu\,\mathfrak{u}^\mu \in m\,\mathscr{K} \qquad \text{mit } k_\mu \in \mathbb{C}.$$

Alle Objekte seien reduziert in bezug auf $\mathfrak{K}$ und es gelte

$$\left(E - \sum_{|\mu|=1}^{\infty} A_\mu\,\mathfrak{u}^\mu\right) \circ G\left(\mathfrak{z} - \sum_{|\mu|=1}^{\infty} c_\mu\,\mathfrak{u}^\mu, \mathfrak{u}\right) \equiv F\left(\mathfrak{z}, \sum_{|\mu|=1}^{\infty} k_\mu\,\mathfrak{u}^\mu\right) \bmod \mathfrak{K},$$

$$h\left(\sum_{|\mu|=1}^{\infty} k_\mu\,\mathfrak{u}^\mu\right) \in \mathfrak{K} \qquad \text{für } h \in \mathscr{J}.$$

und $\delta > 0$ eine vorgegebene Zahl ist. Schreiben wir $G = G(\mathfrak{z}, 0) + G'(\mathfrak{z}, \mathfrak{u})$, so sei auch $\|G'(\mathfrak{z}, \mathfrak{u})\| \leqq \delta$. Es sei $0 < K \leqq \frac{1}{2}$ eine Konstante. Wir werden die Konstruktion so durchführen, daß stets

$$\left\| \sum_{|\mu|=1}^{e-1} A_\mu \mathfrak{u}^\mu \right\| \leqq K, \quad \left\| \sum_{|\mu|=1}^{e-1} c_\mu \mathfrak{u}^\mu \right\| \leqq K, \quad \left\| \sum_{|\mu|=1}^{e-1} k_\mu \mathfrak{u}^\mu \right\| \leqq K$$

gilt.

Es ist:

$$\left(E - \sum_{|\mu|=1}^{e-1} A_\mu \mathfrak{u}^\mu\right) \circ G\left(\mathfrak{z} - \sum_{|\mu|=1}^{e-1} c_\mu \mathfrak{u}^\mu, \mathfrak{u}\right)$$

$$= \mathfrak{f}(\mathfrak{z}) + G'(\mathfrak{z}, \mathfrak{u}) + \sum_i \gamma_i(\mathfrak{z}, 0) \sum_{|\mu|=1}^{e-1} c_{i\mu} \mathfrak{u}^\mu + \sum_{i=1}^{n} \gamma_i' \sum_{|\mu|=1}^{e-1} c_{i\mu} \mathfrak{u}^\mu$$

$$+ \sum_{|\kappa|=2}^{\infty} G_\kappa(\mathfrak{z}, \mathfrak{u}) \left(\sum_{|\mu|=1}^{e-1} c_{i\mu} \mathfrak{u}^\mu\right)^\kappa - \left(\sum_{|\mu|=1}^{e-1} A_\mu \mathfrak{u}^\mu\right) \circ (\mathfrak{f} + G' + \cdots).$$

Der Term

$$\mathfrak{f} + \sum \gamma_i(\mathfrak{z}, 0) \sum_{|\mu|=1}^{e-1} c_{i\mu} \mathfrak{u}^\mu - \mathfrak{f} \sum_{|\mu|=1}^{e-1} A_\mu \mathfrak{u}^\mu$$

ist reduziert, er liefert ferner zu den Gliedern der Ordnung e keinen Beitrag. Wir dürfen ihn deshalb einfach fortlassen. Man hat die Abschätzung

$$(1-\varepsilon) \left\| \sum_{|\nu|=e} \gamma_\nu^e \mathfrak{u}^\nu \right\| \leqq \delta + n\delta K + K^2 \frac{1}{1-K} + K\left(\delta + nK + n\delta K + \frac{K^2}{1-K}\right)$$

$$\leqq \delta + (n+1)K\delta + K^2(2+n+n+1) \leqq K\Theta(1-\varepsilon),$$

wenn δ und K hinreichend klein vorgegeben sind. Dabei ist Θ eine beliebig vorgegebene Zahl mit $0 < \Theta < \frac{1}{2}$.

Entsprechend erhält man:

$$\left\| \sum_{|\nu|=e}^{\infty} \varphi_\nu^e \mathfrak{u}^\nu \right\| \leqq \Theta \cdot K.$$

Also ist stets

$$\|(\gamma_\nu^e - \varphi_\nu^e) \cdot \mathfrak{u}^\nu\| \leqq 2\Theta K$$

für $|\nu| = e$. Nach Satz 9 aus § 2 gibt es eine Konstante $M \geqq 1$, so daß für jedes ν eine Lösung $(A_\nu, c_{i\nu}, k_{i\nu})$ von $(*)$ existiert mit

$$\|A_\nu\|, \|c_{i\nu}\|, \|k_{i\nu}\| \leqq M \cdot \|\gamma_\nu^e - \varphi_\nu^e\|.$$

Also folgt:

$$\|A_\nu \mathfrak{u}^\nu\|, \|c_{i\nu} \mathfrak{u}^\nu\|, \|k_{i\nu} \mathfrak{u}^\nu\| \leqq 2M\Theta K \leqq K$$

für kleines Θ. Damit ist die Konstruktion wie geplant durchführbar. Wir erhalten unendliche Reihen

$$\sum_{|\mu|=1}^{\infty} A_\mu \mathfrak{u}^\mu, \qquad \sum_{|\mu|=1}^{\infty} c_\mu \mathfrak{u}^\mu, \qquad \sum_{|\mu|=1}^{\infty} k_\mu \mathfrak{u}^\mu$$

mit endlicher Norm. Diese sind daher konvergent und erfüllen die in Abschnitt 1 geforderten Eigenschaften. Es ist gezeigt:

Theorem. *Es sei $X_{\mathfrak{D}}$ der Keim eines reduzierten komplexen Raumes. $X_{\mathfrak{D}}$ habe höchstens eine isolierte Singularität. Dann gibt es eine (bis auf Äquivalenz) eindeutig bestimmte verselle analytische Deformation von $X_{\mathfrak{D}}$.*

Zusatz zur Korrektur. Ich danke Herrn Schlessinger für einen wichtigen Hinweis. Er wies mich ferner darauf hin, daß die Bedingung „isolierte Singularität" zu der Forderung „$\dim_{\mathbb{C}} H^1 < \infty$" abgeschwächt werden kann.

Literatur

1. Grauert, H., Remmert, R., Riemenschneider, O.: Analytische Stellenalgebren. Berlin-Heidelberg-New York: Springer 1971.
2. Kodaira, K., Nirenberg, L., Spencer, D.C.: On the existence of deformations of complex analytic structures. Ann. of Math. **68**, 450–459 (1958).
3. Kodaira, K., Spencer, D.C.: On deformations of complex analytic structures. Ann. of Math. **67**, 328–466 (1958).
4. Kuranishi, M.: On the locally complete families of complex analytic structures. Ann. of Math. **75**, 536–577 (1962).
5. Schlessinger, M.: Functors of Artin rings. Trans. AMS **130**, 208–222 (1968).
6. Tiourina, G. N.: Locally semiuniversal flat deformations of isolated singularities of complex spaces. Mathematics of the USSR-Izvestija, Vol. 3, Number **5**, 967–999 (1969).

(Eingegangen 29. Oktober 1971)

decomposition if and only if the relation $\simeq$ satisfies the transitive law. Then $\simeq$ is an ordinary equivalence relation in X and the fibration is a decomposition which decomposes X into analytic sets. We get a quotient space $Q = X/R$ with the quotient topology and a surjective continuous map $q : X \to Q$. On X we have a sheaf (of local $\mathbb{C}$-algebras) of local holomorphic functions: If $V \subset Q$ is open, then we denote by $U \subset X$ the open subset $q^{-1}(V)$. A complex function g on V is called holomorphic if the inverse image $f = g \circ q$ is holomorphic on U. Naturally g is continuous on V then. The map q lifts holomorphic functions to holomorphic functions. Therefore, we may call it a holomorphic map.

An analytic equivalence relation R_1 is called *finer than an analytic equivalence relation* R_2 *i.e.* $R_1 < R_2$ if the fibers to R_1 are contained in those to R_2. The two relations are called *equivalent* if for all points $x \in X$ the connected component of the fiber to R_1 is a connected component of the fiber to R_2. If $F : X \to Y$ is a holomorphic map of complex spaces then the fibers of F give an analytic equivalence relation on X.

3

In general, the quotient space Q will not be a complex space. A complex space possesses locally very many holomorphic functions. Therefore, it is necessary that in some neighborhood $U = q^{-1}(V)$ of every fiber there are sufficiently many holomorphic functions which are constant on the fibers. We call such an analytic decomposition to be spreadable.

Definition. An analytic decomposition R in X is said to be *spreadable* if for every fiber there is a neighborhood U together with a holomorphic map $F : U \to \mathbb{C}^m$ such that over U the decomposition R is finer than and equivalent to the decomposition by the fibers of F.

It follows easily that the fibers of F are a certain union of fibers to R. For any holomorphic map $X \to Y$ of X into a complex space Y, the fibration is a spreadable analytic equivalence relation. "Spreadable" is much weaker than the existence of local holomorphic functions on Q which seperate the points.

A complex space is locally compact. There are examples of spreadable analytic equivalence relations such that Q is not locally compact. Necessary is a further assumption:

Definition. An analytic equivalence relation is called *semi-proper* if every point $y \in Q$ has an open neighborhood V such that there is a compact set $K \subset X$ with $q(K) \supset V$.

Examples show that for Q being a complex space it is also necessary to require that X is a normal (or at least semi-normal) complex space.

Theorem. *Assume that X is a normal complex space and that R is a semi proper spreadable, analytic equivalence relation in X. Then Q is a normal complex space.*

4

A holomorphic map $F : X \to Y$ is called *analytically dependent on a holomorphic map* $H : X \to Z$ if F is constant on the connected components of the fibers of H. This concept generalizes immediately: we can replace H by an arbitrary analytic decomposition $R \subset X \times X$. A map $F : X \to Y$ is *analytically dependent on* R if it is constant on the connected components of the fibers of the decomposition to R. It is possible to construct to R the so called *simple analytic decomposition* $\hat{R}$. This is the finest analytic decomposition which is equivalent to R. So we have $R > \hat{R}$. It can happen, that the fibers to $\hat{R}$ are not all connected, but they are always union of certain connected components of a fiber to R. It follows: F is analytically dependent on R if and only if F is constant on the fibers to $\hat{R}$. The construction of $\hat{R}$ can be done in a geometric way (like already K. Koch did).

If R is spreadable then also is $\hat{R}$. The same is true for semi proper. If X is normal, R is spreadable and semi proper then the quotient space $Q = X/\hat{R}$ is a normal complex space. The holomorphic maps F which are analytically dependent on R are just the general holomorphic maps $\hat{F} : Q \to Y$. Therefore K. Stein called Q a *holomorphic base to* R. We get $F = \hat{F} \circ q$. This factorization is known as the *Stein factorization*.

5

Rather seldom, the conditions *semi proper* and *spreadable* are satisfied. More important are the so called *meromorphic decompositions* in a pure n-dimensional normal complex space X. See: K. Stein (Maximale holomorphe und meromorphe Abbildungen. I and II. Am. J. Math. 85, 298–315 (1963) and 86, 823–868 (1964)). At the base of the notion are the *normal (analytic) decompositions*. These are analytic decompositions R in X with the following two properties:

1) all fibres are of constant pure dimension d;
2) the projection p_2 of R on the second component X of $X \times X$ is open.

Normal analytic equivalence relations are always spreadable and semi proper. Therefore, the quotient space is a $(n - d)$-dimensional normal complex space.

Definition. A *meromorphic decomposition* in X is an anaylytic set $R \subset X \times X$ with the two, always required properties (see **2**) such that the following two conditions are satisfied:

1) there is a nowhere dense analytic set $P \subset X$ (a polar set) such that the intersection of R with $X \times P$ is nowhere dense in R;
2) if $R^0 = R \mid (X - P)$ denotes the intersection of R with $(X - P) \times (X - P)$, then R^0 is a normal equivalence relation in $X - P$.

Via R we have d-dimensional fibers in $X - P$ through the points $a \in X - P$. For generic points a these extend to pure d-dimensional fibers in X. If we take all the limits of these, we get a set ϕ of pure d-dimensional analytic sets in X

which cover X completely. However, different fibers belonging to ϕ may cross in points of P. We call therefore ϕ a meromorphic fibration in X with points of indeterminancy.

A typical example leads to the definition of complex projective spaces. Take for X the complex number space $\mathbb{C}^{n+1}$ and for $R \subset X \times X$ the set of vectors (x, y) which are linearly dependent. Then a generic fiber to R is just a line through the point $0 \in \mathbb{C}^{n+1}$ and the fibre through 0 is the whole space X. The graph R consists of one irreducible component. We see that R is a meromorphic decomposition an that ϕ is the set of all lines through 0. We have as quotient space the n-dimensional complex projective space $\mathbb{P}_n$.

6

To obtain the quotient space in general, we have to take out of X the points where several elements of ϕ cross and have to replace their set by the set of these elements. This means applying a modification on X. In order to obtain a complex space again, a certain compactness property has to be added:

Definition. The meromorphic decomposition R of X is called *regular* if for every compact subset $K \subset\subset X$ there is an open neighborhood $B(K) \subset\subset X$ such that the map $\phi \to \phi \cap B$ is bunch injective with respect to K: there is no holomophic bunch $S(t) \in \phi$ of fibres with $S(t) \cap K \neq 0$ always such that $S(t) \cap B$ consists of one fiber only.

This condition is not very restrictive: most of the meromorphic decompositions will be regular as it is always the case when X is compact.

If f is regular, then the modification is a proper modification. The result is a normal complex space $\hat{X}$ which is mapped by a proper finite holomorphic mapping q onto X which is biholomorphic outside a nowhere dense analytic set. It is possible to lift the fibration ϕ to $\hat{X}$. We obtain a normal decomposition $\hat{\phi}$ in $\hat{X}$ and we get the quotient space Q. Every meromorphic map $F : X \to Y$, which is constant on the fibres belonging to ϕ, comes from a unique meromorphic map $Q \to Y$. Therefore, K. Stein called Q a m-base. The proof of this theorem was given in [77]. Some details were generalized by B. Siebert, considered structurally and worked out completely (Fibre cycles of holomorphic maps. I. Local flattening. Math. Annalen 296, 269–283 (1993). II. Fibre cycle space and canonical flattening. To appear Math. Annalen 1994).

7

There are several applications of these results. K. Stein defined the notion of meromorphic base (m-base) for meromorphic maps $F : X \to Y$. Such a meromorphic map always defines a meromorphic decomposition $R \subset X \times X$. A meromorphic map $H : X \to Z$ is called meromorphically dependent on F if it is constant on the connected components of the fibers to F. An m-base in the sense of Stein is a normal complex space Q together with a meromorphic map q of X onto Q such that every H which is mermorphically dependent on F comes from a meromorphic map $\hat{H} : Q \to Z$: We have $H = \hat{H} \circ q$ which is called the Stein factorization of H again. As we saw, in the case of a regular meromorphic decomposition an m-base always exists.

We can consider m-bases for arbitrary meromorphic decompositions R of X. It can happen that an m-base for the class of meromorphic maps H which are meromorphically dependent on R exists even if R is not regular. In [79] it was proved that this is the case if the fibres to R have codimension at most 2. On the other hand there is an example of a 4-dimensional complex manifold X with a meromorphic decomposition ϕ into 1-dimensional fibers which does not have an m-base.

Every compact normal complex space X has a Moishezon reduction Q which is a biregular invariant, see [77]. If the degree of transcendency of the field of complex meromorphic functions on X is less than $n = \dim X$ the meromorphic functions define a non trivial meromorphic decomposition R of X. We pass over to the simple meromorphic decomposition $\hat{R}$ and the quotient space Q whose dimension is the the degree of transcendency of X. So Q has the maximal number of mermorphically independent meromorphic functions: it is a Moishezon space and has a etale algebraic structure: it is an algebraic space in the sense of Artin (M. Artin: Algebraization of formal moduli II. Existence of modifications. Ann. Math. II. Ser. 91, 88–135 (1970)).

Another important example is that of geometric quotient spaces by (complex) algebraic groups L. Assume for simplicity that X is a connected normal projective algebraic space and that L operates algebraically on X. Then the orbits give (after enlargement, in general) a meromorphic decomposition of X and we have the quotient space Q. Since L can be the complex Lorentz group this result has some interest in physics also. Considered for the theory of *geometric* quotients by algebraic groups an ad hoc definition was given by D. Mumford already (Geometric invariant theory. Erg. Math. 34 (1965)). For a more detailed representation of the whole section see [89].

There are some important cases where it is not necessary to restrict to normal complex spaces X. As mentioned before R. Remmert proved for general holomorphically convex spaces X that a Stein space Q as quotient space exists (the so called Remmert reduction). Another important theorem in this direction was obtained by R. Kiehl (Äquivalenzrelationen in analytischen Räumen. Math. Z. 105, 1–20 (1968)). He assumes that X is a general complex space (may be with a nilpotent structure) and that R is a flat analytic equivalence relation in X, i.e. that R is a complex subspace of the (not set theoretic) cartesian product $X \times X$ and that the projection $p : R \to X$ is flat. In this case an (in general non reduced) quotient Q was obtained. This result had many applications in algebraic geometry. Of course, the condition of flattness is very restrictive. But it is satisfied, if p is open, X is normal and the fibres of R are reduced (the fibers with the canonical complex structure). See A. Grothendieck (EGA IV, vol. 3).

open *and* closed in $\tilde{X}_{(1)}\backslash\tilde{K}_1$. Since every connected component contains points of $T_1 \cap (\tilde{X}_{(1)}\backslash\tilde{K}_1)$, so $\tilde{X}_{(1)}\backslash\tilde{K}_1 \subset T_1$ and $T_1 = \tilde{X}_{(1)}$ follows: All the points of $\tilde{X}_{(1)}$ are equivalent to points of $X_{(1)}$, i.e. $\tilde{X}_{(1)}$ is completely superfluous.

Now the set of points $x \in X^*_{(2)} = \bigcup_{\nu=2}^{l} (X_{(\nu)} \cup \tilde{X}_{(\nu)})$ which are equivalent to points of $X_{(1)}$, does not contain inner points. As we saw is this also the set of points $x \in X^*_{(2)}$ which are not equivalent to points of the remaining components. Hence, by Proposition 4 every point of $X^*_{(2)}$ is equivalent to points of $K^*_2 = K \cap X^*_{(2)}$. So $R^*_2 = R \cap (X^*_{(2)} \times X^*_{(2)})$ is a holomorphic, semiproper equivalence relation in $X^*_{(2)}$ which gives a semiproper holomorphic equivalence relation in $X_{(2)}$.

7

After having made V and X smaller, using Sect. 5 we obtain normal complex spaces $Y_1, \ldots, Y_l$ and holomorphic factorizations

$$F: X_{(\nu)} \xrightarrow{\check{F}_\nu} Y_\nu \xrightarrow{\pi_\nu} V,$$

where π_ν is finite. Since every fiber of $\check{F}_\nu$ meets the closed set $K_\nu := K \cap X_{(\nu)}$ and $\check{F}_\nu : K_\nu \to Y_\nu$ is proper, also $\check{F}_\nu \times \check{F}_\mu : K_\nu \times K_\mu \to Y_\nu \times Y_\mu$ is proper. Since $R_{\check{F}_\nu} \leqq R|X_{(\nu)}$ the set $R_{\nu\mu} = R \cap (X_{(\nu)} \times X_{(\mu)})$ is saturated with respect to $\check{F}_\nu \times \check{F}_\mu$. It follows that $(K_\nu \times K_\mu) \cap R_{\nu\mu}$ is a closed set in $R_{\nu\mu}$ in the sense of Proposition 1. Hence, $\underline{R}_{\nu\mu} = (\check{F}_\nu \times \check{F}_\mu)(R_{\nu\mu})$ is an analytic set in $Y_\nu \times Y_\mu$ with $R_{\nu\mu} = (\check{F}_\nu \times \check{F}_\mu)^{-1}(\underline{R}_{\nu\mu})$. So $R_{\nu\mu}$ is the lifting of $\underline{R}_{\nu\mu}$.

8

We put $X^* = \bigcup_{\nu=1}^{l} X_{(\nu)}$, $Y = \bigcup_{\nu=1}^{l} Y_\nu$, $\check{F} = \check{F}_1 \oplus \ldots \oplus \check{F}_l : X^* \to Y$, $\pi = \pi_1 \oplus \ldots \oplus \pi_l : Y \to V$, $\underline{R} = \bigcup \underline{R}_{\nu\mu}$. Then π is holomorphic and finite and we have the factorization:

$$F: X^* \xrightarrow{\check{F}} Y \xrightarrow{\pi} V.$$

We denote by $\mathscr{I}$ the coherent ideal sheaf of $\underline{R}$ in $Y \times_\pi Y$ and by $\mathscr{H}$ the inverse image of $\mathring{\pi}_*(\mathscr{I})$ under the sheaf homomorphism $\pi_*(\mathcal{O}_Y) \to \mathring{\pi}_*(\mathcal{O}_{Y \times_\pi Y})$ (see Sect. 5). $\mathscr{H}$ is a coherent sheaf of rings and there is a unique complex space $\underline{Y}$ and a unique holomorphic factorization

$$\pi: Y \xrightarrow{\check{\pi}} \underline{Y} \xrightarrow{\underline{\pi}} V$$

which gives an isomorphism: $\pi_{*\underline{R}}(\mathcal{O}_Y) = \mathscr{H} \approx \underline{\pi}_*(\mathcal{O}_{\underline{Y}})$, $\check{\pi}_{*\underline{R}}(\mathcal{O}_Y) = \mathcal{O}_{\underline{Y}}$. We put $F^* = \check{\pi} \circ \check{F}$.

The points of $\underline{Y}$ correspond by $\check{\pi}^{-1}$ to the $\underline{R}$-fibers in Y and then by $(F^*)^{-1}$ to the R-fibers in X^*. So there is a bijective map $\varrho: \underline{Y} \to Q$ which commutes with F^* and q. If $U \subset X^*$ is a R-saturated open set then $F^*(U) = \underline{Y}\backslash F^*(K^*\backslash U)$ with $K^* = K \cap X^*$. Since $K^*\backslash U$ and $F^*(K^*\backslash U)$ are closed, $F^*(U) \subset \underline{Y}$ is open. The open sets in Q are the q(U). So the inverse image of an open set in Q is open in $\underline{Y}$ and ϱ is continuous. If $W \subset \underline{Y}$ is open, then $\varrho(\underline{Y}\backslash W)$ is closed in Q since ϱ is proper, hence $\varrho(W) = Q\backslash\varrho(\underline{Y}\backslash W)$ is open and ϱ is an open map (we have to use always that $\underline{Y}$ and Q lie finitely over V). So $\varrho: \underline{Y} \to Q$ is a topological map.

9

We put $\tilde{X}^* = \bigcup_{\nu=1}^{l} \tilde{X}_{(\nu)}$. We put $\tilde{F}^* = \varrho^{-1} \circ \mathfrak{q}$. Then we have the factorization

$$F : \tilde{X}^* \xrightarrow{\tilde{F}^*} \underline{Y} \xrightarrow{\pi} V.$$

Since $\tilde{X}^*$ is normal, it follows that $\tilde{F}^*$ is holomorphic. We put $F^0 = F^* \oplus \tilde{F}^* : X \to \underline{Y}$.

If $W \subset \underline{Y}$ is open and f is a holomorphic function on W then $f \circ F^0$ is a holomorphic fiber constant function on $U = (F^0)^{-1}(W)$. If on the other hand g is a fiber constant holomorphic function on U, then $g|U^*$ with $U^* = U \cap X^*$ comes from local holomorphic functions on Y'_ν (see Sect. 5), hence from fiber constant holomorphic functions on Y_ν (application of the 2. Riemann continuation theorem!), more precisely from a fiber constant holomorphic function in $\breve{\pi}^{-1}(W) \subset Y$ and hence from a holomorphic function in W. – If two fiber constant holomorphic functions g_1, g_2 coincide in U^*, they are idential. So we got

$$F^0_{*R}(\mathcal{O}_X) = \mathcal{O}_{\underline{Y}}$$

and $\underline{Y}$ and Q are isomorphic as ringed spaces. That means that Q is a complex space and the Theorem 2 is proved.

By construction Q always is weakly normal in the sense of [15].

4. Some Further Results

We keep the terminology of the last section.

1

We assume that all $m_\nu = m$ are maximal and that the projection of all irreducible components $R_\iota \subset R$, $R_\iota \subset X_\nu \times X_\mu$ in X_ν and in X_μ contains inner points. If R is semiproper and holomorphic $Q = X/R$ is a complex space. We prove:

Proposition 1. *Q is normal.*

Proof. Assume that Q is not normal. Then by construction of Sect. 3.8 the set of non normal points is obtained from $\underline{R}$ and hence Q is locally irreducible in no non normal point. The set A of non normal points of Q is analytic and nowhere dense. This is also true for the inverse image $\hat{A}$ of A in X. Since in A something was glued together there have to be irreducible components R_ι of R which are contained in $\hat{A} \times \hat{A}$. The projection of such a $R_\iota \subset X_\nu \times X_\mu$ is in $\hat{A} \cap X_\nu$, $\hat{A} \cap X_\mu$ and has no inner point in contradiction to the assumption. By this the proof is done.

2

We can see rather easily that "semiproper" is necessary for Q being a complex space. Assume that R is not semiproper in a point $y_0 \in Q$. Then there are no open neighborhoods $V(y_0)$, $U = \mathfrak{q}^{-1}(V)$ and compact sets $K \subset \bar{U}$ with $V \subset \mathfrak{q}(K)$.

We consider $X_0 = \mathfrak{q}^{-1}(y_0) \subset X$ and take an increasing sequence K_ν of compact subsets of X with the following properties:

1) $\mathring{K}_\nu$ is an open neighborhood of G_ν, which denotes the open kernel of $X_0 \cap K_\nu$.

2) The open sets $G_\nu \subset\subset X_0$ exhaust X_0.

By assumption y_0 is not an inner point of any $\mathfrak{q}(K_\nu)$. So there is a sequence of points $y_\nu \in Q \backslash \mathfrak{q}(K_\nu)$ converging towards y_0. No point of X_0 is an accumulation point of $M = \bigcup_{\nu=1}^{\infty} \mathfrak{q}^{-1}(y_\nu)$. Hence M is closed and $\mathfrak{q}^{-1}(y_0 \cup (Q \backslash \{y_\nu\})) = X \backslash M$ is open. Since Q has the quotient topology also $y_0 \cup (Q \backslash \{y_\nu\})$ has to be open, which is not case!

References

1. Andreotti, A., Stoll, W.: Meromorphic functions on complex spaces. Seminaire F. Norguet. In: Lecture Notes in Mathematics, Vol. 409. Berlin, Heidelberg, New York: Springer 1974
2. Cartan, H.: Quotient of complex analytic spaces. Int. Coll. Funct. Theory, Tata Inst. Bombay 1960, 1–15
3. a) Furishima, M.: On semi-proper equivalence relations on complex spaces. Mem. Fac. Sci., Kyushu Univ. A **34**, 127–130 (1980)
   b) Remarks on semi-proper equivalence relations on complex spaces. Mem. Fac. Sci. Kyushu Univ. A **34**, 351–355 (1980)
4. Grauert, H., Remmert, R.: Komplexe Räume. Math. Ann. **136**, 245–318 (1958)
5. Grauert, H., Remmert, R.: Coherent analytic sheaves. In: Grundlehren der mathematischen Wissenschaften. Berlin, Heidelberg, New York: Springer 1984
6. Kaup, B.: Über offene analytische Äquivalenzrelationen. Math. Ann. **183**, 6–16 (1969)
7. Kaup, B.: Zur Konstruktion komplexer Basen. Manuscripta Math. **15**, 385–408 (1975)
8. a) Remmert, R.: Sur les espaces analytiques holomorphiquement séparables et holomorphiquement convexes. C. R. Acad. Sci. Paris **243**, 118–121 (1956); Habilitationsschrift, Münster 1957; Reduction of complex spaces. Princeton Seminars on Analytic Functions, Vol. 1, Sem. I, 1960
   b) Lieb, I.: Über komplexe Räume und komplexe Spektren. Invent. Math. **1**, 45–58 (1966)
   c) Kaup, B.: Äquivalenzrelationen auf allgemeinen komplexen Räumen. Dissertationsschrift, Fribourg (Juni) 1967; auch: Schriftenreihe des Math. Inst. d. Universität Münster, Heft 39
   d) Kiehl, R.: Äquivalenzrelationen in analytischen Räumen. Math. Z. **105**, 1–20 (1968)
9. Kuhlmann, N.: Über holomorphe Abbildungen komplexer Räume. Arch. Math. **15**, 81–90 (1964)
10. Kuhlmann, N.: Komplexe Basen zu quasieigentlichen holomorphen Abbildungen. Commun. Math. Helv. **48**, 340–353 (1973)
11. Remmert, R.: Holomorphe und meromorphe Abbildungen komplexer Räume. Math. Ann. **133**, 328–370 (1957)
12. Remmert, R., Stein, K.: Über die wesentlichen Singularitäten analytischer Mengen. Math. Ann. **126**, 263–306 (1953)
13. Stein, K.: Analytische Zerlegungen komplexer Räume. Math. Ann. **132**, 63–93 (1956)
14. Stein, K.: Maximale holomorphe und meromorphe Abbildungen. I, II. Am. J. **85**, 298–315 (1963); **86**, 823–868 (1964)
15. Wiegmann, K.W.: Some remarks on a quotient theorem by Andreotti and Stoll. Rev. Rouvm. Math. Pures Appl. **23**, 965–971 (1978)
16. Wolffhardt, K.: Existenzsätze für maximale holomorphe und meromorphe Abbildungen. Math. Z. **85**, 328–344 (1964)

Received April 7, 1983

77.

On Meromorphic Equivalence Relations

In: *Contributions to several complex variables*, Proc. Conf. Complex Analysis, Notre Dame/Indiana 1984, Aspects Math. **E9**, pp. 115–147 (1986)

Introduction.

1. We denote by X a weakly normal (see § 2.3.) complex space with countable topology and by $R \subset X \times X$ an analytic set with the following two properties:

1) R contains the diagonal $D \subset X \times X$,

2) R is mapped by the reflexion $(x_1, x_2) \to (x_2, x_1)$: $X \times X \xrightarrow{\sim} X \times X$ onto itself.

Such an analytic set defines a fibration in X. The fibre X_x through $x \in X$ is defined as $p_1(R \cap (X \times x))$ where p_1 denotes the projection $X \times X \to X$ onto the first component (as p_2 will denote the projection onto the second). Here, X_x always is considered as a set, not as a complex subspace with a nilpotent structure.

Definition: R *is a normal complex equivalence relation if:*

1) R *is an equivalence relation in* X,

2) *the codimension of the fibres is constant everywhere, equal to* $c \geq 0$.

3) *the projections* $p_i : R \to X$ *are open.*

We shall prove in § 5 that under this assumption the quotient space X/R is a weakly normal complex space of pure dimension c .

Main Theorem: *If* R *is a regular meromorphic equivalence relation of codimension* c *in* X *there is a unique proper modification* $\tilde{\pi} : \tilde{X} \to X$ *together with an open holomorphic map* $q : \tilde{X} \to Q$ *of* $\tilde{X}$ *onto a c-dimensional weakly normal complex space* Q *such that:*

1) $\tilde{\pi}$ *maps the fibres* $\tilde{S}$ *in* $\tilde{X}$ *topologically holomorphically onto* $S = \tilde{\pi}(\tilde{S}) \in \mathfrak{M}$.

2) *The map* $\tilde{S} \to S$ *is a bijection* $Q \to \mathfrak{M}$.

We put $Q = X/R$ and call Q the *(generalized) quotient space of* X *by* R.

In § 1 we prove a crucial lemma, in § 2 we prove an important proposition and in § 3 the Main theorem, in § 4 we prove the existence of complex quotient spaces of normal complex spaces by an analytically closed Lie group action. Finally, § 5 brings the proof of the result on normal complex equivalence relations stated in the first paragraph of the introduction.

The main result is a solution of a problem on the existence of m-bases stated by K.Stein in [St]. Group quotients were considered in the proper case already in [Li] and [Fu] and the Crucial Lemma of § 1, however for the proper case only, is contained in Horonakas Flattening Theorem (see [Hi]).

We use the notations of [STCER]. So $\hat{R}$ always stands for the simple complex equivalence relation to a complex equivalence relation R and R_F, R_φ etc. denotes the complex equivalence relation to holomorphic maps F, φ, etc.

§ 1. The Crucial Lemma

1. We prove that $\tilde{R}_\varphi$ leads to a proper (in general only weakly normal) modification of $\tilde{R}$ and the second factor X of $X \times X$. Since this proposition is local with respect to the second factor we may assume that this has pure dimension n and is an analytic subset of a domain $U \subset \mathbb{C}^m$. So we have the holomorphic map $F : \tilde{R} \xrightarrow{\varphi} X \to \mathbb{C}^m$. The codimension of the generic fibre is $n + c$ and the degeneration set of F is E.

We just may consider the following general situation: Y is a normal complex space, $F : Y \to \mathbb{C}^m$ is a holomorphic map of Y onto a pure n-dimensional normal analytic subset $A \subset U \subset \mathbb{C}^m$, the degeneration set $E := \{y \in Y : \operatorname{codim}_y F^{-1} F(y) < n\}$ is nowhere dense in Y. - We denote by $\mathfrak{M}_F$ the fibration of Y into pure n-codimensional analytic subsets given by R_F (like $\tilde{R}_\varphi$ gives $\mathfrak{M}_\varphi$). We prove:

Lemma (n): *If* $K \subset Y$ *is compact there is a finite family of commutative diagrams:*

$$\begin{array}{ccc} Y_\lambda & \xrightarrow{\ \pi_\lambda\ } & Y \\ {\scriptstyle q_\lambda}\downarrow & & \downarrow{\scriptstyle F} \\ Q_\lambda & \xrightarrow{\ \underline{F}_\lambda\ } & \mathbb{C}^m \end{array}$$

for $\lambda = 1,\dots,l$ *with the following properties:*

1) Y_λ, Q_λ *are normal complex spaces;* π_λ, q_λ, $\underline{F}_\lambda$ *holomorphic maps. The dimension of* Q_λ *is* n, *the generic fibre of* $\underline{F}_\lambda$ *is 0-dimensional.*

2) *All fibres* $Y_{\lambda t} := q_\lambda^{-1}(t) \subset Y_\lambda$ *with* $t \in Q_\lambda$ *have pure codimension* n . *They are mapped by* π_λ *finite open onto an open subset of a fibre* $S \in \mathfrak{M}_F$, *the subset containing* $S \cap K$.

3) *For* $S \in \mathfrak{M}_F$ *the intersection* $S \cap K$ *is in the image of a* $Y_{\lambda t}$.

4) *There are relatively compact open subsets* $Q'_\lambda \subset\subset Q_\lambda$ *such that after restriction to* Q'_λ *the property* 3) *still holds true.*

5) *If* $Q'_\lambda \subset\subset Q_\lambda$ *the map* $\pi_\lambda : q_\lambda^{-1}(\bar{Q}'_\lambda) \cap \pi_\lambda^{-1}(K) \to K$ *is proper.*

We shall deduce a proposition from Lemma (n) in § 2:

<u>Proposition (n)</u>: *Assume that* X, Y, Z *are normal complex spaces, that* X *is of pure dimension* n *and* $\varphi : Y \to X$ *is a surjective holomorphic map whose generic fibre has codimension* n, *such that* $\mathfrak{M}_\varphi$ *is regular, and that* $p : Y \to Z$ *is a finite holomorphic map. Moreover, we assume a holomorphic map* $\psi : Z \to X$ *with* $\varphi = \psi \circ p$. *Then there are unique proper modifications* $\hat{\pi} : \tilde{Y} \to Y$, $\tilde{\pi} : \tilde{X} \to X$, *which are biholomorphic outside* $\hat{\pi}^{-1}(E)$, $\tilde{\pi}^{-1}\varphi(E)$, *together with a holomorphic mapt* $\tilde{\varphi} : \tilde{Y} \to \tilde{X}$ *such that*

1) *the diagram*

$$\begin{array}{ccc} \tilde{Y} & \xrightarrow{\hat{\pi}} & Y \\ {\scriptstyle \tilde{\varphi}}\downarrow & & \downarrow{\scriptstyle \varphi} \\ \tilde{X} & \xrightarrow{\tilde{\pi}} & X \end{array}$$

is commutative,

2) *the fibres of* $\tilde{\varphi}$ *are of pure codimension* n,

3) *each fibre* $\tilde{S} = \tilde{\varphi}^{-1}(x) \in \mathfrak{M}_{\tilde{\varphi}}$ *is mapped by* $\hat{\pi}$ *topologically onto a fibre* $S \in \mathfrak{M}_{\varphi}$ *such that* $p \circ \hat{\pi}$ *is a bijection* $\mathfrak{M}_{\tilde{\varphi}} \to p\,\mathfrak{M}_{\varphi}$, *where* $p\,\mathfrak{M}_{\varphi}$ *is the set* $\{p(S)):$ $S \in \mathfrak{M}_{\varphi}\}$ *(attention: the fibres are equipped with multiplicity of their irreducible components: see § 2.1).*

<u>2.</u> We prove the Lemmas (n) by an induction on n. In the case $n = 1$ the degeneration set E is empty. We simply put $Y_\lambda \to Q_\lambda$ equal $Y \to A$ with $A = F(Y) \subset U \subset \mathbb{C}^m$. $\mathfrak{M}_F$ coincides with the set of fibres of F. So nothing has to be proved.

We assume $n > 1$ and that Lemma (n-1) holds true. We take a linear projection $\mathbb{C}^m \to \mathbb{C}^n$ such that $A \to \mathbb{C}^m \to \mathbb{C}^n$ is discrete and compose this with a linear projection $\mathbb{C}^n \to \mathbb{C}^{n-1}$. The fibres in A of the composition $p : \mathbb{C}^m \to \mathbb{C}^{n-1}$ are of pure dimension 1. Hence, the image $V = p(A) \subset \mathbb{C}^{n-1}$ is open. We put $F^* = p \circ F$. The degeneration set E^* of F^* is contained in E and hence nowhere dense in Y. This means we are with F^* in the case of Lemma (n-1). We obtain a finite family of commutative diagrams:

$$\begin{array}{ccc} Y^*_\lambda & \xrightarrow{\;\pi^*_\lambda\;} & Y \\ {\scriptstyle q^*_\lambda}\big\downarrow & & \big\downarrow{\scriptstyle F^*} \\ Q^*_\lambda & \xrightarrow{\;\underline{F}^*_\lambda\;} & \mathbb{C}^{n-1} \end{array}$$

with $\lambda = 1,\dots,l^*$ and the properties 1) - 5). We may cut Q^*_λ into smaller pieces. Hence, we may assume that all Q^*_λ are analytic subsets of domains $U \subset \mathbb{C}^m$. We put $F^*_\lambda : Y^*_\lambda \overset{q^*_\lambda}{\to} Q^*_\lambda \overset{id}{\to} U$ and $F^+_\lambda = (f_\lambda, F^*_\lambda)$, where f_λ is the m-tupel of holomorphic functions defining the holomorphic map $F \circ \pi^*_\lambda$. The degeneration set E^*_λ of F^+_λ is the union of those irreducible compo-

$$\begin{array}{ccc} \tilde{Y}^* & \longrightarrow & B^* \\ {\scriptstyle\hat{\delta}}\downarrow & & \downarrow{\scriptstyle id} \\ \tilde{Y}^{**} & \longrightarrow & B^{**} \end{array}$$

where $\hat{\delta}$ is a biholomorphic map of $\tilde{Y}^*$ onto an open subset of $\tilde{Y}^{**}$.

<u>4.</u> Now we exhaust X by a sequence of relatively compact open subsets $G_\nu \subset\subset G_{\nu+1} \subset\subset X$ and Y by a similar sequence $B_\nu \subset\subset B_{\nu+1} \subset\subset Y$. We construct the commutative diagrams

$$\begin{array}{ccc} \tilde{Y}^*_\nu & \longrightarrow & B^*_\nu \\ \downarrow & & \downarrow \\ \tilde{X}^*_\nu & \longrightarrow & G^*_\nu \end{array}$$

and get isomorphisms $\delta_\nu : \tilde{X}^*_\nu \tilde{\to} \tilde{X}^*_{\nu+1} | G_\nu$, $\hat{\delta}_\nu : \tilde{Y}^*_\nu \tilde{\to} \tilde{Y}^*_{\nu+1} | B^*_\nu$. We glue together and obtain proper modifications $\hat{\pi} : \tilde{Y} \to Y$, $\tilde{\pi} : \tilde{X} \to X$ such that the diagram

$$\begin{array}{ccc} \tilde{Y} & \longrightarrow & Y \\ \downarrow & & \downarrow \\ \tilde{X} & \longrightarrow & X \end{array}$$

is commutative. The properties 2) and 3) of Proposition (n) are satisfied. Its proof is completed!

§ 3. The Proof of the Main Theorem

1. Assume now that X is a normal complex space and that R is a regular meromorphic equivalence relation in X of codimension c. We denote by $P \subset X$ a polar set. We take the normalization $\pi : \tilde{R} \to R$ and put $\varphi = p_2 \circ \pi : \tilde{R} \to X$. The set E is the degeneration set of φ. The space X decomposes into connected components X_i of dimension n_i. The codimension of the generic fibre of φ over X_i is $c + n_i$.

We apply Proposition $(c + n_i)$ with $Y \to Z$ equal $\pi : \tilde{R} \to X \times X$ and ψ equal $p_2 : X \times X \to X$. We obtain a commutative diagram

$$\begin{array}{ccc} \tilde{Y} & \xrightarrow{\hat{\pi}} & \tilde{R} \\ {\scriptstyle \hat{\varphi}}\downarrow & & \downarrow{\scriptstyle \varphi} \\ \tilde{X} & \xrightarrow{\tilde{\pi}} & X \end{array}$$

where $\tilde{X}$ is a proper modification of X. We take the inverse image of R in $\tilde{X} \times \tilde{X}$ under the map $\tilde{\pi} \times \tilde{\pi}$ and omit all irreducible components which are completely in $\tilde{P} \times \tilde{X}$ or in $\tilde{X} \times \tilde{P}$ with $\tilde{P} = \tilde{\pi}^{-1}(P^*), P^* = P \cup \varphi(E)$. We note: If a point of a fibre $S \in \mathfrak{M}_\varphi$ is contained in E then a full irreducible component through this point is contained in E. Since R is regular it follows that the *projection* $\varphi : E \to X$ *is semiproper*. So $\varphi(E) \subset X$ and $\tilde{P} \subset \tilde{X}$ are nowhere dense analytic sets.

Thus, we obtain an analytic set $R^O \subset \hat{X} \times \hat{X}$, which contains the diagonal and is invariant under reflexion. The blowing-up took place in $\varphi(E)$ only. So we have $\tilde{X} \setminus \tilde{P} = X \setminus P^*$. Hence, the restriction $R^O | \tilde{X} \setminus \tilde{P}$ is a normal complex equivalence relation. R^{O} is simply the closure of $R \cap (X \setminus P^*) \times (X \setminus P^*))$ in $\tilde{X} \times \tilde{X}$.

By a generic fibre $S \in \mathfrak{M} := p_1 \mathfrak{M}_\varphi$ we understand a fibre X_x, $x \in X \setminus P^*$ such that $X_x \setminus P^*$ is dense in X_x. Clearly, each generic fibre has pure codimension c in X. To every point $x \in \tilde{X}$ the fibre $S = p_1 \pi \hat{\pi} \tilde{\varphi}^{-1}(x)$ in X is attached. We call a map into $\tilde{X}$ *constant to fibres* if the composition with $x \to S$ is constant. For a generic $S \in \mathfrak{M}$ the map $\tilde{\pi}^{-1}$ is constant to fibres in $S \setminus P^*$. Since $\tilde{X} = \mathfrak{M}_\varphi$, it has a unique continuation to S which is also constant to fibres. We denote this by $\tilde{\pi}^{-1} : S \to \tilde{X}$.

The fibres of the projection $P^* \times X \to X$ have codimension $\leq n_i$ in P^*. We denote by $A^{\cdot}$ the set of points, where this codimension is $< n_i$ (degeneration set). The image $\underline{A} \subset X$ is nowhere dense. All fibres X_x, $x \in X \setminus P^* \setminus \underline{A}$ are generic, all other fibres $S \in \mathfrak{M}$ through an $x \in X \setminus P^*$ are approximated by such fibres. Thus, we also have a $\tilde{\pi}^{-1} : S \to \tilde{X}$ which is constant to fibres. Now, every $S \in \mathfrak{M}$ can be approximated by S_1 through an $x \in X \setminus P^*$. So we have a fibre constant $\tilde{\pi}^{-1} : S \to \tilde{X}$ always: We put $\underline{R} = (p_1 \pi \hat{\pi}, \tilde{\varphi})(\hat{Y}) \subset X \times \tilde{X}$. Then $\underline{R}_x \subset X$ is the fibre over x and $\underline{R}_{\tilde{\pi}^{-1}(x)}$ is constant on each $S \in \mathfrak{M}$.

Hence $\tilde{\pi}^{-1} : S \to\!\!> \tilde{S} \subset \tilde{X}$ is a topological map. Its inverse $\tilde{\pi}|\tilde{S} : \tilde{S} \to S$ is a finite open map. We obtain a fibration $\tilde{\mathfrak{M}}$ in $\tilde{X}$ into pure c-codimensional analytic sets $\tilde{S}$. By the construction of $\tilde{X}$ two different $\tilde{S} \in \tilde{\mathfrak{M}}$ never intersect. Each point of $\tilde{X}$ is contained in an $\tilde{S}$. So $\tilde{\mathfrak{M}}$ is an equivalence relation in $\tilde{X}$.

We wish to prove that $\widetilde{\mathfrak{M}}$ is given by R^o. Then we also know that R^o is a complex equivalence relation in $\hat{X}$. If $x \in \widetilde{X}$ we denote by $\widetilde{S}_x \in \widetilde{\mathfrak{M}}$ the fibre through x. For $x \to x_o$ the fibre $\widetilde{S}_x$ always converges against S_{x_o}. We have $R^o | \widetilde{X} \setminus \widetilde{P} = \widetilde{\mathfrak{M}} | \widetilde{X} \setminus \widetilde{P}$. We put $\mathfrak{M}' = p_1 \pi^o \mathfrak{M}_{\varphi^o}$, where $\mathfrak{M}_{\varphi^o}$ is the fibration in the normalization $\pi^o : \widetilde{R}^o \to R^o$ given by the projection onto $\widetilde{X}$. If $x_o \in \widetilde{X}$ there is a sequence of generic points $x_\nu \in \widetilde{X} \setminus \widetilde{P}$ converging against x_o. Then we have for the fibres $S'_{x_\nu} \in \mathfrak{M}'$ the equation $S'_{x_\nu} = S_{x_\nu}$ and so the S'_{x_ν} always converge against S_{x_o}. Moreover, $R^o \cap (\widetilde{P} \times \widetilde{X}) \cup (\widetilde{X} \times \widetilde{P})$ is nowhere dense in R^o. This all implies that the degeneration set of $p_2 : R^o \to \widetilde{X}$ has to be empty and we get $S_{x_o} = S'_{x_o}$ for all $x_o \in \widetilde{X}$. That means $\widetilde{\mathfrak{M}} = \mathfrak{M}' = R^o$.

Since the fibres are of pure codimension c and S'_x converges for $x \to x_o$ always against S'_{x_o}, $p_2 : R^o \to \widetilde{X}$ has to be open. So R^o is normal and $Q = \widetilde{X}/R^o$ a weakly normal complex space. We have to use § 5.6. In our case Q is a usual quotient and the fibres over Q are the fibres of $\widetilde{\mathfrak{M}}$. Each fibre in $\widetilde{X}$ is topologically mapped onto a fibre in X. The map is a bijection of fibres. That completes the proof of the Main Theorem.

$D = \hat{R}_F \subset R^* \subset R_F$. That means that R^* is holomorphic. So $Q = Y/R^*$ is a complex space.

We prove that Q is normal. If g is a bounded holomorphic function in $q(U) \setminus A$, where $A \subset q(U)$ is a nowhere dense analytic set, $g \circ q$ is holomorphic in $\hat{U} \setminus q^{-1}(A)$. The set $q^{-1}(A)$ is a nowhere dense analytic set in $\hat{U}$ because q is open. Since $\hat{U}$ is normal, the bounded holomorphic function $g\circ q$ has a unique analytic extension $\hat{g}$ to $\hat{U}$, which is fibre constant: there is a unique complex function $\underline{g}$ on U with $\underline{g} \circ q = \hat{g}$. We have $\underline{g}|q(U) \setminus A = g$. By definition of the complex structure on $q(U)$ this $\underline{g}$ is holomorphic. So the first Riemann Extension Theorem is valid: Q is a normal complex space.

4. If $X = \tilde{X}$ the projection $p_2 : \underline{R} \to Y$ is open, since $R \to X$, $X \to Y$ are open, then. So we have $R^* = \underline{R}$ and $Q = X/R$, i.e. Q is the usual quotient space of X . In the general case we have a holomorphic map $\tilde{X} \to Q$. The normalization map $\tau : \tilde{X} \to X$ gives a commutative diagram:

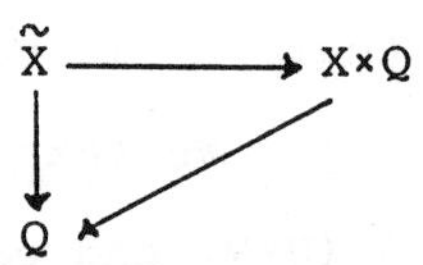

The map $\check{X} \to X \times Q$ is finite. Hence, the image X^* of $\hat{X}$ in $X \times Q$ is an analytic subset and a reduced complex space. We have a projection $X^* \to Q$ and a holomorphic map $X^* \to X$. This is finite since we have the factorization $\tilde{X} \to X^* \to X$.

5. We can also prove that R is semiproper. We take a point $x_o \in X$, an open neighbourhood $V(x_o) \subset X$, a point $(x_1, x_o) \in R_{x_o}$ and an analytic covering $A \subset p_2^{-1}(V) \cap R$ with

$A \subset\subset R$, $(x_1, x_o) \in A$. Then $p_1(p_2^{-1}(V) \cap R)$ is an open neighbourhood of S with $S = p_1(R_{x_o})$. It is saturated by fibres. So it is the inverse image of an open neighbourhood W of the point $q(S) \in X/R$. The image $K := p_1(\bar{A}) \subset X$ is compact and we have $q(K) \supset W$. This proves the statement.

We get immediately, that $\underline{R}$ is semiproper. $\underline{R}$ is obtained by lifting a semiproper equivalence relation R' from Q to Y. We have $\underline{R} = R^* \cup A$, where A is the union of irreducible components of dimension less than c. The image B of A in $Q \times Q$ under $Y \times Y \to Q \times Q$ is an analytic set of dimension less than c, since locally $Y \to Q$ is an analytic covering. The dimension of B is less than $c = \dim Q$. We have $R' = D \cup B$, R' is discrete and $\underline{B} := p_2(B) \subset Q$ nowhere dense. That proves that (Q, R') is a sutured complex space.

The generic fibre of $\tilde{X} \to Q$ is mapped by $\tilde{X} \to X$ <u>onto</u> a fibre of X. Since $p_2 : R \to X$ is open, this holds true for all fibres of $\tilde{X} \to Q$, hence it is true for the fibres $X^* \to Q$, but these are analytic subsets of X. So the map $\pi^* : X^* \to X$ restricted to fibres is biholomorphic. Outside $\underline{B}$ the map π^* is bijective.

Since π^* is finite it is topological there. If f is a local holomorphic function there, $f \circ \pi^{*-1}$ is a local continuous function which is holomorphic outside a nowhere dense analytic set. Because X is weakly normal, it is holomorphic. So $\pi^* : X^* | Q \setminus \underline{B} \tilde{\to} \pi^*(X^* | Q \setminus \underline{B}))$ is a biholomorphic map. The rest is a nowhere dense analytic set. That means that π^* is a proper modification.

We call $\pi^* : X^* \to Q$ the *normalization* of R in X .

6. In the case of the Main Theorem each fibre in X (there denoted by $\tilde{X}$) has a well defined multiplicity on its irreducible components. We can use like in § 2.1 complete intersections $\bar{A}_i$ to construct local holomorphic functions in Q/R' which separate the fibres of X . This proves that R' is holomorphic and that Q/R' is a weakly normal complex space. So, in our case we can divide by R' and the sutured complex spaces are not necessary: The quotient X/R is a weakly normal complex space. But this is also like this in general. It can be seen that a multiplicity can be locally resp. X/R defined in all of the cases of our Theorem. So X/R always is a weakly normal complex space. This proves our Theorem.

Bibliography

[Fu] Fujiki, A.: On Automorphism Groups of Compact Kähler Manifolds. Invent.Math.44, 225-258 (1978).

[STCER] Grauert, H.: Set Theoretic Complex Equivalence Relations. Math.Annalen 265, 137-148 (1983)

[CAS] Grauert, H. and R.Remmert: Coherent Analytic Sheaves. Springer Heidelberg 1984.

[Hi] Hironaka, H.: Flattening Theorem in Complex-Analytic Geometry Amer.J.Math.97, 503-547 (1975).

[Li] Lieberman: Compactness of the Chow Scheme: Fonctions de Plusieurs Variables Complexes III (Séminaire Norguet). Lecture Notes in Mathematics 670 (1978).

[Re] Remmert, R.: Holomorphe und meromorphe Abbildungen komplexer Räume. Math.Ann.133, 328-370 (1957).

[St] Stein, K.: Maximale holomorphe und meromorphe Abbildungen I, II. Ann.J.85, 298-315 (1963); 86, 823-869 (1964).

Abbildung $q: X \twoheadrightarrow Q$, $q \in \mathfrak{f}$ von X auf einen komplexen Raum Q, so daß zu jedem $f \in \mathfrak{f}$, $f: X \to Y$ eine meromorphe Abbildung $\underline{f}: Q \to Y$ mit $f = \underline{f} \circ q$ existiert.

Der komplexe Raum Q ist bis auf bimeromorphe Äquivalenz eindeutig bestimmt. Sind nämlich $q_\nu: X \twoheadrightarrow Q_\nu$ für $\nu = 1, 2$ m-Basen von $\mathfrak{f}$, so gibt es meromorphe Abbildungen $g_1: Q_1 \to Q_2$, $g_2: Q_2 \to Q_1$, so daß das folgende Diagramm kommutiert:

$$\begin{array}{ccc} & \overset{q_1}{\nearrow} & Q_1 \\ X & & {\scriptstyle g_1}\downarrow\uparrow{\scriptstyle g_2} \\ & \underset{q_2}{\searrow} & Q_2 \end{array}$$

Es gibt dann eine offene Umgebung U in jeder Zusammenhangskomponente von X, in der X glatt, q_1 und q_2 holomorph, ihre Funktionalmatrix den höchsten Rang hat. Die Bilder $V_\nu = q_\nu(U) \subset Q_\nu$ sind dann offen und die Graphen von g_1, g_2 in $V_1 \times V_2$ sind gleich. Es folgt aus dem Identitätssatz, daß die Graphen von g_1, g_2 in ganz $Q_1 \times Q_2$ übereinstimmen, d. h. $g_2 = g_1^{-1}$, g_1 ist eine bimeromorphe Abbildung.

Wir wollen fortan annehmen, daß X zusammenhängend und $\mathfrak{f}$ abgeschlossen ist: Jede meromorphe Abbildung, die auf den (allgemeinen) Fasern von $\mathfrak{f}$ konstant ist, gehöre auch zu $\mathfrak{f}$.

$\mathfrak{f}$ definiert eine meromorphe Äquivalenzrelation $R = R_\mathfrak{f}$ in X. Ihre Codimension sei $c = 1, \ldots, n$. Ist sie regulär, so ist $Q = X/R$ eine m-Basis zu $\mathfrak{f}$. Die Abbildung $X \to Q$ ist die Composition $X \to \tilde{X} \to Q$. Im Falle $c = 1$ existiert die m-Basis also immer.

Wir werden zeigen:

1) *Es gibt eine 4-dimensionale (zusammenhängende) komplexe Mannigfaltigkeit X, eine 3-codimensionale nicht-reguläre meromorphe Äquivalenzrelation R in X, so daß für die Menge $\mathfrak{f}$ der auf den Fasern konstanten meromorphen Abbildungen $f: X \to Y$ eine 2-dimensionale m-Basis Q existiert. Das bedeutet, daß die Fasern zu $\mathfrak{f}$ nur die Codimension 2 haben, es gilt also $R \neq R_\mathfrak{f}$.*

2) *Es gibt eine 4-dimensionale (zusammenhängende) komplexe Mannigfaltigkeit X, eine 3-dimensionale komplexe Mannigfaltigkeit Y, eine holomorphe Abbildung $f: X \twoheadrightarrow Y$, so daß zu dem von f erzeugten abgeschlossenen System $\mathfrak{f}$ keine m-Basis existiert.*

3) Weil man die meromorphen Abbildungen aus $\mathfrak{f}$ eventuell simultan analytisch fortsetzen kann, darf man X durch Herausnahme gewisser analytischer Mengen vereinfachen. Es folgt deshalb:

Es sei R eine meromorphe Äquivalenzrelation in X von der Codimension 2 und $\mathfrak{f}$ die Menge der meromorphen Abbildungen $X \to Y$, die auf den Fasern von $\mathfrak{M}$ konstant sind. Dann gibt es zu $\mathfrak{f}$ eine m-Basis der Dimension 2.

Ich habe Herrn Stein für wertvolle Diskussionen zu danken. Er sagte mir, daß er sogar einen direkten Beweis für die letzte Aussage 3) hat.

1. Es gibt nicht zu jeder meromorphen Äquivalenzrelation einen komplexen Quotientenraum

Wir setzen $X_0 = \mathbb{C}^3 = \{(z_1, \ldots, z_3)\}$ und bezeichnen mit $\pi_0: (z_1, \ldots, z_3) \to (z_2, z_3)$ die holomorphe Projektion $X_0 \to \mathbb{C}^2$. Wir erhalten dadurch in X_0 eine glatte holomorphe Faserung $\mathfrak{M}_0$ in eindimensionale Geraden. Wir definieren durch den in $O_0 = O \in X_0$ angewandten Hopfschen σ-Prozeß die komplexe Mannigfaltigkeit

X_1 und durch Liftung von π_0 eine holomorphe Projektion $\pi_1: X_1 \to \mathbb{C}^2$, die den für O_0 eingesetzten 2-dimensionalen komplex projektiven Raum $\mathbb{P}_2^{(1)}$ auf $\underline{Q}_0 = O \in \mathbb{C}^2$ wirft. Die eindimensionale Faserung in $X_1 \backslash \mathbb{P}_2^{(1)}$ gehört zu π_1. Sie setzt sich deshalb zu einer eindimensionalen meromorphen Faserung $\mathfrak{M}_1$ von X_1 fort. Dabei wird $\mathbb{P}_2^{(1)}$ in ein Büschel von Geraden gefasert, die alle durch einen bestimmten Punkt $P^{(1)} \in \mathbb{P}_2^{(1)}$ gehen. Dieser Punkt $P^{(1)}$ ist einfach der Durchschnitt $A \cap \mathbb{P}_2^{(1)}$ mit

$$A = \text{abg. Hülle } [(X_1 \backslash \mathbb{P}_2^{(1)}) \cap \{z_2 \circ \pi_1 = z_3 \circ \pi_1 = 0\}].$$

Außerhalb von $P^{(1)}$ ist $\mathfrak{M}_1$ glatt holomorph.

Unser Theorem (aus der Einleitung) ergibt: $\tilde{X}_1$ entsteht durch σ-Modifikation von X_1 entlang A und der Quotientenraum $Q_1 = X_1/\mathfrak{M}_1$ durch σ-Modifikation in $\underline{Q}_0 \in \mathbb{C}^2$, während der Quotientenraum $Q_0 = X_0/\mathfrak{M}_0$ einfach der $\mathbb{C}^2$ ist.

Wir wiederholen nun die Konstruktion in

$$O_1 = \text{abg. Hülle } [(X_1 \backslash \mathbb{P}_1^{(1)}) \cap \{z_1 \circ \pi_1 = z_2 \circ \pi_1 = 0\}] \cap \mathbb{P}_2^{(1)}$$

und erhalten eine σ-Modifikation X_2 von X_1, eine holomorphe Abbildung $\pi_2: X_2 \to \mathbb{C}^2$ und eine eindimensionale meromorphe Faserung $\mathfrak{M}_2$ von X_2. Der Punkt O_1 liegt in $\mathbb{P}_2^{(1)} \backslash \{P^{(1)}\} \subset X_1$ und durch $\tilde{X}_1 \to Q_1$ über einem Punkt $\underline{Q}_1 \in \mathbb{P}_1^{(1)} \subset Q_1$, wobei $\mathbb{P}_1^{(1)}$ durch den σ-Prozeß in $\underline{Q}_0 \in \mathbb{C}^2 =: Q_0$ eingesetzt worden ist. Der Quotient Q_2 von X_2 entsteht aus Q_1 durch einen σ-Prozeß in $\underline{Q}_1$.

Wir wenden nun unser Verfahren auf den für O_1 eingesetzten $\mathbb{P}_2^{(2)}$ an, erhalten den Punkt $O_2 \in \mathbb{P}_2^{(2)}$, der nicht in der strikt Transformierten von $\mathbb{P}_2^{(1)}$ liegt, außerhalb des neuen Büschelpunktes $P^{(2)} \in \mathbb{P}_2^{(2)}$. Die Situation in der Nähe von $\mathbb{P}_2^{(2)} \backslash \{P^{(2)}\}$ ist nämlich die gleiche wie in der Nähe von $\mathbb{P}_2^{(1)} \backslash \{P^{(1)}\}$. Ähnlich liegt $\underline{Q}_2 \in \mathbb{P}_1^{(2)}$ außerhalb der strikt Transformierten von $\mathbb{P}_1^{(1)}$.

Durch weitere Wiederholung bekommen wir eine Folge von 3-dimensionalen σ-Modifikationen X_ν in $O_{\nu-1} \in \mathbb{P}_2^{(\nu-1)} \subset X_{\nu-1}$ und als Quotientenmannigfaltigkeiten eine Folge von 2-dimensionalen σ-Modifikationen in $\underline{Q}_{\nu-1} \in \mathbb{P}_1^{(\nu-1)} \subset Q_{\nu-1}$. Es entstehen holomorphe Abbildungen $\pi_\nu: X_\nu \to \mathbb{C}^2$, die eine eindimensionale meromorphe Faserung von $\mathfrak{M}_\nu$ von X_ν ergeben. $\mathfrak{M}_\nu$ ist außerhalb von $P^{(\mu)}$, $\mu \leqq \nu$ glatt. Die Büschelpunkte $P^{(\nu)}$ liegen immer in der strikt Transformierten von $\mathbb{P}_2^{(\nu-1)}$, der Punkt O_ν liegt stets außerhalb dieser Menge. Letzteres gilt auch für $\underline{Q}_\nu$.

Wir setzen $X = \bigcup_{\nu=0}^{\infty} (X_\nu \backslash \{O_\nu\})$. Dieses X ist eine 3-dimensionale komplexe Mannigfaltigkeit, die durch eine holomorphe Abbildung $\pi: X \to \mathbb{C}^2$ abgebildet ist. X ist stets eine (nicht eigentliche) holomorphe Modifikation von X_ν. Die Modifikationsabbildungen kommutieren mit π_ν, π. Wir haben durch π eine 1-dimensionale meromorphe Faserung $\mathfrak{M}$ von X. Über $O \in \mathbb{C}^2$ liegt eine wohlbestimmte 1-dimensionale Faser $F \in \mathfrak{M}$. Ihr Bild in X_ν ist innerhalb von $\mathbb{P}_2^{(\nu)}$ die Gerade, die $P^{(\nu)}$ mit O_ν verbindet.

Wir nehmen nun an, daß der Quotientenraum $Q = X/\mathfrak{M}$ ein komplexer Raum ist. F entspricht dann einem Punkt $y \in Q$.

Wir gewinnen durch Normalisierung, Desingularisation eine 2-dimensionale komplexe Mannigfaltigkeit $\hat{Q}$ über Q. Es sei $\hat{y} \in \hat{Q}$ ein Punkt über y. Man hat eine natürliche holomorphe Abbildung $Q \twoheadrightarrow \mathbb{C}^2$. Zusammen mit $\hat{Q} \twoheadrightarrow Q$ ergibt diese eine holomorphe Abbildung $\tau: \hat{Q} \twoheadrightarrow \mathbb{C}^2$. Diese faktorisiert über die Sequenz von

Commentary

1

Assume that X is a 2-dimensional compact complex manifold and that there are 2 independent meromorphic functions on X, i.e. that the degree of transcendency of X is maximal. As Chow and Kodaira proved (On analytic surfaces with two independent meromorphic functions. Proc. Nat. Acad. Sci. USA 38, 319–325 (1952)) then X is projective algebraic. This is no longer true if X is a 2-dimensional normal complex space (see [28]) or if the dimension of X exceeds 2 (M. Nagata: Existence theorems for non-projective complete algebraic varieties, III. J. Math. 2, 490–498 (1958)).

The result changes if we assume that X is a compact and homogeneous n-dimensional complex manifold. If X is algebraic and its degree of transcendency is n then already Chow proved 1957 that X is projective algebraic (On the projective embedding of homogeneous varieties. Algebraic Geometry and Topology, 122–128, Princeton 1957). The paper [31] generalizes this result to arbitrary compact complex manifolds X. Moreover, it was proved that X is projective algebraic if there are finitely many complex hypersurfaces in X, which intersect in finitely many points. If X is a general homogeneous compact complex manifold then X is a holomorphic fibre bundle over a homogeneous projective algebraic manifold Y. The projection $X \to Y$ gives an isomorphism of the fields of meromorphic functions and the typical fiber is holomorphically parallizable. The degree of transcendency of X is the largest codimension of hyperplane intersections in X.

2

In [32] an (at least) 3-dimensional complex manifold X is constructed which has a smooth pseudoconvex boundary B. The union of X and B is compact and there is a smooth (real) 2-codimensional submanifold $A \subset B$ such that X in $B - A$ is strictly pseudoconvex. This X is not a Stein manifold and its cohomology with coefficients in a coherent analytic sheaf is infinite, in general. If we try to define a good hull of holomorphy of X then this is not possible in the category of complex spaces. We are led to a notion of not necessarily locally compact complex spaces.

In [32] also an example of a branched domain G over $\mathbb{P}_2$ is constructed which is a domain of meromorphy but not a domain of holomorphy.

USSR Izvestija 5 (1971), 1180–1192); M. Hortmann (Über die Lösbarkeit der $\overline{\partial}$ Gleichung mit Hilfe von L^p, C^k und D'-stetigen Integraloperatoren. Math. Ann. 223 (1976), 139–156; I. Lieb (Ein Approximationssatz auf streng pseudokonvexen Gebieten. Math. Ann. 184 (1969), 56–60); I. Lieb (Die Cauchy-Riemannschen Differentialgleichungen auf streng pseudokonvexen Gebieten. Math. Ann. 190 (1970), 6–44); I. Lieb and R.M. Range (Lösungsoperatoren für den Cauchy-Riemann Komplex mit C^k-Abschätzungen. Math. Ann. 253 (1980), 145–164); I. Lieb and R.M. Range (On integral representations and a priori Lipschitz estimates for the canonical solution of the $\overline{\partial}$ equation. Math. Ann. 265 (1983), 221–251); I. Lieb and R.M. Range (Integral representations and estimates in the theory of the $\overline{\partial}$ Neumann problem. Ann. of Math. 123 (1986), 265–301); N. Ovrelid (Integral representation formulas and L^p estimates for the $\overline{\partial}$ equation. Math. Scand. 29 (1971), 137–160); R.M. Range (On Hölder estimates for $\overline{\partial}u = f$ on weakly pseudoconvex domains. Proc. Int. Conf. Cortona 1976–1977. Scuola Norm. Sup. Pisa 1978, 247–267); R.M. Range (An elementary integral solution operator for the Cauchy-Riemann equations on pseudoconvex domain in $\mathbb{C}^n$. Trans. Amer. Math. Soc. 274 (1982), 809–816); R.M. Range and Y.T. Siu (Uniform estimates for the $\overline{\partial}$ equation on the domains with picewise smooth strictly pseudoconvex boundaries. Math. Ann. 206 (1973), 325–354); Y.T. Siu (The $\overline{\partial}$ problem with uniform bounds on derivatives. Math. Ann. 207 (1974), 163–176).

However, estimates for the $\overline{\partial}$ derived from the integral formula are not good enough to obtain the smooth extension of a biholomorphism between strongly pseudoconvex domains up to the boundary. The most elegant approach to such an extension problem was done with the boundary behaviour of the Bermann kernel obtained from the Kohn solution of the $\overline{\partial}$ equation and with the technique of canonical domains of Bergmann (S.R. Bell and E. Ligocka: A simplification and extension of Fefferman's theorem on biholomorphic mappings. Invent. math. 57 (1980), 283–289). There were also results getting explicit integral formulas for the Kohn solution (R. Harvey and J. Polking: Fundamental solutions in complex analysis. I. The Cauchy-Riemann operator. Duke Math. J. 46 (1979), 253–300).

Papers Reprinted in this Part

Expressions in italics concern the contents of the paper.

Abbreviations: *compl* = complex spaces, sheaf theory; *lev* = Levi problem, convexity, Stein spaces, projective algebraic spaces; *hyp* = hyperbolic complex spaces

[31] (mit R. Remmert) Über kompakte homogene komplexe Mannigfaltigkeiten. Arch. Math. XIII **6**, 498–507 (1962). *lev*

[32] Bemerkenswerte pseudokonvexe Mannigfaltigkeiten. Math. Zeitschr. **81**, 377–391 (1963). *compl*

[39] (mit H. Reckziegel) Hermitesche Metriken und normale Familien holomorpher Abbildungen. Math. Zeitschr. **89**, 108–125 (1965). *hyp*

[51] (mit I. Lieb) Das Ramirezsche Integral und die Lösung der Gleichung $d''f = \alpha$ im Bereich der beschränkten Formen. Talk by H. Grauert at meeting at Rice University March 1969, Rice University Studies, **56**, Nr. 2, 29–50 (1970). *lev*

Gibt es auf der homogenen, kompakten komplexen Mannigfaltigkeit V Hyperflächen, so ist die algebraische Dimension $t(V)$ positiv. Es gilt $t(V) = \dim V - k$, wobei k die kleinste natürliche Zahl ist, die als Dimension eines Durchschnittes von Hyperflächen vorkommt.

Weiter zeigt Satz 3 noch, *daß jede homogene kompakte komplexe Mannigfaltigkeit, auf der es meromorphe Funktionen mit Unbestimmtheitsstellen gibt, mindestens die algebraische Dimension 2 hat.*

3. Zum Beweise von Satz 2 benutzen wir entscheidend das folgende

Algebraizitätskriterium. *Ein kompakter komplexer Raum X ist projektiv-algebraisch, wenn es ein komplex-analytisches Geradenbündel N über X gibt mit folgender Eigenschaft: zu jeder irreduziblen, mindestens 1-dimensionalen, analytischen Menge B in X gibt es nicht identisch verschwindende, holomorphe Schnittflächen in $N|B$ über B mit Nullstellen.*

Dieses Kriterium ist ein Spezialfall eines in [7] bewiesenen Lemmas (vgl. S. 347). Weiter werden wir im Abschnitt 4 heranziehen:

Satz von MONTEL. *Jede gleichmäßig beschränkte Folge von holomorphen Funktionen über einem komplexen Raum X enthält eine Teilfolge, die über X kompakt gegen eine über X holomorphe Funktion konvergiert.*

Zum Beweise vgl. [8], Satz 28′, S. 290, und [1], proposition 4 nebst remark, pp. 326 bis 328.

4. In diesem Abschnitt wird ein Lemma über stetige Scharen von komplex-analytischen Geradenbündeln hergeleitet, das zum Beweis von Satz 2 benötigt wird. Es sei Y ein kompakter irreduzibler komplexer Raum. Mit I werde das abgeschlossene Einheitsintervall $\langle 0, 1\rangle$ auf der reellen t-Geraden bezeichnet. Wir führen die folgende Redeweise ein:

Ein komplexes Geradenbündel F über dem topologischen Raum $Y \times I$ heißt eine stetige Schar von komplex-analytischen Geradenbündeln über Y, wenn die folgenden beiden Bedingungen erfüllt sind:

1. *$F(t) := F|(Y \times t)$ ist für jedes $t \in I$ mit der Struktur eines komplex-analytischen Geradenbündels über $Y \times t \cong Y$ versehen.*

2. *Jeder Punkt $(y, t) \in Y \times I$ besitzt eine Produktumgebung $V(y) \times I(t)$ in $Y \times I$, so daß $F|V(y) \times I(t)$ durch eine topologische Abbildung φ fasertreu auf $V(y) \times I(t) \times C$ abgebildet werden kann, derart, daß die Abbildung $\varphi|(F|(V(y) \times t'))$ für jedes $t' \in I(t)$ ein komplex-analytisches Koordinatensystem des komplex-analytischen Geradenbündels $F(t')$ bestimmt.*

Wir zeigen:

Lemma. *Für jede stetige Schar F von komplex-analytischen Geradenbündeln über Y gilt:*

a) *Besitzt jedes Bündel $F(t)$, $t \in I$, $t \neq 0$, eine holomorphe, nicht identisch verschwindende Schnittfläche, so hat auch $F(0)$ eine solche Schnittfläche.*

b) *Besitzt jedes Bündel $F(t)$, $t \in I$, eine holomorphe nicht identisch verschwindende Schnittfläche, so ist entweder jedes oder kein Bündel $F(t)$, $t \in I$, analytisch trivial.*

Beweis. ad a). Die Behauptung ergibt sich unmittelbar aus der folgenden

Hilfsaussage. *Zu jeder Nullfolge $t_\nu \in I$, $\nu = 1, 2, \ldots$, $t_\nu \neq 0$, gibt es eine Teilfolge t_{ϱ_k} und holomorphe Schnittflächen*

$$s: Y \times 0 \to F(0), \quad s_{\varrho_k}: Y \times t_{\varrho_k} \to F(t_{\varrho_k}),$$

so daß s nicht identisch verschwindet und die Folge s_{ϱ_k} stetig gegen s konvergiert[6].

Wir wählen in F eine kompakte Umgebung U der Nullschnittfläche. Nach Voraussetzung gibt es zu jedem ν eine holomorphe Schnittfläche $\tilde{s}_\nu: Y \times t_\nu \to F(t_\nu)$, die nicht identisch verschwindet. Da Y kompakt ist, können wir durch Multiplikation von $\tilde{s}_\nu$ mit einer geeignet gewählten komplexen Zahl $c_\nu \neq 0$ eine holomorphe Schnittfläche $s_\nu: Y \times t_\nu \to F(t_\nu)$ finden, für die gilt:

$$s_\nu(Y \times t_\nu) \subset U, \quad s_\nu(Y \times t_\nu) \cap \partial U \neq \emptyset, \qquad \nu = 1, 2, \ldots,$$

dabei bezeichnet ∂U den Rand von U in F.

Zu jedem Punkt $(y, 0) \in Y \times 0$ gibt es nach Voraussetzung eine offene Umgebung $V_y \times I_y$ von $(y, 0)$ in $Y \times I$, so daß $F | V_y \times I_y$ durch eine topologische Abbildung φ_y fasertreu auf $V_y \times I_y \times C$ abgebildet werden kann, derart, daß $\varphi_y | (F | (V_y \times t))$ für alle $t \in I_y$ jeweils biholomorph ist. Für genügend großes ν gilt $t_\nu \in I_y$. Dann ist $h_\nu := \varphi_y \circ (s_\nu | (V_y \times t_\nu))$ eine holomorphe Funktion in $V_y \times t_\nu \cong V_y$. Da U kompakt in F liegt und $s_\nu(Y \times t_\nu)$ in U enthalten ist, so ist die Folge h_ν gleichmäßig beschränkt über V_y. Nach dem Satz von Montel existiert also eine Teilfolge h_{ν_j} der h_ν, die über V_y kompakt gegen eine über $V_y \cong V_y \times 0$ holomorphe Funktion h konvergiert. Durch $\varphi_y^{-1} \circ h$ wird alsdann eine holomorphe Schnittfläche $\tilde{s}$ in $F(0)$ über $V_y \times 0$ definiert. Nach Konstruktion konvergiert die Folge $s_{\nu_j}: V_y \times t_{\nu_j} \to F$ über $V_y \times I_y$ stetig gegen $\tilde{s}: V_y \times 0 \to F$.

Wir wählen nun eine endliche Überdeckung $V^{(\mu)} \times I^{(\mu)}$, $\mu = 1, \ldots, m$, von $Y \times 0$ durch offene Mengen $V_y \times I_y$ der vorstehenden Art. Die Teilfolge s_{μ_i} der s_ν sei bereits so ausgewählt, daß über $(\bigcup_{\varkappa=1}^{k} V^{(\varkappa)}) \times 0$ eine holomorphe Schnittfläche s_k in $F(0)$ existiert, gegen welche die Folge $s_{\mu_i} | (\bigcup_{\varkappa=1}^{k} V^{(\varkappa)}) \times t_{\mu_i}$ stetig konvergiert, $1 \leq k < m$. Durch erneuten Übergang zu einer Teilfolge $s_{\tilde{\mu}_i}$ der Folge s_{μ_i} findet man eine holomorphe Schnittfläche $\tilde{s}_{k+1}$ in $F(0)$ über $V^{(k+1)} \times 0$, so daß die Folge $s_{\tilde{\mu}_i} | V^{(k+1)} \times t_{\tilde{\mu}_i}$ stetig gegen $\tilde{s}_{k+1}$ konvergiert. Da ersichtlich s_k und $\tilde{s}_{k+1}$ über

$$((\bigcup_{\varkappa=1}^{k} V^{(\varkappa)}) \cap V^{(k+1)}) \times 0$$

übereinstimmen, so konvergiert die Folge

$$s_{\tilde{\mu}_i} | (\bigcup_{\varkappa=1}^{k+1} V^{(\varkappa)}) \times t_{\tilde{\mu}_i}$$

---

[6]) Die Schnittflächen s_{ϱ_k} konvergieren per definitionem stetig gegen die Schnittfläche s, wenn für jede Folge $y_{\varrho_k} \in Y$, die gegen einen Punkt $y^* \in Y$ konvergiert, gilt: $\lim s_{\varrho_k}(y_{\varrho_k}, t_{\varrho_k}) = s(y^*, 0)$.

stetig gegen eine holomorphe Schnittfläche s_{k+1} in $F(0)$ über $(\bigcup_{\varkappa=1}^{k+1} V^{(\varkappa)}) \times 0$. Nach m Schritten gelangt man so zu einer Teilfolge s_{ϱ_k} der Folge s_ν und einer holomorphen Schnittfläche $s: Y \times 0 \to F(0)$, gegen welche die Folge s_{ϱ_k} stetig konvergiert.

s verschwindet nicht identisch. Zu jedem Index ϱ_k gibt es nämlich nach Wahl der Schnittflächen s_ν einen Punkt $y_{\varrho_k} \in Y$, so daß gilt: $s_{\varrho_k}(y_{\varrho_k}, t_{\varrho_k}) \in \partial U$. Ist dann y^* ein Häufungspunkt der Folge y_{ϱ_k} in Y, so gilt wegen der stetigen Konvergenz notwendig $s(y^*, 0) \in \partial U$. Das bedeutet insbesondere $s(y^*, 0) \neq 0$, d. h. s ist nicht die Nullschnittfläche.

ad b). Wir bezeichnen mit I' die Menge aller Punkte $t \in I$, für welche das Bündel $F(t)$ analytisch trivial ist. Ist I' nicht leer, so haben wir zu zeigen: $I' = I$. Zunächst ist I' eine offene Teilmenge von I: ist nämlich $t_\nu \notin I'$ eine Folge mit $t^* \in I$ als Limes, so wählen wir gemäß der in a) bewiesenen Hilfsaussage (die offensichtlich auch für t^* anstelle von 0 gilt) eine Teilfolge t_{ϱ_k} und holomorphe Schnittflächen

$$s: Y \times t^* \to F(t^*), \quad s_{\varrho_k}: Y \times t_{\varrho_k} \to F(t_{\varrho_k}),$$

so daß s nicht identisch verschwindet und die Folge s_{ϱ_k} stetig gegen s konvergiert. Jede Schnittfläche s_{ϱ_k} hat, da wegen $t_{\varrho_k} \notin I'$ das Geradenbündel $F(t_{\varrho_k})$ nicht analytisch trivial ist, wenigstens eine Nullstelle $(y_{\varrho_k}, t_{\varrho_k})$[7]. Ist dann y^* ein Häufungspunkt der Folge y_{ϱ_k} in Y, so gilt notwendig $s(y^*, t^*) = 0$. Daher ist auch das Bündel $F(t^*)$ nicht analytisch trivial, d. h. es gilt $t^* \notin I'$.

Zeigen wir noch, daß I' auch abgeschlossen in I ist, so folgt $I' = I$. Sei also jetzt $t_\nu \in I'$ eine Folge mit $t^* \in I$ als Limes. Wie oben seien t_{ϱ_k}, s und s_{ϱ_k} gewählt. Wäre $F(t^*)$ nicht analytisch trivial, so hätte die nicht identisch verschwindende Schnittfläche s eine Nullstelle $(y_0, t^*) \in Y \times I$. Wählen wir eine Produktumgebung $V(y_0) \times I(t^*)$ so klein, daß die Schar F über $V(y_0) \times I(t^*)$ trivial ist, so können wir für hinreichend großes ϱ_k die Schnittflächen s_{ϱ_k} über $V(y_0) \times t_{\varrho_k} \cong V(y_0)$ als holomorphe Funktionen auffassen, die über $V(y_0)$ kompakt gegen die holomorphe Funktion s konvergieren. Aus dem unten bewiesenen Hilfssatz folgt daher, daß auch fast alle Schnittflächen s_ϱ Nullstellen haben. Dies widerspricht aber der Annahme, daß alle Bündel $F(t_{\varrho_k})$ analytisch trivial sind. Damit ist auch die Aussage b) bewiesen.

Wir haben benutzt

Hilfssatz. *Es sei X ein irreduzibler komplexer Raum und h_ν eine Folge holomorpher Funktionen über X, die kompakt gegen eine über X holomorphe Funktion h konvergiert. h möge Nullstellen haben, ohne identisch zu verschwinden. Dann haben auch fast alle Funktionen h_ν Nullstellen.*

Beweis. Wir dürfen annehmen, daß X normal ist, da man sonst einfach zur Normalisierung von X übergehen kann. Die Nullstellenmenge von h ist rein 1-codimensional. Da die Menge der nichtuniformisierbaren Punkte von X mindestens 2-codimen-

[7]) Ein komplex-analytisches Geradenbündel über einem irreduziblen kompakten komplexen Raum ist genau dann analytisch trivial, wenn es holomorphe Schnittflächen ohne Nullstellen gibt. Gibt es dagegen nicht identisch verschwindende holomorphe Schnittflächen mit Nullstellen, so ist das Bündel nicht analytisch trivial.

sional ist, so gibt es auch einen uniformisierbaren Punkt $x_0 \in X$, wo h verschwindet. Wir legen durch x_0 ein 1-dimensionales analytisches Ebenenstück E, das nicht ganz in der Nullstellenmenge von h enthalten ist. Die Folge $h_\nu | E$ konvergiert in E kompakt gegen $h | E$. Aus einem bekannten Satz über holomorphe Funktionen von einer Veränderlichen folgt, daß fast alle $h_\nu | E$ in E Nullstellen haben. Damit ist der Hilfssatz bewiesen.

5. In diesem Abschnitt wird Satz 2 bewiesen. Es sei also V eine zusammenhängende, kompakte, homogene, komplexe Mannigfaltigkeit. Die Gruppe aller Holomorphismen von V ist nach [2] eine komplexe Transformationsgruppe von V. Mit G bezeichnen wir die Komponente der Identität dieser Gruppe. Dann wirkt auch G transitiv auf V.

Seien $D_1, \ldots, D_r$ irreduzible Hyperflächen in V und $n_1, \ldots, n_r$ positive ganze Zahlen. Durch

$$D := \sum_{\varrho=1}^{r} n_\varrho \cdot D_\varrho$$

ist ein holomorpher *Divisor* auf V definiert. Wir bezeichnen das zu D gehörende komplex-analytische Geradenbündel über V mit $\{D\}$. Es gibt eine kanonische holomorphe Schnittfläche h in $\{D\}$, die genau auf der Hyperfläche $M := D_1 \cup \ldots \cup D_r$ verschwindet (vgl. hierzu [9], S. 111, 112). Wir behaupten nun:

Zu jeder irreduziblen analytischen Menge B in V existieren holomorphe Schnittflächen in $\{D\} | B$ über B, die nicht identisch verschwinden.

Falls ein $\hat{g} \in G$ existiert, so daß $\hat{g}(B) \cap M$ nicht leer und echt in $g(B)$ enthalten ist, so gibt es sogar nicht identisch verschwindende holomorphe Schnittflächen in $\{D\} | B$ über B mit Nullstellen.

Es werde zunächst die erste Behauptung bewiesen. Da V homogen ist, gibt es sicher ein $\tilde{g} \in G$, so daß $\tilde{g}(B) \not\subset M$. Es sei dann $w : I \to G$ ein Weg in G mit $w(0) =$ $=$ id, $w(1) = \tilde{g}$, derart, daß $w(t)\,(B) \not\subset M$ für alle $t \in I$, $t \neq 0$. Solche Wege existieren, denn die Menge aller $g \in G$ mit $g(B) \subset M$ ist analytisch in G. Durch

$$(b, t) \to w(t)\,(b)$$

ist eine stetige Abbildung $\varphi : B \times I \to V$ definiert. Versieht man die analytische Menge $B \subset V$ mit der induzierten komplexen Struktur, so ist $\varphi | B \times t$ für jedes $t \in I$ holomorph. Das komplex-analytische Geradenbündel $\{D\}$ liftet sich daher unter φ zu einer stetigen Schar F von komplex-analytischen Geradenbündeln über dem irreduziblen komplexen Raum B. Dabei ist für jedes $t \in I$ das Bündel $F(t) = F | B \times t$ über $B \times t \cong B$ analytisch zum Bündel $\{D\} | w(t)\,(B)$ äquivalent; insbesondere sind also die Bündel $\{D\} | B$ und $F(0)$ isomorph. Die kanonische Schnittfläche $h \in \Gamma(V, \{D\})$ liftet sich zu einer stetigen Schnittfläche s in F über $B \times I$, deren Beschränkung s_t auf $B \times t$ für jedes $t \in I$ holomorph ist. Da h genau auf M verschwindet, so ist $\varphi^{-1}(M)$ die genaue Nullstellenmenge von s. Da $\varphi(B \times t) = w(t)\,(B) \not\subset M$ für alle $t \neq 0$ aus I, so verschwindet keine Schnittfläche s_t, $t \neq 0$, identisch. Nach der Aussage a) des Lemmas besitzt also $F(0)$ und mithin auch $\{D\} | B$ eine nicht identisch verschwindende holomorphe Schnittfläche.

$P = w \otimes z_1 \otimes \cdots \otimes z_k \to (\Pi\, l_\nu) \cdot \hat{\pi}^{-1}(w)$, $w \in G_x$, $z_\nu \in F_x^{-1}$ wird jedem Punkt $P \in (G \otimes F^{-k})_x$ eine Schnittfläche $\mathfrak{s}[P] \in \Gamma(F_x, \hat{G}|F_x)$ zugeordnet, die sich als holomorphe Funktion aufgefaßt schreiben läßt: $\mathfrak{s}[P] = c \cdot t_x^k$. Man sieht sofort, daß $\{P\} \to \{c \cdot t_x^k\}$ ein (surjektiver) Isomorphismus ist. Es gilt

$$\|P\| = \sup_{z \in F_x, \|z\| < 1} \|\mathfrak{s}[P](z)\|^{\pi}.$$

Wir betrachten noch Schnittflächen $s \in \Gamma(U, \hat{G})$, wobei $U = U(\mathfrak{O})$ eine Umgebung der Nullschnittfläche $\mathfrak{O} \subset F$ bezeichnet. Entwickelt man s auf jedem $U \cap F_x$ in eine Potenzreihe nach t_x, so folgt:

Es gibt eindeutig bestimmte Schnittflächen $s_\nu \in \Gamma(X, G \otimes F^{-\nu})$, $\nu = 0, 1, 2, \ldots$ mit $s = \sum_{\nu=0}^{\infty} \mathfrak{s}[s_\nu]$ in einer Umgebung von $\mathfrak{O}$. Wir schreiben anstelle von $\Sigma\, \mathfrak{s}[s_\nu]$ fortan $\Sigma\, s_\nu \cdot t^\nu$ und nennen diese Summe die Potenzreihe von s auf den Fasern von F. Ist $U = T_r = \{z \in F, \|z\| < r\}$, so konvergiert $\Sigma\, s_\nu \cdot t^\nu$ sogar in U. — Die Entwicklung in eine Laurent-Reihe ist möglich, wenn $s \in \Gamma(U - \mathfrak{O}, \hat{G})$.

1. Es bezeichne R eine kompakte Kählersche Mannigfaltigkeit mit erster Bettischer Zahl $2p$, F ein komplex analytisches Geradenbündel über R. F sei topologisch trivial.

Satz 1. *Es gebe in einer Umgebung $U(\mathfrak{O}) \subset F$ eine nicht konstante holomorphe Funktion f. Dann ist für eine natürliche Zahl k die Potenz F^k auch analytisch trivial.*

Beweis. Wir dürfen annehmen, daß f auf $\mathfrak{O}$ verschwindet. Es sei k die Ordnung, mit der f die Menge $\mathfrak{O}$ als Nullstellenfläche annimmt und $\hat{F}$ dasjenige komplex-analytische Geradenbündel über F, das zu dem Divisor $-k\mathfrak{O}$ gehört. Man hat $\hat{F}|\mathfrak{O} \simeq F^{-k} = F_1$. Die Funktion f läßt sich als eine über U holomorphe Schnittfläche s in $\hat{F}$ auffassen, die über $\mathfrak{O}$ nicht identisch verschwindet. Die Nullstellenmenge von $s|\mathfrak{O}$ ist ein Zyklus, der die Chernsche Klasse $c(F_1)$ definiert. Da F_1 topologisch trivial ist, folgt $c(F_1) = 0$. Andererseits ist in einer Kählerschen Mannigfaltigkeit eine analytische Menge niemals homolog null. $s|\mathfrak{O}$ hat also überhaupt keine Nullstellen und F_1 und mithin F^k sind analytisch trivial, q.e.d.

2. Es sei nun $\mathfrak{U} = \{U_\iota\colon \iota = 1, \ldots, \iota_*\}$ eine offene Überdeckung, die so fein ist, daß F bezüglich $\mathfrak{U}$ durch holomorphe Übergangsfunktionen $\{f_{\iota_1\iota_2}\}$ gegeben werden kann. Die Umgebungen U_ι und die Durchschnitte $U_{\iota_1\iota_2} = U_{\iota_1} \cap U_{\iota_2}$, $U_{\iota_1\iota_2\iota_3} = U_{\iota_1} \cap U_{\iota_2} \cap U_{\iota_3}$ seien einfach zusammenhängend. Es ist $\xi = \delta\left\{\frac{1}{2\pi i} \lg f_{\iota_1\iota_2}\right\} \in Z^2(\mathfrak{U}, Z)$ und repräsentiert die Chernsche Klasse von F. Da diese verschwindet, folgt $\xi = \delta\eta$ mit $\eta \in C^1(\mathfrak{U}, Z)$, d.h. wir können $\lg f_{\iota_1\iota_2}$ so wählen, daß $\xi = 0$ gilt.

Sei fortan dieses der Fall! Nach einem Satz von Kodaira gibt es über U_ι holomorphe Funktionen g_ι, so daß $\frac{1}{2\pi i} \lg f_{\iota_1\iota_2} + g_{\iota_1} - g_{\iota_2}$ über $U_{\iota_1\iota_2}$ konstant und reell ist. Bei geeigneter Wahl von $f_{\iota_1\iota_2}$ gilt dieses daher schon für $\frac{1}{2\pi i} \lg f_{\iota_1\iota_2}$. Mithin folgt $|f_{\iota_1\iota_2}| \equiv 1$.

Es sei π die Projektion $F \to R$ und ψ_ι der fasertreue Isomorphismus $\pi^{-1}(U_\iota) \simeq U_\iota \times C$, durch den jedem Punkt $P \in \pi^{-1}(U_\iota)$ Koordinaten $(x, z_\iota) = \psi_\iota(P)$ zugeordnet werden. Im Falle $|f_{\iota_1 \iota_2}| \equiv 1$, ist also $T_r = \bigcup_\iota \{\psi_\iota^{-1}(x, z_\iota) : |z_\iota| < r\}$ eine Umgebung um $\mathfrak{O} \subset F$, die relativ kompakt in F enthalten ist und für deren Rand gilt: $\psi_\iota(\partial T_r) = \{(x, z_\iota) : |z_\iota| = r\}$. ∂T_r ist also überall eine glatte reell analytische Hyperfläche, die in jedem Punkt pseudokonvex, in keinem aber streng pseudokonvex ist. — Wir haben also gezeigt:

Satz 2. *Es gibt um $\mathfrak{O} \subset F$ eine relativ kompakte Umgebung $T = T_{r_0}$, deren Rand glatt, reell-analytisch, pseudokonvex, jedoch nirgendwo streng pseudokonvex ist.*

Gilt $|f_{\iota_1 \iota_2}| \equiv 1$, so setzen wir für jeden Punkt

$$\psi_\iota^{-1}(x, z_\iota) \in \pi^{-1}(U_\iota) : \ \|\psi_\iota^{-1}(x, z_\iota)\| = |z_\iota| .$$

Diese Zahl ist unabhängig von ι bestimmt. Wir erhalten auf jeder Faser von F eine Norm, die stetig (und sogar reell-analytisch) von der Faser abhängt. Beim Übergang zu einem anderen System $\{\psi_\iota, f_{\iota_1 \iota_2}\}$ mit $|f_{\iota_1 \iota_2}| \equiv 1$ erhält man eventuell eine andere Norm in F. Diese unterscheidet sich von der ersten jedoch nur durch eine multiplikative Konstante. Wir nennen eine auf diese Weise definierte Norm eine „flache Norm in F".

Es sei nun p, das Geschlecht, größer als null und F so gewählt, daß keine Tensorpotenz von F analytisch trivial ist. $T = T(\mathfrak{O})$ habe die in Satz 2 angegebenen Eigenschaften. Es gibt dann, obgleich T pseudokonvex ist, nur konstante holomorphe Funktionen in T. Die Mannigfaltigkeit T ist also sicher nicht holomorph-konvex und kein Holomorphiegebiet.

3. Wir wollen untersuchen, ob T ein Meromorphiegebiet ist. Zu dem Zwecke werde definiert:

Definition 1. Es seien X ein (reduzierter) komplexer Raum, G ein komplex analytisches Geradenbündel über X. Dann heißt X G-konvex, wenn es zu jeder kompakten Teilmenge $K \subset X$ eine kompakte Teilmenge $\hat{K} \supset K$ gibt, so daß für jeden Punkt $x \in X - \hat{K}$ folgendes gilt:

Ist $U = U(\mathfrak{O})$ eine Umgebung der Nullschnittfläche von G und $P \in G$ ein Punkt über x, so existiert eine holomorphe Schnittfläche s in G mit $s(x) = P$ und $s(y) \in U$ für $y \in K$.

Man sieht sofort:

Ist G analytisch trivial, so ist X holomorph-konvex genau dann, wenn X G-konvex ist.

Durch Addition einer Folge von Schnittflächen zeigt man:

Satz 3. *Es seien $X' \subset\subset X$ komplexe Räume, G ein komplex-analytisches Geradenbündel über X. Ist dann X' G-konvex, so gibt es eine über X' holomorphe Schnittfläche in G, die in jedem Randpunkt von X' unbeschränkt und damit singulär wird.*

Satz 1 besagt insbesondere, daß die komplexen Algebren $I(T)$ und $I(T-(\mathfrak{D}\cup M))$ der holomorphen Funktionen über T bzw. der holomorphen Funktionen über $T-(\mathfrak{D}\cup M)$ zueinander isomorph sind.

4. Es sei $N=N(\tilde{\mathfrak{D}})$ das kovariante Normalenbündel von $\tilde{\mathfrak{D}}\subset X$. Da N ein positives komplex analytisches Geradenbündel über $\tilde{\mathfrak{D}}$ ist, folgt aus Aussage 1 (im Beweis von Satz 4, §1): Es gibt eine kleinste natürliche Zahl k, derart, daß es für unendlich viele ν in $\Gamma(\tilde{\mathfrak{D}}, N^k\otimes((F_2')^*)^\nu)$ nicht identisch verschwindende Schnittflächen s'_ν gibt. Wir liften s'_ν vermöge $\tilde{\pi}: X\to\tilde{\mathfrak{D}}$ zu einer Schnittfläche $s_\nu\in\Gamma(X, (N\circ\tilde{\pi})^k\otimes(F_2^*)^\nu)$. $N\circ\tilde{\pi}$ ist aber isomorph zu dem komplexanalytischen Geradenbündel, das zu dem Divisor $(-\tilde{\mathfrak{D}}+X_\infty)$ gehört. Es gilt also $(N\circ\tilde{\pi})^k\otimes(F_2^*)^\nu\simeq[k\cdot(-\tilde{\mathfrak{D}}+X_\infty)]\otimes(F_2^*)^\nu$. Jede Schnittfläche s_ν läßt sich deshalb als meromorphe Schnittfläche in $(F_2^*)^\nu$ deuten, die genau X_∞ zur Polstellenfläche der Ordnung k und $\tilde{\mathfrak{D}}$ zur Nullstellenfläche ebenfalls der Ordnung k hat und nicht in allen Punkten aus $\tilde{\mathfrak{D}}$ von höherer Ordnung als k verschwindet.

Wir wählen eine natürliche Zahl ν_0 so groß, daß es für $\nu\geqq\nu_0$ eine Schnittfläche $b'_\nu\in\Gamma(X', ((F_1')^*)^\nu)$ gibt mit $b'_\nu(I m\tilde{\mathfrak{D}})\neq 0$, die auf X_∞ wenigstens k-fach verschwindet. Bekanntlich gibt es zu positiven Geradenbündeln immer eine solche Zahl. Wir liften b'_ν nach X und erhalten Schnittflächen aus $\Gamma(X, (F_1^*)^\nu\otimes[-kX_\infty])$ mit $b_\nu(x)\neq 0$, $x\in\tilde{\mathfrak{D}}$. Sind $r_\nu>0$ hinreichend kleine Zahlen, so konvergiert $\sum_{\nu\geqq\nu_0} r_\nu(b_\nu\otimes s_\nu)\cdot t^\nu$ in $T\subset F$ und definiert dort eine holomorphe Funktion, die auf $M\cap T$ genau von der Ordnung k verschwindet. Wir können auf diese Weise einen unendlich-dimensionalen Vektorraum von solchen Funktionen konstruieren.

Es sei nun $x_0\in(M\cap T)\cup\mathfrak{D}$ irgendein Punkt. Gilt $f(x_0)=0$, $f\in\Gamma(T, \mathcal{O})$, so muß f ganz $(M\cap T)\cup\mathfrak{D}$, also auch $M\cap T$ zur Nullstellenfläche haben. Wir bezeichnen mit $\mathfrak{m}$ die Idealgarbe von M. Es gilt $\mathfrak{m}^\nu/\mathfrak{m}^{\nu+1}\simeq(N\circ\pi)^\nu$. Es sei I das Ideal aller in T holomorpher Funktionen f mit $f(x_0)=0$. Angenommen I wäre endlich erzeugt, etwa von den Funktionen $f_1, \ldots, f_l\in I$. Da $\Gamma(M\cap T, (N\circ\pi)^\nu)$, $\nu<k$ und mithin $\Gamma(T, \mathcal{O}/\mathfrak{m}^k)$ endlich-dimensional wegen der Minimalitätseigenschaften von k sind, folgt nun, daß auch das Bild von I in $\Gamma(T, \mathcal{O}/\mathfrak{m}^{k+1})$ und das Bild von I in $\Gamma(T, \mathfrak{m}^k/\mathfrak{m}^{k+1})$ endliche Dimensionen haben. Widerspruch! Also ist I nicht endlich erzeugbar. I ist der Kern des Charakters $f\to f(x_0)$. Wir nennen ein Ideal, das Kern eines Charakters ist, ein Charakterideal.

Satz 2. *Es gibt in der Algebra $I(T)$ (und ebenso natürlich in $I(T\cap(F-A))$) ein nicht endlich erzeugtes Charakterideal.*

5. Wir werden in diesem Abschnitt zeigen, daß die Algebra $I(T)$ wesentlich verschieden von einer Algebra aller holomorpher Funktionen auf einer Steinschen Mannigfaltigkeit ist.

Definition 1. Eine Steinsche Algebra ist eine komplexe Algebra, die isomorph zu einer Algebra $I(Y)$ ist, wobei Y einen endlich-dimensionalen[3]) *Steinschen Raum bezeichnet.*

Es folgt sofort:

Satz 3. *Bei jeder Steinschen Algebra sind die Charakterideale endlich erzeugt.*

Beweis. Es sei etwa Y ein Steinscher Raum, $I \subset I(Y)$ ein Charakterideal. I ist zunächst ein maximales Ideal. Es sei M die simultane Nullstellenmenge der Funktionen aus I. Enthält M mehr als einen Punkt, so ist das Ideal $I(x_0)$, $x_0 \in M$, das aus allen in x_0 verschwindenden Funktionen besteht, größer. I wäre dann nicht maximal. Dasselbe gilt, wenn $M = x_0$ und $I \neq I(x_0)$. Im Falle $M = x_0$, $I = I(x_0)$, ist zunächst der Halm I_{x_0} über $\mathcal{O}_{x_0}$ endlich erzeugt. Nach dem Théorème A[4]) gibt es sodann in Y holomorphe Funktionen $s_1, \ldots, s_k \in I$, deren Bilder in $\mathcal{O}_{x_0}$ das Ideal I_{x_0} erzeugen. Wir können weiter endlich viele holomorphe Funktionen $g_1, \ldots, g_l \in I$ finden mit $\{g_1 = g_2 = \cdots = g_l = 0\} = x_0$. $f_1, \ldots, f_k, g_1, \ldots, g_l$ erzeugen dann jeden Halm I_x. Ist $f \in I$ eine Funktion, so kann man f darstellen als Linearkombination $f = \Sigma a_\nu f_\nu + \Sigma b_\mu g_\mu$ mit $a_\nu, b_\nu \in \Gamma(Y, \mathcal{O})$. (Man vgl. [*4*].) Also wird I von $f_1, \ldots, f_k, g_1, \ldots, g_l$ erzeugt.

Es bleibt noch, den Fall $M = \emptyset$ zu behandeln. Nach einem Satz von E. BISHOP [*2*] gibt es endlich viele in Y holomorphe Funktionen $f_1, \ldots, f_n$, die eine eineindeutige Abbildung $F: Y \to C^n$ vermitteln. Es sei c der Charakter, der zu dem Ideal I gehört. Wir setzen $x_\nu^0 = c(f_\nu)$ und $\mathfrak{c}_0 = (x_1^0, \ldots, x_n^0) \in C^n$. Gilt $\mathfrak{c}_0 \notin F(Y)$, so haben $f_\nu - x_\nu^0 \in I$ keine gemeinsamen Nullstellen, die Funktion 1 läßt sich dann als Linearkombination von $(f_\nu - x_\nu^0)$ darstellen und es gilt $I = \mathcal{O}$, I ist nicht maximal. Widerspruch zur Voraussetzung! Also folgt $\mathfrak{c}_0 = F(y_0)$, $y_0 \in Y$. Gibt es nun eine Funktion $f \in I$, die in y_0 nicht verschwindet, so würde sich 1 wieder als Linearkombination von f, $f_\nu - x_\nu^0$ darstellen lassen. Widerspruch! Also gilt $y_0 \in M$. Der Fall $M = \emptyset$ kann nicht auftreten.

In einer Steinschen Algebra gilt umgekehrt:

Jedes maximale, endlich erzeugte Ideal ist ein Charakterideal.

Beweis. Es sei Y ein Steinscher Raum, $I \subset I(Y)$ ein endlich erzeugtes maximales Ideal. Sind $f_1, \ldots, f_n \in I$ Erzeugende, so müssen sie eine gemeinsame Nullstelle $y_0 \in Y$ haben. Anderenfalls wäre wieder die 1 darstellbar. Es ist $I = I(y_0)$ und deshalb Kern des Charakters $f \to f(y_0)$.

Da es in $I(T)$ und $I(T - \mathfrak{D} - M)$ nicht endlich erzeugte Charakterideale gibt, *sind $I(T)$ und $I(T - \mathfrak{D} - M)$ keine Steinschen Algebren.*

6. Wir interessieren uns noch für die holomorph-konvexe Hülle von T in F. Es werde zunächst eine vorbereitende Betrachtung durchgeführt. Es sei Y ein kompakter komplexer Raum und G ein negatives Geradenbündel über Y, $U = \{P \in G, \|P\| < 1\}$ eine streng pseudokonvexe Umgebung der Null-

---

[3]) „endlich dimensional" wird gefordert, um den Satz von BISHOP im Beweis von Satz 3 anwenden zu können.

[4]) Unter Théorème A (und B) werden die beiden so bezeichneten Sätze aus [*4*] verstanden.

Die Schnittflächenkeime aus $\{\Gamma_U\}$ bilden eine Untergarbe $\mathcal{O}=\mathcal{O}(Y)\subset\mathfrak{C}$. Wie man sofort sieht, ist $\mathcal{O}$ eine Garbe von lokalen komplexen Algebren.

Wir bezeichnen fortan den komplex beringten Raum $(Y, \mathcal{O})$ mit $S(X, I^*)$ und nennen ihn das *Spektrum* von (X, I^*).

2. Es bezeichne $A(x)\in Y$ die analytische Menge durch x. Aus einem Satz von REMMERT folgt (sogar wenn X beliebig reduziert ist):

Satz 1. *Die Menge* $M=\{x\in X: \dim_x A(x)\geqq r\}$ *ist für jede natürliche Zahl* r *eine analytische Menge.*

Beweis. Wir dürfen X als irreduzibel annehmen und können dann den Satz, weil X endlich dimensional ist, durch Induktion über $\dim X$ beweisen. Die Induktionsbasis ist trivial. Wir führen nur noch den Induktionsschluß durch. Der Satz sei also für den Fall kleinerer Dimensionen als $\dim X$ bereits bewiesen. Wir wählen einen Punkt $x_0\in X$ mit $\dim_{x_0} A(x_0)=\min_{x\in X}\dim_x A(x)=a$. Es gibt endlich viele Funktionen $f_1, \ldots, f_k\in I^*$, so daß für eine Umgebung $U=U(x_0)\subset X$ gilt: $U\cap A(x_0)=\{x\in U: f_1(x)=\cdots=f_k(x)=0\}$. Ist $r>a$ — und wir brauchen nur diesen Fall zu behandeln — so ist M in der Menge X' der Punkte $\tilde{x}\in X$ mit $\dim_{\tilde{x}}\{f_\nu(x)=f_\nu(\tilde{x}),\ \nu=1, \ldots, k\}>a$ enthalten. X' ist nach einem Satz von REMMERT eine analytische Menge und mithin ein reduzierter komplexer Raum. Also ist $M\subset X'$ nach Induktionsvoraussetzung analytisch.

Es läßt sich ferner zeigen unter der einschränkenden *Voraussetzung, daß jede Menge* $A(x)$ *zusammenhängend ist:*

Satz 2. *Ist* $\dim_x A(x)$ *in einer Umgebung von* $x_0\in X$ *konstant, so ist eine Umgebung von* $\pi(x_0)\in Y$ *ein lokal irreduzibler reduzierter komplexer Raum.*

Beweis. Es sei $\dim_{x_0} A(x_0)=k$, $\dim_{x_0} X=n$. Wir wählen eine Umgebung $U=U(x_0)$ und eine rein $(n-k)$-dimensionaie analytische Menge $R\subset U$ mit $R\cap A(x_0)=x_0$. R sei in allgemeiner Lage zu X: Keine irreduzible Komponente von R liege ganz in der Menge der nicht uniformisierbaren Punkte von X. Sodann seien $f_1, \ldots, f_{n-k}\in I^*$ Funktionen und $U^*(x_0)=U^*\subset\subset U$ eine Umgebung, so daß $R\cap\overline{U}^*\cap\{f_1=\cdots=f_{n-k}=0\}=\{x_0\}$. Es sei $\varepsilon>0$ so klein, daß $Z=\{x\in R\cap\overline{U}^*: |f_\nu(x)|<\varepsilon,\ \nu=1, \ldots, n-k\}\subset U^*$. Wir setzen $W=\{x\in X: |f_\nu(x)|<\varepsilon\}$.

Die Funktionen $f_1, \ldots, f_{n-k}$ vermitteln eine eigentliche holomorphe Abbildung Φ von Z auf den Polyzylinder $\mathfrak{P}=\{(z_1, \ldots, z_{n-k}): |z_\nu|<\varepsilon, \nu=1,\ldots,n-k\}$. Die Bildgarbe $\Phi_0(\mathcal{O}(Z))$ ist nach dem Projektionssatz kohärent und ebenso die Untergarbe $S\subset\Phi_0(\mathcal{O}(Z))$, die von den Schnittflächen $\Phi_0(f|Z)$, $f\in I^*$, erzeugt wird. Da wir $\varepsilon>0$ auch kleiner wählen dürfen, können wir ohne Einschränkung der Allgemeinheit voraussetzen, daß $\Gamma(\mathfrak{P}, S)$ ein endlicher $\Gamma(\mathfrak{P}, \mathcal{O}(\mathfrak{P}))$-Modul ist (Anwendung des Théorème A und B!). Die Erzeugenden lassen sich durch eine Kombination von endlich vielen Schnittflächen $\Phi_0(f|Z)$ mit $f\in I^*$ darstellen. Es gibt also endlich viele Funktionen $f_{k+1}, \ldots, f_l\in I^*$, mit $f_\nu(x_0)=0$, so daß $\Phi_0(f_\nu|Z)$, $\nu=k+1, \ldots, l$ den Modul $\Gamma(\mathfrak{P}, S)$ erzeugen. Wir können die f_ν so wählen, daß $\sup|f_\nu(Z)|<\varepsilon$ gilt. $f_1, \ldots, f_l$ vermitteln dann eine holomorphe Abbildung ψ: $V\to\mathfrak{Q}=\{(z_1, \ldots, z_l): |z_\nu|<\varepsilon\}$. Dabei bezeichnet V diejenige Zusammenhangskomponente der Menge $\{x\in X: |f_\nu(x)|<\varepsilon,$

$\nu=1,\ldots,l\}\subset W$, die $A(x_0)$ enthält. Wir setzen $Z^*=Z\cap V$, $M=\psi(Z^*)$. $\psi|Z^*$ ist eine eigentliche holomorphe Abbildung. Jede Funktion $f|Z^*$ mit $f\in I^*$ ist über Z^* in eine Potenzreihe $\Sigma\, a_{\nu_1\ldots\nu_l} f_1^{\nu_1}\ldots f_l^{\nu_l}$ entwickelbar, die wenigstens im ε-Polyzylinder konvergiert; denn $(f|Z^*)\circ\psi^{-1}$ ist eine holomorphe Funktion über M. Man hat $A(x_1)=\{\psi(x)=\psi(x_1)\}$, $x_1\in V$, denn es folgt:

(1) *Ist* $f|Z^*\equiv 0$, $f=\tilde f\circ\pi$, $\tilde f\in\Gamma_{\pi(V)}$, *so gilt bereits* $f|V\equiv 0$.

. Es gilt $f(A(x))\equiv 0$ für $x\in Z^*$; es gibt in bezug auf Z^* und X reguläre Punkte $x\in Z^*$, in denen der Rang der Funktionalmatrix von ψ maximal, d.h. gleich $n-k$ ist. Diese Punkte sind sicher innere Punkte von $\bigcup_{x\in Z^*} A(x)$. Weil V zusammenhängend ist, folgt nach dem Identitätssatz $f|V=0$, q.e.d.

Es folgt weiter:

(2) $A(x)\cap Z^*\neq 0$, $x\in V$.

In der Tat! Wäre nämlich $A(x)\cap Z^*=0$, so gäbe es endlich viele Funktionen $g_1,\ldots,g_s\in I^*$ mit $A(x)\subset\{g_1=,\ldots,=g_s=0\}$, aber $Z^*\cap\{g_1=\cdots=g_s\}=0$. Es ließen sich dann über M holomorphe Funktionen $h_1,\ldots,h_s$ finden, so daß $\Sigma\, h_\nu\cdot[(g_\nu|Z^*)\circ\psi^{-1}]\equiv 1$ und mithin $\Sigma(h_\nu\circ\psi)\cdot(g_\nu|V)\equiv 1$. Widerspruch!

$\pi\circ\psi^{-1}$ ist nun eine topologische Abbildung von M auf $\pi(V)\subset Y$, die $\mathcal{O}(M)$ isomorph auf die Strukturgarbe von $\pi(V)$ abbildet. (Man muß benutzen, daß $\psi|Z^*$ offen ist.) Es gilt also $(M,\mathcal{O}(M))\simeq\pi(V)$. Ferner ist $\pi(V)$ eine offene Teilmenge von Y, Y also in einer Umgebung von $\pi(x_0)$ ein reduzierter komplexer Raum. Da es beliebig kleine zusammenhängende Umgebungen von $A(x)$ gibt, sind alle lokalen Algebren von Y Integritätsringe; $\pi(V)$ ist also lokal irreduzibel.

3. *Definition 1. Ein komplexes Schema ist ein komplex beringter Hausdorffscher Raum, der lokal stets isomorph zu einem komplexen Spektrum* $S(X,I^*)$ *ist.*

Natürlich ist jeder komplexe Raum und jedes Spektrum $S(X,I^*)$ ein komplexes Schema. Wir haben damit die gesuchte Verallgemeinerung des Begriffes des komplexen Raumes erhalten. Bereits lokal kann ein komplexes Schema sehr pathologisch sein. Es ist im allgemeinen nicht lokal kompakt, dementsprechend sind die lokalen Ringe nicht immer noethersch. — Wie im Falle komplexer Räume kann man irreduzible Komponenten definieren. Es können aber jetzt (abzählbar) unendlich viele Komponenten durch einen Punkt laufen, auch kann ein innerer Punkt Randpunkt einer irreduziblen Komponente sein.

Der Begriff der holomorphen Funktion ist auf komplexen Schemata definiert. Holomorphe Funktionen sind spezielle komplexwertige Funktionen. Ist Y ein komplexes Schema und $K\subset Y$ eine Teilmenge, so verstehen wir unter $\hat K$ die Menge $\{y\in Y: |f(y)|\leq\sup|f(K)|$ für alle in Y holomorphen Funktionen $f\}$. $\hat K$ heißt die holomorph-konvexe Hülle von K.

Definition 2. Y *ist holomorph-konvex, wenn die holomorph-konvexe Hülle jeder kompakten Menge kompakt ist.*

In ähnlicher Weise kann man holomorph-ausbreitbar definieren:

Definition 3. Y heißt holomorph-ausbreitbar (K-vollständig), wenn für jeden Punkt $y_0 \in Y$ *die größte zusammenhängende (nicht notwendig wegzusammenhängende) Teilmenge* $M \subset \{f(y) = f(y_0)$ *für alle in Y holomorphen* $f\}$ *mit* $y_0 \in M$ *nur aus dem Punkt* y_0 *besteht.*

Im Falle der komplexen Räume ist die Definition zu der üblichen äquivalent. Jedes Spektrum (X, I^*) ist holomorph ausbreitbar. Ein komplexes Schema, das holomorph-ausbreitbar und holomorph-konvex ist, heißt natürlich ein *Steinsches Schema.* Es ist dem Verfasser unbekannt, ob für alle oder wenigstens für eine große Teilklasse der Steinschen Schemata ähnliche Aussagen wie die Theoreme A und B [4] gelten.

Literatur

[1] Andreotti, A., et H. Grauert: Théorèmes de finitude pour la cohomologie des espaces complexes. Bull. Soc. Math. France 1962.

[2] Bishop, E.: Mappings of partially analytic spaces. Amer. J. Math. **83**, 209—242 (1961).

[3] Bourbaki, N.: Espaces vectoriels topologiques. Paris: Hermann.

[4] Cartan, H.: Variétès analytiques complexes et cohomologie. Colloque sur les fonct. pls. var. Bruxels 1953.

[5] Docquier, F., u. H. Grauert: Levisches Problem und Rungescher Satz für Teilgebiete Steinscher Mannigfaltigkeiten. Math. Annalen **140**, 94—123 (1960).

[6] Grauert, H.: On Levi's problem and the imbedding of real-analytic manifolds. Ann. Math. **68**, 460—472 (1958).

[7] — Über Modifikationen und exzeptionelle analytische Mengen. Math. Annalen **146**, 331—368 (1962).

[8] Narasimhan, R.: The Levi problem in the Theory of Functions of several complex variables. ICM Stockholm 1962.

[9] Oka, K.: Sur les fonctions analytiques de plusieurs variables IX. Domaines finis sans point critique intérieur. Jap. J. Math. **23**, 97—155 (1954).

Göttingen, Mathematisches Institut der Universität

(Eingegangen am 12. Dezember 1962)

39.

(mit H. Reckziegel)

Hermitesche Metriken und normale Familien holomorpher Abbildungen

Math. Zeitschr. **89**, 108–125 (1965)

Einleitung

Der von MONTEL eingeführte Begriff der normalen Familie holomorpher Funktionen hat sich in der Funktionentheorie einer und mehrerer Veränderlichen als sehr fruchtbar erwiesen. So folgen z. B. interessante Aussagen über schlichte Funktionen aus der Tatsache, daß die Menge der (normierten) schlichten Funktionen eine normale Familie bildet. Um den großen Satz von PICARD zu beweisen, braucht man im wesentlichen nur für die Menge der holomorphen Funktionen, die die Werte 0 und 1 auslassen, die Normalität nachzuweisen. Dies kann unter Zuhilfenahme der universellen Überlagerungsfläche $\mathscr{U}$ von $C'' := C - \{0, 1\}$ oder der hyperbolischen Metrik in C'', die man durch Projektion der hyperbolischen Metrik von $\mathscr{U}$ erhält, geschehen. (Man vergleiche etwa die Arbeit von HUBER [*8*], in der ähnliche Methoden verwendet werden.) Hierbei benutzt man also die Uniformisierungstheorie, wodurch der Beweis umständlich wird. Wie in dieser Arbeit gezeigt wird, ist es auch gar nicht nötig, in C'' eine Hermitesche Metrik zu konstruieren, die wie die hyperbolische Metrik konstante negative Gaußsche Krümmung besitzt und vollständig ist. Es genügt vielmehr, C'' mit einer vollständigen Metrik zu versehen, deren Gaußsche Krümmung überall kleiner oder gleich einer negativen Konstanten ist. Das kann, wie in §5 ausgeführt wird, mit Hilfe holomorpher Funktionen geschehen.

Nach der Zusammenstellung der notwendigen Begriffe in §1 bringt §2 einen Satz von AHLFORS [*6*] (Hilfssatz 1). Im wesentlichen sagt dieser Satz aus, daß *der Koeffizient der hyperbolischen Metrik*

$$ds^2 = \frac{1}{(1 - t\bar{t})^2}\, dt\, d\bar{t}$$

überall größer oder gleich dem Koeffizienten einer jeden Hermiteschen Metrik im Einheitskreis ist, deren Gaußsche Krümmung überall kleiner oder gleich -4 *ist.* Dieses Ergebnis ist zum Beweis des Satzes 1 (aus §4) und damit für alle weiteren Resultate von entscheidender Bedeutung. Der Satz 1 macht eine Aussage über die Menge $\mathscr{F}$ aller holomorphen Abbildungen von einer komplexen Mannigfaltigkeit X mit abzählbarer Topologie in eine komplexe Mannigfaltigkeit Y: *Kann man* Y *mit einer vollständigen Differentialmetrik (das ist eine verallgemeinerte Hermitesche Metrik) versehen, deren Gaußsche Krümmung auf jeder*

III. Es sei G ein Gebiet in $\mathbf{C}$, und $f=(f_1, f_2, \ldots)$ sei eine endliche oder unendliche Folge in G holomorpher Funktionen. Für jedes $t \in G$ existiere mindestens ein n, so daß $f_n(t) \neq 0$ ist. Weiterhin setzen wir voraus, daß

$$(f, f)(t) = \sum_{n=1}^{\infty} f_n \cdot \bar{f}_n(t)$$

sowie die ersten beiden Ableitungen dieser Reihe im Inneren von G gleichmäßig konvergieren. In der Schreibweise der Hermiteschen Skalarprodukte für Folgen erhält man als Gaußsche Krümmung der Differentialmetrik $ds^2 = g\, dt\, d\bar{t}$ mit $g(t, \bar{t}) = (f, f)(t)$:

$$K(g, t) = -\frac{2}{(f, f)^3(t)}((f, f) \cdot (f_t, f_t)(t) - (f_t, f) \cdot (f, f_t)(t))$$

$$= -\frac{2}{(f, f)^4(t)} \cdot \| f_t \cdot (f, f) - f \cdot (f_t, f) \|^2 (t).$$

Mithin ist $K(g, t) \leqq 0$ in jedem $t \in G$. Sind die Folgen $f(t)$ und $f_t(t)$ in dem Punkt t_0 linear unabhängig, gilt sogar $K(g, t_0) < 0$.

IV. Die *komplexe Ebene* $\mathbf{C}$ kann *nicht* mit einer stark negativ gekrümmten Differentialmetrik versehen werden. Denn wäre dies möglich, so könnte man nach dem Verfahren des § 5 auf $\mathbf{C}$ auch eine vollständige (s. § 4, Def. 5), negativ gekrümmte Differentialmetrik konstruieren. Dann wäre auf Grund des Satzes 1 (aus § 4) die Menge der holomorphen Funktionen auf dem Einheitskreis eine normale Familie, was nicht richtig ist.

Da die folgenden Betrachtungen allgemein für holomorphe Abbildungen gelten sollen, müssen wir versuchen, uns von der Einschränkung der Definition 2 auf die *regulären*, holomorphen Abbildungen $E \to Y$ frei zu machen. Das geschieht durch die

Aussage 2. Ist Y bezüglich der Differentialmetrik F negativ gekrümmt von der Ordnung K_0, so besitzt für jede holomorphe Abbildung φ: $E \to Y$ die Pseudodifferentialmetrik $F \circ \varphi$ in ihren regulären Punkten eine Gaußsche Krümmung $\leqq -K_0$.

Beweis. Nach (4) haben wir die drei Fälle a), b) und c) zu behandeln. Für a) und c) gilt die Behauptung trivialerweise. Im Fall b) schließen wir folgendermaßen: Ist φ in dem Punkt $t_0 \in E$ regulär, so wählen wir eine Kreisscheibe $B_\varepsilon(t_0) := \{t: |t - t_0| < \varepsilon\} \subset E$, in der φ regulär bleibt. Mit $\psi(t) := \varepsilon t + t_0$, $t \in E$, erhalten wir dann eine holomorphe und reguläre Abbildung $\varphi^* = \varphi \circ \psi$: $E \to Y$. Die Differentialmetrik $F \circ \varphi^*$ besitzt nach Voraussetzung in ganz E eine Gaußsche Krümmung $\leqq -K_0$. Da für alle $t \in E$ gilt $K(F \circ \varphi^*, t) = K(F \circ \varphi, \psi(t))$, ist auch $K(F \circ \varphi, t_0) \leqq -K_0$.

Aus dieser Aussage und dem Hilfssatz 1 erhalten wir die für das Folgende wesentliche Abschätzung.

Aussage 3. Eine zusammenhängende komplexe Mannigfaltigkeit Y sei mit einer Differentialmetrik F versehen, bezüglich der Y stark negativ gekrümmt ist.

Dann gibt es eine Konstante $c>0$, so daß für jede holomorphe Abbildung φ: $E\to Y$ und für je zwei Punkte t' und $t''\in E$ gilt

$$d(\varphi(t'), \varphi(t''))\leqq c\cdot D(t', t'').$$

Dabei bedeuten d die von F in Y und D die von der hyperbolischen Metrik in E induzierten Metriken.

Beweis. Y sei von der Ordnung K_0, $K_0>0$, negativ gekrümmt. Für konstante Abbildungen φ gilt die Abschätzung trivialerweise. Ist φ aber nicht konstant, so ist $F\circ\varphi$ eine Pseudodifferentialmetrik in E, die höchstens in isolierten Punkten nicht regulär ist und die in allen regulären Punkten eine Gaußsche Krümmung $\leqq -K_0$ besitzt (s. (4) und Aussage 2). Daher gilt nach dem Hilfssatz 1 in ganz E

$$g(t,\bar t)\leqq\frac{4}{K_0}\,\frac{1}{(1-t\bar t)^2}, \tag{6}$$

wenn mit g der Koeffizient von $F\circ\varphi$ bezeichnet wird. Es bedeute $W_{\varphi(t'),\varphi(t'')}$ die Menge der stetig differenzierbaren Wege in Y von $\varphi(t')$ nach $\varphi(t'')$ und $W_{t',t''}$ die Menge der stetig differenzierbaren Wege in E von t' nach t''. Mit (6) ergibt sich dann

$$\begin{aligned} d(\varphi(t'), \varphi(t''))&=\inf\{L_F(w)\colon w\in W_{\varphi(t'),\varphi(t'')}\}\leqq\inf\{L_{F\circ\varphi}(w)\colon w\in W_{t',t''}\}\\ &\leqq\sqrt{\frac{4}{K_0}}\cdot D(t', t'')=c\cdot D(t', t'')\qquad\text{mit } c=\sqrt{\frac{4}{K_0}}.\end{aligned}$$

§ 4. Ein Satz über normale Familien holomorpher Abbildungen

Definition 3. Es seien X und Y komplexe Mannigfaltigkeiten. a) Eine Folge $\{\varphi_n\}$ beliebiger Abbildungen $X\to Y$ heißt kompakt konvergent gegen eine Abbildung φ: $X\to Y$, wenn zu jeder Umgebung W der Diagonale von $Y\times Y$ und zu jedem kompakten $K\subset X$ ein n_0 existiert, so daß $(\varphi_n(x), \varphi(x))\in W$ ist für alle $x\in K$ und alle $n\geqq n_0$. b) Die Folge $\{\varphi_n\}$ heißt kompakt konvergent gegen den Rand von Y, wenn zu jedem kompakten $K\subset X$ und jedem kompakten $B\subset Y$ ein n_0 existiert, so daß $\varphi_n(K)\cap B=0$ ist für alle $n\geqq n_0$. c) Eine Familie $\mathscr{F}$ holomorpher Abbildungen $X\to Y$ heißt normal, wenn jede Folge von Abbildungen aus $\mathscr{F}$ eine Teilfolge enthält, die entweder kompakt gegen eine holomorphe Abbildung $X\to Y$ oder aber kompakt gegen den Rand von Y konvergiert.

Bemerkung. Ist die Abbildung φ: $X\to Y$ Limes einer kompakt konvergenten Folge $\{\varphi_n\}$ holomorpher Abbildungen $X\to Y$, so ist auch φ holomorph.

Beweis. Da Y lokal kompakt ist, können wir Y mit einer uniformen Struktur $\mathfrak{U}$ versehen, die mit der Topologie von Y verträglich ist. Es sei $x_0\in X$ ein beliebiger Punkt. Zu ihm können wir ein symmetrisches $W\in\mathfrak{U}$ wählen, so daß die Umgebung $\overset{4}{W}(\varphi(x_0))$ von $\varphi(x_0)$ relativ kompakt in einer Koordinatenumgebung V von $\varphi(x_0)$ liegt[1]). Ist U' eine kompakte Umgebung

[1]) Zur Definition von $\overset{4}{W}$ und $V(y)=V\langle\{y\}\rangle$ siehe [3] §3 Nr. 2 und 3, [4] §1.

$B \subset Y$ enthalten. Für ein passendes $\varepsilon > 0$ gilt: Jedes Punktepaar $(y, y') \in B \times B$ mit $d(y, y') < 6\varepsilon$ liegt in W; dabei sei d die von F auf Y induzierte Metrik. Nun können wir, da $\mathscr{F}$ nach dem Hilfssatz 2 gleichgradig stetig ist, zu jedem $x \in K$ eine solche Umgebung $U(x)$ wählen, daß $d(\varphi_{nn}(x), \varphi_{nn}(x')) < \varepsilon$ für alle $x' \in U(x)$ und alle n ist. Bereits endlich viele der Umgebungen $U(x)$ – sie seien mit $U_1, \ldots, U_r$ bezeichnet – überdecken K. Aus jeder Menge $U_j \cap A$ $(j = 1, \ldots, r)$ wählen wir einen Punkt x_j. Da $\{\varphi_{nn}\}$ auf ganz A konvergiert, gibt es ein n_0, so daß $d(\varphi_{nn}(x_j), \varphi_{mm}(x_j)) < \varepsilon$ für alle $n, m \geqq n_0$ und $j = 1, \ldots, r$ gilt. Jedes $x \in K$ liegt in einem U_j. Daher erhalten wir für $n, m \geqq n_0$ und alle $x \in K$:

$$d(\varphi_{nn}(x), \varphi_{mm}(x)) \leqq d(\varphi_{nn}(x), \varphi_{nn}(x_j)) + d(\varphi_{nn}(x_j), \varphi_{mm}(x_j)) + \\ + d(\varphi_{mm}(x_j), \varphi_{mm}(x)) < 5\varepsilon .$$

Wegen $\varphi_{nn}(K) \subset B$ folgt hieraus die Konvergenz von $\{\varphi_{nn} | K\}$ gegen eine Abbildung $\varphi\colon K \to B$; und es gilt für diese $d(\varphi_{nn}(x), \varphi(x)) < 6\varepsilon$, also $(\varphi_{nn}(x), \varphi(x)) \in W$ für alle $x \in K$ und $n \geqq n_0$. Damit ist bewiesen, daß $\{\varphi_{nn}\}$ gegen eine Abbildung φ kompakt konvergiert. Nach der Bemerkung im Anschluß an Definition 3 ist φ holomorph. Das beweist die Gültigkeit des ersten Teiles von Satz 1.

2. Teil. Der Beweis wird dadurch zu Ende geführt, daß wir unter der Voraussetzung der Vollständigkeit von Y bezüglich F zeigen: Ist keine Teilfolge einer Folge $\{\varphi_n\}$ von $\mathscr{F}$ im Inneren von X gleichartig beschränkt, so konvergiert $\{\varphi_n\}$ kompakt gegen den Rand von Y.

Angenommen, diese Behauptung sei falsch. Dann existieren kompakte Mengen $K' \subset X$ und $B' \subset Y$ und eine Teilfolge $\{\varphi_n'\}$ von $\{\varphi_n\}$, so daß $\varphi_n'(K') \cap B' \neq 0$ ist für alle n. K' enthält also eine Punktfolge $\{x_n\}$ mit $\varphi_n'(x_n) \in B'$.

Es sei nun K eine beliebige kompakte Menge aus X. Da X zusammenhängend ist, können wir ein zusammenhängendes, kompaktes $K'' \subset X$ mit $K \cup K' \subset K''$ finden. Wegen der gleichgradigen Stetigkeit von $\mathscr{F}$ läßt sich K'' durch endlich viele offene Mengen $U_1, \ldots, U_r$ überdecken, für die gilt: $x', x'' \in U_i$ impliziert $d(\varphi(x'), \varphi(x'')) < 1$ für alle $\varphi \in \mathscr{F}$ $(i = 1, \ldots, r)$. Dabei können wir annehmen, daß $U_1 \cap K'' \neq 0$ ist. Induktiv definieren wir nun eine Folge $\{C_k\}$ offener Mengen: $C_1 := U_1$; $C_k := \bigcup \{U_i\colon U_i \cap C_{k-1} \neq 0\}$ für $k > 1$. Wegen des Zusammenhanges von K'' liegt K'' in C_r. Daher erhalten wir $d(\varphi(x'), \varphi(x'')) < 2r =: M_1$ für alle $\varphi \in \mathscr{F}$ und alle $x', x'' \in K \cup K'$. Weiterhin können wir zu einem beliebigen Punkt $y_0 \in Y$ ein $M_2 > 0$ wählen, so daß $d(y, y_0) < M_2$ ist für alle $y \in B'$. Damit ergibt sich $d(\varphi_n'(x), y_0) \leqq d(\varphi_n'(x), \varphi_n'(x_n)) + d(\varphi_n'(x_n), y_0) < M_1 + M_2$ für jedes $x \in K$ und jedes n. Wegen der Vollständigkeit von Y liegen daher alle $\varphi_n'(K)$ in einem kompakten $B \subset Y$. Daraus erhalten wir einen Widerspruch zu der Voraussetzung, daß keine Teilfolge von $\{\varphi_n\}$ im Inneren von X gleichartig beschränkt ist.

Die nächsten Paragraphen der Arbeit bringen einige Anwendungen des Satzes 1.

§ 5. Ein Beweis des Satzes von Montel

Den bekannten Satz:

„Jede Familie holomorpher Funktionen auf einem Gebiet der komplexen Ebene, die zwei verschiedene Werte a und b auslassen, ist eine normale Familie", können wir nun aufgrund des Satzes 1 dadurch beweisen, daß wir auf $C'' := C - \{a, b\}$ eine Differentialmetrik konstruieren, bezüglich der C'' stark negativ gekrümmt und vollständig ist. Mit Hilfe einer geeigneten linearen Abbildung der komplexen Ebene auf sich wird das Problem zunächst auf den Fall $a = 1$ und $b = -1$ reduziert.

In $C - \{0\}$ definieren wir die Differentialmetrik $ds^2 = \tilde{h} \cdot dt \cdot d\bar{t}$ mit $\tilde{h}(t, \bar{t}) := (t\bar{t})^{2\alpha-1} + (t\bar{t})^{\alpha-1}$, $0 < \alpha < \frac{1}{5}$. Ihre Gaußsche Krümmung ist $K(\tilde{h}, t) = -2\alpha^2 \cdot (1 + (t\bar{t})^\alpha)^{-3}$ für alle $t \in C - \{0\}$. Setzen wir $h_1(t, \bar{t}) := \tilde{h}(t-1, \bar{t}-1)$, $h_2(t, \bar{t}) := \tilde{h}(t+1, \bar{t}+1)$ und $h := h_1 \cdot h_2$, so erhalten wir mit $ds^2 = h\, dt\, d\bar{t}$ auf C'' eine Differentialmetrik, bezüglich der C'' stark negativ gekrümmt ist. Das folgt aus $K(h_1, t) = K(\tilde{h}, t-1)$, $K(h_2, t) = K(\tilde{h}, t+1)$ und der Aussage 1(*b*). Es sei etwa $K(h, t) \leqq -K' < 0$ in C''. Um nun C'' auch noch vollständig zu machen, vergrößern wir die Funktion h in Umgebungen von 1, -1 und ∞. Dazu bedienen wir uns einer beliebig oft stetig differenzierbaren, reellwertigen Funktion χ auf C mit $\chi(t, \bar{t}) = 1$ für $0 \leqq |t| \leqq \frac{1}{3}$, $0 \leqq \chi(t, \bar{t}) \leqq 1$ für $\frac{1}{3} < |t| < \frac{1}{2}$ und $\chi(t, \bar{t}) = 0$ für $|t| \geqq \frac{1}{2}$. Damit bilden wir

$$\tilde{f}(t, \bar{t}) := \begin{cases} \chi(t, \bar{t}) \cdot \dfrac{1}{t\bar{t}} \cdot \dfrac{1}{\log^2(t\bar{t})} & \text{für } 0 < |t| \leqq \frac{1}{2} \\ 0 & \text{für } |t| > \frac{1}{2} \end{cases}$$

(s. § 3, Beispiel II). Wird nun

$$f(t, \bar{t}) := \tilde{f}(t-1, \bar{t}-1) + \tilde{f}(t+1, \bar{t}+1) + \frac{1}{(t\bar{t})^2} \cdot \tilde{f}\left(\frac{1}{t}, \frac{1}{\bar{t}}\right)$$

und $g := h + \lambda f$, $0 < \lambda < 1$, gesetzt, so erhalten wir mit $ds^2 = g\, dt\, d\bar{t}$ eine Differentialmetrik auf C'', bezüglich der C'' vollständig ist. Auf dem Bereich

$$G := \{0 < |t-1| < \tfrac{1}{3}\} \cup \{0 < |t+1| < \tfrac{1}{3}\} \cup \{|t| > 3\}$$

ist $K(f, t) = -4$ und daher wegen der Aussage 1(a) und 1(c)

$$K(g, t) \leqq -\frac{4K'}{4 + \lambda K'} < -\frac{4K'}{4 + K'} < 0.$$

Auf der kompakten Menge $C'' - G$ erhält man die Abschätzung

$$(7)\quad \begin{cases} K(g, t) = K\big(\lambda(h+f) + (1-\lambda)h, t\big) \\ \qquad \leqq \dfrac{\lambda(h+f)^2(t, \bar{t}) \cdot K(h+f, t) - (1-\lambda)h^2(t, \bar{t}) \cdot K'}{(h + \lambda f)^2(t, \bar{t})}. \end{cases}$$

Demnach ist für ein genügend kleines λ und für ein geeignetes $K'' > 0$ auf $C'' - G$ die Abschätzung $K(g, t) \leqq -K''$ erfüllt. Also stellt $ds^2 = g\, dt\, d\bar{t}$ eine Differentialmetrik mit den gewünschten Eigenschaften dar.

dabei bedeutet $\tilde{\Phi} := (\varphi, \psi, \varphi', \psi')$, und $A = A(z, t, v, w)$ ist eine reellwertige Funktion auf $(W_i \cap Y|V) \times C^2$ von folgender Gestalt

$$A = (\lambda g h(g g_{z\bar z} - g_z g_{\bar z}) - P) \cdot (v\bar v)^3 - \sum_{\substack{i,k=0\\ i+k<6}}^{3} (P_{ik} + \lambda Q_{ik} + \lambda^2 R_{ik}) \cdot v^i \bar v^k w^{3-i} \bar w^{3-k} +$$

$$+ \lambda^3 \cdot g h(h h_{t\bar t} - h_t h_{\bar t}) \cdot (w\bar w)^3$$

mit Funktionen P, P_{ik}, Q_{ik} und R_{ik} auf $W_i \cap Y|V$, die sich additiv und multiplikativ aus g, a, f, h und deren ersten beiden Ableitungen zusammensetzen, λ aber nicht enthalten. Dem Betrage nach sind diese Funktionen deshalb kleiner als eine Konstante $M > 0$. Daher erhalten wir die Abschätzung

$$A(z, t, v, w) \geqq (\lambda \cdot \varepsilon' - M)|v|^6 - 6(1 + \lambda + \lambda^2) M \cdot \sum_{i=0}^{5} |v|^i \cdot |w|^{6-i} + \lambda^3 \cdot \varepsilon' \cdot |w|^6,$$

die zeigt, daß für alle λ, welche größer oder gleich einem geeigneten $\lambda_i > 0$ sind, auf ganz $W_i \cap Y|V$ gilt $A(z, t, 1, 0) \geqq 2$ und $A(z, t, 0, 1) \geqq 2$. Zu jedem $\lambda \geqq \lambda_i$ existiert nun ein $\rho(\lambda)$ mit $0 < \rho(\lambda) \leqq 1$, so daß $A(z, t, 1, w) \geqq 1$ und $A(z, t, w, 1) \geqq 1$ für alle w mit $|w| \leqq \rho(\lambda)$ ist. Daraus folgt $A(z, t, w, 1) \geqq \rho^6(\lambda)$ und $A(z, t, 1, w) \geqq \rho^6(\lambda)$ für alle w. Für $|w| \leqq \rho(\lambda)$ ist das trivial; für $|w| \geqq \rho(\lambda)$ erhält man wegen der Gleichung $A(z, t, \mu v, \mu w) = |\mu|^6 \cdot A(z, t, v, w)$, die für alle $\mu \in C$ gilt: $A(z, t, w, 1) = |w|^6 \cdot A(z, t, 1, 1/w) \geqq |w|^6 \cdot 1 \geqq \rho^6(\lambda)$; entsprechend ergibt sich $A(z, t, 1, w) \geqq \rho^6(\lambda)$. Daher hat man

$$\sqrt[3]{A(z, t, v, w)} \geqq |v|^2 \cdot \rho^2(\lambda) \quad \text{und} \quad \sqrt[3]{A(z, t, v, w)} \geqq |w|^2 \cdot \rho^2(\lambda),$$

also

$$A(z, t, v, w) \geqq \tfrac{1}{8} \cdot (v\bar v + w\bar w)^3 \cdot \rho^6(\lambda).$$

Mit dieser Abschätzung folgt nun

$$\begin{aligned} K(F \circ \Phi, \tau) &\leqq -2 A \circ \tilde{\Phi}(\tau)/\alpha^3(\tau) \cdot d \circ \Phi(\tau) \\ &\leqq -(\varphi' \overline{\varphi'} + \psi' \overline{\psi'})^3 \cdot \rho^6(\lambda)/4(\varphi' \overline{\varphi'} + \psi' \overline{\psi'})^3 \cdot k^6(\lambda) \cdot \delta(\lambda) \\ &= -\rho^6(\lambda)/4 k^6(\lambda) \cdot \delta(\lambda) =: -K_i(\lambda) < 0. \end{aligned}$$

Dabei bedeutet $\delta(\lambda)$ das Supremum von d auf $W_i \cap Y|V$.

Damit ist der Hilfssatz 4 bewiesen.

Beweis zu Satz 3. Es sei V eine Umgebung eines Punktes $x_0 \in X$ und s ein holomorpher Schnitt in (Y, π, X) über $V - \{x_0\}$. Ohne Beschränkung der Allgemeinheit können wir V so voraussetzen, daß $Y|V$ mit einer Differentialmetrik F versehen werden kann, bezüglich der $Y|V$ stark negativ gekrümmt ist (s. Hilfssatz 4). Zu x_0 wählen wir eine Koordinatenumgebung mit folgenden Eigenschaften: x_0 hat die Koordinate $t = 0$; die Kreisscheibe $E^* := \{t : |t| < 2\}$ liegt relativ kompakt im Durchschnitt der Koordinatenumgebung mit V. Zur Abkürzung setzen wir $k_a := \{t : |t| = a\}$ für alle a mit $0 < a \leqq 1$, $K_a := s(k_a)$ und $\Phi(K_a) :=$ Durchmesser von K_a bezüglich der von F auf $Y|V$ induzierten Metrik d.

Nach klassischen Sätzen ist die Fortsetzbarkeit von s sichergestellt, wenn folgende Bedingung erfüllt ist:

(9) $\left\{\begin{array}{l}\text{Mit } a\to 0 \text{ konvergieren die Kurven } K_a \text{ gegen einen Punkt } y_0 \text{ der Faser } Y_{x_0};\\ \text{das soll bedeuten: Zu jeder Umgebung } W \text{ von } y_0 \text{ gibt es ein } \delta>0, \text{ so daß}\\ K_a\subset W \text{ für } 0<a<\delta \text{ ist.}\end{array}\right.$

Wir beweisen zunächst die Aussagen:

(10) $\left\{\begin{array}{l}\text{Jede Folge } \{K_{a_n}\} \text{ mit } a_n\to 0 \text{ enthält eine Teilfolge, die gegen einen Punkt}\\ y_0\in Y_{x_0} \text{ konvergiert.}\end{array}\right.$

(11) $$\lim_{a\to 0}\Phi(K_a)=0.$$

Zu $\{a_n\}$ bestimmen wir eine Folge $\{\alpha_n\}$ natürlicher Zahlen, die gegen ∞ konvergiert, und zwar so schwach, daß $a_n\cdot t^{\alpha_n}\in E^*$ ist für alle $t\in E^*$ und alle n. Dann wird durch $\varphi_n(t):=s(a_n\cdot t^{\alpha_n})$ eine Folge $\{\varphi_n\}$ holomorpher Abbildungen $E^*-\{0\}\to Y|V$ definiert. Da π eigentlich vorausgesetzt wurde, ist $\{\varphi_n\}$ auf $E^*-\{0\}$ gleichartig beschränkt. Nach dem Satz 1 konvergiert daher eine Teilfolge $\{\varphi_{n_\nu}\}$ von $\{\varphi_n\}$ kompakt gegen eine holomorphe Abbildung $\varphi\colon E^*-\{0\}\to Y|V$. Angenommen, $\varphi|k_1$ sei nicht konstant. Dann existiert ein $t_0\in k_1$ mit $\varphi(t_0)\neq\varphi(1)$; also ist $d(\varphi(t_0),\varphi(1))=:\delta>0$. Wegen der kompakten Konvergenz von $\{\varphi_{n_\nu}\}$ gibt es ein ν_0, so daß $d(\varphi_{n_\nu}(t),\varphi(t))<\delta/3$ ist für alle $\nu\geqq\nu_0$ und alle $t\in k_1$, und wegen der Stetigkeit von φ in t_0 ein $\rho>0$, so daß $d(\varphi(t),\varphi(t_0))<\delta/3$ ist für $|t-t_0|<\rho$. Wir wählen nun ein $\nu\geqq\nu_0$ mit $2\pi<\rho\cdot\alpha_{n_\nu}$. In der Kreisscheibe $\{t\colon |t-t_0|<\rho\}$ liegt dann mindestens eine α_{n_ν}-te Einheitswurzel t_1. Es ist $\varphi_{n_\nu}(t_1)=\varphi_{n_\nu}(1)$. Damit erhalten wir

$$d(\varphi(t_0),\varphi(1))\leqq d(\varphi(t_0),\varphi(t_1))+d(\varphi(t_1),\varphi_{n_\nu}(t_1))+d(\varphi_{n_\nu}(1),\varphi(1))<\delta.$$

Der Widerspruch zeigt, daß $\varphi|k_1\equiv\varphi(1)$ ist. Dann ist aber auch $\varphi\equiv\varphi(1)$. Nach Definition der φ_n ist der Punkt $y_0:=\varphi(1)$ aus Y_{x_0}. Aus der kompakten Konvergenz von $\{\varphi_{n_\nu}\}$ gegen y_0 folgt nun unmittelbar (10).

Die Aussage (11) beweisen wir indirekt. Wäre (11) falsch, existierte eine Folge $\{K_{a_n}\}$ mit $a_n\to 0$, so daß $\Phi(K_{a_n})$ für alle n größer als eine positive Konstante ist. Dann könnte aber im Widerspruch zu (10) keine Teilfolge von $\{K_{a_n}\}$ gegen einen Punkt aus Y_{x_0} konvergieren.

Nun zum Beweis der Bedingung (9)! Aufgrund von (10) existiert eine Folge $\{K_{a_n}\}$ mit $a_n\to 0$, die gegen einen Punkt $y_0\in Y_{x_0}$ konvergiert. Zu y_0 wählen wir eine Koordinatenumgebung $U\subset Y|V$, deren lokale Koordinaten z und t als Koordinaten der Faser Y_{x_0} bzw. der Basis X betrachtet werden können (s. (8)). Der Punkt y_0 besitze die Koordinaten $z=0$ und $t=0$. Wir nehmen nun an, die Bedingung (9) sei nicht erfüllt. Dann gibt es eine Folge $\{K_{b_n}\}$ mit $b_n\to 0$ und einen Dizylinder $P:=\{(z,t)\colon |z|<\varepsilon,\ |t|<\varepsilon\}\Subset U$, der keines der K_{b_n} ganz enthält. Aus dem Verhalten der Folgen $\{K_{a_n}\}$ und $\{K_{b_n}\}$ und aus der Aussage (11) schließt man auf die Existenz dreier Zahlen a', b und c mit den Eigenschaften: 1) $b<a'<c<\min(\varepsilon,b_1)$; 2) $K_{a'}\subset P'':=\{(z,t)\colon |z|<\varepsilon/3,\ |t|<\varepsilon\}$; 3) b ist die größte Zahl $<a'$ und c die kleinste Zahl $>a'$, so daß K_b und

K_c nicht mehr ganz in $P' := \{(z, t): |z| < 2\varepsilon/3, |t| < \varepsilon\}$ liegen; 4) die Durchmesser von K_b und von K_c in der euklidischen Metrik von U sind kleiner $\varepsilon/3$. Wegen den Eigenschaften 2) bis 4) liegt K_b in einer Kugel $H_1 \subset P - P''$ und K_c in einer Kugel $H_2 \subset P - P''$. Offenbar wird noch ein ganzer Kreisring $R := \{t: b - r < |t| < c + r\}$ mit $r > 0$ von s in U abgebildet. Demzufolge beschreibt die holomorphe Funktion $f := z \circ s$ die Beschränkung von s auf R. Es sei z_0 ein beliebiger Punkt aus $f(k_{a'})$. Wegen der Eigenschaft 2) ist $z_0 \in \{z: |z| < \varepsilon/3\}$. Daher ist auf den Kreisen k_b und k_c $f(t) \neq z_0$. Da aber f in dem Kreisring $\{t: b < |t| < c\}$ (nämlich auf $k_{a'}$) den Wert z_0 mindestens einmal annimmt, haben wir

$$\frac{1}{2\pi i}\left(\int_{k_c} \frac{f'(t)}{f(t) - z_0}\, dt - \int_{k_b} \frac{f'(t)}{f(t) - z_0}\, dt\right) > 0. \tag{12}$$

Andererseits liegen $f(k_c)$ und $f(k_b)$ in einfach zusammenhängenden Gebieten, die den Punkt z_0 nicht enthalten. Deswegen kann man den Integrand in (12) als

$$\frac{d}{dt} \log(f(t) - z_0)$$

schreiben; daraus folgt, daß die beiden Integrale in (12) verschwinden. Der hier auftretende Widerspruch beweist die Gültigkeit von (9).

Literatur

[1] Behnke, H., u. F. Sommer: Theorie der analytischen Funktionen einer komplexen Veränderlichen. 2. Aufl. Berlin-Göttingen-Heidelberg: Springer 1962.

[2] Blaschke, W.: Vorlesungen über Differentialgeometrie I. 4. Aufl. Berlin-Göttingen-Heidelberg: Springer 1945.

[3] Bourbaki, N.: Théorie des ensembles II. 2. ed. Paris: Hermann 1960.

[4] — Topologie générale II. 3. ed. Paris: Hermann 1961.

[5] Carathéodory, C.: Über die Geometrie der analytischen Abbildungen, die durch analytische Funktionen von zwei Veränderlichen vermittelt werden. Abhandl. math. Sem. Hamburg **6**, 96—145 (1928).

[6] Golusin, G. M.: Geometrische Funktionentheorie. Berlin: Deutscher Verlag der Wissenschaften 1957.

[7] Grauert, H.: On the number of moduli of complex structures, Contributions to Function Theory. Tata Inst. of Fundamental Research, Bombay 1960.

[8] Huber, H.: Über analytische Abbildungen Riemannscher Flächen in sich. Comment. Math. Helv. **27**, 1—72 (1953).

[9] Reiffen, H. J.: Die differentialgeometrischen Eigenschaften der invarianten Distanzfunktion von Carathéodory. Schriftenreihe d. Math. Inst. d. Univ. Münster, Heft 26 (1963).

Göttingen, Mathematisches Institut der Universität

(Eingegangen am 15. November 1964)

51.

(mit I. Lieb)

Das Ramirezsche Integral und die Lösung der Gleichung $\bar{\partial} f = \alpha$ im Bereich der beschränkten Formen

Rice University Studies Houston **56** (2), 29–50 (1970);
Talk by H. Grauert at a meeting at Rice University March 1969

Einleitung

Das Cauchysche Integral der Funktionentheorie einer Veränderlichen zeichnet sich durch folgende Eigenschaften aus:

1) *Ist f eine in $\bar{G}$ stetige und in G holomorphe Funktion, so gilt*

$$f(y) = \int_{\partial G} \Omega_y(x) f(x) \text{ für } y \in G.$$

2) *Ist h(x) eine stetige Funktion auf ∂G, so ist*

$$f(y) = \int_{\partial G} \Omega_y(x) h(x)$$

eine in G holomorphe Funktion.

3) *Es ist* $\int_G |\Omega_y(x)| \, d\lambda(x) \leqq L$
mit L als einer von y unabhängigen Konstanten. Der Kern hat nur im Punkt $x = y$ eine Singularität.

Hierbei bezeichnet $G \subset C$ ein beschränktes Gebiet mit glattem Rande, und es ist

$$\Omega_y(x) = \frac{1}{2\pi i} \frac{dx}{x - y}$$

und

$$\int_G |\Omega_y(x)| \, d\lambda(x) = \frac{1}{2\pi} \int_G \frac{1}{|x - y|} \, d\lambda(x)$$

gesetzt.

Die ersten entsprechenden Integralformeln, die in der Funktionentheorie mehrerer Veränderlicher bekannt wurden, waren die Formel von Bergman-

* Author who presented paper

Weil und die Formel von Martinelli. Die Eigenschaft 1) ist für beide Formeln erfüllt, jedoch muß man bei Bergman und Weil nur über die ausgezeichneten Randflächen integrieren. Das ist bei der Anwendung der Stokesschen Formel hinderlich. Die Integralformel gilt auch nur für Gebiete, die ausgezeichnete Randflächen besitzen. Die Eigenschaft 2) gilt im Falle "Bergman-Weil," jedoch gilt sie nicht bei Martinelli. Dagegen ist bei Martinelli die Eigenschaft 3) richtig, im Falle der Bergman-Weilschen Formel ist sie wieder falsch.

Inzwischen waren in den Arbeiten von Leray und Norguet die Cauchy-Fantappié-Integralformeln entwickelt worden. Es gelang dann E. Ramirez de Arellano, unter Verwendung der Theorie kohärenter analytischer Garben zu zeigen, daß es zu jedem beschränkten streng pseudokonvexen Gebiet $G \subset C^n$ mit glattem Rand Cauchy-Fantappié-Formeln gibt, die die Eigenschaften 1) und 2) besitzen und bei denen der Kern $\Omega_y(x)$ eine Singularität wie bei Martinelli hat. In der vorliegenden Arbeit wird nun gezeigt, daß für den Kern auch die unter 3) formulierte Abschätzung gilt, wenn der Ramirezsche Kern geeignet definiert wird. Diese Abschätzung ist gerade für die Untersuchung der Gleichung $\bar{\partial} f = \alpha$, in der α eine $\bar{\partial}$-geschlossene (0, 1)-Form und f eine Funktion bedeuten, von ausschlaggebender Bedeutung. Man kann nämlich jetzt zeigen: *Ist α beschränkt, so kann man auch f als beschränkt wählen, und es gilt eine Abschätzung für $|f|$.* (Vielleicht kann man sogar Abschätzungen von f in der $C_{r-1+\varepsilon}$-Norm erhalten, wenn α in $C_{r+\varepsilon}$ ist.) Jedenfalls ergibt sich schon aus unserem Resultat eine interessante Aussage für die Čechsche Cohomologie: *Ist $\hat{\mathfrak{U}}$ eine offene Überdeckung von $\bar{G}$, bezeichnet $\mathfrak{U}$ die offene Überdeckung $\hat{\mathfrak{U}} \cap G$ und ist $\mathfrak{c}$ ein beschränkter Cozyklus aus $Z^1(\mathfrak{U}, \mathcal{O})$, so gilt $\mathfrak{c} = \delta\mathfrak{c}'$ mit $\mathfrak{c} \in C^0(\mathfrak{U}, \mathcal{O})$ und $|\mathfrak{c}'| \leqq K|\mathfrak{c}|$. Dabei ist K eine von $\mathfrak{c}$ unabhängige Konstante.*

§1. *Die Ramirezsche Integralformel*

Wir berichten zunächst über einige Resultate einer Arbeit von E. Ramirez [5].

Es sei $G \subset\subset C^n$ ein streng pseudokonvexes Gebiet mit beliebig oft differenzierbarem glattem Rand ∂G. Es gibt dann eine in einer Umgebung U^{**} von ∂G erklärte streng plurisubharmonische C^∞-Funktion ϕ mit $d\phi \neq 0$ in U^{**} und

$$G \cap U^{**} = \{x \in U^{**} : \phi(x) < 0\}.$$

In [5] hat E. Ramirez gezeigt:

Satz 1. *Es gibt Umgebungen U von ∂G und V von $\bar{G}$ und eine für alle $(x, y) \in U \times V$ erklärte C^∞-Funktion g mit folgenden Eigenschaften:*

a) *g ist holomorph in y.*

b) *Für $(x, y) \in \partial G \times \bar{G}$ und $x \neq y$ ist* $\operatorname{Re} g(x, y) > 0$.

c) $g(x, x) = 0$.

Wegen Eigenschaft c läßt sich (siehe [5]) g in der Form

$$g(x, y) = \sum_{i=1}^{n} (x_i - y_i) g_i(x, y)$$

darstellen, wobei die g_i beliebig oft differenzierbar und holomorph in y sind. Wählt man eine Umgebung U_1 von ∂G mit $U_1 \subset\subset U$, setzt man $U^* = U \cup G$ und $N = \{(x, y) \in \bar{U}_1 \times G \colon \operatorname{Re} g(x, y) \leqq 0\}$, so läßt sich eine Funktion ψ auf $U^* \times G$ mit folgenden Eigenschaften finden:

a) ψ is unendlich oft differenzierbar.

b) $0 \leqq \psi \leqq 1$.

c) Es gibt Umgebungen W_1 von $\partial G \times G$ und W_2 von $N \cup ((U^* - U_1) \times G)$ mit $\psi | W_1 \equiv 1$ und $\psi | W_2 \equiv 0$.

Man setzt dann

$$g_i' = \psi g_i + (1 - \psi)(\bar{x}_i - \bar{y}_i), \tag{1}$$

$$g'(x, y) = \psi g(x, y) + (1 - \psi) \cdot \| x - y \|^2, \tag{2}$$

wobei $\| \cdot \|$ die euklidische Norm bezeichnet, und bildet die Differentialform

$$\Omega_y(x) = \frac{(n-1)!}{(2\pi i)^n} \frac{\sum_{\nu=1}^{n} (-1)^{\nu+1} g_\nu' \bigwedge_{\substack{\mu = 1 \ldots n \\ \mu \neq \nu}} \bar{\partial}_x g_\mu' \wedge \bigwedge_{\lambda = 1, \ldots, n} dx_\lambda}{g'(x, y)^n}. \tag{3}$$

Dann gilt die Ramirezsche Integralformel:

Satz 2 [*5*]. *$\Omega_y(x)$ ist für $x \neq y$ unendlich oft differenzierbar und hat die folgenden Eigenschaften:*

a) *$d_x \Omega_y(x) = 0$ für $x \neq y$.*

b) *$\bar{\partial}_y \Omega_y(x) = 0$ in einer Umgebung von $\partial G \times G$.*

c) *Für jede auf $\bar{G}$ holomorphe Funktion f und jeden Punkt $y \in G$ ist*

$$f(y) = \int_{\partial G} f(x) \Omega_y(x).$$

Der Kern $\Omega_y(x)$ ist durch die Eigenschaften a, b und c nicht eindeutig festgelegt. Diese Tatsache werden wir in den folgenden Paragraphen ausnutzen, um durch geeignete Wahl von g und ψ einen Kern zu finden, für den sich zusätzlich L^1-Abschätzungen aufstellen lassen.

§2. *Abschätzung von* $g(x, y)$

1. Der Beweis von Satz 1 liefert noch

Hilfssatz 1. *Für* $y \in U(\partial G)$ *läßt sich die Darstellung*

$$g(x,y) = 2 \sum_i (x_i - y_i)\phi_i(x) - \sum_{i,j} (x_i - y_i)(x_j - y_j)\phi_{ij}(x) \tag{4}$$
$$+ c \sum_{i,j} (x_i - y_i)(x_j - y_j)\phi_i(x)\phi_j(x) + O(\| x - y \|^3)$$

erreichen.

Dabei ist c eine reelle Konstante, und es wurde

$$\phi_i(x) = \frac{\partial \phi}{\partial x_i}, \quad \text{usw.}$$

gesetzt. Nach [5, pp. 22, 23] gilt nämlich

$$g(x,y) = \sum_i \chi^i(x) g^i(x,y);$$

die $\chi^i(x)$ sind eine C^∞-Teilung der 1.

$$g^i(x,y) = P_x(y)/(1 + P_x(y)(h^i(x,y) - c^i)),$$
$$P_x(y) = 2 \sum_i (x_i - y_i)\phi_i(x) - \sum_{i,j} (x_i - y_i)(x_j - y_j)\phi_{ij}(x).$$

Die Funktionen $h^i(x,y)$ sind holomorph in y, unendlich oft differenzierbar in x und können so gewählt werden, daß ihre Taylorentwicklung mit Gliedern 2-ter Ordnung in $(x - y)$ beginnt. Unabhängig von i kann man $c^i = c$ setzen, da die c^i beliebig verkleinert werden dürfen. Einsetzen in die Gleichung für $g(x, y)$ liefert die Behauptung.

Für das folgende ist es notwendig, ϕ noch geeignet zu wählen.

Hilfssatz 2. *Es gibt eine streng plurisubharmonische Funktion* ϕ *in einer Umgebung* U' *von* ∂G *mit* $d\phi \neq 0$ *und* $G \cap U = \{x \in U : \phi(x) < 0\}$, *für die gilt: Ist* L *eine in* x_0 *senkrechte Gerade auf* ∂G, *so schneidet* L *in einer Umgebung von* x_0 *alle Niveauflächen* $\{x : \phi(x) = c\}$ *senkrecht.*

Beweis. Für $x \in C^n$ sei $\delta(x)$ die minimale Entfernung zwischen x und ∂G. Wir setzen

$$\tau(x) = \begin{cases} -\delta(x) & \text{für } x \in G, \\ \delta(x) & \text{für } x \notin G. \end{cases}$$

In einer Umgebung von ∂G ist τ unendlich oft differenzierbar und auf ∂G bedingt streng plurisubharmonisch. Für hinreichend großes $A > 0$ ist dann

$$\phi(x) = \tau(x)e^{A\tau(x)}$$

streng plurisubharmonisch in einer Umgebung von ∂G [2, pp. 262–264] und hat dieselben Niveauflächen wie τ. ϕ leistet offenbar das Verlangte.

Wir werden von jetzt an stets mit dem obigen ϕ als (globaler) Randfunktion arbeiten. Die Mengen $\{x: |\phi(x)| < \delta\}$ bilden für $\delta \to 0$ offenbar eine Umgebungsbasis von ∂G. Wir wählen $U = \{x \in U': |\phi(x)| < \delta_0\} \subset\subset U'$.

2. Es sei (mit den Bezeichnungen von Satz 1) $y \in \overline{U \cap G}$. Wir wählen das Koordinatensystem so, daß y die Koordinaten

$$y = (x_1' = -\rho_0, x_1'' = 0, \cdots, x_n'' = 0), \qquad \rho_0 \geqq 0,$$

bekommt, daß $0 \in \partial G$ ist und die Ebene $x_1' = 0$ tangential in 0 an ∂G verläuft. r sei die euklidische Distanz in der Tangentialebene vom Ursprung, $R = \| x - y \|$ die im $\mathbf{C}^n$ von y. Schließlich werde für $0 \leqq \rho \leqq \rho_0$

$$F_\rho = \{x \in \bar{U}: \phi(x) = \phi(\rho - \rho_0, 0, \cdots, 0)\}$$

gesetzt.

3. Für $\phi(y)$ findet man in x die Entwicklung

$$\begin{aligned}(5)\quad \phi(y) = \phi(x) &- \sum_i (x_i - y_i)\phi_i(x) - \sum_i (\bar{x}_i - \bar{y}_i)\phi_{\bar{i}}(x) \\ &+ \tfrac{1}{2} \sum_{i,j} (x_i - y_i)(x_j - y_j)\phi_{ij}(x) + \tfrac{1}{2} \sum_{i,j} (\bar{x}_i - \bar{y}_i)(\bar{x}_j - \bar{y}_j)\phi_{\bar{i}\bar{j}}(x) \\ &+ \sum_{i,j} (x_i - y_i)(\bar{x}_j - \bar{y}_j)\phi_{i\bar{j}}(x) + O(\| x - y \|^3).\end{aligned}$$

Einsetzen von (4) in (5) liefert

$$\begin{aligned}\phi(y) = \phi(x) &- \operatorname{Re}\,(g(x,y) - c \sum_{i,j} (x_i - y_i)(x_j - y_j)\phi_i(x)\phi_j(x)) \\ &+ \sum_{i,j} (x_i - y_i)(\bar{x}_j - \bar{y}_j)\phi_{i\bar{j}}(x) + O(\| x - y \|^3)\end{aligned}$$

und damit

$$\begin{aligned}(6)\qquad \operatorname{Re} g(x,y) = \phi(x) - \phi(y) &+ \operatorname{Re}\,(c \sum_{i,j} (x_i - y_i)(x_j - y_j)\phi_i(x)\phi_j(x)) \\ &+ \sum_{i,j} (x_i - y_i)(\bar{x}_j - \bar{y}_j)\phi_{i\bar{j}}(x) + O(\| x - y \|^3).\end{aligned}$$

Nun ist

also auch $\psi(x,y) = 0$. Auf $N \cup [(U^* - U) \times G]$ und—wie man sieht—auch noch in einer offenen Umgebung dieser Menge ist $\psi \equiv 0$. Wir haben damit

Hilfssatz 5. *Für $\tau(x)$ und $\tau(y) \geqq \varepsilon_1$ läßt sich die Zusammenziehung ψ in der Form*

$$\psi(x,y) = f\left(2 - 3\frac{\tau(x)}{\tau(y)}\right) \tag{21}$$

wählen.[1]

3. Bezeichnet ξ eine der Veränderlichen x_ν, $\bar{x}_\nu$, so ist

$$\frac{\partial\psi}{\partial\xi} = f'(t)\frac{\partial t}{\partial\xi} = -3\frac{f'(t)}{\tau(y)}\frac{\partial\tau}{\partial\xi}. \tag{22}$$

Somit existiert eine (von y unabhängige) Konstante D_1 mit

$$\left|\frac{\partial\psi}{\partial\xi}\right| \leqq f(t)\left|\frac{\partial t}{\partial\xi}\right| \leqq D_1\frac{f'(t)}{|\tau(y)|}. \tag{23}$$

Wegen $\psi(y,y) = 0$ folgt hieraus mit einer neuen Konstanten D_2:

$$|\psi(x,y)| \leqq D_2\frac{f'(t)}{|\tau(y)|}R. \tag{24}$$

Schließlich kann R_1 so klein angenommen werden, daß, wenn man zu y das Koordinatensystem wie in §2 wählt,

$$\frac{\partial\tau}{\partial x_i} \geqq D_3 > 0 \tag{25}$$

auf $V_{R_1}(y) = \{x : \|x-y\| < R_1\}$ ist.

§4. *Abschätzung des Ramirezschen Kernes*

1. Es sei $\Omega_y(x)$ der gemäß §1 mit den Funktionen $g(x,y)$ und $\psi(x,y)$ aus §2 und §3 gebildete Ramirezsche Kern. Er besteht also aus Summanden der Form

$$\frac{a(x,y)}{g'(x,y)^n}dx_1 \wedge \cdots \wedge dx_n \wedge d\bar{x}_1 \wedge \cdots \wedge d\bar{x}_{\nu-1} \wedge d\bar{x}_{\nu+1} \wedge \cdots \wedge d\bar{x}_n,$$

wobei

$$g' = \psi g + (1-\psi)\|x-y\|^2$$

ist und die Funktionen $a(x, y)$ auf $U^* \times G$ unendlich oft differenzierbar sind. Da $\Omega_y(x)$ für festes y in einer Umgebung von y mit dem Bochner-Martinelli-Kern übereinstimmt und für $x \neq y$ regulär ist, existiert

$$(26) \qquad I(y) = \int_G \left| \frac{a(x,y)}{g'(x,y)^n} \right| d\lambda(x), \qquad y \in G$$

($\lambda(x)$ ist das Lebesgue-Maß) und ist auf jedem relativ-kompakten Teil von G eine beschränkte Funktion von y. Wir brauchen $I(y)$ also nur für $y \in U \cap G = \{y \in G: \tau(y) > \varepsilon_1\}$ zu untersuchen.

2. Für $y \in U \cap G$ sei $V_y = \{x \in \bar{G}: \|x-y\| < R_1\}$, wobei R_1 die Konstante aus Hilfssatz 3 ist. Ferner sei

$$M = \{(x,y) \in \bar{G} \times G: \|x-y\| \geqq R_1\}.$$

Hilfssatz 6. *Es gibt eine Konstante $L > 0$, so daß für $(x,y) \in M$ stets $|g'(x,y)| \geqq L$ ist.*

Beweis. Wäre das nicht der Fall, so könnte man eine Folge $(x_\nu, y_\nu) \in M$ mit $\lim(x_\nu\ y_\nu) = (x_0, y_0) \in \bar{G} \times \bar{G}$ und $\lim g'(x_\nu\ y_\nu) = 0$ finden. Nach Voraussetzung ist $\|x_0 - y_0\| \geqq R_1 > 0$. Falls y_0 zu G gehört, ist $g'(x_0, y_0) = 0$. Wäre $x_0 \neq y_0$ so hätte man $\psi(x_0, y_0) = 1$ und $g(x_0, y_0) = 0$, d.h. $(x_0, y_0) \in N$ und daher $\psi(x_0, y_0) = 0$: Widerspruch! Für $y_0 \in \partial G$ ist $\lim \psi\,(x_\nu, y_\nu) = 1$, also $g(x_0, y_0) = 0$, im Widerspruch zu $\operatorname{Re} g(x_0, y_0) > 0$.

Für $y \in U \cap G$ zerlegen wir das Integral (26):

$$I(y) = I_1(y) + I_2(y) = \int_{G-V_y} \left| \frac{a(x,y)}{g'(x,y)^n} \right| d\lambda(x) + \int_{V_y} \left| \frac{a(x,y)}{g'(x,y)^n} \right| d\lambda(x)$$

und behandeln zunächst das erste Integral $I_1(y)$.

Nach Hilfssatz 6 ist

$$I_1(y) \leqq \frac{1}{L^n} \int_G |a(x,y)|\, d\lambda(x).$$

Für alle Zähler der Summanden, in denen $\bar{\partial}_x \psi$ nicht auftritt, ist $|a(x,y)|$ eine beschränkte Funktion von x und y und $I_1(y)$ somit beschränkt in y. Es sei nun $y \in U$ fest gewählt und das Koordinatensystem von §2 zugrundegelegt. Nach (23) und der Formel $\bar{\partial}_x \psi \wedge \bar{\partial}_x \psi = 0$ ist mit einer passenden von y unabhängigen Konstanten L_1:

$$(27) \qquad |a(x,y)| \leqq L_1 f'(t) \frac{\partial t}{\partial n},$$

falls in $a(x, y)$ eine Ableitung von ψ als Faktor auftaucht. Wir zerlegen $I_1(y)$ nochmals:

$$\begin{aligned}
|g'(x,y)|^n &= |\psi g + (1-\psi)\|x-y\|^2|^n \\
&\geqq \frac{1}{2^n}|\psi(C_2R^2 + C_3|x_1''|) + (1-\psi)R^2|^n \\
&\geqq C_4|\psi R^2 + \psi|x_1''| + (1-\psi)R^2|^n \text{ (mit } C_4 > 0) \\
&= C_4|\psi|x_1''| + R^2|^n \\
&\geqq C_4(R^{2n} + R^{2n-2}\psi|x_1''|). \qquad (39)
\end{aligned}$$

Die Ungleichung (31) ist nur im Bereich $\rho \geqq 0$ gültig, aber auch nur dort ist $\bar{\partial}_x\psi \neq 0$. Wir setzen $V_y' = V_y \cap \{x : \bar{\partial}\psi \neq 0\}$ und erhalten für die in (28) auftauchenden Funktionen $b(x,y)$:

$$\begin{aligned}
\int_{V_y} |b(x,y)|\, d\lambda(x) &= \int_{V'_y} |b(x,y)|\, d\lambda(x) \\
&\leqq E_1 \int_{V'_y} \frac{f'(t)}{\rho_0} \frac{R}{R^{2n} + R^{2n-2}\psi|x_1''|} d\lambda(x) \\
&= E_1 \int_{V'_y} \frac{f'(t)}{\rho_0} \frac{1}{R^{2n-1} + R^{2n-3}\psi|x_1''|} d\lambda(x)
\end{aligned}$$

mit einer Konstanten E_1.

Der Fall $n = 1$ kann im folgenden unberücksichtigt bleiben. Bezeichnet r wieder die euklidische Norm im Raum $\mathbf{R}^{2n-1}$ der Veränderlichen $x_1'', x_2', \cdots, x_n''$, so ist also

$$\int_{V_y} |b(x,y)|\, d\lambda(x) \leqq E_1 \int_{V'_y} \frac{f'(t)}{\rho_0} \frac{1}{r^{2n-1} + r^{2n-3}\psi|x_1''|} d\lambda(x). \qquad (40)$$

Wir nehmen in diesem Integral die Substitution Φ: $s = \psi(x,y)$ für x_1' vor und erhalten nach (22) und (25) für die Funktionaldeterminante

$$|J_\Phi| \leqq D_5 \frac{\rho_0}{f'(t)}, \text{ mit einer Konstanten } D_5.$$

Damit wird (E_2 ist eine neue Konstante)

$$\int_{V_y} |b(x,y)|\, d\lambda(x) \leqq E_2 \int_{V''_y} \frac{d\lambda(x)}{r^{2n-1} + r^{2n-3}s|x_1''|}; \qquad (41)$$

dabei ist $V_y'' \subset \{(x_1'', x_2', \cdots, x_n''): r \leqq R_1\} \times \{s : 0 \leqq s \leqq 1\}$. Am Schluß des Paragraphen zeigen wir die Beziehung

$$(42)\qquad \int_0^1 ds \int_{r \leqq R_1} \frac{dx_1'' dx_2' \cdots dx_n''}{r^{2n-1} + r^{2n-3} s |x_1''|} = E_3 < \infty .$$

Nach (41) und (42) ist $\int_{V_y} |b(x,y)| \, d\lambda(x)$ also in y beschränkt.

Zu (29). Die in den Summanden auftretenden Zähler lassen sich durch

$$(43)\qquad D_6 \frac{f'(t)}{\rho_0} R^2$$

abschätzen; damit kann man wie in (28) vorgehen, wobei sich die Rechnungen wegen der höheren Potenz von R in (43) noch etwas vereinfachen.

Zu (30). Wegen (38) ist dasselbe Verfahen wie in (28) anwendbar.

Zu (31). Es ist

$$(44)\qquad |\bar{x}_\nu - \bar{y}_\nu| \leqq R,$$

und deshalb bleiben auch in diesem Fall die Überlegungen zu (28) gültig.

Zu (32) und (33). Nach (38) und (44) kann man wie in (29) vorgehen.

5. Zu (34). Wir brauchen nur über $V_y \cap \{x : \psi(x,y) \neq 0\}$ zu integrieren und können dort für $g'(x,y)$ die Abschätzung (39) verwenden. Für den Zähler gilt (24):

$$|\psi(x,y)| \leqq D_2 \frac{f'(t)}{\rho_0} R .$$

Wir zerlegen

$$(45)\qquad \int_{V_y} |b(x,y)| \, d\lambda(x) = \int_{V'_y} |b(x,y)| \, d\lambda(x) + \int_{V''_y} |b(x,y)| \, d\lambda(x),$$

wobei $V_y' = \{x \in V_y : \bar{\partial}_x \psi \neq 0\}$ und $V_y'' = \{x \in V_y : \psi = 1\}$ ist. (Die Funktion f war zwischen 0 und 1 ja als streng monoton vorausgesetzt worden.) Behandeln wir zunächst das erste Integral!

$$\int_{V'_y} |b(x,y)| \, d\lambda(x) \leqq E_4 \int_{V'_y} \frac{f'(t)}{\rho_0} \frac{R}{R^{2n} + R^{2n-2} \psi |x_1''|} d\lambda(x).$$

Jetzt kann man wie im Fall (28) vorgehen, um die Beschränktheit in y einzusehen. Für das zweite Integral in (45) gilt nach (39):

$$\int_{V''_y} |b(x,y)| \, d\lambda(x) \leqq E_5 \int_{V''_y} \frac{d\lambda(x)}{R^{2n} + R^{2n-2} |x_1''|}$$

$$(46)\qquad \leqq E_5 \int_{B_{R_1}} \frac{d\lambda(x)}{R^{2n} + R^{2n-2} |x_1''|},$$

wobei B_{R_1} die Kugel vom Radius R_1 um 0 im $\boldsymbol{R}^{2n}$ und R die euklidische

eine C^∞-Form vom Typ $(0,1)$ auf G, die offensichtlich $\bar{\partial}$-geschlossen ist. Außerdem ist

$$|\alpha| \leqq K'|\mathfrak{c}|$$

mit einer nur von $\{\phi_\rho\}$ abhängigen Konstanten K'. Nach Satz 4 existiert eine C^∞-Funktion f mit

$$\bar{\partial} f = \alpha \text{ und } |f| \leqq K''|\alpha|,$$

wobei K'' nur von G abhängt. Setzt man

$$\mathfrak{c}'_\rho = \mathfrak{d}_\rho - f,$$

so ist

$$\bar{\partial}\mathfrak{c}'_\rho = \partial\mathfrak{d}_\rho - \bar{\partial} f = 0,$$

also $\mathfrak{c}' = \{\mathfrak{c}_\rho\} \in C^0(\mathfrak{U}, \mathcal{O})$, und

$$\delta\mathfrak{c}' = \delta\mathfrak{d} = \mathfrak{c};$$

schließlich gilt

$$|\mathfrak{c}'| \leqq |\mathfrak{d}| + |f| \leqq |\mathfrak{c}| + K'K''|\mathfrak{c}| \leqq K|\mathfrak{c}|.$$

Damit ist dieser Satz bewiesen.

Satz 4 kann auch angewandt werden, um das folgende lokale Resultat zu erhalten:

Satz 6. *Es sei α eine stetige $\bar{\partial}$-geschlossene $(0,1)$-Form auf der offenen Menge W im $\mathbf{C}^n$. Dann existiert zu jedem $x_0 \in W$ eine Umgebung U von x_0 in W und eine stetige Funktion f auf U mit $\bar{\partial} f = \alpha$.*

(Alle Ableitungen sind im Sinne der Distributionstheorie zu verstehen.[3])

Beweis von Satz 6. Es sei $U' \subset\subset W$ eine Umgebung von x_0. Bekanntlich existiert eine Folge von C^∞-Formen α^ν vom Typ $(0,1)$ auf U' mit

$$\alpha = \sum_\nu \alpha^\nu$$

und

$$\bar{\partial}\alpha_\nu = 0,$$

wobei die Reihe gleichmäßig konvergiert (Regularisierung, siehe etwa [*6*, pp. 156–157]). Wir wählen eine Kugel U um x_0 mit $\bar{U} \subset U'$ und wenden Satz 4 an: Es gibt C^∞-Funktionen f_ν auf U mit

$$\bar{\partial} f_\nu = \alpha^\nu$$

und

$$|f_\nu| \leqq K|\alpha^\nu|,$$

wobei K nicht von ν abhängt und die Suprema $|f_\nu|$ bzw. $|\alpha^\nu|$ über U zu bilden sind. Demnach ist

$$f = \sum_\nu f_\nu$$

eine stetige Funktion auf U, und die Gleichung $\bar{\partial} f = \alpha$ folgt nach dem Lebesgueschen Konvergenzsatz aus der Definition von $\bar{\partial} f$.

4. Als letztes untersuchen wir die Abhängigkeit der Konstanten K vom Gebiet G. Die Randfunktionen ϕ sei wie in §2 gewählt, und für hinreichend kleines $|\varepsilon|$ bezeichne G_ε das durch $\phi(x) < \varepsilon$ definierte streng pseudokonvexe Gebiet. Die zugehörigen Kerne seien $\Omega_y^\varepsilon(x)$, gebildet aus den Funktionen $g_\varepsilon(x, y)$ bzw. $\psi_\varepsilon(x, y)$. Nach Hilfssatz 4 ist aber klar, daß man

$$g_\varepsilon(x, y) = g(x, y)$$

erreichen kann (für genügend kleines ε). Bezeichnet τ_ε die entsprechend τ zu G_ε gebildete Distanzfunktion, so darf man

$$\psi_\varepsilon(x, y) = f\left(2 - 3\,\frac{\tau_\varepsilon(x)}{\tau_\varepsilon(y)}\right)$$

für $\tau_\varepsilon(x)$, $\tau_\varepsilon(y) > \delta$ annehmen; dabei ist $\delta < 0$ und unabhängig von ε wählbar (vgl. Hilfssatz 5). Aus dieser Darstellung folgt, daß alle in den §§2–4 verwandten Konstanten unabhängig von ε wählbar sind, und damit auch die Konstante K aus Satz 4 oder 5.

Auch wenn ϕ nicht so speziell gewählt wird, läßt sich durch eine etwas kompliziertere Überlegung die Unabhängigkeit der Konstanten K von den durch $\phi < \varepsilon$ definierten Gebieten zeigen.

ANMERKUNGEN

1. Es ist auf einem etwas komplizierteren Wege auch möglich, ψ so zu wählen, daß das Ramirezsche Integral für $y \in \partial G$ nur in $x = y$ eine Singularität bekommt (und nicht in ganz ∂G wie hier).
2. Falls α n-mal stetig differenzierbar ist, so ist auch f n-mal stetig differenzierbar.
3. Mit α ist natürlich auch f von der Klasse C^r, und die Gleichung $\bar{\partial} f = \alpha$ gilt im gewöhnlichen Sinn.
4. Wir nutzen aus, daß sich das Funktionensystem $(g_1, \ldots, g_n)$ unter holomorphen linearen Transformationen wie eine (1, 0)-Form verhält.

LITERATUR

[*1*] Gröbner, W. und N. Hofreiter, Integraltafeln (Erster Teil), Wien usw. (1957).

[2] GUNNING, R. C. UND H. ROSSI, Analytic Functions of Several Complex Variables, Prentice-Hall, Englewood Cliffs, N. J. (1965).

[3] LERAY, J., Le calcul différentiel et intégral sur une variété analytique complexe ((Problème de Cauchy, III), Bull. Soc. Math. France **87** (1959), 81–180.

[4] NORGUET, F., Problèmes sur les formes differentielles et les courants, Ann. Inst. Fourier **11** (1961), 1–82.

[5] RAMÍREZ DE ARELLANO, E., Ein Divisionsproblem in der komplexen Analysis mit einer Anwendung auf Randintegraldarstellungen, Math. Ann. **184** (1970), 172–187.

[6] YOSIDA, K., Functional Analysis, Berlin usw. (1965).

UNIVERSITY OF GÖTTINGEN

Part IX

Commentary on the Non-Archimedean Function Theory

Part X

Commentary on Discrete Geometry

lie on $\mathcal{L}$: an initial point and an end point. So every line segment is oriented: it has a direction which is thought to run from the initial point to the end point. On the other hand the two points determine the line segment. This is the first axiom of discrete geometry.

A second axiom states: if $\mathcal{L}_1$ and $\mathcal{L}_2$ are two line segments such that the end point on $\mathcal{L}_1$ is the initial point of $\mathcal{L}_2$ then it is well defined if $(\mathcal{L}_1, \mathcal{L}_2)$ is straight or not. If $(\mathcal{L}_1, \mathcal{L}_2)$ is straight the end point of $\mathcal{L}_1$ cancels the initial point of $\mathcal{L}_2$ and $(\mathcal{L}1_1, \mathcal{L}_2)$ determines a unique line segment $\mathcal{L}$ which is considered as the union of $\mathcal{L}_1$ and $\mathcal{L}_2$.

The third axiom means that there are elementary line segments. They are not a union of other line segments and every line segment is a unique union of elementary ones. We attach to the elementary line segments a positive (very small) number ε and call it the *elementary length.* So by summing up every line segment has a length. There are also *segment curves:* they are an (ordered) n-tupel of n different line segments such that the initial point of any line segment in the n-tuple is the end point of the preceeding line segment. They have also a well defined length. We require that all two points P and Q can be connected by (many) segment curves. The distance of P and Q is the minimal length of segment curves connecting P and Q. If P is a point and $r > 0$ is big against ε we use r-balls $U_r(P)$ around P. These consist of the set of points Q whose distance to P is less than r. These r-balls give a certain kind of topology in the set of points.

2

The discrete geometry has to be connected with the Minkowski pseudo-Euclidean geometry in $\mathbb{R}^4$. For didactical reasons (only!) we assume that our discrete geometry goes in a projective system of discrete geometries $\mathcal{G}_\varepsilon$ with elementary length $\varepsilon \leq \varepsilon_0$. Actually, there is only one $\mathcal{G}_\varepsilon$. The (projective) relation $\mathcal{G}_\delta \subset \mathcal{G}_\varepsilon$ means that ε is an integral multiple of δ and that every point and every line segment of $\mathcal{G}_\varepsilon$ occurs on $\mathcal{G}_\delta$ such that its structure is a substructure of that of $\mathcal{G}_\delta$.

We denote by $\mathcal{G}$ the projective limit of $\{\mathcal{G}_\varepsilon\}$. We assume that the balls $U_{r,\varepsilon}$ have for limit a subset U_r of the set X of points of $\mathcal{G}$. So we have the notion of r-neighborhoods in X and X becomes a topological space. We pass over to the completion of X. Then every line segment in $\mathcal{G}$ is in X. The new topological space is denoted by X again. Since every line segment belonging to $\mathcal{G}_\varepsilon$ is a union of (very small) elementary line segments every continuous map $\alpha : X \to \mathbb{R}^4$ defines to every line segment belonging to $\mathcal{G}$ a continuous path in $\mathbb{R}^4$ for image. – We also assume that the number of line segments which run from a ball $U_{r,\varepsilon}(P)$ to a ball $U_{r,\varepsilon}(Q)$ converges when using suitable measure factors which makes the numbers nearly independent of $\mathcal{G}_\varepsilon$, to a (distributional) measure on the space of line segments which go from $U_r(P)$ to $U_r(Q)$. Here it is required that the points P and Q are independent of ε for small ε.

Our forth axiom also states:

1) that our discrete geometry is already very near to $\mathcal{G}$;

2) that there is a topological map $\tau : X \to \mathbb{R}^4$ such that the image path of each line segment belonging to $\mathcal{G}$ is on a light ray in $\mathbb{R}^4$ and that the image of our distribution is that of pseudo-Euclidean geometry (for defintion see [69]). Hence, it is invariant against translation in $\mathbb{R}^3$.

Actually, the measure is defined in $\mathbb{R}^8$, but it is different from 0 only on the union of the light cones. Hence it is distributional. From a theorem of Borchers and Hegerfeld (Über ein Problem der Relativitätstheorie: Wann sind Punktabbildungen des $\mathbb{R}^n$ linear? Nachr. Akad. Wiss. Göttingen 10, 205–229 (1972)) follows that the structure of $\mathbb{R}^4$ is determined up to a Lorentz transformation (or a translation): Every topological map of $\mathbb{R}^4$ onto itself which leaves invariant the pseudo-Euclidean measure maps light rays onto light rays. – For our $\mathcal{G}_\varepsilon$, which is only actually there, the measure always is a finite number. It is an integral over an integrand dN with

$$dN = \gamma \cdot (1/\varrho) \cdot dt \wedge dx_1 \wedge \ldots \wedge dx_3 \wedge dx_1^{\sim} \wedge \ldots \wedge dx_3^{\sim} \,.$$

Here the dx_μ denote the coordinates of $\mathbb{R}^3$ and the $dx_\mu^{\sim}$ the coordinates of the second copy of this 3-dimensional number space and ϱ the Euclidean distance of the points P and Q. The constant γ is universal, but may depend on the time t. It has to do with the strength of weak interaction. One needs a good theory of this force in discrete geometry to compute γ.

Line segments to $\mathcal{G}_\varepsilon$ may intersect in the end points of the elementary line segments. A fifth axiom states that this intersection and analogous properties are stochastical (= satisfy the laws of elementary probability passing over to the limit $\varepsilon \to 0$). Moreover, there is a positive time direction in discrete geometry: In the discrete geometry every disturbance moves in that direction in a statistical manner.

3

Hence $\mathbb{R}^4$ is the limit of the spaces belonging to the discrete geometries $\mathcal{G}_\varepsilon$ but not only with respect to the pseudo-Euclidean metric structure. The limit line segments give many more possibilities (see [62]). Everything is Lorentz invariant. But now it follows that even the Dirac equation is contained in the structure.

We call every oriented line segment an arrow and use the construction methods of [62]. Using 16 arrows of same length (= number of elementary line segments) we can construct vortices in $\mathbb{R}^4$ of dimensions 0 to 4. A 4-dimensional vortex is a 4-dimensional vortex in the usual geometric sense, a 1-dimensional vortex is a stream and a 0-dimensional one a source. We see that these vortices are the dual of a (real) differential forms. Therefore, we call a $(4-d)$ dimensional vortex also d-dimensional current. There are 16 basic sorts of these currents.

Every current has a mass which is the reciprocal value of the length of its 16 line segments. It is also possible to apply a Lorentz transformation to a current. Then we obtain a current in move. The mass will not be changed by this operation.

Since the physical space time is oriented we have the well defined $*$-operator which maps k-dimensional currents onto $(4-k)$-dimensional currents, we have $** = -1$. If α is a k-dimensional current then $*\alpha$ may serve as imaginary part of α. So the currents give a 8-dimensional complex object which leads to a 8-dimensional complex vector space.

In every point $P \in \mathbb{R}^4$ the group $O^+(3)$ operates on the currents of mass m. This is a 8-dimensional complex representation. However, it is not irreducible. It splits into the direct sum of two 4-dimensional complex representations. One summand should correspond to the electric matter as can be seen by a simple geometric argument, the other one should correspond to the total inelectric matter. The group $SU(2)$ is the universal cover of $O^+(3)$. If we take a certain kind of square root of our representations we get one representation of $SU(2)$. This should be the ordinary one used in physics.

4

We may consider (first elementary) fields of currents of a fixed mass m. If the field α is not constant by stochastics it generates an other field which is given by $1/m \cdot D\alpha$, where D is the Dirac operator. We call this the generation by propagation.

The field of a elementary particle of mass m should be a superposition of fields which are latices formed by currents of the same kind and the mass m. They go into 16-tupels of fields of currents of dimension from 0 to 4. Each of these fields underlies a stochastic equilibrium in the set of vortices of various mass. So even the vortices of mass m will be very dense in it.

The whole system is invariant against the $*$-operator and a spin operator σ. It satisfies the Dirac equation. There is a simple geometric reason for the following fact (at least if $m \neq 0$): In every (elementary) time moment the field will be dampened proportionally to the product of α and $\sigma(\alpha)$ and be regenerated in another point proportionally to α and $*\alpha$. In the point where this occurs the currents of α and $*\alpha$ have to be practically equal (However their density is different). This place is given like by a Vernier scale. It may run through the particle with velocity beyond that of light. By the principle dampening-generating the particle cannot spread over the whole space. And it has the property of a corpuscle and a wave at the same time. The fact that the currents go is latices gives the so called locality in quatum physics: We may consider the tensor-product of n particles as a wave of $n \cdot 4$ variables.

The field of currents (in discrete geometry) of a particle is considered to be really existent (in the philosophical sense or as people do in chemistry). The solution of the Schrödinger equation which is a wave with values in a complex vector space will give the propagation of the particle, but only on average.

More complicated particles are built of elementary ones. If we have two (or more) fields the currents they may connect in certain regions so that we obtain a field of connected currents. This corresponds to a real tensor product. But in physics we need the complex tensor product. It can be seen that for that it is necessary that space time carries a (maximal) field of 0-dimensional currents and that it is a oriented manifold, therefore. The existence of this field is a symmetry braking and should stem from the time of the big bang. So because of the complex tensor product the parity is not possible.

Of course there are no real results up to now. See also [61], where far leading ideas were dreamt.

Bibliography

Expressions in italics concern the contents of the paper, the subdivision of the *2* volumes into Parts relates to the mathematical methods used; * always means "included in these Selected Papers".

Abbreviations: *mono* = monograph; *compl** = complex spaces, sheaf theory; *lev** = Levi problem, convexity, Stein spaces, projective algebraic spaces; *hyp* = hyperbolic complex spaces; *nonarch* = non-Archimedean function theory; *deform** = deformation of complex structures, formal principle, vector bundles; *quant* = discrete mathematical structures for quantum physics; *decomp** = analytic and meromorphic decompositions; *epistem* = epistemological history especially of mathematics, general essays

1. Métrique kaehlerienne et domaines d'holomorphie. C.R. Acad. Sci., Paris **238**, 2048–2050 (1954). *lev* Zbl. 56, 78
2. Charakterisierung der Holomorphiekonvexität durch die Kählersche Metrik. Proc. ICM Amsterdam 1954, **II**, 113–114, Groningen and Amsterdam (1954). *lev*
3.* (mit R. Remmert) Zur Theorie der Modifikationen. I: Stetige und eigentliche Modifikationen komplexer Räume. Math. Annalen **129**, 274–296 (1955). *compl* Zbl. 64, 81 — I, 83–105
4.* Charakterisierung der holomorph vollständigen komplexen Räume. Math. Annalen **129**, 233–259 (1955). *lev* Zbl. 64, 326 — I, 165–191
5.* Charakterisierung der Holomorphiegebiete durch die vollständige Kählersche Metrik. Math. Annalen **131**, 38–75 (1956). *lev* Zbl. 73, 302 — I, 328–365
6. (avec R. Remmert) Fonctions plurisubharmoniques dans des espaces analytiques. Généralisation d'un théorème d'Oka. C.R. Acad. Sci., Paris **241**, 1371–1373 (1955). *lev* Zbl. 66, 61
7.* (mit R. Remmert) Plurisubharmonische Funktionen in komplexen Räumen. Math. Zeitschr. **65**, 175–194 (1956). *comp* Zbl. 70, 304 — I, 132–151
8. Généralisation d'un théorème de Runge et application à la théorie des espaces fibrés analytiques. C.R. Acad. Sci., Paris **242**, 603–605 (1956). *lev* Zbl. 70, 183

9.* (mit R. Remmert) Konvexität in der komplexen Analysis. Comment. Math. Helvetici **31**, 152–183 (1956). *lev* Zbl. 73, 303 I, 235–266

10. (mit R. Remmert) Singularitäten komplexer Mannigfaltigkeiten und Riemannsche Gebiete. Math. Zeitschr. **67**, 103–128 (1957). *compl* Zbl. 77, 289

11.* Approximationssätze für holomorphe Funktionen mit Werten in komplexen Räumen. Math. Annalen **133**, 139–159 (1957). *lev* Zbl. 80, 292 I, 375–395

12.* Holomorphe Funktionen mit Werten in komplexen Lieschen Gruppen. Math. Annalen **133**, 450–472 (1957). *lev* Zbl. 80, 292 I, 396–418

13. (avec R. Remmert) Faisceaux analytiques cohérents sur le produit d'un espace analytique et d'un espace projectif. C.R. Acad. Sci., Paris **245**, 819–822 (1957). *lev* Zbl. 83, 306

14.* (avec R. Remmert) Espaces analytiquement complets. C.R. Acad. Sci., Paris **245**, 882–885 (1957). *lev* Zbl. 83, 307 I, 267–270

15. (avec R. Remmert) Sur les revêtements analytiques des variétés analytiques. C.R. Acad. Sci., Paris **245**, 918–921 (1957). *compl* Zbl. 83, 307

16.* Analytische Faserungen über holomorph-vollständigen Räumen. Math. Annalen **135**, 263–273 (1958). *lev* Zbl. 81, 74. Engl. transl.: Sem. analytic Functions **1**, 80–102 (1958), Zbl. 94, 281 I, 419–429

17.* (mit R. Remmert) Komplexe Räume. Math. Annalen **136**, 245–318 (1958). *compl* Zbl. 87, 290 I, 9–82

18.* (mit R. Remmert) Bilder und Urbilder analytischer Garben. Annals of Math., II. Ser. **68**, 393–443 (1958). *lev* Zbl. 89, 60 II, 461–511

19.* On Levi's problem and the imbedding of real-analytic manifolds. Annals of Math., II. Ser. **68**, 460–472 (1958). *lev* Zbl. 108, 78 I, 192–204

20. Une notion de dimension cohomologique dans la théorie des espaces complexes. Colloques intern. Centre nat. Rech. sci. **89**, 341–350 (1960), Zbl. 109, 308 et Bull. Soc. Math. France **87**, 341–350 (1959). *compl* Zbl. 192, 184

21. (with H. Behnke) Analysis in non-compact complex spaces. Princeton Math. Series **24**, 11–44 (1960). *compl* Zbl. 100, 290

22. Die Riemannschen Flächen der Funktionentheorie mehrerer Veränderlichen. Proc. ICM 1958 Edinburgh, invited 1/2-hour talk, 362–375 (1960). *comp* Zbl. 122, 318

23.* (mit Docquier) Levisches Problem und Rungescher Satz für Teilgebiete Steinscher Mannigfaltigkeiten. Math. Annalen **140**, 94–123 (1960). *lev* Zbl. 95, 280 I, 205–234

24.* Ein Theorem der analytischen Garbentheorie und die Modulräume komplexer Strukturen. Publ. Math. IHES **5**, 233–292 (1960). *compl* Zbl. 100, 80 Berichtigung: Publ. Math. IHES **16**, 131–132 (1963) Zbl. 113, 291. Russ. Übers.: Kompleks. Prostranstva 205–299 (1965) Zbl. 158, 329 II, 512–573

25. On the number of moduli of complex structures. Contrib. Funktion Theory, internat. Colloqu. Tata Inst. Fund. Research, Bombay 63–78 (1960). *compl* Zbl. 103, 51

26. On point modifications. Contrib. Funktion Theory, internat. Colloqu. Tata Inst. Fund. Research, Bombay 139–141 (1960). *compl* Zbl. 103, 52

27.* (mit A. Andreotti) Algebraische Körper von automorphen Funktionen. Nachr. Akad. Wiss. Göttingen, II. Math.-Phys. Kl. **3**, 39–48 (1961). *compl* Zbl. 96, 280. Russ. Übers.: Kompleks. Prostranstva 300–312 (1965) Zbl. 154, 336 II, 451–460

28.* Über Modifikationen und exzeptionelle analytische Mengen. Math. Annalen **146**, 331–368 (1962). *deform* I, 271–308

29. (mit H. Behnke) Die unendlich fernen Punkte. Grundzüg. Math., zweite Auflage: Göttingen **III**, 270–298 (1968). *compl*

30.* (avec A. Andreotti) Théorèmes de finitude pour la cohomologie des espaces complexes. Bull. Soc. Math. France **90**, 193–259 (1962). *lev* Zbl. 106, 55 II, 585–651

31.* (mit R. Remmert) Über kompakte homogene komplexe Mannigfaltigkeiten, Arch. Math. **XIII, 6**, 498–507 (1962). *lev* Zbl. 118, 374 II, 835–844

32.* Bemerkenswerte pseudokonvexe Mannigfaltigkeiten. Math. Zeitschr. **81**, 377–391 (1963). *compl* Zbl. 151, 97 II, 845–859

33. (mit H. Kerner) Approximation von holomorphen Schnittflächen in Faserbündeln mit homogener Faser. Arch. Math. **XIV, 4/5**, 328–333 (1963). *lev* Zbl. 113, 291

34. Die Bedeutung des Levischen Problems für die analytische und algebraische Geometrie. Proc. ICM 1962 Stockholm, invited 1-hour talk, 86–101 (1963). *lev* Zbl. 116, 62

35. (mit H. Kerner) Deformationen von Singularitäten komplexer Räume. Math. Annalen **153**, 236–260 (1964). *deform* Zbl. 118, 304

36. Mordells Vermutung über rationale Punkte auf algebraischen Kurven und Funktionenkörper. Kurznachr. Akad. Wiss. Göttingen **1**, Nr. 2, 3 S. (1965). *lev* Zbl. 161, 184

37.* (mit W. Fischer) Lokal-triviale Familien kompakter komplexer Mannigfaltigkeiten. Nachr. Akad. Wiss. Göttingen, II. Math.-Phys. Kl. **6**, 89–94 (1965). *deform* Zbl. 135, 126 II, 733–738

38.* Mordells Vermutung über rationale Punkte auf Algebraischen Kurven und Funktionenkörper. Publ. Math. IHES **25**, 363–381 (1965). *lev* Zbl. 137, 405 I, 309–327

39.* (mit H. Reckziegel) Hermitesche Metriken und normale Familien holomorpher Abbildungen. Math. Zeitschr. **89**, 108–125 (1965). *hyp* Zbl. 135, 125 II, 860–877

40. (mit R. Remmert) Nichtarchimedische Funktionentheorie. Weierstrassfestband Akad. Wiss. Düsseldorf, Wiss. Abh. Arbeitsgemeinschaft Nordrhein-Westfalen **33**, 393–476, Westdeut. Verl. Köln (1966). *nonarch* Zbl. 146, 315

41. (mit R. Remmert) Über die Methode der diskret bewerteten Ringe in der nicht-archimedischen Analysis. Invent. Math. **2**, 87–133 (1966). *nonarch* Zbl. 148, 324

42. (mit I. Lieb) Differential- und Integralrechnung. I: Funktionen einer reellen Veränderlichen. Vier Auflagen: Heidelberger Taschenbücher Bd. 26, X, 200 S., Berlin-Heidelberg-New York: Springer-Verlag (1967) Zbl. 152, 243. 4., verbess. Aufl. 1976. Zbl. 308.26001. *mono*

43. (mit R. Remmert) Über nicht-archimedische Analysis. Proc. ICM 1966 Moskau, invited 1/2-hour talk, 49–51, Moskau (1966). *nonarch*

44. (mit W. Fischer) Differential- und Integralrechnung. II: Differentialrechnung in mehreren Veränderlichen, Differentialgleichungen. Drei Auflagen: Heidelberger Taschenbücher Bd. 36, XII, 216 S., Berlin-Heidelberg-New York: Springer-Verlag (1968). Zbl. 157, 106. 3., verbess. Aufl. 1978, Zbl. 364.26002. *mono*

45. (mit I. Lieb) Differential- und Integralrechnung. III: Integrationstheorie. Kurven- und Flächenintegrale. Zwei Auflagen: Heidelberger Taschenbücher Bd. 43, X, 177 S., Berlin-Heidelberg-New York: Springer-Verlag (1968). Zbl. 167, 325 (2nd, completely revised and enlarged ed.: see 64.). Joint Russian translation of parts I, II, III (42., 44., 45.) MIR, Moskau 1971. *mono*

46. Affinoide Überdeckungen eindimensionaler affinoider Räume. Publ. Math. IHES **34**, 5–35 (1968). *nonarch* Zbl. 197, 173

47. The coherence of direct images. Enseignement mathématique, II. Sér. 14, 99–119 (1968). *compl* Zbl. 164, 95

48. (mit O. Riemenschneider) Verschwindungssätze für analytische Kohomologiegruppen auf komplexen Räumen. Sev. Compl. Var. I. Maryland 1970. Proc. of the ICM 1970 College Park. Lecture Notes Math. **155**, 97–109, Berlin-Heidelberg-New York: Springer-Verlag (1970). *compl* Zbl. 202, 78

49. (mit L. Gerritzen) Die Azyklizität der affinoiden Überdekkungen. Global Analysis, Papers in Honor of K. Kodaira, 159–184, University of Tokyo – Princeton University Press (1970). *nonarch* Zbl. 197, 173

50.* (mit O. Riemenschneider) Verschwindungssätze für analytische Kohomologiegruppen auf komplexen Räumen. Invent. Math. **11**, 263–292 (1970). *compl* Zbl. 202, 76 II, 660–689

51.* (mit I. Lieb) Das Ramirezsche Integral und die Lösung der Gleichung $\bar{\partial} f = \alpha$ im Bereich der beschränkten Formen. Talk by H. Grauert at a meeting at Rice University March 1969, Rice University Studies **56**, Nr. 2, 29–50 (1970). *lev* Zbl. 217, 392 II, 878–899

52. (mit O. Riemenschneider) Kählersche Mannigfaltigkeiten mit hyper-q-konvexem Rand. Probl. Analysis, Sympos. in Honor of Salomon Bochner, Princeton Univ. 1969, 61–79, Princeton Univ. Press (1970). *compl* Zbl. 211, 103

53.* Über die Deformation isolierter Singularitäten analytischer Mengen. Invent. Math. **15**, 171-198 (1972). *deform* Zbl. 257.32011 II, 739–766

54. (mit R. Remmert) Analytische Stellenalgebren. Unter Mitarbeit von O. Riemenschneider. Grundlehren der mathematischen Wissenschaften Bd. 176, IX, 240 S., Berlin-Heidelberg-New York: Springer-Verlag (1971). Zbl. 231.32001 Russian translation 1988. *mono*

55. Deformation kompakter komplexer Räume. Classif. algebr. varieties compact complex manifolds, Mannheimer Arbeitstagung. Lecture Notes Math. **412**, 70–74, Berlin-Heidelberg-New York: Springer-Verlag (1974). *deform* Zbl. 299.32014

56.* Der Satz von Kuranishi für kompakte komplexe Räume. Invent. Math. **25**, 107–142 (1974). *deform* Zbl. 286.32015 II, 697–732

57. (mit K. Fritzsche) Einführung in der Funktionentheorie mehrerer Veränderlicher. Hochschultext, VI, 213 S., Berlin-Heidelberg-New York: Springer-Verlag (1974). Zbl. 285.32001. English translation: Graduate Texts in Mathematics **38**, New York-Heidelberg-Berlin: Springer-Verlag (1976). *mono* Zbl. 381.32001

58. (mit Mülich) Vektorbündel vom Rang 2 über dem n-dimensionalen komplex-projektiven Raum. Manuscr. Math. **16**, 75–100 (1975). *deform* Zbl. 318.32027. Ergänzung: Manuscr. Math. **18**, 213–214 (1976) Zbl. 318.32028

59. (mit R. Remmert) Zur Spaltung lokal-freier Garben über Riemannschen Flächen. Math. Zeitschr. **144**, 35–43 (1975). *deform* Zbl. 312.32017

60. Über die Deformation von Pseudogruppenstrukturen. Soc. Math. France, Astérisque 32–33, 141–150 (1976). *deform* Zbl. 332.32015
61. Statistical geometry and spacetime. Commun. Math. Phys. **49**, 155–160 (1976). *quant* Zbl. 331.50005
62. Statistische Geometrie. Ein Versuch zur geometrischen Deutung physikalischer Felder. Nachr. Akad. Wiss. Göttingen, II. Math.-Phys. Kl. **2**, 13–32 (1976). *quant* Zbl. 328.53020
63. (mit M. Schneider) Komplexe Unterräume und holomorphe Vektorbündel vom Rang 2. Math. Ann. **230**, 75–90 (1977). *deform* Zbl. 412.32014
64. (mit I. Lieb) Differential- und Integralrechnung. III: Integrationstheorie. Kurven- und Flächenintegrale, Vektoranalysis. 2nd, completely revised and enlarged edition. Heidelberger Taschenbücher Bd. 43, XIV, 210 S., Berlin-Heidelberg-New York: Springer-Verlag (1977). *mono* Zbl. 354.26003 (1st ed. see 45.)
65. (mit R. Remmert) Theorie der Steinschen Räume. Grundlehren der mathematischen Wissenschaften Bd. 227, XX, 249 S., Berlin-Heidelberg-New York: Springer-Verlag (1977) Zbl. 379.32001. Engl. Transl. (by A. Huckleberry): Grundlehren der mathematischen Wissenschaften Bd. 236, Berlin-Heidelberg-New York: Springer-Verlag (1979) Zbl. 433.32007. Russian Transl. (by D.N. Akhiezer), Nauka, Moskau (1989). *mono*
66. Deformation komplexer Strukturen. In: *Komplexe Analysis und ihre Anwendung auf partielle Differentialgleichungen*. Kongress- und Tagungsberichte der Univers. Halle, 24–27 (1977). *deform*
67. Complex Morse singularities. In: *Journées complexes Nancy* 80, Institut E. Cartan, Univ. Nancy **I**, 3, 87–92 (1981). *compl* Zbl. 485.32008
68. (with R. Remmert) In Memoriam Heinrich Behnke. Math. Annalen **225**, 1–4 (1981). *epistem* Zbl. 449.01007
69. (mit S. Leykum) Die pseudoeuklidische Geometrie als statistisches Gleichgewicht. Math. Annalen **255**, 273–285 (1981). *quant* Zbl. 438.51022 (Zbl. 451.5198)
70.* (mit M. Commichau) Das formale Prinzip für kompakte komplexe Untermannigfaltigkeiten mit 1-positivem Normalenbündel. In: *Recent developments in several complex variables*, Proc. Conf., Princeton Univ. 1979, Ann. Math. Studies **100**, 101–126 (1981). *deform* Zbl. 485.32005 I, 106–131
71. Kantenkohomologie. Compos. Math. **44**, 79–101 (1981). *compl* Zbl. 512.32011

72. Gedanken zur Angewandten und Reinen Mathematik und zur komplexen Analysis. In: *DFG, Forschung in der Bundesrepublik Deutschland*, 471–479, Verlag Chemie Weinheim (1983). *epistem*
73. Woraus die Welt gemacht ist? unitas (Würzburg) **123**, 83–85 (1983). *epistem*
74.* Kontinuitätssatz und Hüllen bei speziellen Hartogsschen Körpern. Abh. Math. Semin. Univ. Hamb. **52**, 179–186 (1982). *lev* Zbl. 493.32015 (Zbl. 506.32001) II, 652–659
75.* Set theoretic complex equivalence relations. Math. Annalen **265**, 137–148 (1983). *decomp* Zbl. 504.32007 (Zbl. 514.32005) II, 775–786
76. (with R. Remmert) Coherent Analytic Sheaves. Grundlehren der mathematischen Wissenschaften Bd. 265, XVIII, 249 S., Berlin-Heidelberg-New York: Springer-Verlag (1984). *mono* Zbl. 537.32001
77.* On meromorphic equivalence relations. In: *Contributions to several complex variables (dedicated to W. Stoll)*, Proc. Conf. Complex Analysis, Notre Dame/Indiana 1984, Aspects Math. **E9**, 115–147 (1986). *decomp* Zbl. 592.32008 II, 787–819
78. (with Ulrike Peternell) Hyperbolicity of the complement of plane curves. Manuscr. Math. **50**, 429–441 (1985). *hyp* Zbl. 581.32031
79.* Meromorphe Äquivalenzrelationen: Anwendungen, Beispiele, Ergänzungen. Math. Annalen **278**, 175–183 (1987). *decomp* Zbl. 651.32008 II, 820–828
80. Was erforschen die Mathematiker? Abh. Math.-Nat. Klasse, Akad. Wiss. Lit. 1986, **Nr. 3**, 1–17 (1986). *epistem* Zbl. 608.00021
81. (with G. Harder and R. Remmert) Curriculum vitae mathematicae. Math. Annalen **278** (dedicated to F. Hirzebruch), V-VIII (1987). *epistem*
82. (with G. Dethloff) On the infinitesimal deformation of simply connected domains in one complex variable. In: Intern. Sympos. in Memory of Hua Loo Keng (Peking 1988). Vol. II Analysis (Eds. Gong Sheng et al.), 57–88, Berlin-Heidelberg-New York: Springer-Verlag (1991). *hyp*
83. The methods of the theory of functions of several complex variables. In: *Miscellanea mathematica*, dedicated to H. Götze (Eds.: P. Hilton, F. Hirzebruch, R. Remmert), 129–143, Berlin-Heidelberg-New York: Springer-Verlag (1991). *compl* Zbl. 737.32001
84. Jetmetriken und hyperbolische Geometrie. Math. Zeitschr. **200**, 149–168 (1989). *hyp* Zbl. 664.32020

85. (with G. Dethloff) Deformation of compact Riemann surfaces Y of genus p with distinguished points $P_1, \dots, P_n \in Y$. Complex geometry and analysis, Proc. Int. Symp. in Honor of E. Vesentini, Pisa/Italy 1988. Lecture Notes Math. **1422**, 37–44, Berlin-Heidelberg-New York: Springer-Verlag (1990). *hyp* Zbl. 702.32020
86. Der Urgrund mathematischen Denkens. Atti Accad. Medit. Scie. Catania 1–9, Anno VI, I, 1; 63–71 (1991). *epistem*
87. Die Unendlichkeit in der Mathematik. Math. Semesterber. **37**, 153–156 (1990). *epistem*
88. C.F. Gauß oder der Geist der alten Mathematik in Göttingen. Erlanger Universitätsreden (aus Anlaß der Verleihung des von-Staudt-Preises), 3. Folge, **38**, 39–51 (1992). *epistem*
89. (with R. Remmert and Th. Peternell) Several Complex Variables VII. Encylopaedia of Mathematical Sciences Vol. 74, VIII, 369 pp., Berlin-Heidelberg-New York: Springer-Verlag (1994). *mono*
90. Analytische und meromorphe Zerlegungen und der reelle Fall. Jahr. Ber. DMV **95**, No. 4, 181–189 (1993). *decomp* Zbl. 787.32014
91. Bernhard Riemann and his ideas in philosophy of nature. Volume dedicated to B. Riemann, edited by Th.M. Rassias and H.M. Srivastava, to appear 1995. *epistem*
92. Wie Gauß die alte Göttinger Mathematik schuf. Proceedings Gauß-Symposium, München 1993, to appear. A slightly modified version also in: Naturwissenschaftliche Rundschau 6/1994, 211–219 (1994). *epistem*

Selected lecture notes (currently by: Mathematisches Institut, Bunsenstr. 3/5, 37073 Göttingen):

1. Einführung in die Theorie der elliptischen Differentialoperatoren. Summer term, 1970, Notes by W. Alt.
2. Funktionentheorie I. Summer term 1979. Notes by R. Wardelmann, Ulrike Grauert.
3. Analytische Geometrie und lineare Algebra I. Winter term 1987/88. Notes by H.C. Grunau.
4. Analytische Geometrie und lineare Algebra II. Summer term 1988. Notes by F. Jonas.
5. Differential- und Integralrechnung I. Winter term 1991/92. Notes by F. Rambo.
6. Differential- und Integralrechnung II. Summer term 1992. Notes by F. Rambo.